Manufactura, ingeniería y tecnología

Volumen 2. Procesos de manufactura

Séptima edición

Serope Kalpakjian
Illinois Institute of Technology

Steven R. Schmid
The University of Notre Dame

TRADUCCIÓN
Javier Enríquez Brito
Ingeniero Geólogo
Universidad Nacional Autónoma de México

REVISIÓN TÉCNICA
Ulises Figueroa López
Francisco Javier Sandoval Palafox
Jorge Eduardo Aguirre Aguilar
Departamento de Ingeniería Mecánica y Mecatrónica
Tecnológico de Monterrey, Campus Estado de México

PEARSON

Datos de catalogación bibliográfica

KALPAKJIAN, SEROPE y SCHMID, STEVEN R.

Manufactura, ingeniería y tecnología. Volumen 2.
Procesos de manufactura
Séptima edición

PEARSON, México, 2014

ISBN: 978-607-32-2742-1
Área: Ingeniería

Formato: 21 × 27 cm   Páginas: 576

Edición en español

Dirección General:	Philip de la Vega
Dirección Educación Superior:	Santiago Gutiérrez
Editor Sponsor:	Luis M. Cruz Castillo e-mail: luis.cruz@pearson.com
Editor de Desarrollo:	Bernardino Gutiérrez Hernández
Supervisor de Producción:	José D. Hernández Garduño
Gerencia Editorial Educación Superior:	Marisa de Anta

Séptima edición, 2014

D.R. © 2014 por Pearson Educación de México, S.A. de C.V.
Atlacomulco 500-5o. piso
Col. Industrial Atoto
53519, Naucalpan de Juárez, Estado de México

Cámara Nacional de la Industria Editorial Mexicana. Reg. núm. 1031.

ISBN VERSIÓN IMPRESA: 978-607-32-2742-1
ISBN VERSIÓN E-BOOK: 978-607-32-2743-8
ISBN E-CHAPTER: 978-607-32-2744-5

Impreso en México. *Printed in Mexico.*

PEARSON

Esta obra se terminó de imprimir en junio de 2023 en Litográfica Ingramex, S.A. de C.V.
Centeno 162-1, Col. Granjas Esmeralda, Iztapalapa, C.P. 09810, Ciudad de México.

A la memoria de

Margaret Jean Kalpakjian

"Y nunca se ha sabido que el amor no conoce su propia profundidad hasta el momento de la separación".

Khalil Gibran

Contenido

Parte II: Procesos y equipos para la fundición de metales 235

Volumen 2

Parte IV: Procesos de maquinado y máquinas herramientas 563

27 Procesos de maquinado avanzado y sus equipos 769

NOTA AL LECTOR

El capítulo 28 "Fabrication of Microelectronic Devices" (correspondiente a las páginas 797 a 840) y el capítulo 29 "Fabrication of Microelectro-mechanical Devices and Systems; Nanoscale Manufacturing" (correspondiente a las páginas 841 a 872) se encuentran en formato PDF, en inglés, en la página web de este libro.

Part V: Micromanufacturing and Fabrication of Microelectronic Devices 797

28 Fabrication of Microelectronic Devices 800

Casos de estudio

Prefacio

En esta séptima edición, nuestro objetivo sigue siendo proporcionar un libro de texto completo y vanguardista sobre ingeniería de manufactura y tecnología, con los objetivos adicionales de motivar y crear desafíos en los estudiantes durante el estudio de esta importante disciplina. Al igual que en las ediciones anteriores, el libro presenta una visión general, con énfasis en una cobertura especialmente cualitativa de la ciencia, la tecnología y la práctica de la manufactura. Hemos incluido una descripción detallada de los aspectos fundamentales de los procesos de manufactura, las operaciones y la empresa manufacturera.

El libro sigue ocupándose de los diversos desafíos y aspectos de las operaciones y los procesos modernos de manufactura, que van desde los tradicionales procesos de fundición, formado, maquinado y unión, hasta los avanzados, como la fabricación de dispositivos microelectrónicos, los sistemas microelectromecánicos y la nanofabricación. El texto ofrece numerosos ejemplos y casos prácticos, así como una cobertura amplia y actualizada de todos los temas relacionados con la manufactura moderna, como una base sólida de apoyo para estudiantes y profesionales.

Nuevo en esta edición

Esta nueva edición se ha dividido en dos volúmenes. El volumen I (capítulos 1 a 20) consta de los temas de Ingeniería y Tecnología de materiales; el volumen II (capítulos 21 a 40) consta de los temas de Procesos de Manufactura. Los capítulos 28 y 29 se encuentran en inglés en la página Web del libro.

En respuesta a las sugerencias de varios de nuestros colegas y sus alumnos, en esta edición hemos realizado muchos cambios:

- Debido a la proliferación de los teléfonos inteligentes y la nueva capacidad de navegación por internet de estos teléfonos y tabletas, se han introducido *códigos QR*. Cada código es un vínculo a un video. Al margen se muestra un ejemplo de código QR como los que encontrará a lo largo del texto.
- 65 videos de manufactura proporcionan a los estudiantes el contexto del mundo real y les permiten ver una demostración interactiva de los aspectos pertinentes o de las estrategias para resolver problemas.

  Nota: Debe descargar un lector de códigos QR a su smartphone o tablet. Pueden aplicar cargos.

Código QR 2.1 Ensayo de flexión de 3 puntos Instron 5544. (*Fuente:* Cortesía de Instron®).

- Donde se consideró apropiado, las *ilustraciones* y los *ejemplos* han sido sustituidos por otros nuevos para mostrar los últimos avances en la manufactura.
- Con el fin de proporcionar una mejor perspectiva de los temas tratados, el texto contiene múltiples *referencias cruzadas* a capítulos, secciones, tablas e ilustraciones relacionadas dentro del libro.
- Las *preguntas* y los *problemas*, así como los *proyectos* para análisis en clase, presentados al final de cada capítulo, se han ampliado considerablemente.
- La *bibliografía* al final de cada capítulo se ha actualizado por completo.
- Se ha hecho todo lo posible para que las *figuras* y *tablas* se ubiquen en la misma página donde están referidas en el texto; esto ha sido posible gracias a la reorganización del diseño de cada página, lo que incluye el uso de los márgenes.

El texto ha sido editado a fondo y totalmente actualizado. Las modificaciones específicas incluyen:

1. La ampliación de los análisis sobre el carbono en sus formas útiles, como nanotubos y grafeno (sección 8.6).
2. Ampliación de las consideraciones del diseño de productos para procesos de manufactura (varios capítulos).

3. Servoprensas para el forjado y el formado de hojas metálicas (sección 14.8).
4. Estampado en caliente de hojas metálicas (sección 16.11).
5. Análisis ampliado del sinterizado, las propiedades del material, la compactación explosiva, la densificación por rollo y la síntesis por combustión en la metalurgia de polvos (capítulo 17).
6. Estudio del formado neto por láser de ingeniería y máquinas autorreplicantes en el prototipado rápido (capítulo 20).
7. Sistemas de enfriamiento a través de la herramienta en el maquinado (sección 22.1.2).
8. Láser electrolítico MicroJet y maquinado por arco azul (capítulo 27).
9. Detección visual (sección 37.7)
10. Análisis del flujo de producción (sección 38.8)
11. Desarrollo de MTConnect (sección 39.7)
12. Consumo de energía en la manufactura (sección 40.5)

Para el profesor

Los profesores que lleven este libro como texto en un curso, pueden solicitar el *Manual de Soluciones para el profesor* el cual está disponible en inglés en el sitio web del libro. Consulte a su representante de Pearson.

A quién está dirigido el libro

El libro está dirigido a estudiantes de ingeniería mecánica, de manufactura, industrial, aeroespacial, metalúrgica y de materiales, así como de ingeniería biomédica. El uso de este texto también es apropiado en programas profesionales asociados en colegios y universidades comunitarias. Esperamos que, mediante la lectura de los dos volúmenes de este libro, los estudiantes comiencen a apreciar el papel fundamental de la ingeniería de manufactura y la tecnología en nuestra vida cotidiana y en las actividades profesionales; asimismo, esperamos que vean a esta disciplina como un tema académico tan emocionante, desafiante e importante como cualquiera otra de las disciplina de la ingeniería.

Estaremos muy agradecidos por los comentarios y sugerencias que puedan hacer los profesores y estudiantes sobre la naturaleza y el contenido de los temas que se presentan, así como por la notificación de cualquier error en el texto y en las ilustraciones que puedan haber escapado a nuestra atención durante la elaboración del presente libro. Envíe sus comentarios o sugerencias a Steven R. Schmid, schmid.2@nd.edu o a Serope Kalpakjian, kalpakjian@iit.edu.

Traducciones

Existen varias ediciones de este libro y de nuestro otro libro, *Manufacturing Processes for Engineering Material*, en chino, coreano, español, italiano y alemán.

Agradecimientos

Es un gran placer agradecer la ayuda de los siguientes colegas en la preparación y publicación de la presente edición: K. Scott Smith, de la University of North Carolina en Charlotte; Steven Hayashi, de General Electric corp.; James Adams, de Metal Powder Industries Federation; Timotius Pasang, de la Auckland University of Technology en Nueva Zelanda; Miguel Sellés Cantó de la Escola Politécnica Superior d'Alcoi, Universitat Politecnica de Valéncia, España; y Megan McGann y Holly Weiss, de la University of Notre Dame. También reconocemos a Kent M. Kalpakjian, de Micron Technology como el autor original del capítulo 28 (Fabrication of Microelectronic Devices, en inglés en el sitio web), y queremos dar las gracias a Flora Derminjan, de Micron Technology, y Vahagn Sargsyan, de Carl Zeiss Nano Technology Systems, por la revisión de ese capítulo para la presente edición. Gracias también a los revisores de esta edición: Keng Hsu, de la University of Illinois at Urbana-Champaign; Wayne Hung, de la Texas A&M University; Stephen Jenkins, del Wor-Wic Community College; Edward Red, de la Brigham Young University; David Veazie, de la Southern Polytechnic State University; Yan Wang, del Worchester Polytechnic Institute; y a Y. Lawrence Yao, de la Columbia University.

También queremos dar las gracias a Holly Stark, nuestra editora de Prentice Hall, por su apoyo y guía entusiasta, y a Clare Romeo, jefa de producción, por su meticulosa supervisión editorial y de producción. Asimismo agradecemos la ayuda de las siguientes personas en la producción de esta edición del libro: Renata Butera, editora de medios; Carlin Heinle, asistente editorial, y Black Horse Designs, por el diseño de las portadas.

A continuación presentamos una lista acumulada de todas las personas que generosamente han hecho contribuciones a varias ediciones de los dos libros.

B. J. Aaronson
R. Abella
D. Adams
S. Arellano
D. D. Arola
R. A. Arlt
V. Aronov
A. Bagchi
E. D. Baker
J. Barak
J. Ben-Ari
G. F. Benedict
S. Bhattacharyya
JT. Black
W. Blanchard
C. Blathras
G. Boothroyd
D. Bourell
B. Bozak
N. N. Breyer
C. A. Brown
R. G. Bruce
J. Cesarone
T. C. Chang
R. L. Cheaney
A. Cheda
S. Chelikani
S. Chen
S. W. Choi
J. M. Prince
D. W. Radford
W. J. Riffe
R. J. Rogalla
Y. Rong
A. A. Runyan
G. S. Saletta
M. Salimian
M. Savic
W. J. Schoech
S. A. Schwartz
M. Selles
A. Cinar
R. O. Colantonio
P. Cotnoir
P. J. Courtney
P. Demers
D. Descoteaux
M. F. DeVries
R. C. Dix
M. Dollar
D. A. Dornfeld
H. I. Douglas
M. Dugger
D. R. Durham
D. Duvall
S. A. Dynan
K. F. Ehmann
J. El Gomayel
M. G. Elliott
N. X. Fang
E. C. Feldy
J. Field
G. W. Fischer
D. A. Fowley
R. L. French
B. R. Fruchter
D. Furrer
R. Giese
E. Goode
K. L. Graham
S. Shepel
R. Shivpuri
M. T. Siniawski
J. E. Smallwood
J. P. Sobczak
L. Soisson
P. Stewart
J. Stocker
L. Strom
A. B. Strong
K. Subramanian
T. Sweeney
P. Grigg
M. Grujicic
P. J. Guichelaar
B. Harriger
D. Harry
M. Hawkins
R. J. Hocken
E. M. Honig, Jr.
Y. Huang
S. Imam
R. Ivester
R. Jaeger
C. Johnson
D. Kalisz
J. Kamman
S. G. Kapoor
R. L. Kegg
W. J. Kennedy
R. Kerr
T. Kesavadas
J. E. Kopf
R. J. Koronkowski
J. Kotowski
S. Krishnamachari
K. M. Kulkarni
T. Lach
L. Langseth
M. Levine
B. S. Levy
T. Taglialavore
M. Tarabishy
K. S. Taraman
R. Taylor
B. S. Thakkar
A. Trager
A. Tseng
C. Tszang
M. Tuttle
J. Vigneau
G. A. Volk
G. Wallace
J. Lewandowski
X. Z. Li
Z. Liang
B. W. Lilly
D. A. Lucca
M. Madou
S. Mantell
L. Mapa
R. J. Mattice
C. Maziar
T. McClelland
L. McGuire
K. E. McKee
K. P. Meade
M. H. Miller
T. S. Milo
D. J. Morrison
S. Mostovoy
C. Nair
P. G. Nash
J. Nazemetz
E. M. Odom
U. Pal
S. J. Parelukar
T. Pasang
Z. J. Pei
J. Penaluna
M. Philpott
M. Pradheeradhi
J. F. Wang
K. J. Weinmann
R. Wertheim
K. West
J. Widmoyer
K. R. Williams
G. Williamson
B. Wiltjer
P. K. Wright
N. Zabaras

También agradecemos a las numerosas organizaciones, empresas e individuos que nos proporcionaron muchas de las ilustraciones y casos prácticos. Estas contribuciones han sido reconocidas de manera expresa en el texto.

SEROPE KALPAKJIAN

STEVEN R. SCHMID

Acerca de los autores

Serope Kalpakjian es profesor emérito de ingeniería mecánica y de materiales en el Illinois Institute of Technology en Chicago. Es el autor de *Mechanical Processing of Materials* (Van Nostrand, 1967) y coautor de *Lubricants and Lubrication in Metalworking Operations* (con E. S. Nachtman, Dekker, 1985). Las primeras ediciones de dos de sus libros, *Manufacturing Processes for Engineering Materials* (Addison-Wesley 1984) y *Manufacturing Engineering and Technology* (Addison-Wesley, 1989) recibieron el premio M. Eugene Merchant de la SME al mejor libro de manufactura. Ha realizado investigaciones en diversas áreas de los procesos de manufactura, es autor de numerosos trabajos y artículos en revistas especializadas, manuales y enciclopedias técnicas, y ha editado varias memorias de ponencias. También ha sido editor y coeditor de varias revistas especializadas y ha sido miembro del consejo editorial de la *Encyclopedia Americana*.

El profesor Kalpakjian ha recibido el *premio al mejor artículo* de la Forging Industry Educational and Research Foundation (1966), el *premio a la excelencia en la enseñanza* del Illinois Institute of Technology (1970), la *medalla centenaria de ASME* (1980), y el *premio internacional a la educación de SME* (1989), fue nombrado *una persona del milenio por el IIT* (1999) y recibió el *premio Albert Easton White por excelencia en la enseñanza* de ASM International (2000); el premio de SME *jóvenes sobresalientes en Ingeniería de Manufactura* para el año 2002 fue nombrado en su honor. El profesor Kalpakjian es un miembro vitalicio de ASME, miembro del SME, miembro vitalicio de ASM International, miembro emérito de la International Academy for Production Engineering (CIRP), y fue presidente y miembro fundador de la North American Manufacturing Research Institution/SME. Se graduó con honores en el Robert College (Estambul), la Harvard University y el Massachusetts Institute of Technology.

Steven R. Schmid es profesor asociado en el Departamento de Ingeniería Mecánica y Aeroespacial de la University of Notre Dame, donde imparte clases e investiga en las áreas generales de manufactura, diseño de máquinas y tribología. Recibió su grado de Ingeniería Mecánica por el Illinois Institute of Technology (con honores) y de maestría y doctorado en Ingeniería Mecánica por la Northwestern University. Ha recibido numerosos premios, incluyendo el *premio John T. Parsons* de SME (2000), el *premio Newkirk* de ASME (2000), el *premio a la enseñanza de Kaneb Center* (2000 y 2003) y el *premio Ruth and Joel Spira a la excelencia en la enseñanza* (2005). También le fueron otorgados un *premio CAREERS* por la *National Science Foundation* (1996) y un premio de la *ALCOA Foundation* (1994).

El profesor Schmid es autor de más de 100 artículos técnicos, es coautor de *Fundamentals of Machine Elements* (McGraw-Hill), *Fundamentals of Fluid Film Lubrication* (Dekker), *Manufacturing Processes for Engineering Materials* (Prentice Hall), y ha contribuido con dos capítulos del *CRC Handbook of Modern Tribology*. Es un ingeniero profesional registrado, ingeniero de manufactura certificado por el SME, miembro del North American Research Institution, y miembro de la ASME. En 2012, fue nombrado miembro de la ASME Foundation Swanson y se desempeñó como subdirector de sociedades de investigación en la oficina del programa nacional de manufactura avanzada del National Institute for Science and Technology.

Procesos de maquinado y máquinas herramientas

PARTE IV

Las partes o piezas manufacturadas por medio de los procesos de fundición, conformado y para dar forma, descritos en las partes II y III, incluyendo muchas elaboradas con métodos que dan la forma neta o cercana a ella, con frecuencia requieren de operaciones adicionales antes de que el producto esté listo para usarse. Por ejemplo, consideremos las siguientes características de las partes y si podrían producirse mediante los procesos descritos hasta aquí:

- Superficies suaves y brillantes, como las de las áreas de rodamiento del cigüeñal mostrado en la figura IV.1.
- Orificios profundos y de diámetro pequeño en una pieza, como la boquilla del inyector que se muestra en la figura IV.2.
- Piezas con elementos agudos, una sección roscada y tolerancias dimensionales específicas cerradas, como las de la pieza que aparece en la figura IV.3.
- Un orificio roscado o perforaciones en diferentes superficies de una pieza para ensamblarla con otros componentes.
- Geometrías difíciles y complejas, con frecuencia en materiales duros o de alto desempeño que no pueden producirse fácil o económicamente en las cantidades deseadas utilizando los procesos ya descritos en el libro (vea la figura 25.1).
- Acabados superficiales y texturas especiales para fines prácticos o de apariencia.

FIGURA IV.1 Cigüeñal forjado que se muestra antes y después de ser maquinadas las superficies de rodamiento. Las zonas brillantes de la parte derecha no pueden elaborarse hasta sus dimensiones finales ni tener ese acabado de la superficie utilizando cualquiera de los procesos descritos en los capítulos anteriores de este libro. *Fuente:* Cortesía de Wyman-Gordon Company.

Pronto quedará claro que ninguno de los procesos descritos en los capítulos anteriores es capaz de producir partes con las características específicas recién mencionadas. Por esto, las partes requerirán más procesamiento, el cual generalmente es conocido como *secundario* y como *operaciones de acabado*. La palabra **maquinado** es un término general que se utiliza para describir un grupo de procesos que consisten en la remoción de material y **modificación** de las superficies de la pieza que se trabaja después de que ha sido producida mediante los diferentes métodos. La gran variedad de formas producidas por el maquinado puede observarse en un automóvil, como se ilustra en la figura IV.4.

Al revisar el contenido de las partes II y III de este libro, se recordará que ciertas piezas sí pueden ser producidas con su forma definitiva (forma neta) y en grandes cantidades. Sin embargo, el maquinado puede ser más económico siempre y cuando el número de piezas requerido sea relativamente pequeño o el material y la forma permitan que las piezas se maquinen a altas velocidades, en grandes cantidades y con gran exactitud

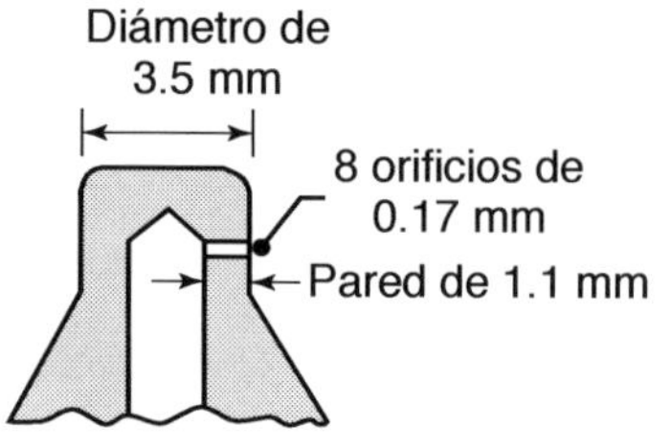

FIGURA IV.2 Sección transversal de una boquilla inyectora de combustible que muestra un pequeño orificio hecho mediante un proceso de electroerosión (o maquinado por descarga eléctrica), como se describe en la sección 27.5. El material es acero tratado térmicamente.

en sus dimensiones. Un buen ejemplo de esto es la producción de piezas de latón para atornillarse en una máquina por medio de maquinaria automática de pernos múltiples.

Sin embargo, en general, recurrir al maquinado con frecuencia sugiere que una pieza no podría producirse hasta sus especificaciones finales deseadas por medio de los procesos primarios usados en su fabricación, de modo que son necesarias operaciones adicionales. De nuevo, enfatizamos la importancia de la manufactura de forma neta, como se describió en la sección I.6, con el fin de evitar estos pasos adicionales y reducir los costos de producción.

No obstante, a pesar de sus ventajas, los procesos de remoción de material tienen ciertas desventajas:

- *Desperdician material*, aun cuando la cantidad pueda ser relativamente pequeña.
- Por lo general, requieren de *más tiempo* que otros procesos de manufactura.
- En general requieren *más energía* que las operaciones de conformado mecánico y para dar forma al material.
- Pueden tener *efectos adversos* en la calidad de la superficie y en las propiedades del producto.

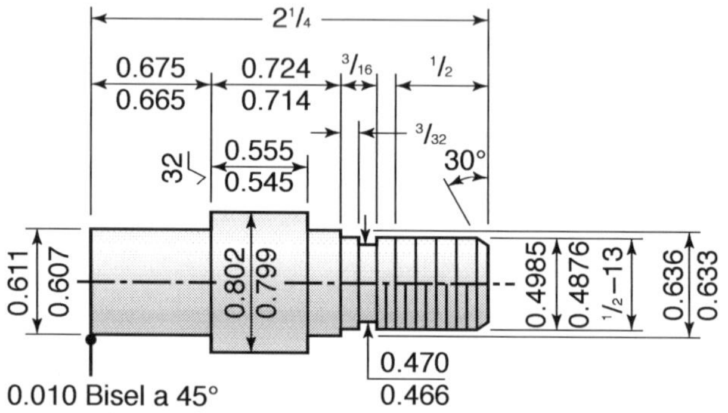

Figura IV.3 Pieza maquinada y con cuerda incluyendo varias dimensiones y tolerancias, todas las dimensiones están en pulgadas. Observe que ciertas tolerancias son de apenas milésimos de pulgada.

Como se ilustra en la figura I.5e, en la introducción general, el maquinado consiste en varios tipos de procesos de remoción de material:

- **Corte**, es común que involucre herramientas de corte de un solo punto o de puntos múltiples, cada uno con una forma claramente definida (capítulos 23 a 25).
- **Procesos abrasivos**, tales como el esmerilado y otros procesos afines (capítulo 26).
- **Procesos de maquinado avanzado**, es común que usen métodos eléctricos, químicos, de láser, térmicos e hidrodinámicos (capítulo 27).

Las máquinas en las que se efectúan estas operaciones se llaman **máquinas herramientas**. Como se observa en la tabla I.2 en la introducción general, las primeras herramientas primitivas, que datan de hace varios milenios, se hicieron con el propósito principal de astillar y cortar todo

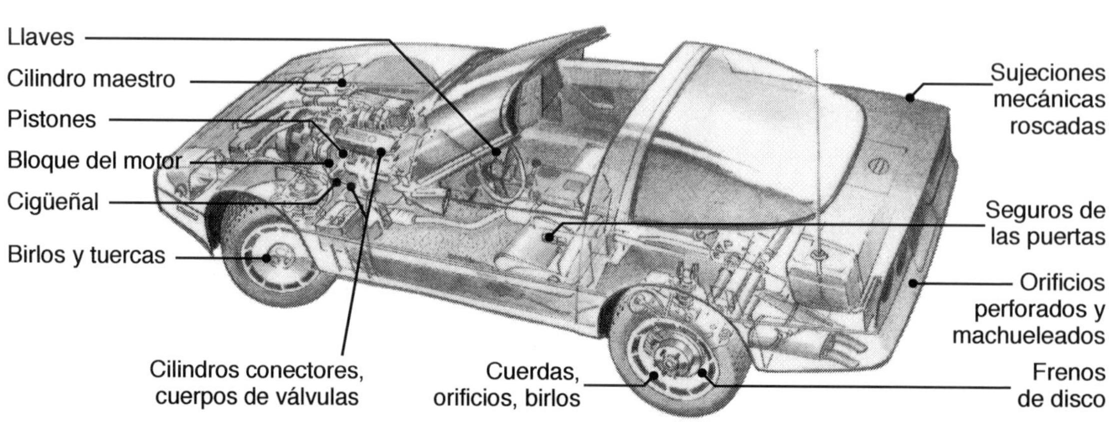

FIGURA IV.4 Piezas comunes de un automóvil que requieren operaciones de maquinado para darles las formas, características superficiales, dimensiones y tolerancias deseadas.

tipo de materiales naturales, como madera, piedra, plantas y animales cazados. También observemos que en el siglo XVI comenzaron los desarrollos para fabricar productos mediante operaciones de maquinado, en particular con la introducción del torno. En comparación con aquellas sencillas maquinarias y herramientas empleadas, hoy se dispone de una amplia variedad de herramientas y máquinas controladas por computadora y de técnicas avanzadas para fabricar piezas funcionales tan pequeñas como insectos diminutos y con secciones transversales mucho más pequeñas que un cabello.

Igual que todas las operaciones de manufactura, resulta esencial ver las de maquinado como un *sistema* que consiste en (a) pieza de trabajo, (b) herramienta de corte, (c) máquina herramienta y (d) operador.

En los siete capítulos siguientes se describe la mecánica básica de la formación de virutas en el maquinado; esto incluye las fuerzas involucradas en la herramienta, requerimientos de potencia, temperatura, desgaste de la herramienta, acabado e integridad de la superficie de la pieza maquinada, herramientas de corte y fluidos de corte. Después se describen los procesos específicos de maquinado, inclusive sus capacidades, limitaciones y aplicaciones comunes, además de las características importantes de las máquinas herramientas empleadas en operaciones básicas tales como el torneado, fresado, perforado o torneado interno (o mandrinado), taladrado y machueleado.

Después se describen las características de los *centros de maquinado*, que son máquinas herramientas versátiles controladas por computadora y capaces de ejecutar con eficiencia varias operaciones. El siguiente grupo de procesos descritos lo constituyen aquellos en que se lleva a cabo la remoción de material por medio de **procesos abrasivos** y sus operaciones relacionadas para lograr una precisión dimensional y un acabado superficial muy altos. Por razones técnicas y económicas, algunas piezas no pueden maquinarse satisfactoriamente con procesos de corte o abrasivos. Desde la década de 1940, han ocurrido importantes adelantos en los **procesos de maquinado avanzado** que incluyen aquellos que pueden ser químicos, electroquímicos, por electroerosión, por rayo láser, por haz de electrones, mediante chorro abrasivo y por maquinado hidrodinámico, los cuales serán descritos en el resto de esta parte IV.

CAPÍTULO 21

Fundamentos de maquinado

- Este capítulo es una introducción a los fundamentos de los procesos de maquinado y presenta los conceptos básicos aplicables a todas las operaciones de maquinado.
- El capítulo inicia con una descripción de la mecánica de la formación de virutas en el maquinado e incluye el modelo que se usa comúnmente para las operaciones básicas de corte y que permiten el cálculo de la fuerza y potencia del maquinado.
- Se estudia el incremento en la temperatura y su importancia en cuanto a la pieza de trabajo y al desempeño de la herramienta de corte, así como el mecanismo de desgaste de la herramienta.
- El capítulo concluye con el análisis del acabado superficial, de la integridad de las partes producidas por medio de maquinado y de los factores involucrados en la maquinabilidad de los materiales metálicos y no metálicos.

21.1 Introducción

Los procesos de corte eliminan material de las distintas superficies de una pieza de trabajo por medio de la producción de **virutas**. Algunos de los procesos de corte más comunes, ilustrados en la figura 21.1 (vea también la figura I.5e), son los siguientes:

- **Torneado (cilindrado)**, en el que la pieza de trabajo gira y una herramienta de corte elimina una capa de material a medida que la herramienta se desplaza a lo largo de la longitud de la pieza, como se muestra en la figura 21.1a.
- **Tronzado**, en el que la herramienta se desplaza hacia dentro en forma radial y separa la pieza que aparece a la derecha en la figura 21.1b a partir de la pieza en bruto.
- **Fresado periférico**, en el que una herramienta de corte giratoria retira una capa de material de la superficie de la pieza de trabajo (figura 21.1c).
- **Fresado frontal**, en el que un cortador giratorio se desplaza a lo largo de cierta profundidad en la pieza de trabajo y produce una cavidad o caja (figura 21.1d).

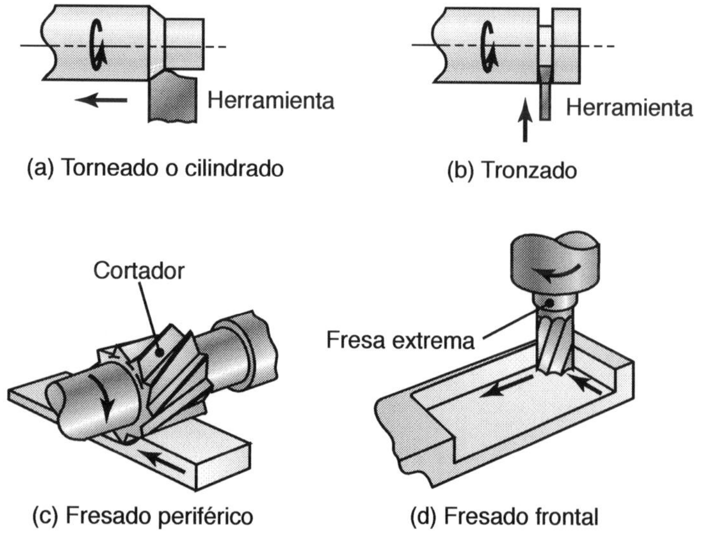

FIGURA 21.1 Ejemplos de operaciones de maquinado comunes.

En el proceso de torneado, el cual se ilustra con más detalle en la figura 21.2, la herramienta de corte o buril es posicionada a cierta *profundidad de corte* (en milímetros o pulgadas) y se desplaza hacia la izquierda a cierta velocidad mientras la pieza de trabajo gira. El *avance* es la distancia que viaja la herramienta por cada giro que hace la pieza de trabajo (mm/rev o pulg/rev); este movimiento de la herramienta de corte produce una viruta, que se mueve sobre la cara de incidencia o superficie de ataque de la herramienta.

Para analizar este proceso básico con más detalle, en la figura 21.3a se presenta un modelo bidimensional. En este modelo *idealizado*, una herramienta de corte se desplaza hacia la izquierda a lo largo de la pieza de trabajo a velocidad constante, V, y a cierta profundidad de corte, t_o. Se produce una viruta sobre la herramienta por deformación plástica y corta el material continuamente a lo largo del *plano de corte*. Este fenómeno se demuestra fácilmente raspando despacio el largo de la superficie de una barra de mantequilla con un cuchillo afilado y observando cómo se produce una viruta. Las raspaduras de chocolate usadas para decorar pasteles y postres también se producen en una forma similar.

Al comparar las figuras 21.2 y 21.3, observemos que el avance en el torneado es equivalente a t_o y que la profundidad de corte en esta misma operación equivale al ancho del corte (es decir, la dimensión perpendicular a la página). Estas relaciones dimensionales se pueden visualizar al realizar un giro de 90° a la figura 21.3 en el sentido de las manecillas del reloj. Con esta breve introducción como antecedente, a continuación se describirá el proceso de corte con mucho mayor detalle.

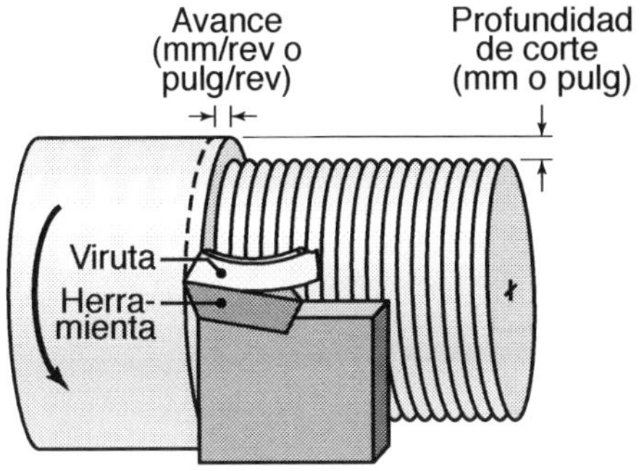

FIGURA 21.2 Ilustración esquemática de la operación de torneado mostrando diversas características; se ha exagerado el acabado de la superficie para mostrar las marcas producidas por el avance.

21.2 Mecánica de corte

Los factores que influyen en el proceso de corte se mencionan en la tabla 21.1. Con el fin de apreciar el contenido de ésta, observemos que las principales *variables independientes* en el proceso básico de corte son: (a) el material de la herramienta y los recubrimientos, si los hubiera; (b) la forma de la herramienta, acabado de la superficie y filo; (c) el material de la pieza de trabajo y su historia de procesamiento; (d) la velocidad de corte, el avance y la profundidad de corte; (e) los fluidos de corte, si los hubiera; (f) las características de la máquina herramienta y (g) el tipo de dispositivo para sujetar la pieza de trabajo y los accesorios.

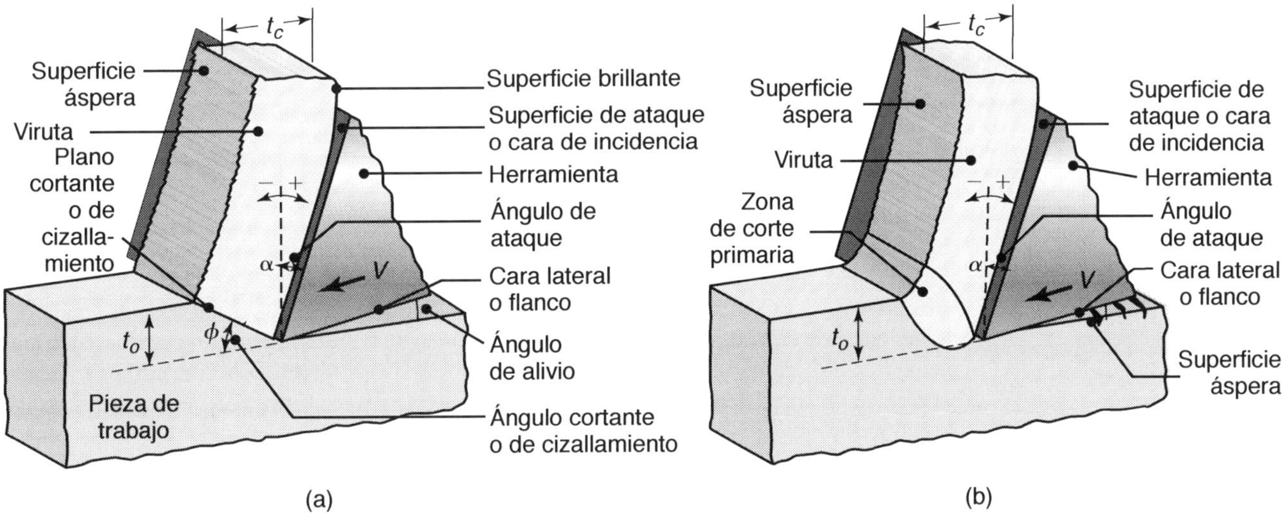

FIGURA 21.3 Ilustración esquemática de un proceso de corte bidimensional, también llamado corte ortogonal: (a) corte ortogonal con un plano de corte bien definido, también conocido como el modelo de M. E. Merchant. Observe que la forma de la herramienta, la profundidad de corte, t_o, y la velocidad de corte, V, son todas variables independientes. (b) Corte ortogonal sin un plano de corte bien definido.

TABLA 21.1

Factores que influyen en las operaciones de maquinado

Parámetro	Influencia e interrelación
Velocidad de corte, profundidad de corte, avance, fluidos de corte	Fuerzas, potencia, aumento de temperatura, vida de la herramienta, tipo de viruta, acabado e integridad de la superficie.
Ángulos de la herramienta	Todos los anteriores e influencia en la dirección de flujo de la viruta; resistencia al desgaste de la herramienta y a la producción de viruta.
Viruta continua	Buen acabado superficial; fuerzas de corte estables; no es deseable, sobre todo en las máquinas herramientas modernas.
Formación de borde acumulado (*built-up edge*)	Mal acabado de la superficie y de su integridad; si es delgado y estable, el borde acumulado puede proteger las superficies de la herramienta.
Viruta discontinua	Deseable por la facilidad de eliminarla; fuerzas de corte fluctuantes; puede afectar el acabado de la superficie; puede ocasionar daño térmico a la superficie de trabajo y generar vibración y movimiento.
Aumento de temperatura	Influye en la vida de la herramienta, en particular en el desgaste por depresiones y en la precisión dimensional de la pieza de trabajo; puede causar daño térmico a la superficie de la pieza de trabajo.
Desgaste de la herramienta	Influye en el acabado y la integridad de la superficie, la precisión dimensional, el aumento de temperatura, y en fuerzas y potencia.
Maquinabilidad	Relacionada con la vida de la herramienta, el acabado superficial, fuerzas y potencia, además del tipo de viruta producida.

En el proceso de corte, las *variables dependientes* son aquellas que se ven influidas por los cambios ocurridos en las variables independientes listadas anteriormente. Estas variables dependientes incluyen: (a) tipo de viruta producida; (b) fuerza y energía disipada durante el corte; (c) aumento de temperatura en la pieza de trabajo, la herramienta y la viruta; (d) desgaste y falla de la herramienta y (e) acabado e integridad de la superficie de la pieza de trabajo.

La importancia de establecer relaciones *cuantitativas* entre las variables independientes y dependientes al maquinar, se aprecia mejor cuando se plantean ciertas cuestiones típicas, a saber: ¿cuál de las variables independientes debe cambiarse primero y en qué grado si (a) el acabado de la superficie de la pieza de trabajo que se maquina es inaceptable, (b) la herramienta de corte se desgasta con rapidez y pierde filo, (c) la pieza de trabajo se calienta mucho y (d) la herramienta comienza a vibrar y a moverse?

Con el fin de entender estos fenómenos y responder la pregunta planteada, resulta esencial estudiar primero la mecánica de la formación de virutas. Dicho tema se ha estudiado mucho desde principios de la década de 1940. Para describir el proceso de corte se han propuesto varios modelos con distinto grado de complejidad. Igual que sucede en muchas otras operaciones de manufactura, continuamente se desarrollan modelos avanzados de maquinado, incluyendo especialmente la *simulación por computadora* del proceso de maquinado básico. A su vez, el estudio de las complejas interacciones que tienen lugar entre las numerosas variables involucradas ayuda a desarrollar capacidades de optimización de las operaciones de maquinado y a minimizar costos.

El modelo simple mostrado en la figura 21.3a, conocido como el modelo de M. E. Merchant, y desarrollado a principios de la década de 1940, es suficiente para los propósitos de esta introducción. Este modelo también es conocido como de **corte ortogonal** porque es bidimensional y las fuerzas involucradas son perpendiculares entre sí. La herramienta de corte tiene un **ángulo de ataque**, α (positivo, como se aprecia en la figura), y un **ángulo de salida** o de **ahusamiento.**

El examen microscópico de las virutas producidas en las operaciones de maquinado reales ha revelado que se producen por *cizallamiento* (como se modela en la figura 21.4a), fenómeno similar al movimiento de una pila de cartas que se deslicen una sobre la otra (vea también la figura 1.6). El cizallamiento tiene lugar dentro de una **zona de cizallamiento** (por lo general a lo largo de un plano bien definido conocido como **plano de cizallamiento**) con un ángulo ϕ (llamado **ángulo cortante o de cizallamiento**). Bajo el plano de cizallamiento, la pieza de trabajo permanece sin deformar; sobre el plano, la viruta (una vez formada) se mueve sobre la superficie de ataque de la herramienta. La dimensión d

se ha exagerado mucho en la figura con el fin de mostrar el mecanismo involucrado en la formación de la viruta. En realidad, se ha encontrado que esta dimensión es del orden de sólo 10^{-2} a 10^{-3} mm (10^{-3} a 10^{-4} pulg).

Ciertos materiales, en forma notable el hierro fundido a bajas velocidades, no se cizallan a lo largo de un plano bien definido sino dentro de una zona, como se aprecia en la figura 21.3b. La forma y el tamaño de esta zona es importante en la operación de maquinado, como se estudiará en la sección 21.2.1.

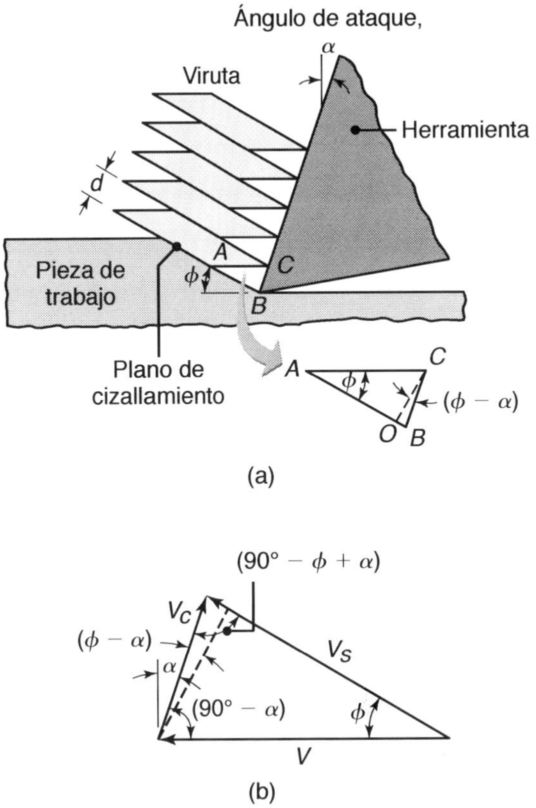

FIGURA 21.4 (a) Ilustración esquemática del mecanismo básico de la formación de viruta por cizallamiento. (b) Diagrama de velocidad que muestra las relaciones angulares entre las tres velocidades presentes en la zona de corte.

Razón de corte. En la figura 21.3a se observa que el espesor de la viruta, t_c, se puede determinar a partir de la profundidad de corte, t_o, el ángulo de ataque, α, y el ángulo cortante, ϕ. La razón de t_o/t_c es conocida como **razón de corte** (o *relación viruta-espesor*), r, y se relaciona con los dos ángulos ϕ y α por medio de las relaciones siguientes:

$$\tan\phi = \frac{r\cos\alpha}{1 - r\,\mathrm{sen}\,\alpha} \qquad (21.1)$$

y

$$r = \frac{t_o}{t_c} = \frac{\mathrm{sen}\,\phi}{\cos(\phi - \alpha)}. \qquad (21.2)$$

Debido a que el espesor de la viruta siempre es mayor que la profundidad de corte, el valor de r siempre es menor que la unidad. El recíproco de r se conoce como la *razón de viruta-compresión* o *factor de viruta-compresión* y es una medida de qué tan gruesa se ha hecho la viruta en comparación con la profundidad de corte; entonces, la razón de viruta-compresión siempre es mayor que la unidad. Tal como puede observarse al revisar la figura 21.3a, la profundidad de corte se conoce también como *espesor de la viruta no deformada*.

La razón de corte es un parámetro importante y útil para evaluar las condiciones de corte. Dado que el espesor de la viruta no deformada, t_o, se especifica fácilmente como un ajuste de la máquina, por lo que es conocido, la razón de corte se puede calcular midiendo el espesor de la viruta con un micrómetro. Con el ángulo de ataque también conocido para una operación particular de corte (porque está en función de la herramienta y la geometría de la pieza de trabajo en cuestión), la ecuación (21.1) permite el cálculo del ángulo de cizallamiento.

Aunque a t_o se le conoce como la *profundidad de corte*, observe que en un proceso de maquinado como el torneado (que se muestra en la figura 21.2), esta cantidad es el *avance* o la *velocidad de avance* expresada en la distancia recorrida por cada revolución de la pieza de trabajo. Suponga, por ejemplo, que la pieza de trabajo mostrada en la figura 21.2 es un tubo de pared delgada y que el ancho del corte mide lo mismo que el espesor del tubo. Entonces, si se gira 90° la figura 21.3 en el sentido de las manecillas del reloj, la figura será similar a la vista en la figura 21.2.

Deformación cortante (o de cizallamiento). En relación con la figura 21.4a, podemos ver ahora que la **deformación cortante**, γ, a la que es llevado el material puede expresarse como

$$\gamma = \frac{AB}{OC} = \frac{AO}{OC} + \frac{OB}{OC},$$

o bien

$$\gamma = \cot\phi + \tan(\phi - \alpha). \qquad (21.3)$$

Observe que las deformaciones cortantes grandes se asocian con (a) ángulos de cizallamiento bajos o (b) ángulos de ataque pequeños o negativos. Se han observado defor-

Código QR 21.1 Medición de las deformaciones durante el corte de metal. (*Fuente:* Cortesía del National Institute of Standards and Technology).

maciones cortantes de cinco o mayores en operaciones reales de corte. En comparación con los procesos de conformado o para dar forma, el material de la pieza de trabajo sufre una deformación mayor durante el corte, como también se aprecia en la tabla 2.4. Además, la deformación durante el corte por lo general tiene lugar dentro de una zona muy angosta; en otras palabras, la dimensión $d = OC$ mostrada en la figura 21.4a es muy pequeña. Así, la rapidez a que ocurre el cizallamiento es elevada (la naturaleza y el tamaño de la zona de deformación se estudiarán más en la sección 21.3).

El ángulo del plano de cizallamiento tiene un significado mayor en la mecánica de las operaciones de corte ya que influye en los requerimientos de fuerza y potencia, en el espesor de la viruta y en el aumento de la temperatura al maquinar. Uno de los primeros análisis en relación con el ángulo del plano de cizallamiento se basó en la suposición de que dicho ángulo se ajusta a sí mismo para minimizar la fuerza de corte, o que el plano de cizallamiento es un plano de esfuerzo cortante máximo. Este análisis produjo la expresión siguiente:

$$\phi = 45^\circ + \frac{\alpha}{2} - \frac{\beta}{2}, \tag{21.4}$$

donde β es el **ángulo de fricción** y se relaciona con el *coeficiente de fricción*, μ, en la interfase herramienta-viruta por medio de la expresión $\mu = \tan\beta$. Entre varias relaciones del ángulo de cizallamiento que se han desarrollado, otra fórmula aproximada pero útil es la siguiente:

$$\phi = 45^\circ + \alpha - \beta. \tag{21.5}$$

En el corte de metal, se ha encontrado que por lo general el coeficiente de fricción está en un rango de alrededor de 0.5 a 2 (vea también la sección 33.4), lo cual indica que la viruta encuentra una resistencia considerable por fricción a medida que se desplaza sobre la superficie de ataque de la herramienta. Los experimentos han demostrado que μ varía en forma considerable a lo largo de la interfase herramienta-viruta debido a las grandes variaciones en la presión de contacto y la temperatura. En consecuencia, μ también recibe el nombre de *coeficiente de fricción media aparente*.

La ecuación (21.4) indica que (a) conforme el ángulo de ataque disminuye o aumenta la fricción en la interfase herramienta-viruta, el ángulo cortante disminuye y la viruta se hace más gruesa; (b) una viruta más gruesa significa mayor disipación de energía porque la deformación cortante es más grande, como se observa en la ecuación (21.2), y (c) como el trabajo realizado durante el corte se convierte en calor, el aumento de temperatura también es mayor.

Velocidades en la zona de corte. En la figura 21.3, observe que como el espesor de la viruta es mayor que la profundidad de corte, la velocidad de la viruta, V_c, tiene que ser menor que la velocidad de corte, V. Como la continuidad de la masa ha de conservarse,

$$Vt_o = V_c t_c \quad \text{o bien} \quad V_c = Vr,$$

por lo tanto,

$$V_c = \frac{V \operatorname{sen} \phi}{\cos(\phi - \alpha)}. \tag{21.6}$$

También puede construirse un *diagrama de velocidad*, como se aprecia en la figura 21.4b, en el cual, a partir de relaciones trigonométricas, se puede demostrar que

$$\frac{V}{\cos(\phi - \alpha)} = \frac{V_s}{\cos\alpha} = \frac{V_c}{\operatorname{sen}\phi}, \tag{21.7}$$

donde V_s es la velocidad a que tiene lugar el cizallamiento en el plano de cizallamiento; también observe que

$$r = \frac{t_o}{t_c} = \frac{V_c}{V}. \tag{21.8}$$

Estas relaciones de velocidad se utilizarán más en la sección 21.3, cuando se describan los requerimientos de potencia en las operaciones de corte.

21.2.1 Tipos de virutas producidas en el corte de metal

En la figura 21.5 se muestran los tipos de virutas de metal que es común observar en la práctica, así como sus microfotografías. Los cuatro tipos principales son:

- **Continuas.**
- **Borde acumulado.**
- **Escalonada** o **segmentada.**
- **Discontinua.**

Código QR 21.2 Corte de acero que muestra un borde acumulado (BUE, por sus siglas en inglés). (*Fuente:* Cortesía del National Institute of Standards and Technology).

Observe que una viruta tiene dos superficies. Una de éstas ha estado en contacto con la superficie de ataque de la herramienta y tiene un aspecto brillante y quemado causado por deslizamiento a medida que la viruta se desplaza sobre la cara de la herramienta. La otra superficie es la exterior de la pieza de trabajo. Tiene un aspecto dentado y burdo,

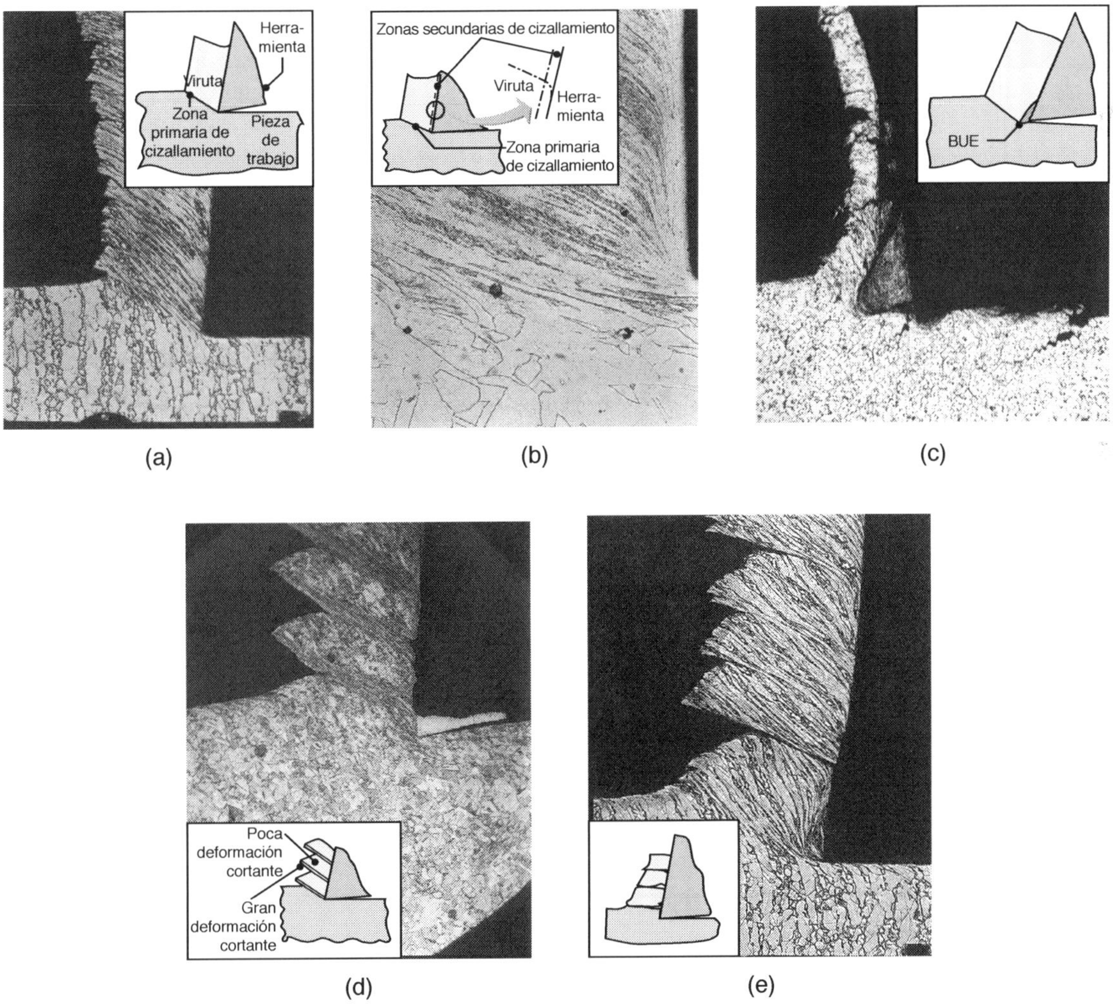

FIGURA 21.5 Tipos básicos de virutas producidas durante el corte ortogonal de metal, su representación esquemática y microfotografías de la zona de corte: (a) viruta continua con zona de corte angosta, recta y primaria; (b) viruta continua con zona de corte en la interfase viruta-herramienta; (c) viruta de borde acumulado; (d) viruta segmentada o no homogénea y (e) viruta discontinua. *Fuente:* Según M. C. Shaw, P. K. Wright y S. Kalpakjian.

como se aprecia en las virutas mostradas en las figuras 21.3 y 21.5, ocasionado por el mecanismo de corte ilustrado en la figura 21.4a.

Virutas continuas. Las *virutas continuas* por lo general se forman con materiales dúctiles, maquinados a altas velocidades de corte y/o a grandes ángulos de ataque (vea la figura 21.5a). La deformación del material tiene lugar a lo largo de una zona de corte angosta, llamada *zona primaria de cizallamiento*. Las virutas continuas pueden desarrollar una *zona secundaria de cizallamiento* (vea la figura 21.5b) debido a la gran fricción en la interfase herramienta-viruta. Esta zona se hace más gruesa a medida que aumenta la fricción.

La deformación en virutas continuas también tiene lugar a lo largo de una amplia zona primaria de corte con *fronteras curvadas* (vea la figura 21.3b), a diferencia de la observada en la figura 21.5a. Note que en la figura 21.3b la frontera inferior de la zona de deformación se proyecta *por debajo* de la superficie maquinada y la mantiene en distorsión, como lo ilustran las líneas verticales distorsionadas en la subsuperficie maquinada. Esta situación ocurre generalmente al maquinar metales suaves a velocidades bajas y ángulos de ataque pequeños. A menudo resulta en un mal acabado superficial y en esfuerzos residuales superficiales que pueden ir en detrimento de las propiedades de la pieza maquinada con respecto a su vida útil.

Aunque por lo general producen un buen acabado superficial, las virutas continuas no son necesariamente deseables ya que tienden a enredarse alrededor del soporte de la herramienta, de los accesorios y de la pieza de trabajo. También interfieren con los sistemas de eliminación de virutas que se describen en la sección 23.3.7. Este problema puede disminuirse con **rompevirutas** (vea la figura 21.7), mediante el cambio de los parámetros de procesamiento como la velocidad de corte, el avance y la profundidad de corte, o con el empleo de fluidos de corte.

Virutas de borde acumulado. Un *borde acumulado* (BUE, por sus siglas en inglés) se forma con capas de material de la pieza de trabajo que se depositan gradualmente en el extremo de la herramienta, de ahí el término *acumulado* (vea la figura 21.5c). Conforme se hace más grande, el BUE se vuelve inestable y eventualmente se rompe. Una parte del material del BUE se acarrea por el lado de la herramienta de la viruta, el resto se deposita al azar en la superficie de la pieza de trabajo. De hecho, un borde acumulado cambia la geometría del filo de corte y lo mella, como se ve en la figura 21.6a. El ciclo de formación y destrucción de bordes acumulados se repite continuamente durante la operación de corte.

El borde acumulado es un factor importante que afecta adversamente el acabado de la superficie, como puede verse en las figuras 21.5c y 21.6b y c. Por otro lado, en general, se considera deseable un BUE delgado, estable, ya que reduce el desgaste de la herramienta gracias a que protege su superficie de ataque o cara de incidencia. Los metales trabajados en frío tienen por lo general menos tendencia a formar borde acumulado que aquellos ubicados en la condición de recocido. Debido al endurecimiento por trabajo y a la deposición de capas sucesivas de material, la dureza de los bordes acumulados se incrementa de manera significativa (vea la figura 21.6a).

La tendencia a la formación de BUE se puede reducir con una o varias de las siguientes medidas:

- Incrementar la velocidad de corte.
- Disminuir la profundidad de corte.
- Aumentar el ángulo de ataque.
- Usar una herramienta de corte que tenga menor afinidad química con el material de la pieza de trabajo o emplear una herramienta afilada.
- Usar un fluido de corte eficaz.

Virutas escalonadas. Las *virutas escalonadas*, también conocidas como *segmentadas* o *no homogéneas* (vea la figura 21.5d), son virutas semicontinuas con grandes zonas de deformación cortante baja y pequeñas áreas de gran esfuerzo cortante, por lo que estas

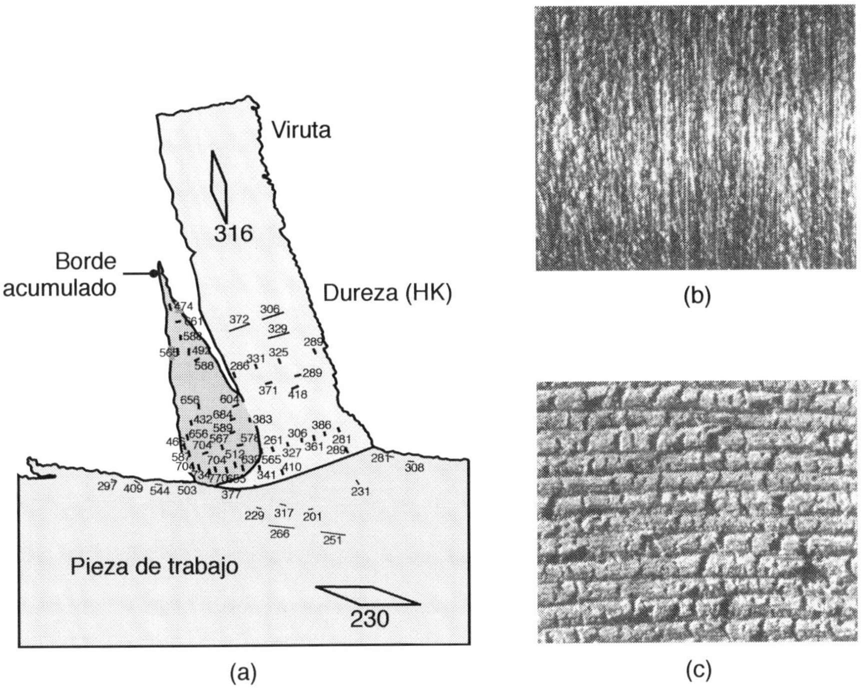

FIGURA 21.6 (a) Distribución de la dureza en el borde acumulado en la zona de corte (material: acero 3115); observe que ciertas regiones en el borde generado son hasta tres veces más duras que el metal bruto de la pieza de trabajo. (b) Acabado superficial producido al tornear acero 5130 con un borde acumulado. (c) Acabado superficial en acero 1018 al fresar una cara. Ampliación: 15×. *Fuente:* Cortesía de Metcut Research Associates, Inc.

últimas se llaman *localizaciones de cortante*. Las virutas tienen aspecto de dientes de sierra. (Este tipo de viruta no debe confundirse con el que se ilustra en la figura 21.4a, donde la dimensión *d* se ha exagerado mucho). Los metales que tienen baja conductividad térmica y una resistencia que disminuye abruptamente con la temperatura (lo que se llama *ablandamiento térmico*) tienen este comportamiento, el cual es más notable en el titanio y sus aleaciones.

Virutas discontinuas. Las *virutas discontinuas* consisten en segmentos agrupados entre sí con firmeza u holgadamente (vea la figura 21.5e). Por lo general, las virutas discontinuas se forman en las condiciones siguientes:

- Materiales frágiles de la pieza de trabajo debido a que no tienen la capacidad de soportar las grandes deformaciones cortantes encontradas en el maquinado.
- Materiales de la pieza de trabajo que contienen inclusiones e impurezas duras o tienen estructuras como las hojuelas de grafito en el hierro fundido gris (vea la figura 4.13a).
- Velocidad de corte, V, muy baja o muy alta.
- Gran profundidad de corte, d.
- Ángulo de ataque bajo, α.
- Falta de un fluido de corte eficaz (vea la sección 22.12).
- Baja rigidez del soporte de la herramienta o de la máquina herramienta, lo cual permite que ocurran vibraciones y traqueteos (vea la sección 25.4).

Debido a la naturaleza discontinua de la formación de virutas, las fuerzas de corte varían en forma continua durante el maquinado. En consecuencia, la rigidez del soporte de la herramienta de corte, los dispositivos que sujetan la pieza de trabajo y la máquina herramienta (capítulos 23 a 25) son factores significativos en el maquinado con virutas escalonadas o discontinuas. Si la máquina herramienta no es lo suficientemente rígida, puede comenzar a vibrar y traquetear, como se estudia con detalle en la sección 25.4. A su vez, esto afecta adversamente el acabado superficial y la precisión dimensional de la parte maquinada, además puede causar un desgaste prematuro o daño a la herramienta de corte. Incluso los componentes de la máquina herramienta pueden verse dañados si la vibración es excesiva.

Viruta en forma de rizos. En todas las operaciones de corte de metales, así como en materiales no metálicos, las virutas desarrollan una curvatura (*viruta en forma de rizos*) a medida que salen de la superficie de la pieza de trabajo (vea la figura 21.5). Entre los factores que propician la generación de virutas en forma de rizos están los siguientes:

- La distribución de los esfuerzos en las zonas primaria y secundaria de corte.
- Efectos térmicos en la zona de corte.
- Características de endurecimiento por deformación del material de la pieza de trabajo.
- Geometría de la herramienta de corte.
- Variables de procesamiento.
- Fluidos de corte.

Los primeros cuatro conceptos mencionados son fenómenos complejos y quedan fuera del alcance de este libro. En cuanto a los efectos de las variables de procesamiento, conforme la profundidad de corte disminuye, el radio de curvatura de la viruta generalmente disminuye (la viruta genera rizos con mayor curvatura). Los fluidos de corte pueden hacer que las virutas se ricen más, lo que reduce el área de contacto entre la herramienta y la viruta (vea la figura 21.7a) y así el calor se concentra más cerca del extremo de la herramienta (vea la sección 21.4); como resultado, aumenta el desgaste de la herramienta.

Rompevirutas. Como ya se mencionara, las virutas continuas y largas son indeseables en las operaciones de maquinado porque tienden a enredarse, interfieren severamente con las operaciones de maquinado y son un riesgo potencial de seguridad. Si todas las variables de procesamiento están bajo control, el procedimiento usual empleado para evitar dichas situaciones consiste en romper las virutas en forma intermitente con herramientas de corte cuya forma de *rompevirutas* es característica, como se aprecia en la figura 21.7.

El principio básico de un rompevirutas instalado en la superficie de ataque de una herramienta es doblar y romper la viruta periódicamente. Las herramientas y los insertos de corte actuales (vea la figura 22.2) incluyen diversos diseños característicos para romper virutas (vea la figura 21.7). Las virutas también se pueden romper con el cambio de la geometría de la herramienta para controlar el flujo de la viruta, como en las operaciones de torneado que se muestran en la figura 21.8. La experiencia indica que el tamaño ideal para romper una viruta es cuando adquiere la forma de la letra C o del número 9 y está dentro de un cuadrado de 25 mm (1 pulgada).

Contacto controlado en las herramientas. Las herramientas de corte se pueden diseñar de modo que la longitud del contacto herramienta-viruta se reduzca al hacer un hueco en la cara de incidencia o superficie de ataque de la herramienta a cierta distancia de su extremo. Esta reducción de la longitud de contacto afecta la mecánica de formación de virutas. En primer lugar, reduce las fuerzas de corte y con ello la energía y la temperatura. Es importante la determinación de la longitud óptima ya que una longitud de contacto mucho menor concentraría el calor en el extremo de la herramienta, lo que aumentaría su desgaste.

Materiales de corte no metálicos. Entre los termoplásticos de corte se encuentra toda una variedad de virutas (vea la sección 7.3), lo que depende del tipo de polímero y de parámetros de procesamiento como la profundidad de corte, la geometría de la herramienta y la velocidad de corte. Los análisis sobre metales también son aplicables en general a los polímeros. Debido a que son frágiles, los polímeros termofijos (vea la sección 7.4) y los materiales cerámicos (capítulo 8) generalmente producen virutas discontinuas. Las características de otros materiales maquinados se describen en la sección 21.7.3.

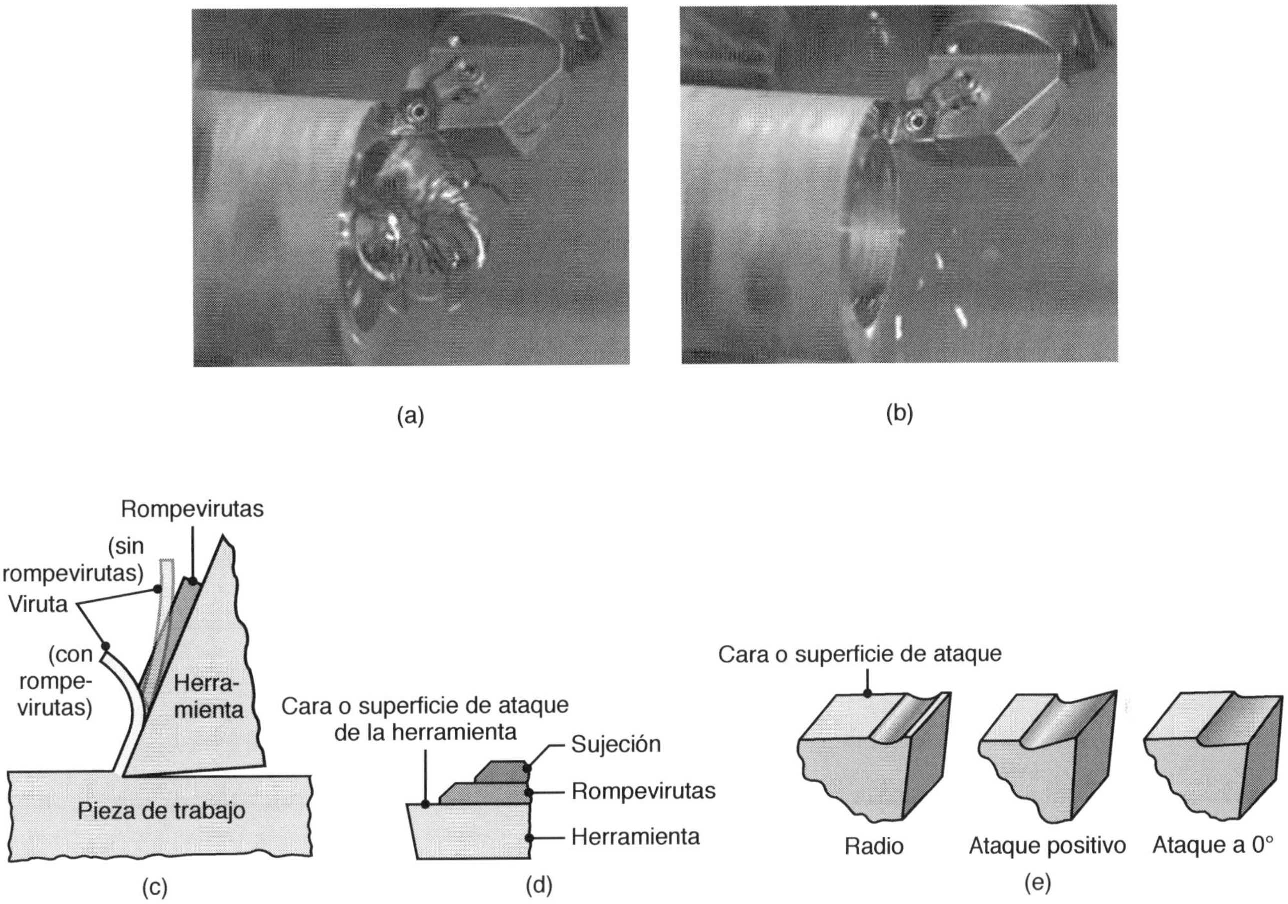

FIGURA 21.7 (a) Maquinado de aluminio con el uso de un inserto sin rompevirutas; observe que las virutas largas pueden interferir con la herramienta y son un riesgo para la seguridad. (b) Maquinado de aluminio con rompevirutas. (c) Ilustración esquemática de la acción de un rompevirutas; observe que el rompevirutas disminuye el radio de curvatura de la viruta y termina por romperlo. (d) Rompevirutas sujeto con abrazaderas a la superficie de ataque de una herramienta de corte. (e) Muescas en las herramientas de corte que actúan como rompevirutas. La mayoría de las herramientas de corte que se usan ahora son insertos que incorporan las características de los rompevirutas. *Fuente:* (a) y (b) Cortesía de Kennametal Inc.

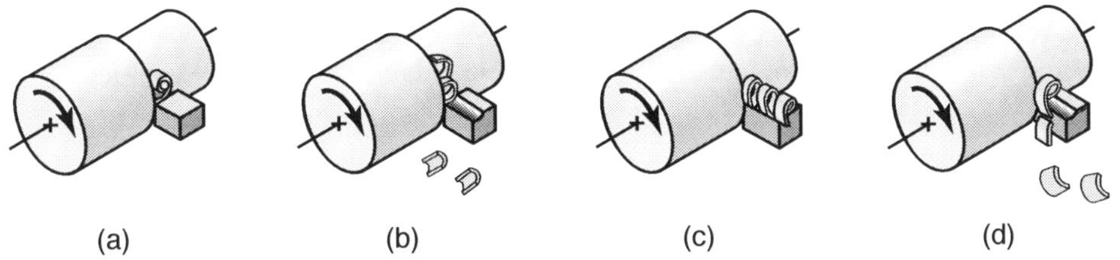

FIGURA 21.8 Virutas producidas al tornear: (a) viruta muy rizada; (b) la viruta golpea la pieza de trabajo y se rompe; (c) viruta continua que se aparta radialmente de la pieza de trabajo y (d) la viruta golpea el soporte de la herramienta y se rompe.

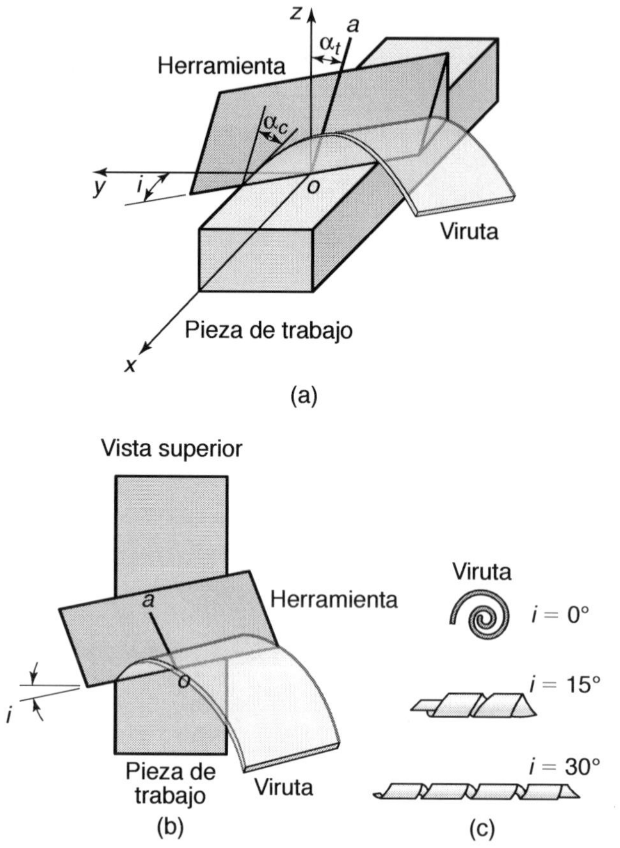

FIGURA 21.9 (a) Ilustración esquemática del corte con una herramienta oblicua; observe la dirección del movimiento de la viruta. (b) Vista superior, se aprecia el ángulo de inclinación, *i*. (c) Tipos de viruta producidos con herramientas conforme aumentan los valores de los ángulos de inclinación.

21.2.2 Corte oblicuo

La mayoría de las operaciones de maquinado involucran formas de herramientas que son tridimensionales, con las que el corte es *oblicuo*. La diferencia básica entre los cortes oblicuo y ortogonal se muestra en las figuras 21.9a y c. En el corte ortogonal la viruta se desliza directamente hacia arriba de la cara de la herramienta y se torna espiral, mientras que en el *corte oblicuo* la viruta es helicoidal y deja la superficie de la pieza de trabajo con un ángulo *i*, llamado **ángulo de inclinación** (vea la figura 21.9b). Observe que la dirección lateral del movimiento de la viruta en el corte oblicuo es similar a la acción de la hoja de una máquina quitanieves, con la que la nieve es lanzada hacia los lados.

En la figura 21.9a, observe que las virutas fluyen hacia arriba de la superficie de ataque con un ángulo α_c (llamado **ángulo de flujo de la viruta**) que se mide con respecto al plano de la cara de la herramienta. El ángulo α_i es el **ángulo de ataque normal** y es una propiedad geométrica básica de la herramienta; este ángulo es el que se ubica entre la línea *oz* perpendicular a la superficie de la pieza de trabajo y la línea *oa* sobre la superficie de ataque de la herramienta en la figura.

En el corte oblicuo, el material de la pieza de trabajo se aproxima a la herramienta de corte a una velocidad *V* y deja la superficie (como viruta) a una velocidad V_c. El *ángulo de ataque efectivo*, α_e, se calcula en el plano de estas dos velocidades. Suponiendo que el ángulo de flujo, α_c, es igual al ángulo de inclinación, *i* (suposición que se ha verificado experimentalmente), el ángulo de ataque efectivo, α_e, es

$$\alpha_e = \text{sen}^{-1}(\text{sen}^2 i + \cos^2 i \text{ sen } \alpha_n). \qquad (21.9)$$

Ya que tanto *i* como α_n pueden ser medidos directamente, entonces puede calcularse el ángulo de ataque efectivo. Observe que, conforme se incrementa *i*, aumenta el ángulo de ataque efectivo, la viruta se hace más delgada y larga y, en consecuencia, disminuye la fuerza de corte. La influencia del ángulo de inclinación en la forma de la viruta se muestra en la figura 21.9c.

En la figura 21.10a se muestra una herramienta de torneado, buril, de un solo punto o monofilo. Note los distintos ángulos involucrados, cada uno de los cuales tiene que seleccionarse apropiadamente para lograr un corte eficiente. Aunque estos ángulos se han producido tradicionalmente por medio de rectificado (o esmerilado) (vea el capítulo 26), la mayoría de las herramientas de corte ya están disponibles en forma de insertos, como se aprecia en la figura 21.10b y se describe con detalle en el capítulo 22. En los capítulos 23 y 24 se describen con mucho detalle distintas herramientas de corte tridimensionales incluyendo las utilizadas para taladrar, machuelear, fresar, cepillar, tallar, brochar, aserrar y limar.

Rasurado y pelado. Es posible remover capas delgadas de material de superficies rectas o curvadas por medio de un proceso similar al uso de un cepillo para rasurar madera. El *rasurado* es particularmente útil para mejorar el acabado superficial y la precisión dimensional de los tejos obtenidos después de la operación de troquelado y cizallado, como se muestra en la figura 16.9. Otra aplicación común del rasurado ocurre en el acabado de engranes, donde se usa un cortador que tiene la forma de los dientes del engrane (vea la sección 24.7). Las piezas largas o que tienen formas complejas se cepillan por medio del pelado con una herramienta de corte de forma especial que se desplaza tangencialmente a través de la longitud de la pieza de trabajo.

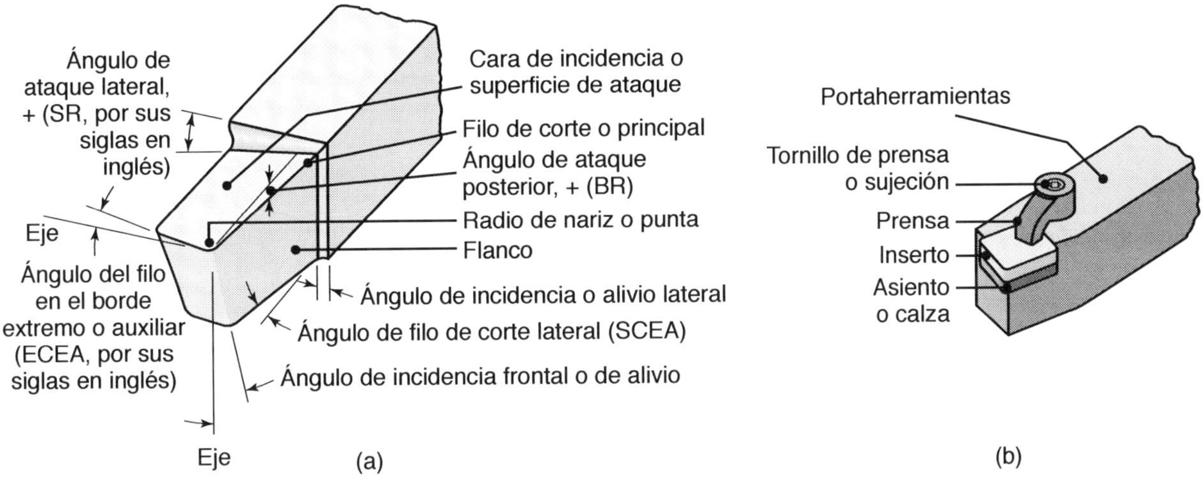

FIGURA 21.10 (a) Ilustración esquemática de una herramienta de corte de derecha. En la sección 23.2 se describen los distintos ángulos empleados en estas herramientas y sus efectos en el maquinado. Aunque tradicionalmente estas herramientas se han producido a partir de barras sólidas de acero, ya han sido reemplazadas en gran parte con (b) insertos hechos de carburos y otros materiales en diversos tamaños y formas.

21.3 Fuerzas y potencia en el proceso de corte

Estudiar las *fuerzas* y la *potencia de corte* involucradas en las operaciones de maquinado es importante por las siguientes razones:

- Los datos sobre las fuerzas de corte son esenciales para que:
  - **a.** Las máquinas herramientas se puedan diseñar en forma apropiada para minimizar la distorsión de los componentes de máquina, mantener la tolerancia dimensional deseada de la parte maquinada y ayudar a seleccionar los sujetadores o portaherramientas apropiados de la herramienta y los soportes de las piezas.
  - **b.** La pieza de trabajo sea capaz de resistir dichas fuerzas sin sufrir distorsión excesiva.
- Se deben conocer los requerimientos de potencia con el fin de permitir la selección de una máquina herramienta cuya potencia eléctrica sea la adecuada.

Las fuerzas que actúan en el corte ortogonal se ilustran en la figura 21.11a. La **fuerza de corte,** F_c, actúa en dirección de la velocidad de corte, V, y suministra la energía requerida para cortar. La razón de la fuerza de corte al área de la sección transversal que se corta (es decir, el producto del ancho del corte por la profundidad de éste) se denomina *fuerza de corte específica.*

La **fuerza de empuje,** F_t, actúa en dirección normal a la fuerza de corte. Estas dos fuerzas producen la **fuerza resultante,** R, como puede verse en el diagrama del círculo de fuerzas que se presenta en la figura 21.11b. Note que la fuerza resultante se puede resolver en dos componentes que se presentan sobre la cara de la herramienta: una **fuerza de fricción,** F, a lo largo de la interfase herramienta-viruta y una **fuerza normal,** N, perpendicular a esta fuerza de fricción. También se puede demostrar que

$$F = R \text{ sen } \beta \tag{21.10}$$

y que

$$N = R \cos \beta. \tag{21.11}$$

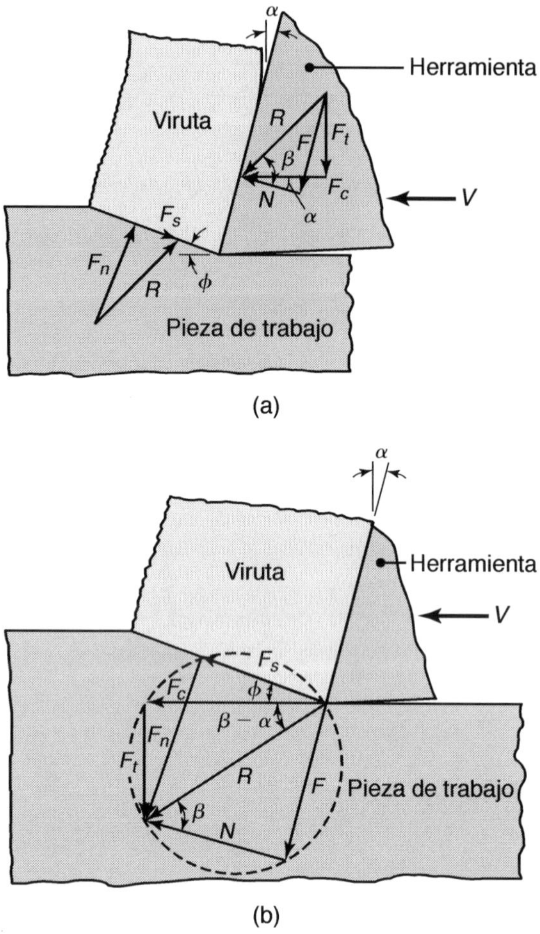

Figura 21.11 (a) Fuerzas que actúan en la zona de corte en el momento de generar dos cortes bidimensionales; observe que la fuerza resultante, R, debe ser colineal para balancear las fuerzas. (b) Círculo de fuerzas para determinar las distintas fuerzas que actúan en la zona de corte.

Note que la fuerza resultante es balanceada por una fuerza igual y opuesta a lo largo del plano cortante y que se resuelve en una **fuerza cortante** o **de cizallado**, F_s, y una **fuerza normal**, F_n. Estas fuerzas pueden expresarse, respectivamente, como

$$F_s = F_c \cos \phi - F_t \operatorname{sen} \phi \tag{21.12}$$

y

$$F_n = F_c \operatorname{sen} \phi + F_t \cos \phi. \tag{21.13}$$

Debido a que el área del plano de cizallamiento se puede calcular cuando se conoce el ángulo cortante y la profundidad de corte, es posible determinar tanto el esfuerzo normal como el cortante en el plano de cizallamiento.

La relación de F a N es el **coeficiente de fricción**, μ, presente en la interfase herramienta-viruta y el ángulo β es el **ángulo de fricción** (tal como aparecen en la figura 21.11). La magnitud de μ se puede determinar de la siguiente manera:

$$\mu = \frac{F}{N} = \frac{F_t + F_c \tan \alpha}{F_c - F_t \tan \alpha}. \tag{21.14}$$

Aunque en las operaciones reales de corte la magnitud de las fuerzas es, por lo general, del orden de algunos cientos de Newtons, en la zona de corte los *esfuerzos locales* y la *presión* sobre la herramienta de corte son muy altos debido a que las superficies de contacto son muy pequeñas. Por ejemplo, la longitud del contacto herramienta-viruta (vea la figura 21.3) comúnmente es del orden de 1 mm (0.04 pulg); en consecuencia, el extremo de la herramienta está expuesto a grandes esfuerzos que llevan al desgaste y al astillado y fractura de la herramienta.

Fuerza de empuje. En el corte, la *fuerza de empuje* es importante ya que el portaherramientas, los dispositivos de sujeción de la pieza y la máquina herramienta en sí deben ser lo suficientemente rígidos como para soportar dicha fuerza con el mínimo de deflexiones. Por ejemplo, si la fuerza de empuje es demasiado grande o si la máquina herramienta no es lo suficientemente rígida, la herramienta será empujada fuera de la superficie de la pieza de trabajo que se maquina. A su vez, este movimiento reduce la profundidad de corte, lo que da como resultado una baja precisión dimensional de la parte maquinada.

El efecto del ángulo de ataque y del ángulo de fricción sobre la magnitud y dirección de la fuerza de empuje se puede determinar si se considera, a partir de la figura 21.11b, que

$$F_t = R \operatorname{sen}(\beta - \alpha), \tag{21.15}$$

o que

$$F_t = F_c \tan(\beta - \alpha). \tag{21.16}$$

La magnitud de la fuerza de corte, F_c, siempre es positiva, como se aprecia en la figura 21.11, debido a que esta fuerza es la que suministra el trabajo requerido para cortar. Sin embargo, el signo de la fuerza de empuje, F_t, puede ser positivo o negativo, esto depende de las magnitudes relativas de β y α. Considere que cuando $\beta > \alpha$, el signo de F_t es positivo (*hacia abajo*) y que cuando $\beta < \alpha$, el signo es negativo (*hacia arriba*). Así, es posible tener una fuerza de empuje dirigida hacia arriba en las condiciones de (a) ángulos de ataque grandes, (b) poca fricción en la interfase herramienta-viruta o (c) en ambos casos. Una fuerza de empuje negativa puede tener implicaciones importantes en el diseño de máquinas herramientas, en los elementos de sujeción de la pieza y en la estabilidad del proceso de corte.

Potencia. A partir de la figura 21.11 puede verse que la entrada de potencia en el corte es

$$\text{Potencia} = F_c V. \tag{21.17}$$

Esta potencia se disipa sobre todo en la zona de cizallamiento (debido a la energía requerida para cizallar el material) y en la superficie de ataque de la herramienta (debido a la fricción en la interfase herramienta-viruta).

A partir de las figuras 21.4b y 21.11, la potencia disipada en el plano de cizallamiento es

$$\text{Potencia para el cizallamiento} = F_s V_s. \tag{21.18}$$

Si denotamos el ancho del corte como w, la **energía específica de cizallamiento,** u_s, está dada por

$$u_s = \frac{F_s V_s}{w t_o V}. \tag{21.19}$$

De manera similar, la potencia disipada en la fricción es

$$\text{Potencia para la fricción} = F V_c, \tag{21.20}$$

y la **energía específica para la fricción,** u_f, es

$$u_f = \frac{F V_c}{w t_o V} = \frac{F r}{w t_o}. \tag{21.21}$$

La **energía específica total,** u_t, es entonces

$$u_t = u_s + u_f. \tag{21.22}$$

Debido a los numerosos factores involucrados, la predicción confiable de las fuerzas y la potencia que actúan en el corte se basa en gran medida en datos experimentales, como los que se dan en la tabla 21.2. El rango tan amplio de valores que se observan en la tabla se puede atribuir a las diferencias en la resistencia que existe dentro de cada grupo de materiales y a diferentes factores adicionales, como la fricción, el uso de fluidos de corte y una gran variedad de variables de procesamiento. El filo de la punta de la herramienta influye también en las fuerzas y la potencia; dado que la punta roza contra la superficie maquinada y hace que la zona de deformación en la herramienta sea mayor, las herramientas melladas requieren de fuerzas y potencia mayores.

Medición de fuerzas y potencia en el proceso de corte. Las fuerzas involucradas en el proceso de corte se pueden medir utilizando un **transductor de fuerza** (es común usarlo con sensores piezoeléctricos de cuarzo), un **dinamómetro,** o **celda de carga** (con galgas extensométricas colocadas en anillos octagonales) cementada sobre el portaherramientas. Los transductores tienen una frecuencia natural y rigidez mucho más elevada que los dinamómetros, los cuales tienden a presentar deflexión y vibración excesivas. También es posible calcular la fuerza de corte a partir del **consumo de energía** registrado durante el proceso de corte por medio de la ecuación (21.4).

Se debe reconocer que la ecuación (21.4) representa la potencia en el proceso de maquinado y que la máquina herramienta requerirá más potencia con el fin de vencer la fricción. Entonces, para obtener la fuerza de corte a partir del consumo medido de potencia de la máquina, debe conocerse la eficiencia mecánica de ésta. La *energía específica* en el corte, como la que se aprecia en la tabla 21.2, también puede ser usada para estimar las fuerzas presentes en el corte.

TABLA 21.2

Rango aproximado de requerimientos de energía durante las operaciones de corte en el motor impulsor de la máquina herramienta (para herramientas melladas hay que multiplicar por 1.25)

	Energía específica	
Material	W-s/mm^3	hp-min/pulg^3
Aleaciones de aluminio	0.4-1	0.15-0.4
Hierros fundidos	1.1-5.4	0.4-2
Aleaciones de cobre	1.4-3.2	0.5-1.2
Aleaciones de alta temperatura	3.2-8	1.2-3
Aleaciones de magnesio	0.3-0.6	0.1-0.2
Aleaciones de níquel	4.8-6.7	1.8-2.5
Aleaciones refractarias	3-9	1.1-3.5
Aceros inoxidables	2-5	0.8-1.9
Aceros	2-9	0.7-3.4
Aleaciones de titanio	2-5	0.7-2

EJEMPLO 21.1 Energías relativas en el corte

Dado: En una operación de corte ortogonal, t_o = 0.005 pulg, V = 400 pies/min, α = 10° y el ancho del corte es de 0.25 pulg. Se observa que t_c = 0.009 pulg, F_c = 125 lb y F_t = 50 lb.

Se solicita: Calcular el porcentaje de la energía total necesaria para vencer la fricción en la interfase herramienta-viruta.

Respuesta: El porcentaje de la energía se puede expresar como,

$$\frac{\text{Energía de fricción}}{\text{Energía total}} = \frac{FV_c}{F_cV} = \frac{Fr}{F_c},$$

donde

$$r = \frac{t_o}{t_c} = \frac{5}{9} = 0.555,$$

$$F = R \text{ sen } \beta,$$

$$F_c = R \cos(\beta - \alpha),$$

y

$$R = \sqrt{F_t^2 + F_c^2} = \sqrt{50^2 + 125^2} = 135 \text{ lb}.$$

Entonces,

$$125 = 135 \cos(\beta - 10°),$$

y β = 32° y

$$F = 135 \text{ sen } 32° = 71.5 \text{ lb}.$$

Entonces,

$$\text{Porcentaje} = \frac{(71.5)(0.555)}{125} = 32,$$

o 32 por ciento.

21.4 Temperaturas durante el proceso de corte

Código QR 21.3 Medición de temperaturas durante el corte de metal. (*Fuente:* Cortesía del National Institute of Standards and Technology).

Como en todos los procesos de trabajo de metales en los que está involucrada la deformación plástica (capítulos 13 a 16), la energía disipada en el corte se convierte en *calor* el cual, a su vez, aumenta la temperatura en la zona de corte y la superficie de la pieza de trabajo. El *aumento de temperatura* es un factor muy importante en el maquinado a causa de sus grandes efectos adversos:

- La temperatura excesiva disminuye la resistencia, dureza, rigidez y resistencia al desgaste de la herramienta de corte; las herramientas también se suavizan y sufren deformación plástica, lo que altera su forma.
- El aumento de calor ocasiona cambios dimensionales irregulares en la parte maquinada, dependiendo de las propiedades físicas del material (capítulo 3), esto hace que sea difícil controlar la precisión y las tolerancias dimensionales.
- Un aumento excesivo de la temperatura puede inducir daño térmico y cambios metalúrgicos (capítulo 4) en la superficie maquinada, lo que afecta adversamente sus propiedades.

Durante el maquinado, las fuentes principales de calor son: (a) el trabajo realizado al cortar en la zona primaria de corte, (b) la energía disipada como fricción en la interfase herramienta-viruta y (c) el calor generado conforme la herramienta roza contra la superficie maquinada, en especial con herramientas melladas o desgastadas. Se ha dedicado mucho esfuerzo al establecimiento de relaciones entre la temperatura y diferentes materiales y variables que intervienen durante el proceso de corte. Es posible demostrar que en el *corte ortogonal*, la *temperatura media*, T_{media}, en °F, es:

$$T_{\text{media}} = \frac{1.2Y_f}{\rho c}\sqrt[3]{\frac{Vt_o}{K}}, \tag{21.23}$$

donde Y_f es el esfuerzo de fluencia en psi, ρ_c es el calor específico volumétrico en pulg-lb/pulg^3 °F y K es la difusividad térmica (relación de la conductividad térmica al calor volumétrico específico) en pulg^2/s. Debido a que en esta ecuación los parámetros del material también dependen de la temperatura, es importante usar los valores apropiados compatibles con el rango de temperatura pronosticado. A partir de la ecuación (21.23), se puede ver que la temperatura media de corte se incrementa con la resistencia de la pieza de trabajo, la velocidad de corte y la profundidad de corte y que disminuye con el aumento del calor específico y la conductividad térmica del material de la pieza de trabajo.

Una expresión simple para la *temperatura media durante el cilindrado* en un torno está dada por

$$T_{\text{media}} \propto V^a f^b, \tag{21.24}$$

donde V es la velocidad de corte y f es el avance de la herramienta, como se aprecia en la figura 21.2. Los valores aproximados de los exponentes a y b son $a = 0.2$ y $b = 0.125$, para herramientas de *carburo*, y $a = 0.5$ y $b = 0.375$ para herramientas *de acero de alta velocidad.*

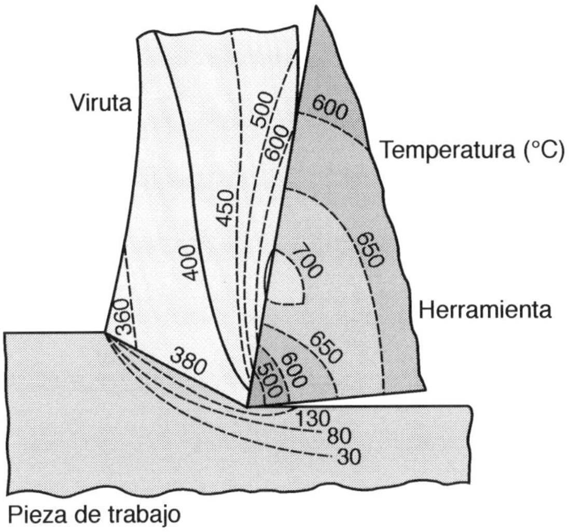

FIGURA 21.12 Distribución típica de la temperatura en la zona de corte; observe la severidad en los gradientes de temperatura entre la herramienta y la viruta y que la pieza de trabajo permanece relativamente fría. *Fuente:* Según G. Vieregge.

Distribución de la temperatura. Debido a que en el maquinado las fuentes de generación de calor se concentran en la zona primaria de corte y en la interfase herramienta-viruta, es de esperarse que en la zona de corte haya severos gradientes de temperatura. En la figura 21.12 tenemos una distribución típica de temperatura; observe usted la presencia de marcados gradientes y que la temperatura máxima ocurre en la mitad superior de la interfase herramienta-viruta.

En la figura 21.13, las temperaturas que se muestran fueron desarrolladas en una operación de *torneado* en acero 52100. En la figura 21.13a se muestran las distribuciones de temperatura a lo largo de la *superficie del flanco*, para $V = 60$, 90 y 170 m/min, como una función de la distancia que hay a la punta de la herramienta. En la figura 21.13b se presentan las distribuciones de temperatura en la *interfase herramienta-viruta*, para las mismas tres velocidades de corte, como una función de la fracción de la longitud de contacto. Entonces, el cero sobre la abscisa representa la punta de la herramienta y 1.0 representa el extremo de la longitud del contacto herramienta-viruta.

Note que en la ecuación (21.23), la temperatura aumenta con la velocidad de corte y la temperatura más elevada es de casi 1100 °C (2000 °F). La presencia de temperaturas tan altas en el maquinado se puede verificar con sólo observar el color azul oscuro de las virutas (causado por oxidación), el cual es producido comúnmente a velocidades de corte elevadas. Las virutas pueden incluso llegar a ser de color rojo, lo que constituye un riesgo para la seguridad del operador.

A partir de la ecuación (21.24) y los valores del exponente a, se puede ver que la velocidad de corte, V, influye mucho en la temperatura. La explicación es que a medida que la velocidad se incrementa, disminuye el tiempo necesario para la disipación del calor, con lo que la temperatura sube y, a fin de cuentas, el proceso se convierte casi en *adiabático*. Este efecto que tiene la velocidad se puede simular con mucha facilidad al frotarnos las manos cada vez más rápido.

Como puede verse en la figura 21.14, la viruta elimina la mayor parte del calor generado. Se estima que en una operación común de maquinado, 90% de la energía es eliminada por la viruta y el resto se transmite a la herramienta y a la pieza de trabajo. En dicha figura, note que conforme aumenta la velocidad de corte, una proporción mayor del calor total generado es eliminada por la viruta y menos calor va hacia otra parte. Ésta es una razón para que siempre sea deseable aumentar las velocidades del maquinado (vea *maquinado de alta velocidad* en la sección 25.5). El otro beneficio importante de las velocidades de corte más altas está asociado con la favorable economía que se obtiene al reducir el tiempo de maquinado, como se describe en la sección 25.8.

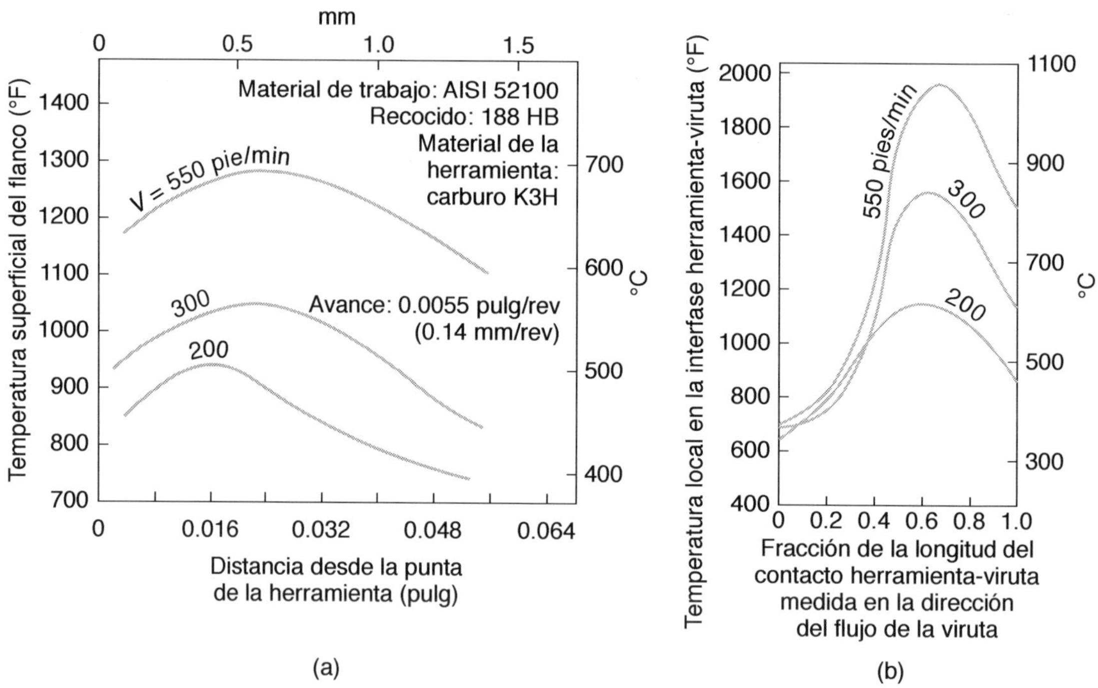

FIGURA 21.13 Temperaturas desarrolladas durante el proceso de torneado en acero 52100: (a) distribución de temperatura en el flanco y (b) distribución de temperatura en la interfase herramienta-viruta. *Fuente:* Según B. T. Chao y K. J. Trigger.

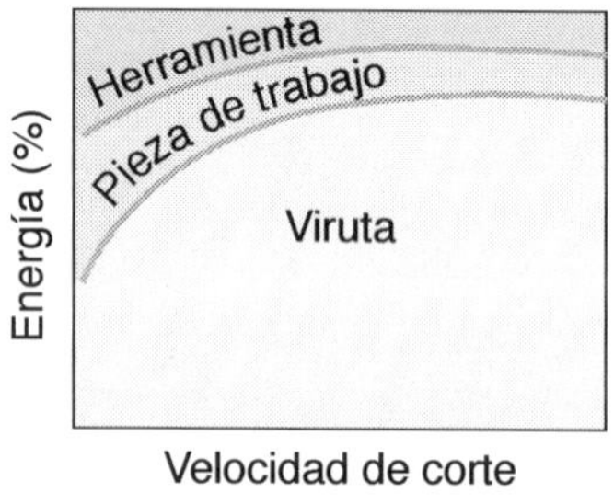

FIGURA 21.14 Proporción del calor generado al cortar que se transfiere a la herramienta, la pieza de trabajo y la viruta como una función de la velocidad de corte; observe que la viruta elimina la mayor parte del calor.

Técnicas de medición de la temperatura. Las temperaturas y su distribución en la zona de corte se pueden determinar por medio de **termopares** embebidos en la herramienta o la pieza de trabajo. Esta técnica se ha empleado con éxito, aunque implica un esfuerzo considerable. Es más fácil determinar la temperatura *media* con la **fem térmica** (fuerza electromotriz; fem, por sus siglas en inglés) en la interfase herramienta-viruta, la cual actúa como *unión caliente* entre dos materiales diferentes (herramienta y viruta). La **radiación infrarroja** de la zona de corte puede observarse también mediante un *pirómetro de radiación*; sin embargo, esta técnica solamente indica las temperaturas superficiales y su exactitud depende de la emisividad de las superficies, la cual es difícil de determinar con precisión.

21.5 Vida de la herramienta: desgaste y falla

En las secciones anteriores se ha demostrado que las herramientas de corte están sujetas a (a) elevadas tensiones localizadas en la punta de la herramienta; (b) altas temperaturas, en especial a lo largo de la superficie de ataque; (c) deslizamiento de la viruta a grandes velocidades a lo largo de la superficie de ataque y (d) deslizamiento de la herramienta a lo largo de la superficie de la pieza de trabajo maquinada nuevamente. Estas condiciones inducen al **desgaste de la herramienta**, que es una consideración importante en todas las operaciones de maquinado tanto como lo es el desgaste de dados o matrices en los procesos de fundición y conformado de metales. El desgaste de la herramienta afecta adversamente la vida de ésta, la calidad de la superficie maquinada y su precisión dimensional y, en consecuencia, la economía de las operaciones de corte.

El desgaste es un proceso gradual (vea la sección 33.5), muy parecido al desgaste de la punta de un lápiz común. La *velocidad* de desgaste de la herramienta (es decir, el volumen usado por unidad de tiempo) depende del material de la pieza de trabajo, del material

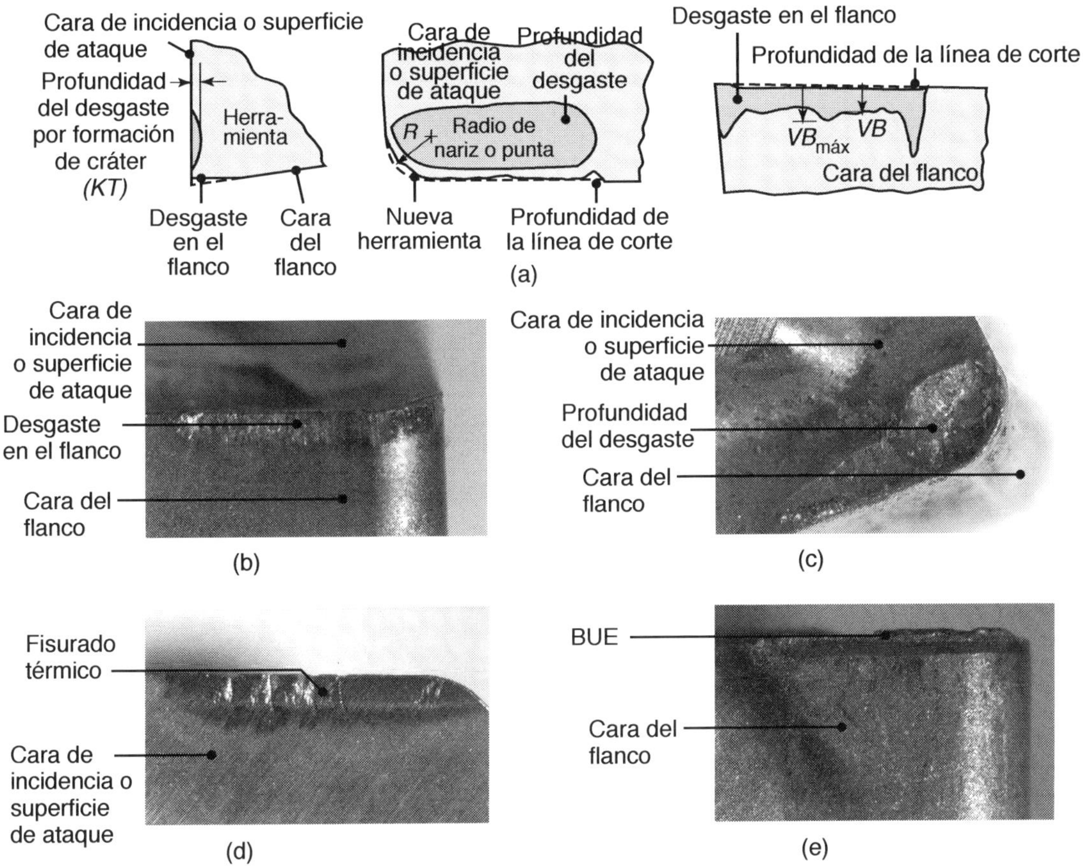

FIGURA 21.15 (a) Características del desgaste de la herramienta en una operación de torneado; con VB se denota el desgaste promedio del flanco. Desde (b) hasta (e) se muestran ejemplos de desgaste en herramientas de corte: (b) desgaste en el flanco, (c) craterización o desgaste por formación de cráter, (d) fisurado térmico y (e) desgaste en el flanco y borde acumulado. *Fuente:* (a) Términos y definiciones reproducidos con permiso de la International Organization for Standardization, ISO, propietaria de los derechos de autor. (b) a (e) Cortesía de Kennametal Inc.

de que estén hechos la herramienta y sus recubrimientos, de la geometría de ésta, de los parámetros del proceso, de los fluidos de corte y de las características de la máquina herramienta. El desgaste de la herramienta y los cambios resultantes en su geometría (vea la figura 21.13) generalmente se clasifican como *desgaste del flanco*, *craterización* o *desgaste por formación de cráter*, *desgaste de nariz*, *muescado*, *deformación plástica*, *astillado* y *fractura mayor*.

21.5.1 Desgaste del flanco

El *desgaste del flanco* ocurre en la cara o superficie de incidencia o alivio (flanco) de la herramienta, como se aprecia en las figuras 21.15a, b y e. Por lo general, se atribuye a (a) fricción de la herramienta a lo largo de la superficie maquinada, lo que ocasiona desgaste adhesivo o abrasivo, y (b) altas temperaturas, lo que afecta adversamente las propiedades del material de la herramienta.

En un estudio clásico realizado por F. W. Taylor (1856-1915) sobre el maquinado de aceros, efectuado a principios de la década de 1890, se estableció la siguiente relación aproximada de la vida de la herramienta, la cual es conocida como *ecuación de Taylor para la vida de la herramienta*:

$$VT^n = C, \qquad (21.25)$$

TABLA 21.3

Rangos de *n* valores para la ecuación de Taylor (21.25) para distintos materiales de la herramienta

Aceros de alta velocidad	0.08-0.2
Aleaciones fundidas	0.1-0.15
Carburos	0.2-0.5
Carburos recubiertos	0.4-0.6
Cerámicos	0.5-0.7

donde V es la velocidad de corte, T es el tiempo (en minutos) que toma desarrollar cierta pista de **desgaste permisible** del flanco (mostrado como VB en la figura 21.15a), n es un exponente que depende de los materiales de la herramienta y de la pieza de trabajo, además de las condiciones de corte, y C es una constante. Cada combinación de materiales de la pieza de trabajo y la herramienta y cada condición de corte tienen sus propios valores para n y C, los cuales se determinan experimentalmente y con frecuencia se basan en los requerimientos de acabado de la superficie. Asimismo, la ecuación de Taylor se aplica con frecuencia aunque el desgaste del flanco no sea el modo de desgaste dominante (vea la figura 21.15), o cuando se usa un criterio diferente (como el empleo de una potencia requerida en maquinado) para definir C y n. Por lo general, n depende del material de la herramienta, como se aprecia en la tabla 21.3, y C del material de la pieza de trabajo. Note que la magnitud de C es la velocidad de corte en $T = 1$ min.

Para apreciar la importancia del exponente n, podemos reescribir la ecuación (21.25) como sigue:

$$T = \left(\frac{C}{V}\right)^{1/n}, \tag{21.26}$$

donde se puede ver que para un valor constante de C, cuanto más pequeño sea el valor de n más corta será la vida de la herramienta.

La variable más importante asociada con la vida de la herramienta es la velocidad de corte, seguida de la profundidad de corte y del avance, f. Para el torneado, la ecuación (21.25) se puede modificar como:

$$VT^n d^x f^y = C, \tag{21.27}$$

donde d es la profundidad de corte y f es el avance en mm/rev o en pulg/rev, como se observa en la figura 21.2. Los exponentes x y y deben determinarse de manera experimental para cada condición de corte.

Al tomar $n = 0.15$, $x = 0.15$ y $y = 0.6$ como los valores típicos que se encuentran en la práctica del maquinado, puede verse que la velocidad de corte, la rapidez de avance y la profundidad de corte tienen menos importancia. La ecuación (21.27) se puede reescribir como sigue:

$$T = C^{1/n} V^{-1/n} d^{-x/n} f^{-y/n}, \tag{21.28}$$

o bien, si se usan los valores típicos para los exponentes, como

$$T \approx C^7 V^{-7} d^{-1} f^{-4}. \tag{21.29}$$

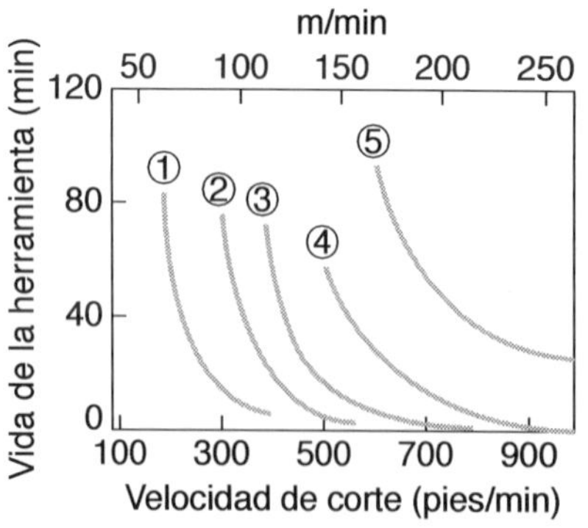

	Dureza (HB)	Ferrita	Perlita
① Fundido	265	20%	80%
② Fundido	215	40	60
③ Fundido	207	60	40
④ Recocido	183	97	3
⑤ Recocido	170	100	—

FIGURA 21.16 Efecto de la dureza de la pieza de trabajo y de la microestructura sobre la vida de la herramienta al tornear hierro fundido dúctil; observe la rápida disminución (que tiende a cero) de la vida de la herramienta conforme aumenta la velocidad de corte. Los materiales para herramienta se han desarrollado para soportar altas temperaturas, como los carburos, cerámicos y el nitruro de boro cúbico, según se describe en el capítulo 22.

Para obtener una constante de la vida de la herramienta se pueden hacer las observaciones siguientes a partir de la ecuación (21.29):

- Si el avance o la profundidad de corte aumentan, debe disminuirse la velocidad de corte, y viceversa.
- En función de los exponentes, la reducción de la velocidad puede dar como resultado un aumento en el volumen del material eliminado, debido al aumento en el avance o en la profundidad de corte.

Curvas de vida de la herramienta. Las *curvas de vida de la herramienta* son gráficas de datos experimentales obtenidos a partir de pruebas de corte para varios materiales y en diferentes condiciones de corte, como la velocidad de corte, el avance, la profundidad de corte, el material y la geometría de la herramienta y los fluidos de corte. En la figura 21.16 note, por ejemplo, que (a) la vida de la herramienta disminuye rápidamente a medida que se incrementa la velocidad de corte, (b) la condición del material de la pieza de trabajo tiene gran influencia en la vida de la herramienta y (c) hay mucha diferencia en la vida de la herramienta para diferentes microestructuras del material de la pieza de trabajo (capítulo 4).

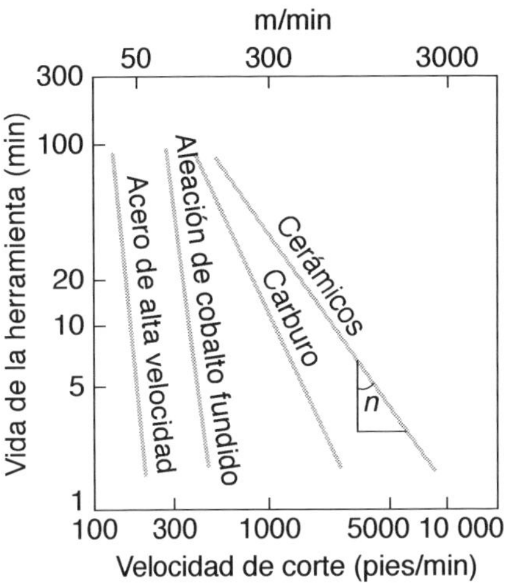

FIGURA 21.17 Curvas de vida de la herramienta para varios materiales de herramientas de corte. El recíproco negativo de la pendiente de estas curvas es el exponente n en la ecuación de Taylor para la vida de la herramienta (21.25), C es la velocidad de corte en $T = 1$ min y varía desde casi 200 hasta 10 000 pies/min en esta figura.

Es importante el tratamiento térmico de la pieza de trabajo, principalmente por el aumento en su dureza. Por ejemplo, la ferrita tiene una dureza de alrededor de 100 HB, la de la perlita es de 200 HB y la de la martensita va de 300 a 500 HB. Impurezas y componentes duros presentes en el material o en la superficie de la pieza de trabajo, tales como herrumbre, escamas y escoria, también son factores importantes debido a que su acción abrasiva reduce la vida de la herramienta.

El exponente n se puede determinar a partir de las curvas de vida de la herramienta (vea la figura 21.17). Observemos que cuanto más pequeño es el valor de n, más rápido disminuye la vida de la herramienta al incrementarse la velocidad de corte. Aunque las curvas de vida de la herramienta son un tanto lineales en un rango limitado de velocidades de corte, rara vez lo son en un rango amplio. Además, el exponente n puede incluso hacerse *negativo* a bajas velocidades de corte, lo cual significa que las curvas de vida de la herramienta en realidad alcanzan un máximo y después bajan. Debido a esta posibilidad, debe tenerse precaución al usar las ecuaciones de vida de la herramienta más allá del rango de velocidades de corte en que son aplicables.

Debido a que la temperatura tiene una gran influencia en las propiedades físicas y mecánicas de los materiales (vea los capítulos 2 y 3), se espera que también influya mucho en el desgaste. Así, conforme aumenta la temperatura, aumenta el desgaste.

EJEMPLO 21.2 Incremento de la vida de la herramienta mediante la reducción de la velocidad de corte

Dado: Suponga que para cierta combinación de herramienta y pieza de trabajo, $n = 0.5$ y $C = 400$.

Se solicita: Utilizando la ecuación de Taylor para la vida de la herramienta, calcular el porcentaje de aumento en la vida de la herramienta cuando la velocidad de corte se reduce 50 por ciento.

Respuesta: Como $n = 0.5$, la ecuación de Taylor puede escribirse como $VT^{0.5} = 400$. Se denota con V_1 la velocidad inicial y con V_2 la velocidad reducida; así, $V_2 = 0.5V_1$. Debido a que C es una constante igual a 400, tenemos la relación,

$$0.5V_1\sqrt{T_2} = V_1\sqrt{T_1}.$$

Al simplificar esta ecuación,

$$\frac{T_2}{T_1} = \frac{1}{0.25} = 4.$$

Entonces, el cambio en la vida de la herramienta es

$$\frac{T_2 - T_1}{T_1} = \left(\frac{T_2}{T_1}\right) - 1 = 4 - 1 = 3$$

es decir, la vida de la herramienta se incrementó en 300%. Observemos que una *reducción* en la velocidad de corte dio como resultado un gran *incremento* en la vida de la herramienta. También tenemos que, para este problema, no es relevante la magnitud de C.

Pista de desgaste permisible. Un cuchillo o unas tijeras tienen que afilarse cuando se deteriora la calidad de su corte o las fuerzas requeridas para operarlos son demasiado grandes. De igual manera, las herramientas de corte necesitan afilarse o sustituirse cuando (a) el acabado de la superficie de la pieza maquinada se comienza a deteriorar; (b) las fuerzas de corte se incrementan de manera significativa, o (c) la temperatura sube significativamente. En la tabla 21.4 se proporciona la *pista de desgaste permisible*, denotada con *VB* en la figura 21.15a, para distintas condiciones de maquinado. Para mejorar la precisión dimensional y el acabado superficial, la pista de desgaste permisible debe ser más pequeña que los valores dados en la tabla. La *velocidad de corte recomendada* para una herramienta de acero de alta velocidad (vea la sección 22.2), por lo general, es aquella que produce una vida para la herramienta de 60 a 120 minutos y, para una herramienta de carburo (sección 22.4), una vida de 30 a 60 minutos.

Velocidad de corte óptima. Recordemos que conforme se aumenta la velocidad de corte, la vida de la herramienta se reduce rápidamente. Por otro lado, si la velocidad de corte es baja, la vida de la herramienta es larga, pero la velocidad de remoción de material también es baja. Entonces, existe una *velocidad de corte óptima* basada en consideraciones económicas o de producción en la que la vida de la herramienta es larga y las velocidades de producción son razonablemente altas. Debido a que involucra varios parámetros adicionales, este tema se describe con más amplitud en la sección 25.8.

EJEMPLO 21.3 Efecto de la velocidad de corte en la remoción de material

El efecto de la velocidad de corte en el volumen de metal removido entre los cambios de herramienta (o su afilado) se aprecia mediante el análisis de la figura 21.16. Supongamos que un material se maquina en una condición de fundición y que tiene una dureza de 265 HB. Note que cuando la velocidad de corte es de 60 m/min, la vida de la herramienta es de cerca de 40 minutos. Por lo tanto, la herramienta recorre una distancia de 60 m/min × 40 min = 2400 m antes de que deba ser sustituida. Sin embargo, cuando la velocidad de corte aumenta a 120 m/min, la vida de la herramienta se reduce a cerca de 5 minutos y, por ello, recorre 120 m/min × 5 min = 600 m antes de que deba reemplazarse.

Como el volumen del material removido es directamente proporcional a la distancia recorrida por la herramienta, se puede ver que con la *disminución* de la velocidad de corte se remueve *más* material entre los cambios de herramienta. Sin embargo, es importante notar que cuanto más baja sea la velocidad de corte, más largo será el tiempo requerido para maquinar una parte, lo que tiene un efecto económico significativo en la operación (vea la sección 25.8).

TABLA 21.4

Pista de desgaste promedio permisible (vea *VB* en la figura 21.15a) para herramientas de corte en varias operaciones de maquinado

Operación	Pista de desgaste permisible (mm)	
	Herramientas de acero de alta velocidad	Herramientas de carburo
Torneado	1.5	0.4
Fresado frontal	1.5	0.4
Fresado de acabado	0.3	0.3
Taladrado	0.4	0.4
Escariado	0.15	0.15

Nota: La pista de desgaste permisible para herramientas de material cerámico es mayor en alrededor de 50%; el desgaste permisible para una muesca (vea la sección 21.5.3), $VB_{máx}$, es casi lo doble del *VB*.

21.5.2 Desgaste por formación de cráter

El *desgaste por formación de cráter* (o craterización) ocurre en la cara de ataque de la herramienta, como se muestra en las figuras 21.15a y c y en la figura 21.18, la cual ilustra varios tipos de desgaste y fallas de la herramienta. Es fácil ver que el desgaste por formación de cráter cambia la geometría del contacto de la interfase herramienta-viruta. Los factores más significativos que influyen en la craterización son (a) la temperatura en la interfase herramienta-viruta y (b) la afinidad química de la herramienta y los materiales de la pieza de trabajo. Además, los mismos factores que influyen en el desgaste del flanco también afectan el de un cráter.

La craterización se atribuye, en general, a un **mecanismo de difusión**; es decir, al movimiento de los átomos a través de la interfase herramienta-viruta. Como la velocidad de difusión se incrementa con el aumento de temperatura, el desgaste por formación de cráter se incrementa conforme lo hace la temperatura. En la figura 21.19, por ejemplo, note lo rápido que aumenta el desgaste por craterización con la temperatura en un rango estrecho. Aplicar *recubrimientos* protectores a las herramientas es una medida eficaz para reducir el proceso de difusión y con

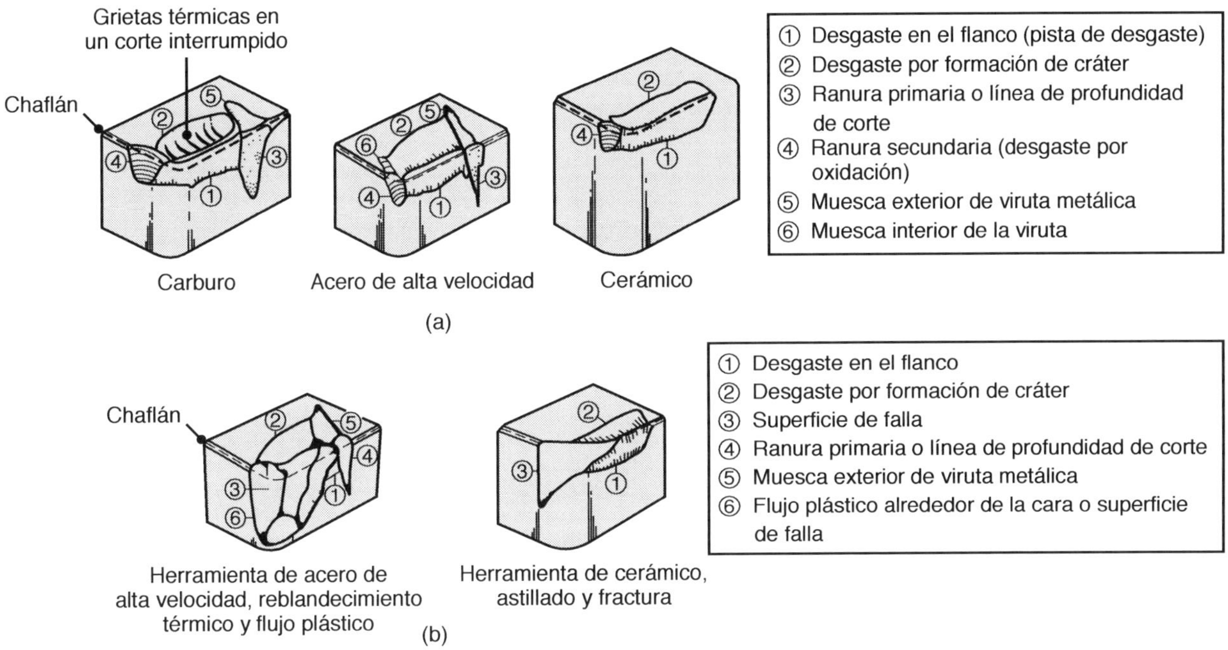

FIGURA 21.18 (a) Ilustraciones esquemáticas de los tipos de desgaste observados en diferentes herramientas de corte. (b) Ilustraciones esquemáticas de fallas catastróficas de herramientas. Un rango amplio de parámetros influye en estos modos de desgaste y falla. *Fuente:* Impreso con permiso de V. C. Venkatesh.

ello disminuir el desgaste por formación de cráter. Los recubrimientos comunes para las herramientas contemplan: nitruro de titanio, carburo de titanio, carbonitruro de titanio y óxido de aluminio, y se describen con mucho detalle en la sección 22.6.

Al comparar las figuras 21.12 y 21.15a, se puede ver que la ubicación de la *profundidad máxima* del desgaste por formación de cráter, *KT*, coincide con la ubicación de la *temperatura máxima* en la interfase herramienta-viruta. La sección transversal real de esta interfase, para acero maquinado a altas velocidades, se ilustra en la figura 21.20. Note que el patrón de desgaste por formación de cráter sobre la herramienta coincide con su patrón de decoloración, que es un indicativo de la presencia de altas temperaturas.

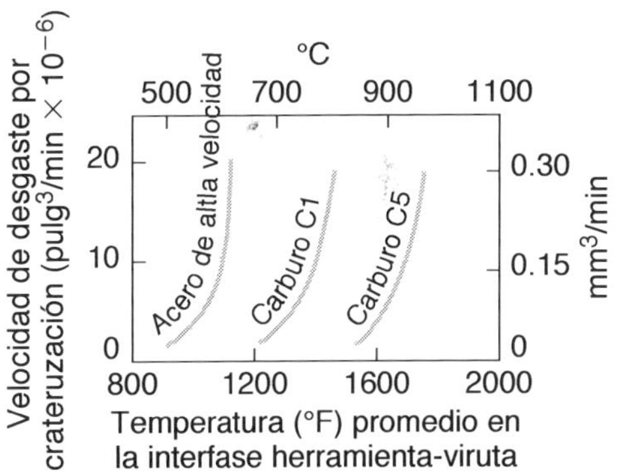

FIGURA 21.19 Relación entre la velocidad de desgaste por formación de cráter y la temperatura promedio presente en la interfase herramienta-viruta. Note lo rápido que aumenta la velocidad de desgaste por formación de cráter con un incremento de la temperatura. *Fuente:* Según B. T. Chao y K. J. Trigger.

21.5.3 Otros tipos de desgaste, astillado y fractura

El **desgaste de nariz,** o **mellado,** (figura 21.15a) es el redondeo del filo de una herramienta debido a efectos mecánicos y térmicos. Dicho desgaste mella la herramienta, afecta la formación de viruta y ocasiona que la herramienta roce contra la pieza de trabajo, lo que eleva su temperatura e induce esfuerzos residuales sobre la superficie maquinada. Un fenómeno relacionado es el **redondeo del filo,** como se ilustra en la figura 21.15a.

El incremento de la temperatura es particularmente dañino para las herramientas de acero de alta velocidad, como se aprecia en la figura 22.1. Las herramientas también sufren **deformación plástica** debido a los aumentos de temperatura en la zona de corte, donde se alcanzan con facilidad los 1000 °C (1800 °F) al maquinar aceros y pueden ser mayores en función de la resistencia del material maquinado.

Las **ranuras** o **muescas** observadas en las herramientas de corte, como en las figuras 21.15a y 21.18, se atribuyen al hecho de que la región en que ocurren es el límite en que la viruta ya no está en contacto con la herramienta. Conocido como **línea de profundidad**

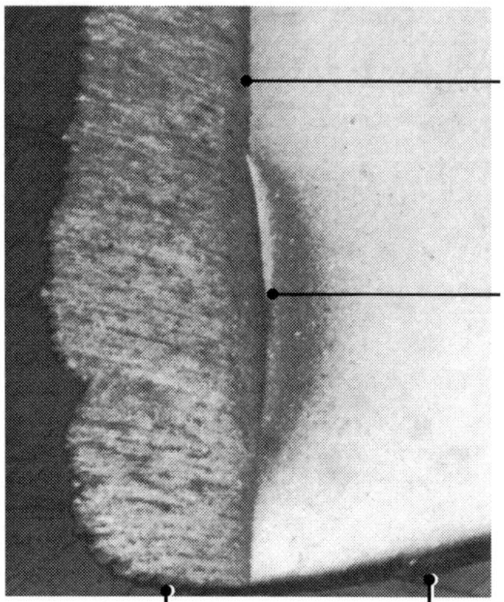

FIGURA 21.20 Interfase de una herramienta de corte (derecha) y una viruta (izquierda) al maquinar acero al bajo carbono; la decoloración de la herramienta indica la presencia de altas temperaturas (compare esta figura con los perfiles de temperatura mostrados en la figura 21.12). *Fuente:* Cortesía de P. K. Wright.

del corte (DOC, por sus siglas en inglés) (vea la figura 21.15a), dicho límite oscila debido a las variaciones inherentes en la operación de corte. En el corte ortogonal o con bajas velocidades de avance, esta región está al menos parcialmente en contacto con la nueva superficie generada por el maquinado; la delgada capa de endurecimiento por trabajo que se puede desarrollar en la pieza de trabajo contribuirá a la formación de la ranura de desgaste. Si es lo bastante profunda, la ranura evolucionará hacia el astillado de la punta de la herramienta debido a (a) su ya reducida sección transversal y (b) la sensibilidad a la muesca del material de la herramienta.

Las *capas de escamas* (o *cascarillas*) y óxido en la superficie de una pieza de trabajo también contribuyen al desgaste por muesca, ya que dichas capas son duras y abrasivas; así, no se deben practicar los cortes ligeros en piezas de trabajo con tales capas. Por ejemplo, en la figura 21.3, la profundidad de corte, t_o, debe ser mayor que el espesor de la escama sobre la pieza de trabajo.

Además de estar sujetas al desgaste, las herramientas de corte pueden sufrir **astillado** (o **despostillado**), con lo que se desprende un pequeño fragmento del filo de corte de la herramienta. Este fenómeno, que es común ocurra en materiales para herramientas que son frágiles, como los cerámicos; es parecido al astillado de la punta de un lápiz si está demasiado afilada. Los fragmentos astillados de la herramienta de corte pueden ser muy pequeños (se llaman **microastillas** o **macroastillas** según su tamaño) o relativamente grandes, en cuyo caso se denominan indistintamente **astillado burdo**, **fractura burda** y **fractura catastrófica** (vea la figura 21.18).

El astillado también ocurre en una región de la herramienta en la cual ya existe una pequeña grieta o un defecto generado durante su producción. A diferencia del desgaste, que es un proceso gradual, el astillado es una pérdida súbita de material de la herramienta, con lo que cambia la forma de la herramienta. Como es de esperarse, el astillado tiene un efecto muy dañino en el acabado superficial, en su integridad y en la precisión dimensional de la pieza de trabajo.

Las dos causas principales del astillado son las siguientes:

- **Choque mecánico**, como un impacto debido a interrupción del corte, digamos, al girar un eje roto en un torno.
- **Fatiga térmica**, debido a variaciones cíclicas en la temperatura de la herramienta en un corte interrumpido.

Las **grietas térmicas** son, por lo general, perpendiculares a la arista de corte de la herramienta, como se aprecia en la superficie de ataque de la herramienta de carburo en las figuras 21.15d y 21.18a. Las grandes variaciones en la composición o estructura del material de la pieza de trabajo también provocan astillado por diferencias en sus propiedades térmicas.

El astillado se puede reducir al seleccionar materiales con mucha resistencia al impacto y al choque térmico para hacer las herramientas, como se describe en el capítulo 22. Los ángulos de ataque grandes y positivos contribuyen al astillado debido al pequeño ángulo incluido de la punta de la herramienta, como se puede visualizar en la figura 21.3. Asimismo, es posible que la región de craterización avance en dirección de la punta de la herramienta, lo que la debilita debido a la reducción del volumen de material.

21.5.4 Monitoreo de la condición de la herramienta

Con el rápido avance y la evolución experimentada en las máquinas herramientas controladas por computadora y la manufactura automatizada, el desempeño confiable y repetible de las herramientas de corte se ha vuelto una consideración muy importante. Como se describe en los capítulos 23 a 25, las máquinas herramientas modernas operan con poca supervisión directa del operador y, por lo general, se encuentran aisladas, lo que hace imposible o difícil vigilar su operación y la condición que guarda la herramienta de corte. Por lo tanto, resulta esencial vigilar continua e indirectamente la condición de la herramienta de corte con el fin de detectar si hay, por ejemplo, desgaste excesivo, astillamiento o una falla grave de la herramienta. En las máquinas herramientas modernas, los sistemas de vigilancia de la condición de la herramienta están integrados a controladores lógicos programables y a control numérico computarizado.

Es común que las técnicas para monitorear la condición de la herramienta se dividan en dos categorías generales: directas e indirectas. El **método directo** de observar la condición de una herramienta de corte involucra mediciones *ópticas* del desgaste, como la observación periódica de los cambios ocurridos en el perfil de la herramienta. Ésta es una técnica común y confiable y se realiza con el uso de un microscopio (*microscopio de fabricante de herramientas*). Sin embargo, el método requiere que la operación de corte se detenga para hacer la observación. Otro método directo involucra la programación de la herramienta para que entre en contacto con un sensor después de cada ciclo de maquinado; este enfoque permite la medición del desgaste y/o la detección de herramientas rotas. Por lo general, el sensor incluye una sonda de contacto la cual debe presionarse contra la punta de la herramienta.

Los **métodos indirectos** involucran la correlación de la condición de la herramienta con parámetros tales como las fuerzas de corte, la potencia, el aumento de temperatura, el acabado de la superficie de la pieza de trabajo, vibración y traqueteo. Una técnica común es la **emisión acústica** (AE, por sus siglas en inglés), la cual utiliza un *transductor piezoeléctrico* montado en el soporte de la herramienta. El transductor recoge emisiones acústicas (por lo común arriba de los 100 kHz) que se originan en las ondas de esfuerzo generadas durante el corte. Con el análisis de las señales es posible vigilar el desgaste y despostillado de la herramienta. Esta técnica es particularmente efectiva en las operaciones de maquinado de precisión, donde las fuerzas de corte son débiles (debido a las pequeñas cantidades de material removido). Otro uso efectivo de la emisión acústica es la detección de la fractura de herramientas pequeñas de carburo a velocidades altas de corte.

Un sistema indirecto similar de monitoreo de la condición de la herramienta consta de **transductores** que se instalan en máquinas herramientas originales o se ajustan a máquinas preexistentes. El sistema vigila continuamente el torque y las fuerzas que se generan durante el corte. Las señales se amplifican y un microprocesador analiza e interpreta su contenido. El sistema es capaz de distinguir señales provenientes de distintas fuentes, como la fractura de una herramienta, su desgaste, la falta de herramienta, la sobrecarga de la máquina herramienta o la colisión con otros de sus componentes. El sistema también puede compensar en forma automática el desgaste de la herramienta y con ello mejorar la precisión dimensional de la parte que se ha de maquinar.

El diseño de los transductores debe ser tal que sean (a) no intrusivos para la operación de maquinado; (b) exactos y repetibles en la detección de señales; (c) resistentes al abuso y robustos para soportar el ambiente del taller (vea las secciones 36.5.1 y 40.7) y (d) eficientes en cuanto al costo. En el desarrollo de **sensores** hay un avance continuo, inclusive en el uso de *técnicas infrarrojas* y *de fibra óptica* para medición de la temperatura durante el maquinado.

Para abatir el costo de las máquinas herramientas de control numérico, el monitoreo se efectúa por medio de un **tiempo del ciclo de la herramienta**. En el entorno de producción, una vez que se ha determinado la esperanza de vida de una herramienta de corte o de un inserto, el sistema se integra a la unidad de control de la máquina de modo que el operador reciba un aviso para que cambie la herramienta cuando transcurre dicho tiempo. Este sistema no es caro y resulta muy confiable, aunque no totalmente debido a la variación estadística inherente a la vida de la herramienta.

21.6 Acabado e integridad de la superficie

El acabado superficial influye no sólo en la precisión dimensional de las partes maquinadas sino también en sus propiedades y desempeño en el servicio. El término *acabado superficial* describe las características geométricas de una superficie (vea el capítulo 33) y la *integridad de la superficie* se refiere a las propiedades del material, tales como su resistencia a la fatiga y a la corrosión, que se ven muy influidas por la naturaleza de la superficie producida.

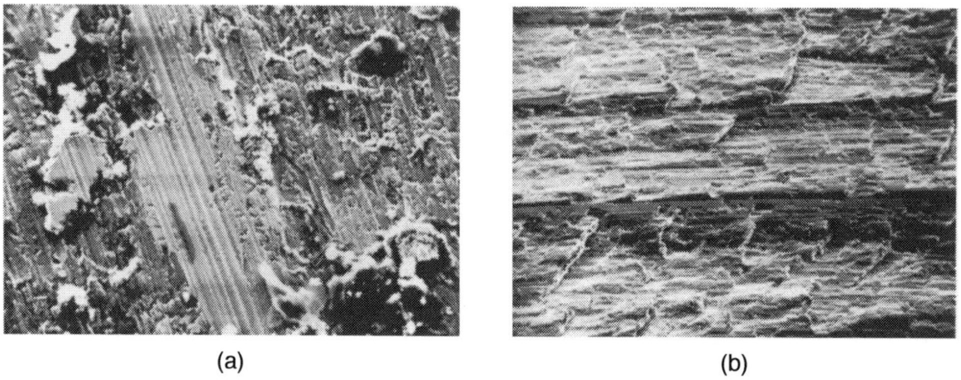

FIGURA 21.21 Superficies maquinadas producidas en acero (muy ampliadas) según se observan con un microscopio electrónico de barrido: (a) superficie torneada y (b) superficie producida por remoción de material para dar forma. *Fuente:* Cortesía de JT Black y S. Ramalingam.

Con su significativo efecto en el cambio del perfil de la punta de la herramienta, el *borde acumulado* (vea la figura 21.6) tiene la influencia más grande en el acabado superficial. En la figura 21.21 se muestran las superficies producidas en dos operaciones diferentes de corte. Observe el considerable daño producido a las superficies debido al borde acumulado; el daño puede detectarse por las marcas abrasivas, que se desvían de las ranuras o surcos rectos que resultarían del maquinado normal, como se observa en la figura 21.2. Por lo general, las herramientas hechas a partir de materiales cerámicos y de diamante producen un mejor acabado superficial que otras herramientas, en gran medida por su menor tendencia a formar un borde acumulado.

Una herramienta *mellada* tiene un gran radio a lo largo de sus bordes, igual que la punta de un lápiz o el filo de un cuchillo mellados. La figura 21.22 ilustra la relación entre el radio del filo de corte y la profundidad de corte en el corte ortogonal. Note que con profundidades de corte pequeñas, el ángulo efectivo de ataque se vuelve negativo y la herramienta simplemente avanza sobre la pieza de trabajo en lugar de cortarla y producir virutas. Éste es un fenómeno similar a tratar de raspar una capa delgada de la superficie de una barra de mantequilla con un cuchillo sin filo.

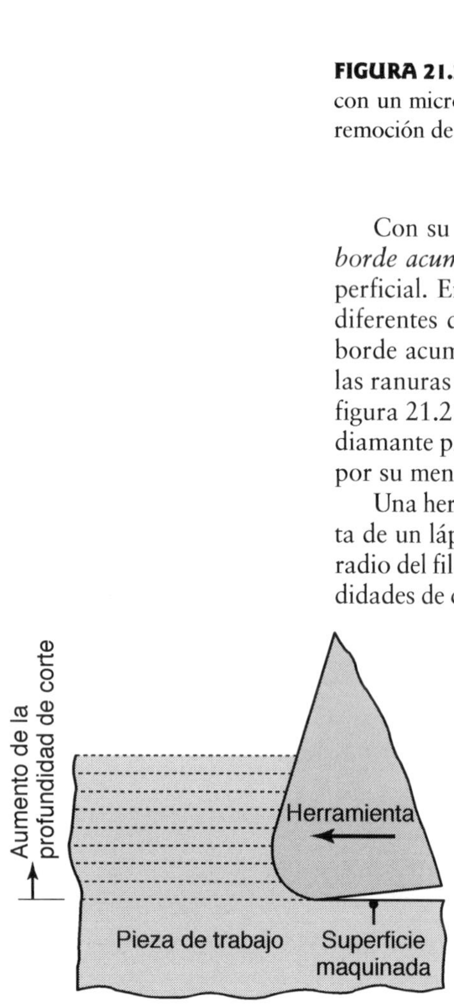

FIGURA 21.22 Ilustración esquemática de una herramienta mellada con respecto a la profundidad de corte en un maquinado ortogonal (exagerado); observe que la herramienta tiene un ángulo de ataque positivo, pero conforme disminuye la profundidad de corte, el ángulo efectivo de ataque puede hacerse negativo. En ese caso, la herramienta simplemente se desliza sobre la pieza de trabajo (sin cortarla) y pule su superficie; esta acción eleva la temperatura de la pieza y genera esfuerzos residuales en la superficie y cambios metalúrgicos.

Si el radio de la punta de la herramienta (no confundir con el radio R que se muestra en la figura 21.15a) es grande en relación con la profundidad de corte, la herramienta simplemente rozará sobre la superficie maquinada. Ese roce generará calor e inducirá esfuerzos superficiales residuales que a su vez ocasionan daño en la superficie, como rasgaduras y grietas. En consecuencia, la profundidad de corte debe ser mayor que el radio en el filo de corte.

En una operación de torneado, como en otros procesos de corte descritos en el resto de la parte IV de este texto, la herramienta deja un perfil espiral (llamado **marcas de avance**) en la superficie maquinada a medida que se desplaza a través de la pieza de trabajo, como se muestra en las figuras 21.2 y 21.23. Se observa que cuanto mayor sea el avance, f, y más pequeño sea el radio de la nariz de la herramienta, R, más prominentes serán las marcas generadas por el avance. Es posible demostrar que la rugosidad superficial, para un caso como el descrito, está dada por

$$R_t = \frac{f^2}{8R}, \qquad (21.30)$$

donde R_t es la *altura de la rugosidad*, como se describe en la sección 33.3. Aunque no son significativas en las operaciones de maquinado burdo, las marcas de avance son importantes en el maquinado de acabado (más detalles sobre la rugosidad superficial para procesos individuales de maquinado se darán conforme se describan).

En la sección 25.4 se describen con detalle la *vibración y el traqueteo*. Por ahora debe reconocerse que si la herramienta vibra o se mueve durante el corte, afectará adversamente el acabado superficial de la pieza de trabajo. La razón es que una herramienta que vibra cambia periódicamente las dimensiones del corte. El traqueteo excesivo también ocasiona astillado y falla prematura de las herramientas de corte frágiles, como los cerámicos y el diamante.

Los factores que afectan la integridad de la superficie son:

- Las temperaturas generadas durante el procesamiento y las posibles transformaciones metalúrgicas.
- Esfuerzos residuales superficiales.
- Severa deformación plástica y endurecimiento por deformación de las superficies maquinadas, desgarraduras y grietas.

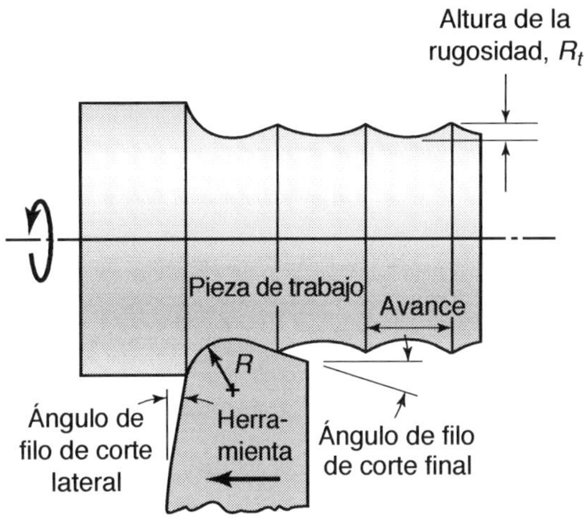

FIGURA 21.23 Ilustración esquemática de las marcas de avance en una superficie sujeta a torneado (exagerada).

Cada uno de estos factores tiene efectos adversos graves en la parte maquinada, aunque se pueden prevenir por medio de la selección cuidadosa y el mantenimiento de las herramientas de corte, así como al mantener el control de las variables del proceso.

Debe hacerse énfasis en la diferencia entre el **maquinado de acabado** y el **maquinado burdo** o **de desbaste**. En el maquinado de acabado es importante considerar el acabado superficial por producir, mientras que en el maquinado burdo el propósito principal es remover una gran cantidad de material a un ritmo intenso. El acabado superficial no es una consideración primaria, ya que se mejorará durante el maquinado de acabado. Es importante que no haya daño subsuperficial resultante del maquinado burdo o de desbaste que no se pueda eliminar durante el maquinado de acabado (vea la figura 21.21).

21.7 Maquinabilidad

La *maquinabilidad* de un material se define, por lo general, en términos de cuatro factores:

1. Acabado superficial e integridad de la superficie de la parte maquinada.
2. Vida de la herramienta.
3. Requerimientos de fuerza y potencia.
4. Nivel de dificultad en el control de la viruta una vez que se genera.

Así, una buena maquinabilidad indica un buen acabado superficial e integridad de la superficie, una vida larga de la herramienta y bajos requerimientos de fuerza y potencia. Igual que sucede con el control de la viruta, y como se dijo antes en relación con las virutas continuas, aquellas que son largas, delgadas, enmarañadas y rizadas interfieren severamente con la operación de maquinado porque se enredan en la zona de corte (vea la figura 21.7).

Debido a la naturaleza compleja de las operaciones de corte es difícil establecer relaciones que definan en forma cuantitativa la maquinabilidad de un material en particular. En la práctica del maquinado, generalmente se considera que la vida de la herramienta y la rugosidad superficial no son los factores más importantes de la maquinabilidad. Durante muchos años se han desarrollado **calificaciones de maquinabilidad** aproximadas (índices) para cada tipo de material y su condición; sin embargo, no son particularmente útiles o confiables debido a su naturaleza cualitativa. En los capítulos siguientes se presentan varias tablas que incluyen *recomendaciones específicas* para distintos grupos de materiales con parámetros como velocidad de corte, avance, profundidad de corte, herramientas de corte y su forma y tipos de fluidos de corte.

21.7.1 Maquinabilidad de metales ferrosos

Esta sección describe la maquinabilidad de aceros, aleaciones de acero, aceros inoxidables y hierro fundido.

Aceros. Debido a que los aceros se encuentran entre los materiales de ingeniería más importantes, como ya observamos en el capítulo 5, su maquinabilidad ha sido estudiada extensamente. Los aceros al carbono tienen un rango amplio de maquinabilidad, lo que depende de su ductilidad y dureza. Si un acero al carbono es demasiado dúctil puede desarrollarse un borde acumulado, lo que lleva a un mal acabado de la superficie. Si el acero es demasiado duro puede ocasionar el desgaste abrasivo de la herramienta debido a la presencia de carburos en el acero. Desde el punto de vista de la maquinabilidad, son preferibles los aceros al carbono trabajados en frío.

Un grupo importante de aceros son los de **libre maquinado** que contienen azufre y fósforo. El *azufre* forma inclusiones de sulfuro de manganeso (*partículas de segunda fase*, sección 4.2.3) que actúan como acumuladores de tensión en la zona primaria de corte. Como resultado, las virutas producidas se rompen con facilidad y son pequeñas, lo que mejora la maquinabilidad. El tamaño, la forma, distribución y concentración de dichas inclusiones influye de manera significativa en la maquinabilidad. Elementos tales como el *telurio* y el *selenio*, que tienen una química similar a la del azufre, actúan como *modificadores de las inclusiones* en los aceros resulfurados.

En los aceros el *fósforo* tiene dos efectos principales: (a) fortalece la ferrita, lo que ocasiona mayor dureza y da como resultado mejor formación de virutas y acabado superficial, y (b) aumenta la dureza, causando la formación de virutas cortas en lugar de cadenas continuas, lo que mejora la maquinabilidad. Los aceros suaves son difíciles de maquinar por su tendencia a la formación de borde acumulado y el mal acabado superficial resultante.

En los **aceros con plomo**, un gran porcentaje de plomo se solidifica en los extremos de las inclusiones de sulfuro de manganeso. En los grados no resulfurados de acero, el plomo adopta la forma de partículas dispersas finas. El plomo es insoluble en fierro, cobre y aluminio y sus aleaciones y, debido a su baja resistencia cortante, actúa como un lubricante *sólido* (vea la sección 33.7.6) y queda embarrado sobre la interfase herramienta-viruta durante el maquinado.

Cuando la temperatura desarrollada es lo suficientemente alta, como sucede con las velocidades de corte y los avances, el plomo se funde directamente frente a la herramienta y actúa como un lubricante líquido. Además de tener este efecto, el plomo disminuye el esfuerzo cortante en la zona primaria de corte, lo que reduce las fuerzas de corte y el consumo de energía. El plomo puede usarse con cada grado de acero y se identifica con una "L" entre el segundo y el tercer numeral en la señalización del acero (por ejemplo, 10L45). En los aceros inoxidables, un uso similar de la L significa "bajo carbono", lo cual mejora su resistencia a la corrosión.

Debido a que el plomo es una *toxina* muy conocida y un contaminante, hay diversas e importantes preocupaciones ambientales sobre su uso en los aceros (se estima que en la producción de aceros cada año se consumen unas 4500 toneladas de plomo). Por lo tanto, hay una tendencia permanente hacia su eliminación en los aceros (**aceros libres de plomo**). El *bismuto* y la *hojalata* son sustitutos del plomo en los aceros, pero no son tan efectivos para mejorar su maquinabilidad.

Los **aceros con óxidos de calcio** contienen hojuelas de óxido de silicatos de calcio (CaSO) que reducen la resistencia de la zona secundaria de corte y disminuyen la fricción y el desgaste en la interfase herramienta-viruta. Debido a que el incremento de temperatura disminuye en correspondencia, estos aceros producen menos desgaste por formación de cráter, en especial a altas velocidades de corte.

Las **aleaciones de acero** pueden tener una gran variedad de composiciones y durezas, por lo que no puede generalizarse sobre su maquinabilidad. Una tendencia importante en el maquinado de estos aceros es el *torneado para piezas con alta dureza*, el cual está descrito con detalle en la sección 25.6. Las aleaciones de acero con niveles de dureza de 45-65 HRC pueden maquinarse con herramientas de corte policristalinas de nitruro de boro cúbico (cBN, vea la sección 22.7) y producen buen acabado e integridad superficiales y buena precisión dimensional.

Efectos de distintos elementos en los aceros. La presencia de *aluminio* y *silicio* en los aceros siempre es dañina porque dichos elementos se combinan con el oxígeno y forman óxidos de aluminio y silicatos, que son duros y abrasivos. Como resultado, se incrementa el desgaste de la herramienta y se reduce la maquinabilidad de los aceros.

El *carbono* y el *manganeso* tienen varios efectos en la maquinabilidad de los aceros, lo cual depende de su composición. Los aceros de bajo carbono (menos de 0.15% C) pueden producir un mal acabado superficial por la formación de borde acumulado. Los aceros fundidos pueden ser abrasivos, aunque su maquinabilidad es similar a la de los aceros forjados. Las herramientas y los troqueles de acero son muy difíciles de maquinar y, por lo general, requieren ser recocidos antes de maquinarlos. La maquinabilidad de la mayoría de los aceros se mejora con el trabajo en frío, lo cual endurece el material y reduce la tendencia a la formación de borde acumulado.

Otros elementos de aleaciones, como el *níquel*, *cromo*, *molibdeno* y *vanadio*, que mejoran las propiedades de los aceros, también suelen reducir la maquinabilidad. El efecto del *boro* es insignificante. Elementos gaseosos como el *hidrógeno* y el *nitrógeno* pueden tener efectos particularmente dañinos en las propiedades del acero. Se ha demostrado que el oxígeno tiene mucho efecto en la razón de aspecto de las inclusiones de sulfuro de manganeso. A mayor contenido de oxígeno, menor es la razón de aspecto y mayor la maquinabilidad.

En la mejora de la maquinabilidad de los aceros es importante considerar también los posibles efectos perjudiciales de los elementos de aleación en las propiedades y dureza de las partes maquinadas en servicio. Por ejemplo, a temperaturas elevadas el plomo ocasiona que el acero se *fragilice* (fragilización por metal líquido y fragilidad en caliente; vea la sección 1.5.2), aunque a temperatura ambiente no tiene efecto en sus propiedades mecánicas.

El azufre reduce severamente la capacidad del trabajo en caliente de los aceros debido a la formación de sulfuro de fierro, a menos que haya suficiente manganeso presente para impedir esa formación. A temperatura ambiente las propiedades mecánicas de los aceros resulfurados dependen de la orientación de las inclusiones deformadas de sulfuro de manganeso. Los aceros refosforados son mucho menos dúctiles y se producen únicamente con el propósito de mejorar la maquinabilidad.

Aceros inoxidables. Los aceros austeníticos (serie 300) son, por lo general, difíciles de maquinar. El traqueteo puede ser un problema, por lo que se necesitan máquinas herramientas con mucha rigidez. Los aceros inoxidables ferríticos (serie 300) tienen buena maquinabilidad. Los aceros martensíticos (serie 400) son abrasivos, tienden a formar borde acumulado y requieren en las herramientas materiales con mucha dureza caliente y alta resistencia al desgaste por formación de cráter. Los *aceros inoxidables endurecidos por precipitación* son resistentes y abrasivos, por lo que requieren herramientas hechas de materiales duros y resistentes a la abrasión.

Hierros fundidos. Los *hierros grises* generalmente son maquinables, aunque pueden resultar abrasivos dependiendo de su composición, sobre todo la perlita. En las fundiciones, los carburos libres reducen su maquinabilidad y ocasionan despostillado y fractura de la herramienta. Los hierros *nodulares* y *maleables* son maquinables cuando se usan herramientas hechas con materiales duros.

21.7.2 Maquinabilidad de metales no ferrosos

A continuación se presenta un resumen de la maquinabilidad de metales y aleaciones no ferrosas:

- **Aluminio.** Por lo general es muy fácil de maquinar, aunque los grados más suaves tienden a formar borde acumulado que resulta en un mal acabado superficial; así, son recomendables las altas velocidades de corte, ángulos de ataque grandes y ángulos de incidencia o alivio grandes. Las aleaciones de aluminio forjado con alto contenido de silicio y las aleaciones de aluminio fundido son abrasivas, de modo que requieren herramientas con materiales más duros. Al maquinar aluminio el control de la tolerancia dimensional llega a ser un problema debido a que tiene un coeficiente de expansión térmica elevado y un módulo de elasticidad relativamente bajo.

- **Berilio.** Es maquinable, pero como las partículas finas que se producen durante su maquinado son tóxicas, se requiere maquinarlo en un ambiente controlado.
- **Aleaciones base cobalto.** Son abrasivas y muy difíciles de trabajar; requieren herramientas hechas de materiales afilados, resistentes a la abrasión y bajos avances y velocidades.
- **Cobre.** En condición de forjado es difícil de maquinar ya que se forma borde acumulado; pero las aleaciones de cobre fundido son fáciles de maquinar. Los latones son fáciles de maquinar, en especial mediante la adición de plomo (*latones con plomo para libre maquinado*); sin embargo, debe tenerse en cuenta la toxicidad del plomo y las preocupaciones ambientales asociadas. Los bronces son más difíciles de maquinar que el latón.
- **Magnesio.** Es muy fácil de maquinar, con buen acabado superficial y larga vida de la herramienta; sin embargo, debe tenerse cuidado debido a su alta rapidez de oxidación (*pirofórico*) y al peligro de incendio.
- **Molibdeno.** Es dúctil y difícil de trabajar; produce un mal acabado superficial por lo que resulta esencial utilizar herramientas afiladas.
- **Aleaciones base níquel y superaleaciones.** Son difíciles de trabajar, abrasivas y resistentes a altas temperaturas; su maquinabilidad depende de su condición y mejora con el recocido.
- **Tantalio.** Es muy difícil de trabajar, dúctil y suave, y produce un mal acabado superficial además de un gran desgaste de la herramienta.
- **Titanio.** Junto con sus aleaciones, tiene muy mala conductividad térmica (la menor de todos los metales; vea la tabla 3.2), lo que ocasiona un aumento de temperatura significativo y borde acumulado; sus aleaciones son muy reactivas y difíciles de maquinar.
- **Tungsteno.** Es frágil, resistente y muy abrasivo; por lo tanto su maquinabilidad es baja, aunque mejora mucho a temperaturas elevadas.
- **Circonio.** Tiene buena maquinabilidad, pero requiere un tipo de fluido de corte refrigerante por el peligro de explosión e incendio.

21.7.3 Maquinabilidad de diversos materiales

Los **polímeros termoplásticos** tienen, por lo general, baja conductividad térmica y bajo módulo de elasticidad; además, se ablandan con el calor. En consecuencia, su maquinado requiere herramientas afiladas con ángulos de ataque positivos (para reducir las fuerzas de corte), ángulos de alivio o incidencia frontal grandes, profundidades de corte pequeñas, velocidades de avance relativamente altas y soporte apropiado de la pieza de trabajo. Puede ser necesario el enfriamiento externo de la zona de corte para impedir que las virutas se vuelvan pegajosas y se adhieran a las herramientas de corte. Por lo general, el enfriamiento se logra con un chorro de aire, una nube de vapor o utilizando aceites solubles en agua.

Los **polímeros termofijos** son frágiles y sensibles a los gradientes térmicos durante el corte; por lo general, las condiciones de maquinado son similares a las de los termoplásticos.

Los **materiales compósitos de matriz polimérica** son muy abrasivos debido a las fibras presentes, por lo cual son difíciles de maquinar. El rasgado y jalado de las fibras de los compósitos y el delaminado del filo son problemas importantes y pueden llevar a una fuerte reducción de la capacidad de carga de los componentes del maquinado. Maquinar estos materiales requiere un manejo cuidadoso, así como la eliminación del polvo para evitar el contacto o la inhalación de las fibras.

Los **materiales compósitos de matriz metálica y matriz de cerámicos** pueden ser difíciles de maquinar, lo que depende de las propiedades del material de la matriz y de las fibras de refuerzo.

El **grafito** es abrasivo; requiere herramientas afiladas, duras y resistentes a la abrasión.

Los materiales **cerámicos** actuales tienen cada vez mejor maquinabilidad, en particular con el desarrollo de *cerámicos maquinables* y nanocerámicos (vea la sección 8.2.5) y con la selección de parámetros apropiados de procesamiento, como un régimen dúctil de corte (descrito en la sección 25.7).

La **madera** es un material *ortotrópico*, sus propiedades varían con la dirección de su grano; en consecuencia, el tipo de virutas y superficies producidas también varían significativamente, lo que depende del tipo de madera y de su condición. El trabajo en madera, que se remonta a 3000 años a. C, continúa siendo un arte. Los requerimientos básicos son generalmente de herramientas afiladas y altas velocidades de corte.

21.7.4 Maquinado asistido térmicamente

Los metales y las aleaciones que son difíciles de maquinar a temperatura ambiente pueden maquinarse con más facilidad a temperaturas elevadas. En el maquinado asistido térmicamente, llamado también maquinado en caliente, se concentra una fuente de calor (como un soplete, una bobina inductora, una corriente eléctrica, un rayo láser, un haz de electrones o un arco de plasma) sobre un área ubicada apenas por delante de la herramienta de corte. Esta operación se investigó por primera vez en la década de 1940 y, por lo común, se lleva a cabo sobre la *temperatura homóloga* de $T/T_m = 0.5$ (vea la sección 1.7 y las tablas 1.2 y 3.1); así, los aceros son maquinados en caliente por arriba del rango de temperatura de 650 a 750 °C (1200 a 1400 °F).

Aunque es difícil y complicado realizarlo en las plantas de producción, las ventajas generales del maquinado en caliente son: (a) reducción de las fuerzas de corte, (b) vida más larga de la herramienta, (c) reducción mayor de material y (d) menor tendencia a la vibración y el traqueteo.

RESUMEN

- En ocasiones es necesario aplicar procesos de maquinado para lograr la precisión dimensional deseada, las características geométricas y de acabado superficial de los componentes, en particular de aquellos con formas complejas que no pueden producirse de manera económica empleando otras técnicas de formado. Por otro lado, el maquinado suele tomar más tiempo, desperdicia material en forma de virutas, no afecta las propiedades generales de la pieza de trabajo y puede tener efectos adversos en las superficies producidas.
- Los tipos de virutas comúnmente observados en el maquinado son virutas continuas, de borde acumulado, discontinuas y escalonadas. Las variables del proceso que son importantes en el maquinado son la forma de la herramienta y el material de que está hecha; condiciones de corte como la velocidad, el avance y la profundidad de corte; el uso de fluidos de corte y las características del material de la pieza de trabajo y de la máquina herramienta. Los parámetros que se ven influidos por estas variables son las fuerzas y el consumo de energía, el desgaste de la herramienta, el acabado y la integridad superficiales; el aumento de la temperatura y la precisión dimensional de la pieza de trabajo.
- El aumento de la temperatura en el maquinado es una consideración importante ya que puede tener efectos perjudiciales en la vida de la herramienta, así como en la precisión dimensional y en la integridad superficial de la parte maquinada.
- Los dos tipos principales del desgaste de la herramienta son el desgaste en el flanco y el desgaste por formación de cráter. El desgaste de la herramienta depende de la pieza de trabajo y de las características del material con que se hizo; de la velocidad de corte, del avance, de la profundidad de corte y de los fluidos de corte, además de las características de la máquina herramienta. La falla de la herramienta ocurre también por muescas, astillado y fractura catastrófica.
- El acabado superficial de los componentes del maquinado puede afectar adversamente la integridad del producto. Las variables importantes son la geometría y la condición de la herramienta de corte, el tipo de viruta producida y las variables del proceso.

- La maquinabilidad se define generalmente en términos del acabado superficial, de la vida de la herramienta, de los requerimientos de fuerza y energía y del control de la viruta. La maquinabilidad de los materiales depende de su composición, sus propiedades y su microestructura. Son importantes también una selección apropiada y el control de las variables del proceso.

TÉRMINOS CLAVE

Acabado superficial
Acero refosforado
Acero resulfurado
Ángulo cortante o cizallamiento
Ángulo de ahusamiento
Ángulo de alivio
Ángulo de ataque
Ángulo de fricción
Ángulo de inclinación
Astillado de la herramienta
Borde acumulado
Corte oblicuo
Corte ortogonal
Desgaste en el flanco
Desgaste por formación de cráter (craterización)
Desgaste por muesca
Difusión
Ecuación de Taylor
Emisión acústica
Energía específica
Especificaciones de maquinabilidad
Fuerza de corte
Fuerza de empuje
Integridad de la superficie
Línea de profundidad de corte
Máquina herramienta
Maquinabilidad
Maquinado
Maquinado en caliente
Marcas por avance
Monitoreo de la condición de la herramienta
Pelado
Pista de desgaste
Pista de desgaste permisible
Plano de cizallamiento
Rasurado
Razón de corte
Rompevirutas
Torneado
Vida de la herramienta
Viruta
Viruta continua
Viruta discontinua
Viruta escalonada
Viruta rizada
Zona primaria de corte
Zona secundaria de corte

BIBLIOGRAFÍA

ASM Handbook, Vol. 16: **Machining**, ASM International, 1989.
Astakhov, V. P., **Metal Cutting Mechanics**, CRC Press, 1998.
Boothroyd, G. y Knight, W. A., **Fundamentals of Metal Machining and Machine Tools**, 3a. ed., Marcel Dekker, 2006.
Childs, T. H. C., Maekawa, K., Obikawa, T. y Yamane, Y., **Metal Machining: Theory and Applications**, Butterworth-Heinemann, 2000.
Cormier, D., **McGraw-Hill Machining and Metalworking Handbook**, McGraw-Hill, 2005.
Davim, J. P. (ed.), **Machining: Fundamentals and Recent Advances**, Springer, 2010.
Davim, J. P. (ed.), **Surface Integrity in Machining**, Springer, 2010.
Shaw, M. C., **Metal Cutting Principles**, 2a. ed., Oxford, 2005.
Stephenson, D. A. y Agapiou, J. S., **Metal Cutting: Theory and Practice**, 2a. ed., CRC Press, 2005.
Trent, E. M. y Wright, P. K., **Metal Cutting**, 4a. ed., Butterworth-Heinemann, 2000.
Tschatsch, H., **Applied Machining Technology**, Springer, 2009.

PREGUNTAS DE REPASO

21.1 Explique por qué no son deseables las virutas continuas.

21.2 Mencione los factores que contribuyen a la formación de virutas discontinuas.

21.3 ¿Cuál es la razón de corte? ¿Es siempre menor que 1? Explique su respuesta.

21.4 Explique la diferencia entre los ángulos de ataque positivo y negativo. ¿Cuál es la importancia del ángulo de ataque?

21.5 Explique la forma en que una herramienta mellada produce ángulos de ataque negativos.

21.6 Comente acerca del rol y de la importancia del ángulo de alivio.

21.7 Explique la diferencia entre las virutas discontinuas y las segmentadas.

21.8 ¿Por qué debe interesarnos la magnitud de la fuerza de empuje en el corte?

21.9 ¿Cuáles son las diferencias entre el corte ortogonal y el oblicuo?

21.10 ¿Qué es un borde acumulado? ¿Por qué se forma?

21.11 ¿Hay alguna ventaja en tener un borde acumulado en una herramienta? Explique su respuesta.

21.12 ¿Cuál es la función de los rompevirutas? ¿Cómo funcionan? ¿Se necesita un quebrador para eliminar las virutas continuas cuando se usa corte oblicuo? Explique su respuesta.

21.13 Identifique las fuerzas involucradas en una operación de corte. ¿Cuáles de estas fuerzas contribuyen a la energía requerida?

21.14 Explique las características de los diferentes tipos de desgaste de la herramienta.

21.15 Haga una lista de los factores que contribuyen para que resulte un mal acabado superficial durante el proceso de corte.

21.16 Explique qué significa el término maquinabilidad y lo que involucra. ¿Por qué tiene el titanio mala maquinabilidad?

21.17 ¿Qué es el rasurado en el proceso de maquinado? ¿Cuándo se usaría?

PROBLEMAS CUALITATIVOS

21.18 Ponga en una lista las razones por las que se requieran operaciones de maquinado y proporcione un ejemplo de cada una.

21.19 ¿Están relacionadas las ubicaciones de la máxima temperatura y el desgaste por formación de cráter? Si así fuera, explíquelo.

21.20 ¿Es importante la ductilidad del material para la maquinabilidad? Explique su respuesta.

21.21 Explique por qué es importante el estudio de los tipos de viruta producida para entender las operaciones de corte.

21.22 ¿Por qué piensa usted que la temperatura máxima en el corte ortogonal se localiza cerca de la mitad de la interfase herramienta-viruta? (*Sugerencia:* note que las dos fuentes de calor son (a) de cizallamiento en el plano principal de cizallamiento y (b) la fricción en la interfase herramienta-viruta).

21.23 La vida de la herramienta puede ser casi infinita con velocidades de corte bajas. ¿Recomendaría usted que todo el maquinado se hiciera a bajas velocidades? Explique su respuesta.

21.24 Explique las consecuencias de permitir que las temperaturas alcancen niveles elevados en el corte.

21.25 La fuerza de corte se incrementa con la profundidad y disminuye con el ángulo de ataque. Explique por qué sucede esto.

21.26 ¿Por qué no siempre es aconsejable aumentar la velocidad de corte para incrementar la tasa de producción?

21.27 ¿Cuáles son las consecuencias de que una herramienta de corte se astille?

21.28 ¿Cuáles son los efectos de realizar una operación de corte con una herramienta sin filo? ¿Y con una muy afilada?

21.29 ¿A qué factores atribuye usted la diferencia en las energías específicas al maquinar los materiales que se mencionan en la tabla 21.2? ¿Por qué hay un rango de energías para cada grupo de materiales?

21.30 Explique por qué es posible eliminar más material entre cada operación de afilado de la herramienta si disminuye la velocidad de corte.

21.31 Al notar que en la figura 21.4a la dimensión *d* es muy pequeña, explique por qué la velocidad de deformación de cortante en el corte de un metal es tan elevada.

21.32 Explique el significado de la ecuación (21.9).

21.33 Comente sus observaciones acerca de las figuras 21.12 y 21.13.

21.34 Describa las consecuencias de rebasar la pista de desgaste permisible (tabla 21.4) para los distintos materiales de la herramienta de corte.

21.35 Comente sus observaciones sobre las variaciones de dureza que aparecen en la figura 21.6a.

21.36 ¿Por qué durante el corte la temperatura depende de la velocidad de corte, del avance y de la profundidad de corte? Explique en términos de las variables de los procesos relevantes.

21.37 Usted habrá observado que los valores de *a* y *b* en la ecuación (21.24) son mayores para los aceros de alta velocidad que para los carburos. ¿Por qué es así?

21.38 Como se aprecia en la figura 21.14, el porcentaje de la energía total de corte eliminada por la viruta aumenta con el incremento de la velocidad de corte. ¿Por qué sucede esto?

21.39 Describa los efectos de una herramienta mellada en las operaciones de corte.

21.40 Explique si en la ecuación de Taylor para la vida de la herramienta es deseable tener valores altos o bajos para (a) n y (b) C.

21.41 La ecuación de Taylor para la vida de la herramienta es directamente aplicable al desgaste en el flanco. Explique si esta ecuación puede usarse o no para modelar la vida de la herramienta si dominaran otras formas de desgaste.

21.42 En la figura 21.17, la curva de vida para las herramientas de material cerámico está a la derecha de las curvas trazadas para otros materiales. ¿Por qué sucede esto?

21.43 ¿Por qué son bajas las temperaturas de las herramientas con velocidades de corte bajas y altas para velocidades de corte elevadas?

21.44 ¿Puede ejecutarse el maquinado de alta velocidad sin usar un fluido de corte?

21.45 Dada su comprensión del proceso básico del corte de metal, ¿cuáles son las propiedades físicas y químicas de una herramienta de corte?

21.46 Explique por qué en el proceso de corte los requerimientos de energía dependen de la fuerza de corte pero no de la fuerza de empuje.

21.47 Diga si los siguientes enunciados son verdaderos o no y comente las razones de su respuesta. (a) Para el mismo ángulo de corte, hay dos ángulos de ataque que dan la misma razón de corte. (b) Para la misma profundidad de corte y el mismo ángulo de ataque, el tipo de fluido de corte utilizado no tiene influencia en el espesor de la viruta. (c) Si se conocen la velocidad de corte, el ángulo de corte y el ángulo de ataque, es posible calcular la velocidad de la viruta. (d) La viruta se hace más delgada a medida que aumenta el ángulo de ataque. (e) La función de un rompevirutas es disminuir la curvatura de la viruta.

PROBLEMAS CUANTITATIVOS

21.48 En la ecuación de Taylor para el desgaste de la herramienta, sea $n = 0.5$ y $C = 400$. ¿Cuál es el incremento en el porcentaje de la vida de la herramienta si la velocidad de corte se reduce en (a) 50% y (b) 75 por ciento?

21.49 Suponga que, en el corte ortogonal, el ángulo de ataque es de 15° y el coeficiente de fricción de 0.2. Con el empleo de la ecuación (21.4), determine el incremento del porcentaje en el espesor de la viruta cuando se duplica la fricción.

21.50 Obtenga la ecuación (21.14).

21.51 Tome al carburo como ejemplo y use la ecuación (21.24) para determinar cuánto debe reducirse el avance con objeto de mantener constante la temperatura media cuando se duplica la velocidad de corte.

21.52 Utilice relaciones trigonométricas para obtener una expresión para la relación de la energía de corte a la energía de fricción, en el corte ortogonal, sólo en términos de los ángulos α, β y ϕ.

21.53 Una operación de corte ortogonal se realiza en las condiciones siguientes: $t_o = 0.1$ mm, $t_c = 0.2$ mm, ancho del corte = 4 mm, $V = 3$ m/s, ángulo de ataque = 10°, $F_c = 500$ N y $F_t = 200$ N. Calcule el porcentaje de la energía total que se disipa en el plano de corte.

21.54 Explique cómo estimaría usted los valores de C y n para los cuatro materiales para herramienta que se muestran en la figura 21.17.

21.55 Obtenga las ecuaciones (21.1) y (21.3).

21.56 Suponga que en el corte ortogonal, el ángulo de ataque, α, es de 20° y el ángulo de fricción, β, de 35° en la interfase viruta-herramienta. Determine el cambio porcentual en el espesor de la viruta cuando el ángulo de fricción es de 45°. [*Nota:* no use la ecuación (21.4) ni la (21.5)].

21.57 Demuestre que, para el mismo ángulo de corte, hay dos ángulos de ataque que dan la misma razón de corte.

21.58 Usando diagramas apropiados, demuestre la forma en que el uso de un fluido de corte puede cambiar la magnitud de la fuerza de empuje, F_t, en la figura 21.11. Considere tanto la transferencia de calor como los efectos de la lubricación.

21.59 En una operación de corte que usa un ángulo de ataque de −5°, las fuerzas que se midieron fueron $F_c = 1330$ N y $F_t = 740$ N. Cuando se empleó un fluido de corte, dichas fuerzas fueron $F_c = 1200$ N y $F_t = 710$ N. ¿Cuál es el cambio en el ángulo de fricción que resulta de usar el fluido?

21.60 Para una operación de torneado que usa una herramienta de material cerámico para cortar, si la velocidad se incrementa 50%, ¿en qué factor debe modificarse la rapidez del avance para obtener una vida constante para la herramienta? Use $n = 0.5$ y $y = 0.6$.

21.61 En el ejemplo 21.3, si se duplica la velocidad de corte V, ¿sería diferente la respuesta? Explique su razonamiento.

21.62 Utilizando la ecuación (21.30), seleccione un avance apropiado para $R = 1$ mm y una rugosidad deseada de 0.5 μm. ¿Cómo ajustaría usted este avance para extender el desgaste permitido de nariz de esta herramienta durante cortes extensos? Explique su razonamiento.

21.63 Con una herramienta de carburo se mide la temperatura presente en una operación de corte y resulta ser de 1200 °F cuando la velocidad es de 300 pies/min y el avance de 0.002 pulg/rev. ¿Cuál es la temperatura aproximada si se duplica la velocidad? ¿Qué velocidad se requiere para disminuir a 900 °F la máxima temperatura de corte?

21.64 En una serie de maquinados de prueba se obtuvieron los siguientes datos de desgaste en el flanco mediante herramientas de carburo C6 en acero 1045 (HB = 192). La rapidez en el avance fue de 0.015 pulg/rev y el ancho del corte fue de 0.030 pulgadas. (a) Grafique el desgaste del flanco como función del tiempo de corte. Con el empleo de un criterio de falla de la herramienta de 0.015 pulg como pista de desgaste permisible, determine las vidas para las dos velocidades de corte. (b) Grafique sus resultados en papel log-log y determine los valores de n y C en la ecuación de Taylor para la vida de la herramienta (suponga una relación lineal). (c) Con los resultados anteriores, calcule la vida de la herramienta para una velocidad de corte de 300 pies/minuto.

Velocidad de corte, pies/min	Tiempo de corte, min	Desgaste en el flanco, pulg
400	0.5	0.0014
	2.0	0.0023
	4.0	0.0030
	8.0	0.0055
	16.0	0.0082
	24.0	0.0112
	54.0	0.0150
600	0.5	0.0018
	2.0	0.0035
	4.0	0.0060
	8.0	0.0100
	13.0	0.0145
	14.0	0.0160
800	0.5	0.0050
	2.0	0.0100
	4.0	0.0140
	5.0	0.0160
1000	0.5	0.0100
	1.0	0.0130
	1.8	0.0150
	2.0	0.0160

21.65 Se dispone de los siguientes datos experimentales a partir de procesos de corte ortogonal. En ambos casos la profundidad de corte (avance) es $t_o = 0.13$ mm, el ancho del corte es $b = 2.5$ mm, el ángulo de ataque es $\alpha = -5°$ y la velocidad del corte es $V = 2$ m/s.

	Material de la pieza de trabajo	
	Aluminio	Acero
Espesor de la viruta, t_c, mm	0.23	0.58
Fuerza de corte, F_c, N	430	890
Fuerza de empuje, F_t, N	280	800

Determine el ángulo de corte ϕ, el coeficiente de fricción μ, la tensión de corte τ, la deformación cortante γ en el plano de corte, la velocidad de la viruta V_c y la velocidad de corte V_s, así como las energías u_f, u_s y u_t.

21.66 Estime las temperaturas de corte apropiadas para las condiciones del problema 21.65 si se aplican las siguientes propiedades:

	Material de la pieza de trabajo	
	Aluminio	**Acero**
Energía de corte, μ, N-mm/mm^3	1320	2740
Difusividad térmica, K, mm^2/s	97	14
Calor específico volumétrico, ρc, N/mm^2 °C	2.6	3.3

21.67 Suponga que usted es un profesor que estudia los temas vistos en este capítulo y aplica un cuestionario sobre los aspectos numéricos para someter a prueba los conocimientos de sus estudiantes. Prepare dos problemas cuantitativos y proporcione las respuestas.

SÍNTESIS, DISEÑO Y PROYECTOS

21.68 La vida de la herramienta se incrementa mucho cuando se implementa un medio efectivo de enfriamiento y lubricación. Diseñe métodos de distribución de fluido a la zona de corte y analice las ventajas y limitaciones de sus diseños.

21.69 Diseñe un planteamiento experimental con el que pueda simularse un corte ortogonal en una operación de cilindrado en un torno.

21.70 Diga lo que usted piensa acerca de si las virutas producidas durante el maquinado pueden usarse para fabricar productos útiles. Proporcione algunos ejemplos de posibles productos y comente sus características y diferencias si fueran fabricados con otros procesos de manufactura. Para ese propósito, ¿qué tipos de virutas serían deseables?

21.71 Recuerde que las herramientas de corte pueden diseñarse de modo que la longitud del contacto herramienta-viruta se reduzca por el retiro de la superficie de ataque de la herramienta a cierta distancia desde su punta. Explique las posibles ventajas de tener una herramienta así.

21.72 Recuerde que el mecanismo de formación de virutas se puede observar si se raspa la superficie de una barra de mantequilla con un cuchillo afilado. Efectúe dicho experimento con mantequilla a distintas temperaturas, inclusive congelada. Mantenga constante la profundidad de corte y coloque el cuchillo a diferentes ángulos (para simular el ángulo de ataque de la herramienta), incluso raspando en forma oblicua. Describa sus observaciones en relación con el tipo de virutas producidas. También comente si observa cualquier movimiento cuando la mantequilla está muy fría.

21.73 Ciertos experimentos han demostrado que es posible producir virutas delgadas y anchas con espesor de 0.08 mm (0.003 pulg) y 10 mm (4 pulg) de ancho, lo que sería similar a las dimensiones de una película transparente. Los materiales de los experimentos han sido aluminio, magnesio y acero inoxidable. Un experimento típico sería similar al corte ortogonal maquinando la periferia de una barra sólida y redonda con una herramienta recta que se desplace en forma radial hacia dentro. Exprese lo que usted piensa acerca de producir películas metálicas delgadas por medio de este método, tenga en cuenta las características y propiedades de la superficie del metal.

21.74 ¿Qué piensa usted con respecto a reciclar las virutas producidas durante el maquinado en una planta? Considere las virutas producidas con corte seco en comparación con las obtenidas al maquinar con un fluido de corte.

21.75 Haga una lista de los productos que se puedan elaborar directamente con virutas o rasurados metálicos.

21.76 Obtenga un cepillo para madera y algunas muestras de madera. Demuestre que las virutas producidas dependen de la dirección de corte con respecto del grano de la madera. Explique por qué sucede esto.

21.77 Se ha observado que las virutas de ciertos aceros al carbono son notablemente magnéticas, aun cuando la pieza de origen no lo sea. Investigue las razones de este efecto y escriba un documento de una página que explique la importancia de los mecanismos.

21.78 Como hemos visto, las virutas eliminan la mayor parte del calor que se genera durante el maquinado. Si no tuvieran esta capacidad, ¿qué sugerencias haría usted con objeto de realizar procesos de maquinado sin que se generara un calor excesivo? Explique su respuesta.

CAPÍTULO

22 Materiales para la herramienta de corte y fluidos de corte

- En continuación de la cobertura de los fundamentos del maquinado presentados en el capítulo anterior, éste describe dos elementos esenciales en las operaciones de maquinado: los materiales para la herramienta de corte y los fluidos de corte.
- El capítulo abre con un análisis de los tipos y las características de los materiales para las herramientas de corte, incluyendo aceros de alta velocidad, carburos, cerámicos, nitruro de boro cúbico, diamante y herramientas con recubrimiento.
- Después se describen los tipos de fluidos de corte de uso común, sus funciones y la forma en que afectan la operación de maquinado.
- También se describen las tendencias para el maquinado casi seco y seco, los métodos para aplicar el fluido de corte, y se explica su significado con respecto a las operaciones de maquinado amigables con el ambiente.

22.1 Introducción

La selección de los materiales para herramientas de corte destinadas a una aplicación en particular se cuenta entre los factores más importantes de las operaciones de maquinado. Este capítulo describe las propiedades relevantes y las características de desempeño de los principales tipos de materiales para herramientas de corte como una guía para la selección de éstos. Sin embargo, debido a lo complejo de su naturaleza, el tema no se presta con facilidad a la determinación precisa de los materiales apropiados para una herramienta de una aplicación en particular. En consecuencia, a lo largo de los años se han establecido en la industria lineamientos y recomendaciones generales. Al inicio del capítulo 23 se presenta información más detallada sobre las recomendaciones de materiales específicos para elaborar piezas de trabajo y sus operaciones de maquinado.

Tal como se dijo en el capítulo anterior, la herramienta de corte está sujeta a (a) temperaturas elevadas, (b) grandes esfuerzos de contacto y (c) fricción en la interfase herramienta-viruta y en la superficie maquinada. En consecuencia, el material de la herramienta de corte debe poseer las siguientes características:

- **Dureza en caliente** de modo que se mantengan la dureza, la resistencia y la resistencia al desgaste de la herramienta aun con las temperaturas que se generan en las operaciones de maquinado. Esta propiedad garantiza que la herramienta no sufra deformación plástica y, de esa manera, conserve su forma y filo. La dureza del material de la herramienta es función de la temperatura, como se aprecia en la figura 22.1; observe la amplia respuesta de estos materiales, lo rápido que las herramientas de acero al carbono pierden su dureza (esto significa que no se pueden usar para muchas operaciones) y lo bien que los cerámicos mantienen la suya a temperaturas elevadas. Era común usar aceros al carbono (sección 5.7) como materiales para la herramienta hasta que se desarrollaron aceros de alta velocidad a principios de la década de 1900; el término alta velocidad significa que las velocidades de maquinado pueden ser altas, lo cual incrementa la productividad.

- **Tenacidad y resistencia al impacto** (resistencia al choque mecánico, sección 2.9) de modo que las fuerzas de impacto que sufre la herramienta repetidamente en operaciones de corte interrumpidas (como en el fresado o en el torneado de un eje estriado), o las fuerzas debidas a la vibración y al traqueteo durante el maquinado, no la astillen o fracturen.
- **Resistencia al choque térmico** para soportar el cambio rápido de temperatura (sección 3.6) que ocurre en el corte interrumpido.
- **Resistencia al desgaste** (sección 33.5) de modo que se obtenga una vida aceptable para la herramienta antes de que sea necesario reemplazarla.
- **Estabilidad química** y **ser inerte (inertidad)** al material de la pieza de trabajo para evitar o minimizar cualesquiera reacciones adversas, adhesión y difusión del astillado de la herramienta que contribuiría a su desgaste.

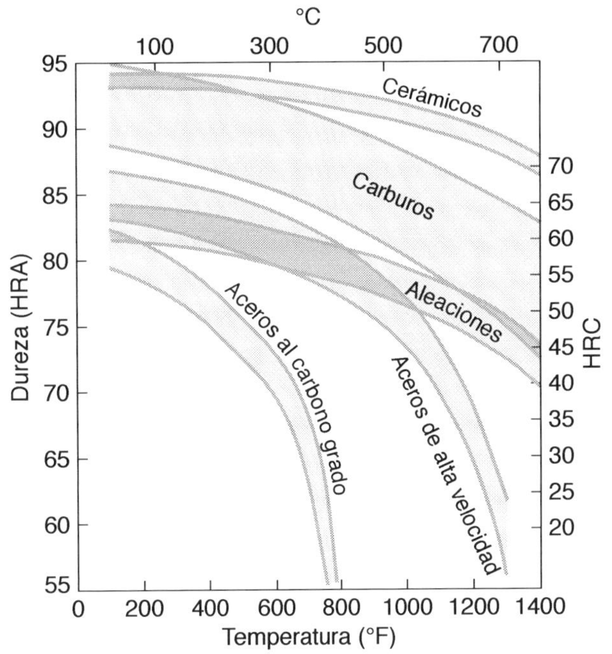

FIGURA 22.1 Dureza de diferentes materiales para la herramienta de corte en función de la temperatura (dureza en caliente); el amplio rango en cada grupo de materiales se debe a las distintas composiciones y tratamientos disponibles para el grupo en cuestión.

Para responder a estos requerimientos tan demandantes, con los años se han desarrollado varios materiales para la herramienta de corte, con un rango amplio de propiedades mecánicas, físicas y químicas, como se aprecia en la tabla 22.1. Las propiedades listadas en la primera columna de esta tabla son útiles para determinar las características deseables del material para la herramienta en una aplicación en particular. Por ejemplo:

- La dureza y resistencia son importantes con respecto a las propiedades mecánicas del material de la pieza de trabajo por maquinar.
- La resistencia al impacto es importante cuando se hacen cortes interrumpidos en el maquinado, como en el fresado.
- La temperatura de fusión del material de la herramienta es importante, en especial cuando se compara con las temperaturas generadas en la zona de corte.
- La conductividad térmica y el coeficiente de expansión térmica son importantes para determinar la resistencia de los materiales de la herramienta a los efectos de fatiga y choque térmico.

Deberá reconocerse que el material seleccionado para la herramienta quizá no tenga *todas* las propiedades deseables en una operación de maquinado específica. Esta situación se aprecia rápidamente en la tabla 22.2, al observar las direcciones opuestas de las largas flechas horizontales que muestran las tendencias. Por ejemplo, obsérvese que (a) los aceros de alta velocidad son tenaces, pero tienen una limitada dureza en caliente, y (b) los cerámicos tienen alta resistencia a la temperatura y el desgaste, pero son frágiles y se astillan con facilidad. También observe cómo se incrementa el costo de las herramientas a partir de los aceros de alta velocidad hasta el diamante.

En la tabla 22.3 se muestran las características de operación de los materiales para herramientas, listados en el orden en que se desarrollaron e implementaron en la industria. Observe que muchos de estos materiales también se utilizan para hacer dados y moldes en fundición, formado y otros procesos para dar forma a los materiales metálicos y no metálicos.

1. Aceros de alta velocidad.
2. Aleaciones fundidas de cobalto.
3. Carburos.

TABLA 22.1

Características generales de los materiales para herramientas

Propiedad	Aceros de alta velocidad	Aleaciones fundidas de cobalto	Carburos WC	Carburos TiC	Cerámicos	Nitruro de boro cúbico	Diamante de un solo cristal*
Dureza	83-86 HRA	82-84 HRS 46-62 HRC	90-95 HRA 1800-2400 HK	91-93 HRA 1800-3200 HK	91-95 HRA 2000-3000 HK	4000-5000 HK	7000-8000 HK
Resistencia a la compresión,							
MPa	4100-4500	1500-2300	4100-5850	3100-3850	2750-4500	6900	6900
psi $\times 10^3$	600-650	220-335	600-850	450-560	400-650	1000	1000
Resistencia a la ruptura transversal,							
MPa	2400-4800	1380-2050	1050-2600	1380-1900	345-950	700	1350
psi $\times 10^3$	350-700	200-300	150-375	200-275	50-135	105	200
Resistencia al impacto,							
J	1.35-8	0.34-1.25	0.34-1.35	0.79-1.24	<0.1	<0.5	<0.2
pulg-lb	12-70	3-11	3-12	7-11	<1	<5	<2
Módulo de elasticidad,							
GPa	200	—	520-690	310-450	310-410	850	820-1050
psi $\times 10^6$	30	—	75-100	45-65	45-60	125	120-150
Densidad,							
kg/m^3	8600	8000-8700	10,000-15,000	5500-5800	4000-4500	3500	3500
lb/pulg^3	0.31	0.29-0.31	0.36-0.54	0.2-0.22	0.14-0.16	0.13	0.13
Volumen de fase dura, %	7-15	10-20	70-90	—	100	95	95
Temperatura de fusión o descomposición,							
°C	1300	—	1400	1400	2000	1300	700
°F	2370	—	2550	2550	3600	2400	1300
Conductividad térmica,							
W/m-K	30-50	—	42-125	17	29	13	5000-2000
Coeficiente de expansión térmica,							
$\times 10^{-6}$/°C	12	—	4-6.5	7.5-9	6-8.5	4.8	1.5-4.8

* Los valores para el diamante policristalino por lo general son más bajos excepto para la resistencia al impacto, que es mayor.

TABLA 22.2

Características generales de los materiales para herramientas de corte (estos materiales tienen un amplio rango de composiciones y propiedades; en muchas categorías existen características que se traslapan)

	Aceros de alta velocidad	Aleaciones fundidas de cobalto	Carburos sin recubrimiento	Carburos con recubrimiento	Cerámicos	Nitruro de boro cúbico policristalino	Diamante
Dureza en caliente	⟶						
Tenacidad	⟵						
Resistencia al impacto	⟵						
Resistencia al desgaste	⟶						
Resistencia al astillado	⟵						
Velocidad de corte	⟶						
Resistencia al choque térmico	⟵						
Costo del material para la herramienta	⟶						
Profundidad del corte	Ligera a pesada	Ligera a pesada	Ligera a pesada	Ligera a pesada	Ligera a pesada	Ligera a pesada	Muy ligera para diamante de un solo cristal
Método de procesamiento	Forjado, fundido, sinterizado PIC*	Fundido y sinterizado PIC	Prensado y sinterizado en frío	DQV o DFV**	Prensado y sinterizado en frío o sinterizado PIC	Sinterizado de alta presión y alta temperatura	Sinterizado de alta presión y alta temperatura

Fuente: Tomado de R. Komanduri.

* Prensado isostático en caliente (HIP, por sus siglas en inglés, las cuales encontrará el lector en el capítulo 17).

** Deposición química por vapor (o CVD, por sus siglas en inglés), deposición física por vapor (o PVD, por sus siglas en inglés).

TABLA 22.3

Características generales de operación de los materiales para la herramienta de corte

Materiales para la herramienta	Características generales	Modos de desgaste o falla de la herramienta	Limitaciones
Aceros de alta velocidad	Tenacidad elevada, resistencia a la fractura, amplio rango para desbastado y acabado, buenos para cortes interrumpidos.	Desgaste en el flanco, desgaste de cráter.	Baja dureza en caliente, endurecimiento limitado y resistencia limitada al desgaste.
Carburos sin recubrimiento	Dureza elevada en un amplio rango de temperaturas, tenacidad, resistencia al desgaste, versátiles, amplio rango de aplicaciones.	Desgaste en el flanco, desgaste de cráter.	No se pueden utilizar a bajas velocidades debido a la fusión en frío de las virutas y al microastillado.
Carburos con recubrimiento	Mayor resistencia al desgaste que la de los carburos sin recubrimiento, mejores propiedades térmicas y de fricción.	Desgaste en el flanco, desgaste de cráter.	No se pueden usar a bajas velocidades debido a la fusión en frío de las virutas y al microastillado.
Cerámicos	Dureza elevada a altas temperaturas, gran resistencia al desgaste por abrasión.	Muescas en la línea de profundidad de corte, microastillado, fractura severa.	Baja resistencia y baja resistencia a la fatiga termomecánica.
Nitruro de boro cúbico policristalino (BNc)	Elevada dureza en caliente, tenacidad, resistencia del filo.	Muescas en la línea de profundidad de corte, astillado, oxidación, grafitización.	Baja resistencia y menor estabilidad química que la de los cerámicos a alta temperatura.
Diamante	Alta dureza y tenacidad, resistencia al desgaste por abrasión.	Astillado, oxidación, grafitización.	Baja resistencia y menor estabilidad química a altas temperaturas.

Fuente: Tomado de R. Komanduri y otras fuentes.

4. Herramientas con recubrimiento.
5. Cerámicos base alúmina.
6. Nitruro de boro cúbico.
7. Cerámicos con base en nitruro de silicio.
8. Diamante.
9. Materiales y nanomateriales reforzados con triquitas.

Los aceros al carbono son los materiales más antiguos utilizados para fabricar herramientas y se han usado ampliamente desde la década de 1880 para hacer brocas, punzones, fresas y rimas. Los aceros de baja y media aleación se desarrollaron en una época posterior para aplicaciones similares, pero con una vida más larga de la herramienta. Aunque no son caros y se les da forma y afilado con facilidad, estos aceros no tienen suficiente dureza en caliente ni resistencia al desgaste para el maquinado a altas velocidades, en el que la temperatura aumenta en forma significativa. Su uso está limitado a operaciones de corte a muy baja velocidad, en particular en el trabajo de la madera, por lo que no tienen un significado particular en las operaciones modernas de maquinado.

En este capítulo se describen los siguientes temas:

- Las características, aplicaciones y limitaciones de los materiales para la herramienta de corte, incluyendo las características y costos requeridos.
- El rango aplicable de las variables de proceso para un rendimiento óptimo.
- Los tipos y características de los fluidos de corte y sus aplicaciones específicas en una amplia variedad de operaciones de maquinado.

22.2 Aceros de alta velocidad

Las *herramientas de acero de alta velocidad* (HSS, por sus siglas en inglés) reciben este nombre debido a que se desarrollaron para maquinar a velocidades mayores de lo que antes era posible. Se produjeron por primera vez a principios de la década de 1900 y son los aceros con mayor grado de aleación de los usados para herramientas (sección 5.7). Se pueden endurecer a varias profundidades, tienen buena resistencia al desgaste y son relativamente baratos. Debido a su tenacidad y a su alta resistencia a la fractura asociada, los aceros de alta velocidad son apropiados especialmente para (a) herramientas con ángulo de ataque positivo alto, (b) cortes interrumpidos, (c) máquinas herramientas con poca rigidez sujetas a vibración y traqueteo y (d) herramientas complejas, como brocas, rimas, machuelos y cortadores de engranes. Su limitación más importante, debido a su poca dureza en caliente, es que las velocidades de corte son bajas en comparación con las de herramientas de carburo, como puede verse en la figura 22.1.

Hay dos tipos básicos de aceros de alta velocidad: **molibdeno** (serie M) y **tungsteno** (serie T). La serie M contiene hasta cerca de 10% de Mo, con Cr, V, W y Co como elementos de aleación. La serie T contiene de 12 a 18% de W, con Cr, V y Co como elementos de aleación. Los carburos formados en el acero constituyen alrededor de 10 a 20% del volumen. La serie M tiene por lo general mayor resistencia a la abrasión que la serie T, sufre menos distorsión durante el tratamiento térmico (sección 4.7) y es menos cara. En consecuencia, el 95% de todas las herramientas de acero de alta velocidad están elaboradas con aceros de la serie M. En la tabla 5.6 se listan tres de estos aceros y sus características.

Las herramientas de acero de alta velocidad están disponibles en forma de forja (roladas o forjadas), fundidas y sinterizadas (matalurgia de polvos). Pueden ser **recubiertas** para mejorar su rendimiento, tal y como se describe en la sección 22.5. Las herramientas de acero de alta velocidad también pueden ser sujetas a *tratamientos superficiales* (como en el caso de endurecimiento para mejorar su dureza y resistencia al desgaste; vea la sección 4.10) o tratamiento con vapor a temperaturas elevadas con el fin de desarrollar una capa dura de óxido negro (*azulado*) para aumentar su rendimiento, con una baja tendencia a la formación de borde acumulado.

Los principales elementos de aleación de los aceros de alta velocidad son cromo, vanadio, tungsteno, cobalto y molibdeno. Para apreciar su papel en las herramientas de corte, consulte la tabla 5.2 acerca de los efectos de varios elementos presentes en los aceros y observe lo siguiente:

- El cromo mejora la tenacidad, la resistencia al desgaste y la resistencia a las altas temperaturas.
- El vanadio mejora la tenacidad, la resistencia a la abrasión y la dureza en caliente.
- El tungsteno y el cobalto tienen efectos similares, es decir, mayor resistencia y dureza en caliente.
- El molibdeno mejora la resistencia al desgaste, la tenacidad y la resistencia y dureza a altas temperaturas.

22.3 Aleaciones fundidas de cobalto

Introducidas en 1915, las *aleaciones fundidas de cobalto* tienen los siguientes rangos de composición: 38 a 53% de Co, 30 a 33% de Cr y 10 a 20% de W. Debido a su gran dureza, por lo común de 58 a 64 HRC, tienen buena resistencia al desgaste y pueden mantener su dureza a temperaturas elevadas. No son tan tenaces como los aceros de alta velocidad y son sensibles a las fuerzas de impactos; en consecuencia, son menos apropiadas que los aceros de alta velocidad para operaciones de corte interrumpido. Conocidas comúnmente como herramientas *Estelita*, estas aleaciones son fundidas y elaboradas en formas relativamente simples. Ahora sólo se les usa para aplicaciones especiales que involucran *desbastes profundos* y continuos con alimentaciones y velocidades relativamente altas, tan altas como lo doble de las tasas que son posibles con aceros de alta velocidad.

22.4 Carburos

Los dos grupos de materiales para herramientas que se acaban de describir poseen la tenacidad, resistencia al impacto y resistencia al choque térmico que se requieren, pero también tienen limitaciones importantes, en particular con respecto a la resistencia y dureza en caliente. En consecuencia, no pueden ser usados con eficacia cuando se requieren altas velocidades de corte y, por lo tanto, altas temperaturas; dichas velocidades con frecuencia son necesarias para mejorar la productividad en planta.

Para afrontar el reto de las cada vez mayores velocidades de corte, en la década de 1930 se introdujeron los *carburos*, también conocidos como *carburos cementados* o *sinterizados*. Debido a su gran dureza en un amplio rango de temperaturas (figura 22.1), elevado módulo de elasticidad, alta conductividad térmica y poca expansión térmica, los carburos están entre los materiales más importantes, versátiles y eficaces en cuanto a costo para herramientas y dados en un amplio rango de aplicaciones. Los dos grupos principales de carburos utilizados para maquinar son el *carburo de tungsteno* y el *carburo de titanio*. Con objeto de diferenciarlas de las herramientas recubiertas descritas en la sección 22.5, a las herramientas que contienen sólo carburo por lo general se les conoce como **carburos sin recubrimiento**.

22.4.1 Carburo de tungsteno

El *carburo de tungsteno* (WC), por lo general, consiste en partículas de carburo de tungsteno embebidas en una matriz de cobalto. Estas herramientas se manufacturan con técnicas de metalurgia de polvos, de ahí el término *carburos sinterizados* o *carburos cementados*, como se describió en el capítulo 17. Las partículas de carburo de tungsteno primero se combinan con cobalto, lo que da como resultado un material compuesto con una matriz de cobalto que rodea las partículas de carburo. Estas partículas, con un tamaño de entre 1 a 5 μm (40 a 200 μpulg), se comprimen y sinterizan en las formas deseadas para el *inserto* (vea la sección 22.4.3 y la figura 22.2). Con frecuencia, los carburos de tungsteno

FIGURA 22.2 Insertos comunes de carburos con formas varias y diferentes rompevirutas; también existen insertos redondos, como puede verse en las figuras 22.3c y 22.4. En los insertos, los barrenos están estandarizados para que sean intercambiables en los vástagos de la herramienta. *Fuente:* Cortesía de Kennametal Inc.

también están compuestos con *carburo de titanio* y *carburo de niobio* para darle propiedades especiales al material.

La cantidad de cobalto presente, que por lo general va de 6 a 16%, afecta significativamente las propiedades de las herramientas de carburo de tungsteno. A medida que se incrementa el contenido de cobalto disminuye la resistencia, dureza y resistencia al desgaste del WC, mientras que aumenta su tenacidad debido a que el cobalto es más tenaz. Las herramientas de carburo de tungsteno se usan, por lo general, para cortar aceros, hierro fundido y materiales no ferrosos abrasivos y han reemplazado en gran medida a los aceros de alta velocidad debido a su mejor rendimiento.

Carburos de micrograno. Las herramientas de corte se fabrican también a partir de carburos microscópicos y ultrafinos (*microgranos*), incluyendo carburo de tungsteno, de titanio y tantalio. Es común que el tamaño del grano esté en el rango de 0.2 a 0.8 μm (de 8 a 30 μpulg). En comparación con los carburos tradicionales, descritos previamente, estos materiales para herramientas son más fuertes, duros y resistentes al desgaste, lo que mejora la productividad. En una aplicación, microbrocas con diámetros del orden de 100 μm (0.004 pulg) se fabrican con carburos de micrograno y se usan en la fabricación de tarjetas de circuitos.

Código QR 22.1 Producción de insertos (*Fuente:* Cortesía de Sandvik Coromant).

Carburos graduados funcionalmente. En estas herramientas, la composición del carburo en el inserto tiene un *gradiente* a través de su profundidad cercana a la superficie, en lugar de ser uniforme como en los insertos comunes de carburo. El gradiente tiene una distribución suave de composiciones y fases, con funciones similares a las descritas como propiedades deseables de los recubrimientos en las herramientas de corte. Las propiedades mecánicas graduadas eliminan las concentraciones de esfuerzos y aumentan la vida y el rendimiento de la herramienta; sin embargo, son más caras y no se justifican para todas las aplicaciones.

22.4.2 Carburo de titanio

El *carburo de titanio* (TiC) consiste en una matriz de níquel-molibdeno. Tiene una resistencia al desgaste mayor que la del carburo de tungsteno pero no es tan tenaz. El carburo de titanio es apropiado para maquinar materiales duros, sobre todo aceros y hierros fundidos, y para maquinar a velocidades mayores de las que son apropiadas para el carburo de tungsteno.

22.4.3 Insertos

Aunque en las fábricas, por lo general, se dispone de un conjunto de herramientas afiladas o vueltas a afilar, las operaciones de cambio de éstas pueden consumir tiempo y por ello ser ineficientes. La necesidad de un método más efectivo ha llevado al desarrollo de *insertos*, que son herramientas de corte individuales con varios puntos de corte (figura 22.2). Así, un inserto cuadrado tiene ocho puntos de corte y uno triangular tiene seis. Los insertos generalmente se fijan en el *portaherramienta* que incluye varios mecanismos de bloqueo (figura 22.3); cuando un filo del inserto se desgasta, es **indexado** (se gira en el portaherramienta) para dejar disponible otro filo de corte. Además de los

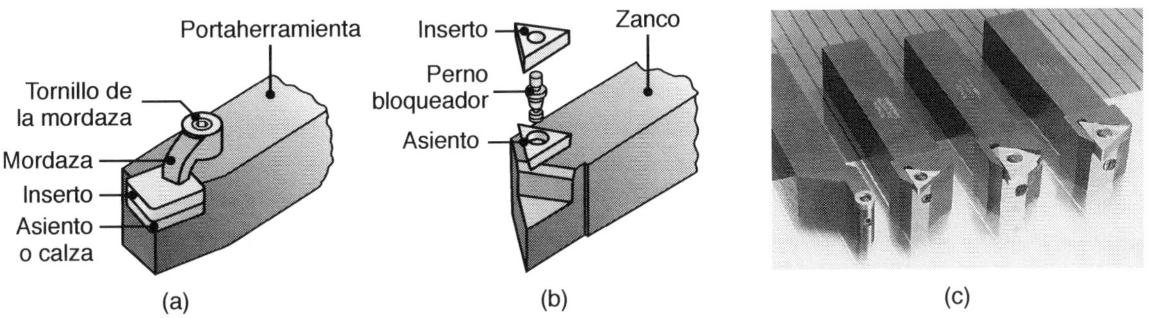

FIGURA 22.3 Métodos de montaje de insertos en portaherramienta: (a) mordaza y (b) perno bloqueador de alas. (c) Ejemplos de insertos montados con pernos sin rosca que se aseguran con tornillos laterales. *Fuente:* Cortesía de Valenite.

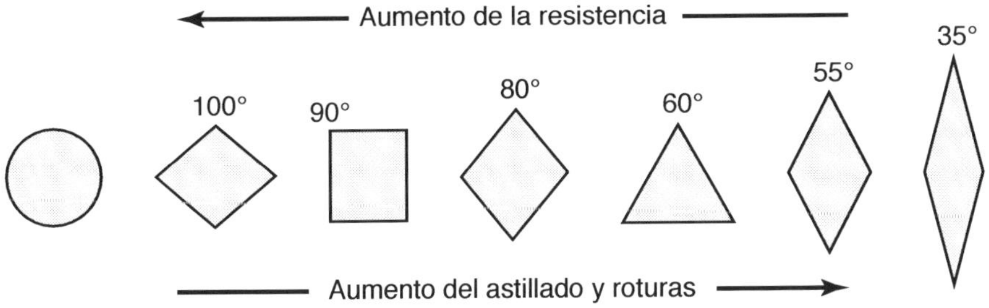

FIGURA 22.4 Resistencia relativa en el borde y tendencia a astillarse de insertos de diferentes formas; la resistencia se refiere al filo del cortador indicado por los ángulos incluidos. *Fuente:* Cortesía de Kennametal Inc.

ejemplos mostrados en esta figura, se dispone de una amplia variedad de portaherramientas para aplicaciones específicas, incluyendo aquellos con características de inserción y remoción rápida.

Los insertos de carburo están disponibles en varias formas, como cuadrados, triángulos, de diamante y redondos. La resistencia del filo del cortador de un inserto depende de su forma; entre más pequeño sea el ángulo incluido (vea la parte superior de la figura 22.4), menor es la resistencia del borde. Con el fin de mejorar más la resistencia del borde y prevenir el astillado, los bordes de los insertos por lo general son pulidos, biselados o producidos con una base negativa (figura 22.5). La mayoría de los insertos se pulen a un radio de alrededor de 0.025 mm (0.001 pulg).

Las características de **romper virutas** (vea la figura 21.7 y la sección 21.2.1) de los insertos son con fines de (a) controlar el flujo de la viruta durante el maquinado, (b) eliminar las virutas largas, (c) reducir el calor generado y (d) disminuir la tendencia a la vibración y al traqueteo. Existen insertos de carburo comerciales con una amplia variedad de características rompevirutas, en la figura 22.2 se muestran ejemplos comunes de ellas. La selección de una característica particular para romper virutas depende de la alimentación y la profundidad del corte de la operación, del material de la pieza de trabajo, del tipo de viruta producido durante el corte y de si se trata de una operación de maquinado burdo o de acabado. Las geometrías óptimas de la ruptura de virutas se desarrollan por medio de diseño asistido por computadora y técnicas de análisis del elemento finito.

La **rigidez** de la máquina herramienta (sección 25.3) es de gran importancia en el uso de herramientas de carburo. Alimentaciones ligeras, bajas velocidades y el tra-

FIGURA 22.5 Preparación del borde para insertos con el fin de mejorar la resistencia del borde. *Fuente:* Cortesía de Kennametal Inc.

queteo son perjudiciales ya que tienden a dañar el filo del cortador de la herramienta. Por ejemplo, las alimentaciones ligeras concentran las fuerzas y la temperatura cerca de los bordes de la herramienta y aumentan la tendencia de los bordes a astillarse.

22.4.4 Clasificación de los carburos

Los grados de las herramientas de carburo se clasifican con las letras P, M, K, N, S y H (como se muestra en las tablas 22.4 y 22.5) para un rango de aplicaciones, incluyendo los grados C tradicionales usados en Estados Unidos. Debido a la gran variedad de composiciones de carburo disponibles, al amplio rango de aplicaciones de maquinado y a diversos materiales de la pieza de trabajo involucrados, los esfuerzos de ISO para clasificarlos son una tarea difícil.

TABLA 22.4

Clasificación ISO de herramientas de corte hechas de carburo de acuerdo con su uso

Símbolo	Material de la pieza de trabajo	Código de color	Designación en orden ascendente para la resistencia al desgaste y en orden descendente para la tenacidad en cada categoría (en incrementos de 5)	
			No recubierto	Recubierto
P	Metales ferrosos con virutas largas	Azul	P01, P05-P20	P20-P50
M	Aceros inoxidables con virutas largas o cortas	Amarillo	M10-M20	M20-M40
K	Hierro fundido con virutas cortas	Rojo	K05-K20	K05-K30
N	Metales no ferrosos	Verde	N10-20	N05-N30
S	Aleaciones de alta temperatura	Naranja	S10-20	S20-S30
H	Materiales endurecidos	Gris	—	H10

TABLA 22.5

Clasificación de carburos de tungsteno de acuerdo con las operaciones de maquinado requeridas

Estándar ISO	Número de clasificación (grado) ANSI	Materiales por maquinar	Operación de maquinado	Tipo de carburo	Características del	
					Corte	Carburo
K30–K40	C1	Hierro fundido, metales no ferrosos y materiales no metálicos que requieren resistencia a la abrasión.	Desbaste	Grados resistentes al desgaste; por lo general WC-Co con tamaños variables de grano.	Incremento de velocidad de corte ↓ ↑ Incremento de la velocidad de avance	Aumento de la dureza y resistencia al desgaste ↓ ↑ Aumento de la resistencia y contenido de aglutinante
K20	C2		Propósito general			
K10	C3		Acabado ligero			
K01	C4		Acabado de precisión			
P30–P50	C5	Aceros que requieren resistencia a la deformación por cráter y de otro tipo.	Desbaste	Grados resistentes al cráter; distintas composiciones WT-Co, con aleaciones TiC o TaC.	Incremento de velocidad de corte ↓ ↑ Incremento de la velocidad de avance	Aumento de la dureza y resistencia al desgaste ↓ ↑ Aumento de la resistencia y contenido de aglutinante
P20	C6		Propósito general			
P10	C7		Acabado ligero			
P01	C8		Acabado de precisión			

Nota: Las comparaciones entre ISO y ANSI son aproximadas.

22.5 Herramientas recubiertas

Como se explicó en la parte I, continuamente se desarrollan nuevas aleaciones metálicas y materiales de ingeniería, en particular desde la década de 1960. Estos materiales tienen mucha resistencia y tenacidad, pero en general son abrasivos y químicamente reactivos con los materiales de la herramienta. La dificultad de maquinar estos materiales con eficiencia y la necesidad de mejorar su rendimiento ha conducido a desarrollos importantes *herramientas recubiertas*. En comparación con los materiales de la herramienta en sí, los recubrimientos tienen propiedades ventajosas como las siguientes:

- Menos fricción.
- Mayor resistencia al desgaste y a las fracturas.
- Mayor dureza en caliente y resistencia al impacto.
- Actúan como una barrera para la difusión entre la herramienta y las virutas.

Las herramientas recubiertas pueden durar 10 veces más que las no recubiertas, esto permite mayores velocidades de corte y la reducción tanto del tiempo requerido para las operaciones de maquinado como de los costos de producción. Como puede verse en la figura 22.6, el tiempo de maquinado se ha reducido en forma sostenida en un factor de más de 100 desde el año de 1900. Esta mejoría ha tenido un efecto enorme en la economía de las operaciones de maquinado, junto con mejoras continuas en el diseño y la construcción de las modernas máquinas herramientas y sus controles computarizados (vea el capítulo 25 y la parte IX). Como resultado, las herramientas recubiertas se utilizan ahora hasta en el 80% de todas las operaciones de maquinado, particularmente en las de torneado, fresado y barrenado.

22.5.1 Materiales de recubrimiento y métodos de recubrimiento

Los materiales comunes usados para los recubrimientos son *nitruro de titanio* (TiN), *carburo de titanio* (TiC), *carbonitruro de titanio* (TiCN) y *óxido de aluminio* (Al_2O_3). Estos recubrimientos, cuyo espesor común está en el rango de 2 a 15 μm (80 a 600 μpulg), se

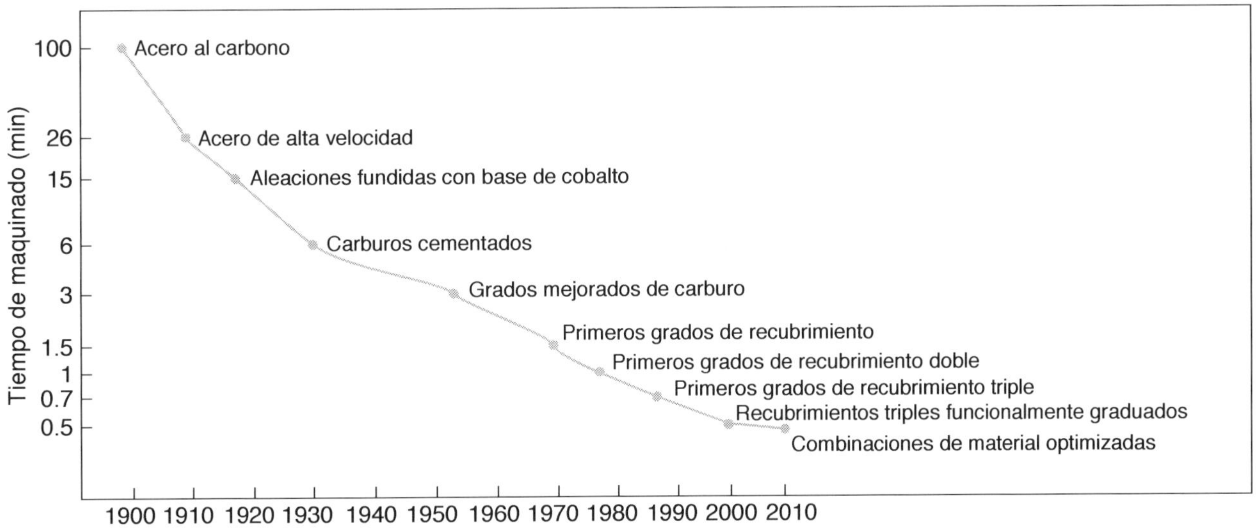

FIGURA 22.6 Tiempo relativo requerido para maquinar con diferentes materiales de la herramienta de corte, indicando el año en que se introdujeron por primera vez; observe que en 100 años el tiempo de maquinado se ha reducido en dos órdenes de magnitud. *Fuente:* Cortesía de Sandvik.

aplican en herramientas de corte e insertos por medio de dos técnicas principales que se describen con mayor detalle en la sección 34.6:

1. **Deposición química por vapor** (CVD, por sus siglas en inglés), incluye **deposición química por vapor asistida con plasma.**
2. **Deposición física por vapor** (PVD, por sus siglas en inglés).

El proceso de CVD es el método más comúnmente usado para herramientas de carburo con recubrimientos multifásicos y cerámicos, los cuales se describen más adelante en esta sección. Sin embargo, los carburos con recubrimiento PVD recubiertos de TiN tienen una resistencia mayor del filo, menor fricción y una tendencia más baja a formar un borde acumulado en el cortador, además los recubrimientos son más suaves y uniformes en su espesor, el cual generalmente está en el rango de 2 a 4 μm (80 a 160 μpulg). Otra tecnología, usada en particular para recubrimientos multifásicos, es la **deposición química por vapor de temperatura media** (MTCVD) desarrollada para maquinar hierro dúctil (nodular) y aceros inoxidables y para dar mayor resistencia a la propagación de fracturas de la que tienen los recubrimientos de deposición química por vapor.

Los recubrimientos para herramientas de corte y dados deben tener las siguientes características generales:

- **Dureza elevada** a altas temperaturas para resistir el desgaste.
- **Estabilidad química** y ser **inertes** con respecto al material de la pieza de trabajo con objeto de reducir el desgaste.
- **Baja conductividad térmica** para impedir aumentos de temperatura en el sustrato.
- **Compatibilidad** y **buena adherencia** para evitar que se descascaren o desprendan del sustrato, que puede ser carburo o acero de alta velocidad.
- **Poca o ninguna porosidad** para mantener su integridad y resistencia.

La eficacia de los recubrimientos se mejora por medio de la dureza, tenacidad y alta conductividad térmica del sustrato. El pulido (sección 26.7) de los bordes cortadores es un procedimiento importante para el mantenimiento de la resistencia del sustrato; de otro modo, el recubrimiento puede descascararse o astillarse en los bordes y esquinas afiladas.

Recubrimientos de nitruro de titanio. Los recubrimientos de nitruro de titanio tienen coeficientes de fricción bajos, mucha dureza, resistencia a la alta temperatura y buena adherencia al sustrato. En consecuencia, mejoran mucho la vida de las herramientas de acero de alta velocidad y la de aquellas hechas con carburo, brocas y cortadores. Las herramientas recubiertas con nitruro de titanio (de color dorado) tienen buen desempeño a altas velocidades de corte y alimentaciones. El desgaste en el flanco es significativamente menor que el de las herramientas no recubiertas (figura 22.7) y las superficies del flanco se pueden aplanar después del uso, ya que esmerilar la cara del flanco no desprende el recubrimiento en la cara de barrido de la herramienta. Sin embargo, estas herramientas recubiertas no tienen buen desempeño a bajas velocidades de corte debido a que el recubrimiento puede desprenderse por adhesión de la viruta, de ahí que sea importante el uso de fluidos de corte apropiados para minimizar la adhesión.

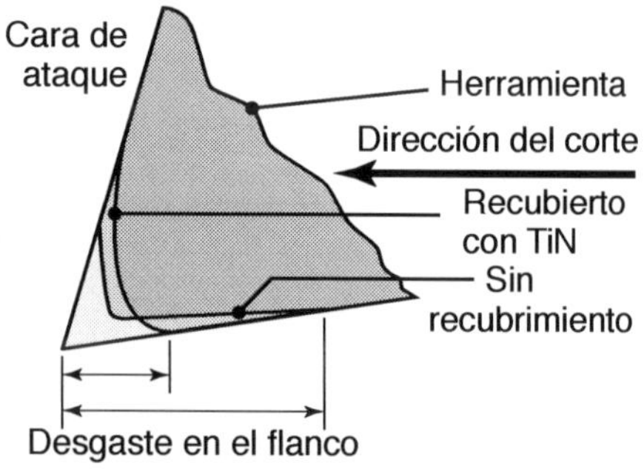

FIGURA 22.7 Ilustración esquemática de patrones comunes de desgaste en herramientas de acero de alta velocidad sin recubrimiento y con recubrimiento de nitruro de titanio; observe que el desgaste en el flanco es significativamente menor en la herramienta recubierta.

Recubrimientos de carburo de titanio. Los recubrimientos de carburo de titanio en insertos de carburo de tungsteno tienen una resistencia mayor al desgaste en el flanco al maquinar materiales abrasivos.

Recubrimientos cerámicos. Debido a que son inertes químicamente, tienen baja conductividad térmica, resistencia a la alta temperatura y resistencia al desgaste en el flanco y por cráter, los cerámicos son apropiados como materiales para recubrimiento de herramientas de corte. El recubrimiento cerámico de uso más común es el *óxido de aluminio* (Al_2O_3). Sin embargo, debido a que son muy estables (no son químicamente reactivos), los recubrimientos de óxido por lo general se adhieren débilmente al sustrato.

Recubrimientos multifásicos. Las propiedades deseables que se acaban de describir para los recubrimientos se pueden combinar y optimizar con el uso de *recubrimientos multifásicos*. Están disponibles herramientas de carburo con dos o más capas de recubrimiento y son particularmente eficaces para maquinar hierros fundidos y aceros. Por ejemplo, primero se puede depositar TiC sobre el sustrato, seguido de Al_2O_3, y después TiN. La primera capa debe adherirse bien al sustrato, la capa externa debe resistir el desgaste y tener baja conductividad térmica, y la capa intermedia debe adherirse bien y ser compatible con ambas capas.

Las aplicaciones comunes de las herramientas con capas múltiples son las siguientes:

- Corte de alta velocidad y continuo: TiC/Al_2O_3.
- Corte continuo de servicio pesado: TiC/Al_2O_3/TiN.
- Corte ligero, interrumpido: TiC/TiC + TiN/TiN.

Los recubrimientos también están disponibles en **capas alternas multifásicas**; el espesor de estas capas es del orden de 2 a 20 μm, más delgadas que los recubrimientos regulares multifásicos (figura 22.8). La razón de usar recubrimientos más delgados es que la dureza se incrementa con la disminución del tamaño del grano, fenómeno similar al aumento de la resistencia de los metales con la disminución del tamaño del grano (vea la sección 1.5.1); así, las capas más delgadas son más duras que las capas más gruesas.

Una herramienta común de carburo con recubrimiento multifásico puede consistir en las siguientes capas, a partir de la superior, y sus funciones principales:

1. TiN: baja fricción.
2. Al_2O_3: alta estabilidad térmica.
3. TiCN: reforzado con triquitas, con buen balance de resistencia al desgaste en el flanco y por cráter, particularmente efectivo para el corte interrumpido.
4. Sustrato de carburo delgado: alta resistencia a la fractura.
5. Sustrato de carburo grueso: duro y resistente a la deformación plástica a altas temperaturas.

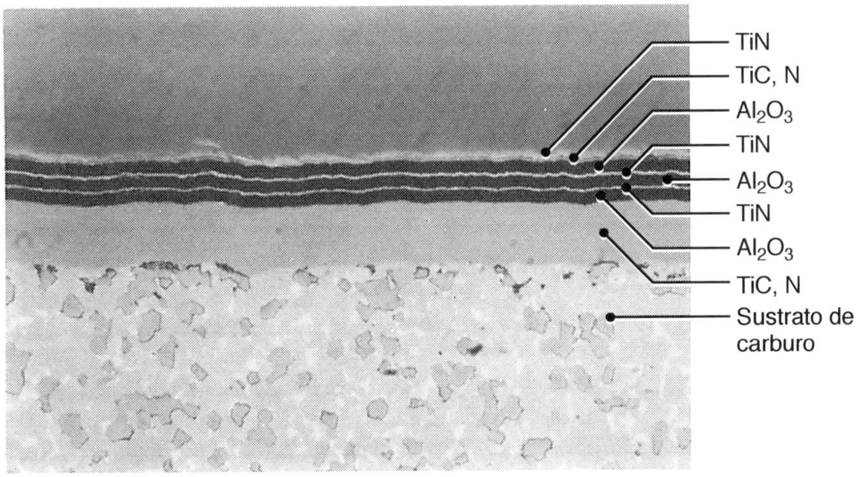

FIGURA 22.8 Recubrimientos multifásicos en un sustrato de carburo de tungsteno; tres capas alternantes de óxido de aluminio separadas por capas muy delgadas de nitruro de titanio. Se han fabricado insertos con hasta 13 capas de recubrimientos. Es común que los espesores de los recubrimientos estén en el rango de 2 a 20 μm. *Fuente:* Cortesía de Kennametal Inc.

Recubrimientos de diamante. En las secciones 8.7 y 34.13 describimos las propiedades y aplicaciones del diamante, los recubrimientos de diamante y el *carbono similar al diamante*, y en la sección 22.9 explicamos el uso que tienen dichos materiales como herramientas de corte. El *diamante policristalino* se utiliza extensamente como recubrimiento para las herramientas de corte, en particular sobre insertos de carburo de tungsteno y nitruro de silicio. Las herramientas recubiertas con diamante son particularmente efectivas para maquinar (a) metales no ferrosos, (b) materiales abrasivos como las aleaciones de aluminio que contienen silicio, (c) materiales compuestos de fibras reforzadas y de matriz metálica y (d) grafito. Se han obtenido mejoras de hasta 10 veces en la vida de las herramientas con respecto de las que tienen otros recubrimientos.

Los **insertos recubiertos con diamante**, disponibles comercialmente, tienen películas delgadas depositadas en sustratos por medio de técnicas PVD o CVD. Las películas gruesas de diamante se obtienen por medio de hacer crecer una lámina grande de diamante puro que después se corta con láser para adaptarse a la forma del inserto de carburo y soldarlo a éste. También están en desarrollo *recubrimientos de diamante multicapas de nanocristales* con capas de diamante entrelazadas que dan resistencia al recubrimiento. Como en todos los recubrimientos, resulta esencial desarrollar una buena adherencia de la película de diamante al sustrato y minimizar la diferencia en expansión térmica entre el diamante y los materiales del sustrato (vea la sección 3.6).

22.5.2 Materiales de recubrimiento diversos

En la mejoría del rendimiento de las herramientas recubiertas están teniendo lugar grandes avances. El **carbonitruro de titanio** (TiCN) y el **nitruro de titanio-aluminio** (TiAlN) son eficaces para cortar aceros inoxidables. El TiCN (depositado por medio de deposición física por vapor) es más duro y tenaz que el TiN y se puede usar en carburos y herramientas de acero de alta velocidad. El TiAlN es eficaz para maquinar aleaciones aeroespaciales. Los recubrimientos con base en cromo, tales como **carburo de cromo** (CrC), han resultado eficaces para maquinar metales suaves que tienen tendencia a adherirse a la herramienta de corte, como el aluminio, cobre y titanio. Otros materiales de recubrimiento incluyen el **nitruro de circonio** (ZrN) y el nitruro de hafnio (HfN).

Los desarrollos más recientes incluyen (a) **recubrimientos de nanocapas**, tales como carburo, boruro, nitruro, óxido o alguna combinación de éstos (vea también la sección 8.8), y (b) **recubrimientos compuestos** que usan toda una variedad de materiales. La dureza de algunos de estos recubrimientos se acerca a la del nitruro de boro cúbico (vea la figura 2.15).

22.5.3 Implantación de iones

En este proceso se introducen iones en la superficie de la herramienta de corte, lo que mejora sus propiedades superficiales (sección 34.7); el proceso no cambia las dimensiones de las herramientas. Las herramientas de carburo con implantes de **iones de nitrógeno** se han utilizado con éxito en aleaciones de acero y aceros inoxidables. También está en desarrollo la implantación de **iones de xenón** en herramientas.

22.6 Cerámicos base alúmina

Los materiales **cerámicos** para herramientas, introducidos a principios de la década de 1950, consisten sobre todo en **óxido de aluminio** de grano fino de gran pureza (sección 8.2). Se comprimen en frío para darles la forma del inserto a alta presión y después se sinterizan a alta temperatura, el producto final se conoce como **cerámicos blancos (prensados en frío)**. La adición de carburo de titanio y óxido de circonio ayuda a mejorar propiedades tales como la tenacidad y la resistencia al choque térmico.

Las herramientas de *cerámicos base alúmina* tienen resistencia a la abrasión y dureza en caliente muy grandes (figura 22.9). Químicamente son más estables que los aceros de alta velocidad y los carburos, de modo que tienen una tendencia menor a adherirse a los metales durante el maquinado y una correspondiente menor tendencia a formar un borde acumulado. En consecuencia, al maquinar hierros fundidos y aceros se obtiene un buen acabado con el empleo de herramientas de cerámicos. Por otro lado, generalmente los cerámicos carecen de tenacidad y su uso puede dar como resultado la falla prematura de la herramienta, por astillado o por una falla catastrófica.

Los insertos de cerámicos existen en formas similares a las de los insertos de carburo (sección 22.4.3). Son efectivos en operaciones de corte de alta velocidad y no interrumpidas, como las de acabado o acabado parcial. Para reducir el choque térmico, el corte debe efectuarse ya sea en seco o con una gran cantidad de fluido de corte aplicado en una corriente continua (sección 22.12). Una aplicación inadecuada o intermitente del fluido puede causar choque térmico y la fractura de la herramienta de cerámicos.

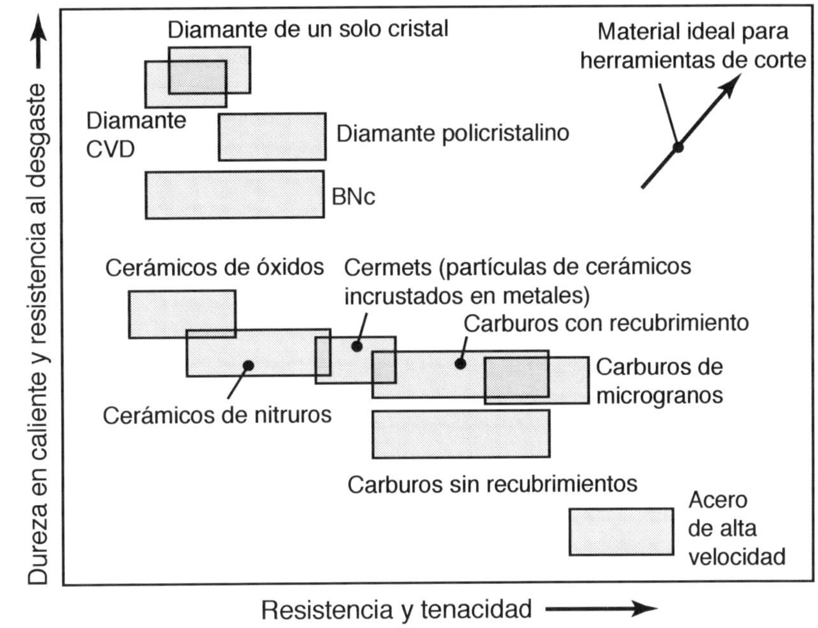

FIGURA 22.9 Rangos de las propiedades mecánicas de diferentes grupos de materiales para herramientas. PIC = prensado isostático en caliente (vea también las tablas 22.1 a 22.5).

Son importantes la forma y preparación de la herramienta de cerámicos. Debido a la baja resistencia a la tensión de los cerámicos, generalmente son preferibles los ángulos de ataque negativos (ángulos grandes incluidos) para evitar el astillado. La falla de la herramienta se puede reducir al incrementar la rigidez y capacidad de humedecimiento de las máquinas herramienta, monturas y dispositivos para sujetar la pieza trabajo que reducen la vibración y el traqueteo.

Cermets. Los *cermets* (de las palabras *cerá*mico y *met*al) consisten en partículas de cerámicos incrustadas en una matriz metálica. Se introdujeron en la década de 1960 y se conocen como *cerámicos negros* o *prensados en caliente* (carbóxidos). Un cermet común consiste en 70% de óxido de aluminio y 30% de carburo de titanio; otros cermets contienen carburo de molibdeno, carburo de niobio y carburo de tantalio. Aunque tienen estabilidad química y resistencia a la formación de bordes acumulados, la fragilidad y el alto costo de los cermets han sido una limitante para extender su uso.

Desarrollos y refinamientos adicionales de estas herramientas han dado como resultado su mejora en resistencia, tenacidad y confiabilidad. Su rendimiento está aproximadamente entre el de los cerámicos y el de los carburos y resultan apropiadas, en particular, para cortes primarios ligeros y cortes de acabado de alta velocidad. Las configuraciones de los rompevirutas son importantes para los insertos de cermet. Aunque los cermets pueden ser recubiertos, sus beneficios son algo controversiales ya que la mejora de su resistencia al desgaste parece ser marginal.

22.7 Nitruro de boro cúbico

Después del diamante, el *nitruro de boro cúbico* (BNc) es el material más duro que existe. Se introdujo en la década de 1962 con el nombre comercial de *Borazon* y se fabrica al adherir una capa de **nitruro de boro cúbico policristalino**, con espesor de 0.5 a 1 mm (0.02 a 0.04 pulg), a un sustrato de carburo por medio de sinterización a alta presión y temperatura. Mientras que el carburo proporciona resistencia al impacto, el BNc brinda una resistencia muy grande al desgaste y resistencia en el filo (figura 22.10).

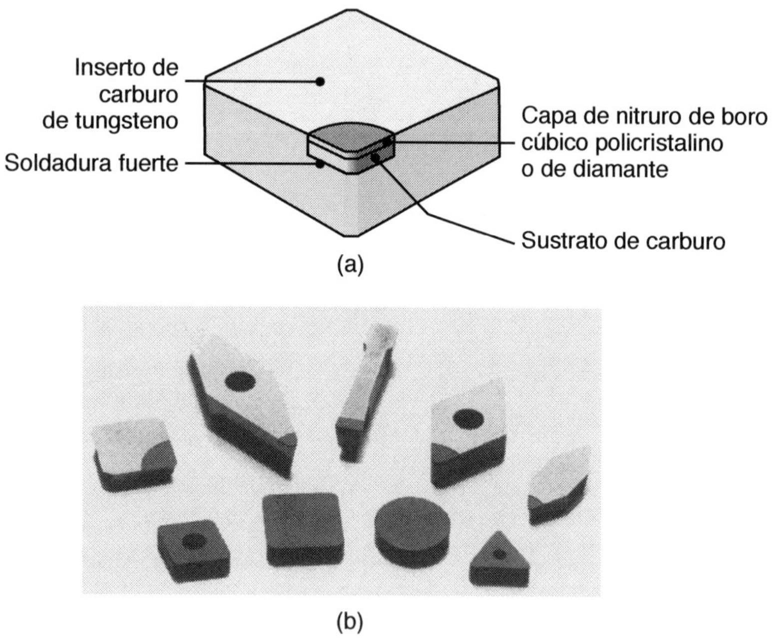

FIGURA 22.10 Insertos de nitruro de boro cúbico. (a) Inserto de una capa de nitruro de boro cúbico policristalino, o de capa de diamante, sobre carburo de tungsteno. (b) Insertos con extremos de nitruro de boro cúbico policristalino (parte superior de la figura) e insertos de BNc sólidos policristalinos (parte inferior). *Fuente:* (b) Cortesía de Valenite.

La estabilidad termoquímica del BNc es una ventaja significativa; se puede usar con seguridad hasta a 1200 °C (2200 °F). Asimismo, a temperaturas elevadas el BNc sigue inerte químicamente ante hierro y níquel, así que no hay desgaste por difusión. Su resistencia a la oxidación es elevada, esto lo hace particularmente apropiado para maquinar aleaciones ferrosas endurecidas y de alta temperatura (vea *maquinado duro*, sección 25.6) y para operaciones de maquinado de alta velocidad (sección 25.5).

El BNc también se usa como abrasivo; sin embargo, debido a que estas herramientas son quebradizas, la rigidez de la máquina herramienta y la sujeción son importantes con objeto de evitar la vibración y el traqueteo. Además, con el fin de impedir el astillado y fracturado ocasionados por el choque térmico, el maquinado por lo general debe realizarse en seco, particularmente en operaciones de corte interrumpido, tales como el fresado, que someten a la herramienta a ciclos térmicos en repetidas ocasiones.

22.8 Cerámicos con base en nitruro de silicio

Desarrollados en la década de 1970, los materiales de herramientas *cerámicos con base en nitruro de silicio* (SiN) consisten en nitruro de silicio con diversas adiciones de óxido de aluminio, óxido de itrio y carburo de titanio. Estas herramientas tienen alta tenacidad, dureza en caliente y buena resistencia al choque térmico. Un ejemplo de material con base en SiN es el **Sialon**, llamado así por los elementos que lo componen: *si*licio, *al*uminio, *o*xígeno y *n*itrógeno. El Sialon tiene más resistencia al choque térmico que el nitruro de silicio a velocidades de corte intermedias, se recomienda para maquinar hierros fundidos y súper aleaciones de níquel. Sin embargo, debido a su afinidad química con el hierro a elevadas temperaturas, las herramientas basadas en el SiN no son apropiadas para maquinar aceros.

22.9 Diamante

De todos los materiales conocidos, la sustancia más dura es el diamante, descrito en la sección 8.7. Como herramienta de corte tiene propiedades deseables tales como poca fricción, alta resistencia al desgaste y la capacidad de mantener afilado el borde de corte. El diamante se utiliza cuando se requiere un buen acabado superficial y exactitud dimensional, particularmente cuando se maquinan aleaciones suaves no ferrosas y materiales abrasivos no metálicos y metálicos, en especial algunas aleaciones de aluminio-silicio. El *diamante sintético* o *industrial* se emplea mucho porque el natural tiene defectos que hacen que su desempeño sea impredecible.

Aunque se pueden utilizar **diamantes de un solo cristal** de varios quilates (para las piedras preciosas, 1 quilate = 200 mg) para aplicaciones especiales, han sido reemplazados en gran medida por herramientas de **diamantes policristalinos** (PCD, por sus siglas en inglés), llamados **compactos** (usados también como dados para trefilado, sección 15.7).

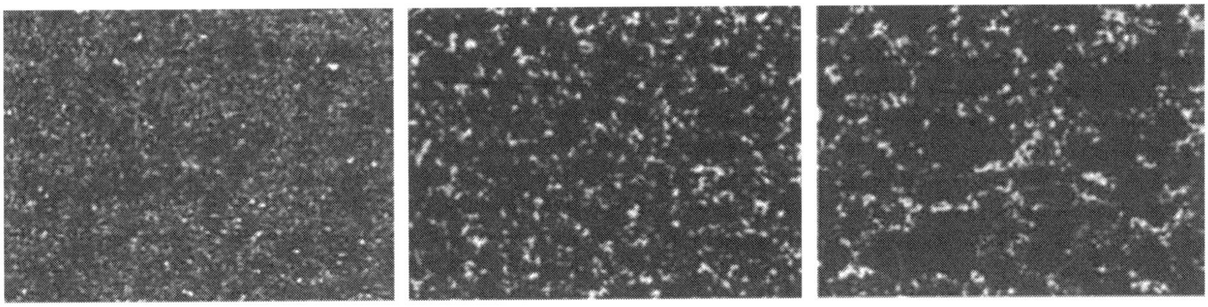

(a) (b) (c)

FIGURA 22.11 Microfotografías de compactos de diamante. (a) Diamante de grano fino con un tamaño promedio del grano de alrededor de 2 μm; (b) grano medio con un tamaño promedio de cerca de 10 μm; (c) grano grueso con tamaño promedio de 25 μm aproximadamente. Existen en el comercio tamaños de grano que varían desde 0.5 hasta 30 μm. *Fuente:* Cortesía de Kennametal Inc.

Estas herramientas de diamante consisten en cristales sintéticos muy pequeños (figura 22.11) fundidos mediante un proceso de altas temperatura y presión, hasta un espesor de alrededor de 0.5 a 1 mm (0.02 a 0.04 pulg), y adheridos a un sustrato de carburo; este producto es similar a las herramientas de BNc (figura 22.10). Los granos finos se usan cuando se requiere alta calidad en el borde de corte y gran resistencia; los granos gruesos son preferibles para obtener mayor resistencia a la abrasión. La orientación aleatoria de los cristales de diamante impide la propagación de grietas en su estructura, lo que mejora significativamente su tenacidad.

Debido a que el diamante es muy frágil (quebradizo), son importantes la forma de la herramienta y el filo. Por lo general, se utilizan ángulos de ataque pequeños para proporcionar un borde cortador fuerte debido a los grandes ángulos incluidos. Debe prestarse atención especial al montaje apropiado y a la orientación de los cristales con el fin de obtener una vida óptima de la herramienta. Puede haber desgaste por microastillado (ocasionado por esfuerzos térmicos y oxidación) y por transformación en carbón (por el calor generado durante el maquinado). Las herramientas de diamante pueden usarse satisfactoriamente a cualquier velocidad, pero son más apropiadas para cortes ligeros, no interrumpidos y de acabado. Con objeto de minimizar la fractura de la herramienta, el diamante de un solo cristal debe volverse a afilar tan pronto como se haga romo. Debido a la gran afinidad química a temperaturas elevadas (lo que da como resultado la difusión), el diamante no se recomienda para maquinar aceros al carbón planos o para aleaciones basadas en titanio, níquel y cobalto.

22.10 Materiales y nanomateriales reforzados con triquitas

Con el fin de mejorar aún más el rendimiento y la resistencia al desgaste de las herramientas cortadoras, particularmente en el maquinado de nuevos materiales y compuestos, de continuo se hacen progresos en el desarrollo de nuevos materiales para herramienta que contienen propiedades mejoradas como las siguientes:

- Alta tenacidad a la fractura.
- Resistencia al choque térmico.
- Fortaleza del filo.
- Resistencia a la fluencia.
- Dureza en caliente.

Los avances incluyen el uso de **triquitas** como refuerzos en materiales compuestos destinados a la herramienta cortante. Los ejemplos de *herramientas cortadoras reforzadas* con base en triquitas incluyen: (a) herramientas basadas en nitruro de silicio reforzadas con triquitas de carburo de silicio (SiC) y (b) herramientas basadas en óxido de aluminio reforzadas con 25 a 40% de triquitas de carburo de silicio, en ocasiones con adición de *óxido de circonio* (ZrO_2). Es común que las triquitas de carburo de silicio tengan una longitud de 5 a 100 μm y de 0.1 a 1 μm de diámetro. Sin embargo, la gran reactividad del carburo de silicio con los metales ferrosos hace que las herramientas reforzadas con SiC no sean apropiadas para maquinar hierros y aceros.

Los *nanomateriales* también se están volviendo importantes como materiales avanzados para herramientas de corte (vea la sección 8.8); los nanomateriales apropiados son los carburos y los cerámicos. Es frecuente que los nanomateriales se apliquen como un recubrimiento delgado, por lo general en un intento por obtener una vida razonable para la herramienta sin el empleo de un refrigerante (vea *maquinado en seco*, sección 22.12.1) o para maquinar a altas velocidades (vea la sección 25.5).

22.11 Costos y reacondicionamiento de herramientas

Los *costos de la herramienta* varían considerablemente dependiendo del material de la herramienta, de su tamaño, forma, características del rompevirutas y de su calidad. El costo aproximado para un *inserto* común de 0.5 pulg (12.5 mm) es aproximadamente de (a) \$10 a \$15 dólares estadounidenses para carburos sin recubrimiento, (b) \$10 a \$25 para carburos recubiertos, (c) \$30 a \$50 para cerámicos, (d) \$50 a \$90 para carburos recubiertos con diamante, (e) \$130 a \$180 para nitruro de boro cúbico y (f) \$150 a \$200 para un inserto con punta de diamante.

Después de revisar los costos involucrados en el maquinado y de considerar todos los aspectos de la operación total, puede verse que el costo de un inserto individual es relativamente insignificante. Se estima que en el maquinado los costos del herramental son del orden del 2 al 4% de los costos de la manufactura. Esta pequeña cantidad se debe al hecho de que una sola herramienta cortadora, por ejemplo, puede realizar una gran cantidad de remoción de material pero se indexa para usar todos los bordes cortantes de un inserto y, eventualmente, se recicla. Recuerde que en la sección 21.5 vimos que la vida esperada de una herramienta está en el rango de 30 a 60 minutos; entonces, si se considera que un inserto cuadrado tiene ocho bordes cortantes, una herramienta puede durar muchas horas antes de ser retirada de la máquina herramienta y reemplazada por otra.

Las herramientas cortantes se pueden **reacondicionar** por medio de afilarlas de nuevo empleando herramientas y esmeriles cortadores con características especiales (sección 26.4). Esta operación se lleva a cabo a mano o mediante una herramienta controlada por computadora y con esmeriles cortadores. También existen métodos avanzados para tornear herramientas de corte, como se describe en el capítulo 27. El reacondicionamiento de herramientas recubiertas también se efectúa volviéndolas a recubrir, por lo general en instalaciones especiales diseñadas para este propósito; es importante que las herramientas reacondicionadas tengan las mismas características geométricas que las originales. Con frecuencia debe tomarse una decisión sobre si resulta económico el reacondicionamiento de las herramientas, en especial cuando los costos de los insertos pequeños más comunes no constituyen una fracción grande del costo total. El *reciclado* de las herramientas siempre es una consideración significativa, en especial si contienen materiales caros y de importancia estratégica tales como tungsteno y cobalto.

22.12 Fluidos de corte

Los *fluidos de corte* se usan extensivamente en las operaciones de maquinado con los siguientes propósitos:

- Reducir la fricción y el desgaste para mejorar la vida de la herramienta y el acabado de la superficie de la pieza de trabajo.
- Enfriar la zona de corte, lo que mejora la vida de la herramienta y reduce la temperatura y distorsión térmica de la pieza de trabajo.
- Reducir las fuerzas y el consumo de energía.

- Eliminar las virutas de la zona de corte para impedir que interfieran con la operación de corte, en particular durante las perforaciones y el maquinado de cuerdas internas.
- Proteger la superficie maquinada de la corrosión ambiental.

En función del tipo de operación de maquinado, el fluido de corte requerido puede ser un **refrigerante**, un **lubricante** o ambos. La efectividad de los fluidos de corte depende de varios factores como el tipo de operación del maquinado, los materiales de la herramienta y la pieza de trabajo, la velocidad de corte y el método de aplicación. El agua es un refrigerante excelente y reduce de modo eficaz las altas temperaturas que se generan en la zona de corte; sin embargo, no es un lubricante efectivo porque no reduce la fricción y ocasiona corrosión de las piezas de trabajo y los componentes de la máquina herramienta.

La necesidad de un fluido de corte depende de la *severidad* de la operación de maquinado en particular, definida como (a) las temperaturas y fuerzas encontradas y la capacidad de los materiales de la herramienta para manejarlas, (b) la tendencia a la formación de un borde acumulado en el cortador, (c) la facilidad con que pueden retirarse las virutas de la zona de corte y (d) la eficacia con que los fluidos pueden suministrarse en la región apropiada en la interfase herramienta-viruta. Las severidades relativas de procesos de maquinado específicos son, en orden creciente, aserrar, tornear, fresar, taladrar, cortar engranes, corte de cuerdas, cuerdas internas (machuelear) y brochados.

Sin embargo, existen operaciones en las que la acción refrigerante de los fluidos de corte puede ser perjudicial. Por ejemplo, se ha demostrado que los fluidos de corte pueden causar que la viruta se haga *más rizada* (vea la figura 21.9c), lo que concentra el calor más cerca del extremo de la herramienta y reduce la vida de ésta. Además, en operaciones de corte interrumpido, como el fresado con múltiples cortadores dentados, el enfriamiento de la zona de corte lleva a ciclos térmicos en los dientes cortadores, lo que genera *fisuras térmicas* debido a la fatiga o al choque térmico.

Acción del fluido de corte. Los mecanismos básicos de lubricación utilizados en las operaciones de trabajo de metales se describen con más detalle en la sección 33.6. Los estudios muestran que el fluido de corte accede a la interfase herramienta-viruta por medio de escurrimiento desde los lados de la viruta (en forma perpendicular a la página en las figuras 21.11 y 21.12), a través de la *acción capilar* en la red de entrelazamiento de las asperezas de la superficie en la interfase.

Debido al reducido tamaño de esta red capilar, el fluido de corte debe tener un *tamaño molecular pequeño* y poseer características apropiadas de *humedecimiento* (*tensión superficial*). Así que, por ejemplo, la grasa no es un lubricante efectivo en el maquinado, mientras que los aceites de poco peso molecular suspendidos en agua (*emulsiones*) sí lo son. Observe que en operaciones discontinuas de maquinado los fluidos de corte tienen más acceso a las interfases herramienta-viruta, pero entonces las herramientas son más susceptibles al choque térmico.

EJEMPLO 22.1 Efectos de los fluidos de corte en el maquinado

Dado: Una operación de maquinado se lleva a cabo con un fluido de corte que es un lubricante eficaz.

Se solicita: Describir los cambios en la mecánica de la operación de corte si el suministro de fluido se interrumpe.

Respuesta: Como el fluido de corte es un buen lubricante, después de suspenderse el flujo tendrá lugar la siguiente cadena de eventos:

1. Aumentará la fricción en la interfase herramienta-viruta.
2. El ángulo del cortante disminuirá de acuerdo con la ecuación (21.3).
3. El esfuerzo cortante se incrementará, como resulta de la ecuación (21.2).
4. La viruta se hará más gruesa.
5. Es probable que se forme un borde acumulado en el cortador.

Como resultado de estos cambios, ocurrirá lo siguiente:

1. Aumentará la energía cortante en la zona primaria.
2. Se incrementará la energía de fricción en la zona secundaria.
3. La energía total aumentará.
4. Subirá la temperatura en la zona de corte, lo que ocasionará desgaste de la herramienta.
5. El acabado de la superficie de la pieza de trabajo comenzará a deteriorarse y será difícil mantener la exactitud dimensional debido a mayor temperatura y mayor expansión térmica de la pieza de trabajo durante el maquinado.

Tipos de fluidos de corte. En la sección 33.7 se describen las características y aplicaciones de los fluidos que se utilizan para trabajar metales. En breves palabras, en las operaciones de maquinado es común que se utilicen cuatro tipos generales de fluidos de corte:

1. **Aceites**, también llamados *aceites puros*, incluyen los de origen mineral, vegetal, compuestos y sintéticos; es común que se usen para operaciones de baja velocidad en las que el aumento de temperatura no es significativo.
2. **Emulsiones**, también llamadas *aceites solubles*, son una mezcla de aceite, agua y aditivos; generalmente se usan para operaciones de alta velocidad en las que el aumento de temperatura es significativo. La presencia de agua hace que las emulsiones sean refrigerantes eficaces y la presencia de aceite reduce o elimina la tendencia que tiene el agua a causar oxidación en las superficies de la pieza de trabajo.
3. **Fluidos semisintéticos**, son emulsiones químicas que contienen poco aceite mineral diluido en agua y con aditivos que reducen el tamaño de las partículas de aceite, esto las hace más efectivas.
4. **Fluidos sintéticos**, son químicos con aditivos diluidos en agua y que no contienen aceite.

Debido a las complejas interacciones entre el fluido de corte, los materiales de la pieza de trabajo, la temperatura, el tiempo y las variables del proceso de corte no puede generalizarse la selección y aplicación de fluidos. En los capítulos 23 y 24 se dan recomendaciones acerca de fluidos de corte para operaciones específicas de maquinado.

Métodos de aplicación del fluido de corte. Hay cuatro métodos básicos de aplicación del fluido de corte en el maquinado:

1. **Vertido.** Éste es el método más común, como se ilustra en la figura 22.12, en la que se indican prácticas correctas e incorrectas para verter. Las tasas de flujo por lo general varían de 10 l/min (3 gal/min) para herramientas de un solo punto a 225 l/min (60 gal/min) por cortador en cortadores de dientes múltiples, como en el fresado. En ciertas operaciones tales como el taladrado y el fresado, también se emplean presiones de fluido que están en el rango de 700 a 14 000 kPa (100 a 2000 psi) para retirar las virutas producidas e impedir que interfieran con la operación.
2. **Nebulizado.** Este tipo de refrigeración suministra fluido en áreas inaccesibles, en forma similar a como se emplea una lata de aerosol, y proporciona una mejor visibilidad de la pieza de trabajo que se maquina, en comparación con el vertido del refrigerante. Este método es particularmente eficaz con fluidos basados en agua y a presiones de aire que varían de 70 a 600 kPa (10 a 80 psi). Sin embargo, tiene una capacidad de refrigeración limitada y requiere de ventilación para evitar que el operador de la máquina y otras personas ubicadas en las cercanías inhalen las partículas de fluido presentes en el aire.
3. **Sistemas de alta presión.** Con el incremento de velocidad y potencia de las máquinas herramientas controladas por computadora, la generación de calor en el maquinado se ha convertido en un factor significativo. Particularmente efectivo es el uso de *sistemas de enfriamiento refrigerado* de alta presión para aumentar la tasa de intercambio de calor. También se usan presiones altas para conducir el fluido de

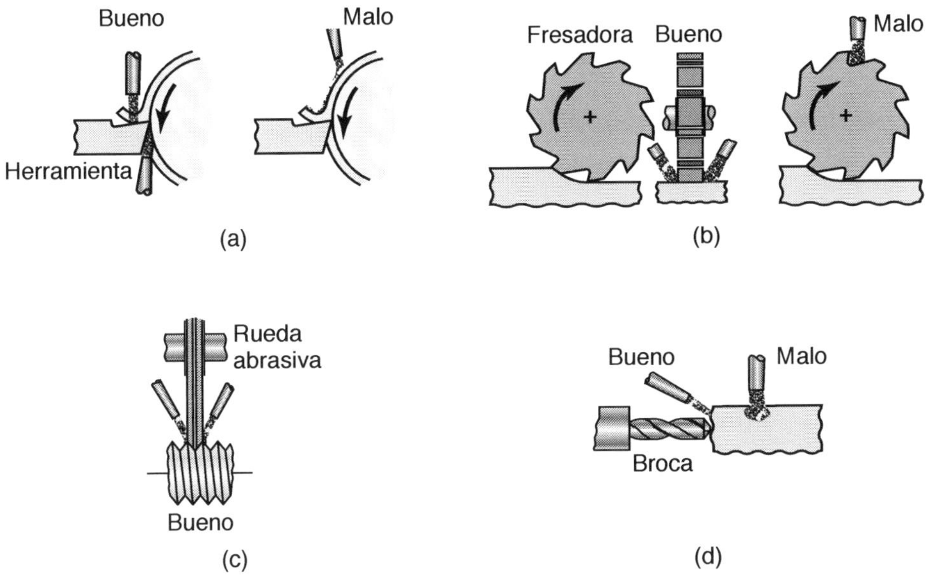

FIGURA 22.12 Ilustración esquemática de los métodos de aplicación de fluidos de corte (por vertido) en distintas operaciones de maquinado: (a) torneado, (b) fresado, (c) esmerilado de rosca y (d) barrenado.

corte a través de boquillas de diseño especial que dirigen un chorro poderoso a la zona de corte, en particular a la *cara de alivio* u *holgura* de la herramienta (vea la figura 21.3). Las presiones están por lo general en el rango de 5.5 a 35 MPa (800 a 5000 psi), también actúan como rompevirutas en situaciones en las que éstas serían largas y continuas e interferirían en la operación de corte. Es esencial mantener ciclos adecuados así como el filtrado continuo del fluido con el fin de mantener la calidad de la superficie de la pieza de trabajo.

La figura 22.13 muestra un diseño más reciente con el que se logra buen rendimiento con menores requerimientos de presión. Se ha encontrado que este método es especialmente efectivo para maquinar titanio y otros materiales difíciles y que con él la vida de la herramienta se incrementa en más del 300%. En lugar de aplicar refrigerante a la superficie de la pieza de trabajo o viruta desde una gran distancia de la zona de corte, se aplica en un *lado* del inserto. Para profundidades de corte controladas, el aumento de temperatura en la herramienta y las virutas se reduce de manera significativa, como se aprecia en la figura 22.13b.

4. **A través del sistema de la herramienta de corte.** Para una aplicación más efectiva, se practican pasajes angostos en las herramientas de corte y en los portaherramientas, a través de los cuales se suministran los fluidos de corte a alta presión. Dos aplicaciones de este método son (a) barrenado de armas de fuego, que se muestra en la figura 23.22 —observe el largo y angosto barreno a través del cuerpo de la broca en sí—, y (b) barras de perforación, figura 23.17a, donde hay un largo barreno a través del zanco en el portaherramientas al cual se sujeta un inserto. Se han desarrollado diseños similares para herramientas e insertos de corte y para distribuir fluidos de corte a través del perno de la máquina herramienta.

Efectos de los fluidos de corte. La selección de un fluido de corte debe incluir también consideraciones tales como sus efectos en

- El material de la pieza de trabajo.
- Los componentes de la máquina herramienta.
- Las consideraciones biológicas.
- El ambiente.

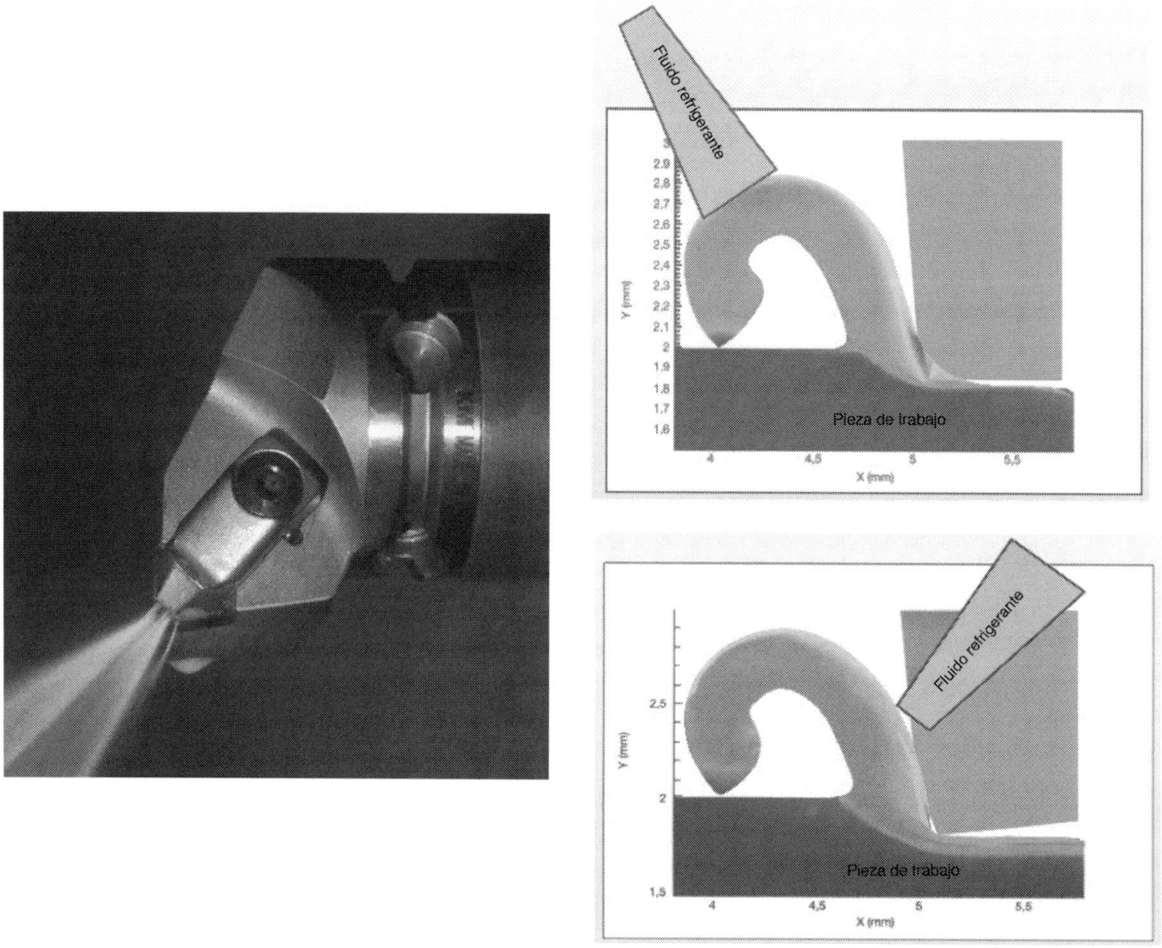

(a) (b)

FIGURA 22.13 (a) Inserto de torno con refrigerante aplicado a través de la herramienta; (b) comparación de las distribuciones de temperatura para una aplicación normal y para la que se hace a través de la herramienta. El material de la pieza de trabajo es Inconel 718; velocidad de corte = 180 m/min, avance = 0.020 pulg/rev, y recubrimiento de la herramienta = TiC. *Fuente:* Cortesía de Kennametal Inc.

Para seleccionar un fluido de corte apropiado se debe considerar si el componente maquinado estará sujeto a esfuerzos y efectos adversos durante su vida de servicio que posiblemente conduzcan a fracturas por esfuerzos de corrosión. Por ejemplo, (a) los fluidos de corte que contengan azufre no deben emplearse con aleaciones basadas en níquel y (b) los fluidos de corte que contengan cloro no deben usarse con titanio porque aumentan la corrosión. Además las partes maquinadas deben limpiarse y lavarse para eliminar cualquier residuo del fluido cortador, como se describe en la sección 34.16. Debido a que la operación de limpieza puede tener requerimientos significativos de tiempo y costo, la tendencia es usar fluidos basados en agua, de baja viscosidad, para facilitar su limpieza y filtrado. Debido a que los fluidos de corte pueden afectar también de modo adverso los componentes de la máquina herramienta, debe tomarse en cuenta su compatibilidad con diferentes materiales metálicos y no metálicos presentes en la máquina.

Asimismo, una preocupación principal deben ser los *efectos en la salud* de los operadores de las máquinas que están en contacto con los fluidos. El rocío, emanaciones, humo y olores de los fluidos de corte pueden ocasionar severas reacciones en la piel y problemas respiratorios, en especial cuando se utilizan fluidos con componentes químicos tales como azufre, cloro, fósforo, hidrocarburos, biocidas y diversos aditivos. Se han hecho muchos progresos para asegurar el uso seguro de los fluidos de corte en las instalaciones manufactureras, inclusive la reducción o eliminación de su uso mediante la consideración de las tendencias más recientes en cuanto a técnicas de maquinado en seco o casi seco, así como en el diseño de máquinas herramienta con áreas de trabajo cerradas (vea las figuras 25.2 y 25.12).

Los fluidos de corte, así como otros fluidos del trabajo de metales que se usan en las operaciones de manufactura pueden experimentar cambios químicos cuando se usan en forma repetida durante cierto tiempo. Estos cambios se deben a efectos ambientales o a la contaminación procedente de distintas fuentes, incluyendo virutas metálicas, partículas finas generadas durante el maquinado y *corrientes de aceite* (aceites procedentes de fugas en los sistemas hidráulicos, en elementos deslizantes de las máquinas, y de sistemas de lubricación de las máquinas herramienta). Los cambios pueden involucrar también la proliferación de microbios (bacterias, mohos y levaduras), sobre todo en presencia de agua, lo que se convierte en un riesgo ambiental y también afecta de manera adversa las características y efectividad de los fluidos de corte.

Se dispone de varias técnicas para limpiar los fluidos de corte una vez usados, tales como el reposo, espumado, centrifugado y filtrado. El reciclado involucra el tratamiento de los fluidos con varios aditivos, agentes, biocidas y desodorizantes, así como el tratamiento del agua (cuando es la base de los fluidos). Las prácticas de eliminación de estos fluidos deben cumplir con las leyes y reglamentos federales, estatales y locales.

22.12.1 Maquinado casi seco y en seco

Por razones económicas y ambientales, desde la década de 1990 se ha presentado una tendencia mundial continua por minimizar o eliminar el uso de fluidos en el trabajo de metales. Esta tendencia condujo a la práctica de *maquinado casi seco* (NDM, por sus siglas en inglés), con beneficios significativos como los siguientes:

- Mitigación del impacto ambiental proveniente del uso de fluidos de corte, lo que mejora la calidad del aire en las plantas manufactureras y reduce los riesgos para la salud.
- Reducción del costo de las operaciones de maquinado, incluyendo el costo por mantenimiento, reciclado y eliminación de los fluidos de corte.

Lo significativo de este enfoque se hace evidente al observar que tan sólo en Estados Unidos se consumen millones de litros de fluidos para el trabajo de metales cada año. Además, se ha estimado que dichos fluidos constituyen del 7 al 17% del costo total del maquinado.

El principio tras el corte casi seco es la aplicación de una nebulización fina de una mezcla de aire con fluido, la cual contiene una cantidad muy pequeña de fluido de corte que puede reformularse para que contenga aceite vegetal. La mezcla se lleva a la zona de corte a través del *eje* de la máquina herramienta, en general, mediante una boquilla de 1 mm de diámetro y a una presión de 600 kPa (85 psi). Se usa a razón de 1 a 100 cc/h, que se estima es un máximo de un diezmilésimo del que se emplea en un fluido refrigerante. En consecuencia, el proceso también se conoce como *lubricación de mínima cantidad* (MQL, por sus siglas en inglés).

El *maquinado en seco* también es una alternativa viable. Con los grandes avances en las herramientas de corte, el maquinado en seco se ha revelado como efectivo en distintas operaciones de maquinado, sobre todo en el torneado, fresado y corte de engranes, en aceros, aleaciones de acero y hierros fundidos, aunque en general no lo es para aleaciones de aluminio.

Una de las funciones de un fluido de corte es *eliminar* las virutas de la zona de corte. Aunque esta función pareciera todo un desafío con el maquinado en seco, se han desarrollado diseños de herramientas que permiten la aplicación de *aire presurizado*, con frecuencia a través del vástago de la herramienta. Aunque el aire comprimido no sirve como lubricante y sólo tiene una capacidad limitada de refrigeración, es muy eficaz para retirar las virutas de la zona de corte.

Maquinado criogénico. Los desarrollos más recientes en el maquinado incluyen el uso de gases criogénicos, tales como *nitrógeno* o *dióxido de carbono*, como refrigerantes. Se inyecta nitrógeno líquido a la zona de corte, con boquillas de pequeño diámetro y a una temperatura de −200 °C (−320 °F). Debido a lo reducido de la temperatura, la dureza de la herramienta se conserva y por lo tanto mejora su vida, lo que permite aplicar mayores velocidades de corte. Las virutas también son menos dúctiles, esto incrementa la maquinabilidad. No hay impacto ambiental perjudicial porque el nitrógeno simplemente se evapora.

RESUMEN

- Los materiales de las herramientas de corte tienen un amplio rango de propiedades mecánicas y físicas, tales como dureza en caliente, tenacidad, estabilidad química y ausencia de reactividad, así como resistencia al astillado y al desgaste. Ahora se dispone de una gran variedad de materiales para las herramientas de corte, los de uso más común son los aceros de alta velocidad, carburos, cerámicos, nitruro de boro cúbico y diamantes.
- Se han desarrollado varios recubrimientos para las herramientas, lo que ha resultado en grandes mejoras en la vida de las herramientas, en el acabado de las superficies y en la economía de las operaciones de maquinado. Los materiales comunes para el recubrimiento son el nitruro de titanio, carburo de titanio, carbonitruro y óxido de aluminio. La tendencia es hacia los recubrimientos multifásicos para lograr un mejor desempeño.
- La selección de los materiales apropiados para la herramienta no sólo depende del material por maquinarse sino también de los parámetros del proceso y de las características de la máquina herramienta.
- Los fluidos de corte son importantes en las operaciones de maquinado ya que reducen la fricción, el desgaste y las fuerzas de corte, así como los requerimientos de energía. Por lo general, operaciones de corte más lentas y las que se efectúan con grandes presiones en la herramienta requieren un fluido con buenas características de lubricación. En las operaciones de alta velocidad, donde el aumento de temperatura puede ser significativo, se necesitan fluidos con buena capacidad de refrigeración y alguna de lubricación. La selección de los fluidos de corte debe tomar en cuenta sus posibles efectos perjudiciales en las partes que se maquinan, en las máquinas herramientas y sus componentes, en el personal y en el medio ambiente.

TÉRMINOS CLAVE

Aceros de alta velocidad
Aleaciones fundidas de cobalto
Carburo de titanio
Carburo de tungsteno
Carburos
Carburos de micrograno
Carburos sin recubrimiento
Cerámicos
Cerámicos base alúmina
Cerámicos con base en nitruro de silicio
Cermets
Cortes de acabado
Costos de la herramienta
Desbaste
Diamante policristalino
Estabilidad química
Estelita
Fluidos de corte
Herramientas con recubrimiento
Herramientas de diamante
Herramientas reforzadas con triquitas
Insertos
Lubricantes
Maquinado casi seco
Maquinado criogénico
Maquinado en seco
Moho
Nanocristalino
Nitruro de boro cúbico
Nitruro de boro cúbico policristalino
Nitruro de titanio
Reacondicionamiento de herramientas
Recubrimientos de diamante
Recubrimientos multifásicos
Refrigerantes
Resistencia al desgaste
Rompevirutas
Sialon
Tenacidad
Vertido

BIBLIOGRAFÍA

ASM Handbook, Vol. 16: **Machining**, ASM International, 1989.

ASM Specialty Handbook: **Tool Materials**, ASM International, 1995.

Astakhov, V. P., **Tribology of Metal Cutting**, Elsevier, 2007.

Astakhov, V. P. y Joksch, S., **Metalworking, Fluids for Cutting and Grinding: Fundamentals and Recent Advances**, Woodhead, 2012.

Byers, J. P. (ed.), **Metalworking Fluids**, 2a. ed., CRC Press, 2006.
Jackson, M. J. y Morrell, J., **Machining with Nanomaterials**, Springer, 2009.
Komanduri, R., *Tools Materials*, en **Kirk-Othmer Encyclopedia of Chemical Technology**, 4a. ed., Vol. 24, 1997.
Nachtman, E. S. y Kalpakjian, S., **Lubricants and Lubrication in Metalworking Operations**, Marcel Dekker, 1985.
Roberts, G. A., Krauss, G. y Kennedy, R., **Tools Steels**, 5a. ed., ASM International, 1997.
Shaw, M. C., **Metal Cutting Principles**, 2a. ed., Oxford, 2005.
Smith, G. T., **Cutting Tool Technology: Industrial Handbook**, Springer, 2008.
Trent, E. M. y Wright, P. K., **Metal Cutting**, 4a. ed., Butterworth-Heinemann, 2000.

PREGUNTAS DE REPASO

22.1 ¿Cuáles son las principales propiedades requeridas para los materiales de las herramientas de corte? ¿Por qué?

22.2 ¿Cuál es la composición típica de una herramienta de carburo?

22.3 ¿Por qué se desarrollaron los insertos de las herramientas de corte?

22.4 ¿Por qué están recubiertas ciertas herramientas? ¿Cuáles son los materiales comunes de recubrimiento?

22.5 Explique las aplicaciones y limitantes de las herramientas de cerámicos.

22.6 Liste las funciones principales de los fluidos de corte.

22.7 ¿Por qué es importante la tenacidad para los materiales de las herramientas de corte?

22.8 ¿Es importante el módulo de elasticidad para los materiales de las herramientas de corte? Explique su respuesta.

22.9 Explique cómo penetran los fluidos de corte en la interfase herramienta-viruta.

22.10 Liste los métodos por los cuales se aplican comúnmente los fluidos en las operaciones de maquinado.

22.11 Describa las ventajas y limitaciones de las herramientas de diamante (a) de un solo cristal y (b) policristalino.

22.12 ¿Qué es un cermet? ¿Cuáles son sus ventajas?

22.13 Explique la diferencia entre la serie M y la serie T de los aceros de alta velocidad.

22.14 ¿Por qué se prefiere por lo general al BNc sobre el diamante para el maquinado de aceros?

22.15 ¿Cuáles son las ventajas del maquinado en seco?

PROBLEMAS CUALITATIVOS

22.16 Explique por qué se han desarrollado en el transcurso del tiempo tantos tipos diferentes de materiales para las herramientas de corte. ¿Por qué aún continúa dicho desarrollo?

22.17 ¿Cuáles propiedades del material para herramientas son apropiadas para las operaciones de corte interrumpido? ¿Por qué?

22.18 Describa las razones y ventajas de recubrir las herramientas de corte con múltiples capas de diferentes materiales.

22.19 Elabore una lista de los elementos de aleación usados en los aceros de alta velocidad. Explique cuáles son sus funciones y por qué son eficaces en las herramientas de corte.

22.20 Como se dijo en la sección 22.1, los materiales de las herramientas pueden tener propiedades que resulten conflictivas al ser usadas en las operaciones de maquinado. Describa sus observaciones al respecto.

22.21 Explique el impacto económico de la tendencia que se muestra en la figura 22.6.

22.22 ¿Por qué la temperatura tiene un efecto tan importante en la vida de la herramienta?

22.23 Las herramientas de corte hechas con cerámicos y cermet tienen ciertas ventajas sobre las de carburo. Entonces, ¿por qué no las han sustituido por completo?

22.24 ¿Qué precauciones tomaría usted al maquinar con materiales frágiles, en especial con cerámicos? Explique su respuesta.

22.25 ¿Los fluidos de corte pueden tener algún efecto perjudicial en el maquinado? Si es así, ¿cuál es el efecto?

22.26 Describa las tendencias que observe en la tabla 22.2.

22.27 ¿Por qué son importantes la estabilidad química y la ausencia de reactividad en las herramientas de corte?

22.28 Los recubrimientos de nitruro de titanio en las herramientas reducen el coeficiente de fricción en la interfase herramienta-viruta. ¿Qué es lo significativo de esta propiedad?

22.29 Describa las condiciones necesarias para la utilización óptima de las capacidades de las herramientas de diamante y nitruro de boro cúbico.

22.30 Los ángulos de ataque negativos por lo general son preferibles para las herramientas de cerámicos, diamante y nitruro de boro cúbico. ¿Por qué?

22.31 ¿Piensa usted que existe una relación entre el costo de una herramienta de corte y su dureza en caliente? Explique su respuesta.

22.32 Haga una revisión de la literatura técnica y proporcione algunos valores comunes de las velocidades de corte para las herramientas de acero de alta velocidad y para varios materiales de la pieza de trabajo.

22.33 En la tabla 22.1, las últimas dos propiedades listadas son importantes para la vida de una herramienta de corte. ¿Por qué?

22.34 Se ha establecido que los recubrimientos de nitruro de titanio permiten que las velocidades de corte y la alimentación sean mayores que las de herramientas sin recubrimiento. Revise en la bibliografía técnica y prepare una tabla que muestre el incremento porcentual de las velocidades y alimentaciones que serían posibles con el recubrimiento de las herramientas.

22.35 En la figura 22.1 observe que todos los materiales, en especial los carburos, tienen un amplio rango de dureza para una temperatura en particular. Describa cada uno de los factores responsables de dicha amplitud de rango.

22.36 En relación con la tabla 22.1, diga cuáles materiales de las herramientas serían apropiados para las operaciones de corte interrumpido. Explique su respuesta.

22.37 ¿Cuál de las propiedades listadas en la tabla 22.1 es, en opinión de usted, la menos importante en las herramientas de corte? Explique su respuesta.

22.38 Si se pretende que una broca solamente se use en aplicaciones de trabajo en madera, ¿cuál es el material del que más probablemente esté hecha? [*Sugerencia:* las temperaturas rara vez llegan a 400 °C en el trabajo de la madera]. Explique su respuesta.

22.39 ¿Cuáles son las consecuencias de que en una herramienta un recubrimiento tenga distinto coeficiente de expansión térmica que el material del sustrato?

22.40 Analice las ventajas y limitaciones relativas del maquinado en seco. Tome en cuenta todos los aspectos técnicos y económicos.

22.41 Los fluidos de corte en emulsión constan, por lo general, de 95% de agua y 5% de aceite soluble y aditivos químicos. ¿A qué se debe este desequilibrio? En todo caso, ¿se necesita el aceite?

22.42 Liste y explique las consideraciones involucradas en determinar si una herramienta de corte debe reacondicionarse, reciclarse o descartarse después de su uso.

PROBLEMAS CUANTITATIVOS

22.43 Revise el contenido de la tabla 22.1. Grafique varias curvas que muestren las relaciones, si las hubiera, entre parámetros tales como dureza, resistencia a la ruptura transversal y resistencia al impacto. Comente sus observaciones.

22.44 Obtenga datos sobre las propiedades térmicas de varios fluidos de corte de uso común. Identifique aquellos que básicamente sean refrigerantes efectivos (como los fluidos basados en agua) y los que sean básicamente lubricantes (como los aceites).

22.45 La primera columna de la tabla 22.2 muestra 10 propiedades importantes para las herramientas de corte. En cada uno de los materiales listados en la tabla, agregue datos numéricos para sus propiedades. Describa sus observaciones, inclusive los datos que se traslapen.

SÍNTESIS, DISEÑO Y PROYECTOS

22.46 Describa con detalle sus pensamientos acerca de los factores técnicos y económicos involucrados en la selección del material para herramienta.

22.47 Una de las principales preocupaciones con los refrigerantes es la degradación debida al ataque biológico de las bacterias. Para prolongar la vida de un refrigerante, a menudo se agregan biocidas químicos que complican mucho la eliminación del refrigerante. Investigue en la bibliografía sobre los desarrollos más recientes en el uso, en los fluidos de corte, de biocidas benignos para el ambiente.

22.48 ¿Cómo mediría usted la eficacia de los fluidos de corte? Describa su método y explique cualesquiera dificultades que encuentre.

22.49 Contacte a varios proveedores de herramientas de corte o busque en sus sitios web. Haga una lista de los costos de herramientas de corte comunes en función de sus tamaños, formas y características.

22.50 Hoy en día existen diversos tipos de materiales de herramientas de corte disponibles para operaciones de maquinado porque se ha hecho mucha investigación y desarrollo con respecto a todos ellos. ¿Por qué piensa usted que se efectúan dichos estudios? Analice su respuesta.

22.51 Suponga que usted está a cargo de un laboratorio para desarrollar nuevos fluidos de corte mejorados. Sobre la base de los temas presentados en este capítulo y el anterior, sugiera una lista de temas de investigación para su equipo. Explique por qué eligió los temas.

22.52 La vida de la herramienta podría aumentarse mucho si se desarrollara un medio efectivo de enfriamiento y lubricación. Diseñe métodos de distribución del fluido de corte a la zona de corte y analice las ventajas y desventajas de su diseño.

22.53 Liste las preocupaciones que tendría usted si necesitara una máquina económica de polímeros de fibra de carbono reforzado o de compuestos de matriz metálica con fibras de grafito en una matriz de aluminio.

Procesos de maquinado: torneado y producción de orificios

CAPÍTULO 23

- Con los dos capítulos anteriores como antecedente, en éste se describen procesos de maquinado capaces de generar formas redondas externas o internas.
- La máquina herramienta de uso más común para dichas operaciones es el torno, del cual existen varios tipos y sistemas automatizados.
- Por lo anterior, se describe con detalle la amplia variedad de operaciones que se pueden efectuar en los tornos, como el torneado, taladrado, perfilado, refrentado, ranurado, corte de roscas y moleteado.
- En el capítulo también se describen operaciones como el mandrinado, taladrado, rimado y hechura de cuerdas internas (machuelado), así como las características de las máquinas herramientas asociadas con estos procesos.

Partes que es común manufacturar: componentes de maquinaria; monobloques y cabezales de motor; partes con formas complejas, tolerancias cerradas, buen acabado superficial y partes con roscas externas e internas.

Procesos alternativos: fundición de precisión, metalurgia de polvos, moldeo con inyección de polvos, maquinado abrasivo, rolado de roscas y estampado rotativo.

23.1 Introducción

Este capítulo describe procesos de maquinado que tienen la capacidad de producir partes cuya forma es básicamente redonda. Los productos comunes así elaborados son muy pequeños, como tornillos miniatura para las bisagras de los armazones de anteojos, o muy grandes, como los ejes de turbinas para plantas hidroeléctricas y rodillos de trituradoras.

Uno de los procesos fundamentales es el **torneado**, que significa que la parte gira mientras se maquina. El material en bruto por lo general es una pieza de trabajo que ha sido elaborada con otros procesos: fundición, forjado, extrusión, corte o metalurgia de polvos, como se describe en las partes II y III. Los torneados, que se suelen efectuar en un **torno** o con *máquinas herramienta* similares, se ilustran en la figura 23.1 y en la tabla 23.1. Estas máquinas son muy versátiles y capaces de realizar varias operaciones de maquinado que producen una amplia variedad de formas, como:

- **Torneado:** para producir piezas de trabajo rectas, cónicas, curvas o ranuradas (figuras 23.1a a d), como cigüeñales, ejes y pernos.
- **Refrentado (careado):** para producir una superficie plana al final de la parte y perpendicular a su eje (figura 23.1e); partes que se ensamblan con otros componentes; ranurado de cara para aplicaciones como asientos de anillos de retención (O-ring) (figura 23.1f).

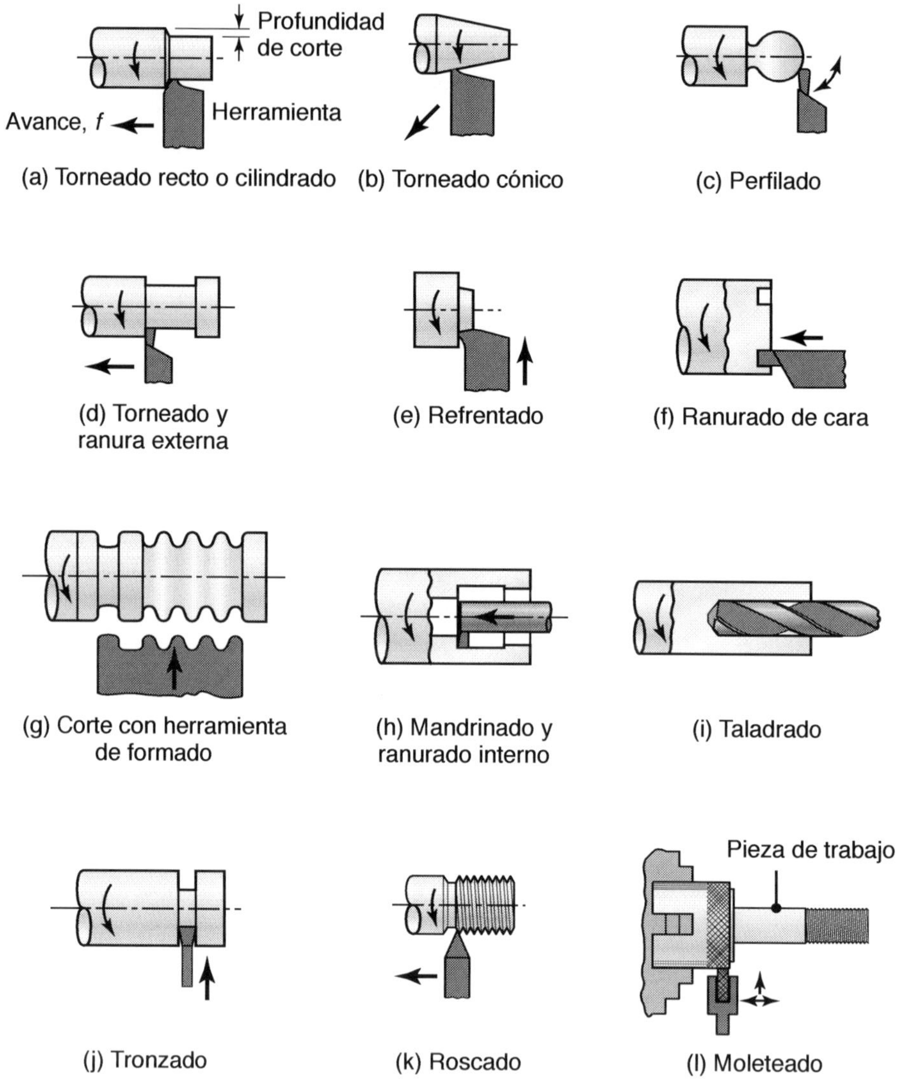

FIGURA 23.1 Operaciones diversas que se efectúan en un torno; observe que todas las partes son circulares. En este capítulo se describen las herramientas que se usan, su forma y los parámetros de procesamiento.

- **Corte con herramientas de formado:** (figura 23.1g) para producir varias formas con simetría axial para propósitos funcionales o estéticos.
- **Mandrinado:** para agrandar un orificio o cavidad cilíndrica hecha con un proceso previo o para producir ranuras internas circulares (figura 23.1h).
- **Taladrado:** para producir un orificio (figura 23.1i), al cual después le puede seguir el mandrinado para mejorar su exactitud dimensional y acabado de la superficie.
- **Corte:** llamado también **tronzado**, para remover un trozo del extremo de una parte, como se hace en la producción de tramos de material o material en bruto para su procesamiento adicional en productos discretos (figura 23.1j).
- **Roscado:** para producir roscas externas o internas (figura 23.1k).
- **Moleteado:** para producir una rugosidad de forma regular en superficies cilíndricas, como en la fabricación de picaportes y manijas (figura 23.1l).

TABLA 23.1

Características generales de los procesos de maquinado y tolerancias dimensionales comunes

Proceso	Características	Tolerancias dimensionales comunes, ±mm (pulg)
Torneado	Operaciones de torneado y refrentado en todos los tipos de materiales, usa herramientas de un solo punto o herramientas de formado; los tornos manuales requieren mano de obra especializada; baja tasa de producción (aunque de media a alta con tornos de torreta y máquinas automáticas) que requiere mano de obra menos especializada.	Fino: 0.025-0.13 (0.001-0.005) Grueso: 0.13 (0.005)
Mandrinado	Superficies o perfiles internos con características similares al torneado; es importante la rigidez de la barreta de mandrinado (buril de mandrinado) para evitar el traqueteo.	0.025 (0.001)
Taladrado	Perforaciones de varios tamaños y profundidades; tasa elevada de producción; el requerimiento de mano de obra especializada depende de la ubicación del barreno y de la exactitud establecida; requiere de mandrinado y rimado para mejorar la exactitud dimensional.	0.075 (0.003)
Fresado	Gran variedad de formas que involucran contornos, superficies planas y ranuras; versátil; tasa de producción de baja a media; requiere mano de obra especializada.	0.13-0.25 (0.005-0.01)
Cepillado (en cepillo de mesa)	Superficies planas grandes y perfiles de contorno recto sobre grandes piezas de trabajo, baja cantidad de producción, la necesidad de mano de obra especializada depende de la forma de la parte.	0.08-0.13 (0.003-0.005)
Cepillado (en cepillo de codo)	Superficies planas y perfiles de contorno recto en piezas de trabajo relativamente pequeñas; baja cantidad de producción; el requerimiento de mano de obra especializada depende de la forma de la parte.	0.05-0.13 (0.002-0.003)
Brochado	Superficies externas e internas, ranuras y contornos; buen acabado de la superficie; herramientas costosas; alta tasa de producción, la necesidad de mano de obra especializada depende de la forma de la parte.	0.025-0.15
Aserrado	Cortes rectos y de contorno sobre formas planas o estructurales; no es adecuado para materiales duros a menos que la sierra tenga dientes de carburo o esté recubierta con diamante; baja tasa de producción; la mano de obra por lo general es poco especializada.	0.8

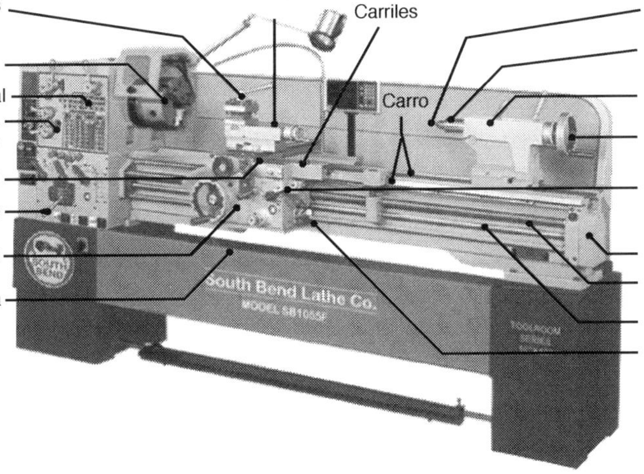

FIGURA 23.2 Vista general de un torno común donde se aprecian varios de sus componentes. *Fuente:* Cortesía de South Bend Lathe Co.

Las operaciones de corte resumidas anteriormente se llevan a cabo en un *torno* (figura 23.2), el cual está disponible en una amplia variedad de diseños, tamaños, capacidades y características controladas por computadora, como se describe en la sección 23.3 y el capítulo 25. Como se aprecia en las figuras 21.2 y 21.3, el torneado se efectúa a varias (a) velocidades de giro, N, de la pieza de trabajo sujeta en el husillo, (b) profundidades de corte, d, y (d) avances, f, que dependen de la pieza de trabajo y los materiales de la herra-

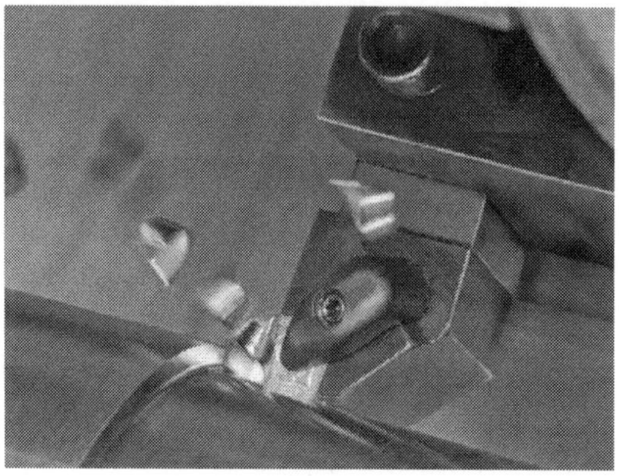

(a)

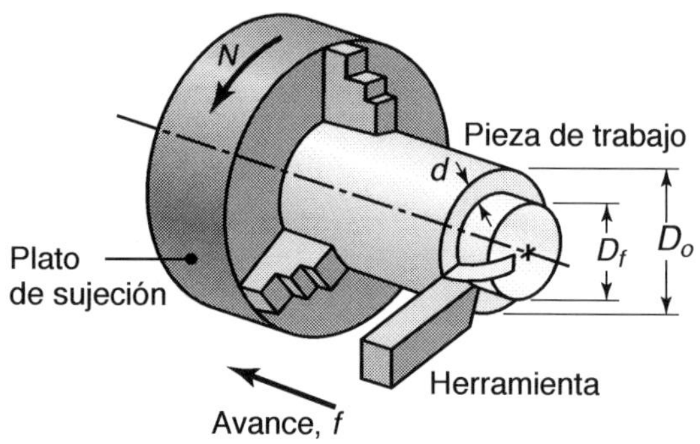

(b)

FIGURA 23.3 (a) Operación de torneado que muestra el inserto y la remoción de virutas; en esta fotografía la máquina herramienta avanza de derecha a izquierda. (b) Ilustración esquemática de la operación básica de torneado que muestra la profundidad de corte, *d*; el avance, *f*, y la velocidad de rotación del eje, *N*, en rev/min. La velocidad de corte es la velocidad de la superficie de la pieza de trabajo en el extremo de la herramienta. *Fuente:* (a) Cortesía de Kennametal, Inc.

mienta de corte, del acabado de la superficie y de la exactitud dimensional requerida, así como de las características de la máquina herramienta.

Este capítulo describe los parámetros de los procesos de torneado, herramientas de corte, capacidades del proceso y características de las máquinas herramienta que se usan para producir una variedad de partes con formas redondas. También se mencionan las consideraciones de diseño necesarias para mejorar la productividad de cada grupo de procesos.

Código QR 23.1 Torneado con un inserto limpiador. (*Fuente:* Cortesía de Sandvik Coromant).

23.2 Torneado

La mayoría de operaciones rotatorias involucran el uso de herramientas de corte de un solo punto, con la geometría de la herramienta de corte común de mano derecha que se ilustra en las figuras 21.10 y 23.4. Como puede verse, dichas herramientas se describen con una nomenclatura estandarizada. Cada grupo de materiales de la pieza de trabajo tiene un conjunto óptimo de ángulos para la herramienta, los cuales se han llegado a conocer en gran medida por la experiencia de muchos años (tabla 23.2).

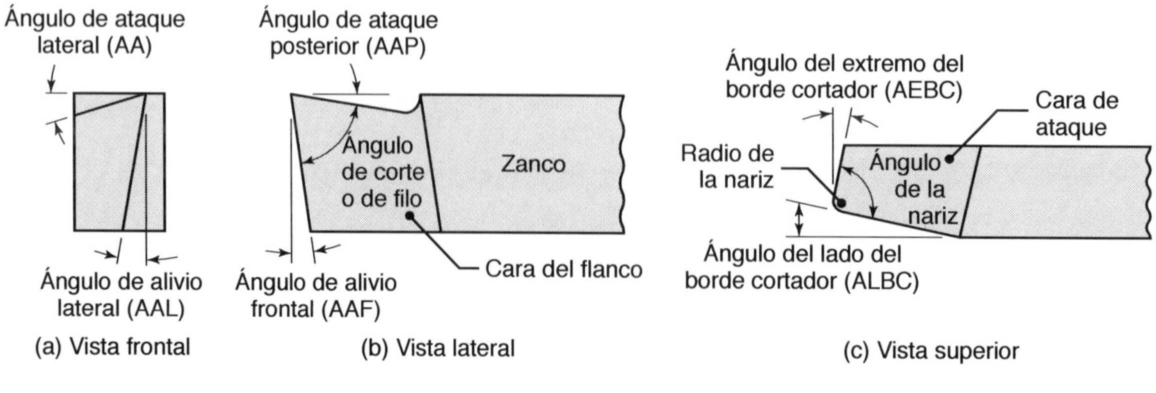

FIGURA 23.4 Denominaciones para una herramienta de corte de mano derecha, lo que significa que viaja de derecha a izquierda, como se ilustra en la figura 23.3b.

TABLA 23.2

Recomendaciones generales para los ángulos de la herramienta en el torneado

	Acero de alta velocidad					Insertos de carburo				
Material	Ataque posterior	Ataque lateral	Alivio frontal	Alivio lateral	Borde cortador lateral y frontal	Ataque posterior	Ataque lateral	Alivio frontal	Alivio lateral	Borde cortador lateral y frontal
Aluminio y aleaciones de magnesio	20	15	12	10	5	0	5	5	5	15
Aleaciones de cobre	5	10	8	8	5	0	5	5	5	15
Aceros	10	12	5	5	15	−5	−5	5	5	15
Aceros inoxidables	5	8-10	5	5	15	−5-0	−5-5	5	5	15
Aleaciones de alta temperatura	0	10	5	5	15	5	0	5	5	45
Aleaciones refractarias	0	20	5	5	5	0	0	5	5	15
Aleaciones de titanio	0	5	5	5	15	−5	−5	5	5	5
Hierros fundidos	5	10	5	5	15	−5	−5	5	5	15
Termoplásticos	0	0	20-30	15-20	10	0	0	20-30	15-20	10
Termofijos	0	0	20-30	15-20	10	0	15	5	5	15

En el capítulo 21 se describieron los parámetros importantes del proceso que tienen influencia directa en los procesos de maquinado y la importancia de controlar dichos parámetros para optimizar la productividad. Esta sección describe parámetros importantes de los procesos rotatorios, como la geometría de la herramienta y la tasa de remoción de material, y proporciona datos para las prácticas recomendables de corte, entre ellos los materiales de la herramienta de corte, la profundidad de corte, el avance, la velocidad de corte y el uso de fluidos de corte.

Geometría de la herramienta. Los diferentes ángulos en una herramienta de corte de un solo punto tienen funciones importantes en las operaciones de maquinado. Estos ángulos se miden en un sistema de coordenadas que consiste en tres ejes principales del zanco de la herramienta, como se aprecia en la figura 23.4.

- El **ángulo de ataque** es importante para controlar tanto la dirección del flujo de la viruta como la resistencia del extremo de la herramienta. Los ángulos de ataque positivos mejoran la operación de corte por medio de reducir las fuerzas y las temperaturas, pero también generan un pequeño ángulo incluido del extremo de la herramienta (vea las figuras 21.3 y 23.4), lo que posiblemente lleve al astillado y falla prematura de la herramienta en función de la dureza del material de ésta.
- El **ángulo de ataque lateral** es más importante que el **ángulo de ataque posterior,** los cuales por lo general controlan la dirección de flujo de la viruta; es común que estos ángulos estén en el rango de −5° a 5°.
- El **ángulo de borde de corte** afecta en diversos grados la formación de viruta, la resistencia de la herramienta y las fuerzas de corte; de forma general, este ángulo es cercano a los 15°.
- El **ángulo de alivio** controla la interferencia y la fricción en la interfase herramienta-pieza de trabajo. Si es demasiado grande, el extremo de la herramienta puede astillarse; si es muy pequeño, el desgaste en el flanco puede ser excesivo. Los ángulos de alivio por lo general son de 5°.
- El **radio de nariz** afecta el acabado de la superficie y la resistencia del extremo de la herramienta. Cuanto más pequeño es el radio de la nariz (lo que significa una herramienta afilada), más burdo es el acabado de la superficie de la pieza de trabajo y menor es la resistencia de la herramienta; sin embargo, un radio grande de nariz puede llevar al *traqueteo* de la herramienta, como se describe en la sección 25.4.

Tasa de remoción de material. La *tasa de remoción de material* (MRR, por sus siglas en inglés) es el volumen de material removido por unidad de tiempo en unidades de mm^3/min o $pulg^3$/min. En relación con las figuras 21.2 y 23.3, observe que para cada revolución de la pieza de trabajo se retira una capa de material en forma de anillo, la cual tiene un área transversal que es igual al producto de la distancia que recorre la herramienta en una revolución (avance, f) y la profundidad de corte, d. El volumen de este anillo es el producto del área de la sección transversal, es decir, $(f)(d)$, y la circunferencia promedio del anillo, πD_{prom}, donde

$$D_{\text{prom}} = \frac{D_o + D_f}{2}.$$

Para cortes ligeros, en piezas de trabajo de diámetro grande, el diámetro promedio puede sustituirse con D_o.

La velocidad rotacional de la pieza de trabajo es N y la tasa de remoción de material por revolución es $(\pi)(D_{\text{prom}})(d)(f)$. Como se giran N revoluciones por minuto, la tasa de remoción es

$$\text{MRR} = \pi D_{\text{prom}} d f N. \tag{23.1}$$

Observe que la ecuación anterior también puede escribirse como

$$\text{MRR} = d f V, \tag{23.2}$$

donde V es la velocidad de corte y la tasa de remoción de material MRR tiene las mismas unidades de mm^3/min.

El tiempo de corte, t, para una pieza de trabajo de longitud l puede calcularse si se observa que la herramienta se mueve con una velocidad de avance de fN, en unidades de (mm/rev)(rev/min) = mm/min. Como la distancia recorrida es l mm, el tiempo de corte es

$$t = \frac{l}{fN}. \tag{23.3}$$

Las ecuaciones anteriores y la terminología se resumen en la tabla 23.3. El tiempo de corte en la ecuación (23.3) no incluye el tiempo requerido para *acercar y alejar la herramienta*. Debido a que el tiempo dedicado a los periodos en los que no hay corte en una operación de maquinado es improductivo, lo cual tiene efectos perjudiciales en el costo total, el tiempo dedicado a acercar y alejar las herramientas a la pieza de trabajo es de considerable importancia. Las máquinas herramienta están diseñadas y construidas para minimizar dicho tiempo. Un método para lograrlo es mover *rápidamente* las herramientas durante los periodos sin corte, seguido por un movimiento *lento* cuando la herramienta se aproxima a la pieza de trabajo.

Fuerzas en el torneado. En la figura 23.5 se ilustran las tres principales fuerzas que actúan sobre una herramienta cortadora en el torneado. Estas fuerzas son importantes en el diseño de las máquinas herramienta, así como en la deflexión de las herramientas y piezas de trabajo, sobre todo en operaciones de maquinado de precisión (vea la sección 25.7). Es esencial que la máquina herramienta y sus componentes sean capaces de manejar estas fuerzas sin sufrir deflexiones, vibraciones o movimientos significativos durante toda la operación de maquinado.

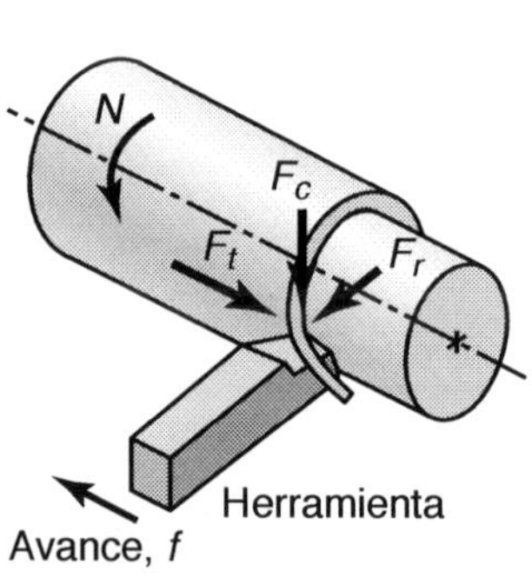

FIGURA 23.5 Fuerzas que actúan sobre una herramienta de corte durante el proceso rotatorio. F_c es la fuerza de corte, F_t es el empuje o fuerza de avance (en la dirección del avance) y F_r es la fuerza radial que tiende a empujar la herramienta fuera de la pieza de trabajo que se maquina.

La **fuerza de corte**, F_c, actúa hacia abajo sobre el extremo de la herramienta, por lo que tiende a doblar ésta hacia abajo y a la pieza de trabajo hacia arriba. La fuerza de corte suministra la energía requerida para la operación de corte y puede calcularse con los datos dados en la tabla 21.2 a partir de la energía por unidad de volumen, descrita en la sección 21.3. El producto de la fuerza de corte por su distancia a partir del centro de la pieza de trabajo determina el *torque* sobre el husillo. El producto del torque por la velocidad del husillo, entonces, determina la *potencia* requerida en la operación rotatoria.

La **fuerza de empuje**, F_t, actúa en dirección longitudinal; también se denomina **fuerza de avance** porque está en la dirección del avance de la herramienta. En la figura 23.5, esta fuerza tiende a empujar la herramienta hacia la derecha y fuera del plato de sujeción. La **fuerza radial**, F_r, actúa en la dirección radial y tiende a empujar la herramienta fuera de la pieza de trabajo. Debido a los diversos factores involucrados en el proceso de corte, las fuerzas F_t y F_r son difíciles de calcular directamente y, por lo general, se determinan experimentalmente.

TABLA 23.3

Resumen de parámetros y fórmulas para el torneado

N	=	Velocidad rotacional de la pieza de trabajo, rpm.
f	=	Avance, mm/rev o pulg/rev.
v	=	Velocidad de avance, o velocidad lineal de la herramienta a lo largo de la longitud de la pieza de trabajo, mm/min o pulg/min.
	=	fN.
V	=	Velocidad superficial de la pieza de trabajo, m/min o pies/min.
	=	$\pi D_o N$ (para la máxima velocidad).
	=	$\pi D_{\text{prom}} N$ (para la velocidad promedio).
l	=	Longitud de corte, mm o pulg.
D_o	=	Diámetro original de la pieza de trabajo, mm o pulg.
D_f	=	Diámetro final de la pieza de trabajo, mm o pulg.
D_{prom}	=	Diámetro promedio de la pieza de trabajo, mm o pulg.
	=	$(D_o + D_f)/2$.
d	=	Profundidad de corte, mm o pulg.
	=	$(D_o - D_f)/2$.
t	=	Tiempo de corte, s o min.
	=	l/fN.
MRR	=	mm^3/min o pulg^3/min.
	=	$\pi D_{\text{prom}} d f N$.
Torque	=	N-m o lb-pies.
	=	$F_c D_{\text{prom}}/2$.
Potencia	=	kW o hp.
	=	(torque)(ω), donde $\omega = 2\pi N$ rad/min.

Nota: Las unidades dadas son las que se usan comúnmente; en las fórmulas deben usarse y comprobarse las unidades apropiadas.

Código QR 23.2 Cortes de desbaste y acabado en el torneado. (*Fuente:* Cortesía de Sandvik Coromant).

Cortes de desbaste y de acabado. En el maquinado, el procedimiento usual es primero realizar uno o más *cortes de desbaste*, por lo común a tasas de avance elevadas y grandes profundidades de corte; entonces, las tasas de remoción de material son grandes y se hace poca consideración de la tolerancia dimensional y la rugosidad de la superficie de la pieza de trabajo. Estos cortes son seguidos después por un *corte de acabado*, efectuado por lo general con un avance menor y una profundidad pequeña de corte con objeto de producir un buen acabado en la superficie.

Materiales de la herramienta, avances y velocidades de corte. Las características generales de los materiales de la herramienta cortadora se describieron en el capítulo 22. En la figura 23.6 se presenta un rango amplio de velocidades de corte y avances aplicables para estos materiales, las cuales sirven como lineamiento general en las operaciones rotatorias. En la tabla 23.4 se presentan recomendaciones específicas acerca de los parámetros de las operaciones rotatorias para diferentes materiales de la pieza de trabajo y herramientas de corte. Dichas recomendaciones se basan en datos experimentales, con el empleo de arreglos estandarizados de las operaciones rotatorias. En la práctica no es raro que se excedan dichos valores, en especial con el empleo de fluidos de corte efectivos y un proceso bien controlado.

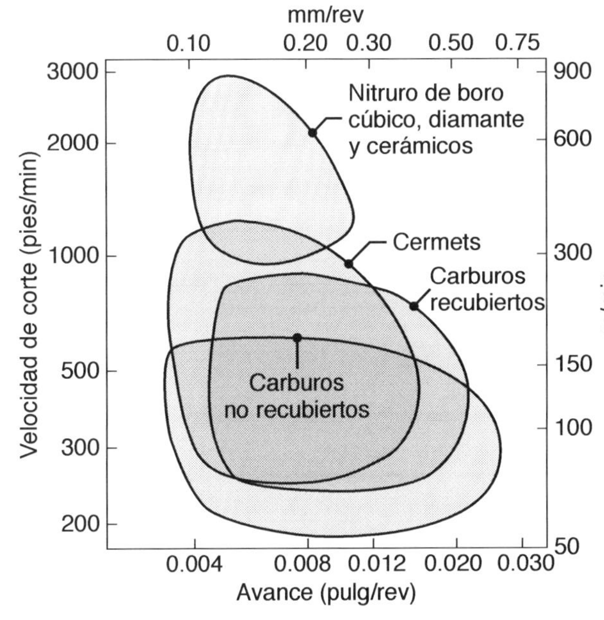

FIGURA 23.6 Rango de velocidades de corte y avances aplicables para varios materiales de la herramienta.

TABLA 23.4

Recomendaciones generales para operaciones de torneado (sólo son una guía, en la práctica es frecuente que se excedan)

		Condiciones iniciales para uso general			Rango para desbaste y acabado		
Material de la pieza de trabajo	Herramienta de corte	Profundidad de corte, mm (pulg)	Avance, mm/rev (pulg/rev)	Velocidad de corte, m/min (pies/min)	Profundidad de corte, mm (pulg)	Avance, mm/rev (pulg/rev)	Velocidad de corte, m/min (pies/min)
Aceros bajos en C de maquinado libre	Carburo no recubierto	1.5-6.3 (0.06-0.25)	0.35 (0.014)	90 (300)	0.5-7.6 (0.02-0.30)	0.15-1.1 (0.006-0.045)	60-135 (200-450)
	Carburo recubierto con cerámico	"	"	245-275 (800-900)	"	"	180-495 (590-1600)
	Carburo con triple recubrimiento	"	"	185-200 (600-650)	"	"	90-245 (300-800)
	Carburo recubierto con TiN	"	"	105-150 (350-500)	"	"	60-230 (200-750)
	Cerámico Al_2O_3	"	0.25 (0.010)	395-440 (1300-1450)	"	"	365-550 (1200-1800)
	Cermet	"	0.30 (0.012)	215-290 (700-950)	"	"	180-455 (590-1500)
Aceros medios y altos en C	Carburo no recubierto	1.2-4.0 (0.05-0.20)	0.30 (0.012)	74 (250)	2.5-7.6 (0.10-0.30)	0.15-0.75 (0.006-0.03)	135-225 (440-725)
	Carburo recubierto con cerámico	"	"	185-230 (600-750)	"	"	120-410 (400-1350)
	Carburo con triple recubrimiento	"	"	120-150 (400-500)	"	"	75-215 (250-700)
	Carburo recubierto con TiN	"	"	90-200 (300-650)	"	"	45-215 (150-700)
	Cerámico Al_2O_3	"	0.25 (0.010)	335 (1100)	"	"	245-455 (800-1500)
	Cermet	"	0.25 (0.010)	170-245 (550-800)	"	"	105-305 (350-1000)
Hierro fundido, hierro gris	Carburo no recubierto	1.25-6.3 (0.05-0.25)	0.32 (0.013)	90 (300)	0.4-12.7 (0.015-0.5)	0.1-0.75 (0.004-0.03)	75-185 (250-600)
	Carburo recubierto con cerámico	"	"	200 (650)	"	"	120-365 (400-1200)
	Carburo recubierto con TiN	"	"	90-135 (300-450)	"	"	60-215 (200-700)
	Cerámico Al_2O_3	"	0.25 (0.010)	455-490 (1500-1600)	"	"	365-855 (1200-2800)
	Cerámico SiN	"	0.32 (0.013)	730 (2400)	"	"	200-990 (650-3250)
	BNc policristalino	"	"	1000 (3290)	" "	" "	200-1160 (650-3800)

Acero inoxidable, austenítico	Carburo con triple recubrimiento	1.5-4.4 (0.06-0.175)	0.35 (0.014)	150 (500)	0.5-12.7 (0.02-0.5)	0.08-0.75 (0.003-0.03)	75-230 (250-750)
	Carburo recubierto con TiN	"	"	85-160 (275-525)	"	"	55-200 (175-650)
	Cermet	"	0.30 (0.012)	185-215 (600-700)	"	"	135-315 (450-1000)
Aleaciones de alta temperatura, basadas en níquel	Carburo no recubierto	2.5 (0.10)	0.15 (0.006)	25-45 (75-150)	0.25-6.3 (0.01-0.25)	0.1-0.3 (0.004-0.012)	15-30 (50-100)
	Carburo recubierto con cerámico	"	"	45 (150)	"	"	20-60 (65-200)
	Carburo recubierto con TiN	"	"	30-55 (95-175)	"	"	20-85 (60-275)
	Cerámico Al_2O_3	"	"	260 (850)	"	"	185-395 (600-1300)
	Cerámico SiN	"	"	215 (700)	"	"	90-215 (300-700)
	BNc policristalino	"	"	150 (500)	"	"	120-185 (400-600)
Aleaciones de titanio	Carburo no recubierto	1.0-3.8 (0.04-0.15)	0.15 (0.006)	35-60 (120-200)	0.25-6.3 (0.01-0.25)	0.1-0.4 (0.004-0.015)	10-75 (30-250)
	Carburo recubierto con TiN	"	"	30-60 (100-200)	"	"	15-170 (50-550)
Aleaciones de aluminio de maquinado libre	Carburo no recubierto	1.5-5.0 (0.06-0.20)	0.45 (0.018)	490 (1600)	0.25-8.8 (0.01-0.35)	0.08-0.62 (0.003-0.025)	200-670 (650-2000)
	Carburo recubierto con TiN	"	"	550 (1800)	"	"	60-915 (200-3000)
	Cermet	"	"	490 (1600)	"	"	215-795 (700-2600)
	Diamante policristalino	0.1-4.0	0.1-0.4	760 (2500)	"	"	1000-5000 (3200-16,250)
Alto contenido de silicio	Diamante policristalino	"	"	530 (1700)	"	"	365-915 (1200-3000)

(continúa)

TABLA 23.4 *(continuación)*

Recomendaciones generales para operaciones de torneado (sólo son una guía, en la práctica es frecuente que se excedan)

		Condiciones iniciales para uso general			Rango para desbaste y acabado		
Material de la pieza de trabajo	Herramienta de corte	Profundidad de corte, mm (pulg)	Avance, mm/rev (pulg/rev)	Velocidad de corte, m/min (pies/min)	Profundidad de corte, mm (pulg)	Avance, mm/rev (pulg/rev)	Velocidad de corte, m/min (pies/min)
Aleaciones de cobre	Carburo no recubierto	1.5-5.0 (0.06-0.20)	0.25 (0.010)	260 (850)	0.4-7.51 (0.015-0.3)	0.15-0.75 (0.006-0.03)	105-535 (350-1750)
	Carburo recubierto con cerámico	"	"	365 (1200)	"	"	215-670 (700-2200)
	Carburo con triple recubrimiento	"	"	215 (700)	"	"	90-305 (300-1000)
	Carburo recubierto con TiN	"	"	90-275 (300-900)	"	"	45-455 (150-1500)
	Cermet	"	"	245-425 (800-1400)	"	"	200-610 (650-2000)
	Diamante policristalino	"	"	520 (1700)	0.05-2.0	0.03-0.3	400-1300 (1300-4200)
Aleaciones de tungsteno	Carburo no recubierto	2.5 (0.10)	0.2 (0.008)	75 (250)	0.25-5.0 (0.01-0.2)	0.12-0.45 (0.005-0.018)	55-120 (175-400)
	Carburo recubierto con TiN	"	"	85 (275)	"	"	60-150 (200-500)
Termoplásticos y termofijos	Carburo recubierto con TiN	1.2 (0.05)	0.12 (0.005)	170 (550)	0.12-5.0 (0.005-0.20)	0.08-0.35 (0.003-0.015)	90-230 (300-750)
	Diamante policristalino	"	"	395 (1300)	"	"	250-730 (800-2400)
Compósitos, grafito reforzado	Carburo recubierto con TiN	1.9 (0.075)	0.2 (0.008)	200 (650)	0.12-6.3 (0.005-0.25)	0.12-1.5 (0.005-0.06)	105-290 (350-950)
	Diamante policristalino	"	"	760 (2500)	"	"	550-1310 (1800-4300)

Fuente: Basado en datos de Kennametal Inc.
Nota: Las velocidades de corte para herramientas de acero de alta velocidad son alrededor de la mitad de las correspondientes a carburos no recubiertos.

CASO DE ESTUDIO 23.1 Maquinado de frenos de disco

Un fabricante de frenos para automóvil produce discos de frenado (vea la figura 23.7) por medio de un refrentado en torno, siguiendo los parámetros de proceso que se muestran en la tabla 23.5. Los discos de freno se elaboran a partir de un fundido en bruto, maquinado en un torno, y después se producen en un taladro múltiple de CNC los barrenos de montaje en el eje y de enfriamiento en el disco. El material que se utiliza es hierro fundido gris (ASTM Clase 25, vea la tabla 12.4), se maquina usando un inserto de nitruro de silicio. Por desgracia, este material puede tener muy mala maquinabilidad debido a maduración insuficiente o variaciones en la composición. Además, se desea modificar las condiciones de corte para incrementar la tasa de producción.

Como materiales alternativos para la herramienta de corte se investigaron el óxido de aluminio (Al_2O_3) y el nitruro de boro cúbico policristalino (BNc). Como puede verse en la tabla 23.4, el BNc es el único material que permitiría una mayor velocidad de corte, en comparación con el SiN para el hierro fundido gris como pieza de trabajo. Con base en las recomendaciones de la tabla 23.4, se seleccionaron los parámetros de corte que aparecen en la tabla 23.5.

Con el inserto de BNc se vio que la vida de la herramienta podría incrementarse en forma notable a 4200 discos por borde de la herramienta, en comparación con sólo 40 con el nitruro de silicio, de modo que el costo más alto del BNc también podría justificarse económicamente. Además, debido a la vida más larga, el tiempo para cambiar la herramienta se reducía mucho y la utilización de la máquina aumentaba de 82 a 94%. Así, el cambio a nitruro de boro cúbico policristalino llevó a mejoras simultáneas en la economía y la tasa de producción. Estas mejoras tan grandes por lo general no se alcanzan, pero el hierro fundido gris es un material especialmente apto para la aplicación del BNc.

Fuente: Cortesía de Kennametal Inc.

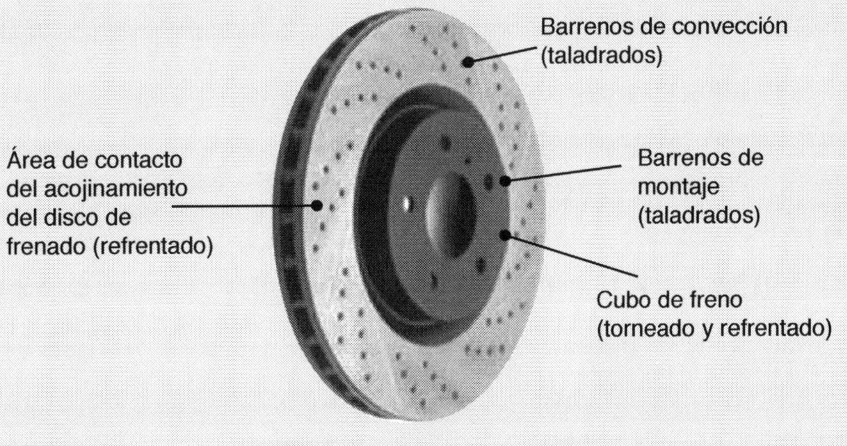

FIGURA 23.7 Freno de disco, para el caso de estudio 23.1.

TABLA 23.5

Comparación de los parámetros de procesamiento para herramientas de SiN y BNc para trabajar el refrentado de un freno de disco

Parámetro	Material de la herramienta de corte: SiN	BNc
Profundidad de corte, mm	1.5	2.0
Avance, mm/rev	0.5	0.4
Velocidad de corte, m/min	700	1000
Vida de la herramienta, partes	40	4200
Utilización de la máquina, %	82	94

Fluidos de corte. Muchos materiales metálicos y no metálicos pueden maquinarse sin un fluido de corte, pero en la mayoría de los casos la aplicación de alguno puede mejorar de manera significativa la operación. En la tabla 23.6 se dan recomendaciones generales para el uso de fluidos de corte apropiados para diferentes materiales de la pieza de trabajo. Sin embargo, recuerde la tendencia generalizada de los beneficios del maquinado casi seco y seco, como se describió en la sección 22.12.1.

EJEMPLO 23.1 Tasa de remoción de material y fuerza de corte en el torneado

Dado: Se está reduciendo a 0.480 pulgadas el diámetro de una barra de acero inoxidable 304 de 6 pulgadas de largo y 0.5 pulgadas de diámetro, por medio de un proceso de torneado. El husillo rota a $N = 400$ rpm y la herramienta se desplaza a una velocidad axial de 8 pulg/min.

Se solicita: Calcular la velocidad de corte, la tasa de remoción de material, tiempo de corte, potencia disipada y fuerza de corte.

Respuesta: La velocidad de corte es la velocidad tangencial de la pieza de trabajo. La máxima velocidad de corte ocurre en el diámetro exterior, D_o, y se obtiene de la ecuación,

$$V = \pi D_o N.$$

Entonces,

$$V = (\pi)(0.500)(400) = 628 \text{ pulg/min} = 52 \text{ pies/min}.$$

La velocidad de corte en el diámetro maquinado es

$$V = (\pi)(0.480)(400) = 603 \text{ pulg/min} = 50 \text{ pies/min}.$$

De la información dada, observe que la profundidad de corte es

$$d = \frac{0.500 - 0.480}{2} = 0.010 \text{ pulg}.$$

y el avance es

$$f = \frac{8}{400} = 0.02 \text{ pulg/rev}.$$

De acuerdo con la ecuación (23.1), la tasa de remoción de material es, entonces

$$\text{MRR} = (\pi)(0.490)(0.010)(0.02)(400) = 0.12 \text{ pulg}^3\text{/min}.$$

También se puede usar la ecuación (23.2), en cuyo caso encontramos que la MRR = (0.010)(0.02)(52)(12) = 0.12 pulg^3/min. El tiempo real para cortar, de acuerdo con la ecuación (23.3), es

$$t = \frac{6}{(0.02)(400)} = 0.75 \text{ min}.$$

La potencia requerida se puede calcular en referencia con la tabla 21.2 y tomando un valor promedio para el acero inoxidable de 4 W-s/mm^3 = 4/2.73 = 1.47 hp-min/pulg^3. Por tanto, la potencia disipada es

$$\text{Potencia} = (1.47)(0.123) = 0.181 \text{ hp}.$$

Como 1 hp = 396 000 pulg-lb/min, la potencia disipada es 71 700 pulg-lb/min. La fuerza de corte, F_c, es la fuerza tangencial ejercida por la herramienta. La potencia es el producto del torque, T, y la velocidad rotacional en radianes por unidad de tiempo; entonces,

$$T = \frac{71\,700}{(2\pi)(400)} = 29 \text{ lb-pulg}.$$

El torque es $T = F_c D_{prom}/2$; por tanto,

$$F_c = \frac{29}{0.490/2} = 118 \text{ lb}.$$

23.3 Tornos y operaciones en tornos

Los *tornos* por lo general se consideran las máquinas herramienta más antiguas. Aunque tornos para trabajar madera se desarrollaron por primera vez durante el periodo de 1000 a 1 a. C., los tornos para el trabajo de metales, con husillos, se construyeron hacia fines del siglo XVIII. El torno más común se llamaba originalmente *torno de motor*, porque estaba impulsado por poleas y bandas elevadas que salían de un motor vecino instalado en el taller de la fábrica. Los tornos se equiparon por primera vez con motores eléctricos individuales a fines del siglo XIX.

La velocidad máxima del husillo de los tornos por lo general es de alrededor de 4000 rpm, pero para los tornos grandes puede ser de sólo 200 rpm. Para aplicaciones especiales las velocidades varían entre 10 000 y 40 000 rpm, o mayores para maquinado de muy alta velocidad (vea la sección 25.5). El costo de los tornos varía desde $2000 dólares estadounidenses, para los de tipo banco, hasta más de $100 000 para las unidades más grandes.

TABLA 23.6

Recomendaciones generales para fluidos de corte en maquinado (vea también la sección 33.7)

Material	Tipo de fluido de corte
Aluminio	D, MO, E, CSN
Berilio	MO, E, CSN
Cobre	D, E, CSN
Magnesio	D, MO
Níquel	MO, E, CSN
Metales refractarios	MO, E, EP
Aceros	
Al carbono y de baja aleación	D, MO, E, CSN, EP
Inoxidable	D, MO, E, CSN
Titanio	CSN, EP, MO
Zinc	C, MO, E, CSN
Circonio	D, E, CSN

Nota: CSN = químico y sintético; D = seco; E = emulsión; EP = presión extrema; FO = aceite grasoso y MO = aceite mineral.

23.3.1 Componentes del torno

Los tornos están equipados con varios componentes y accesorios, como se ilustra en la figura 23.2. Sus características y funciones básicas son:

Bancada. La bancada es el soporte de todos los componentes principales del torno; tiene una masa grande y está construida rígidamente, por lo general de un hierro fundido gris o nodular (vea también la sección 25.3 acerca de nuevos materiales para estructuras de máquinas herramienta). La porción superior de la bancada tiene dos carriles, con varias secciones transversales endurecidas y maquinadas para que tengan resistencia al desgaste y una buena exactitud dimensional durante el proceso de torneado. En un *torno de bancada dividida* se puede retirar una sección de la bancada frente al cabezal para dar acomodo a piezas de trabajo de diámetro muy grande.

Carro. El carro, o *ensamblaje del carro*, se desliza a lo largo de los carriles y consiste en mesa *transversal*, *poste de herramientas* y *tablero*. La herramienta de corte está montada en el portaherramientas, por lo general con un soporte compuesto que gira para posicionar y ajustar la herramienta. La *mesa transversal* se mueve en forma radial hacia dentro y fuera, con lo que controla la posición radial de la herramienta de corte en operaciones como el refrentado (vea la figura 23.1e). El tablero está equipado con mecanismos para permitir el movimiento tanto manual como mecanizado del carro y del deslizador transversal por medio de un *tornillo sinfín*.

Cabezal. El cabezal está fijo a la bancada y está equipado con motores, poleas y bandas (correas) V que suministran potencia al *husillo* a varias velocidades rotacionales, las cuales se pueden establecer por medio de selectores controlados manualmente o con dispositivos eléctricos. La mayor parte de los cabezales están equipados con un conjunto de engranes y algunos tienen varios sincronizadores para dar un rango de *variación continua* de velocidad al husillo. Los cabezales tienen un husillo hueco sobre el que se montan accesorios que sujetan el trabajo (por ejemplo platos de *sujeción* o *boquillas*; vea la sección 23.3.2) y pueden alimentarse a través de ellos largas barras o tubos para diversas operaciones de torneado. La exactitud del husillo es importante para la precisión en el torneado, en particular en el maquinado de alta velocidad. Es común usar baleros precargados o rodamientos de bolas para soportar rígidamente al husillo.

Contrapunto. El contrapunto, que se puede deslizar a lo largo de los carriles y sujetarse en cualquier posición, da apoyo al otro extremo de la pieza de trabajo. Está equipado con un *centro*, que puede ser fijo (llamado *centro de referencia*) o tener libertad para rotar con la pieza de trabajo misma (*centro vivo*). En el cuerpo del *contrapunto* (pieza cilíndrica hueca con una perforación redonda) pueden montarse taladros y rimas (secciones 23.5 y 23.6) para perforar barrenos axiales en la pieza de trabajo.

Barra de avance y tornillo sinfín. La barra de avance es impulsada por un conjunto de engranes a través del cabezal. Rota durante la operación del torno y provee movimiento al carro y al deslizador transversal por medio de engranes, un embrague de fricción y una guía a lo largo de la barra. El cierre de una *tuerca bipartida* alrededor del tornillo sin fin une la barra con el carro. La tuerca bipartida también se utiliza para cortar roscas con exactitud.

TABLA 23.7

Capacidades comunes y dimensiones máximas de la pieza de trabajo para máquinas herramienta

Máquina herramienta	Dimensión máxima (m)	Potencia (kW)	Velocidad máxima (rpm)
Tornos (balanceo/longitud)			
De banco	0.3/1	<1	3000
De motor	3/5	70	12 000
Con torreta	0.5/1.5	60	6000
Máquinas de tornillo sin fin automático	0.1/0.3	20	10 000
Mandrinado (diámetro del trabajo/longitud)			
Husillo vertical	4/3	200	300
Husillo horizontal	1.5/2	70	2000
Taladros			
De bancada y de columna (diámetro de la broca)	0.1	10	12 000
Radial (columna a distancia al husillo)	3	—	—
Control numérico (recorrido de la mesa)	4	—	—

Nota: Hay capacidades mayores para aplicaciones especiales.

Especificaciones del torno. Por lo general un torno se especifica con los siguientes parámetros:

- Su *balanceo* (o radio de volteo), que es el diámetro máximo de la pieza de trabajo que puede recibir (tabla 23.7); puede ser de hasta 2 m (78 pulg).
- Distancia máxima entre el cabezal y los centros del contrapunto.
- Longitud de la bancada.

23.3.2 Dispositivos y accesorios de sujeción

Los dispositivos de *sujeción de la pieza de trabajo* son importantes, ya que deben sostener la pieza con seguridad en su lugar. Como se muestra en la figura 23.3, un extremo de la pieza de trabajo se sujeta al husillo del torno por medio de un plato de sujeción, boquilla (vea la figura 23.8d), o portabrocas.

Un **plato de sujeción** suele estar equipado con tres o cuatro *mordazas*. Los platos de *tres mordazas* generalmente tienen un diseño de desplazamiento con engranes que hace que las mordazas se autocentren. Se usan para piezas de trabajo redondas, como barras, tubos y tubería, y por lo común pueden centrarse hasta 0.025 mm (0.001 pulg). En los platos de sujeción de *cuatro mordazas* éstas se pueden mover y ajustar independientemente una de la otra; así, por ejemplo, se usan para piezas de trabajo cuadradas, rectangulares o irregulares. Las mordazas de ciertos tipos de platos se pueden invertir para sujetar piezas de trabajo huecas, como tubos y tuberías, tanto por la superficie exterior como por la interior. También existen mordazas hechas de acero al bajo carbono (llamadas *mordazas suaves*) que se pueden maquinar en las formas deseadas. Por su baja resistencia y dureza, las mordazas suaves se adaptan a las pequeñas irregularidades de las piezas de trabajo, lo que da como resultado una mejor sujeción. Los platos de sujeción se pueden *accionar manualmente o de forma automática* por medio de la llave de plato.

Los **platos de sujeción de potencia** son activados por medios neumáticos o hidráulicos, se usan en equipo automatizado para altas tasas de producción, incluso en la carga de partes mediante robots industriales (sección 37.6). También están disponibles varios tipos de platos de sujeción de potencia con mecanismos de palanca o tipo cuña, que se utilizan para activar las mordazas. Hay platos de sujeción en varios diseños y tamaños. Su selección depende del tipo y velocidad de operación, tamaño de la pieza de trabajo, requerimientos de producción y de exactitud dimensional, así como de las fuerzas de sujeción necesarias en las mordazas. Al controlar la magnitud de las fuerzas en las mordazas, un operador puede asegurar que la parte no se deslice en el plato de sujeción durante el maquinado. Las altas velocidades del husillo pueden reducir de manera significativa la fuerza en las mordazas debido al efecto de las *fuerzas centrífugas*.

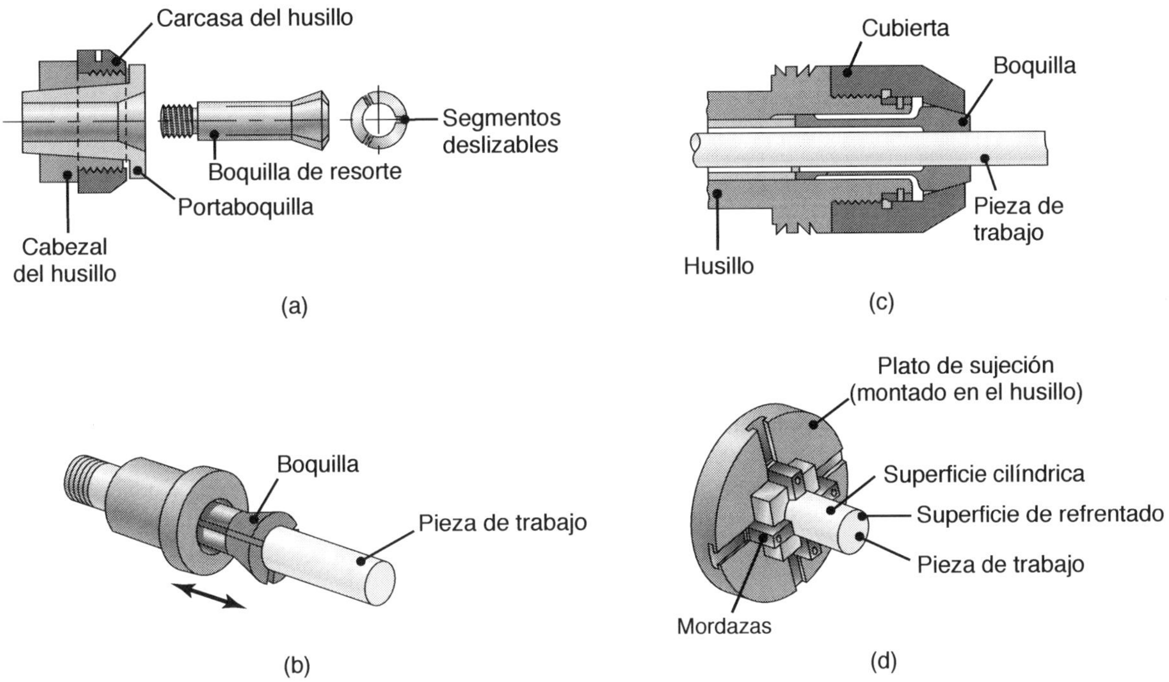

FIGURA 23.8 (a) y (b) Ilustraciones esquemáticas de un sujetador tipo boquilla. La pieza de trabajo se coloca en el barreno del sujetador y las superficies cónicas de éste son forzadas hacia dentro al empujarlas con una barra al interior de la carcasa. (c) Sujetador de tipo empuje. (d) Sujeción de una pieza de trabajo en un plato.

Una **boquilla** es básicamente un casquillo cónico seccionado longitudinalmente. La pieza de trabajo, por lo general con un diámetro máximo de una pulgada, se coloca dentro de la boquilla y después se tira de ésta (*sujetador interno*; figuras 23.8a y b) o bien se empuja (*sujetador de empuje*; figura 23.8c) mecánicamente hacia el husillo. Las superficies ahusadas contraen radialmente los segmentos de la boquilla, provocando que se estrechen contra la pieza de trabajo. Las boquillas se usan para piezas de trabajo redondas así como para otras formas. Una ventaja de usar una boquilla, en lugar de un plato de sujeción de tres o cuatro mordazas, es que la boquilla sujeta casi toda la circunferencia de la parte, lo que hace que el dispositivo sea particularmente apropiado para partes con secciones transversales pequeñas.

Los **platos de sujeción** se emplean para sujetar piezas de trabajo de forma irregular; son redondos y tienen varias ranuras y perforaciones a través de los cuales se atornilla o sujeta con mordazas la pieza de trabajo (figura 23.8d). Los **mandriles** (figura 23.9) se

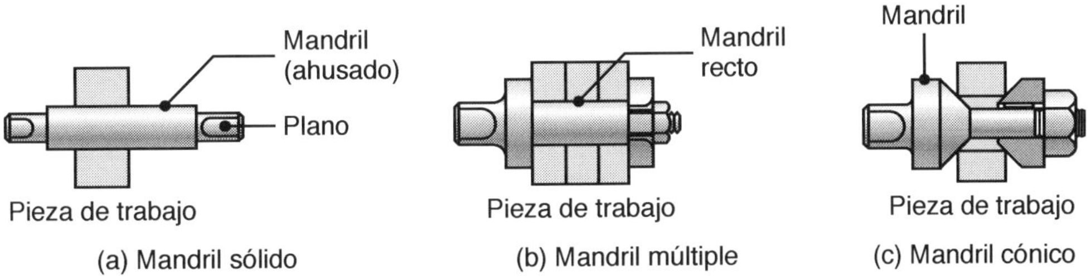

FIGURA 23.9 Varios tipos de mandriles para sujetar piezas de trabajo para su torneado; estos mandriles suelen estar montados entre los centros de un torno. Observe que en (a) puede maquinarse tanto la cara cilíndrica como la del extremo de la pieza de trabajo, en tanto que en (b) y (c) sólo pueden maquinarse las superficies cilíndricas.

colocan dentro de piezas de trabajo huecas o tubulares y se usan para sujetar piezas de trabajo que requieren maquinado en ambos extremos o en sus superficies cilíndricas.

Accesorios. Existen varios equipos en forma de accesorios y complementos para tornos. Entre ellos están los siguientes:

- Topes del carro y del deslizador transversal, en varios diseños, para detener el carro a una distancia predeterminada a lo largo de la bancada.
- Equipos para girar partes que tienen varios ahusamientos.
- Diversos accesorios para fresar, brochar, taladrar, hacer roscas, cortar engranes, tronzar y rectificar o esmerilar.

23.3.3 Operaciones en el torno

En una operación rotacional común, la pieza de trabajo se sujeta por medio de alguno de los equipos de sujeción ya descritos. Las partes largas y delgadas deben ser detenidas por un apoyo *estable* situado en la bancada, o por medio de uno *posterior*, con el fin de impedir que la parte se flexione al ser sometida a las fuerzas del corte. Estos apoyos suelen estar equipados con tres vástagos o mordazas ajustables que detienen la pieza de trabajo a la vez que le permiten girar con libertad. Los apoyos fijos están sujetos con abrazaderas directamente sobre los carriles del torno (como se ve en la figura 23.2), mientras que los apoyos posteriores lo están sobre el carro y se mueven con éste.

La herramienta de corte está colocada en el portaherramientas, que es movido por el tornillo sin fin. La herramienta de corte retira material cuando se desplaza a lo largo de la bancada. Una herramienta *derecha* se mueve hacia el cabezal, mientras que una *izquierda* lo hace hacia el contrapunto. Las operaciones de refrentar se realizan desplazando la herramienta radialmente hacia dentro, utilizando la mesa transversal.

Las **herramientas de formado** se utilizan para maquinar diversas formas en piezas de trabajo sólidas y redondas (figura 23.1g), al mover la herramienta en forma radial hacia dentro mientras la pieza de trabajo gira. El corte formador no es apropiado para hacer muescas profundas y estrechas o esquinas agudas debido a la vibración y el traqueteo, lo que ocasiona un mal acabado de la superficie. Como regla: (a) la longitud formada de la parte no debe ser mayor de 2.5 veces el diámetro mínimo de la parte; (b) la velocidad de corte debe fijarse en forma apropiada y (c) deben usarse fluidos de corte. La rigidez de la máquina herramienta y los dispositivos para sujetar el trabajo también constituyen factores importantes a considerar.

La operación de **mandrinado** en un torno es semejante al torneado y se realiza en el interior de piezas de trabajo huecas o en un barreno practicado previamente con un taladro o algún otro medio. Los barrenos redondos fuera de forma también pueden adecuarse con el mandrinado. Esta operación se describe en la sección 23.4.

El **taladrado** (sección 23.5) se ejecuta en un torno montando la broca en el plato de sujeción o en el cuerpo del contrapunto. La pieza de trabajo se sujeta con las mordazas al cabezal y la broca avanza cuando se gira la manivela del contrapunto. Se puede mejorar la posición concéntrica del barreno por medio de un mandrinado posterior. Los barrenos se pueden **rimar** (escariar) (sección 23.6) en el torno de manera parecida al barrenado, lo que mejora la exactitud dimensional y el acabado de la superficie.

Las herramientas de corte para *tronzar*, *hacer ranuras* y *roscar* tienen formas especiales para su propósito particular, o bien existen como insertos. El *moleteado* se efectúa en el torno con ruedas endurecidas (vea la figura 23.1l), en las cuales la superficie de las ruedas es una réplica del perfil que se va a generar. Las ruedas se oprimen radialmente contra la pieza de trabajo que gira mientras la herramienta se desplaza en forma axial a lo largo de la parte. Observe que ésta es una operación de formado y no de maquinado, aun cuando se lleve a cabo en un torno.

23.3.4 Tipos de tornos

Tornos de banco. Como el nombre lo dice, están montados sobre una bancada o mesa de trabajo. Tienen baja potencia, por lo general su avance es operado manualmente, y se utilizan para maquinar piezas de trabajo pequeñas. Son los tornos más sencillos y es común que estén destinados a aficionados o para hacer prototipos de partes pequeñas. Los *tornos de banco de taller* tienen mayor precisión y permiten el maquinado de las partes con mayor exactitud dimensional.

Tornos de propósito especial. Se emplean para aplicaciones como la fabricación de ruedas de ferrocarril, cañones de armas y cilindros de fresas rotatorias, con piezas de trabajo de gran tamaño, como 1.7 m de diámetro por 8 m de longitud (66 pulgadas por 25 pies), y altas capacidades de máquina de hasta 450 kW (600 hp).

Tornos trazadores. Estos tornos tienen aditamentos especiales capaces de tornear partes con diferentes contornos. También reciben los nombres de *torno duplicador* o *torno de contorno* y en ellos la herramienta sigue una trayectoria que replica el contorno de una plantilla, al igual que un lápiz sigue la forma de un patrón de dibujo. Estas máquinas herramienta han sido sustituidas en gran medida por los *tornos de control numérico* y por los *centros de maquinado*, descritos en la sección 25.2, aunque los aditamentos trazadores aún existen para muchos tornos de motor.

Tornos automáticos. Se han desarrollado varios mecanismos que permiten que las operaciones de maquinado sigan cierta secuencia prescrita. En un *torno totalmente automatizado*, las partes se alimentan y retiran de manera automática; en las máquinas *semiautomáticas*, esas funciones las realiza el operador, aunque el maquinado sí es automático. Los tornos automáticos, ya sea que tengan husillo horizontal o vertical, son apropiados para volúmenes de producción medios o altos.

Los tornos sin contrapunto se llaman *máquinas de plato* o *platos*. Se usan para maquinar piezas individuales de forma regular o irregular y son de tipo de husillo único o múltiple. En otro tipo de torno automático, la barra de la pieza se alimenta en tramos al torno y una vez maquinada una parte, ésta se corta del extremo de la barra.

Máquinas automáticas para barras. También se llaman **máquinas automáticas para tornillos** y están diseñadas para maquinar grandes volúmenes de producción de tornillos y partes similares con rosca. Todas las operaciones se llevan a cabo automáticamente con herramientas situadas en una torreta especial. Después de maquinada cada parte o tornillo hasta sus dimensiones finales, la barra se "empuja" hacia adelante de manera automática a través de la cavidad del husillo y entonces se corta. Las máquinas de barra automática pueden estar equipadas con husillos únicos o múltiples, cuyas capacidades van de 3 a 150 mm (1/8 a 6 pulg) de diámetro de la barra.

Las **máquinas automáticas de husillo único para barras** son similares a los tornos de torreta y están equipadas con varios mecanismos operados por cámaras. En las *automáticas de tipo suizo*, la superficie cilíndrica de la barra sólida que se suministra se maquina utilizando una serie de herramientas que se mueven, radialmente en el mismo plano, hacia la pieza de trabajo. La barra de suministro se sujeta cerca del husillo del cabezal, lo que minimiza las deflexiones debidas al esfuerzo cortante. Estas máquinas herramienta son capaces de hacer un maquinado de gran precisión para partes de diámetro pequeño.

Ahora las máquinas de barra automáticas están equipadas con control numérico computarizado, lo que elimina el uso de cámaras, y la operación se programa para un producto específico (vea la sección 37.3).

Las **máquinas automáticas de husillos múltiples para barras** tienen, por lo general, de cuatro a ocho husillos situados en círculo sobre un tambor grande y cada husillo porta una pieza de trabajo individual. Las herramientas de corte ocupan diferentes posiciones en la máquina y se mueven en dirección tanto axial como radial. Cada parte se maquina por etapas a medida que se desplaza de una estación a la siguiente. Debido a que todas las operaciones se llevan a cabo de manera simultánea, el ciclo de tiempo por parte se reduce.

Tornos de torreta. Estas máquinas herramienta son capaces de realizar múltiples operaciones de corte, como tornear, mandrinar, taladrar, roscar y refrentar (figura 23.9). En la *torreta hexagonal principal* van montadas varias herramientas de corte, por lo general hasta seis, y la torreta gira después de que se termina cada operación de corte específica. El torno suele tener una *torreta cuadrada* en la mesa transversal, equipada con hasta cuatro herramientas de corte. La pieza de trabajo, casi siempre una barra larga y redonda, avanza una distancia predeterminada a través del plato de sujeción. Después de maquinada la parte, una herramienta montada en la torreta cuadrada, que se mueve radialmente hacia la pieza de trabajo, corta la barra. Una vez hecho eso, la barra avanza la misma distancia prefijada y se maquina la siguiente parte.

Los tornos de torreta, ya sean el tipo de barra o el de plato, son versátiles, y las operaciones pueden efectuarse a mano, con el torniquete (*timón*) o de manera automática. Una vez preparadas adecuadamente, estas máquinas no requieren operadores muy especializados. También existen *tornos de torre vertical*, más apropiados para piezas de trabajo cortas y pesadas con diámetros de hasta 1.2 m (48 pulg).

El torno de torreta que aparece en la figura 23.10 se conoce como de **tipo paralelo**, en el cual el carro se desliza a lo largo de una base separada sobre la bancada. La corta autonomía del deslizador de la torreta limita esta máquina a las piezas de trabajo relativamente pequeñas y a cortes ligeros en cantidades de producción pequeñas y medias. En otro diseño, llamado de **tipo banco**, la torreta principal está instalada directamente sobre el banco, el cual se desliza a lo largo de la bancada. La longitud del ciclo está limitada sólo por la longitud de la bancada; este tipo de torno está construido en forma más robusta y se usa para maquinar piezas de trabajo grandes. Debido al elevado peso de sus componentes, las operaciones en tornos tipo banco son más lentas que las que se efectúan en los de tipo paralelo.

Tornos controlados por computadora. En la mayoría de tornos avanzados, el movimiento y control de la máquina herramienta y sus componentes son activados por un *control numérico computarizado* (CNC, por sus siglas en inglés). Las características de dichos tornos se muestran en la figura 23.11a. Estos tornos por lo general están equipados con una o más torretas, cada una de las cuales está equipada con varias herramientas y realiza varias operaciones en diferentes superficies de la pieza de trabajo (figura 23.11b). Los diámetros de la pieza de trabajo pueden ser de hasta un metro (36 pulg).

Para aprovechar las ventajas de los nuevos materiales de las herramientas de corte, los tornos controlados por computadora están diseñados para operar más rápido y disponen de más potencia en comparación con otros tornos; están equipados con *cambiadores automáticos de herramienta* (ATC, por sus siglas en inglés). Sus operaciones son confiables por lo repetible, mantienen la exactitud dimensional deseada y requieren una mano de obra menos especializada (una vez preparada la máquina); son adecuados para un volumen de producción de bajo a medio.

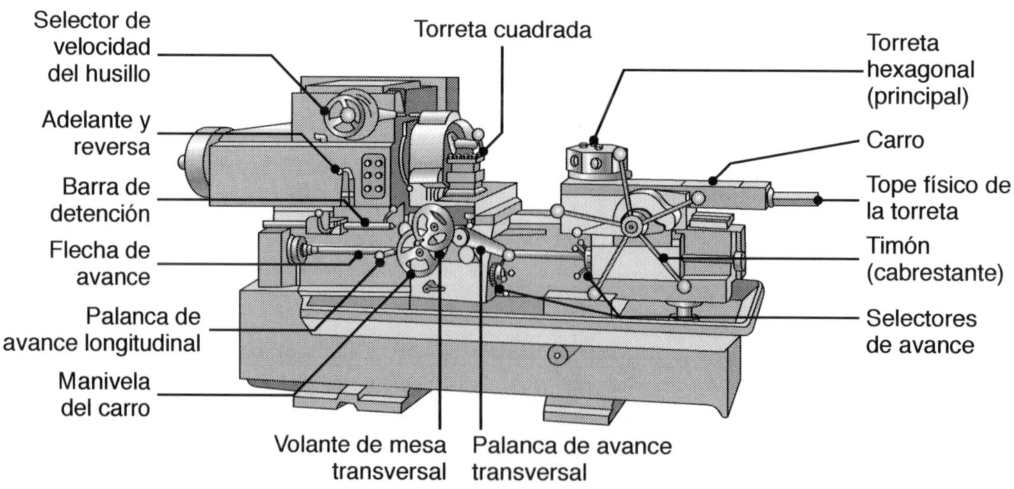

FIGURA 23.10 Ilustración esquemática de los componentes de un torno de torreta; observe las dos torretas: cuadrada y hexagonal (torreta principal).

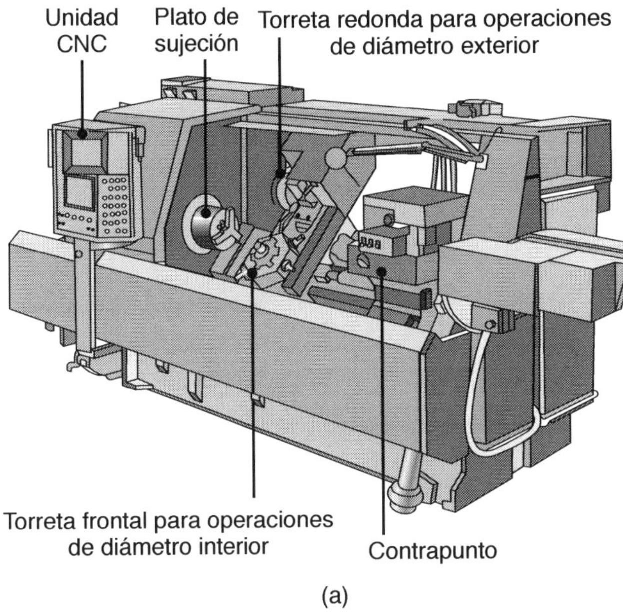

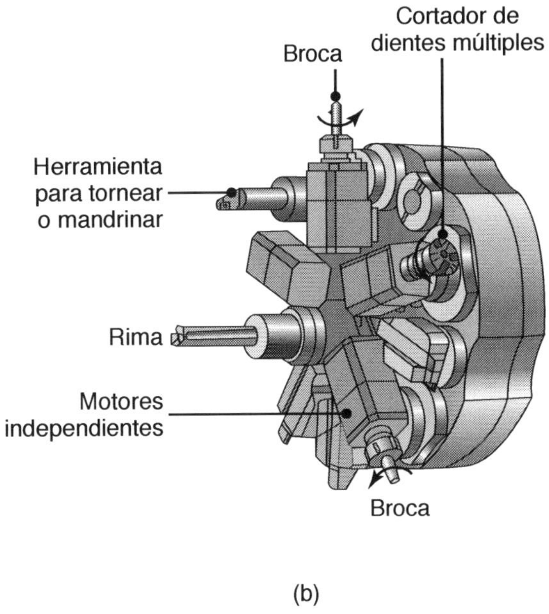

FIGURA 23.11 (a) Torno de control numérico computarizado; observe las dos torretas. Estas máquinas tienen más potencia y velocidad del husillo que otros tornos con el objeto de aprovechar las nuevas herramientas de corte con propiedades mejoradas. (b) Torreta común equipada con 10 herramientas, algunas de las cuales están energizadas.

EJEMPLO 23.2 Partes comunes elaboradas en tornos de CNC

Las capacidades de las máquinas herramientas de control numérico computarizado se ilustran en la figura 23.12, donde se indica el material de la pieza de trabajo, el número de herramientas de corte usadas y los tiempos de maquinado. Estas partes también pueden elaborarse en tornos manuales o de torreta, aunque no de manera tan eficaz o consistente.

Fuente: Cortesía de Monarch Machine Tool Company.

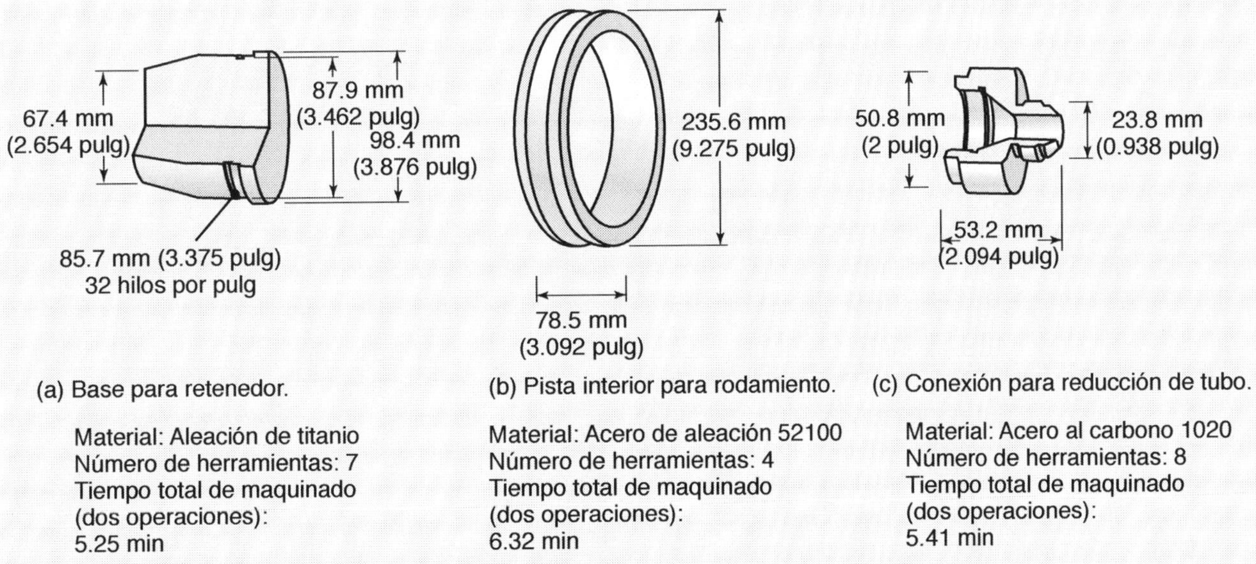

FIGURA 23.12 Partes comunes elaboradas en tornos de CNC.

EJEMPLO 23.3 Maquinado de formas complejas

En el ejemplo 23.2 observe que las partes son simétricas con respecto a un eje. Las capacidades del torneado con CNC se ilustran aún mejor en la figura 23.13, donde se ven tres partes adicionales más complejas: la flecha de una bomba, un cigüeñal y una parte tubular con rosca interna. Más adelante se da la descripción de estas partes; como en la mayoría de las operaciones, el maquinado de estas partes consiste tanto en los cortes de desbaste como en los acabados:

1. *Flecha (eje) de bomba* (figura 23.13a). Esta parte, así como una amplia variedad de piezas similares con características externas e internas, incluyendo árboles de levas, se produjo en un torno de CNC con dos torretas. El torno tiene una construcción similar a la de la máquina herramienta ilustrada en la figura 23.11a. Cada torreta puede contener hasta ocho herramientas. Para producir esta forma particular, la torreta superior se programa de manera que su movimiento radial esté sincronizado con la rotación de la flecha (figura 23.13b).

   El ángulo de giro del husillo se monitorea directamente, un procesador ejecuta un cálculo a alta velocidad y después el CNC envía un comando a la torreta en función de ese ángulo. La máquina tiene una retroalimentación de posicionamiento absoluto por medio de un sistema de escalas de gran exactitud. El CNC compara el valor real con el enviado por el comando, luego realiza una compensación automática con el empleo de una función de aprendizaje predeterminada. La torreta tiene un diseño ligero para efectuar operaciones suaves, lo que también reduce las fuerzas inerciales.

   La flecha puede ser fabricada en aluminio o en acero inoxidable. Los parámetros de maquinado para el aluminio se dan en la tabla 23.8 (vea la parte a en la primera columna de la tabla). Compárense dichos parámetros con los datos de la tabla 23.4, la cual proporciona sólo un rango amplio y aproximado como lineamiento. Los insertos fueron un carburo no recubierto K10 (C3) con diamante policristalino compactado (vea la figura 22.10). El maquinado del DE en la tabla se refiere a los dos extremos cilíndricos rectos de la parte. El tiempo total de maquinado para la flecha de aluminio fue de 24 minutos; para acero inoxidable fue de 55 min, ya que la velocidad de corte para este material es considerablemente menor que para el aluminio.
2. *Cigüeñal* (figura 23.13c). Esta parte está elaborada en hierro fundido dúctil (nodular) y los parámetros de maquinado se muestran en la parte b de la tabla 23.7. El inserto fue un carburo K10. El tiempo de maquinado fue de 25 min, que es

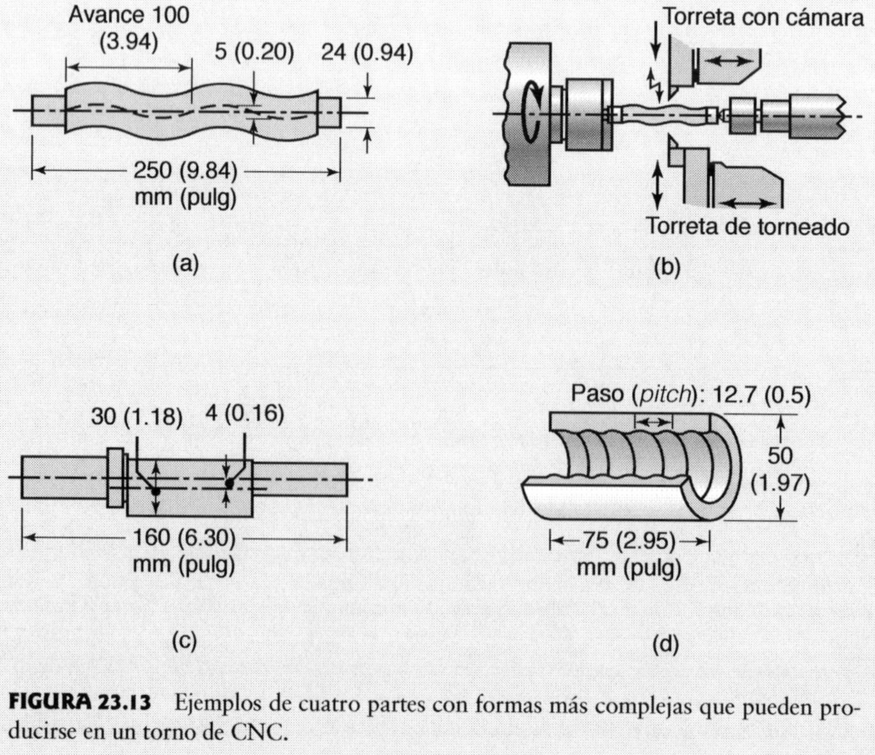

FIGURA 23.13 Ejemplos de cuatro partes con formas más complejas que pueden producirse en un torno de CNC.

TABLA 23.8

Resumen de maquinado para el ejemplo 23.3

Operación	Velocidad (rpm)	Velocidad de corte	Profundidad de corte	Avance	Herramienta de corte
Partes a y b:					
Diámetro exterior (DE)					
Desbaste	1150	160 m/min (525 pies/min)	3 mm (0.12 pulg)	0.3 mm/rev (0.012 pulg/rev)	K10 (C3)
Acabado	1750	250 (820)	0.2 (0.008)	0.15 (0.006)	K10 (C3)
Guía					
Desbaste	300	45 (148)	3 (0.12)	0.15 (0.006)	K10 (C3)
Acabado	300	45 (148)	0.1 (0.004)	0.15 (0.006)	Diamante compacto
Parte c: Flecha excéntrica					
Desbaste	200	5-11 (16-136)	1.5 (0.059)	0.2 (0.008)	K10 (C3)
Acabado	200	5-11 (16-136)	0.1 (0.004)	0.05 (0.0020)	K10 (C3)
Parte d: Rosca interna					
Desbaste	800	70 (230)	1.6 (0.063)	0.15 (0.006)	Carburo recubierto
Acabado	800	70 (230)	0.1 (0.004)	0.15 (0.006)	Cermet

del mismo orden de magnitud que el de la flecha de bomba descrito antes.

3. *Parte tubular con rosca interna* (figura 23.13d). Esta parte, hecha con acero inoxidable 304, se maquinó en las condiciones dadas por la parte d de la tabla 23.8. El material original fue una pieza tubular recta, semejante a un cojinete. Las herramientas de corte fueron carburo recubierto y cermet. La barra mandrinadora era de carburo de tungsteno, para obtener mayor rigidez y con ello mejores exactitud dimensional y acabado de la superficie. Para la parte roscada, la exactitud dimensional fue de ±0.05 mm (0.002 pulg), con un acabado superficial de $R_a = 2.5$ μm (100 μpulg).

El tiempo de maquinado para esta parte fue de 1.5 min, el cual es mucho más corto que los correspondientes a las dos partes descritas previamente. La razón es que (a) esta parte es más corta; (b) se removió menos material; (c) no tiene los rasgos de excentricidad de las dos primeras piezas, por lo que el movimiento radial de la herramienta de corte no es una función de la posición angular de la parte, y (d) la velocidad de corte es mayor.

Fuente: Basado en bibliografía técnica suministrada por Okuma Corp.

23.3.5 Capacidades del proceso de torneado

Las *tasas de producción* relativas en el torneado, así como en otras operaciones de maquinado descritas en el resto de este capítulo y en el 24, se presentan en la tabla 23.9. Dichas tasas juegan un papel importante en la productividad de las operaciones de maquinado. Observe que hay grandes diferencias en la tasa de producción entre los procesos que aparecen en la tabla. Estas diferencias se deben no sólo a las características inherentes de los procesos y las máquinas herramienta, sino también a otros diversos factores, como los tiempos de preparación y los tipos y tamaños de las piezas de trabajo a maquinar.

Las especificaciones dadas en la tabla 23.9 son relativas y puede haber variaciones importantes en aplicaciones especiales. Por ejemplo, los rodillos térmicamente tratados, de acero inoxidable al alto carbono para molinos rodantes, se pueden maquinar en tornos especiales con herramientas cermet y con tasas de remoción de material tan grandes como 6000 cm^3/min (370 pulg^3/min). También llamado **maquinado de alta tasa de remoción,** este proceso tiene al menos dos requerimientos importantes: (a) una rigidez muy alta de la

TABLA 23.9

Tasas de producción comunes para varias operaciones de maquinado

Operación	Velocidad
Torneado	
Torno de motor	Muy baja a baja
Torno trazador	Baja a media
Torno de torreta	Baja a media
Torno controlado por computadora	Baja a media
Plato de sujeción de un solo husillo	Media a alta
Plato de sujeción de husillos múltiples	Alta a muy alta
Mandrinado	Muy baja
Taladrado	Baja a media
Fresado	Baja a media
Cepillado	Muy baja
Corte de engrane	Baja a media
Brochado	Media a alta
Aserrado	Muy baja a baja

Nota: Las tasas de producción indicadas son relativas. *Muy baja* es alrededor de una o más partes por hora, media es aproximadamente 100 partes por hora y *muy alta* es 1000 o más partes por hora.

máquina herramienta, con el fin de evitar el traqueteo y la rotura asociada de la herramienta, y (b) mucha potencia, de hasta 450 kW (600 hp).

El acabado de la superficie (figura 23.14) y la exactitud dimensional (figura 23.15) obtenidos en el torneado y operaciones relacionadas dependen de varios factores, por ejemplo las características y condición de la máquina herramienta, rigidez, vibración y traqueteo, parámetros del proceso, geometría y desgaste de la herramienta, uso de fluidos de corte, maquinabilidad del material de la pieza de trabajo y habilidad del operador. Como resultado, puede obtenerse un rango amplio de acabados de la superficie, como se ilustra en la figura 27.4.

23.3.6 Consideraciones de diseño y lineamientos para las operaciones de torneado

En el diseño de partes por maquinarse de manera económica con operaciones de torneado, son importantes varias consideraciones. Debido a que el maquinado en general (a) requiere tiempo considerable, lo que incrementa el costo de producción, (b) desperdicia material y (c) no es tan económico como las operaciones de moldeo o formado, debe evitarse tanto como sea posible. Cuando son necesarias las operaciones de torneado, deben tomarse en cuenta los siguientes lineamientos generales de diseño:

1. Las partes deben diseñarse de modo que puedan acomodarse y sujetarse con facilidad en los dispositivos de sujeción del trabajo. Las piezas de trabajo delgadas y finas son difíciles de sostener adecuadamente y deben ser capaces de soportar las fuerzas de las mordazas y del corte (vea también *montajes flexibles*, sección 37.8).
2. La exactitud dimensional y el acabado superficial especificados deben ser tan holgados como sea permisible, pero asegurándose de que la parte funcione adecuadamente.
3. Debe evitarse en lo posible que la pieza contenga esquinas agudas, ahusamientos, escalones e importantes variaciones dimensionales.
4. Los materiales en bruto a ser maquinados deben estar lo más cerca posible de sus dimensiones finales (como tener una forma casi neta) para reducir el ciclo del tiempo de producción.
5. Las partes deben diseñarse de modo que las herramientas de corte puedan desplazarse a través de la pieza de trabajo sin ninguna obstrucción.
6. Las características de diseño deben ser tales que sea posible usar herramientas de corte, insertos y portaherramientas comercialmente disponibles.
7. Los materiales de la pieza de trabajo deben seleccionarse de preferencia por su maquinabilidad (sección 21.7).

Lineamientos para las operaciones de torneado. La siguiente lista menciona los lineamientos generalmente aceptados para las operaciones de torneado; vea también en la tabla 23.10 las probables causas de problemas en el torneado.

1. Minimizar los salientes de la herramienta.
2. Sostener con rigidez la pieza de trabajo.
3. Usar máquinas herramienta de mucha rigidez y alta capacidad de amortiguamiento.
4. Cuando las herramientas comiencen a vibrar y a traquetear (sección 25.4), modifique uno o más de los parámetros del proceso, por ejemplo la geometría de la herramienta, velocidad de corte, velocidad de avance, profundidad de corte y fluido de corte (vea también control adaptativo, sección 37.4).

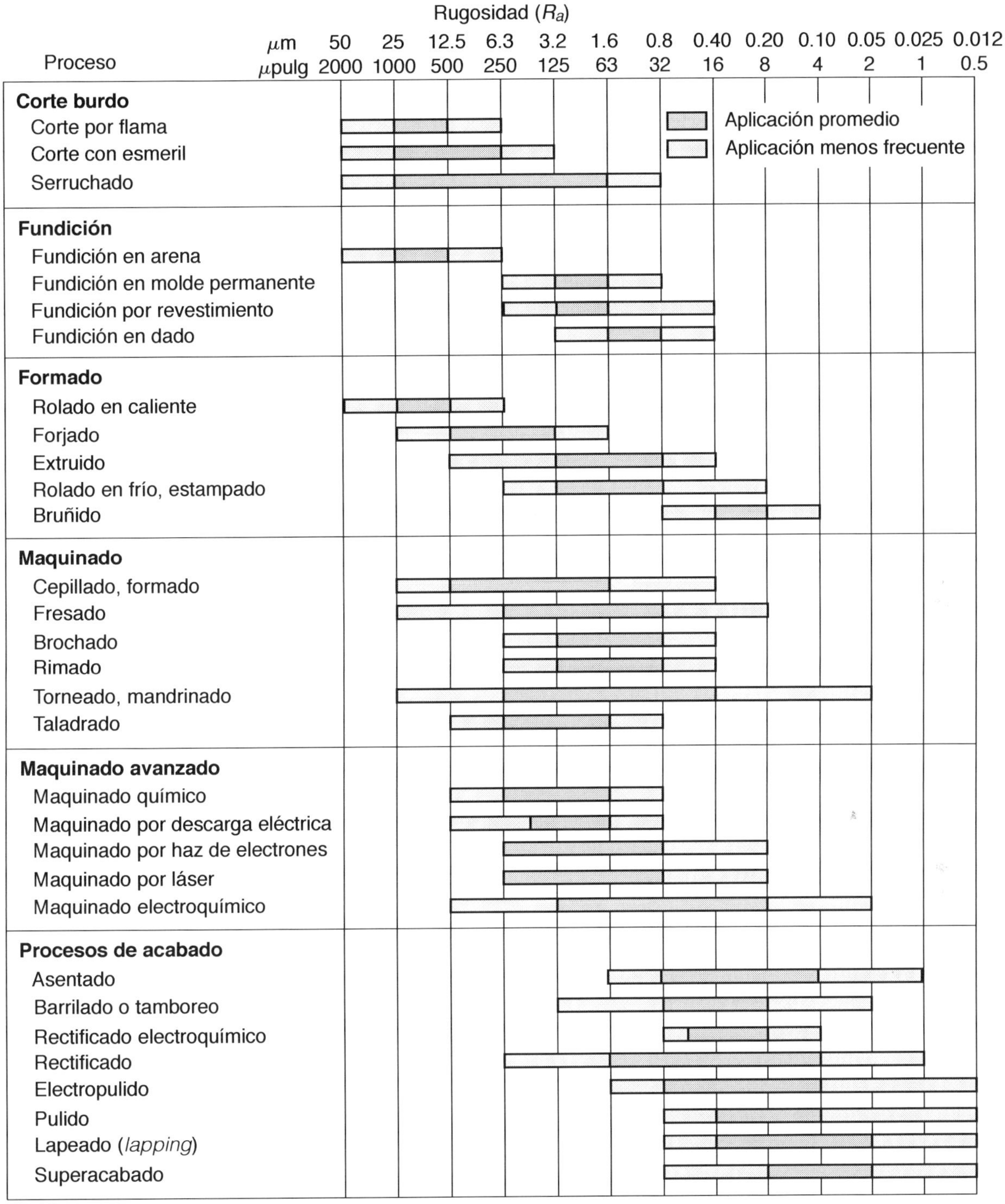

FIGURA 23.14 Rango de rugosidad de la superficie obtenida en varios procesos; observe el amplio rango dentro de cada grupo, en especial en el torneado y mandrinado.

23.3.7 Sistemas de recolección de viruta

Las virutas producidas durante el maquinado se deben recoger y eliminar adecuadamente. El volumen generado de viruta puede ser muy grande, en especial en el maquinado de ultra alta velocidad y en las operaciones de alta tasa de remoción de material. Por

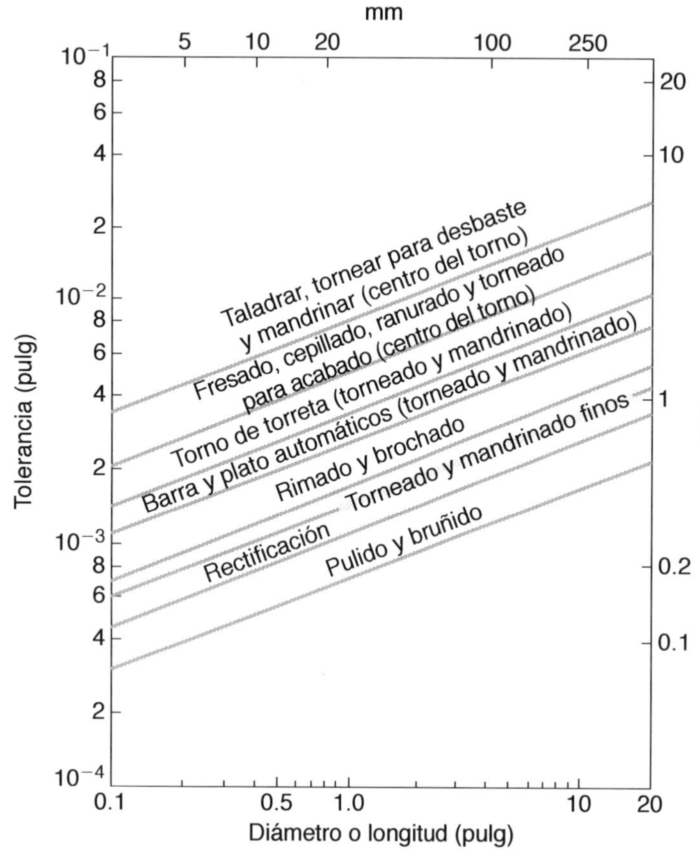

FIGURA 23.15 Rango de las tolerancias dimensionales obtenidas en diferentes procesos de maquinado como una función del tamaño de la pieza de trabajo; observe que hay una diferencia de un orden de magnitud entre las piezas pequeñas y las grandes.

ejemplo, en una operación de taladrado en acero durante la cual sólo se retira 1 $pulg^3$ de metal, el volumen bruto holgado de las virutas, en función de su tipo (vea la sección 21.2.1), puede estar en el rango de 40 a 800 $pulg^3$. Del mismo modo, el fresado de 1 $pulg^3$ de acero produce de 30 a 45 $pulg^3$ de virutas, en tanto que el hierro fundido produce de 7 a 15 $pulg^3$ de virutas.

También llamado **administración de la viruta**, el sistema implica recolectar las virutas desde su origen en la máquina herramienta de una manera eficiente y retirarlas del área de trabajo. Las virutas largas y encadenadas son más difíciles de recolectar que las cortas, las cuales se producen al emplear herramientas con características que quiebran la viruta (vea las figuras 21.7 y 22.2). Así, el tipo de viruta producida debe ser un aspecto integral del sistema de recolección.

Las virutas pueden recogerse con alguno de los métodos siguientes:

- Dejar que la gravedad las lleve a una banda de acero transportadora.
- Recolectar de un tanque de asentamiento.
- Uso de barrenas con tornillos de avance, parecidos a los de molinos de carne.
- Uso de bandas magnéticas, sólo para virutas ferrosas.
- Empleo de métodos de vacío de remoción de viruta.

Las máquinas herramienta modernas están diseñadas con dispositivos automáticos de manejo de viruta. Puede haber una cantidad considerable de fluido de corte mezclado con las virutas producidas o recubriéndolas, por lo que es importante la filtración apropiada o su drenaje. El fluido de corte y el agua residual pueden separarse con el empleo de exprimidores de viruta (centrífugos). Los sistemas de procesamiento de viruta, por lo general, requieren un espacio de piso considerable en la planta y llegan a costar desde $60 000, para talleres pequeños, hasta más de $1 millón para plantas grandes.

TABLA 23.10

Guía general de problemas en las operaciones de torneado

Problema	Causas probables
Rotura de la herramienta	El material de la herramienta carece de resistencia, ángulos inadecuados de la herramienta, falta de rigidez en la máquina herramienta, rodamientos y componentes de la máquina desgastados, parámetros de maquinado demasiado altos.
Desgaste excesivo de la herramienta	Parámetros de maquinado demasiado altos, material inadecuado de la herramienta, fluido de corte ineficaz, ángulos de la herramienta inadecuados.
Acabado rugoso de la superficie	Generación de borde en la herramienta; avance demasiado alto; herramienta muy afilada, astillada o usada; vibración y traqueteo.
Variabilidad dimensional	Falta de rigidez de la máquina herramienta y los dispositivos de sujeción de la pieza de trabajo, aumento excesivo de la temperatura, desgaste de la herramienta.
Traqueteo de la herramienta	Falta de rigidez de la máquina herramienta y los equipos que sujetan la pieza de trabajo, uso excesivo de la herramienta, los parámetros del maquinado no se establecieron en forma apropiada.

Las virutas recolectadas se pueden reciclar si se decide que es económico hacerlo. Antes de su retiro de la planta manufacturera, puede reducirse el gran volumen de las virutas hasta una quinta parte del volumen suelto por *compactación* (compresión) en tabiques o *trituración*. Las virutas secas son más valiosas para el reciclado, ya que reducen la contaminación ambiental. El método elegido para retirar las virutas depende de la economía, así como del cumplimiento de las regulaciones locales, estatales y federales. Hoy en día, la tendencia es a reciclar todas las virutas, así como los fluidos de corte usados y el agua residual.

23.3.8 Corte de roscas

Una *rosca de tornillo* puede definirse como una protuberancia de sección transversal uniforme que sigue una trayectoria helicoidal o espiral en el exterior o interior de una superficie cilíndrica (*rosca recta*) o con un ahusamiento (*rosca cónica*). Los destornilladores mecánicos, armellas y tuercas tienen roscas rectas, al igual que los rodillos roscados para aplicaciones como el tornillo sin fin de los tornos y diversos componentes de máquinas (figura 23.2). Es común que las roscas cónicas se utilicen para tubos de agua o gas, así como suministros de plomería, los cuales requieren una conexión cónica para el agua o el aire. Las roscas pueden ser de *mano derecha* o de *mano izquierda*.

Por tradición, las roscas se han maquinado, pero cada vez más son formadas, por **laminación de roscas** (descrita en la sección 13.5). Las roscas laminadas ahora constituyen la cantidad más grande de partes con rosca exterior que se producen. También es posible fundir partes roscadas, pero hay limitantes por la exactitud dimensional, el acabado de la superficie y las dimensiones mínimas.

Las roscas pueden maquinarse, ya sea externa o internamente, con una herramienta cortadora en un proceso llamado *corte de rosca*, o *roscado*. Las roscas externas también pueden ser cortadas con un *troquel* o por fresado. Es común que las roscas internas se produzcan por machuelado con el uso de una herramienta roscada especial llamada *machuelo* (sección 23.7). Posteriormente, las roscas se pueden procesar para obtener una mayor exactitud dimensional y buen acabado superficial para aplicaciones como destornilladores en máquinas.

Corte de una rosca de tornillo en un torno. En la figura 23.16a se muestra una operación común de corte de rosca en un torno. La herramienta de corte, la forma de la que depende el tipo de rosca por cortar, se monta en un portaherramientas y se desplaza a lo largo de la longitud de la pieza de trabajo por medio del tornillo sin fin del torno. Este movimiento se logra por el engranado de la *tuerca bipartida*, también llamada *media tuerca*, dentro del tablero del torno (vea la figura 23.2).

El movimiento axial de la herramienta, en relación con la rotación de la pieza de trabajo, determina la dirección de la rosca del tornillo (es decir, la distancia axial desplazada en una revolución completa del tornillo). Para una velocidad fija del husillo, cuanto más lento sea el movimiento de la herramienta, más fina será la rosca. En el corte de la rosca, la herramienta cortadora puede avanzar radialmente hacia la pieza de trabajo, por lo que cortará ambos lados de la rosca al mismo tiempo, como en el corte de formas descrito antes; sin embargo, este método suele producir un mal acabado de la superficie.

Por lo general se requiere cierto número de pasos, en la secuencia que se ilustra en la figura 23.16b, para producir roscas con buena exactitud dimensional y acabado superficial correcto. La figura 23.16c presenta un inserto de carburo para cortar roscas de tornillo (*inserto roscador*) para maquinar roscas en un eje cilíndrico. La figura 23.16d muestra un proceso de corte de rosca de tornillo interna. Excepto para las corridas pequeñas de producción, el proceso de cortar una rosca ha sido reemplazado en gran parte por otros métodos, como el laminado de roscas, el maquinado automático de tornillos y el uso de tornos de control numérico computarizado.

La tasa de producción al cortar roscas de tornillo puede incrementarse con herramientas llamadas *peines* (figuras 23.17a y b), que generalmente tienen cuatro cortadores con dientes múltiples y se ajustan radialmente. Después de cortadas las roscas, los cortadores se abren en forma automática (de ahí el nombre alternativo de *peines de autoapertura*)

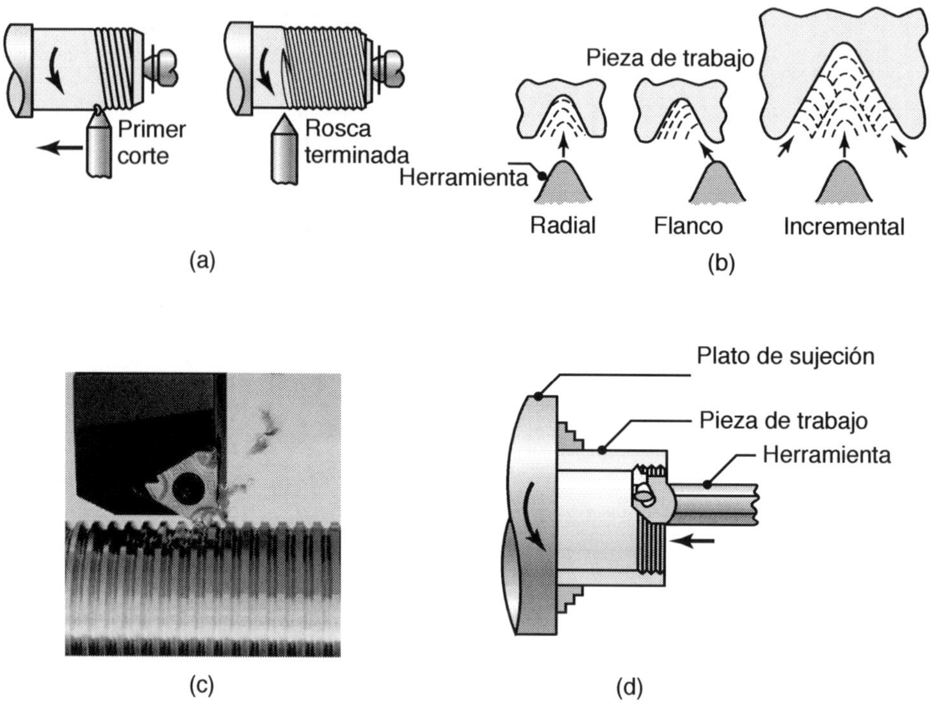

FIGURA 23.16 (a) Corte de roscas de tornillo en un torno con una herramienta de corte de un solo punto. (b) Corte de roscas de tornillo con una herramienta de un solo punto en varias pasadas, que normalmente se utiliza para roscas grandes. Las flechas pequeñas en las figuras muestran la dirección del avance y las líneas punteadas indican la posición de la herramienta cortadora conforme pasa el tiempo. En el corte radial, la herramienta avanza directamente hacia la pieza de trabajo. En el corte del flanco, la herramienta avanza hacia la pieza a lo largo de la cara derecha de la rosca. En el corte incremental, la herramienta primero avanza directamente hacia la pieza en el centro de la rosca, después hacia sus lados y por último hacia la raíz. (c) Inserto de carburo revestido, en el proceso de corte de roscas de tornillo en un eje cilíndrico. (d) Corte de roscas de tornillo internas con un inserto de carburo. *Fuente:* (c) Cortesía de Iscar Metals, Inc.

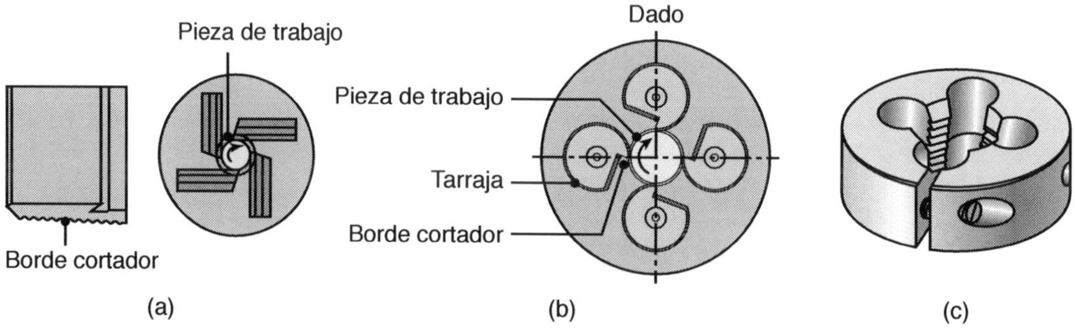

FIGURA 23.17 (a) Peine recto para corte de roscas en un torno. (b) Peine circular. (c) Tarraja.

al rotar alrededor de sus ejes para permitir el retiro de la parte. Las *tarrajas* también se hallan disponibles para cortar o manufacturar roscas de tornillo rectas.

Consideraciones de diseño para maquinado de roscas de tornillo. Las consideraciones de diseño que deben tomarse en cuenta con el fin de producir roscas de tornillo económicas y de alta calidad son las siguientes:

- Los diseños deben permitir la terminación de roscas antes de que alcancen el hombro del perno. Las roscas internas en barrenos ciegos deben tener una longitud no roscada en el fondo (el término *barreno ciego* se refiere a un orificio que no pasa a través de todo el espesor de la pieza de trabajo; vea, por ejemplo, la figura 23.1i).
- Es recomendable esforzarse en eliminar barrenos poco profundos, ciegos o con ahusamientos.
- Se deben especificar los chaflanes en los extremos de las secciones roscadas para minimizar las roscas con aletas o con rebabas.
- Las secciones roscadas no deben estar interrumpidas con ranuras, perforaciones ni otras discontinuidades.
- En la medida de lo posible, se deben usar herramientas e insertos estándar de roscado.
- Las partes de paredes delgadas deben tener espesor y resistencia suficientes para resistir el empleo de mordazas y las fuerzas de corte. Una regla práctica común es que la longitud mínima de contacto de un sujetador debe ser de 1.5 veces el diámetro de la pieza.
- Las partes deben diseñarse de modo que todas las operaciones de corte se terminen en una pasada.

23.4 Mandrinado y máquinas para mandrinar

El *mandrinado* agranda un barreno hecho previamente con otro proceso o produce perfiles circulares internos en piezas de trabajo huecas (figura 23.1h). Las herramientas de corte son similares a las que se usan en el torneado y se montan en una *barra de mandrinar* (figura 23.18a) con el fin de alcanzar la longitud completa del mandrinado. Es esencial que la barra de mandrinar sea lo suficientemente rígida como para minimizar la deflexión y vibración de la herramienta, y que así se mantenga la exactitud dimensional y el acabado de la superficie. Por esta razón, es deseable un material con módulo de elasticidad elevado, como carburo de tungsteno. Las barras de mandrinar también han sido diseñadas y construidas con la capacidad de absorber la vibración (figura 23.18b).

Las operaciones de mandrinado en piezas de trabajo relativamente pequeñas pueden llevarse a cabo en tornos, mientras que las grandes se maquinan en **mandrinadoras**. Estas máquinas herramienta son horizontales o verticales y son capaces de efectuar diversas operaciones, como torneado, refrentado, ranuras y chaflanes. En las **mandrinadoras horizontales** la pieza de trabajo se monta en una mesa que puede desplazarse horizontalmente, tanto en la dirección axial como en la radial. La herramienta cortadora se monta en un husillo que gira en el cabezal y es capaz de efectuar movimientos verticales y longitudinales. También pueden montarse en el husillo de la máquina brocas, rimas, machuelos y fresas. Una **mandrinadora vertical** (figura 23.19) es similar a un torno, tiene un eje vertical de rotación de la pieza de trabajo y puede albergar piezas con diámetros tan grandes como 2.5 m (98 pulg).

La herramienta de corte suele ser de un solo punto, hecha en acero de alta velocidad M2 o M3, de carburo P10 (C7) o P01 (C8). Se monta en el portaherramientas, el cual

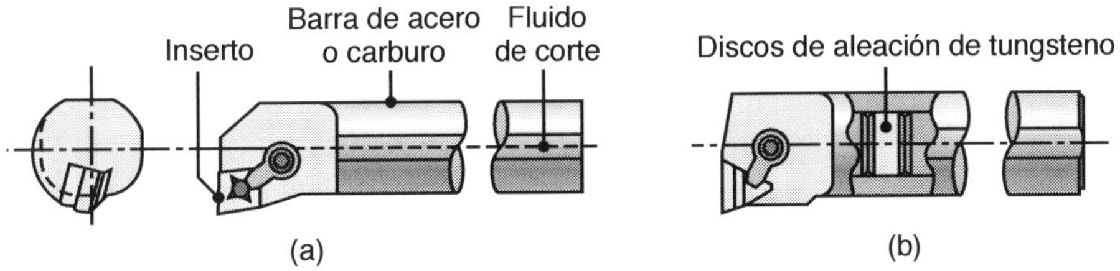

FIGURA 23.18 (a) Ilustración esquemática de una barra de mandrinado de acero con inserto de carburo; observe el pasaje en la barra para la aplicación de fluido de corte. (b) Ilustración esquemática de una barra de mandrinado con "discos de inercia" de aleación de tungsteno sellados en la barra para contrarrestar la vibración y el traqueteo durante el mandrinado; este sistema es eficaz para mandrinar razones longitud a diámetro de la barra de hasta seis.

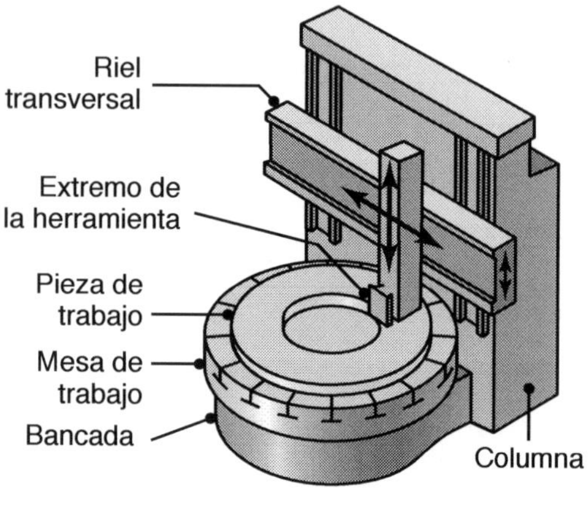

FIGURA 23.19 Ilustración esquemática de una mandrinadora vertical; esta máquina puede recibir piezas de trabajo con tamaños de hasta 2.5 m (98 pulg) de diámetro.

tiene la capacidad de hacer movimientos vertical (para mandrinar y tornear) y radial (para refrentar) guiado por el riel transversal; la cabeza puede girar para producir barrenos cónicos (con ahusamiento). Las velocidades de corte y avance para el mandrinado son semejantes a las del torneado (vea la tabla 23.9).

Las máquinas de mandrinar están disponibles con diversas características. Sus capacidades varían hasta 150 kW (200 hp), también las hay con controles numéricos computarizados, lo que permite que se programen todos los movimientos de la máquina. Se requiere poca participación del operador, con lo que se mejoran la consistencia y la productividad.

Consideraciones de diseño para el mandrinado. Los lineamientos para las operaciones económicas de mandrinado son semejantes a los del torneado; adicionalmente, deben considerarse los siguientes factores:

- Siempre que sea posible deben especificarse barrenos completos en lugar de ciegos. El término *barreno ciego* se refiere a aquel que no traspasa todo el espesor de la pieza de trabajo.
- Cuanto más grande sea la razón longitud a diámetro de mandrinado, más difícil es mantener las dimensiones debido a la deflexión de la barra de mandrinado por las fuerzas de corte, así como por la mayor tendencia a la vibración y al traqueteo.
- Deben evitarse las superficies internas interrumpidas, como empalmes o perforaciones radiales que atraviesen todo el espesor de la parte.

23.5 Taladrado, brocas y taladros

Cuando se inspeccionen productos grandes o pequeños, se notará que la gran mayoría tiene perforaciones. La **perforación de barrenos** está entre las operaciones más importantes de la manufactura, y el **taladrado** es un proceso importante y común en dicha tarea; otros procesos para producir perforaciones son el punzonado (como se describió en la sección 16.2) y distintos procesos de maquinado (capítulo 27). El costo de hacer perforaciones está entre los más elevados del maquinado en la producción de motores de automóvil.

23.5.1 Brocas

Las *brocas* por lo común tienen razones elevadas de longitud a diámetro (figura 23.20), de ahí su capacidad de producir barrenos relativamente profundos. Sin embargo, las razones elevadas hacen que las brocas sean algo flexibles y proclives a fracturarse o producir barrenos inexactos; además, las virutas producidas en el interior de la perforación plantean dificultades significativas para su eliminación y para la eficacia del fluido de corte.

Las brocas suelen dejar *rebabas* en la superficie inferior de la parte perforada y con frecuencia se necesitan operaciones de rebabeo (sección 26.8). Asimismo, debido a su movimiento rotatorio, el taladrado produce barrenos con paredes que tienen marcas de *circunferencia*; en contraste, las perforaciones hechas con punzonado tienen marcas *longitudinales* (vea la figura 16.5a). Esta diferencia es significativa en términos de las propiedades de fatiga de la perforación, como se describe en la sección 33.2.

El diámetro de un barreno producido por taladrado es ligeramente mayor que el de la broca (*exceso de tamaño*), como puede notarse al observar que una broca se retira con facilidad de la perforación que acaba de producir. La cantidad excedente de tamaño depende de la calidad de la broca, el equipo y las prácticas de maquinado que se hayan utilizado. Además, según sus propiedades térmicas, algunos metales y materiales no

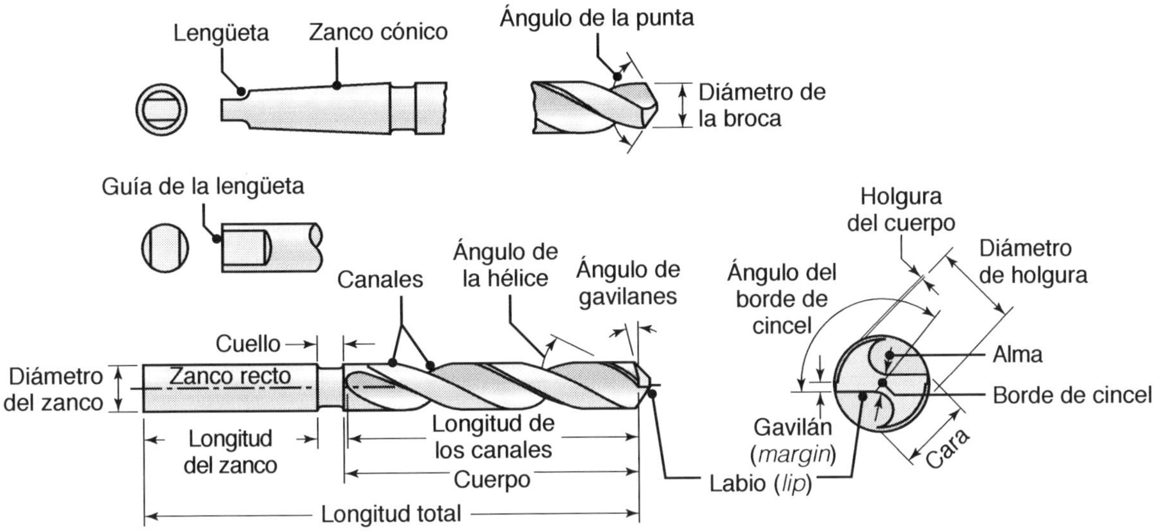

(a) Broca con borde de cincel.

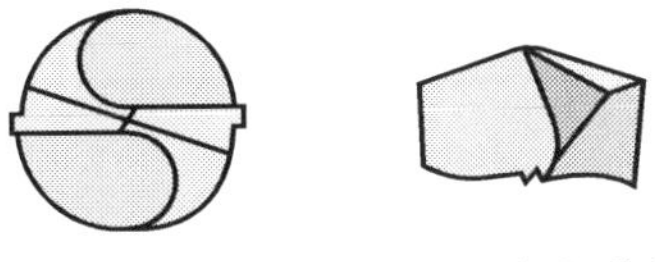

(b) Broca con punta tipo cigüeñal.

FIGURA 23.20 Dos tipos comunes de brocas: (a) broca con borde de cincel; la función del par de márgenes es proporcionar una superficie de deslizamiento de la broca contra las paredes del barreno a medida que penetra en la pieza de trabajo. Se dispone de brocas con cuatro márgenes (*doble margen*) para mejorar la guía y exactitud. También existen brocas con elementos para romper las virutas. (b) Broca con punta tipo cigüeñal; estas brocas tienen buena capacidad de centrado y debido a que las virutas tienden a romperse con facilidad, las brocas son apropiadas para producir barrenos profundos.

metálicos se expanden significativamente debido al calor que se produce durante el taladrado, por lo que el diámetro final del barreno podría ser menor que el diámetro de la broca cuando se enfríe la parte. Para obtener un mejor acabado de la superficie y exactitud dimensional, los barrenos taladrados pueden someterse a operaciones subsecuentes como el rimado y pulido con abrasivos. En la tabla 23.11 aparecen las capacidades de las operaciones de taladrado y mandrinado.

TABLA 23.11

Capacidades generales de las operaciones de taladrado y mandrinado

Herramienta de corte	Rango del diámetro (mm)	Profundidad del barreno/diámetro	
		Común	Máximo
Broca de giro	0.5-150	8	50
Broca de pala	25-150	30	100
Broca de barril	2-50	100	300
Broca de trepanación	40-250	10	100
Barra de mandrinado	3-1200	5	8

Broca de giro. La broca más común es la convencional *broca de giro de punto estándar* (figura 23.20a). La geometría del punto de la broca es tal que el ángulo de ataque normal y la velocidad del borde cortante varían con la distancia desde el centro de la broca. Las características principales de esta broca son (con los rangos comunes de ángulos entre paréntesis): (a) *ángulo de la punta* (118 a 135°); (b) *ángulo de gavilanes* (7 a 15°); (c) *ángulo del borde de cincel* (125 a 135°) y (d) *ángulo de la hélice* (15 a 30°).

Dos ranuras espirales, llamadas *canales*, recorren la longitud de la broca y las virutas generadas son enviadas hacia arriba a través de ellas. Las ranuras también sirven como pasajes que permiten que el fluido de corte alcance los bordes cortantes. Algunas brocas tienen perforaciones internas longitudinales (vea por ejemplo la broca en la figura 23.23a)

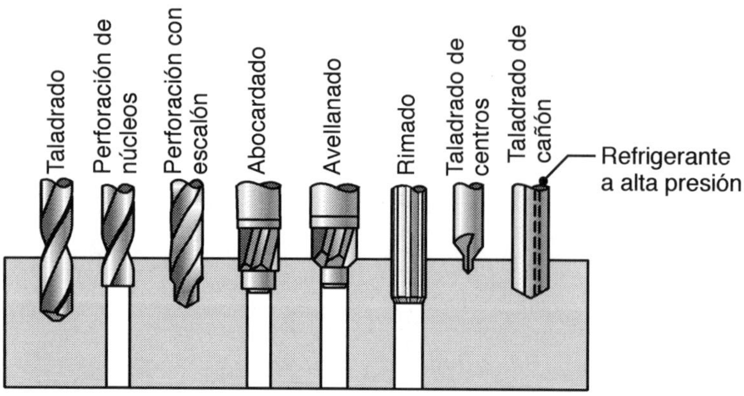

FIGURA 23.21 Distintos tipos de brocas y operaciones de rimado.

a través de las cuales se fuerzan los fluidos de corte, con lo que mejoran la lubricación y el enfriamiento, así como la expulsión de las virutas. Las brocas están disponibles con características **rompevirutas** fijadas a lo largo de los bordes cortantes. Esta característica es importante en el taladrado con maquinaria automatizada, donde es esencial el retiro continuo de largas virutas sin la participación de un operador.

Los distintos ángulos en una broca se han desarrollado a través de la experiencia de muchos años y están diseñados para producir barrenos exactos, minimizar las fuerzas de taladrado y su torque y optimizar la vida de la broca. Los pequeños cambios en la geometría de la broca pueden tener un efecto significativo en el rendimiento de una broca en particular, por ejemplo, un ángulo de gavilanes demasiado pequeño (figura 23.20a) aumenta la fuerza cortante, lo que genera calor excesivo e incrementa el desgaste de la broca. Por el contrario, un ángulo demasiado grande, puede ocasionar la generación de virutas o la rotura del borde cortante.

Además de las brocas de punto convencional, se han desarrollado varias geometrías de las brocas de punto con el fin de mejorar su rendimiento e incrementar la tasa de penetración. Para producir dichas geometrías se usan técnicas y equipo especiales de rectificado.

Otros tipos de brocas. En la figura 23.21 se muestran varios tipos de brocas. Una broca en escalón produce barrenos con dos o más diámetros diferentes. Una *broca de núcleo* se usa para hacer más grande un barreno ya existente. Las *brocas de abocardado* y de *avellanado* producen depresiones en la superficie para dar acomodo a las cabezas de los tornillos y remaches debajo de la superficie de la pieza de trabajo. Una *broca de centro* es corta y se emplea para producir un barreno en el extremo de una pieza de material, por lo que puede montarse entre los centros del cabezal y el contrapunto de un torno (figura 23.2). Una *broca piloto* se utiliza para preparar (lo que significa comenzar) un barreno en la ubicación deseada de la superficie.

Las *brocas de pala* (figura 23.22a) tienen extremos removibles y se usan para producir barrenos de gran diámetro y profundidad. Estas brocas tienen las ventajas de una

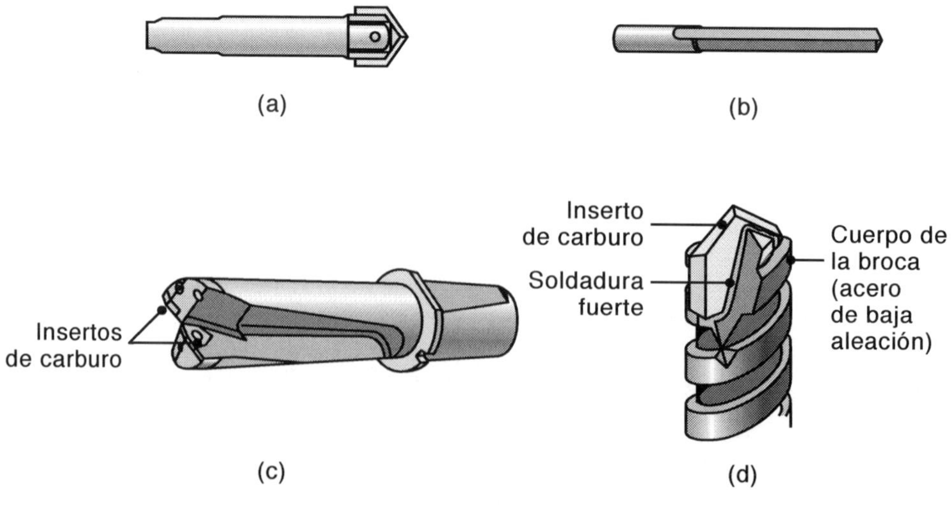

FIGURA 23.22 Varios tipos de brocas. (a) Broca de pala; (b) broca de canal recto; (c) broca con insertos de carburo indexables y (d) broca con punta de carburo.

rigidez mayor (por la ausencia de canales en el cuerpo de la broca), facilidad de esmerilar las rebabas de corte y un costo más bajo. Una broca similar es la *broca de canal recto* (figura 23.22b).

Las brocas de carburo sólido y de punta de carburo (figuras 23.22c y d) están hechas para perforar materiales duros como aleaciones de hierro; metales de alta temperatura; inclusive materiales abrasivos como el concreto y el ladrillo (llamadas *brocas con punta tipo cigueñal*) y materiales compuestos con refuerzos de fibra contra la abrasión, como el vidrio y el grafito.

Taladrado de cañones. Originalmente se desarrollaron para taladrar barriles de armas, el taladrado de cañones se utiliza para taladrar barrenos profundos; requiere una broca especial, como se ilustra en la figura 23.23. Las razones profundidad a diámetro de los barrenos producidos pueden ser de 300:1 o aun mayores. La fuerza de empuje (fuerza radial que tiende a empujar a la broca hacia los lados) está balanceada por amortiguamientos de rodamientos en la broca que se deslizan a lo largo de la superficie interior del barreno. En consecuencia, una broca de cañón se *autocentra*, característica importante para perforar barrenos rectos y profundos. Una variante de este proceso es la **trepanación de cañones** (que se describe más adelante), la cual usa una herramienta cortadora parecida a la broca de cañón, sólo que la herramienta tiene una perforación central.

Las velocidades de corte en el taladrado de cañones suelen ser elevadas y los avances son lentos. Es común que las tolerancias sean de alrededor de 0.025 mm (0.001 pulg). El fluido de corte es forzado a pasar a gran presión a través de una perforación longitudinal (pasaje) en el cuerpo de la broca (figura 23.22a). Además de enfriar y lubricar la pieza de trabajo, el fluido drena las virutas que de otro modo quedarían atrapadas en la profunda cavidad que se taladra, por lo que interferirían gravemente con la operación de barrenado.

Trepanación. En la *trepanación* (del griego *trypanon*, que significa "hacer una perforación" o "barreno"), la herramienta de corte (figura 23.24a) produce un orificio al remover una pieza en forma de disco (núcleo), por lo general de caras planas. La perforación así

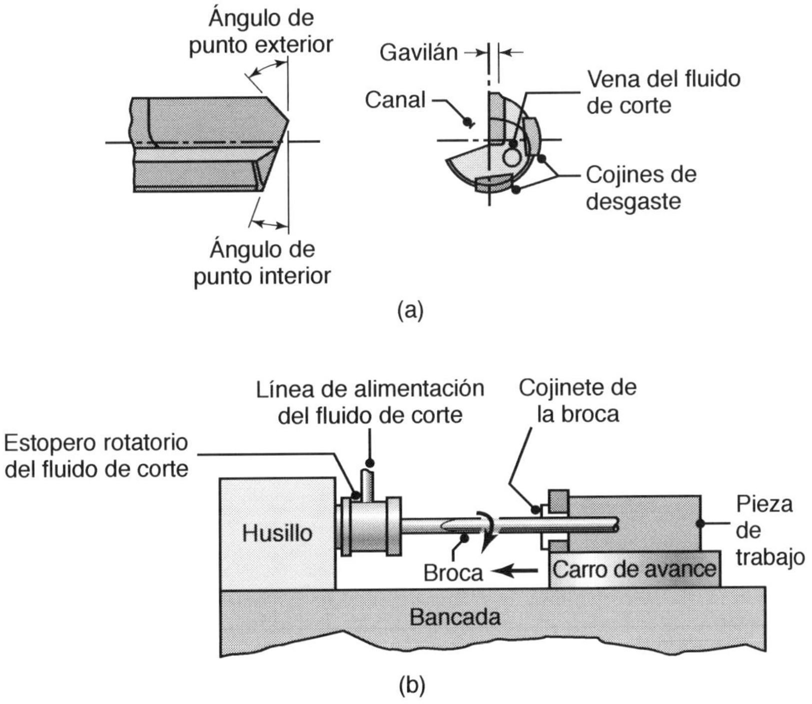

FIGURA 23.23 (a) Broca de cañón; se aprecian varias características. (b) Ilustración esquemática de la operación de taladrado de barril.

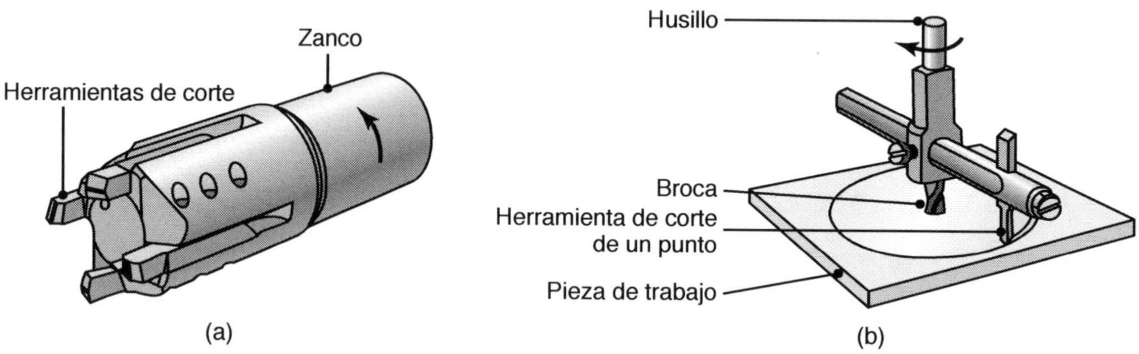

FIGURA 23.24 (a) Herramienta de trepanación. (b) Trepanación con herramienta de corte de un punto con broca montada.

producida ocurre sin que el material que se retira se convierta en viruta, como en el taladrado. El proceso de trepanación puede usarse para hacer discos de hasta 250 mm (10 pulg) de diámetro a partir de láminas planas, placas o miembros estructurales como vigas I. También puede usarse para hacer ranuras circulares en las cuales se han de colocar anillos O (como en la figura 23.1f). La trepanación se puede efectuar en tornos, taladros de banco, u otras máquinas herramienta, usando herramientas de un solo punto o de varios, como se ilustra en la figura 23.24b.

23.5.2 Tasa de remoción de material en el taladrado

La *tasa de remoción de material* (MRR) en el taladrado es el volumen de material retirado por unidad de tiempo. Para una broca de diámetro D, el área de la sección transversal del barreno perforado es $\pi D^2/4$. La velocidad de la broca perpendicular a la pieza de trabajo es el producto del avance, f (la distancia que penetra la broca en una revolución), y la velocidad rotacional, N, donde $N = V/\pi D$. Por lo que,

$$\text{MRR} = \left(\frac{\pi D^2}{4}\right) fN. \tag{23.4}$$

23.5.3 Fuerza de empuje y torque

La *fuerza de empuje* en el taladrado actúa en forma perpendicular al eje del barreno; si esta fuerza es excesiva puede hacer que la broca se doble o rompa. Una fuerza de empuje excesiva también distorsiona la pieza de trabajo, en particular si no tiene suficiente rigidez (como es el caso de las estructuras metálicas de lámina delgada), o puede hacer que la pieza de trabajo se deslice en el dispositivo de sujeción de la pieza de trabajo.

La fuerza de empuje depende de factores como (a) la resistencia del material de la pieza de trabajo; (b) el avance; (c) la velocidad rotacional; (d) el diámetro de la broca; (e) la geometría del barreno y (f) los fluidos de corte. Las fuerzas de empuje por lo común varían de unos pocos newtons para brocas pequeñas a 100 kN (23.5 klb) en la perforación de materiales de alta resistencia usando brocas largas.

Par (torque). En el taladrado el conocimiento del *par* es esencial para estimar el requerimiento de potencia; sin embargo, es difícil de calcular debido a los muchos factores involucrados. El par puede estimarse a partir de los datos de la tabla 21.2, si se nota que la potencia disipada durante el taladrado es el producto del torque por la velocidad rotacional, y también es igual al producto de la energía específica y de la tasa de remoción del material. En el taladrado, el par puede ser tan alto como 4000 N-m (3000 lb-pies).

EJEMPLO 23.4 Tasa de remoción de material y par en el taladrado

Dado: Se perfora un barreno en un bloque de aleación de magnesio con una broca de 10 mm, a una velocidad de 0.2 mm/rev y con el husillo girando a $N = 800$ rpm.

Se solicita: Calcular la tasa de remoción de material y el par que se ejerce sobre la broca.

Respuesta: La tasa de remoción de material se calcula con la ecuación (23.4):

$$\text{MRR} = \left[\frac{(\pi)(10)^2}{4}\right](0.2)(800)$$

$$= 12\,570 \text{ mm}^3\text{/min} = 210 \text{ mm}^3\text{/s}.$$

Al consultar la tabla 21.2, se usa una potencia unitaria promedio de 0.5 W-s/mm^3 para las aleaciones de magnesio. Entonces, la potencia requerida es

$$\text{Potencia} = (210)(0.5) = 105 \text{ W}$$

La potencia es el producto del par sobre la broca y la velocidad rotacional, la cual en este caso es (800) $(2\pi)(60)$ = 83.8 radianes por segundo. Observemos que W = J/s y J = N-m,

$$T = \frac{105}{83.8} = 1.25 \text{ N-m}.$$

23.5.4 Materiales y tamaños de broca

Por lo general las brocas están hechas con acero de alta velocidad (M1, M7 y M10) y carburos sólidos o con puntas de carburo, generalmente de K20 (C2), como se ilustran en las figuras 23.22c y d. Actualmente es común que las brocas estén recubiertas con nitruro de titanio o carbonitruro de titanio para una mayor resistencia al desgaste, como se describió en la sección 22.5. Las brocas recubiertas de diamante policristalino se utilizan para producir barrenos en plásticos de fibras reforzadas más rápido. Por su alta resistencia al desgaste se pueden perforar varios miles de barrenos con poco daño en el material de la pieza de trabajo.

Aunque los desarrollos son continuos, los tamaños estándar de las brocas de giro consisten básicamente en las siguientes series:

- **Numérico:** Núm. 97 (0.0059 pulg) a núm. 1 (0.228 pulg).
- **Letra:** A (0.234 pulg) a Z (0.413 pulg).
- **Fraccionario:** Zanco recto de $\frac{1}{64}$ a $1\frac{1}{4}$ (en incrementos de $\frac{1}{64}$ de pulg) a $1\frac{1}{2}$ pulg (en incrementos de $\frac{1}{32}$ de pulg) y las brocas más largas con incrementos mayores. El ahusamiento del eje va de $\frac{1}{8}$ a $1\frac{3}{4}$ (en incrementos de $\frac{1}{64}$) a 3.5 pulg (en incrementos de $\frac{1}{16}$ de pulg).
- **Milimétrico:** De 0.05 mm (0.002 pulg) en incrementos de 0.01 mm.

23.5.5 La práctica del taladrado

Las brocas y herramientas semejantes para hacer perforaciones se suelen sujetar en un portabrocas, el cual se puede cerrar con o sin llaves. Existen portabrocas y sujetadores con varias características de cambio rápido que no requieren que se detenga el husillo, para su empleo en la producción de maquinaria.

Debido a que no se tiene una acción de centrado, al principio de la operación la broca tiende a "caminar" sobre la superficie de la pieza de trabajo, problema que es particularmente grave con las brocas largas de pequeño diámetro, y puede ocasionar una falla. Para comenzar adecuadamente una perforación, la broca debe guiarse, utilizando accesorios tales como cojinetes, para evitar que se flexione lateralmente. Se puede hacer un pequeño barreno de inicio con una *broca de centrado*, por lo general con un ángulo de punto de 60°, o el punto de la broca puede ser de forma *S* (llamado *punto helicoidal* o *espiral*). Esta forma tiene una característica de autocentrado, lo que elimina la necesidad de centrar la broca, y produce barrenos exactos junto con la mejora de la vida de la broca. Estos factores son de importancia particular en la producción automatizada con máquinas CNC, en las cuales la práctica habitual es usar una *broca piloto*. Para mantener la broca más centrada se hace coincidir el ángulo de la broca piloto con el de la broca. Entre otras alternativas para minimizar la "caminata" de la broca están el usar un punto de punzón para producir una impresión inicial donde comience el taladrado, o bien incorporar directamente hoyuelos u otras características en la fundición o forja de las piezas de trabajo.

Recomendaciones para el taladrado. En la tabla 23.12 se dan los rangos recomendables para las velocidades de perforación y avances. La velocidad es la *velocidad superficial* de la broca en su periferia; por lo que una broca de 0.5 pulg (12.7 mm) que rota a 300 rpm tiene una velocidad superficial de

$$V = \left(\frac{0.5}{2}\text{ pulg}\right)(300\text{ rev/min})(2\pi\text{ rad/rev})\left(\frac{1}{12}\text{ pies/pulg}\right) = 39\text{ pies/min} = 12\text{ m/min}.$$

En la perforación de barrenos menores que 1 mm (0.040 pulg) de diámetro, las velocidades rotacionales están en el rango de hasta 30 000 rpm, lo que depende del material de la pieza de trabajo. El *avance* en el taladrado es la distancia que recorre la broca en la pieza de trabajo por revolución. Por ejemplo, la tabla 23.11 recomienda que para la mayoría de materiales de la pieza de trabajo, una broca de 1.5 mm (0.060 pulg) de diámetro debe tener un avance de 0.025 mm/rev. Si la columna de la velocidad en la tabla indica que la broca debe rotar a, digamos, 2000 rpm, entonces la broca debe penetrar en el material de trabajo a una velocidad lineal de (0.025 mm/rev)(2000 rev/min) = 50 mm/min = 2 pulg/min.

La *remoción de virutas* durante el taladrado puede ser difícil, en especial para barrenos profundos hechos en materiales suaves y dúctiles. La broca debe retraerse periódicamente (maniobra que se denomina *picotear*) para eliminar las virutas que se hubieran acumulado a lo largo de los canales. De otro modo, la broca podría romperse debido al par excesivo, o "caminar" fuera de su ubicación y producir un barreno sin forma. En la tabla 23.13 se da una guía general de las causas probables de los problemas en las operaciones de taladrado.

Reacondicionamiento de la broca. Las brocas se *reacondicionan* por esmerilado, ya sea manual o con accesorios especiales para tener una mejor exactitud y productividad. El reacondicionamiento apropiado de las brocas es importante, en particular con la manufactura automatizada en máquinas de CNC. El esmerilado a mano es difícil y

TABLA 23.12

Recomendaciones generales para velocidades y avances en el taladrado

	Velocidad superficial		Diámetro de la broca: Avance, mm/rev (pulg/rev)		Diámetro de la broca: Velocidad, rpm	
Material de la pieza de trabajo	m/min	pies/min	1.5 mm (0.060 pulg)	12.5 mm (0.5 pulg)	1.5 mm (0.060 pulg)	12.5 mm (0.5 pulg)
Aleaciones de aluminio	30-120	100-400	0.025 (0.001)	0.30 (0.012)	6400-25 000	800-3000
Aleaciones de magnesio	45-120	150-400	0.025 (0.001)	0.30 (0.012)	9600-25 000	1100-3000
Aleaciones de cobre	15-60	50-200	0.025 (0.001)	0.25 (0.010)	3200-12 000	400-1500
Aceros	20-30	60-100	0.025 (0.001)	0.30 (0.012)	4300-6400	500-800
Aceros inoxidables	10-20	40-60	0.025 (0.001)	0.18 (0.007)	2100-4300	250-500
Aleaciones de titanio	6-20	20-60	0.010 (0.0004)	0.15 (0.006)	1300-4300	150-500
Hierros fundidos	20-60	60-200	0.025 (0.001)	0.30 (0.012)	4300-12 000	500-1500
Termoplásticos	30-60	100-200	0.025 (0.001)	0.13 (0.005)	6400-12 000	800-1500
Termofijos	20-60	60-200	0.025 (0.001)	0.10 (0.004)	4300-12 000	500-1500

Nota: A medida que aumenta la profundidad del barreno deben reducirse las velocidades y avances; la selección de estos parámetros también depende del acabado superficial específico que se requiera.

TABLA 23.13

Guía general de problemas en las operaciones de taladrado

Problema	Causas probables
Rotura de la broca	Broca sin filo, la broca se fuerza contra la perforación porque las virutas bloquean los canales, avance demasiado rápido, ángulo de gavilanes muy pequeño.
Desgaste excesivo de la broca	Velocidad de corte muy alta, fluido de corte ineficaz, ángulo de ataque demasiado alto, la broca fue quemada y perdió resistencia cuando se afiló.
Barreno con ahusamiento	Broca desalineada o doblada, los labios no son iguales, el alma de la broca no está centrada.
Barreno más grande	Igual que el anterior, husillo de la máquina flojo, borde no centrado del cincel, fuerza lateral sobre la pieza de trabajo.
Mal acabado de la superficie de la perforación	Broca sin filo, fluido de corte ineficaz, soldadura del material de la pieza de trabajo en el borde de la broca, centrado impropio de la broca, alineación incorrecta.

requiere una habilidad considerable con el fin de producir bordes de corte simétricos. El esmerilado con herramientas es exacto y se hace en esmeriles especiales controlados por computadora. Las brocas cubiertas también pueden recubrirse.

Medición de la vida de la broca. La vida de la broca, así como la de la llave (vea la sección 23.7), se suelen medir por el número de barrenos taladrados antes de que la broca pierda su filo y tenga que reacondicionarse o reemplazarse. La *vida de la broca* se puede determinar en forma experimental si primero se sujeta un bloque de material en un dinamómetro apropiado o transductor de fuerza y después se barrena cierto número de orificios mientras se registra el par o la fuerza de empuje durante cada operación sucesiva de taladrado. Después de haber practicado varios barrenos, el par y la fuerza comienzan a incrementarse porque la broca está perdiendo filo. La vida de la broca es la cantidad de perforaciones que se hacen hasta que comienza esta transición de las fuerzas. Otras técnicas, como el monitoreo de la vibración y las emisiones acústicas (sección 21.5.4), también se pueden usar para determinar la vida de la broca.

23.5.6 Taladros

La máquina barrenadora más común es el taladro vertical, cuyos componentes principales se ilustran en la figura 23.25a. La pieza de trabajo se coloca en una mesa ajustable, ya sea con mordazas directamente en las ranuras y barrenos de la mesa o con un tornillo de banco, el cual en sí mismo está sujeto a la mesa. La broca se hace descender manualmente con una manivela o con un avance automático a las tasas especificadas. El avance manual requiere cierta habilidad para juzgar la tasa de avance apropiada.

Los taladros verticales se suelen diseñar para el diámetro más grande de la pieza de trabajo que puede recibir la mesa, y es común que varíen entre 150 y 1250 mm (6 a 50 pulg). Con el fin de mantener velocidades de corte apropiadas en los bordes cortadores de las brocas, la velocidad del husillo del taladro tiene que ser ajustable con objeto de dar acomodo a diferentes tamaños de brocas. Los ajustes se efectúan por medio de poleas, engranes o motores de velocidad variable.

Los taladros van desde los sencillos de tipo banco, utilizados para perforar barrenos de pequeño diámetro, hasta los grandes *taladros radiales* (figura 23.25b), que pueden recibir piezas de trabajo grandes. La distancia entre la columna y el centro del husillo puede ser de hasta 3 m (10 pies). El cabezal de los *taladros universales* puede girar para perforar barrenos a cierto ángulo. Actualmente los taladros cuentan con máquinas triaxiales de control numérico, en los cuales las operaciones se realizan en forma automática y en la secuencia establecida usando una torreta (figura 23.26), la cual puede llevar varias y distintas herramientas de perforación.

Los taladros con husillos múltiples (**taladros múltiples**) se utilizan para ejecutar operaciones de alta tasa de producción y son capaces de perforar, en un ciclo, hasta 50 barrenos de distintos tamaños, profundidades y ubicaciones. Estas máquinas también se emplean

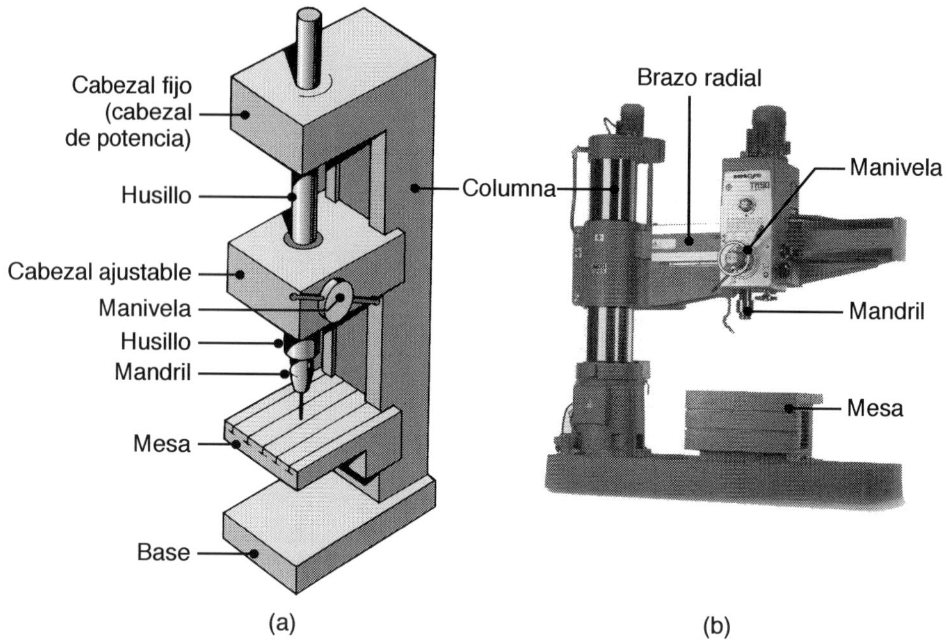

FIGURA 23.25 (a) Ilustración esquemática de un taladro vertical. (b) Taladro radial. *Fuente:* (b) Cortesía de Willis Machinery and Tools.

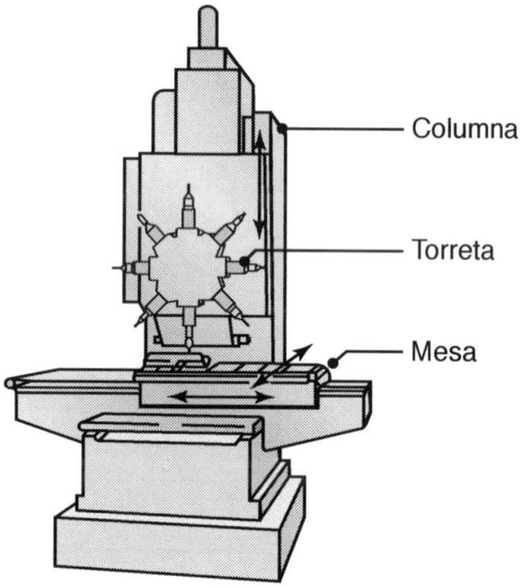

FIGURA 23.26 Taladro triaxial de control numérico computarizado; la torreta porta hasta ocho herramientas diferentes, como brocas, machuelos y rimas.

para operaciones de rimado y abocardado. Los taladros múltiples han sido sustituidos en su mayoría por *taladros de torreta de control numérico*.

Los *dispositivos de sujeción del trabajo* para el barrenado son esenciales para garantizar que la pieza de trabajo se ubique y sujete adecuadamente, para evitar que se deslice o gire durante el taladrado. Estos dispositivos están disponibles en distintos diseños, con características importantes como la ubicación de tres puntos para más exactitud y el trabajo de sujeción en tres dimensiones para un ajuste seguro (vea también la sección 37.8).

23.5.7 Consideraciones de diseño para el taladrado

Los lineamientos básicos de diseño para el taladrado son los siguientes:

- Los diseños deben permitir que los barrenos se perforen en superficies planas y perpendiculares al movimiento de la broca; de otra manera, ésta tiende a doblarse y el barreno no se ubicará con exactitud. Las superficies de salida del barreno también deben ser planas.
- El diseño de los fondos de las perforaciones debe ajustarse a los ángulos estándar del punto de la broca, siempre que esto sea posible; por tanto deben evitarse los fondos planos o las formas irregulares.
- Se prefieren los barrenos que traspasan la pieza a los que son ciegos. Si se especifican perforaciones con grandes diámetros, la pieza de trabajo debe tener un barreno preexistente, de preferencia hecho durante la fabricación de la parte, por fundición, metalurgia de polvos o formado.
- Cuando no sea práctico producir perforaciones preexistentes deben proveerse guías de punzón para reducir la tendencia de la broca a caminar.
- Las partes deben diseñarse de modo que todos los barrenos se ejecuten con un mínimo de arreglos y sin que haya necesidad de reposicionar la pieza de trabajo.

- Los barrenos ciegos deben perforarse a mayor profundidad que las operaciones subsecuentes de rimado o machuelado que se vayan a tener que maquinar.

23.6 Rimado y rimas

El *rimado* (*escariado*) es una operación que se utiliza para (a) practicar un barreno existente con mayor exactitud dimensional y que puede lograrse con el solo taladrado y (b) mejorar su acabado superficial. Los barrenos más exactos en las piezas de trabajo por lo general se producen en la siguiente secuencia de operaciones:

1. Centrado.
2. Taladrado.
3. Mandrinado.
4. Rimado.

Para una exactitud y un acabado superficial aun mejores, los *barrenos* pueden *pulirse* y *asentarse* internamente (vea las secciones 26.4 y 26.7).

Una *rima* (figura 23.27a) es una herramienta cortadora de bordes múltiples, con bordes acanalados rectos o helicoidales que remueven muy poco material. Para metales suaves, una rima por lo general retira un mínimo de 0.2 mm (0.008 pulg) sobre el diámetro de un barreno perforado; para metales más duros se remueve alrededor de 0.13 mm (0.005 pulg). Los intentos de remover capas más pequeñas pueden ser perjudiciales, ya que la rima puede dañarse o bruñirse la superficie del barreno (vea también la figura 21.22 como analogía); en este caso sería preferible el asentado. En general, las velocidades del rimado son la mitad de las de un barreno del mismo tamaño y tres veces la tasa de avance.

Las *rimas manuales* son rectas o tienen un extremo con ahusamiento en el primer tercio de su longitud. Existen dos *tipos de rimadoras*, también llamadas *rimadoras de máquina* debido a que están montadas en un plato y son operadas por una máquina: (a) las *rimadoras de rosa* tienen bordes cortadores con amplios márgenes y sin alivio (figura 23.27a); remueven cantidades considerables de material y hacen un verdadero orificio

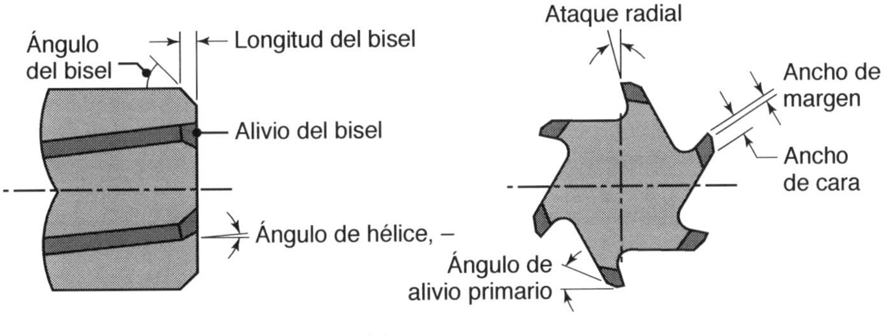

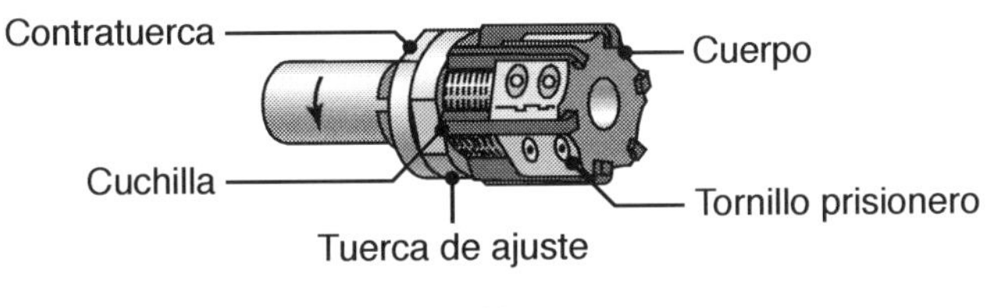

FIGURA 23.27 (a) Terminología de una rimadora helicoidal. (b) Rimador ajustable con insertos de cuchilla.

para el rimado en canal. (b) Las *rimadoras de canal* tienen pequeños márgenes y alivio, con un ángulo de ataque de alrededor de 5°; por lo general se usan para cortes ligeros de aproximadamente 0.1 mm (0.004 pulg) en el diámetro de la perforación.

Las *rimas de concha* son huecas, están montadas en un armazón y por lo general se usan para orificios mayores de 20 mm (0.75 pulg). Las *rimas de expansión* son ajustables, para variaciones pequeñas en el tamaño del orificio y también para compensar el desgaste de los bordes cortadores de la rima. Las *rimas ajustables* (figura 23.27b) pueden prepararse para diámetros específicos de la perforación y por ello son versátiles.

Las rimas pueden sujetarse con rigidez, como en un plato, o *flotar* en sus dispositivos de sujeción para garantizar la alineación, o bien *pilotearse* en cojinetes de guía situados arriba y abajo de la pieza de trabajo. Un desarrollo adicional en las rimas consiste en un *soñador*, herramienta que combina el taladrado y el rimado. El extremo de la herramienta en primer lugar barrena un orificio y el resto de la misma herramienta realiza la operación de rimado. Un desarrollo similar involucra el taladrado y el machuelado en un paso, usando una sola herramienta.

Es común que las rimas estén hechas de aceros de alta velocidad (M1, M2 y M7) o de carburos sólidos (K20, C2), o tengan bordes de corte de carburo. El mantenimiento y reacondicionamiento de las rimas son importantes para la exactitud de la perforación y el acabado de la superficie.

23.7 Machuelado y machuelos

Código QR 23.3 Operación de machuelado. (*Fuente:* Cortesía de Sandvik Coromant).

Las roscas interiores en las piezas de trabajo pueden producirse por medio de *machuelado*, un *machuelo* es una herramienta de corte de viruta con múltiples dientes de corte (figura 23.28a). Los machuelos por lo general están disponibles con dos, tres o cuatro canales. El que se produce más comúnmente es el de punto espiral de dos canales. Las fuerzas en éste fuerzan la viruta hacia el orificio, de modo que la herramienta necesita retirarse sólo al final del corte. Los machuelos de tres canales son más fuertes porque cabe más material en ellos. Los tamaños de los machuelos llegan hasta los 100 mm (4 pulg), aunque pueden maquinarse roscas más grandes en una fresa o centro de maquinado (vea la figura 24.2f).

Los *machuelos ahusados* (*cónicos*) están diseñados para reducir el par requerido para el ensanchamiento de orificios que traspasan la pieza. Los *machuelos de fondo* son para roscar barrenos ciegos en toda su profundidad. Los *machuelos colapsables* se utilizan en perforaciones de diámetro grande; una vez terminado el roscado, el machuelo se colapsa mecánicamente y se retira de la perforación sin tener que girarlo en el interior, como ocurre con los machuelos normales.

La remoción de virutas puede ser un problema importante durante el machuelado, por los pequeños claros involucrados. Si las virutas no se retiran del todo, el par se incrementa considerablemente y puede romper el machuelo. El uso de un fluido de corte y el retiro periódico del machuelo del barreno son medios efectivos de retirar la viruta y

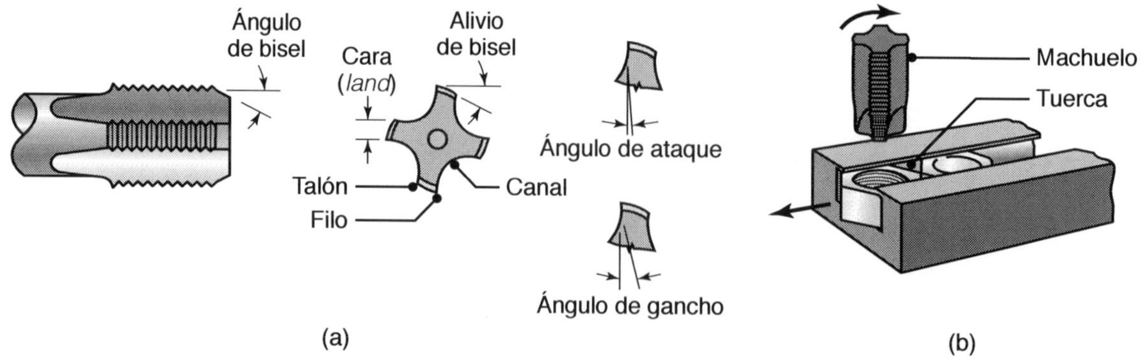

FIGURA 23.28 (a) Terminología para un machuelo. (b) Machuelado de tuercas de acero en producción.

mejorar la calidad del barreno roscado. Para una mayor productividad del machuelado, se puede combinar el taladrado con el machuelado en una sola operación (*barrenado*) con una herramienta única. La herramienta tiene una sección de broca en su extremo, seguida de una sección de machuelado. El machuelado puede hacerse manualmente o con máquinas como (a) taladros; (b) tornos; (c) destornilladores automáticos y (d) fresadoras de CNC verticales que combinan la rotación relativa correcta con el avance longitudinal.

También hay machueladoras especiales, con características para hacer operaciones múltiples de machuelado. Se usan mucho las cabezas machueladoras de husillos múltiples, en particular en la industria automotriz, donde de 30 a 40% de las operaciones de maquinado involucran el machuelado de barrenos. En la figura 23.28b se muestra un sistema sencillo para roscar tuercas en forma automática.

La vida del machuelo se puede determinar con la misma técnica utilizada para medir la de las brocas. Con una lubricación adecuada la vida de los machuelos puede ser de hasta 10 000 barrenos. Por lo general están hechos de aceros de alta velocidad (M1, M2, M7 y M10). La productividad en las operaciones de machuelado se puede mejorar por medio del *machuelado de alta velocidad*, con velocidades superficiales tan altas como 100 m/min (350 pies/min). Ahora se utilizan sistemas de machuelado *autorreversibles* con modernas máquinas herramientas controladas por computadora. Las velocidades de operación pueden ser tan grandes como de 5000 rpm, aunque las velocidades reales de corte en la mayoría de aplicaciones son considerablemente menores. Los tiempos de ciclo por lo general son del orden de 1 a 2 segundos.

Algunos sistemas de machuelado ahora tienen capacidades para dirigir el fluido de corte a la zona de corte a través del husillo y una perforación en el machuelo, lo cual también ayuda a expulsar las virutas del barreno que se rosca. El **machuelado sin viruta** es un proceso de roscado interno por rodamiento que utiliza un machuelo formador, descrito en la sección 13.5.

CASO DE ESTUDIO 23.2 Retenedor para tornillo en hueso

En la figura 23.29a se muestra un implante en una vértebra cervical. En el caso en que un paciente requiera la fusión de una vértebra en uno o más niveles de la columna, este implante actúa como un estabilizador interno al disminuir la cantidad de movimiento en la región, y con ello ayuda a promover la fusión exitosa. La placa se adhiere al asiento anterior de la columna con tornillos óseos que pasan por la placa y se introducen en el hueso. La parte bajo la superficie de la placa tiene una superficie muy rugosa que ayuda a que la placa permanezca en su lugar mientras se insertan los tornillos óseos.

Una preocupación con este tipo de implante es la posibilidad de que los tornillos óseos se aflojen con el tiempo, debido a la carga normal y repetitiva por parte del paciente. En casos extremos esto puede dar como resultado la expulsión del tornillo, con su cabeza fuera de la placa, condición que es obviamente indeseable. El implante descrito usa un retenedor para impedir que el tornillo óseo se salga de la placa, como se ilustra en la mitad izquierda de la figura 23.29b.

El retenedor tiene varias características de diseño que son esenciales para que funcione correctamente, y sin complicar el procedimiento quirúrgico. Para facilitar el uso en cirugía, la placa ya viene provista con retenedores, con las ranuras circulares alineadas con los barrenos para los tornillos. Este arreglo permite que el cirujano inserte los tornillos sin interferir con el retenedor. Una vez insertados los tornillos, el cirujano gira el retenedor algunos grados de modo que capture la cabeza de cada tornillo. Con el fin de asegurar la orientación apropiada del retenedor en la placa, la rosca de su eje debe comenzar en la misma ubicación axial que el punto *S* en la figura 23.29b.

Los pasos de manufactura seguidos para producir esta parte se muestran en la figura 23.29b. En primer lugar, se coloca un cilindro de 0.5 pulg de diámetro de Ti-6Al-4V, en un torno de CNC y se refrenta. Después, el área roscada se convierte al diámetro necesario para maquinar las cuerdas. La rosca se gira sobre el eje, pero en una longitud mayor de la que se requiere, debido a las dificultades de obtener cuerdas de alta calidad en el comienzo del maquinado. Después se da a la parte superior el diámetro requerido y se maquina con un radio de 0.10 pulg en el lado inferior de la cabeza. Se retira la parte, se inspecciona y se coloca en otro torno de CNC donde se refrenta a la longitud especificada. Después se maquina el radio esférico de la parte superior, se taladra el barreno central y se fresa la cabeza excéntrica. Se retira la tapa y se inspecciona, y si no se logró la longitud deseada se le da la dimensión final (sección 26.7).

(*continúa*)

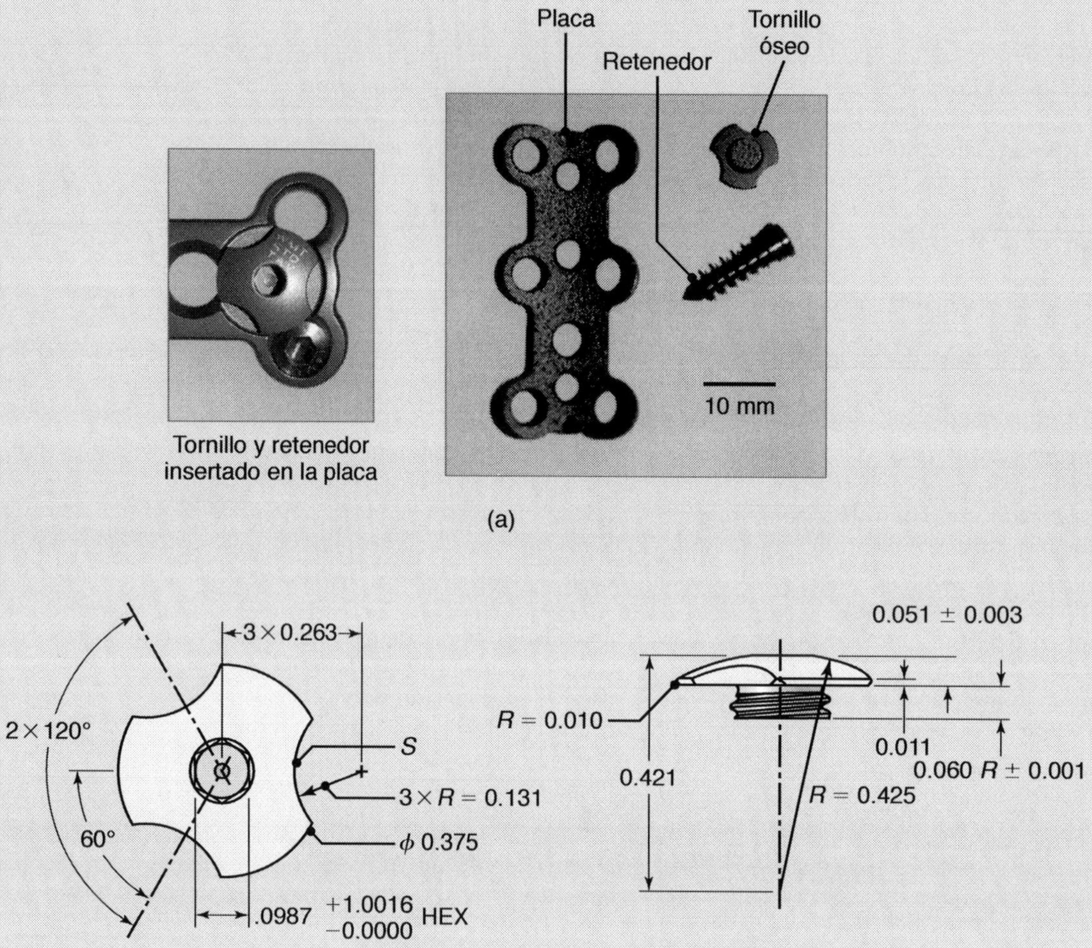

Nota: La rosca debe comenzar en el punto *S* para garantizar que el retenedor interfiera con el tornillo.

FIGURA 23.29 (a) Implante en una vértebra cervical en que se muestran los componentes del sistema; (b) dimensiones del tornillo óseo (todas las dimensiones están en pulgadas).

En este punto se coloca el retenedor en una fresadora de CNC, con el uso de un arreglo de diseño especial que consiste básicamente en un barreno ahusado y roscado. Con la aplicación cuidadosa de un par determinado en el retenedor, cuando se coloca en el dispositivo, puede controlarse con toda exactitud la ubicación inicial de las cuerdas. Una vez ubicada la tapa en el aditamento, se maquinan las tres muescas circulares como en el dibujo. Después se quitan las rebabas al retenedor volteándolo para eliminar todas las esquinas afiladas y se aplana el fondo para que ajuste con el lado inferior de la placa. Por último, se anodizan las partes (sección 34.10) y se esterilizan para obtener la compatibilidad biológica deseada.

Fuente: Cortesía de J. Mankowski y B. Pyszka, Master Metal Engineering Inc., y C. Lyle y M. Handwerker, Wright Medical Technology, Inc.

RESUMEN

- Los procesos de maquinado que en general producen perfiles circulares externos e internos son el torneado, mandrinado, taladrado y machuelado. Por la naturaleza tridimensional de estas operaciones, el desalojo de la viruta y su control son consideraciones importantes. La remoción de la viruta puede ser un problema significativo, en especial en el taladrado y machuelado y puede llevar a la rotura de la herramienta.

- La optimización de cada operación de maquinado requiere la comprensión de las interrelaciones entre los parámetros de diseño (formado de la parte, exactitud dimensional y acabado de la superficie) y los del proceso (velocidad de corte, avance y profundidad de corte), material y forma de la herramienta, uso de fluidos de corte y secuencia de las operaciones por realizar.
- Las partes en bruto pueden ser producidas por fundición, forja, extrusión o metalurgia de polvos. Cuanto más aproximado sea el material original a la forma final deseada (forma casi neta), menos numerosos e intensos serán los procesos de maquinado subsecuentes que se requieran.

TÉRMINOS CLAVE

Ángulo de alivio
Ángulo de ataque
Ángulo de ataque lateral
Ángulo de ataque posterior
Ángulo de filo de corte
Bancada
Barra de avance
Boquilla
Broca helicoidal
Cabezal
Carro
Contrapunto
Cortes de acabado
Cortes de desbaste
Fuerza de avance
Herramientas formadoras
Machuelado
Mandril
Mandrinado
Manejo de viruta
Máquina automática para barras
Máquina para mandrinar
Maquinado seco
Moleteado
Perforación de orificios
Placa frontal
Plato de sujeción
Plato de sujeción con potencia
Radio de la nariz
Reacondicionamiento
Refrentado o careado
Rima (escariador)
Rimado (escariado)
Roscado
Roscas de tornillo
Taladrado
Taladrado de cañón
Taladro de columna
Tasa de remoción de material
Torneado
Tornillo sin fin
Torno de motor
Torno de torreta
Tornos
Trepanado
Tronzado
Vida de la broca

BIBLIOGRAFÍA

ASM Handbook, Vol. 16: **Machining**, ASM International, 1989.

Boothroyd, G. y Knight, W. A., **Fundamentals of Machining and Machine Tools**, 3a. ed., Marcel Dekker, 2005.

Brown, J., **Advanced Machinig Technology Handbook**, McGraw-Hill, 1998.

Byers, J. P. (ed.), **Metalworking Fluids**, 2a. ed., CRC Press, 2006.

Hoffman, E. G., **Jigs and Fixture Design**, 5a. ed., Industrial Press, 2003.

Joshi, P. H., **Machine Tools Handbook**, McGraw-Hill, 2008.

Knight, W. A. y Boothroyd, G., **Fundamentals of Metal Machining and Machine Tools**, 3a. ed., Marcel Dekker, 2006.

Krar, S. F. y Check, A. F., **Technology of Machine Tools**, 6a. ed., Glencoe Macmillan/McGraw-Hill, 2009.

Lopez, L. N. y Lamikiz, A. (eds.), **Machine Tools for High Performance Machining**, Springer, 2009.

Stout, K. J., Davis, E. J. y Sullivan, P. J., **Atlas of Machined Surfaces**, Chapman y Hall, 1990.

Walsh, R. A., **McGraw-Hill Machining and Metalworking Handbook**, 3a. ed., McGraw-Hill, 2006.

PREGUNTAS DE REPASO

23.1 Describa los tipos de operaciones de maquinado que pueden efectuarse en un torno.

23.2 ¿Qué es el torneado?, ¿qué clase de virutas se producen en el torneado?

23.3 ¿Qué es la fuerza de empuje en el torneado? ¿Qué es la fuerza de corte? ¿Cuál se utiliza para calcular la potencia requerida?

23.4 ¿Cuáles son los componentes de un torno?

23.5 (a) ¿Qué es un torno trazador? (b) ¿Qué es una máquina de barra automática?

23.6 Describa las operaciones que se pueden llevar a cabo en un taladro vertical.

23.7 ¿Por qué se desarrollaron los platos de sujeción de potencia?

23.8 Explique por qué son difíciles de ejecutar en un torno operaciones como el mandrinado y el machuelado.

23.9 ¿Por qué es común que los tornos de torreta estén equipados con más de una torreta?
23.10 Describa las diferencias entre mandrinar una pieza de trabajo en un torno y hacer el mandrinado en una mandrinadora horizontal.
23.11 ¿Cómo se determina la vida de una broca?
23.12 ¿Cuál es la diferencia entre una broca convencional y una de cañón?
23.13 ¿Por qué se efectúan las operaciones de mandrinado?
23.14 Explique las funciones de la mesa en un torno.
23.15 Describa las ventajas relativas de los dados de (a) autoapertura y (b) tarraja para el roscado.
23.16 Explique cómo se cortan las roscas externas en un torno.
23.17 ¿Cuál es la diferencia entre un barreno ciego y uno que traspasa la pieza? ¿Cuál es el significado de esa diferencia?

PROBLEMAS CUALITATIVOS

23.18 Explique el razonamiento que hay tras los diferentes lineamientos de diseño para el torneado.
23.19 Observe que en el texto se han usado los términos "resistencia de la herramienta" y "resistencia del material de la herramienta". ¿Piensa que hay una diferencia entre ellos? Explique.
23.20 (a) Enuncie y explique los factores que contribuyen a tener un mal acabado de la superficie en los procesos descritos en este capítulo. (b) Mencione las ventajas y desventajas del torneado, en comparación con el extruido en frío de un eje.
23.21 Explique por qué la secuencia de taladrado, mandrinado y machuelado produce un barreno que es más exacto que el solo taladrar y rimar.
23.22 ¿Por qué se necesitarían las operaciones de maquinado aun para partes con forma casi neta hechas con precisión por medio de fundición, formado o metalurgia de polvos, como se describió en capítulos anteriores? Explique.
23.23 Una barra muy oxidada e irregular se gira en un torno. ¿Recomendaría usted una profundidad de corte pequeña o grande? Explique.
23.24 Describa las dificultades que pueden encontrarse en la sujeción de una pieza de trabajo hecha de un metal suave en un plato de tres mordazas.
23.25 (a) ¿Cambia la fuerza o par en el taladrado conforme aumenta la profundidad del barreno? Explique. (b) Las brocas suelen tener dos canales. Explique por qué.
23.26 Explique las semejanzas y diferencias en los lineamientos de diseño para el torneado y el mandrinado.
23.27 Describa las ventajas y aplicaciones de tener un husillo hueco en el cabezal de un torno.
23.28 Suponga que se le pide que haga una operación de mandrinado en una pieza de trabajo hueca de diámetro grande. ¿Usaría una mandrinadora horizontal o vertical? Explique.
23.29 Explique las razones de la tendencia principal que se ha observado en la producción de roscas por medio de formado, en oposición al corte de las roscas. ¿Cuáles serían las diferencias, si las hubiera, en los tipos de roscas producidas y en sus características de rendimiento?
23.30 Describa sus observaciones con respecto al contenido de las tablas 23.2 y 23.4 y explique por qué se hacen esas recomendaciones en particular.
23.31 La nota al pie de la tabla 23.12 dice que a medida que aumenta el diámetro del barreno, las velocidades y avances de la broca deben reducirse. Explique por qué.
23.32 En la manufactura moderna, ¿qué tipos de virutas serían indeseables y por qué?
23.33 Dibuje las marcas de las herramientas que esperaría encontrar si una parte se (a) torneara; (b) redujera su diámetro con una herramienta formadora recta y (c) extruyera.
23.34 ¿Qué le preocuparía en el torneado de una parte de polvo metálico, como un eje elaborado con el proceso Osprey? (Vea la figura 17.21).
23.35 La severidad operacional para el rimado es mucho menor que la del machuelado, aun cuando ambos son procesos de maquinado interno. ¿Por qué?
23.36 Revise la figura 23.6 y comente los factores involucrados para determinar la altura de las zonas (velocidad de corte) para diferentes materiales de la herramienta.
23.37 Explique cómo permanecen centradas las brocas de cañón durante el taladrado. ¿Por qué hay un canal hueco, longitudinal, en ellas?
23.38 Comente sobre la magnitud del ángulo de ataque que se ilustra en la figura 23.4.
23.39 Si se usan insertos en una broca de golpe (vea la figura 23.22), ¿qué tan importante es el material del eje? Si lo fuera, ¿qué propiedades son importantes? Explique.
23.40 En relación con la figura 23.11b, y además de las herramientas mostradas, describa otros tipos de herramientas de corte que pueden situarse en los portaherramientas para realizar otras operaciones de maquinado.

PROBLEMAS CUANTITATIVOS

23.41 Calcule las mismas cantidades solicitadas en el ejemplo 23.1 para una aleación de titanio de alta resistencia y con $N = 700$ rpm.
23.42 Estime el tiempo de maquinado requerido para un desbaste de torneado de una barra cilíndrica de aleación de cobre, galvanizada, de 0.50 m de longitud, de un diámetro de 60 mm a otro de 58 mm, usando una herramienta de acero de alta velocidad (vea la tabla 23.4). Estime el tiempo requerido para una herramienta de carburo no recubierto.
23.43 Una barra de hierro fundido de alta resistencia de 8 pulgadas de diámetro se gira en un torno a una profundidad de corte de $d = 0.050$ pulg. El torno está equipado con un motor

eléctrico de 15 hp y tiene una eficiencia mecánica de 80%. La velocidad del husillo es de 500 rpm. Estime el avance máximo que puede usarse antes de que el torno comience a atascarse.

23.44 En un taladro vertical que opera a 300 rpm se usa una broca de 0.30 pulg de diámetro. Si el avance es de 0.005 pulg/rev, ¿cuál es la tasa de remoción de material? ¿Cuál es la MRR si el diámetro de la broca se duplica?

23.45 En el ejemplo 23.4, suponga que el material de la pieza de trabajo es una aleación de aluminio de alta resistencia y el husillo opera a $N = 500$ rpm. Estime el par (torque) requerido para esta operación.

23.46 Con los datos del problema 23.45, calcule la potencia requerida.

23.47 Un cilindro de aluminio de 6 pulgadas de diámetro y 10 pulg de longitud va a reducir su diámetro a 4.5 pulg. Con las condiciones de maquinado normales que se dan en la tabla 23.4, estime el tiempo de maquinado si se usa una herramienta de carburo recubierto de TiN.

23.48 Un torno se prepara para maquinar un roscado en una barra de 120 mm de diámetro. El machuelo es de 1 mm por 10 mm. Se hace un corte con profundidad inicial de 4 mm, a una tasa de avance de 0.250 mm/rev y con una velocidad de husillo de 150 rpm. Calcule la tasa de remoción promedio de metal.

23.49 Suponga que el coeficiente de fricción es de 0.25, calcule la profundidad máxima de corte para el torneado de una aleación de aluminio duro en un torno de 20 hp (con 80% de eficiencia mecánica) con un ancho de corte de 0.25 pulg, ángulo de ataque de 0° y velocidad de corte de 300 pies/min. ¿Cuál es su estimación de la resistencia cortante del material?

23.50 Una parte cilíndrica de hierro fundido gris, con diámetro de 3 pulg, va a girarse en un torno a 500 rpm. La profundidad del corte es de 0.25 pulg y el avance es de 0.02 pulg/rev. ¿Cuál es la potencia mínima, en hp, que se requiere para esta operación?

23.51 Suponga que usted es un profesor que enseña los temas descritos en este capítulo y que para probar la comprensión de los estudiantes va a aplicar un cuestionario sobre los aspectos numéricos. Prepare dos problemas cuantitativos y proporcione las respuestas.

SÍNTESIS, DISEÑO Y PROYECTOS

23.52 ¿Consideraría usted los procesos de maquinado descritos en este capítulo como de forma neta, de modo que no requirieran más procesamiento?, ¿o como procesamiento de forma casi neta? Explique con los ejemplos apropiados.

23.53 ¿Sería difícil usar los procesos de maquinado descritos en este capítulo sobre varios materiales suaves no metálicos o semejantes al caucho? Explique su reflexión y comente el rol de las propiedades físicas y mecánicas de dichos materiales con respecto a la operación de maquinado, además de cualesquiera dificultades que encuentre en la producción de las formas y exactitudes dimensionales deseadas.

23.54 Si un tornillo se rompe en un barreno, lo común es retirarlo taladrando primero un orificio en su eje y luego usando una herramienta especial para retirarlo. Inspeccione dicha herramienta y explique cómo funciona.

23.55 Una tendencia importante en las operaciones de maquinado es el uso cada vez mayor de dispositivos flexibles. Investigue en internet dichos dispositivos y comente su diseño y operación.

23.56 Revise la figura 23.8d y explique si sería posible maquinar ejes excéntricos como los que se muestran en la figura 23.13c, en la ilustración de la preparación. ¿Qué pasa si la parte es larga en comparación con su sección transversal? Explique.

23.57 Las barras de mandrinado se pueden diseñar con capacidades de sujeción internas para reducir o eliminar la vibración y el traqueteo durante el maquinado (vea la figura 23.18). En relación con la bibliografía técnica, describa los detalles de los diseños para dichas barras.

23.58 Se va a producir un perno largo a partir de una barra hexagonal extruida por medio de un proceso de torneado. Enuncie y explique las dificultades que se encontrarían en esta operación.

23.59 Haga una tabla de resumen de las capacidades de los procesos de maquinado descritos en este capítulo. Utilice columnas individuales para describir las herramientas involucradas, el tipo de herramientas de corte y los materiales de éstas, las formas y partes producidas, los tamaños máximo y mínimo comunes, el acabado de la superficie, las tolerancias dimensionales y tasas de producción.

CAPÍTULO

24 Procesos de maquinado: fresado, brochado, aserrado, limado y manufactura de engranes

- Este capítulo comienza con el fresado, uno de los procesos más versátiles del maquinado, en el que un cortador giratorio retira material mientras se mueve a lo largo de una trayectoria determinada con respecto a la pieza de trabajo.
- Después se describen otros procesos de maquinado, como el cepillado y el brochado, en los cuales la herramienta de corte, o bien la pieza de trabajo, se mueven a lo largo de una trayectoria recta para producir superficies planas o de contorno.
- Posteriormente se estudian los procesos de aserrado, que por lo general se usan para preparar huecos para operaciones subsecuentes como formado, soldadura y maquinado. Se describe también con brevedad el limado, que se utiliza para retirar pequeñas cantidades de material comúnmente de los bordes y de las esquinas.
- El capítulo termina con descripciones de la manufactura de engranes por medio del maquinado, los cortadores especiales que se emplean, el equipo involucrado y la calidad y propiedades de los engranes producidos.

Partes comunes fabricadas: elementos con características externas e internas complejas, estriados y engranes.

Procesos alternativos: fundición en moldes por inyección, fundición de precisión, forjado de precisión, metalurgia de polvos, moldeo por inyección de polvo, rectificado con avance incremental, maquinado por descarga eléctrica, prototipos rápidos y fabricación.

24.1 Introducción

Además de producir partes con diversos perfiles externos o internos, como se describe en el capítulo 23, las operaciones de maquinado producen muchas otras formas complejas (figura 24.1). Aunque procesos tales como la fundición en moldes por inyección, forjado de precisión y metalurgia de polvos también pueden producir partes con tolerancias estrictas y buen acabado de la superficie, con frecuencia es necesario realizar operaciones complejas de maquinado con el fin de satisfacer los requerimientos y especificaciones de diseño.

En el capítulo anterior se describieron procesos de maquinado que producen formas redondas. Aunque los procesos y la maquinaria analizados en este capítulo también producen formas redondas y asimétricas, por lo general es aconsejable usar los procesos del capítulo 23 siempre que sea posible, ya que el equipo es más sencillo, menos caro y los procesos son más fáciles de ejecutar. Sin embargo eso no siempre puede hacerse, por lo que con frecuencia son esenciales las operaciones de maquinado descritas en este

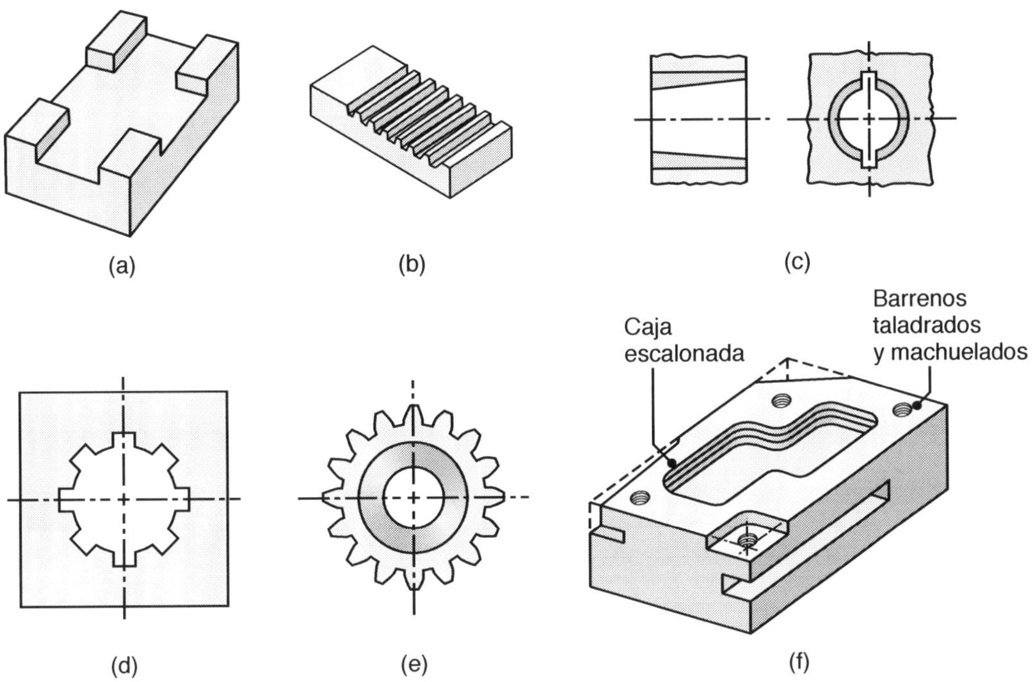

FIGURA 24.1 Partes y formas comunes que se pueden producir con los procesos de maquinado descritos en este capítulo.

capítulo. Aquí se describen varios procesos de corte y máquinas herramientas capaces de producir dichas formas con el empleo de herramientas cortadoras de un solo punto, de dientes múltiples y de forma (vea también la tabla 23.1).

24.2 Fresado y fresadoras

Con el término *fresado* se describen algunas operaciones altamente versátiles de maquinado en toda una variedad de configuraciones (figura 24.2) con el uso de una **fresa**, la cual es una herramienta cortadora de múltiples dientes que produce varias virutas en una revolución (figura 24.3).

Código QR 24.1 Fresado de caja. (*Fuente:* Cortesía de Sandvik Coromant).

24.2.1 Fresado periférico

En el *fresado periférico*, también llamado *fresado plano*, el eje de la rotación del cortador es paralelo a la superficie de la pieza de trabajo, como se aprecia en la figura 24.4. El cuerpo del cortador, que por lo general está hecho de acero de alta velocidad (sección 22.2), tiene múltiples dientes a lo largo de su circunferencia; cada diente actúa como una herramienta cortadora de un solo punto. Cuando el cortador es más largo que el ancho del corte, la operación se llama **fresado de bloque**.

Los cortadores para el fresado periférico pueden tener ya sea *dientes rectos* o *helicoidales*, lo que da como resultado una acción de corte ortogonal u oblicua, respectivamente (vea también la figura 21.9). Por lo general se prefieren los dientes helicoidales a los rectos, porque un diente siempre está en contacto parcial con la pieza de trabajo mientras gira el cortador. En consecuencia, la fuerza cortadora y el par en el cortador son menores, lo que da como resultado una operación de fresado más suave y con pocas virutas.

Fresado convencional y fresado concurrente. Observe en la figura 24.5a que la rotación del cortador puede ser en el sentido del movimiento de las manecillas del reloj

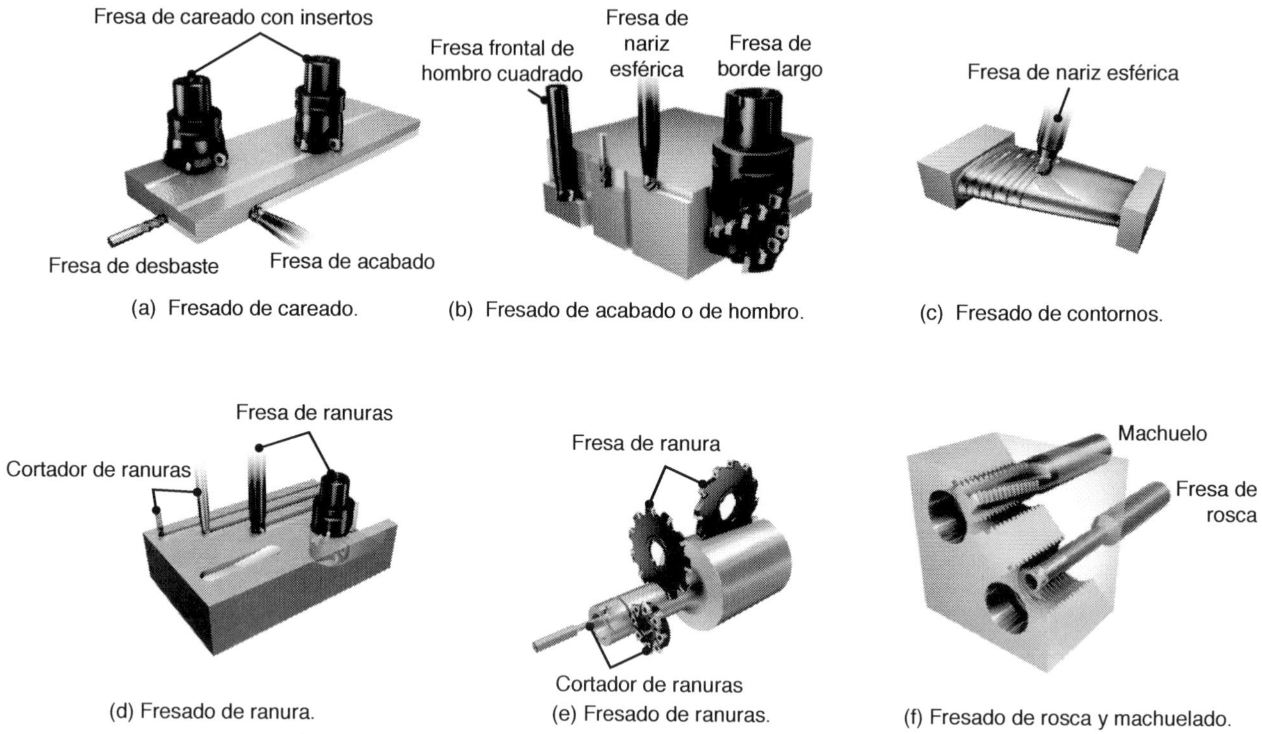

FIGURA 24.2 Algunos tipos básicos de fresas y operaciones de fresado. *Fuente:* Cortesía de Sandvik Coromant.

FIGURA 24.3 Acción de corte de una fresadora que usa varios insertos para remover metal. *Fuente:* Cortesía de Sandvik Coromant.

o en sentido contrario; esto es importante en la operación de fresado. En el *fresado convencional*, también llamado *fresado hacia arriba*, el máximo espesor de la viruta está al *final* del corte, a medida que el diente deja la superficie de la pieza de trabajo. En consecuencia, (a) el contacto del diente no es una función de las características de la superficie de la pieza de trabajo y (b) la contaminación o cascarilla (capa de óxido) sobre la superficie no perjudica la vida de la herramienta. Éste es el método más común de fresado, donde la operación de corte es suave. Sin embargo, los dientes del cortador deben estar afilados, pues de otro modo harán fricción contra la superficie que se fresa y la embarrarán en algunos puntos antes de entrar en contacto y cortar. También puede haber cierta tendencia a que el cortador se mueva (sección 25.4) y la pieza de trabajo tienda a ser jalada hacia arriba (debido a la dirección de rotación del cortador), por lo que necesita estar debidamente sujeta a la mesa de la máquina.

En el *fresado concurrente*, conocido también como *fresado hacia abajo*, el corte comienza en la superficie de la pieza de trabajo, donde la viruta es más gruesa. La ventaja de este método es que la dirección de rotación del cortador empujará la pieza de trabajo *hacia abajo*, lo que la mantendrá en su lugar, un factor de particular importancia para las partes esbeltas. Sin embargo, debido a la fuerza de impacto resultante cuando un diente toca la pieza de trabajo, esta operación debe tener una sujeción rígida para el trabajo y debe eliminarse el juego en el engrane del mecanismo de avance de la mesa. El fresado en ascenso no es adecuado para maquinar piezas de trabajo con escamas en la superficie, por ejemplo en metales que hayan sido trabajados en caliente, forjados o fundidos. Las escamas son duras y abrasivas, por lo que provocan desgaste y daño excesivo en los dientes del cortador, lo que acorta la vida de la herramienta.

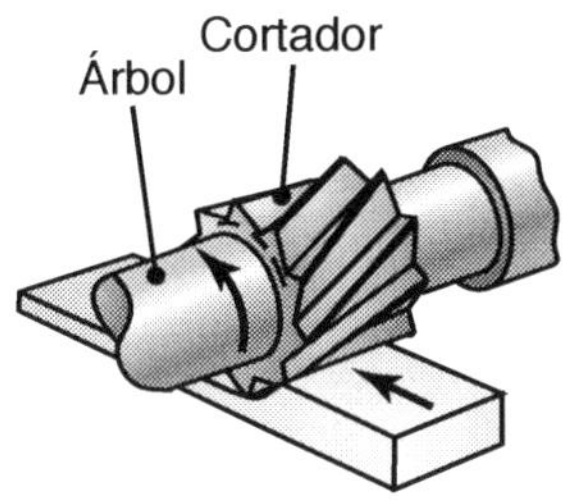

FIGURA 24.4 Ilustración esquemática del fresado periférico.

Parámetros del fresado. La velocidad de corte, V, en el fresado periférico es la velocidad superficial en el cortador, o

$$V = \pi DN, \tag{24.1}$$

donde D es el diámetro del cortador y N es la velocidad rotacional de éste (figura 24.5).

En la figura 24.3b, observe que el espesor de la viruta en el fresado periférico variará a lo largo de su longitud, debido al movimiento longitudinal relativo entre el cortador y la pieza de trabajo. Para un cortador de dientes rectos, el espesor aproximado *no deformado de la viruta* (también llamado *profundidad de corte de la viruta*), t_c, se puede calcular con la ecuación

$$t_c = 2f\sqrt{\frac{d}{D}}, \tag{24.2}$$

donde f es el avance por diente del cortador (la distancia que la pieza de trabajo recorre por diente del cortador, en mm/diente o pulg/diente), y d es la profundidad de corte. A medida que t_c se hace más grande, la fuerza en el diente del cortador aumentará.

El **avance por diente** está determinado por la ecuación

$$f = \frac{v}{Nn}, \tag{24.3}$$

donde v es la velocidad lineal (también llamada *velocidad de avance*) de la pieza de trabajo y n es el número de dientes en la periferia del cortador.

El tiempo de corte, t, está dado por la ecuación

$$t = \frac{l + l_c}{v}, \tag{24.4}$$

donde l es la longitud de la pieza de trabajo (figura 24.5c) y l_c es la longitud para alcanzar la profundidad completa de corte en el cortador con la pieza de trabajo. Con base en la suposición de que $l_c \ll l$ (aunque por lo general éste no es el caso), la *tasa de remoción de material* (MRR, por sus siglas en inglés) es

$$\text{MRR} = \frac{lwd}{t} = wdv, \tag{24.5}$$

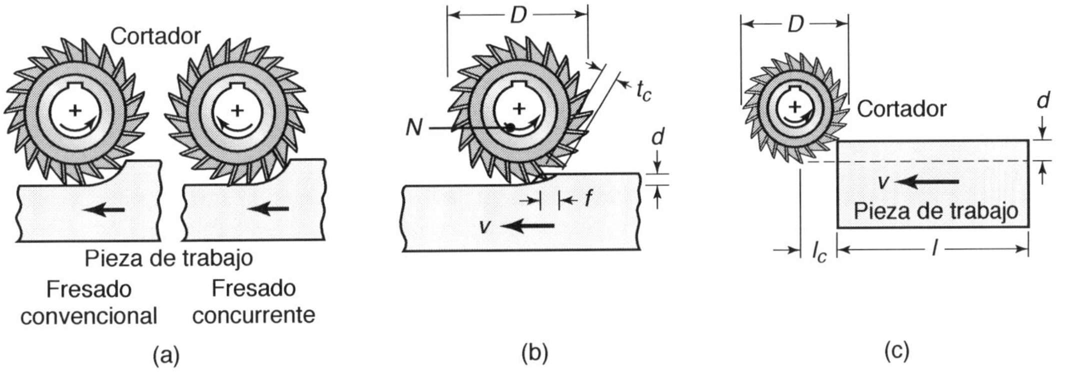

FIGURA 24.5 (a) Ilustración esquemática del fresado convencional y del fresado concurrente. (b) Operación de fresado periférico que muestra la profundidad de corte, d; avance por diente, f; profundidad de corte de la viruta, t_c, y velocidad de la pieza de trabajo, v. (c) Ilustración esquemática de la distancia que recorre el cortador, l_c, para alcanzar toda la profundidad de corte.

TABLA 24.1

Resumen de los parámetros y fórmulas del fresado periférico

N	=	Velocidad rotacional de la fresa, rpm.
F	=	Avance, mm/diente o pulg/diente.
D	=	Diámetro del cortador, mm o pulg.
n	=	Número de dientes en el cortador.
v	=	Velocidad lineal de la pieza de trabajo o velocidad de avance, mm/min o pulg/min.
V	=	Velocidad superficial del cortador, m/min o pies/min.
	=	πDN.
f	=	Avance por diente, mm/diente o pulg/diente.
	=	v/Nn.
l	=	Longitud de corte, mm o pulg.
t	=	Tiempo de corte, s o min.
	=	$(l+l_c)/v$, donde l_c = longitud para alcanzar la profundidad completa de corte en el cortador con la pieza de trabajo.
MRR	=	mm^3/min o $pulg^3$/min.
	=	wdv, donde w es el ancho del corte.
Torque	=	N-m o lb-pies.
	=	$F_c D/2$.
Potencia	=	kW o hp.
	=	(torque)(ω), donde $\omega = 2\pi N$ rad/min.

donde w es el ancho del corte, el cual, en el fresado de bloque, es igual al ancho de la pieza de trabajo. La distancia que el cortador recorre en el *ciclo sin corte* de la operación de fresado es una consideración económica importante y debe minimizarse por medios tales como un recorrido más rápido de los componentes de la máquina herramienta. En la tabla 24.1 se resumen las ecuaciones anteriores y la terminología empleada.

El *requerimiento de potencia* en el fresado periférico se puede medir y también calcular, pero las *fuerzas* que actúan sobre el cortador (tangencial, radial y axial; vea la figura 23.5) son difíciles de calcular debido a las numerosas variables involucradas, muchas de las cuales se relacionan con la geometría del cortador. Estas fuerzas pueden medirse experimentalmente para varias condiciones de fresado, el *torque* sobre el husillo se puede calcular a partir de la potencia (vea el ejemplo 24.1). Aunque el par (torque) es el producto del radio del cortador y de la fuerza tangencial, la fuerza tangencial por diente dependerá de cuántos dientes estén en contacto en un momento dado durante el corte.

EJEMPLO 24.1 Tasa de remoción de material, potencia, torque y tiempo de corte en el fresado de bloque

Dado: Se va a efectuar una operación de fresado de bloque para un macizo de acero blando templado, de 12 pulgadas de largo y 4 pulgadas de ancho, con un avance $f = 0.01$ pulg/diente, y una profundidad de corte $d = \frac{1}{8}$ pulg. El cortador tiene un diámetro de $D = 2$ pulg, 20 dientes rectos y velocidad de $N = 100$ rpm. El cortador es más ancho que el bloque por maquinar.

Se solicita: Calcular la tasa de remoción de material, estimar la potencia y el torque requerido para esta operación, así como su tiempo de corte.

Respuesta: A partir de la información dada, la velocidad lineal de la pieza de trabajo, v, se puede calcular con la ecuación (24.3):

$$v = fNn = (0.01)(100)(20) = 20 \text{ pulg/min}.$$

De la ecuación (24.5), la tasa de remoción de material se calcula como:

$$\text{MRR} = (4)\left(\frac{1}{8}\right)(20) = 10 \text{ pulg}^3\text{/min}.$$

Debido a que la pieza de trabajo es acero blando templado, la potencia unitaria se estima con la tabla 21.2, como 1.1 hp-min/$pulg^3$. Así, la potencia requerida se calcula como

$$\text{Potencia} = (1.1)(10) = 11 \text{ hp}.$$

El torque que actúa en el husillo del cortador también se puede calcular si se observa que la potencia es el producto del torque y de la velocidad rotacional del husillo (en radianes por unidad de tiempo). Entonces,

$$\text{Torque} = \frac{\text{Potencia}}{\text{Velocidad rotacional}}$$

$$= \frac{(11\text{ hp})(33\,000\text{ lb-pies/min-hp})}{(100\text{ rpm})(2\pi)}$$

$$= 578\text{ lb-pies.}$$

El tiempo de corte está dado por la ecuación (24.4), de donde se puede obtener la cantidad l_c a partir de relaciones geométricas sencillas y para $D \gg d$, resulta ser aproximadamente igual a

$$l_c = \sqrt{Dd} = \sqrt{(2)\left(\frac{1}{8}\right)} = 0.5\text{ pulg.}$$

Así, el tiempo de corte es

$$t = \frac{12 + 0.5}{20} = 0.625\text{ min} = 37.5\text{ seg.}$$

24.2.2 Fresado refrentado o careado

En el *fresado refrentado*, el cortador se monta en un husillo que tiene un eje de rotación perpendicular a la superficie de la pieza de trabajo (figura 24.6b) y remueve material en la manera que se ilustra en la figura 24.6a. El cortador gira a una velocidad rotacional, N, y la pieza de trabajo se mueve a lo largo de una trayectoria rectilínea con una velocidad lineal v. Cuando la dirección de la rotación del cortador es la que se ilustra en la figura 24.6b, se trata de una operación de fresado concurrente; cuando es en dirección opuesta (figura 24.6c), se trata de fresado convencional. Los dientes cortadores, como los insertos de carbono, están montados en el cuerpo del cortador como se aprecia en la figura 24.7 (vea también la figura 22.3c).

Debido al movimiento relativo entre los dientes del cortador y la pieza de trabajo, el fresado refrentado deja *marcas de avance* en la superficie maquinada (figura 24.8), de manera parecida a las que dejan las operaciones de torneado, como se ilustra en la figura 21.2. Observe que la rugosidad de la superficie de la pieza de trabajo depende de la geometría de la esquina del inserto y del avance por diente.

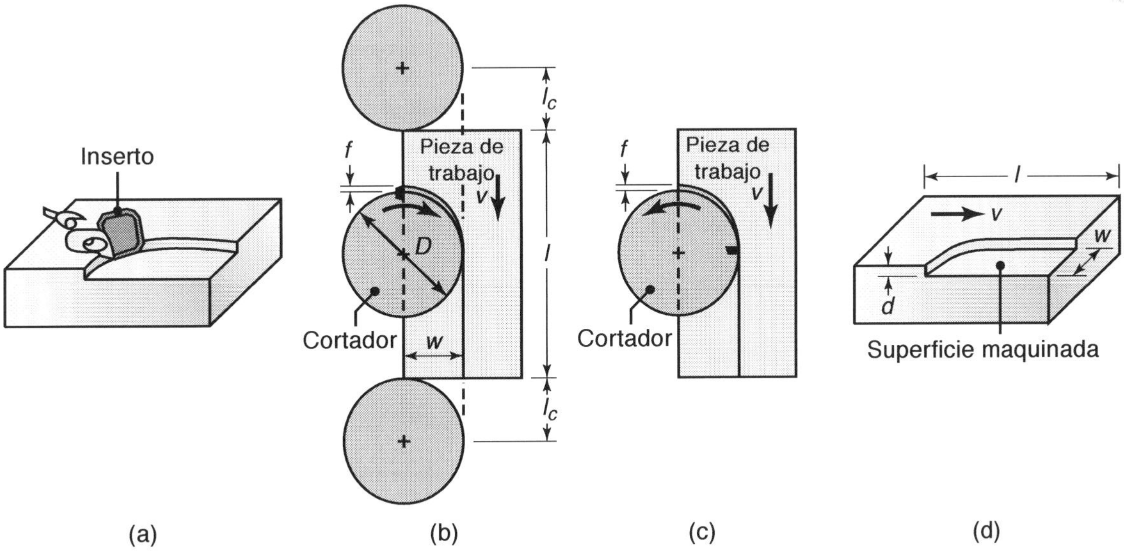

FIGURA 24.6 (a) Operación de fresado refrentado (con el cortador retirado) que muestra la acción de un solo inserto; (b) fresado concurrente; (c) fresado convencional y (d) dimensiones en el fresado refrentado. Observe que el ancho del corte, w, no es necesariamente el mismo que el radio del cortador.

FIGURA 24.7 Fresa de refrentado con insertos indexables. *Fuente:* Cortesía de Ingersoll Cutting Tool Company.

En la figura 24.9 se presenta la terminología para una fresa de refrentado, así como sus diferentes ángulos. Como puede verse del lado de la vista del inserto, en la figura 24.10, el *ángulo de avance* del inserto en el fresado refrentado tiene influencia directa en el *espesor no deformado de la viruta*, igual que en las operaciones de torneado (vea la figura 23.3). A medida que el ángulo de avance (positivo, como se aprecia en la figura 24.10b) aumenta, el espesor no deformado de la viruta disminuye (igual que el espesor de la viruta), y la longitud de contacto se incrementa, y por tanto también el ancho de la viruta. Sin embargo, observe que el área de la sección transversal de la viruta no deformada permanece constante. El *ángulo de avance* también influye en las fuerzas que se generan durante el fresado. Puede verse que a medida que dicho ángulo disminuye, hay una componente vertical más pequeña de la fuerza (es decir, la fuerza axial sobre el husillo del cortador). Para la mayoría de fresas de refrentado, lo común es que los ángulos de avance varíen de 0 a 45°.

Existe una amplia variedad de fresas e insertos disponibles (vea las figuras 24.2 y 24.11). El diámetro del cortador debe elegirse de modo que no interfiera con los accesorios, los dispositivos que sujetan la pieza de trabajo, ni otros componentes en el arreglo. En una operación normal de fresado refrentado, la razón del diámetro del cortador, D, al ancho del corte, w, no debe ser menor que 3:2.

Es importante la relación del diámetro del cortador con los ángulos del inserto y su posición relativa a la superficie por maquinar, porque determinará el ángulo con el que el inserto *entra* y *sale* de la pieza de trabajo. Note que en la figura 24.6b, para el fresado concurrente, si el inserto tiene ángulos de ataque axial y radial nulos (vea la figura 24.9), la cara de ataque del inserto hace contacto directamente con la pieza de trabajo. Sin embargo, como se vio en las figuras 24.11a y b, el mismo inserto puede tocar la pieza de trabajo en ángulos diferentes, lo que depende de las posiciones relativas del cortador y del ancho de la pieza de trabajo.

En la figura 24.11a, observe que el extremo del inserto hace el primer contacto por lo que hay una posibilidad de que el filo cortador se astille. Por otro lado, en la figura 24.11b, los primeros contactos (al entrar, reingresar, y las dos salidas) ocurren con un ángulo y fuera del extremo del inserto; en consecuencia, hay menos tendencia a que falle el inserto ya que las fuerzas sobre éste varían con más lentitud. En la figura 24.9, note que los ángulos de ataque radial y axial también tienen un efecto sobre dicha operación..

La figura 24.11c presenta los ángulos de salida para varias posiciones del cortador. Observe que en los primeros dos ejemplos el inserto sale de la pieza de trabajo con un ángulo, por lo que ocasiona que la fuerza sobre el inserto se reduzca a cero con una tasa más lenta (lo que es deseable para una vida más larga de la herramienta) que en el tercer ejemplo, donde el inserto sale de la pieza de trabajo en forma súbita (lo cual no es conveniente).

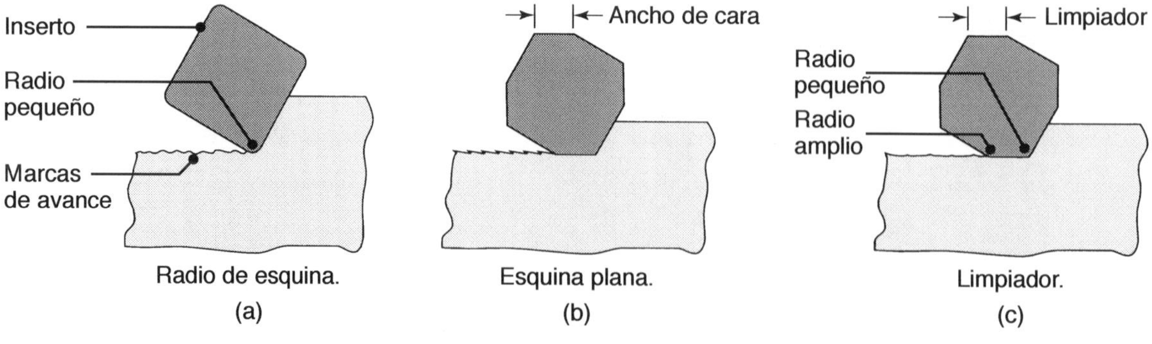

FIGURA 24.8 Ilustración esquemática del efecto de la forma del inserto sobre las marcas de avance sobre una superficie refrentada: (a) radio de esquina pequeño; (b) esquina plana sobre el inserto y (c) limpiador, que consiste en un radio pequeño seguido de otro más grande, lo que da como resultado marcas de avance más suaves. (d) Marcas de avance debidas a varias formas de inserto.

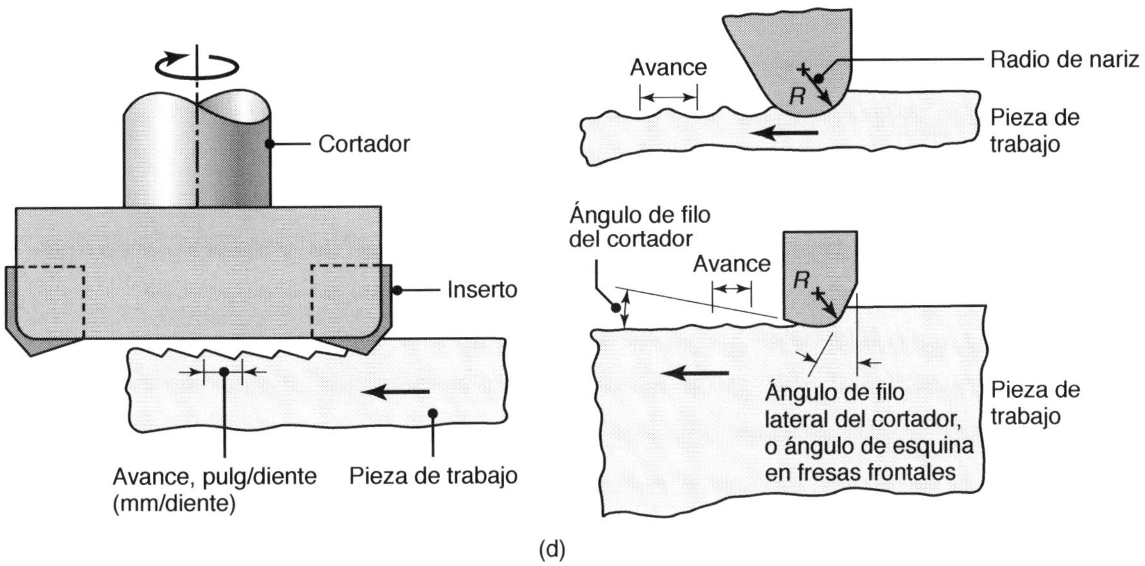

FIGURA 24.8 *(continuación)*

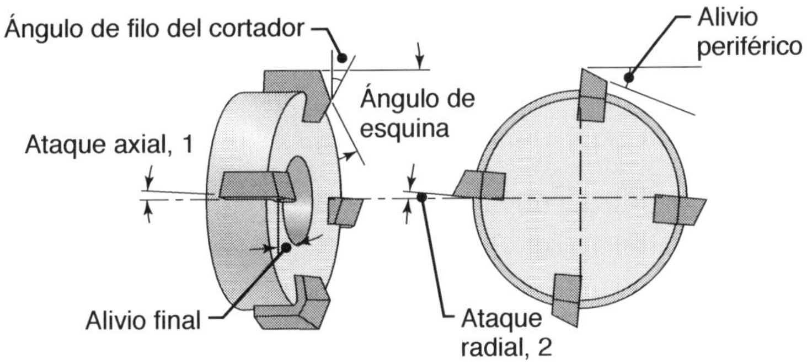

FIGURA 24.9 Terminología para una fresa de refrentado.

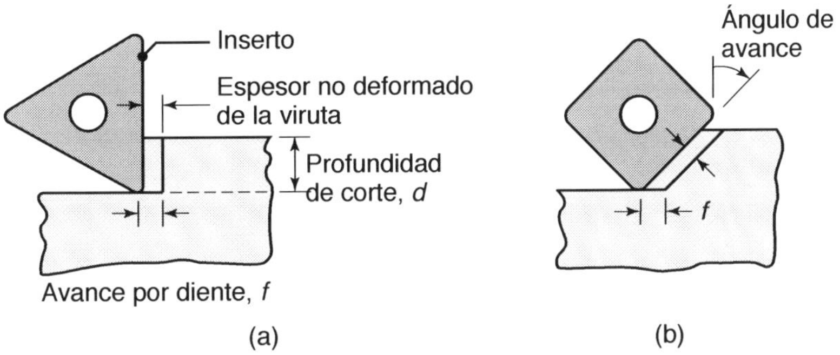

FIGURA 24.10 Efecto del ángulo de avance en el espesor no deformado de la viruta en el fresado refrentado. Observe que conforme el ángulo de avance se incrementa, el espesor de la viruta disminuye, pero la longitud del contacto (es decir, el ancho de la viruta) aumenta. Los filos del inserto deben ser lo suficientemente largos como para asimilar el incremento en la longitud del contacto.

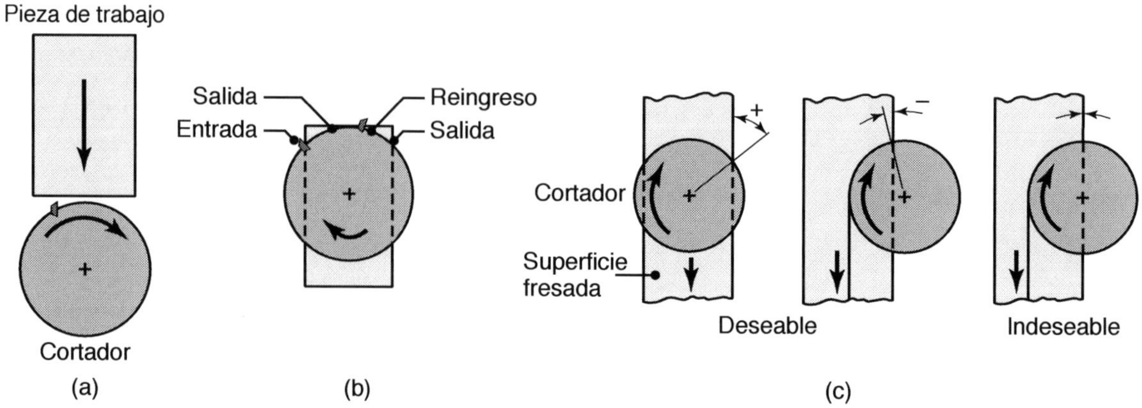

FIGURA 24.11 (a) Posición relativa del cortador y el inserto a medida que entran en contacto con la pieza de trabajo en el fresado refrentado. (b) Posiciones del inserto hacia el final del corte. (c) Ejemplos de ángulos de salida del inserto, donde se muestran posiciones deseables (ángulo positivo o negativo) e indeseables (ángulo de cero). En todas las figuras el husillo del cortador es perpendicular a la página.

EJEMPLO 24.2 Tasa de remoción de material, potencia requerida y tiempo de corte en el fresado refrentado

Dado: En relación con la figura 24.6, suponga que $D = 150$ mm, $w = 60$ mm, $l = 500$ mm, $d = 3$ mm, $v = 0.6$ m/min y $N = 100$ rpm. El cortador tiene 10 insertos y el material de la pieza de trabajo es una aleación de aluminio de alta resistencia.

Se solicita: Calcular la tasa de remoción de material, tiempo de corte y avance por diente, y estimar la potencia requerida.

Respuesta: En primer lugar, observe el lector que la sección transversal del corte es $wd = (60)(3) = 180$ mm^2. Entonces, si se observa que la velocidad de la pieza de trabajo, v, es de 0.6 m/min = 600 mm/min, la tasa de remoción de material (MRR) se calcula así:

$$\text{MRR} = (180)(600) = 108\,000 \text{ mm}^3/\text{min}.$$

El tiempo de corte está dado por

$$t = \frac{l + 2l_c}{v}.$$

De la figura 24.6, observe que para este problema, $l_c = \frac{D}{2} = 75$ mm. Por tanto, el tiempo de corte es

$$t = \frac{500 + 150}{10} = 65 \text{ s} = 1.08 \text{ min}.$$

El avance por diente se puede obtener de la ecuación (24.3), donde $N = 100$ rpm = 1.67 rev/s, por lo que

$$f = \frac{10}{(1.67)(10)} = 0.6 \text{ mm/diente}.$$

Para este material estimaremos la potencia unitaria, a partir de la tabla 21.2, como 1.1 Ws/mm^3; por tanto la potencia es

$$\text{Potencia} = (1.1)(1800) = 1980 \text{ W} = 1.98 \text{ kW}.$$

24.2.3 Fresado frontal

El *fresado frontal* es una operación importante y común de maquinado debido a su versatilidad y capacidad para producir varios perfiles y superficies curvas. El cortador, llamado **fresa frontal** (figura 24.12), tiene ya sea un eje recto (para tamaños pequeños de cortador) o un eje con estrechamiento (para tamaños grandes) y está montado en el husillo de la fresadora. Las fresas frontales están hechas de acero de alta velocidad, carburo sólido o insertos de carburo recubierto o sin recubrir, similares a los del fresado refrentado. El cortador por lo general rota sobre un eje perpendicular a la superficie de la pieza de trabajo, pero también se puede inclinar para que se adapte a máquinas con ahusamiento o superficies curvadas.

Las fresas frontales están disponibles con puntas hemisféricas (*fresas de nariz de bola*; vea la figura 24.13) para la producción de superficies esculpidas, como las de dados y moldes; también se pueden producir con un radio específico, un extremo plano o un chaflán. Las *fresas de punta hueca* tienen dientes cortadores internos y se usan para maquinar las superficies cilíndricas de las piezas de trabajo con superficies sólidas y redondas. El fresado frontal produce una variedad de superficies de cualquier profundidad: curvas, escalonadas y en forma de caja (figura 24.2f). El cortador remueve material tanto con su extremo como con sus bordes cortadores cilíndricos.

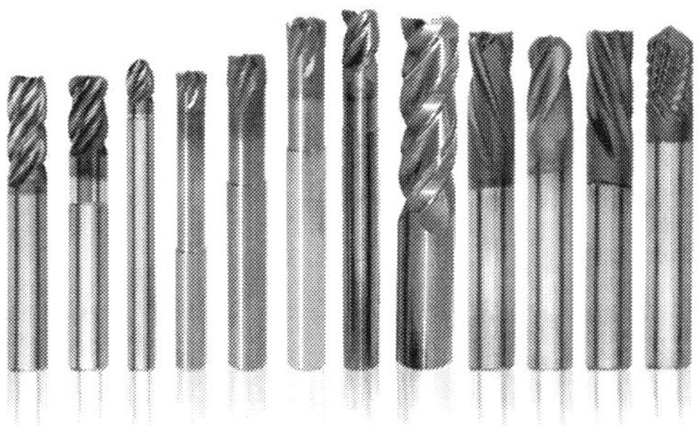

FIGURA 24.12 Selección de fresas frontales; el número de dientes y el ángulo de la hélice se seleccionan con base en si se hará un corte de desbaste o de acabado. *Fuente:* Cortesía de Kennametal Inc.

Las fresadoras de husillo vertical u horizontal (vea la sección 24.2.8), así como los centros de maquinado (consulte la figura 25.7), pueden usarse para hacer fresado frontal a piezas de trabajo de varios tamaños y formas. Las máquinas se pueden programar de modo que el cortador siga un conjunto complejo de trayectorias con el fin de optimizar toda la operación de maquinado para obtener una mayor productividad a un costo mínimo.

Fresado frontal de alta velocidad. El *fresado frontal de alta velocidad* se ha convertido en un proceso importante con numerosas aplicaciones, como el fresado de grandes componentes aeroespaciales de aleaciones de aluminio y estructuras en forma de panal (vea también *maquinado de alta velocidad*, sección 25.5). Con velocidades del husillo de 20 000 a 80 000 rpm, las máquinas deben tener una rigidez alta, por lo general requieren de rodamientos hidrostáticos o de aire, así como de dispositivos de alta calidad para sujetar el trabajo. Los husillos tienen una exactitud rotacional de 10 μm; por esto, las superficies de las piezas de trabajo producidas tienen una exactitud muy grande. A esas tasas tan altas de remoción de material, la generación y eliminación de virutas es un problema importante, como se vio en la sección 23.3.7.

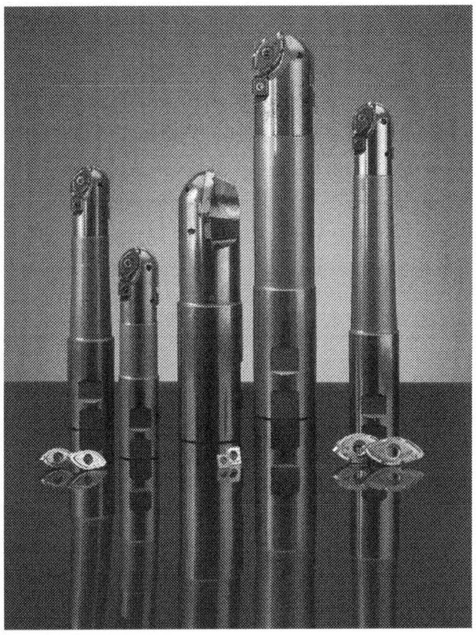

FIGURA 24.13 Fresas con punta de nariz de bola; estos cortadores producen contornos elaborados y es frecuente que se utilicen en el maquinado de dados y moldes (vea también la figura 24.2d). *Fuente:* Cortesía de Dijet, Inc.

La producción de cajas escalonadas en los dados de trabajo para metales (llamada **talla de dados**, como ocurre en la forja o formado de hojas metálicas) también se realiza con fresado frontal de alta velocidad, con frecuencia por medio de fresas de punta de nariz de bola recubiertas de TiAlN (figura 24.13). Las máquinas por lo general tienen capacidad de movimiento en *cuatro* o *cinco ejes* (vea por ejemplo la figura 24.21), pero los centros de maquinado (sección 25.2) pueden agregar más ejes para obtener geometrías más complejas. Dichas máquinas son capaces de alojar dados de dimensiones tan grandes como 3 m $\times$ 6 m (9 pies $\times$ 18 pies) que pesan 60 toneladas y cuestan más de $2 millones de dólares. Entre las ventajas de las máquinas de cinco ejes están que (a) son capaces de maquinar formas muy complejas en una sola operación, (b) usan herramientas de corte más pequeñas, lo que reduce la tendencia a la vibración y el traqueteo, y (c) permiten la perforación de barrenos a diferentes ángulos compuestos.

Código QR 24.2 Fresado con fresas de punta de nariz de bola. (*Fuente:* Cortesía de Sandvik Coromant).

24.2.4 Otras operaciones de fresado y otras fresas

Para maquinar piezas de trabajo se emplean muchas más operaciones de fresado y fresas. En el **fresado compuesto (gemelo)**, se montan en un soporte dos o más cortadores y se usan para maquinar simultáneamente dos superficies paralelas (figura 24.14a). El **fresado**

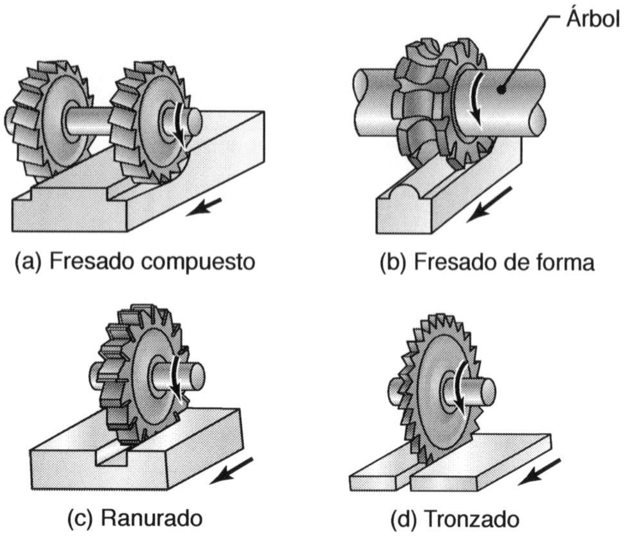

FIGURA 24.14 Cortadores para (a) fresado compuesto; (b) fresado de forma; (c) ranurado y (d) tronzado con fresa.

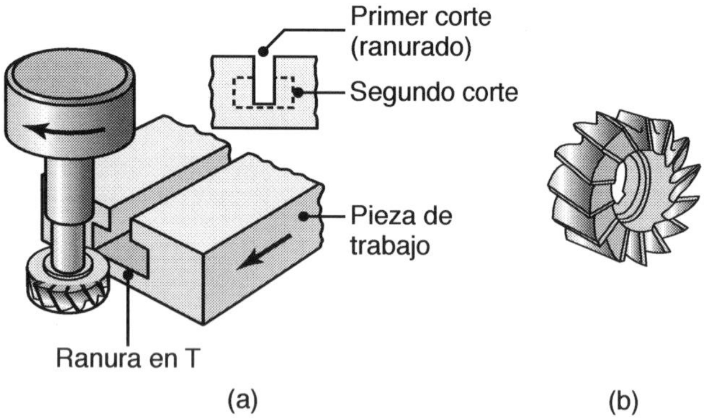

FIGURA 24.15 (a) Corte de ranura en T, con una fresa. (b) Fresa de concha.

de forma produce perfiles curvos por medio de cortadores que tienen dientes de forma especial (figura 24.14b); dichos cortadores también se utilizan para cortar dientes de engranes, como se describe en la sección 24.7.

Las operaciones de **ranurado** y **tronzado** se realizan con *cortadores circulares*, como se aprecia en las figuras 24.14c y d, respectivamente. Los dientes pueden estar espaciados ligeramente, como los de una sierra (sección 24.5), con el fin de dejar un claro para el ancho del cortador cuando se maquinan ranuras profundas. Las sierras de tronzado son relativamente delgadas, por lo general de menos de 5 mm (3/16 pulg). Los *cortadores de ranura en T* se utilizan para fresar ranuras en forma de T, como las que se encuentran en las mesas de trabajo de las máquinas herramienta para sujetar las piezas de trabajo. Como se aprecia en la figura 24.15a, primero se fresa una ranura con una fresa frontal y después el cortador maquina el perfil completo de la ranura en T, en un paso.

Los *cortadores de cuñeros* o *de chaveteros* se usan para hacer cuñeros redondos o *Woodruff* (*media luna*) para flechas. Las *fresas en ángulo*, ya sean de ángulo doble o sencillo, se emplean para producir superficies ahusadas con varios ángulos. Las *fresas de concha* (figura 24.15b) son huecas y están montadas en un zanco, lo que permite que se use éste para cortadores de diferente tamaño. El uso de fresas de concha es parecido al de las fresas frontales.

El fresado con un solo diente cortador, montado en un husillo de alta velocidad, se conoce como *corte al vuelo* y, por lo general, se utiliza en operaciones sencillas de fresado frontal y abocardado. Esta herramienta puede tener la forma de cortador de un solo punto y colocarse en varias posiciones radiales en el husillo, en un arreglo semejante al que se ilustra en la figura 23.24b.

24.2.5 Portaherramientas

La rigidez del portaherramientas y de los cortadores es importante para la calidad de la superficie y para reducir la vibración y el traqueteo durante las operaciones de fresado. Las fresas se clasifican ya sea como cortadores de árbol o cortadores de zanco. Los **cortadores de árbol** se montan en un *eje* o *árbol* (vea las figuras 24.14 y 24.18a) para operaciones como fresado periférico, frontal, compuesto y de formado. En los **cortadores de zanco**, el cortador y el eje están hechos de una sola pieza y los ejemplos más comunes son las fresas frontales. Las fresas frontales pequeñas tienen ejes rectos, pero algunas de mayor tamaño los tienen con ahusamiento para lograr un mejor montaje en el husillo de la máquina con el fin de resistir las grandes fuerzas y pares generados durante el corte. Los cortadores con ejes rectos se montan en portaherramientas para fresas frontales; los de ejes con ahusamiento se montan en portaherramientas cónicos. También se dispone de portaherramientas y árboles hidráulicos.

24.2.6 Capacidades en el proceso de fresado

Además de las diferentes características de los procesos de fresado descritos hasta este momento, las capacidades en el proceso de fresado incluyen parámetros como el acabado de la superficie, tolerancias dimensionales, tasa de producción y consideraciones de costo.

Los datos sobre las capacidades del proceso se presentan en las tablas 23.1 y 23.8, en las figuras 23.13 y 23.14 y en el capítulo 40.

Los rangos convencionales de avance y de velocidades de corte para el fresado se dan en la tabla 24.2 a manera de lineamientos generales. En función del material de la pieza de trabajo y su condición, el material de la herramienta de corte y los parámetros del proceso, las velocidades de corte varían mucho en el rango de 30 a 3000 m/min (90 a 10 000 pies/min). Es común que el avance por diente varíe de alrededor de 0.1 mm (0.004 pulg) a 0.5 mm (0.02 pulg) y, por lo general, las profundidades de corte son de 1 a 8 mm (0.004 a 0.30 pulg). Consulte la tabla 23.6 para recomendaciones sobre fluidos cortadores.

En la tabla 24.3 se da una **guía de solución de problemas** general para las operaciones de fresado; los últimos cuatro conceptos se ilustran en las figuras 24.16 y 24.17. El *retroceso* involucra marcas de doble avance, hechas por el borde posterior del cortador. Observe en la tabla 24.3 que algunas recomendaciones (como el cambio de los parámetros del fresado o de las herramientas de corte) son más fáciles de seguir que otras (por ejemplo el cambio de los ángulos de la herramienta, de la geometría del cortador, así como de la rigidez de los husillos y los dispositivos sujetadores del trabajo).

TABLA 24.2

Recomendaciones generales para las operaciones de fresado (note que estos valores son para una geometría particular de maquinado y con frecuencia se exceden en la práctica)

		Condiciones de inicio de propósito general		Rango de condiciones	
Material	Herramienta de corte	Avance, mm/diente (pulg/diente)	Velocidad, m/min (pies/min)	Avance, mm/diente (pulg/diente)	Velocidad, m/min (pies/min)
Aceros al bajo carbono y maquinado libre	Carburo sin recubrir, carburo recubierto, cermets.	0.13-0.20 (0.005-0.008)	100-472 (320-1550)	0.085-0.38 (0.003-0.015)	90-425 (300-1400)
Aleaciones de aceros					
Blandos	Cermets no recubiertos y recubiertos.	0.10-0.18 (0.004-0.007)	100-260 (360-860)	0.08-0.30 (0.003-0.012)	60-370 (200-1200)
Duros	Cermets, PBNc.	0.10-0.15 (0.004-0.006)	90-220 (310-720)	0.08-0.25 (0.003-0.010)	75-460 (250-1500)
Hierro fundido, gris					
Blando	Cermets no recubiertos, recubiertos, SiN.	0.10-0.20 (0.004-0.008)	160-440 (530-1440)	0.08-0.38 (0.003-0.015)	90-1370 (300-4500)
Duros	Cermets, SiN, PBNc.	0.10-0.20 (0.004-0.008)	120-300 (400-960)	0.08-0.38 (0.003-0.015)	90-460 (300-1500)
Acero inoxidable Austenítico	Cermets no recubiertos y recubiertos.	0.13-0.18 (0.005-0.007)	120-370 (370-680)	0.08-0.38 (0.003-0.015)	90-500 (300-1800)
Aleaciones de alta temperatura Basadas en níquel	Cermets no recubiertos, recubiertos, SiN, PBNc.	0.10-0.18 (0.004-0.007)	30-370 (100-1200)	0.08-0.38 (0.003-0.015)	30-550 (90-1800)
Aleaciones de titanio	Cermets no recubiertos, recubiertos.	0.13-0.15 (0.005-0.006)	50-60 (175-200)	0.08-0.38 (0.003-0.015)	40-140 (125-450)
Aleaciones de aluminio					
Maquinado libre	PCD no recubierto, recubierto.	0.13-0.23 (0.005-0.009)	1200-1460 (3920-4790)	0.08-0.46 (0.003-0.018)	300-3000 (1000-10 000)
Alto silicio	PCD	0.13 (0.005)	610 (2000)	0.08-0.38 (0.003-0.015)	370-910 (1200-3000)
Aleaciones de cobre	PCD no recubierto, recubierto. PCD	0.13-0.23 (0.005-0.009)	300-760 (1000-2500)	0.08-0.46 (0.003-0.018)	90-1070 (300-3500)
Plásticos	PCD no recubierto, recubierto. PCD	0.13-0.23 (0.005-0.009)	270-460 (900-1500)	0.08-0.46 (0.003-0.018)	90-1370 (300-4500)

Fuente: Basado en datos de Kennametal, Inc.
Nota: Las profundidades de corte, *d*, por lo general están en el rango de 1 a 8 mm (0.04 a 0.3 pulg). PBNc: nitruro de boro cúbico policristalino; PCD: diamante policristalino. Vea también en la tabla 23.4 el rango de las velocidades de corte dentro de los grupos de materiales para la herramienta.

TABLA 24.3

Guía general de solución de problemas en las operaciones de fresado

Problema	Causas probables
Rotura de la herramienta	Al material de la herramienta le falta resistencia, ángulos impropios de la herramienta, parámetros de maquinado demasiado altos.
Desgaste excesivo de la herramienta	Parámetros de maquinado demasiado altos, material de la herramienta inadecuado, ángulos de la herramienta impropios, fluido de corte inadecuado.
Acabado rugoso de la superficie	Avance por diente demasiado alto, muy pocos dientes en el cortador, la herramienta está astillada o desgastada, filo en el cortador, vibración y traqueteo.
Tolerancias muy amplias	Falta de rigidez del husillo y el dispositivo sujetador del trabajo, aumento excesivo de la temperatura, herramienta sin filo, las virutas bloquean el cortador.
Superficie de la pieza de trabajo quemada	Herramienta sin filo, profundidad de corte demasiado baja, ángulo de alivio radial muy pequeño.
Retroceso	Herramientas de corte sin filo, inclinación del husillo del cortador, ángulos de la herramienta negativos.
Marcas de traqueteo	Rigidez insuficiente del sistema; vibraciones externas; avance, profundidad y ancho de corte demasiado grandes.
Formación de rebabas	Bordes cortadores sin filo o demasiado asentados, ángulo de entrada o salida incorrecto, avance y profundidad de corte muy altos, forma del inserto incorrecta.
Rotura	Ángulo de avance muy bajo, geometría incorrecta del borde cortador, ángulo incorrecto de entrada o salida, avance y profundidad de corte demasiado grandes.

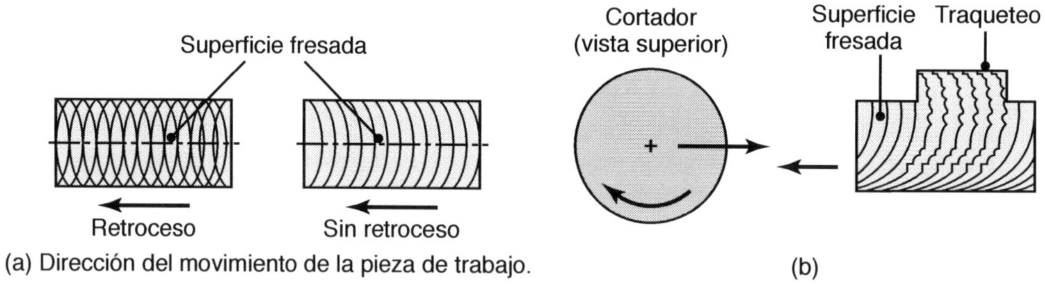

FIGURA 24.16 Características superficiales de la pieza de trabajo en el fresado refrentado (vea también la figura 24.8).

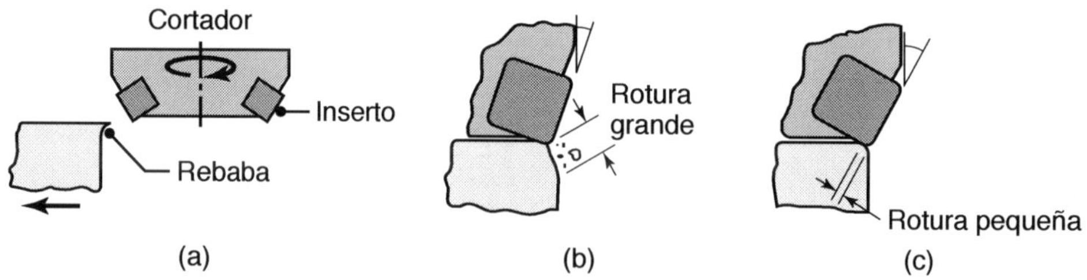

FIGURA 24.17 Defectos del borde en el fresado refrentado: (a) formación de rebabas a lo largo del borde de la pieza de trabajo; (b) rotura a lo largo del borde de la pieza de trabajo, y (c) cómo puede evitarse al aumentar el ángulo de avance (vea también el último renglón de la tabla 24.3).

24.2.7 Lineamientos de diseño y operación para el fresado

Por lo general los lineamientos para el torneado y el mandrinado, dados en las secciones 23.3.6 y 23.4, también son aplicables a las operaciones de fresado. Entre los factores adicionales relevantes en las operaciones de fresado están los siguientes:

- Las fresas estándar deben usarse tanto como sea posible, en función de las características de diseño de la parte; deben evitarse los cortadores especiales caros.
- De preferencia se deben especificar chaflanes, en lugar de radios, ya que es difícil hacer coincidir con suavidad varias superficies que se intersecan si se especifican radios.
- Deben evitarse cajas escalonadas y cajas internas con esquinas agudas, por la dificultad de fresarlas, pues los dientes o insertos cortadores tienen un radio de borde finito. Cuando sea posible, el radio de la esquina debe coincidir con la geometría de la fresa.
- Aunque pueden usarse pequeñas fresas para fresar cualquier superficie, son menos robustas y más susceptibles a astillarse y a romperse que los cortadores grandes.
- Las piezas de trabajo deben ser lo bastante rígidas como para minimizar las deflexiones que podrían resultar de la sujeción y las fuerzas de corte.
- Las piezas de trabajo deben diseñarse de modo que puedan sujetarse o fijarse en accesorios durante el maquinado. Además, los accesorios deben diseñarse para minimizar las veces que sea necesario reposicionar la parte para terminar la operación de fresado.

Los lineamientos para evitar la vibración y el traqueteo al fresar son similares a los del torneado; además deben considerarse las siguientes prácticas:

- Los cortadores deben montarse lo más cerca posible del husillo, para reducir las deflexiones de la herramienta.
- Los dispositivos y accesorios de sujeción de la herramienta deben ser lo más rígidos posible.
- En los casos en que haya vibración y traqueteo, deben modificarse la forma de la herramienta y las condiciones del proceso, incluso el uso de cortadores con menos dientes o, siempre que sea posible, con espaciamiento aleatorio de los dientes (vea la sección 25.4).

24.2.8 Fresadoras

Debido a que son capaces de realizar una amplia variedad de operaciones de corte, las fresadoras están entre las más versátiles y útiles de todas las máquinas herramienta. E. Whitney (1765-1825) construyó la primera fresadora en 1820. Ahora existe una gran selección de fresadoras con numerosas características, la más común de las cuales se describe a continuación. Estas máquinas están siendo sustituidas ahora con rapidez por máquinas de *control numérico computarizado* (CNC) y por *centros de maquinado*; aunque no son caras, las máquinas controladas manualmente todavía se usan mucho, en especial para corridas pequeñas de producción o para fabricar prototipos. Las máquinas modernas son muy versátiles y tienen la capacidad de fresar, taladrar, mandrinar y machuelar con gran exactitud repetida (figura 24.20).

Código QR 24.3 Fresado de álabes de turbina. (*Fuente:* Cortesía de Sandvik Coromant).

Máquinas de tipo columna y rodilla. Las *máquinas de tipo columna y rodilla* son el tipo más común. El husillo en que se monta la fresa puede ser *horizontal* (figura 24.18a) para el fresado periférico, o *vertical* para operaciones de fresado refrentado y frontal, mandrinado y taladrado (figura 24.18b). Los componentes básicos de estas máquinas son las siguientes:

- *Mesa de trabajo:* en la que la pieza se sujeta con mordazas mediante ranuras en T; la mesa se mueve en forma longitudinal en relación con la silla o carro.
- *Silla o carro:* da apoyo a la mesa y puede moverse en dirección transversal.
- *Rodilla:* da apoyo a la silla y da movimiento vertical a la mesa, de modo que la profundidad de corte puede ajustarse y se pueden alojar las piezas de trabajo con varias alturas.

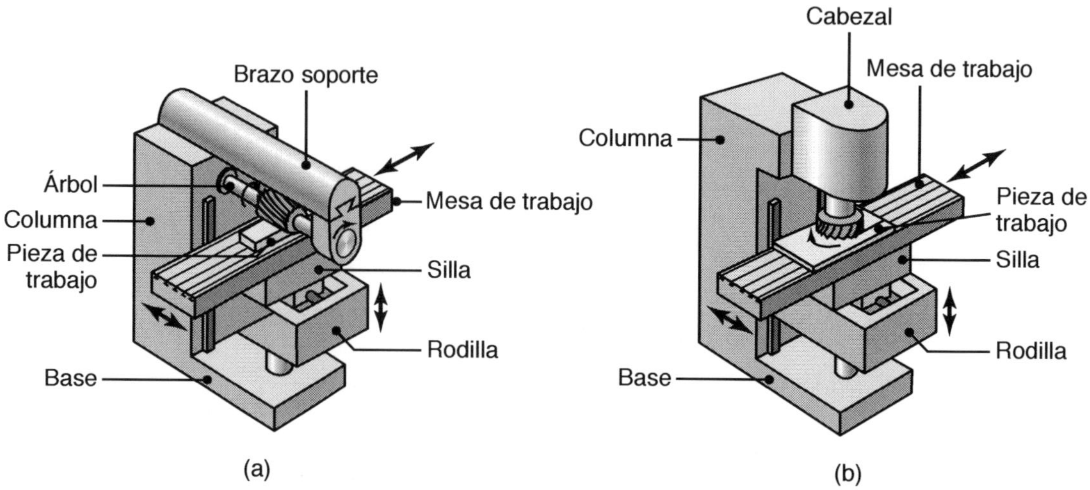

FIGURA 24.18 Ilustración esquemática de (a) fresadora tipo columna y rodilla de husillo horizontal y (b) fresadora tipo columna y rodilla de husillo vertical. *Fuente:* Tomado de G. Boothroyd.

- *Brazo soporte:* se usa en máquinas horizontales; es ajustable para que pueda albergar árboles de diferente longitud.
- *Cabezal:* contiene al husillo y al portaherramientas; en máquinas verticales el cabezal puede ser fijo o ajustable verticalmente y se puede girar en el plano vertical sobre la columna para cortar superficies estrechas.

Las **fresadoras planas** tienen por lo menos tres ejes de movimiento, que se realiza en forma manual ya sea con un actuador de tornillo de potencia o con la activación de actuadores de potencia que activan el motor. En las **fresadoras de columna y rodilla** universales, la mesa puede girar en un plano horizontal; de esta manera se pueden maquinar formas complejas, como muescas helicoidales en diferentes ángulos, para producir partes como engranes, barrenos, roscas y cortadores.

Fresadoras longitudinales (de bancada). En las *máquinas de bancada* la mesa de trabajo está montada directamente sobre la bancada, que reemplaza a la rodilla y sólo se mueve en forma longitudinal (figura 24.19). Aunque no son tan versátiles como otros tipos, estas máquinas tienen mucha rigidez y normalmente se usan para hacer trabajos de producción elevada. Los husillos pueden ser horizontales o verticales y de tipo doble o triple (con dos o tres husillos, respectivamente), para maquinar simultáneamente dos o tres superficies de trabajo.

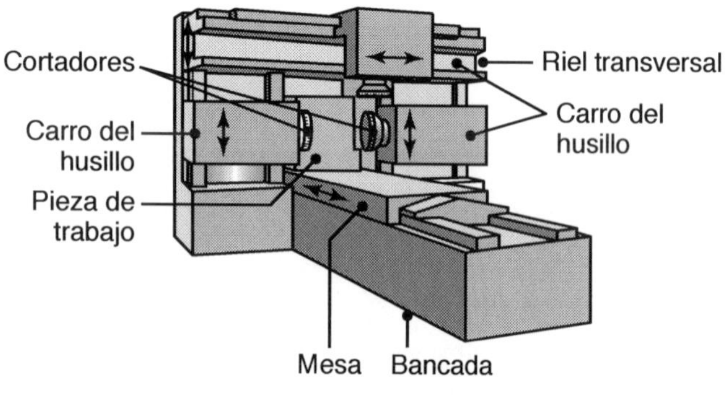

FIGURA 24.19 Ilustración esquemática de una fresadora longitudinal o de tipo bancada.

Otros tipos de fresadoras. Hay otros tipos disponibles de fresadoras (vea también *centros de maquinado*, sección 25.2). Las **fresadoras tipo cepillo**, que son similares a las de tipo bancada, están equipadas con varios cabezales y cortadores para fresar distintas superficies. Es normal que se usen para hacer piezas de trabajo pesadas y son más eficientes que los cepillos normales (sección 24.3) cuando se usan para propósitos similares. Las **máquinas de mesa rotatoria** son parecidas a las fresadoras verticales y están equipadas con uno o más cabezales para operaciones de fresado refrentado. También están las **fresadoras de contornos**, que tienen cinco

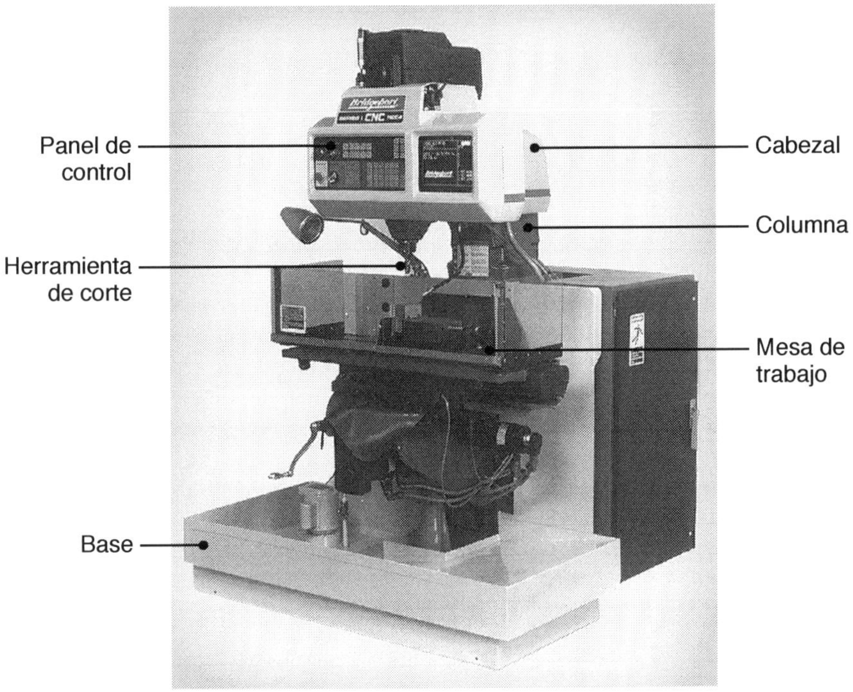

FIGURA 24.20 Fresadora de usillo vertical de control numérico computarizado (CNC); ésta es una de las máquinas herramienta más versátiles. La fresadora de husillo vertical original, usada en los talleres, aún se conoce como "Bridgeport" debido a que el fabricante tenía su sede en Bridgeport, Connecticut. *Fuente:* Cortesía de Bridgeport Machines Division, Textron, Inc.

ejes de movimiento (figura 24.21); nótense los tres movimientos lineales y dos movimientos angulares de los componentes de la máquina.

Dispositivos y accesorios para sujetar el trabajo. La pieza de trabajo a fresar debe sujetarse de manera segura a la mesa de trabajo para que resista las fuerzas de corte y se impida que se deslice durante el fresado. Con este fin se utilizan diferentes soportes fijos y prensas (vea también la sección 37.8 acerca de *soportes flexibles*). Las prensas se usan para trabajos de producción pequeña de partes chicas, se montan y sujetan a la mesa de trabajo por medio de ranuras T como las que se ilustran en las figuras 24.18a y b, mientras que los soportes *fijos* se emplean para trabajos de mucha producción y se pueden automatizar con diferentes medios mecánicos e hidráulicos.

Los *accesorios* para fresadoras incluyen diferentes elementos y arreglos fijos para el cabezal de la máquina, así como para la mesa de trabajo, que están diseñados para adaptarse a diferentes operaciones de fresado. El accesorio que se usa más comúnmente, por lo general en talleres, es el *cabezal divisor universal* (*indexador*). De operación manual, este elemento rota (*indexa*) la pieza de trabajo a ángulos específicos entre pasos individuales de maquinado. Se ha usado normalmente para fresar partes con superficies poligonales y para maquinar dientes de engranes.

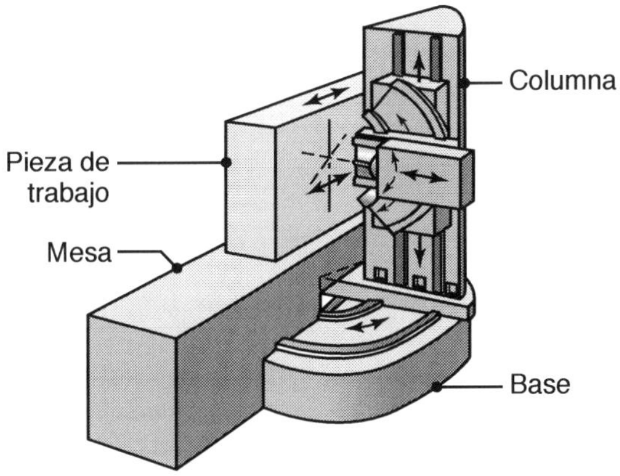

FIGURA 24.21 Ilustración esquemática de una fresadora de contornos de cinco ejes; observe que hay tres movimientos lineales principales y dos angulares para los componentes de la máquina.

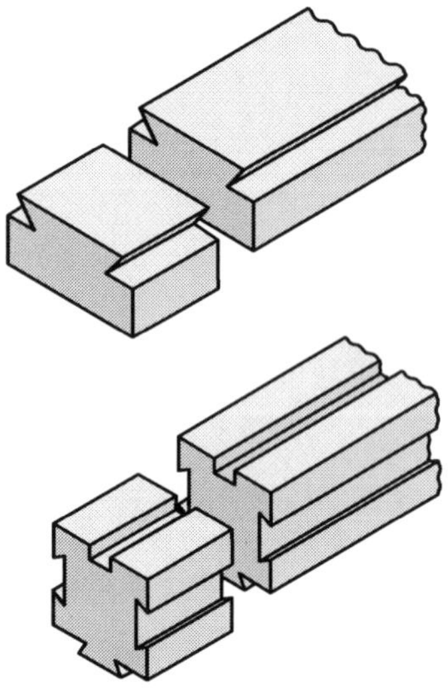

FIGURA 24.22 Partes comunes que se pueden maquinar en un cepillo.

24.3 Cepillado

Cepillado de mesa. Ésta es una operación de maquinado relativamente sencilla por medio de la cual se producen superficies, así como secciones transversales con ranuras y escalones, a lo largo de la pieza de trabajo (figura 24.22). El formado se hace por lo general en piezas de trabajo grandes, de hasta 25 m × 15 m (75 pies × 40 pies), aunque la longitud de 10 m es más normal. En un **cepillo**, también llamado *garlopa*, cuando se maquina una capa de un lingote fundido la pieza de trabajo se monta en una mesa que se mueve hacia atrás y adelante a lo largo de una trayectoria recta. Un *riel transversal* horizontal, que se mueve en forma vertical a lo largo de las vías de la columna, está equipado con una o más cabezas de herramienta. Los cortadores están montados en las cabezas y el maquinado se realiza siguiendo una trayectoria recta. Con el fin de impedir que los bordes cortantes se astillen cuando se frotan sobre la pieza de trabajo durante el paso de regreso, las herramientas se inclinan o bien se levantan en forma mecánica o hidráulica.

Debido al movimiento recíproco de la pieza de trabajo, el tiempo transcurrido sin cortar durante la etapa de regreso es significativo. En consecuencia estas operaciones no son eficientes ni económicas, excepto para una producción de baja cantidad que por lo general es el caso de las piezas de trabajo grandes y largas. La eficiencia de la operación mejora si se equipan los cepillos con sujetadores y herramientas que corten en ambas direcciones del recorrido de la mesa. Asimismo, debido a la longitud de la pieza de trabajo, es esencial equipar las herramientas de corte con rompevirutas; de lo contrario éstas serán muy largas e interferirán con la operación de la máquina, además de llegar a ser un peligro para la seguridad.

Cepillado de codo. En este cepillado, lo que se mueve es la herramienta, no la pieza de trabajo, y las piezas de trabajo son más pequeñas, por lo general menores de 1 m × 2 m (3 pies × 6 pies) de área. En un **cepillo de codo horizontal**, la herramienta cortadora se mueve hacia atrás y adelante en una trayectoria recta. La herramienta se sujeta a la torre de herramientas, que está montada en el ariete; éste tiene un movimiento recíproco. En la mayoría de las máquinas el corte se realiza durante el movimiento hacia adelante del ariete (*corte de empuje*); en otras, se efectúa durante la etapa de regreso (*corte a la inversa*). Los **cepillos de codo verticales** (llamadas **ranuradoras**) se utilizan para maquinar ranuras, cuñeros y dados. Debido a las bajas tasas de producción, actualmente sólo se usan por lo común cepillos de codo para propósito especial (como formadoras de engranes, sección 24.7.2).

24.4 Brochado y brochadoras

El *brochado* es similar al cepillado con un cortador largo de dientes múltiples y se utiliza para maquinar superficies internas y externas, como orificios de sección circular, cuadrada o irregular; cuñeros; dientes de engranes internos; estriados internos y superficies planas (figura 24.23). En un **brochado** normal (figura 24.24a), la profundidad normal del material removido en una etapa es la suma de las profundidades de corte de cada diente de la brocha. Un brochado grande remueve material a profundidades de hasta 38 mm (1.5 pulg) en un solo paso. El brochado es un proceso importante de producción y manufactura, partes con buen acabado superficial y buena exactitud dimensional. Compite favorablemente con otros procesos de maquinado como el mandrinado, fresado, cepillado y rimado para producir formas similares. Aunque los brochados pueden ser caros, el costo se justifica con corridas de producción en grandes cantidades.

Brochas. En la figura 24.24b se presenta la terminología de una brocha convencional. El *ángulo de ataque* depende del corte del material (como en el torneado y otras operaciones de corte) y por lo general varía de 0 a 20°. Es común que el *ángulo de holgura* sea de 1 a 4°; los dientes de acabado tienen ángulos menores; un ángulo de holgura demasiado pequeño ocasiona fricción de los dientes contra la superficie brochada. El *paso* de los

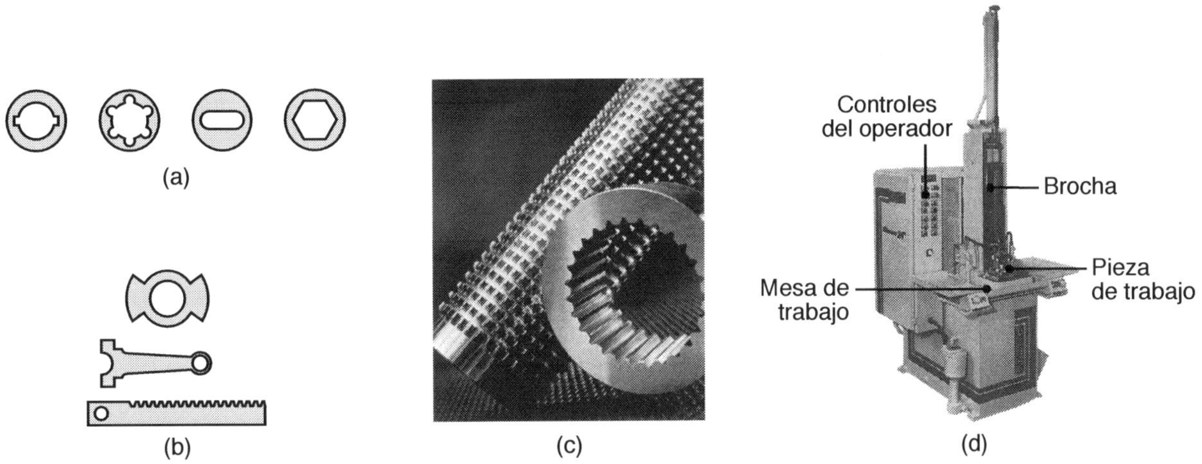

FIGURA 24.23 (a) Partes comunes hechas con brochado interno. (b) Partes manufacturadas por brochado superficial. (c) Brocha estriadora y estriado interno usado para acoplar flechas. (d) Brochadora vertical. *Fuente:* (a) y (b) Cortesía de General Broach Company, (c) cortesía de The Broachmasters, Inc., y (d) cortesía de Ty Miles, Inc.

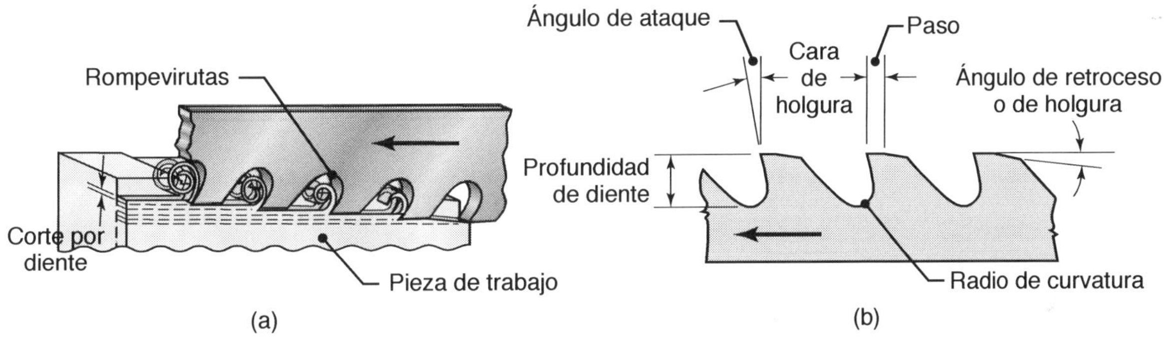

FIGURA 24.24 (a) Acción de corte de una brocha, con sus distintas características. (b) Terminología de una brocha.

dientes depende de factores como la longitud de la pieza de trabajo (longitud del corte), resistencia de los dientes y tamaño y forma de las virutas.

La profundidad y el paso del diente deben ser lo suficientemente grandes como para alojar las virutas que se producen durante el brochado, en particular para piezas de trabajo largas. En todo momento debe haber al menos dos dientes en contacto con la pieza de trabajo. Puede usarse la fórmula siguiente para obtener el paso de una brocha para cortar una superficie de longitud l:

$$\text{Paso} = k\sqrt{l}\,, \tag{24.6}$$

donde k es una constante, igual a 1.76 cuando l se expresa en mm y 0.35 si l está en pulgadas. Un paso promedio para brochas pequeñas está en el rango de 3.2 a 6.4 mm (0.125 a 0.25 pulg) y para las grandes está entre 12.7 y 25 mm (0.5 a 1 pulg). La profundidad de corte por diente depende del material de la pieza de trabajo y del acabado superficial que se requiere. Por lo general está en el rango de 0.025 a 0.075 mm (0.001 a 0.003 pulg) para brochas de tamaño medio, pero pueden ser mayores de 0.25 mm (0.01 pulg) para las grandes.

Hay brochas con diferentes perfiles de dientes, algunas con *rompevirutas* (figura 24.25). La variedad de brochas *superficiales* incluye los tipos *plano* (para cortar superficies planas),

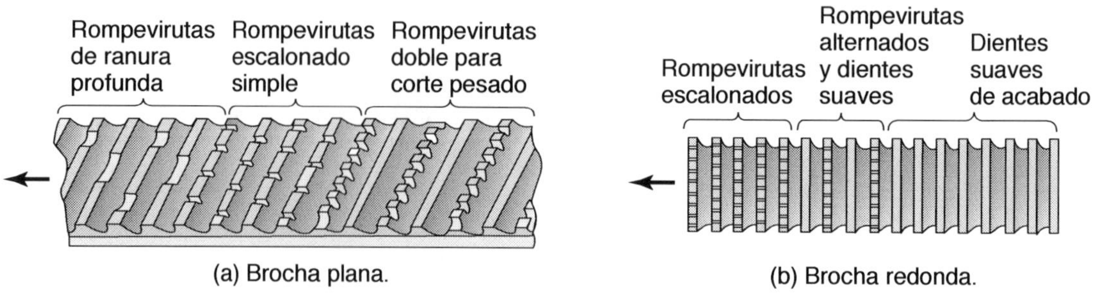

FIGURA 24.25 Características del rompevirutas en las brochas.

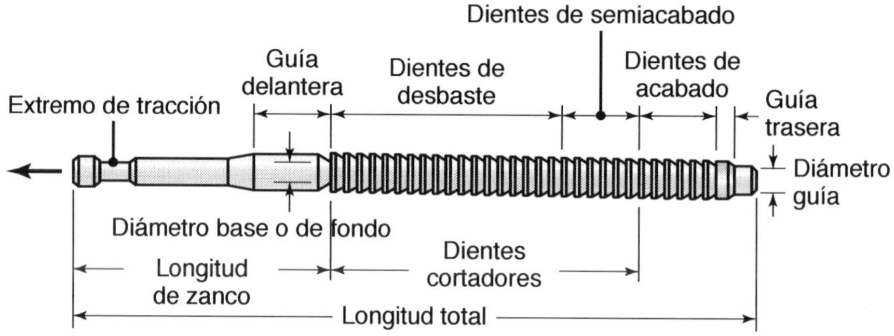

FIGURA 24.26 Terminología para una brocha interna del tipo de tracción, usada para agrandar orificios largos.

ranura, *contorno*, *cola de milano*, *olla* (para formas externas de precisión) y *paralela*. Los tipos de *brochado interno* incluyen el de *orificio* (para perforaciones de tolerancia estricta, formas redondas y de otro tipo, figura 24.26), *cuñeros*, *engranes internos* y *acanalado* (para barriles de armas). Las formas internas irregulares por lo general se brochan comenzando con una perforación redonda taladrada o mandrinada en la pieza de trabajo.

Brochado de giro. Es común usar este proceso para brochar las superficies de rodamiento de cigüeñales y partes similares. Se gira el cigüeñal entre centros y la brocha, que está equipada con múltiples insertos de carburo, pasa en forma tangencial a través de las superficies de rodamiento y remueve material. El brochado de giro es una combinación de *rasurar* y *adelgazar* (retirar una capa delgada de material con una herramienta cortadora de forma especial). En el brochado de giro pueden usarse con éxito brochas rectas y circulares. Incluso se han construido máquinas que brochan varios cigüeñales simultáneamente.

Brochadoras. Las máquinas para brochado son de construcción relativamente sencilla, sólo tienen movimientos lineales y por lo general actúan hidráulicamente, aunque algunas son impulsadas por mecanismos de manivelas, tornillos o cremalleras. Existen varios estilos de máquinas y sus tamaños van desde las que se usan para hacer objetos del tamaño de una aguja hasta aquellas que se emplean para brochar cañones de armas, inclusive de rifles (producen ranuras espirales internas).

Las brochadoras jalan o empujan las brochas, pueden ser horizontales o verticales. Las *brochas de empuje* por lo general son más cortas, usualmente dentro del rango de 150 a 350 mm (6 a 14 pulg). Las *brochas de tracción* tienden a enderezar el barreno, mientras que las de empuje permiten que la brocha siga cualquier irregularidad de la perforación guía. Las máquinas horizontales son capaces de hacer recorridos más largos. La *fuerza* requerida para jalar o empujar la brocha depende de (a) la resistencia del material de la pieza de trabajo, (b) la profundidad total de corte, (c) la velocidad de corte, (d) el perfil del diente y (c) el tipo de fluido de corte utilizado. Las capacidades de fuerza de tracción de las brochadoras son de hasta 0.9 MN (100 toneladas).

Parámetros del proceso. Las velocidades de corte para brochar varían de 1.5 m/min (5 pies/min) para aleaciones de alta resistencia hasta, a lo sumo, 30 m/min (100 pies/min) para aleaciones de aluminio y magnesio. Los materiales más comunes de las brochas son aceros de alta velocidad M2 y M7, así como insertos de carburo. Con objeto de lograr un mejor control de calidad, se pueden producir con técnicas de metalurgia de polvos herramientas de acero de alta velocidad para fabricar brochas (capítulo 17). Por lo general son recomendables los fluidos de corte, en especial para el brochado interno.

Consideraciones de diseño. El brochado, al igual que otros procesos de maquinado, requiere que se sigan ciertos lineamientos para obtener una producción económica y de alta calidad. Los principales requerimientos son:

- Las herramientas deben diseñarse y prepararse de modo que se sujeten con seguridad a las brochadoras y deben tener suficiente resistencia estructural y rigidez para soportar las fuerzas de corte durante el brochado.
- Las cuñas, estrías, dientes de engranes, etc., deben tener tamaños y formas estandarizadas, de modo que permitan el empleo de brochas comunes.
- Son preferibles las secciones transversales balanceadas para evitar que la brocha se mueva lateralmente y así se mantengan tolerancias exactas.
- Los radios son difíciles de brochar y se prefieren los biseles; deben evitarse los orificios invertidos o los ensambles.
- Siempre que sea posible hay que evitar los barrenos ciegos, pero si fueran necesarios debe haber un relieve al final del área que se va a brochar.

CASO DE ESTUDIO 24.1 Brochado de estrías internas

La pieza que se ilustra en la figura 24.27 está hecha de hierro nodular (65-45-15; sección 12.3.2), con estrías internas, cada una de 50 mm (2 pulg) de longitud. Las estrías tienen 19 dientes de involuta con un diámetro de paso de 63.52 mm (2.5009 pulg). Para producir las estrías se empleó una brocha de este mismo diámetro con una longitud de 1.448 m (57 pulg), 63 dientes y hecha de acero de alta velocidad M2. El corte por diente fue de 0.116 mm (0.00458 pulg). La tasa de producción fue de 63 piezas por hora. La cantidad de partes por etapa fue de 400, con una vida total de la brocha de alrededor de 6000 partes.

Fuente: Reimpreso con permiso de ASM International. Todos los derechos reservados. www.asminternational.org.

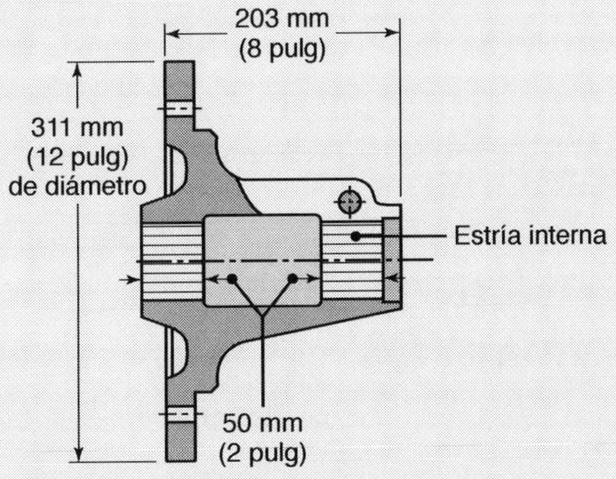

FIGURA 24.27 Ejemplo de una parte con estrías internas producidas por brochado.

24.5 Aserrado

El *aserrado* es un proceso común que se remonta a 1000 a. C. La herramienta de corte es una *hoja* (segueta) que tiene una serie de pequeños dientes, cada uno de los cuales remueve una pequeña cantidad de material en cada paso o movimiento de la sierra. Este proceso se usa para todos los materiales y es capaz de producir varias formas (figura 24.28). El aserrado es un proceso eficiente de remoción de material y puede producir formas casi netas a partir del material original. Al aserrar, el ancho del corte (llamado **abertura**) suele ser pequeño, por lo que el proceso desperdicia poco material.

En la figura 24.29 se presentan dientes de sierra y configuraciones de sierras comunes, donde el espaciamiento de los dientes por lo general está en el rango de 0.08 a 1.25 dientes por mm (2 a 32 por pulg). Existe una amplia variedad de tamaños, formas de dientes, espaciamiento de dientes y espesores y anchos de hoja. Las seguetas de las

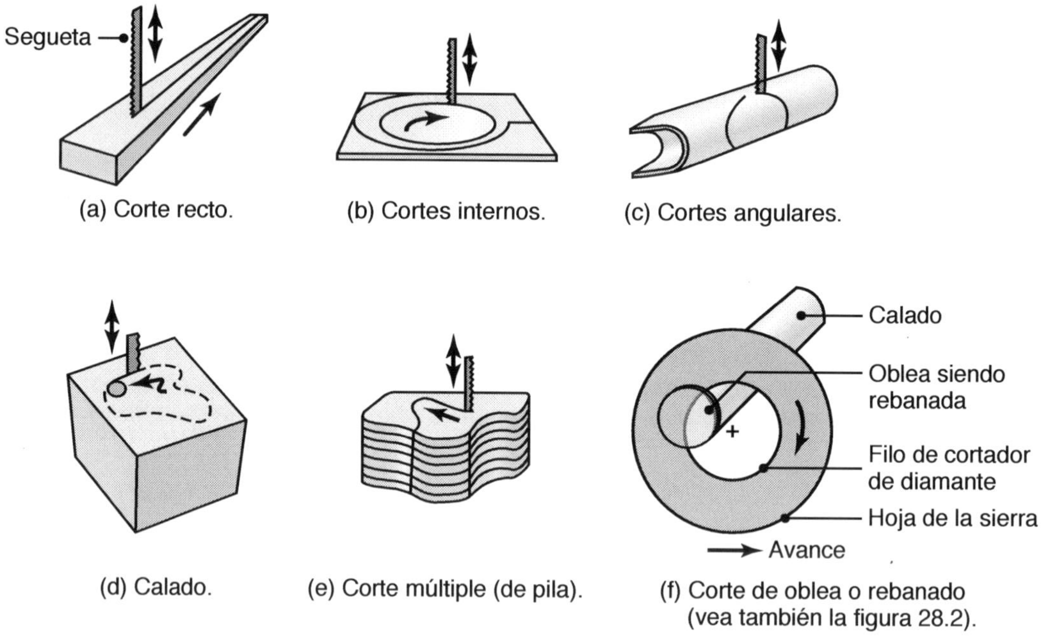

FIGURA 24.28 Ejemplos de varias operaciones de aserrado.

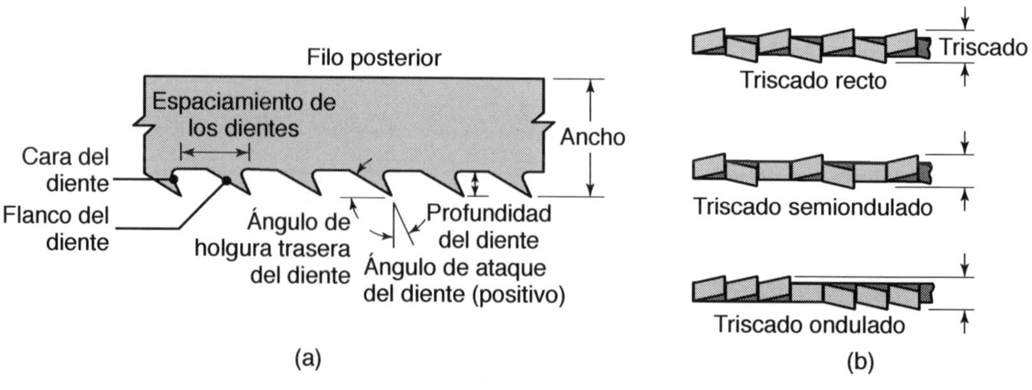

FIGURA 24.29 (a) Terminología de los dientes de sierra. (b) Tipos de triscado de dientes en las sierras, alternados para dar holgura a la hoja e impedir atascos al aserrar.

sierras por lo general están hechas de aceros al alto carbono de alta velocidad (M2 y M7); las seguetas de carburo o de acero con punta de acero de alta velocidad se usan para aserrar materiales duros y a más velocidad (figura 24.30).

El **triscado** en una sierra (figura 24.29b) es importante para dar una abertura lo suficientemente ancha como para que la segueta se mueva con libertad en la pieza de trabajo, sin que haya atascos o una resistencia excesiva por fricción, y reducir así el calor generado. Las temperaturas elevadas tienen efectos perjudiciales en el corte, en especial al cortar termoplásticos, que se suavizan con rapidez cuando se calientan (vea la figura 7.11). El triscado también permite que la segueta siga una trayectoria exacta, sin que se pierda el patrón que se corta. Al menos dos o tres dientes deben estar siempre en contacto con la pieza de trabajo para impedir que se *atore* la sierra (que los dientes se enganchen en la pieza de trabajo); ésta es la razón de que los materiales delgados, en especial las placas metálicas, sean difíciles de aserrar. Cuanto más delgado sea el material, más finos deben ser los dientes de la sierra y mayor el número de dientes por unidad de longitud de la sierra. Por lo general se usan fluidos de corte para mejorar la calidad del corte y la vida de la sierra.

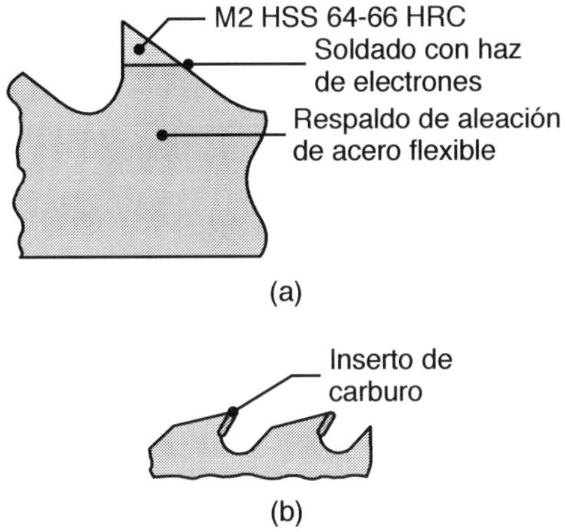

FIGURA 24.30 (a) Dientes de acero de alta velocidad soldados en una sierra de acero. (b) Insertos de carburo soldados con bronce sobre los dientes de la sierra.

Tipos de sierras. Las *sierras de arco* tienen seguetas rectas y movimientos de vaivén. Desarrolladas en la década de 1650, por lo general se utilizan para cortar barras, rodillos y formas estructurales; pueden operarse en forma manual o con un motor. Debido a que el corte tiene lugar sólo durante uno de los dos pasos del vaivén, las sierras de arco no son tan eficientes como las sierras de banda. Las seguetas de las *sierras de arco* de motor suelen tener un espesor de 1.2 a 2.5 mm (0.05 a 0.10 pulg) y hasta 610 mm (24 pulg) de largo. La tasa de pasos varía de 30 por minuto para aleaciones de alta resistencia a 180 por minuto para aceros al carbono. El marco de las sierras en las sierras de arco de motor se acciona por varios mecanismos, aplicando hasta 1.3 kN (300 libras) de fuerza a la pieza de trabajo para mejorar la tasa de corte. Las seguetas de las *sierras de mano* son más delgadas y cortas que las de las sierras de motor, las cuales tienen hasta 12 dientes por mm (32 por pulg) para aserrar placas metálicas y tubos delgados.

Las *sierras circulares*, también llamadas *sierras frías* en el corte de metal, por lo general se utilizan para aserrar con altas tasas de producción, proceso llamado *tronzado*. Las operaciones de tronzado también se pueden llevar a cabo con discos delgados *abrasivos*, como se describe en la sección 26.4. El aserrado en frío es común en la industria, en particular para cortar grandes secciones transversales. De estas sierras hay una variedad de perfiles y tamaños y se puede avanzar con cualquier ángulo en la pieza de trabajo. En las máquinas modernas, el corte con sierras circulares produce superficies relativamente suaves, con un buen control del espesor y exactitud dimensional, debido a la rigidez de las máquinas y sierras. La sierra de diámetro interno, que se ilustra en la figura 24.28f, se usa ampliamente para cortar obleas de silicio de un solo cristal para dispositivos de microelectrónica (sección 28.4).

Las *sierras de cinta* tienen seguetas continuas, largas y flexibles. Las *sierras de cinta verticales* se utilizan para el *corte de contornos* y el corte recto de hojas y otras partes planas, con apoyo en una mesa horizontal (figura 24.28d). También hay sierras de cinta controladas por computadora con la capacidad de guiar en forma automática la trayectoria del contorno. Las *sierras de cinta de motor* también se hallan disponibles; tienen mayor productividad que las sierras de arco de motor debido a su acción continua de corte. Con sierras de acero de alta velocidad, las velocidades del aserrado de aleaciones de alta resistencia son de hasta 60 m/min (200 pies/min) y de 120 m/min (400 pies/min) para aceros al carbono.

Seguetas y cables de alta resistencia pueden estar recubiertos con polvo de diamante (**seguetas con filo de diamante** y **sierras de alambre con diamante**), de modo que las partículas de diamante actúan como dientes cortadores (corte abrasivo); para este fin también se utilizan partículas de carburo. Estas seguetas y cables son apropiados para aserrar materiales duros, compósitos, metálicos y no metálicos. Los diámetros del cable varían de 13 mm (0.5 pulg) para su uso en el corte de roca hasta 0.08 mm (0.003 pulg) para cortes de precisión. Los materiales duros también se pueden aserrar con discos delgados, abrasivos, y con procesos de maquinado avanzado, descritos en el capítulo 27.

Aserrado por fricción. El *aserrado por fricción* es un proceso en el que una segueta o disco de acero blando se talla contra la pieza de trabajo, a velocidades de hasta 7600 m/min (25 000 pies/min). La energía de fricción se convierte en calor, lo que ablanda con rapidez una zona angosta en la pieza de trabajo. La acción de la segueta, que puede tener dientes o muescas para mayor eficiencia del corte, jala y expulsa de la zona de corte el metal reblandecido. El calor generado en la pieza de trabajo produce una *zona afectada por el calor* (sección 30.9) sobre las superficies de corte; así, las propiedades de la pieza de trabajo a lo largo de los bordes de corte pueden verse perjudicadas por este proceso. Debido a que sólo una pequeña porción de la segueta entra en contacto con la pieza de trabajo en cualquier momento, la segueta misma se enfría con rapidez conforme cruza el aire.

El proceso de aserrado por fricción es apropiado para metales duros ferrosos y plásticos reforzados, mas no para metales no ferrosos debido a su tendencia a adherirse a la segueta. El aserrado por fricción también se usa comúnmente para retirar las rebabas de los fundidos. Para cortar grandes secciones de acero se usan discos para aserrar por fricción hasta de 1.8 m (6 pies) de diámetro.

CASO DE ESTUDIO 24.2 Palos *putt* de golf

En sus esfuerzos por desarrollar palos de alta calidad y máximo rendimiento, los ingenieros de la empresa Ping Golf, Inc., utilizaron prácticas de maquinado avanzado para obtener un nuevo estilo de palo, llamado serie Anser®, que se ilustra en la figura 24.31. En respuesta a un único conjunto de restricciones de diseño, tenían la tarea y el objetivo de crear palos que fueran prácticos para las cantidades de producción y también cumplieran los requerimientos específicos de funcionamiento y estéticos.

Una de las decisiones iniciales se refería a la selección del material apropiado para que el palo cumpliera sus requerimientos funcionales. Se consideraron cuatro tipos de acero inoxidable (303, 304, 416 y 17-4 de endurecimiento por precipitación; vea la sección 5.6) para cumplir varios requerimientos de las propiedades, inclusive la maquinabilidad, durabilidad y el sonido o sensación del material particular del palo, otro requerimiento que es exclusivo del equipo para jugar golf. Entre los materiales evaluados se eligió el acero inoxidable 303 debido a que es un material de maquinado libre (sección 21.7), lo que indica que al maquinarlo genera astillas pequeñas, consume menos energía, tiene mejor acabado de la superficie y una vida mejorada para la herramienta, lo que permite velocidades de maquinado grandes y por ello una productividad mayor.

El siguiente paso del proyecto implicaba la determinación de la forma óptima de la pieza en bruto y la secuencia de operaciones a ejecutar durante la producción. Para este caso, los ingenieros escogieron desarrollar un material forjado de tamaño ligeramente mayor (capítulo 14). Se escogió un forjado porque brindaba una estructura granular interna favorable, al contrario de un fundido, el cual podría tener porosidad y un acabado inconsistente en su superficie una vez maquinado. La pieza en bruto incorporó una tolerancia al maquinado, con lo que las dimensiones se especificaron aproximadamente de 0.050 a 0.075 pulg (1.25 a 1.9 mm) en todas direcciones mayores que la parte final.

La tarea más difícil y larga fue desarrollar la programación necesaria y los accesorios de diseño para cada parte del palo. Más allá de los requerimientos comunes de las partes maquinadas típicas, incluyendo tolerancias estrictas y repetibles, los palos de golf requieren un conjunto adicional de especificaciones estéticas. En este caso eran imperativos tanto el maquinado preciso como la apariencia general del conjunto. Se utilizó una técnica de maquinado conocida como dar superficie o contornear (comúnmente usada en la manufactura de moldes de inyección) para maquinar la mayor parte de la geometría final. Aunque esta operación requirió maquinado adicional, proporcionó un acabado superior en todas las superficies y permitió el maquinado de geometrías más complejas, lo que agregó valor al producto final.

Igual que para todas las partes maquinadas en grandes volúmenes, la repetibilidad era esencial. Cada pieza en bruto forjada se diseñó con una protrusión a través de la cara del palo, lo que permitió la ubicación inicial de las superficies, para mayor facilidad de acomodar los arreglos de sujeción. Una operación

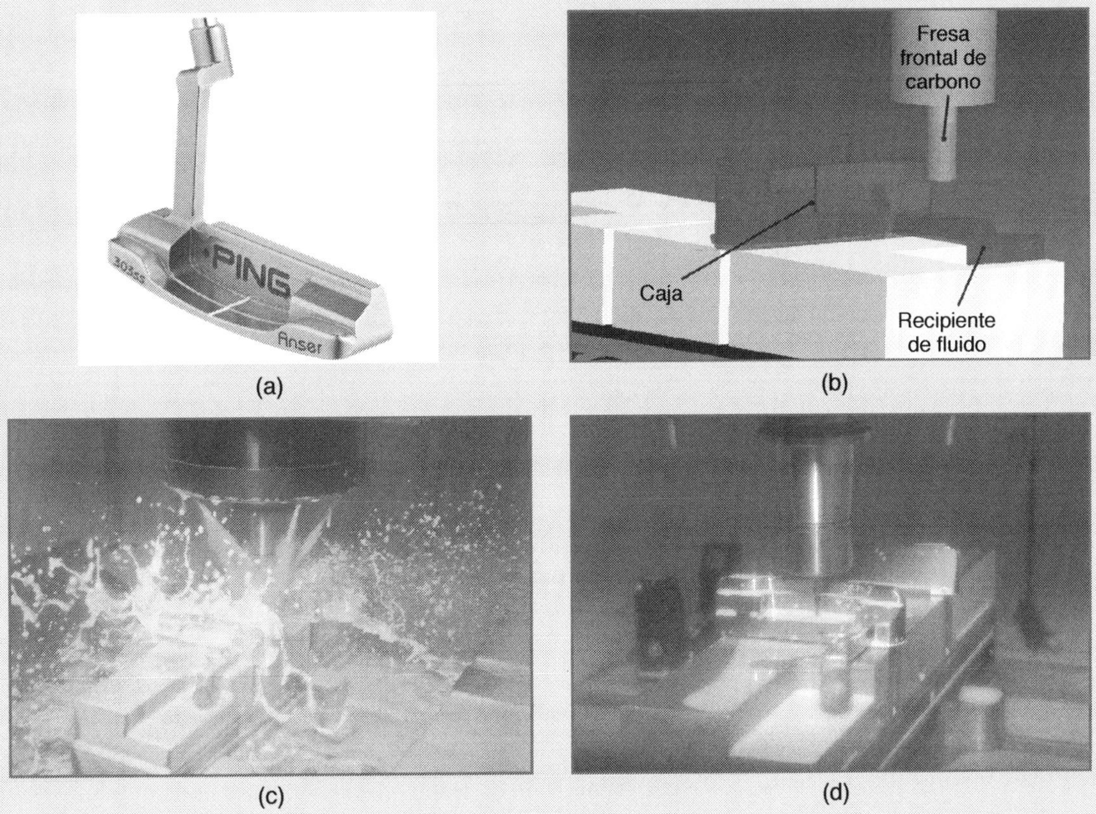

FIGURA 24.31 (a) Palo de golf Ping Anser®; (b) modelo CAD del maquinado de desbaste de la superficie externa del palo; (c) maquinado de desbaste en un centro de maquinado vertical y (d) maquinado de los letreros en un centro de maquinado vertical; la operación se detuvo para tomar la fotografía ya que la zona de corte normalmente opera con fluido de corte. *Fuente:* Impreso con permiso de Ping Golf, Inc., Phoenix, Arizona.

de maquinado corta retiró una pequeña cantidad de material alrededor de la barra y produjo tres superficies planas, cuadradas, como ubicación de referencia para la primera operación de maquinado principal.

Cada palo requirió seis operaciones diferentes, con el fin de maquinar todas sus superficies, y cada operación estuvo diseñada para generar superficies de localización para el siguiente paso del proceso de manufactura. Se prepararon varias operaciones con el uso de un sistema de carga tipo lápida (vea la sección 37.8) en una fresadora CNC de husillo horizontal. Este método permitió que los operadores de las máquinas cargaran y descargaran partes mientras se maquinaban otras, lo que incrementó de manera significativa la eficiencia de la operación.

Los arreglos fijos modulares y el uso de herramientas cortadoras de carburo de tungsteno recubiertas con TiAlN (sección 22.5.2) permitieron el cambio rápido entre las partes de mano derecha y las de mano izquierda, así como de diferentes modelos de palo. Una vez terminada la operación inicial de localización, se transfirieron las partes a un centro de maquinado vertical de tres ejes (vea, por ejemplo, la figura 25.7) para cortar la caja escalonada del palo. Como los materiales forjados estaban en su forma casi neta, la profundidad radial máxima del corte en la mayoría de las superficies fue de 0.075 pulg, pero la profundidad axial de corte de 1.5 pulg dentro de la caja escalonada del palo fue la operación de fresado más demandante (vea las figuras 24.31b y c). El palo tiene radios interiores pequeños con una profundidad comparativamente larga (7 veces el diámetro o más).

Se utilizó un centro de maquinado horizontal de cuatro ejes (vea por ejemplo la figura 25.2) para reducir la cantidad de etapas de esta operación. El eje rotatorio se empleó para crear la geometría relativamente compleja de la manguera (entrada del eje del palo). Como esta caja escalonada carece relativamente de soporte, el traqueteo fue la dificultad más compleja de superar. Se hicieron varias iteraciones con las velocidades del hu-

(*continúa*)

sillo junto con la guía frontal a partir de un modelo de simulación. Se realizaron análisis modales de las partes acomodadas en los accesorios fijos, en un intento por identificar y evitar las frecuencias naturales de la parte o del accesorio (vea la sección 25.4). Las máquinas tenían velocidades que iban de 12 000 a 20 000 rpm, cada una de 30 hp. Con la forja en forma casi neta, las operaciones de fresado se diseñaron para tener pocas profundidades de corte, pero alta velocidad.

Después de terminar cada operación de maquinado se necesitaba un poco de trabajo de acabado a mano para producir un aspecto superior de la superficie. Después, los palos se pulieron ligeramente con un proceso de granallado (con cuentas de vidrio, sección 34.2) con el propósito de lograr la consistencia de la superficie. Luego se aplicó un recubrimiento negro de níquel-cromo (sección 34.9) a todas las partes, para mejorar su estética y proteger el acero inoxidable de pequeños tintineos y abolladuras y de la corrosión por productos químicos específicos que podrían encontrarse en un campo de golf.

Fuente: Basado en D. Jones y D. Petersen, Ping Golf, Inc.

24.6 Limado

El *limado* implica la remoción en pequeña escala de material de una superficie, esquina, borde u orificio, inclusive el retiro de rebabas (vea la figura 16.2). Las limas se desarrollaron por primera vez alrededor del año 1000 a. C., por lo general están hechas de acero endurecido y existen en varias secciones transversales: planas, redondas, hemisféricas, cuadradas y triangulares. Las limas tienen distintas formas de dientes y grados de dureza. Aunque en general el limado se ejecuta a mano, existen *limadoras* con características automáticas para altas tasas de producción y con limas recíprocas de hasta 500 pasos/min.

Las *limas de banda* consisten en segmentos de lima, cada uno de alrededor de 75 mm (3 pulg) de longitud, que se fijan a una banda flexible de acero y se utilizan en forma parecida a las sierras de banda. También hay *limas de disco*. Las *limas rotatorias* y los *matafilos* (figura 24.32) se emplean para aplicaciones como la eliminación de rebabas, remoción de escamas de las superficies, producción de chaflanes en las partes y el retiro de pequeñas cantidades de material en la manufactura de dados. Estas herramientas por lo general tienen forma cónica, cilíndrica o esférica, y varios perfiles de dientes. Su acción de corte (similar a la de las brochas, sección 23.6) remueve pequeñas cantidades de material a tasas elevadas. La velocidad rotacional de los matafilos varía de 1500 rpm para cortar aceros (con matafilos grandes) a tanto como 45 000 rpm para magnesio (rebabas pequeñas).

24.7 Manufactura de engranes por medio de maquinado

En las partes II y III se describieron varios procesos para fabricar engranes o producir dientes de engranes en varios componentes, como son fundición, forjado, extrusión, trefilado, laminado de roscas y metalurgia de polvos. El *troquelado* de una placa metálica también puede usarse para fabricar engranes delgados, como los que se usan en relojes mecánicos de pulso o pared y otros mecanismos parecidos. Los engranes de plástico se pueden fabricar con procesos como fundición (capítulo 11) y el moldeo por inyección (sección 19.3).

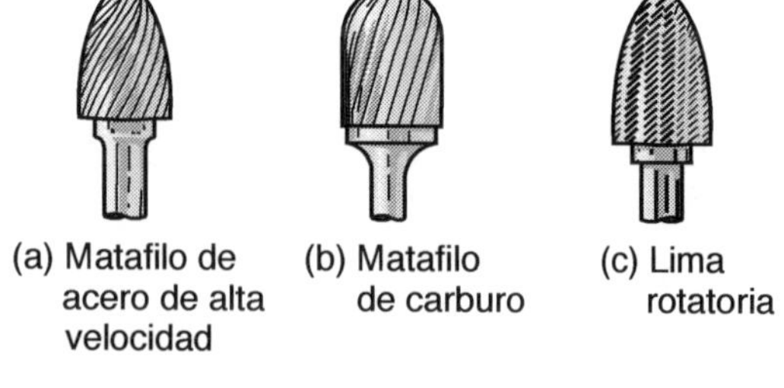

FIGURA 24.32 Tipos de matafilos usados en las operaciones de eliminación de rebabas.

Los engranes pueden ser tan pequeños como los de un reloj de pulso o hasta de 9 m (30 pies) de diámetro para superestructuras de grúas giratorias móviles y equipo de minería. La exactitud dimensional y el acabado superficial que requieren los engranes dependen del uso a que se destinen. Una mala calidad de los dientes del engrane contribuye a la transmisión ineficiente de energía, a mayor vibración y ruido y a efectos perjudiciales por las características de fricción y desgaste del engrane. Por ejemplo, los engra-

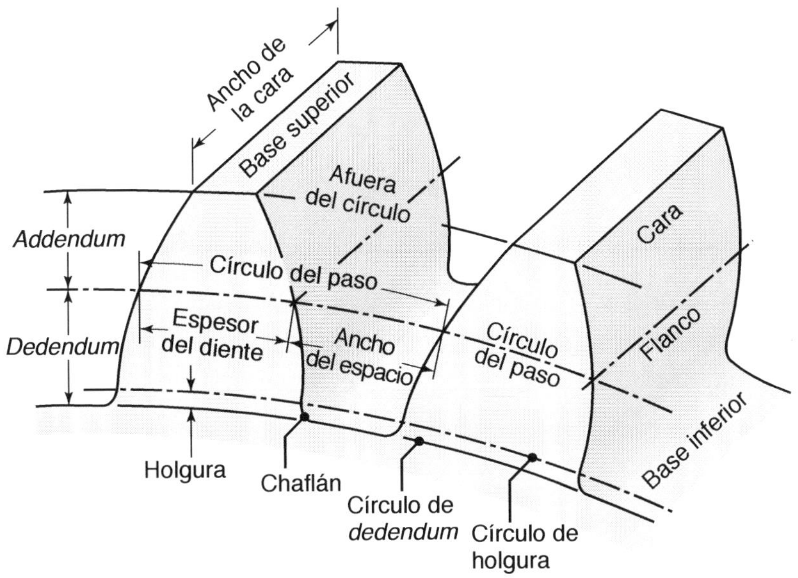

FIGURA 24.33 Nomenclatura de un engrane recto de involuta.

nes de submarinos tienen que ser de extremadamente buena calidad con el fin de reducir los niveles de ruido y así evitar su detección.

En la figura 24.33 se presenta la nomenclatura estándar para un engrane recto de involuta. Se comienza con una pieza en bruto fundida o forjada y hay dos métodos de fabricar sus dientes: por corte de forma y por generación.

24.7.1 Corte de forma

En el *corte de forma*, la herramienta de corte es semejante a una fresa de forma hecha siguiendo la forma del espacio entre los dientes del engrane (figura 24.34a). La forma de los dientes del engrane se reproduce por maquinado del engrane original alrededor de su periferia. El cortador se mueve axialmente a lo largo de la longitud del diente, y a la profundidad apropiada, con el fin de producir el perfil del diente. Después de cortar cada diente se retira el cortador, se gira el engrane original (*indexado*) y el cortador procede a cortar otro diente; este proceso continúa hasta que se hayan maquinado todos los dientes. Cada cortador está diseñado para cortar cierto número de dientes.

La precisión del perfil de la forma por cortar para el diente depende de la exactitud del cortador y de la máquina y su rigidez. Debido a que el cortador tiene una geometría fija, el corte de la forma se puede usar sólo para producir dientes que tengan un ancho constante, es decir, en engranes rectos o helicoidales pero no en los de tipo cónico. Los engranes internos y los dientes en superficies rectas, como los de una cremallera y piñón, se forman con un cortador con forma sobre una máquina semejante a una formadora.

También se puede usar el *brochado* para maquinar dientes de engranes, lo que es particularmente apropiado para producir dientes internos. El proceso de brochado es rápido y produce un buen acabado de la superficie con gran exactitud dimensional. Sin embargo, debido a que se requiere un brochado diferente para cada tamaño de engrane (y las brochas son caras), este método es adecuado casi exclusivamente para producción en grandes cantidades.

Aunque ineficiente, el corte de forma también se puede hacer en fresadoras, con el cortador montado en un soporte y el engrane original montado en un cabezal divisorio. Los dientes del engrane también pueden cortarse en máquinas especiales con una herramienta cortadora de un solo punto, guiada por una *plantilla* con la forma del perfil del

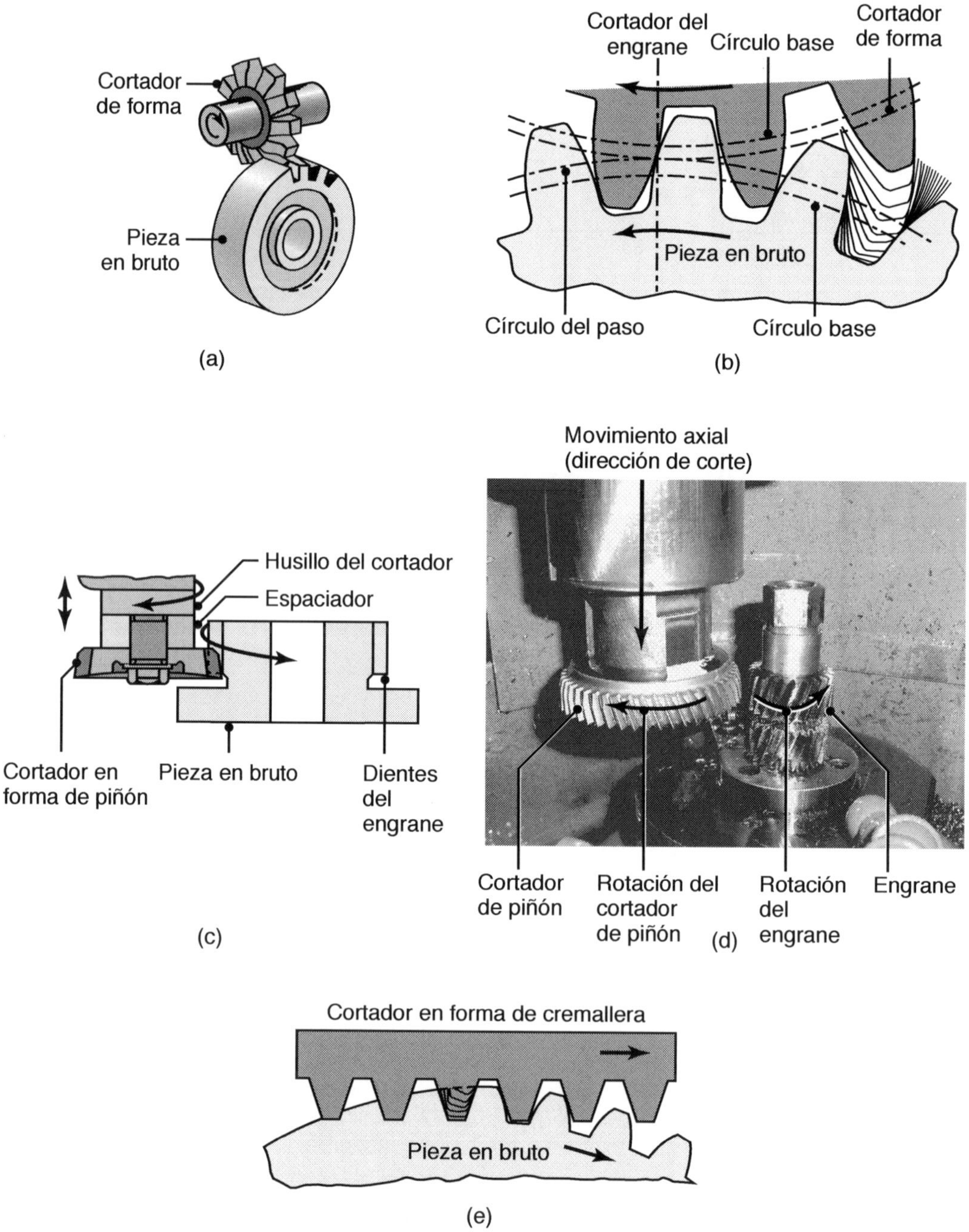

FIGURA 24.34 (a) Producción de un diente sobre la pieza en bruto por medio del corte de forma. (b) Ilustración esquemática de la generación de un engrane con un cortador de engranes en forma de piñón. (c) y (d) Generación de un engrane en un formador de engranes por medio de un cortador de piñón; observe que el cortador es recíproco verticalmente. (e) Generación de un engrane con un cortador en forma de cremallera. *Fuente:* (d) Cortesía de Schafer Gear Works, Inc.

diente del engrane. Debido a que la plantilla puede ser mucho más grande que el diente del engrane, la exactitud dimensional mejora.

El corte de forma es un proceso relativamente sencillo y puede usarse para cortar dientes de engranes con varios perfiles. No obstante, es una operación lenta y además ciertos tipos de máquinas requieren mano de obra especializada. Las máquinas con características semiautomáticas son rentables para hacer cortes de forma con base en una producción limitada. Sin embargo, en general el corte de forma es apropiado sólo para cantidades bajas de producción.

24.7.2 Generación de engranes

La herramienta cortadora que se usa para la *generación de engranes* puede ser un cortador en forma de piñón, un cortador recto en forma de cremallera, o una fresa generadora o generatriz.

1. Un **cortador en forma de piñón** se puede considerar como uno de los dos engranes de un par y el otro engrane es la pieza en bruto (figura 24.34b). Este tipo de cortador se usa en *formadoras de dientes* verticales (figuras 24.34c y d). El cortador tiene un eje paralelo al engrane de la pieza en bruto y rota lentamente con ésta a la misma velocidad del círculo de paso y en un movimiento de vaivén axial. Un tren de engranes proporciona el movimiento relativo requerido entre el eje del cortador y el eje de la pieza en bruto. El corte puede tener lugar ya sea en la carrera de bajada o de subida de la máquina. Debido a que la holgura que se requiere para el paso del cortador es pequeña, el proceso de formar engranes es apropiado para aquellos que se localizan cerca de superficies que obstruyen, por ejemplo una brida, como se ilustra en las figuras 24.34c y d. Este proceso puede usarse para cantidades de producción bajas o altas.
2. En un **formador de cremallera**, la herramienta generadora es un *segmento de cremallera* (figura 24.34e) que va y viene en dirección paralela con el eje del engrane de la pieza en bruto. Debido a que no es práctico tener más de 6 a 12 dientes en un cortador de cremallera, el cortador debe soltarse a intervalos apropiados y regresar al punto de origen. El engrane de la pieza en bruto permanece fijo durante esta operación.
3. Una **fresa generadora** o **generatriz** (figura 24.35) es básicamente un gusano, o tornillo, que corta engranes y está construida en una herramienta generadora de engranes por medio de una serie de ranuras longitudinales o entalladura maquinadas en ella para formar el diente cortador. Cuando se forma un engrane recto por medio de una generatriz, el ángulo entre ésta y el engrane en bruto es de 90° menos el ángulo de avance en las cuerdas del gusano. Todos los movimientos en la fresa son rotatorios y la generatriz y el engrane de la pieza en bruto giran continuamente, como si fueran dos engranes en funcionamiento, hasta que se cortan todos los dientes.

Código QR 24.4 Corte de un engrane. (*Fuente:* Cortesía de Sandvik Coromant).

Hay generatrices con una, dos o tres cuerdas. Por ejemplo, si la fresa tiene una sola cuerda y el engrane ha de tener 40 dientes, la fresa y el husillo del engrane deben acoplarse juntos de modo que la fresa describa 40 revoluciones, en tanto que el engrane de la pieza en bruto gira una revolución. Igualmente, si se usa una fresa de doble cuerda, ésta describirá 20 revoluciones y el engrane de la pieza en bruto una revolución. Además, la fresa debe avanzar en forma paralela al eje del engrane por una distancia mayor que el ancho de la cara de los dientes del engrane (figura 24.33) con el fin de producir dientes rectos en los engranes tipo recto. Pueden usarse las mismas generatrices y máquinas para cortar engranes helicoidales inclinando el eje del husillo de la fresa.

Debido a que produce una variedad de engranes a tasas elevadas y con buena exactitud dimensional, la generación de engranes con generatriz se usa mucho en la industria. Aunque el proceso también es apropiado para cantidades bajas de producción, resulta más económico para las medias o altas.

Las máquinas generadoras de engranes también producen engranes cónicos en espiral e hipoides. Igual que la mayor parte de máquinas herramientas, las generadoras de engranes modernas están controladas por computadora. Las *máquinas de ejes múltiples controladas por computadora* son capaces de generar muchos tipos y tamaños de engranes usando fresas indexables.

24.7.3 Corte de engranes cónicos

Los *engranes cónicos rectos* por lo general se obtienen en un corte, con un cortador de forma, en máquinas que indexan automáticamente; después, en un generador de engranes, se da el acabado al engrane en su tamaño apropiado. Los cortadores son en vaivén a través de

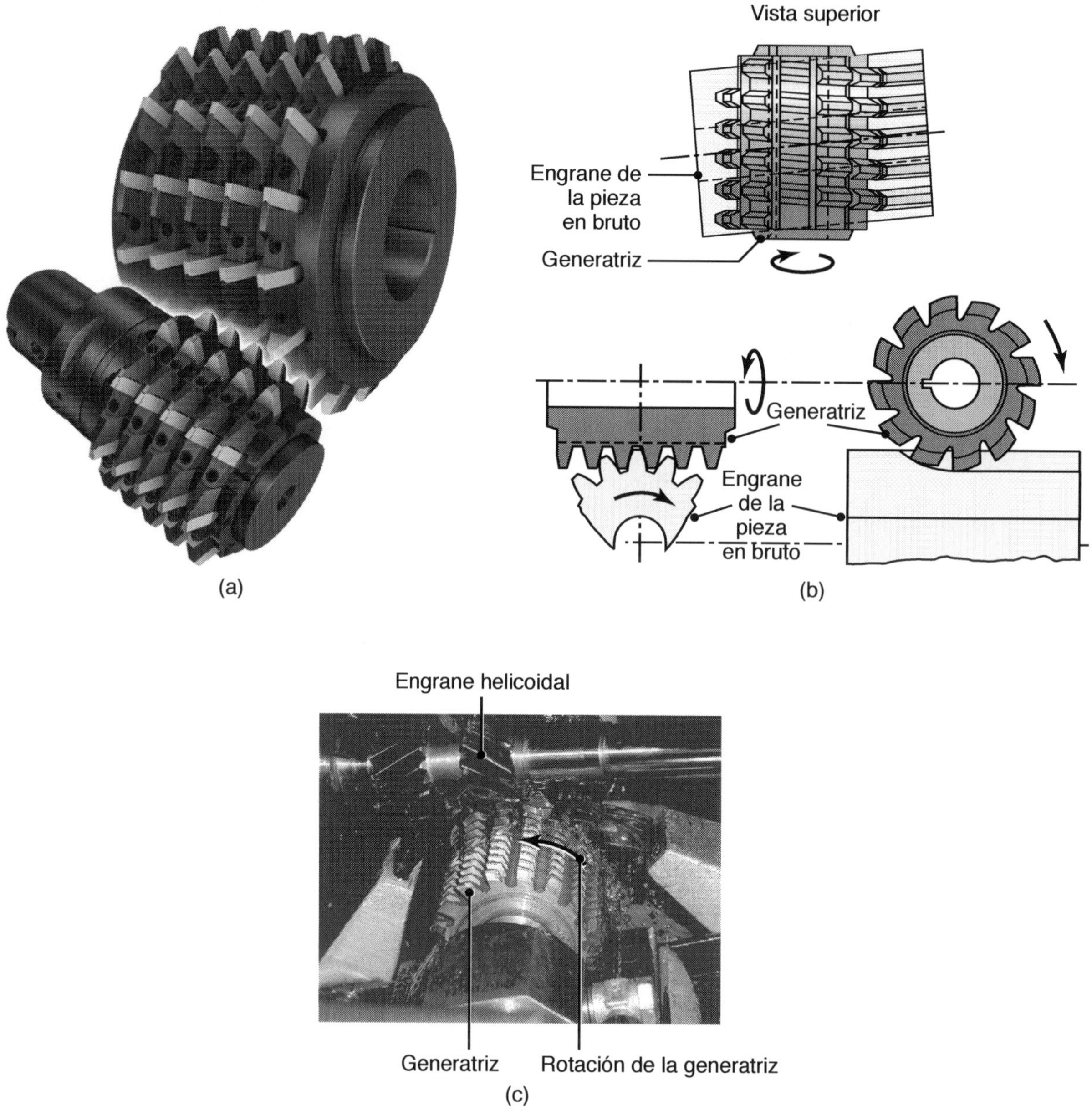

FIGURA 24.35 (a) Generatrices para maquinar dientes de engranes; (b) ilustración esquemática del corte de engranes con una generatriz y (c) producción de un engrane de gusano por medio de fresado. *Fuente:* (a) Cortesía de Sandvik Coromant y (c) cortesía de Schafer Gear Works, Inc.

la cara del engrane cónico, igual que la herramienta en una formadora (figura 24.36a). Las máquinas para *engranes cónicos en espiral* operan esencialmente con el mismo principio, en el cual el cortador en espiral es básicamente una fresa de refrentado con cierto número de hojas cortadoras de lado recto que se introducen desde su periferia (figura 24.36b).

24.7.4 Procesos de acabado de engranes

Al producirse por cualquiera de los procesos descritos, el acabado de la superficie y la exactitud dimensional de los dientes del engrane tal vez no sean adecuados para ciertas aplicaciones específicas. Además, los engranes pueden ser ruidosos, o sus propiedades mecánicas, en especial la vida de fatiga y la resistencia al desgaste, podrían no ser acep-

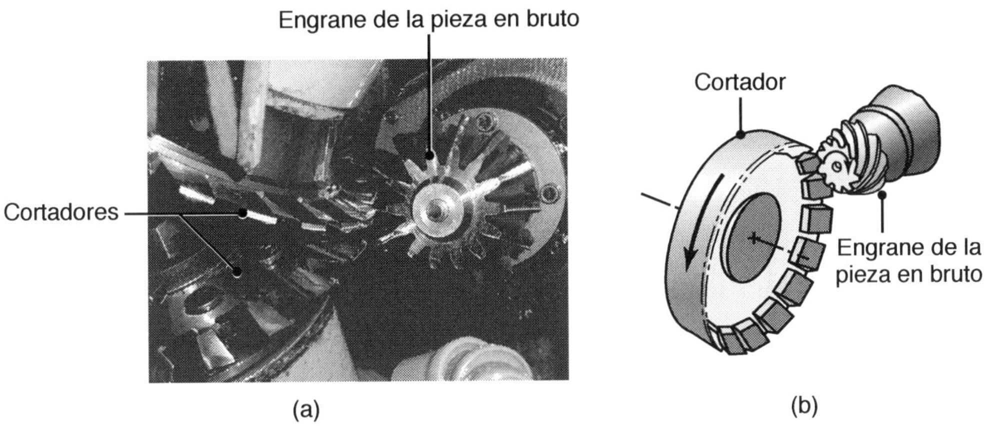

FIGURA 24.36 (a) Corte de un engrane cónico recto con dos cortadores. (b) Corte de un engrane cónico helicoidal. *Fuente:* Cortesía de Schafer Gear Works, South Bend, Indiana, Estados Unidos.

tables. Hay varios *procesos de acabado* para mejorar la calidad de la superficie de los engranes, la elección dependerá del método de manufactura del engrane, del rendimiento deseado y de si los engranes han sido endurecidos por tratamiento térmico. Como se describió en el capítulo 4, el tratamiento térmico puede ocasionar distorsión de las partes; en consecuencia, para un perfil preciso de los dientes del engrane, es común que los engranes tratados con calor se sujeten a operaciones de acabado apropiadas.

Código QR 24.5 Corte de un engrane cónico. (*Fuente:* Cortesía de Sandvik Coromant).

Rasurado (Afilado). El proceso de rasurado de engranes involucra un *cortador*, hecho en la forma exacta del perfil del diente terminado, lo que remueve cantidades muy pequeñas de metal de la superficie de los dientes del engrane. El cortador, que tiene un movimiento de vaivén, tiene dientes ranurados o en tajo en varios puntos a lo largo de su anchura, lo que hace que el proceso sea semejante al brochado fino. El rasurado y bruñido (que se describe a continuación) se lleva a cabo sólo en engranes con dureza de 40 HRC o menor.

Aunque las herramientas son caras y se requieren máquinas especiales, el rasurado es rápido y es el proceso más comúnmente usado para terminar engranes. Produce dientes de engranes con un mejor acabado superficial y una buena exactitud dimensional del perfil del diente. Los engranes rasurados se pueden tratar térmicamente después para darles mejor dureza, resistencia al desgaste y un perfil de diente más exacto.

Bruñido por rodadura. El acabado de la superficie de los dientes del engrane también puede mejorarse por medio del bruñido. Se introdujo en la década de 1960, y básicamente se trata de un proceso de deformación plástica superficial (vea la sección 34.2), mediante un dado especial (matriz) en forma de engrane, endurecido, el cual sujeta las superficies de los dientes a una acción de rodamiento (llamada **rodamiento del engrane**). El trabajo en frío resultante de las superficies de los dientes no sólo mejora el acabado de la superficie, sino también induce tensiones residuales a la compresión sobre las superficies de los dientes del engrane, lo que mejora su vida de fatiga. Sin embargo, se ha demostrado que el bruñido no mejora significativamente la exactitud dimensional del diente del engrane. Con engranes por metalurgia de polvos, el bruñido lleva a una densificación de la superficie, con una mejora significativa de su rendimiento (vea la sección 17.5).

Rectificado, asentado y lapeado. Para la exactitud dimensional más alta en el espaciado y forma de los dientes, y en su acabado superficial, éstos pueden sujetarse al rectificado, asentado y lapeado, como se describe en el capítulo 26. Se usan ruedas (piedras) abrasivas especialmente habilitadas para rectificar, ya sea para formar o generar superficies de los dientes del engrane. Hay varios tipos de ruedas, y el que se usa más comúnmente es el formador de costilla. En el **rectificado de forma**, la forma de la rueda abrasiva es

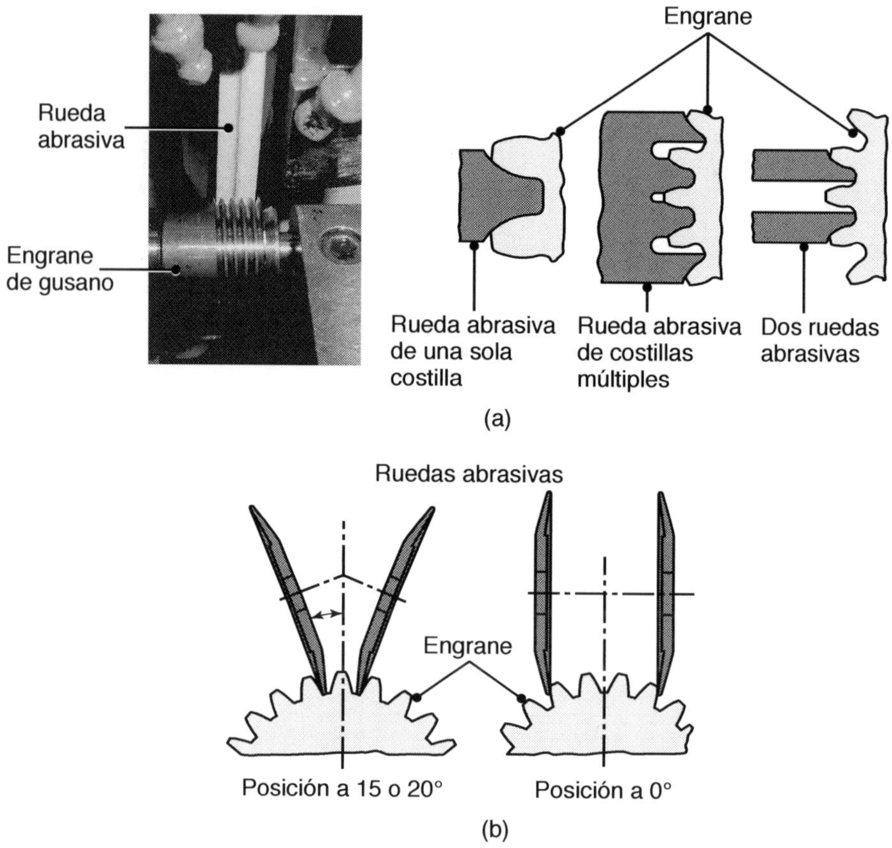

FIGURA 24.37 Acabado de engranes por rectificado: (a) rectificado de forma, con ruedas abrasivas formadas, y (b) rectificado por generación, mediante dos ruedas abrasivas.

idéntica al espaciamiento de los dientes (figura 24.37a). En la **generación**, la rueda generadora actúa en forma parecida al cortador generador de engranes que ya se describió antes (figura 24.37b).

La herramienta de **asentado** es un engrane de plástico impregnado con partículas abrasivas. El proceso de asentado es más rápido que el de rectificado y se usa para mejorar el acabado de la superficie. Para un mejor acabado, los dientes del engrane son **lapeados** utilizando compuestos abrasivos ya sea con (a) una herramienta lapeadora en forma de engrane hecha de hierro fundido o bronce, o (b) un par de engranes acoplados que funcionan juntos. Aunque las tasas de producción son más bajas y los costos son mayores, estas operaciones de acabado son apropiadas en particular para producir engranes endurecidos de muy alta calidad, vida prolongada y operación silenciosa.

24.7.5 Consideraciones de diseño y economía del maquinado de engranes

Las consideraciones del diseño para las operaciones de corte de engranes se resumen como sigue:

- Los engranes deben maquinarse de preferencia antes de su ensamble en ejes; los engranes amplios son más difíciles de maquinar que los estrechos.
- Debe darse suficiente holgura entre los dientes del engrane y sus bordes, hombros y otras características de la parte, de modo que la herramienta cortadora pueda maquinar sin interferencias.

- El diseño original es importante para tener una sujeción apropiada y para facilitar las operaciones de corte. Deben darse tolerancias de maquinado en la pieza en bruto, y si al maquinado le van seguir operaciones posteriores de acabado, la parte debe tener un excedente de tamaño después de ser maquinada; es decir, debe tener una tolerancia de acabado después de ser maquinada.
- Los engranes rectos son más fáciles de maquinar que los helicoidales, los cuales a su vez son más fáciles de maquinar que los cónicos o de gusano.
- Las tolerancias dimensionales y formas estandarizadas están especificadas por las normas de la industria. Debe seleccionarse un número de calidad del engrane de modo que éste tenga un rango de tolerancia tan amplio como sea posible y a la vez cumpla con los requerimientos del servicio.

Economía. Como en todas las operaciones de maquinado, el costo de los engranes se incrementa con rapidez de acuerdo con el mejor acabado de la superficie y la calidad del engrane. La figura 24.38 muestra el costo relativo de la manufactura de engranes como función de la calidad, según la especifica la AGMA (American Gear Manufacturers Association o Asociación Estadounidense de Fabricantes de Engranes). Cuanto mayor sea el número, mayor es la exactitud dimensional de los dientes del engrane. Como se aprecia en la figura, el costo de manufactura puede variar hasta en dos órdenes de magnitud, lo que depende de las tolerancias dimensionales.

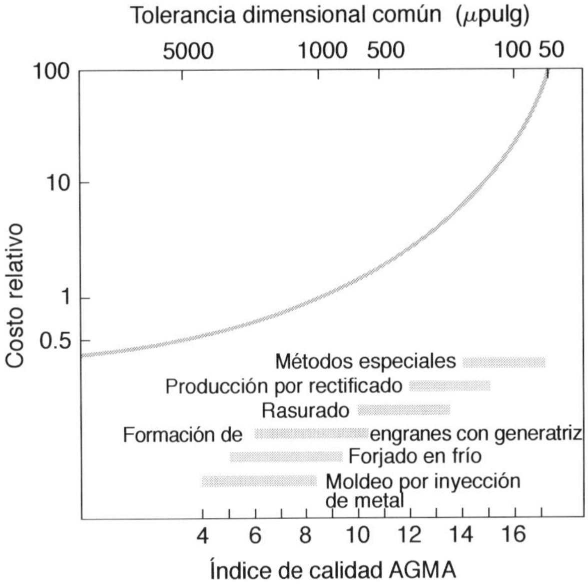

FIGURA 24.38 Costo de la manufactura de engranes como función de su calidad.

RESUMEN

- Pueden maquinarse varias formas complejas por medio de los procesos descritos en este capítulo. El fresado es uno de los más comunes, ya que es capaz de producir de manera económica varias formas y tamaños a partir de un gran número de materiales de la pieza de trabajo.
- Aunque estos procesos básicamente son similares al torneado, taladrado y mandrinado, e involucran una mecánica parecida de corte, materiales de la herramienta y fluidos de corte, la mayoría de los procesos descritos en este capítulo utilizan cortadores de dientes múltiples y herramientas con distintos ejes con respecto a la pieza de trabajo.
- Las máquinas herramientas usadas para producir formas complejas están controladas en su mayor parte por computadora y tienen distintas características especiales, lo que les da mucha más flexibilidad en su aplicación que la de las máquinas herramienta tradicionales.
- El brochado es un método para ensanchar con exactitud un barreno redondo u otros perfiles en una pieza de trabajo. El aserrado es la remoción gradual de material por medio de dientes pequeños espaciados en una segueta y es muy versátil. El limado implica la remoción en pequeña escala de material de una superficie, en especial la eliminación de rebabas y bordes afilados.
- Además de producirse con varios procesos de formado, los engranes también se producen con maquinado, ya sea por corte o generación; este último produce engranes con mejor acabado de la superficie y más exactitud dimensional. La calidad del perfil de los dientes del engrane mejora más con las operaciones de acabado, tales como el rasurado, bruñido, rectificado, asentado y lapeado.

TÉRMINOS CLAVE

Abertura o ranura de corte (Kerf)
Árbol
Asentado
Aserrado
Aserrado por fricción
Brocha de empuje
Brocha de tracción
Brochado
Brochado de giro
Bruñido
Cepillado de mesa
Corte al vuelo
Corte de forma
Formador de cremallera
Fresa generadora o generatriz
Fresado
Fresado concurrente
Fresado de alta velocidad
Fresado de bloque
Fresado frontal
Fresado refrentado
Generación de engranes
Lapeado
Limado
Rasurado
Rebaba
Sujetador de pieza
Talla de dados
Triscado
Volteado

BIBLIOGRAFÍA

ASM Handbook, Vol. 16: **Machining**, ASM International, 1989.

Boothroyd, G. y Knight, W. A., **Fundamentals of Machining and Machine Tools**, 3a. ed., Marcel Dekker, 2005.

Brown, J., **Advanced Machining Technology Handbook**, McGraw-Hill, 1998

Davim, J. P. (ed.), **Machining: Fundamentals and Recent Advances**, Springer 2010.

Davis, J. R. (ed.), **Gear Materials, Properties and Manufacture**, ASM International, 2006.

Joshi, P. H., **Machine Tools Handbook**, McGraw-Hill, 2008.

Kibbe, R. R., Neely, J. E., White, W. T. y Meyer, R. O., **Machine Tool Practices**, 9a. ed., Prentice Hall, 2009.

Krar, S. F. y Check, A. F., **Technology of Machine Tools**, 6a. ed., Glencoe Macmillan/McGraw-Hill, 2009.

Lopez, L. N. y Lamikiz, A. (eds.), **Machine Tools for High Performance Machining**, Springer, 2009.

Radzevich, S. P., **Dudley's Handbook of Practical Gear Design and Manufacture**, 2a. ed., CRC Press, 2012.

Shaw, M. C., **Metal Cutting Principles**, 2a. ed., Oxford University Press, 2005.

Stephenson, D. A. y Agapiou, J. S., **Metal Cutting: Theory and Practice**, 2a. ed., Marcel Dekker, 2006.

Walsh, R.A., **McGraw-Hill Machining and Metalworking Handbook**, 3a. ed., McGraw-Hill, 2006.

PREGUNTAS DE REPASO

24.1 Explique por qué el fresado es una operación versátil del maquinado.

24.2 Describa una fresadora. ¿En qué se diferencia de un taladro vertical?

24.3 Describa los diferentes tipos de cortadores que se usan en las operaciones de fresado y dé una aplicación de cada tipo.

24.4 Defina los siguientes conceptos: fresado frontal, fresado periférico, fresado refrentado, fresado de ranura, fresado de roscas.

24.5 ¿Pueden maquinarse roscas en una fresadora? Explique.

24.6 ¿Cuál es la diferencia entre el avance y el avance por diente? ¿Podrían ser lo mismo?

24.7 Explique las características relativas del fresado convencional y el fresado concurrente.

24.8 Describa las características geométricas de una brocha y explique sus funciones.

24.9 ¿Qué es una brocha de tracción? ¿Y una de empuje?

24.10 ¿Por qué el aserrado es un proceso de uso común? ¿Por qué ciertas seguetas tienen dientes espaciados? Explique.

24.11 ¿Qué ventajas tienen las fresadoras tipo bancada sobre las de tipo columna y rodilla en cuanto a las operaciones de producción?

24.12 Explique por qué el eje de una generatriz está inclinado con respecto al eje del engrane de la pieza en bruto.

24.13 ¿Qué es una fresa de concha? ¿Por qué se usa?

24.14 ¿Por qué es difícil aserrar placas metálicas delgadas?

24.15 De los procesos ilustrados en la figura 24.2, ¿cuál es el más parecido al de generatriz?

24.16 Describa el movimiento de la herramienta durante el formado de engranes.

24.17 ¿Cuándo es necesario el limado?

PROBLEMAS CUALITATIVOS

24.18 ¿Consideraría el lector los procesos de maquinado descritos en este capítulo como si fueran de forma neta o casi neta? Explique con ejemplos apropiados.

24. 19 ¿Por qué el fresado de acabado es un proceso tan importante y versátil? Explique con ejemplos.

24.20 Ponga en una lista y explique los factores que contribuyen a un mal acabado de la superficie en los procesos descritos en este capítulo.
24.21 ¿Son las marcas de avance que deja en la pieza de trabajo una fresa de refrentado verdaderos segmentos de un círculo real? Explique utilizando dibujos apropiados.
24.22 Explique por qué el brochado de los rodamientos de un cigüeñal es una alternativa atractiva en relación con otros procesos de maquinado.
24.23 En este capítulo se presentan varios lineamientos para distintas operaciones de corte. Analice el razonamiento tras los lineamientos.
24.24 ¿Qué ventajas tienen los dientes helicoidales sobre los rectos en los cortadores para el fresado de bloque?
24.25 Explique por qué las sierras de arco no son tan productivas como las de cinta.
24.26 ¿Qué semejanzas y diferencias hay en hacer una hendidura con una fresa o con una sierra?
24.27 ¿Por qué los engranes maquinados tienen que sujetarse a operaciones de acabado? ¿Cuáles de los procesos de acabado no son adecuados para dientes de engranes endurecidos? ¿Por qué?
24.28 ¿Cómo reduciría usted la rugosidad de la superficie que se muestra en la figura 24.8? Explique.
24.29 ¿Por qué son útiles las máquinas como la que se ilustra en la figura 24.20?
24.30 Comente acerca de los diseños ilustrados en la figura 24.23b y sobre la utilidad de las operaciones de brochado.
24.31 Explique cómo puede empezar el corte de contorno en una sierra de cinta, como se muestra en la figura 24.28d.
24.32 En la figura 24.30a, los dientes cortadores de acero de alta velocidad están soldados a una hoja de acero. ¿Recomendaría el lector que toda la hoja fuera de acero de alta velocidad? Explique sus razones.
24.33 Describa las partes y condiciones en las que el brochado sería el método más preferido del maquinado.
24.34 Con trazos apropiados, explique las diferencias y semejanzas entre las operaciones de rasurado, brochado y brochado de giro.
24.35 Explique la razón por la cual es difícil usar aserrado de fricción en metales no ferrosos.
24.36 ¿Recomendaría usted el brochado de una cuña en un engrane de la pieza en bruto antes o después de maquinar los dientes del engrane? ¿Por qué?

PROBLEMAS CUANTITATIVOS

24.37 En las operaciones de fresado, con respecto al tiempo total de corte pueden influir de manera importante (a) la magnitud de la distancia sin corte, l_c, que se muestra en las figuras 24.5 y 24.6, y (b) la razón del ancho de corte, w, al diámetro del corte, D. Dibuje varias combinaciones de estos parámetros, dé las dimensiones, seleccione avances y velocidades de corte, etc., y determine el tiempo de corte total. Haga comentarios sobre sus observaciones.
24.38 Se realiza una operación de fresado en bloque a una velocidad especificada de corte (velocidad superficial del cortador) y avance por diente. Explique el procedimiento para determinar la velocidad requerida de la mesa.
24.39 Demuestre que la distancia l_c en el fresado de bloque es aproximadamente igual a $\sqrt{Dd}$ para situaciones en las que $D \gg d$ (vea la figura 24.5c).
24.40 En el ejemplo 24.1, ¿cuál de las cantidades será afectada cuando el avance se incremente a $f = 0.02$ pulg/diente?
24.41 Calcule la profundidad de la viruta del corte, t_c, y el torque en el ejemplo 24.1.
24.42 Estime el tiempo requerido para el fresado refrentado de un bloque de latón de 10 pulgadas de largo y 1 pulgada de ancho con un cortador de 6 pulgadas de diámetro con 10 insertos de acero de alta velocidad.
24.43 Se corta una placa de 12 pulgadas de longitud y 1 pulgada de espesor en una sierra de cinta a 150 pies/min. La sierra tiene 12 dientes por pulgada. Si el avance por diente es de 0.003 pulgadas, ¿cuánto tiempo tomará aserrar la placa en toda su longitud?
24.44 Se usa un generatriz de una sola cuerda para cortar 40 dientes en un engrane recto. La velocidad de corte es de 120 pies/min y la generatriz tiene 3 pulgadas de diámetro. Calcule la velocidad rotacional del engrane recto.
24.45 Suponga que en una operación de fresado refrentado, como el que se ilustra en la figura 24.6, las dimensiones de la pieza de trabajo son de 4 pulgadas por 10 pulgadas. El cortador tiene 6 pulgadas de diámetro, ocho dientes y gira a 300 rpm. La profundidad de corte es de 0.125 pulgadas y el avance es de 0.005 pulg/diente. Suponga el requerimiento específico de energía para este material y que sólo 75% del diámetro del cortador entra en contacto durante el corte. Calcule (a) la potencia requerida y (b) la tasa de remoción de material.
24.46 Se ejecutará una operación de fresado de bloque en una pieza de 300 mm de largo y 40 mm de ancho. Se usará un cortador helicoidal de 75 mm de diámetro con 10 dientes. Si el avance por diente es de 0.2 mm/diente y la velocidad de corte es de 0.75 m/s, calcule el tiempo de maquinado y la tasa de remoción de metal para eliminar 6 mm de la superficie de la pieza.
24.47 Explique si las marcas de avance dejadas en la pieza de trabajo por una fresa de refrentado (como se muestra en la figura 24.16a) son segmentos de círculos verdaderos. Describa los parámetros que considere para responder esta pregunta.
24.48 Para describir las operaciones de brochado y el diseño de las brochas, no se han dado ecuaciones sobre avances, velocidades ni tasas de remoción de material, como sí se hizo para el torneado y el fresado. Revise la figura 24.24 y desarrolle dichas ecuaciones.

SÍNTESIS, DISEÑO Y PROYECTOS

24.49 Las partes que se ilustran en la figura 24.1 se van a maquinar a partir de un material rectangular. Sugiera las máquinas herramientas requeridas, los arreglos de sujeción necesarios y los tipos y secuencia de las operaciones a realizar. Analice su respuesta en términos del material de la pieza de trabajo, como aluminio *versus* acero inoxidable.

24.50 ¿Preferiría usted maquinar la parte de la figura 24.1f a partir de un material preformado (de forma casi neta) en vez de uno rectangular? Si así fuera, ¿cómo prepararía dicho material?, ¿cómo influiría en su respuesta el número de partes requeridas?

24.51 Si se fueran a maquinar paneles expandidos de panal (vea la sección 16.12) en una operación de fresado de forma, ¿qué precauciones tomaría para evitar que el metal se distorsionara debido a las fuerzas de la herramienta? Piense en todas las soluciones posibles.

24.52 Suponga que usted es un profesor que cubre los temas de este capítulo y va a elaborar un cuestionario sobre los aspectos numéricos para probar la comprensión de sus estudiantes. Prepare dos problemas cuantitativos y proporcione las respuestas.

24.53 Sugiera métodos con los que fresas de distintos diseños (incluso de acabado) pueden incorporar insertos de carburo.

24.54 Prepare una tabla sintética de las capacidades de los procesos de maquinado descritos en este capítulo. En varias columnas, enumere las máquinas involucradas, los tipos de herramientas y sus materiales, formas de los materiales originales y de las partes producidas, tamaños máximo y mínimo comunes, acabado de la superficie, tolerancias dimensionales y tasas de producción.

24.55 Con base en los datos desarrollados en el problema 24.54, describa sus pensamientos acerca del procedimiento por seguir para determinar qué tipo de máquina herramienta seleccionar cuando se maquine una parte en particular.

24.56 Elabore una lista de todos los procesos que se pueden usar para manufacturar engranes, entre ellos los descritos en las partes II y III de este libro. Para cada proceso, describa las ventajas, limitaciones y calidad de los engranes producidos.

Centros de maquinado, estructuras de las máquinas herramienta y economía del maquinado

CAPÍTULO 25

- Este capítulo presenta las características, tipos y ventajas de los centros de maquinado, y el concepto de máquinas herramienta reconfigurables.
- Se hace énfasis en la importancia de entender el rendimiento de las máquinas herramienta, sus módulos y componentes, en particular con respecto a la rigidez, vibración, traqueteo y características de amortiguamiento. Éstas son consideraciones importantes no sólo para la calidad y exactitud dimensional, sino también por su influencia en la vida de la herramienta, así como en la productividad y economía de las operaciones de maquinado.
- Después se presentan el maquinado de alta velocidad, el maquinado de alta dureza y las operaciones de maquinado de ultraprecisión, temas que están muy relacionados con la economía del maquinado.
- El capítulo termina con un método simple de análisis del costo para determinar las condiciones en las que pueden seleccionarse los parámetros del maquinado, de modo que pueda minimizarse el costo de maquinado por pieza o el tiempo de maquinado por pieza.

25.1 Introducción

En los cuatro capítulos anteriores se han descrito las operaciones de maquinado y las máquinas herramienta, pero no se ha hecho énfasis en la muy difundida integración de la tecnología de cómputo avanzada y la flexibilidad que ello permea en las operaciones de manufactura. Las computadoras han mejorado de forma notable las capacidades de las máquinas herramienta, ya que ahora pueden producir con rapidez y en forma repetida geometrías de partes muy complejas. El programa que controla una máquina herramienta incorpora cambios en las condiciones de corte, compensa el desgaste de la herramienta, cambia automáticamente las herramientas y maquina una pieza de trabajo sin tener que cambiar el arreglo de sujeción o transferirla a otra máquina herramienta, como había sido la práctica durante muchos años.

Además de las tecnologías avanzadas de computación, ahora están muy desarrolladas las técnicas para evitar la vibración y el traqueteo, el maquinado de alta velocidad, el maquinado de alta dureza y el análisis avanzado de la economía del maquinado, todo lo cual ha revolucionado las operaciones de maquinado.

25.2 Centros de maquinado

Al describir los procesos de maquinado individuales y las máquinas herramienta en los capítulos anteriores, se observó que cada máquina, sin importar qué tanto esté automatizada, está diseñada para realizar básicamente el mismo tipo de operación, como el tor-

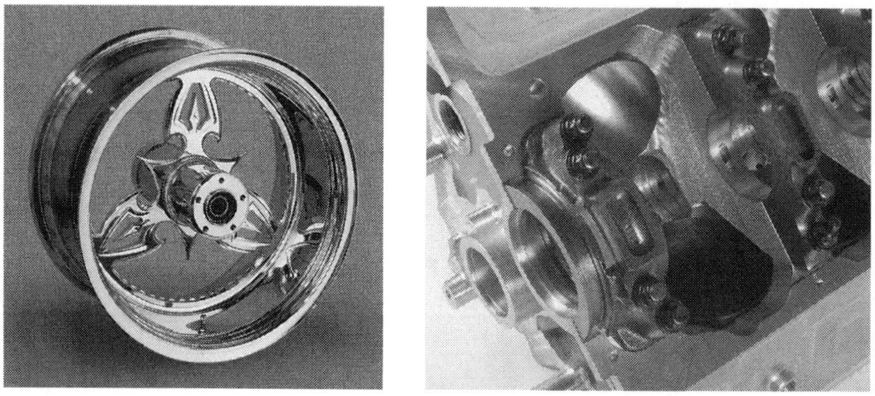

(a) (b)

Figura 25.1 Ejemplos de partes que pueden maquinarse en centros de maquinado empleando diferentes procesos, como el torneado, refrentado, fresado, taladrado, mandrinado, brochado y roscado; en condiciones normales estas partes requerirían el uso de varias máquinas herramienta para fabricarse. (a) Rueda forjada de motocicleta, con maquinado final para cumplir la tolerancia y su posterior pulido y recubrimiento. (b) Vista detallada de un block de motor que muestra cavidades complejas, agujeros con rosca y superficies planas. *Fuente:* (a) Cortesía de R. C. Components; (b) cortesía de Donovan Engineering, programada por N. Woodruff y fotografía de E. Dellis, Powersports Photography.

neado, mandrinado, taladrado, fresado, brochado o cepillado. También se ha mostrado que la mayoría de partes manufacturadas con los métodos descritos en el libro requieren operaciones adicionales en sus distintas superficies antes de quedar terminadas. Por ejemplo, observe que las partes que aparecen en la figura 25.1 tienen varias características geométricas complejas y que todas sus superficies requieren un tipo diferente de operación de maquinado para cumplir con ciertos requerimientos específicos con respecto a sus formas, rasgos, tolerancias de dimensiones y acabado de la superficie. También tenga presentes las siguientes observaciones:

- Recuerde que existen varias posibilidades en la producción de *forma neta* o *forma casi neta* para estas partes, lo que depende de restricciones específicas en cuanto a las formas, tolerancias dimensionales, características detalladas de la superficie, acabado superficial y varias propiedades adicionales mecánicas y de otro tipo con el fin de cumplir con los requerimientos de servicio. Los procesos de formado que son candidatos para dichas partes son el fundido de precisión, metalurgia de polvos, moldeo por inyección de polvos y forjado de precisión. Sin embargo, incluso así es muy probable que las partes requieran algunas operaciones adicionales de acabado. Por ejemplo, requerirán operaciones adicionales de maquinado las siguientes piezas: barrenos profundos de diámetro pequeño, barrenos roscados, superficies planas selladas con juntas, partes con tolerancias dimensionales muy estrictas, esquinas y bordes afilados y superficies planas o curvadas con diferentes requerimientos de acabado superficial.
- Si se requiriera cierto maquinado, o si se demuestra que es más económico maquinar estas partes hasta sus formas finales, entonces es obvio que ninguna de las máquinas herramienta descritas en los capítulos 23 y 24 podrían producir las partes *individual* y *completamente*. También observe que, tradicionalmente, las operaciones de maquinado se llevan a cabo mediante el traslado de la pieza de trabajo de una máquina herramienta a otra hasta terminar todas las operaciones requeridas de maquinado.

El concepto de centros de maquinado. El método tradicional de maquinar partes por medio de diferentes tipos de máquinas herramienta ha sido, y sigue siendo, un método viable de manufactura. Este método puede automatizarse mucho con el fin de incrementar la productividad y, en realidad, es el principio tras las **líneas de transfe-**

rencia, también llamadas *líneas de manufactura especializada* (DML, por sus siglas en inglés), como se describe en la sección 37.2.4. Las líneas de transferencia son de uso común en la *producción de grandes volúmenes* o en la *producción en masa*, consisten en varias máquinas herramienta específicas (especializadas) dispuestas en una secuencia lógica. La pieza de trabajo, como el block de un motor automotriz, se pasa de una estación a otra y en cada estación se realiza una operación específica de maquinado, después de lo cual se transfiere a la siguiente máquina para ejecutar otras operaciones de maquinado.

Sin embargo, hay situaciones en las que las líneas de transferencia no resultan factibles o económicas, en particular cuando los tipos de productos a procesar cambian con rapidez debido a factores como la demanda del producto o cambios en su forma o estilo. Es muy costoso y demanda mucho tiempo reacomodar estas máquinas herramienta para que respondan a las necesidades del siguiente y distinto ciclo de producción. Un concepto importante que se aboca a la flexibilidad en la manufactura, desarrollado a fines de la década de 1950, es el de **centros de maquinado**.

Un centro de maquinado (figura 25.2) es una máquina herramienta avanzada controlada por computadora que es capaz de realizar varias operaciones de maquinado, en diferentes superficies y con distintas orientaciones de la pieza de trabajo, sin tener que retirarla de su dispositivo o arreglo de sujeción. La pieza de trabajo por lo general es estacionaria, son las herramientas de corte las que giran, como lo hacen en operaciones de fresado, taladrado, asentado y machuelado. En tanto que en las líneas de transferencia en los talleres y fábricas tradicionales la pieza de trabajo se lleva *a la máquina*, en los centros de maquinado la operación es la que se lleva *a la pieza de trabajo*.

El desarrollo de los centros de maquinado se relaciona estrechamente con los avances en la automatización y el control por computadora de las máquinas herramienta, detalles de lo cual se describen en el capítulo 37. Como un ejemplo de los avances en los tornos modernos, recuerde que en la figura 23.10 se ilustra un torno de control numérico (**centro de torneado**), con dos torretas, cada una de las cuales porta varias herramientas de corte.

Componentes de un centro de maquinado. En un centro de maquinado, la pieza de trabajo se coloca en una tarima, o *módulo*, que puede moverse y girar (orientarse) en varias direcciones (figura 25.3). Una vez terminada una operación particular de maquinado, comienza otra que tal vez requiera volver a indexar la pieza de trabajo en su tarima. Ya que han finalizado todas las operaciones de maquinado, la tarima se retira automáticamente con la parte terminada y otra tarima, que lleva otra pieza de trabajo o varias de ellas para

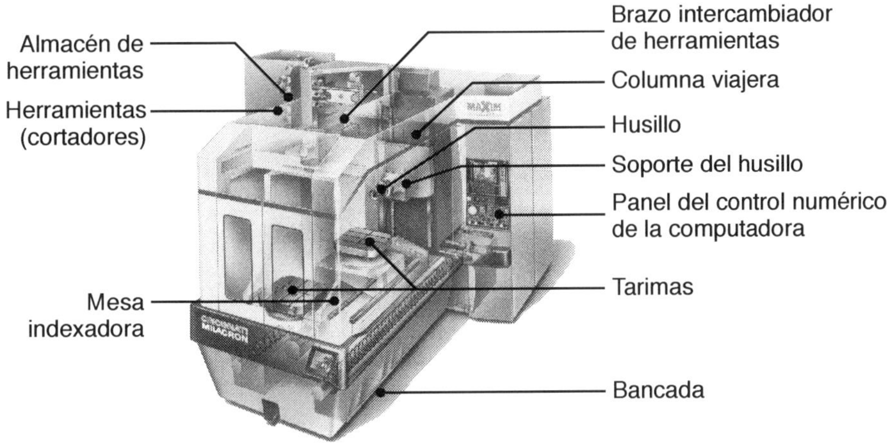

FIGURA 25.2 Centro de maquinado de husillo horizontal equipado con un cambiador automático de herramientas; los cargadores de herramientas pueden almacenar hasta 200 herramientas de distintas funciones y tamaños. *Fuente:* Cortesía de Cincinnati Milacron.

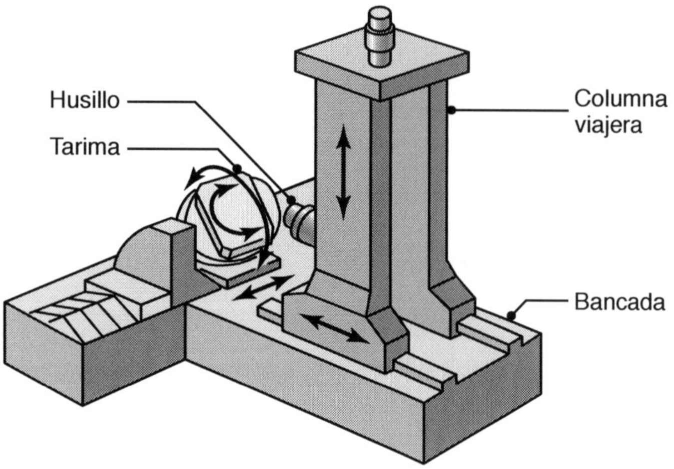

FIGURA 25.3 Ilustración esquemática del principio de un centro de maquinado de cinco ejes. Observe que además de poseer tres movimientos lineales (tres ejes), la tarima, que porta la pieza de trabajo, puede girar alrededor de dos ejes (lo que hace un total de cinco ejes), y permite así el maquinado de formas complejas como las que se ilustran en la figura 25.1. *Fuente:* Cortesía de Toyoda Machinery.

ser maquinadas, es colocada en posición por un **cambiador automático de tarimas** (figura 25.4). Todos los movimientos son controlados por una computadora, con ciclos de tiempo para cambiar tarimas del orden de sólo 10 a 30 segundos. Existen estaciones de tarimas con varias de ellas destinadas a un centro de maquinado. Las máquinas también pueden equiparse con distintas características automáticas, como es el caso de dispositivos para cargar y descargar partes.

Un centro de maquinado está equipado con un **cambiador de herramientas automático** (ATC, por sus siglas en inglés) programable. En función del diseño particular, se pueden almacenar en un cargador, tambor o cadena (*almacén de herramientas*) hasta 100 herramientas cortadoras. En ciertos centros de maquinado especiales y grandes, también existe un almacenamiento *auxiliar* de herramientas, lo que eleva la capacidad a 200. Las herramientas de corte se seleccionan automáticamente por la ruta más corta al husillo de la máquina. Las dimensiones máximas que las herramientas de corte pueden alcanzar alrededor de una pieza de trabajo en un centro de maquinado se conocen como **envolvente de trabajo** (volumen de trabajo), término que se usó originalmente en relación con los robots industriales, como se describe en la sección 37.6.

En la figura 25.5 se muestra un **brazo cambiador de herramientas** de diseño común; éste gira para tomar una herramienta en particular y colocarla en el husillo; observe que cada herramienta tiene su propio sujetador, lo que hace muy eficiente la transferencia de ellas al husillo de la máquina. Las herramientas se identifican con código de barras, códigos QR, o con etiquetas adheridas directamente a sus sujetadores. Es común que los tiempos para cambiar herramientas estén entre 5 y 10 segundos, pero puede ser de hasta 30 segundos para herramientas que llegan a pesar 110 kg (250 lb) y menos de un segundo para las pequeñas.

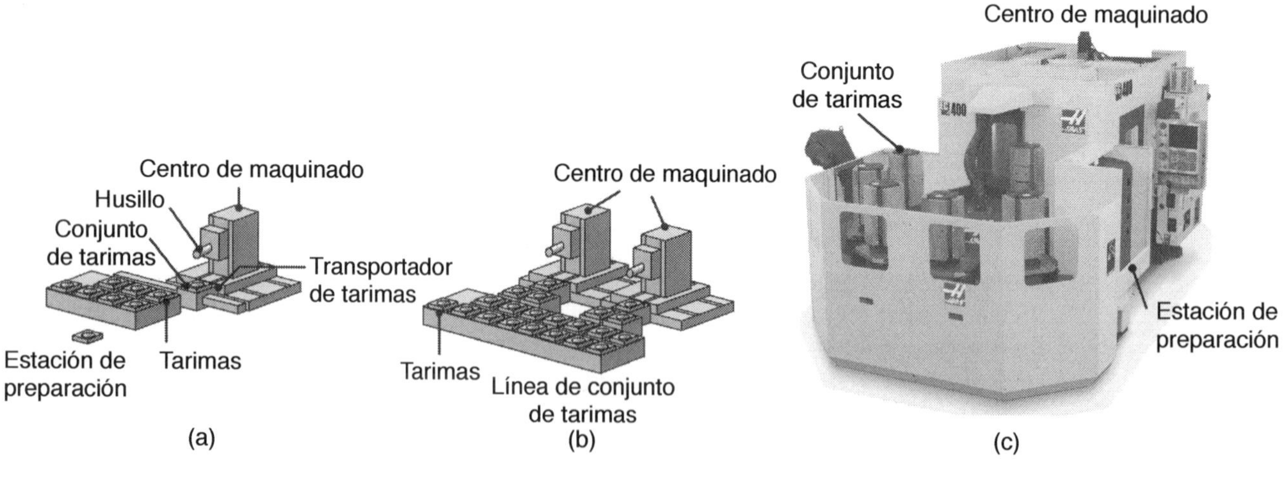

FIGURA 25.4 (a) Ilustración esquemática de la vista superior de un centro de maquinado de husillo horizontal; se aprecian el conjunto de tarimas, la estación de preparación de una tarima, el transportador de tarimas y una tarima activa en operación (directamente debajo del husillo de la máquina). (b) Ilustración esquemática de dos centros de maquinado con un conjunto común de tarimas. (c) Conjunto de tarimas para un centro de maquinado de husillo horizontal; en tales sistemas son posibles otras disposiciones de las tarimas. *Fuente:* (a) y (b) Cortesía de Hitachi Seiki Co., Ltd.; (c) Cortesía de Haas Automation, Inc.

Los centros de maquinado pueden estar equipados con una **estación de prueba de herramientas** y/o **una estación de prueba de partes**, la cual envía información al sistema de control de la máquina de modo que éste pueda compensar cualesquiera variaciones en las especificaciones de la herramienta o en su desgaste. Pueden instalarse **sensores de contacto (palpadores)** (figura 25.6) en un portaherramientas con el fin de determinar las superficies de referencia de la pieza de trabajo para seleccionar las especificaciones de la herramienta y para la inspección en línea de las partes que se maquinan.

En la figura 25.6, observe que se pueden contactar varias superficies (vea también *tecnología de sensores*, sección 37.7) y que sus posiciones relativas se determinan y almacenan en la base de datos del software de la computadora. Los datos se usan después para programar las trayectorias de la herramienta (vea, por ejemplo, la figura 37.12) y para compensar su longitud, diámetro y desgaste en máquinas herramienta más avanzadas. También pueden usarse sensores sin contacto para medir dimensiones, rugosidad de la superficie o temperatura.

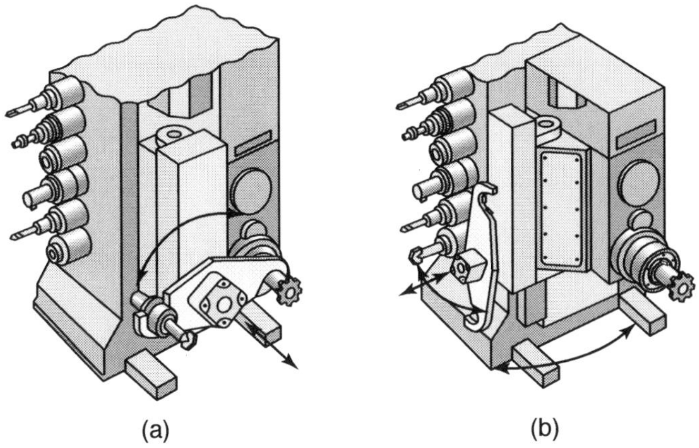

FIGURA 25.5 Cambiador basculante de herramientas en un centro de maquinado de husillo horizontal. (a) El brazo cambiador de herramientas está colocando un portaherramienta con un cortador en el husillo de la máquina; note el movimiento axial y de rotación del brazo. (b) El brazo regresa a su posición inicial; observe su rotación con respecto a su eje vertical después de que colocó la herramienta y los dos grados de libertad en su posición inicial.

25.2.1 Tipos de centros de maquinado

Hay varios diseños para los centros de maquinado. Los dos tipos básicos son los de husillo vertical y los de husillo horizontal, aunque muchas máquinas tienen la capacidad de operar en ambos ejes.

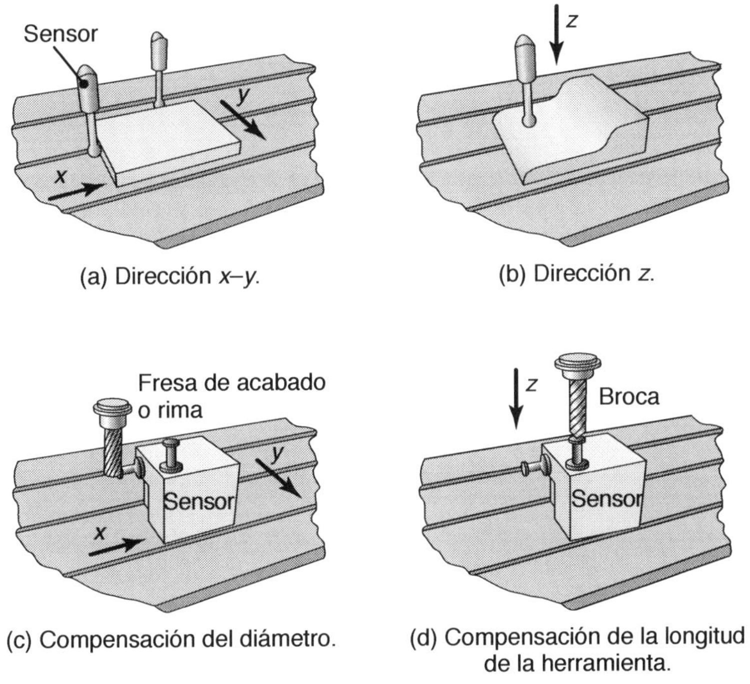

Figura 25.6 Sensores de contacto que se usan en los centros de maquinado para determinar las posiciones y superficies de la pieza de trabajo y la herramienta, en relación con la mesa o la columna de la máquina. Sensor de contacto que determina (a) la posición *x-y* (horizontal) de una pieza de trabajo; (b) la altura de una superficie horizontal; (c) la posición plana de la superficie de un cortador (es decir, para la compensación del diámetro del cortador) y (d) la longitud de una herramienta para compensarla.

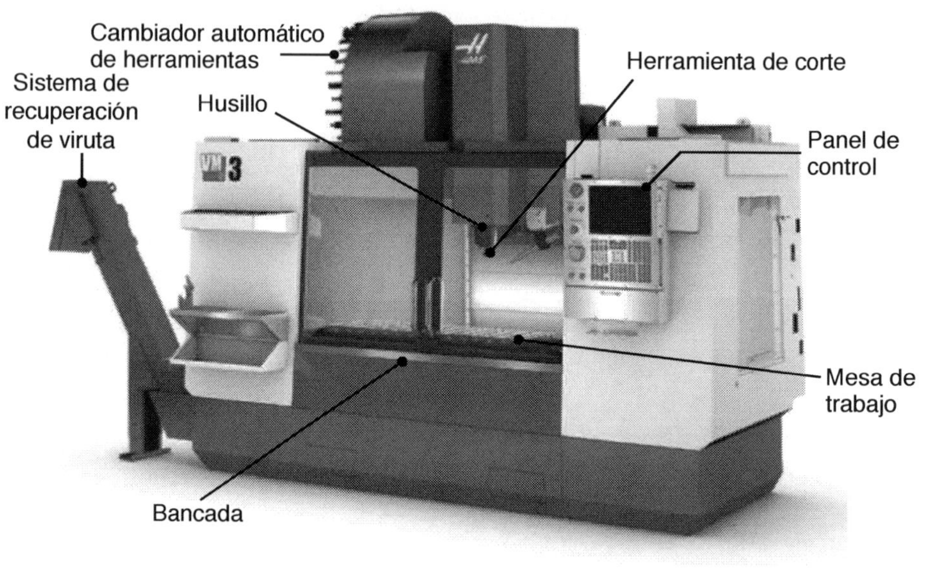

FIGURA 25.7 Centro de maquinado de husillo vertical; el cambiador de herramientas está a la izquierda de la máquina y tiene un cargador de 40 herramientas. *Fuente:* Cortesía de Haas Automation, Inc.

Centros de maquinado de husillo vertical. También conocidas como *centros de maquinado verticales* (VMC, por sus siglas en inglés), estas máquinas son capaces de realizar varias operaciones de maquinado en partes con cavidades profundas, como se requiere en la fabricación de un molde o dado (proceso también conocido como *tallado de dados*). En la figura 25.7 se muestra un centro de maquinado de husillo vertical, que es semejante a una fresadora de husillo vertical. El cargador de herramientas está a la izquierda de la máquina y todas las operaciones y movimientos se dirigen y modifican por medio del panel de control de la computadora, ubicado a la derecha. Debido a que en el maquinado vertical las fuerzas de empuje están dirigidas hacia abajo, tales máquinas tienen mucha rigidez y por ello producen partes con buena exactitud dimensional. Los VMC por lo general son menos caros que las máquinas de huso horizontal de capacidad similar.

FIGURA 25.8 Centro de torneado de control numérico computarizado. Los dos cabezales de los husillos y las torretas hacen que la máquina sea muy flexible en sus capacidades de maquinado, hay en el mercado cabezales de hasta tres torretas. *Fuente:* Cortesía de Mori Seiki Co., Ltd.

Centros de maquinado de husillo horizontal. También conocidos como *centros de maquinado horizontales* (HMC, por sus siglas en inglés), estas máquinas son apropiadas para piezas de trabajo grandes y altas que requieren ser maquinadas en varias de sus superficies. La tarima puede ser girada en diferentes ejes (vea la figura 25.3) a varias posiciones angulares.

Centros de torneado. Ésta es otra categoría de máquinas de husillo horizontal, y son básicamente *tornos* controlados por computadora con varias características. En la figura 25.8 se presenta un centro de girado de múltiples torretas. Está construido con dos husillos horizontales y dos torretas, equipado con varias herramientas de corte que se usan para realizar distintas operaciones en una pieza de trabajo que gira. Las torretas pueden estar impulsadas para permitir operaciones de taladrado o fresado dentro del centro de torneado de control numérico computarizado, sin la necesidad de reacomodar la pieza de trabajo. Por esta razón, es frecuente que tales máquinas se conozcan como centros CNC **de fresado-torneado**.

Centros de maquinado universal. Estas máquinas están equipadas con husillos tanto verticales como horizontales. Tienen diversas características y son capaces de maquinar simultáneamente todas las superficies de una pieza de trabajo, es decir en forma vertical, horizontal y en varios ángulos.

25.2.2 Características y capacidades de los centros de maquinado

A continuación se resumen las principales características de los centros de maquinado:

- Son capaces de manejar una amplia variedad de tamaños y formas de piezas con eficiencia, de manera económica y repetida, y con gran exactitud dimensional y tolerancias del orden de ± 0.0025 mm (0.0001 pulg).
- Son versátiles y capaces de cambiar con rapidez de un tipo de producto a otro.
- Se reduce el tiempo requerido para cargar y descargar las piezas de trabajo, cambiar herramientas, calibrar la parte que se maquina y resolver los problemas. Debido a la flexibilidad inherente de los centros de maquinado, la pieza de trabajo podría no necesitar cambiar de arreglo de sujeción durante el trabajo, lo que se conoce como método de *terminado en una pasada*. Mejora la productividad, se reducen los requerimientos de mano de obra (en particular la especializada) y se minimizan los costos de producción.
- Estas máquinas pueden equiparse con dispositivos que vigilen la condición de la herramienta para detectar su astillado y desgaste, así como con sensores para compensar su desgaste y posicionamiento.
- Ahora los centros de maquinado tienen características para la medición e inspección de las piezas de trabajo en proceso y después de éste.
- Estas máquinas son relativamente compactas, muy automatizadas y tienen sistemas avanzados de control, por lo que un operador puede atender dos o más centros de maquinado al mismo tiempo, lo que reduce los costos de la mano de obra.

Debido a la alta productividad de los centros de maquinado, se producen grandes cantidades de viruta que deben colectarse y eliminarse adecuadamente (*administración de la viruta*, sección 23.3.7). Existen varios diseños de sistemas para recolectar la viruta, con una o más bandas transportadoras de cadena o en espiral (tornillo) las cuales colectan las virutas que produce la máquina y las llevan a un punto de recolección (vea la figura 25.7).

Hay centros de maquinado de varios tamaños y tipos. Las capacidades más comunes llegan a ser de 75 kW (100 hp). Las velocidades máximas del husillo por lo general están en el rango de 4000 a 8000 rpm, y algunas son de hasta 75 000 rpm para aplicaciones especiales que usan cortadores de diámetro pequeño. Los husillos modernos aceleran a una velocidad de 20 000 rpm en sólo 1.5 segundos. Algunas tarimas son capaces de soportar piezas de trabajo que pesan hasta 7000 kg (15 000 lb), aunque hay de mayor capacidad para aplicaciones especiales. El costo de los centros de maquinado va desde 50 000 hasta 1 millón de dólares estadounidenses o más.

25.2.3 Selección de los centros de maquinado

Por lo general los centros de maquinado requieren un importante gasto de capital; para que sean rentables tienen que operarse más de un turno por día. En consecuencia, debe haber una demanda suficiente y continua de piezas que justifique su compra. Sin embargo, por su versatilidad inherente, los centros de maquinado se usan para producir un amplio rango de productos, en particular para la *personalización masiva* o la *manufactura justo a tiempo*, como se describe en la sección 39.5.

La selección del tipo y tamaño de los centros de maquinado depende de varios factores, en especial los siguientes:

- Tipo de productos, tamaño y complejidad de su forma.
- Tipo de operaciones de maquinado a realizar y cantidad de herramientas de corte requeridas.
- Exactitud dimensional especificada.
- Tasa de producción requerida.

CASO DE ESTUDIO 25.1 Maquinado de pistas exteriores para rodamientos en un centro de torneado

Las pistas exteriores de los baleros (figura 25.9) se maquinan en un centro de torneado. El material de inicio es un tubo de acero rodado en caliente, 52100, con diámetro exterior de 91 mm (3.592 pulg) y 75.5 mm (2.976 pulg) de diámetro interior. La velocidad de corte es de 95 m/min (313 pies/min) para todas las operaciones. Todas las herramientas son de carburo, inclusive el tronzador (usado en la última operación ilustrada), que es de 3.18 mm ($\frac{1}{8}$ pulg), en lugar de los 4.76 mm ($\frac{3}{16}$ pulg) del buril de acero de alta velocidad que se usó primero.

La cantidad de material ahorrado con este cambio es significativa, ya que el ancho de la cavidad es pequeño. El centro de torneado fue capaz de maquinar las cavidades a altas velocidades y con tolerancias repetibles de ±0.025 mm (0.001 pulg); vea también el ejemplo 23.2.

Fuente: Basado en datos de McGill Manufacturing Company.

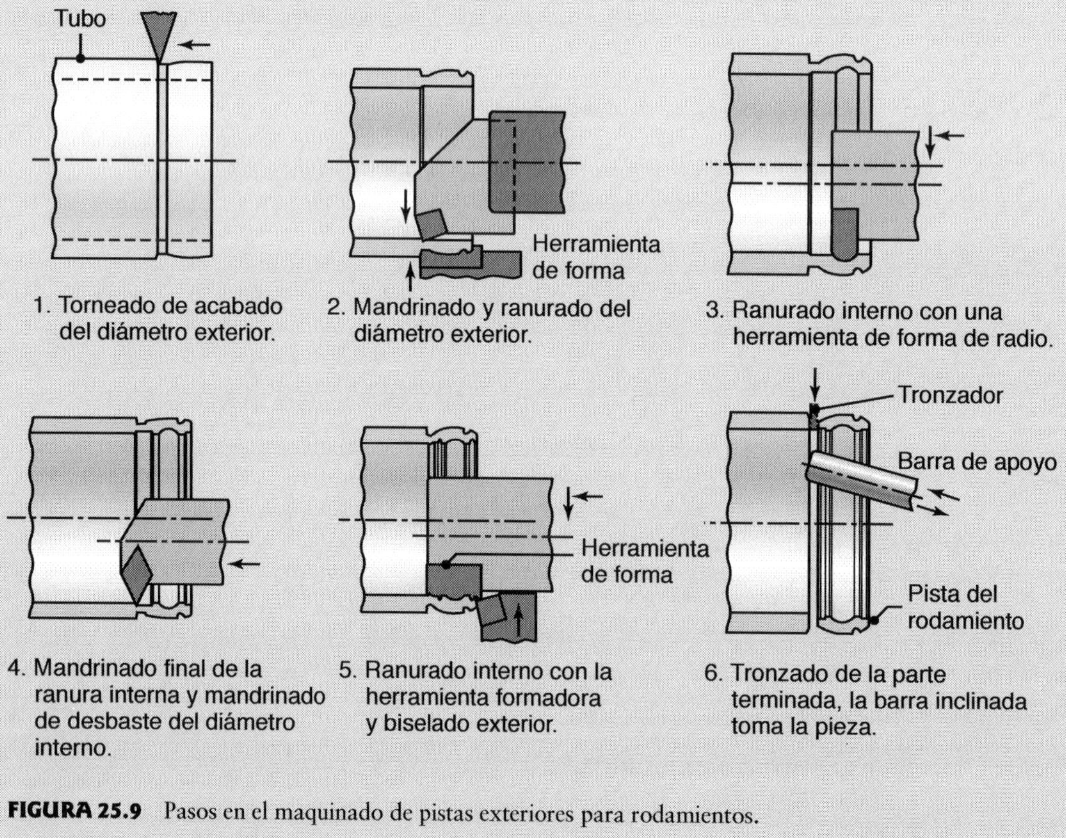

FIGURA 25.9 Pasos en el maquinado de pistas exteriores para rodamientos.

25.2.4 Máquinas y sistemas reconfigurables

La necesidad de tener flexibilidad en los procesos de manufactura ha llevado al concepto más nuevo de *máquinas reconfigurables*, que constan de varios módulos. El término reconfigurable proviene del hecho de que con el uso de hardware de computación avanzado y controladores reconfigurables, y el uso de los avances en las tecnologías de administración de la información, los componentes de la máquina se pueden disponer una y otra vez con rapidez en varias configuraciones con el fin de cumplir con demandas específicas de producción.

La figura 25.10 muestra un ejemplo de cómo puede reconfigurarse la estructura básica de un centro de maquinado de tres ejes para convertirlo en un centro de maquinado *modular*. Con tal flexibilidad, la máquina puede ejecutar diferentes operaciones de maquinado mientras recibe varios tamaños y geometrías de la pieza de trabajo y otras partes. Otro ejemplo se da en la figura 25.11, donde una máquina de cinco ejes (tres movimientos lineales y dos rotacionales) se puede reconfigurar ensamblando diferentes módulos.

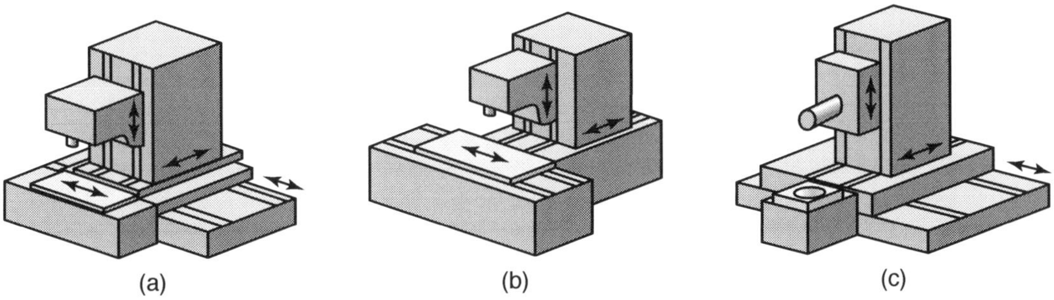

FIGURA 25.10 Ilustración esquemática de un centro de maquinado modular reconfigurable capaz de recibir piezas de trabajo de diferentes formas y tamaños, y que requieren distintas operaciones de maquinado en sus distintas superficies. *Fuente:* Tomado de Y. Koren.

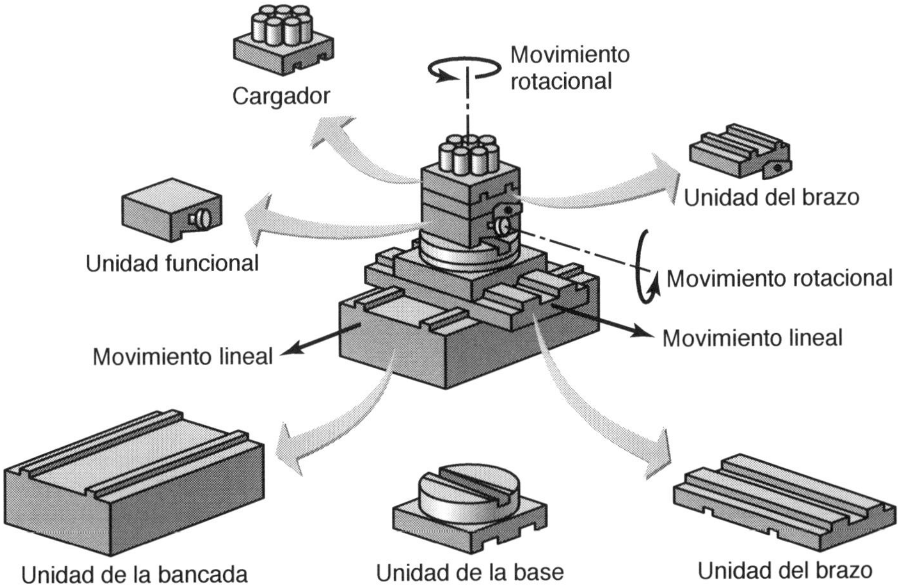

FIGURA 25.11 Ilustración esquemática del ensamblado de los distintos componentes de un centro de maquinado reconfigurable. *Fuente:* Tomado de Y. Koren.

Las máquinas reconfigurables prometen (a) mejorar la productividad y eficiencia de las operaciones de manufactura; (b) reducir el tiempo necesario para la producción y (c) dar una respuesta rápida y rentable a las demandas del mercado (vea también el capítulo 39). Estas capacidades son significativas, en especial a la vista de la introducción frecuente de nuevos productos en un mercado global muy competido, las fluctuaciones en la demanda y mezcla de los productos y las modificaciones impredecibles en el diseño del producto.

25.3 Estructuras de máquinas herramienta

Esta sección describe los aspectos de materiales y diseño de las estructuras de las máquinas herramienta que son importantes en la producción de partes con características geométricas, dimensionales y de acabado superficial aceptable.

25.3.1 Materiales

La siguiente es una lista de los materiales de uso común o que son adecuados para las estructuras de las máquinas herramienta:

- **Hierro fundido gris** Fue el primer material que se usó en las estructuras de las máquinas herramienta y tiene las ventajas de tener una buena capacidad de amortiguamiento y bajo costo, aunque su desventaja es la de ser muy pesado. La mayor parte de las estructuras de máquinas herramienta están hechas con hierro fundido de clase 40; algunas son de clase 50 (vea la tabla 12.4).
- **Estructuras de acero soldadas** (vea los capítulos 30 y 31) Son más ligeras que las de hierro fundido. Los aceros forjados, de uso común en estas estructuras, (a) existen en una amplia gama de tamaños y formas de sección, como canales, ángulos y tubos; (b) tienen buenas propiedades mecánicas; (c) poseen buenas características de manufactura, como facilidad para formarlos, maquinarlos y soldarlos, y (d) son de bajo costo. Las estructuras hechas de acero tienen razones elevadas de rigidez a peso porque usan secciones transversales como tubos y canales; sin embargo, en contraste, su capacidad de amortiguamiento es muy baja.
- Componentes de **cerámicos** (capítulos 8 y 18) Se utilizan en máquinas herramienta avanzadas por su resistencia, rigidez, resistencia a la corrosión, acabado superficial y estabilidad térmica. Los componentes de cerámicos se introdujeron por primera vez en la década de 1980. Ahora es posible fabricar husillos y rodamientos de nitruro de silicio, los cuales tienen mejores características de fricción y desgaste que los materiales metálicos tradicionales. Además, su baja densidad los hace adecuados como componentes de maquinaria de alta velocidad con movimientos rápidos recíprocos o rotatorios, en los que son deseables fuerzas inerciales bajas con el fin de mantener la estabilidad del sistema, reducir las fuerzas de inercia y con ello disminuir el tiempo sin corte en las operaciones de maquinado de alta velocidad.
- **Compósitos** (capítulo 9) Pueden ser una matriz de polímero, metal o cerámicos, con diferentes materiales de refuerzo. Las composiciones pueden hacerse a la medida para que brinden propiedades mecánicas adecuadas en los ejes seleccionados de la máquina herramienta. Aunque hoy son muy caros, es probable que los compósitos se conviertan en materiales significativos para aplicaciones de maquinado de mucha exactitud y alta velocidad.
- **Compósitos de granito-epóxico** Constan de una composición normal de 93% de granito triturado y 7% de un aglutinante epóxico; se usaron por primera vez en esmeriles de precisión y esmeriles internos a principios de la década de 1980 (vea la sección 26.4). Estos materiales compuestos tienen varias propiedades favorables: (a) facilidad de fundición, lo que permite versatilidad en el diseño de máquinas herramienta; (b) razón elevada de rigidez a peso; (c) estabilidad térmica; (d) resistencia a la degradación ambiental, y (e) buena capacidad de amortiguamiento.

- **Concreto polimérico** Mezcla de concreto triturado y plástico (comúnmente polimetilmetacrilato) y se funde con facilidad en las formas deseadas para hacer bases de máquinas y otros componentes. Aunque tiene poca rigidez (alrededor de un tercio del hierro fundido de clase 40) y baja conductividad térmica, el concreto de polímero tiene buena capacidad de amortiguamiento y también se puede usar para la construcción de emparedados con hierros fundidos, con lo que se combinan las ventajas de cada tipo de material. Puede usarse concreto simple en las estructuras de máquinas herramienta de hierro fundido para incrementar su masa y mejorar su capacidad de amortiguamiento. Otro medio que ha demostrado ser efectivo para mejorar dicha capacidad es llenar las cavidades de las bases de las máquinas con arena suelta.

25.3.2 Consideraciones de diseño de las máquinas herramienta

Por lo general las consideraciones importantes en las máquinas herramienta se refieren a los factores siguientes:

- Diseño, materiales y construcción.
- Materiales del husillo y tipo de construcción.
- Distorsión térmica de los componentes de la máquina.
- Compensación de errores y control de los componentes del movimiento a lo largo de los rieles.

Rigidez. La rigidez, que es un factor de importancia para la exactitud dimensional de una máquina herramienta, es una función de (a) el módulo de elasticidad de los materiales usados y (b) la geometría de los componentes estructurales, entre ellos el husillo, rodamientos, carro y rieles. La rigidez de la máquina aumenta con las mejoras en el diseño, como el uso de costillas interiores con arreglo diagonal.

Amortiguamiento. Éste es un factor crítico para reducir o eliminar la vibración y el traqueteo en las operaciones de maquinado. Involucra principalmente (a) los tipos de materiales usados y (b) el tipo y número de puntos de unión (soldaduras *versus* remaches) en la estructura de la máquina. Los hierros fundidos y los compuestos de matriz de polímero tienen mucha mejor capacidad de amortiguamiento que los metales o cerámicos; asimismo, a mayor cantidad de uniones en una estructura de máquina, más amortiguamiento habrá.

Distorsión térmica. Un factor importante en las máquinas herramienta es la distorsión térmica de sus componentes, lo que contribuye de manera significativa a su falta de precisión.

En las máquinas herramienta hay dos fuentes de calor:

1. *Fuentes internas*, como son los rodamientos, tornillos sin fin de bolas, carros de la máquina, motores del husillo, bombas y servomecanismos, así como la zona de corte durante el maquinado (sección 21.4).
2. *Fuentes externas*, como los fluidos de corte, hornos cercanos, calentadores, otras máquinas vecinas, luz solar y fluctuaciones en la temperatura ambiente de fuentes como unidades de aire acondicionado, respiraderos o incluso alguna puerta o ventana que se abra o cierre.

Estas consideraciones son significativas, en particular en el **maquinado de precisión** y **ultraprecisión** (sección 25.7), donde las tolerancias dimensionales y el acabado de la superficie están en el rango de nanómetros. Las máquinas herramienta usadas para estas aplicaciones están equipadas con las siguientes características:

- Varias maneras de compensar en tiempo real el error térmico y geométrico, como (a) el modelado del calor y el enfriamiento y (b) la compensación electrónica de posición exacta de los tornillos sin fin de bolas.

- Rodamientos de gas o fluido hidrostático en el husillo, lo que permite que las herramientas realicen con más facilidad movimientos precisos sin encontrar demasiada fricción o fenómenos de adherencia y deslizamiento (sección 33.4).
- Nuevos diseños de los mecanismos de tracción o fricción para un movimiento lineal más suave.
- Controles de avance y posición extremadamente finos por medio de microactuadores.
- Canales para la circulación de fluido en la base de la máquina herramienta para mantener la estabilidad térmica.

Los componentes estructurales de la máquina herramienta pueden fabricarse de materiales con mucha estabilidad dimensional y bajo coeficiente de expansión térmica, como Super-Invar (sección 3.6), granito, cerámicos y compósitos. También es viable la opción de *rediseño* para mejorar el rendimiento de máquinas antiguas.

Técnicas de ensamblado para los componentes de la máquina herramienta. Tradicionalmente, los componentes de una máquina herramienta se han ensamblado con abrazaderas roscadas y por soldadura (parte VI). Hoy día, las técnicas de ensamblado avanzado incluyen la fundición integral y la adhesión con resinas. Los rieles de acero, con su elevada rigidez, pueden fundirse del todo sobre una cama de hierro fundido empleando una tecnología de fundición híbrida. La *adhesión con resinas* se emplea para ensamblar máquinas herramienta, lo que sustituye las abrazaderas mecánicas. Los adhesivos, descritos en la sección 32.4, tienen características favorables para la construcción de máquinas herramienta ya que no requieren una preparación especial y son adecuados para ensamblar componentes tanto metálicos como no metálicos de las máquinas.

Rieles. Tradicionalmente, la preparación de los rieles de las máquinas herramienta ha requerido un gran esfuerzo. Los de hierro fundido simple, que es el material más común, requieren mucho cuidado para lograr la precisión y vida de servicio requeridas. Por lo general, los movimientos de los distintos componentes de una máquina herramienta, en sus diferentes ejes, han utilizado tornillos sin fin de bolas de alta precisión, *tornillos rotatorios* y *motores rotatorios*. Este sistema de componentes mecánicos y eléctricos tiene varias características inevitables en su diseño, como limitaciones de velocidad, restricciones en la longitud, efectos de la inercia, holgura en los engranes y otros errores, desgaste de los componentes y baja eficiencia. Los controles modernos compensan estas características con el fin de lograr más precisión, como ya se mencionó.

Unidades de motores lineales. Un *motor lineal* es como un motor eléctrico rotatorio normal que se hubiera aplanado (abierto). Es el mismo principio que se aplica en ciertos sistemas terrestres de alta velocidad en los cuales los vagones levitan por medio de fuerzas magnéticas (Maglev). En dichas unidades, las superficies deslizantes están separadas por aire y, en consecuencia, tienen muy poca fricción y pérdida de energía.

Los motores lineales de las máquinas herramienta tienen ventajas importantes:

- Sencillez y mantenimiento mínimo, puesto que hay una parte móvil sin uniones mecánicas.
- Operación suave, mayor exactitud en el posicionamiento y susceptible de repetición, en rangos tan bajos como los de fracciones de micras.
- Un amplio rango de velocidades lineales, de 1 μm/s a 5 m/s.
- Tasas de aceleración alrededor de 1 a 2 g (10 a 20 m/s^2), y de hasta 4 a 10 g para unidades pequeñas.
- Los componentes móviles no sufren ningún desgaste, puesto que no hay contacto físico entre las superficies deslizantes de la máquina.

Cimientos de la máquina. Los materiales de los cimientos, su masa y la manera en que se instalan en una planta son consideraciones importantes, ya que ayudan a reducir la vibración y no perjudican el rendimiento de la maquinaria cercana en la planta. Por ejemplo, en la instalación de una rectificadora especial para rebajar con alta precisión engranes de propulsión marina de 2.75 m (9 pies) de diámetro, los cimientos de concreto tenían una profundidad de 6.7 m (22 pies). Su gran masa, en combinación con la base de la máquina, redujo la amplitud de las vibraciones. Se obtienen resultados aún mejores cuando se instala una máquina en una losa de concreto *independiente*, es decir aislada del resto del piso de la planta por medio de dispositivos aislantes de impactos.

25.3.3 Máquinas hexápodas

Los desarrollos en el diseño y los materiales usados en las estructuras de las máquinas herramienta y sus distintos componentes tienen lugar en forma continua, con los propósitos de (a) dar flexibilidad al maquinado; (b) incrementar su envolvente de maquinado (el espacio dentro del que puede llevarse a cabo el maquinado) y (c) hacerlos más ligeros. Una estructura de máquina herramienta verdaderamente innovadora es un marco autocontenido en forma de octaedro (ocho lados).

Se les conoce como **hexápodos** (figura 25.12) o *máquinas cinemáticas paralelas unidas*, pues tienen un diseño basado en un mecanismo llamado *plataforma Stewart* (por D. Stewart) desarrollado en 1966 y usado primero para posicionar simuladores de cabinas de aeronaves. La ventaja principal de este sistema es que las uniones en el hexápodo están cargadas axialmente, por lo que las fuerzas de flexión y doblamientos laterales son mínimos y da como resultado una estructura muy rígida.

La pieza de trabajo se monta en una mesa estacionaria. Se usan tres pares de *tubos telescópicos* (llamados *puntales* o *piernas*), cada uno con su propio motor y equipado con tornillos de bola, para maniobrar un portaherramientas giratorio. Mientras que se maquinan varias características y superficies curvadas, el controlador acorta de manera automática unos tubos y extiende otros, de modo que el cortador sigue una trayectoria especificada en torno a la pieza de trabajo. En estas máquinas están involucrados seis conjuntos de coordenadas (de ahí el término *hexápodo* que significa "seis pies"): tres conjuntos lineales y tres rotacionales. Cada movimiento del cortador, incluso uno lineal simple, es traducido a las seis coordenadas de las longitudes de las

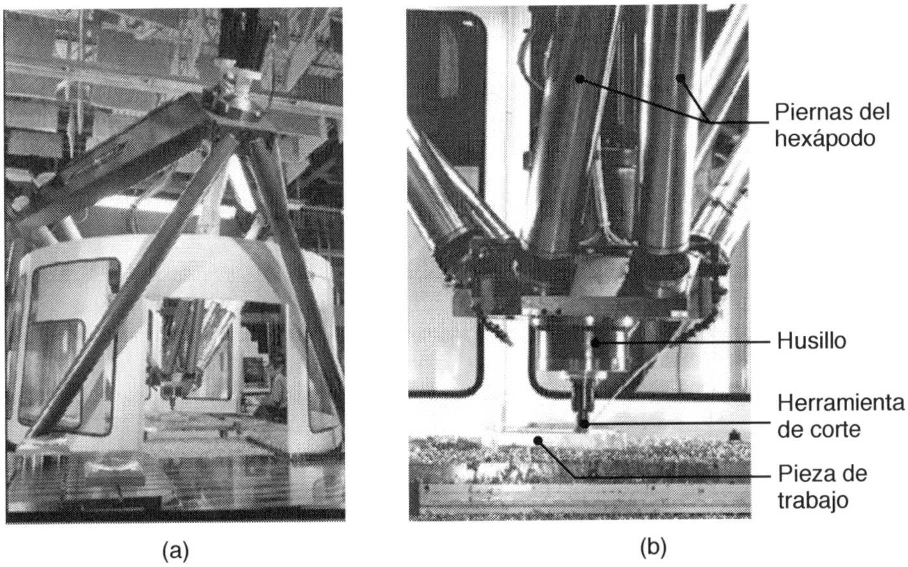

FIGURA 25.12 (a) Máquina herramienta hexápoda, donde se muestran sus componentes principales. (b) Vista detallada de la herramienta de corte en un centro de maquinado hexápodo. *Fuente:* Cortesía de National Institute of Standards and Technology.

patas con el movimiento en tiempo real. Los movimientos de las patas son rápidos; en consecuencia, se generan grandes aceleraciones y desaceleraciones que provocan fuerzas inerciales.

Estas máquinas (a) tienen mucha rigidez; (b) no son tan masivas como los centros de maquinado; (c) tienen alrededor de un tercio menos de partes que los centros de maquinado; (d) tienen una gran envolvente de maquinado (y por ello más acceso a la zona de trabajo); (e) son capaces de mantener la herramienta de corte perpendicular a la superficie que se maquina (lo que mejora la operación) y (f) tienen mucha flexibilidad (con seis grados de libertad) en la producción de partes con diferentes geometrías y tamaños, sin necesidad de volver a preparar el trabajo en curso. A diferencia de la mayoría de máquinas herramienta, éstas son básicamente portátiles; en realidad ahora se dispone de *accesorios hexápodos* que permiten que un centro de maquinado convencional se convierta con facilidad en una máquina hexápoda.

Se ha construido un número limitado de máquinas hexápodas. En vista de su potencial como máquinas herramienta eficientes, se evalúa continuamente su rendimiento con respecto a su rigidez, distorsión térmica, fricción con los puntales, exactitud dimensional, velocidad de operación, posibilidad de repeticiones y confiabilidad.

25.4 Vibración y traqueteo en las operaciones de maquinado

Al describir los procesos de maquinado y las máquinas herramienta se hizo la observación en varias ocasiones que la *rigidez de la máquina* es tan importante como cualquier otro parámetro del maquinado. Poca rigidez ocasiona *vibración* y *traqueteo* de las herramientas de corte y los componentes de la máquina, por lo que se pueden tener efectos perjudiciales en la calidad del producto. La vibración y el traqueteo al maquinar son fenómenos complejos y se revisarán en breve como guía.

La vibración y el traqueteo incontrolados pueden provocar lo siguiente:

- Mal acabado de la superficie, como se muestra en la parte central derecha de la figura 25.13.
- Pérdida de exactitud dimensional de la pieza de trabajo.
- Desgaste prematuro, astillado y falla de la herramienta de corte, consideración que es crítica con los materiales frágiles para las herramientas, como cerámicos, carburos y diamante.
- Posible daño a los componentes de la máquina herramienta por vibración excesiva.
- Ruido molesto, en particular si es de alta frecuencia como el chirrido que se escucha cuando se maquina latón en un torno.

Hay dos tipos básicos de vibración al maquinar: forzada y autoexcitada.

Vibración forzada. Por lo general la vibración forzada es ocasionada por alguna fuerza *periódica* que se genera en la máquina herramienta, como en los engranajes, desbalance de los componentes de la máquina herramienta, falta de alineación y motores y bombas. En operaciones como el fresado o torneado de un eje inclinado o con cuñero o barreno radial, las vibraciones forzadas las ocasiona el contacto periódico de la herramienta de corte con la superficie de la pieza de trabajo (vea por ejemplo las figuras 24.9 y 24.14).

La solución básica para las vibraciones forzadas consiste en *aislar* o retirar el elemento que las induce. Por ejemplo, si la frecuencia forzada es la frecuencia natural, o está cerca, de un componente del sistema de la máquina herramienta, puede aumentarse o reducirse una de las dos frecuencias. La amplitud de la vibración se reduce con el aumento de la rigidez o el amortiguamiento del sistema.

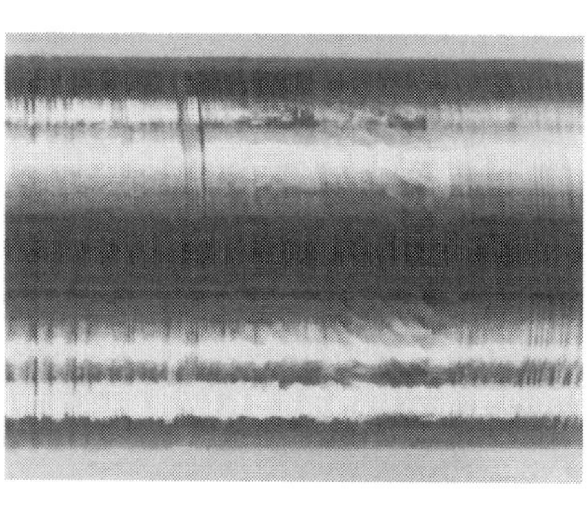

FIGURA 25.13 Marcas de traqueteo (en la parte central derecha de la fotografía) en la superficie de una parte girada. *Fuente:* Cortesía de General Electric Company.

Por lo general los parámetros de corte no parecen tener mucha influencia en la magnitud de las vibraciones forzadas; sin embargo, una gran ayuda puede ser cambiar la velocidad de corte y la geometría de la herramienta. También se reconoce que la fuente de las vibraciones se minimiza con el cambio de la configuración de los componentes de la máquina herramienta, como se hace cuando las fuerzas generadas estén cerca o actúan a través del *centro de gravedad* de un componente particular. Este método reducirá el momento de flexión del componente, con lo que se reducirán las deflexiones y mejorará la exactitud dimensional.

Vibración autoexcitada. En general se le llama **traqueteo**, es una vibración que se autoexcita por la interacción del proceso de remoción de viruta con la estructura de la máquina herramienta. Las vibraciones autoexcitadas suelen tener una amplitud muy grande y son audibles. Lo común es que el traqueteo comience con una perturbación en la zona de corte, como puede ser (a) el tipo de viruta producida; (b) falta de homogeneidad en el material de la pieza de trabajo o en su condición superficial y (c) variaciones en las condiciones de fricción en la interfase herramienta-viruta, como resultado de los fluidos de corte y su eficacia.

El tipo más importante de vibración autoexcitada es el traqueteo regenerativo, que se ocasiona cuando una herramienta corta una superficie con rugosidades o alteraciones geométricas desarrolladas en el corte previo (vea las figuras 21.2 y 21.21). De modo que la profundidad del corte varía y las variaciones resultantes en la fuerza de corte someten la herramienta a vibraciones; el proceso continúa repetidamente, de ahí el término *regenerativo*. Este tipo de vibración se observa fácilmente cuando se maneja un automóvil en una carretera en mal estado, cuando sucede el llamado *efecto lavadora.*

Las vibraciones autoexcitadas por lo general se controlan:

- Aumentando la *rigidez*, y en especial la *rigidez dinámica* del sistema; el sistema incluye no sólo la herramienta, el portaherramienta, el chasis de la máquina, etc., sino también la *pieza de trabajo* y la forma en que se sostiene.
- *Amortiguando* el sistema.

La **rigidez dinámica** se define como la razón de la amplitud de la fuerza aplicada a la amplitud de la vibración. Por ejemplo, recuerde que en la operación de trepanado, en la figura 23.24b, hay cuatro componentes de máquina implicados en las deflexiones que causarían vibraciones: (a) husillo, (b) brazo de soporte de la herramienta de corte, (c) broca y (d) herramienta de corte.

La experiencia y el análisis del sistema indicarían que, a menos que todos los componentes del sistema sean suficientemente rígidos, la operación de trepanado probablemente conducirá a traqueteo, comenzando con una vibración de torsión alrededor del eje del husillo y con el giro del brazo. Dos ejemplos similares son (a) barrenos largos y finos que sufren vibraciones de torsión y (b) herramientas de corte largas o con mal apoyo, como se ilustra en la figura 23.3.

Factores que influyen en el traqueteo. Se ha observado que la tendencia al traqueteo durante el maquinado es proporcional a las fuerzas de corte y la profundidad y ancho del corte. Debido a que las fuerzas de corte se incrementan con la resistencia (por tanto con la dureza del material de la pieza de trabajo), la tendencia al traqueteo por lo general se incrementa cuando la dureza aumenta. Entonces, las aleaciones de aluminio y magnesio, por ejemplo, tienen menos tendencia a traquetear que los aceros inoxidables martensíticos y endurecidos por precipitación, aleaciones de níquel y aleaciones refractarias de alta temperatura.

Otro factor importante en el traqueteo es el tipo de viruta producida durante las operaciones de corte. Las virutas continuas involucran básicamente fuerzas de corte estables y no causan traqueteo; por otro lado, las virutas discontinuas y aserradas (figura 21.5) sí lo hacen. Estos tipos de virutas se producen periódicamente y las variaciones resultantes en la fuerza durante el corte llegan a ocasionar traqueteo. Otros factores que contribuyen al traqueteo son el uso de herramientas o cortadores sin filo, falta de fluidos de corte y rieles y componentes desgastados en la máquina herramienta.

Amortiguamiento. El *amortiguamiento* se define como la tasa a que decaen las vibraciones. Este efecto se demuestra con los amortiguadores de un automóvil, al empujar hacia arriba y abajo la parte frontal o trasera del vehículo y observar lo rápido que cesa el movimiento vertical. El amortiguamiento es un factor importante en el control de la vibración y movimiento de la máquina herramienta; consiste en amortiguamiento interno y externo:

1. El **amortiguamiento interno** resulta de la pérdida de *energía* en los materiales durante la vibración; por ejemplo, los materiales compósitos tienen una capacidad amortiguadora mayor que el hierro fundido gris, como se aprecia en la figura 25.14. La diferencia en la capacidad de amortiguamiento de los materiales se observa fácilmente si se les golpea con un mazo y se escucha el sonido. Por ejemplo, pruebe a golpear un címbalo de latón, una pieza de concreto y una pieza de madera y escuche las variaciones de su sonido.

   Las *uniones remachadas* en la estructura de una máquina herramienta también son una fuente de amortiguamiento, su eficacia depende del tamaño, ubicación y número de uniones. Debido a que la fricción disipa energía, los movimientos pequeños relativos a lo largo de uniones secas (sin lubricar) incrementan el amortiguamiento. Como las máquinas herramienta constan de cierto número de componentes largos y pequeños, ensamblados de varias maneras, este tipo de amortiguamiento es acumulativo. En la figura 25.15 observe, por ejemplo, cómo aumenta el amortiguamiento conforme se incrementa el número de componentes de un torno y sus áreas de contacto. Sin embargo, la rigidez conjunta de la máquina herramienta disminuirá si se incrementa el número de uniones. Como se dijo e ilustró en la figura 23.17b, el amortiguamiento puede lograrse por medios mecánicos en los que la energía se disipa por la resistencia a la fricción de los componentes dentro de la estructura de una barra de mandrinado.
2. El **amortiguamiento externo** se logra con amortiguadores externos, similares a los de los automóviles o maquinaria. Con ese propósito se han desarrollado e instalado en máquinas herramienta amortiguadores especiales de vibración. La maquinaria puede instalarse en pisos y cimentaciones preparados especialmente para aislar las vibraciones forzadas, como las de otras máquinas cercanas instaladas en el mismo taller.

Lineamientos para reducir la vibración y el traqueteo. Del análisis anterior, es evidente que debe lograrse un balance entre el aumento de la rigidez de una máquina y el mayor amortiguamiento que se desea, en particular en la construcción de máquinas herramienta

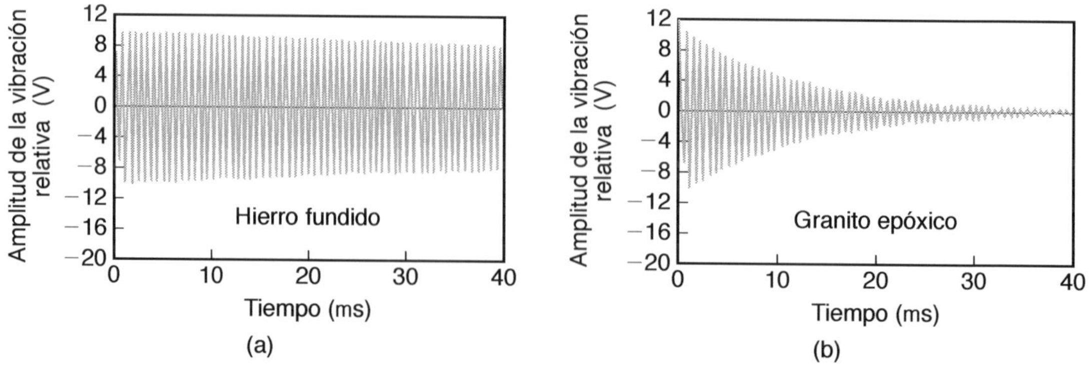

FIGURA 25.14 Capacidad amortiguadora relativa de (a) hierro fundido gris y (b) material compósito de granito epóxico. La escala vertical es la amplitud de vibración y la horizontal es la escala de tiempo.

de alta precisión. En varias secciones de los capítulos 23 y 24 se dieron lineamientos para reducir la vibración y el traqueteo en las operaciones de maquinado. Esos lineamientos básicos se resumen en lo siguiente:

- Minimizar las herramientas alargadas.
- Mejorar la rigidez de los dispositivos portaherramientas y apoyar rígidamente las piezas de trabajo.
- Modificar la herramienta y la geometría del cortador para minimizar las fuerzas.
- Cambiar los parámetros del proceso, como la velocidad de corte, avance, profundidad de corte y fluidos de corte.
- Incrementar la rigidez de la máquina herramienta y sus componentes, con la mejora de su diseño y el uso de secciones transversales más grandes así como materiales con un módulo de elasticidad mayor.
- Mejorar la capacidad de amortiguamiento de la máquina herramienta.

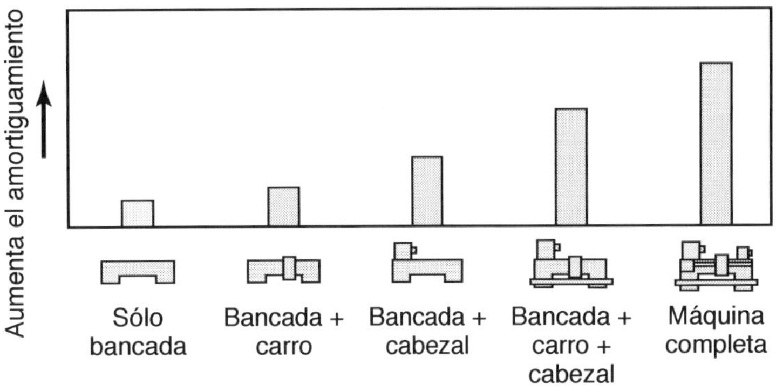

FIGURA 25.15 El amortiguamiento de las vibraciones es función del número de componentes en un torno. Las uniones disipan energía; a mayor cantidad de uniones, mayor es la capacidad de amortiguamiento de la máquina (vea también la figura 23.2). *Fuente:* Tomado de J. Peters.

25.5 Maquinado de alta velocidad

Con la demanda continua por aumentar la productividad y disminuir los costos de producción, las tendencias son para incrementar la velocidad del corte y la tasa de remoción de material en las operaciones de maquinado, en particular en las industrias aeroespacial y automotriz.

El término "alta" en *maquinado de alta velocidad* (HSM, por sus siglas en inglés) es algo relativo; sin embargo, como guía general, puede definirse un rango aproximado de velocidades de corte como sigue:

1. **Alta velocidad:** 600 a 1800 m/min (2000 a 6000 pies/min).
2. **Muy alta velocidad:** 1800 a 18 000 m/min (6000 a 60 000 pies/min).
3. **Ultra alta velocidad:** mayor que 18 000 m/min.

Las *velocidades rotacionales en el husillo* de las máquinas herramienta están ahora en el rango de hasta 50 000 rpm, aunque la industria automotriz por lo general las ha limitado a 15 000 rpm para una mayor confiabilidad y menos tiempo ocioso en caso de que ocurriera una falla. La *potencia del husillo* requerida en el maquinado de alta velocidad suele ser del orden de 0.004 W/rpm (0.005 hp/rpm), mucho menos que en el maquinado tradicional, que en general está en el rango de 0.2 a 0.4 W/rpm (0.25 a 0.5 hp/rpm). Las tasas de avance en el maquinado de alta velocidad son ahora de 1 m/s (3 pies/s) y las de aceleración de los componentes de una máquina herramienta son muy altas.

Los diseños del husillo para altas velocidades requieren *mucha rigidez* y *exactitud*, y por lo general implican un motor eléctrico integral. La armadura se construye sobre el eje y el estator se coloca en la pared de la carcasa del husillo. Los rodamientos son elementos giratorios o hidrostáticos; esto último es más deseable porque requiere menos espacio que los primeros. Debido a la *inercia* durante la aceleración y desaceleración de los componentes de la máquina herramienta, una consideración importante es el uso de materiales ligeros, como cerámicos y compósitos.

La selección de los materiales apropiados para la herramienta de corte siempre es una consideración importante. Con base en los análisis de las herramientas y su selección presentados en el capítulo 22, y en especial en la revisión de la tabla 22.2, es evidente que en función del material de la pieza de trabajo, los materiales candidatos para la herramienta en las operaciones de alta velocidad son los carburos, cerámicos, nitruro de boro cúbico y diamante.

También es importante observar que el maquinado de alta velocidad debe considerarse sobre todo para operaciones en las que el **tiempo de corte** es una parte significativa del tiempo total de la operación de maquinado conjunta. Como se describe en la sección 38.6 y el capítulo 40, el **tiempo sin corte** y otros diferentes factores son consideraciones importantes en la evaluación conjunta de los beneficios del maquinado de alta velocidad.

Estudios han indicado que el maquinado de alta velocidad es económico para ciertas aplicaciones específicas. Como ejemplos de éxito se menciona que se han maquinado: (a) componentes de aluminio estructural para aeronaves; (b) propelas de 6 m (20 pies) de diámetro para submarinos, hechas de una aleación de níquel-aluminio-bronce y con un peso de 55 000 kg (50 ton), y (c) motores de automóvil con una productividad 5 a 10 veces mayor que con el maquinado tradicional. El maquinado de alta velocidad de contornos complejos con tres y cinco ejes ha sido posible gracias a los avances de la tecnología de control CNC, como se describe al respecto de los *centros de maquinado* en este capítulo y en el 37.

Otro factor importante en la adopción del maquinado de alta velocidad ha sido el requerimiento de mejorar más las tolerancias dimensionales. Observe en la figura 21.14 que, a medida que aumenta la velocidad de corte, un gran porcentaje del calor generado lo disipa la viruta, con la herramienta y la pieza de trabajo con una temperatura cercana a la del ambiente. Esto es benéfico, ya que no hay una expansión térmica significativa y tampoco distorsión de la pieza de trabajo durante el maquinado.

Las consideraciones importantes en el maquinado de alta velocidad se resumen como sigue:

1. El diseño del husillo, para obtener rigidez, exactitud y balance a velocidades rotacionales muy altas.
2. Unidades de avance rápido.
3. Inercia de los componentes de la máquina herramienta.
4. Selección de las herramientas de corte apropiadas.
5. Parámetros de procesamiento y su control computarizado.
6. Dispositivos de sujeción del trabajo, que puedan manejar las fuerzas centrífugas.
7. Sistemas de remoción de la viruta, que sean eficaces a tasas muy altas de remoción de material.

25.6 Maquinado de alta dureza

Se ha observado que a medida que se incrementa la dureza de la pieza de trabajo, disminuye su facilidad para ser maquinada y el desgaste y la fractura, el acabado de la superficie, así como su integridad, pueden volverse problemas graves. Sin embargo, es posible maquinar metales y aleaciones duras por medio de seleccionar un material de dureza apropiada para la herramienta y con el uso de herramientas para la máquina que tengan suficiente rigidez, potencia y precisión.

Un ejemplo es el maquinado de acabado de flechas hechas de acero tratado con calor (45-65 HRC), engranes, piñones y diferentes componentes automotrices, con el empleo de herramientas de corte hechas de nitruro de boro cúbico policristalino, (PcBN), cermets o cerámicos. Esta operación se denomina *maquinado de alta dureza* o *torneado de alta dureza* (o maquinado duro) y produce partes maquinadas con buena exactitud dimensional, acabado de la superficie (tan bajo como 25 μm o 10 μpulg) e integridad de la superficie. Los factores importantes son: (a) la potencia disponible, (b) rigidez estática y dinámica de la máquina herramienta y su husillo y (c) dispositivos de sujeción del trabajo y accesorios.

Como se expuso en la sección 25.3, las tendencias en el diseño y construcción de máquinas herramienta modernas, en especial para el maquinado de alta dureza, incluyen el uso de rodamientos hidrostáticos para los husillos y deslizamientos. El cabezal y la bancada inclinados en las máquinas (vea la figura 23.11a) pueden estar hechos de *materiales compósitos de granito epóxico*, el cual tiene propiedades únicas, como una razón elevada de rigidez a ancho, estabilidad térmica y buena capacidad de amortiguamiento. La selección de la herramienta de corte y la preparación del borde también son importantes para evitar la falla prematura en el maquinado de alta dureza.

A partir de las consideraciones técnicas, económicas y ecológicas, se ha encontrado que el torneado de alta dureza compite con éxito con el proceso de *rectificado* (capítulo 26). Por ejemplo, en algunos casos específicos, el torneado de alta dureza ha sido tres veces más rápido que el rectificado, con menos operaciones para terminar la parte, y el uso de hasta cinco veces menos energía. En el ejemplo 26.4 se presenta una comparación detallada del maquinado de alta dureza *versus* el rectificado.

25.7 Maquinado de ultraprecisión

Desde el comienzo de la década de 1960 se han incrementado las demandas por la precisión de la manufactura de componentes para aplicaciones en computadoras, equipos electrónicos, nucleares y de defensa. Algunos ejemplos específicos incluyen espejos y lentes ópticos, componentes para conexión de fibra óptica, discos de memorias de computadora, equipo de metrología de todas clases y rodillos para máquinas de fotocopiado. Los requerimientos de acabado superficial son del orden de nanómetros (10^{-9} m o 0.04 μpulg) y las tolerancias dimensionales y exactitudes de la forma están en el rango de micras (μm) y submúltiplos de micra.

La tendencia hacia la manufactura de ultraprecisión sigue al alza. Las modernas **máquinas herramienta de ultraprecisión,** con controles avanzados por computadora, ahora son capaces de situar una herramienta cortadora con una exactitud cercana a 1 nm, como se ve en la figura 25.16. Asimismo, observe el lector en dicha figura que se está obteniendo mayor precisión con procesos como el maquinado abrasivo, de haz de iones, y manipulación molecular.

La herramienta de corte para el *maquinado de ultraprecisión* es casi exclusivamente un diamante monocristalino, donde el proceso se denomina **torneado de diamante.** La herramienta de diamante tiene un borde cortador pulido, con un radio muy pequeño del orden de nanómetros. El desgaste del diamante puede ser un problema significativo y los avances más recientes incluyen el **torneado de diamante criogénico,** en el cual el sistema de la herramienta se enfría con nitrógeno líquido a una temperatura de alrededor de −120 °C (−184 °F).

Los materiales de la pieza de trabajo para el maquinado de ultraprecisión incluyen aleaciones de cobre, aluminio, plata, oro, níquel electrolítico, materiales infrarrojos y plásticos (acrílicos). Con profundidades de corte en el rango de nm, los materiales duros y frágiles producen virutas continuas en un proceso conocido como **rectificado de régimen dúctil** (vea la sección 26.3.4); los cortes más profundos en los materiales frágiles producen astillas discontinuas.

Las máquinas herramientas para el maquinado de ultraprecisión están construidas con muy alta precisión y gran rigidez de la máquina, el husillo y los dispositivos de sujeción del trabajo. Estas máquinas tienen componentes hechos de materiales estructurales con poca expansión térmica y buena estabilidad dimensional (vea la sección 25.3). Se localizan en un ambiente libre de polvo, donde la temperatura está controlada hasta fracciones de grado.

Deben evitarse las vibraciones de fuentes provenientes del interior de la máquina, y externas como maquinaria en las cercanías del mismo taller. Se utiliza metrología láser (sección 35.5) para el avance y control de la

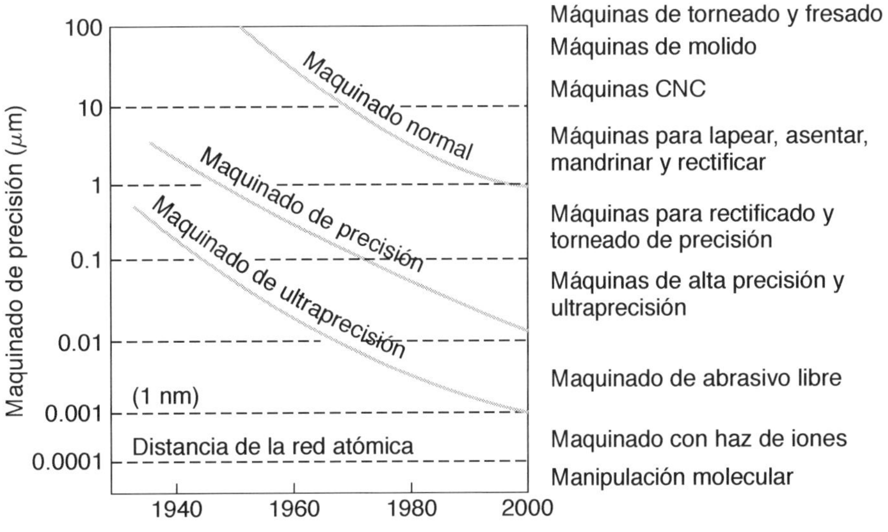

FIGURA 25.16 Mejoras en la exactitud del maquinado con el paso de los años, con el uso de tecnologías de maquinado de ultraprecisión. *Fuente:* Tomado de C. J. McKeown, N. Taniguchi, G. Byrne, D. Dornfeld y B. Denkena.

posición, y las máquinas están equipadas con sistemas muy avanzados de control por computadora y con herramientas de compensación de errores térmicos y geométricos.

Consideraciones generales para el maquinado de precisión. Hay varios factores importantes en el maquinado de precisión y ultraprecisión y en las máquinas herramientas, algo semejante a los del maquinado de alta velocidad:

1. El diseño, construcción y ensamble de las máquinas herramientas, inclusive el husillo, deben proveer rigidez, amortiguamiento y exactitud geométrica.
2. El control de movimiento de los diferentes componentes de la máquina, tanto lineal como rotacional.
3. La expansión térmica de la máquina herramienta y su compensación, además de control del ambiente de la máquina herramienta, en especial la temperatura ambiente.
4. Rendimiento y control en tiempo real de la máquina herramienta, así como la implementación de un sistema de monitoreo de las condiciones de la herramienta.

25.8 Economía del maquinado

El material y los parámetros de proceso que son relevantes para la eficiencia de las operaciones de maquinado ya se describieron en los tres capítulos anteriores. Al analizar la economía del maquinado también deben considerarse otros factores. Éstos incluyen los costos implicados en (a) las máquinas herramientas, los dispositivos y accesorios para sujetar el trabajo y herramientas de corte; (b) mano de obra y gastos asociados con los costos indirectos; (c) tiempo requerido para la puesta a punto de la máquina para una operación en particular; (d) manejo y movimiento del material, como la carga del material en bruto y la descarga de las partes maquinadas; (e) medición de la exactitud dimensional y exactitud del acabado superficial y (f) tiempos de corte y tiempos sin corte.

El tiempo real de maquinado es una consideración importante, y hay que recordar también el análisis de la sección 25.5 acerca del rol del tiempo en que no se realizan cortes en el maquinado de alta velocidad. Así, a menos que el tiempo sin corte sea una porción significativa del tiempo de taller a taller, no debe considerarse el maquinado de alta velocidad a no ser que tenga otros beneficios.

El análisis económico se basa en la capacidad de alcanzar un objetivo deseado, como la tolerancia y acabado superficial, por lo que se requiere que un proceso de maquinado sea robusto y esté bajo control (vea la sección 36.5.1). Por ejemplo, si una fresa se monta de modo que la longitud expuesta del husillo varíe aleatoriamente con cada cambio de la herramienta, entonces esto por sí solo produciría tolerancias grandes. El mismo análisis es válido para diferentes máquinas herramienta cuya rigidez dinámica y capacidad de amortiguamiento tal vez difieran (vea la sección 25.3), el uso de cortadores con diferentes número de insertos, o la pérdida del control de la temperatura ambiente, etc., todo esto puede generar variaciones que afecten de manera importante la capacidad de maquinar con exactitud.

Es posible usar el diseño de experimentos multifactorial para caracterizar el sistema máquina herramienta/pieza de trabajo/sistema operador, pero este método es complejo y tiene sus propias limitaciones. Esta sección supondrá que un proceso se ha diseñado con cuidado para que sea robusto, de modo que las variaciones en estos factores puedan ignorarse, y se pueda explorar el efecto de la velocidad de corte en la economía y la productividad.

Minimización del costo por pieza maquinada. Como en todos los procesos y operaciones de la manufactura, los parámetros relevantes en el maquinado pueden seleccionarse y especificarse en forma tal que el *costo por pieza maquinada*, así como el *tiempo por pieza maquinada*, sean mínimos. Con el tiempo se han desarrollado varios métodos y enfoques para alcanzar esta meta, que hoy es más fácil con el creciente uso de computadoras y software amigable con el usuario. Sin embargo, con objeto de que los resultados de los métodos sean confiables, es esencial que los datos de entrada sean exactos y estén actualizados. A continuación se describe uno de los métodos más sencillos y utilizados para analizar los costos del maquinado, se usa una operación de *torneado* para demostrar el enfoque.

Al maquinar una parte con torneado, el costo total por pieza maquinada, C_p, es

$$C_p = C_m + C_s + C_l + C_t, \tag{25.1}$$

donde

C_m = Costo del maquinado.
C_s = Costo de puesta a punto de la máquina, inclusive montar el cortador, colocar los accesorios y preparar la máquina herramienta para la operación.
C_l = Costo de cargar, descargar y manejo de la máquina.
C_t = Costo de las herramientas, que suele ser de alrededor de 5% del total de la operación de maquinado; por consiguiente, el uso de la herramienta menos cara no necesariamente es la forma apropiada de reducir los costos del maquinado.

El **costo del maquinado** está dado por

$$C_m = T_m (L_m + B_m), \tag{25.2}$$

donde T_m es el tiempo de maquinado por pieza, L_m es el costo de la mano de obra del personal de producción por hora y B_m es la *tasa de carga*, o *costos indirectos*, de la máquina, incluyendo depreciación, mantenimiento y mano de obra indirecta.

El **costo de puesta** a punto es una cifra de dinero fija por pieza. El **costo de cargar, descargar** y **de manejo de la máquina** es

$$C_l = T_l (L_m + B_m), \tag{25.3}$$

donde T_l es el tiempo involucrado en cargar y descargar la parte, en cambiar velocidades y tasas de avance y en hacer cualesquiera otros ajustes antes del maquinado. El **costo de las herramientas** es

$$C_t = \frac{1}{N_i} [T_c (L_m + B_m) + D_i] + \frac{1}{N_f} [T_i (L_m + B_m)], \tag{25.4}$$

donde N_i es el número de partes maquinadas por inserto de la herramienta de corte, N_f es el número de partes que se pueden producir por filo del inserto, T_c es el tiempo requerido para cambiar el inserto, T_i es el tiempo requerido para indexar el inserto y D_i es la depreciación del inserto, en dinero.

El tiempo requerido para maquinar una parte es

$$T_p = T_l + T_m + \frac{T_c}{N_i} + \frac{T_i}{N_f}, \tag{25.5}$$

donde T_m tiene que calcularse para cada operación en particular realizada sobre la parte. Por ejemplo, consideremos una operación de torneado, donde el tiempo de maquinado (vea la sección 23.2) está dado por

$$T_m = \frac{L}{fN} = \frac{\pi LD}{fV}, \tag{25.6}$$

donde L es la longitud de corte, f es el avance, N es la velocidad angular (rpm) de la pieza de trabajo, D es el diámetro de la pieza de trabajo y V es la velocidad de corte (observe que en todas estas ecuaciones deben usarse las unidades apropiadas).

De la ecuación (21.25) para la vida de la herramienta, tenemos:

$$T = \left(\frac{C}{V}\right)^{1/n}, \tag{25.7}$$

donde T es el tiempo, en minutos, requerido para alcanzar un desgaste de cierta dimensión en el flanco, después del cual la herramienta tiene que ser reacondicionada o cambiada. Observe que la herramienta podría tener que reemplazarse debido a otras razones, como el desgaste por cavidad (craterizado), borde construido o desgaste en la nariz. Este análisis se restringe al *desgaste en el flanco* como el criterio importante de falla de la herramienta, pero podría hacerse más elaborado para que incluyera otras variables. El número de piezas maquinadas por filo del inserto se desprende de la ecuación de Taylor, la ecuación 21.25, como

$$N_f = \frac{T}{T_m}, \tag{25.8}$$

y el número de piezas por inserto está dado por

$$N_i = mNf = \frac{mT}{T_m}. \tag{25.9}$$

En ocasiones no todos los bordes se utilizan antes de descartar el inserto; entonces, debe reconocerse que m corresponde al número de filos que en realidad se usan, no al número provisto por inserto. Al combinar las ecuaciones 25.6 a 25.9, resulta que

$$N_i = \frac{mfC^{1/n}}{\pi LDV^{(1/n)-1}}. \tag{25.10}$$

Ahora el costo por pieza, C_p en la ecuación (25.1) puede definirse en términos de algunas variables. Para encontrar la velocidad óptima de corte y la vida óptima de la herramienta para que el **costo sea mínimo**, debemos diferenciar C_p con respecto de V e igualar a cero. Entonces,

$$\frac{\partial C_p}{\partial V} = 0. \tag{25.11}$$

La *velocidad óptima de corte*, V_o, es

$$V_o = \frac{C(L_m + B_m)^n}{\left(\frac{1}{n} - 1\right)^n \left\{\frac{1}{m}[T_c(L_m + B_m) + D_i] + T_i(L_m + B_m)\right\}^n} \tag{25.12}$$

y la *vida óptima de la herramienta*, T_o, es

$$T_o = \left(\frac{1}{n} - 1\right)\frac{\frac{1}{m}[T_c(L_m + B_m) + D_i] + T_i(L_m + B_m)}{L_m + B_m}. \tag{25.13}$$

Para encontrar la velocidad óptima de corte y la vida óptima de la herramienta para que la **producción sea máxima,** T_p debe diferenciarse con respecto a V e igualar el resultado a cero. Entonces,

$$\frac{\partial T_p}{\partial V} = 0. \tag{25.14}$$

Así, la **velocidad óptima de corte** es

$$V_o = \frac{C}{\left[\left(\frac{1}{n} - 1\right)\left(\frac{T_c}{m} + T_i\right)\right]^n}, \tag{25.15}$$

y la **vida óptima de la herramienta** es

$$T_o = \left(\frac{1}{n} - 1\right)\left(\frac{T_c}{m} + T_i\right). \tag{25.16}$$

En las figuras 25.17a y b se presentan gráficas *cualitativas* de *costo mínimo por pieza* y *tiempo mínimo por pieza* (y por tanto la *tasa máxima de producción*). Debe observarse que el costo de maquinar una parte depende también del acabado superficial que se requiere; el costo adicional aumenta rápidamente con el acabado más fino de la superficie, como se muestra en la figura 26.35.

El análisis anterior pone de manifiesto la importancia de identificar todos los parámetros relevantes en una operación de maquinado, la determinación de varios factores de costo, la obtención de curvas de la vida de la herramienta relevantes para la operación particular y la medición apropiada de los diferentes intervalos de tiempo involucrados en la operación conjunta. La importancia de obtener datos exactos se ilustra en la figura 25.17; observe que cambios pequeños en la velocidad de corte pueden tener un efecto significativo en el costo mínimo o en el tiempo mínimo por pieza. Las velocidades y avances

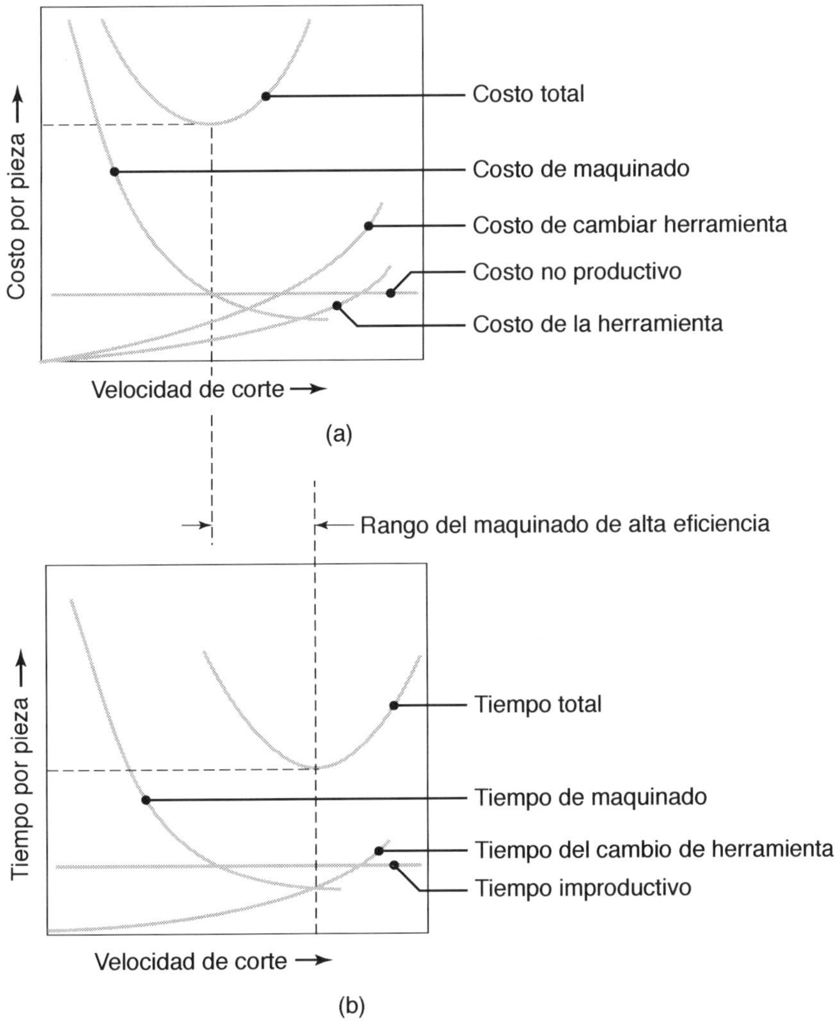

FIGURA 25.17 Gráficas que muestran (a) el costo por pieza y (b) el tiempo por pieza en el maquinado; observe las velocidades óptimas tanto para el costo como para el tiempo. El rango entre las dos se conoce como *rango del maquinado de alta eficiencia*.

recomendados en las tablas 23.4 y 24.2, por lo general, están en el *rango de maquinado de alta eficiencia*, el cual se encuentra entre las velocidades que producen la economía más rentable y la tasa de producción más elevada.

Para muchas aplicaciones, como el maquinado de acabado de superficies en fundiciones de metales suaves, el costo por pieza del maquinado es casi insensible a la velocidad de corte dentro de este rango; es decir, la curva de la figura 25.17 es casi plana. Sin embargo, con materiales difíciles de maquinar como los que se encuentran de manera rutinaria en la industria de los productos médicos y la aeroespacial, el costo por pieza es muy sensible a la velocidad de corte. En consecuencia, se debe tener gran cuidado para garantizar que el maquinado tenga lugar cerca de la velocidad deseada. Además, debe reconocerse que los datos que aparecen en las tablas 23.4 y 24.2 son un resumen de varias herramientas y grados de material; es frecuente que se disponga de datos para el maquinado de aleaciones particulares.

Es común que se haga un análisis económico para todas las operaciones de manufactura, y también puede ser una herramienta valiosa para guiar el proceso de selección. Por ejemplo, el costo por pieza en un proceso de fundición en arena para producir los materiales en bruto y en una operación de maquinado para lograr las tolerancias dimensionales finales se puede calcular a partir de una ecuación semejante a la (25.1), pero con la inclusión de los costos asociados con la fundición en arena, digamos el costo de la producción del molde, el patrón de depreciación, etc. Se puede hacer un cálculo similar con un método del proceso que use metalurgia de polvos (lo que incrementaría los costos de los dados y la maquinaria), pero que requiere menos maquinado debido a su capacidad para producir partes casi terminadas y con tolerancias estrictas, lo que reduce los costos del maquinado. Entonces, la comparación de las estimaciones del costo ayudaría a determinar una estrategia de procesamiento, como se analiza con mucho detalle en la sección 40.9.

RESUMEN

- Debido a que son versátiles y capaces de realizar varias operaciones de maquinado en piezas de trabajo pequeñas o grandes de varias formas, los centros de maquinado ahora se encuentran entre las más importantes máquinas herramienta. Su selección depende de factores como la complejidad de las partes, el número y tipo de las operaciones de maquinado a realizar, el número de herramientas de corte que se requieren y la exactitud dimensional y la tasa de producción especificada.
- La vibración y el traqueteo en el maquinado son consideraciones importantes para la exactitud dimensional de la pieza de trabajo, el acabado de la superficie y la vida de la herramienta. La rigidez y la capacidad de amortiguamiento de las máquinas herramienta son factores muy importantes para controlar la vibración y el traqueteo.
- La economía de las operaciones de maquinado depende de factores como los costos no productivos, los de maquinado, del cambio de herramienta y de las herramientas. Se pueden determinar las velocidades óptimas de corte tanto para el tiempo mínimo de maquinado por pieza como para el costo mínimo de maquinado por pieza.

TÉRMINOS CLAVE

Amortiguamiento
Brazo cambiador de herramienta
Cambiador automático de herramientas
Cambiador automático de tarimas
Centro de maquinado
Centro de maquinado universal
Centro de torneado
Construcción modular
Envolvente de trabajo
Estación verificadora de la herramienta y la parte
Hexápodos
Maquinado de alta dureza
Maquinado de alta velocidad
Maquinado de ultraprecisión
Máquinas reconfigurables
Palpadores
Rango del maquinado de alta eficiencia
Recolección de viruta
Rigidez
Rigidez dinámica
Tarima
Traqueteo
Traqueteo regenerativo
Vibración autoexcitada
Vibración forzada

BIBLIOGRAFÍA

Boothroyd, G. y Knight, W. A., **Fundamentals of Machining and Machine Tools**, 3a. ed., Marcel Dekker, 2005.

Chang, K., **Machining Dynamics: Fundamentals, Applications and Practices**, Springer, 2010.

Dashchenko, A. I. (ed.), **Reconfigurable Manufacturing Systems and Transformable Factories**, Springer, 2006.

Davim, J. P., **Machining of Hard materials**, Springer, 2011.

Davim, J. P., **Machining of Complex Sculptured Surfaces**, Springer, 2012.

Erdel, B., **High-speed Machining**, *Society of Manufacturing Engineers*, 2003.

Gegg, B. C., Suh, C. S. y Luo, C. J., **Machine Tool Vibrations and Cutting Dynamics**, Springer, 2011.

Ito, Y., **Modular Design for Machine Tools**, McGraw-Hill, 2008.

Ito, Y., **Thermal Deformation in Machine Tools**, McGraw-Hill, 2010.

Joshi, P. H., **Machine Tools Handbook**, McGraw-Hill, 2008.

Lopez de Lacalle, N., y Lamikiz, A. (eds.), **Machine Tools for High Performance Machining**, Springer, 2009.

Mickelson, D., **Hard Milling & High Speed Machining: Tools of Change**, Hanser Gardner, 2005.

Rivin, E. I., **Stiffness and Damping in Mechanical Design**, Marcel Dekker, 1999.

Schmitz, T. L. y Smith, K. S., **Machining Dynamics: Frequency Response to Improved Productivity**, Springer, 2008.

Zhang, D., **Parallel Robotic Machine Tools**, Springer, 2009.

PREGUNTAS DE REPASO

25.1 Describa las características distintivas de los centros de maquinado y explique por qué son tan versátiles estas máquinas.

25.2 Explique cómo funciona el sistema de herramientas en un centro de maquinado. ¿Cuáles son los tiempos normales para el cambio de herramientas?

25.3 Explique las tendencias en los materiales usados en las estructuras de las máquinas herramienta.

25.4 ¿Hay alguna diferencia entre el traqueteo y la vibración? Explique.

25.5 ¿Cuáles son las diferencias entre la vibración forzada y la autoexcitada?

25.6 Explique la importancia de las cimentaciones en la instalación de las máquinas herramienta.

25.7 Explique por qué los cambiadores automatizados de tarimas y los de herramientas son parte importante de los centros de maquinado.

25.8 ¿De qué tipos de materiales están fabricadas normalmente las máquinas herramienta? ¿Por qué?

25.9 ¿Qué significa construcción "modular" de las máquinas herramienta?

25.10 ¿Qué es un hexápodo? ¿Cuáles son sus ventajas?

25.11 ¿Qué factores contribuyen a los costos en las operaciones de maquinado?

25.12 Enumere las razones por las que la temperatura es importante en las operaciones de maquinado.

PROBLEMAS CUALITATIVOS

25.13 Explique los factores técnicos y económicos que llevaron al desarrollo de los centros de maquinado.

25.14 Las velocidades del husillo en los centros de maquinado varían en un amplio rango. Explique por qué es así, con aplicaciones específicas.

25.15 Explique la importancia de la rigidez y el amortiguamiento de las máquinas herramienta. Describa cómo se implementan.

25.16 ¿Hay operaciones de maquinado descritas en los capítulos 23 y 24 que no se puedan realizar en centros de maquinado y torneado? Explique con ejemplos específicos.

25.17 ¿Qué tan importante es el control de la temperatura del fluido de corte en las operaciones que se realizan en los centros de maquinado? Explique.

25.18 Revise la figura 25.10 que se refiere a centros de maquinado modulares y describa algunas piezas de trabajo y operaciones que serían apropiadas para tales máquinas.

25.19 Revise la figura 25.15 y estime la cantidad de amortiguamiento que esperaría en un hexápodo. ¿Es la vibración un problema grave en los hexápodos? Explique.

25.20 Describa los efectos perjudiciales de la vibración y el traqueteo en las operaciones de maquinado.

25.21 Describa algunas situaciones específicas en las cuales sería importante la distorsión térmica de los componentes de las máquinas herramienta.

25.22 Explique las diferencias en las funciones de una torreta y un husillo en los centros de girado.

25.23 Explique cómo se operarían los arreglos de las tarimas que se muestran en las figuras 25.4a y b al usar esas máquinas en un taller.

25.24 Revise el cambiador de herramientas que aparece en la figura 25.5. ¿Hay algunas restricciones al hacer sus operaciones más rápidas con objeto de reducir el tiempo del cambio de herramientas? Explique.

25.25 Enuncie los parámetros que influyen en la temperatura en el corte de metales y explique por qué y cómo lo hacen.

25.26 Enuncie y explique los factores que contribuyen a un mal acabado de la superficie en operaciones de maquinado.

25.27 ¿Puede realizarse el maquinado de alta velocidad sin utilizar fluidos de corte? Explique.

25.28 Además del número de uniones en una máquina herramienta (vea la figura 25.15), ¿qué otros factores influyen en la tasa a que se incrementa el amortiguamiento? Explique.

25.29 Describa los tipos y tamaños de las piezas de trabajo que no sería apropiado maquinar en un centro de maquinado. Proponga ejemplos específicos.

25.30 Además de que cada uno tenga un mínimo, ¿son importantes las formas y pendientes generales de las curvas del costo y del tiempo total en la figura 25.17? Explique.

25.31 Explique las ventajas y desventajas de las máquinas herramienta construidas con fundidos de hierro gris.

25.32 ¿Cuáles son las ventajas y desventajas de (a) estructuras de acero soldado; (b) estructuras de acero remachado y (c) los componentes de las máquinas herramienta pegados con adhesivos? Explique.

25.33 ¿Cuáles serían las ventajas y limitaciones de usar concreto o polímero de concreto en las máquinas herramienta?

25.34 Explique cómo haría para reducir cada uno de los factores de costo en las operaciones de maquinado. ¿Qué dificultades encontraría al hacerlo?

25.35 Describa las piezas de trabajo que no sería adecuado maquinar en un centro de maquinado. Dé ejemplos específicos.

25.36 Proporcione ejemplos de vibración forzada o vibración autoexcitada en la práctica general de la ingeniería.

PROBLEMAS CUANTITATIVOS

25.37 El husillo de un centro de maquinado y la herramienta se extienden 10 pulgadas desde el chasis de la máquina herramienta. Calcule el cambio de temperatura aceptable con el fin de mantener una tolerancia de 0.001 pulg en el maquinado. Suponga que el husillo está hecho de acero.

25.38 Con el uso de los datos que se dan en el ejemplo, estime el tiempo requerido para manufacturar las partes en el ejemplo 25.1 con el maquinado convencional y con el de alta velocidad.

25.39 El husillo de un centro de maquinado y la herramienta se extienden 12 pulgadas a partir del chasis de su máquina herramienta. ¿Qué cambio de temperatura podría aceptarse para mantener una tolerancia de 0.0001 pulg en el maquinado? ¿Y una de 0.001 pulg? Suponga que el husillo está hecho de acero.

25.40 En la producción de una válvula maquinada, la tasa de mano de obra es de $19.00 por hora y la tasa general del costo indirecto es de $15.00 por hora. La herramienta es un inserto de cerámico con cuatro caras y cuesta $25.00; toma cinco minutos cambiarla y un minuto indexarla. Estime la velocidad óptima de corte desde una perspectiva del costo. Use $C = 100$ para V_o expresada en m/min.

25.41 Estime la velocidad óptima de corte en el problema 25.40 para una producción máxima.

25.42 Desarrolle una ecuación para la velocidad óptima de corte en el fresado refrentado empleando un cortador con insertos.

25.43 Desarrolle una ecuación para la velocidad óptima de corte en el torneado, donde la herramienta sea de acero de alta velocidad que se puede readecuar periódicamente.

SÍNTESIS, DISEÑO Y PROYECTOS

25.44 Si usted fuera el ingeniero en jefe a cargo del diseño de centros de maquinado y torneado avanzados, ¿qué cambios y mejoras recomendaría hacer en los modelos existentes? Explique.

25.45 Revise la bibliografía técnica y plantee las tendencias en el diseño de las máquinas herramienta modernas. Explique por qué se dan dichas tendencias.

25.46 Elabore una lista de componentes de las máquinas herramienta que podrían fabricarse de cerámicos y explique por qué serían apropiados los cerámicos.

25.47 Investigue la bibliografía de varias empresas fabricantes de máquinas herramienta y prepare una tabla exhaustiva que indique las capacidades, tamaños, potencia y costos del maquinado y de centros de maquinado. Comente sobre sus observaciones.

25.48 El costo de los centros de maquinado y de torneado es considerablemente más alto que el de las máquinas herramienta tradicionales. Puesto que muchas operaciones que se realizan en centros de maquinado también podrían hacerse en máquinas convencionales, ¿cómo justificaría usted el alto costo de dichos centros? Explique con ejemplos apropiados.

25.49 En su experiencia con el uso de herramientas y otros equipos, tal vez haya pasado por situaciones en las que experimentó vibración y traqueteo. Describa su vivencia y explique lo que haría para minimizar la vibración y el traqueteo.

25.50 Describa sus reflexiones acerca de si es factible o no incluir operaciones de rectificado (vea el capítulo 26) en los centros de maquinado. Explique la naturaleza de cualesquiera dificultades que haya encontrado.

25.51 ¿Son la exactitud y el acabado superficial que se pueden lograr en un centro de maquinado, una función del número de insertos en un cortador? Explique.

25.52 El experimento siguiente está diseñado para demostrar mejor el efecto del exceso de longitud de la herramienta en la vibración y el traqueteo: Raspe con una herramienta afilada la superficie de una pieza de metal suave, sujetando la herramienta con el brazo completamente estirado. Repita el experimento, esta vez sujetando la herramienta lo más cerca posible de la pieza de trabajo. Describa sus observaciones sobre la tendencia a vibrar que vio en la herramienta. Repita el experimento con diferentes tipos de materiales metálicos y no metálicos.

25.53 Revise la parte mostrada en la figura 25.1a y enumere las operaciones de maquinado y las máquinas herramienta que recomendaría para producir dicha parte.

Operaciones de maquinado y acabado con abrasivos

CAPÍTULO 26

- El maquinado abrasivo es importante por su capacidad de dar una gran exactitud dimensional y acabado a la superficie de las partes.
- Hay una amplia variedad de procesos de acabado abrasivo, muchos de los cuales se basan en el mecanismo fundamental de la abrasión.
- Este capítulo comienza con una descripción del proceso de rectificado, el mecanismo de remoción de material, y los roles de los tipos de abrasivos y aglutinantes en las piedras de rectificado.
- Ciertas operaciones de maquinado abrasivo, como el pulido, lustrado, asentado y arenado (sanblasteado) requieren un abrasivo aglutinado o recubierto; otros, como el maquinado ultrasónico, lapeado, maquinado con chorro abrasivo, el maquinado electroquímico y el rectificado, usan abrasivos no aglutinados.
- Estos procesos se describen con todo detalle, incluyendo sus capacidades, aplicaciones y consideraciones de diseño fundamentales.
- El capítulo termina con un análisis de las consideraciones económicas de las operaciones de acabado.

Partes comunes que se fabrican: cualquier parte que requiera gran exactitud dimensional y buen acabado de la superficie, como rodamientos de bolas y balines, anillos para pistones, válvulas, levas, engranes, herramientas y dados.

Procesos alternativos: maquinado de precisión, maquinado por descarga eléctrica, maquinado electroquímico, rectificado y maquinado con chorro abrasivo.

EJEMPLOS:

26.1 Introducción

Hay muchas situaciones en la manufactura donde los procesos descritos hasta este momento no pueden producir la exactitud dimensional o el acabado de la superficie que se requieren para una parte, o el material de la pieza de trabajo es demasiado duro o muy quebradizo para su proceso. Por ejemplo, considere la exactitud y superficie tan lisa que requieren los rodamientos de bolas, pistones, válvulas, cilindros, levas, engranes, moldes y dados y numerosos componentes de precisión que se usan en la instrumentación. Uno de los métodos más comunes para producir esas características tan demandantes de las partes es el *maquinado abrasivo*.

Un **abrasivo** es una partícula pequeña, dura, con aristas afiladas y forma irregular (figura 26.1); la arena es el ejemplo más sencillo. Es capaz de remover pequeñas cantidades de material de una superficie por un proceso de corte que produce residuos diminutos. Aplicaciones familiares de los abrasivos son la *lija de papel* o *de tela*, que se usa para

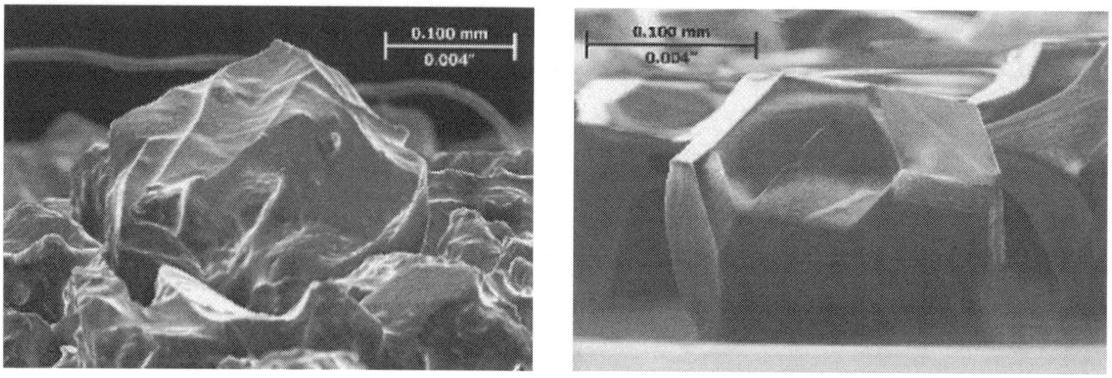

(a) (b)

FIGURA 26.1 Granos abrasivos comunes; observe la forma angular con aristas afiladas. (a) Grano aislado de Al_2O_3, con tamaño de malla 80, en una piedra abrasiva recién elaborada; (b) grano de diamante de tamaño de malla 80/100; los granos de diamante y nitruro de boro cúbico se pueden manufacturar en distintas geometrías, entre ellas la forma de "bloque" que se ilustra. *Fuente:* Cortesía de J. Badger.

FIGURA 26.2 Varios abrasivos aglutinados que se emplean en los procesos de maquinado por abrasión. *Fuente:* Cortesía de Norton Company.

alisar superficies y eliminar filos, y las *piedras abrasivas*, que se muestran en la figura 26.2, para afilar cuchillos y herramientas o dar buena exactitud a las dimensiones y el acabado de la superficie de numerosos componentes de productos. Los abrasivos también se usan para asentar, lapear, lustrar y pulir las piezas de trabajo.

Con el uso de máquinas controladas por computadora, actualmente los procesos abrasivos y sus equipos son capaces de producir una amplia variedad de geometrías para las piezas de trabajo, como puede verse en la figura 26.3, y una gran exactitud y excelentes acabados de la superficie, según se aprecia en las figuras 23.14 y 23.15, así como en la tabla 26.4. Por ejemplo, las tolerancias dimensionales de las partes llegan a ser menores de 1 μm (40 μpulg) y la rugosidad de la superficie puede ser tan fina como de 0.025 μm (1 μpulg).

Debido a que son duros, los abrasivos también se usan en los *procesos de acabado* de metales y aleaciones tratados con calor, y para partes muy duras en aplicaciones como (a) acabado de cerámicos y vidrios; (b) corte por tramos de barras, formas estructurales, mampostería y concreto; (c) eliminación de cordones y salpicaduras de soldadura; (d) creación de una superficie suave y plana en láminas de silicio para producir circuitos integrados; (e) pulido de rodamientos y rieles y (f) limpieza de superficies con chorros de aire o agua que contienen partículas abrasivas.

El capítulo comienza con la descripción de las características de los abrasivos, así como con su uso en distintos procesos de remoción de material por abrasión. Igual que con las operaciones de corte, primero se describe la mecánica de las operaciones de abrasión. Este conocimiento es esencial para facilitar la interacción (a) del material de la pieza de trabajo y las variables del proceso y (b) exactitud dimensional, acabado de la superficie e integridad de la superficie de las partes producidas.

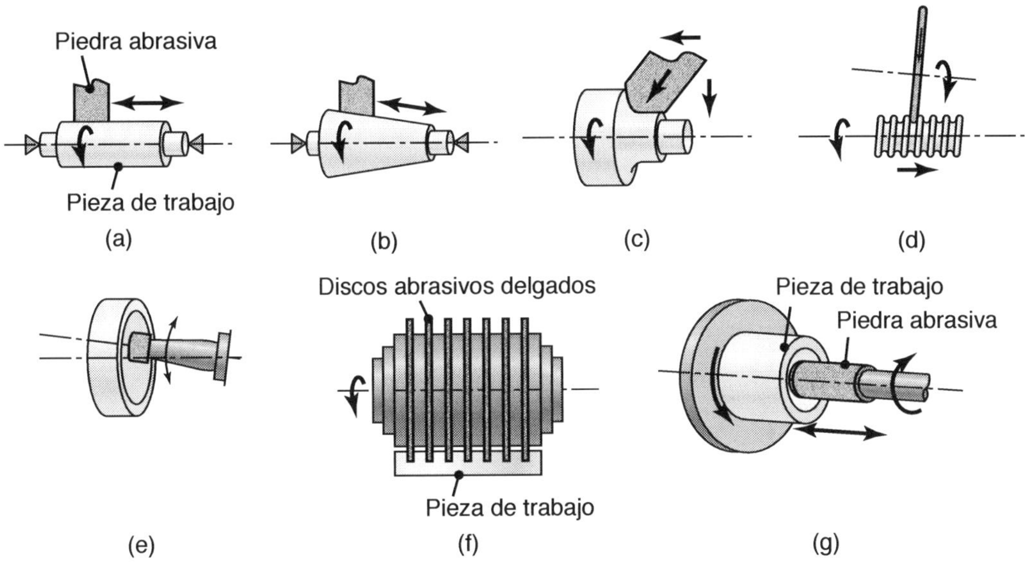

FIGURA 26.3 Tipos de piezas de trabajo y operaciones de rectificado comunes; (a) superficies cilíndricas; (b) superficies cónicas; (c) chaflanes en un eje; (d) perfiles helicoidales; (e) forma cóncava; (f) tronzado o ranurado con ruedas delgadas y (g) rectificado interior.

26.2 Abrasivos y abrasivos aglutinados

Abrasivos de uso más común en operaciones de maquinado por abrasión:

Abrasivos convencionales

- *Óxido de aluminio* (Al_2O_3)
- *Carburo de silicio* (SiC)

Superabrasivos

- *Nitruro de boro cúbico* (BNc)
- *Diamante*

Como se dijo en el capítulo 8, estos abrasivos son mucho más duros que los materiales de corte convencionales, como se ve al comparar las tablas 22.1 y 26.1 (vea también la figura 2.15). El nitruro de boro cúbico y el diamante se clasifican como superabrasivos debido a que son los dos materiales más duros que se conocen.

Además de la dureza, una característica importante de los abrasivos es su **friabilidad**, que se define como la capacidad de los granos abrasivos para fracturarse en partes más pequeñas. Esta propiedad les da sus características de *autoafilado*, esencial para mantener el filo durante el uso. Una friabilidad alta del abrasivo indica poca tenacidad o baja resistencia a la fractura. Así, un grano abrasivo muy friable se fragmenta con mayor rapidez cuando se le somete a las fuerzas del rectificado que otro con baja friabilidad. Por ejemplo, el óxido de aluminio tiene una menor friabilidad que el carburo de silicio, y por tanto una tendencia menor a fragmentarse.

La *forma* y *tamaño* del grano abrasivo también afecta su friabilidad. Por ejemplo, los granos como *bloque* que son análogos a un ángulo de ataque negativo en las herramientas de corte de un solo punto (como se observa en la figura 21.3), son menos friables que los de aspecto menos parecido a un bloque o lámina. Además, debido a que la probabilidad de que haya defectos

TABLA 26.1

Rangos de dureza Knoop de distintos materiales y abrasivos

Vidrio común	350-500
Pedernal, cuarzo	800-1100
Óxido de circonio	1000
Aceros endurecidos	700-1300
Carburo de tungsteno	1800-2400
Óxido de aluminio	2000-3000
Nitruro de titanio	2000
Carburo de titanio	1800-3200
Carburo de silicio	2100-3000
Carburo de boro	2800
Nitruro de boro cúbico	4000-5000
Diamante	7000-8000

disminuye a medida que se reduce el tamaño de los granos, los más pequeños son más fuertes y menos friables que los grandes, fenómeno conocido como *efecto del tamaño* (vea también la sección 26.3).

Tipos de abrasivo. Los abrasivos que es común encontrar en la naturaleza son la *hercinita*, *corundo* (alúmina), *cuarzo*, *granate* y *diamante*. Debido a que en su estado natural estos abrasivos por lo general contienen impurezas y poseen propiedades no uniformes, su rendimiento como abrasivos es inconsistente y poco confiable; en consecuencia, los abrasivos se han obtenido *sintéticamente* durante muchos años.

- **Óxido de aluminio** Se elaboró por primera vez en 1893 y se produce fundiendo bauxita, limaduras de hierro y carbón de coque. Los óxidos de aluminio fundidos se clasifican como *oscuros* (menos friables), *blancos* (muy friables) o de *monocristal*.
- **Gel sembrado** Se presentó por primera vez en 1987 y es la forma más pura de *óxido de aluminio no fundido*. También se le conoce como *cerámico de óxido de aluminio* y tiene un tamaño de grano de 0.2 μm (un cabello humano grueso mide alrededor de 200 μm), el cual es mucho menor que otros tipos de granos abrasivos de uso común. Estos granos están *aglomerados* (por calentamiento sin fusión, vea la sección 17.4) para formar tamaños más grandes. Debido a que son más duros que la alúmina fundida y tienen una fiabilidad relativamente mayor, los geles sembrados mantienen sus filos y son especialmente efectivos con los materiales difíciles de rectificar.
- **Carburo de silicio** Fue descubierto en 1891 y está hecho de arena de silicio y coque de petróleo. Los carburos de silicio se clasifican como *negro* (menos friable) o *verde* (más friable), y por lo general tienen una friabilidad mayor que el óxido de aluminio; por lo cual tienen una tendencia mayor a fracturarse y mantenerse afilados.
- **Nitruro de boro cúbico** Se desarrolló por primera vez en la década de 1970; sus propiedades y características se describen en las secciones 8.2.3 y 22.7.
- **Diamante** Conocido también como *diamante sintético* o *industrial*, se utilizó por vez primera como abrasivo en 1955; sus propiedades y características se describen en las secciones 8.7 y 22.9.

Tamaño del grano abrasivo. En su uso en operaciones de manufactura, por lo general los abrasivos son muy pequeños en comparación con el tamaño de las herramientas e insertos de corte descritos en los capítulos 21 y 22. Tienen aristas afiladas, por lo que permiten la remoción de cantidades muy pequeñas de material de la superficie de la pieza de trabajo, lo que resulta en un acabado muy fino de la superficie y en una exactitud dimensional excelente.

El tamaño de un grano abrasivo se identifica con un **número de grano**, lo cual es una función del tamaño de la malla que puede atravesar, de manera que cuanto más pequeño sea el grano, mayor será el número. Por ejemplo, un número de grano 10 generalmente es considerado muy grueso, el 100 es fino y el 500 es muy fino. La lija de papel y la de tela también se identifican de este modo, como puede verse con facilidad al leer el número de grano impreso al reverso de una lija o tela abrasiva.

Compatibilidad del abrasivo *versus* el material de la pieza de trabajo. Igual que al seleccionar los materiales de la herramienta de corte, la *afinidad* de un grano abrasivo con el material de la pieza de trabajo es una consideración importante. Cuanto menos reactivos sean los dos materiales, menores serán el desgaste y la pérdida de filo de los granos durante el rectificado, lo que hará que la operación sea más eficiente y cause menos daño a la superficie de la pieza de trabajo (vea los detalles en la sección 26.3.1). Por ejemplo, por su afinidad química, el diamante (que es una forma de carbono) no se puede usar para rectificar aceros, ya que se disuelve en hierro a las altas temperaturas que se generan durante el rectificado. Las siguientes recomendaciones se hacen con objeto de seleccionar abrasivos:

- **Óxido de aluminio:** aceros al carbono, aleaciones de hierro y aleaciones de aceros.
- **Carburo de silicio:** metales no ferrosos, hierros fundidos, carburos, cerámicos, vidrio y mármol.
- **Nitruro de boro cúbico:** aceros y hierros fundidos con una dureza por arriba de 50 HRC y aleaciones de alta temperatura.
- **Diamante:** cerámicos, carburos y ciertos aceros endurecidos en los que la dureza del diamante es más significativa que su reactividad con el carbono del acero.

26.2.1 Piedras abrasivas

Es común que cada grano abrasivo remueva sólo una cantidad muy pequeña de material a la vez; en consecuencia, las tasas de remoción de material muy altas sólo pueden obtenerse si un gran número de dichos granos actúan juntos. Esto se logra con el empleo de **abrasivos aglutinados**, por lo general en forma de una piedra abrasiva en la cual los granos abrasivos están distribuidos y orientados de manera aleatoria.

Como se ilustra esquemáticamente en la figura 26.4, los granos abrasivos en una piedra abrasiva se mantienen juntos por acción de un **material aglutinante** (sección 26.2.2), el cual actúa como fijador o enlace entre los granos. En los abrasivos aglutinados, la *porosidad* es esencial para dar lugar a las virutas que se van a producir, pues de otro modo no habría espacio para ellas y eso interferiría gravemente con la operación de rectificado. La porosidad se nota si se observa la superficie de una piedra abrasiva con una lente de aumento.

Hoy se cuenta con una gran variedad de tipos y tamaños de piedras abrasivas. En la figura 26.5 se muestran algunos de los tipos de piedras abrasivas de uso más común para los abrasivos convencionales; en la figura 26.6 aparecen piedras superabrasivas. Note que debido a su alto costo sólo se utiliza un pequeño volumen de material superabrasivo en la periferia de estas ruedas.

Los abrasivos aglutinados se designan con un sistema estandarizado de letras y números que indican el tipo de abrasivo, tamaño de grano, grado, estructura y tipo de aglutinante. La figura 26.7 muestra el sistema de designación para los abrasivos aglutinados de óxido de aluminio y carburo de silicio; en la figura 26.8 se ilustra el sistema de designación para los abrasivos de diamante y el nitruro de boro cúbico.

El costo de las piedras abrasivas depende de su tipo y tamaño. Las pequeñas (de hasta 25 mm, o 1 pulg de diámetro) cuestan aproximadamente de \$2 a \$15 dólares estadounidenses para abrasivos convencionales; de \$30 a \$100 para diamante y de

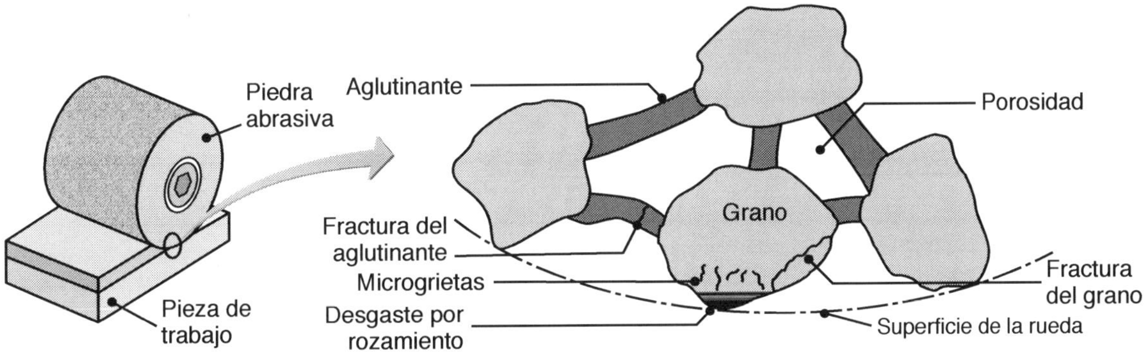

FIGURA 26.4 Ilustración esquemática de un modelo físico de una piedra abrasiva que muestra su estructura y patrones de desgaste y fractura.

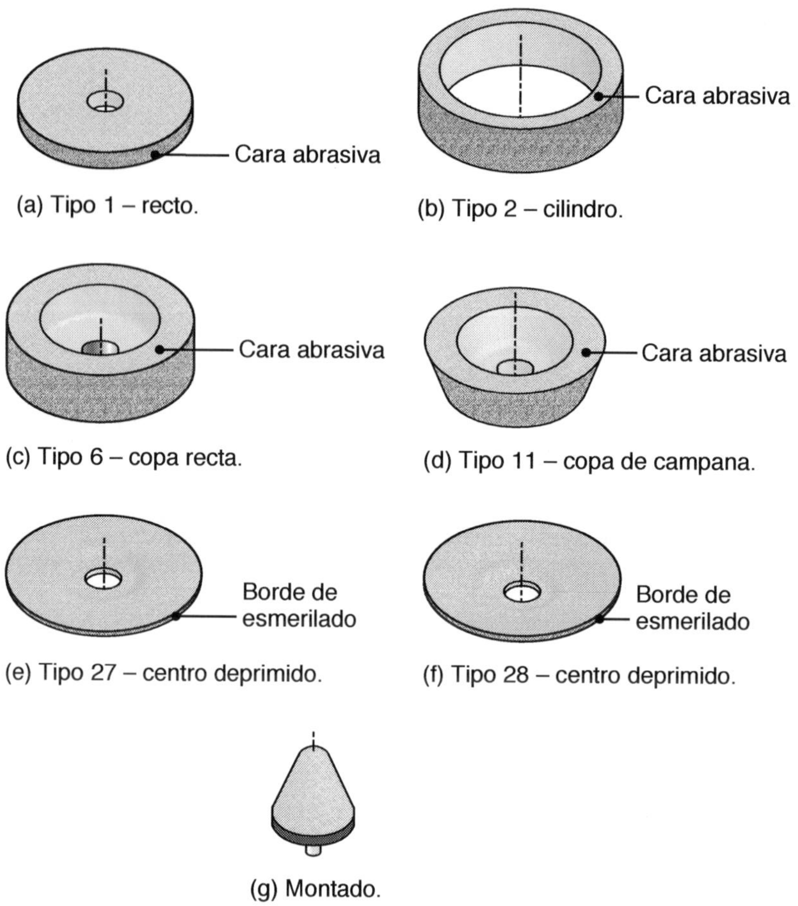

FIGURA 26.5 Tipos comunes de piedras abrasivas hechas con abrasivos convencionales; observe que cada piedra tiene una cara abrasiva específica; rectificar sobre otras superficies es inadecuado e inseguro.

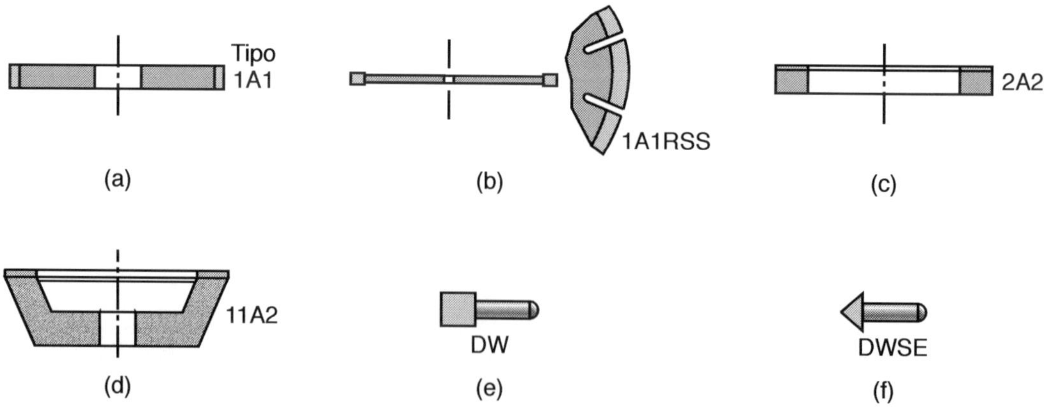

FIGURA 26.6 Ejemplos de configuraciones de piedra superabrasiva; las regiones anulares (bordes) son superficies de rectificado superabrasivas y la piedra en sí (núcleo) por lo general está hecha de metal o materiales compósitos. Los materiales aglutinadores para los superabrasivos son (a), (d) y (e) resinoide, metal o vitrificado; (b) metal; (c) vitrificado y (f) resinoide.

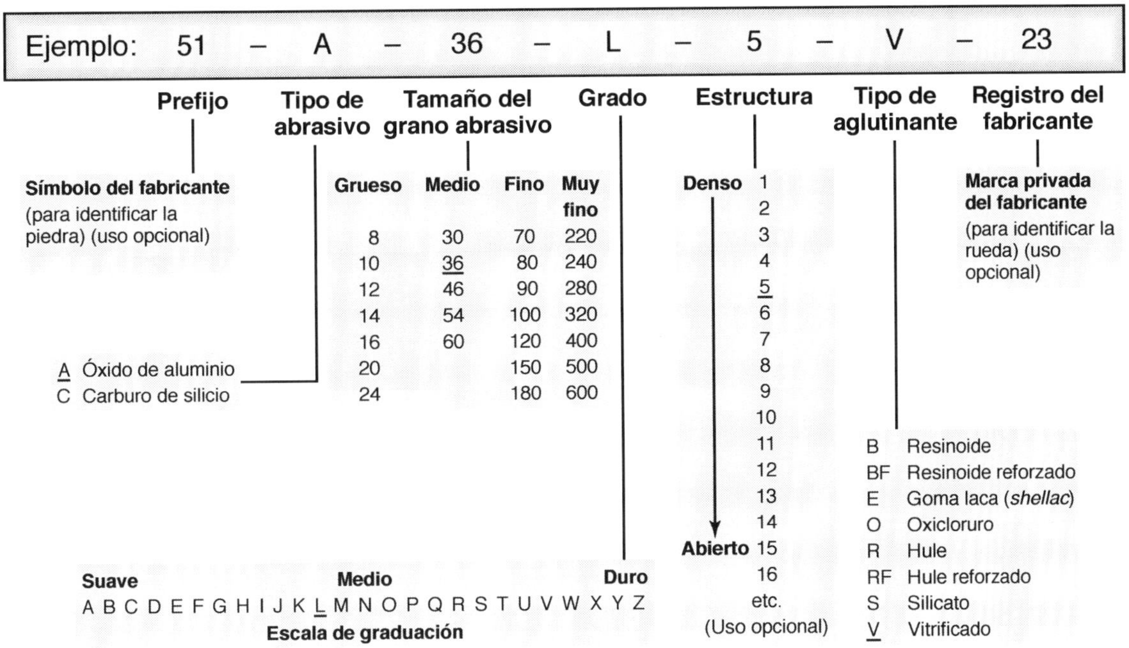

FIGURA 26.7 Sistema de designación estándar para abrasivos aglutinados de óxido de aluminio y de carburo de silicio.

$50 a $300 para ruedas de nitruro de boro cúbico. Una piedra grande de alrededor de 500 mm de diámetro y 250 mm de ancho (20 pulg × 10 pulg), cuesta $500 para abrasivos convencionales, de $5000 a $8000 para diamante, y $20 000 para nitruro de boro cúbico.

26.2.2 Tipos de aglutinantes

Los tipos comunes de aglutinantes que se usan para los abrasivos son los siguientes:

Vitrificado. También llamados *aglutinantes cerámicos*, *aglutinantes vitrificados* (del latín *vitrum*, vidrio; sección 8.4), constituyen el material más común y de mayor uso. Las materias primas consisten en feldespato (un mineral cristalino) y arcillas. Se mezclan con los abrasivos, se humedecen y moldean a presión en forma de piedras de rectificar. Después, estas piedras “verdes”, parecidas a las piezas obtenidas con metalurgia de polvos (capítulo 17), se hornean lentamente a una temperatura alrededor de 1250 °C (2300 °F) para fundir el vidrio y desarrollar resistencia estructural. Luego las ruedas se enfrían despacio (para evitar la fractura térmica ocasionada por gradientes de temperatura), se les da acabado a su tamaño, reciben la inspección de calidad y exactitud dimensional y se someten a pruebas para detectar cualesquiera defectos.

Las piedras con aglutinantes vitrificados son fuertes, rígidas y resistentes a aceites, ácidos y agua; sin embargo son frágiles y carecen de resistencia al choque mecánico y térmico. Para mejorar su resistencia durante el uso, estas piedras también se hacen con placas o copas de acero para dar un mejor apoyo estructural de los abrasivos aglutinados. El color de la piedra abrasiva se puede modificar agregando varios elementos durante su manufactura, de modo que las ruedas pueden tener un código de colores para usarlas con materiales específicos de la pieza de trabajo, como ferrosos, no ferrosos y cerámicos.

Resinoides. Los materiales aglutinantes resinoides son *resinas termoestables* y están disponibles en una amplia gama de composiciones y propiedades (secciones 7.4 y 7.7).

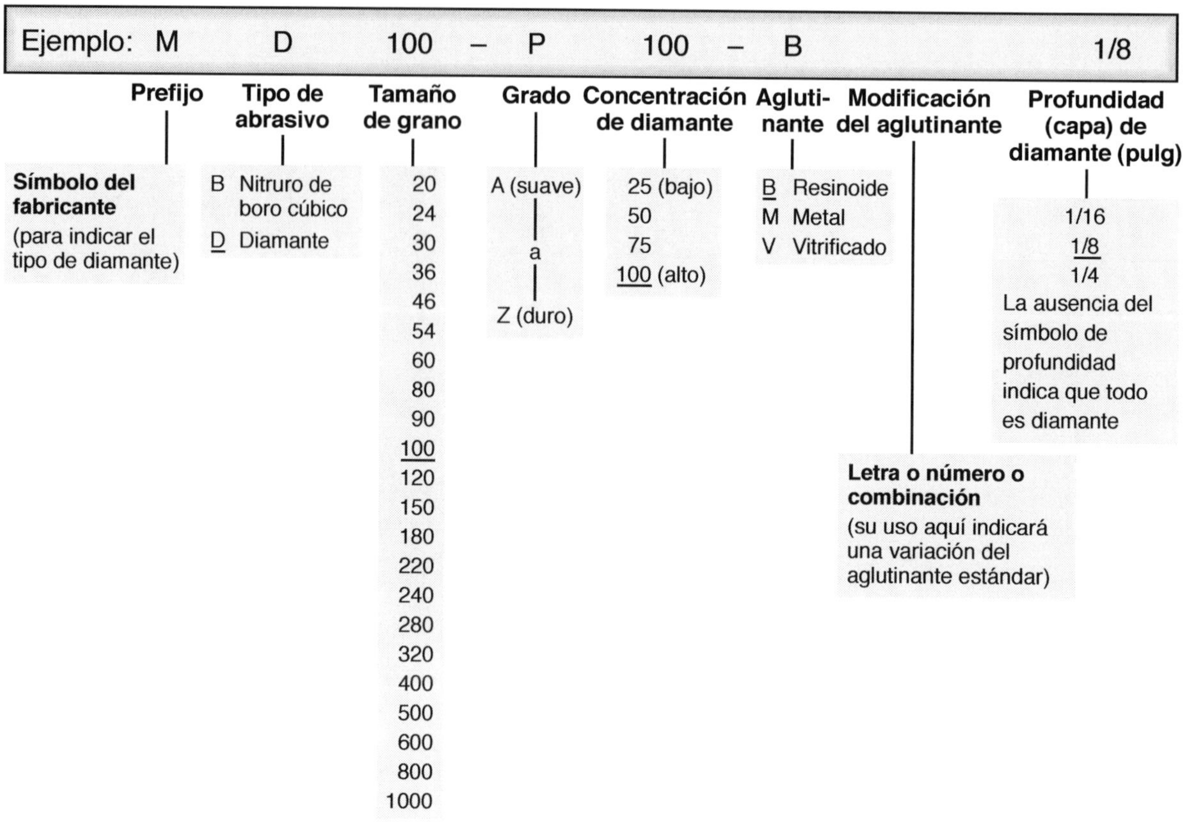

FIGURA 26.8 Sistema de designación estándar para abrasivos aglutinados de nitruro de boro cúbico y diamante.

Debido a que el aglutinante es un compuesto orgánico, las piedras con *aglutinantes resinoides* también se llaman **piedras orgánicas**. La técnica de manufactura para producirlas consiste básicamente en (a) mezclar el abrasivo con resinas y aditivos fenólicos líquidos o en polvo, luego (b) comprimir la mezcla a la forma de una piedra abrasiva y (c) curarla a temperaturas alrededor de 175 °C (350 °F) para fijar el aglutinante. Además de la compresión, el *moldeo por inyección* también se emplea para manufacturar piedras de rectificado (vea las secciones 17.3 y 19.3).

Debido a que el módulo de elasticidad de las resinas termoestables es menor que el de los vidrios (vea la tabla 2.2), las piedras de resinoide son más flexibles que las vitrificadas. Las *poliamidas* (sección 7.7) también se usan como material aglutinante en sustitución de la resina fenólica; son más robustas y resistentes a altas temperaturas.

Piedras reforzadas. Es común que estas piedras consten de una o más capas de *tejido de fibra de vidrio* (sección 8.4.2) de varios tamaños de malla. En esta estructura laminada, la fibra de vidrio proporciona refuerzo al retardar la desintegración de la piedra, en lugar de mejorar su resistencia, ante una fractura o rotura por cualquier razón durante su uso. Las piedras resinoides de gran diámetro pueden tener más apoyo si se usan uno o más anillos internos, hechos de barras de acero cilíndricas insertadas durante el moldeo de la piedra.

Termoplástico. Además de las resinas termoestables, en las piedras abrasivas también se usan aglutinantes termoplásticos (sección 7.3). Hay piedras con abrasivos de gel sólido aglutinados con termoplásticos.

Hule. La matriz más flexible que se usa en las piedras abrasivas es el hule (sección 7.9). El proceso de manufactura consiste en (a) mezclar caucho, azufre y los granos del abrasivo; (b) laminar la mezcla para formar placas; (c) cortar discos de diferentes diámetros y (d) calentar los discos bajo presión para vulcanizar el caucho. De esta manera se pueden hacer discos delgados (llamados *hojas de corte*) que se emplean como sierras para operaciones de corte.

Metal. Con técnicas de metalurgia de polvos, los granos abrasivos, por lo general diamante o nitruro de boro cúbico, están aglutinados a la periferia de una pieza metálica a profundidades de 6 mm (0.25 pulg) o menos, como se ilustra en la figura 26.5. El aglutinante metálico se fija a presión y con temperatura. La pieza en sí (el núcleo) puede ser de aluminio, bronce, acero, cerámicos o materiales compósitos, lo que depende de requerimientos como resistencia, rigidez y estabilidad dimensional. Las piedras superabrasivas pueden construirse en *capas*, de modo que una sola capa de abrasivo se adhiere o fija a una pieza metálica con la forma particular deseada. Las piedras en capas son de más bajo costo y se usan para cantidades pequeñas de producción.

26.2.3 Grado y estructura de la rueda

El *grado* de un abrasivo aglutinado es una medida de la resistencia del aglutinante, inclusive del tipo y de la cantidad de material aglutinante presente en la piedra abrasiva. Debido a que la resistencia y la dureza están directamente relacionadas (vea la sección 2.6.2), también se hace referencia al grado como una medida de la **dureza** de un abrasivo aglutinado. Entonces, por ejemplo, una piedra dura tiene un aglutinante más fuerte o una cantidad mayor de éste entre sus granos que una piedra suave.

La *estructura* de un abrasivo aglutinado es una medida de su *porosidad* (el espacio entre los granos, como se aprecia en la figura 26.4). Los rangos de la estructura van de *densa* a *abierta*, como se aprecia en la figura 26.7. Recuerde que es esencial que haya cierta porosidad para dar lugar a las virutas del rectificado, de otro modo interferirán con la operación.

26.3 Proceso de rectificado

Rectificar es un proceso de remoción de virutas que usa un grano abrasivo individual como herramienta de corte (figura 26.9a). Las principales diferencias entre la acción de un grano abrasivo y la de una herramienta de corte de un solo punto se resumen como sigue:

- Los granos abrasivos individuales tienen *formas irregulares* (figura 26.1) y están espaciados al azar a lo largo de la periferia de la piedra abrasiva (figura 26.10).
- El ángulo de ataque promedio de los granos es muy negativo, generalmente de −60° o menor; en consecuencia, las virutas del rectificado sufren una deformación plástica mucho mayor que en otros procesos de maquinado (vea la sección 21.2).
- Las posiciones radiales de los granos (sobre la superficie de la periferia de una piedra abrasiva) varían, por lo que no todos los granos están activos durante el rectificado.
- Las velocidades de la superficie de las piedras de rectificado (equivalentes a las velocidades de corte) son muy grandes, normalmente de 20 a 30 m/s (4000 a 6000 pies/min), y llegan a ser tan altas como 150 m/s (30 000 pies/min) en el rectificado de alta velocidad, que utiliza piedras especialmente diseñadas y manufacturadas.

El proceso de rectificado y sus parámetros se puede observar mejor en la operación de *rectificado superficial*, que se ilustra esquemáticamente en la figura 26.11. Una piedra

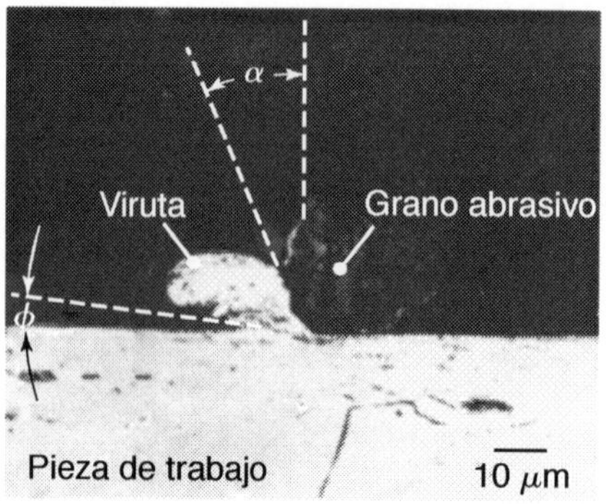

(a)

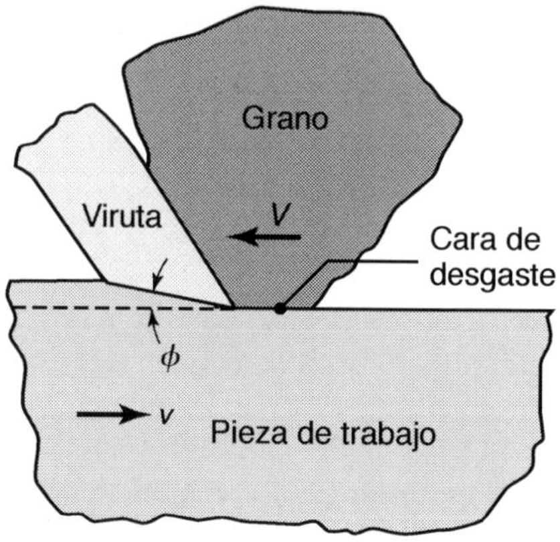

(b)

FIGURA 26.9 (a) Viruta producida por rectificado con un solo grano abrasivo; observe el gran ángulo de ataque negativo del grano. (b) Ilustración esquemática de la formación de viruta por un grano abrasivo con cara de desgaste; observe el ángulo de ataque negativo del grano y el pequeño ángulo cortante. *Fuente:* (a) Tomado de M. E. Merchant.

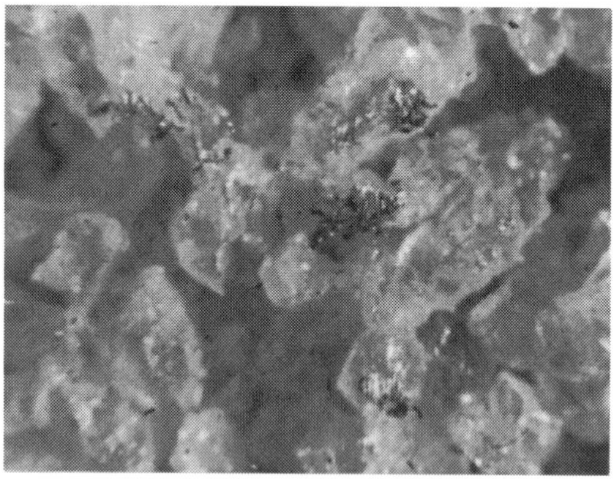

FIGURA 26.10 Superficie de una piedra abrasiva (A46-J8V) que muestra granos abrasivos, porosidad de la rueda, caras de desgaste en los granos y virutas de metal de la pieza de trabajo adheridas a los granos; observe la distribución y forma aleatorias de los granos abrasivos. Aumento: 50×.

abrasiva recta (figura 26.5a), con un diámetro D, remueve una capa de metal a una profundidad d (llamada **profundidad de corte de la piedra**). Un grano individual de la periferia de la piedra se mueve a una velocidad tangencial de V, en tanto que la pieza lo hace a una velocidad de v. Cada grano abrasivo produce una pequeña viruta, la cual tiene un *espesor no deformado* (**profundidad de corte del grano**), t, y una *longitud no deformada*, l.

En la figura 26.12 se muestran virutas comunes de las operaciones de rectificado. Observe que son delgadas y largas, igual que en el maquinado. A partir de las relaciones geométricas, se puede demostrar que la longitud de la viruta sin deformar en la superficie rectificada (figura 26.11) se obtiene con la ecuación

$$l = \sqrt{Dd} \tag{26.1}$$

y el espesor de la viruta no deformada, t, es

$$t = \sqrt{\left(\frac{4v}{VCr}\right)\sqrt{\left(\frac{d}{D}\right)}}, \tag{26.2}$$

donde C es el número de puntos de corte por unidad de área de la periferia de la piedra abrasiva. Por lo general, se estima que C está en el rango de 0.1 a 10 por mm^2 (10^2 a 10^3 por pulg^2). La cantidad r es la razón del ancho de la viruta al espesor no deformado de ésta, y tiene un valor estimado comúnmente entre 10 y 20.

Como ejemplo, l y t pueden calcularse para los siguientes parámetros de proceso: sean $D = 200$ mm, $d = 0.05$ mm, $v = 30$ m/min y $V = 1800$ m/min. Aplicando las fórmulas anteriores se obtiene

$$l = \sqrt{(200)(0.05)} = 0.32 \text{ mm} = 0.13 \text{ pulg.}$$

Si suponemos que $C = 2$ por mm^2 y que $r = 15$, se obtiene

$$t = \sqrt{\frac{(4)(30)}{(1800)(2)(15)}\sqrt{\frac{0.05}{200}}} = 0.006 \text{ mm}$$

$$= 0.00025 \text{ pulg.}$$

Debido a la deformación plástica ocurrida durante la formación de viruta, la viruta real será más corta y gruesa que los valores calculados (vea las figuras 26.9 y 26.12). Observe en este ejemplo que las dimensiones de la viruta del rectificado suelen ser mucho más pequeñas que las que comúnmente se obtienen en las operaciones de corte de metal, como se describe en el capítulo 21.

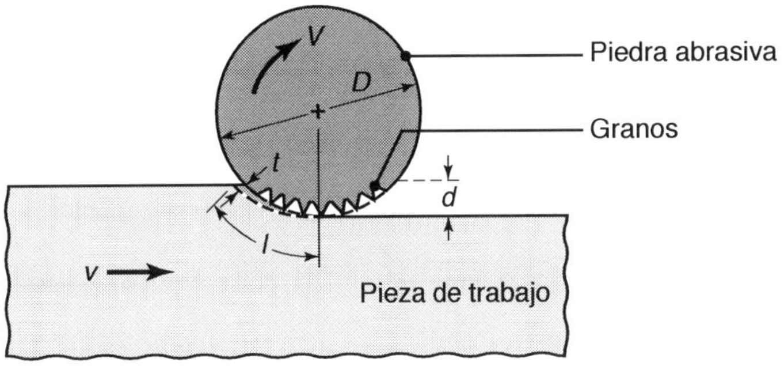

FIGURA 26.11 Ilustración esquemática del proceso de rectificado de una superficie, donde se aprecian algunas variables de la operación; la figura muestra el rectificado convencional (hacia arriba).

Fuerzas en el rectificado. El conocimiento de las fuerzas que se ejercen durante el rectificado es esencial para lo siguiente:

- Estimar los requerimientos de potencia.
- Diseñar rectificadoras así como sus dispositivos y accesorios para sujetar el trabajo.
- Determinar las deflexiones que sufren tanto la pieza de trabajo como la rectificadora, las deflexiones perjudican la exactitud dimensional y son especialmente críticas en el rectificado de precisión y ultraprecisión.

Si se supone que la fuerza de corte en el grano es proporcional al área de la sección transversal de la viruta no deformada, se puede demostrar que la **fuerza en el grano** (que actúa de manera tangencial a la piedra abrasiva) es una función de las variables del proceso:

$$\text{Fuerza en el grano} \propto \left(\frac{v}{V}\sqrt{\frac{d}{D}}\right)(\text{UTS}) \qquad (26.3)$$

Se puede demostrar que por lo pequeño de las dimensiones involucradas, las fuerzas en el rectificado suelen ser mucho menores que las que suceden en las operaciones de maquinado descritas en los capítulos 23 y 24. Las fuerzas en el rectificado deben mantenerse bajas con objeto de evitar la distorsión y para mantener una buena exactitud dimensional de la pieza de trabajo.

FIGURA 26.12 Virutas comunes, o *limaduras*, de operaciones de rectificado. (a) Limadura procedente del rectificado de un trozo convencional de broca HSS; (b) limaduras de una pieza de trabajo de carburo de tungsteno con una piedra de diamante; (c) limaduras de hierro fundido que muestran un glóbulo fundido entre ellas. *Fuente:* Cortesía de J. Badger.

TABLA 26.2

Requerimientos de la energía específica aproximada para rectificado de una superficie

Material de la pieza de trabajo	Dureza	Energía específica	
		W-s/mm^3	hp-min/pulg^3
Aluminio	150 HB	7-27	2.5-10
Hierro fundido (clase 40)	215 HB	12-60	4.5-22
Acero al bajo carbono (1020)	110 HB	14-68	5-25
Aleación de titanio	300 HB	16-55	6-20
Acero grado herramienta (T15)	67 HRC	18-82	6.5-30

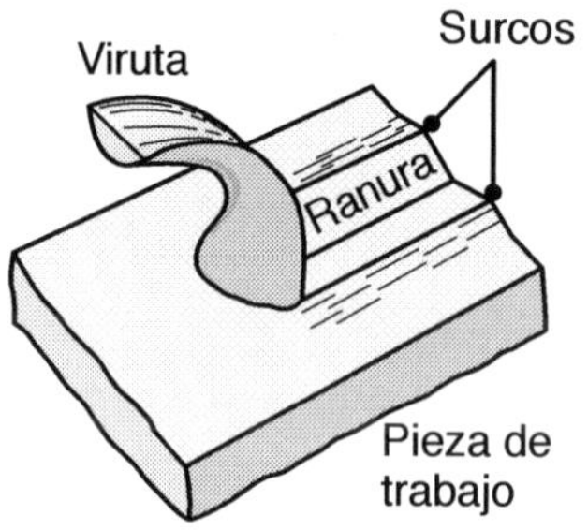

FIGURA 26.13 Formación de viruta y surco en la superficie de la pieza de trabajo, con un grano abrasivo.

Energía específica. La energía disipada en la producción de una viruta en el rectificado consiste en la energía requerida para lo siguiente:

- *Deformación plástica* en la formación de viruta.
- *Surcos*, como lo ilustra la figura 26.13 en las partes altas formadas.
- *Fricción*, causada por el frotamiento del grano abrasivo en la superficie de la pieza de trabajo.

En la figura 26.9b, observe que después de cierto uso, los granos en la periferia de la piedra abrasiva desarrollan una **cara de desgaste**, fenómeno parecido al desgaste en el flanco de las herramientas de corte que se ilustra en la figura 21.15. El aplanamiento por desgaste se talla continuamente a lo largo de la superficie, disipa energía (debido a la fricción) y por ello hace que la operación de rectificar sea menos eficiente.

La **energía específica** se define en el rectificado como la energía por unidad de volumen del material de la superficie de la pieza de trabajo, y se muestra en la tabla 26.2. Observe que los niveles de energía son mucho mayores que los de las operaciones de maquinado (tabla 21.2). Esta diferencia se atribuye a factores como la presencia de una cara de desgaste, grandes ángulos de ataque negativos en los granos abrasivos (lo que requiere más energía, sección 21.3) y una posible contribución del efecto del tamaño (cuanto más pequeña sea la viruta, mayor será la energía requerida para producirla; sección 1.5.1). Asimismo, se ha observado que con una lubricación eficaz la energía específica en el rectificado se reduce en un factor de cuatro o más.

EJEMPLO 26.1 Fuerzas al rectificar una superficie

Dado: Suponga que se lleva a cabo una operación de rectificado de una superficie de acero al bajo carbono con una piedra abrasiva de diámetro $D = 10$ pulg, que gira a $N = 4000$ rpm, y un ancho de corte de $w = 1$ pulg. La profundidad de corte es $d = 0.002$ pulg y la tasa de avance de la pieza de trabajo, v, es de 60 pulg/min.

Se solicita: El cálculo de la *fuerza del rectificado* (la fuerza tangencial a la piedra), F_c, y del *esfuerzo cortante* (la fuerza normal para la superficie de la pieza de trabajo), F_n, utilizando los datos de la energía específica.

Respuesta: La tasa de remoción de material (MRR) se determina como sigue:

$$\text{MRR} = dwv = (0.002)(1)(60) = 0.12 \text{ pulg}^3/\text{min}.$$

La potencia consumida está dada por la ecuación

$$\text{Potencia} = (u)(\text{MRR}),$$

donde u es la energía específica, obtenida de la tabla 26.2 (vea también la sección 21.3). Para acero al bajo carbono se estima que es de 15 hp-min/pulg^3. Entonces,

$$\text{Potencia} = (15)(0.12) = 1.8 \text{ hp}.$$

Debido a que 1 hp = 33 000 pies-lb/min = 396 000 pulg-lb/min,

$$\text{Potencia} = (1.8)(396\,000) = 712\,800 \text{ pulg-lb/min}.$$

Como la potencia se define así:

$$\text{Potencia} = T_w,$$

donde el par $T = F_c D/2$ y ω es la velocidad rotacional de la piedra, en radianes por minuto ($v = 2\pi N$). Entonces, se deduce que

$$712\,800 = (F_c)\left(\frac{10}{2}\right)(2\pi)(4000),$$

por lo que $F_c = 5.7$ lb. El esfuerzo cortante, F_n, se calcula directamente; sin embargo, también se puede estimar al observar en datos experimentales a partir de la bibliografía técnica que es alrededor de 30% más grande que la fuerza de corte, F_c. En consecuencia,

$$F_n = (1.3)(5.7) = 7.4 \text{ lb}.$$

Temperatura. El aumento de temperatura en el rectificado es una consideración importante, porque:

- Puede perjudicar las propiedades de la superficie de la pieza de trabajo, inclusive con cambios metalúrgicos.
- La mayor temperatura llega a ocasionar tensiones residuales en la pieza de trabajo.
- Los gradientes de temperatura en la pieza de trabajo causan distorsión debido a la expansión térmica y la contracción de la superficie de trabajo, lo que dificulta el control de la exactitud de las dimensiones.

En el rectificado, el *aumento de la temperatura de la superficie* (ΔT) se relaciona con las variables del proceso por medio de la siguiente expresión:

$$\Delta T \propto D^{1/4} d^{3/4} \left(\frac{V}{v}\right)^{1/2}. \qquad (26.4)$$

Así, la temperatura se incrementa al aumentar la profundidad de corte, d, el diámetro de la piedra abrasiva, D, y la velocidad de la piedra, V, y disminuye si aumenta la velocidad de la pieza de trabajo, v. Observe que en esta ecuación la profundidad de corte tiene el mayor exponente; por consiguiente, tiene la máxima influencia en la temperatura.

Aunque las *temperaturas pico* durante el rectificado pueden llegar a 1600 °C (3000 °F), el tiempo involucrado en la producción de viruta es de microsegundos, por lo que la viruta que se produce puede estar fundida o no. Debido a que las virutas llevan gran parte del calor que se genera, igual que las que se forman en los procesos de maquinado de alta velocidad (vea la sección 25.5), sólo una pequeña fracción del calor que se produce en el rectificado se transfiere a la pieza de trabajo. Si no fuera éste el caso, sería muy difícil rectificar piezas de trabajo con exactitud dimensional suficiente y sin causarles cambios metalúrgicos.

Chispas. Las chispas que se producen cuando se rectifican metales son en realidad virutas que brillan debido a la reacción *exotérmica* (producción de calor) de las virutas calientes con el oxígeno de la atmósfera. No se producen chispas cuando se rectifica en un ambiente libre de oxígeno o si el material de la pieza de trabajo no se oxida con rapidez a temperaturas elevadas. El color, la intensidad y forma de las chispas dependen de la composición del metal que se rectifique. Hay tablas que ayudan a identificar el tipo de metal que se trabaja a partir del aspecto de las chispas. Si el calor generado durante la reacción exotérmica es suficientemente alto las chispas se pueden fundir y adquirir una forma esférica (debido a la tensión superficial) y solidificarse como partículas de metal.

Revenido. Un aumento excesivo de temperatura durante el rectificado puede ocasionar *revenido* y *reblandecimiento* de la superficie de la pieza de trabajo. Por tanto, deben seleccionarse con cuidado las variables del proceso para evitar el aumento excesivo de temperatura. El uso de fluidos para rectificar (sección 26.4) es un medio eficaz de controlar la temperatura.

Quemado. El aumento en exceso de la temperatura durante el rectificado puede quemar la superficie de la pieza que se trabaja. Una *quemadura* se caracteriza por el color azuloso de las superficies del acero trabajado, indicación de que las altas temperaturas han causado su oxidación. Una quemadura, que se detecta por medio de grabado y técnicas metalúrgicas, puede no ser cuestionable en sí misma, a menos que las capas de la superficie hubieran sufrido *transformaciones de fase* (capítulo 4). Por ejemplo, si debido a un enfriamiento rápido se forma martensita en aceros al alto carbono, recibe el nombre de *quemadura metalúrgica*, que perjudica las propiedades de la superficie de las partes terminadas y reduce su ductilidad y tenacidad.

Agrietamiento térmico. Las temperaturas elevadas al rectificar llegan a ocasionar que la superficie de la pieza que se trabaja desarrolle grietas, condición que se conoce como *agrietamiento por calor*. Las grietas suelen ser perpendiculares a la dirección del rectificado, aunque en condiciones graves también llegan a aparecer grietas paralelas. Como es de esperar, una superficie así carece de tenacidad y tiene poca resistencia a la fatiga y a la corrosión. El agrietamiento térmico también ocurre en dados durante la fundición de dados, como se describe en la sección 11.4.5.

Esfuerzos residuales. Los gradientes de temperatura en el interior de la pieza de trabajo durante el rectificado son las causas principales del desarrollo de *esfuerzos residuales*. Los fluidos para rectificar y su método de aplicación, así como parámetros del proceso como la profundidad de corte y las velocidades, influyen en gran manera en la magnitud y tipo de esfuerzos residuales. Dados los efectos adversos de los esfuerzos residuales sobre la resistencia a la fatiga, se deben seleccionar con cuidado las variables del proceso. Usualmente, los esfuerzos residuales se pueden reducir si se disminuye la velocidad de la piedra abrasiva y se incrementa la velocidad de la pieza de trabajo, proceso que se denomina **rectificado de bajo esfuerzo** o *rectificado benigno*. También se pueden usar piedras de grado suave, conocidas como piedras abrasivas de **corte libre**, para reducir dichos esfuerzos.

26.3.1 Desgaste de la piedra abrasiva

Igual que el desgaste de las herramientas de corte, el de la piedra abrasiva es una consideración importante porque perjudica la forma y exactitud dimensional de las superficies terminadas. El desgaste de las piedras abrasivas lo causan tres diferentes mecanismos: desgaste del grano por rozamiento, fractura del grano y fractura del aglutinante.

Desgaste del grano por rozamiento. En el *desgaste por rozamiento*, que es semejante al desgaste en el flanco de las herramientas de corte (vea la figura 21.15), los bordes de corte de un grano que originalmente tienen filo, lo pierden y desarrollan una *cara plana* (figura 26.9b). Este tipo de desgaste implica reacciones tanto físicas como químicas y lo causa la interacción del grano con el material de la pieza de trabajo. Estas reacciones son complejas, implican difusión, degradación química o descomposición del grano, fracturas a escala microscópica, deformación plástica y fusión.

El desgaste por rozamiento es poco cuando los dos materiales (es decir, el grano y la pieza de trabajo) son *inertes químicamente* uno respecto al otro, de forma muy parecida a lo estudiado en las herramientas de corte (vea la sección 22.1). Cuanto más inertes sean los materiales, menor es la tendencia a reaccionar y adherirse entre el grano y la pieza de trabajo. Entonces, por ejemplo, como el óxido de aluminio es relativamente inerte con respecto al hierro, su tasa de desgaste por rozamiento cuando se usa para rectificar aceros es mucho menor que la del carburo de silicio y el diamante. Por el contrario, el carburo de silicio se disuelve en el hierro, de modo que no es apropiado para rectificar aceros. El nitruro de boro cúbico es más inerte con respecto a los aceros, lo que lo hace adecuado para su uso como abrasivo.

Fractura del grano. Debido a que los granos abrasivos son frágiles, sus características de fractura en el rectificado son significativas. Si la cara plana causada por rozamiento es excesiva, el grano pierde su filo, el rectificado se vuelve ineficiente y produce temperaturas altas e indeseables. Lo ideal es que un grano sin filo se fracture o fragmente a una tasa moderada, de manera que se produzcan continuamente nuevos bordes cortadores afilados mientras se rectifica. Esta situación es equivalente a romper una pieza de gis roma, o una piedra, en dos o más pedazos con el fin de crear nuevas aristas con filo (vea la sección 26.2 acerca de la *friabilidad*).

La selección del tipo y tamaño del grano para una aplicación particular también depende de la tasa de desgaste por rozamiento. Una combinación de materiales grano-pieza de trabajo que tenga un gran desgaste por rozamiento y baja friabilidad de los granos los hace perder el filo y desarrolla una cara plana grande. En ese caso el rectificado se vuelve ineficiente y es probable que se causen daños en la superficie, como el quemado.

Fractura del aglutinante. La resistencia del aglutinante (*grado*) es un parámetro importante en el rectificado. Por ejemplo, si es demasiado fuerte los granos sin filo no se pueden desprender, lo que a su vez impide que otros granos lleguen a la circunferencia de la piedra abrasiva para entrar en contacto con la pieza de trabajo. Y al contrario, si el aglutinante es demasiado débil, los granos se desprenden con facilidad y la tasa de desgaste de la piedra aumenta. En este caso es difícil mantener la exactitud dimensional.

En general, para materiales duros se recomiendan aglutinantes suaves para reducir los esfuerzos residuales y el daño térmico en la pieza de trabajo. Las piedras de grado alto se utilizan para materiales suaves con objeto de remover grandes cantidades de material a tasas elevadas.

26.3.2 Relación de rectificado

El desgaste de la piedra abrasiva por lo general se correlaciona con la cantidad de material de la pieza de trabajo terminada por medio de un parámetro llamado *relación de rectificado*, G, definida como

$$G = \frac{\text{Volumen del material removido}}{\text{Volumen del desgaste de la piedra abrasiva}}. \quad (26.5)$$

En la práctica, las razones de rectificado varían mucho, de 2 a 200 y aún más, lo que depende del tipo de piedra, material de la pieza de trabajo, fluido para rectificar y parámetros del proceso como profundidad de corte y velocidades de la piedra abrasiva y la pieza de trabajo. Se ha demostrado que los fluidos para rectificar eficaces incrementan la razón de rectificado en un factor de 10 o más, lo que mejora mucho la vida de la piedra.

Durante el rectificado, una piedra en particular puede **trabajar suave** (es decir tener una alta tasa de desgaste) o **trabajar duro** (baja tasa de desgaste), sin que importe su grado. Observe, por ejemplo, que un lápiz común trabaja suave cuando se escribe en papel áspero, pero trabaja duro cuando se escribe en papel suave, aun cuando sea el mismo lápiz. El trabajar duro o suave es una función de la fuerza ejercida sobre el grano individual en la periferia de la piedra abrasiva. A mayor fuerza, mayor será la tendencia de los granos a fracturarse o desprenderse de la superficie de la piedra, con lo que la piedra se desgastará más y en consecuencia disminuirá la razón de rectificado.

Observe que en la ecuación (26.3), la fuerza del grano se incrementa con la resistencia del material de la pieza de trabajo, velocidad del trabajo y profundidad de corte, y disminuye con la mayor velocidad de la piedra y su diámetro; así, una piedra abrasiva trabaja suave cuando aumentan v y d o cuando disminuyen V y D. Observe también que no siempre es deseable tratar de obtener en la práctica una alta razón de rectificado (para extender la vida de la piedra), ya que las razones elevadas indican pérdida del filo del grano, con el posible daño a la superficie de la pieza de trabajo. Una razón baja es aceptable cuando el análisis técnico y económico así lo justifican.

EJEMPLO 26.2 Acción de una piedra abrasiva

Dado: Se lleva a cabo una operación de rectificado de una superficie con la piedra a velocidad constante de su eje. Suponga que la profundidad de corte, *d*, permanece constante y que la piedra es rehabilitada en forma periódica (vea la sección 26.3.3).

Se solicita: ¿La piedra trabajará suave o duro a medida que se desgaste con el tiempo?

Respuesta: En relación con la ecuación (26.3), note que los parámetros que cambian con el tiempo en esta operación son el diámetro de la piedra, *D*, y la velocidad de su superficie, *V*. A medida que *D* se hace más pequeño, aumenta la fuerza relativa del grano, por lo que la piedra abrasiva trabaja más suave. Para asimilar los cambios debidos a la reducción del diámetro de la piedra con el tiempo, o para tomar provisiones para usar piedras de diferentes diámetros, algunas rectificadoras están equipadas con motores con ejes de velocidad variable.

26.3.3 Afilado, ajuste y conformado de piedras abrasivas

Afilado es el proceso de (a) *acondicionar*, para producir *nuevos bordes afilados* en granos sin filo en la superficie rectificadora de una piedra, y (b) *ajustar*, para obtener de nuevo un *verdadero círculo* en una piedra que haya perdido la redondez. Es necesario afilar una piedra abrasiva cuando el desgaste por rozamiento haya sido excesivo y elimine su filo, lo que se llama **vidriado** (debido al aspecto brillante de la superficie de la piedra), o cuando la piedra quede *cargada* (vea enseguida). Para las piedras suaves, el ajuste y afilado se hacen por separado, pero para piedras más duras, como las de BNc, las dos operaciones se hacen a la vez.

La **carga** de una piedra abrasiva ocurre cuando las porosidades de su superficie (figura 26.10) se llenan o saturan con virutas de la pieza de trabajo. La carga puede ocurrir mientras se rectifican materiales suaves o por la selección inadecuada de las piedras o los parámetros del proceso. Una piedra cargada es ineficaz en el rectificado y genera mucho calor por fricción, lo que daña la superficie, además de la pérdida de exactitud en las dimensiones de la pieza de trabajo.

Las técnicas para afilar piedras abrasivas son las siguientes:

- Una *herramienta con punta de diamante* especialmente diseñada, o un *conglomerado de diamante*, se mueve a través del ancho de la cara que rectifica de una piedra abrasiva que gira y, en cada pasada, elimina una pequeña capa de la superficie de la piedra. Este método se lleva a cabo en seco o con humedad, lo que depende de si la piedra se va a utilizar seca o húmeda, respectivamente. Sin embargo, en la práctica puede ser importante el desgaste que sufra el diamante ante piedras duras y se requerirá utilizar un disco de diamante o una piedra en forma de copa.
- Se presiona manualmente contra la piedra un conjunto de *discos de acero en forma de estrella*. El material se elimina de la superficie de la piedra al triturar los granos; como resultado, este método produce una superficie irregular en la piedra y se usa solamente para operaciones de rectificado grueso, en rectificadoras de banco o pedestal.
- Pueden usarse *varillas abrasivas* para afilar piedras abrasivas, en particular si son suaves; aun cuando esta técnica no es adecuada para realizar operaciones de rectificado de precisión.
- Las técnicas para afilar piedras de diamante aglutinadas con metal implican el uso de *descarga eléctrica* y *maquinado electroquímico*, como se describe en el capítulo 27. Estos procesos erosionan capas muy delgadas del aglutinante metálico y exponen así nuevos bordes cortantes del diamante.
- El afilado para el rectificado de conformación implica *afilado por compresión* o *formado por compresión*. El proceso consiste en presionar un rodillo metálico contra la superficie de la piedra abrasiva, la cual es común que se encuentre vitrificada. El rodillo (que por lo general está hecho de acero de alta velocidad, carburo de tungsteno o carburo de boro) tiene un perfil maquinado o terminado en su periferia; por lo tanto reproduce una réplica de este perfil en la superficie de la piedra abrasiva que se va a afilar (vea la sección 26.4).

Las técnicas para afilar y la frecuencia con que se haga son importantes para la calidad, ya que afectan las fuerzas durante el rectificado y el acabado de la superficie de la pieza de trabajo. Las rectificadoras modernas controladas por computadora están equipadas con herramientas automáticas de afilado que restauran la piedra abrasiva continuamente a medida que avanza el rectificado. Es muy importante el primer contacto de la herramienta de afilado con la piedra abrasiva, ya que determina la naturaleza de la nueva superficie producida; esta acción por lo general se vigila con precisión por medio de sensores piezoeléctricos o de emisión acústica (sección 37.7). Para afilar piedras abrasivas de alta precisión también se emplean técnicas como sensores de vibración, monitores de potencia y galgas extensométricas.

Para una piedra común de óxido de aluminio, la profundidad que se elimina durante el afilado es del orden de 5 a 15 μm (200 a 600 μpulg), pero para una piedra de BNc es de 2 a 10 μm (80 a 400 μpulg). En consecuencia, los sistemas modernos de afilado tienen una resolución muy fina, de 0.25 a 1 μm (10 a 40 μpulg).

Las piedras abrasivas pueden ser *conformadas* para que se adapten a la forma que se va a obtener en la pieza de trabajo (sección 26.4). La cara rectificadora en la piedra recta del tipo 1 que se ilustra en la figura 26.5a es cilíndrica, por lo que produce una superficie plana. También pueden darse a la superficie de la piedra varias formas al afilarla (figura 26.14a). Aunque para ese propósito se han empleado plantillas, las rectificadoras modernas están equipadas con herramientas formadoras controladas por computadora.

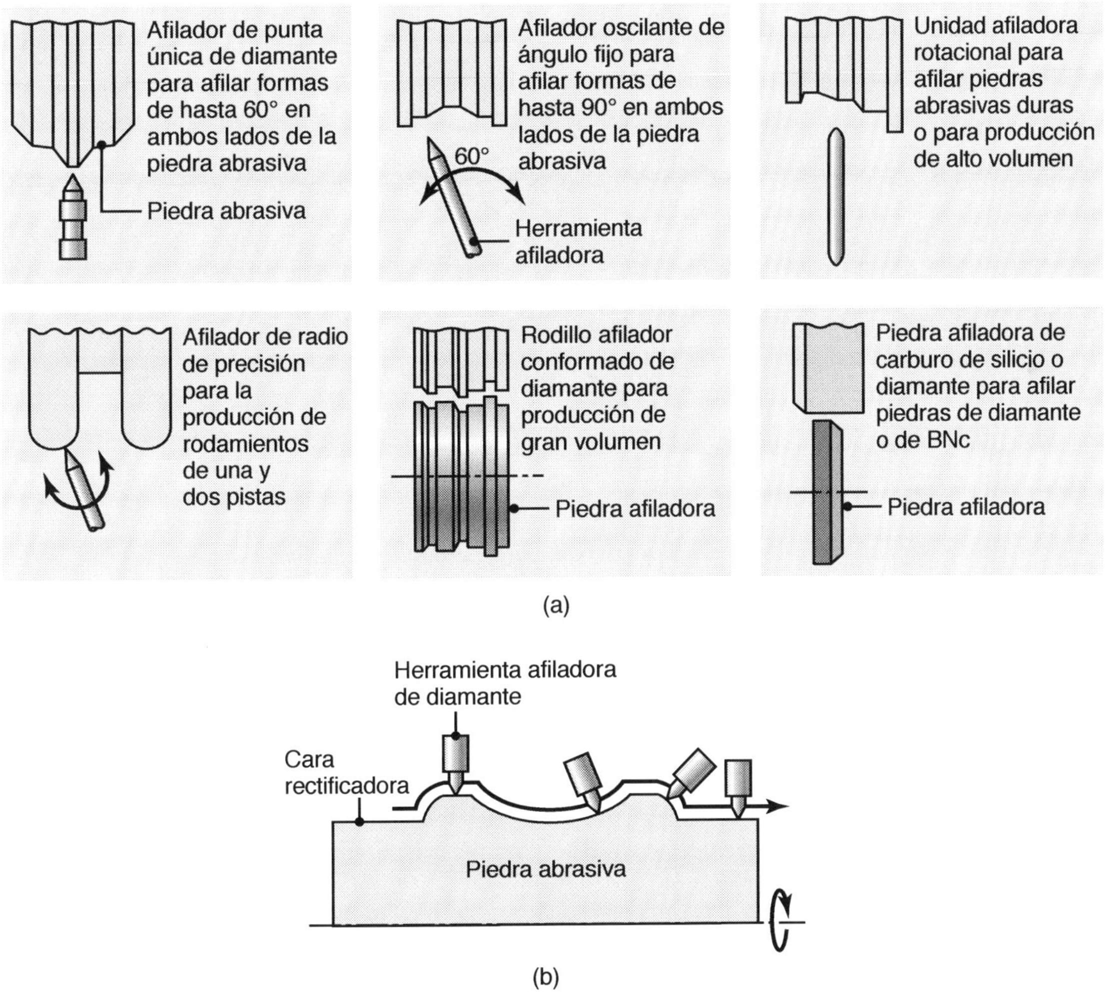

FIGURA 26.14 (a) Formas de afilar una piedra abrasiva. (b) Conformación de la cara rectificadora de una piedra al afilarla por control computarizado; observe que la herramienta afiladora de diamante permanece perpendicular a la superficie en el punto de contacto con la piedra. *Fuente:* Cortesía de Okuma Corporation. Impreso con permiso.

TABLA 26.3

Rangos comunes de velocidades y avances para procesos abrasivos

Variable del proceso	Rectificado, convencional	Rectificado, avance lento	Pulido	Lustrado
Velocidad de la piedra (m/min)	1500-3000	1500-3000	1500-2400	1800-3500
Velocidad del trabajo (m/min)	10-60	0.1-1	—	—
Avance (mm/pasada)	0.01-0.05	1-6	—	—

A menos que ya se tenga la forma deseada, la herramienta de afilar hecha de diamante cruza la cara de la piedra de manera automática a lo largo de cierta trayectoria prescrita (figura 26.14b), y produce superficies muy exactas. En la figura 26.14b, observe que el eje de la herramienta afiladora de diamante permanece en posición perpendicular a la cara de la piedra abrasiva en el punto de contacto.

26.3.4 Facilidad de rectificado de los materiales y selección de la piedra abrasiva

Es difícil definir con precisión el término que se refiere a lo *rectificable* de los materiales, como lo es definir *maquinable* (sección 21.7) o *forjable* (sección 14.5). La factibilidad a ser rectificado es un indicador general de lo fácil que resulta rectificar un material e incluye algunas consideraciones como la calidad de la superficie producida, acabado e integridad de ésta, desgaste de la piedra, tiempo del ciclo de rectificado y economía general de la operación. Igual que en la maquinabilidad, la facilidad de rectificado de un material mejora mucho con la selección apropiada de los parámetros del proceso (vea la tabla 26.3), las piedras abrasivas y los fluidos para rectificar, así como con el uso de las características apropiadas de la máquina, métodos de fijación y dispositivos para sujetar el trabajo.

Actualmente están bien establecidas las prácticas para rectificar una amplia variedad de materiales metálicos y no metálicos, inclusive los nuevos desarrollados en la industria aeroespacial y otros compósitos. En varios manuales, bibliografía de fabricantes y las referencias bibliográficas de este capítulo, es posible encontrar recomendaciones específicas para seleccionar piedras abrasivas y parámetros apropiados del proceso para metales.

Rectificado de régimen dúctil. Se ha demostrado que con pasadas ligeras y máquinas con mucha rigidez y buena capacidad de sujeción, es posible producir virutas *continuas* y buena integridad de la superficie al rectificar materiales frágiles, como los cerámicos (figura 26.13), proceso conocido como *rectificado de régimen dúctil.* Este régimen es útil porque produce menos grietas en la superficie y tiene un rendimiento mejor en cuanto a la fatiga y aplicaciones con rodamientos. Es común que las virutas de cerámicos tengan un tamaño de 1 a 10 μm (40 a 400 μpulg); son más difíciles de remover de los fluidos para rectificar que las virutas metálicas, por lo que se requiere el uso de filtros finos y técnicas especiales.

26.4 Operaciones de rectificado y rectificadoras

Seleccionar un proceso de rectificado y una máquina rectificadora para una aplicación en particular depende de la forma y características de la pieza de trabajo, su tamaño, facilidad de sujeción y tasa de producción requerida (tabla 26.4). Las rectificadoras modernas están controladas por computadora y tienen características como carga y descarga automática de la pieza de trabajo, sujeción de ésta y afilado automático así como conformación de la piedra abrasiva. Las rectificadoras también están equipadas con sensores y medidores para determinar la posición relativa de las superficies de la piedra y de la pieza (vea también la figura 25.6), así como con herramientas sensibles al tacto (palpadores) con las que se puede detectar fácilmente, por ejemplo, la ruptura de la herramienta afiladora de diamante durante el ciclo de afilado.

TABLA 26.4

Características generales de los procesos de rectificado abrasivo y de rectificadoras

Proceso	Características	Dimensiones máximas comunes, longitud y diámetro (m)*
Rectificado de superficies	Superficies planas en la mayoría de materiales; la tasa de producción depende del tamaño de la mesa y nivel de automatización; la habilidad del operador depende de la complejidad de la parte; la tasa de producción es alta en rectificadoras de mesa rotatoria y eje vertical.	Mesa recíproca *L*: 6 Mesa giratoria, *D*: 3
Rectificado cilíndrico	Piezas de trabajo redondas con diámetros escalonados; baja tasa de producción a menos que esté automatizado; habilidad de la mano de obra, de baja a media.	Pieza de trabajo, *D*: 0.8; rectificadoras de rodillos *D*: 1.8; rectificadoras universales, *D*: 2.5
Sin centro	Piezas de trabajo redondas y esbeltas; tasa de producción alta; habilidad de la mano de obra, de baja a media.	Pieza de trabajo, *D*: 0.8
Interno	Orificios en la pieza de trabajo; tasa de producción baja; habilidad de la mano de obra, de baja a media.	Orificio, *D*: 2
Asentado	Orificios en la pieza de trabajo; baja tasa de producción; habilidad de la mano de obra, baja.	Husillo, *D*: 1.2
Lapeado	Piezas de trabajo planas, cilíndricas o curvadas; alta tasa de producción; baja habilidad de la mano de obra.	Mesa, *D*: 3.7
Pulido mecánico-químico	Superficies planas, por lo general se usan para semiconductores en aplicaciones de microelectrónica o MEMS; tasa de producción moderada; gran habilidad de la mano de obra.	*D*: 0.3
Maquinado con flujo abrasivo	Se usa para eliminar rebabas y dar acabado a geometrías complejas; baja tasa de producción; poca habilidad de la mano de obra.	*D*: 0.3
Maquinado ultrasónico	Orificios y cavidades de varias formas; apropiado para materiales duros y frágiles; habilidad de la mano de obra, media.	—

*Se dispone de capacidades mayores para aplicaciones especiales.

Rectificado de superficies. El *rectificado de superficies* (figura 26.15) suele implicar el rectificado de superficies planas. Es común que la pieza de trabajo se sostenga en un *plato magnético*, sujeto a la mesa de trabajo de la rectificadora (figura 26.16); los materiales no magnéticos se sujetan con tornillos de banco, platos de vacío o algunos otros accesorios. En esta operación se monta una piedra abrasiva (rueda) recta sobre el eje horizontal de la rectificadora de superficies. El rectificado en diagonal ocurre a medida que la mesa se mueve en forma recíproca longitudinalmente y el avance ocurre de manera lateral (en dirección del eje del husillo) después de cada paso.

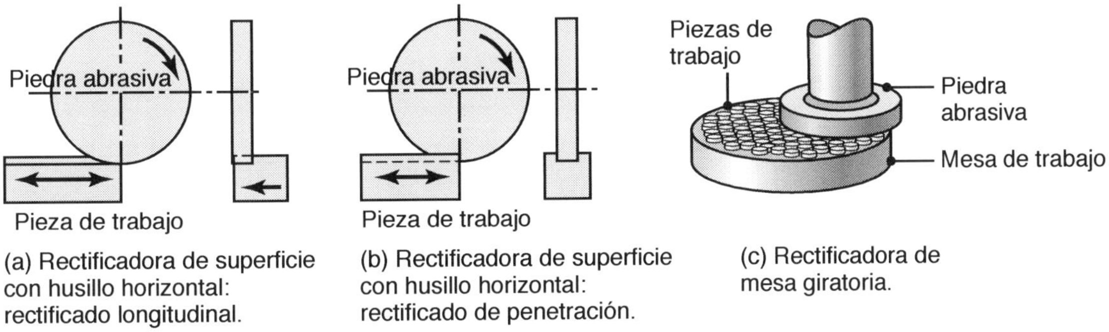

FIGURA 26.15 Ilustraciones esquemáticas de distintas operaciones de rectificado de superficie. (a) Rectificado longitudinal con rectificadora de superficie de eje horizontal. (b) Rectificado de penetración con rectificadora de superficie de eje horizontal, lo que produce una ranura en la pieza de trabajo. (c) Rectificadora de mesa rotatoria y eje vertical (también se conoce como tipo *Blanchard*).

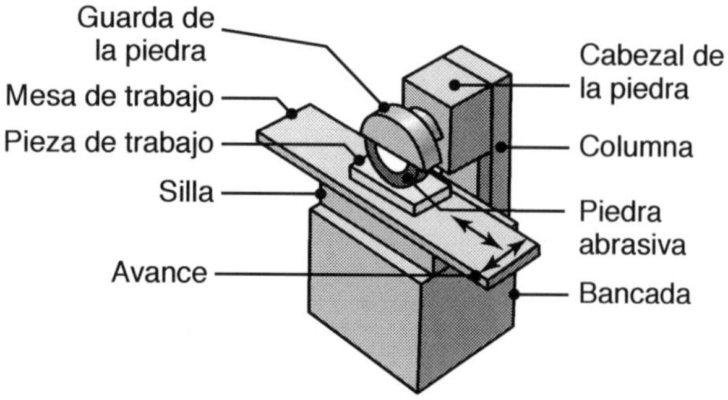

FIGURA 26.16 Ilustración esquemática de una rectificadora de superficie de husillo horizontal.

El movimiento de la piedra abrasiva puede ocurrir a lo largo de la superficie de la pieza de trabajo (*rectificado longitudinal, rectificado a favor del avance* o *rectificado transversal*) o la piedra puede moverse en forma radial en la pieza de trabajo (rectificado de *penetración*), como es el caso cuando se rectifica una ranura (figura 26.15b). Las rectificadoras de superficie constituyen el mayor porcentaje de las que se utilizan en la industria, seguidas por las de banco (usualmente con dos piedras, una en cada extremo del husillo), cilíndricas, rectificadoras para herramientas y cortadores y rectificadoras internas, como se describen a continuación.

Además de la rectificadora de superficie que se muestra en la figura 26.16, otros tipos incluyen las de *husillo vertical* y *mesas giratorias* (conocidos como tipo *Blanchard*, figura 26.15c). Estas configuraciones permiten que se trabajen varias piezas en una sola operación. Por ejemplo, los balines de acero de los rodamientos se preparan en corridas especiales y a tasas altas de producción (figura 26.17).

Rectificado cilíndrico. En el *rectificado cilíndrico*, también conocido como *rectificado centrado* (figura 26.18; vea también la figura 26.3), se trabajan las superficies cilíndricas externas y los hombros de las piezas de trabajo, como rodamientos de cigüeñales, ejes, pernos y anillos de cojinetes. La pieza de trabajo cilíndrica giratoria se mueve de manera recíproca en forma lateral a lo largo de su eje para cubrir todo el ancho que se va a trabajar. En las *rectificadoras de rodillos*, para piezas de trabajo grandes y largas como cilindros para fresadoras giratorias (vea la figura 13.1), la piedra abrasiva se mueve de manera recíproca. Estas máquinas son capaces de rectificar cilindros hasta de 1.8 m (72 pulg) de diámetro.

En el rectificado cilíndrico, la pieza de trabajo se sujeta entre sus centros o en un plato, o se monta en una placa frontal en el cabezal de la rectificadora. Para superficies cilíndricas rectas, los ejes de rotación de la piedra y de la pieza de trabajo son paralelos y a cada uno lo mueven motores diferentes y a distintas velocidades. Las piezas de trabajo largas con dos o más diámetros también pueden trabajarse en rectificadoras cilíndricas. Igual que en el *rectificado de conformación* y en el *rectificado de penetración*, la operación también produce formas en las que la rueda se adapta a la forma de la pieza de trabajo que se va a procesar (figura 26.19).

Las rectificadoras cilíndricas se identifican por el diámetro y longitud máxima de la pieza de trabajo que pueden operar. En las *rectificadoras universales*, tanto la pieza de tra-

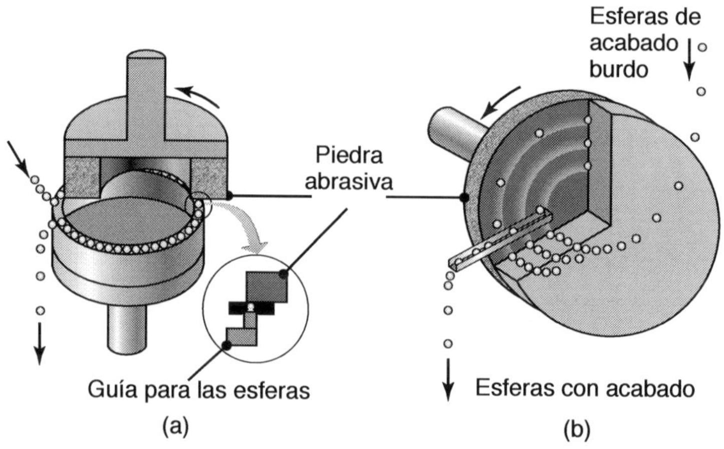

FIGURA 26.17 (a) Rectificado de desbaste de esferas de acero en una rectificadora de husillo vertical; las esferas son conducidas por un accesorio rotatorio especial. (b) Rectificado de acabado de esferas en un accesorio de ranuras múltiples; las esferas se preparan con una aproximación de 0.013 mm (0.0005 pulg) de su tamaño final.

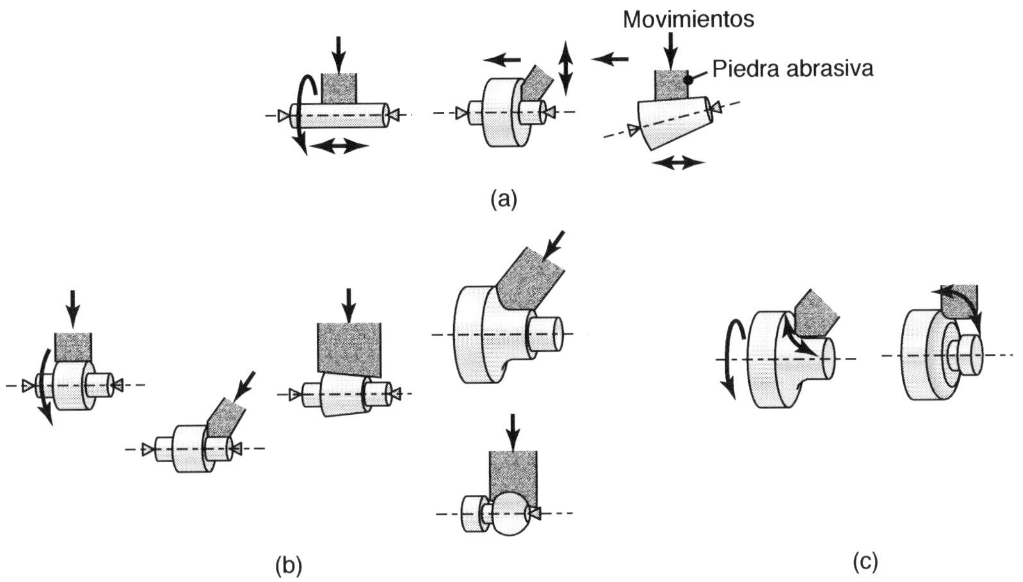

FIGURA 26.18 Ejemplos de varias operaciones de rectificado cilíndrico: (a) rectificado longitudinal; (b) rectificado de penetración y (c) rectificado de perfil. *Fuente:* Cortesía de Okuma Corporation. Impreso con autorización.

bajo como los ejes de la piedra se pueden mover y girar alrededor de un plano horizontal, lo que permite el rectificado de ahusamientos y otras formas.

Con el control computarizado también se pueden trabajar partes *no cilíndricas*, como levas, e igualmente se pueden procesar en piezas de trabajo giratorias. Como se ilustra en la figura 26.20, la velocidad del eje de la pieza de trabajo está sincronizada de manera que la distancia radial, x, entre la pieza de trabajo y los ejes de la piedra varíen continuamente para producir una forma en particular, como la que se ilustra en la figura.

El **rectificado de roscas** se lleva a cabo en rectificadoras cilíndricas, con piedras preparadas especialmente para que se adapten a la forma de las roscas, como se ilustra en la figura 26.21 (vea también el *rectificado sin centro*). Aunque son caras, las roscas producidas con rectificado son las

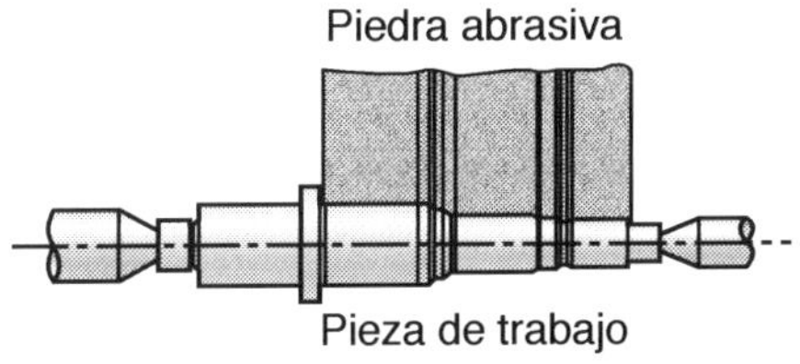

FIGURA 26.19 Rectificado de penetración de una pieza de trábajo en una rectificadora cilíndrica con la piedra adaptada a una forma en escalón.

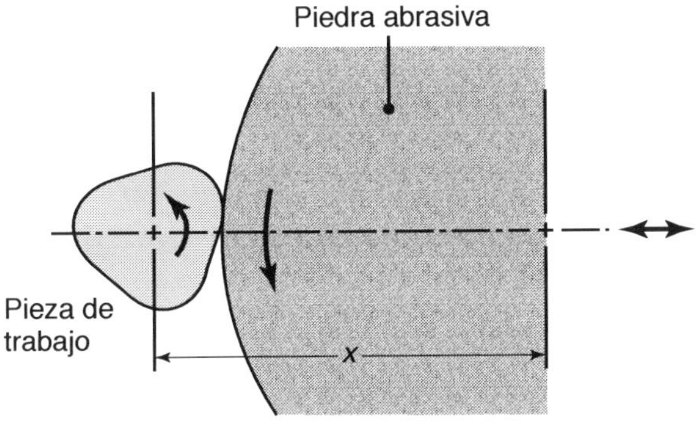

FIGURA 26.20 Ilustración esquemática del rectificado de una parte no cilíndrica en una rectificadora cilíndrica con controles por computadora para producir la forma. La rotación de la parte y la distancia x entre los centros se varían y sincronizan para rectificar la forma particular de la pieza de trabajo.

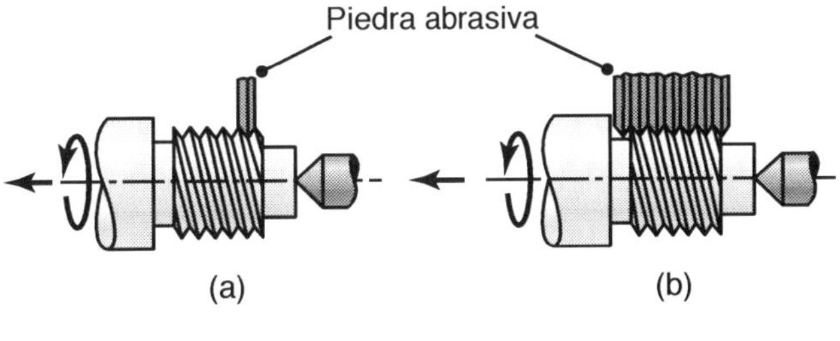

FIGURA 26.21 Rectificado de roscas (a) por rectificado longitudinal y (b) de penetración.

más exactas de cualquier proceso de manufactura y tienen un acabado muy fino de la superficie. Las aplicaciones comunes que requieren tales roscas incluyen a los mecanismos sin fin usados para hacer movimientos precisos de distintos componentes de máquinas. Los movimientos de la pieza de trabajo y de la piedra abrasiva se sincronizan para producir la cuerda de la rosca, usualmente en unos seis pasos.

EJEMPLO 26.3 Patrones del ciclo en el rectificado cilíndrico

Como en la mayoría de operaciones de rectificado, es común que en el rectificado cilíndrico la piedra realice varias pasadas a lo largo de una trayectoria para producir la geometría final de la pieza de trabajo. La figura 26.22 ilustra los patrones del ciclo para producir diferentes formas en una rectificadora de funciones múltiples controlada por computadora. Las flechas hacia abajo con números en las figuras indican el principio del ciclo.

La determinación del patrón óptimo y más económico para el tiempo mínimo del ciclo depende del volumen del material a remover, de la forma de la parte y de los parámetros del proceso. Todos los patrones ilustrados se generan automáticamente mediante el software de los controles de la computadora de la rectificadora.

Fuente: Con base en Toyoda Machinery/JTEKT.

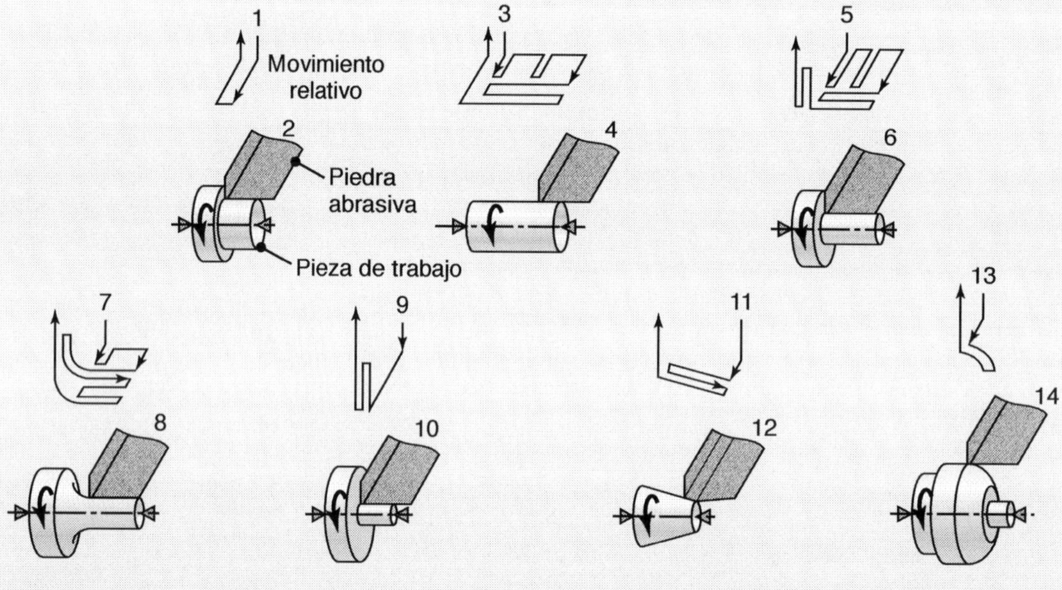

FIGURA 26.22 Patrones del ciclo para una rectificadora de precisión CNC.

Rectificado interno. En el *rectificado interno* (figura 26.23), se utiliza una piedra pequeña para rectificar el diámetro interior de la parte, como en los cojinetes y rodamientos. La pieza de trabajo se sujeta en un plato rotatorio y la piedra gira a 30 000 rpm o más. Los perfiles internos también se pueden trabajar con piedras *adaptadas al perfil*, que se mueven radialmente dentro de la pieza de trabajo. El cabezal de las rectificadoras internas también puede girar en el plano horizontal para rectificar barrenos con ahusamientos.

Rectificado sin centro. El *rectificado sin centro* es un proceso de alta producción para rectificar superficies cilíndricas; la pieza de trabajo está apoyada no por centros (de ahí el término "sin centro") o platos, sino por una *cuchilla*, como se ilustra en las figuras 26.24a y b. Las partes que es común manufacturar con este proceso son rodamientos, pernos de pistones, válvulas de motores, árboles de levas y otros componentes similares. Se pueden obtener partes tan pequeñas como de 0.1 mm (0.004 pulg). Las rectificadoras sin centro (figura 26.24d) son capaces de desarrollar velocidades del orden de 10 000 m/min (35 000 pies/min), por lo general empleando piedras abrasivas hechas de nitruro de boro cúbico.

En el *rectificado de avance continuo* la pieza de trabajo está apoyada en una hoja en reposo y se trabaja de manera continua (de ahí el término "avance continuo") entre dos piedras (figura 26.24a). El rectificado lo realiza la piedra más grande, mientras la pequeña regula el movimiento axial de la pieza de trabajo. La *piedra reguladora* aglutinada con hule está inclinada y opera a una velocidad mucho menor, a un vigésimo de la velocidad de la piedra abrasiva.

Las partes con diámetros variables, como remaches, llaves de válvulas y ejes de diámetros múltiples, se pueden trabajar mediante un proceso conocido como *rectificado de avance interior* o *de penetración* (*plunge*) (figura 26.24b), operación parecida al rectificado de penetración o de conformación en rectificadoras cilíndricas. Las piezas con ahusamientos son manufacturadas sin centro por medio del *rectificado de avance final*. El *rectificado de rosca* se lleva a cabo con altas tasas de producción con rectificadoras sin centro, empleando piedras especialmente adaptadas. En el *rectificado interno sin centro*, la pieza de trabajo se apoya entre tres cilindros y se trabaja internamente; las aplicaciones comunes son partes de conexión y anillos (figura 26.24c).

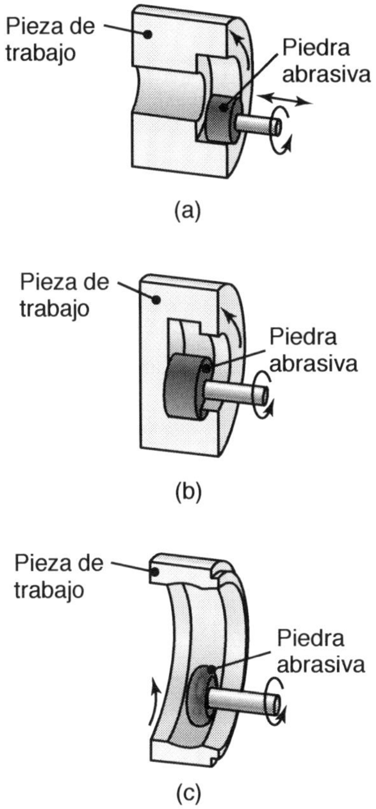

FIGURA 26.23 Ilustraciones esquemáticas de operaciones de rectificado interno; (a) rectificado longitudinal; (b) rectificado de penetración y (c) rectificado de perfil.

Rectificado de avance lento. Aunque el rectificado se ha asociado tradicionalmente con tasas pequeñas de remoción de material (tabla 26.3) y de acabado fino, también puede usarse para operaciones de remoción de material a gran escala. En el *rectificado de avance lento*, la profundidad de corte de la piedra, *d*, es de hasta 6 mm (0.25 pulg) y la velocidad de la pieza de trabajo es baja (figura 26.25). Las piedras están aglutinadas con resina de grado suave y tienen estructura abierta para mantener bajas las temperaturas de la pieza de trabajo y mejorar el acabado de la superficie.

Las máquinas para el rectificado de avance lento tienen características especiales, como una potencia de hasta 225 kW (300 hp), gran rigidez (debido a las intensas fuerzas producidas por la gran profundidad del material removido), alta capacidad de sujeción, velocidades variables del eje y la mesa de trabajo y abundante capacidad para los fluidos de rectificar. Pueden afilar continuamente la piedra abrasiva al usar un cilindro incrustado de diamante como herramienta afiladora.

El rectificado de avance lento es competitivo con otros procesos de maquinado como fresado, brochado y cepillado, es económico para aplicaciones específicas como barrenos con forma, cuñas, canales de brocas, bases de álabes de turbina (figura 26.25c) y otras partes complejas hechas con superaleaciones. Debido a que la piedra está adaptada a la forma de la pieza de trabajo que se va a producir, ésta no tiene que estar conformada previamente por fresado, formado o brochado; por lo anterior, los fundidos y forjas de forma casi neta son apropiados para el rectificado de avance lento. Aunque por lo general es suficiente una sola pasada de rectificado, puede ser necesaria una segunda para mejorar el acabado de la superficie.

Desbaste pesado por medio de rectificado. El rectificado también puede usarse para desbaste pesado al incrementar los parámetros del proceso como la profundidad de corte de la piedra. Esta operación es económica en aplicaciones específicas y compite favorablemente con los procesos de maquinado, en particular con el fresado, torneado y brochado. En esta operación el acabado de la superficie es de importancia secundaria, las tolerancias dimensionales son del mismo orden que las obtenidas con la mayor parte de procesos de maquinado y la piedra (o banda) abrasiva se puede utilizar a toda su capacidad, al mismo tiempo que se minimiza el costo por pieza rectificada. El desbaste pesado por medio de rectificado también se realiza en soldaduras, fundidos y forjas para suavizar los cordones de soldadura y eliminar las salpicaduras.

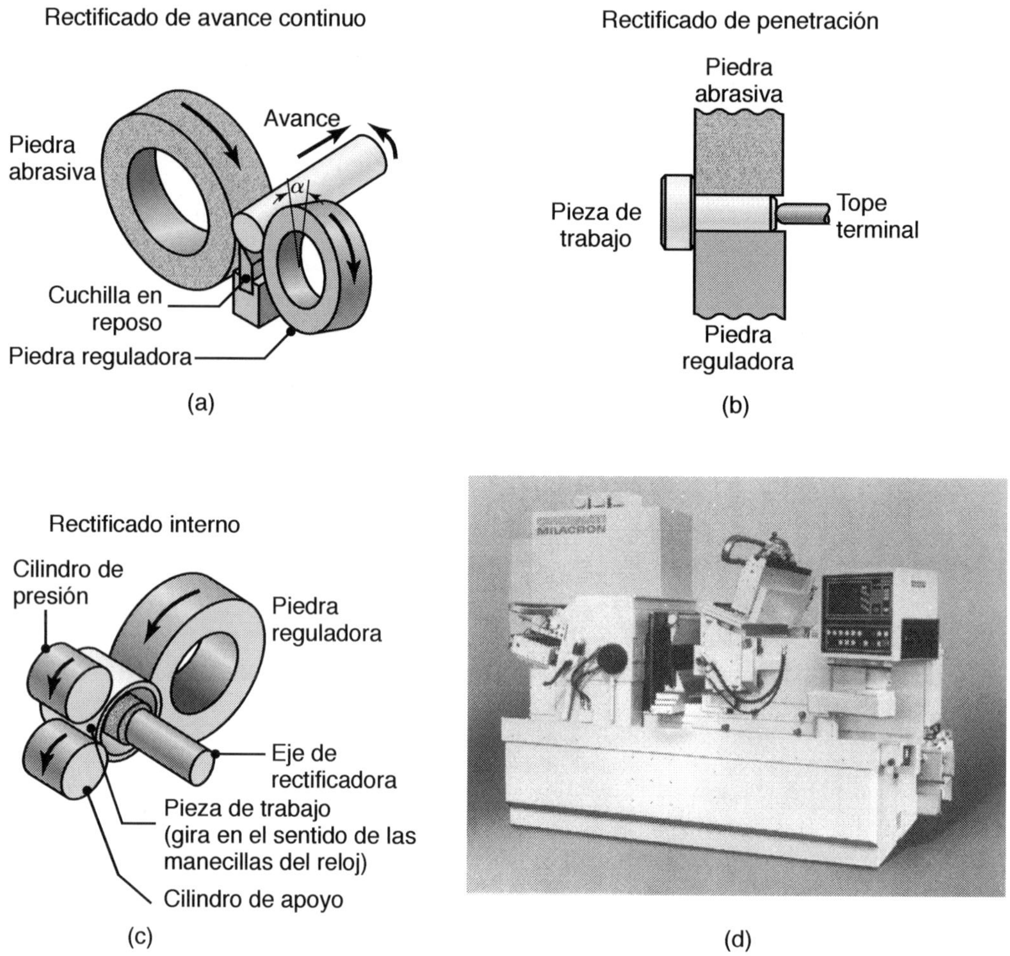

FIGURA 26.24 Ilustraciones esquemáticas de operaciones de rectificado sin centro; (a) rectificado de avance continuo; (b) rectificado de penetración; (c) rectificado interno y (d) rectificadora cilíndrica de control numérico computarizado. *Fuente:* Cortesía de Cincinnati Milacron, Inc.

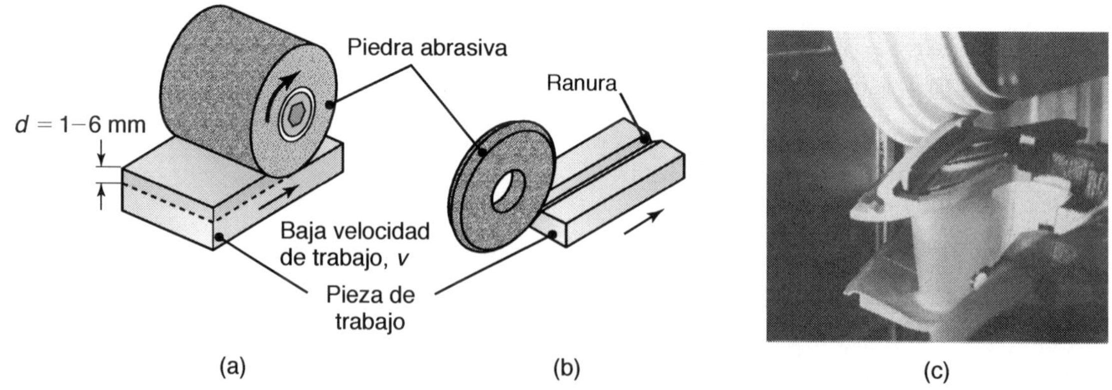

FIGURA 26.25 (a) Ilustración esquemática del proceso de rectificado de avance lento; observe la gran profundidad de corte, *d*, de la piedra. (b) Ranura con forma producida en una superficie plana por medio del rectificado de avance lento en un paso; la profundidad de la ranura es típicamente de algunos milímetros. (c) Ejemplo de rectificado de avance lento con una piedra conformada; esta operación también se puede realizar por medio de los procesos descritos en el capítulo 27. *Fuente:* Cortesía de Blohm, Inc.

EJEMPLO 26.4 Rectificado *versus* torneado de alta dureza

En vista de los análisis efectuados hasta este momento, es evidente que en ciertas aplicaciones específicas el rectificado y el torneado de alta dureza (descrito en la sección 25.6) pueden ser comparables en aplicaciones específicas. El torneado de alta dureza es cada vez más competitivo con el rectificado, y las tolerancias dimensionales y el acabado de la superficie se aproximan a los que se obtienen con el rectificado. Considere el caso del *maquinado* de aceros tratados con calor, con dureza por arriba de 45 HRC, utilizando una herramienta de nitruro de boro cúbico policristalino de un solo punto, *versus* el *rectificado* de estos aceros.

Al comparar las tablas 21.2 y 26.2, se observa que (a) el torneado requiere mucha menos energía que el rectificado; (b) con el maquinado es menos probable que haya daño térmico y de otro tipo en la superficie de la pieza de trabajo; (c) los fluidos de corte podrían no ser necesarios y (d) los tornos son menos caros que las rectificadoras. Además, las operaciones de acabado, inclusive el rectificado de acabado, pueden llevarse a cabo en la parte torneada mientras aún se encuentra en el plato del torno.

Por otro lado, durante el torneado de alta dureza los dispositivos de sujeción del trabajo para piezas grandes y especialmente esbeltas pueden tener problemas importantes debido a que las fuerzas de corte son mayores que las del rectificado. Más aún, el desgaste de la herramienta y su control pueden convertirse en un problema significativo en comparación con el afilamiento automático de las piedras abrasivas. Es evidente que la posición competitiva del torneado de alta dureza *versus* el rectificado debe evaluarse en forma individual para cada aplicación, en términos del acabado e integridad de la superficie, la calidad y rentabilidad general.

Para las distintas operaciones se usan varios tipos de rectificadoras:

- **Rectificadoras universales para herramientas y cortadores** Se usan para rectificar herramientas y cortadores de un solo punto o de puntos múltiples, inclusive brocas. Están equipadas con dispositivos especiales de sujeción del trabajo para posicionar con exactitud las herramientas que se han de trabajar. Hay una variedad de rectificadoras de control numérico computarizado para herramientas, lo que hace la operación más sencilla y rápida con resultados consistentes. El costo de estas rectificadoras está en el rango de $150 000 a $400 000.
- Las **rectificadoras de torno** son unidades autocontenidas que por lo general se encuentran sujetas al poste de herramientas de un torno (vea la figura 23.2). La herramienta se monta en el cabezal y se trabaja moviendo el poste de herramientas. Estas rectificadoras son versátiles pero es esencial que los componentes del torno se protejan del polvo abrasivo.
- Las **rectificadoras de bastidor pendular** se usan en las plantas fundidoras para rectificar grandes piezas fundidas. El rectificado de desbaste de éstas se llama **de desgarre** y por lo general se realiza en *esmeriles de taller* que usan piedras de hasta 0.9 m (36 pulg) de diámetro.
- Las **rectificadoras portátiles** se emplean para operaciones como el rectificado de gotas de soldadura y para *cortar* por medio de discos delgados abrasivos. Se mueven neumáticamente o con electricidad, o bien mediante un eje flexible conectado a un motor eléctrico o de gasolina.
- Las **rectificadoras de banco** y **pedestal** se usan para el rectificado rutinario y rápido de herramientas y partes pequeñas. Por lo general están equipadas con dos piedras abrasivas montadas en los dos extremos del eje de un motor eléctrico; es común que una rueda sea gruesa para el rectificado de desbaste y la otra fina para el rectificado de acabado.

Fluidos para rectificar. Las funciones de los fluidos para rectificar son semejantes a las de los fluidos de corte descritos en la sección 22.12. Aunque el rectificado y otros procesos de remoción abrasiva se pueden ejecutar en seco, el uso de un fluido es importante debido a que:

- Reduce el aumento de temperatura en la pieza de trabajo.
- Mejora el acabado de la superficie de la parte y su exactitud dimensional.
- Mejora la eficiencia de la operación al reducir el desgaste de la piedra, lo que reduce la carga de ésta y disminuye el consumo de energía.

TABLA 26.5

Recomendaciones generales para el uso de fluidos en el rectificado

Material	Fluido para rectificar
Aluminio	E, EP
Cobre	CSN, E, MO + FO
Magnesio	D, MO
Níquel	CSN, EP
Metales refractarios	EP
Aceros	CSN, E
Titanio	CSN, E

Nota: D = Seco: E = Emulsión; EP = Presión extrema; CSN = Químicos y sintéticos; MO = Aceite mineral; FO = Aceite grasoso, todos por sus siglas en inglés (vea también la sección 33.7).

Los fluidos para rectificar por lo general son *emulsiones con base de agua*, para el rectificado general, y *aceites* para el rectificado de roscas (tabla 26.5). Se aplican como corriente (flujo) o como rocío (mezcla de fluido y aire). Debido a las altas velocidades superficiales involucradas, una corriente de aire (*cortina de aire*) alrededor de la periferia de la piedra abrasiva impide que el fluido llegue a la interfase entre la piedra y la pieza de trabajo. Se han diseñado boquillas especiales, las cuales se adaptan a la forma de la superficie de corte de la piedra abrasiva dondequiera que el fluido se suministre a alta presión.

Puede haber un aumento significativo en la temperatura de los fluidos para rectificar a base de agua, ya que absorben calor de la zona de trabajo. Esto hace que la pieza de trabajo se expanda, lo que dificulta el control de la exactitud dimensional. Un método común para mantener una temperatura más uniforme de la pieza de trabajo es usar sistemas refrigerantes (*enfriadores*), con los cuales el fluido para rectificar se hace circular en forma continua y se mantiene a una temperatura aproximadamente constante. Como se describió en la sección 22.12, importantes consideraciones *biológicas* y *ecológicas* en la selección y uso de fluidos para el trabajo de metales son los aspectos de su eliminación, tratamiento y reciclado. Las prácticas que se empleen deben cumplir las leyes y reglamentos federales, estatales y locales.

Traqueteo en el rectificado. El *traqueteo* tiene importancia particular en el rectificado ya que perjudica el acabado de la superficie y el rendimiento de la piedra abrasiva. El estudio de las **marcas de traqueteo** en las superficies trabajadas ayuda a identificar su fuente, que puede ser en (a) rodamientos y ejes de la rectificadora; (b) irregularidades de fábrica en la piedra abrasiva; (c) desgaste disparejo de la piedra; (d) técnicas inadecuadas de afilado; (e) piedras abrasivas que no están balanceadas adecuadamente y (f) fuentes externas, como maquinaria cercana. La operación de rectificar en sí puede ocasionar un *traqueteo regenerativo*, como ocurre en el maquinado y se describe en la sección 25.4.

Los factores importantes para controlar el traqueteo son la rigidez de la máquina, la rigidez de los dispositivos para sujetar el trabajo y la fijación del sistema. Se han establecido lineamientos generales para reducir la tendencia al traqueteo durante el rectificado, que incluyen especialmente (a) el uso de piedras abrasivas de grado suave; (b) afilar con frecuencia la piedra; (c) cambiar las técnicas de afilado; (d) reducir la tasa de remoción de material y (e) apoyar rígidamente la pieza de trabajo.

Seguridad en las operaciones de rectificado. Dado que las piedras abrasivas son frágiles y giran a grandes velocidades, se pueden fracturar con facilidad. Deben observarse ciertos procedimientos para su manejo, almacenamiento y uso; las fallas al seguir dichos procedimientos e instrucciones y advertencias impresas en las etiquetas de las piedras pueden ocasionar heridas graves, incluso la muerte. Las piedras abrasivas se deben almacenar adecuadamente y proteger de los extremos ambientales como altas temperaturas o humedad. Deben inspeccionarse visualmente en busca de grietas y otros daños antes de instalarlas en las rectificadoras. Antes de usar piedras vitrificadas, deben probarse *haciéndolas sonar*, es decir, tomarlas por el orificio y golpearlas suavemente para escuchar el sonido; una piedra dañada tendrá un sonido grave parecido al de un plato de cocina agrietado.

El daño de una piedra abrasiva reduce mucho su **velocidad de explosión** o **desintegración.** Definida como la velocidad superficial a la cual una piedra que gira libremente se desintegra (*estalla*), la velocidad de explosión (expresada en rpm) depende del tipo de piedra, es decir de su aglutinante, grado y estructura. En las piedras de diamante y BNc (figura 26.6), que operan a grandes velocidades superficiales, el tipo del material principal usado en la rueda afecta la velocidad de explosión. Por ejemplo, las piedras metálicas tienen la velocidad de explosión más grande, que por lo general es del orden de 250 m/s (800 pies/s).

26.5 Consideraciones de diseño en el rectificado

Las consideraciones de diseño para las operaciones de rectificado son básicamente similares a las del maquinado, como se describieron en las diferentes secciones de los capítulo 23 y 24. Además, debe prestarse atención específica a las siguientes:

- Las partes a trabajar deben diseñarse de manera que se puedan montar con seguridad, ya sea en platos, mesas magnéticas o en equipos y accesorios de sujeción apropiados. Las piezas de trabajo delgadas, rectas o tubulares pueden distorsionarse durante el rectificado, por lo que requieren atención especial.
- Si se necesita una exactitud dimensional grande, deben evitarse las superficies interrumpidas, como agujeros y aberturas, ya que causan vibraciones y traqueteo.
- Deben balancearse las partes para el rectificado cilíndrico y evitarse los diseños largos y esbeltos con el fin de minimizar las deflexiones. Los radios de los cortes y esquinas deben ser lo más grandes posible o darles un relieve mediante un maquinado previo a estas regiones.
- En el rectificado sin centro, las piezas cortas pueden ser difíciles de trabajar con precisión debido a que tal vez la cuchilla no les dé apoyo. En el rectificado de avance continuo sólo puede trabajarse el diámetro más grande de las partes.
- El diseño de partes que requiera exactitud en el rectificado debe mantenerse lo más simple posible para evitar el afilado frecuente de la forma de la piedra abrasiva.
- Hay que evitar los agujeros profundos y pequeños, así como las perforaciones ciegas que requieran rectificado interno, o bien incluir un relieve en ellos.

En general, los diseños de las partes requieren que en el rectificado se remueva una mínima cantidad de material, excepto para el rectificado de avance lento. Además, con el fin de mantener una exactitud dimensional apropiada, es preferible que los diseños permitan que todo el rectificado se haga sin tener que reposicionar la pieza de trabajo.

26.6 Maquinado ultrasónico

En el *maquinado ultrasónico* (UM, por sus siglas en inglés), el material se remueve a partir de una superficie por *microvirutas* y *erosión* con granos abrasivos sueltos y finos en una solución acuosa (figura 26.26a). El extremo de la herramienta (llamada *sonotrodo*) vibra a una frecuencia de 20 kHz y amplitud de 0.0125 a 0.075 mm (0.0005 a 0.003 pulg). La vibración imparte una gran velocidad a los granos abrasivos entre la herramienta y la pieza de trabajo. Los esfuerzos producidos por las partículas abrasivas que impactan la superficie de la pieza son elevados porque (a) el tiempo de contacto entre la partícula

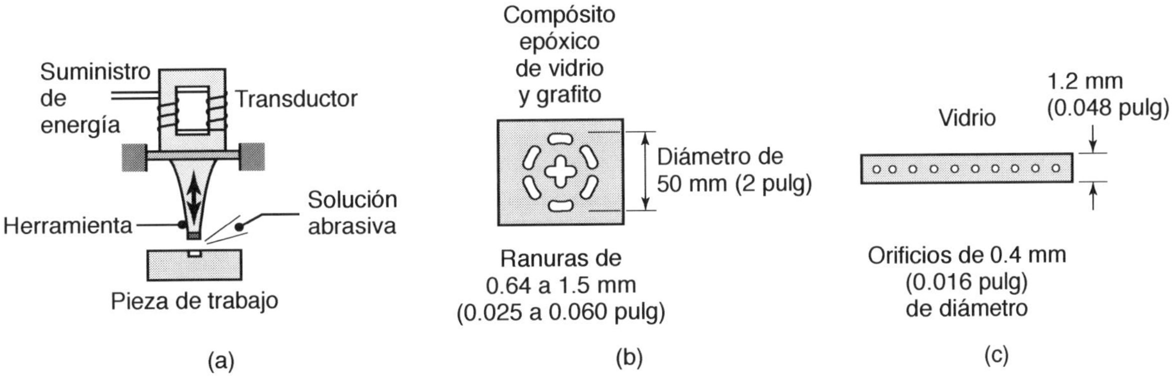

FIGURA 26.26 (a) Ilustración esquemática del proceso de maquinado ultrasónico. (b) y (c) Tipos de partes manufacturadas por este proceso; observe la pequeñez de los orificios producidos.

y la superficie es muy breve, del orden de 10 a 100 μs y (b) el área de contacto es muy pequeña. En los materiales frágiles dichos esfuerzos de impacto son lo suficientemente grandes como para remover material de la superficie de la pieza de trabajo.

Es común que los granos abrasivos sean de carburo de boro, aunque también se usan óxido de aluminio o carburo de silicio, con tamaños que van del número de malla 100 para el rectificado de desbaste al número 1000 para las operaciones de acabado. Los granos son transportados en una solución acuosa con concentraciones volumétricas del 20 al 60%; la mezcla también retira los residuos de la zona de corte. El maquinado ultrasónico es más apropiado para materiales duros y frágiles como cerámicos, carburos, piedras preciosas y aceros endurecidos; en las figuras 26.26b y c se presentan dos ejemplos. Se requiere una herramienta especial para cada forma que haya de producirse, por lo que también recibe el nombre de *herramienta conformada*. El extremo de la herramienta, que está unido a un transductor a través del portaherramientas, suele estar hecho de acero suave.

Maquinado ultrasónico rotatorio. En este proceso, a la solución abrasiva la reemplaza una herramienta con abrasivos de diamante con aglutinante metálico que están o impregnados o en forma de chapa sobre la superficie de la herramienta. Ésta vibra en modo ultrasónico y al mismo tiempo gira, mientras es presionada contra la superficie de la pieza de trabajo a presión constante. El proceso es parecido a una operación de fresado refrentado (vea la figura 24.5), pero con los insertos sustituidos por abrasivos. Un refrigerante retira las virutas producidas, las cuales se bombean a través del núcleo de la herramienta rotatoria. El maquinado ultrasónico rotatorio (RUM, por sus siglas en inglés) es particularmente eficaz para producir orificios profundos y con grandes tasas de remoción de material en partes de materiales cerámicos.

Consideraciones de diseño para el maquinado ultrasónico. Entre los lineamientos básicos para el UM están los siguientes:

- Evitar perfiles, esquinas y radios agudos ya que pueden ser erosionados por la solución abrasiva.
- Recuerde que los agujeros producidos tendrán algún ahusamiento.
- Observe que por la tendencia de los materiales frágiles a producir virutas en el extremo de salida de los orificios, el fondo de las partes debe tener una placa de respaldo.

26.7 Operaciones de acabado

Otros diversos procesos utilizan granos abrasivos finos y se usan como una operación de acabado final. Debido a que dichas operaciones afectan de manera significativa el tiempo y costo de producción, deben especificarse sólo después de la consideración debida de sus características adicionales de costo *versus* beneficios.

Abrasivos recubiertos. Ejemplos comunes de *abrasivos recubiertos* son el papel y la tela de lija; la mayoría están elaborados con óxido de aluminio, con carburo de silicio y alúmina de circonio como aditivos. Los abrasivos recubiertos suelen tener una estructura mucho más abierta que la de las piedras abrasivas y sus granos son más puntiagudos y agresivos. Los granos se depositan electrostáticamente en materiales flexibles de sostén, como papel, algodón, poliéster o rayón, polinailon y varias combinaciones más.

Como se aprecia en la figura 26.27, el material aglutinante (matriz) por lo general es resina (llamada *base aglutinante*) que se aplica primero al respaldo; después se adhieren los granos con una segunda capa (*de recubrimiento*). Los granos tienen sus ejes principales alineados en forma

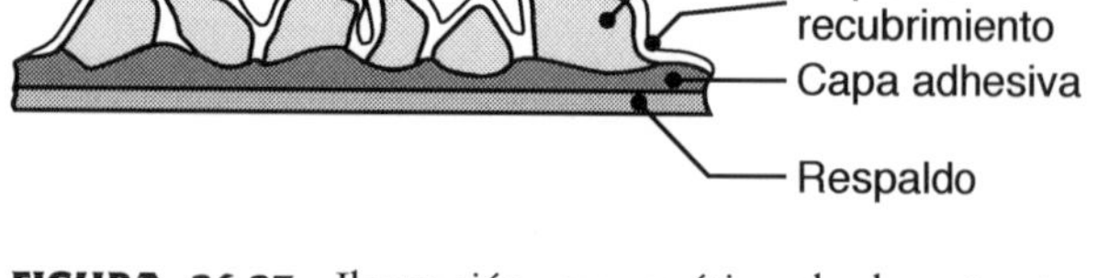

FIGURA 26.27 Ilustración esquemática de la estructura de un abrasivo recubierto; ejemplos comunes de estos abrasivos son el papel de lija (desarrollado en el siglo XVI) y la tela esmeril.

perpendicular al plano del respaldo, lo que mejora su acción cortadora. Hay abrasivos recubiertos en forma de hojas, bandas y discos. Se usan mucho para dar el acabado a superficies planas o curvadas de partes metálicas y no metálicas, especímenes de metalografía y en trabajos de madera.

Rectificado con banda. Los abrasivos recubiertos también se emplean en forma de *bandas* para tener una tasa elevada de remoción de material con buen acabado de la superficie. El *rectificado con banda* es un importante proceso de producción, en ciertos casos compite con las operaciones de rectificado convencional y es preferible a éstas. Hay bandas con números de malla que van del 16 al 1500 (vea las figuras 22.6 y 22.7). Sus velocidades están en el rango de 700 a 1800 m/min (2500 a 6000 pies/min). Las máquinas para las operaciones con banda abrasiva requieren un apoyo apropiado, el cual debe tener una construcción rígida para minimizar las vibraciones.

Los abrasivos recubiertos convencionales tienen abrasivos colocados aleatoriamente en su superficie y constan de una o varias capas de abrasivos. Una superficie alternativa se produce por medio de **microrréplicas**, en las que abrasivos en forma de diminutas pirámides de óxido de aluminio se colocan ordenadamente en un arreglo predeterminado sobre la superficie de la banda. Cuando se usan en aceros inoxidables y superaleaciones, tienen un desempeño más consistente que los abrasivos recubiertos convencionales y las temperaturas que se generan son menores. Las aplicaciones comunes para el acabado con abrasivos recubiertos incluyen el rectificado con banda de palos de golf, armas de fuego, aspas de turbina, implantes quirúrgicos e instrumentos médicos y dentales.

EJEMPLO 26.5 Rectificado con banda de paleta reguladora de turbina

La paleta reguladora de una turbina que se ilustra en la figura 26.28 fue una fundición revestida (sección 11.8) con una superaleación de base cobalto. Para remover una delgada capa de difusión de los extremos inicial y terminal del aspa, se trabajó en una banda abrasiva con respaldo de tela (óxido de aluminio de malla 60). Las aspas se montaron en un arreglo de sujeción y se trabajaron en seco con una velocidad de la banda de 1800 m/min (6000 pies/min). La tasa de producción fue de 93 s por pieza. Cada aspa pesaba 21.65 g antes de ser procesada y 20.25 g después, lo que significa una reducción de 6.5% de su peso.

Fuente: Reimpreso con autorización de ASM International. Todos los derechos reservados. www.asminternational.org.

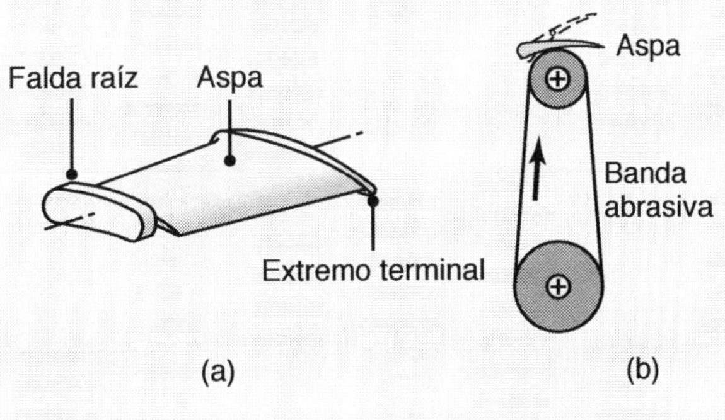

FIGURA 26.28 Paleta reguladora de turbina considerada en el ejemplo 26.5.

Cepillado con alambre. En este proceso, también llamado *cepillado de potencia*, se sujeta la pieza de trabajo contra un cepillo circular de alambre que gira a velocidades que van de 1750 rpm, para piedras abrasivas grandes, a 3500 para piedras chicas. A medida que tallan, las puntas del alambre producen limaduras longitudinales en la superficie de la pieza de trabajo. El cepillado con alambre se usa para obtener una textura fina o controlada de la superficie. Cuando se ejecuta en condiciones apropiadas, el cepillado con alambre también se considera como un proceso ligero de remoción de material. Además

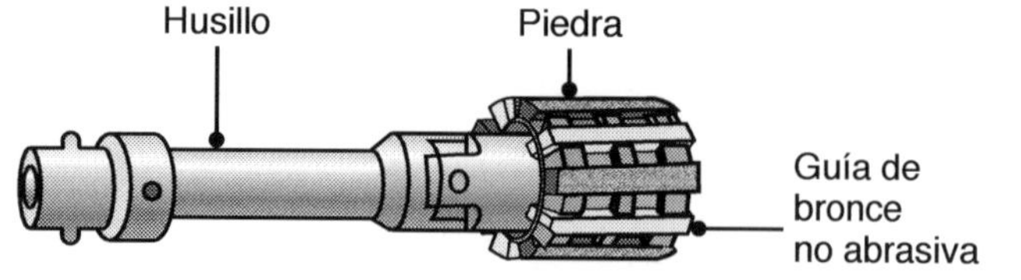

FIGURA 26.29 Ilustración esquemática de una herramienta asentadora que se usa para mejorar el acabado de la superficie de barrenos taladrados o perforados.

de los alambres metálicos, pueden usarse de manera eficaz otros de polímero (como nailon, sección 7.6) incrustados con abrasivos (vea también *sierras de alambre con diamante*, sección 24.5).

Asentado. El *asentado* es una operación que se usa sobre todo para mejorar el acabado de la superficie de barrenos producidos por procesos tales como mandrinado, taladrado y fresado interno. La herramienta con que se asienta consiste en un conjunto de varillas de abrasivos aglutinados de óxido de aluminio o carburo de silicio, por lo general llamados *piedras* (figura 26.29). Están montadas en un mandril que gira en el barreno a velocidades superficiales de 45 a 90 m/min (150 a 300 pies/min) y aplican una fuerza radial hacia el exterior sobre la superficie del barreno. Las piedras se ajustan radialmente para diferentes tamaños de barrenos.

La herramienta tiene un movimiento axial recíproco que produce un patrón en forma de cruz en la superficie del barreno. Por lo general se usan fluidos para asentar con base en aceite o agua para ayudar a drenar los residuos y mantener las temperaturas bajas. El asentado también se realiza en superficies externas cilíndricas o planas y para remover manualmente los bordes agudos en las herramientas de corte o en insertos (vea la figura 22.5).

La calidad de la superficie producida por asentado puede controlarse con el tipo y tamaño del abrasivo utilizado, la presión que se aplique y la velocidad. Si no se ejecuta en forma apropiada, el asentado puede producir barrenos que no sean ni rectos ni cilíndricos, sino en forma de campana abierta, ondulante, en forma de barril o con ahusamientos.

Superacabado. En este proceso la presión aplicada es muy ligera y el movimiento de la piedra de asentar tiene un paso corto. El movimiento de la piedra se controla de modo que los granos no recorran la misma trayectoria sobre la superficie de la pieza de trabajo. En la figura 26.30 se presentan ejemplos del superacabado externo de una parte cilíndrica.

Lapeado. Ésta es una operación para dar acabado a superficies planas, cilíndricas o curvadas. Por lo general, la herramienta de *lapear* (figura 26.31) es relativamente suave y porosa, elaborada con materiales como hierro fundido, cobre, piel o tela. Las partículas abrasivas están incrustadas en la herramienta de lapear o se transportan en una solución acuosa. El frotamiento de objetos esféricos y lentes de vidrio se realiza con lapeadores de forma especial. Mantener la *buenas condiciones de funcionamiento* de un par de engranes se puede hacer por medio del lapeado, así como las de engranes hipocicloides para ejes traseros. En función del tipo y dureza del material de la pieza de trabajo, las presiones en el lapeado van de 7 a 140 kPa (1 a 20 psi).

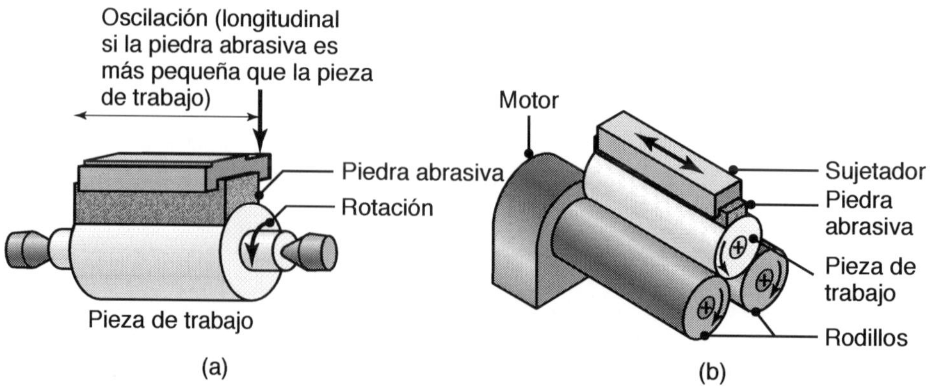

FIGURA 26.30 Ilustraciones esquemáticas del proceso de superacabado para una parte cilíndrica. (a) Microasentado cilíndrico. (b) Microasentado sin centro.

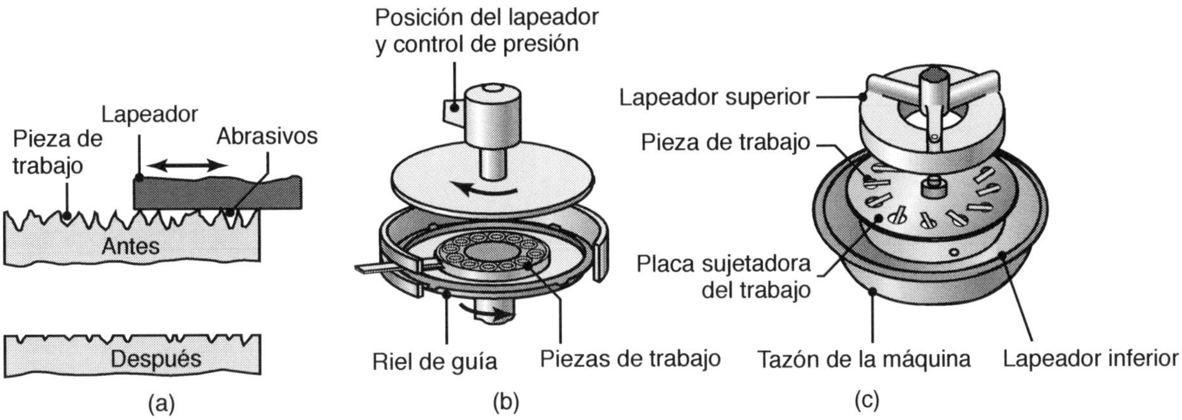

FIGURA 26.31 (a) Ilustración esquemática del proceso de lapeado. (b) Lapeado de producción en superficies planas. (c) Lapeado de producción en superficies cilíndricas.

Con el lapeado pueden obtenerse tolerancias dimensionales del orden de ±0.0004 mm (0.000015 pulg), usando abrasivos finos (tamaño de malla de hasta 900), y el acabado de la superficie llega a ser tan suave como de 0.025 a 0.1 μm (de 1 a 4 μpulg). El lapeado de producción de piezas planas o cilíndricas se lleva a cabo en máquinas parecidas a las que se ilustran en las figuras 26.31b y c.

Pulido. El *pulido* es un proceso que produce acabados suaves y lustrosos para las superficies. El mecanismo básico en el proceso de pulido es el suavizado y afinado de las capas superficiales, por medio del calor desarrollado durante el pulido, así como por la remoción de abrasivos de escala muy fina de la superficie de la pieza de trabajo. El aspecto brillante que es común observar en las superficies pulidas resulta de la acción de afinado.

El pulido se realiza con discos o bandas, de tela, piel o fieltro, que por lo general están recubiertos con polvos finos de óxido de aluminio o diamante. En el *pulido de doble lado* se colocan pares de cojines a las caras de placas que giran horizontalmente y en direcciones opuestas. Puede ser difícil pulir partes con formas irregulares, esquinas agudas, huecos profundos y proyecciones afiladas.

Pulido químico-mecánico. El *pulido químico-mecánico* (CMP, por sus siglas en inglés) es extremadamente importante en la industria de los semiconductores. Este proceso, que se ilustra en la figura 26.32, utiliza una suspensión de partículas abrasivas en una solución con base de agua y una química específica para causar una corrosión controlada.

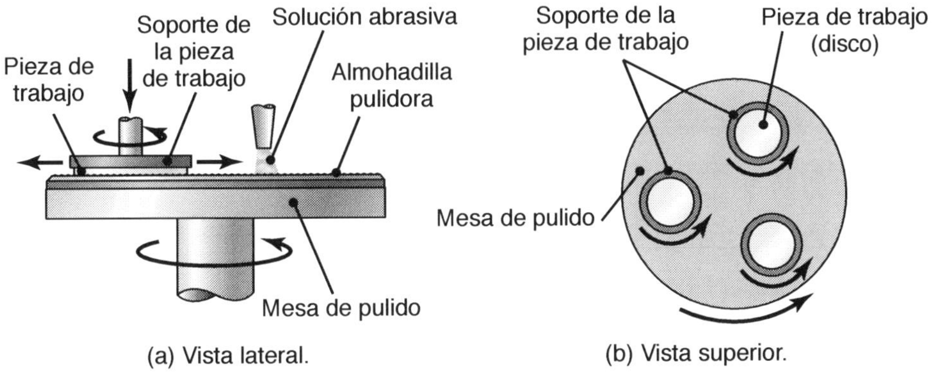

FIGURA 26.32 Ilustración esquemática del proceso de pulido químico-mecánico. Este proceso se utiliza mucho en la manufactura de obleas de silicio y circuitos integrados, también se conoce como *aplanamiento químico-mecánico*; para otros materiales y aplicaciones se usan otros soportes y más discos por soporte.

La remoción de material de la superficie de la pieza de trabajo es por medio de acciones combinadas de abrasión y corrosión. La superficie producida tiene un acabado muy fino y especialmente plano; por esta razón es frecuente que se haga referencia a este proceso como **aplanamiento químico-mecánico**.

Una aplicación importante de este proceso es el pulido de obleas de silicio, en cuyo caso la función principal del CMP es pulir a nivel micrométrico. Entonces, para remover material en forma uniforme y por toda la oblea, ésta se sujeta con la cara hacia abajo sobre un soporte giratorio y se presiona contra una almohadilla pulidora sujeta a un disco giratorio, como se aprecia en la figura 26.32. Las velocidades angulares del soporte y la almohadilla se seleccionan de modo que haya una velocidad relativa constante entre el soporte y la almohadilla sobre el eje que conecta sus centros. La almohadilla contiene ranuras cuyo objetivo es suministrar de manera uniforme la solución acuosa a todas las obleas. Asimismo, la rotación de la almohadilla asegura que no se desarrolle una capa lineal (vea la sección 33.3).

Se han desarrollado combinaciones de abrasivos específicos y de química de la solución para pulir cobre, silicio, dióxido de silicio, aluminio, tungsteno y otros metales. Por ejemplo, para pulir dióxido de silicio o silicio, se suministra de manera continua a la interfase almohadilla-oblea una solución alcalina de silicio coloidal (partículas de SiO_2 en una solución de KOH o de NH_4OH).

Electropulido. Es posible obtener acabados de espejo para las superficies metálicas por *electropulido*, proceso que es lo inverso de la electrodeposición (descrita en la sección 34.9). Dado a que no hay contacto mecánico con la pieza de trabajo, este proceso es apropiado en particular para pulir formas irregulares. El electrolito ataca las proyecciones y picos de la superficie de la pieza de trabajo a una tasa mayor que al resto de la superficie, lo que produce una superficie suave. El electropulido se emplea también para operaciones de eliminación de rebabas (sección 26.8).

Pulido de campos magnéticos. En esta técnica las soluciones abrasivas se apoyan con campos magnéticos. Hay dos métodos básicos:

1. En el **pulido de flotación magnética** de esferas de cerámico, que se ilustra en la figura 26.33a, un fluido magnético (que contiene granos abrasivos y partículas ferromagnéticas extremadamente finas en un fluido portador, como agua o queroseno) llena la cámara dentro de un anillo guía. Las esferas de cerámico se localizan entre un eje impulsor y un flotador. Los granos abrasivos, las esferas de cerámico y el flotador (hecho de un material no magnético) están suspendidos por fuerzas mag-

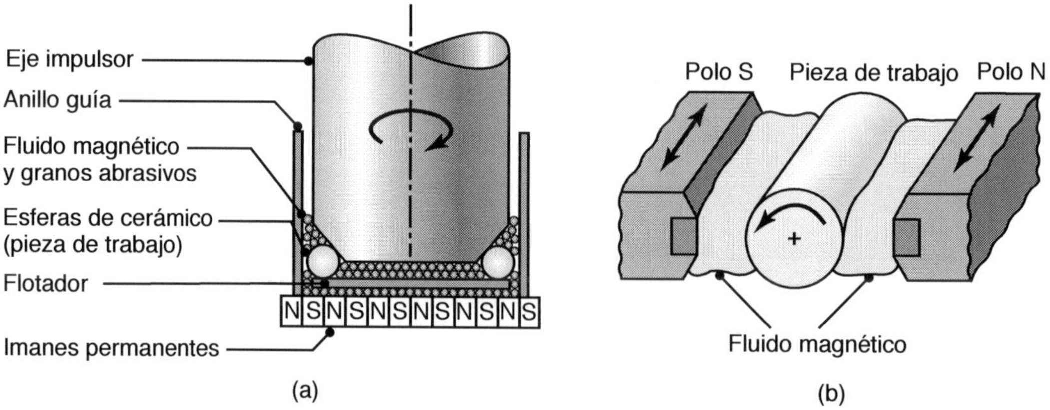

FIGURA 26.33 Ilustración esquemática del pulido de esferas y rodillos por medio de campos magnéticos. (a) Pulido con flotación magnética de esferas de cerámico. (b) Pulido de rodillos asistido con campos magnéticos. *Fuente:* Tomado de R. Komanduri, M. Doc y M. Fox.

néticas. Las esferas son presionadas contra el eje direccional giratorio y se pulen por la acción abrasiva. Las fuerzas aplicadas por las partículas abrasivas sobre las esferas son pequeñas en extremo y controlables, de modo que la acción de pulido es muy fina. Debido a que los tiempos de pulido son mucho menores que los de otros métodos abrasivos, este proceso es muy rentable y las superficies obtenidas tienen pocos defectos o ninguno.

2. En la figura 26.33b se ilustra el **pulido asistido con campo magnético** de rodillos de cerámico. Se sujeta un rodillo de cerámico o acero (como la pieza de trabajo) y se hace girar sobre un eje. Los polos magnéticos se hacen oscilar, lo que introduce un movimiento vibratorio al conglomerado magnético-abrasivo, acción que pule la superficie del rodillo cilíndrico. Con este proceso se obtiene en 30 segundos un acabado tipo espejo para rodamientos de acero de dureza HRC 63.

Abrillantado. El *abrillantado* es semejante al pulido, excepto que se obtiene un acabado de la superficie aún más terso con el empleo de abrasivos muy finos sobre discos suaves que por lo general están elaborados con tela o carnaza. El abrasivo se suministra externamente desde una varilla de compuesto abrasivo.

26.8 Operaciones de desbarbado

Las **barbas** o **rebabas** son rugosidades delgadas, por lo general de forma triangular, que se desarrollan a lo largo de los bordes de una pieza de trabajo debido a operaciones como el maquinado, laminado de placas metálicas (como en las figuras 16.2 y 16.3) y el recorte de forjas y fundidos. Las rebabas pueden detectarse por medios sencillos, como un dedo, un palillo de dientes o un hisopo de algodón; la inspección visual de las rebabas incluye el uso de lupas y microscopios. Aún no hay estándares aceptados para definir específicamente lo que es una rebaba, en parte debido a la variedad de las que se desarrollan en las piezas.

Las rebabas tienen varias desventajas: (a) interfieren con el ensamblado mecánico de las partes y pueden estorbarlas y desalinearlas, así como causar cortocircuitos en componentes eléctricos. (b) Debido a que por lo general son agudas, constituyen un riesgo para la seguridad del personal que maneja las partes. (c) Reducen la vida de fatiga de los componentes. (d) Las placas de metal tienen menos flexibilidad si la rebaba se encuentra en el lado de la tensión (vea la sección 16.2). Por otra parte, las rebabas en componentes delgados taladrados o con ahusamientos, como las partes diminutas de los relojes mecánicos y de otro tipo, provocan un espesor adicional y mejoran el par que sujeta los tornillos.

Se dispone de **varios procesos** para eliminar rebabas. Su rentabilidad depende de factores como el grado en que es necesario eliminarlas, la complejidad de la parte, ubicación de la rebaba, número de partes por limpiar, espacio disponible en el taller, costos de mano de obra y consideraciones de seguridad y ambientales. Entre las operaciones para eliminar rebabas están:

1. Eliminación manual, con limas y rasquetas. Sin embargo, se estima que la eliminación manual contribuye hasta con el 10% del costo de manufactura de la parte.
2. Eliminación mecánica, por maquinado de piezas tales como partes cilíndricas en un eje rotatorio.
3. Cepillado con alambre o con cepillos giratorios de nailon, que constan de filamentos incrustados con arenillas abrasivas.
4. Uso de bandas abrasivas.
5. Maquinado ultrasónico.
6. Electropulido.
7. Maquinado electroquímico.
8. Acabado magnético-abrasivo.
9. Acabado vibratorio.

10. Chorro abrasivo.
11. Maquinado con flujo abrasivo, como la extrusión de una solución abrasiva semisólida sobre los bordes de la parte.
12. Energía térmica, utilizando láseres o plasma.

A continuación se describen los últimos cuatro procesos; otros más se cubren en otras partes del libro.

Acabado vibratorio y de barril. Estos procesos se usan para eliminar rebabas de grandes cantidades de piezas de trabajo relativamente pequeñas. Ésta es una operación por lotes, en la que se colocan en un contenedor *partículas abrasivas* especialmente conformadas, de medios no metálicos o metálicos (piedras o esferas) junto con las partes que se van a limpiar de rebabas. Después se hace *vibrar* o *rodar* el contenedor por diferentes medios mecánicos. El impacto de los abrasivos individuales o de las partículas de metal elimina las rebabas y los bordes afilados de las partes. En función de la aplicación, éste puede ser un proceso *en seco* o *húmedo*; pueden agregarse componentes líquidos para propósitos como la disminución o aumento de la resistencia a la corrosión de las partes que se limpiarán. Cuando se emplean fluidos y abrasivos químicamente activos, este proceso es una forma de pulido químico-mecánico.

Chorro abrasivo. También llamado **chorro de arena** o **arenado** (**sanblasteo**), este proceso involucra partículas abrasivas (generalmente arena) que son impulsadas por una corriente de aire a gran velocidad o por una rueda giratoria y dirigidas hacia la superficie de la pieza de trabajo. El chorro abrasivo es especialmente útil para eliminar las rebabas de los materiales metálicos y no metálicos y para raspar, limpiar y eliminar los óxidos de la superficie. Las superficies producidas tienen un acabado mate, pero puede haber daño para la superficie si los parámetros del proceso no se controlan en forma adecuada. El **chorro microabrasivo** consiste en pulir y grabar a pequeña escala, utilizando abrasivos muy finos, en unidades tipo banco.

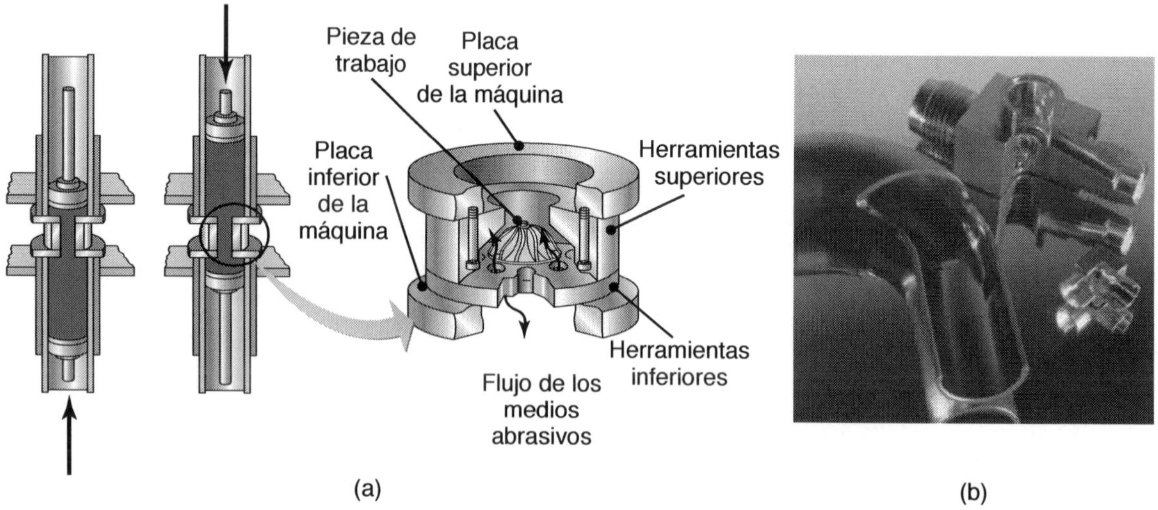

FIGURA 26.34 (a) Ilustración esquemática del maquinado con flujo abrasivo para eliminar las rebabas en un propulsor de turbina; las flechas indican el movimiento de los medios abrasivos; observe el arreglo especial de sujeción, que por lo general es distinto para cada diseño de parte. (b) Coples de válvulas tratados con maquinado por flujo abrasivo para eliminar las rebabas y mejorar la calidad de la superficie. *Fuente:* Cortesía de Kennametal Extrude Hone Corporation.

Maquinado con flujo abrasivo. Este proceso involucra el uso de granos abrasivos, como carburo de silicio o diamante, que se mezclan en una matriz parecida al mastique y luego se fuerzan a avanzar hacia adelante y atrás por las aberturas y pasajes de la pieza de trabajo. El movimiento de la matriz abrasiva bajo presión erosiona tanto las rebabas como las esquinas agudas y pule la parte. El maquinado con flujo abrasivo (AFM, por sus siglas en inglés) es particularmente apropiado para piezas de trabajo con cavidades internas como las que se producen por fundición y que son inaccesibles por otros medios. Las presiones que se aplican van de 0.7 a 22 MPa (100 a 3200 psi).

FIGURA 26.35 Ejemplo de eliminación de rebabas con energía térmica. *Fuente:* Cortesía de Kennametal Extrude Hone Corporation.

Las superficies externas también pueden limpiarse con este método, introduciendo la pieza de trabajo dentro de un arreglo que dirige el medio abrasivo a las aristas y áreas por limpiar. En la figura 26.34 se ilustra la eliminación de rebabas de un propulsor de turbina con este proceso.

En el **maquinado de flujo microabrasivo**, la mecánica del proceso es parecida a la del maquinado normal con flujo abrasivo, pero con medios abrasivos mucho más pequeños y portadores menos viscosos, lo que permite que los medios fluyan a través de agujeros muy estrechos con tamaños que van de 50 μm (0.002 pulg) a 750 μm (0.030 pulg) de diámetro. El micro AFM se ha aplicado a la producción de inyectores de diesel de alta calidad y de otras boquillas finas, donde una rebaba o rugosidad en la superficie podría perjudicar la calidad del flujo.

Eliminación de rebabas con energía térmica. Este proceso consiste en la colocación de la parte en una cámara que luego se inyecta con una mezcla de gas natural y oxígeno. Cuando la mezcla hace ignición se produce un golpe de calor con una temperatura cercana a 3300 °C (6000 °F). Las rebabas se calientan y funden instantáneamente (vea la figura 26.35), en tanto que la temperatura del conjunto de la parte apenas alcanza unos 150 °C (300 °F). Sin embargo este proceso tiene desventajas: (a) las rebabas largas tienden a formar gotas después de fundidas; (b) las partes delgadas y esbeltas se pueden distorsionar y (c) el proceso no pule ni da brillo a las superficies de las piezas de trabajo, algo que sí hacen algunos de los otros procesos empleados para eliminar rebabas.

Eliminación de rebabas robotizada. La eliminación de rebabas y la remoción de quemaduras de los productos terminados se llevan a cabo cada vez más por medio de *robots programables* (sección 37.6), con el uso de un sistema de retroalimentación de fuerza para controlar la trayectoria y tasa de remoción de las rebabas. Este método elimina el trabajo manual tedioso y caro y da como resultado una limpieza más consistente y repetible. Un ejemplo de esto es la eliminación robotizada de rebabas (vea también la sección 37.6.3) de una carcasa fundida para motor fuera de borda que se ilustra en la figura 26.36. En otra aplicación, la eliminación manual de las rebabas de un engrane de doble hélice para la caja de velocidades de un helicóptero se llevó a cabo en 150 minutos, en tanto que con un robot se requirieron 15 minutos.

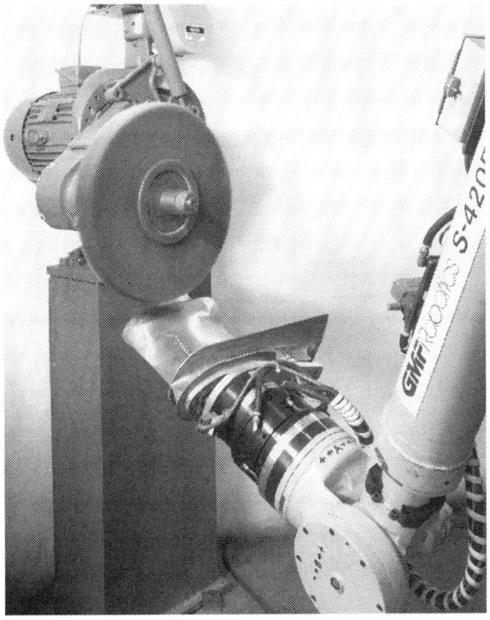

FIGURA 26.36 Operación con un robot de limpieza de rebabas en una carcasa fundida de un motor fuera de borda; la operación usa una piedra abrasiva. Para estas operaciones también pueden usarse bandas abrasivas (figura 26.28) o cepillos radiales abrasivos flexibles. *Fuente:* Cortesía de Acme Manufacturing Company.

26.9 Economía de las operaciones de maquinado y acabado con abrasivos

En ocasiones se necesitan operaciones de maquinado abrasivo y de acabado porque los procesos de formado, moldeo y maquinado por sí solos no producen superficies suficientemente exactas en cuanto a sus dimensiones o suavidad. Los procesos abrasivos se pueden usar tanto para dar acabado como para remover material a gran escala. Por ejemplo, el rectificado con avance lento es una alternativa económica para las operaciones de maquinado como fresado o brochado, aun cuando el desgaste de la piedra abrasiva sea grande.

Se han hecho muchos avances en la automatización del equipo involucrado en estas operaciones, incluyendo el uso de controles computarizados, sensores, optimización del proceso y manejo robotizado de las partes. En consecuencia, los costos de la mano de obra y los tiempos de producción se han reducido a pesar de que ese tipo de maquinaria por lo general requiere una mayor inversión de capital.

Dado que son operaciones adicionales, los procesos descritos en este capítulo afectan de manera significativa el costo del producto, en especial porque muchos de ellos son relativamente lentos. Además, a medida que se incrementan los requerimientos de acabado de la superficie, se necesitan más operaciones, lo que eleva los costos de producción, como se ve con claridad en la figura 26.37; observe cómo crece con rapidez el costo conforme el acabado de la superficie mejora con procesos adicionales como rectificado y asentado.

El costo total de las operaciones abrasivas depende de varios factores, como el tamaño de la parte, su forma, acabado de la superficie y exactitud dimensional requerida, así como de la maquinaria, herramientas, accesorios y mano de obra involucrada. En tanto que los costos de la maquinaria son elevados para el rectificado, los de la que se usa en los procesos de acabado son bajos. Los costos de una piedra abrasiva por lo general son bajos en comparación con otros aspectos de la operación conjunta de rectificado. Sin embargo, como se dijo en este capítulo, el costo de las piedras abrasivas puede llegar a ser de cientos o incluso miles de dólares, lo que depende de su composición y tamaño.

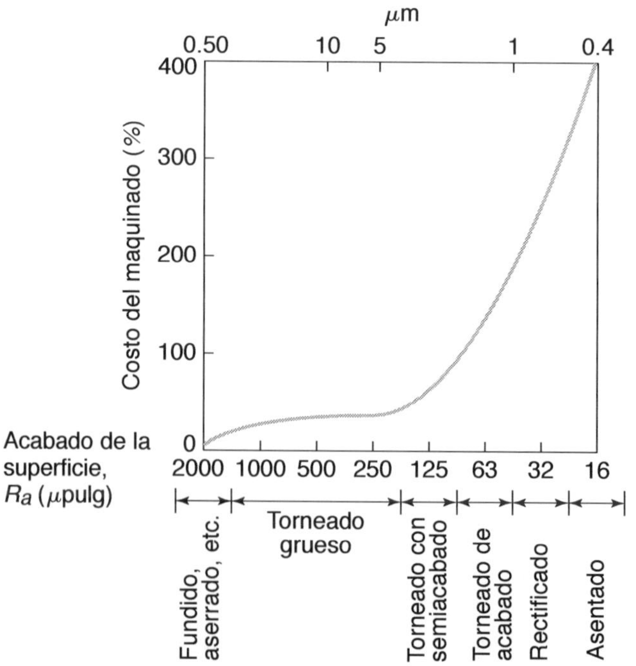

FIGURA 26.37 Incremento del costo del maquinado y acabado de una parte como función del acabado de la superficie que se requiere; ésta es la principal razón de que el acabado que se especifique para la superficie de las partes no deba ser más fino de lo que se requiera para que la parte lleve a cabo su función en forma apropiada.

Los costos de las herramientas de acabado, como el asentado y lapeado, varían mucho y los de la mano de obra y la habilidad del operador dependen en gran medida de lo automatizado que esté el equipo.

Si es probable que el acabado sea un factor importante en la manufactura de un producto en particular, las etapas conceptual y original del diseño deben involucrar un análisis del nivel de acabado de la superficie y la exactitud dimensional que se requieren, y si pueden no ser tan estrictas. Además, todos los procesos que preceden a las operaciones de acabado deben analizarse en cuanto a su capacidad para producir características más aceptables de la superficie. Esto se logra por medio de la selección apropiada de las herramientas, los parámetros del proceso, fluidos para el trabajo de metales y características de las máquinas herramienta, su nivel de automatización, controles computarizados, y de los dispositivos de sujeción del trabajo involucrados.

RESUMEN

- Es frecuente que el maquinado abrasivo sea necesario y económico cuando la dureza y resistencia de la pieza de trabajo son elevadas, los materiales frágiles y los requerimientos para el acabado de la superficie y las tolerancias dimensionales altos.
- Los abrasivos convencionales consisten en óxido de aluminio y carburo de silicio; los superabrasivos consisten en nitruro de boro cúbico y diamante. La friabilidad de los granos abrasivos es un factor importante para determinar su rendimiento, al igual que la forma y tamaño de los granos.
- Las piedras abrasivas, también conocidas como abrasivos aglutinados en contraste con los sueltos, consisten en una combinación de granos abrasivos y agentes aglutinadores. Características importantes de las piedras abrasivas son el tipo del grano abrasivo y el aglutinante, grado y dureza. Las piedras abrasivas también pueden reforzarse para mantener su integridad, siempre y cuando se desarrollen grietas durante su uso.
- El desgaste de la piedra abrasiva es una consideración importante en la calidad e integridad de la superficie del producto procesado. El afilado y ajuste de las piedras son operaciones necesarias y se realizan con varias técnicas.
- Hay varios procesos de maquinado abrasivo y máquinas para efectuar el rectificado superficial, externo e interno. El maquinado abrasivo también se utiliza para los procesos de remoción de material a gran escala, como el rectificado con avance lento, y es competitivo con procesos de maquinado como el fresado y el torneado.
- La selección de los abrasivos y las variables del proceso, incluyendo los fluidos, es importante para obtener el acabado que se desea para la superficie, así como la exactitud dimensional. De otro modo puede haber daño para las superficies, como el quemado, agrietamiento térmico, esfuerzos residuales y marcas de traqueteo.
- Se cuenta con varias operaciones de acabado para mejorar el terminado de las superficies. Debido a que afectan de manera significativa el costo del producto, es importante la selección e implementación apropiadas de estas operaciones.
- La eliminación de rebabas es necesaria para ciertos componentes terminados. Los métodos más comunes son el acabado vibratorio, de barril y chorro abrasivo, aunque también está el de energía térmica y otros más.

TÉRMINOS CLAVE

Abrasivos
Abrasivos aglutinados
Abrasivos recubiertos
Abrillantado
Acabado
Acabado de cañón
Acabado vibratorio
Afilado
Aglutinante resinoide
Aglutinante vitrificado
Agrietamiento térmico
Ajuste

Asentado
Cara de desgaste
Carga
Cepillado con alambre
Chispas
Chorro abrasivo (chorro con arena o arenado)
Desgarramiento
Desgaste por rozamiento
Diamante
Dureza de la piedra
Electropulido
Eliminación de rebabas
Eliminación de rebabas robotizada
Energía específica
Estructura de la piedra
Facilidad de rectificado
Friabilidad
Gel sembrado
Grado
Lapeado
Maquinado giratorio ultrasónico
Maquinado por flujo abrasivo
Maquinado por flujo microabrasivo
Maquinado ultrasónico
Marcas de traqueteo
Microrréplicas
Nitruro de boro cúbico
Nitruro de silicio
Número de malla
Óxido de aluminio
Piedras de corte libre
Piedras reforzadas
Profundidad de corte de la piedra
Profundidad de corte del grano
Pulido
Pulido asistido por campo magnético
Pulido por flotación magnética
Pulido químico-mecánico
Quemado
Quemadura metalúrgica
Rebaba
Rectificado
Rectificado con avance lento
Rectificado con banda
Rectificado de bajo esfuerzo
Rectificado de régimen dúctil
Relación de rectificado
Revenido
Sonotrodo
Superabrasivos
Superacabado
Tamaño del grano
Vidriado

BIBLIOGRAFÍA

Astashev, V. K. y Babitsky, V. I., **Ultrasonic Processes and Machines**, Springer, 2010.

Brown, J., **Advanced Machining Technology Handbook**, McGraw-Hill, 1998.

Gillespie, L. K., **Deburring and Edge Finishing Handbook**, Society of Manufacturing Engineers/American Society of Mechanical Engineers, 2000.

Hwa, L. S., **Chemical Mechanical Polishing in Silicon Processing**, Academic Press, 1999.

Jackson, M. J. y Davim, M. J., **Machining with Abrasives**, Springer, 2010.

Krar, S. y Ratterman, E., **Superabrasives: Grinding and Machining with CBN and Diamond**, McGraw-Hill, 1990.

Kuchle, A., **Manufacturing Processes 2: Grinding, Honing, Lapping**, Springer, 2009.

Malkin, S. y Guo, C., **Grinding Technology**, 2a. ed., Industrial Press, 2008.

Marinescu, I. D., Hitchiner, M., Uhlmann, E. y Rowe, W. B. (eds.), **Handbook of Machining with Grinding Wheels**, CRC Press, 2006.

Marinescu, I. D., Tonshoff, H. K. e Inasaki, I., **Handbook of Ceramic Grinding & Polishing**, William Andres, 2000.

Marinescu, I. D., Uhlmann, E. y Doi, T. (eds.), **Handbook of Lapping and Polishing**, CRC Press, 2006.

Oliver, M. R., **Chemical Mechanical Planarization of Semiconductor Materials**, Springer, 2004.

Rowe, W. B., **Principles of Modern Grinding Technology**, William Andrew, 2009.

Webster, J. A., Marinescu, I. D. y Trevor, T. D., **Abrasive Processes**, Marcel Dekker, 1999.

PREGUNTAS DE REPASO

26.1 ¿Qué es un abrasivo? ¿Qué son los superabrasivos?

26.2 ¿Cómo se relaciona el tamaño del grano de un abrasivo con su número?

26.3 ¿Por qué se fabrican sintéticamente la mayor parte de abrasivos?

26.4 Describa la estructura de una piedra abrasiva y sus características.

26.5 Explique las características de cada tipo de adhesivo utilizado en los abrasivos aglutinados.

26.6 ¿Qué causa las chispas durante el rectificado? ¿Es útil observarlas? Explique.

26.7 Defina el término quemadura metalúrgica.

26.8 Defina (a) friabilidad, (b) cara de desgaste, (c) relación de rectificado, (d) ajuste y (e) afilado.

26.9 ¿Qué es el rectificado con avance lento y cuáles son sus ventajas?

26.10 ¿En qué se distingue el rectificado sin centro del rectificado cilíndrico?

26.11 ¿Cuáles son las diferencias entre los abrasivos recubiertos y los aglutinados?

26.12 ¿Cuál es el propósito de la solución acuosa en el pulido químico-mecánico?

PROBLEMAS CUALITATIVOS

26.13 Explique por qué las operaciones de rectificado pueden ser necesarias para componentes que se han maquinado previamente.

26.14 ¿Por qué hay tan amplia variedad de tipos, formas y tamaños de piedras abrasivas?

26.15 Explique las razones de la gran diferencia entre las energías específicas implicadas en el maquinado (tabla 21.2) y en el rectificado (tabla 26.2).

26.16 La relación de rectificado, *G*, depende del tipo de piedra abrasiva, dureza de la pieza de trabajo, profundidad de corte de la piedra, velocidades de la piedra y la pieza de trabajo y tipo de fluido para rectificar. Explique.

26.17 ¿Cuáles son las consecuencias de permitir que la temperatura suba durante el rectificado? Explique.

26.18 Explique por qué las velocidades son mucho mayores en el rectificado que en las operaciones de maquinado.

26.19 Se dijo que el maquinado ultrasónico es más apropiado para materiales duros y frágiles. Explique.

26.20 Explique por qué las partes con formas irregulares, esquinas agudas, oquedades profundas y proyecciones puntiagudas son difíciles de pulir.

26.21 Enumere las operaciones de acabado que es común utilizar en las operaciones de manufactura. ¿Por qué son necesarias? Explique por qué deben minimizarse.

26.22 En relación con los capítulos anteriores acerca del procesamiento de materiales, enumere las operaciones en las cuales pueden desarrollarse rebabas en las piezas de trabajo.

26.23 Explique las razones de que con el tiempo se hayan desarrollado muchas operaciones para eliminar las rebabas.

26.24 ¿Qué precauciones deben tomarse al rectificar con alta precisión? Haga comentarios sobre la máquina, parámetros del proceso, piedra abrasiva y fluidos para rectificar.

26.25 Describa los factores involucrados en el hecho de que la piedra abrasiva trabaje "suave" o "duro".

26.26 ¿Qué factores contribuirían al traqueteo en el rectificado? Explique.

26.27 En general, es recomendable que al rectificar aceros endurecidos la piedra abrasiva sea de un grado relativamente suave. Explique.

26.28 En la figura 26.5 están indicadas las caras apropiadas para rectificar para cada tipo de piedra. Explique por qué las otras superficies de la piedra no deben usarse y las consecuencias que tendría hacerlo.

26.29 Describa los efectos de una cara de desgaste en el conjunto de la operación de rectificado.

26.30 ¿Qué dificultades, si las hubiera, podrían encontrarse en el rectificado de termoplásticos? ¿Termofijos? ¿Cerámicos?

26.31 Observe los patrones del ciclo en la figura 26.22 y comente acerca de por qué siguen ésos en particular.

26.32 ¿Cuáles de los procesos descritos en el capítulo son apropiados particularmente para piezas de trabajo hechas de (a) cerámicos; (b) termoplásticos y (c) termofijos? ¿Por qué?

26.33 El rectificado puede producir un acabado muy fino de la superficie de una pieza de trabajo. ¿Es este acabado necesariamente una indicación de la calidad de la parte? Explique.

26.34 Ciertas aplicaciones de joyería requieren rectificar diamantes a sus formas deseadas. ¿Cómo se hace esto, puesto que el diamante es el material más duro que se conoce?

26.35 Enumere y explique los factores que contribuyen a un acabado defectuoso de la superficie en los procesos descritos en este capítulo.

PROBLEMAS CUANTITATIVOS

26.36 Calcule las dimensiones de la viruta en el rectificado de superficie para las siguientes variables del proceso; $D = 10$ pulg, $d = 0.001$ pulg, $v = 100$ pies/min, $V = 5000$ pies/min, $C = 500$ por pulg^2 y $r = 20$.

26.37 Si la resistencia del material de una pieza de trabajo se duplica, ¿cuál debe ser el porcentaje de disminución en la profundidad de corte de la piedra, *d*, con el fin de mantener la misma fuerza en el grano si todas las demás variables permanecen sin cambio?

26.38 Suponga que se lleva a cabo una operación de rectificado de una superficie con las siguientes condiciones: $D = 200$ mm, $d = 0.1$ mm, $v = 40$ m/min y $V = 2000$ m/min. Después, estas condiciones cambian como sigue: $D = 150$ mm, $d = 0.1$ mm, $v = 30$ m/min y $V = 2500$ m/min. ¿Qué tan diferente es el aumento de la temperatura a partir del incremento que ocurre con las condiciones iniciales?

26.39 Estime el aumento porcentual en el costo de la operación de rectificado si la especificación para el acabado de la superficie de una parte cambia de 250 a 32 μpulg.

26.40 Suponga que el costo de la energía para rectificar una parte de aluminio con un requerimiento energético específico de 8 W-s/mm^3 es de $1.50 por pieza. ¿Cuál sería el costo de la energía para ejecutar la misma operación si el material de la pieza de trabajo fuera acero para herramienta T15?

26.41 Al describir los procesos de rectificado, no se dieron las ecuaciones que relacionan avances, velocidades, tasas de remoción de material, tiempo total de rectificado, etc., como sí se dieron en las operaciones de torneado y fresado en los capítulos

23 y 24. Estudie las relaciones cuantitativas involucradas y desarrolle dichas ecuaciones para las operaciones de rectificado.

26.42 ¿Cuáles serían las respuestas para el ejemplo 26.1 si la pieza de trabajo fuera titanio de alta resistencia y el ancho del corte fuera $w = 0.75$ pulg? Dé sus respuestas en newtons.

26.43 Se sabe que en el rectificado el calentamiento ocurre cuando se rectifica con una velocidad del eje de 5000 rpm, un diámetro de la piedra de 8 pulg y profundidad de corte de 0.0015 pulg para una tasa de avance de 50 pies/min. Por esta razón, el procedimiento estándar de operación es mantener la velocidad del eje en 3500 rpm. Si se usa una nueva piedra de 10 pulg de diámetro, ¿qué velocidad del eje se puede utilizar antes de que ocurra el calentamiento? ¿Qué velocidad del eje debe usarse para mantener las mismas temperaturas al rectificar que las que había en las condiciones existentes de operación?

26.44 Una operación de rectificado se realiza con una piedra de 10 pulg, con velocidad de eje de 4000 rpm. La tasa de avance de la pieza de trabajo es de 50 pies/min y la profundidad del corte es de 0.002 pulg. Los termómetros de contacto registran una temperatura máxima aproximada de 1800 °F. Si la pieza de trabajo es acero, ¿cuál es la temperatura si la velocidad se incrementa a 5000 rpm? ¿Cuál es si la velocidad es de 10 000 rpm?

26.45 Obtenga una expresión para la velocidad angular de la oblea que se muestra en la figura 26.30b como función del radio y la velocidad angular de la almohadilla en el pulido químico-mecánico.

SÍNTESIS, DISEÑO Y PROYECTOS

26.46 Con dibujos apropiados, describa los principios de varios métodos y dispositivos de sujeción que pueden usarse para los procesos descritos en este capítulo.

26.47 Construya una tabla descriptiva de las capacidades del proceso de las operaciones del maquinado abrasivo. Use varias columnas para describir las características de las máquinas involucradas, tipo de herramientas abrasivas utilizadas, formas del material en bruto y las partes producidas, tamaños máximo y mínimo que sean comunes, acabado de la superficie, tolerancias y tasas de producción.

26.48 Las piedras abrasivas vitrificadas (también llamadas piedras de cerámicos) usan un aglutinante parecido al vidrio para mantener unidos los granos abrasivos. Dado su entendimiento de la manufactura de partes de cerámicos (descrita en el capítulo 18), enumere los métodos de producir piedras vitrificadas.

26.49 Suponga que usted es un profesor que expone los temas de este capítulo y aplicará un examen sobre los aspectos numéricos para evaluar la comprensión de los estudiantes. Prepare tres problemas cuantitativos y aporte las respuestas.

26.50 Haga una investigación bibliográfica y explique cómo puede ser útil observar el color, la brillantez y forma de las chispas producidas al rectificar para identificar el tipo de material que se trabaja y su condición.

26.51 Visite una tlapalería grande e inspeccione las piedras abrasivas que se exhiban. Tome nota de las leyendas en ellas y sobre la base del sistema de notación que se presenta en la figura 26.6, haga comentarios sobre sus observaciones, inclusive los tipos más comunes de piedras existentes en la tienda.

26.52 Obtenga una piedra abrasiva pequeña o un trozo de una grande. (a) Con una lupa o microscopio, observe sus superficies y compárelas con la figura 26.9. (b) Talle la piedra abrasiva contra varios materiales planos metálicos y no metálicos. Describa sus observaciones acerca de las superficies producidas.

26.53 Al revisar los procesos de maquinado abrasivo en este capítulo, habrá notado que algunos usan abrasivos aglutinados, en tanto que otros involucran abrasivos sueltos. Elabore dos listas separadas para estos procesos y comente sobre sus observaciones.

26.54 Obtenga trozos de papel y tela de lija de diferentes gruesos. Use una lupa o microscopio para observar las características de la superficie y compárelas con la figura 26.25.

26.55 Con base en el contenido de este capítulo, describa sus reflexiones acerca de si es posible o no diseñar y construir un "centro de rectificado" (vea el capítulo 25). Comente las dificultades que se encontrarían con tales máquinas y operaciones.

Procesos de maquinado avanzado y sus equipos

CAPÍTULO 27

- Con frecuencia es necesario maquinar o terminar productos elaborados con materiales muy duros o resistentes; en este caso las estrategias de maquinado y rectificado convencionales descritas hasta este momento no son prácticas.
- Este capítulo describe procesos de maquinado avanzado que se basan en medios no mecánicos de remoción de material. El capítulo comienza con el estudio de procesos de preparación del material en bruto por medio de maquinado químico y fotoquímico, en los cuales se remueve material a través de la acción corrosiva de un fluido.
- Después se describen el maquinado y rectificado electroquímico, con los que se retira material por la acción de una fuente de energía eléctrica y transferencia de iones dentro de un fluido electrolítico. El maquinado por descarga eléctrica remueve material al fundir con chispas pequeñas porciones de la pieza de trabajo.
- También se describen los procesos de maquinado con rayo láser y haz de electrones, así como con chorros de agua y abrasivo, presentando ejemplos de sus aplicaciones únicas.
- El capítulo termina con una revisión de las tendencias del maquinado híbrido y la economía de los procesos de maquinado avanzado.

Partes que es común elaborar: cubiertas para misiles y aeronaves, álabes de turbinas, boquillas, partes con cavidades complejas y barrenos profundos de diámetro pequeño, dados, corte de placas metálicas con láser, corte de partes gruesas metálicas y no metálicas.

Métodos alternativos: maquinado abrasivo, maquinado ultrasónico y maquinado de precisión.

27.1 Introducción

Los procesos de maquinado descritos en los capítulos anteriores implican la remoción de material por medios mecánicos de formación de viruta, por abrasión o microvirutas. Sin embargo, hay situaciones en las que los métodos mecánicos no son satisfactorios, económicos o posibles, por las siguientes razones:

- La **resistencia** y **dureza** del material de la pieza de trabajo son muy grandes, en general por arriba de 400 HB (vea la figura 2.15).
- El material es demasiado **frágil** para ser maquinado sin que sufra daño la parte, lo que es común en el caso de aleaciones tratadas térmicamente a profundidad, vidrio, cerámicos y partes obtenidas con metalurgia de polvos.
- La pieza de trabajo es **demasiado flexible** o esbelta como para soportar las fuerzas involucradas en el maquinado o rectificado, o las partes son difíciles de fijar en los accesorios y dispositivos de sujeción.

(a)

(b)

FIGURA 27.1 Ejemplos de partes elaboradas con procesos de maquinado avanzado. (a) Muestras de partes producidas por corte con chorro de agua. (b) Álabe de turbina, producida por maquinado de inmersión en descarga eléctrica; los barrenos se producen por maquinado con descarga eléctrica. *Fuente:* (a) Cortesía de OMAX Corporation; (b) cortesía de HI-TEK Mfg., Inc.

- La parte **tiene forma compleja** (figura 27.1), incluso con características como perfiles o barrenos internos y externos o razones elevadas de longitud a diámetro en materiales muy duros.
- Requerimientos especiales de **acabado superficial** y **tolerancia dimensional** que no se pueden obtener con otros procesos de manufactura, o que no son económicamente viables.
- El **aumento de temperatura** durante el procesamiento y los **esfuerzos residuales** desarrollados en la pieza de trabajo no son aceptables.

Cuando comenzaron en la década de 1950, estas dificultades llevaron al desarrollo de fuentes de energía química, eléctrica, de láser y haz de alta energía para remover material de piezas de trabajo metálicas o no metálicas, como se observa en la tabla 27.1. Estos procesos también reciben el nombre de maquinado *no tradicional* o *no convencional* y retiran material sin producir viruta, como ocurre en el maquinado y rectificado tradicionales, sino por medio de disolución química, grabado, fundido, evaporación y acción hidrodinámica, a veces con ayuda de partículas abrasivas finas.

Una gran ventaja de estos procesos es que su eficiencia es independiente de la dureza de la pieza de trabajo. Cuando se seleccionan y aplican en forma adecuada, es frecuente que los procesos de maquinado avanzado ofrezcan ventajas técnicas y económicas más grandes que las de los métodos tradicionales. Este capítulo describe dichos procesos, incluyendo sus características, aplicaciones comunes, limitaciones, calidad del producto, exactitud dimensional, acabado de la superficie y economía.

27.2 Maquinado químico

El *maquinado químico* (CM, por sus siglas en inglés) se basa en la observación de que los productos químicos atacan y corroen a la mayor parte de materiales, con lo que remueven pequeñas cantidades de material de la superficie. El proceso de CM se lleva a cabo por disolución química con el empleo de **reactivos** o de **ataque** con ácidos o soluciones alcalinas. El químico es el más antiguo de los procesos de maquinado avanzado y se ha usado para grabar metales y rocas duras, eliminar rebabas y en la producción de tarjetas de circuitos impresos y equipos microelectrónicos.

TABLA 27.1

Características generales de los procesos del maquinado avanzado

Proceso	Características	Parámetros del proceso y tasa normal de remoción de material o velocidad de corte
Maquinado químico (CM)*	Remoción poco profunda en grandes superficies planas o curvadas; preparación de placas delgadas; bajo costo de herramientas y equipo; apropiado para corridas de poca producción.	0.0025 a 0.1 mm/min (0.0001 a 0.004 pulg/min).
Maquinado electroquímico (ECM*)	Formas complejas con cavidades profundas; tiene la tasa más elevada de remoción de material entre los procesos no tradicionales; costo elevado de herramientas y equipo; mucho consumo de energía; cantidad de producción de media a alta.	V: 5 a 25 C. D.; A: 1.5 a 8 A/mm^2; 2.5 a 12 mm/min (0.1 a 0.5 pulg/min), en función de la densidad de la corriente.
Rectificado electroquímico (ECG*)	Corte y conformado de materiales duros, como herramientas de carburo de tungsteno; también se usa como proceso para asentar; tiene una tasa de remoción de material más alta que el rectificado.	A: 1 a 3 A/mm^2; es común 25 mm^3/s (0.0016 pulg^3/s) por 1000 A.
Electroerosión o maquinado por descarga eléctrica (EDM*)	Formado y corte de partes complejas hechas de materiales duros; puede resultar cierto daño en la superficie; también se usa como proceso de rectificado y tronzado; herramientas y equipos caros.	V: 50 a 380; A: 0.1 a 500; es común 300 mm^3/min (0.02 pulg^3/min).
Maquinado con descarga eléctrica por cable	Corte del contorno de superficies planas o curvadas; equipo caro.	Varía con el material y su espesor.
Maquinado con rayo láser (LBM*)	Corte y perforación de agujeros en materiales delgados; zona afectada por el calor; no requiere un vacío; equipo caro; consume mucha energía.	0.50 a 7.5 m/min (1.67 a 25 pies/min).
Microchorro láser	Chorro de agua guiado con láser, usa una corriente de 25 a 100 μm de diámetro para fresar o cortar; gran profundidad de campo; poco daño térmico por el maquinado con láser.	Varía con el material; hasta 20 mm en silicio, 2 mm en acero inoxidable; hasta 300 mm/s en 50 μm de espesor de silicio.
Maquinado con haz de electrones (EBM*)	Corte y perforación de agujeros en materiales delgados; barrenos y ranuras muy pequeños; zona afectada por el calor; requiere un vacío; equipo caro.	1 a 2 mm^3/min (0.004 a 0.008 pulg^3/h).
Maquinado con chorro de agua (WJM*)	Corte de todo tipo de materiales no metálicos; apropiado para cortar el contorno de materiales flexibles; no hay daño térmico; ruidoso.	Varía considerablemente con el material.
Maquinado con chorro de agua abrasivo (AWJM*)	Corte de capa única o múltiple de materiales metálicos y no metálicos.	Hasta 7.5 m/min (25 pies/min).
Maquinado con chorro abrasivo (AJM*)	Corte, ranurado, desbarbado, grabado y limpieza de materiales metálicos y no metálicos; tiende a redondear las esquinas agudas; puede ser peligroso.	Varía considerablemente con el material.

*Por sus siglas en inglés.

Fresado químico. En el *fresado químico* se producen cavidades poco profundas en placas, hojas, forjados y extrusiones, por lo general para reducir el peso total, como puede verse en la figura 27.2. El proceso se ha usado en una amplia variedad de metales, con profundidades de remoción de hasta 12 mm (0.5 pulg). El *ataque selectivo* por medio del reactivo químico en diferentes zonas de las superficies de trabajo se lleva a cabo con capas removibles de material, lo que se llama *enmascaramiento* (figura 27.3a), o por inmersión parcial de la parte en el reactivo.

El procedimiento para el fresado químico consiste en los siguientes pasos:

1. Si la parte por maquinar tiene esfuerzos residuales debidos al procesamiento anterior, primero deben eliminarse para impedir la deformación después del fresado químico.
2. Las superficies se desgrasan y limpian completamente con el fin de asegurar tanto la buena adhesión del material del enmascaramiento como una tasa uniforme de remoción de material; también deben eliminarse las escamas de tratamientos térmicos anteriores.

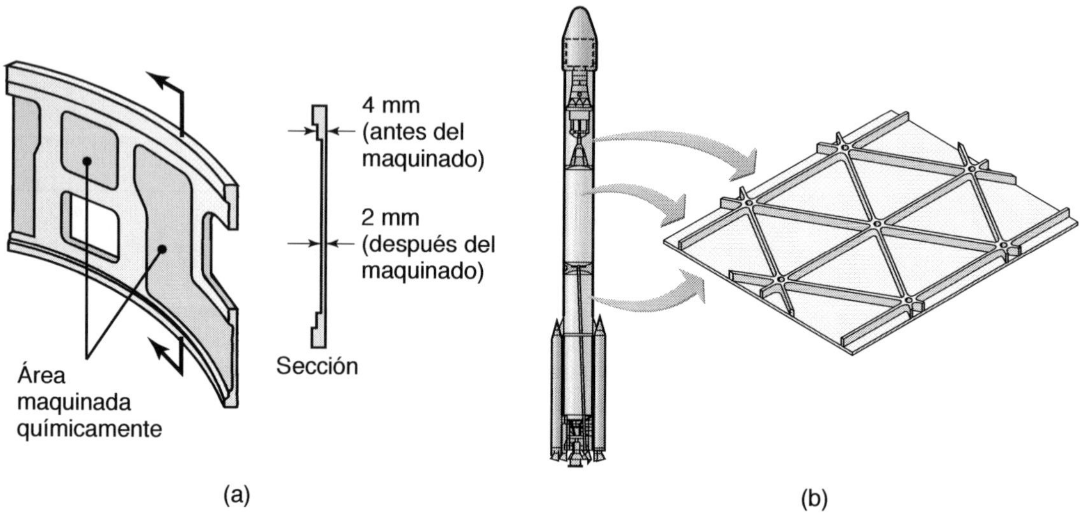

FIGURA 27.2 (a) Sección de la cubierta del panel de un misil contorneado con fresado químico para mejorar la razón de rigidez a peso de la parte. (b) Reducción del peso de vehículos espaciales con el fresado químico de sus placas de aleaciones de aluminio. Las placas se fresan químicamente después de habérseles dado la forma deseada en procesos como un rolado o el estirado.

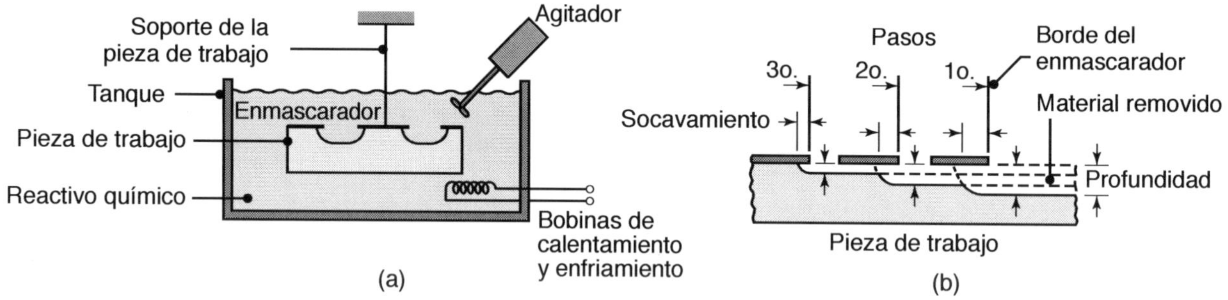

FIGURA 27.3 (a) Ilustración esquemática del proceso de maquinado químico: observe que este proceso no implica fuerzas o máquinas herramienta. (b) Etapas de la producción de una cavidad perfilada por maquinado químico; observe el socavamiento.

3. La mascarilla, o **enmascarador**, se aplica con cintas o pinturas, aunque también se utilizan elastómeros (hule y neopreno) y plásticos (cloruro de polivinilo, polietileno y poliestireno). Tenga presente que el enmascarador no debe reaccionar con el reactivo químico.
4. Las áreas de la mascarilla que requerirán ser maquinadas se eliminan con la técnica de trazado y descascarado.
5. Las superficies expuestas se maquinan químicamente, utilizando reactivos como hidróxido de sodio (para el aluminio), soluciones de ácidos hidroclórico y nítrico (para aceros) y cloruro de hierro (para aceros inoxidables). Es importante controlar la temperatura y agitación (intensificación) del reactivo durante el fresado químico para eliminar de la parte una profundidad uniforme de material.
6. Después del maquinado, las partes se lavan enérgicamente con agua para impedir reacciones posteriores o la exposición de cualesquiera residuos del reactivo.
7. Se retira el resto del material de enmascaramiento y se limpia e inspecciona la parte. Observe que aunque el enmascarador no resulta afectado por el reactivo,

se puede disolver fácilmente con un solvente distinto y apropiado, como acetona o Piranha.

8. Se efectúan operaciones adicionales de acabado en las partes fresadas químicamente, como el maquinado con un flujo abrasivo (vea la sección 26.8) o galvanizado eléctrico (sección 34.9).
9. Esta secuencia de operaciones se puede repetir para producir cavidades en forma de escalón y diversos contornos (figura 27.3b).

El fresado químico se usa en la industria aeroespacial para eliminar capas someras de material de los grandes componentes de una aeronave, los paneles de la cubierta de misiles (figura 27.2) y partes extruidas para el fuselaje. Las capacidades de los tanques para los reactivos son de gran tamaño como 3.7 m × 15 m (12 pies × 50 pies). El proceso también se utiliza para fabricar dispositivos microelectrónicos y con frecuencia se le conoce como **grabado húmedo.** Los rangos del acabado superficial y la tolerancia obtenida por medio del maquinado químico y otros procesos de maquinado se muestran en la figura 27.4.

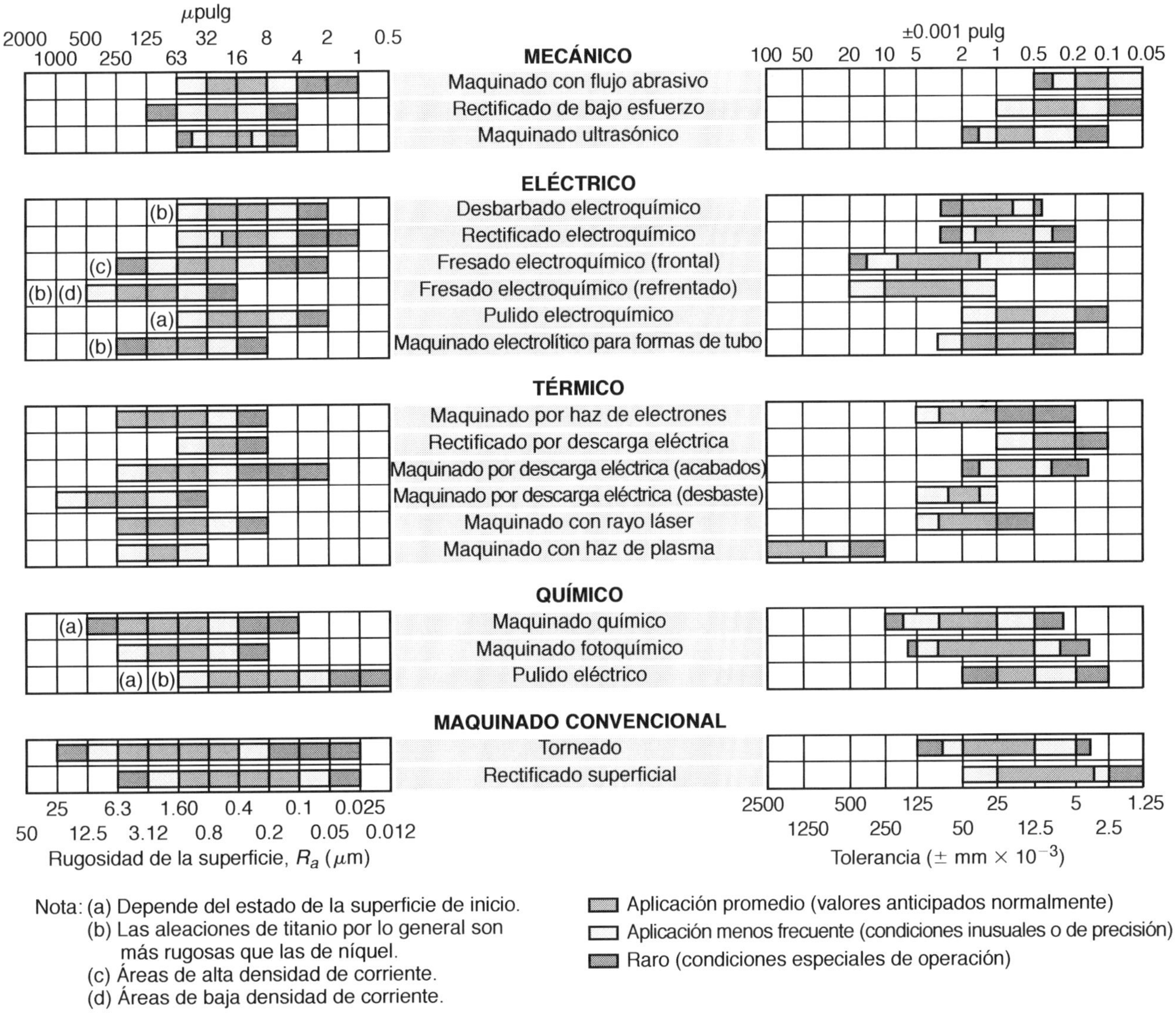

FIGURA 27.4 Rugosidad superficial y tolerancias obtenidas con diferentes procesos de maquinado; note el amplio rango de cada proceso (vea también la figura 23.13). *Fuente:* Basado en datos de *Machining Data Handbook*, 3a. ed. Copyright 1980.

El fresado químico puede ocasionar algún daño en la superficie debido al *grabado preferencial* o *ataque intergranular*, el cual perjudica las propiedades de las superficies. El fresado químico de estructuras soldadas y soldaduras en frío también llega a ocasionar la remoción dispareja del material, los fundidos pueden quedar con superficies irregulares debido a la porosidad y falta de uniformidad de las propiedades del material.

Troquelado químico. El *troquelado químico* es similar al troquelado de placas de metal (figura 16.4). Las aplicaciones comunes del troquelado químico son el grabado libre de rebaba de tarjetas de circuitos impresos, paneles decorativos y estampado de placas metálicas delgadas, así como la producción de formas complejas o muy pequeñas.

Troquelado fotoquímico. El *troquelado fotoquímico*, también llamado *fotograbado*, es una modificación del fresado químico. El material es removido, por lo general de una placa delgada y plana, con técnicas fotográficas, con el fin de producir una máscara, seguidas de maquinado químico. Pueden grabarse formas complejas, sin rebabas (figura 27.5) en láminas metálicas tan delgadas como de 0.0025 mm (0.0001 pulg). Este proceso, llamado **enmascaramiento fotoquímico**, también se usa para grabar, como en los conectores eléctricos o plantillas para soldadura por ola (sección 32.2.3).

El procedimiento del troquelado fotoquímico consiste en los siguientes pasos:

1. Se prepara el diseño de la parte por troquelar con un aumento de hasta 100×; luego se hace un negativo fotográfico y se reduce al tamaño de la parte terminada (llamada **arte final**). Note que el dibujo original (agrandado) permite que los errores de diseño inherentes disminuyan su tamaño en la cantidad de reducción (como 100×) en la imagen final del arte.
2. La lámina en bruto se recubre con un material fotosensible (**reactivo a la luz** que con frecuencia se llama *emulsión*), por medio de inmersión, atomización, fundición centrífuga o por rolado; después se seca en un horno.
3. Se coloca el negativo sobre la lámina recubierta y se expone a luz ultravioleta, lo que endurece las áreas expuestas.
4. Se desarrolla el troquelado por disolución de las áreas no recubiertas.
5. Después se sumerge el troquelado en un baño de reactivo (como en el fresado químico) o se rocía con éste, lo que graba las áreas expuestas.
6. Se retira el material de enmascaramiento y la parte se lava enérgicamente con agua para eliminar todos los residuos químicos.

FIGURA 27.5 Distintas partes elaboradas por medio de troquelado químico; observe los detalles finos. *Fuente:* Cortesía de Buckbee-Mears, St. Paul, Minnesota.

El manejo de reactivos químicos requiere que se tomen precauciones y se tengan consideraciones especiales de seguridad para proteger a los trabajadores contra la exposición de productos químicos tanto líquidos como volátiles. Además, una gran desventaja de este proceso es la eliminación de subproductos químicos, aunque algunos se pueden reciclar.

Aunque se requiere mano de obra especializada, los costos de las herramientas son bajos, el proceso se puede automatizar y es económico para volúmenes de producción de medios a altos. El troquelado fotoquímico es capaz de producir partes muy pequeñas, en los casos en que es difícil producir dados de troquelado tradicionales (sección 16.2). El proceso también es eficaz para troquelar piezas de trabajo y materiales frágiles. Las tolerancias son del orden de 10% del espesor de la placa. Las aplicaciones comunes del troquelado fotoquímico incluyen pantallas metálicas finas, tarjetas de circuitos impresos, laminaciones de motores eléctricos, resortes planos y distintos componentes de sistemas miniaturizados.

Consideraciones de diseño para el maquinado químico. Los lineamientos generales para el maquinado químico son los siguientes:

- Deben evitarse los diseños que impliquen esquinas agudas, cavidades profundas y estrechas, ahusamientos muy marcados, costuras plegadas o materiales porosos en la pieza de trabajo ya que el agente de reactivo ataca de manera continua todas las superficies expuestas.
- Debido a los ataques del agente reactivo, pueden desarrollarse socavamientos en el material, en las direcciones tanto vertical como horizontal, como se ilustra en la figura 27.3, en áreas ubicadas bajo los bordes del enmascaramiento.
- Para mejorar la tasa de producción, de preferencia debe formarse toda la pieza de trabajo con otros procesos y con una tasa mayor de volumen, como el maquinado, antes de proceder al maquinado químico.
- Puede haber variaciones dimensionales debido a los cambios de tamaño en el patrón de la máscara depositada ocasionados por la humedad y temperatura. Estas variaciones se pueden minimizar si se seleccionan apropiadamente los medios del arte final y con el control tanto del ambiente en que éste se genera como en el área de producción en la planta.
- En el presente se hacen diseños de productos con sistemas asistidos por computadora (capítulo 38) y es posible traducirlos a un formato útil para la maquinaria de grabado.

27.3 Maquinado electroquímico

El *maquinado electroquímico* (ECM, por sus siglas en inglés) es básicamente lo contrario del galvanizado eléctrico (vea la sección 34.9). Un **electrolito** actúa como conductor de corriente (figura 27.6), y la alta tasa de flujo de electrolito en la brecha entre la herramienta y la pieza de trabajo (por lo general de 0.1 a 0.6 mm) lava y elimina los iones metálicos de ésta (*ánodo*) antes de que tengan oportunidad de cubrir la herramienta (*cátodo*). Observe que la cavidad producida es la imagen complementaria de la forma de la herramienta.

La herramienta formada, ya sea en forma sólida o tubular, por lo general está hecha de latón, cobre, bronce o acero inoxidable. El electrolito es un fluido inorgánico que es muy buen conductor, como alguna solución acuosa de nitrato de sodio; se bombea por los pasajes de la herramienta a tasas de 10 a 16 m/s (3 a 50 pies/s). El suministro de una corriente eléctrica directa, en el rango de 10 a 25 V, mantiene las densidades de corriente, las cuales en la mayoría de las aplicaciones son de 20 a 200 A/cm^2 (130 a 1300 A/pulg^2) de superficie maquinada activa.

La *tasa de remoción de material* (MRR, por sus siglas en inglés) en el maquinado electroquímico, para una eficiencia de corriente del 100%, se puede calcular con la ecuación

$$\text{MRR} = CI, \tag{27.1}$$

donde MRR se expresa en mm^3/min, I es la corriente en amperes y C es una constante del material en unidades de mm^3/A-min. Para metales puros, C depende de la valencia: cuanto más grande sea ésta, menor será el valor de C.

Existen máquinas que tienen capacidades de corriente tan altas como 40 000 A y tan bajas como 5 A. La tasa de penetración de la herramienta es proporcional a la densidad de corriente y la tasa de remoción de material por lo general está entre 1.5 y 4 mm^3 por A-min. Debido a que la tasa de remoción de metal sólo es función de la tasa de intercambio de iones, no se ve afectada por la resistencia, dureza o tenacidad de la pieza de trabajo, característica que es común a los procesos descritos en este capítulo.

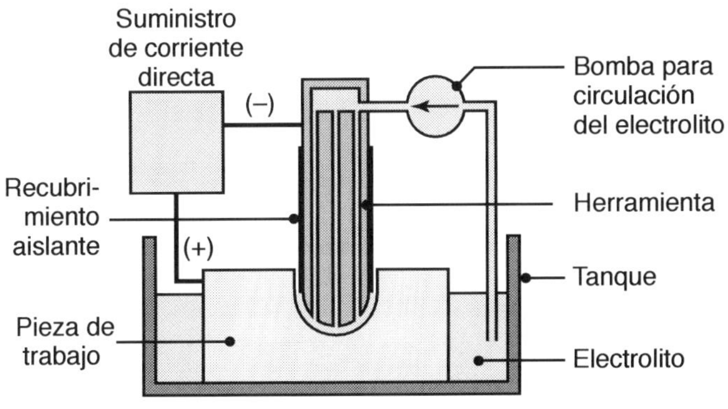

FIGURA 27.6 Ilustración esquemática del proceso de maquinado electroquímico.

Capacidades del proceso. El concepto básico del maquinado electroquímico se desarrolló con rapidez al inicio de la década de 1950, desde entonces se convirtió en un importante proceso de manufactura. Por lo general se usa para maquinar cavidades y formas complejas en materiales muy resistentes, en particular en la industria aeroespacial para la producción masiva de álabes de turbina, partes de motores de propulsión a chorro y boquillas (figura 27.7); otras aplicaciones incluyen las industrias automotriz (fundición de motores y engranes) y médica.

El maquinado electroquímico también se utiliza para maquinar y dar acabado en las cavidades de los dados de forja (trabajo conocido como *talla de dados*) y para producir barrenos pequeños. Ciertas modificaciones de este proceso se emplean para tornear, refrentar, fresar, ranurar, taladrar, trepanar y perfilar, así como en la producción de perfiles y mallas metálicas. Las aplicaciones más recientes del ECM incluyen el *micromaquinado* para la industria electrónica.

Un avance del ECM es el *maquinado electrolítico en forma de tubo* (STEM, por sus siglas en inglés); se utiliza para producir barrenos profundos de pequeño diámetro, como en los álabes de turbina (figura 27.8). El electrolito es de base ácido con el fin de garantizar que el metal desgastado se disuelva y lo elimine la solución. La herramienta es un tubo de titanio, para que resista la corrosión, recubierto con una resina aislante para restringir la acción electrolítica a la superficie frontal del electrodo. Es posible practicar barrenos tan pequeños como de 0.5 mm y a razones de profundidad a diámetro tan grandes como de 300:1; se pueden producir barrenos más grandes con *trepanación electrolítica*, como se ilustra en la figura 27.8b.

El proceso de maquinado electroquímico deja una superficie brillante y libre de rebabas, por lo que también puede usarse como una operación para eliminarlas. No ocasiona daño térmico a la parte y al no haber fuerzas en la herramienta se impide la distorsión, en especial en partes delgadas y flexibles. Además, no hay desgaste de la herramienta (ya que sólo se genera hidrógeno en el cátodo) y el proceso es capaz de producir formas complejas. Sin embargo, las propiedades mecánicas de los componentes elaborados con ECM deben compararse con cuidado con las de componentes obtenidos con otros

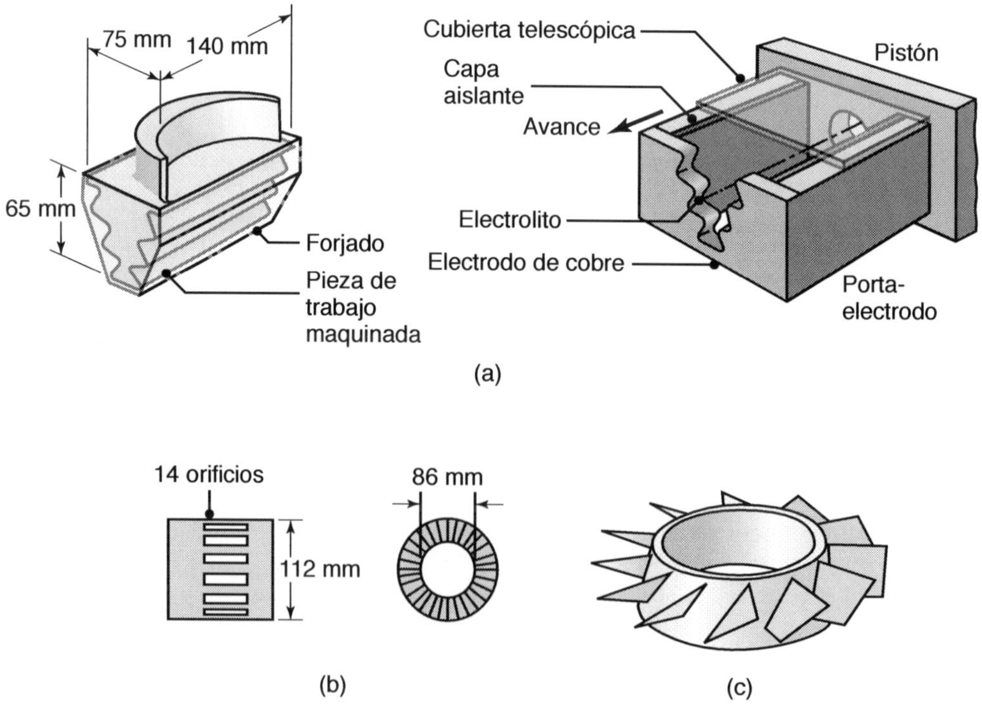

FIGURA 27.7 Partes normales elaboradas con maquinado electroquímico. (a) Álabe de turbina hecha con una aleación de 360 HB; note la forma del electrodo a la derecha. (b) Ranuras delgadas en una pista de acero 4340 para rodamientos. (c) Impulsores de aire en un disco compresor.

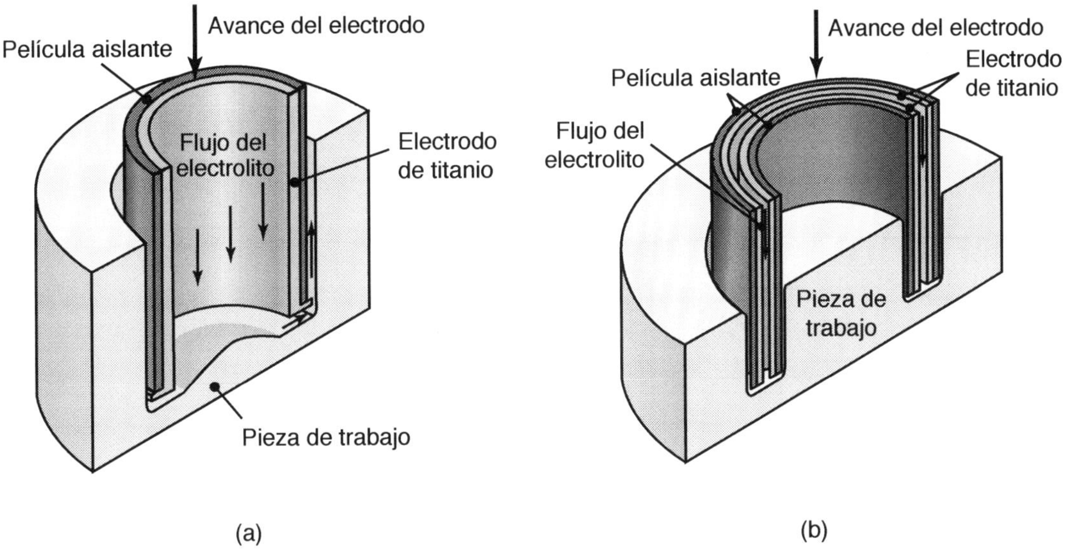

FIGURA 27.8 Operaciones de formado con maquinado electrolítico: (a) maquinado electrolítico en forma de tubo, usado para hacer barrenos pequeños con razones de longitud tan elevadas como 300:1; (b) trepanación electrolítica, utilizada para hacer barrenos de diámetro mayor.

procesos, con el fin de garantizar que no haya un compromiso significativo debido a las reacciones químicas.

Los sistemas de maquinado electroquímico ahora existen como *centros de maquinado de control numérico*, tienen capacidad de altas tasas de producción, mucha flexibilidad de operación y el mantenimiento de tolerancias dimensionales estrictas. El proceso del ECM también se combina con el maquinado por descarga eléctrica (EDM, por sus siglas en inglés) en la misma máquina (lo que se denomina **maquinado híbrido**; vea la sección 27.10).

Consideraciones de diseño para el maquinado electroquímico. Los siguientes son lineamientos de diseño para el maquinado electroquímico:

- El maquinado electroquímico no es apropiado para producir esquinas cuadradas agudas o fondos planos por la tendencia del electrolito a erosionar los perfiles afilados.
- Puede ser difícil controlar el flujo del electrolito, por lo que las cavidades irregulares no se podrían producir a la forma deseada y con una exactitud dimensional aceptable.
- Los diseños de la parte deben prever un pequeño ahusamiento para maquinar los barrenos y cavidades.

CASO DE ESTUDIO 27.1 Maquinado electroquímico de un implante biomédico

Un sistema de reemplazo total de la rodilla consiste en un implante del fémur y la tibia, combinado con un inserto de polietileno de peso molecular ultra alto (UHMWPE), como se aprecia en la figura 27.9a. El polietileno tiene una resistencia superior al desgaste y poca fricción contra el implante femoral de aleación de cobalto-cromo. El inserto UHMWPE está moldeado por compresión (sección 19.7) y el implante de metal es un fundido y rectificado en sus superficies coincidentes externas.

Los diseñadores de implantes, ingenieros de manufactura y médicos han estado muy ocupados en par-

(*continúa*)

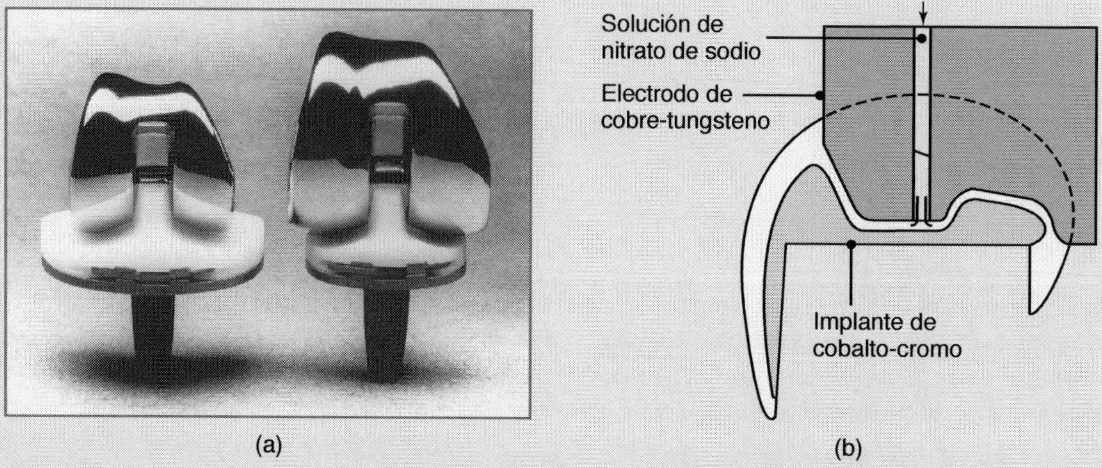

FIGURA 27.9 (a) Dos sistemas de reemplazo total de rodilla en los que se aprecian los implantes metálicos (piezas superiores) con insertos de polietileno de peso molecular ultra alto (piezas inferiores). (b) Sección transversal del proceso de ECM según se aplica al implante metálico. *Fuente:* Cortesía de Biomet, Inc.

ticular con la superficie de contacto en la cavidad del implante metálico que coincide con una protrusión en el inserto de polietileno. Como la rodilla se articula durante su movimiento normal, el polietileno se desliza contra la parte metálica, lo que potencialmente lo convierte en un sitio de desgaste muy grave (sección 33.5). Esta geometría es necesaria para garantizar la estabilidad lateral de la rodilla; es decir, para impedir que se tuerza hacia los lados.

Con el fin de producir una superficie suave, un procedimiento que se había seguido por muchos años era el rectificado de las superficies de deslizamiento del implante metálico con el empleo de rectificadoras manuales y montadas en una leva. Sin embargo, el rectificado producía poca calidad y era difícil de repetir. Las superficies interiores de esta parte son de acceso difícil en extremo para la piedra abrasiva y la aleación de cobalto-cromo es difícil de rectificar. En consecuencia, los procesos de maquinado avanzado, en particular el electroquímico, se consideraron candidatos ideales para realizar dicha operación.

Como se aprecia en la figura 27.9b, el procedimiento actual consiste en fijar el implante metálico en un soporte y llevar un electrodo de tungsteno del contorno final deseado a la proximidad del implante. El electrolito es una mezcla de nitrato de sodio y agua y se bombea a través de la herramienta para llenar el hueco entre ésta y el implante. Se aplica una fuente de energía (de 10 V y 225 A), lo que ocasiona el maquinado electroquímico local de las partes altas de la superficie del implante y se produce una superficie pulida.

Se puede controlar la tasa de flujo del electrolito con el fin de maximizar la calidad de la superficie. Cuando la tasa es demasiado baja aparecen defectos en la superficie maquinada, como hoyuelos localizados; si la tasa de flujo es demasiado alta los tiempos de maquinado se hacen más largos. Los tiempos normales de maquinado de esta parte son de cuatro a seis minutos.

Fuente: Cortesía de T. Hershberger y R. Redman, Biomet, Inc.

27.3.1 Maquinado electroquímico pulsado

El proceso de *maquinado electroquímico pulsado* (PECM, por sus siglas en inglés) es un refinamiento del maquinado electroquímico; usa densidades de corriente muy altas (del orden de 1 A/mm^2), pero la corriente es por *pulsos* en lugar de ser directa. El propósito de las pulsaciones es eliminar la necesidad de altas tasas de flujo del electrolito, lo que limita la utilidad del ECM en la manufactura de dados y moldes. Las investigaciones han demostrado que el PECM mejora la vida de fatiga en comparación con el ECM y el proceso no tiene la característica capa de refundición en las superficies de dados y moldes. Las tolerancias obtenidas por lo general están en el rango de 20 a 100 μm.

Hoy día las máquinas realizan una combinación de EDM y de PECM, de ahí que se elimina la necesidad de mover la herramienta y la pieza de trabajo entre los dos procesos. Si estas operaciones ocurrieran en máquinas separadas sería difícil conservar la alineación precisa cuando la pieza se desplazara del EDM al PECM. Si hubiera una desalineación significativa, todo el pulido ocurrirá donde el espacio sea más pequeño y la pasivación (vea la sección 3.8) sucederá donde sea más grande. Asimismo, el proceso dejará residuos de metal suspendidos en la solución acuosa, lo que resulta perjudicial para el ambiente si se elimina sin un tratamiento adecuado.

El proceso de ECM es eficaz para el *micromaquinado*. La total ausencia de desgaste de la herramienta implica que este proceso también se pueda utilizar para elaborar componentes electrónicos de precisión, aunque tiene que resolverse el problema de la erosión debido a la corriente resilente. Ahora, el maquinado electroquímico ha incrementado su flexibilidad por medio de la implementación de controles numéricos.

27.4 Rectificado electroquímico

El *rectificado electroquímico* (ECG, por sus siglas en inglés) combina el maquinado electroquímico con el rectificado convencional. El equipo que se utiliza es similar a una rectificadora convencional, excepto que la piedra es un *cátodo* rotatorio, con incrustaciones de partículas abrasivas (vea la figura 27.10a). La piedra es metal impregnado con abrasivos de diamante u óxido de aluminio y gira a una velocidad superficial de 1200 a 2000 m/min (4000 a 7000 pies/min).

Los abrasivos tienen dos funciones: (a) servir como aislantes entre la piedra y la pieza de trabajo y (b) remover mecánicamente los productos electrolíticos del área de trabajo. Se abastece un flujo de solución electrolítica, por lo general nitrato de sodio, para la fase de maquinado electroquímico de la operación. Las densidades de corriente van de 1 a 3 A/mm^2 (de 500 a 2000 A/pulg^2). La mayor parte de la remoción del metal en el ECG es a través de la acción electrolítica, y por lo general menos de 5% del metal se retira por la acción abrasiva de la piedra; por lo anterior, el desgaste de ésta es muy poco y la pieza de trabajo permanece fría. Por lo general los cortes del acabado se realizan por la acción de rectificado, pero sólo para producir una superficie con buen acabado y exactitud dimensional.

El proceso de ECG es adecuado para aplicaciones similares a aquellas en que se usa fresado, rectificado y aserrado (figura 27.10b), pero no es adaptable a las operaciones de formación de cavidades. El ECG, que se aplica con éxito a carburos y aleaciones de alta resistencia, ofrece una ventaja distinta sobre el rectificado con piedra de diamante tradicional de materiales muy duros, donde el desgaste de la piedra llega a ser grande. Existen máquinas de ECG con control numérico que mejoran la exactitud dimensional y la repetibilidad e incrementan la productividad.

El **asentado electroquímico** combina la acción abrasiva fina del asentado (sección 26.7) con la acción electroquímica. Aunque el equipo es costoso, este proceso es hasta 5 veces más rápido que el asentado convencional, y la herramienta dura hasta 10 veces más. El asentado electroquímico se utiliza sobre todo para dar acabado a las superficies cilíndricas internas.

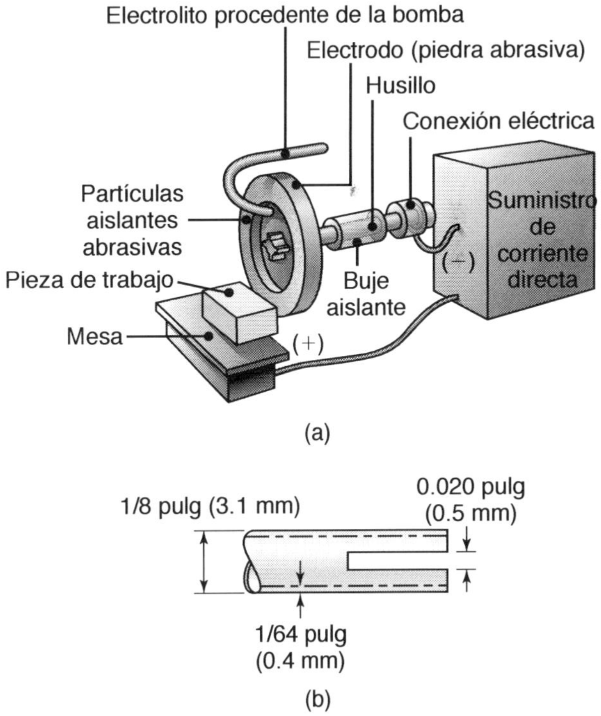

FIGURA 27.10 (a) Ilustración esquemática del proceso de rectificado electroquímico. (b) Ranura delgada producida con este proceso en un tubo redondo de aleación de níquel (Inconel).

Consideraciones de diseño para el rectificado electroquímico. Además de las consideraciones de diseño ya listadas para el maquinado electroquímico, el rectificado electroquímico requiere dos más:

- El diseño debe evitar radios internos agudos.
- Si una superficie ha de ser plana, debe ser más angosta que el ancho de la piedra abrasiva.

27.5 Electroerosión

El principio de la *electroerosión* o *maquinado por descarga eléctrica* (EDM, por sus siglas en inglés), también llamado *electrodescarga* o *maquinado por chispas*, se basa en la erosión de metales por medio de chispas de descargas eléctricas. Recuerde que cuando dos conductores de corriente se tocan se produce un arco eléctrico. Al examinar de cerca el punto de contacto entre los dos conductores, se observará que una porción pequeña de metal ha quedado erosionada, lo que deja un pequeño cráter en la superficie. Aunque este fenómeno se ha conocido desde el descubrimiento de la electricidad, sólo hasta antes de la década de 1940 se desarrolló un proceso de maquinado con base en ese principio; el EDM se ha convertido en una de las tecnologías de producción más importantes y de mayor uso en la manufactura.

Principio de operación. El sistema básico del maquinado por descarga eléctrica consiste en una herramienta de forma (*electrodo*) y la pieza de trabajo conectada a una fuente de corriente directa y situada en un fluido dieléctrico (un no conductor de electricidad), como se aprecia en la figura 27.11a. Cuando la diferencia de potencial entre la herramienta y la pieza de trabajo es suficientemente alta, se rompe la resistencia del dieléctrico y se descarga una chispa momentánea a través del fluido, lo que remueve una cantidad muy pequeña de metal de la superficie de la pieza de trabajo. La descarga del condensador se repite de manera continua a razón de entre 200 y 500 kHz, con voltajes en el rango general de 50 a 380 V y corrientes de 0.1 a 500 A. El volumen de material removido por descarga es común que esté en el rango de 10^{-6} a 10^{-4} mm^3 (10^{-10} a 10^{-8} $pulg^3$).

El proceso de EDM puede usarse en cualquier material que sea conductor de electricidad. Dos propiedades importantes, que determinan el volumen del metal removido por descarga, son el punto de fusión y el calor latente de fusión del material de la pieza de trabajo. A medida que estas cantidades se incrementan, disminuye la tasa de material removido. La tasa de remoción de material se estima con la fórmula empírica siguiente:

$$\text{MRR} = 4 \times 10^4 I T_w^{-1.23}, \tag{27.2}$$

donde la MRR está expresada en mm^3/min, I es la corriente en amperes y T_w es el punto de fusión de la pieza de trabajo en °C.

La pieza de trabajo se fija dentro del tanque que contiene el fluido dieléctrico y sus movimientos se efectúan con sistemas de control numérico. El espacio entre la herramienta y la pieza de trabajo (*sobrecorte*) es crítico; de este modo, el avance de la herramienta hacia abajo está controlado por un servomecanismo, el cual mantiene en forma automática un espacio constante. Por lo general, la frecuencia de la descarga o la energía por descarga, el voltaje y la corriente, se hacen variar para controlar la tasa de remoción. La tasa y rugosidad de la superficie producida aumentan con el incremento de la densidad de corriente y con la disminución de la frecuencia de las chispas.

Fluidos dieléctricos. Las funciones del fluido dieléctrico son:

1. Actuar como un aislante hasta que el potencial es suficientemente alto.
2. Brindar un medio de enfriamiento.
3. Actuar como un medio de flujo y retirar los residuos del espacio.

Las máquinas de maquinado por descarga eléctrica están equipadas con una bomba y sistema de filtrado para el fluido dieléctrico. Los fluidos dieléctricos más comunes son aceites minerales, aunque en aplicaciones especiales también se emplean keroseno y agua

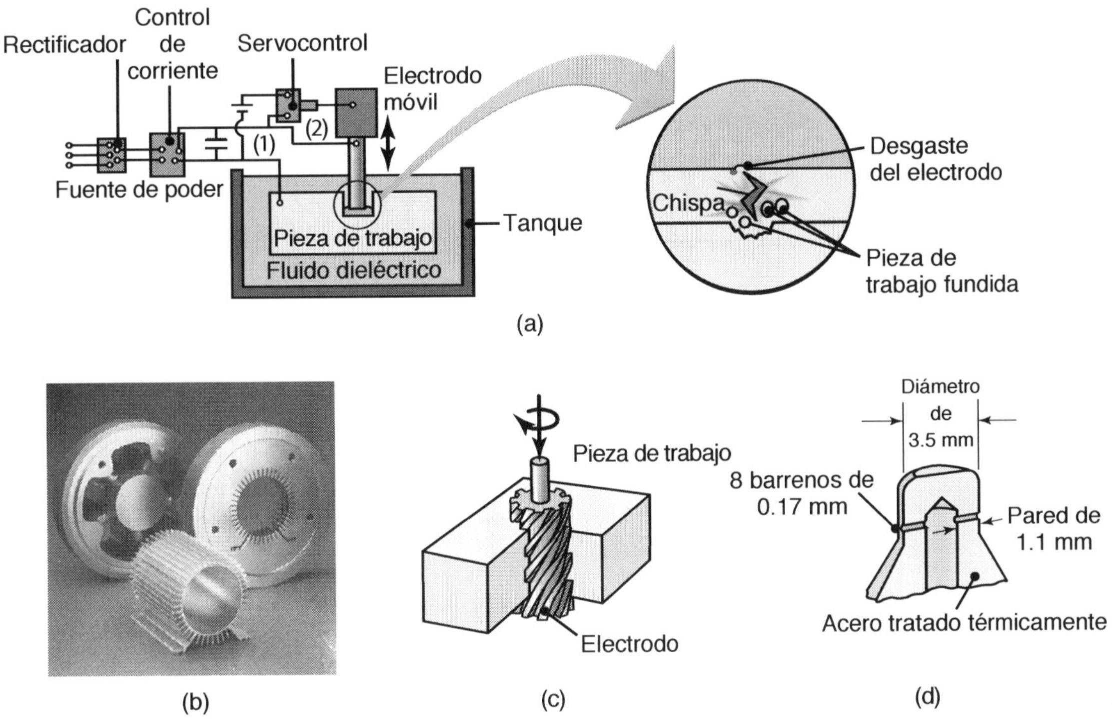

FIGURA 27.11 (a) Ilustración esquemática del proceso de maquinado por descarga eléctrica; éste es uno de los más utilizados, en particular para aplicaciones de tallado de dados. (b) Ejemplos de cavidades producidas por EDM con el uso de electrodos con forma; las dos partes redondas (atrás) son el conjunto de dados usados en la extrusión de la pieza de aluminio que se muestra en el frente (vea también la figura 15.9b). (c) Cavidad espiral producida por EDM con el empleo de un electrodo que gira con lentitud parecido a un tornillo con rosca. (d) Barrenos en una boquilla para inyección de combustible manufacturada con EDM; el material es acero tratado térmicamente. *Fuente:* (b) Cortesía de AGIE USA, Ltd.

destilada o sin iones. Aunque son más caros, también existen fluidos de baja viscosidad y claros que hacen más fácil la limpieza.

Electrodos. Los electrodos para el EDM suelen estar hechos de grafito, aunque también se emplean latón, cobre o aleaciones de cobre-tungsteno. Las herramientas reciben su forma por formado, fundición, metalurgia de polvos o técnicas de maquinado CNC. Los electrodos conductores de tungsteno son tan pequeños que tienen un diámetro de 0.1 mm (0.005 pulg) y se utilizan para producir barrenos, con razones de profundidad a diámetro de hasta 400:1, que es mucho mayor que la que se obtiene con métodos convencionales (vea la tabla 23.10).

En el maquinado por descarga eléctrica las chispas también erosionan al electrodo, lo que cambia su geometría y perjudica la forma producida y su exactitud dimensional. La *razón de desgaste* se define como la razón del volumen del material removido de la pieza de trabajo al volumen del desgaste de la herramienta; está en un rango alrededor de 3:1 para electrodos metálicos y hasta de 100:1 para electrodos de grafito. Se ha demostrado que el desgaste de la herramienta se relaciona con los puntos de fusión de los materiales involucrados: cuanto más alto sea el punto de fusión del electrodo, más baja será la tasa de desgaste. En consecuencia, los electrodos de grafito tienen la mayor resistencia al desgaste; asimismo, a mayor intensidad de corriente, mayor desgaste. El desgaste de la herramienta se puede minimizar al invertir la polaridad y emplear herramientas de cobre, en un proceso llamado **EDM sin desgaste**. Debe tenerse cuidado en el control del proceso; es posible que el material de la pieza de trabajo recubra el electrodo y cambie su forma.

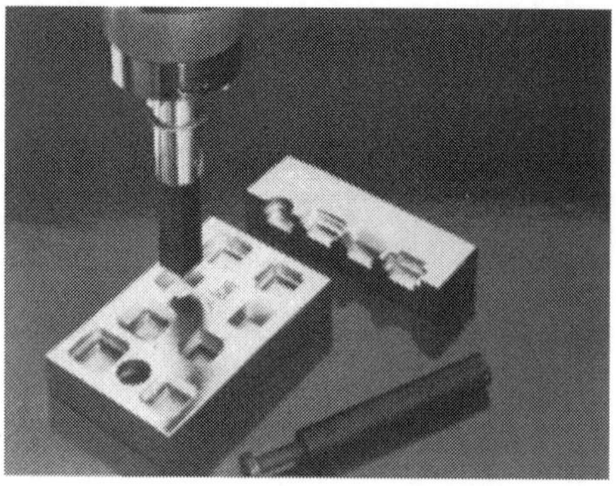

FIGURA 27.12 Cavidades escalonadas producidas con un electrodo cuadrado con el proceso de EDM. La pieza de trabajo se mueve en las dos principales direcciones horizontales, su movimiento está sincronizado con el movimiento hacia abajo del electrodo para producir las cavidades; también se muestra un electrodo redondo capaz de producir cavidades esféricas o elípticas. *Fuente:* Cortesía de AGIE USA, Ltd.

Capacidades del proceso. El maquinado por descarga eléctrica tiene numerosas aplicaciones, por ejemplo dados para forja, extrusión, dados para fundición, moldeo por inyección y componentes de grandes láminas metálicas de la carrocería de automóviles (producidas en **centros de maquinado de dados**, de control numérico). Otras aplicaciones incluyen el maquinado de barrenos de pequeño diámetro pero profundos, que usan un conductor de tungsteno como electrodo; ranuras angostas en ciertas partes; conductos de refrigeración en los álabes de turbina hechos con superaleaciones y varias formas intrincadas (vea las figuras 27.11b y c). Pueden producirse cavidades escalonadas simplemente controlando los movimientos relativos de la pieza de trabajo en relación con el electrodo (figura 27.12).

Maquinado con arco azul. Una variación del maquinado por descarga eléctrica es el proceso con *arco azul* desarrollado para hacer cortes rugosos en materiales difíciles de maquinar, en especial superaleaciones de níquel. La geometría de los discos de álabes (o *blisks*) que se usan en los motores de avión es un reto para el maquinado; el proceso de arco azul remueve la mayor parte del material para lograr la forma básica, que después se termina por medio de maquinarla en una fresa CNC convencional. El arco azul usa un electrodo y una descarga eléctrica para maquinar y remover el material, pero agrega un fluido a alta presión que retira las virutas de la zona de corte. Se ha demostrado que este método reduce hasta 30% el consumo de energía en comparación con el fresado, además disminuye de días a horas el ciclo de tiempo para producir los discos con aspas. Existen variantes del maquinado con arco azul para el torneado y el rectificado.

Debido a la superficie fundida y vuelta a solidificar (refundido) que se desarrolla, grandes tasas de material removido producen una superficie con acabado muy rugoso, con mala integridad y propiedades de fatiga deficientes. Los cortes de acabado se hacen entonces a tasas de remoción lentas, o bien la capa del refundido se retira posteriormente por operaciones de acabado. También se ha demostrado que el acabado de la superficie mejora si se hace *oscilar* el electrodo con un movimiento planetario, con amplitudes de 10 a 100 μm.

Consideraciones de diseño para el EDM. Los lineamientos generales de diseño para el maquinado por descarga eléctrica son los siguientes:

- Las partes deben diseñarse de modo que los electrodos requeridos reciban su forma sin grandes costos.
- Deben evitarse las ranuras profundas y las aberturas angostas.
- Para lograr una producción rentable, el acabado que se especifique para la superficie no debe ser demasiado fino.
- Con el fin de lograr una tasa de producción elevada, el grueso de la remoción de material debe realizarse con procesos convencionales (llamado *corte de desbaste*).

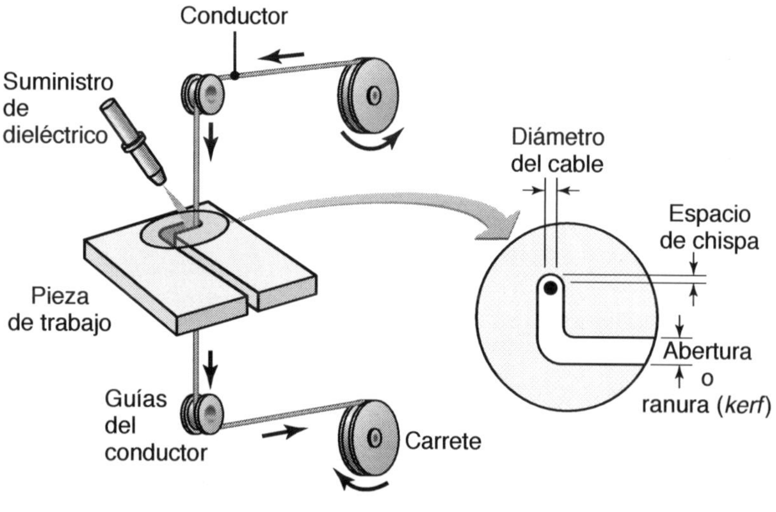

FIGURA 27.13 Ilustración esquemática del proceso EDM; pueden realizarse hasta 50 horas de maquinado con un carrete de conductor, el cual luego se recicla o desecha.

27.5.1 Maquinado por descarga eléctrica con alambre

Una variación del EDM es el *EDM con alambre*, o *electroerosión de hilo* (figura 27.13). Este proceso es parecido al corte de contorno que se hace con una sierra de cinta (ilustrado en la figura 24.28), en el cual un cable que se mueve con lentitud recorre una trayectoria prescrita y corta la pieza de trabajo. La figura 27.14a muestra una placa gruesa que se corta con este proceso, en una máquina semejante a la de la figura 27.14b. De esta manera es posible cortar placas de un grosor de hasta 300 mm (12 pulg) y punzones, herramientas y dados hechos de metales duros, así como componentes intrincados para la industria electrónica.

El alambre se mueve a una velocidad constante en el rango de 0.15 a 9 m/min (6 a 360 pulg/min), y durante el corte se mantiene un espacio constante (*abertura* o *kerf*). Por lo general, la velocidad de corte se da con respecto al área de la sección transversal cortada por unidad de tiempo. Ejemplos comunes son 32 000 mm^2/h (50 pulg^2/h) para un acero D2 de 50 mm (2 pulg) de grueso para herramienta, y 80 000 mm^2/h (125 pulg^2/h) para aluminio de 150 mm (6 pulg) de grueso. Estas tasas de remoción indican una velocidad de corte lineal de 32 000/50 = 640 mm/h = 10.7 mm/min, y 80 000/150 = 533 mm/h = 8.9 mm/min, respectivamente.

El alambre suele estar hecho de latón, cobre, tungsteno o molibdeno; también se usan alambres con recubrimientos de zinc o latón, recubrimientos múltiples y núcleos de acero. El diámetro del alambre por lo general es de alrededor de 0.30 mm (0.012 pulg) para cortes de desbaste y de 0.20 mm (0.008 pulg) para cortes de acabado. El alambre debe tener una conductividad eléctrica elevada y resistencia a la tensión, ya que es común que alcance 60% de su resistencia a la tensión. Por lo general se usa una sola vez y es relativamente barato en comparación con el tipo de operación que realiza.

Los **centros de maquinado de EDM con alambre cortador de ejes múltiples** son capaces de producir formas tridimensionales y están equipados con herramientas como las siguientes:

- Controles por computadora, para dirigir la trayectoria de corte del alambre (figura 27.14b) y su ángulo con respecto al plano de la pieza de trabajo.
- Cabezas múltiples para cortar dos partes al mismo tiempo.
- Características como controles para prevenir la ruptura del alambre.
- Propiedades como enrollado automático en caso de ruptura del alambre.
- Estrategias de maquinado programado, con el fin de optimizar la operación.

(a)

(b)

FIGURA 27.14 (a) Corte de una placa gruesa con EDM con alambre. (b) Máquina de EDM con alambre controlada por computadora. *Fuente:* Cortesía de AGIE USA, Ltd.

Las máquinas de dos ejes controladas por computadora tienen la capacidad de producir formas cilíndricas, de manera parecida a una operación de torneado o rectificado cilíndrico. Las máquinas modernas de maquinado por descarga eléctrica con alambre permiten controlar el avance y tomar los extremos del alambre para cruzar de manera independiente en dos direcciones principales, de modo que también pueden manufacturarse partes con ahusamientos.

27.5.2 Rectificado por electroerosión

En el *rectificado por electroerosión* (EDG, por sus siglas en inglés), la piedra abrasiva está hecha de grafito o latón y no contiene abrasivos. El material se remueve de la superficie de la pieza de trabajo por medio de descargas de chispas entre ésta y la piedra. Este proceso se utiliza sobre todo para rectificar herramientas y dados de carburo, pero también puede emplearse con partes frágiles como agujas quirúrgicas, tubos de pared delgada y estructuras tipo panal.

El material es removido por acción química, con las descargas eléctricas de la piedra de grafito que rompen la película de óxido de la pieza de trabajo, y ésta se lava con el flujo del electrolito. La tasa de remoción de material se estima con la ecuación

$$MRR = KI, \qquad (27.3)$$

donde la MRR está expresada en mm^3/min, I es la corriente en amperes y K es un factor del material de la pieza de trabajo expresado en mm^3/A-min. Por ejemplo, $K = 4$ para carburo de tungsteno y $K = 16$ para acero.

En el **aserrado EDM** se utiliza un arreglo similar a una banda o cierra circular (pero sin dientes), con el mismo circuito eléctrico que para el EDM. Se pueden hacer cortes angostos con tasas elevadas de remoción de metal. Debido a que las fuerzas de corte se pueden obviar, el proceso también se puede utilizar en componentes delgados y esbeltos.

Es posible combinar el proceso de rectificado por electroerosión con rectificado electroquímico. El proceso recibe el nombre de **rectificado por descarga electroquímica** (ECDG, por sus siglas en inglés) y usa una piedra de grafito, una descarga intermitente de la chispa, de corriente alterna o un pulso de corriente directa, produce la remoción del material. El ECDC también es común que use un electrolito de mucha conductividad en lugar de un fluido dieléctrico y emplea voltajes menores. Este proceso es más rápido que el EDG, pero su consumo de energía es más alto.

27.6 Maquinado con rayo láser

En el *maquinado con rayo láser* (LBM, por sus siglas en inglés), la fuente de energía es un **láser** (acrónimo de *l*uz *a*mplificada por emisión *e*stimulada de *r*adiación) que enfoca energía óptica sobre la superficie de la pieza de trabajo (figura 27.15a). La fuente de energía de alta densidad y muy concentrada funde el metal y evapora porciones de la pieza de trabajo en una forma controlada. Este proceso, que no requiere un vacío, se utiliza para maquinar varios materiales metálicos y no metálicos.

En las operaciones de manufactura se emplean varios tipos de láseres (tabla 27.2):

1. CO_2 (*onda en pulsos* o *continua*).
2. **Nd:YAG** (neodimio: itrio-aluminio-granate).
3. **Nd: vidrio, rubí.**
4. **Diodo.**
5. **Excímero** [de las palabras *exc*itado y *dímero*, que se entiende como dos meros (como en polímero), o dos moléculas de la misma composición química (dos átomos o moléculas unidos a sus electrones en un solo nivel excitado de energía)].

En el maquinado con rayo láser dos parámetros importantes son lo *reflejante* y la *conductividad térmica* de la superficie de la pieza de trabajo, así como su calor específico y

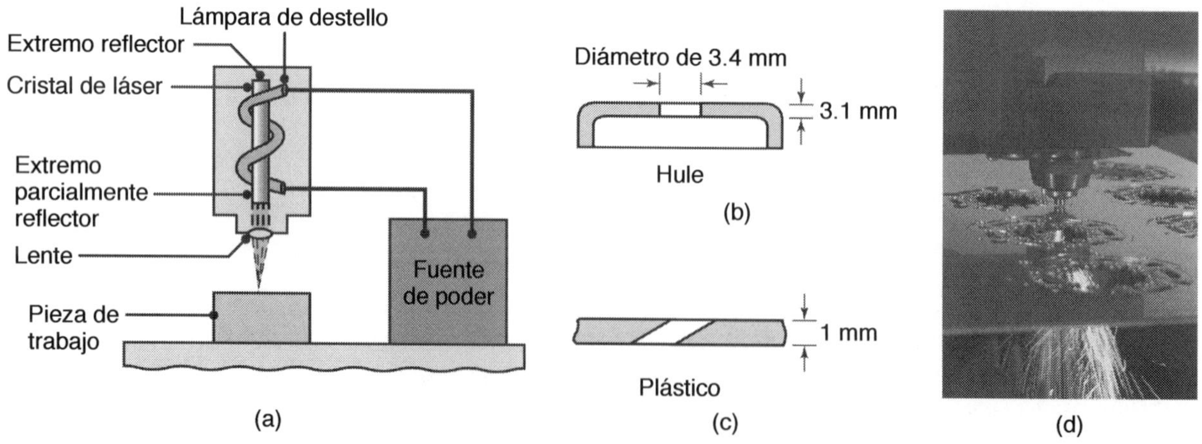

FIGURA 27.15 (a) Ilustración esquemática del proceso de maquinado con rayo láser. (b) y (c) ejemplos de perforaciones producidas en partes no metálicas con LBM. (d) Corte de una placa metálica con rayo láser. *Fuente:* (d) Cortesía de Rofin-Sinar, Inc.

calores latentes de fusión y evaporación; cuanto más bajas sean esas cantidades, más eficiente es el proceso. La profundidad de corte se expresa como

$$t = \frac{CP}{vd} \qquad (27.4)$$

donde t es la profundidad, C es una constante del proceso, P es el suministro de potencia, v es la velocidad de corte y d es el diámetro de la fuente del láser. Las densidades pico de energía de los rayos láser están en el rango de 5 a 200 kW/mm^2.

La superficie producida por el LBM suele ser rugosa y tiene una *zona afectada por calor* (como se describe en la sección 30.9), la cual, en aplicaciones críticas, tiene que eliminarse o tratarse térmicamente. El ancho de abertura o corte (kerf) es una consideración importante, igual que en otros procesos de corte, como el aserrado, el EDM con alambre y el maquinado con haz de electrones. En general, cuanto más pequeño sea el ancho de abertura mayor será la exactitud y la utilización de material, así como menor la zona afectada por calor.

Los rayos láser se pueden usar en combinación con una corriente de gas (como el oxígeno), llamado **soplete de rayo láser**, para aumentar la absorción de energía para cortar placas metálicas. El *corte asistido con láser de alta presión*, o de *gas inerte* (nitrógeno o argón), se utiliza para el acero inoxidable y el aluminio; deja un borde libre de óxido que puede mejorar la capacidad de soldar estos metales. Las corrientes de gas también tienen la importante función de retirar de la superficie de la pieza de trabajo el material fundido y vaporizado.

TABLA 27.2

Aplicaciones generales de los láseres en la manufactura

Aplicación	Tipo de láser
Corte	
Metales	PCO_2, $CWCO_2$, Nd:YAG, rubí
Plásticos	$CWCO_2$
Cerámicos	PCO_2
Taladrado	
Metales	PCO_2, Nd:YAG, Nd:vidrio, rubí
Plásticos	Excímero
Marcado	
Metales	PCO_2, Nd:YAG
Plásticos	Excímero
Cerámicos	Excímero
Tratamiento de superficies	$CWCO_2$
Soldadura	
Metales	PCO_2, $CWCO_2$, Nd:YAG, Nd:vidrio, rubí, diodo
Plásticos	Diodo, Nd:YAG
Litografía	Excímero

Nota: P = Pulso, CW = Onda continua, Nd:YAG = Neodimio: itrio-aluminio-granate.

Capacidades del proceso. Hoy día se usa mucho el maquinado con rayo láser para practicar perforaciones, trepanar y cortar metales, materiales no metálicos, cerámicos y materiales compósitos (figuras 27.15b y c). La limpieza de la operación ha hecho del maquinado con rayo láser una alternativa más atractiva que los métodos de maquinado tradicionales. Se han hecho barrenos tan pequeños como de 0.005 mm (0.0002 pulg) con razones de profundidad a diámetro de 50:1, en diferentes materiales, aunque un mínimo más práctico es de 0.025 mm (0.001 pulg). Es posible cortar placas de acero de 32 mm (1.25 pulg) con rayos láser.

Con el maquinado con rayos láser se tienen ahorros significativos en el costo y el proceso es competitivo con el maquinado por descarga eléctrica. Se utiliza cada vez más en las industrias electrónica y automotriz y para materiales compósitos. Dos ejemplos de maquinado con rayo láser son: los ductos de enfriamiento en ciertos álabes de los motores del Boeing 747 y las perforaciones para purgar las cubiertas de bombas de combustible, así como los conductos de lubricación en las cajas de transmisión. Los láseres también se utilizan en las aplicaciones siguientes:

- **Soldadura** (sección 30.7).
- **Tratamiento térmico** de metales y cerámicos a pequeña escala y en sitios localizados, con el fin de modificar las propiedades mecánicas y tribológicas de su superficie.
- **Marcado** de partes, como letras, números y códigos; observe que el marcado también puede hacerse por medio de (a) punzones, alfileres, puntas y balines; (b) estampado y (c) grabado; aunque el equipo es más caro que el utilizado en otros métodos, el marcado y grabado con láser se ha vuelto cada vez más común debido a su exactitud, facilidad de reproducción, flexibilidad, facilidad de automatización y aplicación en línea en la manufactura.

La *flexibilidad* inherente al proceso de corte con láser, inclusive su transmisión con *rayo en fibra óptica*, simplicidad del arreglo y tiempos cortos de preparación, así como la disponibilidad de máquinas de múltiples kW y sistemas robotizados de corte con láser, controlados por computadora y en dos y tres dimensiones, hacen de este proceso una herramienta competitiva y atractiva. Por ejemplo, el corte con láser de láminas puede sustituir con éxito los procesos de perforación tradicionales con punzón descritos en el capítulo 16. Los rayos láser también se combinan con otros procesos para mejorar la eficiencia conjunta, como se describe en la sección 27.10 y se muestra en el ejemplo 27.1.

Consideraciones de diseño para el LBM. Los lineamientos generales del diseño para el maquinado con rayo láser son los siguientes:

- Deben evitarse las esquinas agudas, ya que son difíciles de producir.
- Los cortes profundos producirán paredes con ahusamientos.
- Son preferibles las superficies opacas y sin pulir.
- Puede haber efectos perjudiciales en las propiedades de los materiales maquinados, ocasionados por las altas temperaturas locales y la zona afectada por el calor.

EJEMPLO 27.1 Combinación de corte con rayo láser y punzonado de una placa de metal

Los procesos de corte con láser y perforado con punzón tienen sus respectivas ventajas y limitaciones en cuanto a los aspectos técnico y económico (vea *maquinado híbrido*, sección 27.10). Las ventajas del *corte con rayo láser* por lo general son (a) la flexibilidad de la operación, debido a que no se necesitan herramientas duras y no hay limitaciones para el tamaño de la parte, (b) amplio rango del espesor del material, (c) capacidad de hacer prototipos, pues los tamaños del lote pueden ser hasta de un solo artículo, (d) materiales y compuestos que de otro modo se cortarían con dificultad y (e) geometrías complejas que se pueden programar fácilmente.

Los inconvenientes y desventajas del *perforado con punzón* incluyen (a) los grandes tamaños del lote para que se justifique la rentabilidad de comprar las herramientas y el equipo, (b) formas relativamente sencillas, (c) rango pequeño del espesor de la parte, (d) geometrías fijas y limitadas de la perforación, incluso con el empleo de torretas, y (e) alta tasa de producción.

Es evidente que los dos procesos cubren rangos diferentes pero complementarios. No es difícil visualizar partes con algunos rasgos que se pueden producir mejor con un proceso y otros que se producirían mejor con el proceso alterno.

Se han diseñado y construido máquinas de forma tal que los procesos y accesorios se pueden utilizar de manera conjunta en todas sus posibilidades, sin que interfieran con las fronteras operacionales de las demás. El propósito de combinarlas es incrementar la eficiencia conjunta y la productividad del proceso de manufactura, para partes que están dentro de las capacidades de cada uno de los dos procesos, semejante al concepto de los centros de maquinado descritos en la sección 25.2. Por ejemplo, las prensas de punzón con torreta se han equipado con un cabezal láser integrado; la máquina puede perforar o cortar con láser, pero no hacer las dos cosas al mismo tiempo.

Son varios los factores que deben tomarse en cuenta en una combinación de dos procesos con respecto a las características de cada operación: (a) los rangos de tamaños, espesores y formas que se han de producir, y cómo se habrán de anidar; (b) los tiempos de procesamiento y preparación, inclusive la carga, sujeción y descarga de las partes; (c) la programación para el corte y (d) las capacidades del proceso de cada método, inclusive la dinámica del sistema, vibraciones e impactos debidos a la perforación con punzón y que pueden alterar los ajustes y alineación de los componentes del láser.

Láser Microjet. El láser Microjet®, que se ilustra en la figura 27.16, utiliza un chorro de agua laminar de baja presión que sirve como un cable de fibra óptica de longitud variable para dirigir el láser y llevar su energía al fondo de la abertura del corte (kerf). Esto tiene la ventaja de que la profundidad del enfoque del láser es muy grande y se pueden producir razones de aspecto elevadas. El chorro de agua lo produce una boquilla de zafiro o diamante con abertura de 25 a 100 μm, y ejerce una fuerza menor que 0.1 N. En el maquinado con láser Microjet, la remoción del material se debe a la acción del láser, el agua proporciona enfriamiento (al reducir la zona afectada por el calor; vea la sección 30.9) e impide que las salpicaduras de soldadura alcancen la pieza de trabajo. Es común

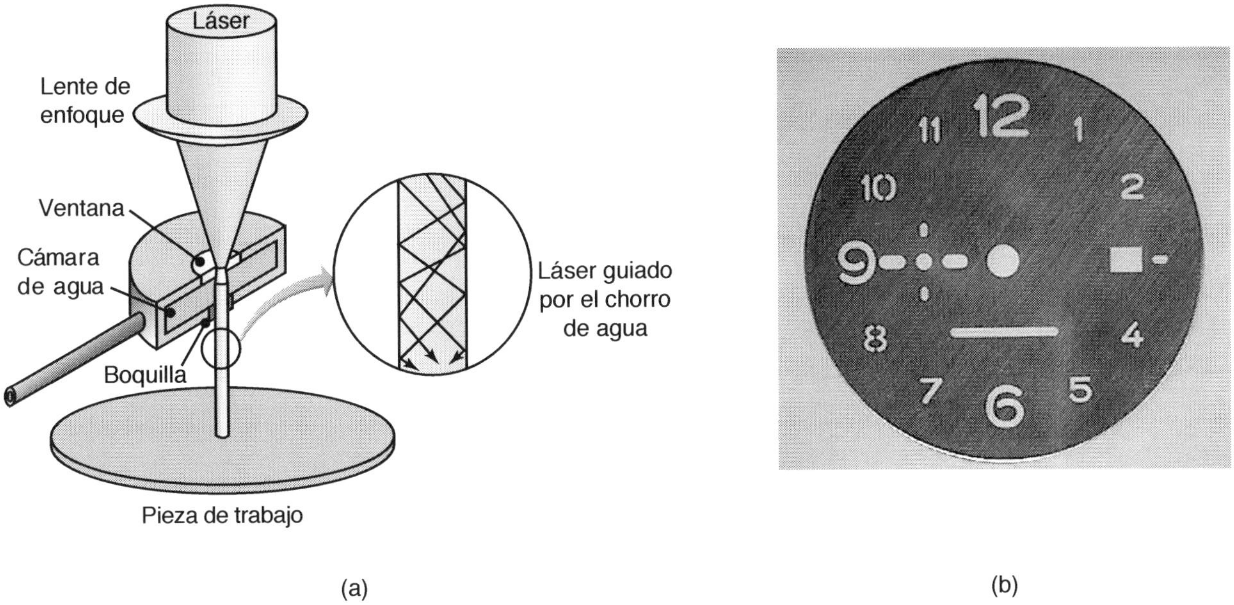

FIGURA 27.16 (a) Ilustración esquemática del proceso del láser Microjet. (b) Carátula de 25 mm de diámetro producida a partir de una placa de latón por medio de maquinado Microjet. *Fuente:* (b) Cortesía de Synova S. A.

que el láser sea un ND:Yag, con duración del pulso en el rango de los microsegundos o nanosegundos y una potencia de entre 10 y 200 W.

27.7 Maquinado con haz de electrones

La fuente de energía en el *maquinado con haz de electrones* (EBM, por sus siglas en inglés) son electrones de alta velocidad que golpean la superficie de la pieza de trabajo y generan calor (figura 27.17). Las máquinas utilizan voltajes en el rango de 150 a 200 kV para acelerar los electrones a entre 50 y 80% de la velocidad de la luz (300 000 km/s). Las aplicaciones de este proceso son similares a las del maquinado con rayo láser, sólo que, a diferencia de los láseres, el EBM requiere de un *vacío*; en consecuencia, se utiliza con mucha menor frecuencia que el maquinado con rayo láser.

El maquinado con haz de electrones se utiliza para hacer cortes muy exactos de una amplia variedad de metales, el acabado de la superficie es mejor y la abertura es más angosta que en otros procesos térmicos de corte (vea también la sección 30.6 acerca de la *soldadura con haz de electrones*). Sin embargo, la interacción del haz de electrones con la superficie de la pieza de trabajo produce rayos X peligrosos, por lo que el equipo sólo debe ser empleado por personal altamente calificado.

Consideraciones de diseño para el EBM. Los lineamientos del maquinado con haz de electrones por lo general son similares a los del maquinado con rayo láser; otras consideraciones son las siguientes:

- Debido a que las cámaras de vacío tienen capacidad limitada, las partes individuales o los lotes deben coincidir estrechamente con el tamaño de la cámara de vacío.
- Si una parte requiere de maquinado con haz de electrones en sólo una pequeña porción de su volumen, debe manufacturarse como varios componentes más pequeños para ensamblarlos una vez maquinados con el haz de electrones.

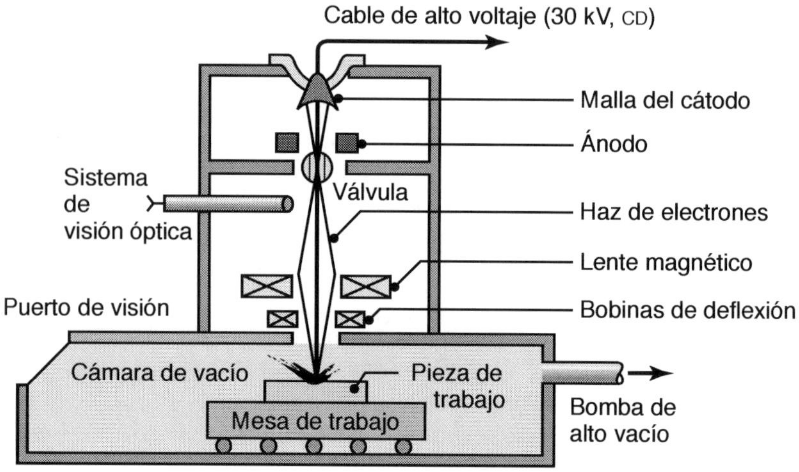

FIGURA 27.17 Ilustración esquemática del proceso de maquinado con haz de electrones; a diferencia del LBM, el EBM requiere vacío, por lo que el tamaño de la pieza de trabajo está limitado al tamaño de la cámara de vacío.

Corte con arco de plasma. En el corte con *arco de plasma* (PAC, por sus siglas en inglés), se usan rayos de plasma (gas ionizado) para cortar con rapidez láminas y placas ferrosas y no ferrosas (vea también la sección 30.3). Las temperaturas generadas son muy elevadas en el soplete, del orden de 9400 °C (17 000 °F) cuando se usa oxígeno como gas para el plasma, de manera que las tasas de remoción de material son mucho mayores que las asociadas a los procesos de EDM y LBM. El proceso es rápido, el ancho de la abertura es pequeño, las partes se maquinan de modo que es fácil reproducirlas y el acabado de la superficie es bueno; se pueden cortar partes tan gruesas como de 150 mm (6 pulg). Actualmente el corte con arco de plasma está muy automatizado, pues usa controladores programables.

27.8 Maquinado con chorro de agua

El principio de *maquinado con chorro de agua* (WJM, por sus siglas en inglés), también llamado maquinado hidrodinámico, se basa en la fuerza que resulta del cambio de momento de una corriente de agua. Esta fuerza es lo bastante grande como para cortar materiales metálicos y no metálicos, como se ilustra en la figura 27.18. El chorro de agua actúa como sierra y corta una ranura angosta en el material (vea también *granallado con chorro de agua*, sección 34.2).

En la figura 27.18b se muestra una máquina de corte con chorro de agua. Son varios los materiales que pueden cortarse con este método, entre ellos plásticos, telas, hule, productos de madera, papel, cuero, materiales aislantes, ladrillo y materiales compósitos (figura 27.18c). Por lo general se utiliza un nivel de presión de alrededor de 400 MPa (60 ksi) para tener una operación eficiente, aunque se pueden generar presiones tan altas como 1400 MPa (200 ksi). Los diámetros de la boquilla varían entre 0.05 y 1 mm (0.002 y 0.040 pulg).

En función de los materiales, el espesor llega a ser de hasta 25 mm (1 pulg) e incluso mayor. El vinil y las cubiertas de espuma para los tableros de automóviles, así como ciertos paneles, se pueden cortar en ejes múltiples por medio de equipo de maquinado con chorro de agua robotizado. Debido a que es una operación eficiente y limpia, en comparación con otros procesos de corte, también se usa en la industria procesadora de comida para cortar y rebanar productos alimenticios. El proceso también puede emplearse para eliminar las rebabas de los materiales.

Ventajas del maquinado con chorro de agua:

- Los cortes pueden comenzar en cualquier sitio sin necesidad de practicar barrenos previamente.
- No se produce calor.

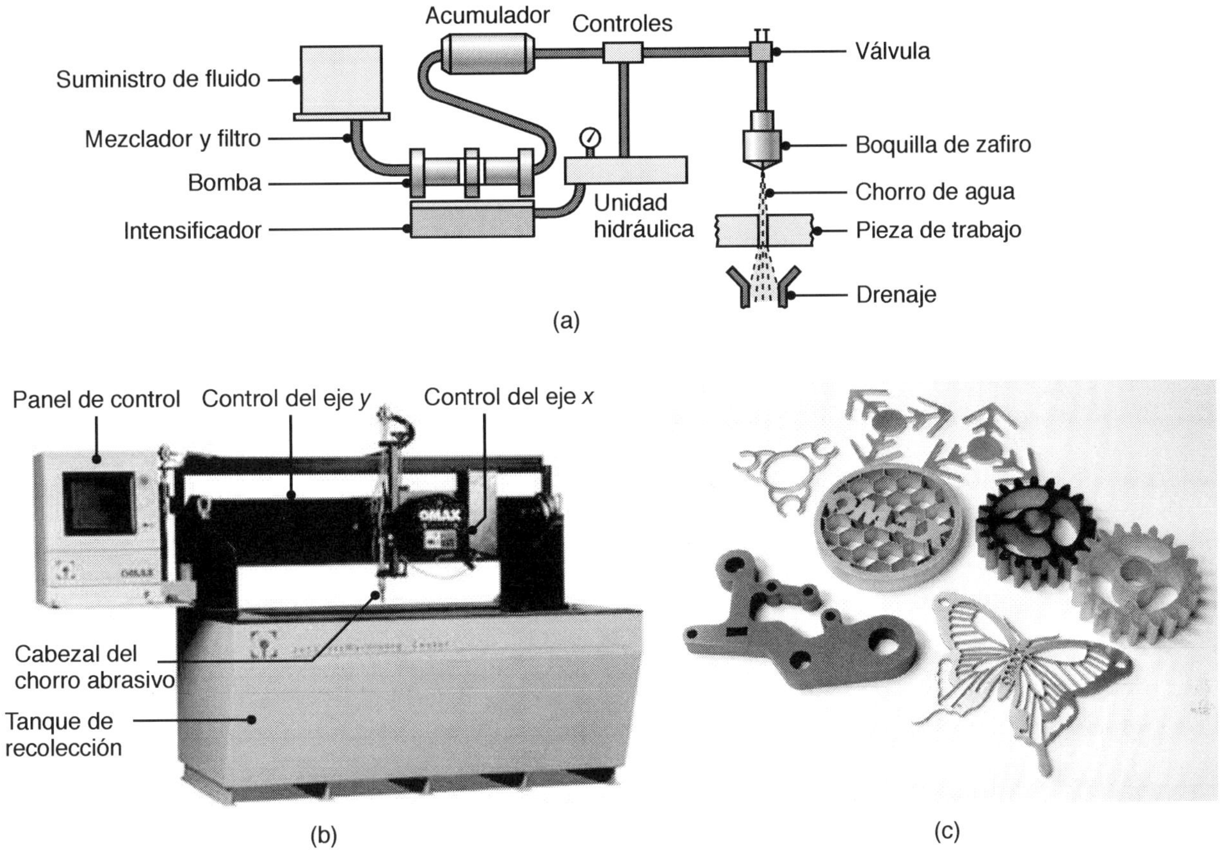

FIGURA 27.18 (a) Ilustración esquemática del proceso de maquinado con chorro de agua. (b) Máquina de corte con chorro de agua controlada por computadora. (c) Ejemplos de distintas partes no metálicas producidas con el proceso de corte con chorro de agua. *Fuente:* Cortesía de OMAX Corporation.

- No hay deflexiones del resto de la pieza de trabajo, por lo que el proceso es adecuado para trabajar materiales flexibles.
- Hay poco humedecimiento de la pieza de trabajo.
- Las rebabas que se producen son mínimas.
- Es una operación de manufactura segura para el ambiente.

Maquinado con chorro de agua abrasivo. En el *maquinado con chorro de agua abrasivo* (AWJM, por sus siglas en inglés), el líquido contiene partículas abrasivas como carburo de silicio u óxido de aluminio, lo cual incrementa mucho la tasa de remoción de material. Es posible cortar materiales metálicos, no metálicos y materiales compósitos avanzados de varios espesores, en una sola capa o en varias capas. En los sistemas modernos de AWJM, el nivel óptimo de abrasivos en el chorro se controla de manera automática. Es común que las boquillas estén hechas de rubíes, zafiros y diamante (figura 27.18a).

El maquinado con chorro de agua abrasivo es particularmente apropiado para materiales sensibles al calor que no se pueden maquinar con procesos en los cuales se genera calor. Las velocidades de corte pueden ser tan altas como de hasta 7.5 m/min (25 pies/min) para plásticos reforzados, pero son mucho más bajas para los metales; en consecuencia, el proceso puede no ser rentable para aplicaciones que requieran altas tasas de producción.

Al hacer barrenos, el tamaño mínimo que a la fecha puede producirse de manera satisfactoria es de alrededor de 400 μm (0.015 pulg) y su profundidad máxima es del orden de 25 mm (1 pulg).

Con máquinas de ejes múltiples y controladas por robot, es posible maquinar de manera rentable partes complejas tridimensionales hasta sus dimensiones de acabado.

27.9 Maquinado con chorro abrasivo

En el *maquinado con chorro abrasivo* (AJM, por sus siglas en inglés), se impulsan partículas abrasivas hacia la superficie de la pieza de trabajo mediante un chorro de alta velocidad de aire seco, nitrógeno o dióxido de carbono (figura 27.19). El impacto de las partículas desarrolla una fuerza concentrada (vea también la sección 26.6) lo bastante grande como para remover material en casos de (a) corte de orificios pequeños, ranuras o patrones intrincados en materiales metálicos y no metálicos muy duros o quebradizos, o bien (b) eliminar las rebabas o remover pequeñas porciones de ciertas partes, (c) recortar y redondear bordes, (d) retirar óxidos y otras películas de la superficie y (e) limpiar componentes con superficies irregulares.

La presión del gas es del orden de 850 kPa (125 psi), y la velocidad del chorro abrasivo llega a ser hasta de 300 m/s (100 pies/s). Las boquillas suelen ser de carburo de tungsteno o zafiro, ambas con resistencia al desgaste por abrasión. El tamaño del abrasivo está en el rango de 10 a 50 μm (400 a 2000 μpulg). Debido a que el flujo de los abrasivos libres tiende a redondear las esquinas, deben evitarse en los diseños que empleen este método. Asimismo, los orificios tienden a ser reducidos porque los abrasivos desgastan preferentemente el lado interno. Hay cierto peligro implícito al usar este proceso debido a las partículas suspendidas en el aire, problema que no existe en el maquinado con chorro de agua.

27.10 Sistemas de maquinado híbrido

Un desarrollo más reciente en los procesos de remoción de material es el concepto de *sistemas de maquinado híbrido*. En un sistema están *combinados* dos o más procesos de maquinado individuales, de modo que se aprovechan las ventajas de las capacidades de cada uno y se incrementa la velocidad de producción, por lo que mejora la eficiencia de la operación. El sistema es capaz de manejar distintos materiales, como metales, cerámicos, polímeros y compósitos. Entre los ejemplos de los sistemas de maquinado híbrido se encuentran combinaciones e integración de los procesos siguientes:

1. Maquinado abrasivo y maquinado electroquímico.
2. Maquinado abrasivo y maquinado por descarga eléctrica.
3. Maquinado abrasivo y acabado electroquímico.

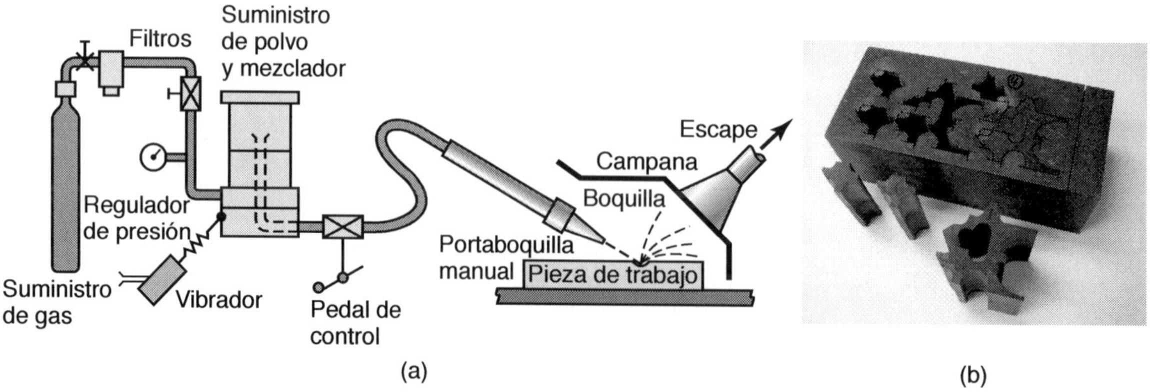

FIGURA 27.19 (a) Ilustración esquemática del proceso de maquinado con chorro abrasivo. (b) Ejemplos de partes elaboradas por medio de maquinado con chorro abrasivo, producidas en acero inoxidable 304 con un espesor de 50 mm (2 pulg). *Fuente:* Cortesía de OMAX Corporation.

4. Corte con chorro de agua y maquinado por descarga eléctrica con alambre.
5. Fresado de alta velocidad, ablación con láser y chorro abrasivo, como un ejemplo de *tres* procesos integrados.
6. Maquinado y chorro abrasivo.
7. Maquinado electroquímico y por descarga eléctrica (ECDM, por sus siglas en inglés), también llamado maquinado por chispa electroquímica (ECSM, por sus siglas en inglés).
8. Procesos de maquinado y conformado, como el corte con láser y el punzonado de láminas metálicas, descritos en el ejemplo 27.1.
9. Combinaciones de diferentes procesos de formado, maquinado y unión.

La implementación de estos conceptos y el desarrollo de la maquinaria apropiada y sistemas de control, presenta importantes dificultades. Entre las consideraciones importantes se encuentran factores como los siguientes:

1. El material de la pieza de trabajo y sus características de manufactura; vea, por ejemplo, la tabla 1.3 en la introducción general.
2. Compatibilidad de los parámetros de procesamiento entre los dos o más procesos por integrar, como velocidad, tamaño, fuerza, energía y temperatura.
3. Tiempos del ciclo de cada operación individual involucrada, así como su sincronización.
4. Consideraciones de seguridad y posibles efectos perjudiciales a partir de la presencia de varios elementos como abrasivos, productos químicos, partículas del desgaste, virutas y contaminantes en el conjunto de la operación.
5. Consecuencia de una falla en una de las etapas del sistema, puesto que la operación implica procesos secuenciales.

27.11 Economía de los procesos de maquinado avanzado

Los procesos de maquinado avanzado tienen aplicaciones únicas y son útiles en particular para trabajar materiales difíciles de maquinar y partes con perfiles complejos internos y externos. La corrida de producción rentable para un proceso en particular depende de factores como (a) costos de las herramientas y el equipo; (b) costos de operación; (c) tasa de remoción de material que se requiere; (d) nivel de la capacidad del operador que se necesita y (e) las operaciones secundarias y de acabado que tal vez sean necesarias posteriormente.

En el maquinado químico, proceso inherentemente lento, un factor importante es el costo de los reactivos, máscaras y eliminación de los desechos, así como el costo de la limpieza de las partes. En el maquinado por descarga eléctrica, el costo de los electrodos y la necesidad de sustituirlos periódicamente llega a ser significativo. La tasa de remoción de material y la tasa de producción varían en forma importante en los procesos descritos, como puede verse en la tabla 27.1. El costo de las herramientas y el equipo también varía considerablemente, al igual que la capacidad que se requiere del operador. La gran inversión de capital para las máquinas, como la que se necesita para el maquinado eléctrico y con haz de alta energía, en especial cuando se equipan con control robótico, tiene que justificarse en términos de las corridas de producción y la factibilidad de manufacturar la misma parte por otros medios, si fuera posible.

CASO DE ESTUDIO 27.2 Manufactura de pequeños satélites

Los satélites construidos a principios de la Era Espacial (en la década de 1960) eran muy grandes, los de menos de 1000 kg eran muy raros. La tabla 27.3 muestra la clasificación de los satélites modernos según su masa. Este caso de estudio describe la manufactura de los sistemas de propulsión para microsatélites y nanosatélites.

(*continúa*)

Hay varias razones que obligan a reducir el tamaño de los satélites, ninguna más importante que el costo de ponerlos en órbita. Uno de los sistemas que más contribuyen al peso de un satélite es el de propulsión, el cual es esencial para cambiar su órbita o corregir cualquier deriva. La figura 27.20a muestra el sistema de propulsión de un microsatélite que incorpora varios microimpulsores de gas frío, un tanque de almacenamiento de combustible, filtros y sensores de temperatura y presión.

En la figura 27.20b se presentan componentes seleccionados del sistema de propulsión. Observe que la producción de estas partes miniaturizadas sería difícil si se hiciera con las tecnologías convencionales de formado, fundido o maquinado. Además, conectar la tubería entre todos los componentes sería muy difícil, aun con componentes más grandes, y casi imposible de realizar en el ambiente de un espacio limpio.

TABLA 27.3

Clasificación de satélites

Nombre del grupo	Masa kg o g	Masa lb
Satélite grande	>1000 kg	2200
Satélite mediano	500-1000	1100-2200
Minisatélite	100-500	2200-1100
Satélites pequeños		
Microsatélite	10-100	22-220
Nanosatélite	1-10	2.2-22
Picosatélite	0.1-1	0.22-2.2
Femtosatélite	<100 g	<0.22

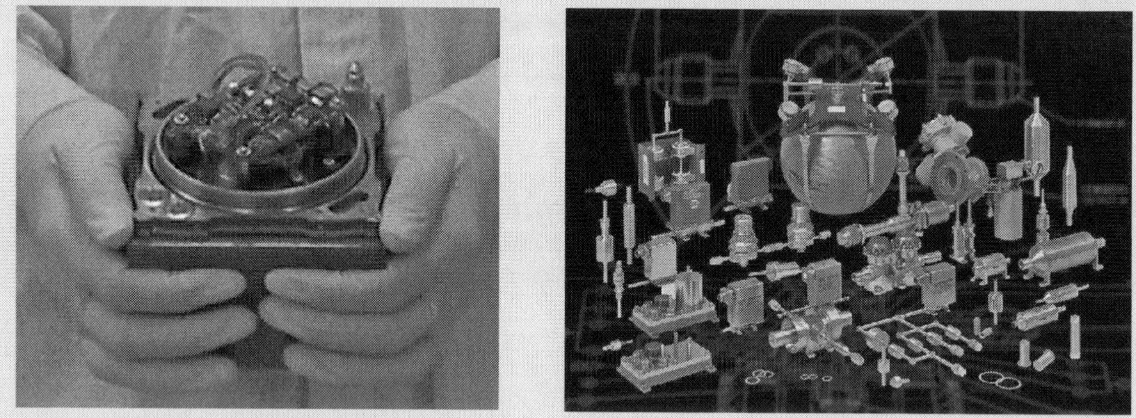

(a) (b)

FIGURA 27.20 Sistema de propulsión para un satélite pequeño. (a) Sistema miniaturizado apropiado para un microsatélite o un nanosatélite y (b) componentes seleccionados del sistema de propulsión. *Fuente:* Cortesía de R. Hoppe, VACCO Industries, Inc.

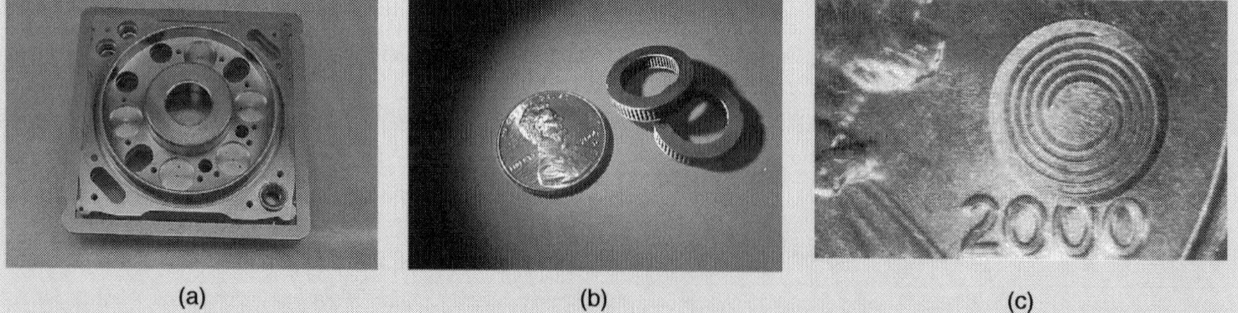

(a) (b) (c)

FIGURA 27.21 Componentes grabados y troquelados fotoquímicamente para micro y nanosatélites. (a) Tablero de montaje que incorpora canales para el fluido en un paquete integrado; (b) resorte de válvula a microescala, colocado junto a una moneda estadounidense de un centavo, y (c) filtro de combustible. *Fuente:* Cortesía de R. Hoppe, VACCO Industries, Inc.

Una alternativa atractiva es la producción de un sistema integrado, con conexiones para el fluido, construidas internamente por medio de un grabado fotoquímico y un apoyo adherido por difusión, en el cual los componentes se sueldan o sujetan mecánicamente. En la figura 27.21 aparece dicho apoyo, junto con resortes para válvula y filtros producidos con una combinación de procesos de troquelado y de adherencia por difusión.

La figura 27.22 ilustra la secuencia de manufactura implicada. Es común el uso del titanio para los componentes de los sistemas de propulsión, ya que tiene una

FIGURA 27.22 Secuencia de procesamiento para el grabado fotoquímico de los componentes de un microsatélite: (a) limpieza de la materia prima; (b) recubrimiento con un material fotosensible; (c) exposición con herramienta fotográfica; (d) desarrollo de una imagen resistente; (e) grabado y (f) remoción del bastidor. *Fuente:* Cortesía de R. Hoppe, VACCO Industries, Inc.

(*continúa*)

alta razón de resistencia a peso, lo que hace posibles los diseños ligeros. Se prepara una máscara, como se describió en la sección 27.2, y se graba o troquela el titanio en una solución de ácido hidrofluórico. Después se adhieren capas múltiples de titanio por difusión (vea la sección 31.7) para producir características internas como canales de flujo.

Estos sistemas completamente integrados dan como resultado la producción de sistemas de propulsión de satélites que son menos complejos, más robustos y no tan voluminosos como los de diseños anteriores.

Fuente: Basado en R. Hoppe, VACCO Industries, Inc.

RESUMEN

- Los procesos de maquinado avanzado tienen capacidades únicas, utilizan fuentes de energía química, electroquímica, eléctrica y haces de alta energía. Las propiedades mecánicas del material de la pieza de trabajo no son significativas, ya que estos procesos se basan en mecanismos que no implican la resistencia, dureza, ductilidad o tenacidad del material; antes bien, comprenden las propiedades físicas, químicas y eléctricas.
- Los métodos químico y eléctrico de maquinado son apropiados en particular para los materiales duros y las partes de forma compleja. No producen fuerzas (y por tanto se pueden usar con piezas de trabajo delgadas, esbeltas y flexibles), temperaturas elevadas o esfuerzos residuales. Sin embargo, deben considerarse los efectos de estos procesos en la integridad de la superficie, ya que pueden dañarla y reducirían la vida de fatiga del producto.
- Los procesos de maquinado con haz de alta energía básicamente utilizan rayos láser, haz de electrones y rayos de plasma. Tienen aplicaciones industriales importantes, con controles robóticos poseen una gran flexibilidad de operación, y en lo económico son competitivos con otros procesos.
- Los procesos de maquinado con chorro de agua, chorro de agua abrasivo y chorro abrasivo pueden usarse para las operaciones de corte así como para las de eliminación de rebabas. Debido a que no emplean herramientas duras, tienen implícita la flexibilidad de operación.
- Los procesos de maquinado híbrido ofrecen posibilidades para la producción eficiente de partes complejas, al combinar dos o más procesos, por lo que se reducen los tiempos de producción.

TÉRMINOS CLAVE

Corte con arco de plasma
Dieléctrico
EDM con alambre o de hilo
EDM sin desgaste
Electrodo
Electroerosión o maquinado por descarga eléctrica
Electrolito
Fotograbado
Fotoresistente
Fresado químico
Grabador
Haz de plasma
Láser
Láser Microjet
Maquinado con arco azul
Maquinado con chorro abrasivo
Maquinado con chorro de agua
Maquinado con chorro de agua abrasivo
Maquinado con pulso electroquímico
Maquinado con rayo láser
Maquinado electrolítico para formas tubulares
Maquinado electroquímico
Maquinado fotoquímico
Maquinado híbrido
Maquinado por haz de electrones
Maquinado químico
Pulido electroquímico
Reactivo
Rectificado electroquímico
Rectificado por descarga eléctrica
Rectificado por descarga electroquímica
Socavamiento
Tallado de dados
Trepanado electrolítico
Troquelado fotoquímico
Troquelado químico

BIBLIOGRAFÍA

Asibu, Jr., E. K., **Principles of Laser Materials Processing**, Wiley, 2009.

Brown, J., **Advanced Machining Technology Handbook**, McGraw-Hill, 1998.

Dahotre, N. B. y Samant, A., **Laser Machining of Avanced Materials**, CRC Press, 2011.

El-Hofy, H., **Advanced Machining Processes: Nontraditional and Hybrid Machining Processes**, McGraw-Hill, 2005.

Grzesik, W., **Advanced Machining Processes of Metallic Materials: Theory, Modelling and Applications**, Elsevier, 2008.

Guitrau, E. B., **The EDM Handbook**, Hanser, 2009.

Jameson, E. C., **Electrical Discharge Machining**, Society of Manufacturing Engineers, 2001.

Marinescou, I. D., Uhlmann, E. y Doi, T., **Handbook of Lapping and Polishing**, CRC Press, 2006.

Momber, A. W. y Kovacevic, R., **Principles of Abrasive Water Jet Machining**, Springer, 1998.

Steen, W. M. y Mazumder, J., **Laser Material Processing**, 4a. ed., Springer, 2010.

PREGUNTAS DE REPASO

27.1 Describa las similitudes y diferencias entre el troquelado químico y el convencional con el uso de dados.

27.2 Mencione los procesos involucrados en el maquinado químico. Describa brevemente sus principios.

27.3 Explique la diferencia entre el maquinado químico y el electroquímico.

27.4 ¿Cuál es el principio que caracteriza al rectificado electroquímico?

27.5 Explique cómo puede producir formas complejas el proceso de maquinado por descarga eléctrica.

27.6 ¿Cuáles son las características importantes del proceso de maquinado con arco azul?

27.7 ¿Cuáles son las capacidades del EDM con alambre? ¿Podría este proceso usarse para producir partes con ahusamientos? Explique.

27.8 Explique por qué el láser Microjet tiene una gran profundidad de campo.

27.9 Describa las ventajas del maquinado con chorro de agua.

27.10 ¿Cuál es la diferencia entre el troquelado fotoquímico y el químico?

27.11 ¿Qué tipo de pieza de trabajo no es apropiada para maquinarse con rayo láser?

27.12 ¿Qué es un socavamiento? ¿Por qué debe considerarse en el maquinado químico?

27.13 Explique el principio del maquinado híbrido.

PROBLEMAS CUALITATIVOS

27.14 Aporte razones técnicas y económicas por las cuales los procesos descritos en este capítulo podrían ser preferibles a los que se presentaron en los capítulos anteriores.

27.15 ¿Por qué es deseable en ocasiones dar forma o maquinar previamente las partes en los procesos descritos en este capítulo?

27.16 Explique por qué las propiedades mecánicas de los materiales de la pieza de trabajo no son significativos en la mayoría de procesos descritos en este capítulo.

27.17 Enuncie los procesos que pueden producir orificios con forma, es decir, que no sean circulares.

27.18 Mencione las ventajas del láser Microjet sobre el maquinado con láser convencional.

27.19 ¿Por qué se ha extendido tanto el uso del maquinado por descarga eléctrica en la industria?

27.20 Describa los tipos de partes que son apropiadas para el EDM con alambre.

27.21 ¿Cuáles de los procesos de maquinado avanzado causarían un daño térmico? ¿Cuál es la consecuencia de dicho daño para las piezas de trabajo?

27.22 ¿Cuáles de los procesos descritos en este capítulo requieren un vacío? Explique por qué.

27.23 Describa sus pensamientos acerca del maquinado con rayo láser de materiales no metálicos. Mencione varias aplicaciones posibles, inclusive sus ventajas en comparación con otros procesos.

27.24 ¿Son necesarias las operaciones para eliminar las rebabas en ciertas partes construidas con procesos de maquinado avanzado? Explique y dé varios ejemplos específicos.

27.25 Enuncie y explique los factores que contribuyen a que haya un acabado deficiente de la superficie en los procesos descritos en este capítulo.

27.26 ¿Cuál es el propósito de los abrasivos en el rectificado electroquímico?

27.27 ¿Cuáles de los procesos estudiados en este capítulo son apropiados para producir barrenos muy pequeños y profundos? Explique.

27.28 ¿Es importante el ancho de abertura o "kerf" en el EDM con alambre? Explique.

27.29 Comente sus observaciones sobre la figura 27.4.

27.30 ¿Por qué los diferentes procesos de maquinado avanzado pueden afectar en diferentes grados la resistencia a la fatiga de los materiales?

PROBLEMAS CUANTITATIVOS

27.31 Se está produciendo con maquinado electroquímico un barreno de 200 mm de profundidad y 30 mm de diámetro. Es más importante tener una tasa de producción elevada que la calidad de la superficie maquinada. Estime la máxima corriente y el tiempo requerido para llevar a cabo esta operación.

27.32 Si la operación del problema 27.31 se ejecutara en una máquina de descarga eléctrica, ¿cuál sería el tiempo estimado del maquinado?

27.33 Se está ejecutando una operación de corte con rayo láser. La pieza de trabajo que se corta mide 0.5 pulgadas de espesor y 15 pulgadas de longitud. Si el ancho de abertura tiene $\frac{3}{32}$ pulgadas de ancho, estime el tiempo que se necesita para efectuar esta operación.

27.34 Se maquina una placa de cobre de 0.80 pulgadas de espesor con maquinado por descarga eléctrica con alambre. El cable se mueve a una velocidad de 4 pies/min y el ancho de abertura es de $\frac{1}{16}$ pulg. ¿Cuál es la potencia requerida? Tenga presente que se necesitan 1550 J (2100 pies/lb) para fundir un gramo de cobre.

SÍNTESIS, DISEÑO Y PROYECTOS

27.35 Explique por qué es difícil producir perfiles y esquinas afilados con algunos de los procesos descritos en este capítulo.

27.36 Elabore una lista de los procesos estudiados en este capítulo en los cuales sean relevantes las propiedades siguientes: (a) mecánica; (b) química; (c) térmica y (d) eléctrica. ¿Hay procesos en los cuales sean importantes dos o más de estas propiedades? Explique.

27.37 ¿Serían difíciles de ejecutar los procesos mencionados en este capítulo en varios materiales no metálicos o parecidos al hule? Explique su razonamiento, comente acerca de la influencia de las distintas propiedades físicas y mecánicas de los materiales de la pieza de trabajo, geometrías de la parte, etcétera.

27.38 Describa los tipos de partes que serían apropiados para el maquinado híbrido. Considere una de tales partes y elabore un esquema preliminar de máquina híbrida para producir la parte.

27.39 Describa sus reflexiones acerca de si los procesos descritos en (a) los capítulos 13 a 16 y (b) los capítulos 23 y 24 son apropiados para un sistema híbrido de manufactura de partes. Elabore un dibujo preliminar de una máquina para los dos grupos de procesos enunciados.

27.40 Construya una lista de los procesos de maquinado que serían apropiados para cada uno de los materiales siguientes: (a) cerámicos; (b) hierro fundido; (c) termoplásticos; (d) termofijos; (e) diamante y (f) cobre galvanizado.

27.41 ¿En qué etapa se introduce el abrasivo en el chorro de agua abrasivo cuando se maquina con este proceso? Investigue en la bibliografía existente y prepare una ilustración esquemática del equipo implicado.

27.42 ¿Cómo manufacturaría el lector un disco de metal de gran diámetro, cónico y redondo, con un espesor que disminuyera del centro hacia afuera? Haga los dibujos apropiados.

27.43 Describa las similitudes y diferencias entre los diferentes lineamientos de diseño para los procesos estudiados en este capítulo.

27.44 Describa cualesquiera limitaciones que haya en el tamaño de la pieza de trabajo en los procesos de maquinado avanzado. Aporte ejemplos.

27.45 Sugiera varias aplicaciones de diseño para los tipos de partes que se muestran en la figura 27.5 (vea también la figura 27.18c).

27.46 Con base en los temas cubiertos en las partes III y IV, construya una tabla exhaustiva de los procesos para hacer orificios. Describa las ventajas y limitaciones de cada método y haga comentarios acerca de la calidad e integridad de la superficie de las perforaciones producidas.

27.47 Revise el ejemplo 27.1 y explique los parámetros relevantes involucrados; después diseñe un sistema en el que puedan usarse en combinación ambos procesos para producir partes de una placa metálica.

27.48 La elaboración de superficies con números y letras con fines de identificación de partes puede hacerse con varios métodos mecánicos y no mecánicos. Con base en los procesos descritos en el libro hasta este momento, haga una lista de dichos métodos y explique sus ventajas y limitaciones, así como sus aplicaciones comunes.

27.49 El término *ingeniería de precisión* se utiliza para describir la manufactura de partes de alta calidad con tolerancias dimensionales estrictas y buen acabado de la superficie. Con base en las capacidades del proceso, construya una lista de los procesos de maquinado avanzado en orden decreciente de la calidad de las partes producidas. Comente sus observaciones.

27.50 Con dibujos apropiados, describa los principios de los distintos métodos y dispositivos de sujeción del trabajo que se pueden utilizar para los procesos descritos en este capítulo.

27.51 Conforme una tabla de las capacidades de los procesos de maquinado avanzado que se describen en este capítulo. Use varias columnas y describa las máquinas implicadas, el tipo de herramientas y materiales empleados, las formas de los materiales originales y las partes producidas, los tamaños máximo y mínimo que sean comunes, acabado de la superficie, tolerancias y tasas de producción.

27.52 Una de las preocupaciones generales acerca de los procesos de maquinado avanzado es que, a pesar de sus muchas ventajas, por lo general son más lentos que las operaciones de maquinado convencional. Haga una investigación sobre las velocidades, tiempos de maquinado y tasas de producción involucradas y prepare una tabla comparativa de las capacidades respectivas de cada proceso.

27.53 Puede verse que varios de los procesos descritos en la parte IV de este libro se pueden emplear ya sea aislados o en combinación, para elaborar o dar acabado a dados para las operaciones de trabajo de metales. Escriba un breve artículo técnico acerca de dichos métodos, donde mencione sus ventajas, limitaciones y aplicaciones comunes.

PART V

Micromanufacturing and Fabrication of Microelectronic Devices

NOTA AL LECTOR

El capítulo 28 "Fabrication of Microelectronic Devices" (correspondiente a las páginas 797 a 840) y el capítulo 29 "Fabrication of Microelectro-mechanical Devices and Systems; Nanoscale Manufacturing" (correspondiente a las páginas 841 a 872) se encuentran en formato PDF, en inglés, en la página web de este libro.

PARTE VI

Procesos y equipos para unir

Algunos productos como clips, clavos, balines de acero para rodamientos, tornillos y pernos, están hechos de un solo componente. Sin embargo, casi todos los productos son ensambles de componentes manufacturados como partes individuales. Incluso productos relativamente sencillos constan de al menos dos componentes distintos unidos por varios medios. Por ejemplo: (a) el borrador de un lápiz común está unido con una funda de latón; (b) algunos cuchillos de cocina tienen mangos de madera o plástico unidos a la hoja de metal con remaches y (c) las ollas y cacerolas de cocina tienen manijas de metal, plástico o madera y perillas que se han sujetado al recipiente siguiendo varios métodos.

En una escala mucho mayor, observe las herramientas eléctricas, lavadoras, motocicletas, barcos y aeroplanos, y la forma en que están ensamblados y unidos sus numerosos componentes, de manera que no sólo funcionan de manera confiable sino también son rentables de producir. Como se aprecia en la tabla I.1 de la introducción general, una podadora giratoria tiene alrededor de 300 partes, un automóvil normal consta de 15 000 componentes (figura VI.1), en tanto que un avión Boeing 747-400 tiene más de seis millones de partes. En contraste, un Dreamliner Boeing 787 tiene menos partes debido a que su fuselaje compuesto elimina una gran cantidad de sujetadores.

La palabra **unión** es un término que incluye todos los procesos como soldar, soldadura fuerte, soldadura blanda, pegado con adhesivos y sujeción con mecanismos. Estos

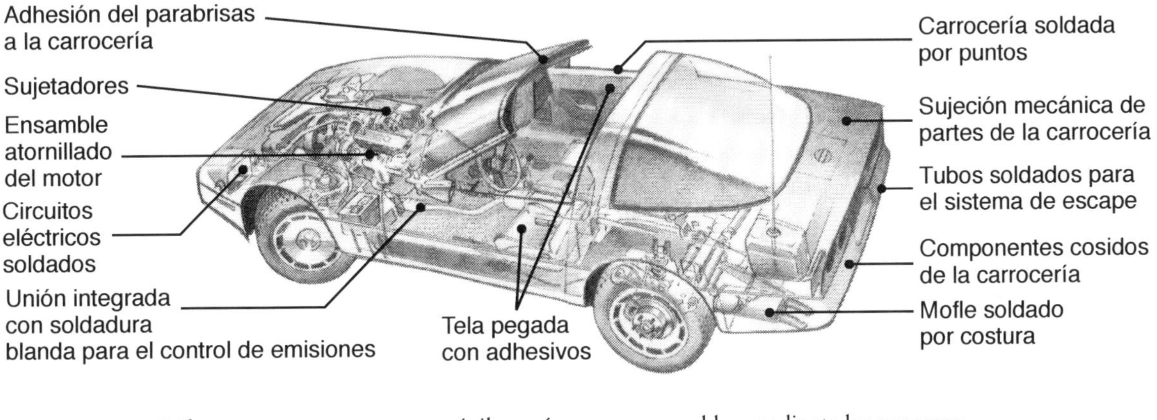

FIGURA VI.1 Diferentes partes en un automóvil común que se ensamblan mediante los procesos descritos en la parte VI.

procesos son un aspecto esencial e importante de la manufactura y las operaciones de ensamblado, por una o más de las razones siguientes:

- Incluso un producto relativamente simple puede ser imposible de manufacturar como *una sola pieza*. Por ejemplo, considere la construcción tubular que se ilustra en la figura VI.2a. Suponga que cada uno de los brazos de dicho producto mide 5 m (15 pies) de largo; los tubos tienen 100 mm (4 pulg) de diámetro y el espesor de su pared es de 1 mm (0.04 pulg). Después de revisar todos los procesos de manufactura descritos en los capítulos precedentes, alguien concluiría que manufacturar este producto en una sola pieza sería imposible o no viable económicamente.
- Un producto como una cacerola con un asa es *más fácil* y *más económico* de fabricar a partir de componentes individuales, los cuales se ensamblan después.
- Productos como aparatos domésticos, secadoras de pelo y motores de automóviles deben diseñarse de modo que se puedan *desarmar* para darles mantenimiento o sustituir sus partes desgastadas o descompuestas.
- Para propósitos de funcionamiento del producto sería deseable que tuvieran *propiedades diferentes*. Por ejemplo, las superficies sujetas a fricción, desgaste, corrosión o ataque ambiental, por lo general requieren características que difieren de manera significativa con respecto al conjunto de componentes. Algunos ejemplos son (a) brocas para mampostería con puntas cortadoras de carburo unidas con soldadura fuerte al cuerpo de la herramienta (figura VI.2b); (b) balatas de frenos automotrices y (c) esmeriles adheridos a un soporte de metal (sección 26.2).
- El *transporte* del producto en sus componentes individuales para ensamblarlos posteriormente puede ser más fácil y menos costoso que transportar el producto terminado. Por ejemplo, los anaqueles metálicos o de madera, parrillas y máquinas grandes, se ensamblan después de que los componentes o subensambles se han transportado al sitio apropiado.

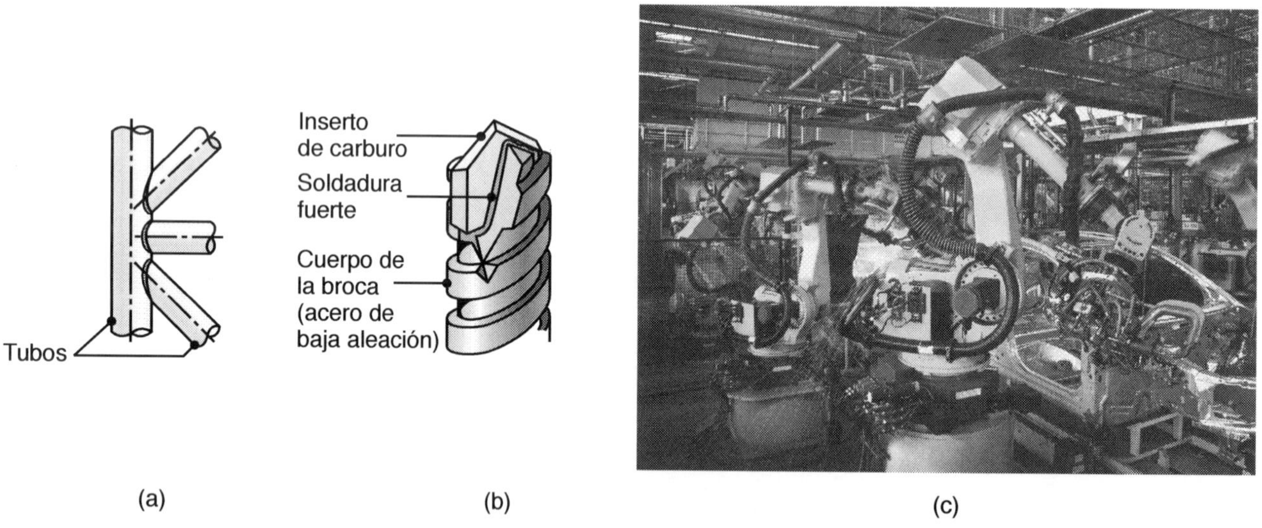

FIGURA VI.2 Ejemplos de partes que utilizan procesos de unión. (a) Parte tubular fabricada mediante la unión de sus componentes individuales; este producto no puede manufacturarse en una sola pieza por ninguno de los métodos descritos en los capítulos anteriores si consta de brazos largos de paredes delgadas, diámetro grande y forma tubular. (b) Fragmento de broca con punta de inserto de carburo unida por soldadura fuerte al cuerpo de acero; éste es un ejemplo de una parte en la que por razones de rendimiento se necesita que se unan dos materiales. (c) Soldadura de carrocerías automotrices por puntos.

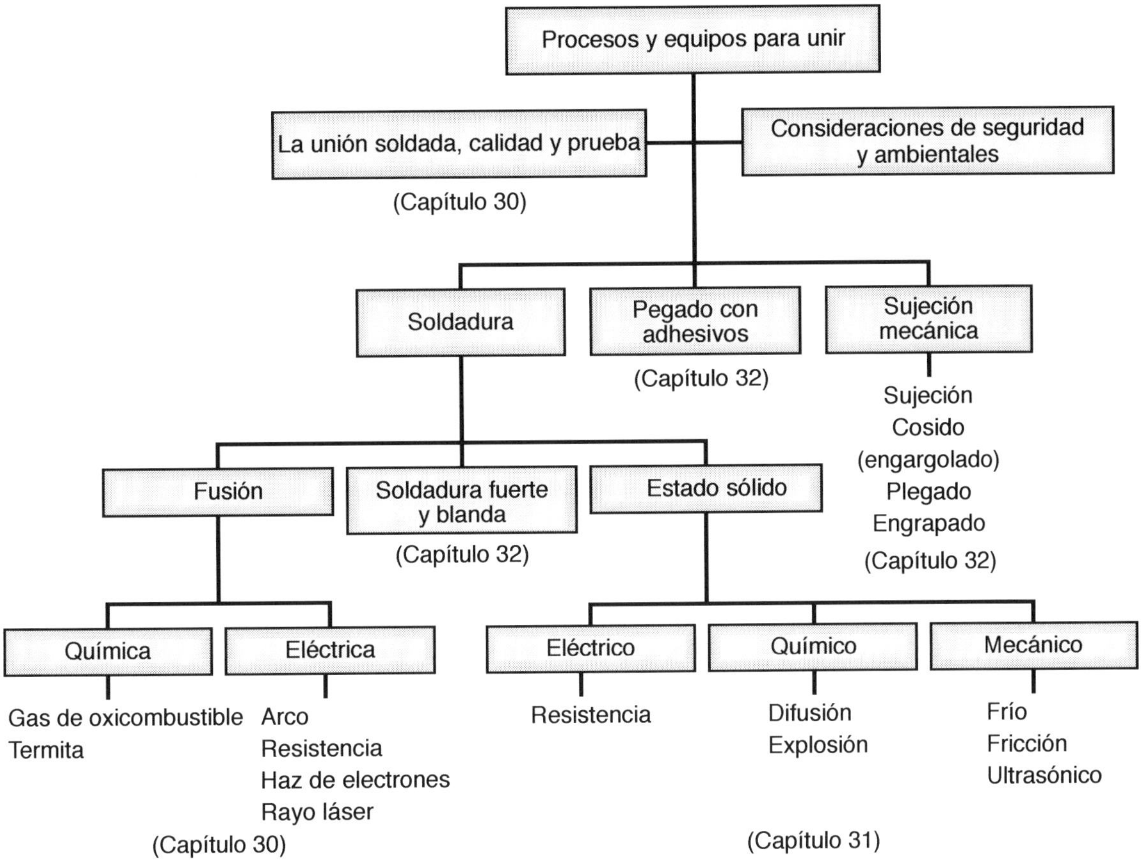

FIGURA VI.3 Panorama de los temas descritos en la parte VI.

Aunque hay diferentes maneras de clasificar la amplia variedad de procesos de unión existentes, de acuerdo con la American Welding Society (AWS), se encuentran en las siguientes tres grandes categorías (figuras VI.3 y I.7f):

- **Soldadura.**
- **Unión adhesiva.**
- **Sujeción mecánica.**

La tabla VI.1 enuncia las características relativas de los distintos procesos de unión. A su vez, los procesos de soldadura por lo general se clasifican en tres categorías básicas: soldadura por fusión, soldadura de estado sólido, soldadura fuerte y soldadura blanda.

Como se verá, algunos tipos de los procesos de soldadura se pueden clasificar tanto en la categoría de fusión como en la de estado sólido.

La **soldadura por fusión** se define como el derretimiento y coalescencia de materiales que se encuentran adyacentes, por medio de calor usualmente suministrado por medios químicos o eléctricos. En la soldadura por fusión pueden usarse o no metales de aporte. Esta operación se compone de los procesos de *soldadura de arco con electrodos consumibles* y *no consumibles* y *soldadura de haz de alta energía*. La unión soldada sufre cambios metalúrgicos y físicos importantes, que a su vez tienen gran influencia en las propiedades y rendimiento del componente o estructura soldada. En la figura VI.4 se presenta la terminología de ciertas uniones sencillas soldadas.

TABLA VI.1

Comparación de varios métodos de unión

	Características								
Método	Resistencia	Diseño	Partes pequeñas	Partes grandes	Tolerancias	Confiabilidad	Facilidad de manufactura	Facilidad de inspección	Costo
Soldadura de arco	1	2	3	1	3	1	2	2	2
Soldadura con resistencia	1	2	1	1	3	3	3	3	1
Soldadura con latón	1	1	1	1	3	1	3	2	3
Tornillos y tuercas	1	2	3	1	2	1	1	1	3
Remaches	1	2	3	1	1	1	3	1	2
Cosido (engargolado) y plegado	2	2	1	3	3	1	3	1	1
Unión adhesiva	3	1	1	2	3	2	3	3	2

Nota: 1 = Muy buena; 2 = Buena; 3 = Mala. Por costo, 1 = El más bajo.

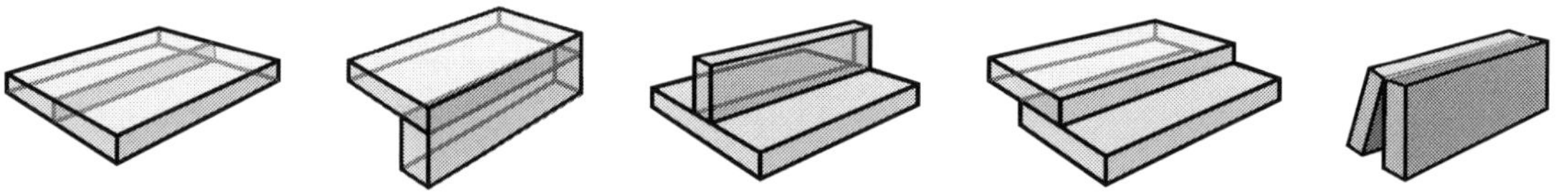

(a) Junta a tope. (b) Junta de esquina. (c) Junta en T. (d) Junta de traslape. (e) Junta de canto.

FIGURA VI.4 Ejemplos de uniones que pueden hacerse con varios de los procesos de unión descritos en los capítulos 30 a 32.

En la **soldadura de estado sólido** las uniones tienen lugar sin fusión; en consecuencia no hay una fase líquida (fundida) en la unión. Los procesos básicos en esta categoría son *soldadura por difusión* y *fría*, *ultrasónica*, *por fricción*, *por resistencia* y *por explosión*. La **soldadura fuerte** (o **latonado**) utiliza metales de aporte e implica temperaturas más bajas que en la soldadura normal. La **soldadura blanda** (o **estañado**) utiliza metales de aporte similares (*soldadura de bajo punto de fusión*) e implica temperaturas aún más bajas.

La **unión adhesiva** tiene aplicaciones únicas que requieren resistencia, costuras, aislamiento térmico y eléctrico, soportar vibraciones y resistencia a la corrosión entre metales disímbolos. La **sujeción mecánica** implica los métodos tradicionales del uso de diferentes sujetadores: pernos, tuercas y remaches. La **unión de plásticos** se lleva a cabo con unión adhesiva, fusión por varias fuentes externas o internas de calor y sujeción mecánica.

Procesos de soldadura por fusión

CAPÍTULO 30

- En este capítulo se describen los procesos de soldadura por fusión, en la cual se unen dos piezas por medio de la aplicación de calor, lo que derrite y funde la interfase; en ocasiones la operación es asistida por un metal de aporte.
- En este capítulo se describen todos los procesos de soldadura por fusión; se comienza con la soldadura con gas oxicombustible en la cual el acetileno y el oxígeno proporcionan la energía requerida para soldar.
- Luego se describen varios procesos de soldadura por arco, en los que se usan energía eléctrica y electrodos consumibles y no consumibles para producir la soldadura; entre los procesos específicos examinados están soldadura por arco metálico protegido, soldadura por arco de núcleo fundente, soldadura por arco de gas tungsteno, soldadura por arco sumergido y soldadura por arco de gas metálico.
- Se analiza la soldadura con haces de alta energía, en la cual los haces de electrones o el rayo láser proporcionan fuentes de calor muy concentradas.
- El capítulo concluye con el estudio de la naturaleza de la unión soldada y se incluye la calidad e inspección de la soldadura, así como los procedimientos de prueba; también se estudian las prácticas de diseño de la soldadura y la selección del proceso.

EJEMPLOS:

30.1 Introducción

Los procesos de soldadura descritos en este capítulo implican el derretimiento parcial y la fusión entre dos miembros que se han de unir. Aquí se define la **soldadura por fusión** como el hacer que los materiales se *derritan juntos y entren en coalescencia* por medio de calor. También se utilizan *metales de aporte*, los cuales se agregan al área de soldadura durante el proceso. Las soldaduras que se hacen sin el uso de metales de aporte se conocen como *soldaduras autógenas*.

Este capítulo cubre los principios básicos de cada proceso de soldadura; el equipo utilizado; las ventajas relativas, limitaciones y capacidades del proceso, así como las consideraciones económicas que afectan la selección del proceso (tabla 30.1). El capítulo continúa con la descripción de las características de la zona de soldadura y la variedad de discontinuidades y defectos que pueden ocurrir en las uniones soldadas. Después se revisa la soldabilidad de los distintos metales ferrosos y no ferrosos, así como de las aleaciones. El capítulo concluye con un estudio de los lineamientos de diseño para soldar, con varios ejemplos de buenas prácticas de diseño de la soldadura y con la economía de la soldadura.

30.2 Soldadura con gas oxicombustible

La frase *soldadura con gas oxicombustible* (OFW, por sus siglas en inglés) es un término general para describir cualquier proceso de soldadura que use un **gas combustible** con *oxígeno* para producir una flama, que es la fuente de calor requerida para derretir metales

TABLA 30.1

Características generales de los procesos de soldadura por fusión

Proceso de unión	Operación	Ventaja	Nivel de habilidad requerido	Posición de la soldadura	Tipo de corriente	Distorsión*	Costo normal del equipo ($)
Arco de electrodo revestido	Manual	Portátil y flexible	Alto	Todas	CA, CD	1-2	Bajo (1500+)
Arco sumergido	Automática	Gran deposición	Bajo a medio	Plana y horizontal	CA, CD	1-2	Medio (5000+)
Arco de gas metálico	Semiautomática o automática	La mayoría de metales	Bajo a alto	Todas	CD	2-3	Medio (5000+)
Arco de gas tungsteno	Manual o automática	La mayoría de metales	Bajo a alto	Todas	CA, CD	2-3	Medio (2000+)
Arco de núcleo fundente	Semiautomática o automática	Gran deposición	Bajo a alto	Todas	CD	1-3	Medio (2000+)
Oxicombustible	Manual	Portátil y flexible	Alto	Todas	—	2-4	Bajo (500+)
Haz de electrones, rayo láser	Semiautomática o automática	La mayoría de metales	Medio a alto	Todas	—	3-5	Alto (de 100 000 a 1 millón)
Termita	Manual	Aceros	Bajo	Plana y horizontal	—	2-4	Bajo (500+)

*1 = La más alta; 5 = La más baja.

en la unión. El gas más común que se emplea en el proceso de soldadura es el acetileno; el proceso se conoce como *soldadura con gas oxiacetileno* (OAW, por sus siglas en inglés) y su uso es típico en la fabricación de estructuras metálicas y trabajos de reparación.

Desarrollada a principios de la década de 1900, la soldadura de oxiacetileno utiliza el calor generado por la combustión de gas acetileno (C_2H_2) mezclado con oxígeno. El calor es generado en concordancia con un par de reacciones químicas. El proceso de combustión primaria, el cual ocurre en el núcleo interno de la flama (figura 30.1), implica la reacción siguiente:

$$C_2H_2 + O_2 \rightarrow 2CO + H_2 + \text{Calor}. \tag{30.1}$$

Esta reacción disocia el acetileno en monóxido de carbono e hidrógeno y produce alrededor de un tercio del calor total generado en la flama. El proceso de combustión secundaria es:

$$2CO + H_2 + 1.5O_2 \rightarrow 2CO_2 + H_2O + \text{Calor}. \tag{30.2}$$

Esta reacción consiste en la combustión adicional tanto del hidrógeno como del monóxido de carbono y produce alrededor de dos tercios del calor total. Las temperaturas desarrolladas en la flama alcanzan los 3300 °C (6000 °F). Observe en la ecuación (30.2), que la reacción también produce vapor de agua.

Tipos de flamas. La proporción de acetileno y oxígeno en la mezcla de gas es un factor importante en la soldadura con gas oxicombustible. A una razón de 1:1 (es decir, cuando no hay oxígeno excedente), se considera que la flama es *neutra* (figura 30.1a). Con un suministro mayor de oxígeno, la flama puede ser dañina (en especial para los aceros), ya que oxida el metal; por esta razón, una flama con exceso de oxígeno se conoce como **flama oxidante** (figura 30.1b). Una flama oxidante sólo es deseable en la soldadura de cobre y en aleaciones basadas en cobre, porque en esas situaciones se forma sobre el metal fundido una delgada capa protectora de escoria (compuestos de óxidos). Si el oxígeno es insuficiente para que haya una combustión completa, la flama se conoce como **reductora**

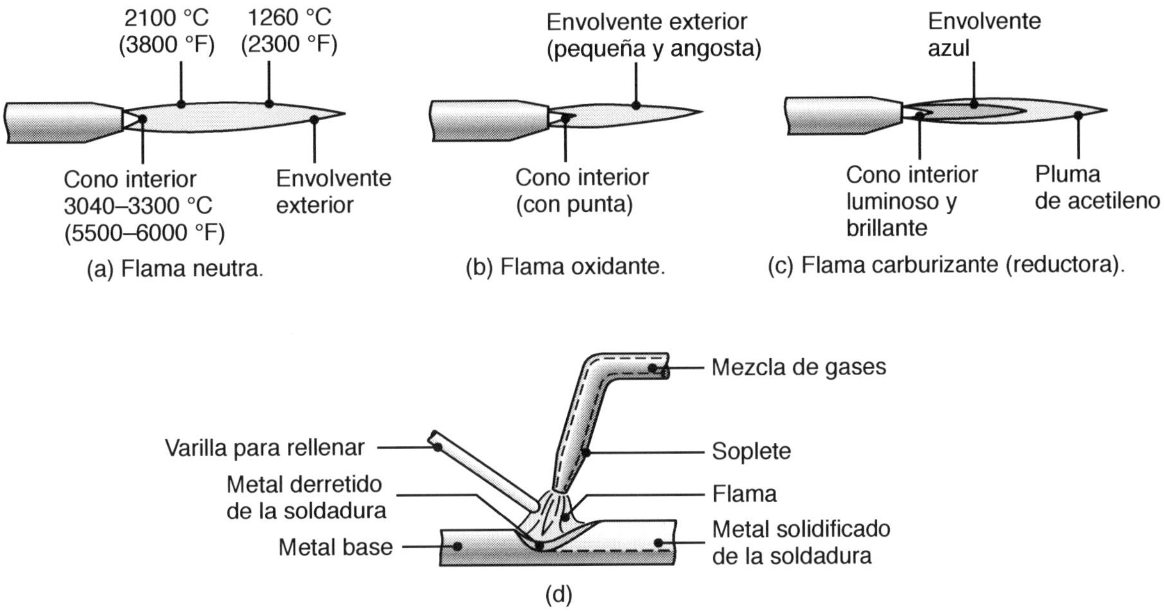

FIGURA 30.1 Tres tipos básicos de flamas de oxiacetileno que se usan en la soldadura con gas oxicombustible y en operaciones de corte: (a) flama neutra; (b) flama oxidante y (c) flama carburizante o reductora. La mezcla de gas en (a) tiene básicamente volúmenes iguales de oxígeno y acetileno. (d) Principio del proceso de la soldadura con gas oxicombustible.

o **carburizante** (figura 30.1c). La temperatura de una flama reductora es baja, por lo que es apropiada para aplicaciones que requieran poco calor, como en la soldadura con latón y en uniones (capítulo 32) y operaciones de endurecimiento con flama (tabla 4.1).

En la soldadura con gas oxicombustible también pueden usarse otros gases combustibles, como el hidrógeno y el metilacetileno propadieno. Sin embargo, las temperaturas desarrolladas por estos gases son menores que las producidas por el acetileno, por lo que se utilizan para soldar metales con puntos de fusión bajos, como el plomo, y partes delgadas y pequeñas.

Metales de aporte. Los *metales de aporte* se usan para suministrar metal adicional a la zona que se suelda; están disponibles en forma de **varillas** o **alambre** (figura 30.1d) y pueden estar desnudos o recubiertos con **fundente**. El propósito del fundente es retardar la oxidación de las superficies de las partes que se sueldan, al generar un escudo gaseoso en torno a la zona de soldadura. El fundente también ayuda a disolver y remover óxidos y otras sustancias de la zona de soldadura, lo que hace que la unión sea más fuerte. La *escoria* desarrollada (compuestos de óxidos, fundentes y materiales que recubren el electrodo) protege el charco de metal derretido contra la oxidación mientras se enfría.

La práctica y el equipo de soldadura. La soldadura con gas oxicombustible puede usarse con la mayor parte de metales ferrosos y no ferrosos para casi cualquier espesor de la pieza de trabajo, pero la generación de calor relativamente baja limita el proceso a espesores menores de 6 mm (0.25 pulg). Las pequeñas uniones hechas con este proceso pueden consistir en un solo cordón de soldadura; las uniones profundas de muescas en forma de V se hacen con pasadas múltiples. Para dar resistencia a la unión y evitar defectos (vea la sección 30.9), es importante limpiar la superficie de cada cordón de soldadura antes de depositar una segunda capa. Para este propósito se emplean cepillos de alambre (manuales o eléctricos).

El equipo para la soldadura con gas oxicombustible consiste básicamente en un **soplete** conectado con mangueras a cilindros de gas a alta presión y equipados con medidores de presión y reguladores (figura 30.2). Es esencial el empleo de equipo de seguridad,

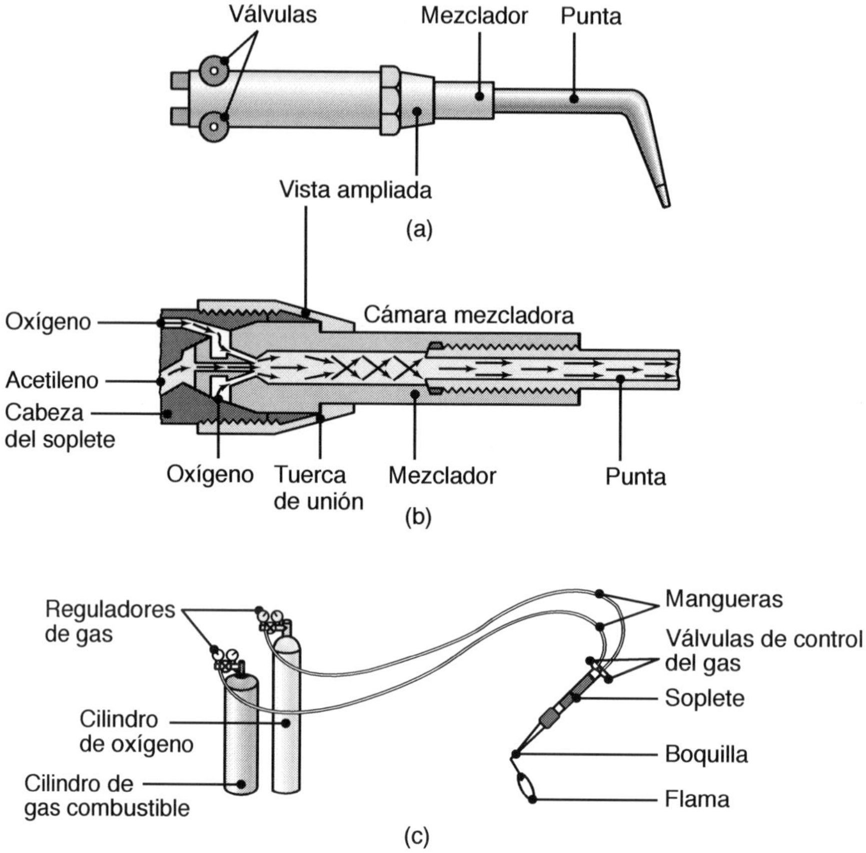

FIGURA 30.2 (a) Vista general de un soplete de uso en la soldadura con oxiacetileno y (b) su sección transversal. Primero se abre la válvula del acetileno; el gas se enciende con un encendedor de chispa o un piloto. Después se abre la válvula del oxígeno y se ajusta la flama. (c) Equipo básico que se usa en la soldadura con gas oxicombustible. Para garantizar las conexiones correctas, todas las roscas de las conexiones al acetileno son izquierdas, en tanto que las del oxígeno son derechas. Por lo general, los reguladores del oxígeno están pintados de verde y los del acetileno en rojo.

como gafas apropiadas con lentes oscuros, careta, guantes y ropa de protección. La conexión adecuada de las mangueras a los cilindros también es un aspecto importante de la seguridad; los cilindros del oxígeno y el acetileno tienen roscas diferentes, por lo que las mangueras no pueden conectarse a los cilindros equivocados. El bajo costo del equipo es una característica atractiva de este proceso. Aunque puede ser mecanizada, la operación es de esencia manual, por lo que es lenta; sin embargo, tiene las ventajas de ser portátil, versátil y económica para trabajos sencillos y en poca cantidad.

Soldadura con gas a presión. En este método la soldadura de dos componentes comienza con el calentamiento de la interfase por medio de un soplete, por lo general con una mezcla de oxiacetileno (figura 30.3a). El soplete se retira cuando la interfase comienza a derretirse. Entonces se aplica fuerza para presionar los dos componentes y que se unan; así se mantienen hasta que se solidifica la interfase. Observe en la figura 30.3b la formación de una rebaba debido a la compresión de los extremos de los dos componentes que se unen.

Soldadura por termita. También se conoce como *termita* o *soldadura exotérmica* o *aluminotérmica* y se desarrolló en 1895. La soldadura por termita implica la mezcla de un metal en polvo con un óxido metálico y el uso de una fuente de ignición de alta

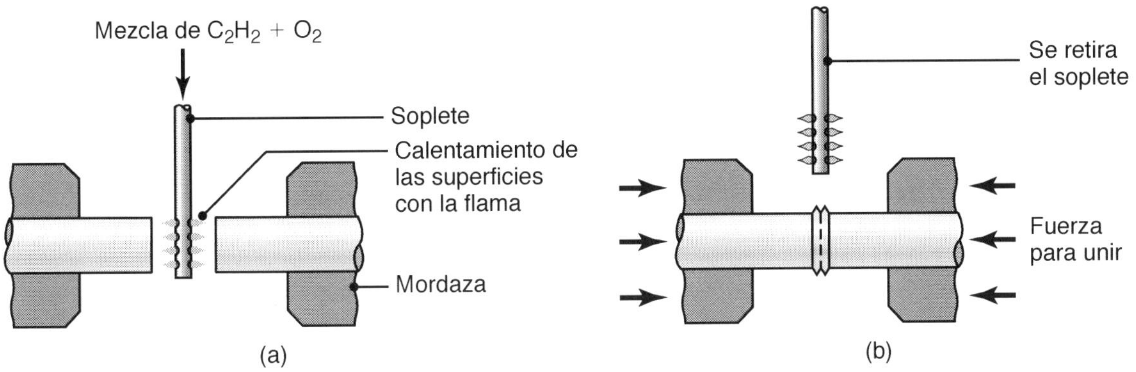

FIGURA 30.3 Ilustración esquemática del proceso de soldadura con gas a presión: (a) antes y (b) después; observe la formación de una rebaba en la unión; que puede eliminarse después.

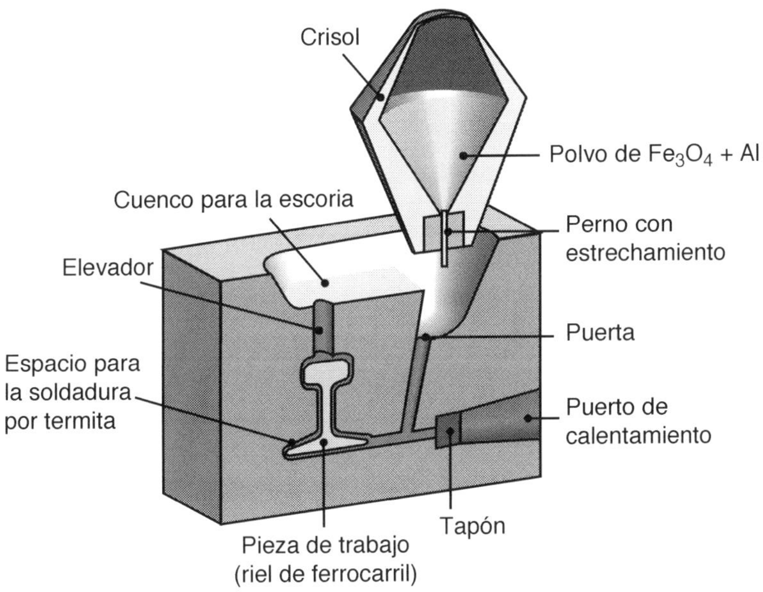

FIGURA 30.4 Ilustración esquemática de soldadura por termita.

temperatura con el fin de causar una reacción de oxidación-reducción (figura 30.4). Una forma común de efectuar este proceso es usar óxido de hierro (herrumbre) en polvo, en combinación con polvo de aluminio; al hacer ignición por medio de un encendedor de magnesio, la reacción química resultante forma óxido de aluminio (Al_2O_3) y hierro.

Las temperaturas llegan a alcanzar 2500 °C (4500 °F), lo que derrite el hierro que a su vez fluye hacia un cuenco para luego entrar a un molde colocado alrededor de las partes que se van a soldar. El óxido de aluminio flota hacia el cuenco de escoria debido a su baja densidad. Las características de un molde para soldadura por termita son muy similares a las de uno para fundición (vea la figura 11.3). En la figura 30.4, observe que hay un puerto de calentamiento, característica que permite la introducción de un soplete de oxiacetileno con el fin de precalentar las piezas de trabajo e impedir las grietas por soldadura (vea la sección 30.9.1).

En la soldadura por termita pueden usarse varias combinaciones de polvo y óxido, pero la de polvo de aluminio con óxido de hierro es la más común debido al uso tan extendido de la soldadura por termita para unir rieles de ferrocarril. Es frecuente que se agreguen algunos óxidos de cobre y magnesio para mejorar la inflamabilidad. Entre otras aplicaciones de la soldadura por termita están la soldadura de conductores de cobre de gran diámetro, usando óxido de cobre, y la reparación en campo de grandes equipos como bastidores de ejes de locomotoras.

30.3 Procesos de soldadura por arco: electrodo no consumible

En la *soldadura por arco*, desarrollada a mediados del siglo XIX, el calor requerido se obtiene de la energía eléctrica. El proceso implica ya sea un *electrodo no consumible* o uno *consumible*. Un suministro de corriente alterna (CA) o corriente directa (CD) produce un arco entre la punta del electrodo y la pieza de trabajo por soldar. El arco genera temperaturas de cerca de 30 000 °C (54 000 °F), mucho más elevadas que las que se obtienen en la soldadura con oxiacetileno.

En los procesos de soldadura con *electrodo no consumible*, es común que se use un **electrodo de tungsteno** (figura 30.5). Debido a las altas temperaturas involucradas, es necesaria una protección externa con el fin de impedir la oxidación de la zona que se suelda. Lo normal es usar *corriente directa* y, como se describe más adelante, es importante su **polaridad** (dirección del flujo de corriente). La selección de los niveles de corriente depende de factores tales como el tipo de electrodo, los metales por soldar y la profundidad y ancho de la zona por soldar.

En la **polaridad directa**, también conocida como *corriente directa de electrodo negativo* (DCEN, por sus siglas en inglés), la pieza de trabajo es el positivo (ánodo) y el electrodo es el negativo (cátodo). La DCEN por lo general produce soldaduras angostas

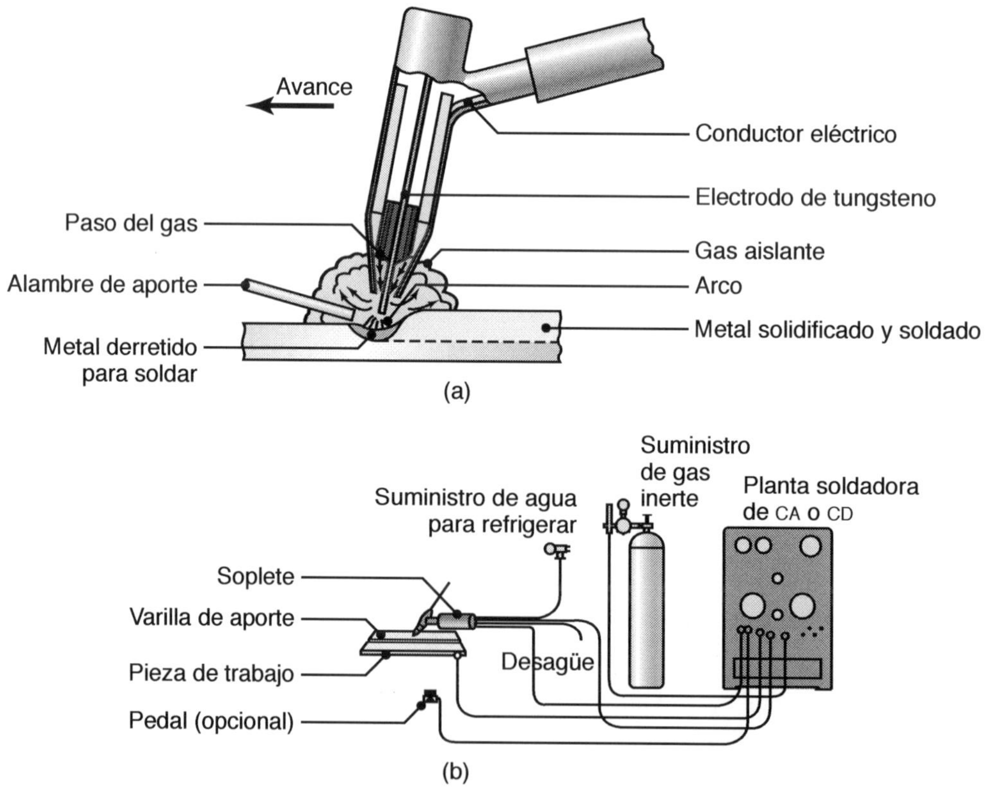

FIGURA 30.5 (a) Proceso de soldadura por arco de gas tungsteno, originalmente conocido como soldadura TIG (de gas tungsteno inerte). (b) Equipo para las operaciones de soldadura por arco de gas tungsteno.

y profundas (figura 30.6a). En la **polaridad inversa**, también conocida como *corriente directa de electrodo positivo* (DCEP, por sus siglas en inglés), la pieza de trabajo es el negativo y el electrodo es el positivo. La penetración de la soldadura es menor y la zona soldada es más superficial y más ancha (figura 30.6b); en consecuencia, la DCEP es preferible para placas metálicas y uniones con brechas muy anchas. En el método de **corriente alterna**, el arco pulsa con mucha rapidez. Este método es apropiado para soldar secciones gruesas y para usar electrodos de diámetro grande con corrientes máximas (figura 30.6c).

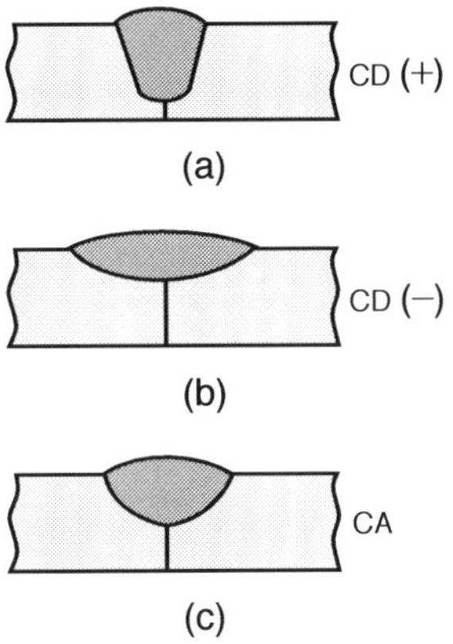

FIGURA 30.6 Efecto de la polaridad y tipo de corriente en los cordones de soldadura: (a) corriente directa con polaridad directa; (b) corriente directa con polaridad inversa y (c) corriente alterna.

Transferencia de calor en la soldadura de arco. La entrada de calor en la soldadura de arco está dada por la ecuación

$$\frac{H}{l} = e\frac{VI}{v}, \qquad (30.3)$$

donde H es la entrada de calor (J o BTU), l es la longitud soldada, V es el voltaje aplicado, I es la corriente (amperes) y v es la velocidad de soldadura. El término e es la eficiencia del proceso, que varía desde alrededor de 75% para la soldadura por arco de electrodo revestido hasta 90% para la soldadura por arco de gas metálico y por arco sumergido. La eficiencia es una indicación de que no toda la energía disponible se aprovecha para fundir el material: el calor es conducido a través de la pieza de trabajo, una parte se disipa por radiación y otra más se pierde por convección al ambiente.

La transferencia de calor dada por la ecuación (30.3) derrite cierto volumen de material (por lo general del electrodo o metal de aporte), y también se expresa como

$$H = uV_m = uAl, \qquad (30.4)$$

donde u es la energía específica requerida para derretir, V_m es el volumen de metal derretido y A es la sección transversal de la soldadura. En la tabla 30.2 se dan algunos valores comunes de u. Las ecuaciones (30.3) y (30.4) dan como resultado la expresión siguiente de la velocidad de soldadura:

$$u = e\frac{VI}{uA}. \qquad (30.5)$$

Aunque estas ecuaciones se han desarrollado para la soldadura con arco, también es posible obtener formas similares para otras operaciones de soldadura por fusión si se toman en cuenta las diferencias en la geometría de la soldadura y la eficiencia del proceso.

TABLA 30.2

Energías específicas aproximadas que se requieren para fundir un volumen unitario de metales comunes por soldar

Material	Energía específica, u	
	J/mm^3	BTU/pulg^3
Aluminio y sus aleaciones	2.9	41
Hierros fundidos	7.8	112
Cobre	6.1	87
Bronce (90Cu-10Sn)	4.2	59
Magnesio	2.9	42
Níquel	9.8	142
Aceros	9.1-10.3	128-146
Aceros inoxidables	9.3-9.6	133-137
Titanio	14.3	204

Nota: 1 BTU = 1055; J = 778 pies-lb.

EJEMPLO 30.1 Velocidad de la soldadura para diferentes materiales

Dado: Considere un caso en el cual se efectúa una operación de soldadura, con $V = 20$ volts, $I = 200$ A y el área de la sección transversal de la soldadura es de 30 mm^2.

Se solicita: Estimar la velocidad del proceso de soldadura si la pieza de trabajo y el electrodo están hechos de (a) aluminio; (b) acero al carbono y (c) titanio. Suponga una eficiencia del 75 por ciento.

Respuesta: Para el aluminio, a partir de la tabla 30.2, la energía específica requerida es $u = 2.9$ J/mm^3. Entonces, de la ecuación (30.5),

$$v = e\frac{VI}{uA} = (0.75)\frac{(20)(200)}{(2.9)(30)} = 34.5 \text{ mm/s}.$$

Igualmente, para acero al carbono se estima el valor de u como 9.7 J/mm^3 (el promedio de los valores extremos en la tabla), por lo que $v = 10.3$ mm/s. Para el titanio, $u = 14.3$ J/mm^3, de modo que $v = 7.0$ mm/s.

Soldadura por arco de gas tungsteno. En la *soldadura por arco de gas tungsteno* (GTAW, por sus siglas en inglés), antes conocida como *soldadura TIG*, el metal de aporte es suministrado por un **alambre de aporte** (figura 30.5a). Debido a que el electrodo de tungsteno no se consume en esta operación, se mantiene una brecha constante y estable en el arco en un nivel constante de corriente. Los metales de aporte son similares a los metales por soldarse, no se usa fundente. El gas protector por lo general es argón o helio, o una mezcla de ambos. La GTAW puede hacerse sin metales de aporte, como en la soldadura de juntas cercanas.

Según los metales por unir, el suministro de corriente es CD a 200 A o bien CA a 500 A (figura 30.5b). La CA es preferible en general para el aluminio y el magnesio, ya que la acción limpiadora de la CA remueve los óxidos y mejora la calidad de la soldadura. Puede usarse torio o circonio en los electrodos de tungsteno con el fin de mejorar sus características de emisión de electrones. El suministro de energía va de 8 a 20 kW. La contaminación del electrodo de tungsteno debido al metal fundido puede ser un problema importante, en particular en aplicaciones críticas porque causa discontinuidades en la soldadura; por lo anterior, debe evitarse el contacto del electrodo con el charco de metal fundido.

El proceso de soldadura por arco de gas tungsteno se utiliza para una amplia variedad de aplicaciones y metales, en particular aluminio, magnesio, titanio y los metales refractarios; es apropiado especialmente para metales delgados. El costo del gas inerte hace que este proceso sea más caro que la soldadura por arco de electrodo revestido (SMAW, por sus siglas en inglés), pero proporciona soldaduras de muy alta calidad y buen acabado superficial. La GTAW se usa en varias aplicaciones críticas, con un amplio rango de espesores y formas de la pieza de trabajo y el equipo es portátil.

Soldadura con arco de plasma. En la *soldadura con arco de plasma* (PAW, por sus siglas en inglés), desarrollada en la década de 1960, se produce un arco de plasma concentrado y se dirige hacia el área de la soldadura. El arco es estable y alcanza temperaturas de hasta 33 000 °C (60 000 °F). Un **plasma** es un gas caliente ionizado compuesto de cantidades casi iguales de electrones y de iones. El plasma se inicia entre el electrodo de tungsteno y el orificio por medio de un arco piloto de baja corriente. Lo que hace diferente la soldadura con arco de plasma de otros procesos es que el plasma está concentrado ya que se le fuerza a pasar a través de un orificio relativamente pequeño. Las corrientes operativas suelen estar debajo de 100 A, pero para aplicaciones especiales pueden ser mayores. Cuando se utiliza un metal de aporte se alimenta dentro del arco, como en la GTAW. La protección del arco y de la zona de soldadura se suministra por medio de un anillo de protección externa y el uso de gases como argón, helio o mezclas.

Hay dos métodos de soldadura con arco de plasma:

- En el método de **arco transferido** (figura 30.7a), la pieza de trabajo que se suelda es parte del circuito eléctrico. El arco se transfiere del electrodo a la pieza de trabajo, de ahí el término *transferido*.
- En el método **no transferido** (figura 30.7b), el arco ocurre entre el electrodo y la boquilla y el calor es llevado a la pieza de trabajo por el plasma gaseoso. Este mecanismo de transferencia térmica es similar al de una flama de oxicombustible (vea la sección 30.2).

En comparación con otros procesos de soldadura con arco, la que se realiza con arco de plasma tiene mejor estabilidad en el arco, menos distorsión térmica y mayor concentración de energía, lo que permite soldaduras más profundas y angostas. Además es posible alcanzar mayores velocidades de soldadura, de 120 a 1000 mm/min (5 a 40 pulg/min). Se pueden soldar varios metales con espesores de la parte generalmente menores a 6 mm (0.25 pulg).

La gran concentración de calor puede penetrar completamente a través de la unión (lo que se conoce como **técnica ojo de cerradura**), con espesores de hasta 20 mm (0.75 pulg) para ciertas aleaciones de titanio y aluminio. En esta técnica la fuerza del arco de plasma desplaza el metal fundido y produce un orificio en el borde guía del charco de soldadura. La soldadura con arco de plasma (en lugar del proceso por

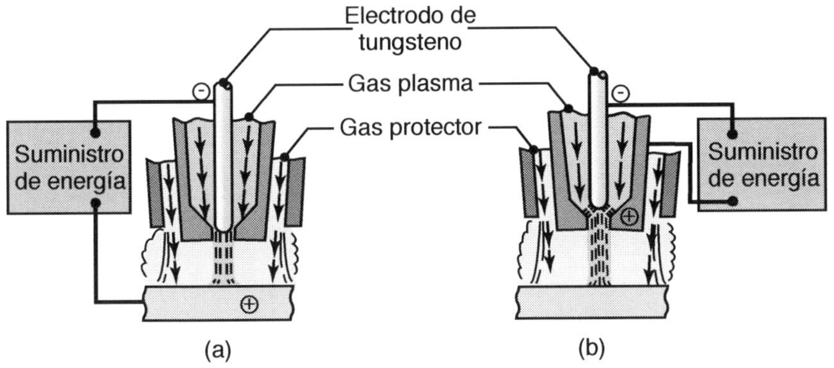

FIGURA 30.7 Dos tipos de procesos de soldadura con arco de plasma: (a) transferido y (b) no transferido; con estos procesos pueden hacerse soldaduras profundas y angostas a grandes velocidades.

arco de gas tungsteno) se usa con frecuencia para hacer uniones de empalme y vuelta debido a su mayor concentración de energía, mejor estabilidad del arco y mayores velocidades de soldadura. Son esenciales la capacitación apropiada y la habilidad para usar este equipo; las consideraciones de seguridad incluyen la protección contra el brillo, las salpicaduras y el ruido del arco de plasma.

Soldadura con hidrógeno atómico. En la *soldadura con hidrógeno atómico* (AHW, por sus siglas en inglés), se genera un arco entre dos electrodos de tungsteno en una atmósfera protectora de hidrógeno gaseoso. El arco se mantiene con independencia de las partes que se sueldan. El hidrógeno gaseoso normalmente es diatómico (H_2), pero donde las temperaturas son superiores a 6000 °C (11 000 °F), cerca del arco, el hidrógeno se rompe en su forma atómica, por lo que simultáneamente absorbe una gran cantidad de calor del arco. Cuando el hidrógeno golpea la superficie relativamente fría de las piezas de trabajo por unir, se recombina en su forma diatómica y libera con rapidez el calor almacenado y alcanza temperaturas de hasta 4000 °C. De ahí que sea uno de los pocos procesos que se usan para soldar tungsteno. La energía en el AHW puede variarse con facilidad al cambiar la distancia entre la corriente del arco y la superficie de la pieza de trabajo.

30.4 Procesos de soldadura por arco: electrodo consumible

Hay varios procesos de soldadura por arco y electrodo consumible, como se describe a continuación.

30.4.1 Soldadura por arco de electrodo revestido

La *soldadura por arco de electrodo revestido* (SMAW) es uno de los procesos de unión más antiguos, sencillos y versátiles; en consecuencia, alrededor de 50% de toda la soldadura industrial y de mantenimiento se lleva a cabo con este proceso. El arco eléctrico se genera cuando la punta de un *electrodo recubierto* toca la pieza de trabajo y luego se retira con rapidez a una distancia suficiente para mantener el arco (figura 30.8b). Los electrodos tienen forma de varillas cilíndricas delgadas y largas (de ahí que al proceso también se lo conozca como *soldadura de varilla*) que se operan manualmente.

El calor generado funde una porción de la punta del electrodo, su recubrimiento, y la base metálica en el área inmediata al arco. El metal fundido consiste en una mezcla de la base metálica (la pieza de trabajo), el electrodo de metal, y sustancias del recubrimiento del electrodo; esta mezcla forma la soldadura cuando se solidifica. El recubri-

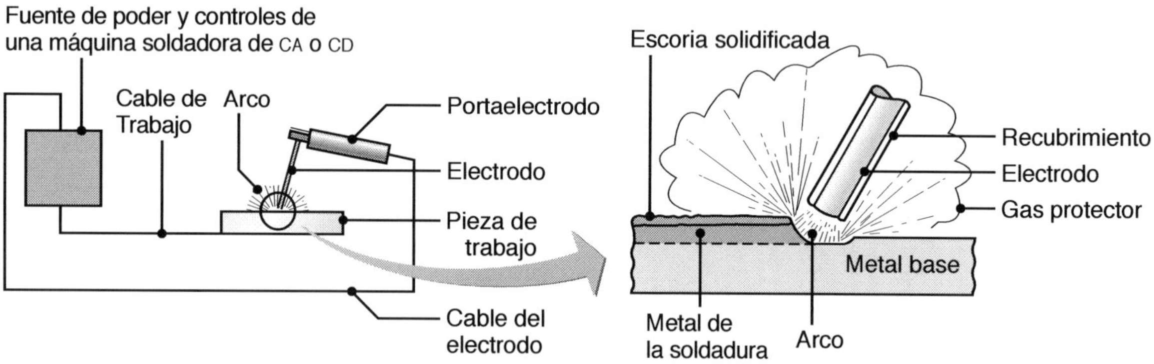

FIGURA 30.8 (a) Ilustración esquemática del proceso de soldadura por arco de electrodo revestido; alrededor de 50% de todas las operaciones de soldadura industrial a gran escala usan este proceso. (b) Detalle de la zona de soldadura en el proceso por arco de electrodo revestido.

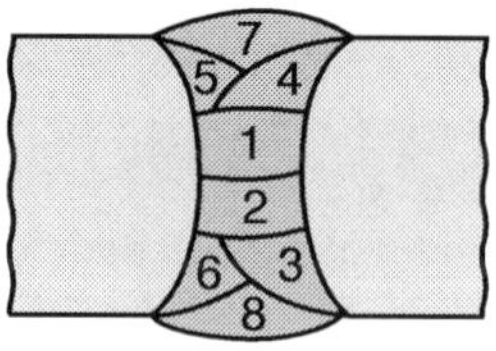

FIGURA 30.9 Soldadura de sección gruesa (profunda); muestra la secuencia de elaboración de ocho cordones individuales de soldadura.

miento del electrodo desoxida el área de soldadura y proporciona un gas aislante que la protege del oxígeno en el ambiente.

Una sección sin recubrimiento del extremo del electrodo se sujeta a una terminal de la fuente de poder, mientras que la otra terminal se conecta a la pieza de trabajo que se suelda (figura 30.8a). La corriente, que puede ser directa o alterna, por lo general está en el rango de 50 a 300 A. Para la soldadura de placas metálicas es preferible la CD por el arco estable que produce. Los requerimientos de energía por lo general son menores de 10 kW.

El equipo consiste en una fuente de poder, cables y un portaelectrodo. El proceso de soldadura por arco de electrodo revestido se usa comúnmente en la construcción general, armado de barcos, ductos y trabajos de mantenimiento. Es especialmente útil para trabajar en áreas remotas en las que puede usarse un generador portátil movido por combustible como fuente de poder. Este proceso es más apropiado para piezas cuyos espesores van de 3 a 19 mm (0.12 a 0.75 pulg), aunque este rango se amplía fácilmente con operadores hábiles mediante el uso de técnicas de *pasos múltiples* (figura 30.9).

El enfoque de pasos múltiples requiere que la escoria se remueva después de cada capa de soldadura. A menos que se retire por completo, la escoria solidificada ocasiona la corrosión severa del área soldada (lo que lleva a la falla de la soldadura), también impide la fusión de las capas soldadas y compromete la resistencia de la soldadura. La escoria puede retirarse, por ejemplo, con cepillado de alambre o el martilleo de la soldadura; en consecuencia, son elevados tanto los costos de la mano de obra como los del material.

30.4.2 Soldadura por arco sumergido

En la *soldadura por arco sumergido* (SAW, por sus siglas en inglés), el arco está protegido por un fundente granular que consiste en cal, sílice, óxido de manganeso, fluoruro de calcio y otros compuestos. El fundente se alimenta a la zona de la soldadura desde una tolva, por gravedad y a través de una boquilla (figura 30.10). La capa gruesa de fundente cubre por completo al metal fundido e impide que salpique y salgan chispas, así como también suprime la intensa radiación ultravioleta y el humo característicos del proceso de soldadura por arco de electrodo revestido. El fundente también actúa como aislante térmico y facilita la penetración profunda de calor en la pieza de trabajo.

El electrodo consumible es una bobina de alambre desnudo, cilíndrico, de 1.5 a 10 mm ($\frac{1}{16}$ a $\frac{3}{8}$ pulg) de diámetro, y se alimenta de manera automática a través de un tubo (**pistola soldadora**). Las corrientes eléctricas por lo general están en el rango de 300 a 2000 A, pero ciertos arreglos de arco múltiple pueden llegar a ser de 5000 A. Las fuentes de poder generalmente están conectadas a líneas eléctricas de una fase o de tres, con especificación principal de hasta 440 V.

Debido a que el fundente es alimentado por gravedad, el proceso de soldadura por arco sumergido está muy limitado a soldaduras en posición plana u horizontal que tengan algún apoyo. Es posible hacer soldaduras circulares en tubos y cilindros, siempre que se giren

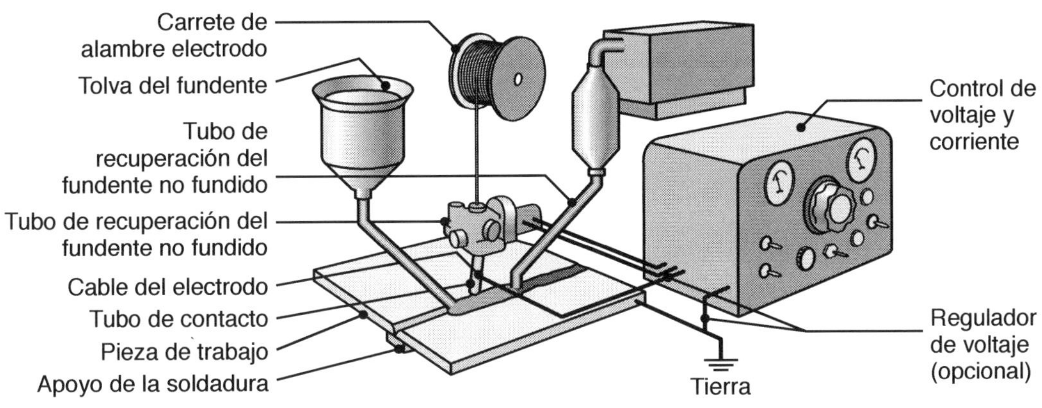

FIGURA 30.10 Ilustración esquemática del proceso de soldadura por arco sumergido y su equipo; el fundente no fundido se recupera y reutiliza.

durante la soldadura. Como se ilustra en la figura 30.10, el fundente no fundido puede recuperarse, tratarse y reutilizarse; es común que se recupere de 50 a 90% del fundente. La SAW es automática y se usa para soldar una variedad de aceros al carbono y aleaciones, así como lámina o placas de acero inoxidable a velocidades de hasta 5 m/min (16 pies/min), y ocasionalmente se usa para aleaciones base níquel. La calidad de la soldadura es muy alta, con buena robustez, ductilidad y uniformidad en sus propiedades. El proceso de SAW proporciona una productividad muy alta de la soldadura, pues deposita de 4 a 10 veces más cantidad de metal soldado por hora que el proceso de SMAW. Las aplicaciones comunes incluyen la soldadura de placas gruesas en el armado de navíos y de recipientes a presión.

Código QR 30.1 Conjunto de la soldadura de una muesca angosta con arco metálico. (*Fuente:* Cortesía de EWI).

30.4.3 Soldadura por arco de gas metálico

En la *soldadura por arco de gas metálico* (GMAW, por sus siglas en inglés) desarrollada en la década de 1950 y llamada en sus orígenes *soldadura metálica con gas inerte* (MIG, por sus siglas en inglés), el área de soldadura se protege con una atmósfera realmente inerte de argón, helio, dióxido de carbono u otras mezclas de gases (figura 30.11a). El alambre desnudo consumible se alimenta en forma automática a través de una boquilla en el arco de soldadura por medio de un motor de alimentación (figura 30.11b). Además de usar gases inertes como protección, por lo general en el propio electrodo hay antioxidantes para impedir la oxidación del charco de soldadura fundida. En la unión también pueden depositarse múltiples capas fundidas.

El metal se puede transferir con tres métodos:

Código QR 30.2 GMAW de titanio. (*Fuente:* Cortesía de EWI).

1. **Transferencia por rociado (aspersión):** se transfieren pequeñas gotas de metal fundido desde el electrodo al área de soldadura, a razón de varios cientos de gotas por segundo; la transferencia está libre de salpicaduras y es muy estable. Se utilizan intensas CD y voltajes, así como electrodos de gran diámetro, con argón o una mezcla de gases rica en argón como protección. La corriente promedio requerida en este proceso se puede reducir utilizando un arco pulsante, que impone pulsos de gran amplitud sobre una corriente baja y estable. El proceso se puede usar en todas las posiciones de soldadura.
2. **Transferencia globular:** se utilizan gases ricos en dióxido de carbono y se impulsan glóbulos por medio de las fuerzas de transferencia del arco eléctrico del metal, lo que da por resultado considerables salpicaduras. Se emplean grandes corrientes de soldadura, lo que hace posible una penetración más profunda de la soldadura, y las velocidades de soldadura son mayores que en la transferencia por rociado. Con este método es común soldar secciones gruesas.
3. **Cortocircuito:** se transfiere metal en gotas individuales (más de 50 por segundo) conforme la punta del electrodo toca el metal fundido y hace corto circuito. Se utilizan corrientes y voltajes de baja intensidad, con gases ricos en dióxido de carbono, así como electrodos hechos con alambre de pequeño diámetro; la potencia que se requiere es de alrededor de 2 kW.

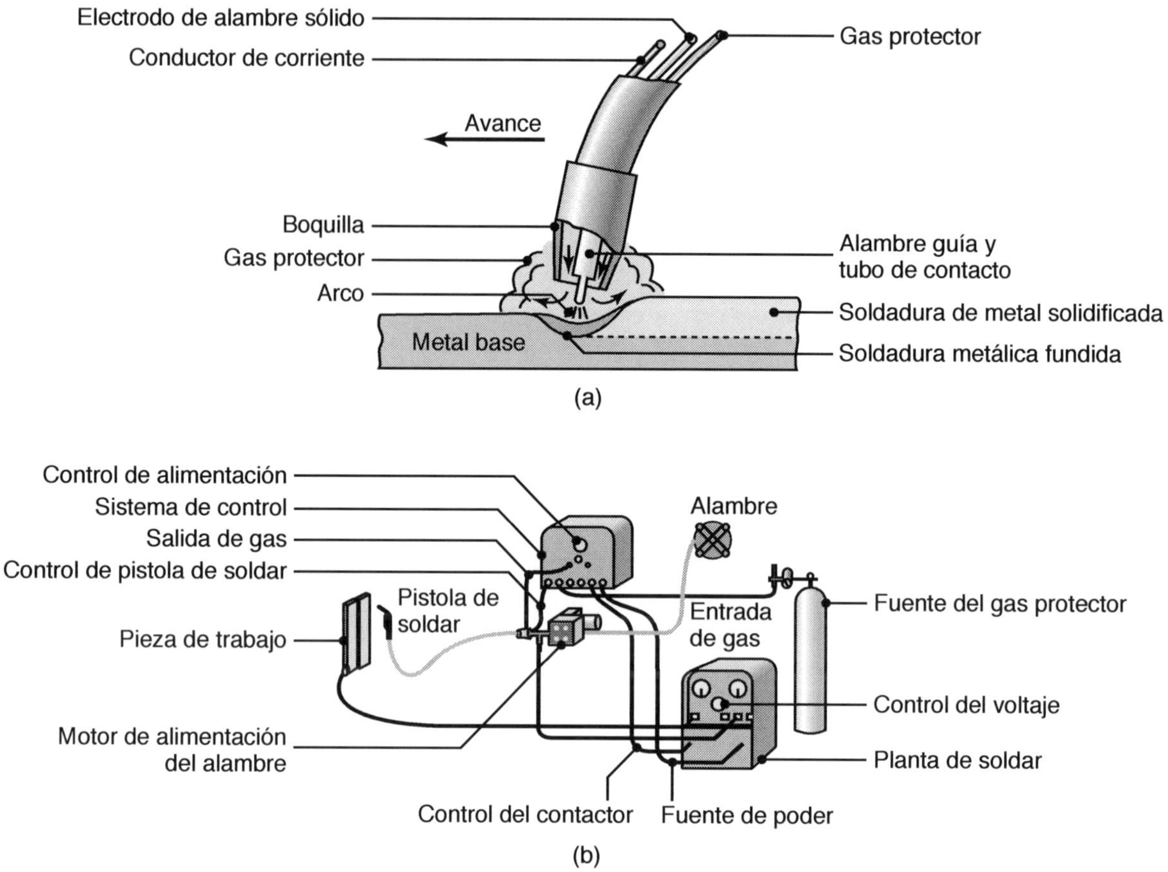

FIGURA 30.11 (a) Ilustración esquemática del proceso de soldadura por arco de gas metálico (GMAW), conocido en sus orígenes como MIG (por las siglas en inglés de gas metálico inerte). (b) Equipo básico de uso en las operaciones de soldadura por arco de gas metálico.

Las temperaturas que se generan en el GMAW son relativamente bajas; en consecuencia, este método es apropiado sólo para placas y secciones delgadas de menos de 6 mm (0.25 pulg); de otro modo puede haber una fusión incompleta. La operación, que es fácil de realizar, se usa comúnmente para soldar metales ferrosos en secciones delgadas. Los sistemas de arco pulsante se utilizan para metales delgados ferrosos y no ferrosos.

El proceso GMAW es adecuado para soldar la mayoría de metales ferrosos y no ferrosos y se emplea mucho en la industria de la fabricación de metales. Debido a la naturaleza relativamente simple del proceso, es fácil capacitar a los operadores. El proceso es versátil, rápido y económico, y la productividad de la soldadura es del doble que la de SMAW. El proceso GMAW se puede automatizar fácilmente y es posible trasladarlo a sistemas robotizados y de manufactura flexible (capítulos 37 y 39).

30.4.4 Soldadura de arco con núcleo fundente

El proceso de *soldadura de arco con núcleo fundente* (FCAW, por sus siglas en inglés), ilustrado en la figura 30.12, es similar a la soldadura por arco de gas metálico, excepto que el electrodo tiene forma tubular y está relleno de fundente, de ahí el nombre de *núcleo fundente*. Los electrodos de núcleo fundente producen un arco más estable, mejoran el contorno de la soldadura y producen mejores propiedades mecánicas de la unión. El fundente en estos electrodos es mucho más flexible que el recubrimiento frágil utilizado en los electrodos del SMAW, por lo que el electrodo tubular se suministra en bobinas de gran longitud.

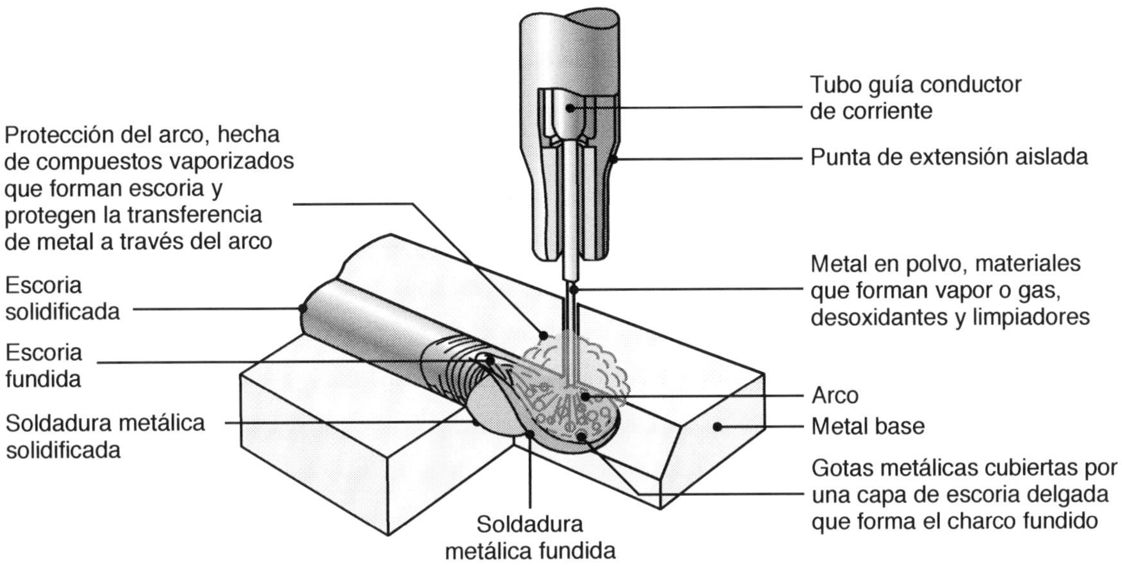

FIGURA 30.12 Ilustración esquemática del proceso de soldadura de arco con núcleo fundente; esta operación es semejante a la soldadura por arco de gas metálico, que se muestra en la figura 30.11.

Los electrodos suelen tener un diámetro de 0.5 a 4 mm (0.020 a 0.15 pulg) y la potencia requerida es de alrededor de 20 kW. También existen electrodos con núcleo autoprotegidos; éstos no requieren ninguna protección externa de gas debido a que contienen fundentes emisores que aíslan el área de soldado de la atmósfera circundante. Los electrodos de pequeño diámetro han hecho que con frecuencia la soldadura de materiales delgados no sólo sea posible sino preferible. Asimismo, los electrodos de diámetro chico hacen relativamente fácil soldar partes en diferentes posiciones y la química del flujo permite la soldadura de muchos metales.

El proceso FCAW combina la versatilidad del proceso SMAW con la característica de alimentación continua y automática del electrodo de la GMAW. El proceso es económico y versátil, por lo que se utiliza para soldar una diversidad de uniones, sobre todo de aceros, aceros inoxidables y aleaciones base níquel. La tasa de deposición más elevada del proceso FCAW, en comparación con el de GMAW, ha llevado a que se utilice para unir secciones de todos los espesores. El uso de *electrodos tubulares* con diámetros muy pequeños ha extendido el uso de este proceso a piezas de sección pequeña.

Una gran ventaja de la soldadura de arco con núcleo fundente es la facilidad con que pueden desarrollarse químicas específicas de metales para soldar. Por medio de agregar elementos de aleación al núcleo fundente, es posible producir virtualmente aleaciones de cualquier composición. El proceso es fácil de automatizar y se adapta con facilidad a sistemas de manufactura flexible y robotizado.

30.4.5 Soldadura con electrogas

La *soldadura con electrogas* (EGW, por sus siglas en inglés) se emplea sobre todo para soldar los bordes de secciones, en forma vertical y en un solo paso, con las piezas colocadas borde con borde (*a tope*). Se clasifica como un proceso de *soldadura con máquina* ya que requiere equipo especial (figura 30.13). El metal para soldar se deposita en una cavidad de soldadura entre las dos piezas por unir. El espacio está limitado por dos *diques* de cobre de agua fría (llamados *zapatas de respaldo*) para impedir fugas de la escoria derretida; impulsores mecánicos mueven las zapatas de respaldo hacia arriba. También es posible hacer soldaduras en forma de circunferencia, como las de tubos, con la pieza de trabajo en rotación.

A través de un conducto se alimentan electrodos únicos o múltiples y se mantiene un arco continuo con el empleo de electrodos con núcleo fundente hasta a 750 A, o elec-

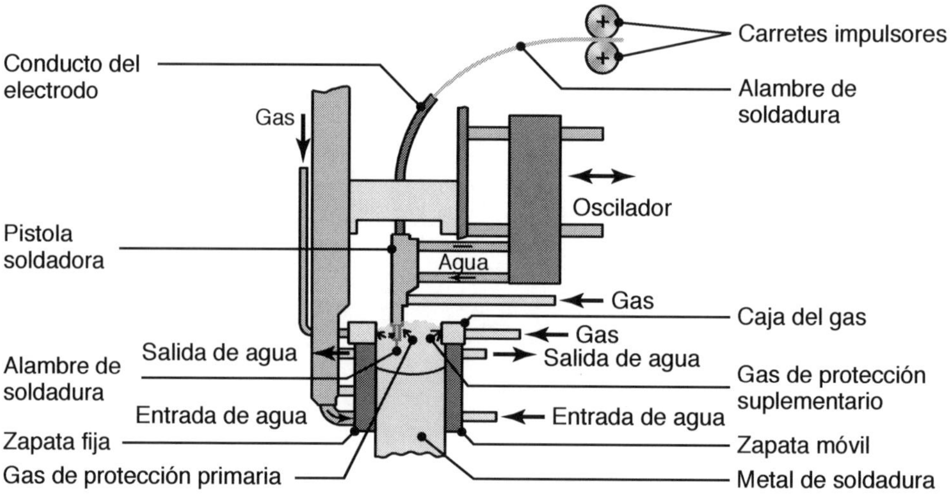

FIGURA 30.13 Ilustración esquemática del proceso de soldadura con electrogas.

trodos sólidos a 400 A. Los requerimientos de potencia son de alrededor de 20 kW. La protección se lleva a cabo por medio de un gas inerte, como dióxido de carbono, argón o helio, lo que depende del tipo de material que se suelde. El gas puede abastecerse ya sea desde una fuente externa o de un electrodo con núcleo fundente, o a partir de ambos.

El espesor de la soldadura va de 12 a 75 mm (0.5 a 3 pulg) en aceros, titanio y aleaciones de aluminio. Las aplicaciones comunes son en la construcción de puentes, recipientes de presión, tubos de paredes gruesas y diámetros grandes, tanques de almacenamiento y navíos. El equipo para este proceso es confiable y la capacitación de los operadores es relativamente sencilla.

30.4.6 Soldadura con electroescoria

La *soldadura con electroescoria* (ESW, por sus siglas en inglés) y sus aplicaciones son semejantes a las de la soldadura con electrogas (figura 30.14), la principal diferencia es que el arco arranca entre la punta del electrodo y la parte inferior de la parte por soldar. Se agrega fundente, que se funde por el calor del arco. Una vez que la escoria fundida alcanza la punta del electrodo, el arco se extingue. El calor se produce continuamente debido a la resistencia eléctrica de la escoria derretida. Como el arco está apagado, la ESW no es estrictamente un proceso de soldadura con arco. Puede usarse un electrodo o varios, al igual que con núcleo fundente. La guía puede ser no consumible (método convencional) o consumible.

La soldadura con electroescoria es capaz de soldar placas con espesores que van de 50 mm a más de 900 mm (2 a 36 pulg) y hacerlo en un solo paso. La corriente requerida es de alrededor de 600 A, con 40 a 50 V, aunque para placas gruesas se emplean corrientes más intensas. La velocidad de avance de la soldadura está en el rango de 12 a 36 mm/min (0.5 a 1.5 pulg/min). Este proceso se utiliza para grandes secciones de acero estructural, como el de la maquinaria pesada, puentes, plataformas petroleras, barcos y navíos de propulsión nuclear. La calidad de la soldadura es buena.

30.5 Electrodos para soldadura por arco

Los *electrodos* para los procesos consumibles de soldadura por arco se clasifican de acuerdo con las siguientes propiedades:

- Resistencia de la soldadura metálica depositada.
- Corriente (CA o CD).
- Tipo de recubrimiento.

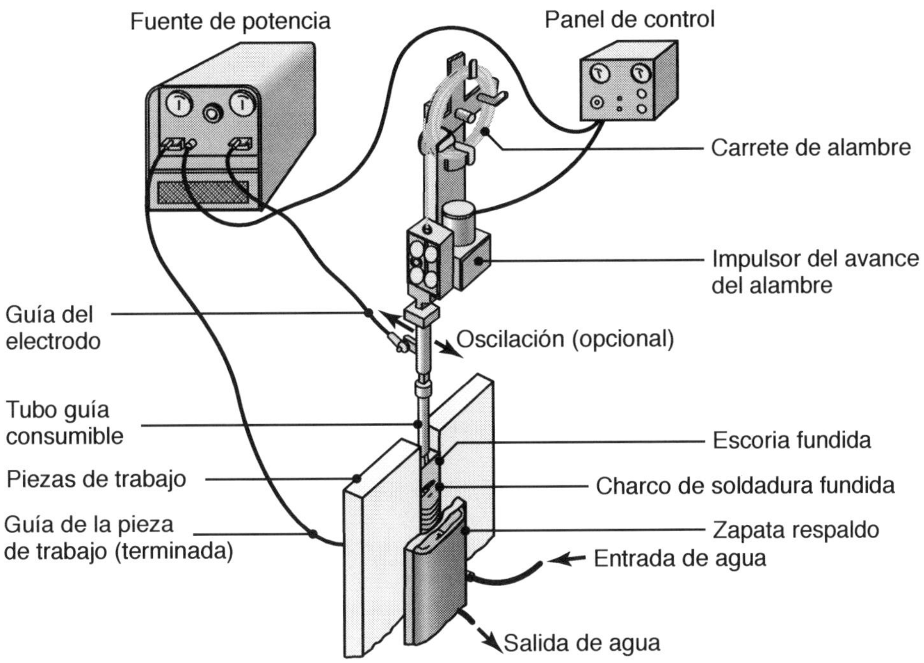

FIGURA 30.14 Equipo utilizado para las operaciones de soldadura con electroescoria.

Los electrodos se identifican con números y letras (tabla 30.3), o con un código de colores si los números y letras fueran demasiado pequeños para imprimirse. Las dimensiones normales de los electrodos recubiertos están en el rango de 150 a 460 mm (6 a 18 pulg) de longitud y diámetro de 1.5 a 8 mm ($\frac{1}{16}$ a $\frac{5}{16}$ de pulg).

Las especificaciones para los electrodos y metales de aporte, inclusive sus tolerancias dimensionales, procedimientos de control de calidad y procesos, los publica la American Welding Society (AWS) y el American National Standards Institute (ANSI). Algunas especificaciones están disponibles en las Aerospace Materials Specifications (AMS) de la Society of Automotive Engineers (SAE). Los electrodos se venden por peso y los hay en una amplia variedad de tamaños y especificaciones. Los criterios para su selección y recomendaciones para un metal en particular y su aplicación se pueden encontrar en la bibliografía del proveedor y en varios manuales y referencias que se listan al final de este capítulo.

Recubrimientos de los electrodos. Los electrodos están recubiertos con materiales arcillosos que incluyen aglutinantes y materiales en polvo, como óxidos, carbonatos, fluoruros, aleaciones metálicas, celulosa de algodón y aserrín. El recubrimiento, que es frágil y toma parte en interacciones complejas durante la soldadura, tiene las siguientes funciones básicas:

- Estabilizar el arco.
- Generar gases que actúen como protección contra la atmósfera circundante; los gases producidos son dióxido de carbono, vapor de agua y pequeñas cantidades de monóxido de carbono e hidrógeno.
- Controlar la tasa a que se funde el electrodo.
- Actuar como un fundente para proteger la soldadura contra la formación de óxidos, nitruros y otras inclusiones y, con la escoria resultante, proteger el charco de soldadura derretida.
- Agregar elementos de aleación a la zona de la soldadura para mejorar las propiedades de la unión; entre estos elementos están los desoxidantes para prevenir que la soldadura se torne quebradiza.

TABLA 30.3

Nomenclatura para electrodos de acero de bajo carbono (dulce) recubiertos

El prefijo "E" designa un electrodo para soldadura de arco. Los primeros dos dígitos de números de cuatro dígitos, y los primeros tres dígitos de números con cinco dígitos, indican la mínima resistencia a la tensión:

E60XX	60 000 psi
E70XX	70 000 psi
E110XX	110 000 psi

El dígito siguiente al último indica la posición:

EXX1X	Todas las posiciones
EXX2X	Posición plana y uniones horizontales

Los últimos dos dígitos indican el tipo de recubrimiento y la corriente a usar; el sufijo (ejemplo: EXXXX-A1) indica la aleación aproximada en el depósito de soldadura:

–A1	0.5% Mo
–B1	0.5% Cr, 0.5% Mo
–B2	1.25% Cr, 0.5% Mo
–B3	2.25% Cr, 1% Mo
–B4	2% Cr, 0.5% Mo
–B5	0.5% Cr, 1% Mo
–C1	2.5% Ni
–C2	3.25% Ni
–C3	1% Ni, 0.35% Mo, 0.15% Cr
–D1 y D2	0.25 a 0.45% Mo, 1.75% Mn
–G	0.5% mínimo de Ni, 0.3% mínimo de Cr, 0.2% mínimo de Mo, 0.1% mínimo de V, 1% mínimo de Mn (sólo se requiere un elemento)

Después de cada pasada debe removerse del electrodo el recubrimiento o escoria depositados con el fin de asegurar una buena soldadura. También existen electrodos y alambres desnudos, por lo general hechos de aceros inoxidables y aleaciones de aluminio, y se usan como metales de aporte en varias operaciones de soldadura.

30.6 Soldadura con haz de electrones

En la *soldadura con haz de electrones* (EBW, por sus siglas en inglés), desarrollada en la década de 1960, se genera calor por medio de electrones de alta velocidad en un haz angosto; la energía cinética de los electrones se convierte en calor cuando golpean la pieza de trabajo por soldar. Este proceso requiere equipo especial con el fin de centrar el haz sobre la pieza de trabajo, generalmente al vacío. Cuanto más grande sea el vacío más profundo penetra el haz y mayor es la razón de la profundidad al ancho de la soldadura; así, los métodos se llaman EBW-HV (por "alto vacío") y EBW-MV (por "medio vacío"); algunos materiales también se pueden soldar con EBW-NV (por "sin vacío").

Casi cualquier metal puede soldarse y los espesores de la pieza de trabajo varían desde hojas a placas. Las capacidades de los generadores de haces de electrones están en el rango de los 100 kW. La intensa energía también es capaz de producir agujeros en la pieza de trabajo (vea **técnica ojo de cerradura**, sección 30.3). Por lo general no se requiere un gas protector, fundente o metal de aporte.

El proceso de soldadura con haz de electrones tiene la capacidad de hacer soldaduras de alta calidad con lados casi paralelos, son profundas y angostas y tienen zonas pequeñas afectadas por el calor (vea la figura 30.15 y la sección 30.9). Las razones de profundidad a ancho están en el rango de 10 a 30. El tamaño de las soldaduras hechas con EBW es mucho más pequeño que el de aquellas realizadas con procesos convencionales. Con el uso de la automatización y los servocontroles, es posible controlar con exactitud los parámetros de procesamiento a velocidades de soldadura tan elevadas como 12 m/min (40 pies/min).

Con este proceso casi cualquier metal puede soldarse (a tope o con traslape) y con espesores de hasta 150 mm (6 pulg). La distorsión y el encogimiento en el área de la soldadura son mínimos y la calidad de ésta es buena. Las aplicaciones comunes incluyen la soldadura de componentes de aeronaves, misiles, nucleares y electrónicos, así como engranes y ejes para la industria automotriz. El equipo para soldar con haz de electrones genera rayos X, por lo que son esenciales el monitoreo apropiado y un mantenimiento periódico.

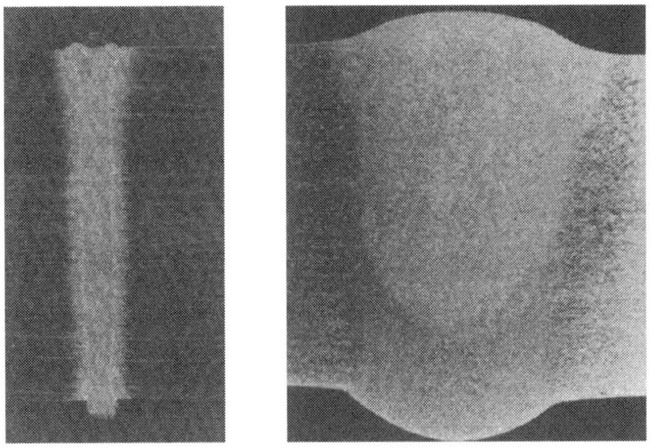
(a) (b)

FIGURA 30.15 Comparación de (a) soldadura con haz de electrones y (b) soldadura por arco de gas tungsteno. *Fuente:* Volumen 3, *Welding Handbook, Welding Processes*, Parte 2, Miami: American Welding Society, p. 465. Impreso con autorización.

30.7 Soldadura con rayo láser

La *soldadura con rayo láser* (LBW, por sus siglas en inglés) utiliza un rayo láser de alta potencia como fuente de calor para producir la soldadura por fusión. Debido a que se puede concentrar en un área muy pequeña, el rayo tiene una gran densidad de energía y capacidad para penetrar profundamente. El rayo láser puede ser dirigido, conformado y concentrado con precisión sobre la pieza de trabajo; los diámetros del punto láser pueden ser tan pequeños como 0.2 mm (0.008 pulg). En consecuencia, este proceso es particularmente apropiado para hacer soldaduras profundas y angostas en uniones (figura 30.15) con relaciones de profundidad a ancho que en general varían de 4 a 10.

La soldadura con rayo láser se ha extendido mucho y ahora se usa en la mayoría de las industrias. El rayo láser se puede **pulsar** (en milisegundos), con niveles de potencia de hasta 100 kW para aplicaciones como la soldadura de punto en materiales delgados. Los sistemas de láser **continuos** de varios kW se utilizan para hacer soldaduras profundas en secciones gruesas.

La soldadura con rayo láser produce trabajos de buena calidad con el mínimo de encogimiento o distorsión. Las soldaduras con láser tienen buena resistencia y por lo general son dúctiles y libres de porosidad. El proceso se puede automatizar para usarse en una variedad de materiales, con espesores de hasta 25 mm (1 pulg). Como se describió en la sección 16.2.2, los *formatos de láminas metálicas soldadas a la medida* se unen sobre todo mediante soldaduras con rayo láser, usando la robótica para tener un control preciso de la trayectoria del rayo.

Los metales y aleaciones que es común soldar con esta técnica incluyen aluminio, titanio, metales ferrosos, cobre, superaleaciones y metales refractarios. Las velocidades de soldadura van desde 2.5 m/min (8 pies/min) hasta una velocidad tan grande como 80 m/min (250 pies/min) para metales delgados. Dada la naturaleza del proceso, la soldadura puede realizarse en lugares que de otro modo serían inaccesibles. Igual que en otros sistemas de soldadura semejantes y automatizados, la habilidad que se requiere del operador es mínima. En la soldadura con rayo láser la seguridad es de importancia particular debido a los peligros extremos para los ojos y la piel. Los láseres de estado sólido (YAG) también son peligrosos (vea la tabla 27.2 acerca de los tipos de láseres).

Las principales ventajas de la soldadura con rayo láser sobre la soldadura con haz de electrones se resumen de la siguiente manera:

- No se requiere un vacío, y el rayo se puede transmitir a través del aire.
- Los rayos láser pueden conformarse, manipularse y enfocarse ópticamente por medio de fibra óptica, por lo que el proceso se puede automatizar fácilmente.
- Los rayos láser no generan rayos X.
- La calidad de la soldadura es mejor que la de haz de electrones; hay menos distorsión y la soldadura tiende menos hacia la fusión incompleta, salpicaduras y porosidad.

EJEMPLO 30.2 Soldadura con rayo láser de navajas de afeitar

En la figura 30.16 se muestra un acercamiento del rastrillo Gillette Sensor. Cada una de las dos navajas estrechas y de alta resistencia tiene 13 puntos de soldadura, 11 de los cuales se pueden ver en la fotografía (como puntos más oscuros con cerca de 0.5 mm de diámetro) en cada hoja. Las soldaduras están hechas con un láser de Nd:YAG equipado con conductor de fibra óptica. Este equipo provee una manipulación muy flexible y puede hacer blanco exacto a lo largo de la navaja. Con un equipo de estas máquinas, la producción es a razón de tres millones de soldadura por hora con exactitud y calidad constantes de la soldadura.

Fuente: Basado en Lumonics Corporation, Industrial Products Division.

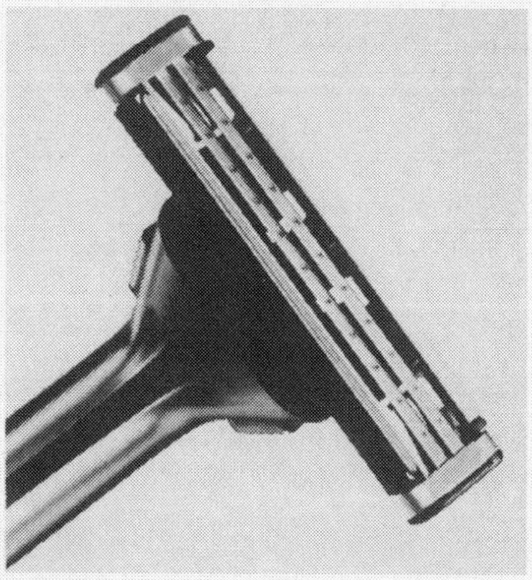

FIGURA 30.16 Detalle del rastrillo Gillete Sensor, en el cual se aprecian puntos de soldadura con láser.

Código QR 30.3 Soldadura híbrida con láser. (*Fuente:* Cortesía de EWI).

Código QR 30.4 Soldadura de arco con láser híbrido. (*Fuente:* Cortesía de EWI).

Láser GMAW. El *láser GMAW* es una tecnología emergente de soldadura híbrida con láser que combina la zona angosta afectada por el calor de la soldadura láser con las altas tasas de deposición de la soldadura con arco metálico de gas. En este proceso, que se ilustra en la figura 30.17, el láser se enfoca en la pieza de trabajo adelante del arco GMAW, lo que resulta en una penetración profunda y permite grandes velocidades de recorrido. Además, el proceso es capaz de unir brechas más grandes que con la soldadura láser tradicional y la calidad metalúrgica de la soldadura mejora por la presencia del gas de protección.

30.8 Corte

Además de cortarse por medios mecánicos, como se describe en la parte IV de este libro, el material puede ser cortado en varios contornos por medio de una fuente de calor que derrite y remueve una zona angosta de la pieza de trabajo. Las fuentes de calor pueden ser sopletes, arcos eléctricos o láseres.

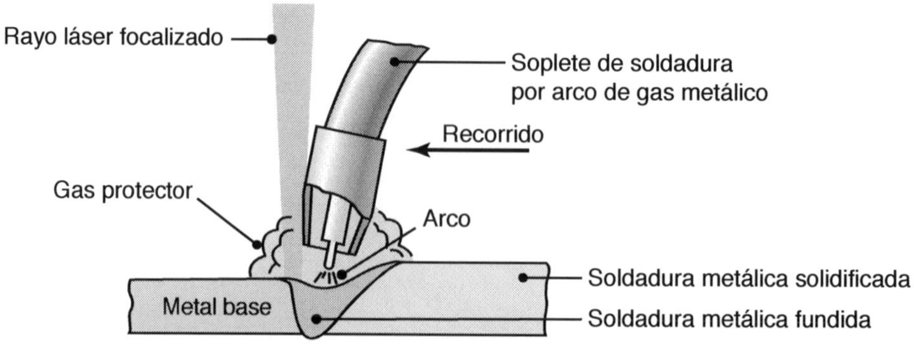

FIGURA 30.17 (a) Ilustración esquemática del proceso de soldadura GMAW híbrida con láser. *Fuente:* Cortesía de Lincoln Electric.

Corte con gas oxicombustible. El *corte con gas oxicombustible* (OFC, por sus siglas en inglés) es similar a la soldadura con gas oxicombustible (sección 30.2), pero la fuente de calor se utiliza ahora para *remover* una zona angosta de una placa u hoja metálica (figura 30.18a). Este proceso es particularmente apropiado para aceros, donde las reacciones básicas son las siguientes:

$$Fe + O \rightarrow FeO + \text{Calor}, \quad (30.6)$$

$$3Fe + 2O_2 \rightarrow Fe_3O_4 + \text{Calor} \quad (30.7)$$

y

$$4Fe + 3O_2 \rightarrow 2Fe_2O_3 + \text{Calor}. \quad (30.8)$$

El calor más grande es generado por la segunda reacción, con temperaturas que llegan alrededor de 870 °C (1600 °F). Sin embargo, debido a que esta temperatura no es lo bastante alta, la pieza de trabajo se *precalienta* con gas combustible y el oxígeno se introduce después, como puede verse en la sección transversal de la boquilla en la figura 30.18a. Cuanto más alto sea el contenido de carbono en el acero, más elevada será la temperatura de precalentamiento que se requiere. El corte tiene lugar sobre todo por la oxidación (quemado) del acero; también hay algo de fusión. Los hierros fundidos y las fundiciones de acero también se pueden cortar con este método. El proceso genera una abertura o ranura (**kerf**), similar a la que se produce al cortar con una sierra o por electroerosión (o maquinado por descarga eléctrica) de hilo (vea la figura 27.12). Los anchos de abertura van desde alrededor de 1.5 hasta 10 mm (0.06 a 0.4 pulg), con un buen control de las tolerancias dimensionales. Sin embargo, la distorsión causada por la distribución irregular de las temperaturas puede ser un problema en el corte con gas oxicombustible.

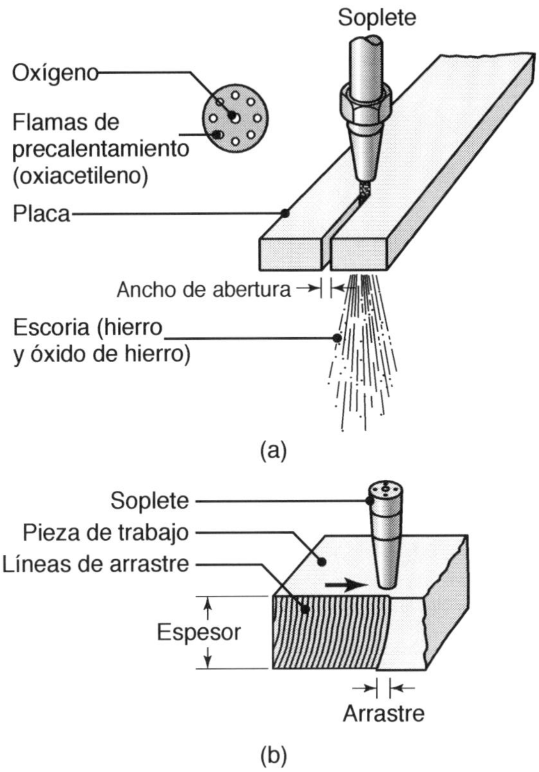

FIGURA 30.18 (a) Corte de flama de una placa de acero con soplete de oxiacetileno y sección transversal de la boquilla del soplete. (b) Sección transversal del corte con flama de una placa, donde se aprecian las líneas de arrastre.

El máximo espesor que puede cortarse con OFC depende sobre todo de los gases utilizados. Por ejemplo, con gas oxiacetileno el espesor máximo es de alrededor de 300 mm (12 pulg); con oxihidrógeno es cerca de 600 mm (24 pulg). La flama deja **líneas de arrastre** sobre la superficie cortada (figura 30.18b), lo que da como resultado una superficie más rugosa que la producida por procesos como el aserrado, troquelado u otras operaciones similares que usan herramientas de corte mecánico. El *corte bajo el agua* se realiza con sopletes diseñados especialmente que producen una capa de aire comprimido entre la flama y el agua circundante. Aunque se ha usado mucho para trabajos de rescate y reparación, el OFC es susceptible de emplearse también en la manufactura. Los sopletes se pueden guiar a lo largo de trayectorias específicas en forma manual, mecánica o automática con máquinas que usan controladores programables y robots.

Corte con arco. Los procesos de *corte con arco* se basan en los mismos principios que los de la soldadura de arco. Son varios los materiales que se pueden cortar a grandes velocidades por medio del corte con arco, aunque al igual que en la soldadura, estos procesos también dejan una zona afectada por el calor que necesita tomarse en cuenta, en particular en aplicaciones críticas.

En el **corte por arco de carbono con aire** (CAC-A), se usa un electrodo de carbono y el metal fundido se retira mediante un chorro de aire de alta velocidad. Este proceso se usa en especial para comprimir y *rascar* (remoción de metal de una superficie). Sin embargo, el proceso es ruidoso y el metal fundido puede salir lanzado a distancias considerables y convertirse en un riesgo para la seguridad.

El **corte con arco de plasma** (PAC, por sus siglas en inglés) produce las temperaturas más altas y se utiliza para el corte rápido de placas de acero no ferroso e inoxidable. La productividad del corte con este proceso es mayor que la de los métodos de gas oxicombustible. El PAC produce un buen acabado de la superficie, anchos de corte angostos y es el proceso de corte más común que utiliza controladores programables empleados en la manufactura de hoy. Los *haces de electrones* y *rayos láser* también se usan para hacer cortes muy exactos en una amplia variedad de metales, como se describe en las secciones 27.6 y 27.7. El acabado de la superficie es mejor que el de otros procesos térmicos de corte y el ancho de corte es más angosto.

30.9 Unión soldada, calidad y prueba de la soldadura

En una unión soldada común se pueden identificar tres zonas distintas, como se aprecia en la figura 30.19:

1. **Metal base.**
2. **Zona afectada por el calor.**
3. **Metal soldado.**

La metalurgia y propiedades de la segunda y tercera zonas dependen mucho del tipo de metales que se unen, del proceso particular de la unión, de los metales de aporte usados (si los hubiera) y de las variables del proceso de soldadura. Recuerde que una unión producida sin utilizar un metal de aporte se llama *autógena* y su zona de soldadura está compuesta de un *metal base resolidificado*. Una unión elaborada con un metal de aporte tiene una zona central, llamada *metal soldado*, y está compuesta de una mezcla de los metales de base y aporte.

Solidificación del metal soldado. Después de aplicar calor e introducir el metal de aporte (si lo hubiera) en la zona de soldadura, se deja que la unión soldada se enfríe a la temperatura ambiente. El proceso de solidificación es semejante al de la fundición (sección 10.2) y comienza con la formación de granos *columnares* (*dendríticos*), como se ve en la figura 10.3. Estos granos son relativamente largos y se forman paralelos al flujo de calor. Como los metales son mucho mejores conductores del calor que el aire circundante, los granos yacen *paralelos* al plano de los dos componentes por soldar (figura 30.20a). En contraste, en las figuras 30.20b y c se muestran los granos en una soldadura *superficial*.

La estructura y tamaño del grano dependen de la aleación específica de metal, del proceso particular de soldar empleado y del tipo de metal de aporte. Debido a que comenzó en un estado fundido, el metal soldado tiene básicamente una *estructura de colada* y, como se enfrió lentamente, tiene granos gruesos. En consecuencia, esta estructura por lo general tiene resistencia, tenacidad y ductilidad bajas. Sin embargo, con la selección apropiada de la composición del metal de aporte o de los tratamientos con calor, posteriores a la soldadura, es posible mejorar las propiedades mecánicas de la unión.

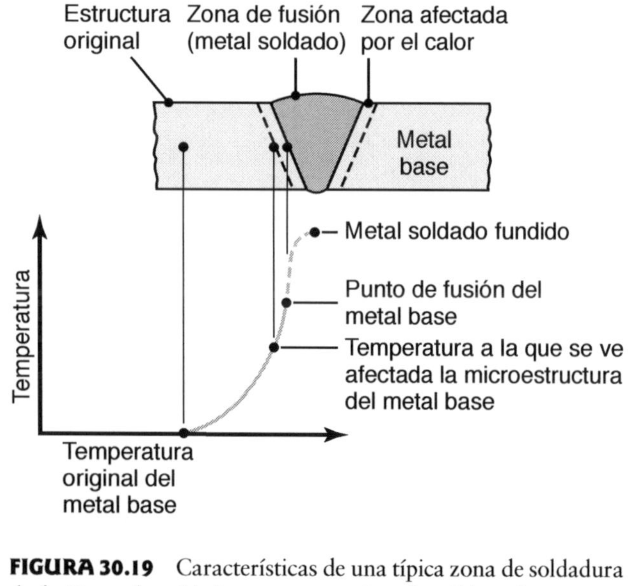

FIGURA 30.19 Características de una típica zona de soldadura de fusión en la soldadura por gas oxicombustible y de arco.

La estructura resultante depende de la aleación particular, su composición y ciclo térmico al que se sujeta la unión. Por ejemplo, las tasas de enfriamiento pueden ser controladas y reducidas por *precalentamiento* del área general de la soldadura antes de comenzar a soldar. El precalentamiento es importante, en particular para metales de conductividad térmica elevada como el aluminio y el cobre (tabla 3.2). Sin precalentamiento, el calor producido durante la soldadura se disipa con rapidez a través del resto de las partes que se unen.

Zona afectada por el calor. La *zona afectada por el calor* (HAZ, por sus siglas en inglés) está dentro del metal base en sí. Tiene una microestructura diferente de la del metal base antes de ser soldado, ya que se ha sujetado temporalmente a temperaturas elevadas durante la soldadura. Las porciones del metal base que están lejos de la fuente de calor no sufren cambios microes-

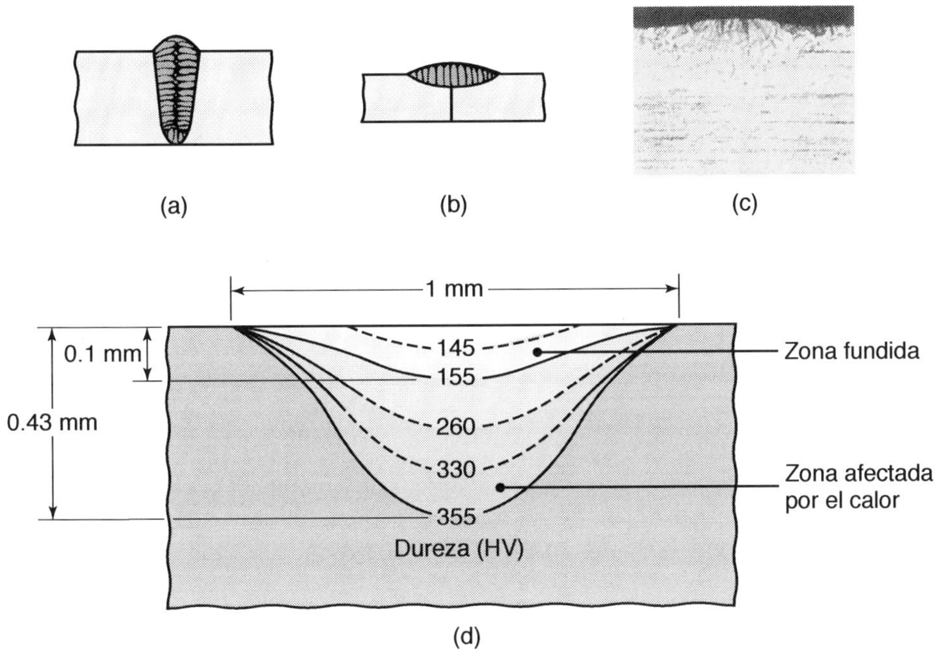

FIGURA 30.20 Estructura del grano en (a) una soldadura profunda y (b) una soldadura superficial; observe que los granos en el metal soldado solidificado son perpendiculares a su interfase con el metal base. (c) Cordón de soldadura en una tira de níquel rolado en frío, producida por un rayo láser. (d) Perfil de microdureza (HV) a través del cordón de soldadura.

tructurales durante la soldadura debido a la temperatura mucho más baja a que están sujetas.

Las propiedades y microestructura de la HAZ dependen de (a) la tasa de entrada de calor y del enfriamiento y (b) la temperatura a la que se ha elevado esta zona. Además de factores metalúrgicos (tamaño original del grano, orientación de éste y grado de trabajo previo en frío), las propiedades físicas (calor específico y conductividad térmica de los metales) también influyen en el tamaño y características de la zona afectada por el calor.

La resistencia y dureza de la HAZ (figura 30.20d) dependen parcialmente de cómo se desarrollaron la resistencia y dureza originales del metal base antes de la soldadura. Como se dijo en los capítulos 2 y 4, pueden haberse desarrollado por (a) trabajo en frío; (b) reforzamiento por solución sólida; (c) endurecimiento por precipitación o (d) varios tratamientos con calor. Los efectos de estos métodos de endurecimiento son complejos; los más sencillos de analizar son los de un metal base que se ha trabajado en frío, como la laminación en frío o la forja en frío.

El calor aplicado durante la soldadura *recristaliza* los granos alargados del metal base trabajado en frío. Por un lado, los granos que están lejos del metal soldado recristalizarán en otros finos y equidimensionales; por otro, los granos cerca del metal soldado han estado sujetos a temperaturas elevadas durante un tiempo mayor. En consecuencia, los granos aumentarán su tamaño (*crecimiento del grano*, sección 1.7) y esta región será más suave y tendrá menos resistencia; una unión así será muy débil en su zona afectada por el calor.

Los efectos del calor en la HAZ para uniones realizadas entre metales disímbolos y para aleaciones endurecidas por otros métodos son complejos y están más allá del alcance de este libro. Los detalles se pueden encontrar en las referencias más avanzadas que se citan en la bibliografía al final de este capítulo.

30.9.1 Calidad de la soldadura

Una unión soldada puede desarrollar varias **discontinuidades** como resultado de su historia de ciclos térmicos y los cambios microestructurales consecuentes. Las discontinuidades en la soldadura también son causadas por una aplicación incorrecta o descuidada de las tecnologías de la soldadura o por una mala capacitación del operador. A continuación se describen las principales discontinuidades que afectan la calidad de la soldadura:

Porosidad. La *porosidad* en las soldaduras puede ser causada por:

- Gases liberados durante la fusión del área soldada pero atrapados durante la solidificación.
- Reacciones químicas durante la soldadura.
- Contaminantes.

La mayor parte de las uniones soldadas contienen cierta porosidad, que por lo general ocurre en forma de esferas o cavidades alargadas (vea también la sección 10.6.1). La distribución de la porosidad en la zona soldada puede ser aleatoria o bien concentrarse en una región determinada del área. La porosidad en las soldaduras se puede reducir con las siguientes prácticas:

- Selección apropiada de los electrodos y metales de aporte.
- Mejores técnicas de soldadura, como el precalentamiento del área por soldar o el aumento de la tasa de entrada de calor.
- Limpieza adecuada y una manera de impedir que los contaminantes ingresen a la zona soldada.
- Velocidades reducidas de soldadura, para dar tiempo a que escape el gas.

Inclusiones de escoria. Las *inclusiones de escoria* son compuestos como óxidos, fundentes y materiales del recubrimiento de los electrodos que quedan atrapados en la zona de soldadura. Si los gases protectores no son eficaces durante el proceso de soldadura, la contaminación del ambiente contribuye también a que ocurran dichas inclusiones. Las condiciones en que se suelda también son importantes: con el control de los parámetros del proceso de soldadura la escoria fundida flotará hacia la superficie del metal fundido de la soldadura, de modo que no quedará atrapada.

Las inclusiones de escoria pueden impedirse si se implementan las prácticas siguientes:

- Limpieza de la superficie de la capa de soldadura con un cepillo de alambre (manual o eléctrico) o un cortador antes de que se deposite la capa siguiente.
- Proporcionar suficiente gas protector.
- Rediseñar la unión para permitir suficiente espacio para la manipulación apropiada del charco de metal fundido de la soldadura.

Fusión y penetración incompleta. La *fusión incompleta* produce capas de soldadura deficientes, como las que se muestran en la figura 30.21. Se puede obtener una mejor soldadura si se implementan las siguientes prácticas:

- Aumentar la temperatura del metal base.
- Limpiar el área de soldadura antes de comenzar.
- Modificar el diseño de la unión y cambiar el tipo de electrodo usado.
- Proveer suficiente gas protector.

La *penetración incompleta* ocurre cuando la profundidad de la unión soldada es insuficiente. La penetración puede mejorarse con las siguientes prácticas:

- Aumentar la entrada de calor.
- Reducir la velocidad del recorrido durante la soldadura.
- Modificar el diseño de la unión.
- Asegurarse de que las superficies por unir ajustan entre sí de manera apropiada.

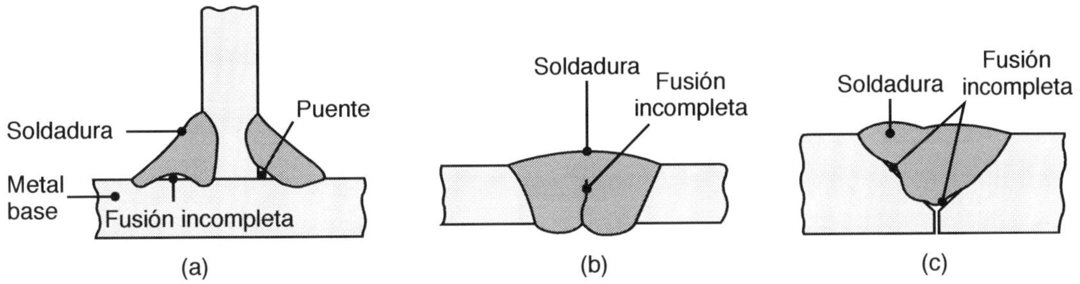

FIGURA 30.21 Ejemplos de varias discontinuidades en las soldaduras por fusión.

Perfil de la soldadura. El *perfil de la soldadura* es importante no sólo por sus efectos sobre la resistencia y aspecto de la soldadura, sino también porque puede indicar una fusión incompleta o la presencia de inclusiones de escoria en soldaduras de capas múltiples.

- El **llenado incompleto** ocurre cuando la unión no queda llena con la cantidad apropiada de metal de la soldadura (figura 30.22a).
- El **socavado** sucede por la falta de fusión del metal base y la subsecuente generación de una muesca en forma de una depresión o borde agudos (figura 30.22b). Si es profundo o agudo, el socavado actúa como un concentrador de la tensión y reduce la resistencia a la fatiga de la unión, lo que lleva a la falla prematura.
- Un **traslape** es una discontinuidad en la superficie (figura 30.22b), por lo general causada por una práctica inadecuada al soldar o por la selección inapropiada de los materiales. La figura 30.22c muestra una soldadura que se consideraría buena.

Grietas. Las *grietas* ocurren en diferentes ubicaciones y direcciones en el área de soldadura. Los tipos comunes de grietas son *longitudinales*, *transversales*, *cráter*, *bajo el cordón* y *grietas junto al cordón* (figura 30.23). Las grietas por lo general resultan por una combinación de los factores siguientes:

- Gradientes de temperatura que generan tensiones térmicas en la zona de soldadura.
- Variaciones en la composición de la zona de soldadura que causan tasas de contracción diferentes durante el enfriamiento.

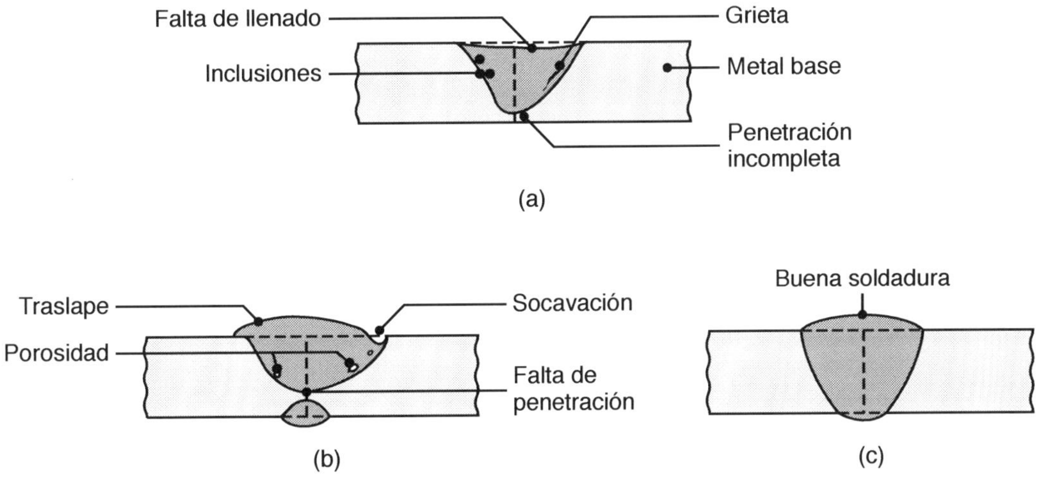

FIGURA 30.22 Ejemplos de varios defectos en soldaduras por fusión y sección transversal de una buena soldadura.

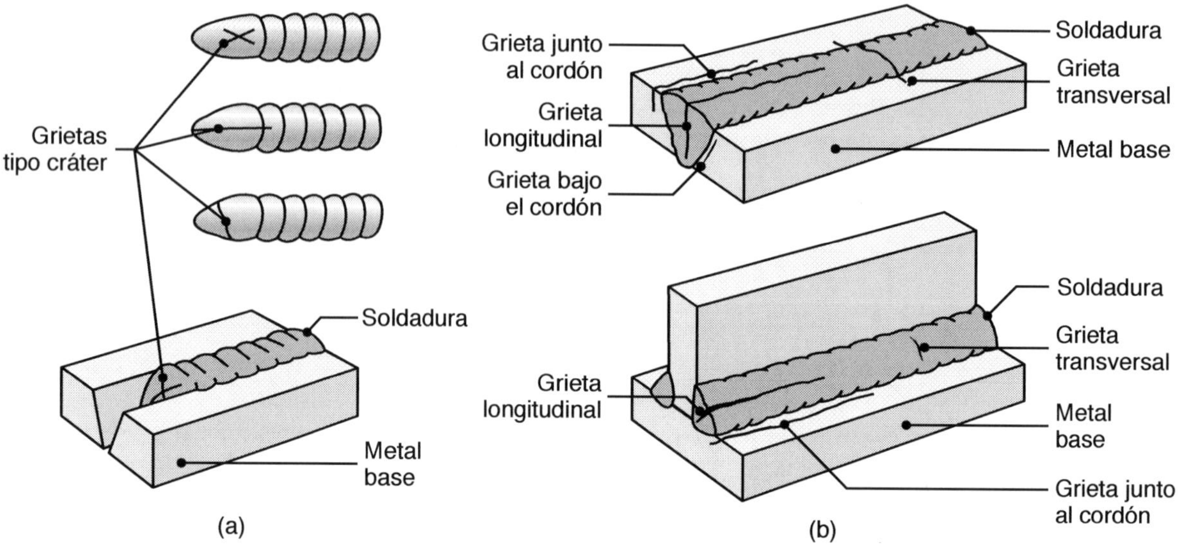

FIGURA 30.23 Tipos de grietas desarrolladas en uniones soldadas; las grietas son ocasionadas por tensiones térmicas, semejantes al desarrollo de fisuras calientes en los fundidos, como se muestra en la figura 10.12.

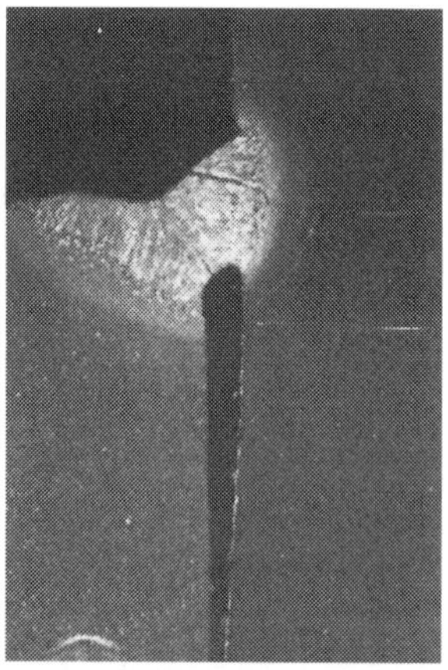

FIGURA 30.24 Grieta en un cordón de soldadura; los dos componentes soldados no se contrajeron libremente después de que se terminaron de soldar.

- Fragilidad de los límites de grano (sección 1.5.2), causada por la segregación de elementos como el azufre hacia los límites de grano y ocurre cuando la frontera sólido-líquido se desplaza a medida que el metal de la soldadura comienza a solidificarse.
- Fragilidad causada por hidrógeno (sección 2.10.2).
- Incapacidad del metal soldado para contraerse durante el enfriamiento (figura 30.24), situación parecida a las *fisuras calientes* que se desarrollan en las fundiciones (figura 10.12) y se relaciona con la tensión excesiva a que se sujeta la pieza de trabajo durante la operación de soldadura.

Las grietas también se clasifican en **calientes** (que ocurren mientras la unión todavía se encuentra sometida a temperaturas elevadas) y **frías** (que se desarrollan después de que el metal de la soldadura se ha solidificado). Las medidas básicas de prevención de grietas en la soldadura son:

- Modificar el diseño de la unión para minimizar las tensiones desarrolladas por la contracción durante el enfriamiento.
- Cambiar los parámetros, procedimientos y secuencia de la operación de soldadura.
- Precalentar los componentes que se van a soldar.
- Evitar el enfriamiento rápido de los componentes soldados.

Fisuras laminares. En la sección 1.5, al describir la anisotropía de los metales deformados plásticamente, se dijo que la pieza de trabajo es más débil cuando se prueba en dirección de su espesor debido al alineamiento de las impurezas e inclusiones no metálicas (*bandas*). Esta condición se observa en particular en placas roladas y en formas estructurales. Al soldar dichos componentes se llegan a desarrollar *fisuras laminares* debido a la contracción de los componentes tensados de la estructura durante el enfriamiento. Dichas fisuras se pueden evitar si se facilita la contracción de los miembros o si se modifica el diseño de la unión para hacer que la soldadura penetre con más profundidad en el componente más débil.

Daño en la superficie. Durante la soldadura puede salpicar algo de metal caliente y depositarse en forma de pequeñas gotas en las superficies adyacentes. En los procesos de soldadura por arco, el electrodo puede tocar en forma inadvertida las partes que

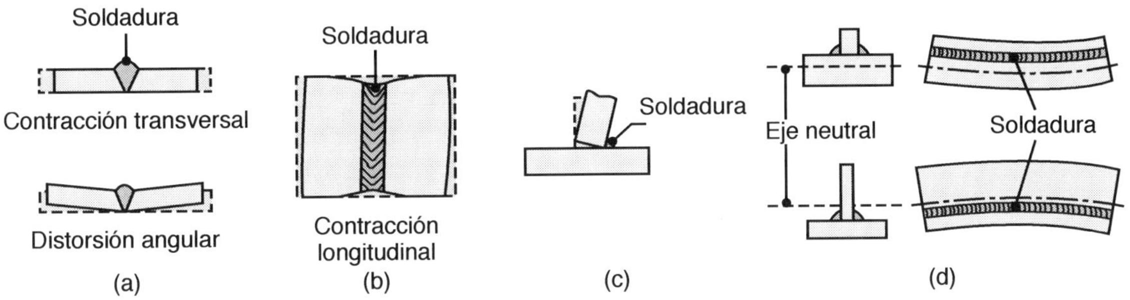

FIGURA 30.25 Distorsión de las partes después de la soldadura; la distorsión la causan la expansión y contracción térmica diferencial en las distintas regiones del ensamblaje soldado.

se sueldan en lugares distintos de la zona que se suelda; esos contactos se denominan **golpes de arco.** Las discontinuidades en la superficie producidas de esa forma son perjudiciales por razones de apariencia, uso subsecuente o ensamblaje de la estructura soldada. Si son graves, dichas discontinuidades también pueden afectar en forma adversa las propiedades de la estructura soldada, en particular para metales sensibles a la muesca. Es importante el uso de técnicas y procedimientos de soldadura adecuados con el fin de evitar daños en la superficie.

Esfuerzos residuales. Debido al calor y enfriamiento en zonas bien localizadas durante la soldadura, la expansión y contracción del área de soldadura causa *esfuerzos residuales* en la pieza de trabajo (vea también la sección 2.11). Los esfuerzos residuales provocan los siguientes defectos:

- Distorsión, alabeo y pandeo de las partes soldadas (figura 30.25).
- Agrietamiento por corrosión-esfuerzo (sección 2.10.2).
- Distorsión adicional si posteriormente se remueve una porción de la estructura soldada, por maquinado o aserrado.
- Reducción de la vida de fatiga de la estructura soldada.

El tipo y distribución de los esfuerzos residuales desarrollados en las soldaduras se describe mejor en la figura 30.26a. Cuando se sueldan dos placas queda una zona larga y estrecha sujeta a elevadas temperaturas, en tanto que las placas en su conjunto se hallan esencialmente a la temperatura ambiente. Después de que se termina la operación de soldar y conforme pasa el tiempo, el calor de la zona de soldadura se disipa en forma lateral hacia las placas y el área soldada se comienza a enfriar. Así, las placas comienzan entonces a expandirse en forma longitudinal, mientras que la longitud soldada empieza a contraerse (figura 30.25).

Si no se restringe la placa, se torcerá, como se aprecia en la figura 30.25a. Sin embargo, si la placa no tiene libertad para torcerse desarrollará esfuerzos residuales, que por lo general se distribuyen en todo el material, como los esfuerzos que se muestran en la figura 30.26b. Observe que la magnitud de los esfuerzos residuales compresivos en las placas se reduce a cero en las superficies superior e inferior de la placa soldada. Debido a que no hay fuerzas externas que actúen sobre las placas soldadas, las fuerzas de tensión y compresivas representadas por estos esfuerzos residuales deben equilibrarse entre sí.

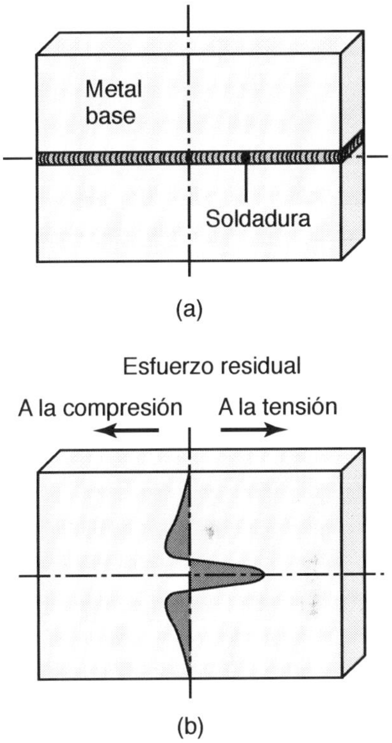

FIGURA 30.26 Esfuerzos residuales desarrolladas en una unión recta trasera; observe que los esfuerzos residuales mostrados deben balancearse internamente puesto que no hay fuerzas externas (vea también la figura 2.29).

En la figura 30.27 se muestra la secuencia de eventos que provocan la distorsión de una estructura tubular sencilla que se suelda. Antes de soldarse, la estructura está libre de esfuerzos, como se aprecia en la figura 30.27a, y es bastante rígida; también puede estar presente algún arreglo que dé apoyo a la estructura como parte de un ensamblaje mayor. Durante la soldadura el metal fundido llena el espacio entre las superficies por unir y forma una capa de soldadura. A medida que esta capa comienza a solidificarse, tanto la soldadura como el material circundante comienzan a enfriarse hasta la temperatura am-

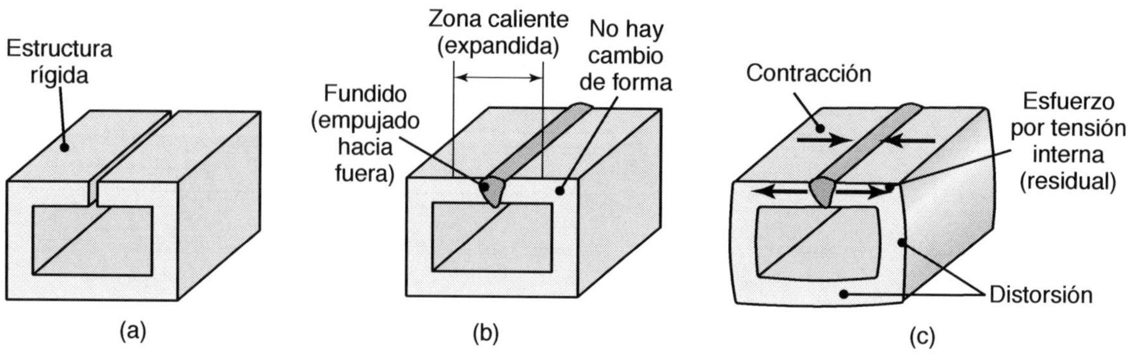

FIGURA 30.27 Distorsión de una estructura soldada. *Fuente:* Tomado de J. A. Schey.

biente. Conforme estos materiales se enfrían tienden a contraerse, pero son restringidos por el resto del arreglo; como resultado, las partes se distorsionan (figura 30.27c) y se desarrollan los esfuerzos residuales.

Los esfuerzos residuales producen la deformación que se muestra en la figura 30.27c y ponen la soldadura y la zona afectada por calor en un estado residual de tensión, lo que no es deseable para el desempeño con respecto a la fatiga. En general, la zona afectada por el calor es menos resistente a la fatiga que el metal base. Dado que los esfuerzos residuales desarrollados pueden ser peligrosos, es usual liberar los esfuerzos de soldaduras sujetas a elevados esfuerzos o en aplicaciones susceptibles a la fatiga (vea más adelante). Recuerde que la soldadura en sí puede tener porosidad (vea la figura 30.22b), la cual también puede actuar como un concentrador de esfuerzos y llevar al crecimiento de la fatiga por agrietamiento.

En estructuras complejas soldadas, las distribuciones de esfuerzos residuales son tridimensionales y dificultan el análisis. Note que las dos placas que se muestran en la figura 30.26 no tienen restringidos sus movimientos; en otras palabras, las placas no eran parte integral de una estructura mayor. Sin embargo, si hubieran estado restringidas se habrían desarrollado esfuerzos por reacción debido a que las placas no tienen libertad de expandirse o contraerse. Ésta es una situación que se presenta en particular en estructuras con mucha rigidez.

Relevado de esfuerzos en las soldaduras. Los problemas causados por los esfuerzos residuales, como distorsión, torceduras y agrietamientos, se pueden reducir al **precalentar** el metal base o las partes por soldar. El precalentamiento reduce la distorsión porque disminuye la velocidad de enfriamiento después de soldar y el nivel de esfuerzos térmicos desarrollados (con la reducción del módulo de elasticidad). Esta técnica también reduce la contracción y las posibles fracturas de la unión.

Para resultados óptimos, las temperaturas de precalentamiento y las velocidades de enfriamiento deben controlarse con cuidado para mantener una resistencia y dureza aceptables en las estructuras soldadas. Las piezas de trabajo pueden calentarse de varias maneras, por ejemplo (a) en un horno; (b) con electricidad (ya sea con resistencias o inductivamente) o (c) con la radiación de focos o una corriente de aire caliente, en especial para secciones delgadas. La temperatura y tiempo requeridos para relevar los esfuerzos dependen del tipo de material y de la magnitud de los esfuerzos residuales desarrollados.

Otros métodos de relevado de esfuerzos incluyen *granallado*, *martilleo* o *rolado superficial* (sección 34.2) del área del cordón de soldadura. Estas técnicas inducen esfuerzos compresivos residuales, que a su vez disminuyen o eliminan los esfuerzos por tensión residuales en la soldadura. Para soldaduras de capas múltiples no se deben golpear la primera y la última capas con el fin de protegerlas contra posibles daños por impactos en la superficie.

Los esfuerzos residuales también pueden relevarse o reducirse por medio de la deformación *plástica* de la superficie en sí en una pequeña cantidad. Por ejemplo, esta técnica se utiliza en la soldadura de ollas de vapor por medio de presurización interna (*en pruebas de esfuerzo*). Sin embargo, para reducir la posibilidad de una fractura súbita cuando hay una presión interna grande, la soldadura debe hacerse en forma apropiada y estar libre de muescas y discontinuidades, las cuales actúan como concentradores de esfuerzos.

Además de precalentarse para aliviar los esfuerzos, las soldaduras pueden ser tratadas térmicamente con varias técnicas con el fin de modificar otras propiedades. Estas técnicas incluyen recocido, normalizado, temple y revenido de aceros, inclusive el tratamiento por solubilización y envejecimiento de diferentes aleaciones, como se describe en el capítulo 4.

30.9.2 Soldabilidad

La *soldabilidad* de un metal se define en general como su capacidad de ser soldado en una estructura específica que tenga ciertas propiedades y características y que cumplirá satisfactoriamente sus requerimientos de servicio. La soldabilidad implica una gran cantidad de variables, por lo que es difícil generalizar. Recuerde que todas las características del material son importantes, como los elementos de aleación, impurezas, inclusiones, estructura del grano e historia de procesamiento, tanto del metal base como del aporte. Por ejemplo, la soldabilidad de los aceros disminuye conforme aumenta el contenido de carbono, debido a la formación de martensita (que es dura y quebradiza; sección 4.7), y por tanto reduce la resistencia del acero. Las placas de acero recubierto (capítulo 34) también presentan varias dificultades para ser soldadas, lo que depende del tipo y espesor del recubrimiento.

Debido a los efectos de la fusión y solidificación, y de los cambios microestructurales asociados, es esencial hacer una consideración completa del diagrama de fase y la respuesta del metal o aleación a las temperaturas elevadas sostenidas. También influyen en la soldabilidad las propiedades mecánicas y físicas: resistencia, tenacidad, ductilidad, sensibilidad a la muesca, módulo de elasticidad, calor específico, punto de fusión, dilatación térmica, características de la tensión superficial del metal fundido y resistencia a la corrosión.

Es importante la preparación de las *superficies* para la soldadura, al igual que la naturaleza y propiedades de las películas superficiales de óxido y los gases adsorbidos (vea también la sección 33.2). El proceso particular de soldadura que se emplee afecta significativamente las temperaturas que se desarrollan y su distribución en la zona de soldadura. Otros factores que afectan la soldabilidad son los gases de protección, los fundentes, el contenido de humedad de los recubrimientos de los electrodos, la velocidad de soldadura, la posición de ésta, la velocidad de enfriamiento y el nivel de precalentamiento, así como las técnicas posteriores a la soldadura, tales como el relevado de las tensiones y los tratamientos térmicos.

Soldabilidad de los materiales ferrosos

- *Aceros al carbono:* por lo general es excelente para aceros al bajo carbono, de regular a buena para aceros al medio carbono, y mala para aceros al alto carbono.
- *Aceros de baja aleación:* igual que para los aceros al medio carbono.
- *Aceros de alta aleación:* por lo general es buena en condiciones bien controladas.
- *Aceros inoxidables:* en general se sueldan con varios procesos.
- *Hierros fundidos o colados:* son soldables generalmente, aunque su soldabilidad varía mucho.

Soldabilidad de materiales no ferrosos

- *Aleaciones de aluminio:* soldables a una tasa elevada de entrada de calor; es importante la presencia de un gas protector inerte y la ausencia de humedad; por lo general las aleaciones de aluminio que contienen zinc o cobre se consideran no soldables.
- *Aleaciones de cobre:* en función de su composición, en general son soldables a altas tasas de entrada de calor; son importantes el uso de un gas protector y la ausencia de humedad.
- *Aleaciones de magnesio:* son soldables si se emplea un gas aislante que proteja y fundentes.
- *Aleaciones de níquel:* similar a los aceros inoxidables; no es deseable la ausencia de azufre.
- *Aleaciones de titanio:* son soldables con el uso apropiado de gases protectores.
- *Tantalio:* similar al titanio.

- *Tungsteno:* en condiciones bien controladas, es soldable.
- *Molibdeno:* similar al tungsteno.
- *Niobio (colombio):* buena soldabilidad.

30.9.3 Prueba de las soldaduras

Como en todos los procesos de manufactura, la calidad de una unión soldada se califica por medio de su prueba. Se han establecido diversas pruebas y procedimientos estandarizados que están a disposición de las organizaciones en instituciones como la American Society for Testing and Materials (ASTM), American Welding Society (AWS), American Society of Mechanical Engineers (ASME), American Society of Civil Engineers (ASCE) y otras dependencias federales (estadounidenses).

Las uniones soldadas pueden someterse a pruebas *destructivas* o *no destructivas* (vea también las secciones 36.10 y 36.11). Cada técnica tiene ciertas capacidades y limitaciones, así como sensibilidad a los parámetros del proceso, confiabilidad y requerimientos de equipos especiales y habilidad del operador.

Técnicas de pruebas destructivas

- **Ensayo de tensión.** Los *ensayos de tensión longitudinal y transversal* se llevan a cabo en especímenes extraídos de uniones soldadas reales y del área del metal soldado; después se construyen curvas de esfuerzo-deformación aplicando los procedimientos descritos en la sección 2.2. Estas curvas indican el esfuerzo de cedencia, la resistencia máxima a la tensión y la ductilidad de la unión soldada (elongación y reducción del área) en diferentes ubicaciones y direcciones.
- **Ensayo de tensión y cortante.** En el *ensayo de tensión y cortante* (figura 30.28a), los especímenes se preparan para simular las condiciones a que se sujetarían las uniones soldadas. Dichos especímenes son sometidos a tensiones de modo que puedan determinarse la resistencia cortante del metal soldado y la ubicación de la fractura.

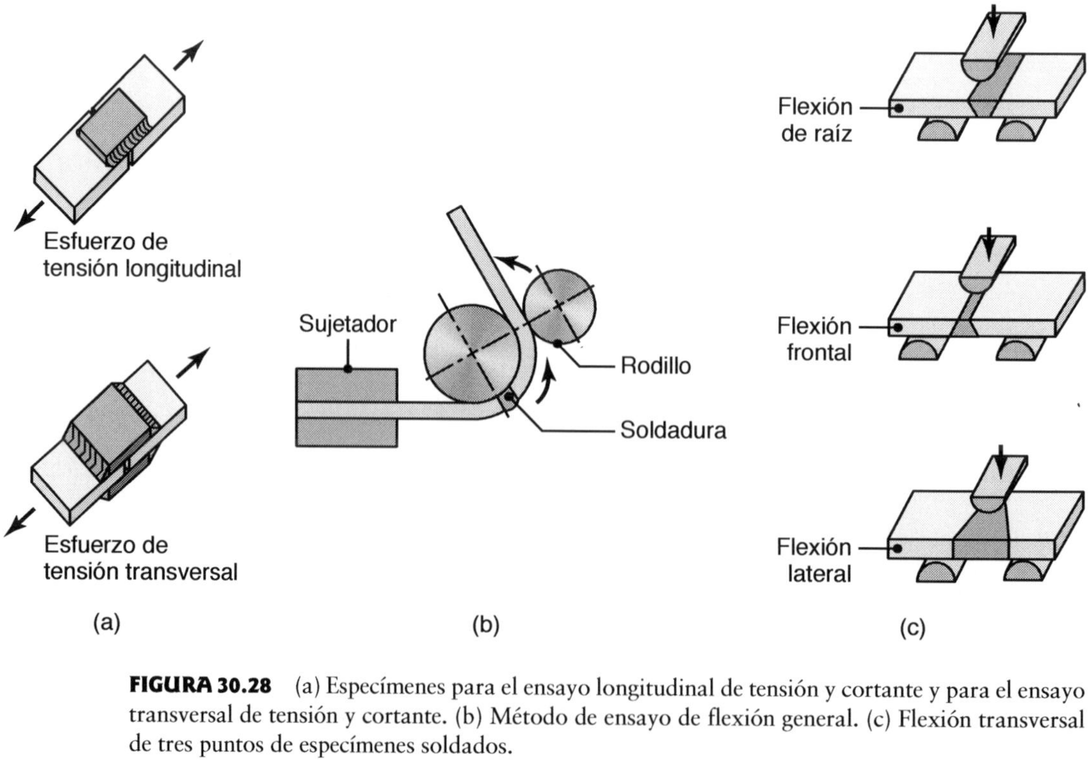

FIGURA 30.28 (a) Especímenes para el ensayo longitudinal de tensión y cortante y para el ensayo transversal de tensión y cortante. (b) Método de ensayo de flexión general. (c) Flexión transversal de tres puntos de especímenes soldados.

- **Ensayo de flexión.** Se han diseñado varias pruebas para determinar la ductilidad y resistencia de las uniones soldadas. En una que es común, el espécimen soldado se flexiona alrededor de un soporte (*prueba de doblez*, figura 30.28b). En otra, los especímenes se prueban a la *flexión transversal en tres puntos* (figura 30.28c; vea también la figura 2.11a). Estas pruebas ayudan a determinar la ductilidad relativa y resistencia de las uniones soldadas.
- **Ensayo de resistencia a la fractura.** Las pruebas de resistencia a la fractura por lo general utilizan técnicas de prueba con impacto, descritas en la sección 2.9. Primero se preparan los especímenes *Charpy con muesca en V* y se prueba su resistencia al impacto. En la *prueba de caída de un peso*, la energía se suministra por un peso que cae.
- **Ensayos de termofluencia y corrosión.** Los *ensayos de termofluencia* (sección 2.8) son esenciales para determinar el comportamiento de uniones y estructuras soldadas sujetas a temperaturas elevadas. Las uniones soldadas también se prueban con respecto a su resistencia a la *corrosión* (sección 3.8). Debido a la diferencia en la composición y microestructura, en la zona de la soldadura puede tener lugar una *corrosión preferencial.*

Técnicas de pruebas no destructivas. Es frecuente que las estructuras soldadas tengan que probarse con métodos *no destructivos* (sección 36.10), en particular para aplicaciones críticas en las que una falla de la soldadura puede ser catastrófica, como en los recipientes a presión, miembros estructurales con carga dinámicas y plantas generadoras de energía. Por lo general las técnicas de prueba no destructiva para uniones soldadas consisten en los siguientes métodos:

- Visual.
- Radiográfico (rayos X).
- Partícula magnética.
- Líquido penetrante.
- Ultrasónica.

Como ejemplo de otro método no destructivo, las pruebas para la distribución de la dureza (vea la sección 2.6 y las figuras 16.3 y 30.20) en la zona de soldadura también serían un indicador útil de la resistencia de la soldadura y de los cambios microestructurales.

30.10 Diseño de la unión y selección del proceso

Al describir los procesos individuales de soldadura se dieron varios ejemplos acerca de los tipos de soldaduras y uniones producidas, así como de sus aplicaciones en diferentes productos de consumo e industriales. En la figura 30.29 se muestran tipos comunes de uniones producidas por soldadura, así como su terminología. En la figura 30.30 se dan los símbolos estándar que es común usar en la ingeniería para describir los tipos de soldaduras. Dichos símbolos identifican el tipo de soldadura, el diseño de la muesca, el tamaño y longitud de la soldadura, el proceso de ésta, la secuencia de las operaciones y otra información necesaria.

En la figura 30.31 se dan lineamientos generales para el diseño. En los capítulos 31 y 32 se estudian varios tipos más de diseño de la unión. A continuación se resumen algunos lineamientos importantes del diseño.

- El diseño del producto debe minimizar el número de uniones, ya que la soldadura puede consumir mucho tiempo y ser costosa, a menos que sea automatizada.
- Deben seleccionarse las ubicaciones de la soldadura de modo que se eviten los esfuerzos locales excesivos o las concentraciones de esfuerzos, así como para tener una mejor apariencia.
- Se debe seleccionar la localización de la soldadura de manera que no interfiera con ningún procesamiento subsecuente de los componentes unidos ni con el uso que se pretende darles.

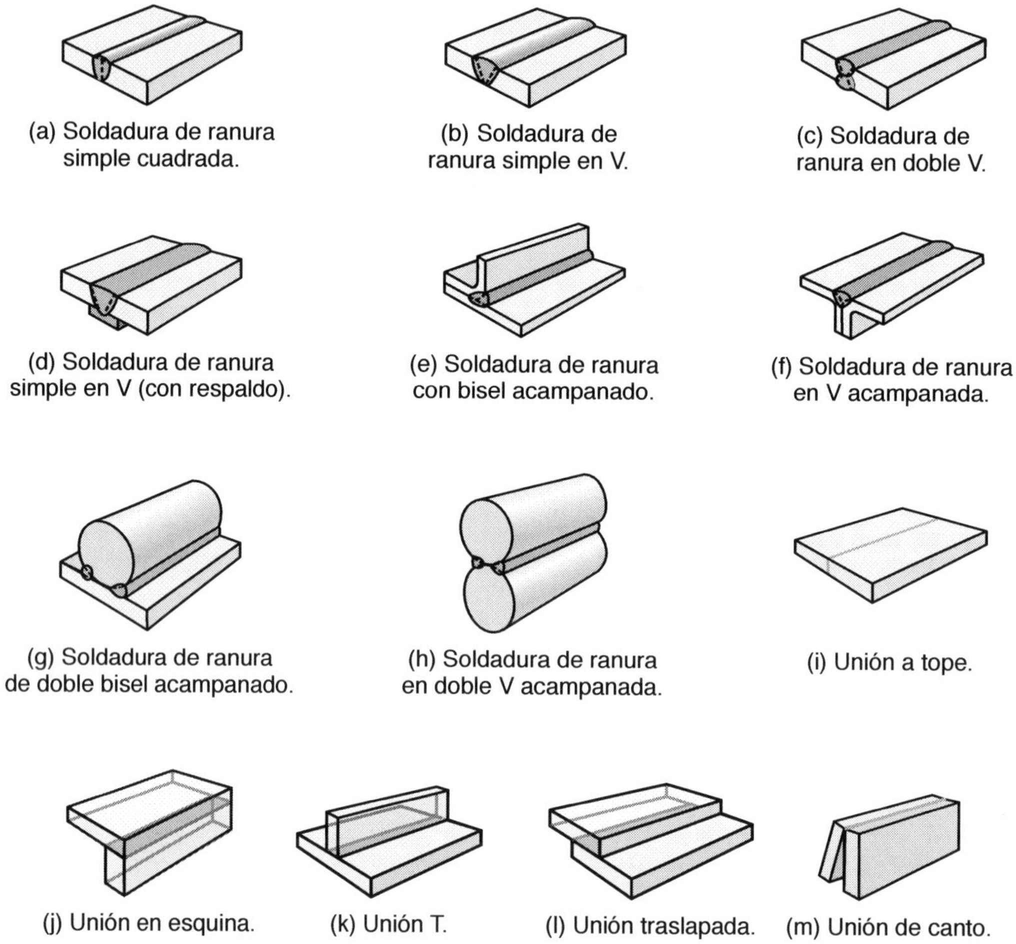

FIGURA 30.29 Ejemplos de uniones soldadas y su terminología.

- Debe minimizarse o evitarse la necesidad de preparación de la arista.
- El tamaño del cordón de soldadura debe ser lo más pequeño posible, a la vez que se mantiene la resistencia de la unión con el fin de conservar metal de soldadura y obtener un mejor aspecto.

Selección del proceso de soldadura. Además de analizar las características, capacidades y materiales de los procesos de soldaduras descritas hasta el momento en este capítulo, la selección de una unión soldada y un proceso apropiado también contempla las siguientes consideraciones (vea también los capítulos 31 y 32):

- Configuración de las partes por unir, diseño de la unión, espesor y tamaño de los componentes, así como el número de uniones que se requiere.
- Métodos usados en la manufactura de los componentes por unir.
- Tipos de materiales implicados.
- Ubicación, accesibilidad y facilidad de unión.
- Aplicación y requerimientos de servicio, como tipo de carga, cualesquiera esfuerzos generados y el ambiente.
- Efectos de distorsión, torceduras, aspecto, decoloración y servicio.
- Costos implicados en la preparación de la arista, unión y procesamiento posterior (inclusive operaciones de maquinado, rectificado y acabado).
- Costos de equipo, materiales, mano de obra y habilidades requeridas, además del costo de la operación en su totalidad.

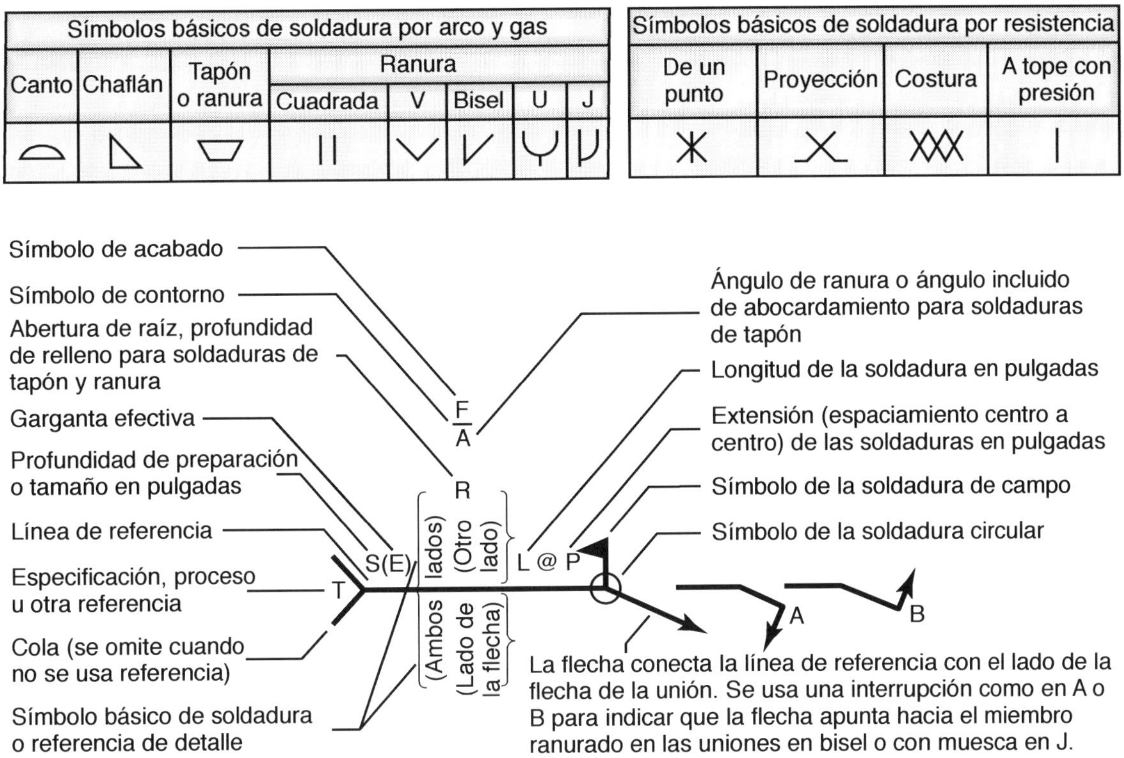

FIGURA 30.30 Identificación y símbolos estándar para las soldaduras.

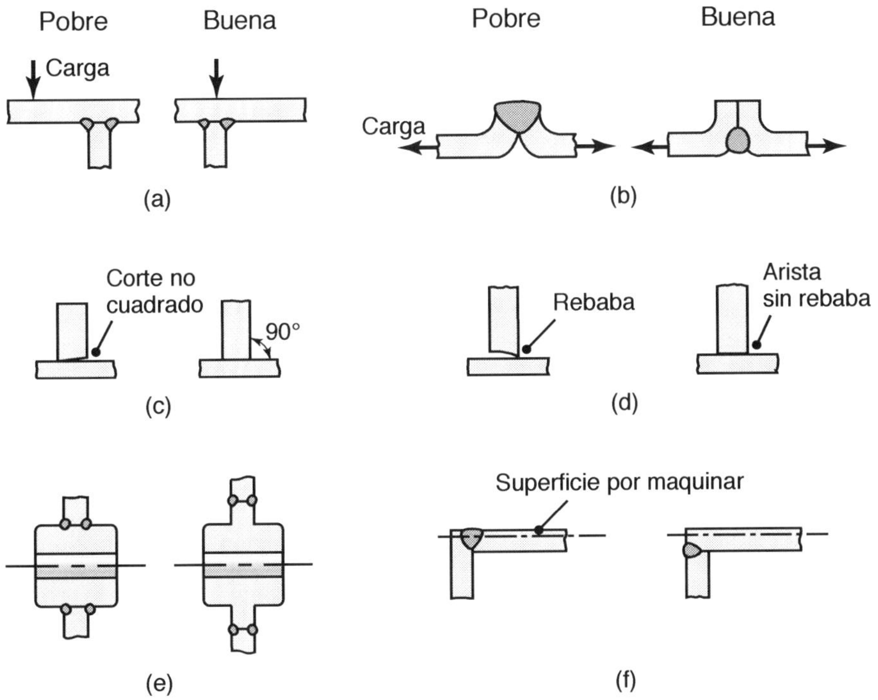

FIGURA 30.31 Algunos lineamientos de diseño para soldaduras. *Fuente:* Bralla, J. G., *Design for Manufacturability Handbook*, 2a. ed., McGraw-Hill, 1999, ISBN núm. 0-07-07139-X.

EJEMPLO 30.3 Selección del diseño de la soldadura

En la figura 30.32 se muestran tres tipos diferentes de diseños de soldadura. Las dos uniones verticales en la figura 30.32a se pueden soldar externa o internamente. Observe que la soldadura externa en toda su longitud tomará un tiempo considerable y requerirá más material soldado que el diseño alternativo, el cual consiste en soldaduras internas intermitentes. Además, en el método alternativo mejora el aspecto de la estructura y se reduce la distorsión.

En la figura 30.32b, se observa que el diseño de la derecha puede soportar tres veces el momento M que el diseño de la izquierda. Observe también que ambos diseños requieren la misma cantidad de metal de soldadura y de tiempo. En la figura 30.32c, la soldadura de la izquierda requiere alrededor de dos veces la cantidad de material de soldadura que el diseño de la derecha. Además, debido a que debe maquinarse más material, el diseño de la izquierda requerirá más tiempo de preparación de la arista y se desperdiciará más metal base.

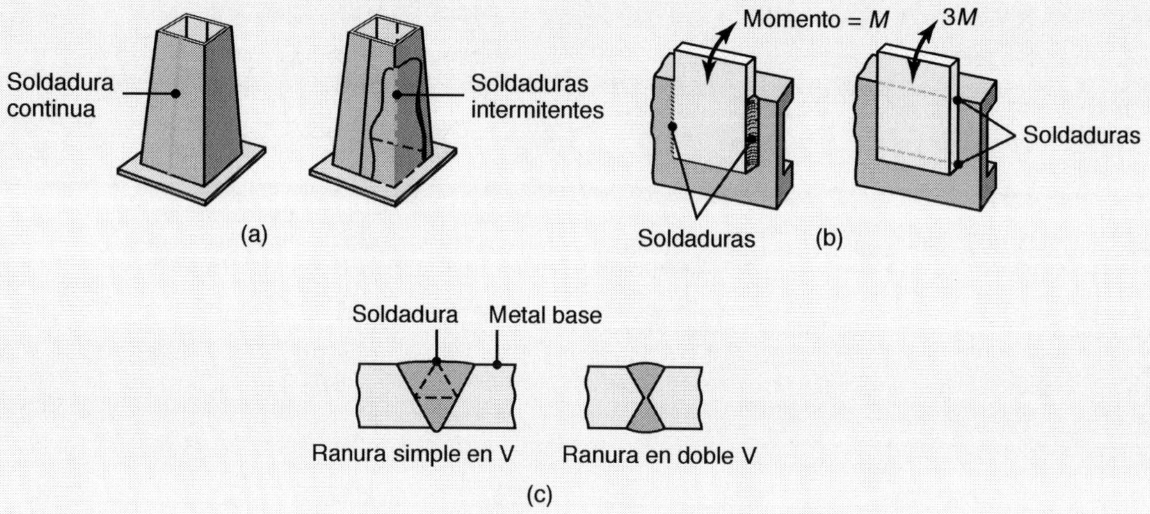

FIGURA 30.32 Ilustraciones de los diseños de soldaduras que se describen en el ejemplo 30.3.

RESUMEN

- Las soldaduras con gas oxicombustible, por arco y haz de alta energía, están entre las operaciones más comunes utilizadas para unir. La soldadura con gas usa energía química; y para suministrar el calor necesario en la soldadura por arco y con haz de alta energía se utiliza energía eléctrica.
- En todos los procesos descritos se emplea calor para que la unión por soldar pase a un estado líquido. Se usan gases protectores para evitar la oxidación del charco de soldadura fundida y del área de la soldadura. En la soldadura con gas oxicombustible y por arco, pueden usarse o no metales de aporte.
- La selección de un proceso de soldadura para una operación en particular depende del material de la pieza de trabajo, de su espesor y tamaño, de la complejidad de su forma, del tipo de unión que se requiere, de la resistencia necesaria y del cambio que causará la soldadura en el aspecto del producto.
- Se dispone de una amplia variedad de equipo para soldar, gran parte del cual ahora está controlado por computadora y robótica con herramientas programables.
- También pueden cortarse metales por los procesos basados en gas oxicombustible y por arco. El corte de aceros tiene lugar principalmente por oxidación (quemado) del material. Las temperaturas más altas para cortar se obtienen con arco de plasma.

- La unión soldada consiste en metal solidificado y una zona afectada por el calor; cada una tiene una variación amplia en su microestructura y propiedades, lo que depende de los metales unidos y de los metales de aporte. La metalurgia de la unión soldada es un aspecto importante de todos los procesos de soldadura ya que determina la resistencia, tenacidad y calidad de la unión.
- En la zona de soldadura pueden desarrollarse discontinuidades como porosidad, inclusiones, soldaduras incompletas, fisuras, daño en la superficie y grietas. Los esfuerzos residuales y su relevado son consideraciones importantes.
- La soldabilidad de los metales y aleaciones depende en gran medida de su composición, propiedades mecánicas y físicas, tipo de operación de soldadura y parámetros del proceso que se emplea, así como del control de los parámetros de la soldadura.
- Existen lineamientos generales para la selección de métodos apropiados y económicos para una aplicación en particular de la soldadura.

TÉRMINOS CLAVE

Abertura o ranura de corte (kerf)
Corte con gas oxicombustible
Corte por arco
Discontinuidades
Electrodo
Electrodo consumible
Electrodo no consumible
Electrodo revestido
Escoria
Esfuerzos residuales
Fisuras
Flama carburizante
Flama neutral
Flama oxidante
Flama reductora
Fundente
Inclusiones
Líneas de arrastre
Metal base
Metal de aporte
Metal de la soldadura
Perfil de la soldadura
Pistola de soldar
Polaridad
Porosidad
Soldabilidad
Soldadura con arco de plasma
Soldadura con electroescoria
Soldadura con electrogas
Soldadura con gas oxicombustible
Soldadura con haz de electrones
Soldadura con hidrógeno atómico
Soldadura con láser SMAW
Soldadura con rayo láser
Soldadura con varillas
Soldadura por arco
Soldadura por arco con núcleo fundente
Soldadura por arco de electrodo revestido
Soldadura por arco de gas metálico
Soldadura por arco de gas tungsteno
Soldadura por arco sumergido
Soldadura por fusión
Soldadura por termita
Técnica de ojo de cerradura
Unión
Zona afectada por el calor

BIBLIOGRAFÍA

ASM Handbook, Vol. 6: **Welding, Brazing, and Soldering**, ASM International, 1993.

ASM Handbook, Vol. 6A: **Welding Fundamentals and Processes**, ASM International, 2011.

Cary, H. B. y Helzer, S., **Modern Welding Technology**, 6a. ed., Prentice Hall, 2004.

Davies, A. C., **The Science and Practice of Welding**, 10a. ed. (2 vols.), Cambridge University Press, 1993.

Duley, W. W., **Laser Welding**, Wiley, 1998.

Houldcroft, P. T., **Welding and Cutting: A Guide to Fusion Welding and Associated Cutting Processes**, Industrial Press, 2001.

Kou, S., **Welding Metallurgy**, 2a. ed., Wiley-Interscience, 2002.

Steen, W. M. y Mazumder, J., **Laser Material Processing**, 4a. ed., Springer, 2010.

Welding Handbook, 9a. ed. (3 vols.), American Welding Society, 2007.

Welding Inspection Handbook, American Welding Society, 2000.

Weman, K., **Welding Processes Handbook**, CRC Press, 2003.

PREGUNTAS DE REPASO

30.1 Describa la fusión en cuanto a su relación con las operaciones de soldado.

30.2 Explique las características de las flamas neutra, reductora y oxidante. ¿Por qué recibe su nombre la flama reductora?

30.3 ¿Qué es la soldadura con varillas?

30.4 Explique los principios básicos de los procesos de la soldadura por arco.

30.5 ¿Por qué la soldadura por arco de electrodo revestido es un proceso de uso común?

30.6 ¿Qué es lo que protege a un cordón de soldadura sobre una superficie de acero contra la oxidación (herrumbre) durante la soldadura?

30.7 Describa las funciones y características de los electrodos. ¿Qué funciones tienen los recubrimientos? ¿Cómo se clasifican los electrodos?

30.8 ¿Cuáles son las semejanzas y diferencias entre los electrodos consumibles y los no consumibles?

30.9 ¿Qué propiedades son útiles para una protección con gas?
30.10 ¿Cuáles son las ventajas de la soldadura por termita?
30.11 Explique de dónde se obtiene la energía para la soldadura por termita.
30.12 Diga cómo tiene lugar el corte cuando se usa un soplete de gas oxicombustible. ¿Cómo se realiza el corte bajo el agua?
30.13 ¿Cuál es el propósito del fundente? ¿Por qué no se necesita en la soldadura por arco de gas tungsteno?
30.14 ¿Qué significa calidad de la soldadura? Analice los factores que influyen en ella.
30.15 ¿Cómo se define la soldabilidad?
30.16 ¿Por qué los electrodos para soldar suelen estar recubiertos?
30.17 Describa los tipos comunes de discontinuidades que se presentan en las uniones soldadas.
30.18 ¿Qué tipos de pruebas destructivas se realizan para las uniones soldadas?
30.19 Explique por qué la soldadura con hidrógeno puede usarse para soldar tungsteno sin que se funda el electrodo de tungsteno.
30.20 ¿Qué materiales se pueden soldar con la soldadura híbrida de láser SMAW?

PROBLEMAS CUALITATIVOS

30.21 Explique las razones de por qué, con los años, se han desarrollado tantos procesos de soldadura.
30.22 Se ha observado que la transferencia de calor es más elevada en la soldadura por arco de gas metálico que en la soldadura por arco de electrodo revestido. Explique por qué es así. ¿Qué procesos llevarían a tener más grietas en la zona afectada por el calor en los aceros endurecidos?
30.23 Explique por qué algunas uniones tienen que precalentarse antes de soldarlas.
30.24 Describa el rol de los metales de aporte en la soldadura.
30.25 Enuncie los procesos que se pueden ejecutar con dos electrodos. ¿Cuáles son las ventajas de usar dos electrodos?
30.26 ¿Cuál es el efecto de la conductividad térmica de la pieza de trabajo sobre el ancho de la abertura de corte (kerf) al cortar con gas oxicombustible? Explique.
30.27 Describa las diferencias entre el corte con gas oxicombustible de las aleaciones ferrosas y no ferrosas. ¿Qué propiedades son significativas?
30.28 ¿Podría usarse el corte con gas oxicombustible para una pila de placas metálicas? (*Nota:* Para el corte de una pila, vea la figura 24.25e). Explique.
30.29 ¿Cuáles son las ventajas de la soldadura con haz de electrones y con rayo láser en comparación con la soldadura por arco?
30.30 Describa con qué métodos pueden evitarse las discontinuidades en la soldadura.
30.31 Explique el significado de la rigidez de los componentes por soldar, tanto en la calidad de la soldadura como en la forma de la parte.
30.32 Comente los factores que influyen en el tamaño de las dos capas soldadas que se aprecian en la figura 30.15.
30.33 ¿Cuáles de los procesos descritos en este capítulo no son portátiles? ¿Podrían hacerse portátiles? Explique.
30.34 Es común usar la soldadura por termita para soldar rieles de ferrocarril. Enumere las razones que la hacen atractiva para esta aplicación. Revise su lista y mencione los productos que serían apropiados para aplicarles la soldadura por termita e identifique cualesquier dificultad que esperaría encontrar al utilizarla en cada aplicación.
30.35 Describa las observaciones que usted tenga con respecto al contenido de la tabla 30.1.
30.36 ¿Qué es lo que determina si cierto proceso de soldadura puede usarse para piezas de trabajo en posiciones horizontal, vertical o lateral —o, a ese respecto, en cualquier posición—? (Vea la tabla 30.1). Explique y aporte ejemplos de aplicaciones apropiadas.
30.37 Comente los factores implicados en la selección de los electrodos en los procesos de la soldadura con arco.
30.38 En la tabla 30.1, la columna sobre la distorsión de componentes soldados está ordenada de la menor a la mayor. Explique por qué varía el grado de distorsión entre los diferentes procesos de soldadura.
30.39 Explique el significado de los esfuerzos residuales en las estructuras soldadas.
30.40 Ordene los procesos descritos en este capítulo en términos de (a) costo y (b) calidad de la soldadura.
30.41 ¿El metal de aporte debe estar hecho con la misma composición que el metal base que se va a soldar? Explique.
30.42 ¿Qué son las salpicaduras de soldadura? ¿Cuáles son sus fuentes? ¿Cómo pueden controlarse? Explique
30.43 Describa sus observaciones acerca de la figura 30.20.
30.44 Si se precalientan los materiales por soldar, ¿es probable que aumente o disminuya la porosidad? Explique.

PROBLEMAS CUANTITATIVOS

30.45 Haga una gráfica de la dureza que se ilustra en la figura 30.20d como función de la distancia desde la superficie superior y exponga sus observaciones.
30.46 Tendrá lugar una operación de soldadura en acero al carbono. La velocidad de soldadura deseada es de alrededor de 0.8 pulg/s. Si se usa un suministro de energía para soldadura por arco, con voltaje de 12 V, ¿qué corriente se necesita si el ancho de la soldadura ha de ser de 0.2 pulg?
30.47 En la figura 30.26b, suponga que la mayor parte de la porción superior de la pieza de arriba se corta en forma horizontal con una sierra afilada. Entonces las tensiones residuales se alterarán y la parte cambiará su forma, como se describe en la sección 2.11. Para este caso, ¿cómo piensa usted que se distorsionará: curvada hacia abajo o hacia arriba? Explique (vea también la figura 2.30d).

30.48 En una placa de aleación de aluminio se realiza una operación de soldadura. Un tubo de 2.5 pulg de diámetro, con espesor de pared de 0.20 pulg y 2 pulg de longitud, está soldado a tope sobre un ángulo de hierro de 6 pulg × 6 pulg × 0.25 pulg de espesor. El ángulo de hierro tiene una sección transversal en L y longitud de 1 pie. Si la zona soldada con un proceso de arco de gas tungsteno tiene un ancho aproximado de 0.5 pulg, ¿cuál sería el incremento de temperatura de toda la estructura debido a que el calor solamente entra por la soldadura? ¿Qué pasaría si el proceso fuera una operación de soldadura con haz de electrones y un ancho de capa de 0.08 pulg? Suponga que para fundir un gramo el electrodo requiere 1500 J y la aleación de aluminio requiere 1200 J.

30.49 Se realiza una operación de soldadura en acero al carbono. La velocidad deseada es de alrededor de 1 pulg/s. Si el suministro de energía es de 10 V, ¿qué corriente se necesita si el ancho de la soldadura ha de ser de 0.25 pulg?

30.50 En el corte con oxiacetileno, arco y rayo láser, los procesos involucran básicamente el fundido de la pieza de trabajo. Si se ha de cortar un agujero con diámetro de 800 mm en una placa de 250 mm de diámetro y 12 mm de espesor, grafique el aumento de la temperatura media en el material como función del ancho del corte. Suponga que la mitad de la energía pasa al material.

SÍNTESIS, DISEÑO Y PROYECTOS

30.51 Comente acerca del tamaño de la pieza de trabajo y las limitaciones de su forma para cada uno de los procesos descritos en este capítulo.

30.52 La deflexión del arco es un fenómeno donde el campo magnético inducido por la corriente de soldadura pasa a través del electrodo y la pieza de trabajo en un proceso de arco de electrodo, interactúa con el arco y ocasiona salpicaduras graves de la soldadura. Identifique las variables que piense que son importantes en dicha deflexión. Cuando la deflexión fuera un problema, ¿usted recomendaría que se minimizara usando energía de CA o CD?

30.53 Revise los tipos de uniones soldadas que se ilustran en la figura 30.29 y dé una aplicación para cada una.

30.54 Comente sobre los lineamientos de diseño expuestos en las diferentes secciones de este capítulo.

30.55 Se le pide que inspeccione una estructura soldada para una aplicación crítica de ingeniería. Describa el procedimiento que seguiría para determinar la seguridad de la estructura.

30.56 Analice la necesidad y el rol de los accesorios para sujetar el trabajo en las operaciones de soldadura descritas en este capítulo.

30.57 Haga una lista de los procesos de soldadura que sean apropiados para producir (a) uniones a tope, en las que la soldadura tenga forma recta o segmento de recta; (b) puntos de soldadura y (c) tanto uniones rectas como puntos de soldadura. Comente sus observaciones.

30.58 Explique los factores que contribuyen a las diferencias en las propiedades a través de una unión soldada.

30.59 Explique por qué es eficaz el precalentamiento de los componentes por soldar para reducir la probabilidad de que se presenten grietas.

30.60 Revise los diseños defectuosos y buenos que se presentan en la figura 30.31 y explique las razones de calificarlos así.

30.61 En la construcción de grandes barcos hay necesidad de soldar secciones gruesas y grandes de acero para formar el casco. Considere cada una de las operaciones estudiadas en este capítulo y enuncie los beneficios y desventajas de cada operación particular para hacer las uniones en esta aplicación.

30.62 Inspeccione las diferentes partes y componentes de (a) un automóvil; (b) un aparato grande y (c) utensilios de cocina y explique cuáles, si los hay, de los procesos descritos en este capítulo se han utilizado para unirlos.

30.63 Comente si hay factores comunes que afecten la soldabilidad, susceptibilidad de fundirse, facilidad de formado y maquinabilidad de los metales, según se describe en varios capítulos de este libro. Explique con ejemplos apropiados.

30.64 Si durante una inspección usted encontrara un defecto en una unión soldada, ¿cómo haría para determinar si es importante o no?

30.65 Los mástiles de las grúas se construyen con secciones transversales extruidas (vea la figura 15.2) que se sueldan juntas. Cualquier torcedura que cause que un tramo se desvíe de la posición rectilínea reduciría gravemente su capacidad de carga. Haga una investigación bibliográfica acerca de los métodos utilizados para minimizar la distorsión debida a la soldadura y cómo corregirla, en específico durante la construcción de mástiles para grúa.

30.66 Una práctica común al reparar partes costosas que se han roto o desgastado (como ocurre cuando se rompe un fragmento de una pieza forjada) es llenar el área con capas de soldadura y luego maquinar la parte hasta sus dimensiones originales. Haga una lista de las precauciones que usted le sugeriría a alguien que usara este método.

30.67 Considere una unión a tope que ha de soldarse. Dibuje la forma soldada que esperaría obtener con (a) SMAW; (b) soldadura con rayo láser y (c) soldadura híbrida con rayo láser SMAW. Indique el tamaño y forma de la zona afectada por el calor que se esperaría. Haga comentarios sobre sus observaciones.

30.68 Haga un bosquejo de los lineamientos generales acerca de la seguridad en las operaciones de soldadura descritas en este capítulo. Prepare para cada operación un cartel que proporcione instrucciones eficaces y concisas con respecto a las prácticas al soldar (o cortar). Revise las distintas publicaciones del National Safety Council y de otras organizaciones similares.

CAPÍTULO

31 Procesos de soldadura de estado sólido

- Este capítulo describe una familia de procesos para unir en los que las piezas de trabajo no pasan por un cambio de fase, y si se usa calor éste es generado internamente.
- El capítulo comienza con el análisis de la soldadura en frío, seguida por la soldadura ultrasónica y las diferentes formas de procesos de soldadura por fricción.
- Después se describe la soldadura por resistencia, seguida por la soldadura por explosión y la soldadura por difusión; estos tres procesos tienen capacidades y aplicaciones únicas apropiadas para una amplia variedad de materiales y se pueden automatizar para la producción a gran escala.
- En el capítulo también se estudian las capacidades especiales de los procesos de unión y de soldadura por difusión, que se combinan con el formado superplástico.
- Por último, se analizan las consideraciones económicas de la soldadura.

31.1 Introducción

Este capítulo describe los procesos de la **soldadura de estado sólido**, en los que la unión tiene lugar sin fusión en la interfase de las dos partes que se van a soldar. A diferencia de los procesos de soldadura por fusión descritos en el capítulo 30, en la soldadura de estado sólido no se requiere una fase líquida o derretida para hacer la unión. El principio de la soldadura de estado sólido se demuestra mejor con el ejemplo siguiente: si dos superficies limpias se ponen en contacto estrecho una con otra a presión suficiente, se adhieren y producen una unión. Para que el enlace sea fuerte, es esencial que la interfase esté libre de contaminantes como películas de óxido, residuos, fluidos de trabajo de metales, e incluso capas de gas adsorbidas.

La unión de estado sólido implica uno o más de los parámetros siguientes:

- **Calor:** al aplicar calor externo se incrementa la *difusión* (la transferencia de átomos a través de una interfase) y mejora la resistencia de la soldadura entre las dos superficies unidas, como ocurre en la *soldadura por difusión.* El calor se puede generar (a) internamente por fricción (como se utiliza en la soldadura por fricción), (b) por medio de resistencia eléctrica (como en los procesos de *soldadura con resistencia eléctrica*, como la *soldadura por puntos*) y (c) externamente por inducción (como en los tubos de la *soldadura a tope*).
- **Presión:** cuanto mayor sea la presión, más fuerte será la interfase resultante (como en la *unión por rolado* y en la *soldadura por explosión*), donde también hay deformación plástica. La presión y el calor pueden combinarse, como en la *soldadura a tope por presión*, la *soldadura de presión* y la *soldadura por proyección de resistencia*.
- **Movimientos interfasiales relativos:** cuando ocurre (como en la soldadura ultrasónica) un movimiento relativo (deslizamiento) de las superficies de contacto (llama-

das superficies de empalme), incluso pequeñas amplitudes alterarán la interfase, romperán cualesquier película de óxido presente y generarán nuevas superficies limpias, con lo que mejora la resistencia de la soldadura.

Actualmente, la mayoría de los procesos están automatizados por la robótica, sistemas de visión, sensores y controles adaptativos y de computadora (los cuales se describen en la parte VIII) para propósitos de reducción de costo, consistencia de la operación, confiabilidad de la calidad de la soldadura y mayor productividad. Los costos involucrados en el proceso de unión se bosquejan en la sección 31.8.

31.2 Soldadura en frío y unión por rolado

En la *soldadura en frío* (CW, por sus siglas en inglés), se aplica presión a las piezas de trabajo por medio de dados o rodillos. Debido a la *deformación plástica* involucrada, es necesario que al menos una (pero de preferencia ambas) de las partes complementarias sean suficientemente dúctiles. Por lo general la soldadura en frío se realiza con metales no ferrosos o en hierro blando con poco o ningún contenido de carbono. Antes de soldar se desgrasa la interfase, se cepilla con alambre y se limpia para eliminar manchas de óxido. Algunas aplicaciones incluyen productos hechos de alambre y conexiones eléctricas.

Durante la unión de dos metales diferentes que sean mutuamente solubles, pueden formarse compuestos *intermetálicos* frágiles (sección 4.2.2), los cuales producirían una unión débil y quebradiza; un ejemplo de esto es la unión de aluminio con acero. La adhesión más resistente se obtiene con dos materiales semejantes.

Unión por rolado. La presión requerida para soldar se puede aplicar por medio de un par de rodillos (figura 31.1), proceso llamado *unión por rolado* o *soldadura por rolado* (ROW, por sus siglas en inglés). Desarrollada en la década de 1960, la unión por rolado se usa para manufacturar algunas de las monedas de Estados Unidos (vea el ejemplo 31.1). Es importante la preparación de la superficie para lograr una buena resistencia interfasial. La operación también puede llevarse a cabo a temperaturas elevadas (*unión por rolado en caliente*).

Ejemplos comunes de este proceso son el *chapado* de (a) aluminio puro sobre una hoja de aleación de aluminio endurecida por precipitación (Alclad, nombre comercial), para obtener una superficie resistente a la corrosión con un núcleo interno fuerte, de uso común en la industria aeroespacial, (b) acero inoxidable sobre acero blando, para tener resistencia a la corrosión, y (c) cobre sobre acero, para cables coaxiales. Una aplicación común de la unión por rolado es la producción de *tiras bimetálicas* para termostatos y controles similares, que usan dos capas de materiales con distintos coeficientes de dilatación térmica (vea la tabla 3.1). La adhesión en sólo determinadas regiones seleccionadas en la interfase puede lograrse por medio de la deposición de un agente separador, como grafito o cerámica, llamado *interruptor* (vea la sección 31.7).

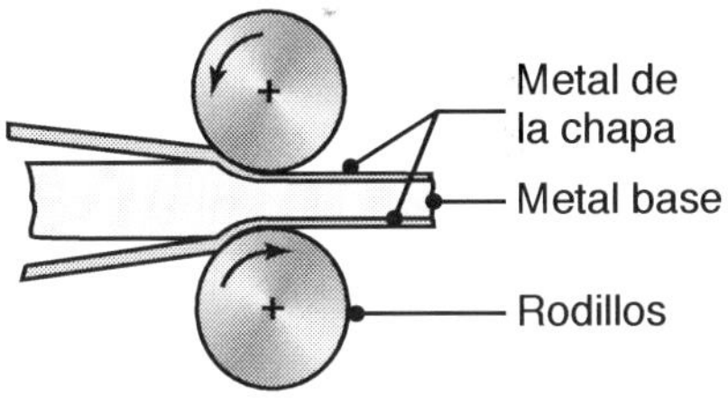

FIGURA 31.1 Ilustración esquemática de la unión por el proceso de rolado, o chapado.

EJEMPLO 31.1 Unión por rolado de la moneda estadounidense de 25 centavos

La técnica usada para manufacturar las monedas compósitas de 25 centavos de Estados Unidos es la unión por rolado de dos capas externas de 75% Cu y 25% Ni (cuproníquel), donde cada capa tiene un espesor de 1.2 mm (0.048 pulg), con una capa interna de cobre puro de 5.1 mm (0.20 pulg) de espesor. Para obtener una buena resistencia en la unión, las superficies a empalmar se limpian químicamente y se cepillan con alambre. Primero se rolan las tiras hasta un espesor de 2.29 mm (0.09 pulg); una segunda operación de rolado reduce el espesor a 1.36 mm (0.0535 pulg). Así, las tiras experimentan una reducción total de 82% de su espesor.

Debido a la deformación plástica, hay un aumento importante del área superficial entre las capas, lo que causa la generación de superficies interfasiales limpias. Esta extensión del área de la superficie sujeta a la gran presión aplicada por los rodillos, combinada con la solubilidad sólida del níquel y el cobre (vea la sección 4.2.1), produce una fuerte adhesión entre las capas de metal.

31.3 Soldadura ultrasónica

En la *soldadura ultrasónica* (USW, por sus siglas en inglés), las superficies a empalmar de los dos componentes se someten a una fuerza normal y esfuerzos cortantes (tangenciales) oscilantes. Los esfuerzos cortantes se aplican con la punta de un **transductor** (figura 31.2a), el cual es parecido al que se usa en el maquinado ultrasónico (vea la figura 26.26a). Por lo general la frecuencia de oscilación está en el rango de 10 a 75 kHz, aunque se puede emplear una frecuencia menor o mayor. Para una operación eficiente, es importante tener un acoplamiento apropiado entre el transductor y la punta (llamada **sonotrodo**, de las palabras *sonido* y *electrodo*; también llamado *cuerno*).

Las tensiones cortantes causan deformación plástica en la interfase de los dos componentes, lo que rompe las películas de óxido y contaminantes, y así se obtiene un buen contacto y se produce una unión fuerte de estado sólido. La temperatura generada en la zona soldada suele ser de la tercera parte a la mitad del punto de fusión (en la escala absoluta de temperatura) de los metales unidos; en consecuencia, no tienen lugar ni el derretimiento ni la fusión. Sin embargo, en determinadas situaciones la temperatura generada es suficientemente elevada como para causar cambios metalúrgicos en la zona de la soldadura, lo que afecta la resistencia de la unión.

El proceso de soldadura ultrasónica es versátil y confiable, por lo que puede usarse con una amplia variedad de materiales metálicos y no metálicos, inclusive metales disímiles (como en las tiras bimetálicas). Se usa mucho para unir plásticos (vea la sección 32.6), para empacar con papel metálico y en las industrias automotriz y electrónica de consumo para la soldadura traslapada de lámina, papel metálico (foil) y alambre delgado. El extremo soldador se puede reemplazar con *discos rotatorios* (figura 31.2b) para la soldadura de costura de estructuras en las que uno de los componentes es lámina, papel metálico o algún material con tejido de polímero (proceso semejante a la *soldadura de costura por resistencia*, sección 31.5.2).

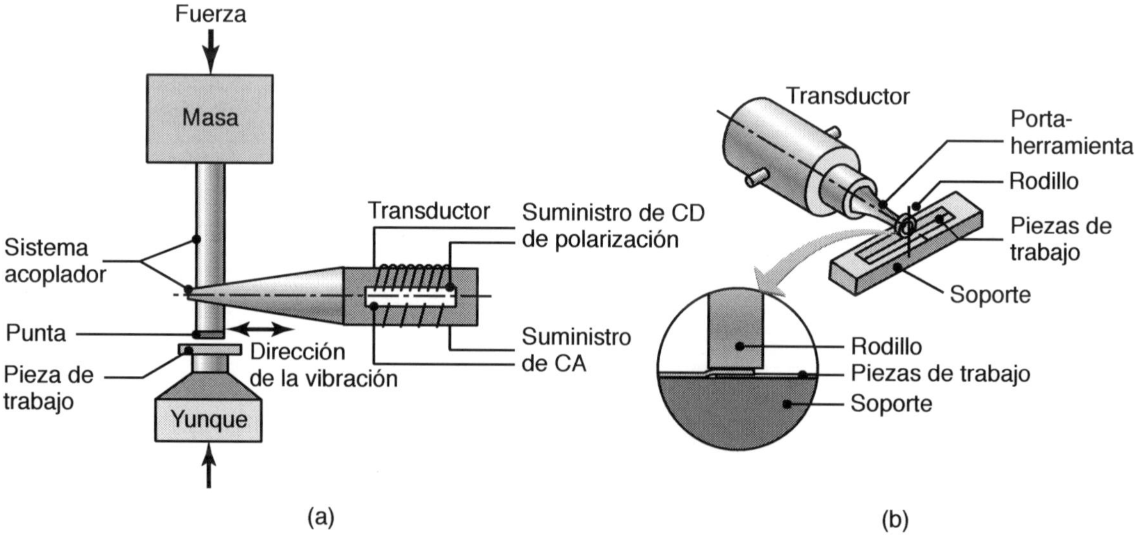

FIGURA 31.2 (a) Componentes de una máquina de soldadura ultrasónica para hacer soldaduras traslapadas; las vibraciones laterales de la punta de la herramienta causan deformación plástica y la unión de la interfase de las piezas de trabajo. (b) Soldadura de costura ultrasónica, con el uso de un rodillo como *sonotrodo*.

31.4 Soldadura por fricción

En los procesos de unión descritos hasta este momento, la energía requerida para la soldadura es suministrada por fuentes externas, generalmente es energía química, eléctrica o ultrasónica. En la *soldadura por fricción* (FRW, por sus siglas en inglés), el calor requerido para soldar se genera por fricción en la interfase de los dos componentes por unir.

La soldadura por fricción se desarrolló en la década de 1940, en ella una de las piezas de trabajo permanece estacionaria mientras que la otra se coloca en un plato de sujeción o boquilla y gira a una velocidad periférica constante de hasta 15 m/s (3000 pies/min). Después, los dos miembros a unir se ponen en contacto sometidos a una fuerza axial (figura 31.3). Luego de que se ha establecido suficiente contacto, el miembro rotatorio se detiene rápidamente (de modo que la soldadura no se destruya por cizallamiento) mientras que la fuerza axial se incrementa. Los óxidos y otros contaminantes presentes en la interfase son expelidos por el movimiento radial hacia fuera del metal caliente en la interfase.

La presión en la interfase y el calor resultante de la fricción son suficientes para que se forme una unión fuerte. La zona de la soldadura por lo general está confinada a una región estrecha y su tamaño y forma dependen de (a) la cantidad de calor generado; (b) la conductividad térmica de los materiales; (c) las propiedades mecánicas de los materiales a unir a elevadas temperaturas; (d) la velocidad rotacional y (e) la presión axial que se aplique (figura 31.4). Estos factores deben controlarse para obtener una unión fuerte y uniforme.

La soldadura por fricción puede usarse para unir una amplia variedad de materiales, siempre que uno de los componentes tenga alguna simetría rotacional. Las partes sólidas o tubulares se pueden soldar con buena resistencia de la unión. Barras de acero sólido de hasta 100 mm (4 pulg) de diámetro y tubos de hasta 250 mm (10 pulg) de diámetro exterior se han soldado con éxito por fricción. Debido a la combinación de calor y presión, la interfase en la soldadura por fricción desarrolla una *rebaba* por deformación plástica (recalcado) de la zona calentada. Esta rebaba (si fuera cuestionable) se puede eli-

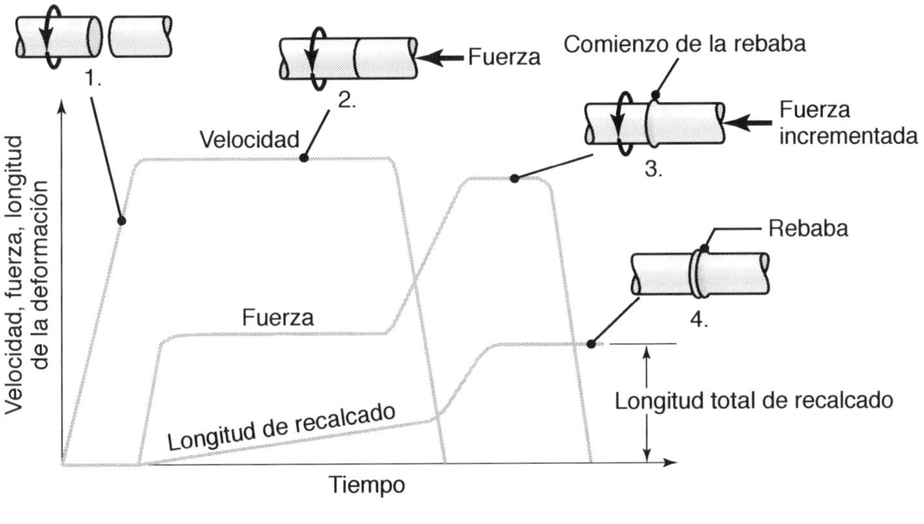

FIGURA 31.3 Secuencia de operaciones en el proceso de soldadura por fricción: (1) la parte de la izquierda gira a gran velocidad. (2) La parte de la derecha se pone en contacto con la de la izquierda bajo una fuerza axial. (3) La fuerza axial se incrementa y la parte de la izquierda detiene su rotación; se comienza a formar una rebaba. (4) Después de que se ha logrado una longitud especificada de deformación, se completa la soldadura. La *longitud de recalcado* es la distancia que las dos piezas se mueven hacia dentro durante la soldadura después de haber tenido su contacto inicial; así, la longitud total después de soldar es menor que la suma de las longitudes de las dos piezas. La rebaba se puede eliminar posteriormente por medio de maquinado o esmerilado.

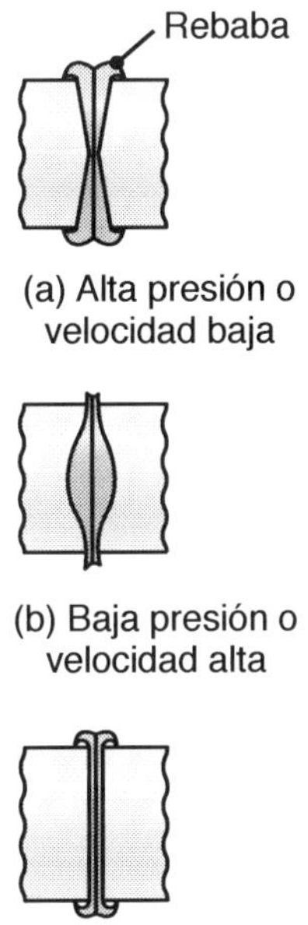

FIGURA 31.4 Forma de las zonas de fusión en la soldadura por fricción como función de la fuerza axial aplicada y la velocidad rotacional.

minar fácilmente por medio de maquinado o esmerilado. Las máquinas soldadoras por fricción están automatizadas por completo y la habilidad que se requiere del operador es mínima, una vez que los tiempos del ciclo individual para la operación completa se establezcan adecuadamente.

Código QR 31.1 Demostración de la soldadura por fricción de inercia. [*Fuente:* Cortesía de Manufacturing Technology, Inc. (MTI)].

Soldadura por fricción de inercia. Este proceso es una modificación de la soldadura por fricción, aunque los dos términos se han utilizado de manera indistinta. En la *soldadura por fricción de inercia*, la energía requerida para el calentamiento por fricción es suministrada por un volante. Primero se acelera el volante a la velocidad apropiada, los dos miembros se ponen en contacto y se aplica una fuerza axial. Como la fricción en la interfase empieza a disminuir la velocidad del volante, la fuerza axial se incrementa; la soldadura se termina cuando el volante se detiene. Es importante el tiempo de esta secuencia para obtener una buena calidad de la soldadura.

La masa rotatoria en las máquinas de soldadura por fricción de inercia puede ajustarse para aplicaciones que requieran diferentes niveles de energía, donde los niveles dependen del tamaño de la pieza de trabajo y sus propiedades. En una aplicación de este proceso, ejes de 10 mm (0.4 pulg) de diámetro se soldaron a impulsores de turbocargadores automotrices a razón de una unión cada 15 segundos.

Código QR 31.2 Demostración de la soldadura por fricción lineal. [*Fuente:* Cortesía de Manufacturing Technology, Inc. (MTI)].

Soldadura por fricción lineal. En un desarrollo adicional de la soldadura por fricción, se sujeta la interfase de los dos componentes a unir a un *movimiento recíproco lineal*, como opuesto a un movimiento rotatorio. Así, en la *soldadura por fricción lineal* los componentes no deben tener una sección transversal circular o tubular. En esta operación, una parte se mueve a través de la cara de la otra parte por medio de un mecanismo recíproco balanceado. El proceso es capaz de soldar componentes cuadrados o rectangulares, así como partes circulares, hechas de metales o plásticos.

En una aplicación de este proceso se soldó por fricción una parte rectangular de aleación de titanio a una frecuencia lineal de 25 Hz con amplitud de ± 2 mm (0.08 pulg) y con una presión de 100 MPa (15 000 psi) sobre una interfase de 240 mm^2 (0.38 $pulg^2$). Se han soldado con éxito otras partes metálicas con secciones transversales rectangulares de hasta 50 mm $\times$ 20 mm (2 pulg $\times$ 0.8 pulg).

Código QR 31.3 Demostración de la soldadura por fricción de agitación. [*Fuente:* Cortesía de Manufacturing Technology, Inc. (MTI)].

Soldadura por fricción de agitación. En el proceso de *soldadura por fricción de agitación* (FSW, por sus siglas en inglés), desarrollado en 1991, se introduce un tercer cuerpo (llamado *sonda*) a la unión y se frota contra las dos superficies por unir. La sonda giratoria es no consumible; por lo general está hecha de nitruro de boro cúbico (sección 8.2.3) y mide de 5 a 6 mm de diámetro y 5 mm de altura (figura 31.5). La presión de contacto genera calor por fricción y la temperatura se eleva entre 230 y 260 °C (450 a 500 °F). La punta de la sonda rotatoria fuerza el mezclado o agitación del material en la unión. No se requiere gas protector ni limpieza de la superficie.

El espesor del material soldado puede ser tan pequeño como 1 mm y tan grande como 50 mm (2 pulg), se suelda en un solo paso. Se han soldado con éxito aluminio, magnesio, níquel, cobre, acero, acero inoxidable y titanio, y están en curso desarrollos para extender las aplicaciones de la FSW también a polímeros y materiales compósitos. El proceso de FSW comienza a aplicarse en la industria aeroespacial, automotriz, naviera y de vehículos militares utilizando láminas o placas. Con los desarrollos en el diseño de herramientas rotatorias, otras posibles aplicaciones incluyen la inducción de cambios microestructurales, la refinación del grano de los materiales y la mejora localizada de la tenacidad en las fundiciones.

El equipo de soldadura puede ser una fresadora convencional de husillo vertical (vea la figura 24.15b) y el proceso es relativamente fácil de implementar. Para aplicaciones especiales también existe maquinaria especial para la soldadura por fricción de agitación (figura 31.5b). Las soldaduras producidas con FSW tienen gran calidad, mínima porosidad y estructura uniforme del material. Debido a que las soldaduras se producen con poca entrada de calor, hay poca distorsión y los cambios microestructurales son menores.

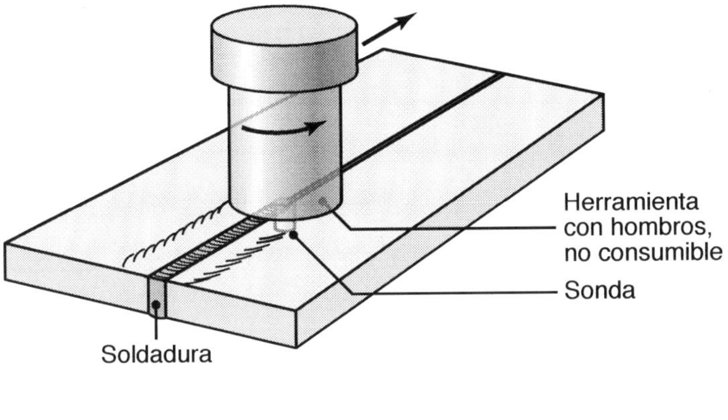

FIGURA 31.5 Proceso de soldadura por fricción de agitación. (a) Ilustración esquemática de soldadura por fricción de agitación; con este proceso se han soldado placas de aleación de aluminio de hasta 75 mm (3 pulg) de espesor. (b) Máquina de ejes múltiples para soldadura por fricción de agitación para piezas grandes, como alas de aviones y estructuras del fuselaje, que puede desarrollar 67 kN (15 000 lb) de fuerzas axiales; la mueve un motor de husillo de 15 kW (20 hp) y alcanza velocidades de soldadura de hasta 1.8 m/s. *Fuente:* (b) Cortesía de Manufacturing Technology, Inc.

31.5 Soldadura con resistencia

La categoría de *soldadura con resistencia* (RW, por sus siglas en inglés) cubre cierto número de procesos en los cuales el calor requerido para soldar se produce por medio de una *resistencia eléctrica* a través de los dos componentes que se van a unir. Estos procesos tienen grandes ventajas, como soldaduras de alta calidad que no requieren electrodos consumibles, gases protectores o fundentes, y que pueden producirse con rapidez. La soldadura por resistencia se adapta muy bien a la automatización y se aplica con frecuencia con el empleo de robots soldadores (vea la sección 37.6).

El calor generado en la soldadura con resistencia está dado por la expresión general

$$H = I^2Rt, \tag{31.1}$$

donde

H = Calor generado, en joules (watts-segundos)
I = Corriente (en amperes)
R = Resistencia (en ohms)
t = Tiempo de flujo de la corriente (en segundos)

Con frecuencia se modifica la ecuación (31.1) de modo que represente la energía calorífica real disponible en la soldadura al incluir un factor K, el cual compensa las pérdidas de energía por conducción y radiación. Entonces, la ecuación se vuelve:

$$H = I^2RtK, \tag{31.2}$$

donde se puede observar que el valor de K es menor que la unidad.

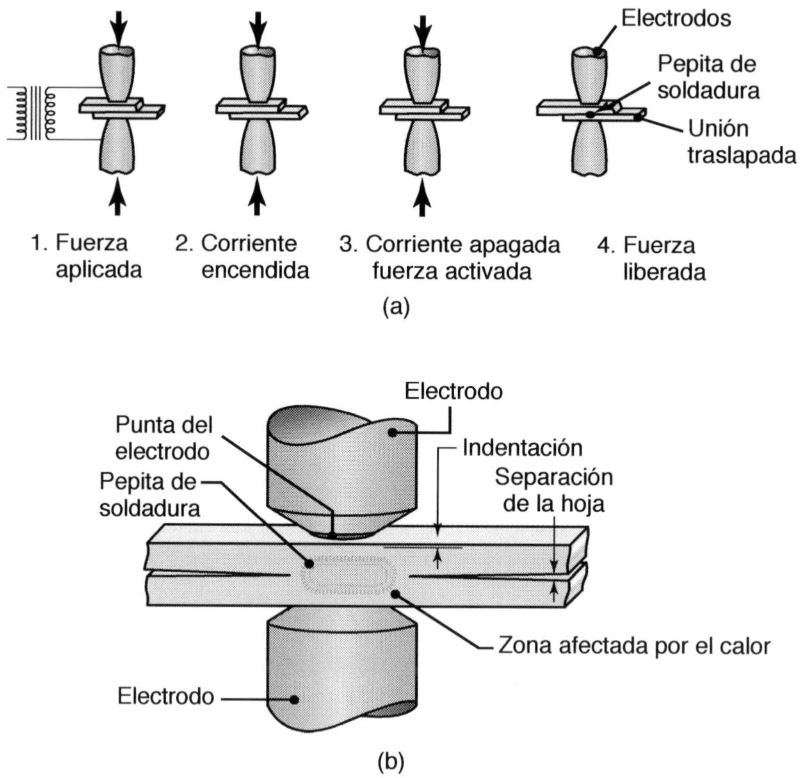

FIGURA 31.6 (a) Secuencia de eventos en la soldadura de puntos con resistencia de una unión traslapada. (b) Sección transversal de una soldadura de un punto, en la que se aprecia la pepita de soldadura y la indentación del electrodo sobre las superficies de la hoja. Éste es uno de los procesos más comúnmente usados en la fabricación de lámina metálica y en el ensamble de carrocerías de automóvil.

La *resistencia total* es la suma de lo siguiente (vea la figura 31.6):

1. Resistencias de los electrodos.
2. Resistencia del contacto entre el electrodo y la pieza de trabajo.
3. Resistencias de las partes individuales a soldar.
4. Resistencia del contacto entre las dos piezas de trabajo a unir (superficies empalmadas).

El aumento real de la temperatura en la unión depende del calor específico y de la conductividad térmica de los metales a unir. Por ejemplo, metales como el aluminio y el cobre tienen una alta conductividad térmica (vea la tabla 3.1), por lo que requieren grandes concentraciones de calor. Pueden unirse con soldadura por resistencia metales semejantes o disímbolos. La magnitud de la corriente en las operaciones de soldadura con resistencia puede ser de hasta 100 000 A, pero es común que el voltaje sea de sólo 0.5 a 10 V. Lo resistente que sea la unión depende de la rugosidad de la superficie y de la limpieza de las superficies por unir. Por consiguiente, antes de soldar deben eliminarse las películas de aceite, pintura y capas gruesas de óxido, aunque no es crítica la presencia de capas uniformes y *delgadas* de óxido y otros contaminantes.

Los procesos de soldadura por resistencia se desarrollaron a principios de la década de 1900, requieren maquinaria especializada, gran parte de la cual ahora es operada por medio de controles programables de computadora. Por lo general, la maquinaria no es portátil y el proceso es adecuado sobre todo para usarlo en plantas de manufactura y talleres mecánicos. La habilidad que requiere el operador es mínima, en particular con la maquinaria moderna.

31.5.1 Soldadura de puntos por resistencia

En la *soldadura de puntos por resistencia* (RSW, por sus siglas en inglés), las puntas de dos electrodos cilíndricos, sólidos y opuestos, tocan una unión traslapada de dos metales sólidos y el calentamiento de la resistencia produce una soldadura de un punto (figura 31.6a). Con el fin de obtener una adhesión fuerte en la **parte soldada,** se aplica presión hasta que se interrumpe la corriente y la soldadura haya solidificado. En la soldadura por resistencia son esenciales el control exacto y los tiempos de la corriente alterna (CA) y de la presión. Por ejemplo, en la industria automotriz el número de ciclos varía a alrededor de 30 con una frecuencia de 60 Hz (vea también *soldadura por resistencia de alta frecuencia*, en la sección 31.5.3).

Las superficies de una soldadura de puntos tienen indentaciones ligeramente decoloradas. La parte soldada (figura 31.6b) puede medir hasta 10 mm (0.375 pulg) de diámetro. Las corrientes varían de 3000 a 40 000 A, el nivel de la corriente depende de los materiales que se han de soldar y de su espesor; por ejemplo, es común que la corriente sea de 10 000 A para los aceros y de 13 000 A para el aluminio. Los electrodos por lo general están hechos de aleaciones de cobre y deben tener suficiente conductividad eléctrica y resistir el calor para que mantengan su forma.

El proceso de soldadura por resistencia más simple y común, la soldadura de puntos, se puede ejecutar por medio de un solo electrodo (lo más común) o con pares múltiples de electrodos (hasta cien o más); la presión requerida se suministra por medios mecánicos o neumáticos. Las máquinas soldadoras de puntos, punteadoras, que normalmente se utilizan para las partes pequeñas son del **tipo balancín,** o **de brazo oscilante;** las máquinas **tipo prensa** se usan para piezas de trabajo más grandes. La forma y condición de la punta del electrodo, así como la accesibilidad del sitio son factores importantes en la soldadura de puntos. Para áreas que son difíciles de alcanzar se emplean diversas formas de electrodos (figura 31.7).

La soldadura de puntos se usa mucho para fabricar partes de lámina metálica; los ejemplos van desde fijar manijas para sujetar cacerolas de acero inoxidable (figura 31.8a) hasta soldar mofles (figura 31.8b) y grandes estructuras metálicas. El equipo moderno para soldadura de puntos es controlado por computadora, para el control óptimo del

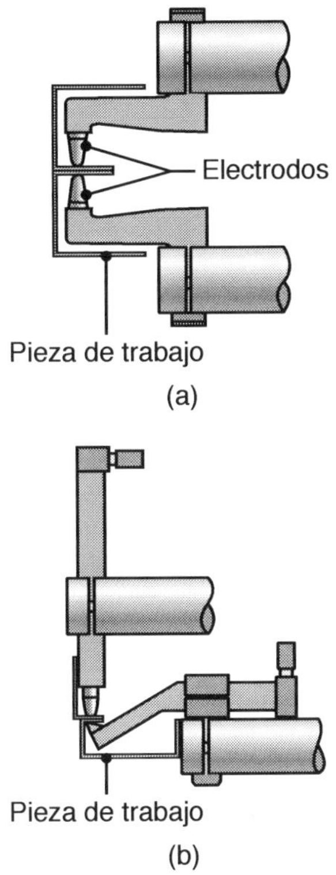

FIGURA 31.7 Dos diseños de electrodos para tener un fácil acceso a los componentes a soldar.

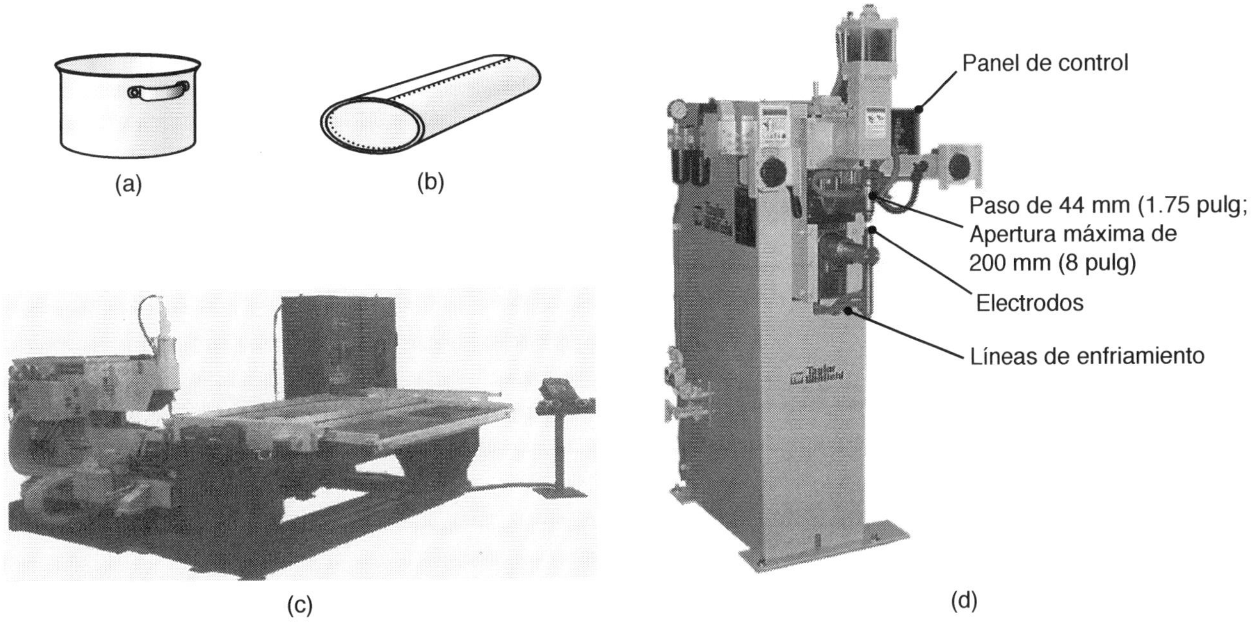

FIGURA 31.8 Piezas unidas con soldadura de puntos, (a) cacerola y (b) mofle. (c) Máquina grande y automatizada para soldadura de puntos. La punta de soldadura se mueve en tres direcciones principales; en esta máquina se pueden trabajar placas grandes de 2.2 m × 0.55 m (88 pulg × 22 pulg), con soportes adecuados para la pieza de trabajo. (d) Máquina para soldadura de puntos. *Fuente:* (c) y (d) Cortesía de Taylor Winfield Technologies, Inc.

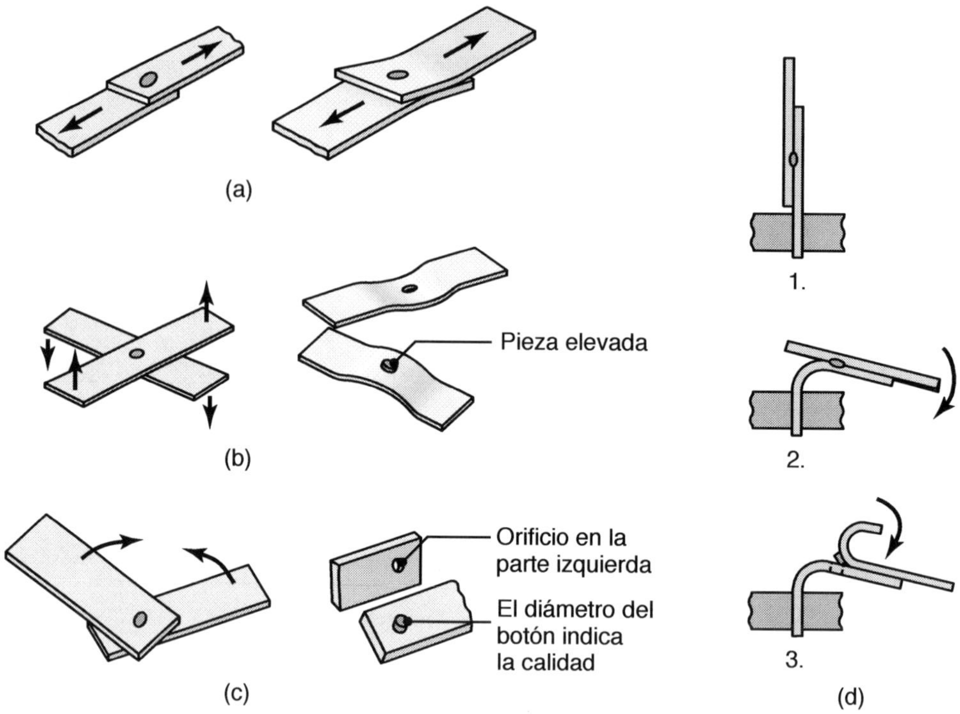

FIGURA 31.9 Métodos de prueba para soldaduras de puntos: (a) ensayo de tensión cortante; (b) ensayo de tensión transversal; (c) ensayo de torsión y (d) ensayo de desprendimiento o pelado (vea también la figura 32.9).

tiempo de la corriente y la presión, y las pistolas para soldadura de puntos las operan robots programables. Las carrocerías de automóvil pueden tener hasta 10 000 soldaduras de punto; se sueldan a grandes velocidades utilizando electrodos múltiples (vea la figura I.9 en la introducción general).

Ensayos de las soldaduras de puntos. Las uniones soldadas por puntos se pueden probar con respecto a la resistencia de la parte soldada por medio de las técnicas siguientes (figura 31.9):

- Tensión cortante.
- Tensión transversal.
- Torsión.
- Desprendimiento.

Debido a que estas técnicas son fáciles de ejecutar y no son caras, es común usar el ensayo de tensión cortante en las fábricas. Los ensayos de tensión transversal y torsión son capaces de revelar defectos, grietas y porosidad en el área soldada. El ensayo de desprendimiento se utiliza comúnmente para láminas delgadas; después de que la unión ha sido soldada y desprendida, se evalúa la forma y tamaño de la pieza soldada extraída.

EJEMPLO 31.2 Calor generado en la soldadura por puntos

Dado: Suponga que dos hojas de acero de 1 mm (0.04 pulg) de espesor están unidas con soldadura de puntos, con una corriente de 5000 A y un tiempo de flujo de corriente de 0.1 s por medio de electrodos de 5 mm (0.2 pulg) de diámetro.

Se solicita: Estimar el calor generado y su distribución en la zona de soldadura si la resistencia efectiva en la operación es de 200 $\mu\Omega$.

Respuesta: De acuerdo con la ecuación (31.1),

$$\text{Calor} = (5000)^2(0.0002)(0.1) = 500 \text{ J}.$$

De la información dada, el volumen de la parte soldada se puede estimar en 30 mm³ (0.0018 pulg³). Suponga que la densidad del acero (tabla 3.1) es de 8000 kg/m³; entonces, la parte soldada tiene una masa de 0.24 g. El calor requerido para fundir 1 g de acero es de alrededor de 1400 J, de modo que el calor necesario para fundir la parte soldada es de (1400)(1400)(0.24) = 336 J. El calor restante (164 J) se disipa en el metal que circunda la parte.

31.5.2 Soldadura por resistencia de costura

La *soldadura por resistencia de costura* (RSEW, por sus siglas en inglés) es una modificación de la soldadura de puntos en la que los electrodos son reemplazados por ruedas o rodillos giratorios (figura 31.10a). Con un suministro continuo de CA, los rodillos conductores de electricidad producen una soldadura puntual dondequiera que la corriente alcance un nivel suficientemente alto en el ciclo de CA. La velocidad común de soldadura es de 1.5 m/min (60 pulg/min) para láminas delgadas.

Con una frecuencia suficientemente alta o una velocidad transversal lenta, estas soldaduras puntuales en realidad se traslapan en una costura continua y producen una unión que es líquida y gaseosa (figura 31.10b). El proceso de RSEW se usa para hacer la costura longitudinal de latas de acero (para productos domésticos), mofles y tanques de gasolina.

En la **soldadura de puntos con rodillo**, la corriente hacia los rodillos se aplica de manera intermitente, lo que resulta en una serie de soldaduras puntuales que ocurren a intervalos especificados a lo largo de la longitud de la costura (figura 31.10c). En la **soldadura por trituración de costura** (figura 31.10d), las soldaduras que se traslapan miden alrededor de una o dos veces el espesor de la placa, y el de la costura soldada es de sólo cerca de 90% del espesor de la placa original. Este proceso también se usa para producir *piezas (formatos) de lámina metálica soldadas a la medida*, que también se pueden elaborar con soldadura de rayo láser (vea la sección 16.2.2).

31.5.3 Soldadura por resistencia de alta frecuencia

La *soldadura por resistencia de alta frecuencia* (HFRW, por sus siglas en inglés) es semejante a la soldadura de costura, excepto que se emplea una corriente de alta frecuencia de hasta 450 kHz. Una aplicación común es la producción de tubos *soldados a tope*, donde la corriente es conducida a través de dos contactos deslizantes (figura 31.11a) a los bordes de tubos formados por rolado. Después se presionan los bordes calentados por medio de pasar el tubo a través de un par de rodillos de presión; si se formara una rebaba, se recorta posteriormente.

Las secciones estructurales, como las vigas I, se fabrican con HFRW por medio de la soldadura de las almas y pestañas hechas de piezas largas y planas. Con esta técnica

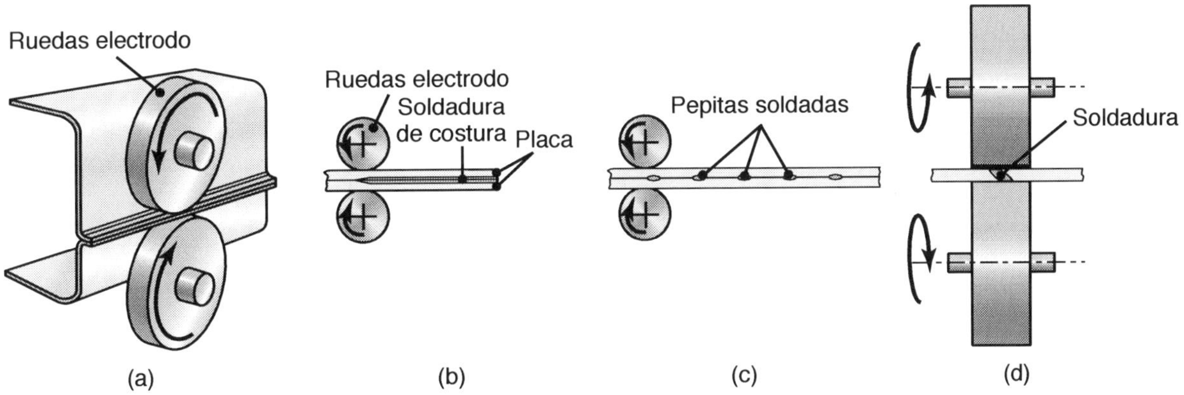

FIGURA 31.10 (a) Proceso de soldadura de costura en el cual los rodillos giratorios actúan como electrodos; (b) puntos que se traslapan en una soldadura de costura; (c) soldaduras de puntos por rolado y (d) soldadura por trituración de costura.

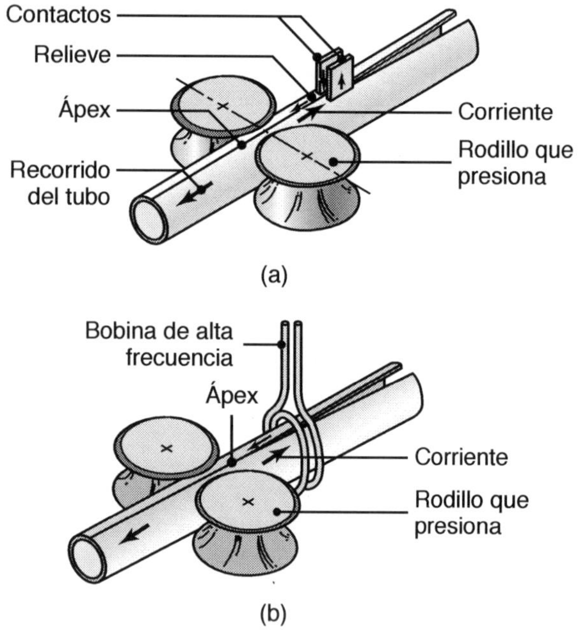

FIGURA 31.11 Dos métodos de soldar a tope dos tubos mediante alta frecuencia continua.

también pueden elaborarse tubos espirales, tubos con bordes para intercambiadores de calor y rines para llantas. En otro método, llamado **soldadura de alta frecuencia por inducción** (HFIW, por sus siglas en inglés), el tubo formado por rolado se somete a un calentamiento por inducción de alta frecuencia, como se ilustra en la figura 31.11b.

31.5.4 Soldadura por resistencia de proyección

En la *soldadura por resistencia de proyección* (RPW, por sus siglas en inglés), se desarrollan grandes resistencias eléctricas en la unión al embonar una o más proyecciones (*relieves*; vea la figura 16.39) en una de las superficies a soldar (figura 31.12). Las proyecciones pueden ser redondas u ovaladas para fines de diseño o resistencia. Se generan grandes temperaturas localizadas en las proyecciones, las cuales están en contacto con la parte plana con que se unirán. Por lo común los electrodos son de aleaciones base cobre, largos y planos, y se enfrían con agua para mantener baja su temperatura. Las partes soldadas son similares a las de la soldadura de puntos y se forman conforme los electrodos ejercen presión para ablandar, comprimir y aplanar las proyecciones.

El equipo de soldadura de puntos se puede usar para soldar por resistencia de proyección mediante modificaciones de los electrodos. Aunque el embonado de las piezas de trabajo eleva el costo de producción, la operación produce varias soldaduras en un paso y extiende la vida del electrodo; más aún, es capaz de soldar metales de diferentes espesores, como una lámina soldada sobre una placa. Con este proceso también pueden soldarse tuercas y pernos a láminas y placas (figuras 31.12c y d), con proyecciones que se producen ya sea por maquinado o forjado. La unión de una red de barras y alambrones [como la que forman las canastas de metal, parrillas (figura 31.12e), parrillas de hornos y carritos de supermercado] se considera soldadura por resistencia de proyección debido a las muchas áreas pequeñas de contacto entre los alambrones que se cruzan (mallas).

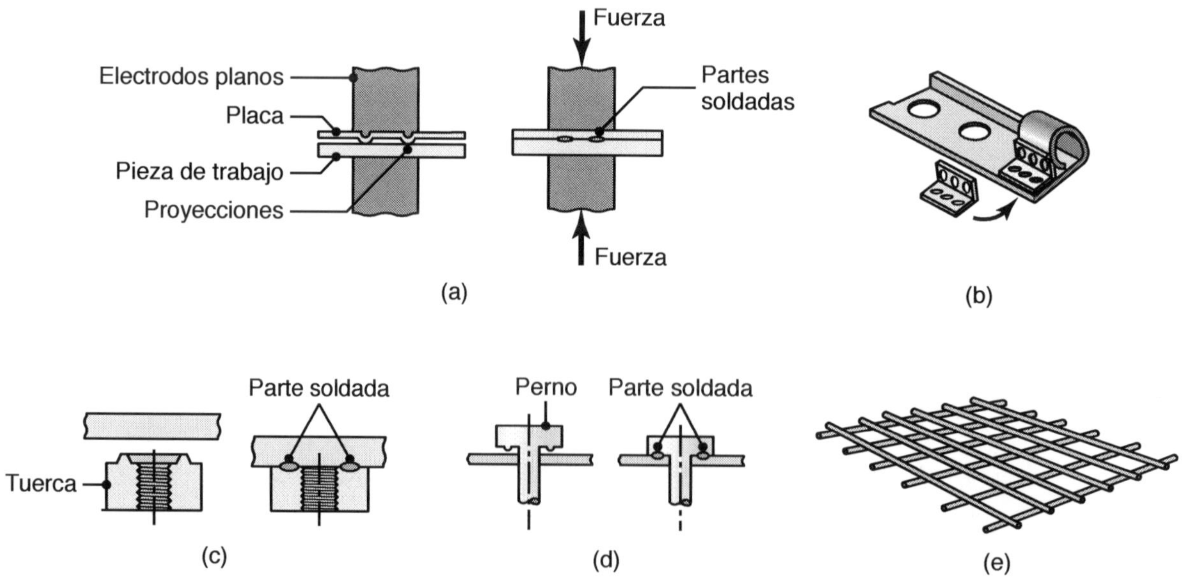

FIGURA 31.12 (a) Ilustración esquemática de la soldadura por resistencia de proyección. (b) Soporte soldado. (c) y (d) Soldadura de proyección de tuercas o pernos roscados. (e) Parrillas soldadas por resistencia de proyección.

31.5.5 Soldadura a tope por presión

En la *soldadura a tope por presión* (FW, por sus siglas en inglés), también llamada **soldadura a tope por rebaba**, se genera calor muy rápidamente con el arco a medida que los extremos de los dos miembros comienzan a hacer contacto y se desarrolla un arco eléctrico en la unión (figura 31.13a). Después de que se alcanza la temperatura apropiada y la interfase empieza a ablandarse, se aplica una fuerza axial a una velocidad controlada, lo que produce una soldadura por deformación plástica de la unión. El mecanismo involucrado se llama *recalcado caliente*, también se usa el término *soldadura por recalcado* (UW, por sus siglas en inglés) para este proceso. Durante el proceso se expulsa parte de metal fundido de la unión como una lluvia de chispas, de ahí el nombre de *soldadura por rebaba*. Debido a la presencia de un arco, el proceso también puede clasificarse como soldadura por arco.

Durante la operación se expulsan impurezas y contaminantes y se quema una cantidad significativa de material. La calidad de la unión es buena y se puede maquinar posteriormente para mejorar más su aspecto. Las máquinas para la soldadura a tope por presión usualmente son automáticas y grandes, además cuentan con una amplia variedad de suministros de energía que van de 10 a 1500 kVA.

El proceso de UW es apropiado para unir por los extremos o por los bordes tiras y láminas de metales semejantes o disímiles de 0.2 a 25 mm (de 0.01 a 1 pulg) de espesor, también para unir por los extremos barras de 1 a 75 mm (0.05 a 3 pulg) de diámetro. Las secciones más delgadas tienden a romperse por la fuerza axial que se aplica durante la soldadura. Los anillos elaborados por formado (con los métodos ilustrados en la figura 16.22) se pueden unir con soldadura a tope por presión. Además, el proceso también se utiliza para reparar las cuchillas de sierras de banda rotas (sección 24.5) utilizando accesorios que se montan en el marco de la sierra de banda.

El proceso de soldadura por rebaba se puede automatizar para tener operaciones de soldadura repetibles. Aplicaciones comunes son la unión de tubos y formas tubulares de muebles metálicos, puertas y ventanas. El proceso también se usa para soldar los bordes de láminas o bobinas de alambre, en molinos de laminación que operan continuamente (capítulo 13) y en la alimentación de equipo para trefilar alambre (sección 15.11). En

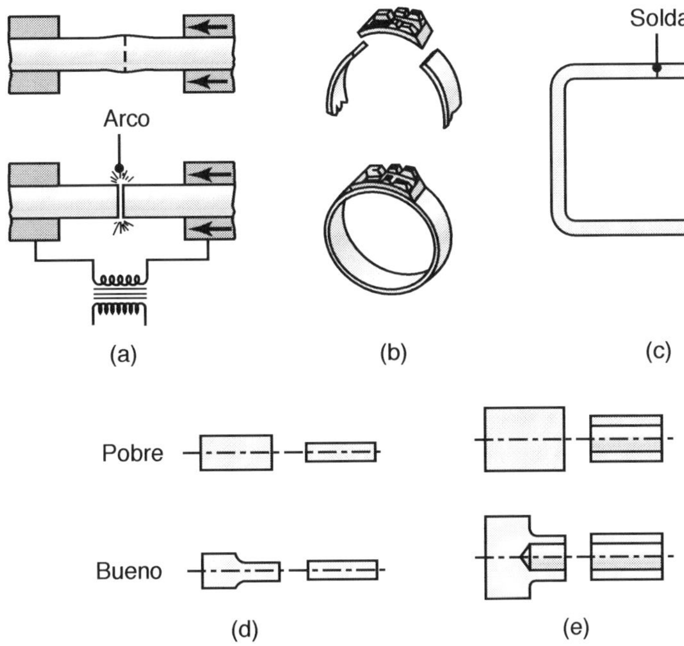

FIGURA 31.13 (a) Proceso de soldadura a tope por presión para soldar por los extremos barras sólidas o partes tubulares. (b) y (c) Partes comunes hechas con soldadura a tope por presión. (d) y (e) Algunos lineamientos de diseño para la soldadura a tope por presión.

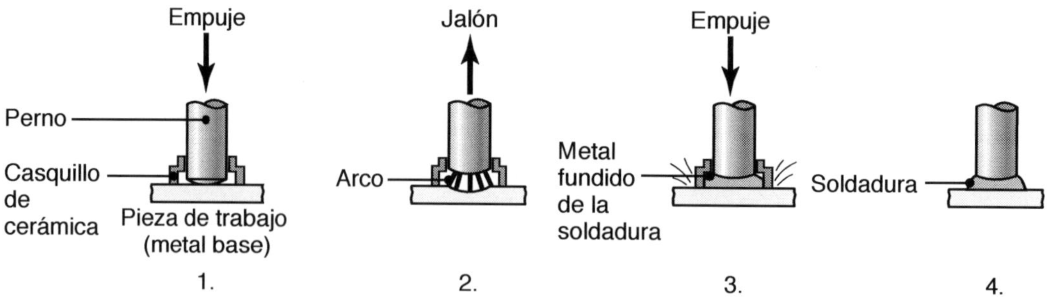

FIGURA 31.14 Secuencia de operaciones en la soldadura de pernos, que por lo común se usa para soldar barras, cilindros roscados y diversos sujetadores sobre placas metálicas.

las figuras 31.13d y e se dan algunos lineamientos de diseño para unir superficies con soldadura a tope por presión; observe la importancia de tener secciones transversales uniformes en la unión.

31.5.6 Soldadura de pernos

La *soldadura de pernos* (SW, por sus siglas en inglés), también llamada *soldadura de pernos por arco*, es similar a la soldadura a tope por presión. El perno, que puede ser un birlo con rosca, percha o manija, sirve como uno de los electrodos mientras se une a otro componente, por lo general una placa plana (figura 31.14). Por lo común la polaridad para el aluminio es de electrodo positivo de corriente directa (DCEP, por sus siglas en inglés); para acero es de electrodo negativo de corriente directa (CDEN, por sus siglas en inglés).

Con el fin de concentrar el calor generado, impedir la oxidación y retener el metal fundido en la zona de la soldadura, se coloca alrededor de la unión un anillo de cerámica desechable (llamado *casquillo*). El equipo para la soldadura de pernos se puede automatizar, con diferentes controles para hacer el arco y aplicar presión. También se dispone de equipo portátil para la soldadura de pernos. Algunas aplicaciones incluyen carrocerías de automóviles, paneles eléctricos y armado de barcos; el proceso también se observa en la construcción de inmuebles.

En la **soldadura de pernos por descarga de capacitores**, o condensadores, se produce un arco de CD desde un banco de condensadores. No se requiere casquillo o fundente porque el tiempo de la soldadura es del orden de sólo 1 a 6 ms. La elección entre este proceso y la soldadura de pernos por arco depende de factores como los tipos de metales a unir, el espesor de la pieza de trabajo y su sección transversal, el diámetro del perno y la forma de la unión.

31.5.7 Soldadura por percusión

Los procesos de soldadura por resistencia que se han descrito suelen emplear un transformador eléctrico para cubrir los requerimientos de energía; una alternativa es que la energía eléctrica para la soldadura se puede almacenar en un condensador. La *soldadura por percusión* (PEW, por sus siglas en inglés) utiliza esta técnica, en la cual la energía se descarga en un tiempo de 1 a 10 ms con el fin de desarrollar mucho calor localizado en la unión. El proceso es útil donde debe evitarse el calentamiento de los componentes adyacentes a la unión, como en los ensambles electrónicos y conductores eléctricos.

EJEMPLO 31.3 Soldadura con resistencia *versus* soldadura con rayo láser en la manufactura de latas

Durante muchos años los cuerpos cilíndricos de las latas de alimentos y productos domésticos se han unido con soldadura por resistencia con costura (con una unión traslapada en un lado de la lata). A principios de 1987 se introdujo la tecnología de soldadura con rayo láser en la industria de fabricación de latas. Las uniones se sueldan por láser con la misma productividad de la soldadura por resistencia, pero con las ventajas siguientes:

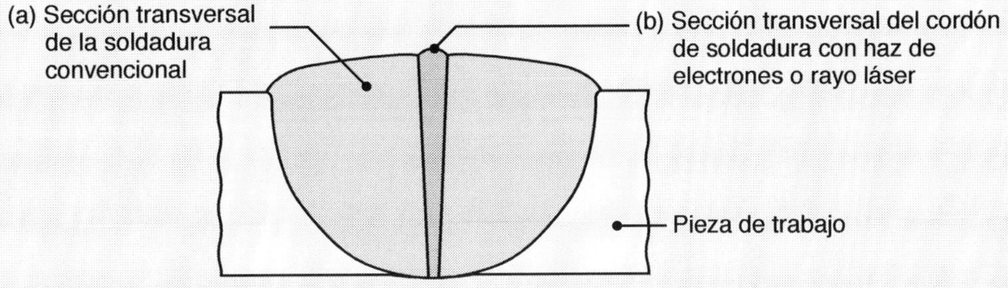

FIGURA 31.15 Tamaños relativos de los cordones de soldadura obtenidos por la soldadura por arco de gas tungsteno y por haz de electrones o rayo láser.

- Al contrario de las uniones traslapadas adecuadas para la soldadura por resistencia, la soldadura con láser utiliza uniones a tope, con lo que se ahorra material. Si se multiplica por los miles de millones de latas que se fabrican cada año, esta cantidad se convierte en un ahorro significativo.
- Debido a que las soldaduras con láser tienen una zona muy angosta (figura 31.15; vea también la figura 30.15), el área no impresa en la superficie de la lata (llamada margen de impresión) se reduce mucho. Como resultado, mejora la apariencia de la lata y su aceptación por parte del consumidor.
- La resistencia de la unión traslapada por la soldadura puede quedar sujeta a la corrosión originada en el contenido de la lata (que puede ser ácido, como el jugo de tomate). Este efecto puede cambiar el sabor y ser un riesgo potencial de demandas. La unión a tope hecha por la soldadura con rayo láser elimina este problema.

Fuente: Cortesía de G. F. Benedict.

31.6 Soldadura por explosión

En la *soldadura por explosión* (EXW, por sus siglas en inglés), se aplica presión al detonar una capa de explosivo colocado sobre uno de los componentes que se van a unir, llamado la *placa que impacta* (figura 31.16). Las presiones desarrolladas al contacto son extremadamente altas (vea también *endurecimiento con explosivos*, sección 34.2) y la energía cinética de la placa que golpea a su opuesta produce una interfase ondulante. Este impacto une mecánicamente las dos superficies (figuras 31.16b y c), de modo que también tiene lugar una soldadura por presión por deformación plástica. Como resultado, la resistencia de la unión en la soldadura por explosión es muy grande.

El explosivo puede ser en forma de lámina de plástico flexible, cuerda, granulada o líquida y se adhiere o presiona sobre la placa que impacta. La velocidad de la detonación suele estar en el rango de 2400 a 3600 m/s (8000 a 12 000 pies/s); esto depende del tipo de explosivo, del espesor de la capa explosiva y de la densidad del empaque de ésta. Hay una velocidad mínima necesaria para que ocurra la soldadura con este proceso. La explosión se efectúa con un detonador estándar comercial.

Este proceso, desarrollado en la década de 1960, es particularmente apropiado para enchapar una placa o palanquilla con un metal disímbolo. Se han enchapado con explosión placas tan grandes como de 6 m $\times$ 2 m (20 pies $\times$ 7 pies); después se pueden hacer secciones más delgadas por rolado. Los tubos y conductos se pueden unir a agujeros en las placas superiores de calentadores e intercambiadores de calor colocando el explosivo en el interior del tubo; la explosión expande el tubo. Este tipo de soldadura es inherentemente peligrosa, por lo que requiere un manejo seguro por parte de personal bien capacitado y experimentado.

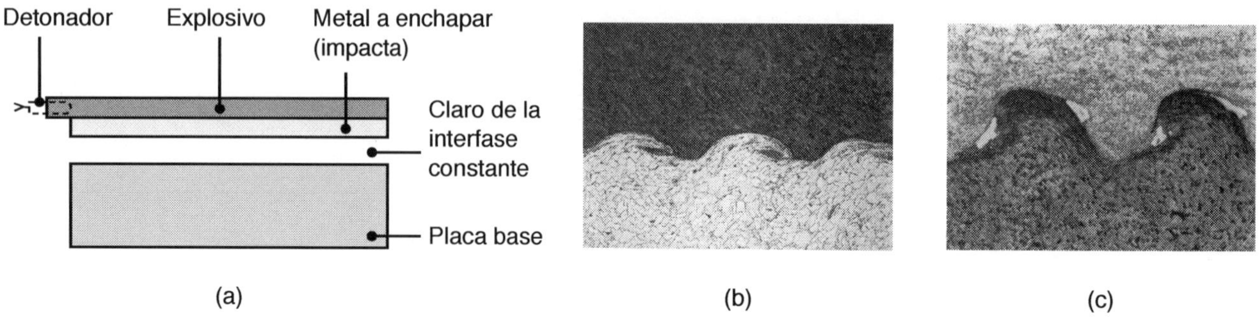

FIGURA 31.16 (a) Ilustración esquemática del proceso de soldadura por explosión. (b) Sección transversal de una unión soldada por explosión: titanio (parte superior) y acero al bajo carbono (parte inferior). (c) Aleación de hierro-níquel (superior) y acero al bajo carbono (abajo).

31.7 Soldadura por difusión

La *soldadura por difusión* (DFW, por sus siglas en inglés), también conocida como **unión** o **liga por difusión**, es un proceso en el cual la resistencia de la unión resulta sobre todo de la difusión (movimiento de los átomos a través de la interfase) y, en segundo lugar, de la deformación plástica de las superficies que se empalman. Este proceso requiere temperaturas de alrededor de 0.5 T_m (donde T_m es el punto de fusión del metal en la escala absoluta de temperatura) para tener una tasa de difusión lo suficientemente alta entre las partes que se van a unir (vea también las secciones 1.7 y 1.8).

La interfase en la soldadura por difusión tiene esencialmente las mismas propiedades físicas y mecánicas que las del metal base; su resistencia depende de (a) la presión; (b) la temperatura; (c) el tiempo de contacto y (d) la limpieza de las superficies a empalmar. Estos requerimientos pueden relajarse si se usa un metal de aporte en la interfase, en la cual pueden formarse compuestos intermetálicos frágiles, lo que depende de los materiales unidos, y esto puede evitarse si primero se electrodepositan las superficies con aleaciones de metales apropiados. En la soldadura por difusión, la presión puede ser aplicada por pesos muertos, prensas, presión diferencial de gases o la expansión térmica de las partes que se han de unir. Por lo general las partes se calientan en un horno o con una resistencia eléctrica. También se emplean autoclaves de alta presión para unir piezas complejas.

Aunque la DFW se desarrolló en la década de 1970 como una tecnología moderna de soldadura, el principio de soldadura por difusión data de siglos, cuando los herreros unían oro con cobre para crear un producto llamado **oro chapado.** Primero se colocaba una capa delgada de chapa de oro sobre cobre, luego se aplicaba presión mediante un peso sobre la chapa. Después se colocaba el ensamble en un horno y se dejaba ahí hasta que se formaba una adhesión fuerte, de ahí que el proceso se llame también *soldadura por presión en caliente* (HPW, por sus siglas en inglés).

La soldadura por difusión por lo general es más adecuada para unir metales disímbolos y se usa también para metales reactivos (como el titanio, berilio, zirconio y aleaciones refractarias metálicas) y para materiales compósitos como los de matriz metálica (sección 9.5). La soldadura por difusión es un mecanismo importante de sinterizar en la metalurgia de polvos (sección 17.4). Debido a que la difusión implica la migración de átomos a través de la unión, la DFW es más lenta que otros procesos de soldadura.

Aunque la soldadura por difusión se usa para fabricar partes complejas en pequeñas cantidades para las industrias aeroespacial, nuclear y electrónica, se ha automatizado con el fin de hacerla apropiada y económica también para volúmenes de producción de moderados a altos. A menos que sea automatizada, se requiere una capacitación y habilidad considerable del operador. El costo del equipo se relaciona aproximadamente con el área soldada por difusión y está en el rango de \$3 a \$6 dólares estadounidenses/mm^2 (\$2000 a \$4000/pulg^2).

EJEMPLO 31.4 Aplicaciones de la soldadura por difusión

La soldadura por difusión es apropiada en especial para metales como el titanio y las superaleaciones usadas en aeronaves militares. Las posibilidades de diseño permiten la conservación de los materiales estratégicos caros y la reducción de los costos de manufactura. El avión militar ilustrado en la figura 31.17 tiene más de 100 partes unidas por difusión, algunas de las cuales se muestran.

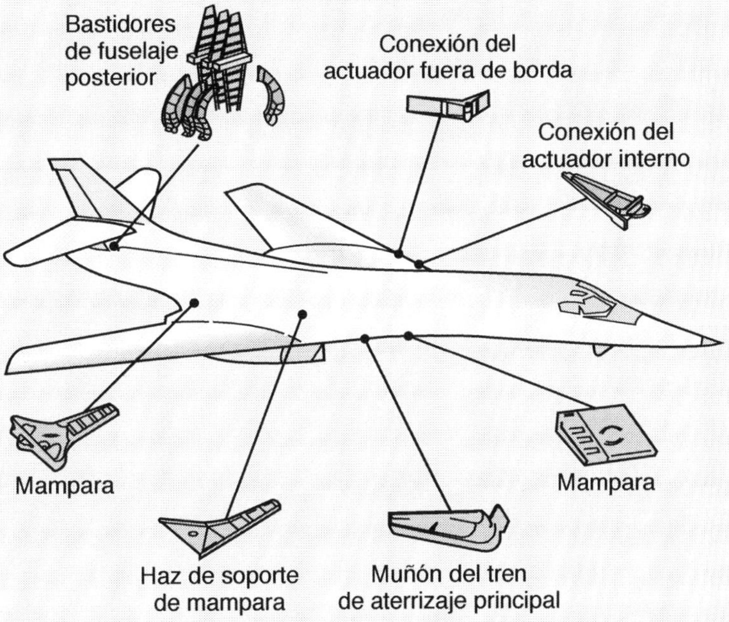

FIGURA 31.17 Aplicaciones aeroespaciales de la soldadura por difusión.

Formado superplástico con soldadura por difusión. Las estructuras de placas metálicas se pueden fabricar por la combinación de la *soldadura por difusión* con el *formado superplástico* (vea también la sección 16.10). En la figura 31.18 se muestran estructuras comunes en las que se han unido y formado láminas planas por difusión. Después de unir por difusión en ubicaciones seleccionadas de las láminas, las regiones no unidas (*despegadas*) se expanden en un molde por medio de presión de aire o fluido. Estas estructuras son delgadas y tienen relaciones elevadas de rigidez a peso, por lo que son particularmente útiles en aplicaciones aéreas y aeroespaciales.

El formado superplástico con soldadura por difusión mejora la productividad al eliminar el número de partes en una estructura, las sujeciones mecánicas, mano de obra y costo. Produce partes con buena exactitud dimensional y pocos esfuerzos residuales. Se desarrolló por primera vez en la década de 1970 y ahora esta tecnología se encuentra muy avanzada para estructuras de titanio y de aluminio (generalmente se emplea Ti-6Al-4V y el duraluminio 7075-T6) además de otras aleaciones para aplicaciones aeroespaciales.

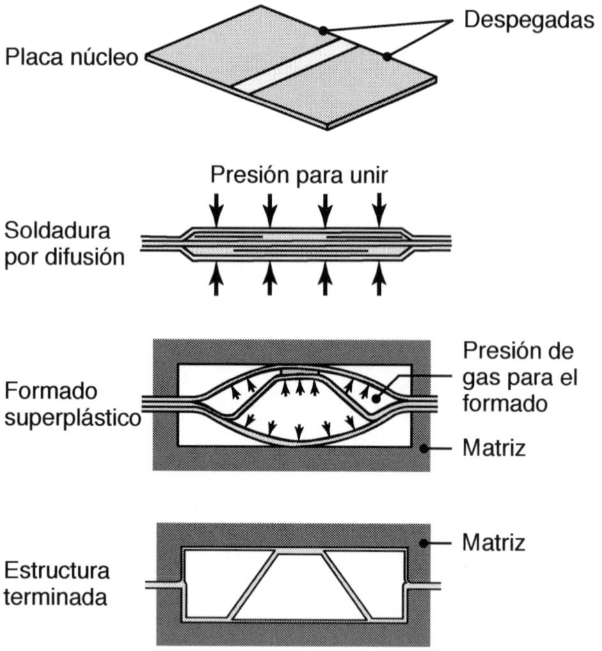

FIGURA 31.18 Secuencia de operaciones en la fabricación de una estructura por medio de la soldadura por difusión y el formado de superplásticos de tres placas originalmente planas; vea también la figura 16.51. *Fuente:* (a) y (d) tomado de D. Stephen y S. J. Swadling; (b) y (c) cortesía de Rockwell International Corp.

También pueden usarse otros procesos de soldadura en placas superplásticas posteriormente soldadas, sobre todo con soldadura por fricción y por fricción de agitación.

31.8 Economía de las operaciones de soldadura

Las características, ventajas y limitaciones de los procesos de soldadura descritos hasta este momento han incluido breves análisis sobre sus costos. En las tablas 30.1 y VI.1 se muestran los costos relativos de algunos procesos seleccionados. Como en todas las demás operaciones de manufactura, los costos de los procesos de soldadura y adhesión varían mucho, lo que depende de factores como la capacidad del equipo, nivel de automatización, habilidad de la mano de obra requerida, calidad de la soldadura, tasa de producción y preparación que se necesita, así como de varias consideraciones específicas de una operación de unión en particular.

Los *costos de soldadura y unión* de ciertas operaciones comunes (todas descritas en los capítulos 30 a 32) se resumen como sigue:

- *Altos:* soldadura fuerte y sujetadores (como pernos y tuercas), ya que se requiere hacer perforaciones y considerar los costos de los sujetadores.
- *Intermedios:* soldadura por arco, remachado, unión con adhesivos.
- *Bajos:* soldadura por resistencia, costura y plegado, ya que estas operaciones son relativamente simples de hacer y automatizar.

Los *costos del equipo* para soldar se resumen así:

- *Altos* ($100 000 a $200 000): soldadura con haz de electrones y rayo láser.
- *Intermedios* ($5000 a $50 000 o más): soldadura de puntos, por arco sumergido, por arco de gas metálico, arco de gas tungsteno, arco de núcleo fundente, electrogas, electroescoria, arco de plasma y ultrasónica.
- *Bajos* (más de $500): soldadura por arco de electrodo revestido y por gas oxicombustible.

Los costos de la mano de obra de la soldadura por lo general son más altos que los de otras operaciones del trabajo de metales porque se requiere habilidad del operador, tiempo para soldar y preparación para hacerlo. Gran parte también depende del nivel de automatización del equipo utilizado, inclusive el uso de robótica y controles computarizados programados para seguir una trayectoria prescrita (llamada *seguimiento de costura*) durante la soldadura. Por ejemplo, se ha observado que en sistemas con controles robóticos, el tiempo real de soldadura llega a ser 80% del total, mientras que en las operaciones manuales (vea la tabla 30.1) el tiempo real dedicado por el operador a la soldadura es de sólo 30% del tiempo total.

A continuación se resumen los *costos de la mano de obra*:

- *Altos a intermedios:* soldadura por gas oxicombustible y por arco de electrodo revestido.
- *Altos a bajos:* soldadura con haz de electrones y con rayo láser, así como por arco de núcleo fundente.
- *Intermedios a bajos:* soldadura con arco sumergido.

CASO DE ESTUDIO 31.1 Soldadura de pistones por fricción

Los fabricantes de camiones pesados han realizado un esfuerzo sostenido para diseñar y manufacturar motores diesel con emisiones reducidas. Son varias las tecnologías que más han prevalecido desde la década de 1980, lo que refleja la necesidad de adoptar un *diseño verde* (vea las secciones I.4 y 40.4). La recirculación de los gases de escape (reintroducción de una parte de ellos en la corriente de ingreso al motor) se ha vuelto un estándar y se hace para disminuir las emisiones de óxido nitroso. Sin embargo, esta estrategia lleva a tener una combustión menos eficiente y menor duración de los componentes debido a la presencia de partículas abrasivas que desgastan (vea la sección 33.5) y de ácidos que recirculan en el motor. Para mantener e incluso mejorar la eficiencia, los fabricantes de motores han incrementado las presiones de los cilindros y las temperaturas de operación, que en conjunto llevan a un ambiente aún más demandante para los componentes de los motores.

Se descubrió que los pistones tradicionales de aluminio de los motores diesel (en el mercado de Estados Unidos) no funcionaban de modo confiable en los diseños modernos. Los problemas identificados con los pistones eran (a) tendencia a hacer "hongos" y fracturarse bajo las altas presiones del encendido en el cilindro; (b) enfriamiento inadecuado del pistón y (c) desgaste adhesivo severo (gripado) en el perno que une al pistón con la biela conectora. Una solución, que se ilustra en la figura 31.19, es un pistón Monoacero que tiene los siguientes atributos en su diseño:

- El pistón está hecho de acero (capítulo 5), que tiene mayor resistencia y mejores propiedades mecánicas con respecto a las altas temperaturas que las aleaciones de aluminio (sección 6.2) usadas anteriormente.
- Un diseño en dos piezas que permite la incorporación de una cámara de aceite para que circule aceite refrigerante en el pistón. Una de las principales ventajas del diseño Monoacero es el uso de una cámara muy grande, lo que da como resultado una eficaz remoción de calor hacia fuera del pistón. Se ha demostrado que este diseño reduce las temperaturas del pistón en los anillos en unos 40 °C, en comparación con diseños anteriores.
- El faldón del pistón es mucho más rígido que el de aluminio (debido al mayor módulo de elasticidad del acero), lo que da como resultado una deformación menor y permite diseños con holguras más ajustadas. Esta característica hace que el pistón sea más estable (más concéntrico con respecto al calibre del cilindro) y tenga menos consumo de aceite, lo que reduce las dañinas emisiones del escape.

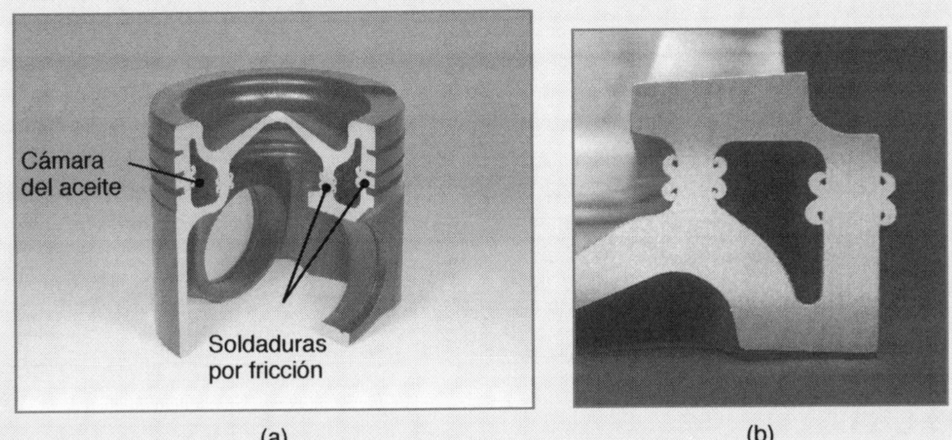

(a) (b)

FIGURA 31.19 El pistón Monoacero. (a) Corte del pistón, donde se aprecia la cámara del aceite y las secciones soldadas por fricción; (b) detalle de las soldaduras por fricción antes de que se elimine la rebaba externa y se maquinen las muescas cilíndricas.

(*continúa*)

Los pistones Monoacero se producen a partir de dos componentes forjados, los cuales se maquinan antes de soldarse. El proceso usado para unir estos componentes es la soldadura por fricción de inercia (sección 31.4), que tiene las ventajas siguientes en esta aplicación particular:

- El proceso lleva a soldaduras bien controladas, confiables y alta calidad repetible.
- Las soldaduras por fricción son continuas y no implican porosidad, lo que produce una soldadura de alta resistencia que sella la cámara del aceite.
- El proceso de soldadura es muy apto para optimizarse, pues las principales variables del proceso son la energía (o velocidad del eje para un volantín dado) y la presión de contacto.

Debido a que se controla enteramente por una máquina, la soldadura por fricción no requiere intervención ni habilidad del operador. Aunque la inversión de capital es significativa en comparación con la de otras tecnologías apropiadas de soldadura, la calidad y capacidad de esta aplicación es mucho más favorable.

El pistón que se muestra en la figura 31.19 se produjo en una soldadora por fricción de inercia con capacidad para ejercer una fuerza de 250 toneladas usando una velocidad periférica de 7.5 m/s (1500 pies/min) y una presión de contacto de 140 MPa (20 ksi); vea la figura 31.3. Como puede verse, la zona de la soldadura tiene la forma de rebaba óptima (figura 31.4); se elimina luego de la superficie exterior del pistón por medio de una operación de torneado (sección 23.2), después de lo cual se esmerila el faldón del pistón (sección 26.3). Los tiempos de producción por lo general son de 40 a 60 segundos, pero pueden ser mayores o menores en función del tamaño del pistón.

Fuente: Cortesía de D. Adams, Manufacturing Technology, Inc., y K. Westbrooke, Federal Mogul, Inc.

RESUMEN

- Además de los procesos de unión tradicionales de soldadura por gas oxicombustible y por arco, también se utilizan otros procesos que se basan en producir una unión fuerte bajo presión o calor.
- En estos procesos son importantes la preparación y limpieza de la superficie. La presión se aplica en forma mecánica o con explosivos. El calor se suministra de manera externa (con resistencia eléctrica o en hornos) o se puede generar internamente (como en la soldadura por fricción).
- La combinación de los procesos de soldadura por difusión y de formado superplástico mejora la productividad y la capacidad de fabricar partes complejas en forma económica.
- Como en todas las operaciones de manufactura, hay ciertos riesgos inherentes en las operaciones de soldadura. Algunos se relacionan con la maquinaria y equipo utilizados, otros con la naturaleza del proceso en sí (como en la soldadura por explosión). En las áreas de trabajo siempre deben tomarse las precauciones de seguridad apropiadas.

TÉRMINOS CLAVE

Casquillo
Cuerno
Formado superplástico
Oro chapado
Pepita soldada
Placa que impacta
Soldadura a tope por presión
Soldadura de costura
Soldadura de estado sólido
Soldadura de pernos
Soldadura de puntos por rolado
Soldadura en frío
Soldadura por difusión
Soldadura por explosión
Soldadura por fricción
Soldadura por fricción de agitación
Soldadura por fricción de inercia
Soldadura por fricción lineal
Soldadura por percusión
Soldadura por resistencia
Soldadura por resistencia de alta frecuencia
Soldadura por resistencia de costura
Soldadura por resistencia de proyección
Soldadura por resistencia de puntos
Soldadura por rolado
Soldadura ultrasónica
Sonotrodo
Superficies de empalme
Transductor
Unión por rolado

BIBLIOGRAFÍA

American Welding Society, **Welding Handbook**, 9a. ed., 2011.

ASM Handbook, Vol. 6: **Welding, Brazing, and Soldering**, ASM International, 1993.

Bowditch, W. A., Bowditch, K. E. y Bowditch, M. A., **Welding Technology Fundamentals**, 4a. ed., Goodheart-Willcox, 2009.

Cary, H. B., **Modern Welding Technology**, 6a. ed., Prentice Hall, 2004.

Houldcroft, T., **Welding and Cutting: A Guide to Fusion Welding and Associated Cutting Processes**, Industrial Press, 2001.

Jeffus, L. F., **Welding: Principles and Applications**, 7a. ed., Delmar Publishers, 2011.

Kou, S., **Welding Metallurgy**, 2a. ed., Wiley-Interscience, 2002.

Lagoda, T., **Life Estimation of Welded Joints**, Springer, 2008.

Mouser, J. D., **Welding Codes, Standards, and Specifications**, McGraw-Hill, 1997.

Nicholas, M. G., **Joining Processes: Introduction to Brazing and Diffusion Bonding**, Chapman & Hall, 1998.

Weman, K., **Welding Processes Handbook**, 2a. ed., Woodhead Publishing, 2012.

Zhang, H. y Senkara, J., **Resistance Welding: Fundamentals and Applications**, 2a. ed., CRC Press, 2011.

PREGUNTAS DE REPASO

31.1 Explique lo que se entiende por soldadura de estado sólido.

31.2 ¿Qué es la soldadura en frío? ¿Por qué se llama así?

31.3 ¿Qué es (a) un casquillo; (b) oro chapado y (c) placa que impacta?

31.4 En los procesos de estado sólido, ¿qué son las superficies que empalman?

31.5 ¿Cuál es el principio básico de (a) la soldadura ultrasónica y (b) la soldadura por difusión?

31.6 Explique cómo se genera el calor en la soldadura ultrasónica de (a) metales y (b) termoplásticos.

31.7 Describa las ventajas y limitaciones de la soldadura por explosión.

31.8 Enuncie el principio de los procesos de soldadura por resistencia.

31.9 ¿Qué materiales recomendaría el lector para los electrodos de la soldadura por resistencia?

31.10 ¿Qué tipo de productos son adecuados para la soldadura de pernos? ¿Por qué?

31.11 ¿Cuál es la ventaja de la soldadura por fricción lineal con respecto a la soldadura por fricción de inercia?

31.12 ¿Cuáles son las principales formas de la soldadura por fricción?

31.13 ¿Cuáles de los procesos de este capítulo son aplicables a los polímeros?

31.14 Describa cómo funciona la soldadura a tope de alta frecuencia.

31.15 ¿Qué materiales se usan por lo común en la soldadura por difusión?

PROBLEMAS CUALITATIVOS

31.16 Haga una lista de los procesos descritos en este capítulo y clasifíquelos de acuerdo con (a) la presión alcanzada; (b) la temperatura máxima, y (c) lo apropiado para unir materiales disímbolos.

31.17 Elabore una lista de abreviaturas estándar para los procesos de soldadura. Por ejemplo, la soldadura en frío es CW y la soldadura por rolado es ROW.

31.18 Explique las razones por las que se desarrollaron los procesos descritos en este capítulo.

31.19 Explique las semejanzas y diferencias entre los procesos de unión descritos en este capítulo y los del capítulo 30.

31.20 Describa sus observaciones acerca de las figuras 31.16c y d.

31.21 ¿Le preocuparía el tamaño de los cordones de soldadura, como los que se muestran en la figura 31.15? Explique.

31.22 ¿Qué ventajas tiene la soldadura por fricción con respecto a otros métodos descritos en este capítulo y en el anterior?

31.23 Haga una lista de los parámetros del proceso que piense afectan la resistencia de la soldadura de un proceso por fricción y explique por qué cree que dichos parámetros son importantes.

31.24 Describa el significado de las superficies de empalme.

31.25 Analice los factores que influyen en la resistencia de (a) una soldadura por difusión y (b) un componente soldado en frío.

31.26 ¿Cuáles son las fuentes de calor para los procesos descritos en este capítulo?

31.27 ¿Los procesos de unión por rolado pueden aplicarse a varias configuraciones de parte? Explique.

31.28 ¿Por qué la soldadura por difusión es un proceso de fabricación atractivo cuando se combina con el formado superplástico de láminas metálicas?

31.29 Ponga en una lista y explique los factores involucrados en la resistencia de los cordones de soldadura.

31.30 Dé algunas razones por las que es común usar la soldadura de puntos en las carrocerías de automóvil y en aparatos grandes.

31.31 Explique el significado de la magnitud de la presión aplicada a través de electrodos durante una operación de soldadura de puntos.

31.32 Mencione algunas aplicaciones de (a) soldadura a tope por presión; (b) soldadura de pernos y (c) soldadura por percusión.

31.33 Analice la necesidad y el rol de los dispositivos de sujeción del trabajo en las operaciones de soldadura descritas en este capítulo.

31.34 Estudie la figura 31.4 y explique por qué se han desarrollado esas formas particulares en la zona de fusión como una función de la presión y la velocidad. Comente acerca de la influencia de las propiedades del material.

31.35 ¿Podría el proceso que se muestra en la figura 31.11 aplicarse también a formas de parte distintas de las redondas? Explique y dé algunos ejemplos específicos.

31.36 En las pruebas de soldadura de puntos, ¿cuál sería la razón de las fallas ocurridas en las ubicaciones que se muestran en la figura 31.9?

31.37 ¿Puede la soldadura por fricción de agitación usarse para partes de metalurgia de polvos? Explique.

31.38 ¿Alguno de los procesos descritos en este capítulo utiliza un metal de aporte? Explique.

31.39 ¿Cuáles procesos descritos en este capítulo no se ven afectados por una película de óxido? Explique.

31.40 Considere la situación en la que se sueldan dos componentes redondos. Usted cree que se soldaron por fricción y que la rebaba se eliminó con maquinado. ¿Cómo confirmaría o desecharía su suposición?

31.41 ¿Hay alguna ventaja en precalentar las piezas de trabajo en la soldadura por fricción? Explique.

PROBLEMAS CUANTITATIVOS

31.42 Se sabe que la energía requerida en la soldadura ultrasónica está relacionada con el espesor de la pieza de trabajo multiplicado por la dureza. Explique por qué existe esta relación.

31.43 Dos láminas planas de cobre (cada una con espesor de 1.0 mm) se unen con soldadura de puntos y utilizando una corriente de 7000 A con un tiempo de flujo de corriente de 0.3 s. Los electrodos miden 4 mm de diámetro. Estime el calor generado en la zona de la soldadura. Suponga que la resistencia es de 200 $\mu\Omega$.

31.44 Calcule el aumento de temperatura en el problema 31.43, suponga que el calor que se genera está confinado al volumen del material que se encuentra directamente entre los dos electrodos redondos y que la temperatura se distribuye de manera uniforme.

31.45 Calcule el rango de corrientes permisibles en el problema 31.43 si la temperatura debe estar entre 0.7 y 0.8 veces la temperatura de fusión del cobre. Repita este problema para acero al carbono.

SÍNTESIS, DISEÑO Y PROYECTOS

31.46 Comente acerca de las limitaciones del tamaño de la pieza de trabajo y de la forma (si las hubiera) para cada uno de los procesos descritos en este capítulo.

31.47 Explique cómo fabricaría usted las estructuras que se ilustran en la figura 31.18 con otros métodos distintos de la soldadura por difusión y el formado superplástico.

31.48 Describa las formas de partes que no se pueden unir por medio de los procesos descritos en este capítulo. Dé ejemplos específicos.

31.49 Haga comentarios sobre la factibilidad de aplicar la soldadura por explosión en un ambiente fabril.

31.50 Exponga sus observaciones acerca de los lineamientos de diseño de la soldadura ilustrados en las figuras 31.13d y e.

31.51 En relación con la figura 14.11b, ¿podría el lector usar cualquiera de los procesos descritos en los capítulos 30 y 31 para fabricar un perno grande soldando la cabeza con el tronco? Explique las ventajas y limitaciones de este enfoque.

31.52 Explique cómo podrían hacerse las partes soldadas por proyección que se muestran en la figura 31.12 siguiendo cualquiera de los procesos descritos en este libro.

31.53 Con una lupa, revise la orilla de monedas de Estados Unidos, como las de diez y de cinco centavos, y haga comentarios sobre sus observaciones.

31.54 Describa los métodos que usaría para eliminar la rebaba de soldaduras como las que se ilustran en la figura 31.13. ¿Cómo automatizaría dichos métodos para una planta de alta producción?

31.55 En el proceso de unión por rolado que se ilustra en la figura 31.1, ¿cómo haría para asegurarse de que las interfases están limpias y libres de contaminantes, de modo que se logre una buena adhesión? Explique.

31.56 Revise varios contenedores metálicos de productos para el hogar y de alimentos y bebidas. Identifique aquellos en los que se haya utilizado alguno de los procesos descritos en este capítulo. Describa sus observaciones.

31.57 Revise la carrocería de placa metálica de un automóvil y comente sobre el tamaño y frecuencia de las soldaduras de un punto que se hayan aplicado. ¿Cómo estimaría el número de soldaduras presentes en una carrocería?

31.58 El Alclad está hecho a partir de una aleación de aluminio 5182 y tiene ambos lados recubiertos con una capa delgada de aluminio puro. La aleación 5182 proporciona alta resistencia, mientras que las capas exteriores de aluminio puro dan buena resistencia a la corrosión debido a su película estable de óxido. De ahí que el Alclad se use comúnmente en aplicaciones estructurales aeroespaciales. Investigue otros metales comunes de unión por rolado y sus usos y elabore una tabla de resumen.

31.59 Diseñe un método de ensayo para evaluar la resistencia de la unión en la soldadura por rolado.

31.60 Revise la figura 31.3 y dibuje el patrón de rebaba que esperaría si (a) se soldaran por fricción de inercia dos partes tubulares; (b) se soldaran dos partes elípticas por fricción de inercia y (c) se creara una soldadura a tope con soldadura por fricción lineal.

31.61 Dibuje la microestructura que esperaría si se creara una unión a tope por medio de (a) soldadura por fricción lineal; (b) soldadura por fricción de agitación; (c) soldadura por trituración de costura y (d) soldadura a tope por presión.

CAPÍTULO

32 Soldadura fuerte, soldadura blanda, unión con adhesivos y procesos de sujeción mecánica

- La soldadura fuerte y la soldadura blanda son diferentes de los procesos de soldadura descritos en capítulos anteriores en el sentido de que la difusión no tiene lugar en la interfase; la resistencia de la unión depende de las fuerzas adhesivas, que con frecuencia aumentan con el uso de un metal de aporte apropiado para producir una unión fuerte.
- La soldadura fuerte y la blanda se distinguen en la temperatura a que se funden los metales de aporte: la fuerte tiene lugar por arriba de los 450 °C (840 °F) y produce uniones más fuertes que la blanda, en tanto que ésta implica temperaturas más bajas. La soldadura blanda se aplica mucho en la industria electrónica.
- La unión con adhesivos es versátil y existe una amplia variedad de ellos para numerosas aplicaciones.
- Luego se describen los procesos de sujeción mecánica, como el uso de tornillos, tuercas, remaches, sujeciones mecánicas o accesorios de presión en las operaciones de ensamblado.
- El capítulo termina con el análisis de consideraciones económicas en las operaciones de unión.

32.1 Introducción

En la mayoría de los procesos de unión descritos en los capítulos 30 y 31, las superficies de empalme (unión) de los componentes se calientan con varios medios externos o internos para causar fusión y adhesión en la unión. Sin embargo, ¿qué pasa si las partes que se van a unir son frágiles, intrincadas, hechas de dos o más materiales con características y dimensiones muy diferentes o los componentes a unir no pueden soportar temperaturas elevadas, como es el caso de los componentes electrónicos?

Este capítulo describe en primer lugar dos procesos de unión, la *soldadura fuerte* y la *soldadura blanda*, las cuales requieren temperaturas más bajas que las usadas en la soldadura por fusión. Los metales de aporte se introducen o esparcen en la unión y se funden por medio de una fuente externa de calor; después de la solidificación se obtiene una unión fuerte (figura 32.1). Estos dos procesos se diferencian arbitrariamente según la temperatura. Las temperaturas para la soldadura blanda son menores que para la fuerte, y la resistencia de una unión obtenida con soldadura blanda es mucho menor.

El capítulo también describe los principios y tipos de *uniones adhesivas*. El antiguo método de unir partes con pegamentos derivados de animales (comúnmente empleado en la encuadernación de libros, etiquetas y empaques) se ha desarrollado hasta convertirse en una tecnología importante de adhesión tanto para materiales metálicos como no metálicos. Los adhesivos modernos son polímeros o compuestos avanzados y es raro que se basen en animales. El proceso de adhesión tiene amplias aplicaciones en numerosos productos industriales y para el consumidor, así como en la industria aeronáutica

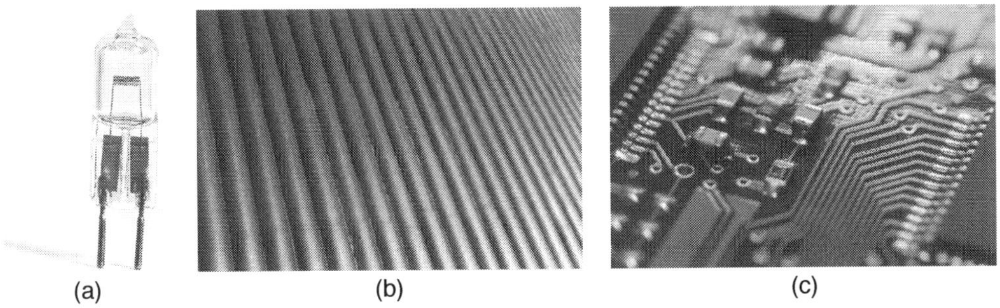

FIGURA 32.1 Ejemplos de uniones con soldadura fuerte y blanda. (a) Filamento de foco con su resistencia adherida por soldadura fuerte; (b) ensamble de tubos de cohete por medio de soldadura fuerte; (c) tarjeta de circuitos con soldadura blanda.

y aeroespacial. Los materiales a pegar como termoplásticos, cerámicos y vidrios, con el mismo material o con otros diferentes, presentan varios retos.

Aunque todas las uniones descritas hasta este momento son de naturaleza permanente, en muchas aplicaciones los componentes adheridos tienen que separarse para fines de reemplazo de piezas desgastadas o descompuestas, mantenimiento general o reparación. Además, algunas uniones están diseñadas para no ser permanentes, pero deben ser fuertes. Entonces, la solución obvia es usar métodos de *sujeción mecánica* como pernos, tornillos, tuercas y varios sujetadores especiales.

32.2 Soldadura fuerte

La **soldadura fuerte** es un proceso de unión en el cual se coloca un **metal de aporte** en la periferia o entre las interfases de las superficies que se van a unir. Después se eleva la temperatura lo suficiente para derretir el metal de aporte pero no los componentes (el metal base), como sería el caso en la soldadura por fusión descrita en el capítulo 30. La expresión *soldadura fuerte* o *latonado*, que proviene del inglés *brazing*, se deriva del término *brass*, que significa "endurecer"; proceso que se usó por primera vez hacia 300 a 2000 a. C.

Se observará que la soldadura fuerte es un proceso de *adhesión de estado líquido-sólido*. Después de que se enfría y solidifica el metal de aporte se obtiene una unión fuerte. Los metales de aporte para este tipo de soldadura por lo general se funden por arriba de 450 °C (840 °F), una temperatura que está por debajo del punto de fusión (*temperatura del sólido*) de los metales a unir (vea, por ejemplo, la figura 4.4).

La figura 32.2a muestra una unión común de soldadura fuerte, donde un material de aporte (*soldadura de alto punto de fusión*) en forma de alambre se coloca por toda la periferia de los componentes que se van a unir. Entonces se aplica calor, por varios medios externos, lo que funde el metal de aporte y, por acción *capilar*, se llena el estrecho espacio cercano (llamado *holgura de la unión*) en las interfases (figura 32.2b). En la **soldadura fuerte**, el metal de aporte (latón, por lo general) se deposita en la unión mediante una

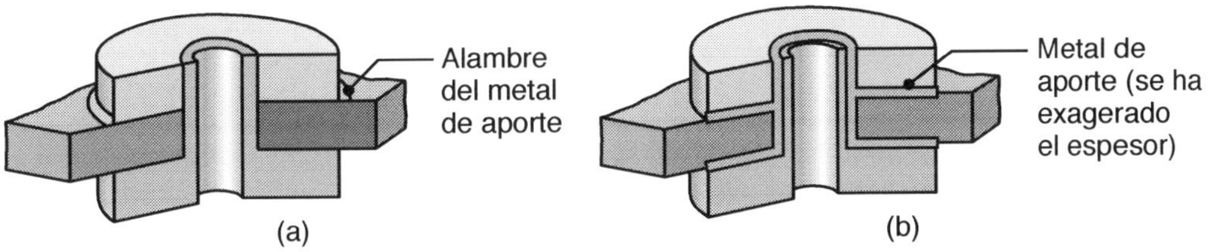

FIGURA 32.2 Ejemplo de soldadura fuerte en un horno (a) antes y (b) después de soldar. El metal de aporte es un alambre adaptado a la forma y una vez derretido avanza por las interfases por acción capilar, con la aplicación de calor.

técnica similar a la soldadura por gas oxicombustible (vea la figura 30.1d.) (Para más detalles consulte la sección 32.2.1).

En la figura 32.3 se presentan ejemplos de uniones hechas por soldadura fuerte y blanda. Es posible pegar rápidamente formas intrincadas y ligeras y con poca distorsión, buena resistencia de la unión y con metales disímbolos.

Metales de aporte. Existen varios metales de aporte, con el rango de temperaturas para soldar que se presenta en la tabla 32.1. Observe que, a diferencia de las operaciones de soldadura descritas en los dos capítulos anteriores, los metales de aporte para la soldadura blanda por lo general tienen composiciones que son muy diferentes de las de los metales a unir. Se encuentran disponibles en varias formas, como alambre, barras, anillos, placas y limaduras. Es importante la selección del tipo de metal de aporte y su composición para evitar que la unión se haga *quebradiza* por (a) penetración del metal líquido en la frontera del grano (sección 1.5.2); (b) la formación de *compuestos intermetálicos frágiles* (sección 4.2.2) y (c) *corrosión galvánica* en la unión (sección 3.8).

Debido a la *difusión* entre el metal de aporte y el metal base, las propiedades mecánicas y metalúrgicas de una unión hecha con soldadura fuerte pueden cambiar como resultado de un procesamiento posterior o durante la vida de servicio de la parte pegada. Por ejemplo, cuando se suelda titanio con estaño puro como metal de aporte, es posible que el estaño se difunda por completo en el metal base titanio cuando se les someta a envejecimiento o a tratamiento térmico; en consecuencia, ya no habrá unión.

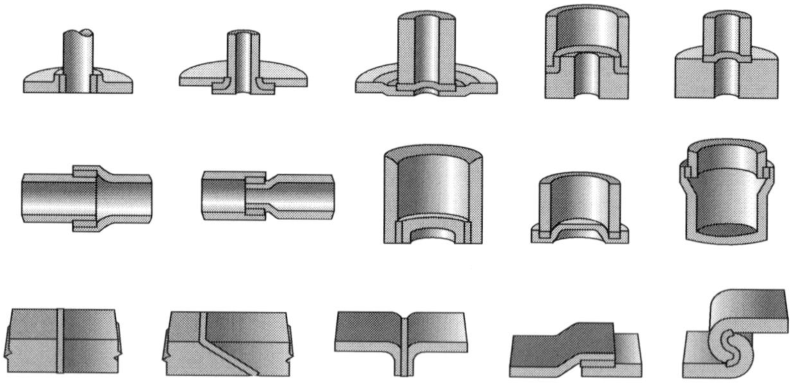

FIGURA 32.3 Diseños de uniones usadas comúnmente en las operaciones de soldadura fuerte. La holgura entre las dos piezas a ser soldadas es un factor importante en la fuerza de unión; si la holgura es demasiado chica, la soldadura de metal fundido no penetrará por completo la interfase, y si es demasiado grande no habrá suficiente acción capilar para que el metal fundido llene la interfase.

TABLA 32.1

Metales de aporte de uso común en la soldadura fuerte de varios metales y aleaciones

Metal base	Metal de aporte	Temperatura de la soldadura fuerte
Aluminio y sus aleaciones	Aluminio-silicio	570-620
Aleaciones de magnesio	Magnesio-aluminio	580-625
Cobre y sus aleaciones	Cobre-fósforo y oro-cobre-fósforo	700-925
Ferrosos y no ferrosos (excepto aluminio y magnesio)	Aleaciones de plata y cobre, cobre-fósforo, cobre-zinc	620-1150
Aleaciones con base en hierro, níquel y cobalto	Oro-cobre y oro-paladio	900-1100
Aceros inoxidables, aleaciones con base en níquel y cobalto	Níquel-plata	925-1200

Fundentes. En la soldadura fuerte es esencial el uso de un *fundente* debido a que impide la oxidación y remueve las películas de óxido. Los fundentes que se emplean en esta soldadura por lo general están hechos de bórax, ácido bórico, boratos, fluoruros y cloruros. Pueden agregarse *agentes humectantes* para mejorar tanto las características humectantes del metal de aporte derretido como la acción capilar.

Es esencial que las superficies que se van a soldar estén limpias y libres de herrumbre, aceite y otros contaminantes con el fin de (a) tener una humectabilidad y distribución efectiva (esparcimiento) del metal de aporte fundido en las interfases de la unión y (b) desarrollar la máxima resistencia de la adhesión. También puede usarse el arenado (sección 26.8) para mejorar el acabado de la superficie de las superficies de unión. Debido a que son corrosivos, los fundentes deben eliminarse después de hacer la soldadura fuerte, lo que se suele realizar lavando con agua caliente.

Resistencia de la unión con soldadura fuerte. La resistencia de la unión soldada depende de (a) la limpieza del espacio libre; (b) el área de unión y (c) la naturaleza de la unión en las interfases entre los componentes y el metal de aporte. Por lo común las holguras de la unión están en el rango de 0.025 a 0.2 mm (0.001 a 0.008 pulg). Como se ve en la figura 32.4, cuanto más estrecho es el espacio, mayor es la *resistencia cortante* de la unión. Observe que hay un espacio óptimo para lograr la máxima *resistencia a la tensión*. La resistencia cortante puede alcanzar 800 MPa (120 ksi) utilizando aleaciones que contengan plata (*soldadura de plata*). Debido a que las holguras en la soldadura fuerte son muy pequeñas, la rugosidad de las superficies que se empalman se vuelve importante (vea también la sección 33.3).

32.2.1 Métodos de la soldadura fuerte

Como se describe más adelante, los métodos de calentamiento usados en la soldadura fuerte identifican los diferentes procesos.

Soldadura fuerte con soplete. La fuente de calor en la *soldadura fuerte con soplete* (TB, por sus siglas en inglés) es gas oxicombustible con flama carburizante (vea la figura 30.1c). La soldadura se efectúa calentando primero la unión con el soplete para luego depositar la barra o alambre de soldadura en la unión. Los espesores de la parte por lo general van de 0.25 a 6 mm (0.01 a 0.25 pulg). La soldadura fuerte con soplete es difícil de controlar y requiere mano de obra especializada, pero se puede automatizar como proceso de producción con el uso de sopletes múltiples.

Soldadura fuerte en horno. En la *soldadura fuerte en horno* (FB, por sus siglas en inglés), primero se limpian y precargan las partes con el metal para soldar, en las configuraciones adecuadas; después se coloca el conjunto en un horno, donde se calienta de manera uniforme. Los hornos pueden ser por lotes, para formas complejas, o del tipo continuo para producciones grandes, en especial de partes pequeñas con diseños de unión sencillos. Los hornos al vacío o con atmósferas neutras se utilizan para metales que reaccionan con el ambiente; se puede usar hidrógeno para reducir los óxidos en metales a los que no les afecta la fragilización por hidrógeno (sección 2.10.2A). No se requiere que la mano de obra sea especializada y se pueden elaborar formas complejas ya que todo el ensamble se calienta de manera uniforme en el horno.

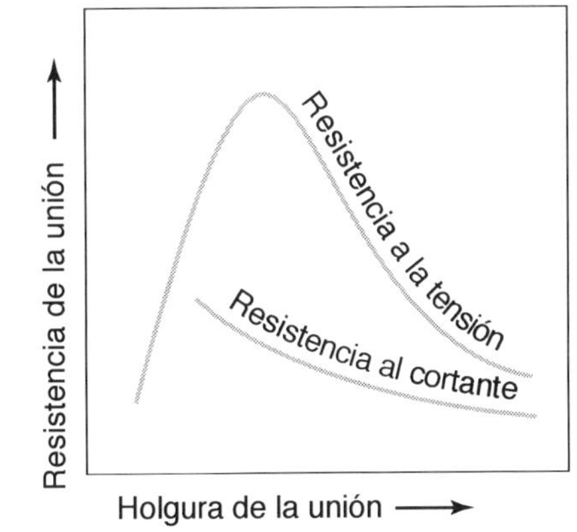

FIGURA 32.4 Efecto de la holgura de la unión, en la resistencia de las uniones con soldadura fuerte, a la tensión y al cortante; observe el lector que, a diferencia de la resistencia a la tensión, la correspondiente al cortante disminuye de manera constante a medida que el claro aumenta.

Soldadura fuerte por inducción. En la *soldadura fuerte por inducción* (IB, por sus siglas en inglés), la fuente de calor es el calentamiento por inducción de una corriente alterna de alta frecuencia. Las partes se cargan con el metal de aporte y se colocan cerca de bobinas de inducción para su calentamiento rápido (vea la figura 4.24). A menos que se utilice una atmósfera protectora (neutra), por lo general se requieren fundentes. Los espesores de la parte suelen ser menores que 3 mm (0.125 pulg). La soldadura fuerte por inducción es apropiada en particular para la soldadura continua de las partes (figura 32.5).

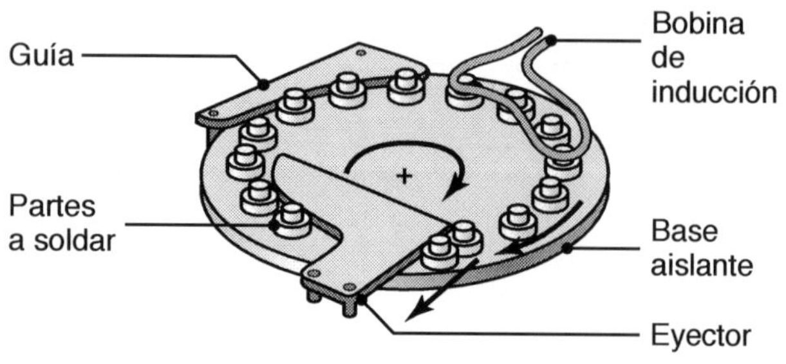

FIGURA 32.5 Ilustración esquemática de un arreglo continuo de soldadura fuerte por inducción para incrementar la productividad.

Soldadura fuerte con resistencia. En la *soldadura fuerte con resistencia* (RB, por sus siglas en inglés), la fuente de calor es la resistencia eléctrica de los componentes que se han de soldar; con este método se utilizan electrodos, como en la soldadura por fusión con resistencia. Partes con espesores comunes de 0.1 a 12 mm (0.004 a 0.5 pulg) se precargan con el metal de aporte, o bien éste se suministra externamente durante la soldadura. La operación es rápida, las zonas de calentamiento pueden confinarse a áreas muy pequeñas y es posible automatizar el proceso para producir una unión confiable, uniforme y de calidad.

Soldadura fuerte por inmersión. En la *soldadura fuerte por inmersión* (DB, por sus siglas en inglés), se une un ensamble de dos o más partes sumergiéndolo en un baño de metal de aporte o de sal derretida; en este caso, el metal de aporte necesita ser parte del ensamble. La sal fundida actúa como un fundente, de modo que la unión tiene lugar sobre las superficies libres de óxido. El baño de metal de aporte o de sal fundida (sección 4.12) se encuentra a una temperatura apenas por arriba del punto de fusión del metal de aporte, de modo que todas las superficies de los componentes quedan recubiertas con el metal de aporte. En consecuencia, la soldadura fuerte por inmersión en baños de metal por lo general se usa para partes pequeñas (como lámina, alambre y accesorios), a menudo con menos de 5 mm (0.2 pulg) de espesor o diámetro.

En función del tamaño de las partes y del baño, es posible producir hasta 1000 uniones de una sola vez. La soldadura fuerte por inmersión en general requiere partes que sean autoajustables (autoensamblables), pero puede usarse soldadura por puntos o de precisión; son preferibles las uniones traslapadas, aunque también pueden producirse uniones a tope.

Soldadura fuerte infrarroja. En la *soldadura fuerte infrarroja* (IRB, por sus siglas en inglés), la fuente de calor es una lámpara de cuarzo de alta intensidad. La energía radiante se centra en la unión y la soldadura puede efectuarse en el vacío. También se emplea el calentamiento con microondas. El proceso es apropiado en particular para soldar componentes muy delgados, por lo general con menos de 1 mm (0.04 pulg) de espesor, inclusive estructuras metálicas tipo panal (sección 16.3).

Soldadura fuerte por difusión. La *soldadura fuerte por difusión* (DFB, por sus siglas en inglés) se realiza en un horno en el que, con el control apropiado de la temperatura y el tiempo, el metal de aporte se difunde en las superficies empalmadas de los componentes a unir. El tiempo requerido para la soldadura fuerte varía de 30 minutos a 24 horas. Este proceso se usa para uniones traslapadas o a tope fuertes, así como para materiales difíciles de unir, pero usualmente para aleaciones simples binarias o de tres metales. Las aleaciones más complejas pueden producir compuestos intermetálicos en la unión que pueden comprometer su resistencia. Debido a que la velocidad de difusión en la interfase no depende del espesor de los componentes, los espesores de la parte varían desde el del papel (foil) hasta 50 mm (2 pulg).

Haces de alta energía. Para aplicaciones especializadas y de alta precisión, y con metales y aleaciones de alta temperatura, puede usarse el calentamiento por *haz de electrones* o *rayo láser*, como se describe en las secciones 27.6 y 27.7.

Soldadura metalúrgica fuerte. La unión en la *soldadura metalúrgica fuerte* se prepara igual que en la soldadura por fusión, descrita en el capítulo 30. Si bien se usa un soplete de oxiacetileno con flama oxidante, el metal de aporte se deposita en la unión (de ahí el término soldadura) en vez de hacerlo por acción capilar. Como resultado, se usa considerablemente más metal de aporte que en la soldadura fuerte. Las temperaturas en la soldadura fuerte por lo general son menores que las usadas para la soldadura por fusión, por lo que la distorsión de la parte es mínima. En este proceso resulta esencial el uso de un fundente. El uso principal de la soldadura metalúrgica fuerte es para el mantenimiento y reparaciones de fundiciones de hierro y componentes de acero, aunque el proceso se puede automatizar para la producción en masa.

32.2.2 Diseño para la soldadura fuerte

Como en todos los procesos de unión, en la soldadura fuerte es importante el *diseño de la unión*; en la figura 32.6 se dan algunos lineamientos para ello. Las uniones resistentes en la soldadura fuerte requieren un área de contacto más grande que en la metalúrgica. Para mantener las partes juntas durante la soldadura fuerte, pueden requerirse diversos accesorios especiales y dispositivos para sujetarlas (vea también la sección 37.8); algunas permitirán la expansión y contracción térmicas durante la operación de soldadura fuerte.

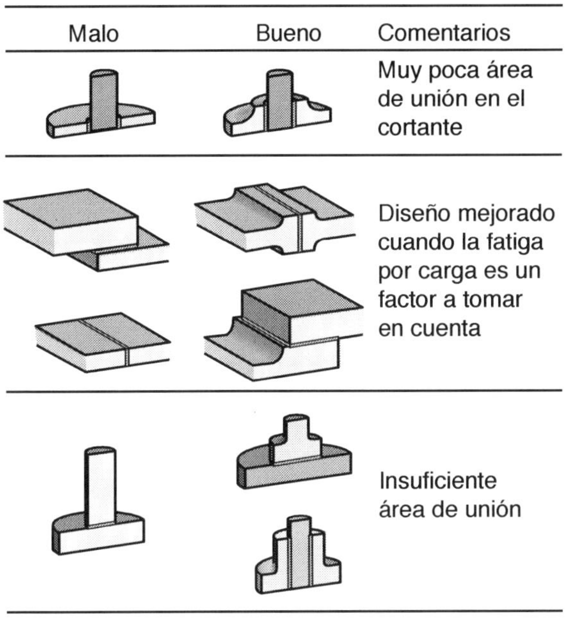

FIGURA 32.6 Ejemplos de diseños buenos y malos para la soldadura fuerte. *Fuente:* American Welding Society.

32.3 Soldadura blanda

En la *soldadura* blanda, el metal de aporte (soldadura de bajo punto de fusión) se funde a una temperatura relativamente baja. Igual que en la soldadura fuerte, la soldadura rellena la unión, por acción capilar, entre los componentes que se ajustan estrechamente o están situados muy cerca. Las fuentes de calor para la soldadura blanda por lo general son cautines, sopletes u hornos. La palabra "solder", en su nativo inglés, se deriva del latín *solidare*, que significa "hacerse sólido". La soldadura blanda con aleaciones base cobre-oro y estaño-plomo fue la primera que se practicó hacia los años 4000 o 3000 a. C.

32.3.1 Tipos de soldaduras blandas y fundentes

Dos características importantes de las soldaduras son su baja tensión superficial y su alta capacidad de humectar. Las soldaduras blandas se funden en el *punto eutéctico* de la aleación de la soldadura (para un ejemplo, vea la figura 4.8). Tradicionalmente, las soldaduras blandas han sido de estaño-plomo en diferentes proporciones. Por ejemplo, una soldadura blanda cuya composición sea 61.9% estaño y 38.1% plomo, se funde a 188 °C (370 °F), mientras que el estaño se funde a 232 °C (450 °F) y el plomo a 327 °C (621 °F). Para aplicaciones especiales y mayor resistencia de la unión, en especial a temperaturas elevadas, otras composiciones posibles para la soldadura blanda son las aleaciones de estaño-zinc, plomo-plata, cadmio-plata y zinc-aluminio (tabla 32.2).

Debido a la *toxicidad* del plomo y sus efectos adversos en el ambiente, existen **soldaduras blandas libres de plomo**. Desde que la Unión Europea prohibió en 2006 la adición intencional de plomo a la electrónica del consumidor, se ha hecho amplio uso de soldaduras blandas de estaño-plata-cobre, con una composición común de 96.5% estaño, 3.0% plata y 0.5% cobre. Es frecuente que se agregue un cuarto elemento, como zinc o manganeso, con el fin de proveer las características mecánicas o térmicas deseadas. Para aplicaciones no eléctricas existe un gran número de soldaduras blandas y también se pueden incorporar cadmio, oro, bismuto e indio.

Los **fundentes** se usan en la soldadura blanda con los mismos propósitos que tienen en la soldadura metalúrgica y en la soldadura fuerte, como se describe en la sección 32.2, e inclusive sirven para ayudar al humedecimiento de las superficies por parte de la soldadura blanda. Por lo general los fundentes para la soldadura blanda son de dos tipos:

1. *Ácidos* o *sales inorgánicas*, como soluciones de zinc-amonio-cloruro, que limpian la superficie con rapidez. Para evitar la corrosión deben retirarse los residuos del fundente después de hacer la soldadura blanda lavando la unión muy bien con agua.
2. *Fundentes basados en resina* no corrosivos, de uso común en aplicaciones eléctricas.

TABLA 32.2

Selección de soldaduras blandas comunes y sus aplicaciones más frecuentes

Estaño-plomo	Propósito general
Estaño-zinc	Aluminio
Plomo-plata	Resistente a temperaturas superiores a la del ambiente
Cadmio-plata	Resistente a altas temperaturas
Zinc-aluminio	Aluminio, resistencia a la corrosión
Estaño-plata	Electrónica
Estaño-bismuto	Electrónica

32.3.2 Técnicas de soldadura blanda

Las técnicas de soldadura blanda más comunes son las siguientes:

1. **Soldadura blanda con soplete** (TS*)
2. **Soldadura blanda en horno** (FS*)
3. **Soldadura blanda con cautín** (INS*)
4. **Soldadura blanda por inducción** (IS*)
5. **Soldadura blanda con resistencia** (RS*)
6. **Soldadura blanda por inmersión** (DS*)
7. **Soldadura blanda infrarroja** (IRS*)

Otras técnicas de soldadura, para aplicaciones especiales, son:

8. **Soldadura blanda ultrasónica:** un transductor somete la soldadura blanda fundida a cavitación ultrasónica; esta acción remueve las películas de óxido de las superficies que se han de unir y se elimina así la necesidad de un fundente (de ahí proviene el término soldadura sin fundente).
9. **Soldadura blanda por reflujo (pasta)** (RS*)
10. **Soldadura blanda ondulatoria** (WS*)

* Por sus siglas en inglés.

Las dos últimas técnicas se utilizan mucho para la unión y empaquetamiento en la *tecnología de montaje en superficies*, (consulte la sección 28.11, en inglés en el sitio web). Debido a que son muy diferentes de los otros métodos de soldadura, se describen a continuación con algún detalle.

Soldadura blanda por reflujo. Las *pastas para soldar* son partículas que sueldan metal y que se mantienen unidas por medio de agentes fundentes, aglutinantes y humidificadores. Las pastas tienen consistencia semisólida y mucha viscosidad, por lo que son capaces de mantener su forma por periodos relativamente largos. La pasta se coloca directamente sobre la unión o en objetos planos para lograr un detalle más fino; se puede aplicar con la técnica de *plantilla* o *estarcido* (esténcil), como se ilustra en la figura 32.7a. Es común usar el estarcido durante la colocación de componentes eléctricos en tarjetas de circuitos impresos. Un beneficio adicional de la soldadura blanda por reflujo es que la alta tensión superficial de la pasta ayuda a mantener los paquetes montados en la superficie alineados sobre sus almohadillas, característica que mejora la confiabilidad de las uniones soldadas (consulte la sección 28.11, en inglés, en el sitio web del libro).

Una vez colocada la pasta y que se ha ensamblado la unión, se calienta en un horno y la soldadura se efectúa. En la soldadura blanda por reflujo, el producto se calienta en forma controlada de modo que ocurre la siguiente secuencia de eventos:

1. Se evaporan los solventes presentes en la pasta.
2. El fundente que hay en la pasta se activa y sucede la acción fundente.
3. Se precalientan los componentes.
4. Las partículas de soldadura blanda se derriten y empapan la unión.
5. El ensamble se enfría despacio con el fin de impedir el choque térmico y la posible fractura de la unión.

Aunque este proceso parece fácil, en cada etapa hay algunas variables y debe mantenerse un buen control de las temperaturas y duraciones para garantizar una resistencia apropiada de la unión.

Soldadura ondulatoria. La *soldadura ondulatoria* es una técnica común para fijar componentes de circuitos en sus tarjetas (consulte la sección 28.11 en el sitio web del libro). Aunque este proceso está siendo reemplazado poco a poco por la soldadura blanda con reflujo, todavía se utiliza en la práctica industrial.

Es importante observar que debido a que la soldadura blanda fundida no humedece todas las superficies, no se adherirá a la mayoría de polímeros y es fácil de quitar mientras está derretida. La soldadura empapa las superficies metálicas y forma una buena unión, pero sólo cuando el metal se precalienta a cierta temperatura. Así, la soldadura blanda ondulatoria requiere operaciones de flujo y precalentamiento por separado para poder efectuarse.

En la figura 32.7b se ilustra una operación de soldadura blanda ondulatoria. Primero se genera con una bomba una onda estacionaria laminar de soldadura blanda fundida;

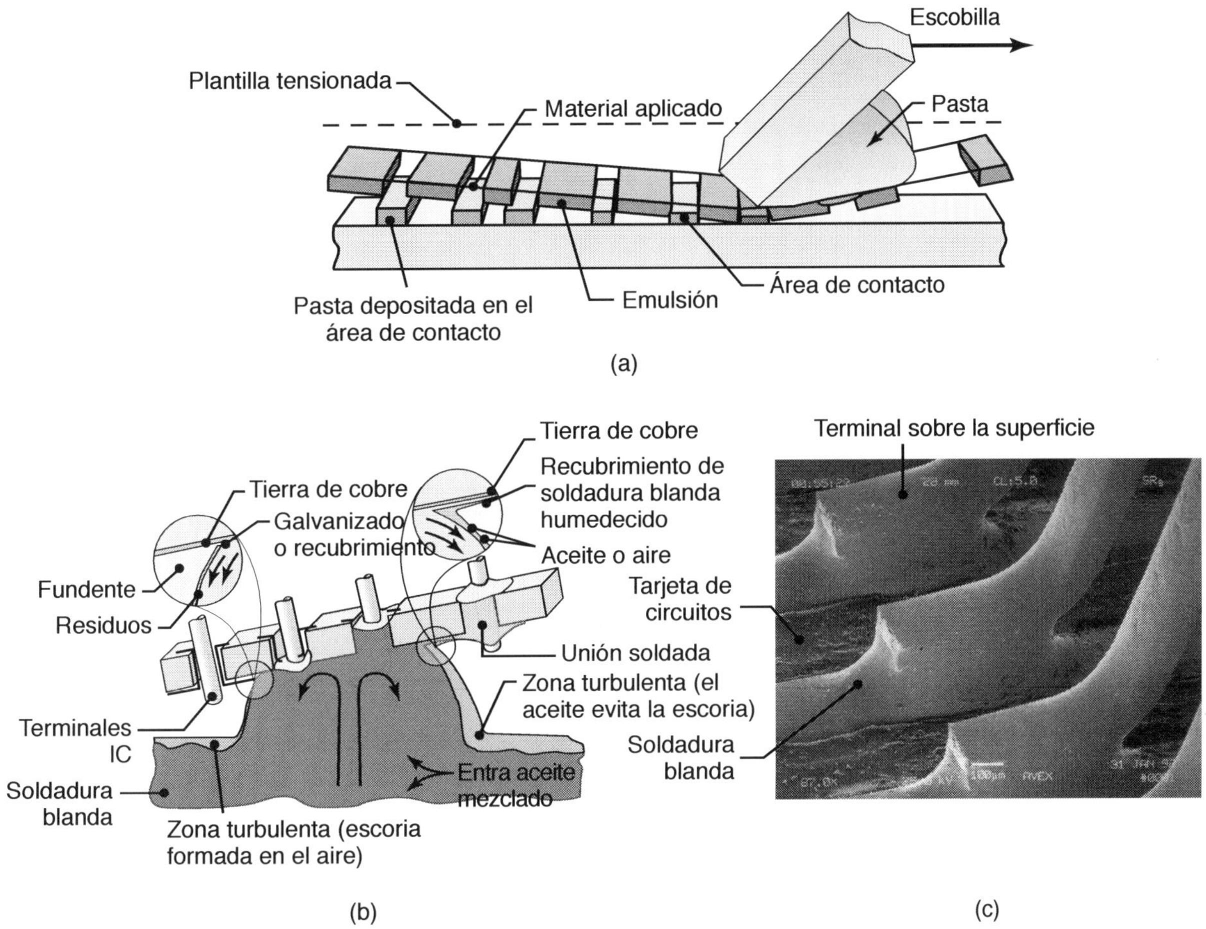

FIGURA 32.7 (a) Depósito usando plantilla de la pasta de soldadura blanda en una tarjeta de circuitos impresos en la soldadura por reflujo. (b) Ilustración esquemática del proceso de soldadura ondulatoria. (c) Imagen tomada con un microscopio electrónico de barrido (SEM) de una unión hecha con soldadura ondulatoria sobre un dispositivo de montaje en superficies. *Fuente:* (a) Tomado de V. Solberg.

después se introducen a la onda las tarjetas precalentadas y con fundente. La soldadura blanda empapa las superficies metálicas expuestas, pero (a) no permanece adherida en el empaque de polímero de los circuitos integrados y (b) no se adhiere a las tarjetas de circuitos recubiertas con polímero. Un cuchillo de aire (corriente de aire caliente de alta velocidad; vea la sección 34.11) elimina el exceso de soldadura blanda de la unión para impedir que se formen puentes entre terminales adyacentes.

Cuando se usa soldadura blanda ondulatoria para los paquetes de montaje superficial, deben adherirse a la tarjeta de circuitos antes de comenzar el proceso. Usualmente la unión se efectúa con la secuencia siguiente: (1) se aplica con plantilla o por estarcido resina epóxica en las tarjetas; (2) se colocan los componentes en las ubicaciones apropiadas; (3) se cura la resina epóxica; (4) se invierte la tarjeta y (5) se realiza la soldadura blanda ondulatoria. En la figura 32.7c se presenta una fotografía tomada con un microscopio electrónico de barrido (SEM, por sus siglas en inglés) de una unión común de un montaje en una superficie.

EJEMPLO 32.1 Soldadura blanda de componentes en una tarjeta de circuitos impresos

Las industrias de computación y electrónica de consumo establecen requerimientos estrictos en extremo para los componentes electrónicos. Se espera que los circuitos integrados y otros equipos electrónicos funcionen de manera confiable durante periodos muy largos durante los cuales estarán sujetos a variaciones significativas de temperatura y a vibraciones (vea también la sección 28.12 en el sitio web del libro). Con estos requerimientos en mente, es esencial que las uniones soldadas sean suficientemente fuertes y confiables y también que las uniones se efectúen con rapidez extrema por medio de equipo automatizado.

En las industrias de la computación y electrónica de consumo hay una tendencia permanente hacia la reducción del tamaño de los chips y hacia la compactación creciente de las tarjetas de circuitos. Se obtienen ahorros de espacio con el montaje de circuitos integrados en paquetes de montaje superficial, lo que permite mayor compactación en una tarjeta. Más importante aún es el hecho de que la técnica permite que los componentes se monten en *ambos* lados de la tarjeta.

Surge un problema difícil cuando la misma tarjeta impresa tiene circuitos montados tanto en la superficie como en línea y resulta esencial soldar todas las uniones con un proceso automático y confiable. Es importante reconocer que para que la operación de ensamblado sea eficiente todos los circuitos en línea deben ser insertados desde un lado de la tarjeta. En realidad ninguna otra necesidad de rendimiento dictaría otra cosa y esta restricción simplifica en gran manera la manufactura.

Las etapas básicas de la soldadura blanda de las conexiones en una tarjeta como la descrita son las siguientes (vea las figuras 32.7b y c):

1. Aplicar soldadura blanda en un lado de la tarjeta.
2. Colocar los paquetes de montaje superficial sobre la tarjeta e insertar los paquetes en línea a través del lado principal de la tarjeta.
3. Usar soldadura blanda con reflujo.
4. Aplicar adhesivo al lado secundario de la tarjeta.
5. Con el adhesivo, fijar las partes de montaje en la superficie sobre el lado secundario de la tarjeta.
6. Curar el adhesivo.
7. Efectuar una operación de soldadura blanda ondulatoria sobre el lado secundario con el fin de producir la fijación eléctrica en la tarjeta de los circuitos montados en la superficie y en línea.

La aplicación de la soldadura blanda se lleva a cabo con plantillas o esténciles, de manera que la pasta de soldadura se aplique sólo en las áreas designadas de la tarjeta de circuitos (las plantillas se utilizan más para partes muy finas, ya que producen un espesor más uniforme de la pasta). Luego se colocan los componentes de los circuitos montados en la superficie y la tarjeta se calienta en un horno a unos 200 °C (400 °F) para que haya reflujo de la soldadura blanda, y para formar conexiones fuertes entre el montaje en la superficie y la tarjeta de circuitos.

En esta etapa, los componentes con terminales se insertan en el lado principal de la tarjeta, se aboquillan sus puntas y se voltea la tarjeta. Se imprime sobre la tarjeta un punto de resina epóxica en el centro de un componente del montaje en la superficie. Después se colocan los paquetes para montar en superficies sobre el adhesivo por medio de sistemas de alta velocidad, automatizados y controlados por computadora. Entonces se cura el adhesivo, se voltea la tarjeta y se realiza la soldadura blanda ondulatoria.

La operación de soldadura blanda ondulatoria une simultáneamente los componentes de montaje en la superficie con el lado secundario y suelda los extremos de los componentes en línea del lado principal de la tarjeta. Posteriormente, ésta se limpia e inspecciona antes de efectuar los controles de calidad.

32.3.3 Soldabilidad

La *soldabilidad* de la soldadura blanda se define de forma parecida a la soldabilidad metalúrgica (sección 30.9.2). Se han desarrollado fundentes especiales para mejorar la soldabilidad de metales y aleaciones. Como guía general se debe tener presente lo siguiente:

- *Cobre*, *plata* y *oro* son fáciles de unir con soldadura blanda.
- *Hierro* y *níquel* son más difíciles de unir con soldadura blanda.
- *Aluminio* y *aceros inoxidables* son difíciles de unir con soldadura blanda.
- *Aceros*, *fundiciones de hierro*, *titanio* y *magnesio*, así como *cerámicos* y *grafito*, se pueden soldar recubriéndolos antes con elementos metálicos apropiados con el fin de inducir la unión interfasial; este método es semejante al que se usa para unir carburos y cerámicas (vea la sección 32.6.3). Un ejemplo es la *hojalata* (material de uso común en la fabricación de latas para alimentos y que es una hoja de acero recubierta con estaño, lo que lo hace muy fácil de soldar).

32.3.4 Aplicaciones de la soldadura blanda y lineamientos de diseño

La soldadura blanda se usa mucho en la industria electrónica; sin embargo, observe que debido a que las temperaturas son relativamente bajas, una unión soldada tiene utilidad

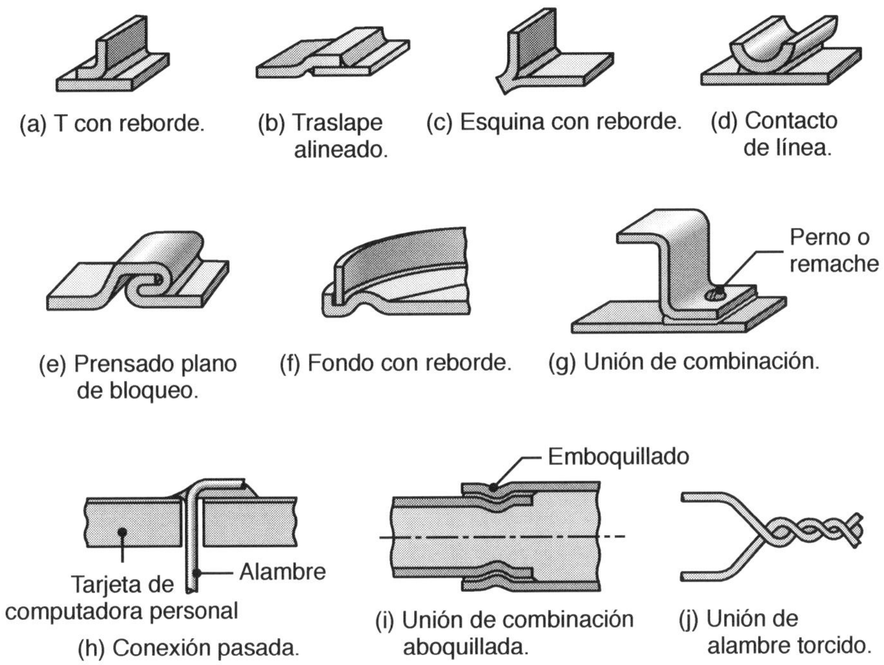

FIGURA 32.8 Diseños de unión comúnmente usados para soldadura blanda.

muy limitada a temperaturas elevadas. Además, como por lo general no tienen mucha resistencia, las soldaduras blandas no se pueden usar para miembros (estructurales) de carga. La resistencia de la unión puede mejorar significativamente con el *aseguramiento* mecánico de la unión, como se ilustra en la figura 32.8.

Los **lineamientos de diseño** para usar soldadura blanda son parecidos a los que se emplean para unir con soldadura fuerte (vea la sección 32.2.2). En la figura 32.8 se muestran algunos diseños de uniones que se usan con frecuencia. Observe la importancia de las grandes superficies de contacto (debido a la poca resistencia de las soldaduras blandas) para desarrollar suficiente fuerza de la unión en los productos unidos con soldadura blanda. Como las superficies que se empalman por lo general son pequeñas, es raro usar soldaduras blandas para hacer uniones a tope.

32.4 Unión adhesiva

Uno de los procesos de unión más versátiles es el uso de **adhesivos** entre dos superficies, por lo general con el uso de un caucho o polímero como material de aporte. Un ejemplo común de *unión adhesiva* es el fibracel, en el cual varias capas de madera se adhieren con pegamento para madera. El fibracel moderno se desarrolló en 1905, pero la práctica de unión adhesiva de tablas, con el uso de pegamento animal, se remonta a unos 3500 años a. C.

Código QR 32.1 Procesamiento de una unión adhesiva. (*Fuente:* Cortesía de EWI).

El enlace adhesivo ha ganado mucha aceptación en la manufactura desde que se usó por primera vez a gran escala: el ensamble de componentes de carga en aviones durante la Segunda Guerra Mundial (1939-1945). Los adhesivos existen en varias formas: líquidos, pasta, solución, emulsión, polvo, cinta y película. Cuando se aplican, es común que tengan un espesor de 0.1 mm (0.004 pulg).

Para cumplir los requerimientos de una aplicación en particular, un adhesivo requiere una o más de las propiedades siguientes (tabla 32.3):

- Resistencia: cortante y al desprendimiento.
- Tenacidad.
- Resistencia a varios fluidos y productos químicos.

TABLA 32.3

Propiedades y características comunes de adhesivos estructurales químicamente reactivos

	Epóxico	Poliuretano	Acrílico modificado	Cianoacrilato	Anaeróbico
Resistencia al impacto	Malo	Excelente	Buena	Malo	Suave
Resistencia cortante a tensión, MPa (10^3 psi)	15-22 (2.2-3.2)	12-20 (1.7-2.9)	20-30 (2.9-4.3)	18.9 (2.7)	17.5 (2.5)
Resistencia al desprendimiento (o pelado),* N/m (lb/pulg)	<523 (3)	14 000 (80)	5250 (30)	<525 (3)	1750 (10)
Sustratos unidos	La mayoría	La mayoría suave, no porosos	La mayoría suave, no porosos	La mayor parte de metales o plásticos no porosos	Metales, vidrio, termofijos
Rango de la temperatura de servicio, °C (°F)	−55 a 120 (−70 a 250)	−40 a 90 (−250 a 175)	−70 a 120 (−100 a 250)	−55 a 80 (−70 a 175)	−55 a 150 (−70 a 300)
Se requiere calor para el curado o el mezclado	Sí	Sí	No	No	No
Resistencia a los solventes	Excelente	Buena	Buena	Buena	Excelente
Resistencia a la humedad	De buena a excelente	Suave	Buena	Malo	Buena
Límite de la holgura, mm (pulg)	Ninguna	Ninguna	0.5 (0.02)	0.25 (0.01)	0.60 (0.025)
Olor	Suave	Suave	Fuerte	Moderada	Suave
Toxicidad	Moderada	Moderada	Moderada	Baja	Baja
Inflamabilidad	Baja	Baja	Alta	Baja	Baja

*La resistencia al desprendimiento varía mucho, en función de la preparación y calidad de la superficie.

- Resistencia a la degradación ambiental, inclusive al calor y la humedad.
- Capacidad de humedecer las superficies por unir.

32.4.1 Tipos de adhesivos y sistemas adhesivos

Existen varios tipos de adhesivos y otros están en desarrollo para dar buena resistencia a la unión, inclusive a la resistencia a la fatiga (tabla 32.4). Los tres tipos básicos de adhesivos son:

1. **Adhesivos naturales**, como almidón, harina de soya, productos animales y dextrina (sustancia pegajosa que se obtiene del almidón).
2. **Adhesivos inorgánicos**, como el silicato de sodio y el oxicloruro de magnesio.
3. **Adhesivos orgánicos sintéticos**, que pueden ser termoplásticos (de uso sobre todo para uniones estructurales).

Debido a su resistencia, los adhesivos orgánicos sintéticos son los más importantes en las operaciones de manufactura, en particular para aplicaciones de carga. Se clasifican como sigue:

- **Químicamente reactivos:** poliuretanos, silicones, epóxicos, cianoacrilatos, acrílicos modificados, fenoles y polimidas; también se incluyen anaeróbicos (que se curan en ausencia de oxígeno), como Loctite® para sujetadores roscados, vea también el caso de estudio 32.1.
- **Sensibles a la presión:** caucho natural, caucho estireno-butadieno, butil caucho, nitril caucho y poliacrilatos.
- **Fusión caliente:** termoplásticos (como los copolímeros etileno-vinil acetato, poliolefinos, poliamidas y poliéster) y elastómeros termoplásticos.
- **Fusión caliente reactiva:** forma de termoplástico, con una porción de termofijo (basado en la química del uretano), con mejores propiedades; también se conoce como pegamento caliente.
- **Evaporativos o por difusión:** vinilos, acrílicos, fenoles, poliuretanos, cauchos sintéticos y cauchos naturales.

TABLA 32.4

Características generales de los adhesivos

Tipo	Comentarios	Aplicaciones
Acrílico	Termoplástico; preparación rápida; adhesión fuerte a temperatura ambiente; dos componentes; buen solvente; resistencia química y al impacto; vida de trabajo corta; oloroso; se requiere ventilación.	Fibra de vidrio y uniones de acero tipo emparedado, raquetas de tenis, partes metálicas y plásticos.
Anaeróbico	Termofijo; fácil de usar; curado lento; adhesiones a temperatura ambiente; el curado ocurre en ausencia de aire; no curará si hay adherentes en contacto con el aire; un componente; no es bueno en superficies permeables.	Partes de máquinas de ajuste fino, como ejes y poleas, tuercas y pernos y rodamientos y agujas.
Epóxico	Termofijo; uno o dos componentes; adhesión fuerte; el más fuerte de los adhesivos de ingeniería; gran resistencia a la tensión y poca al desprendimiento; resiste la humedad y las altas temperaturas; difícil de usar.	Metal, cerámica y partes de plástico rígido.
Cianoacrilato	Termoplástico; preparación rápida; adhesión fuerte a temperatura ambiente; fácil de usar; incoloro.	"Krazy Glue"; une la mayor parte de materiales; es útil en especial para cerámicos y plásticos.
Fusión caliente	Termoplástico; preparación rápida; uniones rígidas o flexibles; fácil de aplicar; quebradizo a temperaturas bajas; basado en etil vinil acetato, poliolefinos, poliamidas y poliésteres.	Pega la mayoría de materiales; empaques; encuadernación de libros y uniones de latas metálicas.
Sensible a la presión	Termoplástico; uniones con resistencia variable; primero se ancla el adhesivo a la cinta de respaldo del material —un agente de liberación en el reverso de la tela permite que se desenrolle; hecho de ésteres de poliacrilato y varios cauchos naturales y sintéticos.	Cintas, papel y etiquetas.
Fenólicos	Termofijo; curado en horno; unión fuerte; mucha resistencia a la tensión y poca al impacto; quebradizo; fácil de usar; curado por evaporación de un solvente.	Amortiguamiento acústico, para balatas y cojines de embrague, unión de grano abrasivo y estructuras tipo panal.
Silicón	Termofijo; cura lenta; flexible; uniones a temperatura ambiente; gran resistencia al impacto y al desprendimiento; parecido al caucho.	Tapones y selladores.
Formaldehído (urea, melamina, fenol, resorcinol)	Termofijo; fuerte con uniones de madera; la urea no es cara, está disponible como polvo o líquido y requiere un catalizador; la melamina es más cara, curado con calor y la unión es resistente al agua; el resorcinol forma una unión resistente al agua a temperatura ambiente. Los tipos se pueden combinar.	Uniones de madera, fibracel y uniones.
Uretano	Termofijo; uniones a temperatura ambiente o curado en horno; buenas cualidades para llenar espacios.	Partes de fibra de vidrio de los cuerpos, caucho y tela.
Basado en agua (animal, vegetal, cauchos)	No es caro, no es tóxico ni inflamable.	Madera, papel, tela, piel y envolturas de sellado seco.

- **Película y cinta:** nailon, epóxicos, elastómeros epóxicos, nitril fenoles, vinil fenoles y poliamidas.
- **Adherencia retrasada:** copolímeros de estireno-butadieno, acetatos de polivinilo, poliésteres y poliamidas.
- **Conductores eléctricos y térmicos:** epóxicos, poliuretanos, silicones y poliamidas. La conductividad eléctrica se obtiene por adición de rellenos como la plata (la de uso más común), cobre, aluminio y oro. Los rellenos que mejoran la conductividad eléctrica de los adhesivos por lo general también mejoran su conductividad térmica.

Sistemas adhesivos. Estos sistemas se clasifican con base en sus características químicas específicas:

- **Sistemas basados en epóxicos:** estos sistemas tienen propiedades de alta resistencia y alta temperatura, de hasta 200 °C (400 °F); las aplicaciones comunes incluyen balatas para frenos automotrices y agentes adhesivos para moldes de arena para fundición.
- **Acrílicos:** debido a que el adhesivo actúa como solvente, los acrílicos son más tolerantes con los contaminantes superficiales.
- **Sistemas anaeróbicos:** el curado de estos adhesivos se hace en ausencia de oxígeno y la adhesión por lo general es fuerte y frágil; los tiempos de curado se pueden reducir por medio de calor o radiación ultravioleta (UV).
- **Cianoacrilato:** las líneas de unión son delgadas y la adhesión se fija en un lapso de cinco a 40 segundos.
- **Uretanos:** estos adhesivos tienen mucha tenacidad y flexibilidad a temperatura ambiente; se usan mucho como selladores.
- **Silicones:** muy resistentes a la humedad y solventes, estos adhesivos tienen gran resistencia al impacto y al desprendimiento; sin embargo, son comunes tiempos de curado en el rango de uno a cinco días.

Muchos de estos adhesivos se combinan para optimizar sus propiedades, como el *epóxico-silicón*, *nitril-fenol* y *epóxico-fenol*. Los adhesivos menos caros son los epóxicos y fenoles, seguidos por los poliuretanos, acrílicos, silicones y cianoacrilatos. Los adhesivos para aplicaciones de alta temperatura, en un rango cercano a 260 °C (500 °F), como las poliamidas y los polibenzimidazoles, por lo general son los más caros. La mayoría de adhesivos tienen una temperatura óptima alrededor de 200 °C para la máxima resistencia cortante.

32.4.2 Adhesivos conductores de la electricidad

Aunque la mayor parte de aplicaciones de unión con adhesivos requiere resistencia mecánica, un avance relativamente reciente es el desarrollo y aplicación de adhesivos conductores de la electricidad con el fin de sustituir las aleaciones base plomo, en particular en la industria electrónica. Estos adhesivos requieren temperaturas de curado o preparación menores que las necesarias para la soldadura blanda. Las aplicaciones de adhesivos conductores de la electricidad incluyen calculadoras, controles remotos y paneles de control. Además, hay usos de alta densidad en ensamblajes electrónicos, pantallas de cristal líquido, televisiones portátiles y juegos electrónicos.

En estos adhesivos el polímero es la matriz y contiene metales conductores (de relleno) en formas como hojuelas y partículas (vea también la sección 7.3 acerca de polímeros conductores de la electricidad). Hay una proporción mínima de rellenos necesarios para hacer que el adhesivo sea conductor eléctrico; por lo común en el rango de 40 a 70% del volumen.

El tamaño, la forma y distribución de las partículas metálicas, el método de calentamiento y aplicación de presión, así como la geometría del contacto de la partícula conductora individual pueden controlarse para dar al adhesivo conductividad isotrópica o anisotrópica. Los metales que se utilizan son por lo general plata, níquel, cobre y oro, así como carbono. Los desarrollos más recientes incluyen partículas de polímeros como poliestireno recubierto con películas delgadas metálicas de plata u oro. También se utiliza grafito como relleno, generalmente para producir un adhesivo conductor de la electricidad que sea no magnético y dé a la interfase electromagnética (EMI, por sus siglas en inglés) aislamiento de los componentes electrónicos. En general, los materiales de la matriz son epóxicos, aunque también se emplean termoplásticos disponibles como película o pasta.

32.4.3 Preparación de la superficie, capacidades y aplicaciones del proceso

La *preparación de la superficie* es muy importante en la unión con adhesivos, ya que la resistencia de la unión depende en gran medida de la ausencia de suciedad, polvo, aceite y otros contaminantes. Esta dependencia se observa cuando se trata de aplicar una cinta adhesiva sobre una superficie sucia o aceitosa. Los contaminantes también afectan la capacidad de humedecimiento del adhesivo e impiden su distribución uniforme en la interfase. Las películas gruesas, débiles o dispersas de óxido sobre las superficies de la pieza de trabajo son perjudiciales para la adhesión. Por otra parte, puede ser deseable una película porosa o delgada y fuerte, particularmente una con cierta rugosidad superficial para mejorar la adhesión o para introducir un bloqueo mecánico. Sin embargo, la rugosidad no debe ser demasiado alta debido al aire contenido, en cuyo caso la resistencia de la unión disminuye. Hay varios compuestos y preparadores disponibles que modifican las superficies para mejorar la resistencia de la unión adhesiva. Pueden aplicarse adhesivos líquidos por medio de cepillos, rocío o rodillos.

Capacidades del proceso. Los adhesivos se pueden usar para unir una gran variedad de materiales metálicos y no metálicos semejantes o no, así como componentes de diferentes formas, tamaños y espesores. La unión adhesiva también se combina con métodos de unión mecánica (sección 32.5) para mejorar más la resistencia de la unión. El diseño de la unión y los métodos para hacerla requieren cuidado y habilidad. Por lo general se requiere equipo especial, como accesorios, prensas, herramientas y autoclaves, al igual que hornos para el curado.

La **inspección no destructiva** de la calidad y la resistencia de los componentes unidos con adhesivos puede ser difícil. Algunas de las técnicas descritas en la sección 36.10, como impacto acústico (golpeteo), holografía, detección infrarroja y pruebas ultrasónicas son métodos de prueba eficaces de las uniones adhesivas.

Código QR 32.2 Prueba de desprendimiento o pelado de un adhesivo. (*Fuente:* Cortesía de Instron®).

Prueba de adhesivos. Recuerde que los adhesivos tienen más éxito cuando soportan esfuerzos cortantes y menos éxito en otras condiciones de carga. Muchos adhesivos son débiles cuando se someten a esfuerzos de tensión. Con el reconocimiento de que las cargas son complejas, se ha usado un gran número de configuraciones de pruebas para evaluar los adhesivos en función de la aplicación particular y las tensiones encontradas (figura 32.9). Las pruebas en cantiléver afilado y cuña son útiles en particular para hacer evaluaciones de alta velocidad de deformación; las pruebas con cuña producen esfuerzos combinados, cortantes y normales cuando los dos miembros tienen espesores diferentes.

La prueba más común es la de desprendimiento, que se muestra en las figuras 32.9b y 32.10, que también ilustra las resistencias y limitaciones de los adhesivos. Observe, por ejemplo, lo fácil que es desprender cinta adhesiva de una superficie, pero es muy difícil deslizarla sobre ella. Durante el desprendimiento, el comportamiento de un adhesivo puede ser frágil o dúctil y tenaz, por lo que se requieren grandes fuerzas para arrancarlo de la superficie.

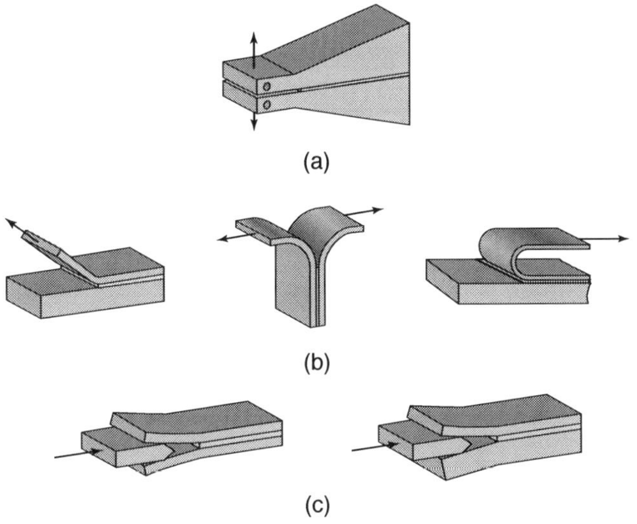

FIGURA 32.9 Arreglos comunes para evaluar adhesivos: (a) viga en cantiléver con doble cuña; (b) prueba de desprendimiento y (c) prueba de cuña.

Aplicaciones. Las principales industrias que usan mucho la unión con adhesivos son la aeroespacial, automotriz, utensilios electrodomésticos y de productos para la construcción. Las aplicaciones incluyen ensamblajes para balatas de frenos automotrices, parabrisas de vidrio laminado, utensilios electrodomésticos, aspas de helicóptero, estructuras tipo panal y fuselajes y superficies de control de aviones.

Una consideración importante en el uso de adhesivos en la producción es el tiempo de curado, que varía

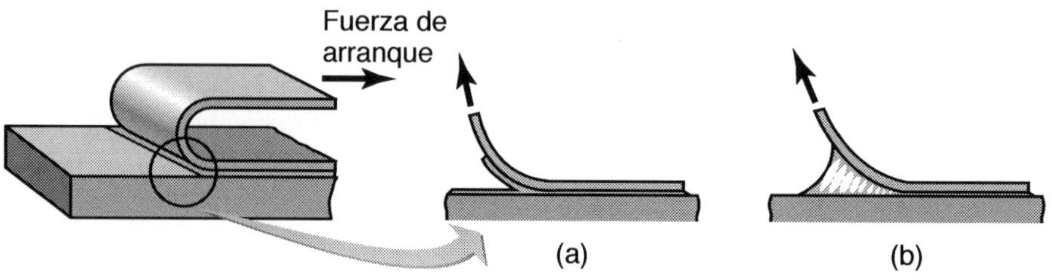

FIGURA 32.10 Comportamiento característico de adhesivos (a) frágiles y (b) resistentes en una prueba de desprendimiento; esta prueba es similar a arrancar cinta adhesiva de una superficie sólida.

de unos cuantos segundos (a altas temperaturas) a varias horas (a temperatura ambiente), en particular para adhesivos termofijos. Así, las tasas de producción son bajas en comparación con las de otros procesos de unión. Además, las uniones con adhesivos para aplicaciones estructurales rara vez son apropiadas para un servicio por arriba de los 250 °C (500 °F).

Las principales ventajas de la unión con adhesivos son las siguientes:

- La unión interfasial tiene suficiente resistencia para aplicaciones estructurales, pero también se usa con propósitos diferentes, como sellado, aislamiento, prevención de corrosión electroquímica entre metales disímbolos y reducción de vibraciones y ruido (por medio del amortiguamiento interno de las uniones).
- La unión adhesiva distribuye la carga en la interfase, con lo que elimina esfuerzos localizados que por lo general se originan al unir los componentes con sujetadores mecánicos como pernos y tornillos. Además, se mantiene la integridad estructural de las secciones (porque no se requieren orificios).
- No se afecta el aspecto externo de los componentes unidos.
- Pueden unirse componentes muy delgados y frágiles sin que haya un incremento significativo del peso.
- Se pueden adherir materiales porosos y materiales de propiedades y tamaños muy diferentes.

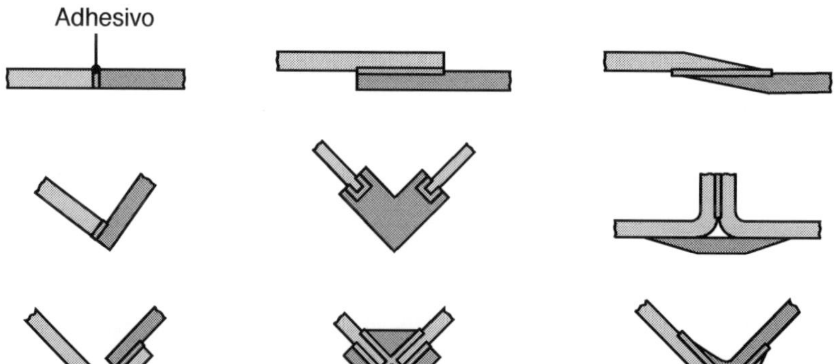

FIGURA 32.11 Diferentes diseños de la junta en la unión con adhesivos; note que los buenos diseños requieren grandes áreas de contacto entre los miembros por unir.

- Debido a que por lo general la adhesión se efectúa a una temperatura entre la del ambiente y alrededor de 200 °C (400 °F), no hay distorsión significativa de los componentes ni cambio de sus propiedades originales.

Las principales limitaciones de la unión con adhesivos son las siguientes:

- Rango limitado de las temperaturas de servicio.
- El tiempo de adhesión puede ser largo.
- Es necesario mucho cuidado en la preparación de la superficie.
- Las uniones pegadas son difíciles de probar de manera no destructiva, en particular las estructuras grandes.
- Confiabilidad limitada de las estructuras unidas con adhesivos durante su vida de servicio y preocupaciones importantes acerca de condiciones hostiles del ambiente, como degradación por temperatura, oxidación, corrosión-esfuerzo, radiación o disolución.

El costo de la unión con adhesivos depende de cada operación en particular. Sin embargo, en muchos casos la economía global del proceso hace que la unión con adhesivos resulte atractiva y, en ocasiones, puede ser el único proceso factible o práctico. El costo del equipamiento es muy variable y depende del tamaño y del tipo de operación.

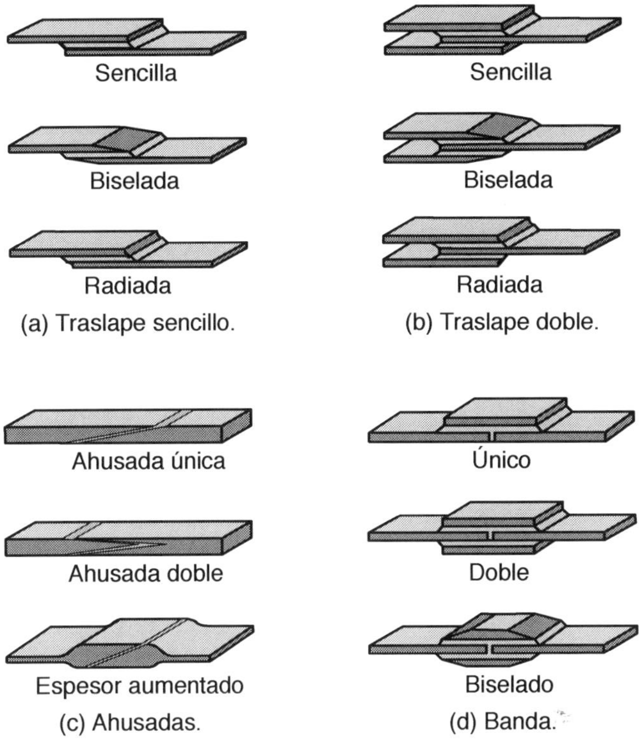

FIGURA 32.12 Configuraciones deseables para las uniones hechas con adhesivos.

32.4.4 Diseño para la unión con adhesivos

- En las figuras 32.11 a 32.13 se muestran varios diseños de uniones para pegar con adhesivos. Varían considerablemente en cuanto a resistencia; por ello es importante la selección del diseño apropiado y se deben incluir consideraciones como el tipo de carga y el ambiente.
- Los diseños deben garantizar que las uniones se sujeten de preferencia sólo a fuerzas de compresión o cortantes, aunque pueden soportar una tensión limitada. Deben evitarse el desprendimiento y el clivaje.
- Las uniones a tope requieren grandes superficies de unión; deben usarse uniones traslapadas (ahusadas) cuando sea factible. Las uniones con traslape sencillo tienden a distorsionarse cuando se sujetan a tensión debido al par de fuerzas presentes en la unión (vea la figura 31.9). Si esto es una preocupación deben emplearse uniones con traslape doble o en banda (figuras 32.12b y d).
- De preferencia, los coeficientes de dilatación térmica (tabla 3.1) de los componentes que se van a unir deben ser parecidos con el fin de evitar tensiones internas durante la adhesión. Deben evitarse situaciones en las cuales el ciclado térmico pueda causar movimiento diferencial a través de la unión.

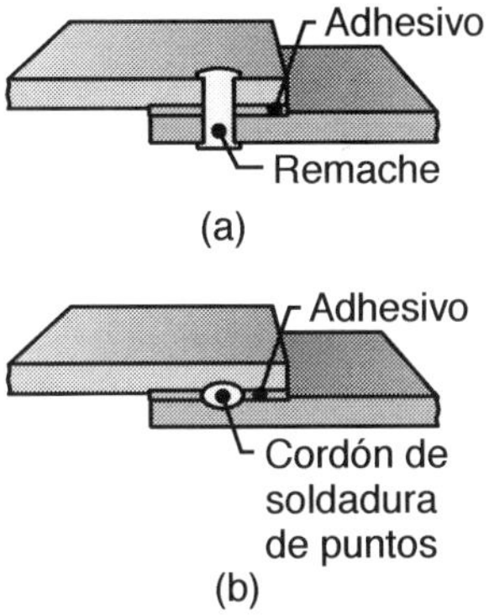

FIGURA 32.13 Dos ejemplos de combinación de uniones con fines de mejorar la resistencia, impedir el paso de aire o líquidos y resistencia a la corrosión por hendiduras (o en cavidades o por fisuras).

32.5 Sujeción mecánica

Es posible que dos o más componentes se tengan que unir o sujetar de tal manera que se puedan separar durante la vida de servicio, o ciclo de vida, del producto. Numerosos productos como plumas, acoplamientos de ejes, ruedas de automóviles, utensilios electrodomésticos, motores y bicicletas tienen componentes que se sujetan mecánicamente. La *sujeción mecánica* es preferible sobre otros métodos por las siguientes razones:

- Su manufactura es fácil.
- Facilidad de ensamble y transportación.
- Hay facilidad para desensamblarlos, darles mantenimiento, reemplazar partes o repararlos.
- Es fácil crear diseños que requieran uniones móviles como bisagras, mecanismos deslizantes y componentes y accesorios ajustables.
- Disminuyen el costo total de manufactura del producto.

El método más común de sujeción mecánica es con el uso de **sujetadores**; que pueden ser pernos, remaches o llaves; *sujetadores roscados* como pernos roscados, tuercas, tornillos y armellas; o de otros tipos, como varios sujetadores integrados. La sujeción mecánica, también conocida como **ensamblaje mecánico**, por lo general requiere que los componentes tengan orificios a través de los cuales se insertan los sujetadores. Estas uniones pueden estar sujetas a esfuerzos tanto cortantes como de tensión, por lo que deben diseñarse para que resistan dichas fuerzas.

Preparación del orificio. Un aspecto importante de la sujeción mecánica es la *preparación del orificio*. Como se describió en los capítulos 16, 23 y 27, un orificio se puede producir con varios procesos, como punzonado, taladrado, medios químicos y eléctricos y haces de alta energía. Recuerde, de las partes II y III, que los orificios también se pueden *producir integralmente* en el producto durante procesos como fundición, forja, extrusión y metalurgia de polvos. Para mejorar la exactitud y el acabado de la superficie, muchas de estas operaciones de perforación pueden ser seguidas por procesos de terminado, tales como rasurado, desbarbado, escariado y asentado, descritos en diferentes secciones de la parte IV.

Debido a diferencias fundamentales en sus características, cada proceso de perforación produce orificios con acabado de la superficie, propiedades de ésta y exactitud dimensional diferentes. La influencia más significativa de un orificio en un cuerpo sólido es su tendencia a reducir la vida de fatiga del componente por las concentraciones de tensión. La vida de fatiga puede mejorarse induciendo esfuerzos residuales compresivos sobre la superficie del orificio en la dirección del aro. Estos esfuerzos se suelen inducir impulsando una barra cilíndrica (*perno de arrastre*) a través del orificio para expandirlo muy brevemente. Esta operación deforma plásticamente la superficie del orificio, de manera parecida al granallado o al bruñido por rodamiento (sección 34.2).

Sujetadores roscados. Los pernos, tornillos y armellas se encuentran entre los sujetadores roscados de uso más común. Las referencias bibliográficas incluidas al final de este capítulo describen numerosos estándares y especificaciones, inclusive dimensiones de la rosca, tolerancias en las dimensiones, cuerda, resistencia y calidad de los materiales que se utilizan en la elaboración de los sujetadores.

Los pernos se utilizan con orificios que atraviesan la pieza y dependen de una tuerca para desarrollar una carga; los tornillos emplean un orificio roscado o bien son *autorroscantes* (con lo que el tornillo corta o forma la rosca en la parte que se va a sujetar). El método de autorroscantes es particularmente eficaz y económico en productos de plástico en los cuales la sujeción no requiere un orificio perforado o una tuerca (vea también la sección 32.6). Si la unión va a estar sujeta a vibración, como en un avión, motores, maquinaria y utensilios electrodomésticos, existen varias tuercas y *arandelas elásticas* especialmente diseñadas. Éstas incrementan la resistencia de fricción en la dirección de la torsión, con lo que inhiben cualquier aflojamiento por vibración de los sujetadores.

Remaches. El método más común de unión mecánica permanente o semipermanente es con el empleo de *remaches* (vea la figura 32.14). En el ensamblaje de una aeronave comercial grande se usan cientos de miles de remaches. Éstos pueden ser sólidos o tubulares. La instalación de un remache sólido requiere de dos pasos: colocar el remache en el orificio (por lo general punzonado o taladrado) y deformar el extremo de su cuerpo mediante recalcado (*cabeceado*; vea la figura 14.11). Cuando a un orificio sólo puede accederse desde un lado se utiliza un *remache ciego*, el cual usa un remache tubular con un taquete interno. Cuando se inserta el remache, el taquete es empujado hacia el extremo de inserción y provoca una punta expansiva que bloquea al remache en el sitio, como se aprecia en la figura 32.14c. En la cavidad del remache pueden colocarse explosivos para que se expanda el remache al detonarlos.

La operación de remachar se puede efectuar manualmente o con medios mecanizados, inclusive con el uso de robots programables. En la figura 32.15 se ilustran algunos lineamientos para colocar remaches.

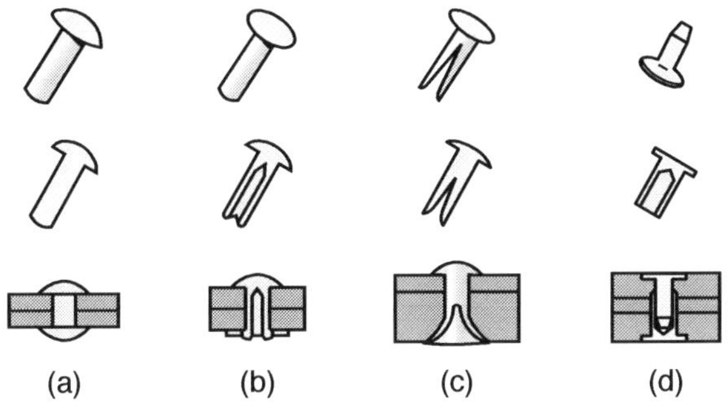

FIGURA 32.14 Ejemplos de remaches: (a) sólido, (b) tubular, (c) deslizante o bifurcado y (d) de compresión.

32.5.1 Varios métodos de sujeción

En las operaciones de unir y ensamblar se usan numerosas técnicas.

Cosido (grapas) y engrapado de metales. El proceso de *coser metales* y *engrapar metales* (figura 32.16) se parece mucho a engrapar papeles. La operación es rápida y apropiada en particular para unir materiales metálicos y no metálicos delgados, inclusive madera; un ejemplo común es el engrapado de contenedores de cartón. En el *prensado*, dos o más materiales se deforman plásticamente por medio de una prensa y un dado para producir una geometría de autobloqueo. El material sujetador debe ser lo suficientemente delgado y dúctil como para soportar la gran deformación localizada con aristas de 90°.

Cosido (engargolado). El *engargolado* (figura 32.17) se basa en el principio sencillo de plegar juntas dos piezas delgadas, en gran medida como cuando se unen dos piezas de papel doblándolas por las esquinas. Ejemplos comunes de engargolado son las tapas de las latas de bebidas (vea la figura 16.31), contenedores de alimentos y productos domésticos, así como ductos de calefacción y aire acondicionado. En el engargolado, los materiales deben ser capaces de soportar sin fracturarse la flexión y plegado con radios muy pequeños. El rendimiento y confiabilidad de los engargolados se puede mejorar agregando adhesivos o recubrimientos de polímeros y selladores, o con soldadura; estos métodos también los impermeabilizan.

Plegado o aboquillado. El proceso de *plegado* es un método de unión sin emplear sujetadores. Se puede realizar con gotas o por perforaciones (vea la figura 32.18), las cuales se pueden producir con emboquillado o recalcado rotativo (vea la sección 14.4). El plegado se realiza en componentes tanto planos como tubulares (emboquillado), siempre y cuando los materiales sean lo bastante delgados y dúctiles como para soportar las

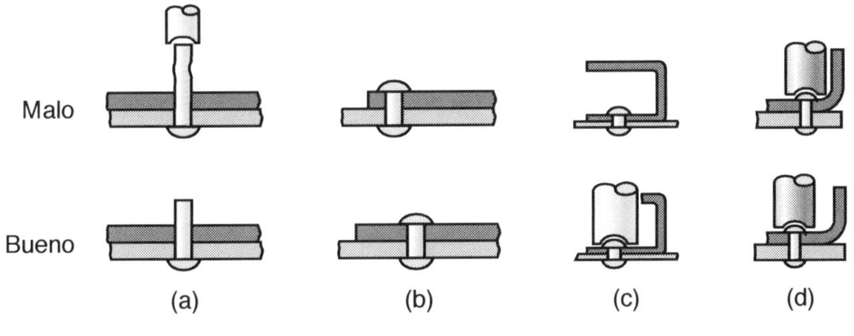

FIGURA 32.15 Lineamientos de diseño para remachar. (a) El tronco expuesto es muy largo; el resultado es que se pandea y no se bloquea. (b) Los remaches deben colocarse lo suficientemente lejos de las aristas de las partes con el fin de evitar concentraciones de esfuerzos. (c) Las secciones unidas deben permitir holguras grandes para las herramientas remachadoras. (d) La curvatura de la sección no debe interferir con el proceso de remachado. *Fuente:* Tomado de J. G. Bralla.

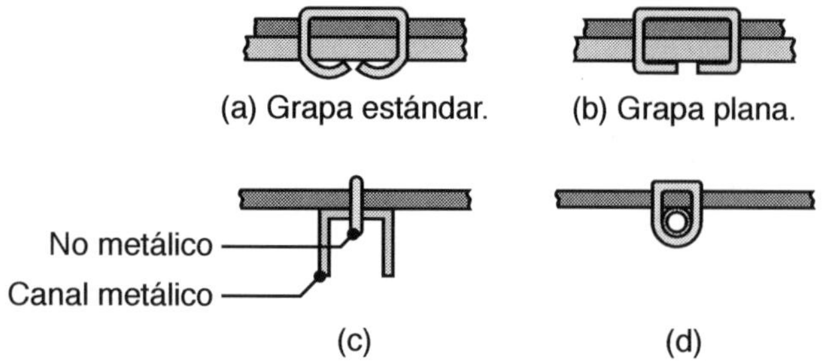

FIGURA 32.16 Ejemplos comunes de engrapado de metales.

grandes deformaciones localizadas. Las tapas metálicas se colocan en las botellas de vidrio por emboquillado, igual que ciertos conectores se emboquillan en cables eléctricos. Para obtener una unión fuerte, el emboquillado se puede ejecutar empleando una manga alrededor de las partes que se unirán.

Sujetadores de agarre o ajuste instantáneo (seguros y engarces). En la figura 32.19 se muestran varios tipos de *sujetadores de agarre y ajuste instantáneo*. Estos sujetadores se usan mucho en las carrocerías automotrices y aparatos domésticos; son económicos y permiten el ensamble fácil y rápido del componente. Los *sujetadores con seguro integrado* son cada vez más comunes debido a que son fáciles de ensamblar y se moldean al mismo tiempo que la parte que han de sujetar.

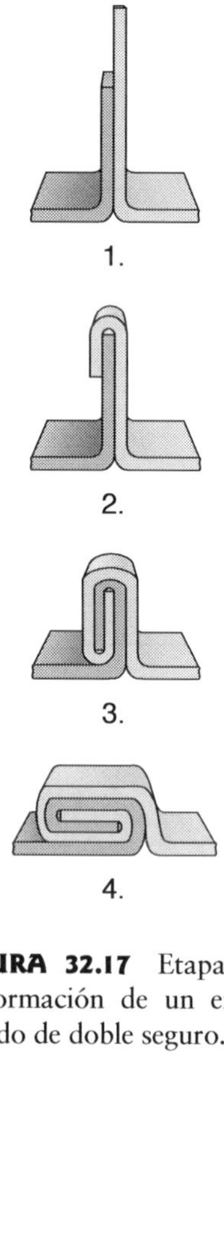

FIGURA 32.17 Etapas de la formación de un engargolado de doble seguro.

Ajustes por contracción y presión. Los componentes también se pueden ensamblar por medio de contracción o ajuste por presión. En el *ajuste por contracción* se calienta un componente de modo que se expanda y pueda montarse en un eje u otro componente; cuando se enfría, se contrae y desarrolla un gran esfuerzo de contacto. Las aplicaciones comunes son el ensamble de componentes y montaje de engranes, así como de levas en ejes. En el *ajuste por presión* se fuerza un componente sobre otro; cuando los componentes se diseñan adecuadamente, este proceso da como resultado una gran resistencia de la unión.

Aleaciones con memoria de la forma. Las características de estos materiales se describieron en la sección 6.13. Debido a su capacidad única de recuperación de su forma, las *aleaciones con memoria* de la forma se usan para sujetadores. Varias aplicaciones avanzadas incluyen su uso como acoplamientos en el ensamble de tubos de aleaciones de titanio para aviones.

32.5.2 Diseño de la sujeción mecánica

El diseño de uniones mecánicas requiere una consideración del tipo de carga a que se sujetará la estructura y del tamaño y espaciamiento de los orificios. Entre los lineamientos generales de diseño para las uniones mecánicas están los siguientes (vea también la sección 37.10):

- Por lo general es menos costoso usar menos sujetadores, aunque más grandes, que usar una gran cantidad de sujetadores pequeños.
- El ensamble de las partes debería ser completado con el mínimo de sujetadores.
- El ajuste entre partes que se van a unir debe ser lo más flojo posible para facilitar el proceso de ensamblado y reducir costos.
- Siempre que sea posible deben usarse sujetadores de tamaño estándar.
- Los orificios no deben estar demasiado cerca de aristas o esquinas para evitar la posibilidad de que el material se desgarre cuando se le someta a fuerzas externas.

Es importante la *compatibilidad* del material del sujetador con el de los componentes por unir, pues de otro modo se produce *corrosión galvánica* (también conocida como *corrosión por hendiduras*; vea la sección 3.8). Por ejemplo, en un sistema en el que se use un perno o remache de acero para sujetar placas de cobre, el perno es el ánodo y la placa de cobre el cátodo; esta combinación causa una corrosión rápida y la pérdida de resistencia de la unión. Los sujetadores de aluminio o zinc en productos de cobre reaccionan de la misma manera.

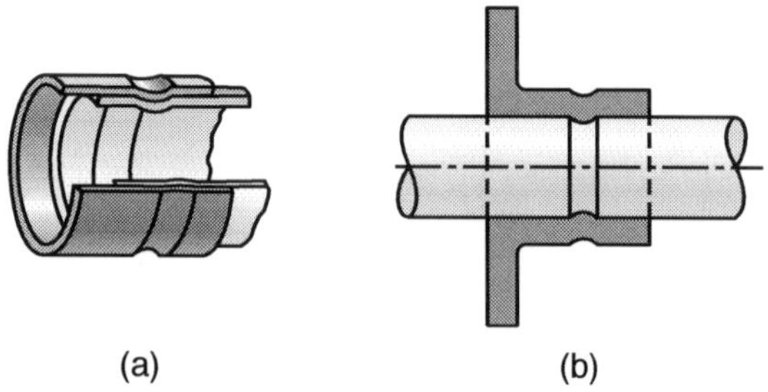

FIGURA 32.18 Dos ejemplos de unión mecánica por medio de plegado (emboquillado).

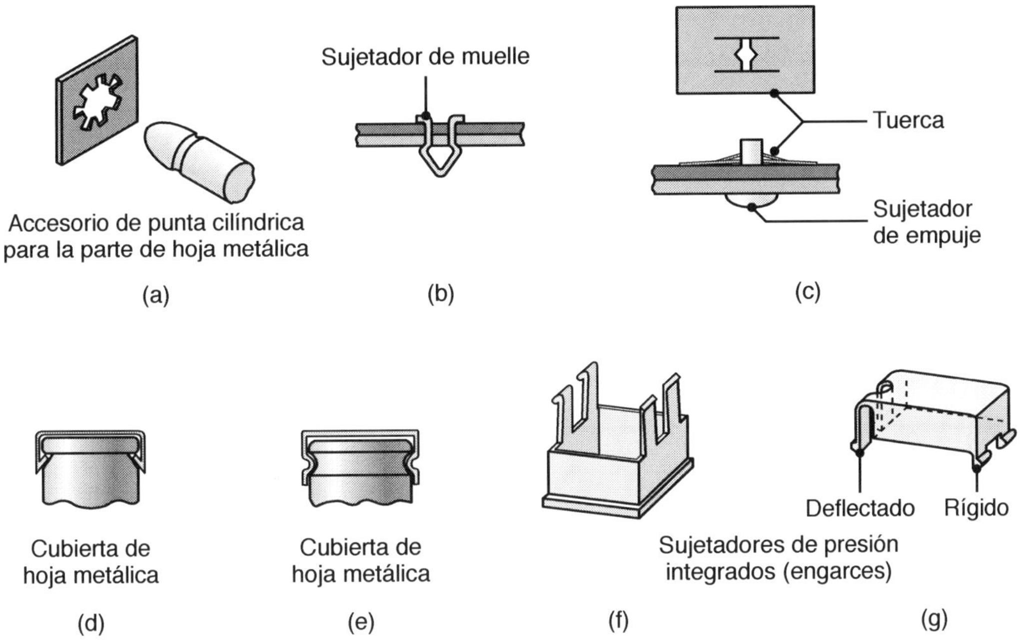

FIGURA 32.19 Ejemplos de sujetadores de agarre y ajuste instantáneo usados para facilitar el ensamblado.

32.6 Unión de plásticos, cerámicos y vidrios

Los plásticos se pueden unir con muchos de los métodos descritos para unir materiales metálicos y no metálicos, en especial con uniones adhesivas y sujeción mecánica.

32.6.1 Unión de termoplásticos

Los termoplásticos pueden unirse por medios térmicos, uniones adhesivas, unión con solventes y sujeción mecánica.

Métodos térmicos. Los termoplásticos (sección 7.3) se reblandecen y derriten a medida que la temperatura aumenta. En consecuencia, se pueden unir cuando se genera calor en la interfase (desde una fuente externa o interna), lo que permite que tenga lugar la **fusión.** El calor reblandece el termoplástico en la interfase hasta un estado fundido viscoso y se garantiza una buena unión con la aplicación de presión.

Sin embargo, por la baja conductividad térmica de los termoplásticos, la fuente de calor puede quemar o chamuscar las superficies de los componentes si se aplica a una tasa demasiado elevada. Esta quemadura puede causar entonces dificultades para desarrollar una fusión lo bastante profunda para obtener la resistencia adecuada de la unión. La *oxidación* también es un problema cuando se unen algunos polímeros, como el polietileno, ya que causa *degradación*; para impedir la oxidación y como protección se utiliza un gas inerte, como el nitrógeno.

En función de la compatibilidad de los polímeros que se van a unir, las *fuentes externas de calor* se pueden elegir entre las siguientes:

- **Aire caliente** o *gases inertes*.
- **Soldadura con herramienta** o *con placa caliente*, donde las herramientas y dado calientes se presionan contra las superficies a unir, calentándolas por interdifusión de las cadenas moleculares: este proceso se utiliza comúnmente en la soldadura a tope de tubos de plástico y otros conductos.

- **Radiación infrarroja** (de lámparas de calor, de cuarzo, de alta intensidad); se concentra en un haz angosto sobre las superficies que se van a unir.
- **Ondas de radio**, son particularmente útiles para películas finas de polímero; las frecuencias están en el rango de 100 a 500 Hz.
- **Calentamiento dieléctrico**, a frecuencias de hasta 100 MHz, son eficaces para el calentamiento completo de polímeros como el nailon, cloruro de polivinilo, poliuretano y caucho.
- **Resistencia eléctrica**, en la que elementos (como alambres o cables, o cintas con base en carbono, láminas y cuerdas) se colocan en la interfase para crear calor por el paso de una corriente eléctrica, proceso conocido como soldadura por implante resistivo. De manera alternativa, en la soldadura por inducción, los elementos presentes en la interfase están sujetos a la exposición de radiofrecuencia; en ambos casos los elementos deben ser compatibles con el uso del producto que se une ya que permanecen en la zona de soldadura.
- **Láseres**, haces emisores no enfocados de baja potencia para evitar la degradación del polímero.

Las *fuentes internas de calor* se desarrollan por los siguientes medios:

- **Soldadura ultrasónica** (sección 31.3) es el proceso de uso más común para termoplásticos, en particular polímeros amorfos, como el acrilonitrilo-butadieno-estireno (ABS, por sus siglas en inglés) y poliestireno de alto impacto; las frecuencias están en el rango de 20 a 40 kHz.
- **Soldadura por fricción** (también llamada *soldadura por giro*, para polímeros) y *soldadura por fricción lineal* (conocida también como *soldadura por vibración*), son particularmente útiles para unir polímeros con un alto grado de cristalinidad, como acetato, polietileno, varios tipos de nailon y polipropileno.
- **Soldadura orbital**, es semejante a la soldadura por fricción, excepto que el movimiento rotatorio de un componente tiene lugar en una trayectoria orbital.

El método de fusión es eficaz en particular con plásticos que no se pueden unir fácilmente por medio de adhesivos; con este proceso se pueden unir plásticos como PVC, polietileno, polipropileno, acrílicos y ABS. Se utilizan sistemas portátiles de sellamiento por fusión especialmente diseñados para unir en el campo tubos de plástico que suelen estar hechos de polietileno, los cuales se usan para la conducción de gas natural.

Las envolturas múltiples, coextruidas, para alimentos, consisten en diferentes tipos de película unidos por calor durante la extrusión (sección 19.2.1). Cada película tiene una función diferente; por ejemplo, una película puede conservar la humedad, otra aísla del oxígeno y una tercera facilita el sellamiento con calor durante el proceso de empaque. Algunas envolturas tienen hasta siete capas, todas unidas durante la producción de la película.

Unión adhesiva. Este método se ilustra mejor con la unión de secciones de tubos de PVC (de amplio uso en sistemas de plomería) y tubos ABS (que se emplean en sistemas de drenaje, desechos y ventilación). Primero se usa un recubrimiento que mejora la adhesión, para aplicar el adhesivo que conecta superficies del collar y el tubo (etapa que se parece mucho a la aplicación de selladores en la pintura), y después se prensan las piezas.

La unión adhesiva de polietileno, polipropileno y politetrafluoretileno (Teflón) puede ser difícil porque los adhesivos no permanecen fácilmente sobre ellos. Las superficies de partes elaboradas con estos materiales por lo general tienen que ser tratadas químicamente para mejorar la adhesión. También es eficaz el empleo de recubrimientos adhesivos previos o de cintas adhesivas de doble cara.

Sujeción mecánica. Este método es eficaz en particular para la mayoría de termoplásticos (debido a su tenacidad y resiliencia inherentes) y para unir plásticos con metales.

Pueden usarse tornillos de plástico o metal; el uso de tornillos de autorroscado es una práctica común. Los *sujetadores de presión integrados* han alcanzado gran aceptación para simplificar las operaciones de ensamblado; en las figuras 32.19f y g se muestran las geometrías más comunes de sujetadores. Dado que el sujetador puede moldearse directamente al mismo tiempo que el plástico, aumenta muy poco el costo del ensamble.

Unión con solventes. Este método consiste en la secuencia siguiente:

1. Se da a las superficies un acabado rugoso por medio de un abrasivo.
2. Se humedecen y limpian las superficies con un solvente apropiado para el polímero en particular.
3. Se presionan y mantienen juntas las superficies hasta que se alcanza una suficiente resistencia de la unión.

Unión electromagnética. Los termoplásticos también se pueden unir con medios *magnéticos*, por la acción de incrustar en el polímero diminutas partículas metálicas del orden de 1 μm (40 μpulg). Después, un campo de alta frecuencia provoca calentamiento por inducción del polímero y lo funde en las interfases por unir.

32.6.2 Uniones de materiales termofijos

Los plásticos termofijos, como epóxicos y fenoles, se pueden unir aplicando las siguientes técnicas:

- **Insertos roscados** y moldeados.
- **Sujetadores mecánicos,** en particular tornillos de autorroscado y sujetadores de presión integrados.
- **Unión con solventes.**
- **Curado simultáneo,** en el cual los dos componentes que se van a unir se colocan juntos y se curan al mismo tiempo.
- **Unión adhesiva.**

CASO DE ESTUDIO 32.1 Curado ligero de adhesivos acrílicos para productos médicos

La empresa Cobe Cardiovascular, Inc., fabrica sistemas de extracción y procesamiento de sangre, así como sistemas extracorporales para cirugía cardiovascular. La compañía, como muchos otros fabricantes, por tradición empleaba solventes para unir componentes de productos y subensambles. Sin embargo, varias instituciones federales estadounidenses han comenzado a presionar a las empresas para que eviten el uso de solventes y Cobe, en particular, desea abandonar el empleo de cloruro de metileno por razones ambientales y de seguridad en el lugar de trabajo.

Para lograr su objetivo, la compañía comenzó a rediseñar la mayoría de sus ensambles con el fin de usar adhesivos de curado ligero (con luz ultravioleta o visible). La mayoría de sus productos estaban hechos de plásticos transparentes; en consecuencia, sus ingenieros necesitaban hacer uniones con adhesivos claros por razones estéticas y sin propensión a sufrir cuarteaduras o agrietamiento por esfuerzo.

Como ejemplo de un producto frecuente, el contenedor de sangre para emergencias de Cobe es un artículo de forma oval (figura 32.20), de policarbonato, con altura aproximada de 300 mm (12 pulg), diámetro mayor de 200 mm (8 pulg) y profundidad de 100 mm (4 pulg). El recipiente se usa una sola vez y es desechado; su propósito es contener y conservar la sangre durante las cirugías a corazón abierto o de tórax, o en procedimientos artroscópicos y de emergencia.

En el recipiente es posible almacenar hasta 3000 cc de sangre, mientras ésta espera su paso por una centrifugadora de 250 cc que la limpia y devuelve al paciente una vez concluido el procedimiento quirúrgico. El recipiente de almacenamiento consiste en una tapa de policarbonato unida a una cubeta del mismo material. La unión tiene una configuración de lengüeta con muesca; el objetivo era lograr una unión fuerte y elástica que soportara repetidos esfuerzos sin sufrir fugas.

(*continúa*)

FIGURA 32.20 Recipiente de Cobe Laboratories para almacenar sangre; la tapa está unida a la cubeta con una unión adhesiva de lengüeta y muesca a prueba de aire. *Fuente:* Cortesía de Cobe Laboratories.

Los adhesivos de acrílico de curado ligero ofrecen un rango de rendimiento en sus propiedades que los hacen apropiados para esta aplicación, ya que, en primer lugar y lo más importante, tienen una alta resistencia en su unión con los termoplásticos que se usan comúnmente para formar las cubiertas de equipos médicos. Por ejemplo, el Loctite® 3211 (vea adhesivos anaeróbicos en la sección 32.4.1) tiene una resistencia de 11 MPa (1600 psi) al esfuerzo cortante sobre policarbonato. Si bien es muy importante la resistencia cortante inicial, lo es aún más que el adhesivo sea capaz de mantenerla después de la esterilización.

Otra consideración que hace que los adhesivos de curado ligero sean apropiados para esta aplicación es su disponibilidad en fórmulas que les permiten soportar grandes esfuerzos antes de sufrir un reblandecimiento; por ejemplo, el Loctite 3211 se reblandece con elongaciones de más de 200%. La flexibilidad es crítica porque es común que las uniones adheridas estén sujetas a curvaturas y flexiones pronunciadas cuando los equipos se presurizan durante las pruebas de calidad y en el uso cotidiano. Si un adhesivo es demasiado rígido fallará al someterse a este tipo de prueba, aun si ofreciera más resistencia al esfuerzo cortante que un adhesivo comparable y más flexible. Existen muchos acrílicos de curado ligero con fórmulas que cumplen la certificación estándar internacional de calidad (ISO; vea la sección 36.6), lo que significa que cuando se procesan en forma apropiada no causarán problemas de biocompatibilidad en el ensamble final.

También es importante que la unión se diseñe de modo adecuado para maximizar el rendimiento. Si el cierre se une con una unión consistente en dos caras planas en contacto estrecho, los esfuerzos de desprendimiento (vea la figura 32.10) actuarán sobre la unión cuando se presurice la vasija. Estos esfuerzos son el tipo más difícil de soportar para una unión adhesiva, ya que toda la carga se concentra en la arista principal de la unión. El diseño de lengüeta y muesca que adoptó la compañía se dirigía a satisfacer ese propósito, con la muesca actuando para mantener y contener el adhesivo durante la operación de suministro.

Cuando las partes se unen y el adhesivo está curado, este diseño permite que gran parte de la carga sobre la junta (al presurizar el equipo) se convierta en fuerzas cortantes y de tensión (a las cuales el adhesivo resiste mucho mejor). El espacio entre la lengüeta y la muesca varía mucho porque la mayor parte de adhesivos de curado ligero se pueden preparar rápidamente a profundidades mayores de 5 mm (0.20 pulg). Esta característica permite que el fabricante tenga un proceso robusto de la unión, lo cual significa que se pueden aceptar tolerancias dimensionales amplias.

Con el nuevo diseño y el uso de este adhesivo se eliminaron las preocupaciones ambientales y los aspectos asociados a la unión con solventes, con los beneficios adicionales de tener una unión más segura, rápida y consistente. El adhesivo de curado ligero brindó la línea de unión estética que buscaba la compañía, clara y apenas perceptible. También dio la resistencia estructural requerida, lo que mantuvo competitiva a la empresa en el mercado.

Fuente: Cortesía de P. J. Courtney, Loctite Corporation.

32.6.3 Unión de cerámicos y vidrios

Ahora hay disponible una amplia variedad de cerámicos y vidrios con propiedades únicas e importantes. Los cerámicos y vidrios se usan como productos y componentes de éstos, o como herramientas, moldes y dados. Estos materiales con frecuencia se ensamblan en componentes o subensambles y se unen ya sea con el mismo tipo de material o con otros diferentes metálicos o no metálicos. Por lo general, los cerámicos, vidrios y muchos materiales similares se pueden unir con uniones adhesivas. Un ejemplo común es el ensamble de piezas de cerámica rotas con un pegamento epóxico de dos componentes, que viene en dos tubos separados y se mezcla justo antes de su aplicación. Otros métodos de unión incluyen medios mecánicos, como sujetadores y muelles o broches de presión.

Cerámicos. Como se describió en el capítulo 8, los cerámicos tienen propiedades muy diferentes con respecto a los materiales metálicos y no metálicos, en especial en cuanto a su rigidez, dureza, fragilidad, resistencia a las altas temperaturas y falta de reactividad química. La unión entre ellas o con otros materiales metálicos o no metálicos requiere consideraciones especiales; ahora existen varios procesos de unión muy especializados.

Una técnica común que es eficaz para unir combinaciones de materiales difíciles de pegar consiste en aplicar primero un recubrimiento que se adhiera bien a uno o ambos componentes, con lo que actúa como agente de unión. Por ejemplo, la superficie de *cerámica de alúmina* se puede *metalizar*, como se describe en la sección 34.5. En esta técnica, conocida como proceso *Mo-Mn*, primero se recubre la parte de cerámica con una solución de óxidos de molibdeno y manganeso. A continuación se flamea la parte, lo que forma una capa vidriada sobre su superficie. Luego se recubre esta capa con níquel; como la parte ya tiene una superficie metálica, puede unirse con soldadura fuerte a una superficie metálica por medio de un metal de aporte apropiado.

El carburo de tungsteno y el de titanio se unen con facilidad a otros metales por medio de soldadura fuerte, ya que ambos tienen matriz metálica: WC tiene matriz de cobalto y el TiC la tiene en forma de aleación de níquel-molibdeno (vea el capítulo 22). Entre las aplicaciones comunes se incluyen la soldadura fuerte de nitruro de boro cúbico o puntas de diamante con insertos de carburo (figuras 22.10 y 22.11), así como puntas de carburo para barrenos de albañilería (figura 23.22d). En función de su estructura particular, los cerámicos y metales también se pueden unir por *adhesión por difusión*, aunque puede ser necesario colocar una capa metálica en la unión con el fin de hacerla más fuerte.

Los componentes cerámicos también se pueden unir o ensamblar durante el proceso primario de formado (sección 18.2); un ejemplo común es la sujeción de orejas a tazas de café antes de hornearlas. Así, se da forma a todo el producto de manera *integral* en lugar de realizar una operación adicional después de elaborada la parte.

Vidrios. Como lo evidencia la disponibilidad de numerosos objetos de vidrio, los tipos de este material se pueden adherir fácilmente entre sí. Por lo común esto se realiza calentando primero y reblandeciendo la superficie que se va a unir, para luego prensar ambas piezas entre sí y, por último, dejarlas enfriar. También es posible pegar vidrio con metales gracias a la difusión de iones metálicos en la estructura amorfa de la superficie del vidrio; sin embargo, deben tomarse en cuenta las diferencias en los coeficientes de dilatación térmica de los dos materiales.

32.7 Economía de las operaciones de unión

Igual que en la economía de las operaciones de soldadura metalúrgica (descrita en la sección 31.8), la de los procesos de unión estudiados en este capítulo depende mucho de varias consideraciones. En la tabla VI.1 se observa que, en términos relativos, la distribución del costo de algunos de estos procesos es:

- *Más alta:* soldadura fuerte, pernos, tuercas y otros sujetadores.
- *Intermedia:* remachado y unión adhesiva.
- *Más baja:* costuras y plegado.

A continuación se describen varios procesos y los costos generales involucrados. Para la **soldadura fuerte**,

- Soldadura fuerte manual: el equipo básico cuesta alrededor de $300 dólares estadounidenses, pero sube a más de $50 000 para sistemas automatizados.

- Soldadura fuerte con horno: el costo varía mucho; va desde unos $2000 para hornos sencillos de un lote, hasta más de $300 000 para otros de vacío continuos.
- Soldadura fuerte por inducción: para unidades pequeñas el costo es de alrededor de $10 000.
- Soldadura fuerte por resistencia: el equipo cuesta cerca de $1000, para unidades sencillas, hasta más de $10 000 para las grandes y más complejas.
- Soldadura fuerte de inmersión: el costo del equipo varía mucho, desde $2000 hasta más de $200 000; los equipos más caros incluyen herramientas de control computarizado.
- Soldadura fuerte infrarroja: el costo del equipo va de $500 a $30 000.
- Soldadura fuerte por difusión: el equipo cuesta entre $50 000 y $300 000.

Soldadura blanda. El costo del equipo depende de su complejidad y del nivel de automatización. Va de menos de $20 para las planchas de soldadura manual, hasta más de $50 000 para equipo automatizado.

RESUMEN

- Los procesos de unión que no se basan en la fusión o presión en las interfases incluyen la soldadura fuerte y la blanda; utilizan materiales de aporte que requieren algún aumento en la temperatura de la unión. Se pueden usar para unir metales disímbolos de formas intrincadas y espesores variados.
- La unión adhesiva ha ganado más aceptación en las principales industrias, como la aeroespacial y la automotriz. Además de tener buena resistencia en la unión, los adhesivos tienen otras características favorables como la capacidad de sellar, aislar, impedir la corrosión electroquímica entre metales disímbolos y la reducción de la vibración y el ruido por medio del humedecimiento interno de la unión. Factores importantes son la preparación de la superficie y el diseño de la unión.
- La sujeción mecánica es uno de los métodos de unión más comunes. Pernos, tornillos y tuercas son los sujetadores habituales para componentes y estructuras de máquina que es probable deban separarse para mantenimiento y por facilidad de transporte.
- Los remaches y otros sujetadores son semipermanentes o permanentes; se usan en edificios, puentes y equipo de transporte.
- Los termoplásticos se unen con técnicas de soldadura por fusión, unión adhesiva o sujeción mecánica. Los termofijos suelen unirse por medios mecánicos, como insertos y sujetadores moldeados, o por adhesión con solvente. Los cerámicos se unen con técnicas de unión adhesiva y metalización. Los vidrios se adhieren por calentamiento de las interfases o por el empleo de adhesivos.

TÉRMINOS CLAVE

Adhesivos conductores de la electricidad
Ajuste con prensa
Ajuste por contracción
Costura (engargolado)
Costura (grapas)
Engrapado
Fundente
Metal de aporte
Prensado
Preparación del orificio
Remache
Soldadura blanda
Soldadura blanda libre de plomo
Soldadura blanda por reflujo
Soldadura fuerte
Soldadura metalúrgica fuerte
Soldadura ondulatoria
Sujeción mecánica
Sujetador de presión
Sujetador de presión integrado
Sujetadores
Sujetadores roscados
Unión adhesiva
Unión con solventes

BIBLIOGRAFÍA

Adams, R. D. (ed.), **Adhesive-bonding: Science, Technology and Applications**, CRC Press, 2005.

Bath, J. (ed.), **Lead-Free Soldering**, Springer, 2007.

Bickford, J. H., **Introduction to the Design and Behavior of Bolted Joints**, 4a. ed., Marcel Dekker, 2007.

Brazing Handbook, 5a. ed., American Welding Society, 2007.

Brockmann, W., Geiss, P. L., Klingen, J. y Schroeder, K. B., **Adhesive-bonding: Materials, Applications and Technology**, Wiley, 2009.

Ebnesajjad, S., **Adhesives Technology Handbook**, 2a. ed., William Andrew, 2008.

Gourley, R. y Walker, C. (eds.), **Brazing and Soldering 2012**, American Society for Metals, 2012.

Hamrock, B. J., Jacobson, B. y Schmid, S. R., **Fundamentals of Machine Elements**, 2a. ed., McGraw-Hill, 2005.

Humpston, G. y Jacobson, D. M., **Principles of Soldering**, ASM International, 2004.

Jacobson, D. M. y Humpston, G., **Principles of Brazing**, ASM International, 2005.

Petrie, E. M., **Handbook of Adhesives and Sealants**, 2a. ed., McGraw-Hill, 2006.

Pizzi, A. y Mittal, K. L., **Handbook of Adhesive Technology**, 2a. ed., CRC Press, 2003.

Roberts, P., **Industrial Brazing Practice**, CRC Press, 2003.

Rotheiser, J., **Joining of Plastics: Handbook for Designers and Engineers**, 3a. ed., Hanser, 2009.

Schwartz, M. M., **Brazing**, 2a. ed., ASM International, 2003.

PREGUNTAS DE REPASO

32.1 ¿Cuál es la diferencia entre la soldadura fuerte y la blanda?

32.2 En la soldadura fuerte, ¿son necesarios los fundentes? Si es así, ¿por qué?

32.3 ¿Por qué es importante la preparación de la superficie en la unión adhesiva?

32.4 ¿Qué materiales se usan comúnmente en la soldadura blanda?

32.5 La soldadura blanda por lo general se aplica a componentes delgados. Explique por qué.

32.6 Explique las razones por las que con el paso de los años se han desarrollado varios métodos de unión mecánica.

32.7 Elabore una lista de tres técnicas de soldadura fuerte y tres de soldadura blanda.

32.8 Describa las semejanzas y diferencias entre las funciones de un perno y las de un remache.

32.9 ¿Qué precauciones se deben tomar en la unión mecánica de metales disímbolos?

32.10 ¿Qué dificultades están involucradas en la unión de plásticos? ¿Por qué?

32.11 ¿Cuáles son las ventajas de los remaches?

32.12 ¿Cuáles son los principios de la soldadura (a) ondulatoria y (b) por reflujo?

32.13 ¿Qué es una prueba de desprendimiento? ¿Por qué es útil?

32.14 ¿Qué es una unión de combinación?

32.15 ¿Cuáles métodos de prueba se usan para evaluar los adhesivos?

PROBLEMAS CUALITATIVOS

32.16 Describa algunas aplicaciones que tengan en la manufactura las cintas adhesivas de un solo lado y las de doble cara.

32.17 Explique cómo se logra que los adhesivos sean conductores de la electricidad.

32.18 Comente sus observaciones con respecto a las uniones mostradas en las figuras 32.3, 32.6, 32.10 y 32.11.

32.19 Proporcione ejemplos de uniones combinadas distintas a las que aparecen en la figura 32.13.

32.20 Analice la necesidad de arreglos de sujeción de las piezas de trabajo en los procesos de unión descritos en este capítulo.

32.21 Explique por qué las uniones hechas con adhesivos tienden a ser débiles ante el desprendimiento.

32.22 Es una práctica común recubrir con estaño las terminales eléctricas para facilitar la soldadura blanda. ¿Por qué?

32.23 Dé tres aplicaciones donde la unión adhesiva es el mejor método de unión.

32.24 ¿Qué tan importante es el ajuste cercano de dos partes que se van a unir con soldadura fuerte? Explique.

32.25 Si usted va a diseñar una unión que debe ser fuerte y también se necesita desarmar varias veces durante la vida del producto, ¿qué tipo de unión recomendaría? Explique.

32.26 Revise la figura 32.11 y explique por qué se ha clasificado de esa manera a los ejemplos bajo los enunciados 'Malo', 'Bueno' y 'Muy bueno'.

32.27 Clasifique las uniones por traslape, a tope y ahusadas en términos de su resistencia. Explique sus respuestas.

32.28 ¿Cuáles son las ventajas de los sujetadores de presión integrados?

PROBLEMAS CUANTITATIVOS

32.29 En relación con las uniones a tope sencillas y traslapadas que se muestran en la fila superior de la figura 32.10a, resuelva lo siguiente. (a) Suponiendo que el área de la unión a tope es de 5 mm × 20 mm, y en relación con las propiedades del adhesivo dadas en la tabla 32.3, estime la fuerza de tensión mínima y máxima que puede soportar esta unión. (b) Estime estas fuerzas para la unión de traslape, si el área es de 15 mm × 15 mm.

32.30 En la figura 32.12a, suponga que la sección transversal de la unión por traslape es de 20 mm × 20 mm, que el diámetro del remache sólido es de 4 mm y que está hecho de cobre. Con el uso del adhesivo más fuerte que se ilustra en la tabla 32.3, estime la fuerza de tensión máxima que puede soportar dicha unión.

32.31 Como se aprecia en la figura 32.15a, un remache se puede pandear si es demasiado largo. En relación con el capítulo 14 acerca del forjado, determine la razón máxima de la longitud al diámetro de un remache, de modo que no se deforme durante el proceso de remachado.

32.32 La figura 32.4 muestra en forma cuantitativa la resistencia a la tensión y al esfuerzo cortante, en la soldadura fuerte, como función de la holgura de la unión. Investigue en la bibliografía técnica, obtenga datos y grafique cuantitativamente dichas curvas. Comente sus observaciones.

32.33 Cuando se manufactura el fuselaje de un aeroplano de transbordo, las placas de aluminio se unen con adhesivos con uniones de traslape. Debido a que con este tipo de unión la deformación elástica de una placa difiere de la de dos placas, el esfuerzo cortante máximo en el adhesivo es lo doble que el esfuerzo cortante promedio. El esfuerzo cortante del adhesivo es de 20 MPa, la resistencia a la tensión de las placas de aluminio es de 95 MPa y su espesor es de 4.0 mm. Calcule la longitud de traslape que se necesita para formar la unión adhesiva dos veces más fuerte que la placa de aluminio.

SÍNTESIS, DISEÑO Y PROYECTOS

32.34 Examine varios productos domésticos y describa cómo están unidos y ensamblados sus componentes. Explique por qué se emplean esos procesos en particular y no otros.

32.35 Mencione varios productos que se hayan ensamblado con (a) engargolado; (b) engrapado y (c) soldadura blanda.

32.36 Sugiera métodos de unir un cilindro (hecho de plástico termofijo) en forma perpendicular a una placa metálica plana. Analice sus ventajas y limitaciones.

32.37 Describa las herramientas y equipo que se necesitarían para realizar la operación de engargolado doble seguro que se muestra en la figura 32.17, comenzando con una placa delgada y plana.

32.38 Prepare una lista de lineamientos de diseño para hacer uniones con los procesos descritos en este capítulo. ¿Los lineamientos serían comunes a la mayoría de los procesos? Explique.

32.39 ¿Qué métodos de unión serían apropiados para ensamblar una cubierta de termoplástico sobre un marco de metal? Suponga que la cubierta se retira periódicamente, como la manija de una cafetera.

32.40 Resuelva el problema 32.39, pero para una cubierta hecha de (a) un termofijo; (b) un metal y (c) un cerámico. Describa los factores involucrados en la selección de los métodos.

32.41 Comente sobre el tamaño de la pieza de trabajo y las limitaciones de la forma, si las hubiera, para cada uno de los procesos descritos en este capítulo.

32.42 Describa las formas de la parte que no se pueden unir con los procesos cubiertos en este capítulo. Presente ejemplos específicos.

32.43 Dé ejemplos de productos en los que tengan que removerse los remaches de una estructura o ensamble, y que después se reemplacen por otros nuevos.

32.44 Visite una tlapalería e investigue la geometría de las cabezas de tornillos que son sujetadores permanentes —es decir, que pueden entrar pero no salir.

32.45 Obtenga un cautín de soldadura blanda y trate de soldar dos alambres. En primer lugar, intente aplicar la soldadura al mismo tiempo que coloca el cautín sobre la punta de los alambres. En segundo lugar, haga un precalentamiento de éstos antes de aplicar la soldadura blanda. Repita el procedimiento para una superficie fría y otra caliente. Registre sus resultados y explique sus descubrimientos.

32.46 Haga una investigación bibliográfica para determinar las propiedades y tipos de los adhesivos que se usan para fijar una cadera artificial sobre un fémur humano.

32.47 Revise la figura 32.9a y explique las desventajas de usar una viga de espesor constante en lugar de otra en cantiléver con doble inclinación.

32.48 Revise la figura 32.9 y dibuje con cuidado las distribuciones de fuerzas que esperaría con cada geometría.

32.49 Diseñe una unión que conecte dos miembros de acero de 25 mm de ancho y 5 mm de espesor. El traslape puede ser hasta de 25 mm y puede usar cualquier método de los descritos en este capítulo.

32.50 Para los mismos miembros del problema 32.49, diseñe una unión que utilice sujetadores roscados distribuidos en una fila. ¿Aconsejaría el uso de un solo sujetador grande o de muchos pequeños? Explique su respuesta.

32.51 Para los mismos miembros del problema 32.49, diseñe una unión empleando una combinación de técnicas.

PARTE VII

Tecnología de superficies

Nuestro primer contacto visual o táctil con los objetos a nuestro alrededor es a través de sus superficies, podemos ver y sentir la rugosidad de las superficies, su aspecto ondulante, su poder de reflexión y otras características. En los capítulos anteriores se describieron las propiedades de materiales y componentes manufacturados, sobre todo en términos de sus características *volumétricas*, como la resistencia, ductilidad, dureza y tenacidad. También se incluyeron algunas descripciones de las influencias que tienen las superficies sobre dichas propiedades, como el efecto de la preparación de éstas en la vida de fatiga y en los procesos de unión, así como la sensibilidad de los materiales frágiles con respecto a la rugosidad de la superficie, raspaduras y otros defectos.

La maquinaria y sus accesorios tienen numerosos elementos que se deslizan uno contra otro, como rodamientos, rampas, pistones y cilindros, al igual que herramientas y dados para ejecutar operaciones de corte y formado. Un examen de cerca revelará que algunas de estas superficies

- Son suaves, mientras que otras son ásperas.
- Se deslizan una contra otra a velocidades relativamente grandes, mientras que unas más lo hacen lentamente.
- Están lubricadas, en tanto otras se encuentran secas.
- Quedan sometidas a cargas pesadas, cuando las hay que soportan cargas ligeras.
- Están expuestas a temperaturas elevadas, en tanto que otras se hallan a temperatura ambiente.

Además de sus características geométricas, una **superficie** constituye una capa delgada sobre el conjunto del material. Las propiedades mecánicas, físicas, químicas y metalúrgicas de una superficie dependen no sólo del material y su historia de procesamiento, sino también del ambiente al que se ha expuesto la superficie. En consecuencia, la superficie de una parte manufacturada suele poseer propiedades y comportamiento que son significativamente diferentes a las del resto de su conjunto.

Aunque el total del material por lo general determina las propiedades mecánicas de todo el componente, las superficies de éste influyen directamente en el rendimiento de la parte en lo que respecta a lo siguiente (vea la figura VII.1):

- Características geométricas y del aspecto de la parte, al igual que su rol en las operaciones subsecuentes como la soldadura metalúrgica, soldadura blanda, unión adhesiva, pintura y recubrimiento.
- Resistencia a la corrosión.
- Eficacia de los lubricantes durante el proceso de manufactura y a lo largo de la vida de servicio de la parte.

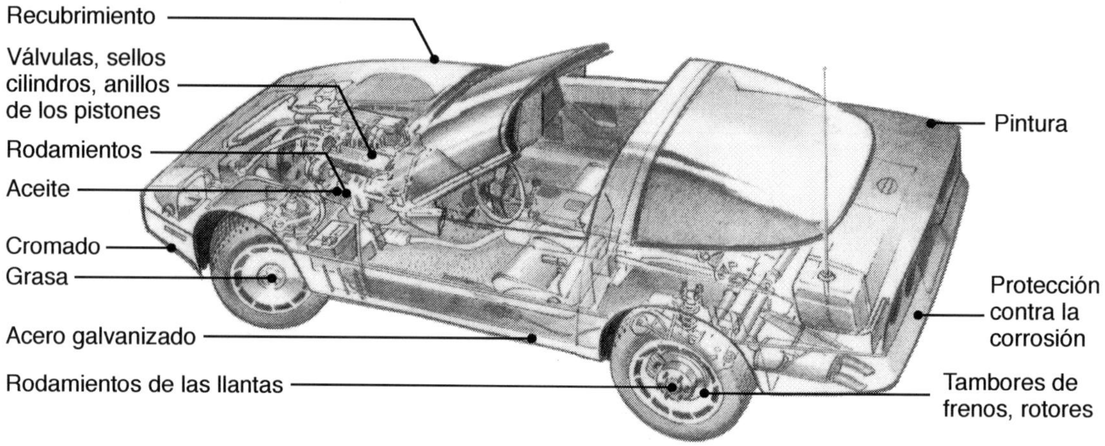

FIGURA VII.1 Componentes de un automóvil común que se relacionan con los temas estudiados en la parte VII.

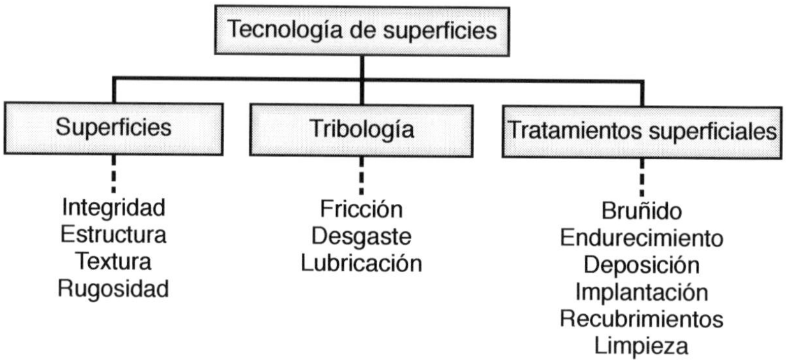

FIGURA VII.2 Panorama de los temas cubiertos en la parte VII.

- Inicio y propagación de grietas como resultado de defectos de la superficie, como rugosidad, rayones, costuras y zonas afectadas por el calor que pueden llevar al debilitamiento y falla prematura de la parte debido a la fatiga.
- Conductividad térmica y eléctrica de los cuerpos en contacto; por ejemplo, las superficies ásperas tienen menor conductividad térmica y eléctrica que las suaves.
- Fricción y desgaste de las herramientas, moldes y dados usados en la manufactura, así como de los productos elaborados.

De acuerdo con el panorama descrito en la figura VII.2, el capítulo 33 analiza las características de las superficies en términos de su estructura y topografía. Después se describen las variables del material y del proceso que influyen en la fricción, desgaste y lubricación de los materiales. El capítulo 34 describe los métodos que se utilizan para modificar las superficies con el fin de mejorar su comportamiento ante la fricción, eficacia de los lubricantes, resistencia al desgaste y la corrosión, así como el acabado y aspecto de la superficie.

Rugosidad de una superficie y su medición; fricción, desgaste y lubricación

CAPÍTULO 33

- Este capítulo describe las distintas características de las superficies que tienen un efecto directo tanto en la selección de los procesos de manufactura como en la vida de servicio de las partes producidas.
- Se estudian características de la superficie como la rugosidad, textura y capa exterior, así como los métodos aplicados para describir y medir cuantitativamente las superficies.
- El capítulo también examina la naturaleza de la fricción, su rol en la manufactura y los factores involucrados en su magnitud.
- Después se analizan el desgaste y la lubricación junto con otros diversos métodos utilizados para minimizar el desgaste.
- El capítulo termina con un resumen de los lubricantes de uso común y su selección para un proceso de manufactura particular y de los materiales involucrados.

EJEMPLO:

33.1 Introducción

Las superficies son entidades distintas con propiedades que llegan a variar significativamente de las del volumen; éste es en particular el caso de los metales debido a capas de óxido superficial, capas difíciles de trabajar y otras características más. En una superficie puede haber varios defectos, lo que depende de la manera en que se generó. Estos defectos, y otras texturas de la superficie, tienen una gran influencia en la integridad de la superficie de las piezas de trabajo, así como en la de las herramientas, moldes y dados.

Después se describen los métodos comunes de medición de la rugosidad de una superficie en la práctica de la ingeniería, inclusive la instrumentación necesaria, seguida de una breve descripción de los requerimientos de rugosidad en el diseño y productos de ingeniería. Debido a la creciente importancia en la manufactura de precisión y nanofabricación, también se estudian las mediciones en tres dimensiones de la superficie.

Posteriormente, en el capítulo se describen aquellos aspectos de *fricción*, *desgaste* y *lubricación* que en conjunto se conocen como **tribología** y que son relevantes en los procesos y operaciones de manufactura y en la vida de servicio de los productos. También se estudia la naturaleza de la fricción y el desgaste de los materiales metálicos y no metálicos, así como la forma en que reciben la influencia de las distintas variables de los materiales y su proceso. El desgaste tiene un gran impacto económico y se estima que tan sólo en Estados Unidos el costo total de reemplazar partes desgastadas es de más de 100 mil millones de dólares por año.

Por último se describen los fundamentos de los fluidos en el trabajo de los metales, inclusive los tipos, características y aplicaciones de los lubricantes líquidos y sólidos de uso común, así como las prácticas de lubricación empleadas, y la importancia de las consideraciones biológicas y ambientales en el uso, aplicación, reciclado y eliminación de dichos fluidos.

33.2 Estructura e integridad de una superficie

Un examen minucioso permite observar que la superficie de una pieza de metal por lo general consta de varias capas, como se ilustra en la figura 33.1:

1. El *conjunto* del metal, también conocido como **sustrato** del metal, tiene una estructura que depende de la composición e historia de procesamiento del metal.
2. Sobre el conjunto del metal hay una capa que generalmente ha sufrido una deformación plástica y que el trabajo ha endurecido mucho más que al resto durante el proceso de manufactura. La profundidad y propiedades de la capa endurecida, llamada **estructura de la superficie**, dependen de factores como el método de procesamiento empleado y los efectos del deslizamiento que causa fricción sobre la superficie. Si, por ejemplo, la superficie ha sido producida maquinándola con una herramienta mellada y desgastada (vea la figura 21.22), o ha estado sujeta a deslizamiento contra herramientas y dados, la *capa endurecida por el trabajo* será relativamente gruesa y, por lo común, también desarrollará esfuerzos residuales (sección 2.11).
3. También puede estar presente una *capa amorfa* (sin estructura cristalina; también llamada capa de *Beilby*, en honor de G. Beilby). Esa capa amorfa se forma cuando una superficie se sujeta a un calor elevado o incluso a la fusión (como la que ocurre con fuerzas de fricción muy grandes) para luego ser enfriada con rapidez, de manera que los granos no tienen tiempo de formar una estructura cristalina (vea la sección 1.5). Esto puede ocurrir, por ejemplo, en las operaciones de corte con flama o de esmerilado con altos esfuerzos.
4. A menos que el metal se procese y conserve en un ambiente inerte (libre de oxígeno), o que sea un metal noble (como el oro o platino), se forma una **capa de óxido** sobre la capa endurecida por el trabajo. Por lo general la capa de óxido es mucho más dura que el metal base, por lo que es más abrasiva; como resultado, tiene efectos importantes en la fricción, desgaste y lubricación. Cada metal forma su propio óxido u óxidos y su comportamiento puede ser muy complejo. Por ejemplo:

   - El *hierro* tiene una estructura superficial de óxido, con FeO adyacente al volumen del metal, seguido por una capa de Fe_3O_4 y luego otra de Fe_2O_3 (la cual está expuesta al ambiente).
   - El *aluminio* tiene una capa superficial de Al_2O_3 densa, amorfa, y sobre ella hay otra capa de óxido de aluminio hidratado gruesa y porosa.
   - El *cobre*, cuando está recién raspado o maquinado, tiene una superficie brillante y lustrosa; sin embargo, pronto desarrolla una capa de Cu_2O que está cubierta con otra de CuO; esta última da al cobre su color ligeramente opaco.

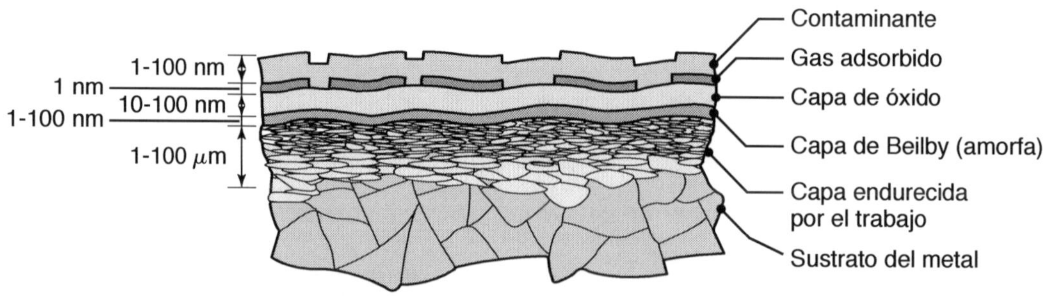

FIGURA 33.1 Ilustración esquemática de la sección transversal de la estructura superficial de un metal; el espesor de las capas individuales depende tanto de las condiciones de procesamiento como del ambiente en que tuvo lugar. *Fuente:* Tomado de E. Rabinowicz y B. Bhushan.

- Los *aceros inoxidables* no se oxidan porque desarrollan una capa protectora de óxido de cromo (por pasivación, como se describe en la sección 3.8).

5. En condiciones ambientales normales, las capas de óxido superficial por lo general están cubiertas por otras capas *adsorbidas* de gas y humedad.
6. Por último, la superficie más externa del metal puede estar cubierta por contaminantes, como suciedad, polvo, residuos de lubricante, restos de compuestos de limpieza y contaminantes del ambiente.

De este modo, las superficies tienen propiedades que generalmente son muy diferentes de las del material del sustrato. Los factores que conciernen a las estructuras superficiales de los metales y que acabamos de describir también son los que influyen en la estructura de la superficie de plásticos y cerámicos (capítulos 7 y 8). La textura de la superficie de estos materiales también depende del método de producción, como en el caso de los metales.

Integridad de la superficie. La *integridad de la superficie* describe no solamente los rasgos topológicos (geométricos) de las superficies y sus propiedades físicas y químicas, sino también sus propiedades y características mecánicas y metalúrgicas. La integridad de la superficie es una consideración importante en las operaciones de manufactura porque influye en propiedades como la resistencia a la fatiga (vea la figura 2.29), a la corrosión y a la vida de servicio.

Varios *defectos de la superficie* causados y producidos durante la manufactura del componente pueden ser los responsables de una integridad superficial inadecuada. Estos defectos suelen ser causados por una combinación de factores como (a) defectos en la materia prima u original; (b) el método o métodos con los que se produjo la superficie y (c) un control inadecuado de los parámetros del proceso, los cuales llegan a ocasionar esfuerzos, temperaturas y deformación excesiva de la superficie.

La siguiente lista da definiciones generales de los principales **defectos de la superficie** (en orden alfabético) que se encuentran en la práctica:

- **Ataque intergranular**, es el debilitamiento de los límites de grano debido a fragilidad y corrosión por metal líquido (sección 1.5.2).
- **Cráteres**, son depresiones poco profundas.
- **Deformación plástica de la superficie**, es una deformación superficial grave ocasionada por grandes esfuerzos debido a factores como la fricción, geometría de las herramientas y dados, herramientas desgastadas y métodos de procesamiento (vea por ejemplo la figura 21.21).
- **Esfuerzos residuales** en la superficie, son causados por deformación no uniforme y distribución irregular de la temperatura (sección 2.11).
- **Grietas**, las cuales pueden ser externas o internas; aquellas que para verse requieren una ampliación de 10× o más se llaman **microgrietas**.
- **Inclusiones**, son pequeños elementos o compuestos no metálicos presentes en el material.
- **Picaduras**, son depresiones superficiales poco profundas, por lo general son el resultado de ataque químico o físico.
- **Salpicaduras**, son partículas pequeñas de metal derretido y vuelto a solidificar que se depositan en la superficie, como ocurre durante la soldadura metalúrgica.
- **Transformaciones metalúrgicas**, las cuales implican cambios microestructurales ocasionados por el ciclado de la temperatura del material; estos cambios consisten en transformaciones de fase, recristalización, pérdida de aleante, descarburización, derretimiento y el posterior colado, solidificación o deposición del material.
- **Traslapes, pliegues** y **costuras**, son defectos de la superficie que resultan del traslape de material durante el procesamiento (vea, por ejemplo, la figura 14.17).
- **Zona afectada por el calor**, es la porción de un metal que está sujeta a ciclado térmico sin llegar a la fusión, como la que se ilustra en la figura 30.19.

33.3 Textura y rugosidad de una superficie

Independientemente del método de producción, todas las superficies tienen sus propias características, las cuales en conjunto se conocen como *textura de la superficie*. Aunque la descripción de la textura como propiedad geométrica es compleja, se han establecido los siguientes lineamientos para identificar la textura de una superficie en términos de cantidades bien definidas y medibles (figura 33.2):

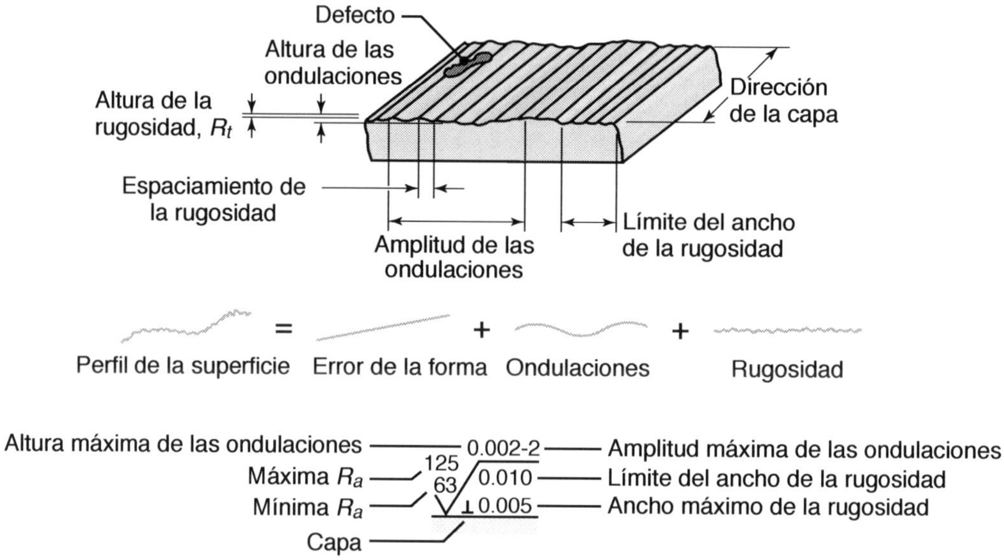

(a)

Símbolo de la capa	Interpretación	Ejemplos
=	Capa paralela a la línea que representa la superficie a que se aplica el símbolo.	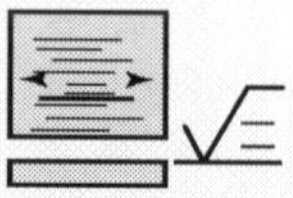
⊥	Capa perpendicular a la línea que representa la superficie a que se aplica el símbolo.	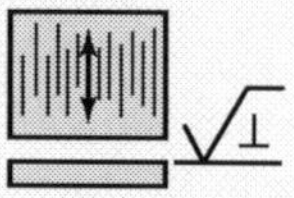
X	Capa angular en ambas direcciones a la línea que representa la superficie a que se aplica el símbolo.	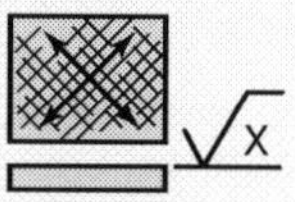
P	Capa sin dirección, con picaduras, protuberancias o partículas.	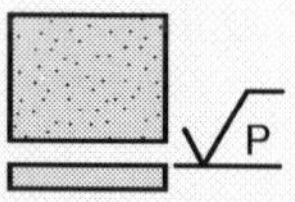

(b)

FIGURA 33.2 (a) Terminología y símbolos estándar para describir el acabado de una superficie; las cantidades están en micropulgadas. (b) Símbolos comunes de la superficie de una capa.

- **Imperfecciones** o **defectos**, son irregularidades aleatorias, como rayones, grietas, picaduras, depresiones, costuras, gotas o inclusiones.
- **Capa (direccionalidad)**, es la dirección del patrón predominante de la superficie, por lo general resulta evidente a simple vista.
- **Rugosidad**, se define como las desviaciones irregulares con espaciamiento estrecho a pequeña escala; se expresa en términos de su altura, ancho y distancia a lo largo de la superficie.
- **Ondulaciones**, comprenden la desviación recurrente a partir de una superficie plana; se miden y describen en términos de la distancia entre las crestas adyacentes de las ondas (*amplitud de las ondulaciones*) y la altura entre sus crestas y valles (*longitud de las ondulaciones*).

Por lo general la **rugosidad de la superficie** se caracteriza por dos métodos. El **valor de la media aritmética** (R_a) se basa en la ilustración esquemática de una superficie rugosa, como se aprecia en la figura 33.3, y se define como

$$Ra = \frac{a+b+c+d+}{n}, \tag{33.1}$$

donde todas las ordenadas a, b, c, ..., son valores absolutos y n es el número de lecturas realizadas. Las *unidades* que por lo general se usan para medir la rugosidad superficial son μm (micras) o μpulg. Observe que 1 μm = 40 μpulg, y que 1 μpulg = 0.025 μm.

La **raíz del promedio de los cuadrados de rugosidad** (R_q, anteriormente identificada como RMS) se define como

$$R_q = \sqrt{\frac{a^2+b^2+c^2+d^2+}{n}}. \tag{33.2}$$

La línea central AB de la figura 33.3 se coloca de manera que la suma de las áreas ubicadas por arriba de la línea sea igual a la suma de las áreas por debajo de la línea.

La **altura máxima de la rugosidad** (R_t) se define como la altura a partir de la depresión más profunda hasta el pico más alto. Indica cuánto material se tiene que remover para obtener una superficie plana, digamos por medio de pulido.

Debido a su sencillez, el valor de la media aritmética se adoptó internacionalmente en la década de 1950 y se usa mucho en la práctica de la ingeniería. Al dividir la ecuación (33.2) entre la (33.1) se obtiene la razón R_q/R_a, que para superficies normales producidas con maquinado y procesos de acabado vale 1.1 para el corte, 1.2 para el esmerilado y 1.4 para lapeado y asentado.

En general, una superficie no puede describirse sólo con sus valores de R_a o R_q, ya que éstos son promedios. Dos superficies podrían tener el mismo valor de rugosidad pero topografías reales muy diferentes. Por ejemplo, algunas depresiones en una superficie suave no afectarían significativamente los valores de la rugosidad. Sin embargo, este tipo de perfil sería muy importante en términos de las características de fricción, desgaste y fatiga del producto manufacturado. En consecuencia, importa mucho analizar una superficie con gran detalle, en particular las partes que van a usarse en aplicaciones críticas.

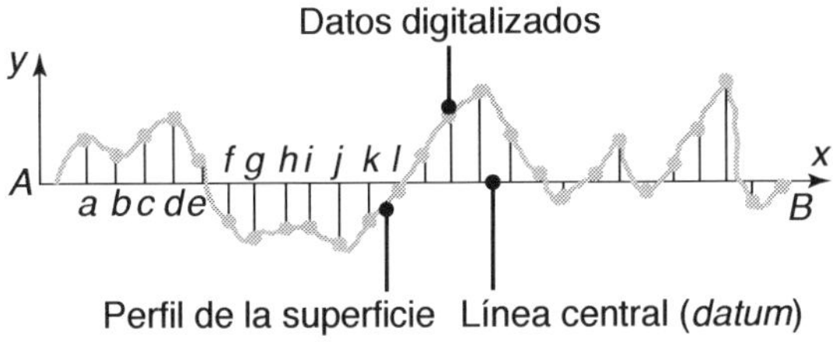

FIGURA 33.3 Coordenadas usadas para medir la rugosidad de la superficie, definida por las ecuaciones (33.1) y (33.2).

Símbolos para la rugosidad de la superficie. Los límites para la rugosidad de la superficie se especifican en los planos técnicos por medio de símbolos, es común que sean los que se muestran en la leyenda de la parte inferior de la figura 33.2a, y los valores de estos límites se colocan a la izquierda de la marca. Los símbolos se usan para describir una superficie y sólo especifican su rugosidad, ondulaciones y capa; no incluyen defectos. Por tanto, siempre que sea necesario hay que incluir una nota especial en las especificaciones técnicas para describir el método o métodos que deben usarse para inspeccionar las imperfecciones de la superficie.

Medición de la rugosidad de la superficie. Es común usar instrumentos llamados **perfilómetros de superficie** para medir y registrar la rugosidad de ésta. Un perfilómetro tiene un *estilete* o *aguja de diamante* que se mueve en línea recta sobre la superficie (figura 33.4a) y registra mediciones periódicas de la altura. La distancia que viaja la aguja se llama **recorrido,** la cual en general varía de 0.08 a 25 mm (0.003 a 1 pulg). Para la mayor parte de aplicaciones de ingeniería es común encontrar un recorrido de 0.8 mm (0.03 pulg). Una regla práctica es que el recorrido debe ser lo bastante largo para que incluya de 10 a 15 irregularidades de la rugosidad, así como todas las ondulaciones de la superficie.

Con el fin de resaltar la rugosidad, el perfilómetro traza todos sus registros con la escala vertical exagerada (algunos órdenes de magnitud más grande que la escala horizontal; vea la figura 33.4c a f); la magnitud de la escala en el instrumento de registro se llama **ganancia.** Así, el perfil registrado tiene una distorsión significativa y la superficie parecerá mucho más rugosa de lo que en realidad es. El instrumento de registro compensa cualquier ondulación de la superficie y por ello indica sólo su rugosidad.

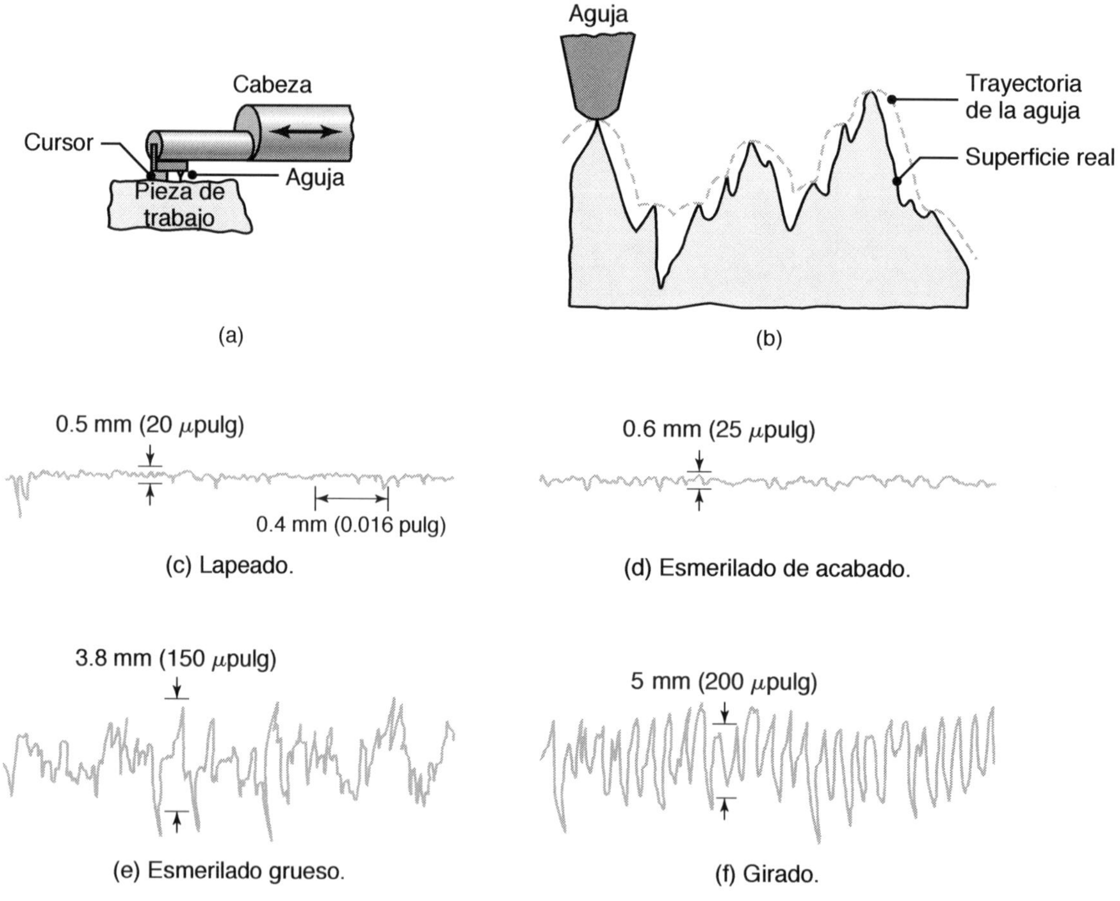

FIGURA 33.4 (a) Medición de la rugosidad de una superficie con una aguja; el cursor sostiene a la aguja y la protege contra daños. (b) Trayectoria de la aguja al hacer mediciones de la rugosidad de la superficie (línea punteada), en comparación con el perfil real de la rugosidad; note que el perfil de la trayectoria de la aguja es más suave que el de la superficie real. (c) a (f) Perfiles comunes de superficies producidas con diferentes métodos de maquinado y procesos de acabado superficial; note la diferencia entre las escalas vertical y horizontal.

Debido al radio finito de la punta de diamante de la aguja, la trayectoria de ésta es diferente de la superficie real (observe la trayectoria indicada con línea punteada en la figura 33.4b) y la rugosidad medida es menor. El diámetro de la punta de la aguja más utilizada es de 10 μm (400 μpulg). Cuanto más pequeño sea el diámetro de la aguja y más suave la superficie, más cerca estará la trayectoria de la aguja del perfil real de la superficie.

Medición de la superficie en tres dimensiones. Debido a que las propiedades de la superficie varían significativamente con la dirección en que el perfilómetro hace su trazo, es frecuente que haya necesidad de medir perfiles de la superficie en *tres dimensiones*. En el caso más sencillo, esto se hace con un perfilómetro que tenga la capacidad de indizar una corta distancia entre los trazos. Se han desarrollado otras alternativas, dos de las cuales son interferómetros ópticos y microscopios de fuerza atómica.

1. **Microscopios de interferencia óptica**, lanzan una luz contra una superficie reflectora y registran las bandas de interferencia que resultan de las ondas incidente y su reflejada. Esta técnica permite la medición directa de la pendiente de la superficie sobre el área de interés. A medida que cambia la distancia vertical entre la muestra y el objetivo de interferencia, también cambian los patrones de las bandas, lo que permite medir la altura de la superficie.
2. **Microscopios de fuerza atómica** (AFM, por sus siglas en inglés), se usan para medir superficies suaves en extremo y ciertos arreglos tienen la capacidad de distinguir átomos sobre superficies con suavidad en escala atómica. En principio, un AFM sólo es un perfilómetro de superficie muy fina con un láser que se usa para medir la posición de la sonda. El perfil de la superficie se mide con gran exactitud y con una resolución vertical en escala atómica; las áreas barridas son del orden de 100 μm^2, aunque son más comunes áreas más pequeñas.

Rugosidad de la superficie en la práctica de la ingeniería. Los requerimientos de diseño para la rugosidad de la superficie en las aplicaciones comunes de ingeniería varían hasta en dos órdenes de magnitud. Algunos ejemplos son los siguientes:

- Rodamientos de bolas — 0.025 μm (1 μpulg).
- Rodamientos de cigüeñales — 0.032 μm (13 μpulg).
- Tambores de frenos — 1.6 μm (63 μpulg).
- Caras de discos de embragues — 3.2 μm (125 μpulg).
- Aparatos de calibración e instrumentos de precisión — 0.02 μm (0.8 μpulg).

33.4 Fricción

La *fricción* juega un rol importante en los procesos de manufactura debido al movimiento relativo y a las fuerzas de fricción que siempre están presentes entre las herramientas, los dados y las interfases entre las piezas de trabajo. La fricción (a) *disipa energía*, la cual genera calor, que puede tener efectos perjudiciales en la operación y (b) *impide la libertad de movimiento* en las interfases, lo que afecta significativamente el flujo y la deformación de los materiales en los procesos del trabajo de metales. Sin embargo, la fricción no siempre es indeseable; por ejemplo, sin fricción sería imposible el laminado de metales, el flujo del control del material en las operaciones de corte y moldeo, la sujeción de las piezas en las máquinas o la colocación de brocas en el plato de sujeción.

Ha habido varias explicaciones de la fricción. Una teoría comúnmente aceptada para la fricción es la **teoría de la adhesión**; se basa en la observación de que dos superficies limpias y secas, sin importar qué tan suaves estén, se tocan en sólo una fracción de su área aparente de contacto (figura 33.5). La pendiente máxima de las superficies reales

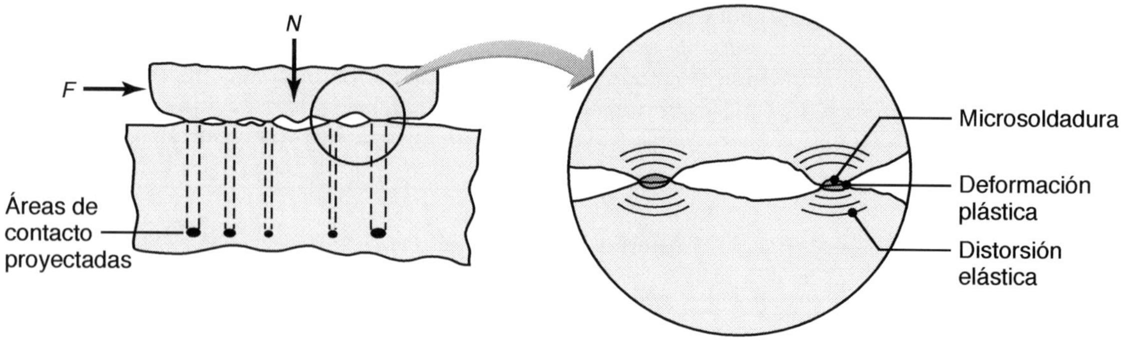

FIGURA 33.5 Ilustración esquemática de la interfase de dos cuerpos en contacto, se muestran las áreas reales de contacto en las asperezas; en las superficies de ingeniería, la razón de las áreas aparente a real de contacto llegan a ser tan grandes como de 4 a 5 órdenes de magnitud.

varía normalmente entre 5° y 15°, a menos que se manufacturen con toda intención para que tengan una alta rugosidad. En una situación así, la carga normal (contacto), N, es soportada por **asperezas** diminutas, que son pequeñas proyecciones desde la superficie que están en contacto entre sí. Por tanto, las tensiones normales en dichas asperezas son grandes y por ello causan *deformación plástica* en las uniones, lo que crea una *unión adhesiva*. En otras palabras, las asperezas forman soldaduras microscópicas y se necesita cierta fuerza para vencerlas por cizallamiento. El proceso de soldadura por presión en frío (vea la sección 31.2), por ejemplo, se basa en este principio.

Otra teoría de la fricción es la **teoría de la abrasión**; se basa en el concepto de que una aspereza en una superficie dura (como una herramienta o un dado) *penetra* o *ara* una superficie más suave (la pieza de trabajo), como se vio en la sección 26.3. La penetración o arado causará el desplazamiento del material o producirá pequeños fragmentos o astillas, como en el proceso de limado. En las dos situaciones descritas antes, el deslizamiento entre dos cuerpos en contacto es posible sólo si se aplica una *fuerza tangencial*; ésta es la **fuerza de fricción**, F, requerida para cizallar las intersecciones o *penetrar* en el material más suave.

La razón F/N (figura 33.5) es el **coeficiente de fricción**, μ. En función de los materiales y procesos implicados, el valor de μ en los procesos de manufactura varía de manera importante. Por ejemplo, en los procesos de formado de metal es común que esté entre cerca de 0.03 pulg en el trabajo en frío a alrededor de 0.7 pulg en el trabajo en caliente, y de 0.5 a 2 en las operaciones de maquinado.

Casi toda la energía disipada en vencer la fricción se convierte en *calor*, lo cual eleva la temperatura de la superficie; una pequeña fracción de la energía se convierte en *energía almacenada* (vea la sección 1.6) en las superficies deformadas plásticamente. La temperatura se incrementa (a) con el aumento de la fricción y la velocidad de deslizamiento; (b) con la disminución de la conductividad térmica y (c) con la reducción del calor específico de los materiales que se deslizan (vea también la sección 21.4). La temperatura de la interfase puede ser tan alta que llegue a reblandecer e incluso fundir las superficies y, posiblemente, causar cambios microestructurales en los materiales involucrados. También observe que la temperatura afecta la viscosidad y otras propiedades de los lubricantes y que temperaturas muy altas pueden ocasionar que el lubricante falle.

Fricción de los plásticos. Debido a que su resistencia es baja en comparación con la de los metales (tablas 2.2 y 7.1), los *plásticos* por lo general poseen malas características de fricción, en especial las poliimidas, poliésteres y fluorocarbonos (*Teflón*). Esta propiedad hace que los plásticos sean mejores para fabricar rodamientos, engranes, sellos, uniones de prótesis y aplicaciones reductoras de la fricción en general, siempre y cuando las cargas no sean elevadas. Por esta característica, a los polímeros en ocasiones se les describe como *autolubricantes*.

Por lo general los factores involucrados en la fricción de los metales también son aplicables a los polímeros. En el deslizamiento de termoplásticos y elastómeros, la componente de penetración (arado) de la fricción es un factor significativo debido a su comportamiento viscoelástico (es decir, presentan comportamiento tanto viscoso como elástico) y la subsecuente pérdida de histéresis (vea la figura 7.14). Esta condición se simula fácilmente al arrastrar un clavo mellado a través de una superficie de caucho y observar cómo éste recupera su forma rápidamente.

Un factor importante en las aplicaciones de los plásticos es el efecto del aumento de temperatura en las interfases deslizantes causado por la fricción. Como se describe en la sección 7.3, los termoplásticos pierden rápido su resistencia y se ablandan a medida que la temperatura aumenta. Por tanto, si no se controla el aumento de temperatura, las superficies deslizantes sufren una deformación permanente y degradación térmica. El comportamiento ante la fricción de varios polímeros sobre metales es semejante al de metales sobre metales. La muy conocida poca fricción del Teflón se ha atribuido a su estructura molecular, la cual no reacciona con los metales; en consecuencia, su adhesión es mala y su fricción es baja.

Fricción de los cerámicos. La mecánica de la fricción en los cerámicos es semejante a la de los metales; por tanto, también en los cerámicos la adhesión y el arado en las interfases contribuyen a la fuerza de fricción. Sin embargo, la adhesión suele ser menos importante con los cerámicos debido a su gran dureza (vea la figura 2.15), por lo que el área real de contacto en las superficies deslizantes es pequeña. La abrasión y la penetración o arado son significativas, en especial cuando el cerámico tiene una interfase con materiales más blandos.

Reducción de la fricción. La fricción se reduce sobre todo por medio de (a) la selección de materiales que tengan poca adhesión, como los carburos y cerámicos, y (b) el uso de películas y recubrimientos superficiales. Los *lubricantes* (como los aceites) o películas sólidas (como el grafito) interponen una capa adherente entre la herramienta, el dado y la pieza de trabajo, lo que minimiza la adhesión y las interacciones entre dos cuerpos deslizantes. La fricción también se reduce mucho si se sujeta la interfase de la herramienta o dado-pieza de trabajo, a *vibraciones ultrasónicas*, por lo común a 20 kHz. La amplitud de las vibraciones separa periódicamente las dos superficies, lo que permite que el lubricante fluya con más libertad hacia la interfase.

Mediciones de la fricción. El coeficiente de fricción se suele determinar en forma experimental, ya sea durante un proceso real de manufactura o en pruebas simuladas en laboratorio utilizando especímenes de pequeña escala de varias formas. La **prueba de compresión de anillo** ha ganado mucha aceptación, en particular para los procesos de deformación volumétricos. Un anillo plano se recalca plásticamente entre dos placas planas (figura 33.6a). Conforme se reduce su altura, el anillo se expande radialmente hacia fuera. Si la fricción en las interfases es cero, los diámetros tanto interior como exterior del anillo se expanden como si fuera un disco sólido. Sin embargo, con el incremento de la fricción el diámetro interno se hace más pequeño. Para una reducción particular de la altura, hay una fricción crítica con la que el diámetro interno aumenta a partir de su diámetro original si μ es menor, y disminuye si μ es mayor (figura 33.6b).

El coeficiente de la fricción se puede determinar con la medición del cambio del diámetro interno del espécimen y el uso de las curvas que se muestran en la figura 33.7 (obtenidas con análisis teóricos). Observe que cada geometría de anillo y material tiene su propio conjunto específico de curvas; la geometría más común de un espécimen tiene una proporción de diámetro externo/diámetro interno/altura de 6:3:2. En estas pruebas el tamaño real del espécimen suele no ser relevante. Así, una vez que se conoce el porcentaje de reducción del diámetro interno y de la altura, se determina la magnitud de μ a partir de la gráfica apropiada.

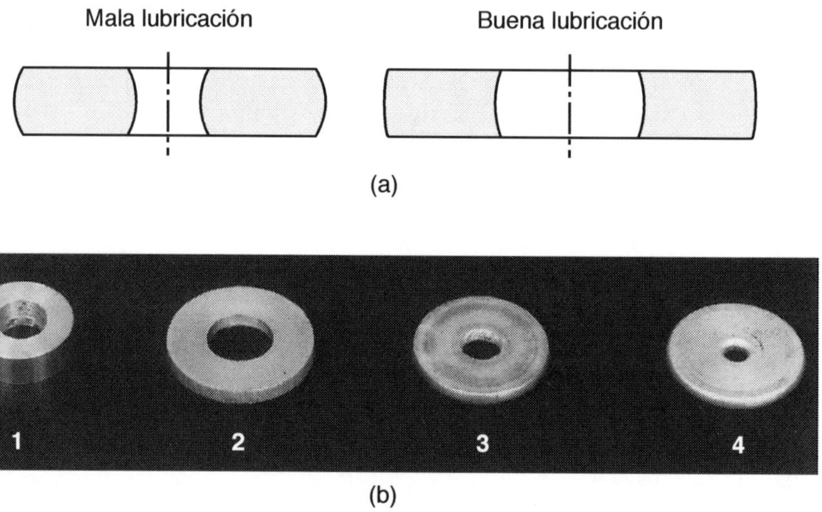

FIGURA 33.6 Prueba de compresión de anillo entre troqueles planos. (a) Efecto de la lubricación en el tipo de anillo preparado. (b) Resultados de la prueba: (1) espécimen original, (2) a (4) fricción creciente. *Fuente:* Basado en A. T. Male y M. G. Cockroft.

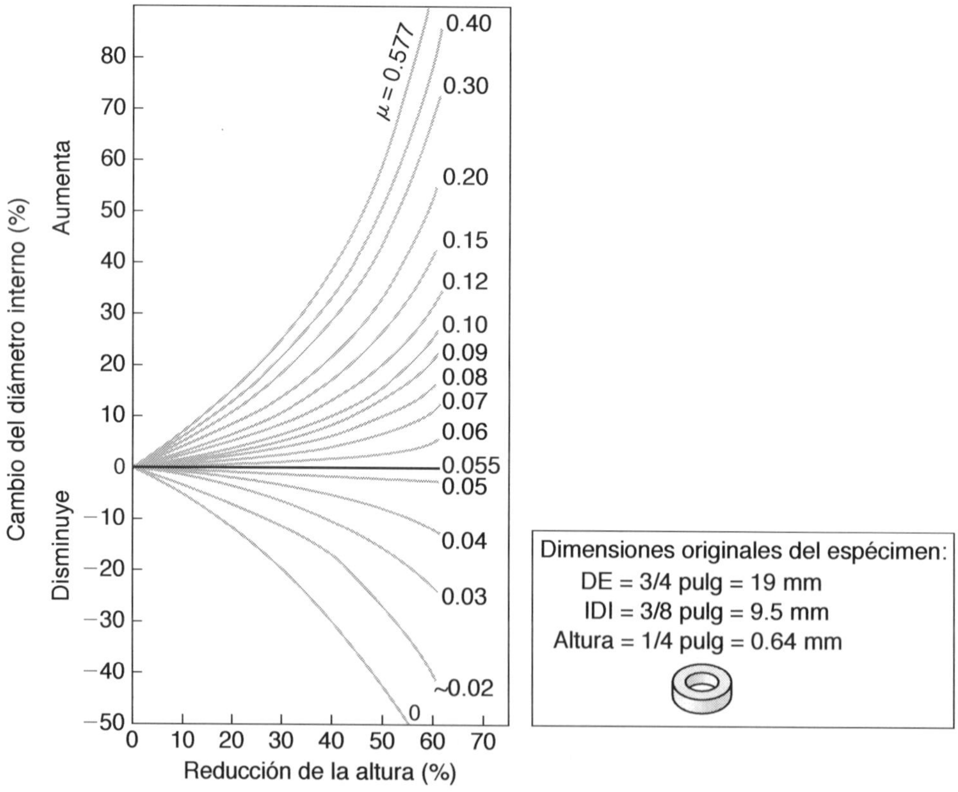

FIGURA 33.7 Gráfica para determinar el coeficiente de fricción a partir de una prueba de compresión de anillo. Se miden la reducción de la altura y el cambio del diámetro interno del anillo, después se lee el valor de μ directamente de esta gráfica; por ejemplo, si el espécimen de anillo redujo su altura en 40% y su diámetro interno en 10%, el coeficiente de fricción es de 0.10.

EJEMPLO 33.1 Determinación del coeficiente de fricción

Dado: En una prueba de compresión de anillo, un espécimen con altura de 10 mm, diámetro exterior (DE) de 30 mm y diámetro interior (DI) de 15 mm, redujo su espesor 50 por ciento.

Se solicita: Determinar el coeficiente de fricción, μ, si el DE mide 38.9 mm después de la deformación.

Respuesta: Primero es necesario determinar el nuevo DI (que se obtiene a partir de la constancia del volumen) como sigue:

$$\text{Volumen} = \frac{\pi}{4}(30^2 - 15^2)(10)$$

$$= \frac{\pi}{4}(38.9^2 - \text{DI}^2)(5).$$

De esta ecuación, el nuevo DI se calcula como 12.77 mm. Entonces, el cambio en el diámetro interno es

$$\Delta\text{DI} = \frac{12.77 - 15}{15}$$

$$= -0.1487, \text{ o } 14.87\% \text{ (disminuye).}$$

Con una reducción de 50% en la altura y una disminución de 14.87% del diámetro interno, el coeficiente de fricción se obtiene a partir de la figura 33.7 y es $\mu = 0.09$.

33.5 Desgaste

La importancia del *desgaste* es evidente en la cantidad de partes y componentes que continuamente tienen que reemplazarse o repararse en una amplia variedad de productos para el consumidor y comerciales. Las *placas de desgaste* se colocan en dados y mecanismos deslizantes en los que hay cargas grandes, son un componente importante en cierta maquinaria de trabajo de metales. Estas placas, también conocidas como partes de desgaste, se espera que se gasten, pero se pueden reemplazar con facilidad y así se impiden reparaciones costosas.

Aunque el desgaste por lo general altera la topografía de la superficie de una parte, y puede ocasionar un daño grave a ésta, también puede tener un efecto benéfico. El periodo de *funcionamiento* de los motores produce partículas pequeñas de desgaste mientras que elimina los picos de las asperezas, como puede verse en la figura 33.8. De este modo, en condiciones controladas el desgaste puede verse como un tipo de proceso de suavizado o de pulido. También observe que escribir con un lápiz o gis común es un proceso de desgaste y las palabras escritas en realidad consisten en partículas del desgaste.

A continuación se describen los mecanismos básicos del desgaste que son relevantes para las operaciones de manufactura.

Desgaste adhesivo. Si se aplica una fuerza tangencial al modelo que se muestra en la figura 33.9, el esfuerzo cortante puede tener lugar ya sea (a) en la interfase original de los dos cuerpos o (b) a lo largo de una trayectoria o por arriba de la interfase; en cualquier caso el deslizamiento causa *desgaste adhesivo*, también llamado *desgaste por deslizamiento*. Debido a factores como el endurecimiento por deformación en los contactos de las asperezas, la difusión entre los dos cuerpos y la solubilidad sólida mutua (sección 4.3) de los materiales involucrados, con frecuencia las uniones adhesivas que se forman en la unión de las asperezas son más fuertes que los metales base en sí. En consecuencia, durante el deslizamiento las fracturas suelen seguir una trayectoria en el componente más débil o blando y así es como se genera un fragmento de desgaste. Aunque es común que este fragmento esté unido al componente más duro (la superficie superior en la figura 33.9c), eventualmente se desprende durante el deslizamiento continuado en la interfase y se desarrolla como una **partícula de desgaste**.

En condiciones más duras, como las que ocurren con grandes cargas normales y asperezas unidas con fuerza, el desgaste adhesivo recibe el nombre de *rayones*, *manchas*, *desgarres*, *escoriaciones* o *amarramiento* (gripado) y se le llama **desgaste severo**. Sin embargo, las capas de óxido en las superficies tienen una gran influencia en el desgaste adhesivo, pues en ocasiones actúan como película protectora, lo que resulta en un desgaste suave que consiste en pequeñas partículas de desgaste.

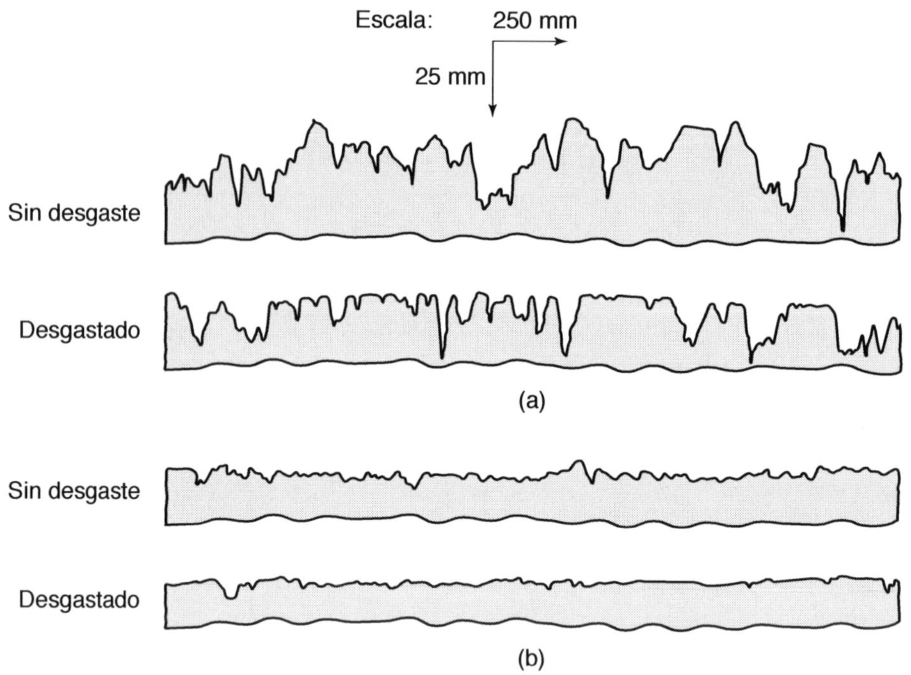

FIGURA 33.8 Cambios en los perfiles originales después del desgaste, (a) cepillado con alambre y (b) rectificado; note la diferencia en las escalas vertical y horizontal. *Fuente:* Basado en E. Wild y K. J. Mack.

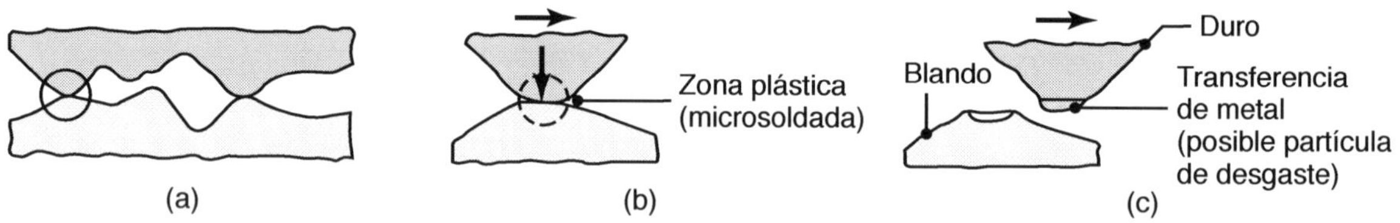

FIGURA 33.9 Ilustración esquemática de (a) dos asperezas en contacto, (b) adhesión entre dos asperezas y (c) la formación de una partícula de desgaste.

El desgaste adhesivo se puede reducir con uno o más de los siguientes métodos:

1. Seleccionar materiales que no desarrollen uniones adhesivas fuertes.
2. Usar un material más duro como un miembro de la pareja.
3. Utilizar materiales que se oxiden con facilidad.
4. Aplicar recubrimientos duros (vea el capítulo 34).
5. Recubrir una superficie con un material más blando, como estaño, plata, plomo o cadmio.
6. Usar un lubricante apropiado.

Desgaste abrasivo. Este tipo de desgaste es causado por una superficie dura y rugosa, o por una que tenga partículas duras afiladas, que se deslice a lo largo de otra superficie. El resultado es que se producen *microchips* o *astillas* como partículas de desgaste que dejan muescas o rayas en la superficie más suave (figura 33.10). Actúan de esta manera procesos como el limado, esmerilado, maquinado ultrasónico y el maquinado por chorro abrasivo o por chorro de agua y abrasivos. A diferencia del desgaste, que por lo general no es buscado ni deseable, los parámetros en estos procesos se *controlan* para producir las superficies deseadas y cambios de forma a través del mecanismo de desgaste.

Hay dos tipos básicos de desgaste abrasivo. En el **desgaste de dos cuerpos**, la acción abrasiva tiene lugar entre dos superficies deslizantes o entre partículas abrasivas (duras) y un cuerpo sólido. Este tipo de desgaste es la base del **desgaste erosivo**, como ocurre en el movimiento de lodos a través de tubos o de partículas de arena que actúan sobre la hélice de un barco. En el **desgaste de tres cuerpos**, una partícula abrasiva está presente entre dos cuerpos sólidos que se deslizan, como una partícula de desgaste (contaminante) que es transportada por un lubricante. Una situación así indica la importancia de filtrar apropiada y periódicamente los lubricantes en las operaciones de trabajo de metales, así como en la maquinaria y en motores de automóviles, aviones y helicópteros.

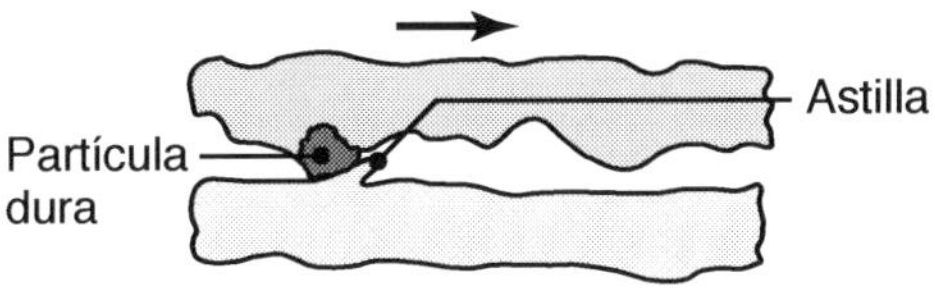

FIGURA 33.10 Ilustración esquemática del desgaste abrasivo en el deslizamiento; los rayones longitudinales en una superficie por lo general indican desgaste abrasivo.

Se ha descubierto que la **resistencia al desgaste abrasivo** de los metales puros y los cerámicos es directamente proporcional a su dureza. Así, el desgaste abrasivo se puede reducir aumentando la dureza de los materiales (por lo general con un tratamiento térmico) o reduciendo la carga normal. Los elastómeros y cauchos resisten bien el desgaste abrasivo debido a que se *deforman elásticamente* y luego se recuperan cuando las partículas abrasivas han pasado sobre sus superficies. El mejor ejemplo es una llanta de automóvil, que dura miles de kilómetros aunque opere en las superficies de carreteras pavimentadas o sin pavimentar, que generalmente son ásperas y abrasivas; ni siquiera los aceros endurecidos durarían mucho en esas condiciones.

Desgaste corrosivo (o corrosión desgaste). También conocido como *desgaste por oxidación* o *desgaste químico*, este tipo de desgaste es causado por reacciones químicas y electroquímicas entre la superficie y el ambiente. En este caso, son productos corrosivos finos presentes en la superficie los que constituyen las partículas de desgaste. Cuando la capa corrosiva es destruida o eliminada con el deslizamiento o abrasión, comienza a formarse otra capa y se repite el proceso de remoción y formación de la capa corrosiva. Entre los medios corrosivos se encuentran el agua, agua de mar, oxígeno, ácidos, productos químicos, sulfuro de hidrógeno atmosférico y dióxido de sulfuro.

El desgaste corrosivo puede reducirse si se:

- Seleccionan materiales que resistan el ataque ambiental.
- Aplica un recubrimiento.
- Controla el ambiente.
- Reducen las temperaturas de operación con el fin de disminuir la tasa de reacción química.

Desgaste por fatiga. El desgaste por fatiga, también llamado *fatiga de la superficie* o *desgaste por fractura de la superficie*, se ocasiona cuando las superficies están sujetas a una carga cíclica, como el contacto por rodamiento en los baleros o en las operaciones de forjado. Las partículas de desgaste se suelen formar mediante el mecanismo de *descascarar* o *formación de picaduras*. La **fatiga térmica** es otro tipo de desgaste por fatiga, con la que se generan grietas en la superficie debido a los esfuerzos térmicos en el ciclado térmico, como cuando un dado frío se pone en contacto repetidas veces con piezas de trabajo calientes. Las grietas individuales se unen una con otra y la superficie comienza a descascararse, fenómeno semejante al desarrollo de baches en los caminos. La fatiga térmica da como resultado el *agrietamiento térmico* de los moldes y dados en la fundición por inyección y en las operaciones de trabajo en caliente.

El desgaste por fatiga se puede reducir con las siguientes acciones:

- Disminución de los esfuerzos de contacto.
- Reducción de los ciclos térmicos.
- Mejora de la calidad de los materiales por medio del retiro de impurezas, inclusiones y otras imperfecciones que actúan como puntos locales de inicio y propagación de grietas.

En las operaciones de manufactura se observan otros tipos de desgaste:

- **Erosión**, causada por partículas sueltas que frotan una superficie.
- **Tribocorrosión**, cuando las interfases están sujetas a movimientos recíprocos muy pequeños.

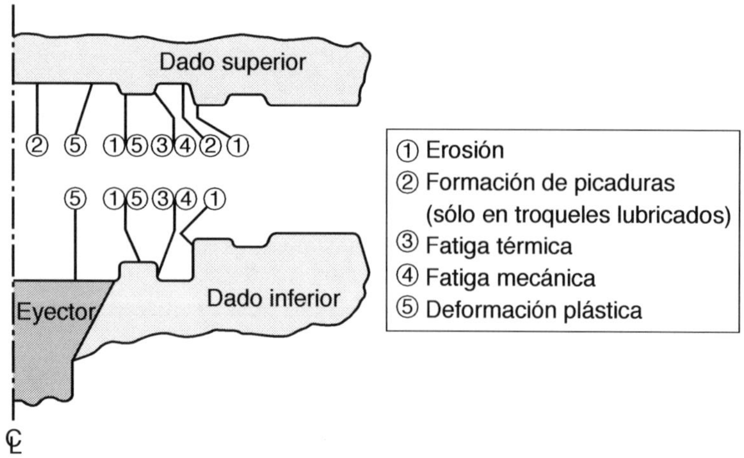

FIGURA 33.11 Tipos de desgaste observados en la cavidad de un par de dados usado para la forja y estampado. *Fuente:* Basado en T. A. Dean.

- **Desgaste por impacto**, que es la remoción de cantidades muy pequeñas de material de una superficie por la acción del impacto de partículas, semejante al mecanismo de maquinado ultrasónico (sección 26.6).

En muchas situaciones de manufactura, el desgaste del componente es resultado de una *combinación* de diferentes tipos de desgaste. Por ejemplo, en la figura 33.11 observe que incluso en el mismo dado de estampado tienen lugar varios tipos de desgaste en diferentes ubicaciones de la cavidad. Una situación parecida ocurre también en las herramientas de corte, como se ilustra en la figura 21.18.

Desgaste de los termoplásticos. El comportamiento del desgaste de los termoplásticos es semejante al de los metales. Su comportamiento ante el desgaste abrasivo depende en parte de la capacidad del polímero para deformarse y recuperarse elásticamente, como en el caso del caucho y los elastómeros. Los polímeros comunes con buena resistencia al desgaste son las poliimidas, el nailon, policarbonato, polipropileno, acetales y polietileno de alta densidad. Estos polímeros se moldean o maquinan para fabricar engranes, poleas, piñones y otros componentes mecánicos similares. Debido a que los termoplásticos pueden fabricarse con una amplia variedad de composiciones, también se pueden mezclar con lubricantes internos (como el politetrafluoretileno, silicio, grafito, disulfuro de molibdeno y partículas de caucho) que se dispersan en la matriz del polímero.

Desgaste de plásticos reforzados. La resistencia de los plásticos reforzados al desgaste depende del tipo, cantidad y dirección del refuerzo de la matriz del polímero (vea el capítulo 9); el carbono, vidrio y fibras de aramida mejoran la resistencia al desgaste. El desgaste suele presentarse cuando las fibras son expulsadas de la matriz, lo que se conoce como *expulsión de fibra.* El desgaste es mayor cuando la dirección de deslizamiento es paralela a las fibras, porque se puede tirar de ellas con mayor facilidad. Las fibras largas incrementan la resistencia al desgaste de los compósitos porque (a) son más difíciles de expulsar e (b) impiden que las grietas presentes en la matriz se propaguen a la superficie.

Desgaste de los cerámicos. Cuando los cerámicos se deslizan contra metales, el desgaste es causado por (a) deformación (plástica) en pequeña escala y fractura de la superficie (frágil); (b) penetración; (c) fatiga y (d) reacciones químicas en la superficie. Cuando se deslizan unos contra otros, se transfiere material de la superficie de un cuerpo metálico a la superficie del cerámico de tipo óxido, lo que forma óxidos del metal. Así, el deslizamiento en realidad tiene lugar entre el metal y una superficie de óxido metálico.

33.6 Lubricación

La lubricación se utiliza para reducir la fricción y el desgaste y se remonta a cerca de cuatro milenios. Por ejemplo, en 1400 a. C., las ruedas de los carruajes egipcios se lubricaban con grasa de res. Alrededor del 600 d. C., se usaban varios aceites para la lubricación durante las operaciones del trabajo de metales (vea la tabla I.2).

Como se ha dicho en varios capítulos de este libro, las superficies de las herramientas, moldes, dados y piezas de trabajo, están sujetas a (a) fuerzas y presión de contacto, que van desde muy débiles a varias veces el límite de elasticidad del material de la pieza de trabajo; (b) velocidad relativa, de muy baja a muy alta, y (c) temperatura, que por lo general varía de la del ambiente a la de fusión. Además de seleccionar los materiales apropiados y controlar los parámetros del proceso para reducir la fricción y el desgaste, se aplican **lubricantes** o, más en general, **fluidos para el trabajo de metales.**

Regímenes de lubricación. Hay cuatro tipos de regímenes de lubricación que generalmente son de interés en las operaciones de manufactura (figura 33.12):

1. **Lubricación por película gruesa:** las superficies están separadas completamente por una película de lubricante y un factor importante es la viscosidad de éste. Dichas películas se desarrollan en ciertas regiones de la pieza de trabajo en las operaciones de alta velocidad y también a partir de lubricantes de mucha viscosidad que quedan atrapados en las interfases del dado y la pieza de trabajo. Una película gruesa de lubricante da como resultado una superficie de aspecto apagado y granular en la pieza de trabajo después de las operaciones de formado, con el grado de rugosidad variable según el tamaño del grano. En operaciones como la fabricación de monedas y el estampado de precisión, los lubricantes atrapados son indeseables; impiden que el material original llene por completo la cavidad del dado.
2. **Lubricación por película delgada:** a medida que aumenta la carga entre el dado y la pieza de trabajo, o que disminuyen la velocidad y viscosidad del fluido de trabajo del metal, la película de lubricante se hace más delgada y el proceso se conoce como **lubricación por película delgada.** Esta condición eleva la fricción en las interfases deslizantes y da como resultado un desgaste ligero.
3. **Lubricación mixta:** una parte significativa de la carga la soporta el contacto físico entre las asperezas de las dos superficies que se tocan. El resto de la carga recae en la película de fluido atrapado en las cavidades, como los valles entre las asperezas.
4. **Lubricación de frontera:** la carga la soportan las superficies de contacto que están cubiertas por una *película de frontera* de lubricante (figura 33.12d), la cual es una capa molecular delgada de lubricante. La película es atraída por las superficies del metal e impide el contacto directo de metal contra metal de los dos cuerpos, lo que reduce el desgaste. Los lubricantes de frontera comunes son aceites naturales, grasas, ácidos grasos, esteres o jabones. Sin embargo, las películas de frontera se pueden *romper* (a) como resultado de la desorción causada por las altas temperaturas desarrolladas en las superficies deslizantes o (b) por la fricción durante el deslizamiento. Al eliminarse esta película protectora, las superficies metálicas deslizantes comienzan a desgastarse y también puede haber formación severa de muescas.

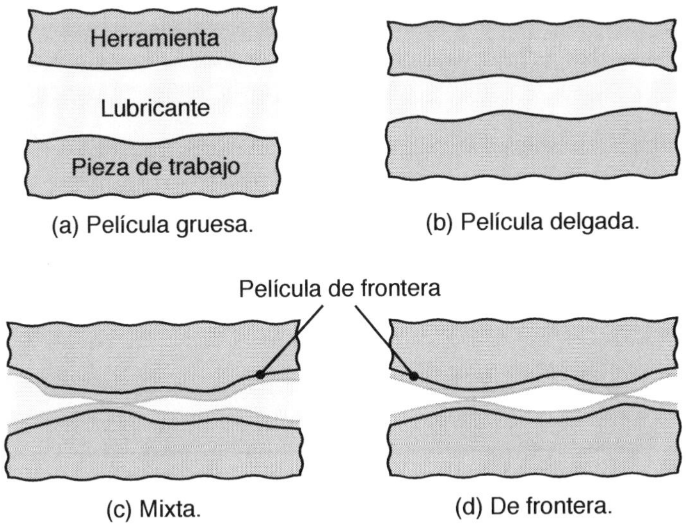

FIGURA 33.12 Regímenes de lubricación que generalmente ocurren en las operaciones de trabajo de metales. *Fuente:* Basado en W. R. D. Wilson.

Otras consideraciones. Observe que los valles en la superficie de los cuerpos en contacto (vea las figuras 33.2a, 33.4 y 33.5) sirven como almacenes locales o bolsas de lubricantes, con lo cual soportan una parte sustancial de la carga. La pieza de trabajo, pero no el dado, debe tener la superficie más áspera; conforme la pieza de trabajo se deforma plásticamente, su superficie es aplanada por las herramientas y el lubricante se libera o *percola* desde la superficie. Si la superficie más dura del dado es áspera, no hay efecto de percolación y las asperezas, que actúan como filtro, pueden dañar la superficie de la pieza de trabajo. La rugosidad superficial recomendada en la mayor parte de los dados es de alrededor de 0.4 μm (15 μpulg).

La *geometría* conjunta de los cuerpos que interactúan es una consideración importante para garantizar una lubricación apropiada. El movimiento de la pieza de trabajo en la zona de deformación, como ocurre durante el trefilado, extrusión y rolado, debe permitir que el suministro de lubricante llegue a la interfase del dado y la pieza de trabajo.

33.7 Fluidos en el trabajo de metales y su selección

Las funciones de un *fluido para el trabajo de metales* son para:

- *Reducir la fricción*, lo que disminuye los requerimientos de fuerza y energía y cualquier aumento de la temperatura.
- *Disminuir el desgaste*, lo que reduce amarres y raspaduras.
- *Mejorar el flujo de material* en las herramientas, dados y moldes.
- Actuar como *barrera térmica* entre la pieza de trabajo y las superficies de las herramientas y dados, lo que impide que la pieza de trabajo se enfríe en los procesos de trabajo en caliente.
- Actuar como *agente de liberación* o *partición*, una sustancia que ayuda a remover o expulsar las partes de dados y moldes.

Actualmente hay varios tipos de fluidos para el trabajo de metales con diferentes comportamientos químicos, propiedades y características que cumplen con estos requerimientos (vea también la sección 22.12 acerca de los fluidos de corte).

33.7.1 Aceites

Los *aceites* mantienen una película de alta resistencia sobre la superficie de un metal, como es fácil observar si se intenta limpiar una superficie aceitosa. Aunque son muy eficaces para reducir la fricción y el desgaste, los aceites tienen muy poca conductividad térmica y bajo calor específico. En consecuencia, no conducen con eficacia el calor generado por la fricción y la deformación plástica durante el procesamiento. Además, es difícil y costoso eliminar los aceites de las superficies de los componentes que se vayan a pintar o soldar (vea la sección 34.16).

Las fuentes de los aceites son (a) **minerales** (*petróleo* o *hidrocarburos*), (b) **animales** o (c) **vegetales.** Los aceites pueden *componerse* con ciertos aditivos o con otros aceites. La composición se usa para cambiar propiedades como el comportamiento viscosidad-temperatura, tensión superficial, resistencia al calor y características de la capa de frontera.

33.7.2 Emulsiones

Una *emulsión* es una mezcla de dos líquidos inmiscibles (por lo general aceite y agua, en diferentes proporciones) con algunos aditivos. Los *emulsionantes* son sustancias que impiden que las gotas dispersas de una mezcla se unifiquen, de ahí el término inmiscible. Las emulsiones tienen apariencia lechosa, también se les conoce como **aceites solubles en agua** o **refrigerantes basados en agua,** y son de dos tipos. En la *emulsión indirecta* las gotas de agua se encuentran dispersas en el aceite. En la *emulsión directa*, el aceite mineral está disperso en agua en forma de gotas muy pequeñas. Las emulsiones directas son fluidos importantes en el trabajo de metales, ya que la presencia de agua les da una gran capacidad de enfriamiento. Son eficaces en particular en el maquinado de alta velocidad (sección 25.5), en el que un severo aumento de temperatura tiene efectos perjudiciales en la vida de las herramientas, la integridad de las superficies de las piezas de trabajo y la exactitud dimensional de las partes.

33.7.3 Soluciones sintéticas y semisintéticas

Las *soluciones sintéticas* son fluidos químicos que contienen productos químicos inorgánicos y de otro tipo disueltos en agua; no contienen aceites minerales. Se agregan agentes químicos para darles varias propiedades. Las soluciones semisintéticas son básicamente soluciones sintéticas a las que se han agregado pequeñas cantidades de aceites emulsificables.

33.7.4 Jabones, grasas y ceras

Los *jabones* son comúnmente productos reactivos de sales de sodio o potasio con ácidos grasos. Los jabones alcalinos son solubles en agua, pero otros para metal por lo general son insolubles. Los jabones son lubricantes de frontera eficaces y forman capas gruesas en las interfases entre los dados y la pieza de trabajo, en particular cuando se emplean sobre recubrimientos de conversión para aplicaciones de trabajo de metales en frío (sección 34.10).

Las *grasas* son lubricantes sólidos o semisólidos y por lo general consisten en jabones, aceite mineral y varios aditivos. Son muy viscosas y se adhieren bien a las superficies metálicas. Aunque se usan mucho en la maquinaria, las grasas son de empleo limitado en los procesos de manufactura. Las *ceras* son de origen animal o vegetal (*parafina*). En comparación con las grasas son menos “grasosas” y más quebradizas. Las ceras son de uso limitado en las operaciones de trabajo de metales, excepto como lubricantes para el cobre y en forma de parafina clorada, así como para aceros inoxidables y aleaciones de alta temperatura.

33.7.5 Aditivos

Los fluidos para el trabajo de metales suelen estar *mezclados* con varios aditivos, incluyendo inhibidores de la oxidación, agentes que impiden la herrumbre, inhibidores de espuma, agentes humectantes y antisépticos.

Azufre, *cloro* y *fósforo* son aditivos importantes para los aceites. Se conocen como **aditivos de presión extrema** (EP, por *extreme-pressure*) y se usan ya sea solos o en combinaciones; reaccionan químicamente con las superficies metálicas y forman películas superficiales adhesivas de sulfuros y cloruros metálicos. Estas películas tienen poca resistencia al esfuerzo cortante y buenas propiedades antisoldadura, por lo que reducen con eficacia la fricción y el desgaste. Sin embargo, atacan preferentemente al aglutinante de cobalto en las herramientas y dados de carburo de tungsteno (por medio de *lixiviación selectiva*), lo que causa cambios en la rugosidad e integridad de la superficie de dichas herramientas (vea la sección 22.4).

33.7.6 Lubricantes sólidos

Por sus propiedades y características únicas, varios materiales sólidos se usan como lubricantes en las operaciones de manufactura.

Grafito. En la sección 8.6 se describieron las propiedades generales del grafito. El grafito es débil ante el esfuerzo de cizallamiento o cortante en dirección de sus *planos basales* (vea la figura 1.4), por lo que tiene un bajo coeficiente de fricción en esa dirección. Es un lubricante sólido eficaz, en particular a temperaturas elevadas; sin embargo, la fricción es baja sólo en presencia de aire o humedad. En otro caso la fricción es muy alta;

en realidad, el grafito puede ser abrasivo. Se puede aplicar ya sea por frotamiento en las superficies o como parte de una suspensión (dispersión de pequeñas partículas) *coloidal* en un líquido portador, como agua, aceite o alcohol.

Disulfuro de molibdeno. De amplio uso, el disulfuro de molibdeno (MoS_2) es un lubricante sólido laminar, tiene un aspecto algo parecido al del grafito. Sin embargo, a diferencia de éste tiene un coeficiente de fricción alto en condiciones ambientales normales. El disulfuro de molibdeno se utiliza como portador para aceites; es común que se aplique por frotación sobre la superficie de la pieza de trabajo.

Películas metálicas y de polímero. Debido a su poca resistencia, las capas delgadas de metales blandos y recubrimientos de polímero también se utilizan como lubricantes sólidos. Los metales adecuados para ello incluyen al plomo, indio, cadmio, estaño y plata; también se emplean polímeros como el politetrafluoretileno, polietileno y metacrilatos. Estos recubrimientos tienen aplicaciones limitadas debido a su falta de resistencia a grandes tensiones por contacto, en especial a temperaturas elevadas.

También se usan metales blandos para recubrir metales de alta resistencia, como aceros, aceros inoxidables y aleaciones de alta temperatura. Por ejemplo, se deposita químicamente cobre u estaño en la superficie de un metal antes de procesarlo. Si el óxido de un metal en particular tiene poca fricción y es suficientemente delgado, la capa de óxido sirve como lubricante sólido, en particular a temperaturas altas (vea también la sección 15.3).

Vidrios. Aunque es un material sólido, el vidrio se vuelve viscoso a temperaturas elevadas, por lo que puede servir como lubricante líquido; la viscosidad es una función de la temperatura (pero no de la presión) y depende del tipo de vidrio (sección 8.4). Su baja conductividad térmica también lo hace atractivo, ya que actúa como barrera térmica entre las piezas de trabajo y los dados relativamente fríos. Por lo común la lubricación con vidrio se utiliza en aplicaciones como la extrusión en caliente y la forja en caliente.

Recubrimientos de conversión. Los lubricantes no siempre se adhieren bien a las superficies de las piezas de trabajo, en particular bajo los esfuerzos normal y cortante. La falta de adherencia tiene efectos perjudiciales en la forja, extrusión y trefilado de aceros, aceros inoxidables y aleaciones de alta temperatura. Para estas aplicaciones primero se transforman las superficies de la pieza de trabajo por medio de una reacción química con ácidos, de ahí el término *conversión* (vea también la sección 34.10).

Esta reacción deja una superficie algo rugosa y esponjosa, la cual actúa como portador para el lubricante. Después del tratamiento el ácido excedente se elimina de la superficie con bórax o cal. Después se aplica a la superficie un lubricante líquido, como jabón; éste se adhiere a la superficie y no se desprende fácilmente. Con frecuencia se usan recubrimientos de *fosfato de zinc* para la conversión de aceros al carbono y aceros de baja aleación. Los *recubrimientos de oxalato* se emplean para los aceros inoxidables y aleaciones de alta temperatura.

33.7.7 Selección de fluidos para el trabajo de metales

La selección de un fluido para el trabajo de metales en una aplicación particular y con cierto material de la pieza de trabajo implica la consideración de varios factores:

1. Proceso específico de manufactura.
2. Material de la pieza de trabajo.
3. Material de la herramienta o dado.
4. Parámetros de procesamiento.
5. Compatibilidad del fluido con los materiales de la herramienta y el dado y con la pieza de trabajo.
6. Preparación requerida para la superficie.

7. Método de aplicación del fluido.
8. Remoción del fluido y limpieza de la pieza de trabajo después del procesamiento.
9. Contaminación del fluido por otros lubricantes, como los que se utilizan para lubricar la maquinaria.
10. Almacenamiento y mantenimiento de los fluidos.
11. Tratamiento del lubricante de desecho.
12. Consideraciones biológicas y ambientales.
13. Costos implicados en todos los factores ya enunciados.

También debe tomarse en cuenta la función específica de un fluido para el trabajo de metales, ya sea sobre todo un *lubricante* o un *refrigerante*. Los fluidos basados en agua son refrigerantes muy eficaces, pero como lubricantes no son tan efectivos como los aceites. Se estima que en 80 a 90% de las operaciones de maquinado se utilizan fluidos de base agua.

Los requerimientos específicos de los fluidos para el trabajo de metales son los siguientes:

- No deben dejar residuos peligrosos que interfieran con las operaciones de producción.
- No deben oxidar o corroer la pieza de trabajo o el equipo.
- Es necesaria la inspección periódica para detectar el deterioro causado por el crecimiento de bacterias, acumulación de óxidos, astillas, restos del desgaste y la degradación y daños generales debidos a la temperatura y el tiempo. Es en particular importante la presencia de partículas de desgaste, ya que causan daño al sistema; por consiguiente, son esenciales la inspección y el filtrado.

Después de terminar las operaciones de manufactura, las superficies de la pieza de trabajo suelen tener residuos de lubricante; éstos se deben eliminar antes de continuar procesos como soldadura o pintura. Los lubricantes de base agua son más difíciles y caros de remover que los fluidos base agua. En la sección 34.16 se describen varias soluciones y técnicas de limpieza para este propósito.

Consideraciones biológicas y ambientales. Estas consideraciones son factores importantes en la selección de un fluido para el trabajo de metales. Puede haber riesgos si alguien toca o inhala algunos de dichos fluidos, como inflamación cutánea (*dermatitis*) y la exposición por mucho tiempo a carcinógenos. Asimismo, la eliminación inadecuada de los fluidos para el trabajo de metales tiene efectos perjudiciales en el ambiente. Para impedir o restringir el crecimiento de microorganismos tales como bacterias, levaduras, mohos, algas y virus, se agregan productos químicos (*biocidas*) a los fluidos para trabajar con metales.

Se han hecho muchos avances en el desarrollo de fluidos seguros para el ambiente (*verdes*) y también en la tecnología y equipo para su tratamiento, reciclado y eliminación adecuados. En Estados Unidos se han promulgado leyes y reglamentos con respecto a la manufactura, el transporte, uso y eliminación de fluidos para el trabajo de metales por parte de la Oficina de Seguridad y Salud en el Trabajo (OSHA, por sus siglas en inglés), el Instituto Nacional para la Seguridad y Salud en el Trabajo (NIOSH, por sus siglas en inglés) y la Agencia de Protección Ambiental (EPA, por sus siglas en inglés).

RESUMEN

- Las superficies y sus propiedades son tan importantes como las propiedades volumétricas de los materiales. Una superficie no sólo tiene una forma, rugosidad y aspecto particulares, sino también propiedades que difieren mucho de las del grueso del material.

- Las superficies están expuestas al ambiente, por lo que quedan sujetas al ataque de los elementos. También entran en contacto con herramientas y dados (durante el procesamiento) o con otros componentes (en su vida de servicio).
- Las propiedades geométricas y materiales de las superficies afectan significativamente sus propiedades de fricción, desgaste, fatiga, corrosión y conductividad eléctrica y térmica.
- La medición y descripción de los rasgos de una superficie, inclusive sus características, son aspectos importantes de la manufactura. La medida más común de la rugosidad de la superficie es el valor de la media aritmética. Los instrumentos que por lo general se utilizan para medir la rugosidad incluyen perfilómetros, interferómetros ópticos y microscopios de fuerza atómica.
- La fricción y el desgaste se encuentran entre los factores más significativos en el procesamiento de los materiales. Ha habido muchos avances en la comprensión de estos fenómenos y en la identificación de los factores que los gobiernan.
- Otros factores importantes son la afinidad y solubilidad sólida de los dos materiales en contacto, la naturaleza de las películas superficiales, la presencia de contaminantes y parámetros del proceso como carga, velocidad y temperatura.
- Existe una amplia variedad de fluidos para aplicaciones específicas en el trabajo de metales, entre ellos aceites, emulsiones, soluciones sintéticas y lubricantes sólidos. Su selección y uso requiere la consideración cuidadosa de muchos factores con respecto a los materiales de la pieza de trabajo, del dado y del proceso de manufactura en particular.
- Los fluidos para el trabajo con metales tienen varias características de lubricación y enfriamiento. En su selección también son factores importantes los aspectos biológico y ambiental.

TÉRMINOS CLAVE

Acabado de la superficie
Aceites
Aceites compuestos
Aceites solubles en agua
Adhesión
Aditivos
Aditivos de presión extrema
Altura máxima de la rugosidad
Arado
Asperezas
Autolubricación
Capa
Capa de óxido
Ceras
Coeficiente de fricción
Defectos de la superficie
Desgaste
Desgaste abrasivo
Desgaste adhesivo
Desgaste por fatiga
Desgaste por impacto
Desgaste severo
Emulsión
Estructura de la superficie
Fluidos para el trabajo de metales
Fuerza de fricción
Funcionamiento
Grasas
Imperfecciones
Integridad de la superficie
Jabones
Lixiviación selectiva
Lubricación
Lubricación de frontera
Lubricación de película delgada
Lubricación de película gruesa
Lubricación mixta
Lubricante
Lubricantes sólidos
Microsoldadura
Ondulaciones
Partes de desgaste
Perfilómetro superficial
Picadura
Prueba de compresión de anillo
Raíz del promedio de los cuadrados
Recubrimientos de conversión
Refrigerante
Rugosidad de la superficie
Sustrato
Textura de la superficie
Tribocorrosión
Tribología
Valor de la media aritmética
Vibraciones ultrasónicas

BIBLIOGRAFÍA

Astakhov, V. P., **Tribology of Metal Cutting**, Elsevier, 2007.

Basu, B. y Kalin, M., **Tribology of Ceramics and Composites**, Wiley-American Ceramic Society, 2011.

Bhushan, B., **Introduction to Tribology**, Wiley, 2002.

Bhushan, B., **Modern Tribology Handbook**, 2 vols. CRC Press, 2000.

Burakowski, T. y Wiershon, T., **Surface Engineering of Metals: Principles, Equipment, Technologies**, CRC Press, 1998.

Byers, J. P., **Metalworking Fluids**, 2a. ed., CRC Press, 2006.

Chattopadhyay, R., **Surface Wear: Analysis, Treatment, and Prevention**, ASM International, 2001.

Gohar, R., **Fundamentals of Tribology**, Imperial College Press, 2008.

Rabinowicz, E., **Friction and Wear of Materials**, 2a. ed., Wiley, 1995.

Stachowiak, G. W., **Wear: Materials, Mechanisms and Practice**, Wiley, 2006.

PREGUNTAS DE REPASO

33.1 ¿Qué es tribología?

33.2 Explique qué significan (a) textura de una superficie, e (b) integridad de una superficie.

33.3 Enuncie y explique los tipos de defectos que es común encontrar en las superficies.

33.4 Defina los términos: (a) rugosidad y (b) ondulaciones.

33.5 Explique por qué los resultados de un perfilómetro no son una ilustración verdadera de la superficie real.

33.6 Describa las características de una prueba de compresión de anillo. ¿Requiere la medición de fuerzas?

33.7 Haga una lista de los tipos de desgaste que por lo general se observan en la práctica de la ingeniería.

33.8 Defina los términos desgaste, fricción y lubricante.

33.9 ¿Cómo se puede reducir el desgaste adhesivo?, ¿y el abrasivo?

33.10 Explique los mecanismos por los cuales se forma una partícula de desgaste a partir del desgaste adhesivo, y el desgaste abrasivo de dos y tres cuerpos.

33.11 Explique las funciones de un lubricante en los procesos de manufactura.

33.12 ¿Qué es una grasa? ¿Qué es una emulsión?

33.13 ¿Cuál es el rol de los aditivos en los fluidos para el trabajo de metales?

33.14 Describa los factores involucrados en la selección del lubricante.

33.15 Explique por qué el grafito y el disulfuro de molibdeno son lubricantes sólidos eficaces.

PROBLEMAS CUALITATIVOS

33.16 Dé varios ejemplos que ilustren la importancia de la fricción en los procesos de manufactura descritos en las partes III y IV.

33.17 Explique el significado del hecho de que la dureza de los óxidos de metal por lo general es mucho mayor que la de los metales base en sí. Aporte algunos ejemplos.

33.18 ¿Qué factores consideraría para especificar la capa necesaria de una superficie para una parte? Explique.

33.19 Explique por qué valores idénticos de la rugosidad de una superficie no necesariamente representan el mismo tipo de superficie.

33.20 ¿Por qué son tan amplios los requerimientos para el diseño de la rugosidad de la superficie en las aplicaciones de ingeniería? Explíquelo con ejemplos específicos.

33.21 ¿Cuál es el significado del aumento de temperatura superficial debido a la fricción? Dé algunos ejemplos con base en los temas cubiertos en los capítulos anteriores.

33.22 Explique las causas de las capas en las superficies.

33.23 Dé varios ejemplos de la forma en que el desgaste de los moldes, herramientas y dados afecta una operación de manufactura.

33.24 Comente acerca de la rugosidad de una superficie de varias partes y componentes con los que usted esté familiarizado. ¿Qué tipos de partes presentan la superficie más áspera? ¿Qué tipos tienen la más fina? Explique.

33.25 (a) Dé dos ejemplos en los que sería deseable la ondulación de una superficie. (b) Proporcione dos ejemplos en los que no sería deseable.

33.26 Haga lo mismo para el problema 33.25, pero para la rugosidad de la superficie.

33.27 Describa sus observaciones con respecto a la figura 33.7.

33.28 Dé las razones por las que un espécimen originalmente circular se puede convertir en ovalado después de deformarse en una prueba de compresión de anillo.

33.29 ¿Podría aplicarse la prueba de compresión de anillo a la laminación? Explique.

33.30 Explique la razón de que la resistencia de un material al desgaste por abrasión es una función de su dureza.

33.31 Con base en su experiencia, elabore una lista de partes y componentes que tengan que reemplazarse debido al desgaste.

33.32 Haga una lista de las semejanzas y diferencias entre el desgaste adhesivo y el abrasivo.

33.33 Explique qué tipos de desgaste tienen lugar en ubicaciones particulares de un dado de estampado, según se ilustran en la figura 33.11.

33.34 Haga una lista de los requerimientos de un lubricante.

33.35 Ponga en una lista las operaciones de manufactura en las cuales es deseable una gran fricción y aquellas en las que es preferible una baja fricción.

33.36 Haga una lista de las operaciones de manufactura en las que es deseable mucho desgaste y aquellas en las cuales es preferible un desgaste menor.

33.37 Se ha observado que el coeficiente de fricción entre el carro y los rieles de un torno es de 0.35. Para reducir la fricción y humedecer las superficies se aplica queroseno (un fluido de muy baja viscosidad) en la interfase. En vez de reducir la fricción, ahora se mide a 0.38. Proporcione una explicación para estos resultados.

PROBLEMAS CUANTITATIVOS

33.38 Consulte el perfil que se muestra en la figura 33.3 y dé algunos valores numéricos razonables para las distancias verticales a partir de la línea central. Calcule los valores de R_a y R_q. Después proporcione otro conjunto de valores para el mismo perfil general y calcule las mismas dos cantidades. Haga comentarios sobre sus observaciones.

33.39 Obtenga varias partes distintas hechas con varios materiales, inspeccione sus superficies con un microscopio óptico en diferentes aumentos y haga una sugerencia informada acerca del proceso de manufactura o acabado que es probable se haya utilizado para producir cada una de dichas partes. Explique su razonamiento.

33.40 Una superficie con patrón de rugosidad de diente de sierra triangular tiene una altura entre un pico y un valle de 4 μm. Encuentre los valores de R_a y R_q.

33.41 Consulte la figura 33.6b y mida los diámetros externo e interno (en la dirección horizontal de la fotografía) de los cuatro especímenes que se muestran. Teniendo presente que en la deformación plástica el volumen de los anillos permanece constante, estime (a) la reducción de la altura y (b) el coeficiente de fricción para cada uno de los tres especímenes comprimidos.

33.42 Con base en la figura 33.7, construya una gráfica del coeficiente de fricción *versus* el cambio del diámetro interno para una reducción de 35% constante de la altura.

33.43 Suponga que en el ejemplo 33.1 el coeficiente de fricción es de 0.16. Si todos los demás parámetros permanecen sin cambio, ¿cuál es el nuevo diámetro interno del espécimen?

SÍNTESIS, DISEÑO Y PROYECTOS

33.44 En una lista, ponga las etapas que usted seguiría si deseara reducir la fricción en un proceso de manufactura.

33.45 Analice las diferencias tribológicas entre los elementos comunes de una máquina (como engranes, levas y rodamientos) y los procesos de trabajo de metales que usan herramientas, moldes y dados. Considere factores como carga, velocidad y temperatura.

33.46 La sección 33.2 enuncia los principales defectos de las superficies. ¿Cómo determinaría usted si cada uno de ellos es o no un factor significativo en una aplicación particular?

33.47 Describa sus reflexiones sobre las consideraciones biológicas y ambientales en el uso de fluidos para el trabajo de metales.

33.48 El desgaste puede tener efectos perjudiciales en las operaciones de manufactura. ¿Puede visualizar situaciones en que el desgaste sea benéfico? Explique y proporcione algunos ejemplos.

33.49 Muchas partes de diferentes utensilios y automóviles tienen que reemplazarse debido a su desgaste. Describa la metodología que usted seguiría para determinar los tipos de desgaste que sufrirían estos componentes.

33.50 En el segundo párrafo de la introducción de la parte VII se mencionan cinco conjuntos distintos de condiciones de la interfase, del inciso (a) al (e). Para cada uno de ellos presente varios ejemplos de los procesos de manufactura descritos en este libro.

33.51 Describa sus reflexiones sobre lo deseable de integrar instrumentos de medición de la rugosidad de la superficie en las máquinas herramienta descritas en las partes III y IV. ¿Cómo lo haría usted, haciendo una consideración especial al ambiente de la fábrica en que se usarían? Elabore algunos dibujos preliminares de dicho sistema.

Tratamientos, recubrimientos y limpieza de superficies

CAPÍTULO 34

- Aunque la selección del material y del proceso son aspectos críticos de la manufactura, es frecuente que las propiedades de la superficie de un componente o parte determinen también su rendimiento.
- En este capítulo se describen varias operaciones de modificación de superficies que se llevan a cabo en las partes por razones técnicas y estéticas.
- El capítulo presenta los procesos comunes de tratamiento, limpieza y recubrimiento de superficies, e incluye el análisis de los tratamientos superficiales mecánicos, tales como el granallado, granallado láser y bruñido con rodillos para ejercer esfuerzos residuales compresivos sobre las superficies metálicas.
- Después se estudian las operaciones de recubrimiento, entre ellas el revestimiento, rociado térmico, deposición de vapor física y química, implantación de iones y electrodeposición; también se analizan los beneficios de los recubrimientos de diamante y de carbono similar al diamante.

EJEMPLOS:

34.1 Introducción

Después de que se manufactura una parte, algunas de sus superficies tienen que procesarse aún más con el fin de asegurar que tengan ciertas propiedades y características. Los **tratamientos de la superficie** son necesarios para:

- *Mejorar la resistencia al desgaste, a la erosión y a la formación de muescas*, como sucede en las superficies de deslizamiento de las máquinas herramienta (figuras 23.2 y 35.1), ejes, cilindros, levas y engranes.
- *Reducir la fricción*, como en las superficies deslizantes de herramientas, dados, rodamientos y correderas de las máquinas.
- *Disminuir la adhesión*, como en los contactos eléctricos.
- *Mejorar la resistencia a la corrosión y oxidación* en placas metálicas de carrocerías automotrices, componentes de turbinas de gas, empaque de comida y equipos médicos.
- *Mejoramiento de la resistencia a la fatiga* en rodamientos y ejes con biseles.
- *Reconstrucción de superficies* de herramientas, dados, moldes y componentes de máquinas desgastados.
- *Modificar la textura de la superficie*, aspecto, exactitud dimensional y características de fricción.
- *Dar aspectos decorativos*, como textura o color y textura.

Son numerosas las técnicas que se emplean para dar estas características a los diferentes tipos de materiales metálicos, no metálicos y cerámicos, e incluyen mecanismos que implican (a) deformación plástica de la superficie de la pieza de trabajo; (b) reacciones químicas; (c) medios térmicos; (d) deposición; (e) implantación y (f) recubrimientos orgánicos y pinturas. Algunas de estas técnicas también se usan en la manufactura de partes semiconductoras (consulte el capítulo 28, disponible en inglés en la página web del libro).

El capítulo termina con el análisis de los métodos que se usan para limpiar las superficies manufacturadas antes de ensamblar los componentes en el producto terminado y que esté listo para el servicio. También se exponen las consideraciones ambientales sobre los fluidos usados y los materiales de desecho de varios procesos del tratamiento de superficies.

34.2 Tratamientos mecánicos de la superficie

Se utilizan varios métodos para mejorar mecánicamente las propiedades de las superficies de los componentes manufacturados; los más comunes son los siguientes:

Granallado. En este proceso, la superficie de la pieza de trabajo es impactada repetidamente con partículas (llamadas *granallas* o *perdigones*) de acero fundido, vidrio o cerámico, que producen abolladuras que se traslapan. Al usar granallas cuyo diámetro va de 0.125 a 5 mm ((0.005 a 0.2 pulg), esta acción causa deformación plástica de la superficie a profundidades de hasta 1.25 mm (0.05 pulg). Debido a que la deformación plástica no es uniforme en el espesor de la parte (vea también la figura 2.14c), el granallado causa esfuerzos residuales compresivos en la superficie, lo que mejora la vida de fatiga del componente. A menos que los parámetros de este proceso se controlen adecuadamente, la deformación es tan severa que llega a causar daño en la superficie. El grado de deformación se reduce por medio del *granallado por gravedad*, que involucra tamaños más grandes de disparo pero con menos impactos en la superficie de la pieza de trabajo.

El granallado se usa mucho en ejes, engranes, muelles, equipo de perforación de pozos petroleros y álabes de compresores de turbina. Sin embargo, observe que si estas partes se sujetan posteriormente a temperaturas elevadas (como los álabes de las turbinas de gas), los esfuerzos residuales comenzarán a relajarse (*relajación térmica*) y sus efectos benéficos disminuirán.

Impactado con láser. En este proceso, también llamado *martilleo por impacto láser* (desarrollado por primera vez a mediados de la década de 1960 pero no comercializado sino hasta mucho después), la superficie de la pieza de trabajo se sujeta a *pulsos* (choques de láser planares) de láseres de alta potencia. Este proceso de impactar produce capas de esfuerzos residuales que en general tienen 1 mm (0.04 pulg) de profundidad, con menos de 1% de trabajo frío en la superficie.

El martilleo por impacto láser se ha aplicado con éxito y confiabilidad a los álabes de ventiladores de motores a reacción y en materiales como el titanio, aleaciones de níquel y aceros para mejorar la resistencia a la fatiga y dar cierta resistencia ante la corrosión. Las intensidades del láser son del orden de 100 a 300 J/cm^2 y tienen una duración de pulso de 10 a 50 ns. La limitación fundamental del martilleo por impacto láser para aplicaciones industriales rentables es el alto costo de los equipos de alta potencia (más de 1 kW) que deben operar con niveles de energía de 100 J/pulso.

Impacto con chorro de agua. En este proceso, un chorro de agua a presión de hasta 400 MPa (60 000 psi) golpea la superficie de la pieza de trabajo, lo que induce esfuerzos residuales de compresión y con endurecimiento de la superficie y subsuperficial al mismo nivel que en el granallado mecánico. El proceso de impactar con chorro de agua se ha usado con éxito en acero y aleaciones aluminio. Es importante el control de las variables del proceso (como presión del chorro, velocidad del agua, diseño de la boquilla y su distancia a la superficie) con objeto de evitar la rugosidad excesiva o el daño de la superficie.

Impacto ultrasónico. Este proceso usa una herramienta de mano que vibra por medio de un transductor piezoeléctrico a una frecuencia de 22 kHz. Se utilizan varios cabezales para diferentes aplicaciones.

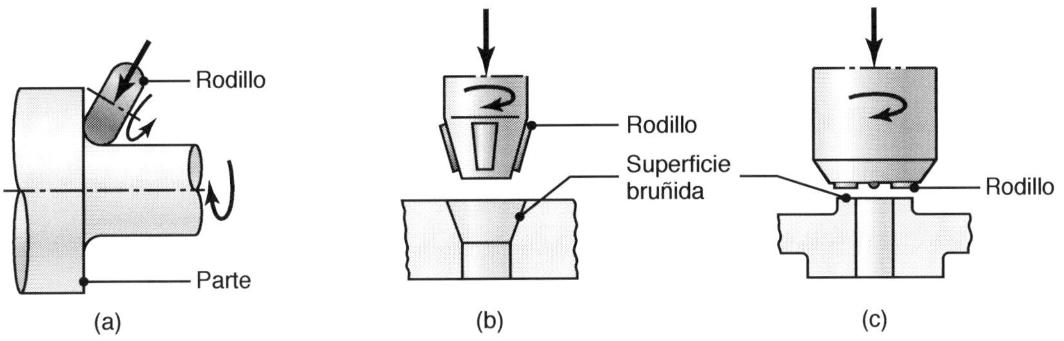

FIGURA 34.1 Herramientas para bruñido y el bruñido con rodillos de (a) el bisel de un eje con escalón para inducir esfuerzos residuales de compresión en la superficie y mejorar la vida de fatiga; (b) una superficie cónica y (c) una superficie plana.

Bruñido con rodillos. También llamado *laminado* o *rolado superficial*, en este tratamiento la superficie del componente se trabaja en frío con la acción de una o varias herramientas rodantes duras y muy pulidas; el proceso se emplea en varias superficies planas, cilíndricas o cónicas (figura 34.1). El bruñido con rodillos mejora el acabado de la superficie al eliminar rayones, marcas de herramientas y hoyuelos e induce esfuerzos residuales compresivos en la superficie que resultan benéficos. En consecuencia, mejora la resistencia a la corrosión ya que no pueden acumularse productos y residuos corrosivos. En una variante de este proceso, llamado *bruñido de baja plasticidad*, la pieza rodante recorre una sola vez la superficie, lo que induce una deformación plástica mínima.

Las superficies cilíndricas internas de las perforaciones también pueden bruñirse con un proceso llamado **boleado** o **bruñido con bola**. En esta operación se empuja una pequeña bola (un poco más grande que el diámetro del agujero) a lo largo de la perforación.

Es común que el bruñido con rodillos se utilice en componentes de sistemas hidráulicos, sellos, válvulas, ejes y biseles de éstos, y mejora sus propiedades mecánicas así como el acabado de la superficie. Se emplea solo o en combinación con otros procesos de acabado (como el esmerilado, asentado y lapeado), en cuyo caso la operación de acabado se realiza después de bruñir la parte con el fin de producir una superficie suave. El equipo se puede montar en varias herramientas de control numérico computarizado (CNC) con objeto de mejorar la productividad y consistencia del rendimiento. Se pueden bruñir todos los tipos de metales blandos o duros.

Endurecimiento explosivo. En este proceso las superficies se sujetan a altas presiones mediante la colocación y detonación de una capa de explosivo directamente sobre la superficie de la pieza de trabajo. Las presiones de contacto desarrolladas llegan a ser de hasta 35 GPa (5×10^6 psi) con duración de 2 a 3 μs. Se puede lograr un aumento significativo en la dureza de la superficie, con muy poco cambio (menos de 5%) de la forma del componente. Las superficies de los rieles de ferrocarril, por ejemplo, son endurecidas con explosivos.

34.3 Deposición y chapeado mecánicos

Deposición mecánica. En la *deposición mecánica* (también llamada *revestimiento mecánico*, *revestimiento por impacto* o *revestimiento por martilleo*), se compactan finas partículas de metal sobre las superficies de la pieza de trabajo por medio de cuentas de vidrio, cerámico o porcelana que son impulsadas por medios rotatorios (como el volteado). Este proceso, que es básicamente de soldadura en frío de partículas sobre una superficie, se utiliza por lo general para partes de acero endurecido, como las de automóviles, con espesores del recubrimiento a menudo menores de 25 μm (0.001 pulg).

Chapeado mecánico. En este proceso, conocido también como *adhesión de chapa*, se adhiere a los metales una capa de metal resistente a la corrosión mediante la aplicación de presión con cilindros u otros medios (vea la figura 31.1). Un ejemplo común es el chapeado de aluminio (*Alclad*), en el cual se coloca una capa de aluminio puro o una aleación resistente a la corrosión sobre un cuerpo de aleación de aluminio (núcleo). La chapa es el ánodo con respecto al núcleo y por lo general tiene un espesor menor que 10% del total.

Ejemplos de chapeado mecánico son la chapa de aluminio 2024 con aluminio 1230 y las chapas de aluminio 3003, 6061 y 7178 con aluminio 7072; otras aplicaciones incluyen chapas de aceros con aleaciones de acero inoxidable o de níquel. El material de la chapa también se puede aplicar por medio de dados (como en la chapa de alambre de acero con cobre) o explosivos. En aplicaciones especiales también se utiliza el chapeado con capas múltiples.

El **chapeado con láser** implica la fusión de un alambre o material en polvo sobre un sustrato. Se ha aplicado con éxito a metales y cerámicos, en especial para mejorar el desempeño de los componentes ante la fricción y el desgaste.

34.4 Endurecimiento superficial y revestimiento duro

Las superficies también se pueden endurecer por medios térmicos para mejorar sus propiedades de fricción y desgaste, así como su resistencia a la indentación, erosión, abrasión y corrosión. Los métodos más comunes son los siguientes:

Endurecimiento superficial. En la sección 4.10 y la tabla 4.1 se describen y resumen los métodos tradicionales de endurecimiento superficial (*carburización*, *carbonitrurización*, *nitrurización*, *cianuración*, *temple a la flama* y *temple por inducción*). Además de las fuentes de calor comunes (como gas o electricidad), también puede usarse un haz de electrones como fuente calorífica, tanto para metales como para cerámicos. El endurecimiento superficial, así como los otros procesos de tratamiento de superficies descritos en este capítulo, induce esfuerzos residuales sobre éstas como, por ejemplo, con la formación de martensita, lo cual causa esfuerzos residuales de compresión.

Revestimiento duro. En este proceso se deposita una capa relativamente gruesa, borde o punto, de metal duro resistente al desgaste sobre la superficie de la pieza de trabajo con técnicas de soldadura por fusión (capítulo 30). Para reparar partes desgastadas se pueden depositar varias capas, proceso conocido como *soldadura sobrepuesta*. El revestimiento duro mejora la resistencia de los materiales contra el desgaste, por lo que se usa en la manufactura de herramientas, dados y diferentes componentes industriales.

Endurecimiento con chispa. Se pueden depositar recubrimientos duros de tungsteno, cromo o molibdeno por medio de un arco eléctrico, en un proceso llamado *endurecimiento con chispa*, *endurecimiento con chispa eléctrica* o *deposición con chispa eléctrica*. Es común que la capa depositada tenga un espesor de 250 μm (0.01 pulg). Las aleaciones con revestimiento duro se usan como electrodos, cilindros (barras) de rodamiento, conductores o polvos en el endurecimiento con chispa. Las aplicaciones típicas son para sellos de válvulas, herramientas para perforar pozos petroleros y dados para el trabajo de metales en caliente.

34.5 Rociado térmico

El *rociado térmico* es una serie de procesos con los que se aplican recubrimientos de diferentes metales, aleaciones, carburos, cerámicos y polímeros a superficies metálicas por medio de una pistola rociadora y una corriente calentada con flama de oxicombustible, arco eléctrico o arco de plasma. Las primeras aplicaciones del rociado térmico, en la década de 1910, implicaban metales, de ahí el término **metalización** que también se utiliza. Primero se limpian el aceite y la suciedad de las superficies que se van a rociar y luego se incrementa su rugosidad, con granallado por ejemplo, para mejorar la resistencia de la adhesión (vea la sección 26.8). El material del recubrimiento puede estar, al principio, en forma de alambre, barra o polvo, y cuando se realiza el rociado térmico mediante la fundición del alambre o de la barra, las gotitas de metal —o las partículas de polvo en su caso— impactan en la pieza de trabajo, donde se solidifican y adhieren a la superficie.

Por lo común las velocidades de las partículas van de un mínimo de 150 hasta 1000 m/s, pero para aplicaciones especiales son mayores. Las temperaturas están en el rango de 3000 a 8000 °C (5500 a 14 000 °F). El recubrimiento rociado es duro y resistente al desgaste, con una estructura de capas del material depositado; sin embargo, el recubrimiento puede tener una porosidad grande, hasta de 20%, debido a que atrape aire y partículas de óxido. La resistencia de la adhesión depende del proceso y de las técnicas particulares que se utilicen, pero sobre todo es de naturaleza mecánica (de ahí la importancia de dar rugosidad a la superficie antes de rociarla) aunque también puede ser metalúrgica. La resistencia de la adhesión va de 7 a 80 MPa (de 1 a 12 ksi), lo que depende del proceso particular que se emplee.

Las aplicaciones comunes del rociado térmico incluyen componentes de motores de aviación (como los empleados para reconstruir las partes desgastadas), estructuras, tanques de almacenamiento, carros cisterna, toberas de motores de cohete y componentes que requieran resistencia al desgaste y a la corrosión. En los automóviles el rociado térmico se aplica con frecuencia a los cigüeñales, válvulas, inyectores de combustible, anillos de pistones y bloques del motor. El proceso también se usa en las industrias del gas y petroquímica, para la reparación de partes desgastadas y para restaurar la exactitud dimensional de partes que no se hayan maquinado o formado adecuadamente.

La fuente de energía en los procesos de rociado térmico es de dos tipos: combustión química y eléctrica.

1. **Rociado por combustión**
   - **Rociado térmico con alambre** (figura 34.2a): la flama de oxicombustible funde el alambre y lo deposita en la superficie. La adhesión es de resistencia media y el proceso es relativamente barato.
   - **Rociado térmico con polvo metálico** (figura 34.2b): este proceso es similar al rociado térmico con alambre, pero usa un polvo metálico en lugar de un alambre.
   - **Pistola detonadora:** se provocan explosiones controladas y repetidas por medio de una mezcla de gas oxicombustible. La pistola detonadora tiene un rendimiento semejante al del plasma.
   - **Rociado de gas oxicombustible de alta velocidad** (HVOF, por sus siglas en inglés): este proceso tiene características parecidas a las de pistola detonadora, pero es menos caro.
2. **Rociado eléctrico**
   - **Arco de alambres gemelos:** se forma un arco entre dos electrodos consumibles de alambre; la adhesión resultante tiene buena resistencia y el proceso es el menos caro.
   - **Plasma:** un plasma convencional, de alta energía o de vacío (figura 34.2c) produce temperaturas del orden de 8300 °C (15 000 °F) y da como resultado una buena resistencia de la adhesión con muy poco contenido de óxido. Tanto el **rociado con plasma de baja presión** (LPPS, por sus siglas en inglés) como el **rociado con plasma de vacío** producen recubrimientos con alta resistencia en su adhesión y muy bajos niveles de porosidad y óxidos superficiales.

Rociado en frío. Las partículas que se van a rociar están a baja temperatura y no fundidas; por consiguiente, la oxidación es mínima. El chorro de rociado es angosto y muy concentrado; tiene velocidades de impacto muy altas, lo que mejora la resistencia de la adhesión de las partículas sobre la superficie.

34.6 Deposición de vapor

La *deposición de vapor* es un proceso en el cual el sustrato (superficie de la pieza de trabajo) se somete a reacciones químicas por medio de gases que contienen compues-

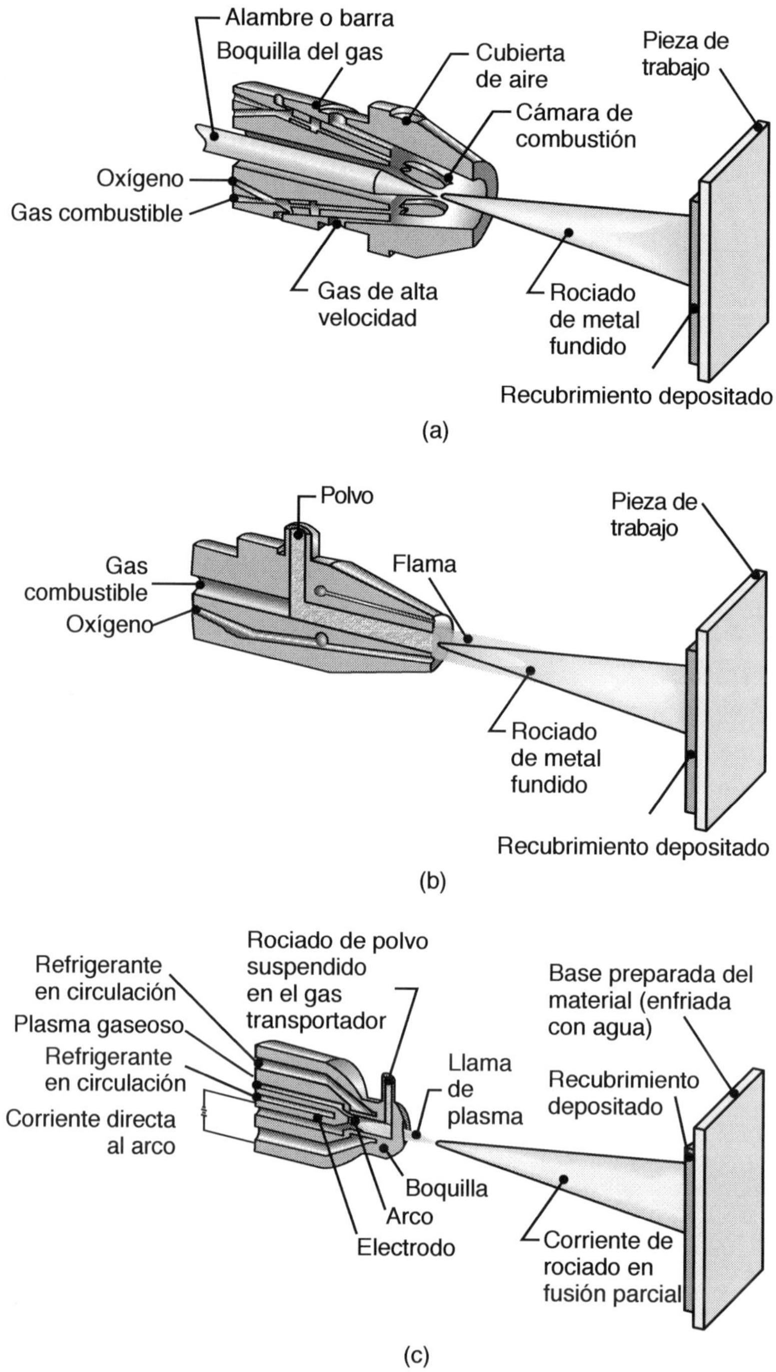

FIGURA 34.2 Ilustraciones esquemáticas de las operaciones de rociado térmico: (a) rociado térmico con alambre; (b) rociado térmico con polvo metálico y (c) rociado con plasma.

tos químicos del material que se va a depositar. El espesor del recubrimiento suele ser de algunas micras, lo que es mucho menos que el espesor que resulta con las técnicas descritas en las secciones 34.2 y 34.3. El sustrato puede ser de metal, plástico, vidrio o papel, y el material depositado consiste en metales, aleaciones, carburos, nitruros, boruros, cerámicos u óxidos. Es importante el control de la composición, del espesor y de la porosidad del recubrimiento. Las aplicaciones comunes de la deposición de vapor son el recubrimiento de herramientas de corte, brocas, escariadores, fresas, punzones, dados y superficies de desgaste.

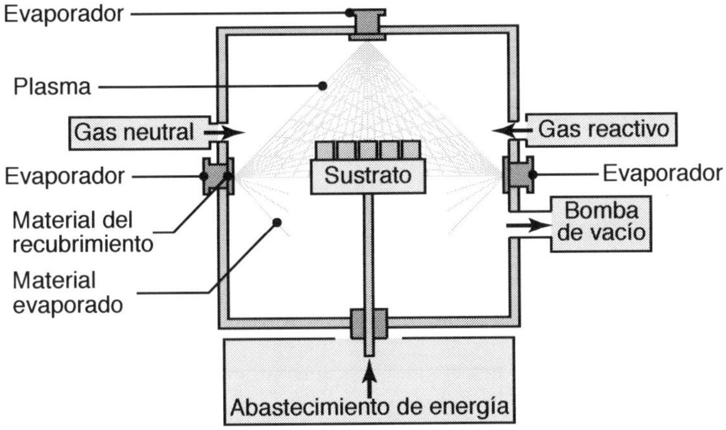

FIGURA 34.3 Ilustración esquemática del proceso de deposición física de vapor; observe que hay tres evaporadores de arco y las partes que se van a recubrir están colocadas en una charola dentro de la cámara.

Hay dos procesos principales de deposición de vapor: física y química.

34.6.1 Deposición física de vapor

Los tres tipos básicos de *deposición física de vapor* (PVD, por sus siglas en inglés) son: (a) deposición al vacío o evaporación por arco; (b) pulverización catódica y (c) deposición iónica. Estos procesos se efectúan al alto vacío y a temperaturas en el rango de 200 a 500 °C (400 a 900 °F). En la PVD, las partículas que se van a depositar se llevan físicamente a la pieza de trabajo, en vez de por reacciones químicas como en la deposición química de vapor.

Deposición al vacío. En la deposición al vacío o evaporación por arco, el metal es evaporado a alta temperatura en el vacío y se deposita en el sustrato, el cual por lo general se encuentra a temperatura ambiente o un poco mayor para tener una mejor adhesión. Pueden depositarse recubrimientos de espesor uniforme, incluso de formas complejas. En la **deposición de arco** (PV/ARC), el material del recubrimiento (cátodo) se evapora por medio de varios arcos evaporadores (figura 34.3), empleando arcos eléctricos altamente localizados. Los arcos producen un plasma muy reactivo que consiste en vapor ionizado del material del recubrimiento; el vapor se condensa en el sustrato (ánodo) y lo recubre. Las aplicaciones de este proceso son tanto funcionales (recubrimientos resistentes a la oxidación para aplicaciones de alta temperatura, electrónicas y ópticas) como decorativas (herramientas, utensilios y joyería). La **deposición por láser de pulsos** y por **haz de electrones** son procesos más recientes y relacionados, en los que haces de energía calientan el objetivo hasta hacerlo vapor.

Pulverización catódica. En la *pulverización* catódica, un campo eléctrico ioniza un gas inerte (por lo general argón); después, los iones positivos bombardean el material del recubrimiento (cátodo) y causan la pulverización catódica (expulsión) de sus átomos. Los átomos se condensan en la pieza de trabajo, que se calienta para mejorar la adhesión (figura 34.4). En la **pulverización catódica reactiva,** el gas inerte es reemplazado por un gas reactivo (como el oxígeno), en cuyo caso los átomos se oxidan y los óxidos se depositan. Los carburos y nitruros también se depositan por medio de pulverización catódica reactiva.

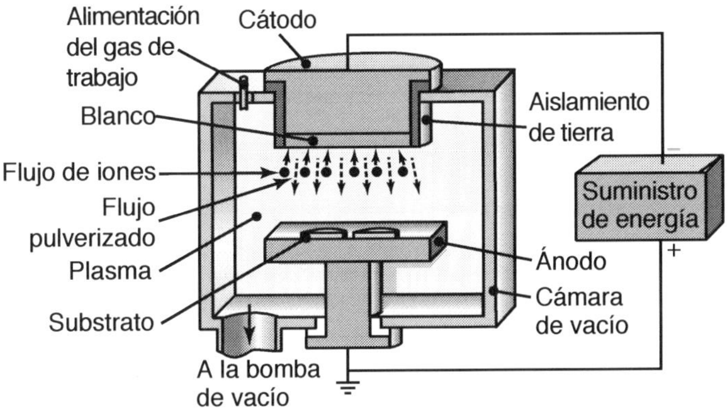

FIGURA 34.4 Ilustración esquemática del proceso de pulverización catódica.

En forma alternativa, pueden depositarse recubrimientos de polímero muy delgados sobre sustratos de metal y polímero, con un gas reactivo, lo que ocasiona la polimerización del plasma. La **pulverización catódica por radio frecuencia** (RF) se usa para materiales no conductores, como aislantes eléctricos y dispositivos semiconductores.

Deposición iónica. La expresión *deposición iónica* es un término general que describe varios procesos combinados de pulverización y evaporación al vacío. Un campo eléctrico causa una descarga luminiscente, lo que genera un plasma (figura 34.5); los átomos vaporizados se ionizan sólo parcialmente. La **deposición mejorada (asistida) con haz de iones** es capaz de producir películas delgadas, como recubrimientos para aplicaciones de semiconductores, tribológicas y ópticas. El total de las partes se recubre en grandes cámaras mediante el uso de suministros de energía con corrientes elevadas de 15 kW y voltajes de CD de 100 000. La **deposición por haz de iones dual** es una técnica híbrida de recubrimiento que combina deposición física de vapor con el bombardeo simultáneo de haces de iones, lo que da como resultado una buena adhesión sobre metales, cerámicos y polímeros. Los rodamientos de cerámicos y los instrumentos dentales son ejemplos de sus aplicaciones.

34.6.2 Deposición química de vapor

La *deposición química de vapor* (CVD, por sus siglas en inglés) es un proceso *termoquímico* (figura 34.6). En una aplicación común, como el recubrimiento de herramientas de corte con nitruro de titanio (TiN; sección 22.5), las herramientas se colocan en una charola de grafito y se calientan a una temperatura de 950 a 1050 °C (1740 a 1920 °F), a presión atmosférica y en una atmósfera inerte. Después se introducen en la cámara tetracloruro de titanio (gas), hidrógeno y nitrógeno. Las reacciones químicas forman nitruro de titanio en las superficies de las herramientas, con la producción de cloruro de hidrógeno que se expulsa de la cámara de reacción. Sin embargo, debido a su toxicidad, esta emisión de gas debe limpiarse con cuidado empleando un depurador antes de liberarlo a la atmósfera. Para el recubrimiento de carburo de titanio se sustituye el metano por los otros gases.

Los recubrimientos con CVD suelen ser más gruesos que los que se obtienen por PVD. Un ciclo normal es largo y consiste en (a) tres horas de calentamiento; (b) cuatro horas de recubrimiento y (c) de seis a ocho horas de enfriamiento a temperatura ambiente. El espesor del recubrimiento depende de las tasas de flujo de los gases que se usen, del tiempo y de la temperatura.

El proceso de deposición química de vapor es muy versátil. Casi cualquier material se puede recubrir y puede servir como sustrato, aunque la resistencia de la adhesión variará. Este proceso también se utiliza para producir recubrimientos de diamante sin aglutinan-

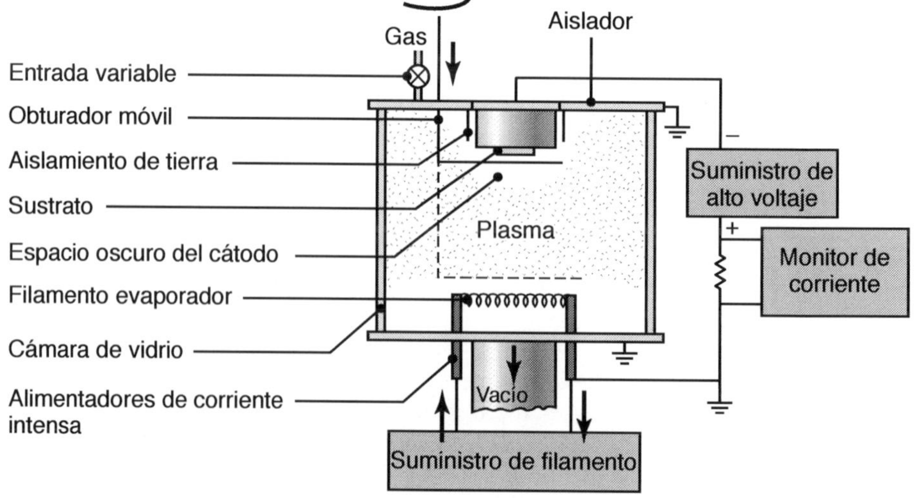

FIGURA 34.5 Ilustración esquemática de un aparato de deposición iónica.

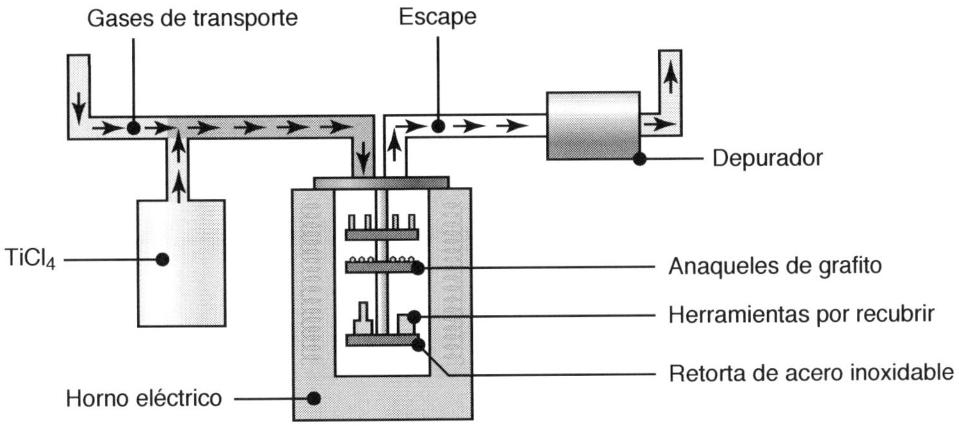

FIGURA 34.6 Ilustración esquemática del proceso de deposición química de vapor; observe que las partes y herramientas por recubrir se colocan en charolas en el interior de la cámara.

tes, a diferencia de las películas de diamante policristalino que emplean de 1 a 10% de materiales aglutinantes. La técnica de **CVD de temperatura media** (MTCVD) da como resultado mayor resistencia a la propagación de grietas que la obtenida con deposición física de vapor.

34.7 Implantación iónica y recubrimiento por difusión

En la *implantación de iones* (átomos cargados), éstos se introducen en la superficie de la pieza de trabajo. Los iones se aceleran en un vacío a un grado tal que penetran en el sustrato a una profundidad de algunas micras. La implantación de iones (no confundir con la deposición iónica, sección 34.6.1) modifica las propiedades de la superficie porque incrementa la dureza de ésta y mejora su resistencia a la fricción, al desgaste y a la corrosión. El proceso se puede controlar con exactitud y la superficie se enmascara para impedir la implantación de iones en lugares no deseados.

La implantación de iones es particularmente eficaz en materiales como el aluminio, titanio, aceros inoxidables, aceros para herramientas y dados, carburos y recubrimientos de cromo. El proceso normalmente se emplea en herramientas de corte y formado, en dados, moldes y prótesis metálicas como las de cadera y rodillas artificiales. Cuando se emplea en aplicaciones específicas como semiconductores (consulte la sección 28.3, en inglés en el sitio web del libro), la implantación de iones se llama **dopaje**, lo cual quiere decir que se hacen aleaciones con pequeñas cantidades de varios elementos.

Recubrimiento por difusión. Éste es un proceso en el que el elemento de aleación se difunde en la superficie del sustrato (acero, por lo general), lo que altera las propiedades de ésta. Los elementos de aleación se suministran en estado sólido, líquido o gaseoso. El proceso ha adoptado diferentes nombres, lo que depende del elemento difundido, como se muestra en la tabla 4.1, que presenta una lista de varios procesos de difusión como *carburización*, *nitrurización* y *borización*.

34.8 Tratamientos con láser

Como se describe en varios capítulos de este libro, los láseres tienen un uso cada vez más amplio en los procesos de manufactura (es decir, en el maquinado, formado, uniones, prototipos rápidos y metrología) y en la ingeniería de superficies (martillado, aleaciones, tratamientos de superficie y texturizado). Actualmente se dispone de láseres poderosos, eficientes, confiables y baratos para toda una variedad de tratamientos de superficie rentables, como se ilustra en la figura 34.7.

FIGURA 34.7 Esquema de los procesos de ingeniería de superficies con láser. *Fuente:* Basado en N. B. Dahotre.

EJEMPLO 34.1 Aplicaciones de la ingeniería de superficies con láser

En este ejemplo se dan varias aplicaciones de los láseres en la práctica de la ingeniería. Los láseres de uso más común son los de Nd:YAG y CO_2; los láseres excímer por lo general se usan para dar textura a las superficies (vea también la tabla 27.2).

1. *Endurecimiento localizado de superficies*
   - Hierros fundidos: revestimiento de los cilindros de motores diesel, ensambles de la dirección de automóviles y árboles de levas.
   - Aceros al carbono: engranes y partes electromecánicas.
2. *Aleaciones de las superficies*
   - Aceros aleados: componentes de rodamientos.
   - Aceros inoxidables: válvulas de motores diesel e insertos de asientos.
   - Aceros de herramientas y dados: moldes para el formado y fundición de dados.
3. *Chapeado*
   - Aceros aleados: válvulas automotrices y válvulas de asientos.
   - Superaleaciones: álabes de turbinas.
4. *Recubrimientos de cerámica*
   - Aleaciones de aluminio-silicio: perforaciones en motores de automóvil.
5. *Texturizado de superficies*
   - Metales, plásticos, cerámicos y madera: todo tipo de productos.

34.9 Electrodeposición, deposición no electrolítica y electroformado

La *deposición* da resistencia contra el desgaste y la corrosión, gran conductividad eléctrica, mejor aspecto y reflexión.

Electrodeposición. En la *electrodeposición*, la pieza de trabajo (cátodo) se reviste con un metal diferente (ánodo), el cual se transfiere por medio de una solución electrolítica de base de agua (figura 34.8). Aunque el proceso de deposición implica varias reacciones, consiste básicamente en la secuencia siguiente:

1. Se descargan iones metálicos del ánodo por medio de la energía potencial de la fuente externa de electricidad, o se conducen en forma de sales metálicas.

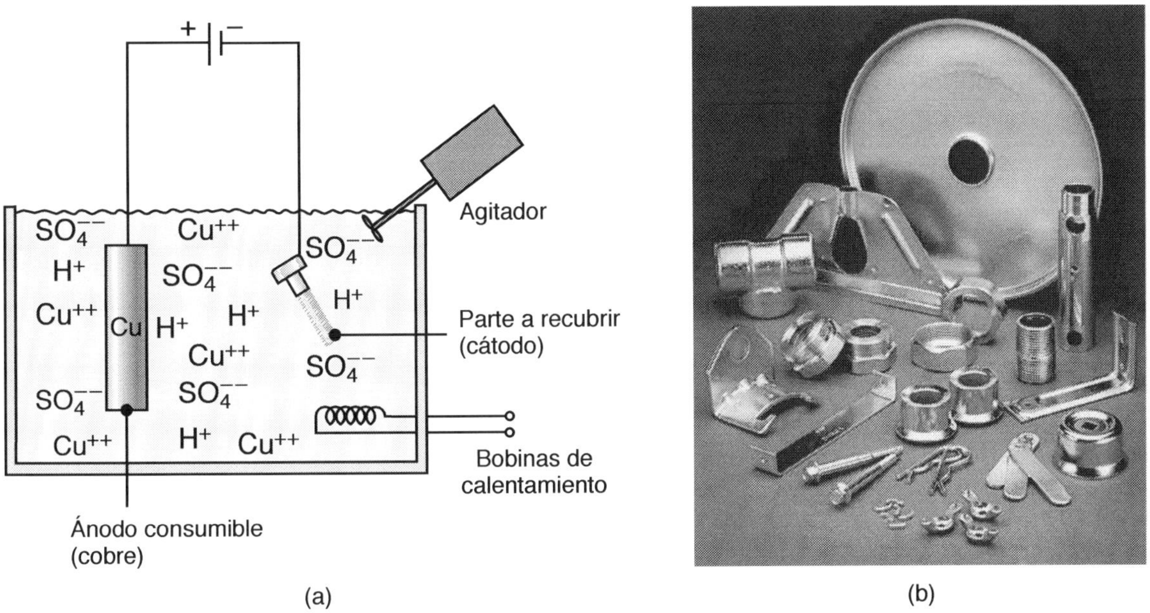

FIGURA 34.8 (a) Ilustración esquemática del proceso de electrodeposición. (b) Ejemplos de partes con electrodeposición. *Fuente:* Cortesía de BFG Manufacturing Service.

2. Los iones metálicos se disuelven en la solución.
3. Los iones metálicos se depositan en el cátodo.

El volumen del metal depositado se calcula con la ecuación

$$\text{Volumen} = cIt, \tag{34.1}$$

donde I es la corriente, en amperes, t es el tiempo y c es una constante que depende de la placa metálica, el electrolito y la eficiencia del sistema; es común que esté en el rango de 0.03 a 0.1 mm^3/amp-s. Observe que para el mismo volumen de material depositado, su espesor es inversamente proporcional al área de la superficie. La tasa de deposición comúnmente es del orden de 75 μm/h, por lo que la electrodeposición es un proceso lento. Lo normal es que las capas delgadas depositadas sean de 1 μm (40 μpulg); para capas gruesas la deposición llega a ser hasta de 500 μm.

Las *soluciones de deposición* son ácidos fuertes o soluciones de cianuro. Como el metal se deposita desde la solución, tiene que reponerse periódicamente. Esto se logra con dos métodos principales: (a) se agregan ocasionalmente sales metálicas a la solución o (b) en la cuba de electrodeposición se utiliza un *ánodo consumible* del metal que se va a depositar, el cual se disuelve a la misma tasa que se deposita el metal.

Hay tres métodos básicos de electrodeposición:

1. **Deposición en anaquel:** las partes que se van a revestir se colocan en anaqueles, los cuales se pasan luego a través de una serie de tanques de procesamiento.
2. **Deposición de barril:** las partes pequeñas se colocan en un barril permeable, hecho sobre todo de malla de alambre, el cual se coloca después dentro del tanque o tanques de procesamiento. Lo normal es que esta operación se lleve a cabo con partes pequeñas como pernos, tuercas, engranes y coples. El fluido electrolítico penetra libremente a través del barril y provee el metal para el revestimiento, a la vez que el contacto eléctrico se proporciona a través del barril y por contacto con las otras partes.

3. **Procesamiento con cepillo:** el fluido electrolítico se bombea a través de un cepillo manual con cerdas de metal. La pieza de trabajo puede ser muy grande y el proceso es apropiado para la reparación o revestimiento en campo, también se usa para aplicar revestimientos en grandes equipos sin desarmarlos.

La electrodeposición simple se ejecuta en un baño o cuba de proceso único, pero es más común que se involucre una secuencia de operaciones en una línea de deposición. El equipo y los procesos siguientes son parte de una operación de electrodeposición:

- Se usan limpieza química y tanques de eliminación de grasas para remover contaminantes de la superficie y mejorar la adhesión superficial del recubrimiento depositado.
- Las piezas de trabajo se exponen a un baño de ácido fuerte (solución decapante) para eliminar o reducir el espesor del recubrimiento de óxido en la pieza de trabajo.
- Se aplica un recubrimiento de base. Éste puede ser el mismo metal o alguno distinto del de la superficie final; por ejemplo, si el recubrimiento metálico deseado no se adherirá bien al sustrato, se aplica un revestimiento intermedio. Asimismo, si se requieren películas gruesas se emplea un tanque de deposición para formar rápidamente una película, y después se usa un tanque con aditivos en la solución electrolítica para abrillantar y dar el acabado final a la superficie.
- En un tanque aparte se realiza la electrodeposición final.
- En toda la secuencia se utilizan tanques de lavado.

Los tanques de lavado son esenciales por varias razones. Parte de la electrodeposición se efectúa con sales de cianuro, que proporciona los iones metálicos requeridos. Si cualquier residuo ácido (como el de un tanque de decapado) llega al tanque de solución de cianuro, se producirá gas venenoso de cianuro de hidrógeno. Éste es un riesgo importante de seguridad, por lo que en las instalaciones de deposición son esenciales los controles ambientales. Asimismo, los residuos de la solución para revestir contendrán algunos iones metálicos y a veces se desea recuperarlos, por lo que se captan en un tanque de lavado.

La tasa de deposición del recubrimiento depende de la densidad de corriente local, que no necesariamente es uniforme en una parte. Las piezas de trabajo con formas complejas requieren una geometría modificada debido al espesor variable del recubrimiento, como se aprecia en la figura 34.9.

Los metales comunes de la deposición son el cromo, níquel (para proteger contra la corrosión), cadmio, cobre (resistencia a la corrosión y conductividad eléctrica) y estaño y zinc (para proteger contra la corrosión, en especial a placas de acero). La **deposición de cromo** se efectúa recubriendo primero el metal con cobre, después con níquel y por último con cromo. La **deposición fuerte con cromo** se hace directamente sobre el metal base y da como resultado una superficie con dureza de más de 70 HRC (vea la figura 2.14) y un espesor de alrededor de 0.05 mm (0.002 pulg) o más. Este método se utiliza para

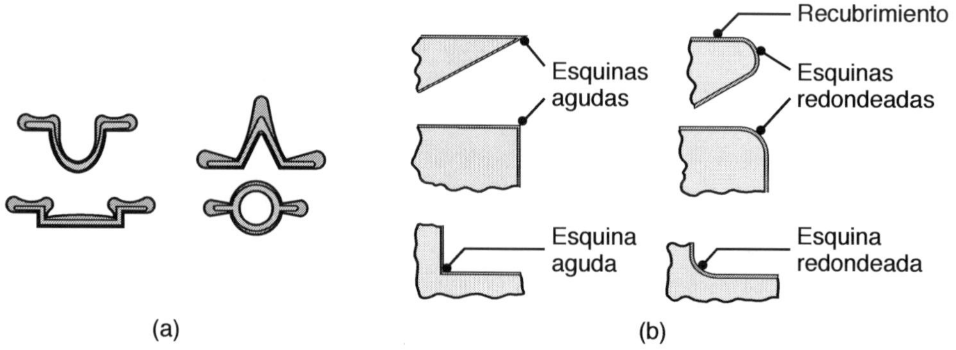

FIGURA 34.9 (a) Ilustración esquemática de recubrimientos no uniformes (exagerados) en partes mediante electrodeposición. (b) Lineamientos de diseño para la electrodeposición; observe que deben evitarse las esquinas agudas, externas e internas, para lograr un espesor uniforme de la deposición.

mejorar la resistencia al desgaste y a la corrosión en herramientas, vástagos de válvulas, ejes hidráulicos y revestimientos de los cilindros de motores de avión.

Algunos ejemplos de la electrodeposición incluyen el recubrimiento con cobre de alambres de aluminio y tableros fenólicos para circuitos impresos, el revestimiento con cromo de herramientas, terminales eléctricas de cobre recubiertas de estaño (por facilidad de soldadura), láminas metálicas galvanizadas (vea también la sección 34.11) y componentes recubiertos como dados para el trabajo de metales que requieren resistencia al desgaste y a la fricción (soldadura metalúrgica en frío de pequeñas piezas a partir de la superficie de la pieza de trabajo). Metales como oro, plata y platino son materiales importantes de electrodeposición en las industrias electrónica y de joyería, para contactos eléctricos y para fines decorativos, respectivamente.

Plásticos como el ABS, polipropileno, polisulfonas, policarbonatos, poliésteres y nailon también se pueden recubrir con electrodeposición. Debido a que no son conductores eléctricos, los plásticos deben tener una deposición previa, con un proceso como el de niquelado no electrolítico. Las partes que se van a recubrir pueden ser sencillas o complejas y el tamaño no es una limitante.

Deposición no electrolítica. Este proceso se lleva a cabo por medio de una reacción química y sin el uso de una fuente externa de electricidad. La aplicación más común utiliza níquel como material de recubrimiento, aunque también se emplea cobre. En el *niquelado no electrolítico*, el cloruro de níquel (una sal metálica) se reduce (con hipofosfito de sodio como agente reductor) a níquel metálico, que después se deposita en la pieza de trabajo. La dureza del recubrimiento de níquel varía entre 425 y 575 HV; después se puede dar tratamiento térmico al recubrimiento a 1000 HV. El recubrimiento tiene una resistencia excelente al desgaste y a la corrosión.

Es posible recubrir con éxito cavidades, recovecos y superficies en el interior de tubos. La deposición no electrolítica también se utiliza con materiales no conductores, como plásticos y cerámicos. El proceso es más caro que la electrodeposición, pero la no electrolítica produce un espesor que siempre es uniforme, a diferencia de la electrodeposición.

Electroformado. Una variante de la electrodeposición es el *electroformado*, que es un proceso de fabricación de metal. El metal se electrodeposita en un *mandril* (también llamado *molde* o *matriz*) que después se remueve con un solvente apropiado; de manera que el recubrimiento en sí se vuelve el producto (figura 34.10). Con electroformado se pueden

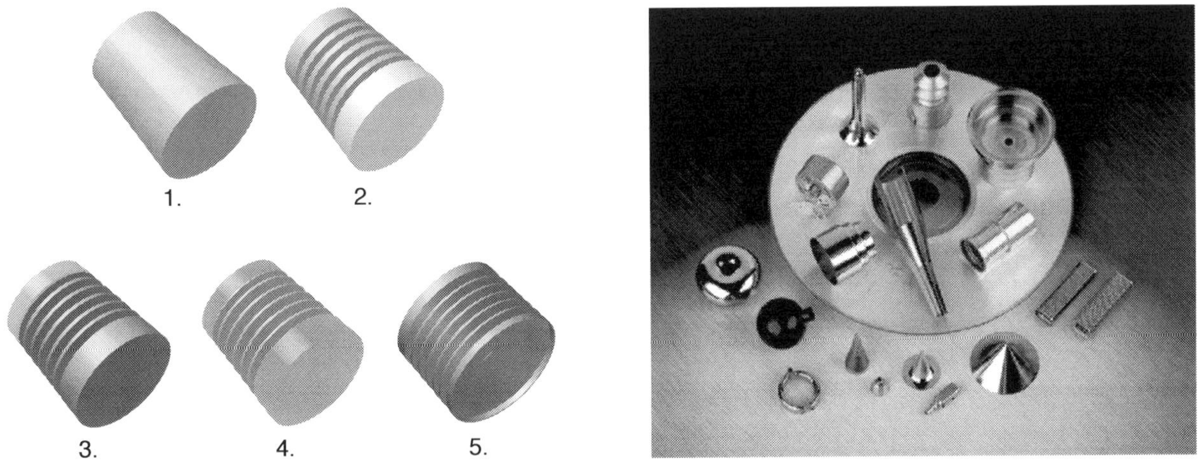

(a) (b)

FIGURA 34.10 (a) Secuencia normal en el electroformado: (1) se selecciona un mandril con el tamaño nominal correcto. (2) Se maquina en el mandril la geometría deseada (en este caso, la de un fuelle). (3) Sobre el mandril se hace la electrodeposición del metal deseado. (4) Se recorta el material depositado, de ser necesario. (5) El mandril se disuelve con maquinado químico. (b) Conjunto de partes electroformadas. *Fuente:* Cortesía de Servometer® —PMG LLC, Cedar Grove, Nueva Jersey.

producir formas tanto sencillas como complejas, con espesores de pared tan pequeños como 0.025 mm (0.001 pulg). Las partes pueden pesar desde unos cuantos gramos hasta 270 kg (600 lb).

Los mandriles están hechos a partir de materiales diversos, incluyendo (a) metálicos, como zinc o aluminio; (b) no metálicos, que se hacen conductores de la electricidad con los recubrimientos apropiados; y (c) aleaciones de bajo punto de fusión, cera o plásticos, todos los cuales se funden o disuelven con los productos químicos apropiados. Los mandriles deben ser susceptibles de desprenderse físicamente de la parte electroformada sin dañarla.

El proceso de electroformado es particularmente apropiado para bajas cantidades de producción o para partes intrincadas (como moldes, dados, guía de ondas, toberas y fuelles) hechas de níquel, cobre, oro y plata. El proceso también es adecuado para aplicaciones aeroespaciales, electrónicas y electroópticas.

34.10 Recubrimientos de conversión

El *recubrimiento de conversión*, también llamado *preparación con reacción química*, es el proceso de producir un recubrimiento que se forma sobre las superficies metálicas como resultado de reacciones químicas o electroquímicas. Los óxidos que se forman naturalmente sobre las superficies (vea la sección 33.2) representan una forma de recubrimiento de conversión. Este proceso se puede aplicar a varios metales (en particular al acero, aluminio y zinc).

Para producir el recubrimiento de conversión se usan *fosfatos*, *cromatos* y *oxalatos* para propósitos como dar protección contra la corrosión, preparación del pintado y acabados decorativos. Una aplicación importante es el recubrimiento de conversión de piezas de trabajo para que sirvan como transportadores de lubricantes en las operaciones de formado en frío, en particular con recubrimientos de zinc-fosfato y oxalato (vea la sección 33.7.6). Los dos métodos comunes de recubrimiento son la *inmersión* y el *rociado*.

Anodizado. Éste es un proceso de oxidación (*oxidación anódica*) en el que las superficies de la pieza de trabajo se convierten en una capa de óxido dura y porosa, que provee resistencia a la corrosión y un acabado decorativo. La pieza de trabajo es el ánodo en la celda electrolítica inmersa en un baño de ácido, que da como resultado la adsorción química de oxígeno del baño. Se pueden usar colorantes orgánicos de varias tonalidades (por lo general negro, rojo, bronce, oro o gris) para producir películas superficiales duraderas y estables. Las aplicaciones comunes son en muebles y utensilios de aluminio, formas arquitectónicas, marcos para pinturas, llaves y artículos deportivos. Las superficies anodizadas también sirven como una buena base para pintar, en especial sobre aluminio, que de otro modo es difícil de pintar.

Colorear. Como su nombre lo indica, *colorear* involucra procesos que alteran el color de los metales, aleaciones y cerámicos. Este cambio lo causa la conversión de las superficies (por procesos químicos, electroquímicos o térmicos) en compuestos químicos como óxidos, cromatos y fosfatos. Un ejemplo es el *oscurecimiento* del hierro y de aceros, proceso que utiliza soluciones de sosa cáustica, lo que da como resultado reacciones químicas que producen una película de óxido negro y brillante sobre las superficies.

34.11 Inmersión en caliente

En la *inmersión en caliente*, la pieza de trabajo (por lo general acero o hierro) se sumerge en un baño de metal fundido, como (a) zinc, para placas de acero galvanizado y productos de plomería; (b) estaño, para el estañado de placas y latas para contenedores de comida; (c) aluminio, para aluminizar, y (d) *emplomado*, *aleación terne*, una aleación de plomo con una proporción de 10 a 20% de estaño. Los recubrimientos por inmersión en caliente de partes discretas dan una resistencia a la corrosión de largo plazo a tubos galvanizados, suministros de plomería y muchos otros productos.

En la figura 34.11 se muestra una aplicación común de la *línea de galvanizado por inmersión en caliente* continua para láminas de acero. Primero se limpia electrolíticamente la placa laminada y se frota con cepillos. Después la lámina se recuece en un horno continuo con atmósfera y temperatura controladas, luego se sumerge en zinc fundido a una temperatura cercana a los 450 °C (840 °F).

El espesor del recubrimiento de zinc se controla con una acción limpiadora por medio de una corriente de aire o vapor, llamada *cuchillo de aire* (que también se usa en la soldadura ondulatoria; vea la figura 32.7b). Para mantener la calidad del producto es importante el drenaje apropiado para la remoción del exceso de materiales del recubrimiento. La vida de servicio depende del espesor del recubrimiento de zinc y del ambiente al que se expone el acero galvanizado. En las carrocerías de automóviles se emplean mucho las **placas de acero precubiertas**.

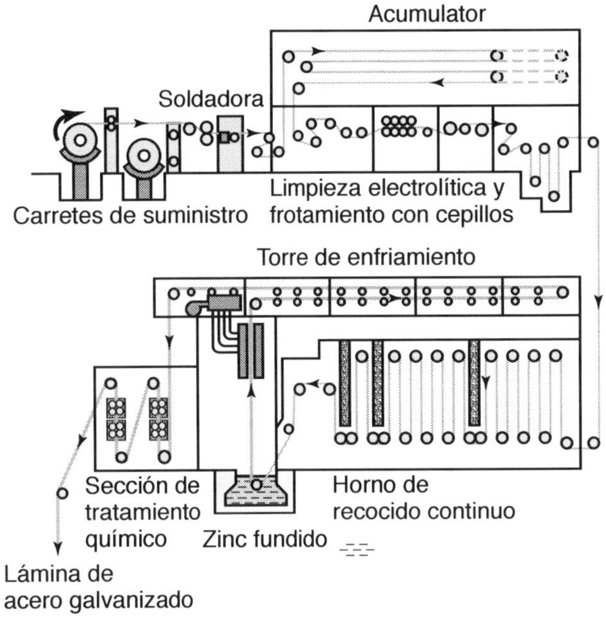

FIGURA 34.11 Línea de flujo del galvanizado continuo por inmersión en caliente de placa de acero; la soldadora (parte superior izquierda) se utiliza para soldar los extremos de los carretes para mantener el flujo continuo del material. *Fuente:* Cortesía de American Iron and Steel Institute.

34.12 Porcelanizado; recubrimientos cerámicos y orgánicos

Los metales se pueden recubrir con diversos revestimientos de vidrio (*vítreos*) para dar resistencia contra la corrosión y la electricidad y para protegerlos contra las temperaturas elevadas. Estos recubrimientos se suelen clasificar como **porcelanizados**, y por lo general incluyen esmaltes y cerámicas. La raíz de la palabra "porcelana" es *porcellana*, palabra italiana que significa "concha marina". Observe que la palabra *esmalte* se utiliza también para designar pinturas vítreas, lo que indica un recubrimiento duro y suave.

Esmaltes. Los esmaltes de porcelana son recubrimientos vítreos inorgánicos que constan de varios óxidos metálicos y existen en diferentes colores y transparencias. El *esmaltado* (que en la Edad Media ya era un arte plenamente desarrollado) implica la fusión del material de recubrimiento en el sustrato a temperaturas de 425 a 1000 °C (800 a 1800 °F) para licuar los óxidos. El recubrimiento se puede aplicar por inmersión, rociado o electrodeposición, y los espesores por lo general están en el rango de 0.05 a 0.6 mm (0.002 a 0.025 pulg). La viscosidad del material se puede controlar utilizando aglutinantes, de modo que el revestimiento se adhiera a superficies verticales durante su aplicación. En función de su composición, los esmaltes varían su resistencia a los álcalis, ácidos, detergentes, limpiadores y al agua.

Las aplicaciones comunes para el porcelanizado son utensilios domésticos, accesorios de plomería, equipo de procesamiento químico, señalamientos, equipos de cocina y joyería; también se usan como recubrimientos protectores en componentes de motores de reacción. Los metales que se recubren son aceros, hierro fundido y aluminio. Para tener resistencia química se usan vidrios como forro, cuyo espesor es mucho más grande que el del esmalte. El **vidriado** es la aplicación de recubrimientos vítreos sobre artículos de porcelana para darles acabados decorativos y hacerlos impermeables a la humedad.

Recubrimientos cerámicos. Los cerámicos, como los óxidos de aluminio y de circonio, se aplican a un sustrato a temperatura ambiente por medio de aglutinantes, después se cuecen en un horno para fundir el material de recubrimiento. Estos revestimientos se suelen aplicar con técnicas de rociado térmico y actúan como barreras térmicas para álabes de turbina, componentes de motores diesel, dados de extrusión en caliente y toberas para motores de cohetes con objeto de aumentar la vida de dichos componentes. También se usan en aplicaciones de resistencia a la electricidad para mantener un arco repetido.

Recubrimientos orgánicos. Las superficies de metal se pueden cubrir o precubrir con varios revestimientos orgánicos, películas y laminados con el fin de mejorar su apariencia y resistencia a la corrosión. Los recubrimientos se aplican al lote de artículos en líneas continuas (vea la figura 13.10), con espesores que por lo general están en el rango de 0.0025 a 0.2 mm (0.0001 a 0.008 pulg). Los recubrimientos orgánicos tienen un amplio rango de propiedades como flexibilidad, durabilidad, dureza, resistencia a la abrasión y productos químicos, color, textura y lustre. Posteriormente se da a las placas metálicas recubiertas la forma de diversos productos como gabinetes, cubiertas de aparatos, paneles, anaqueles, estacionamientos (aparcaderos) residenciales, alcantarillas y muebles de metal.

Entre las aplicaciones críticas de los recubrimientos orgánicos están, por ejemplo, la protección de la aviación naval, que está sujeta a mucha humedad, lluvia, agua de mar, contaminantes, combustible de aviones, fluidos del deshielo y ácido de baterías, así como a los impactos de partículas tales como polvo, grava y sales de deshielo. Para las estructuras de aluminio, los recubrimientos orgánicos consisten en general de una base epóxica y una capa superior de poliuretano.

EJEMPLO 34.2 Recubrimientos cerámicos para aplicaciones de alta temperatura

La tabla 34.1 muestra varios recubrimientos de material cerámico y sus aplicaciones más frecuentes a temperaturas elevadas. Estos recubrimientos se aplican ya sea solos o en capas, cada capa con sus propias cualidades especiales, como ocurre en las herramientas de corte recubiertas con capas múltiples (vea la figura 22.8).

TABLA 34.1

Recubrimientos cerámicos usados para aplicaciones de alta temperatura

Propiedad	Tipo de cerámico	Aplicaciones
Resistencia al desgaste	Óxido de cromo, óxido de aluminio, titanato de aluminio.	Bombas, ejes de turbina, sellos y cilindros de compresores para la industria petrolera; barriles extrusores de plásticos; dados de extrusión.
Aislamiento térmico	Óxido de circonio (ytrio estabilizado), óxido de circonio (calcio estabilizado), zirconato de magnesio.	Aspas de ventiladores, aspas de compresores y sellos para turbinas de gas; válvulas, pistones y cabezales de combustión para motores de automóvil.
Aislamiento eléctrico	Aluminato de magnesio, óxido de aluminio.	Bobinas de inducción, accesorios de soldadura fuerte, aplicaciones eléctricas en general.

34.13 Recubrimientos de diamante y de carbono similar al diamante

Las propiedades del *diamante* que son relevantes para la ingeniería de manufactura se describieron en la sección 8.7. Se han hecho avances importantes en el *recubrimiento con diamante* de metales, vidrio, cerámicos y plásticos, aplicando varias técnicas como la deposición química de vapor, deposición de vapor asistida por plasma y la deposición iónica con haces mejorada.

Algunos ejemplos de productos recubiertos con diamante son las ventanas a prueba de rayones, como las que se utilizan en los aviones y vehículos militares para protección durante tormentas de arena; herramientas de corte como insertos, brocas y fresas de acabado; caras de desgaste de micrómetros y calibradores; bisturíes, rasuradoras; rastreadores de calor y sensores infrarrojos; diodos emisores de luz; micrófonos para equipos estereofónicos; álabes de turbina y toberas de inyección de combustible.

También se han desarrollado técnicas para producir **películas de diamante independientes**, del orden de 1 mm (0.04 pulg) de espesor y hasta 125 mm (5 pulg) de diámetro. Estas películas incluyen películas suaves y ópticamente transparentes de diamante, que después se cortan con láser en las formas deseadas y se colocan en las piezas de trabajo mediante soldadura fuerte.

También se realizan estudios acerca del crecimiento de películas de diamante sobre sustratos de cobre cristalino, por implantación de iones de carbono. Una aplicación importante es la fabricación de chips de computadora (consulte el capítulo 28, en el sitio web del libro). El diamante se puede dopar para que forme extremos tipo *p* y *n* sobre los semiconductores con el fin de fabricar transistores, además su alta conductividad térmica permite el empaque más cerrado de chips de lo que sería posible si estuvieran hechos de silicio o arseniuro de galio, lo que incrementa de manera significativa la velocidad de las computadoras. El diamante es también un material atractivo para dispositivos MEMS (del inglés microelectromechanical systems) (consulte el capítulo 29, en inglés en el sitio web del libro), gracias a sus características favorables con respecto a la fricción y el desgaste.

Carbono similar al diamante. Los recubrimientos de *carbono similar al diamante* (DLC, por sus siglas en inglés), con espesor de unos cuantos nanómetros, se producen con un proceso de deposición asistido por haz de iones a baja temperatura. La estructura del DLC se encuentra entre la del diamante y la del grafito (sección 8.6). Es menos caro que las películas de diamante pero con propiedades similares (como fricción baja, dureza alta y es inerte en lo químico, así como una superficie suave), el DLC tiene aplicaciones en áreas como la fabricación de herramientas y dados, componentes de motores, engranes, rodamientos, dispositivos MEMS y sondas a microescala. Como recubrimiento de herramientas de corte, el DLC tiene una dureza de alrededor de 5000 HV, casi el doble que el de diamante.

34.14 Texturizado de la superficie

Recordemos que cada proceso de manufactura produce una superficie de cierta textura, acabado y aspecto. Sin embargo, las superficies manufacturadas se pueden modificar con operaciones secundarias por razones de funcionamiento, ópticas o estéticas.

Dichas operaciones secundarias, llamadas *texturizado de la superficie*, por lo general consisten en las siguientes técnicas:

- **Grabado** (ataque químico), que usa productos químicos o técnicas de pulverización.
- **Arcos eléctricos.**
- **Láseres**, que usan pulsos de láser excimer.
- **Oxígeno atómico**, que reacciona con las superficies para producir en la superficie una textura fina de conos.

Los posibles efectos benéficos, así como los perjudiciales, de estos procesos adicionales sobre las propiedades de los materiales y el desempeño de las partes texturizadas son consideraciones importantes. Por lo general, el desempeño se relaciona con el aspecto o las características tribológicas. Por ejemplo, una superficie rugosa ayuda a reciclar el combustible y a reducir la fricción, pero también la aumenta en los contactos no lubricados.

34.15 Pintura

Debido a sus propiedades decorativas y funcionales, como la protección del ambiente, bajo costo, facilidad relativa de aplicación y el rango de colores disponibles, la *pintura* se ha utilizado mucho por miles de años como recubrimiento de una superficie y como decoración. Las pinturas por lo general se clasifican como sigue:

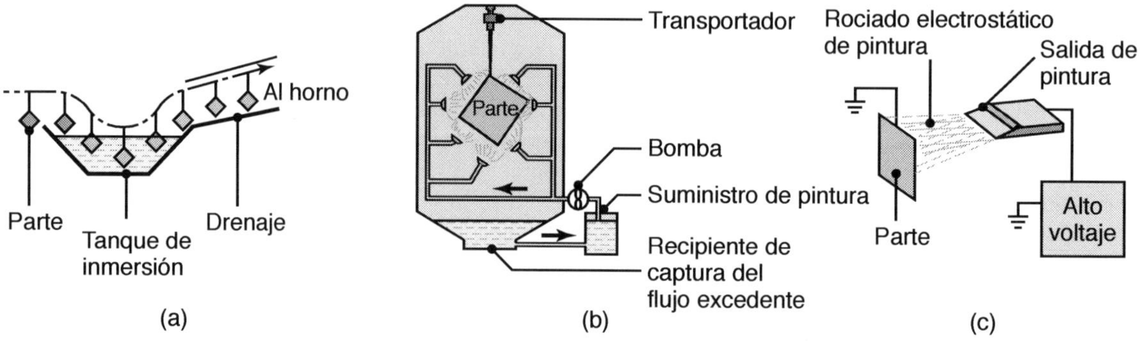

FIGURA 34.12 Métodos de aplicación de pintura: (a) recubrimiento por inmersión; (b) recubrimiento por flujo y (c) rociado electrostático (usado en particular para carrocerías de automóvil).

- **Esmaltes**, producen un recubrimiento suave con aspecto lustroso o parcialmente lustroso.
- **Barnices**, forman una película adhesiva por evaporación de un solvente.
- **Pinturas base agua**, se aplican con facilidad, pero tienen una superficie porosa y absorben agua, lo que las hace más difíciles de limpiar.

Hoy existen pinturas con buena resistencia a la abrasión, a altas temperaturas y a la pérdida de color. Su selección depende de los requerimientos específicos, como la resistencia a acciones mecánicas (abrasión, marcas, impactos y flexiones) y a reacciones químicas (ácidos, solventes, detergentes, álcalis, combustibles, oxidación y al ataque del ambiente en general).

Los métodos comunes de aplicación de pintura son por inmersión, brochado, con rodillo y rociado (figura 34.12). En el **electrorrecubrimiento** o en el **rociado electrostático**, las partículas de pintura se cargan *electrostáticamente* y son atraídas hacia las superficies que se van a pintar, lo que produce un recubrimiento adhesivo uniforme. A diferencia de las pérdidas de pintura con el rociado convencional, que llegan a ser hasta de 70%, con el rociado electrostático las pérdidas son muy pequeñas, del orden de 10%. Sin embargo, con este método las cavidades profundas y las esquinas son difíciles de recubrir. Ahora es práctica común el uso de *controles robotizados* para guiar las boquillas de rociado (sección 37.6.3).

34.16 Limpieza de las superficies

En muchos de los capítulos del libro se ha hecho énfasis en la importancia de las superficies en la manufactura y en los efectos que ejercen en las características de las superficies las capas depositadas o adsorbidas de varios contaminantes. La palabra **limpieza** o *grado de limpieza* de una superficie es algo difícil de definir; dos pruebas comunes y sencillas son las siguientes:

1. Observar si el agua cubre la superficie en forma continua y uniforme, lo que se conoce como prueba de la *interrupción del agua*; si el agua se agrupa como gotas individuales, la superficie no está limpia (este fenómeno se observa con facilidad al humedecer platos de comida que se hayan lavado con diferentes grados de limpieza).
2. Frotar la superficie con una tela blanca y limpia y observar cualesquiera residuos que queden en la tela.

Una superficie limpia puede tener efectos benéficos o perjudiciales. Aunque una que no esté limpia reduciría la tendencia a la adhesión durante un deslizamiento (lo que disminuiría la fricción), la limpieza por lo general es esencial para una aplicación más eficaz de los recubrimientos, la pintura, uniones adhesivas, soldadura fuerte y blanda, así como para el funcionamiento confiable de las partes móviles de las máquinas, las operaciones de ensamblado y para contenedores de alimentos y bebidas.

La *limpieza* comprende la remoción de contaminantes sólidos, semisólidos o líquidos de una superficie, es parte importante de las operaciones de manufactura y de la economía de producción. En las operaciones de manufactura, el tipo de proceso de limpieza que se requiere depende del tipo de *residuos del trabajo del metal* y los fluidos y de los *contaminantes* por eliminar. Por ejemplo, los fluidos base agua son más fáciles y menos caros de remover que los fluidos base aceite. Los contaminantes (también llamados mugre) consisten en herrumbre, cascarilla, virutas, varios residuos metálicos y no metálicos, fluidos del trabajo del metal, lubricantes sólidos, pigmentos, compuestos del pulido y lapeado y elementos del ambiente general.

Básicamente hay tres tipos de métodos de limpieza:

Limpieza mecánica. Esta operación consiste en retirar físicamente los contaminantes, con un cepillo de alambre o fibras, bombardeo abrasivo, volteado o chorros de vapor. Muchos de estos procesos son particularmente eficaces para remover herrumbre, cascarillas y otros contaminantes sólidos de las superficies. En esta categoría también se encuentra la *limpieza ultrasónica.*

Limpieza electrolítica. Se aplica una carga eléctrica a la parte que se ha de limpiar, en una solución acuosa limpiadora (alcalina, con frecuencia); la carga provoca burbujas de hidrógeno u oxígeno (depende de la polaridad) que se liberan en la superficie; las burbujas son abrasivas y ayudan a retirar los contaminantes.

Limpieza química. La limpieza química por lo general involucra la remoción de aceite y grasa de las superficies; esta operación consiste en uno o más de los siguientes procesos:

- **Solución:** la mugre se disuelve en la solución limpiadora.
- **Saponificación:** una reacción química convierte los aceites animales o vegetales en un jabón soluble en agua.
- **Emulsionado:** la solución limpiadora reacciona con los depósitos de mugre o lubricante y forma una emulsión; después, la mugre y el emulsionante quedan en suspensión en la emulsión.
- **Dispersión:** la concentración de mugre en la superficie disminuye debido a los elementos activos en la solución limpiadora.
- **Agregación:** los lubricantes se eliminan de la superficie por la acción de varios agentes en el limpiador y se agrupan como grandes partículas de suciedad.

Fluidos limpiadores. Los fluidos limpiadores más comunes, que se usan junto con procesos electroquímicos para una limpieza más eficaz, incluyen los siguientes:

- **Soluciones alcalinas:** combinación compleja de productos químicos solubles en agua, las soluciones alcalinas son los fluidos limpiadores menos caros y más usados en las operaciones de manufactura. Las partes pequeñas se pueden limpiar en tambores o barriles rotatorios. La mayoría de las partes se limpia en bandas transportadoras continuas al rociarlas con la solución y luego enjuagarlas con agua.
- **Emulsiones:** las emulsiones consisten por lo general en queroseno y agua con aceite y varios tipos de emulsionantes.
- **Solventes:** por lo general los solventes del petróleo, hidrocarburos clorados y alcoholes minerales solventes se usan en operaciones breves. El fuego y su toxicidad son riesgos importantes.
- **Vapores calientes:** los solventes clorados se usan para remover aceite, grasa y cera. Primero se hierve el solvente en un contenedor y luego se condensa y colecta para reusarlo. Este proceso de vapor caliente se conoce también como **desgrasado con vapor**, es sencillo y las partes que se limpian quedan secas. Los solventes nunca

se diluyen ni pierden efectividad por la disolución de aceite, ya que éste no se evapora.

- **Ácidos, sales y mezclas de compuestos orgánicos:** son eficaces para limpiar partes cubiertas con pastas pesadas o depósitos aceitosos o herrumbrosos.

Lineamientos de diseño para la limpieza. La limpieza de partes discretas con formas complejas puede ser difícil. Algunos lineamientos básicos de diseño incluyen (a) evitar los orificios profundos y ciegos; (b) fabricar varios componentes pequeños en lugar de uno solo grande, que puede ser difícil de limpiar y (c) proveer perforaciones de drenaje apropiadas en las partes que se han de limpiar.

El *tratamiento* y *eliminación* de los fluidos limpiadores, así como los diferentes fluidos y materiales de desecho de los procesos descritos en este capítulo, están entre las consideraciones más importantes para las operaciones de manufactura seguras para el ambiente (vea también la sección I.4).

RESUMEN

- Los tratamientos de la superficie son un aspecto importante de todas las operaciones de manufactura. Se usan para dar propiedades mecánicas, químicas y físicas específicas, como la apariencia y la resistencia a la corrosión, fricción, desgaste y fatiga.
- Los procesos aplicados incluyen tratamientos de trabajo mecánico y superficial, como tratamiento térmico, deposición y revestido. Entre los recubrimientos de la superficie están los esmaltes, materiales no metálicos y pinturas.
- Las superficies limpias son importantes en el procesamiento posterior, como el recubrimiento, pintura y soldadura y en el uso del producto. La limpieza tiene un impacto significativo en la rentabilidad de las operaciones de manufactura.

TÉRMINOS CLAVE

Anodizado
Boleado
Bruñido con rodillos
Carbono similar al diamante
Chapeado mecánico
Colorear
Deposición de vapor
Deposición dura de cromo
Deposición física de vapor
Deposición iónica
Deposición mecánica
Deposición no electrolítica
Deposición química de vapor
Electrodeposición
Electroformado
Endurecimiento explosivo
Endurecimiento superficial
Esmalte
Evaporación al vacío
Fluidos limpiadores
Granallado
Granallado con chorro de agua
Granallado con láser
Implantación iónica
Inmersión en caliente
Limpieza química
Metalización
Oscurecimiento
Película de diamante independiente
Pintura
Porcelanizado
Prueba de la interrupción del agua
Pulverización catódica
Recubrimiento de conversión
Recubrimiento de diamante
Recubrimiento por difusión
Revestimiento duro
Rociado
Rociado térmico
Texturizado de la superficie
Vidriado

BIBLIOGRAFÍA

ASM Handbook, Vol. 5, **Surface Engineering**, ASM International, 1994.

Bunshah, R. F. (ed.), **Handbook of Hard Coatings: Deposition Technologies, Properties and Applications**, William Andrew, 2002.

Davis, J. R. (ed.), **Surface Engineering for Corrosion and Wear Resistance**, ASM International e IOM Communications, 2001.

Davis, J. R. (ed.), **Surface Hardening of Steels**, ASM International, 2002.

Polak, T. A. (ed.), **Handbook of Surface Treatments and Coatings**, ASME Press, 2003.
Roberge, P. R., **Handbook of Corrosion Engineering**, 2a. ed, McGraw-Hill, 2012.
Schulze, V., **Modern Mechanical Surface Treatment**, Wiley-VCH, 2006.
Tracton, A. A. (ed.), **Coatings Technology Handbook**, 3a. ed., CRC Press, 2005.

PREGUNTAS DE REPASO

34.1 Explique por qué los tratamientos de la superficie son necesarios para las diferentes partes fabricadas con uno o más procesos.
34.2 ¿Qué es el granallado? ¿Por qué se lleva a cabo?
34.3 ¿Cuáles son las ventajas del bruñido con rodillos?
34.4 Explique la diferencia entre el endurecimiento superficial y el revestimiento duro.
34.5 Describa los principios de la deposición física y química de vapor. ¿Qué aplicaciones tienen estos procesos?
34.6 Revise la figura 34.2 y describa los principios en que se basa el rociado térmico.
34.7 ¿Qué es la electrodeposición? ¿Por qué puede ser peligrosa?
34.8 ¿Cuál es el principio del electroformado? ¿Cuáles son sus ventajas?
34.9 Explique la diferencia entre la electrodeposición y la deposición no electrolítica.
34.10 ¿Cómo se ejecuta la inmersión en caliente?
34.11 ¿Qué es un cuchillo de aire? ¿Cómo funciona?
34.12 Describa los sistemas comunes de pintura que existen en el presente en la industria.
34.13 ¿Qué es un recubrimiento de conversión? ¿Por qué se llama así?
34.14 Describa la diferencia entre el rociado térmico y el rociado por plasma.
34.15 ¿Qué es el chapeado mecánico y por qué se lleva a cabo?
34.16 ¿Cómo se producen los recubrimientos de diamante?

PROBLEMAS CUALITATIVOS

34.17 Describa la forma en que los procesos de bruñido con rodillos inducen esfuerzos residuales de compresión sobre las superficies de las partes.
34.18 Explique por qué ciertas partes se recubren con cerámicos. Dé algunos ejemplos.
34.19 Ponga en una lista y describa brevemente cinco técnicas de tratamiento de superficies que usen láseres.
34.20 Dé ejemplos de diseños de parte que son apropiados para el galvanizado por inmersión en caliente.
34.21 Comente sus observaciones con respecto a la figura 34.9.
34.22 Es bien sabido que los recubrimientos se pueden remover o desgastar durante la vida de servicio de los componentes, en particular con temperaturas elevadas. Describa los factores involucrados en la resistencia y durabilidad de los recubrimientos.
34.23 Haga una lista de los procesos de recubrimiento descritos en este capítulo y clasifíquelos en términos relativos tales como "grueso" o "delgado".
34.24 Clasifique los procesos de recubrimiento descritos en este capítulo de acuerdo con (a) el espesor máximo que generalmente se alcanza y (b) el tiempo normal que toma la operación de recubrir.
34.25 ¿Por qué es importante el galvanizado para las carrocerías metálicas de los automóviles?
34.26 Explique los principios involucrados en las diferentes técnicas de aplicación de pinturas.

PROBLEMAS CUANTITATIVOS

34.27 Tome un ejemplo sencillo, como el de las partes que se muestran en la figura 34.1, y estime la fuerza requerida para el bruñido con rodillos. (*Sugerencia:* consulte las secciones 2.6 y 14.4).
34.28 Estime el espesor del recubrimiento en la electrodeposición de una esfera sólida de metal de 20 mm, con el uso de una corriente de 10 A y un tiempo de 1.5 h. Suponga que $c = 0.08$ en la ecuación (34.1).

SÍNTESIS, DISEÑO Y PROYECTOS

34.29 ¿Cuáles tratamientos de la superficie están dirigidos a la función y cuáles son decorativos? ¿Hay algún tratamiento que sirva para ambos fines? Explique.
34.30 Un implante artificial tiene un área superficial porosa donde se espera que el hueso se adhiera y crezca dentro del implante. Sin consultar la bibliografía, haga recomendaciones

para producir una superficie porosa; después revise la bibliografía y describa los procesos reales que se utilizan.

34.31 Si alguien se interesa en obtener una superficie texturizada sobre una pieza de metal recubierta, ¿debe aplicarse primero el recubrimiento o la textura? Explique.

34.32 Se sabe que una superficie con acabado a espejo se puede obtener revistiendo las piezas de trabajo originales; es decir, el acabado de la superficie mejora después del recubrimiento. Explique cómo ocurre esto.

34.33 Se ha observado en la práctica que una capa delgada de recubrimiento de cromo, como el de las defensas de un automóvil de modelo antiguo, es mejor que una gruesa. Explique por qué, si se considera el efecto del espesor en la tendencia a formar grietas.

34.34 Mencione las razones por las que los temas descritos en este capítulo son importantes en los procesos y operaciones de manufactura.

34.35 Los globos metálicos brillantes tienen patrones festivos impresos que se producen por impresión de pantallas para luego depositarlas en los globos. ¿Cómo pueden depositarse recubrimientos metálicos en una hoja de caucho?

34.36 Debido a que se evaporan, los solventes y soluciones de limpieza parecidos tienen efectos perjudiciales en el ambiente. Describa sus reflexiones sobre las modificaciones que podrían hacerse para que dichas soluciones fueran más amigables con el ambiente.

34.37 Se lleva a cabo una operación de bruñido con rodillos sobre el hombro de un eje con el fin de mejorar su vida de fatiga. Se observa que el acabado resultante de la superficie es deficiente y se hace una propuesta de maquinar la capa superficial para mejorar su vida de fatiga. ¿Es aconsejable esto? Explique.

34.38 El proceso de granallado se puede demostrar con un martillo de bola (en el que una de las cabezas es redonda). Con dicha herramienta haga numerosas marcas en la superficie de una placa de aluminio (a) de 2 mm y de (b) 10 mm de grueso, respectivamente, colocada en una superficie plana y dura como un yunque. Observe que ambas piezas desarrollan curvaturas, pero una se vuelve cóncava y la otra convexa. Describa sus observaciones y explique por qué pasa esto (*Sugerencia:* vea la figura 2.14).

34.39 Obtenga varias piezas de partes metálicas pequeñas (como pernos, barras y placas) y realice en ellas la prueba de la interrupción del agua. Después lave las superficies con varios fluidos limpiadores y repita la prueba. Describa sus observaciones.

34.40 Inspeccione varios productos grandes y pequeños como aparatos, platería, jarrones y cajas metálicas, utensilios de cocina y herramientas de mano y comente acerca del tipo de recubrimientos que tengan y las razones por las que se recubrieron.

PARTE VIII

Metrología, instrumentación y aseguramiento de la calidad en la ingeniería

La gran mayoría de partes manufacturadas son componentes de un subensamble de algún producto y deben ajustarse y ensamblarse de manera adecuada con el fin de que el producto realice durante su vida de servicio la función para la que fue planeado. Las dimensiones y otras características de una parte manufacturada se miden para garantizar que se fabricó de manera consistente y dentro del rango especificado de tolerancias dimensionales. Observe, por ejemplo, que (a) un pistón debe ajustar dentro de un cilindro con tolerancias específicas, (b) un álabe de turbina debe encajar en forma apropiada en su ranura en el disco de la turbina y (c) los carros de una máquina herramienta deben producirse con cierta exactitud, de manera que las partes producidas en la máquina sean exactas con respecto a sus especificaciones.

La medición de las dimensiones relevantes de un objeto es un aspecto integral de la **manufactura de partes intercambiables**, lo cual es el concepto básico tras la estandarización y la producción en masa. Si, por ejemplo, un balero de un aparato se desgasta y tiene que ser reemplazado, todo lo que hay que hacer es comprar otro igual con la misma especificación o número de parte.

El primero de los dos capítulos siguientes describe los principios involucrados en los diferentes instrumentos y máquinas modernas que se usan para medir las características dimensionales, como son longitud, ángulo, planicidad y redondez. Otros aspectos de igual importancia en las operaciones de manufactura son la prueba e inspección de las partes; por esta razón también se describen los métodos utilizados para efectuar pruebas no destructivas y destructivas.

La **calidad del producto** es uno de los aspectos más importantes de la manufactura, como se describe en el capítulo 36, en el cual se estudia la importancia tecnológica y económica de construir la calidad *en* un producto en lugar de inspeccionarla *después* de haberlo fabricado, como se ha hecho tradicionalmente por siglos.

CAPÍTULO

35 Metrología e instrumentación en la ingeniería

- Este capítulo describe la importancia de la medición de partes manufacturadas, con la observación de que la medición y su certificación a cierto estándar son esenciales para garantizar su ajuste y operación apropiados.
- En el presente existe una amplia variedad de técnicas, calibradores, instrumentos y máquinas para medir, como se describe e ilustra en este capítulo.
- El capítulo también describe las características de la medición automatizada y termina con una introducción a los principios de dimensionamiento y tolerancias.

35.1 Introducción

La **metrología en la ingeniería (metrología industrial)** se define como la medición de las dimensiones de longitud, espesor, diámetro, inclinación, ángulo, planicidad y perfiles. Observe que éstas son mediciones *geométricas*; en la metrología no se incluye la medición de las propiedades mecánicas y físicas. Por ejemplo, considere los carros de las máquinas herramienta (figura 35.1; vea también las figuras 23.2, 24.18 y 25.11); estos componentes deben tener dimensiones, ángulos y planicidad específicos para que la máquina herramienta funcione adecuadamente y dentro de la exactitud dimensional especificada.

Ha sido tradicional que las mediciones se hagan después de que la parte ha sido producida, un método conocido como **inspección posproceso.** Aquí, el término *inspección* significa verificación de las dimensiones de lo que se ha fabricado o se está fabricando y determinación de si dichas dimensiones cumplen con las especificaciones establecidas para las tolerancias y de otro tipo. Hoy día, las mediciones se efectúan *durante* la producción de la parte en la máquina, enfoque conocido como **inspección en proceso, en línea o en tiempo real.**

Un aspecto importante de la metrología es la **tolerancia dimensional**, definida como la variación permisible en las dimensiones de una parte. Las tolerancias son importantes debido a su rol crucial en la posibilidad de intercambiar la parte, el funcionamiento del producto y los costos de manufactura; sin embargo, por lo general, cuanto más pequeña sea la tolerancia más elevados serán los costos de producción.

35.2 Patrones de medición

Es común que nuestra primera experiencia con la *medición* sea por medio de una sencilla *regla*, empleada para medir la **longitud.** Las reglas se usan como el *patrón* contra el que se miden las dimensiones. En Estados Unidos, por tradición se han utilizado, y se siguen utilizando, las unidades *pulgada* y *pie*, que originalmente se basaban en partes del cuerpo humano (vea el ejemplo 35.1); en consecuencia, era común encontrar variaciones significativas en la longitud de un pie.

No obstante, en la mayor parte del mundo se utiliza el *metro* como el patrón para la longitud. Originalmente, un metro se definía como la diezmillonésima parte de la distancia entre el Polo Norte y el Ecuador. Tiempo después el metro se estandarizó como la distancia entre dos marcas hechas en una barra de platino-iridio, la cual se conserva en condiciones controladas en un edificio en las afueras de París. En 1960 se definió oficialmente al metro como 1 650 763.73 longitudes de onda, excitadas por electricidad en un vacío, de la luz naranja emitida por el kriptón 86, un gas raro. La precisión de esta medida se fijó como de una parte en 10^9. Actualmente el metro es el patrón internacional de longitud en el Sistema Internacional de Unidades (SI).

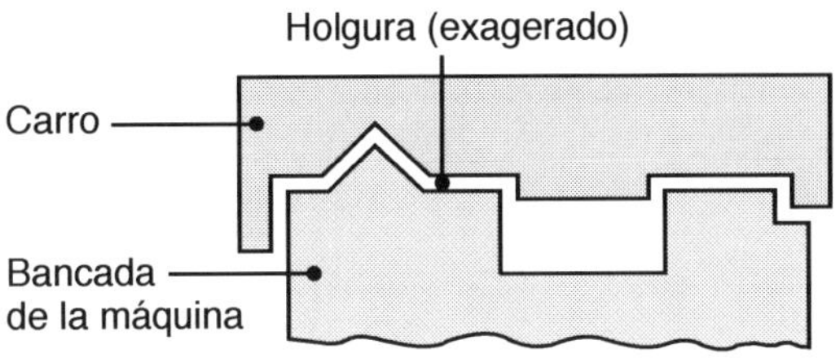

FIGURA 35.1 Sección transversal del carro de una máquina herramienta; ancho, profundidad, ángulos, y otras dimensiones deben producirse y medirse con exactitud para que la máquina funcione según fue diseñada.

En la metrología industrial se emplean numerosos instrumentos y aparatos de medición, cada uno de los cuales tiene su propia resolución, precisión y otras características. Para describir el tipo y calidad de un instrumento es común utilizar dos términos:

1. **Resolución:** es la diferencia más pequeña en las dimensiones que es capaz de detectar o distinguir un instrumento de medición; por ejemplo, una regla de madera tiene mucho menos resolución que un micrómetro.
2. **Precisión:** aunque de manera incorrecta a veces se le llame exactitud, la precisión es el grado en que el instrumento produce mediciones repetidas del mismo patrón. Por ejemplo, una regla de aluminio se expandirá o contraerá dependiendo de las variaciones de la temperatura del ambiente en que se utiliza; por tanto, su precisión puede ser afectada incluso cuando se le sostiene en una mano.

EJEMPLO 35.1 La medición de la longitud a través de la historia

Durante los últimos 6000 años se han desarrollado varios patrones para medir la longitud. En Egipto, alrededor de 4000 a. de C., un patrón común era el codo del rey, que era equivalente a 0.4633 m. Un *codo* era igual a 1.5 pies (o dos extensiones* de la mano, 6 anchos de la mano o 24 espesores de un dedo). En 1101 el rey Enrique I de Inglaterra decretó un nuevo patrón, llamado *yarda* (0.9144 m); era la distancia de su nariz al extremo de su dedo pulgar.

Durante la Edad Media casi cada reino y ciudad tenían establecido su propio patrón de longitud, algunos de los cuales tenían nombres idénticos. En 1528, el físico francés Jean Fernel propuso la distancia entre París y Amiens, ciudad ubicada 120 km al norte de París, como la referencia general para la longitud. Durante el siglo XVII algunos científicos sugirieron que se empleara como patrón la longitud de cierto péndulo. En 1661, el arquitecto británico Sir Christopher Wren sugirió se utilizara un péndulo con un periodo de medio segundo. El matemático holandés Christian Huygens propuso un péndulo que tenía un tercio de la longitud del de Wren y un periodo de un segundo.

Para terminar con la confusión tan extendida de la medición de la longitud, comenzó a desarrollarse en Francia un patrón definitivo, con el concepto de un *metro* (de la palabra griega *metron*, que significa "medida"). Se elaboró un bloque patrón de un metro de longitud, hecho de platino puro y sección transversal rectangular, el cual se colocó en 1799 en el Archivo Nacional, en París. Con el paso de los años se fabricaron duplicados de este patrón para usarlos en otros países.

Durante el periodo de 1870 a 1872 se reunieron comités internacionales y decidieron con respecto a un patrón internacional para el *metro*. Se hizo una nueva barra con 90% de platino y 10% de iridio, con sección transversal en forma de X y dimensiones de 20 mm × 20 mm. En cada extremo de la barra se grabaron tres marcas; el metro patrón era la distancia entre las marcas centrales practicadas en cada extremo medido a 0 °C. Hoy, una medición de exactitud extrema se basa en la *velocidad de la luz en el vacío*, la cual se calcula multiplicando la longitud de onda del haz infrarrojo estandarizado de un rayo láser por su frecuencia.

* (Nota del revisor). En México, a la distancia entre las puntas del meñique y el pulgar de una mano extendida al máximo se le llama "cuarta".

35.3 Características geométricas de las partes: mediciones analógicas y digitales

En esta sección se describen las cantidades y características geométricas de uso más común en la práctica de la ingeniería.

- **Longitud**, incluye todas las dimensiones lineales de las partes.
- **Diámetro**, incluye los diámetros externo e interno.
- **Redondez**, incluye la redondez exterior, el carácter concéntrico y la excentricidad.
- **Profundidad**, como la de agujeros y cavidades perforados en troqueles y moldes.
- **Rectitud**, por ejemplo la de ejes, barras y tubos.
- **Planicidad**, en superficies maquinadas, en bruto y pulidas.
- **Paralelismo**, como el de dos ejes o superficies de deslizamiento en una máquina.
- **Perpendicularidad**, por ejemplo la de una barra con rosca insertada en una placa plana.
- **Ángulos**, se incluyen los internos y externos.
- **Perfiles**, como las curvaturas de partes elaboradas con distintos procesos.

En el presente existe una amplia variedad de instrumentos y máquinas para medir las cantidades anteriores con exactitud y rapidez, ya sea de partes estacionarias o que se encuentran en producción continua. En la metrología industrial es frecuente usar las palabras **instrumento** y **calibrador** de manera indistinta. Debido a las tendencias principales en la automatización y control computarizado de las operaciones de manufactura (vea la parte IX), el equipo moderno de medición e instrumentación ahora es una *parte integral de la maquinaria de producción.* La implementación de instrumentos y dispositivos **digitales** en la manufactura integrada por computadora han llevado de manera conjunta a la integración total de las tecnologías de medición dentro de los sistemas de manufactura.

El control de la temperatura es muy importante, en particular para hacer mediciones con instrumentos de precisión. La temperatura estándar de medición es de 20°C (68°F), y todos los equipos se calibran a esta temperatura. En nombre de la exactitud (precisión), las mediciones deben tomarse en ambientes controlados que mantengan la temperatura estándar, por lo general con una tolerancia de ± 0.3 °C (0.5 °F).

Un instrumento **analógico**, como el vernier o el micrómetro (figura 35.2a), se basa en la habilidad del operador para interpolar en forma apropiada y leer las escalas graduadas. En contraste, en un micrómetro digital las mediciones se indican directamente (figura 35.2b). Más importante aún, el equipo digital se puede integrar con facilidad en otros equipos (figura 35.2c), inclusive en maquinaria y sistemas de producción para el control estadístico del proceso (SPC, por sus siglas en inglés), como se describe en el capítulo 36.

35.4 Métodos e instrumentos de medición tradicionales

35.4.1 Instrumentos con graduación

El término *graduada* significa marcada para indicar cierta cantidad; estos instrumentos se utilizan para medir longitudes o ángulos.

Medición lineal (lectura directa)

- **Reglas:** el instrumento más simple y de uso más común para hacer mediciones lineales es una *regla de acero* (*regla de mecánico*), barra, o cinta, con graduaciones en fracciones o decimales. Las longitudes se miden directamente, con una exactitud limitada a la graduación más cercana, por lo general de 1 mm (0.040 pulg).

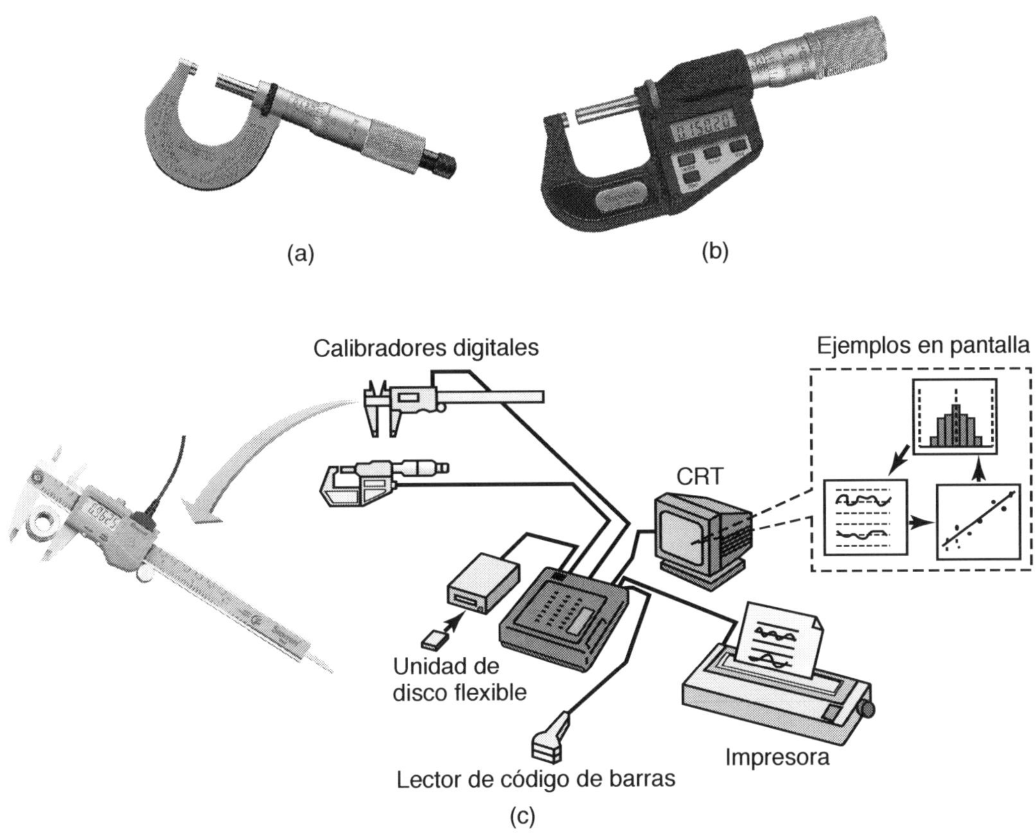

FIGURA 35.2 (a) Micrómetro vernier analógico. (b) Micrómetro digital, con rango de 0 a 1 pulg (0 a 25 mm) y resolución de 1.25 μm (50 μpulg); observe que es mucho más fácil y rápido medir dimensiones en este instrumento que en los micrómetros analógicos. (c) Ilustración esquemática que muestra la integración de calibradores digitales con microprocesadores para obtener datos en tiempo real para el control estadístico del proceso (vea la sección 36.8). *Fuente:* Cortesía de L. S. Starrett Co.

- **Calibradores variables:** también llamados *calibradores vernier* (en honor de P. Vernier, quien vivió en el siglo XVII), tienen una regla graduada y un graduador *deslizable*. En el presente, los *calibradores digitales* son de amplio uso.
- **Micrómetros:** es común usar estos instrumentos para medir el espesor y las dimensiones interiores o exteriores de las partes. Los *micrómetros digitales* están equipados con escalas (figura 35.2b) en unidades del sistema métrico o del inglés. También existen micrómetros para medir diámetros internos (*micrómetro de interiores*) y profundidades (*micrómetro de profundidad*, figura 35.3). Los topes o platinas de los micrómetros pueden estar equipados con contactos cónicos o esféricos para medir escalones, diámetros de roscas y espesores de la pared de tubos y láminas o placas curvadas.

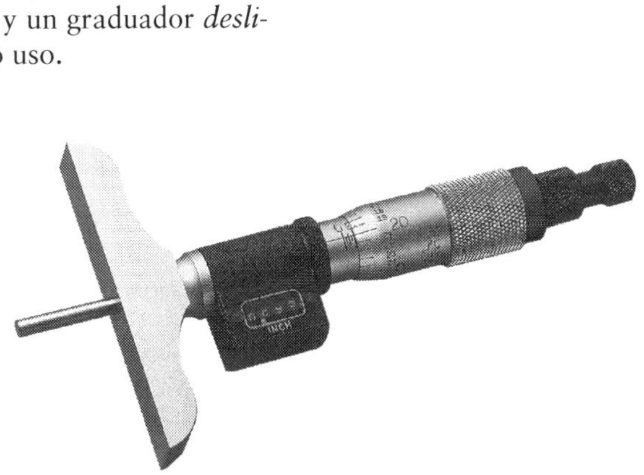

FIGURA 35.3 Micrómetro de profundidad, con escalas digital y de vernier. *Fuente:* Cortesía de L. S. Starrett Co.

Medición lineal (lectura indirecta). Es común que estos instrumentos sean calibradores y *compases*, sin escalas graduadas, y se usan para transferir la dimensión medida a un instrumen-

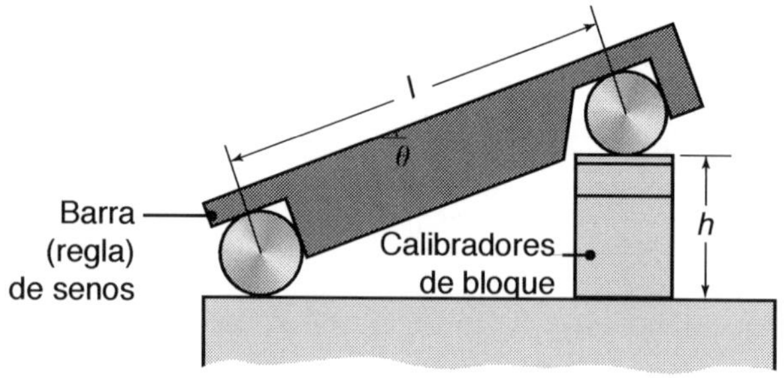

FIGURA 35.4 Ilustración esquemática de una barra (regla) de senos.

to de lectura directa, por ejemplo una regla. Debido a la experiencia que se requiere para usarlos y a que dependen de escalas graduadas, la exactitud de las herramientas de medición indirecta es limitada. Los *calibradores telescópicos* se usan para hacer mediciones indirectas de orificios o cavidades.

Medición de ángulos

- **Transportador ajustable:** éste es un instrumento de lectura directa, parecido a un transportador común, excepto que tiene un elemento móvil. Las dos hojas del transportador se ponen en contacto con la parte por medir y el ángulo se lee directamente en la escala vernier. Otro tipo común de transportador ajustable es la *escuadra ajustable*, que es una regla de acero equipada con accesorios para medir ángulos de 45 y 90°.
- **Barra de senos:** consiste en una placa montada sobre dos cilindros sólidos (figura 35.4). Un cilindro es un pivote para la placa; el otro se localiza a una distancia fija del primero, comúnmente a 10 pulg. Al insertar calibradores de bloque (sección 35.4.4) bajo la segunda barra, el ángulo de la placa varía. La relación está dada por

$$\text{sen}\,\theta = \frac{h}{l} \tag{35.1}$$

- **Placas de superficie:** son placas que se usan para apoyar tanto la parte por medir como el instrumento de medición. Se fabrican para que sean muy planas, con variaciones tan pequeñas como de 0.25 μm en toda la placa. Es común que estén hechas de hierro fundido o piedras naturales, como granito. Las mesas de granito tienen las propiedades deseables de ser resistentes a la corrosión, no magnéticas y tienen poca expansión térmica, por lo que minimizan la distorsión por calor.

Medición longitudinal comparativa. Se utilizan instrumentos para medir longitudes en forma comparativa (también llamados instrumentos de *tipo de desviación*), que amplifican y miden las variaciones de la distancia entre dos o más superficies. Estos instrumentos, el ejemplo más común es el **micrómetro de carátula** (figura 35.5), comparan dimensiones, de ahí el término *comparativa*. El indicador se fija en cero con respecto a cierta superficie de referencia y el instrumento, o la superficie que se va a medir (ya sea externa o interna), se pone en contacto con el puntero. El movimiento del indicador se lee directamente en la carátula circular con exactitudes de hasta 1 μm (40 μpulg). También existen indicadores de carátula con mecanismos de amplificación eléctrica o de fluidos y con lecturas digitales.

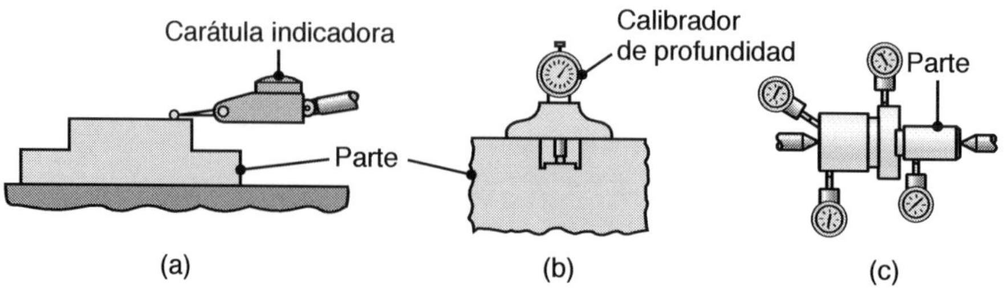

FIGURA 35.5 Tres usos de micrómetros de carátula para medir: (a) redondez y (b) profundidad, (c) para hacer mediciones múltiples de una parte.

35.4.2 Medición de características geométricas

Rectitud. La *rectitud* se comprueba con una escuadra o un micrómetro de carátula (figura 35.6). Se usa un *autocolimador*, que parece un telescopio con un rayo de luz que rebota desde el objeto, para medir con exactitud pequeñas desviaciones angulares sobre una superficie plana. Ahora los rayos láser tienen un amplio uso para alinear elementos de máquina individuales en el ensamble de elementos de maquinaria.

Planicidad. La *planicidad* se puede medir por medios mecánicos, con una *placa de superficies* y un *micrómetro de carátula*. Este método se utiliza para medir la perpendicularidad, que también puede medirse con escuadras de acero de precisión.

Otro método para medir la planicidad es la **interferometría**, que usa una *placa óptica*. Este dispositivo es un vidrio o disco de cuarzo fundido, con superficies planas paralelas, que se coloca sobre la superficie de la pieza de trabajo (figura 35.7a). Cuando se dirige un haz de luz *monocromática* (haz con una sola longitud de onda), la placa óptica divide la luz en dos haces que aparecen como bandas claras y como bandas oscuras (figura 35.7b).

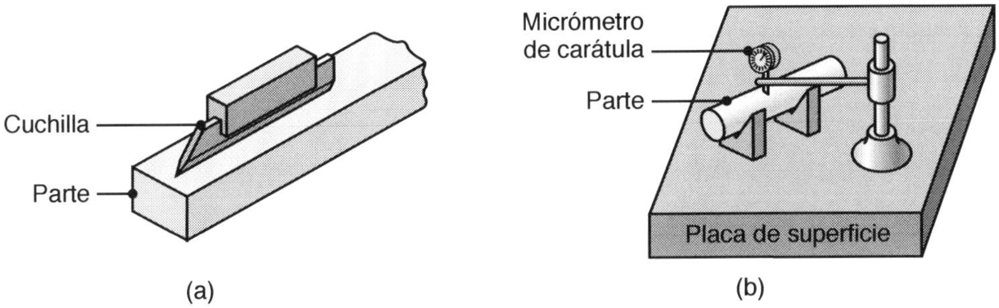

FIGURA 35.6 Medición manual de la rectitud, con (a) regla de cuchilla y (b) micrómetro de carátula. *Fuente:* Basado en F. T. Farago.

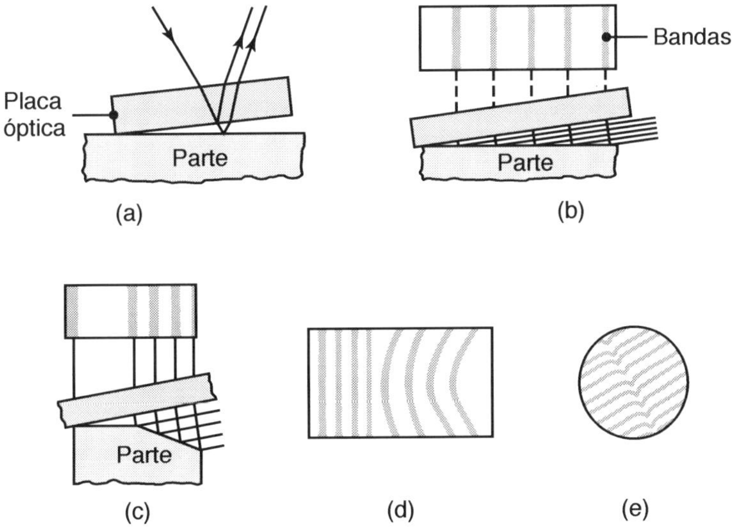

FIGURA 35.7 (a) Método de interferometría para medir planicidad con una placa óptica. (b) Bandas sobre una superficie plana e inclinada; una placa óptica que descanse sobre la superficie plana de una pieza de trabajo no dividirá el haz de luz y no habrá bandas. (c) Bandas sobre una superficie con dos inclinaciones; observe que cuanto mayor es la inclinación más juntas están las bandas. (d) Patrones de bandas curvadas, lo que indica curvatura de la superficie de la pieza de trabajo. (e) Patrón de bandas que indica un rayón en la superficie.

El número de bandas que aparecen se relaciona con la distancia entre la superficie de la parte y la superficie inferior de la placa óptica (figura 35.7c). Una superficie verdaderamente plana (es decir, una en la que el ángulo entre las dos superficies sea igual a cero) no dividirá el haz de luz, por lo que las bandas no aparecerán. Cuando las superficies no son planas, las bandas son curvadas (figura 35.7d). El método de interferometría también se utiliza para observar texturas y rayones en las superficies (figura 35.7e).

Las **rejillas de difracción** consisten en dos vidrios ópticos planos de diferentes longitudes con líneas paralelas muy cercanas entre sí grabadas en sus superficies. La rejilla sobre el vidrio más corto está ligeramente inclinada; como resultado, se desarrollan *bandas de interferencia* cuando se observa sobre el vidrio más largo. La posición de dichas bandas depende de la posición relativa de los dos conjuntos de vidrios. Con equipo moderno y el uso de contadores electrónicos y sensores fotoeléctricos puede obtenerse una resolución de 2.5 μm (0.0001 pulg) con rejillas que tienen 40 líneas/mm (1000 líneas/pulg).

Redondez. Esta característica se define como la desviación de la redondez pura (matemáticamente, un *círculo*). El término *fuera de redondez* (ovalamiento) es en realidad más descriptivo con la forma de la parte (figura 35.8a) que la palabra *redondez*. La redondez pura es esencial para el funcionamiento apropiado de ejes rotatorios, rodamientos, pistones, cilindros y baleros de los rodamientos.

Los métodos para medir la redondez caen por general en dos categorías:

1. La parte redonda se coloca en un *bloque en V* o entre los centros (figuras 35.8b y c, respectivamente) y se gira mientras el puntero de un micrómetro de carátula está en contacto continuo con la superficie de la parte. Después de una rotación completa de la pieza de trabajo se observa la diferencia entre las lecturas máxima y mínima en el indicador de carátula, lo que se llama **lectura total del indicador** (TIR, por sus siglas en inglés) o **movimiento completo del indicador.** Este método también se utiliza para medir la rectitud (en ángulo recto) de las caras de los extremos de los ejes que se maquinaron, como en la operación de refrentado que se ilustra en la figura 23.1e.
2. En el *trazo circular* la parte se coloca sobre una plataforma y su redondez se mide al rotar la plataforma (figura 35.8d); alternativamente, el puntero puede girarse alrededor de una parte estacionaria.

Perfil. El *perfil* se mide con medios como (a) comparar la superficie con una plantilla o calibrador de perfiles (como en la medición de radios y chaflanes) para verificar su conformidad, y (b) con el uso de diversos micrómetros de carátula o instrumentos similares. Sin embargo, el mejor método es el empleo de máquinas avanzadas de medición, descritas en la sección 35.5.

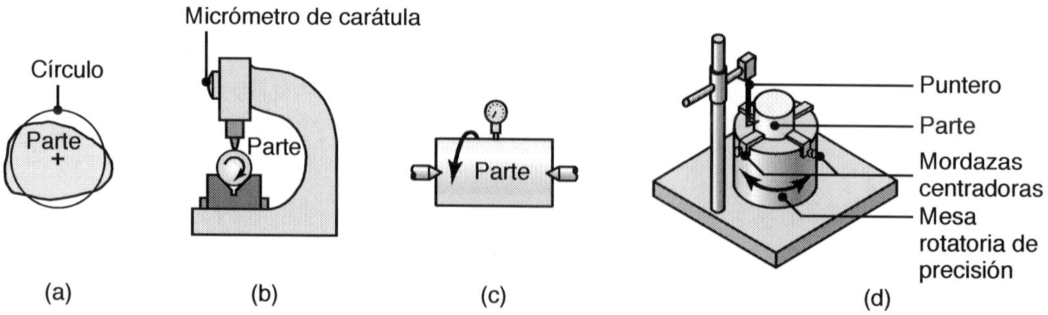

FIGURA 35.8 (a) Ilustración esquemática de una parte fuera de redondez (exagerada). Medición de la redondez con (b) un bloque en V y micrómetro de carátula; (c) una parte redonda apoyada sobre los centros y girada, (d) un trazo circular. *Fuente:* Basado en F. T. Farago.

Cuerdas de tornillos y dientes de engranes. Las cuerdas pueden medirse por medio de *calibradores de cuerdas* de diferentes diseños que comparan la cuerda producida contra una cuerda patrón. Algunos de los calibradores de uso común son los de *comparación de rosca*, *de paso de rosca*, micrómetros con punteros en forma de cono y *calibradores instantáneos* (vea la sección 35.4.4) con topes que tienen la forma de las cuerdas. Los dientes de los engranes se miden con (a) instrumentos similares a los micrómetros de carátula; (b) calibradores (figura 35.9a) y (c) micrómetros con pernos redondos o esferas de varios diámetros (figura 35.9b). Los métodos avanzados incluyen el uso de proyectores ópticos y máquinas de medición de coordenadas (figura 35.5).

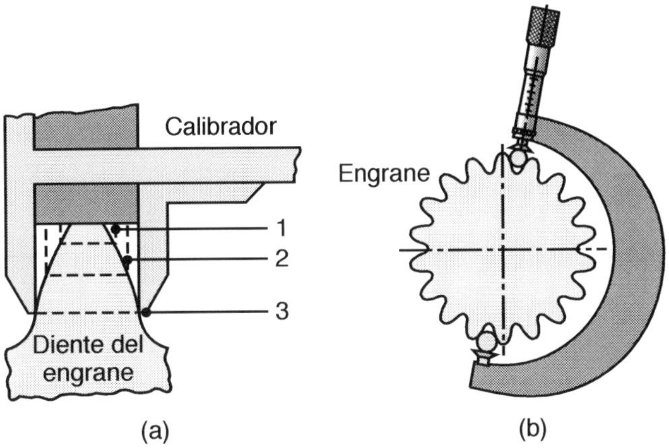

FIGURA 35.9 Medición del espesor de los dientes de un engrane, y del perfil, con (a) calibrador de dientes de engrane y (b) pernos o esferas y un micrómetro. *Fuente:* Cortesía de American Gear Manufacturers Association.

35.4.3 Proyectores ópticos de contornos

Estos instrumentos, también llamados **comparadores ópticos**, se desarrollaron por primera vez en la década de 1940 para verificar la geometría de las herramientas de corte para maquinar roscas de tornillos, pero ahora se emplean para comprobar todos los perfiles (figura 35.10). La parte se monta sobre una mesa o entre los centros y se proyecta la imagen en una pantalla con aumento de 100× o más. Las mediciones lineales y angulares se efectúan directamente en la pantalla, la cual está marcada con líneas y círculos de referencia. Para hacer mediciones angulares la pantalla se gira.

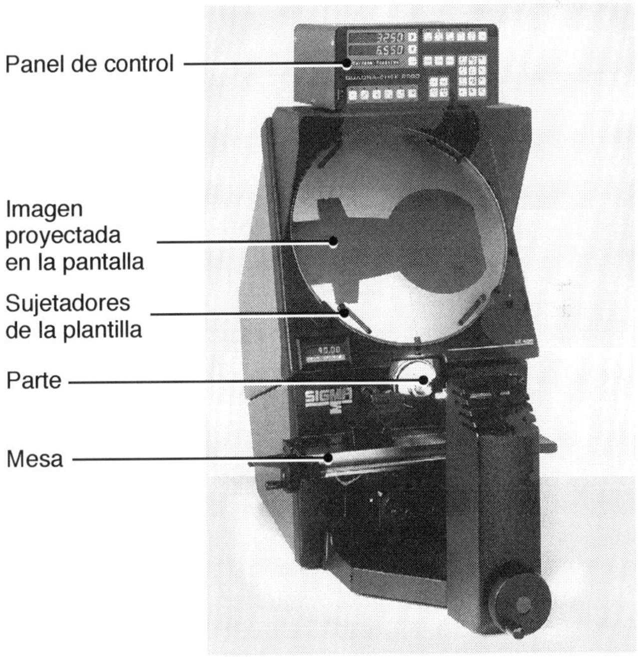

FIGURA 35.10 Proyector de contornos de rayo horizontal con pantalla de 16 pulgadas de diámetro e iluminación de tungsteno halógeno de 150 W. *Fuente:* Cortesía de L. S. Starrett Company, Precision Optical Division.

35.4.4 Calibradores

Calibradores de bloque. Los *calibradores de bloque* son bloques individuales cuadrados, rectangulares o redondos de varios tamaños. Para el uso general están hechos de aleaciones de acero tratadas con calor y libres de esfuerzos. Los mejores calibradores de bloque están hechos de cerámica (con frecuencia, circonio) y carburo de cromo; a diferencia de los aceros, estos materiales no se corroen, pero son frágiles y deben manipularse con cuidado. Los *bloques de ángulo* se usan para hacer calibraciones angulares. Los calibradores de bloque tienen una planicidad dentro de un rango de 1.25 μm (50 μpulg). Cuando se emplean calibradores para hacer mediciones de alta precisión, es esencial el control de la temperatura ambiental.

Calibradores fijos. Estos calibradores son réplicas de las formas de las partes que se van a medir. Aunque los calibradores *fijos* son fáciles de usar y no son caros, sólo indican si la parte es demasiado pequeña o demasiado grande, en comparación con un patrón establecido. Se han vuelto menos comunes porque son incompatibles con los métodos de control de calidad (descritos en la sección 36.7). Entre los ejemplos de calibradores fijos están los siguientes:

- **Calibradores de tapón**, son de uso común para orificios (figuras 35.11a y b). El calibrador *PASA* (*GO*) es más pequeño que el calibrador *NO PASA* (o *NO GO*), y se desliza en cualquier orificio que tenga una dimensión más grande que el diámetro

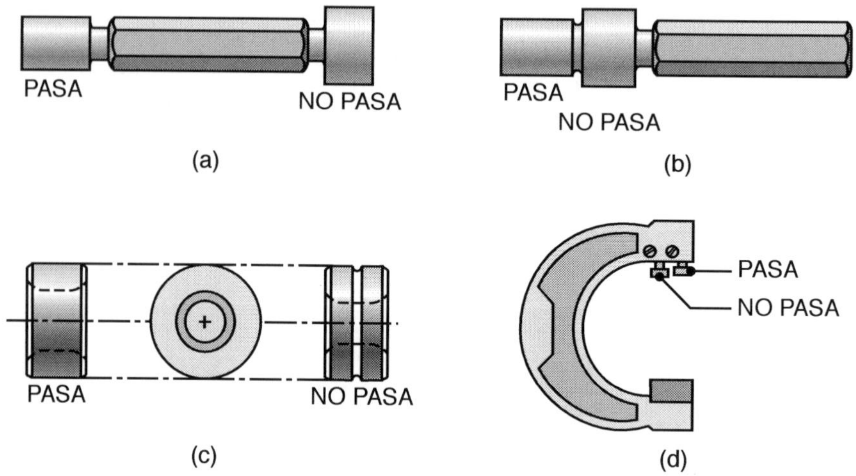

FIGURA 35.11 (a) Calibrador de tapón para barrenos, con las opciones *PASA* y *NO PASA* en los extremos opuestos del calibrador. (b) Calibrador de tapón con el *PASA* y el *NO PASA* en un extremo. (c) Calibradores de anillo plano para medir barras redondas. (d) Calibrador instantáneo con topes ajustables.

del calibrador. El calibrador *NO PASA* no debe entrar en el mismo orificio. Se requieren dos calibradores para hacer dichas mediciones, aunque ambos pueden estar en el mismo aparato, ya sea en los extremos opuestos o en dos segmentos en uno de ellos (*calibrador de tipo escalón*). También existen calibradores de tapón para medir ahusamientos, estrías y roscas internas (en los cuales el calibrador *PASA* debe atornillarse en el barreno roscado).

- **Calibradores de anillo** (figura 35.11c), se usan para medir ejes y partes redondas semejantes. Los calibradores para roscas de anillo se emplean para medir rocas externas.
- **Calibradores instantáneos** (figura 35.11d), se utilizan comúnmente para medir dimensiones externas. Están hechos con superficies calibradoras ajustables para su uso con partes que tienen diferentes dimensiones; una de las superficies ajustables se puede situar en un espacio diferente del otro, lo que convierte al equipo en un calibrador *PASA* y *NO PASA* de una sola pieza.

Calibradores neumáticos. En la figura 35.12a se ilustra la operación básica de un **calibrador neumático**, también llamado *calibrador de aire*. La cabeza del calibrador (llamada bayoneta de aire) tiene dos o más orificios, normalmente un diámetro de 1.25 mm (0.05 pulg) a través del cual escapa el aire presurizado (suministrado por una línea de presión constante). Cuanto más pequeño sea el espacio entre el calibrador y el orificio, más difícil es que el aire escape y mayor es la presión de retroceso. La presión de retroceso se indica en un medidor de presión y está calibrada para medir las variaciones en la dimensión de los orificios.

Los calibradores de aire se pueden girar durante el uso para que indiquen y midan cualquier falta de redondez de un orificio. Los diámetros exteriores de las partes (como pernos y ejes) también se miden cuando la bayoneta de aire tiene forma de anillo y se desliza sobre la parte. En los casos en que un anillo no es adecuado, puede usarse un calibrador con cabezal en forma de horquilla (con los orificios para el aire en las puntas, figura 35.12b). En la figura 35.12c se muestran varias formas de cabezales de aire, como el cónico, que pueden fabricarse para su uso en aplicaciones especializadas.

Los calibradores de aire son fáciles de usar y la resolución puede ser tan fina como 0.125 μm (5 μpulg); sin embargo, si la rugosidad de la superficie es demasiado grande, las lecturas podrían no ser confiables. Su naturaleza de falta de contacto y la baja presión tienen el beneficio de no distorsionar o dañar la parte medida, como podría ocurrir con los calibradores mecánicos.

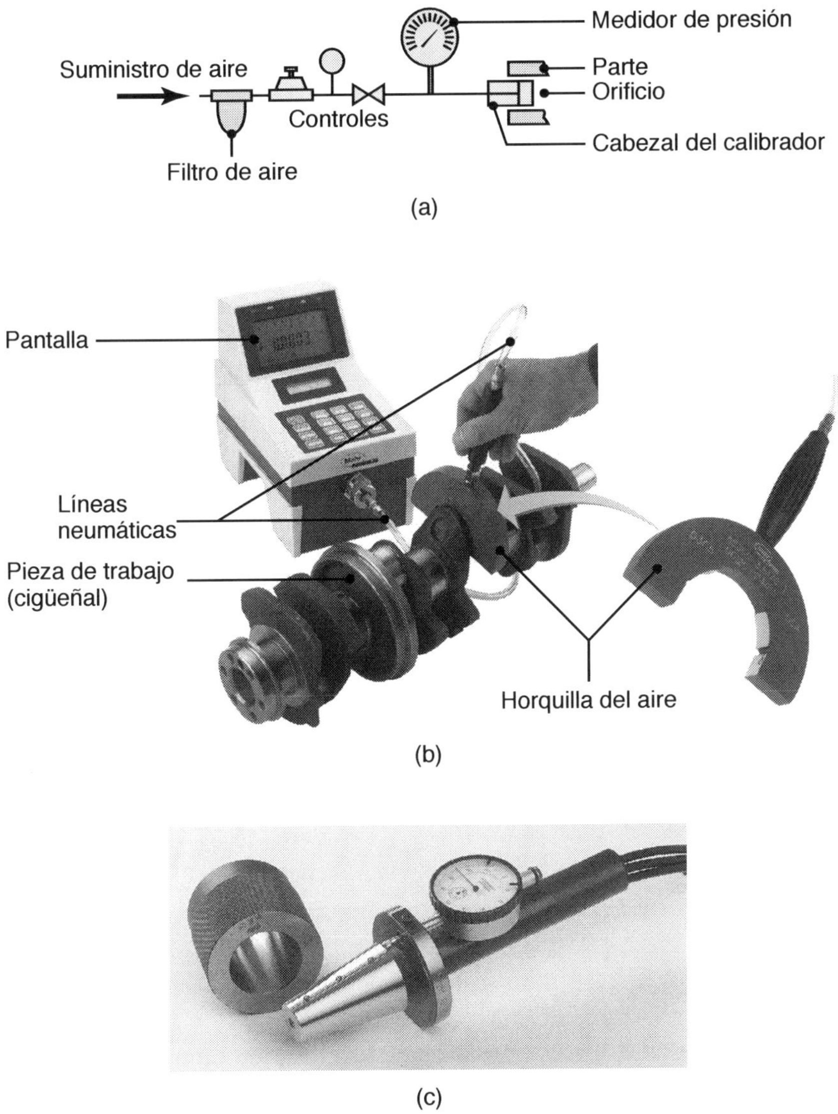

FIGURA 35.12 (a) Ilustración esquemática del principio de un calibrador de aire. (b) Ilustración de un sistema calibrador de aire al medir la dimensión principal de un rodamiento en un cigüeñal. (c) Cabezal cónico para la medición de aire; observe los tres pequeños orificios en la superficie cónica. *Fuente:* (b) Cortesía de Mahr Federal, Inc. (c) Cortesía de Stotz Gaging Co.

35.5 Instrumentos y máquinas modernos de medición

Se ha desarrollado una gran variedad de instrumentos y calibradores para hacer mediciones, que van desde equipos manuales sencillos hasta máquinas de control por computadora en espacios de trabajo muy grandes.

Calibradores electrónicos. A diferencia de los sistemas mecánicos, los *calibradores electrónicos* detectan el movimiento del puntero de contacto por medio de cambios de la resistencia eléctrica de una galga extensométrica, de inductancia o de capacitancia. Las señales eléctricas se convierten y muestran digitalmente como dimensiones lineales. En la figura 35.13 se muestra un calibrador electrónico manual para medir diámetros de perforacio-

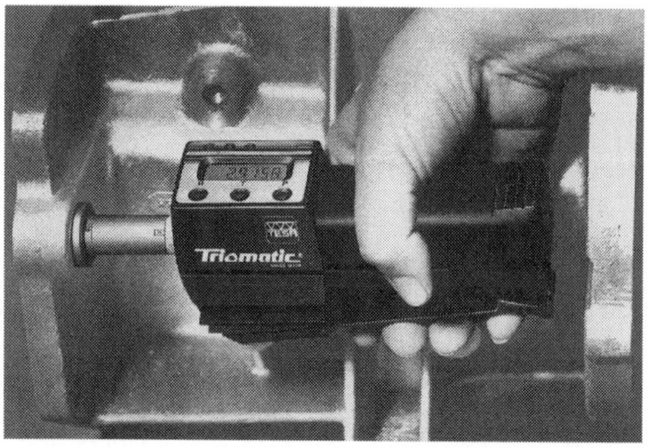

FIGURA 35.13 Calibrador electrónico para medir diámetros internos; el cabezal de medición está equipado con tres pernos de acero con punta de carburo para que tenga resistencia al desgaste. *Fuente:* Cortesía de TESA SA.

nes. Cuando se aprieta suavemente su maneral, la herramienta se inserta en la perforación y el diámetro de ésta se lee directamente. En la figura 35.14 se aprecia un calibrador electrónico asistido por microprocesador para medir la longitud vertical.

Un calibrador electrónico de uso común es el *transformador diferencial lineal variable* (LVDT, por sus siglas en inglés) para medir pequeños desplazamientos. El recubrimiento por deposición química de vapor (CVD; sección 34.6) de estos calibradores tiene una resistencia al desgaste superior a la de los bordes de acero y carburo de tungsteno; también resiste la corrosión. Aunque son más caros que los de otros tipos, los calibradores electrónicos tienen ventajas como la facilidad de operación, respuesta rápida, lecturas digitales, menor posibilidad de error humano, versatilidad, flexibilidad y la capacidad de integrarse en sistemas automatizados por medio de microprocesadores y computadoras.

Micrómetros láser. En este instrumento, un rayo láser barre la pieza de trabajo (figura 35.15), generalmente a razón de 350/s. Los micrómetros láser son capaces de dar resoluciones tan grandes como de 0.125 μm (5 μpulg). Son apropiados no sólo para las partes estacionarias, sino también para hacer mediciones en línea de partes inmóviles, giratorias o con vibraciones, así como en partes en instalaciones de producción continua de alta velocidad. Más aún, debido a que no hay contacto físico, pueden medir las partes que estén a temperaturas elevadas o sean demasiado flexibles para medirse de otra forma. Los rayos láser son de varios tipos (como de barrido o rastreo de partes estacionarias) y generan descripciones con una **nube de puntos** de las superficies de las partes. En una *nube de puntos* se mide un gran número de puntos de la superficie y se guardan sus coordenadas; entonces a través de la interpolación entre los puntos se define una superficie. Los micrómetros láser son del tipo de sombra o son dispositivos de carga acoplada (CCD, por sus siglas en inglés) fijos para hacer mediciones en línea mientras la parte aún se encuentra en producción.

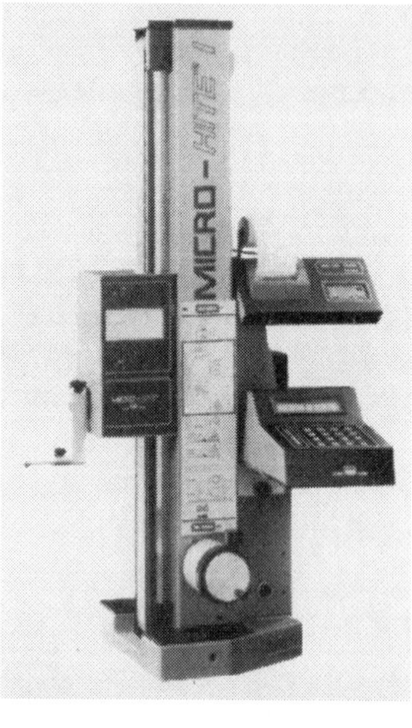

FIGURA 35.14 Instrumento electrónico para medir la longitud vertical, con resolución de 1 μm (40 μpulg). *Fuente:* Cortesía de TESA SA.

Interferometría láser. Esta técnica se utiliza para verificar y calibrar máquinas herramienta de varias características geométricas durante su ensamblado. El método tiene exactitudes mejores que las de los calibradores o indicadores. Los interferómetros láser también se usan para compensar de manera automática los errores de posición en máquinas de medición de coordenadas y de control numérico por computadora.

Medición digital fotoeléctrica de la longitud. Este tipo de medición se realiza por medio de un instrumento que mida las dimensiones generales, espesor y profundidad de las diferentes partes. La resolución va de 5 a 0.01 μm.

35.5.1 Máquinas de medición por coordenadas

Como se muestra en forma esquemática en la figura 35.16a, una *máquina para medir coordenadas* (CMM, por sus siglas en inglés) consiste básicamente en una plataforma sobre la que se coloca la pieza de trabajo por medir y después se mueve linealmente o se gira. Se coloca un *puntero* (figura 35.16b; vea también la figura 25.6) a un cabezal capaz de realizar varios movimientos y registrar todas las mediciones. Además del puntero táctil que se muestra en la figura, hay otros tipos de punteros de barrido, láser (figura 35.16c) y de visión, todos los cuales son de carácter no táctil. En la figura 35.16d se muestra una CMM de una parte común.

Las máquinas para medir coordenadas son muy versátiles y capaces de registrar mediciones de perfiles complejos con gran resolución (0.25 μm; 10 μpulg) y alta velocidad. Están construidas de manera rígida y robusta para que resistan los efectos del ambiente de las plantas de manufactura, como son las variaciones de temperatura y las vibraciones. Pueden colocarse cerca de las máquinas herramienta para hacer mediciones más eficien-

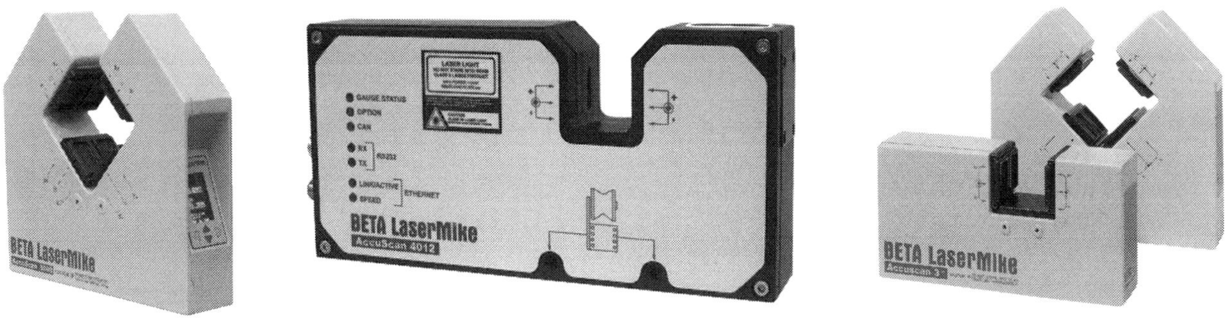

(a) (b) (c)

FIGURA 35.15 (a) y (b) Tipos de mediciones hechas con un micrómetro de barrido láser. (c) Dos tipos de micrómetros láser; observe que el instrumento del frente escudriña la parte (situada en la abertura) en una dimensión; el otro instrumento lo hace en dos dimensiones. *Fuente:* Cortesía de BETA LaserMike.

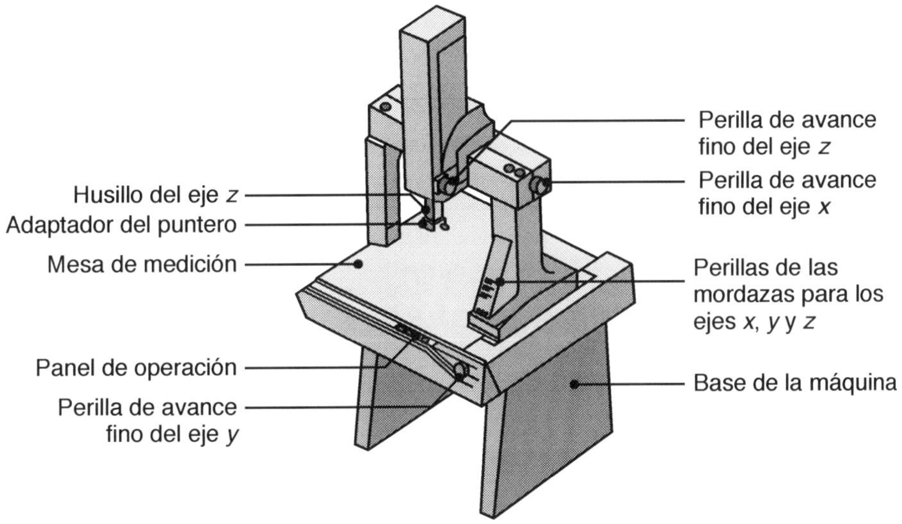

(a)

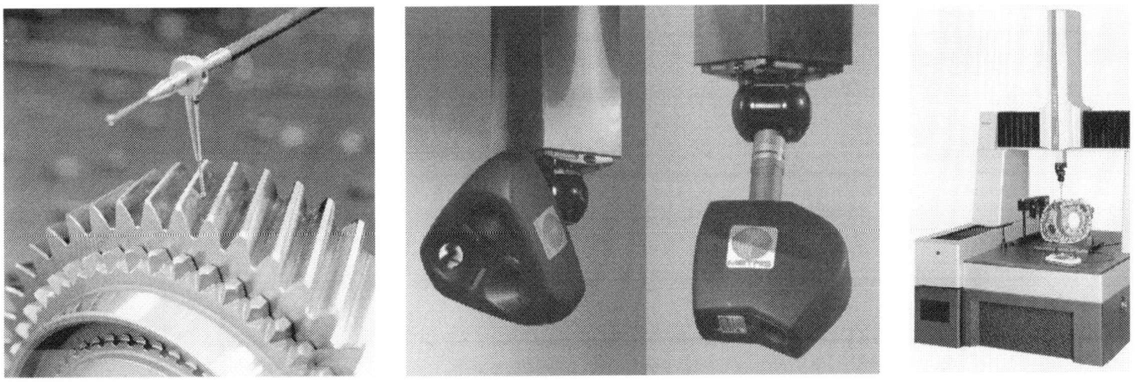

(b) (c) (d)

FIGURA 35.16 (a) Ilustración esquemática de una máquina de medición por coordenadas; (b) puntero de señales por contacto; (c) ejemplos de punteros láser; (d) máquina de medición por coordenadas, con una parte compleja que se va a medir. *Fuente:* (b) a (d) Cortesía de Mitutoyo America Corporation.

tes y tener una retroalimentación más rápida, de modo que los parámetros del procesamiento son corregidos antes de que se elabore la parte siguiente. Aunque las máquinas grandes son caras, la mayor parte de las que tienen puntero de contacto y movimiento tridimensional controlado por computadora son adecuadas para su uso en talleres pequeños y, por lo general, cuestan menos de $20 000 dólares estadounidenses.

EJEMPLO 35.2 Máquina de medición por coordenadas para carrocerías de automóviles

En la figura 35.17 se muestra una máquina horizontal grande con control numérico computarizado de medición por coordenadas y que se utiliza para medir todas las dimensiones de una carrocería. Esta máquina tiene un rango de medición para tamaños de 6 m × 1.6 m × 2.4 m (236 pulg × 63 pulg × 94 pulg), una resolución de 0.1 μm (4 μpulg) y una velocidad de medición de 5 mm/s (0.2 pulg/s). El sistema tiene una compensación de temperatura dentro de un rango de 16 a 26 °C (60 a 78 °F) para mantener una buena exactitud de las medidas.

Para hacer mediciones eficientes la máquina tiene dos cabezales, con punteros operados con gatillos y controlados de manera simultánea, con movimientos en tres dimensiones. Los punteros están controlados por un software y la máquina está equipada con dispositivos de seguridad para impedir que golpeen inadvertidamente alguna parte de la carrocería durante sus movimientos. El equipo, que se muestra alrededor de la base de la máquina, incluye hardware y software de apoyo que controla todos los movimientos y registra todas las mediciones.

Fuente: Cortesía de Mitutoyo America Corporation.

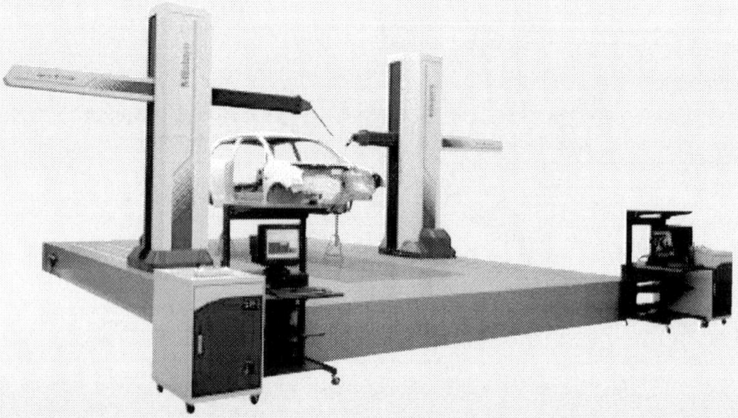

FIGURA 35.17 Máquina grande de medición por coordenadas con dos cabezales que miden varias dimensiones de la carrocería de un automóvil.

35.6 Medición automatizada

La *medición automatizada* se basa en varios **sistemas de sensores en línea** que monitorean continuamente las dimensiones de las partes mientras se elaboran y, de ser necesario, usan dichas mediciones como datos de entrada para hacer ajustes (vea también las secciones 36.12 y 37.7). Las celdas de manufactura y los sistemas de manufactura flexible (vea el capítulo 39) han llevado a la adopción de técnicas y sistemas avanzados de medición.

Para apreciar la importancia de la vigilancia en línea de las dimensiones, considere el lector lo siguiente: si una máquina herramienta ha estado produciendo cierta parte con dimensiones aceptables, ¿qué factores contribuyen a la desviación subsecuente en las dimensiones de la misma parte producida por la misma máquina? Hay varios factores técnicos, así como humanos, involucrados:

- *Variaciones* en las propiedades y dimensiones del material de entrada.
- *Distorsión* de la máquina debido a efectos térmicos causados por factores como cambios de la temperatura ambiental, deterioro de los fluidos para el trabajo de metales y cambios en los rodamientos de la máquina herramienta, así como de otros de sus componentes.
- *Desgaste* de las herramientas, dados y moldes.
- *Errores humanos*.

Las dimensiones de las partes variarán debido a uno o más de estos factores, por lo que se hace necesaria la vigilancia continua durante la producción.

35.7 Características generales y selección de los instrumentos de medición

Las características y calidad de los instrumentos de medición se describen por lo general con varios términos específicos, definidos como sigue (en orden alfabético):

- **Exactitud:** grado de coincidencia de la dimensión medida con su dimensión real.
- **Amplificación**, también llamada **magnificación:** razón de la salida del instrumento a la dimensión de entrada.
- **Calibración:** ajuste o preparación de un instrumento para que dé lecturas exactas contra un patrón de referencia.
- **Desajuste**, también llamado **estabilidad:** capacidad de un instrumento para mantener su calibración durante el tiempo.
- **Linealidad:** exactitud de las lecturas de un instrumento a lo largo de todo su rango de medición.
- **Precisión:** grado en que un instrumento repite la medición del mismo patrón.
- **Exactitud repetida:** lo mismo que la exactitud, pero repetida varias veces.
- **Resolución:** dimensión más pequeña que se puede leer en un instrumento.
- **Regla del 10** (*regla del fabricante del calibrador*): un instrumento o calibrador debe ser 10 veces más exacto que las tolerancias dimensionales de la parte que se mide; un factor de 4 se conoce como la *regla normal de mil* (milésimos de pulgada).
- **Sensibilidad:** diferencia más pequeña en la dimensión que un instrumento puede distinguir o detectar.
- **Velocidad de respuesta:** rapidez con que un instrumento indica una medición, en particular cuando se mide un número de partes en rápida sucesión.

La selección de un instrumento de medición apropiado para una aplicación particular también depende de (a) el tamaño y tipo de partes que se van a medir, (b) factores del ambiente, como temperatura, humedad y polvo, (c) habilidad requerida del operador y (d) costo del equipo.

35.8 Dimensionamiento geométrico y tolerancias

Las partes manufacturadas individualmente se ensamblan en productos. Con frecuencia se da por hecho que cuando, por ejemplo, se manufacturan y ensamblan mil podadoras de pasto, cada parte de las podadoras ajustará en forma apropiada con sus componentes. Del mismo modo, cuando se reemplaza un remache roto de una máquina antigua, se compra otro idéntico.

Esto se hace con confianza porque el remache se manufactura de acuerdo con ciertos estándares y especificaciones, por lo que las dimensiones de todos los remaches similares variarán sólo en una cantidad pequeña y especificada llamada *tolerancia*, que no afectará su funcionamiento. En otras palabras, todos los remaches similares son **intercambiables**.

Tolerancia dimensional. La *tolerancia dimensional*, del latín *tolerare*, que significa "durar para siempre", se define como la variación permisible o aceptable de dimensiones como altura, ancho, profundidad, diámetro y ángulos de una parte. Las tolerancias son inevitables porque es virtualmente imposible e innecesario manufacturar dos partes que tengan precisamente las mismas dimensiones.

Además, debido a que las tolerancias dimensionales exigentes incrementan en forma significativa el costo del producto (vea la figura 40.4), no es deseable con respecto a la rentabilidad un rango de tolerancia innecesariamente estrecho. Sin embargo, para muchas partes, las tolerancias estrictas *son* necesarias para el funcionamiento adecuado; algunos ejemplos son los instrumentos de mediciones de precisión, pistones hidráulicos, baleros con elementos giratorios y álabes de turbinas para motores de aviación.

La medición rápida y confiable de las dimensiones y características de las partes puede ser una tarea difícil. Por ejemplo, cada una de los 6 millones de partes de un avión Boeing 747-400 requiere la medición de alrededor de 25 características, lo que representa hacer 150 millones de mediciones. Encuestas muestran que las tolerancias dimensionales de las partes más recientes manufacturadas se están contrayendo en un factor de 3 cada 10 años, y que esta tendencia continuará (vea también la figura 25.16). Se estima que las exactitudes de

- Las máquinas convencionales de torneado y fresado (capítulos 23 y 24) aumentarán del actual 2 a 0.5 μm.
- Las máquinas de piedra de diamante para elaborar obleas para la fabricación de semiconductores (vea la figura 28.6d, en el sitio web del libro) bajarán hasta 0.25 μm.
- Las máquinas de precisión de torneado de diamante (sección 25.7) serán de 0.03 a 0.01 μm.
- Las máquinas de haz de iones de ultraprecisión (sección 28.7, en el sitio web del libro) serán hasta menos que 0.001 μm.

Importancia del control de la tolerancia. Las superficies libres y que no tienen una función no necesitan tener un control estricto de su tolerancia; las tolerancias dimensionales son importantes sólo cuando va a ensamblarse una parte con otra. Por ejemplo, la exactitud de unos barrenos y su distancia entre centros para una barra conectora (figura 14.8a) es mucho más crítica que el ancho y espesor de la barra en varios sitios a lo largo de su longitud.

Para reconocer la importancia de las tolerancias dimensionales, considere el ensamble de una flecha simple (un eje) y una rueda con un barreno circular. Suponga que el diámetro del eje es de 1 pulg (figura 35.18). La rueda es un fundido que tiene un agujero de

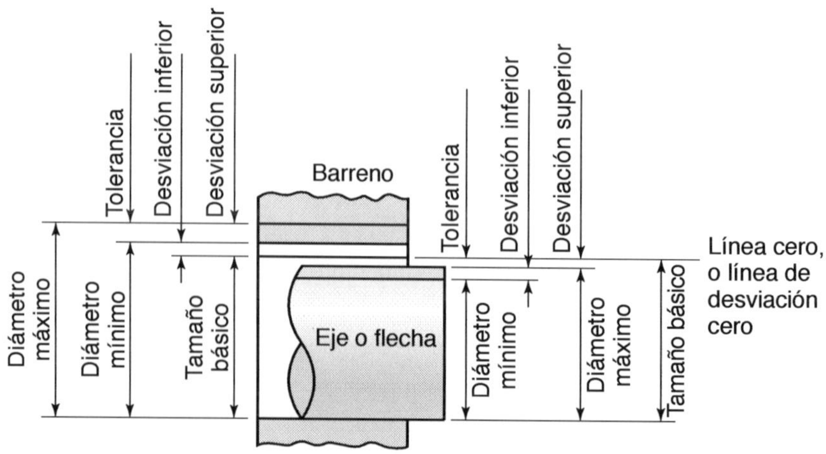

FIGURA 35.18 Tamaño básico, desviación y tolerancia básicos de un eje, de acuerdo con el sistema ISO.

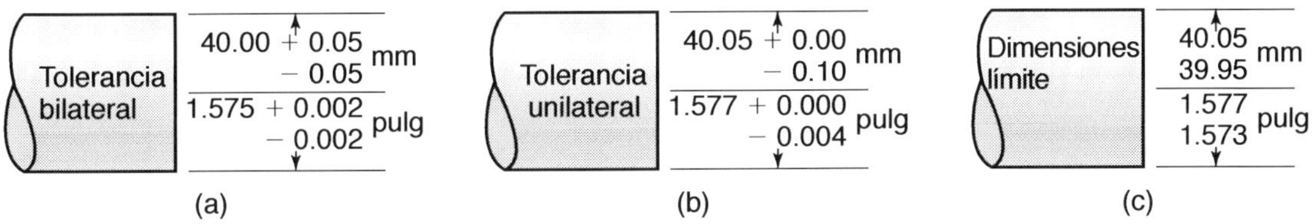

FIGURA 35.19 Varios métodos para asignar tolerancias en un eje: (a) tolerancia bilateral, (b) tolerancia unilateral y (c) dimensiones límite.

1 pulg de diámetro maquinado en ella. ¿El eje ajustará en el barreno sin tener que forzarlo o quedará flojo en la perforación? La dimensión de 1 pulg es el **tamaño nominal** del eje. Si producimos otro en un momento diferente o lo seleccionamos al azar de un lote, es probable que tenga un diámetro ligeramente distinto (vea también el capítulo 36). Máquinas con la misma preparación producirán cilindros de diámetros un poco diferentes, lo que depende de varios factores como velocidad de operación, temperatura, lubricación y variaciones de las propiedades del material de entrada.

Con el paso de los años se ha establecido cierta terminología para definir con claridad estas cantidades geométricas. Uno de esos sistemas es el de la International Organization for Standardization (ISO), que se muestra en la figura 35.18. Observe que tanto el eje como la perforación tienen diámetros mínimo y máximo y que la diferencia es la tolerancia para cada miembro. Un plano apropiado de ingeniería especificaría estos parámetros con valores numéricos, como se ilustra en la figura 35.19.

El rango de tolerancias dimensionales asequibles en los procesos de manufactura se proporciona en varias figuras y tablas de este libro. Hay una relación general entre las tolerancias y el tamaño de la parte (figura 35.20) y entre las tolerancias y el acabado de la

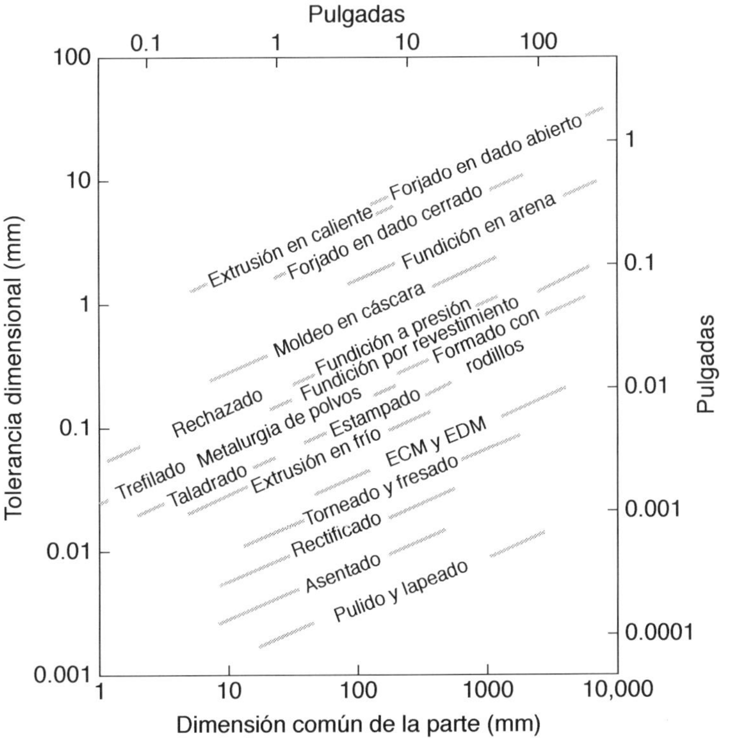

FIGURA 35.20 Tolerancias dimensionales como función del tamaño de la parte para distintos procesos de manufactura; observe que debido a los muchos factores involucrados hay un amplio rango para las tolerancias.

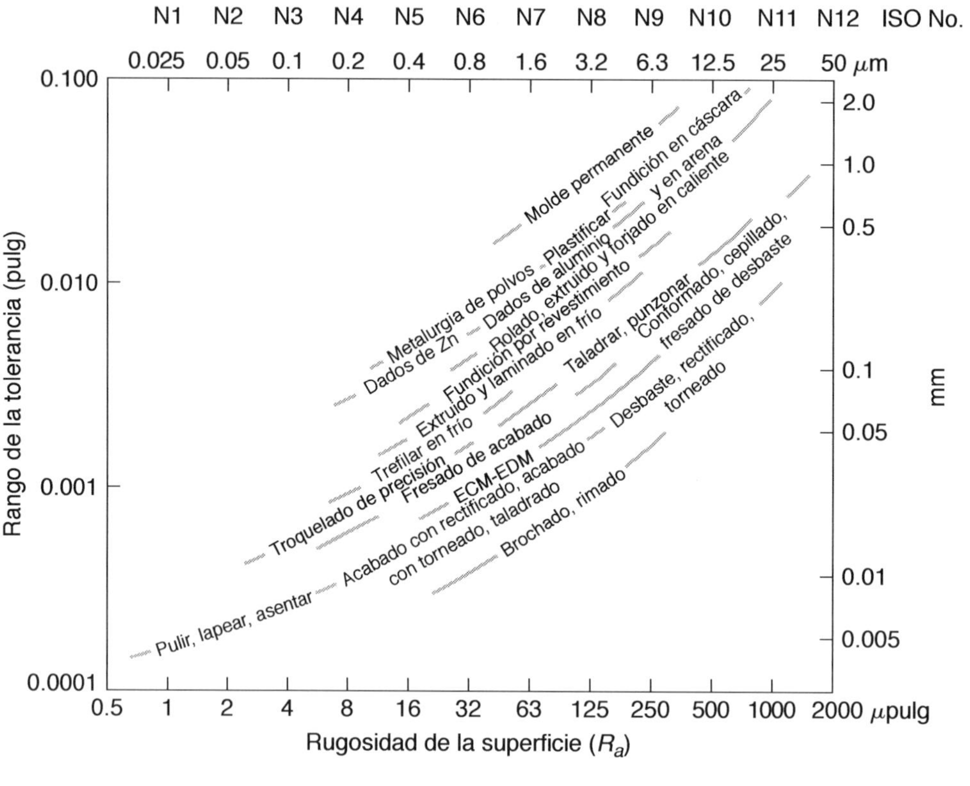

FIGURA 35.21 Rango de tolerancia dimensional y rugosidad de la superficie obtenida con varios procesos de manufactura; estas tolerancias se aplican a una dimensión de 25 mm (1 pulgada) de la pieza de trabajo. *Fuente:* Basado en J. A. Schey.

superficie de las partes manufacturadas con distintos procesos (figura 35.21). Observe el amplio rango de tolerancias y acabados de superficie que se obtienen y que, cuanto más grande sea la parte, mayor es el rango de tolerancia asequible.

Definiciones. Se usan varios términos para describir las características de las relaciones dimensionales entre partes que embonan. Los detalles de las definiciones se encuentran en los estándares ANSI/ASME B4.2, ANSI/ASME Y14.5 e ISO/TC10/SC5. A continuación se definen brevemente los términos de uso común para características geométricas (en orden alfabético):

- **Ajuste:** rango de holgura o interferencia que resulta de la aplicación de una combinación específica de tolerancia de ajuste y tolerancia en el diseño de las propiedades de las partes que embonan.
- **Ajuste de holgura:** ajuste que permite rotación o deslizamiento entre partes que embonan.
- **Ajuste de interferencia:** ajuste que tiene límites de tamaño, prescrito de modo que siempre hay una interferencia cuando se ensamblan partes compatibles.
- **Ajuste de transición:** ajuste con poco claro o interferencia que permite la ubicación exacta de las partes que embonan.
- **Condición máxima de material:** aquella en la que una propiedad de cierto tamaño contiene la máxima cantidad de material dentro de los límites establecidos para dicho tamaño.
- **Dimensión límite,** también llamada **límites:** dimensiones máxima y mínima de una parte.

- **Holgura:** espacio entre las partes que embonan.
- **Interferencia:** holgura negativa.
- **Línea cero:** línea de referencia junto con el tamaño básico del que se especifica un rango de tolerancias y desviaciones.
- **Propiedad:** porción físicamente identificable de una parte, como un barreno, ranura, perno o chaflán.
- **Referencia (Datum):** eje, punto, línea o plano, teóricos y exactos.
- **Sistema basado en orificio,** también llamado **práctica del orificio patrón** o **sistema del orificio básico;** tolerancias con base en una línea cero en el orificio.
- **Sistema con base en un eje,** también llamado **práctica del eje patrón** o **sistema del eje básico;** tolerancias basadas en una línea cero sobre el eje.
- **Tamaño básico:** dimensión de la que se derivan los límites de tamaño, con el uso de tolerancias y tolerancias de ajuste.
- **Tamaño nominal:** dimensión aproximada que se usa con fines de identificación general.
- **Tolerancia bilateral:** desviación (más o menos) del tamaño básico.
- **Tolerancia de ajuste,** también llamada **dimensión funcional** o **dimensión de suma:** es la diferencia especificada de las dimensiones entre partes que embonan.
- **Tolerancia internacional** (IT, por sus siglas en inglés): grupo de tolerancias que varían con el tamaño básico de la parte, pero proveen el mismo nivel de exactitud relativa dentro de cierto grado.
- **Tolerancia posicional:** sistema para especificar la posición, tamaño y forma real de los rasgos de una parte, inclusive las variaciones en la tolerancia de ajuste.

Tipo de rasgo	Tipo de tolerancia	Característica	Símbolo
Individual (sin referencia)	Forma	Planicidad	⏥
		Rectitud	—
		Circularidad (redondez)	○
		Cilindricidad	⌭
Individual o relacionada	Perfil	Perfil de una línea	⌒
		Perfil de una superficie	⌓
Relacionado (requiere de referencia)	Orientación	Perpendicularidad	⊥
		Angularidad	∠
		Paralelismo	//
	Ubicación	Posición	⌖
		Concentricidad	◎
	Excentricidad	Excentricidad circular	↗
		Excentricidad total	⌰

(a)

FIGURA 35.22 Símbolos geométricos característicos que se han de indicar en los planos de ingeniería de las partes que se van a manufacturar. *Fuente:* Cortesía de The American Society of Mechanical Engineers.

(*continúa*)

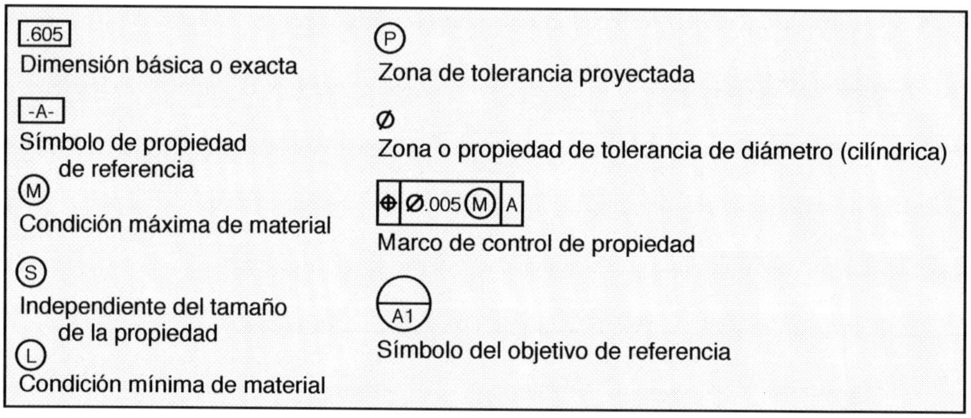

(b)

FIGURA 35.22 (*continúa*)

TABLA 35.1

Clases de ajuste

Clase	Descripción	Tipo	Aplicaciones
1	Flojo	Holgura	Donde no es esencial la exactitud, como en el equipo de construcción y minería.
2	Libre	Holgura	En elementos rotatorios con velocidades de 600 rpm o más, como en motores y ciertas partes automotrices.
3	Medio	Holgura	En elementos rotatorios con velocidades por debajo de 600 rpm, como en máquinas herramienta de precisión y partes automotrices precisas.
4	Ajustado	Holgura	Donde es permisible un claro pequeño y donde no se busca que las partes que embonan se muevan con libertad en condiciones de carga.
5	Ceñido	Interferencia	Donde es necesario dar golpes ligeros con un martillo para ensamblar las partes.
6	Apretado	Interferencia	En ensambles semipermanentes apropiados para un ajuste apretado o por contracción en secciones ligeras.
7	Medio	Interferencia	Donde se requiere una presión considerable para ensamblar y para ajustes por contracción de secciones medianas; apropiado para ajustes por presión en armaduras de generadores y motores y para ruedas de automóviles.
8	Fuerza pesada o contracción	Interferencia	Donde se necesita una sujeción considerable entre superficies, como en las ruedas de locomotoras y en discos de cigüeñales pesados de grandes motores.

TABLA 35.2

Tolerancias recomendadas en mm para las clases de ajuste

Clase	Tolerancia de ajuste	Interferencia	Tolerancia del mamelón	Tolerancia del eje
1	$0.0073d^{2/3}$	—	$0.0216d^{1/3}$	$0.0216d^{1/3}$
2	$0.0041d^{2/3}$	—	$0.0112d^{1/3}$	$0.0112d^{1/3}$
3	$0.0026d^{2/3}$	—	$0.0069d^{1/3}$	$0.0069d^{1/3}$
4	0.000	—	$0.0052d^{1/3}$	$0.0035d^{1/3}$
5	—	0.000	$0.0052d^{1/3}$	$0.0035d^{1/3}$
6	—	$0.00025d$	$0.0052d^{1/3}$	$0.0052d^{1/3}$
7	—	$0.0005d$	$0.0052d^{1/3}$	$0.0052d^{1/3}$
8	—	$0.0010d$	$0.0052d^{1/3}$	$0.0052d^{1/3}$

- **Tolerancia unilateral:** desviación de la dimensión nominal, sólo en una dirección.
- **Tolerancias geométricas:** tolerancias que involucran propiedades de la forma de la parte.

Debido a que las dimensiones de los orificios son más difíciles de controlar que las de los ejes, lo común es utilizar el sistema con base en orificios para especificar las tolerancias en ensambles de ejes y orificios. En la figura 35.22a y b se muestran los símbolos usados para indicar características geométricas.

Límites y ajustes. Los *límites y ajustes* son esenciales para especificar las dimensiones de orificios y ejes (vea las tablas 35.1 y 35.2). Hay dos estándares para ellos, según lo describe el American National Standards Institute (vea ANSI/ASME B4.1, B4.2 y B4.3). Un estándar se basa en la unidad tradicional de la pulgada; el otro se basa en el sistema métrico y ha sido desarrollado con mucho detalle.

RESUMEN

- La tecnología moderna de manufactura requiere instrumentos para medir con varios rasgos y características.
- Existen varios equipos para hacer mediciones, desde sencillos calibradores de bloque hasta calibradores electrónicos de gran resolución. Se han hecho grandes avances en la medición automatizada, con la conexión de dispositivos en microprocesadores y computadoras para tener un control exacto durante el proceso de las operaciones de manufactura.
- Factores importantes son la vinculación, el monitoreo, despliegue, distribución y manipulación confiable de datos, así como los costos significativos involucrados en su implementación.
- Las tolerancias dimensionales y su selección son factores importantes en la manufactura. Cuanto más pequeño sea el rango de las tolerancias especificadas, mayor será el costo de producción; entonces, las tolerancias deben ser lo más amplias posible pero al mismo tiempo deben cumplir con los requerimientos funcionales del producto.

TÉRMINOS CLAVE

Ajustes
Autocolimador
Calibrador de aire
Calibrador de anillo
Calibrador de tapón
Calibrador fijo
Calibrador instantáneo
Calibrador neumático
Calibrador vernier
Calibradores de bloque
Calibradores electrónicos
Indicador de carátula
Instrumentos analógicos
Instrumentos de línea graduada
Instrumentos de medición comparativa de longitud
Instrumentos digitales
Interferometría
Lectura total de indicador
Límites
Máquina de medición por coordenadas
Micrómetro
Micrómetro láser
Patrones de medición
Placa óptica
Precisión
Proyector óptico de contornos
Rejillas de difracción
Resolución
Sensibilidad
Tolerancia
Tolerancia dimensional
Transportador ajustable

BIBLIOGRAFÍA

Bentley, J. P., **Principles of Measurement Systems**, 4a. ed., Prentice Hall, 2005.

Bucher, J. L. (ed.), **The Metrology Handbook**, American Society for Quality, 2004.

Cogorno, G., **Geometric Dimensioning and Tolerancing for Mechanical Design**, 2a. ed., McGraw-Hill, 2011.

Curtis, M. A., **Handbook of Dimensional Measurement**, 4a. ed., Industrial Press, 2007.

Hocken, R. J. y Pereira, P. H., **Coordinate Measuring Machines and Systems**, 2a. ed., CRC Press, 2011.

Krulikowski, A., **Fundamentals of Geometric Dimensioning and Tolerancing**, 3a. ed., Delmar, 2012.

Madsen, D. A., **Geometric Dimensioning and Tolerancing**, 7a. ed., Goodheart-Wilcox, 2003.

Meadows, J. D., **Geometric Dimensioning and Tolerancing Handbook**, ASME, 2009.

Whitehouse, D. J., **Handbook of Surface and Nanometrology**, 2a. ed., CRC Press, 2010.

PREGUNTAS DE REPASO

35.1 ¿Qué es metrología?

35.2 Explique cómo se define y mide un metro.

35.3 Explique lo que significa patrones de medición.

35.4 ¿Cuál es la diferencia básica entre las mediciones de lectura lineal directa e indirecta? Mencione los instrumentos que se usan en cada categoría.

35.5 ¿Qué quiere decir medición comparativa de la longitud?

35.6 Explique cómo se mide la planicidad. ¿Qué es una placa óptica?

35.7 Describa el principio de un comparador óptico.

35.8 ¿Por qué las máquinas de medición por coordenadas se han convertido en importantes instrumentos de medición?

35.9 ¿Cuál es la diferencia entre un calibrador de tapón y uno de anillo?

35.10 ¿Qué son las tolerancias dimensionales? ¿Por qué es importante su control?

35.11 ¿Por qué la barra de senos recibe ese nombre?

35.12 Explique la diferencia entre tolerancia y tolerancia de ajuste.

35.13 ¿Cuál es la diferencia entre la tolerancia bilateral y la unilateral?

35.14 ¿Cómo se mide la rectitud?

35.15 ¿Cuándo es deseable un ajuste de holgura? ¿Un ajuste de interferencia?

35.16 ¿Qué factores contribuyen a las desviaciones de las dimensiones del mismo tipo de partes fabricadas en la misma máquina?

PROBLEMAS CUALITATIVOS

35.17 ¿Por qué es incorrecto el intercambio de las palabras "exactitud" y "precisión" que ocurre con frecuencia?

35.18 Revise los siguientes resultados de una competencia de tiro con arco. Indique cuáles de los objetivos corresponden a un arquero con (a) colocación precisa de las flechas; (b) colocación exacta de las flechas.

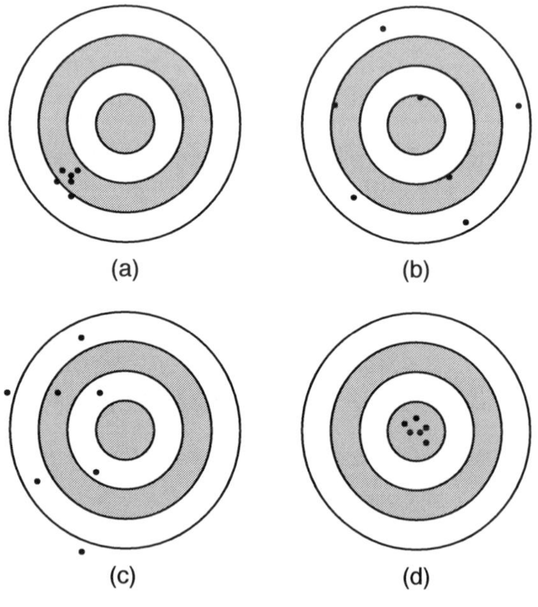

FIGURA P35.18

35.19 ¿Por qué los procesos de manufactura producen partes con un amplio rango de tolerancias? Explique y dé varios ejemplos.

35.20 Explique la necesidad de la inspección automática.

35.21 Las tolerancias dimensionales para las partes no metálicas por lo general son más amplias que para las metálicas. Explique por qué. ¿Sería lo mismo también para las partes de cerámicos?

35.22 Comente sus observaciones sobre la figura 35.21. ¿Por qué aumenta la tolerancia dimensional con la mayor rugosidad de la superficie?

35.23 Revise la figura 35.20 y haga comentarios acerca del rango de tolerancias y de las dimensiones de la parte producidas por varios procesos de manufactura.

35.24 En el juego de dardos qué es mejor, ¿ser exacto o ser preciso? Explique.

35.25 ¿Cuáles son las ventajas y limitaciones de los calibradores *PASA* (*GO*) y *NO PASA* (*NO GO*)?

35.26 Comente sus observaciones acerca de la figura 35.19.

35.27 ¿Qué son los calibradores de bloque? Explique tres métodos con los que se pueden usar los calibradores de bloque en metrología.

35.28 ¿Por qué es importante controlar la temperatura durante la medición de las dimensiones? Explíquelo con ejemplos.

35.29 Describa las características de los calibradores electrónicos.

35.30 ¿Qué método usaría para medir el espesor de una parte de hule esponjoso? Explique.

35.31 Revise la figura 35.20 y explique por qué se relaciona la tolerancia dimensional con las dimensiones de la parte.

35.32 Revise la figura 35.21 y dé razones por las que hay un rango de tolerancia y rugosidad de la superficie para cada proceso de manufactura.

PROBLEMAS CUANTITATIVOS

35.33 Suponga que una regla de acero se expande 0.07% debido al aumento de la temperatura del ambiente. ¿Cuál sería el diámetro indicado de un eje cuyo diámetro es de 1.200 pulg a temperatura ambiente?

35.34 Si se usara la misma regla de acero del problema 35.33 para medir extrusiones de aluminio. ¿Cuál sería el diámetro indicado a temperatura ambiente? ¿Cuál sería si la parte estuviera hecha de un termoplástico?

35.35 Un eje debe satisfacer un requerimiento de diseño de tener al menos 1.10 pulg de diámetro, pero puede excederse en 0.015 pulg. Exprese la tolerancia del eje como se indicaría en un plano de ingeniería.

35.36 Revise la tabla 35.2 y haga la gráfica de la tolerancia de un mamelón y el eje en que se monta como función del diámetro.

SÍNTESIS, DISEÑO Y PROYECTOS

35.37 Describa sus reflexiones sobre los méritos y limitaciones del equipo de medición digital sobre los instrumentos analógicos. Dé ejemplos específicos.

35.38 Tome un micrómetro de vernier común (vea la figura 35.2a) y una barra cilíndrica sencilla. Pida a cinco de sus compañeros que midan el diámetro de la barra con dicho micrómetro. Comente sus observaciones.

35.39 Obtenga un micrómetro digital y una bola de acero de, digamos, ¼ pulg de diámetro. Mida el diámetro de la bola cuando (a) haya sido puesta en un congelador; (b) haya sido colocada en agua hirviendo y (c) usted la haya sostenido entre sus manos durante diversos periodos. Escriba las variaciones, si las hubiera, de las dimensiones medidas y haga comentarios al respecto.

35.40 Repita el problema 35.39 pero con las partes siguientes: (a) manija de plástico de una jarra pequeña; (b) parte plástica termofija como el maneral o manija de un recipiente para salsa; (c) un vaso pequeño de vidrio y (d) un borrador común de caucho.

35.41 ¿Cuál es el significado de las pruebas descritas en los problemas 35.39 y 35.40?

35.42 Explique las ventajas y limitaciones relativas de un puntero de contacto comparado con un puntero láser.

35.43 Haga dibujos sencillos de algunas máquinas herramienta para formar y cortar (como se describen en las partes III y IV del libro) e intégrelas con los distintos tipos de equipo de medición descritos en este capítulo. Comente las posibles dificultades que habría para lograr la integración.

35.44 Inspeccione varias partes y componentes de productos para el consumidor y haga comentarios acerca de qué tan estrictas deben ser las tolerancias dimensionales para que dichos productos funcionen adecuadamente.

35.45 Como usted sabe, las partes de láminas muy delgadas de metal se distorsionan de manera diferente cuando se sujetan desde ubicaciones y bordes diferentes de la parte, igual que ocurre con una hoja de papel o aluminio delgado. Entonces, ¿cómo podría usarse una máquina de medición por coordenadas para que tomara medidas "exactas"? Explique.

35.46 Explique cómo se justificaría el costo tan considerable de una máquina de medición por coordenadas como la que aparece en la figura 35.17.

35.47 Explique cómo se medirían las dimensiones de una sección transversal hexagonal extruida y cómo se indicaría la desviación con respecto a la forma de un hexágono.

35.48 Haga una investigación en internet y elabore una lista de los métodos que usaría para medir la longitud como una función de la longitud (por ejemplo, algunos milímetros comparados con un kilómetro).

35.49 ¿Cómo se miden las dimensiones de los dispositivos MEMS?

CAPÍTULO

36 Aseguramiento, prueba e inspección de la calidad

- Este capítulo describe los procedimientos utilizados para asegurar la manufactura de productos de alta calidad. Describe las herramientas matemáticas y técnicas de inspección que se han desarrollado para producir artículos de alta calidad, inclusive la administración de la calidad total, los métodos Taguchi y los métodos de Deming y de Juran.
- Después se describen los métodos estadísticos de control de calidad y de las gráficas de control, inclusive el muestreo de aceptación, con el fin de asegurar que la producción cumpla con los estándares de calidad.
- El capítulo concluye con el análisis de los métodos empleados en las pruebas destructiva y no destructiva de materiales y productos.

36.1 Introducción

Los productos manufacturados desarrollan ciertas características externas e internas que en parte son resultado del tipo de procesos de producción empleados. Las características externas más comunes involucran consideraciones acerca de las dimensiones, el tamaño y acabado e integridad de la superficie. Las características internas incluyen defectos como porosidad, impurezas, inclusiones, transformaciones de fase, esfuerzos residuales, fragilidad, grietas y el desprendimiento de las laminaciones en materiales compósitos.

Algunos de estos defectos pueden estar en el material en bruto (materia prima), mientras que otros son introducidos o inducidos durante la operación particular de manufactura. Antes de ser comercializados, las partes y productos manufacturados se inspeccionan con objeto de:

- Asegurar la exactitud dimensional, de modo que las partes ajusten en forma apropiada dentro de otros componentes durante el ensamblado; recuerde que un avión Boeing 747-400 tiene seis millones de partes que se deben ensamblar.
- Identificar productos cuya falla o mal funcionamiento pueden tener implicaciones serias, como lesiones corporales o incluso la muerte. Ejemplos comunes son los cables de elevador, interruptores, frenos, piedras de esmeril, ruedas de trenes, uniones soldadas, álabes de turbina y recipientes a presión.

La **calidad del producto** siempre ha sido uno de los aspectos más importantes de las operaciones de manufactura. En vista del mercado global tan competitivo, la *mejora continua de la calidad* es una prioridad; en Japón, el término **kaizen** se utiliza para denotar *mejora continua que nunca termina*. La *calidad debe construirse dentro del producto* y no considerarse solamente *después* de haberlo fabricado. Por tanto son vitales la cooperación y comunicación estrecha entre los ingenieros de diseño y los de manufactura, así como el involucramiento y audacia de la dirección de la compañía.

Durante los últimos años se han hecho grandes avances en la ingeniería de la calidad y la productividad, debido en gran parte a los esfuerzos de expertos en calidad como W. E. Deming, G. Taguchi y J. M. Juran. En el presente se reconoce a nivel internacional la importancia de la *calidad*, *confiabilidad* y *seguridad* de los productos en una economía global, como lo evidencia el establecimiento de varios estándares ISO y QSO y, a nivel de Estados Unidos, el Premio Nacional de Calidad Malcolm Baldrige.

36.2 Calidad del producto

¿Qué es calidad? A diferencia de la mayoría de los términos más técnicos, es difícil definir con precisión la calidad; generalmente se define como lo *apropiado del producto para el uso*. Así, la calidad es una característica o propiedad de base amplia y sus factores consisten no sólo en consideraciones técnicas bien definidas sino también en opiniones subjetivas. Varios aspectos de la calidad que por lo general se identifican son: desempeño, durabilidad, confiabilidad, robustez, disponibilidad, costo y servicio, así como la estética y la calidad percibida.

Por ejemplo, considere lo siguiente: (a) el asa de un utensilio de cocina no está bien instalada o se decolora o agrieta durante el uso normal; (b) una báscula funciona erráticamente; (c) una aspiradora requiere reparaciones frecuentes y (d) una máquina herramienta no puede mantener las tolerancias dimensionales especificadas debido a la falta de rigidez o a su mala construcción. Estos ejemplos indican que el producto es de baja calidad. Por tanto, la percepción general es que un artículo de alta calidad es el que ejecuta sus funciones de manera confiable durante un largo tiempo, sin que falle o requiera reparaciones (vea la tabla 1.4 en la introducción general). El nivel de calidad que un fabricante elige para sus productos depende del mercado en el cual pretende introducirlos; por ejemplo, las herramientas de baja calidad y poco costo tienen su propio nicho de mercado.

Al contrario de la percepción del público general, los productos de alta calidad no necesariamente cuestan más, en especial si se considera el hecho de que los productos de mala calidad

- Tienen problemas de ensamble y mantenimiento de sus componentes.
- Requieren reparaciones en campo (vea la tabla I.5).
- Tienen incluido el alto costo de la insatisfacción del cliente (vea la sección 36.5).

Como se describe en la sección 40.9, el costo total del producto depende de algunas variables, entre ellas el nivel de automatización de la planta de manufactura. Hay muchas formas de que los ingenieros revisen y modifiquen el diseño y los procesos de manufactura en su conjunto para minimizar el costo del producto sin afectar su calidad. Entonces, los estándares de calidad son esencialmente un balance entre varias consideraciones; este balance también recibe el nombre de **retorno económico de la calidad** (ROQ, por sus siglas en inglés), y por lo general incluye algunos límites en la vida esperada del producto.

36.3 Aseguramiento de la calidad

El *aseguramiento de la calidad* es el esfuerzo total que realiza un fabricante para garantizar que sus productos cumplen con un conjunto detallado de especificaciones y estándares. Se puede definir como todas las acciones necesarias para asegurar que se satisfarán los requerimientos de calidad. El **control de calidad** es el conjunto de técnicas operativas usadas para cumplir con los requerimientos de calidad.

Los estándares cubren varios tipos de parámetros, como dimensiones, acabado superficial, tolerancias, composición y color, así como las propiedades y características mecánicas, físicas y químicas. Además, los estándares se suelen escribir para garantizar un *ensamble* apropiado, usando *componentes intercambiables* y libres de defectos, lo que da como resultado un producto que funciona como lo pretendían sus diseñadores.

Un aspecto importante del aseguramiento de la calidad es la capacidad de *analizar* los defectos a medida que ocurren en la línea de producción y *eliminarlos con rapidez* o reducirlos a niveles aceptables. En un sentido más general, el aseguramiento de la calidad implica la *evaluación* del producto y la satisfacción del cliente. La suma de todas estas actividades es lo que se describe como **control de calidad total** y **administración total de la calidad.**

Con el fin de controlar la calidad, es esencial ser capaces de:

- *Medir* cuantitativamente el nivel de calidad.
- *Identificar* todas las variables del material y del proceso que pueden controlarse.

El nivel de calidad logrado durante la producción se puede comprobar por medio de la inspección *continua* del producto con el fin de determinar si cumple las especificaciones relevantes para las tolerancias dimensionales, el acabado de la superficie, los defectos y otras características más.

36.4 Administración total de la calidad

La *administración total de la calidad* (TQM, por sus siglas en inglés) es un *método de sistemas* en el que tanto la dirección como los empleados realizan un esfuerzo concertado para manufacturar de manera consistente productos de alta calidad; la meta principal es la *prevención de defectos*, en lugar de la *detección de defectos*.

En la organización, el *liderazgo* y el *trabajo en equipo* son esenciales para asegurar que la meta de la **mejora continua** en las operaciones de manufactura sea de primera importancia, ya que *reducen la variabilidad del producto* y mejoran la satisfacción del cliente. El concepto de TQM también requiere el *control del proceso* y no el *control de las partes producidas*, de modo que la variabilidad pueda reducirse y no se permita que las partes defectuosas sigan su camino por la línea de producción.

Círculo de calidad. Establecidos por primera vez en Japón en 1962, los *círculos de calidad* consisten en grupos de empleados (trabajadores, supervisores y directivos) que se reúnen regularmente de manera voluntaria para analizar cómo mejorar y mantener la calidad del producto en *todas* las etapas de la operación de manufactura. Se hace énfasis en el compromiso, la responsabilidad y creatividad del trabajador, así como en el trabajo en equipo. Se proporciona *capacitación* exhaustiva de modo que el trabajador pueda tomar conciencia de la calidad y también sea capaz de analizar datos estadísticos con el fin de identificar las causas de la mala calidad y emprenda acciones inmediatas para corregir la situación. La experiencia indica que los círculos de calidad son más eficaces en ambientes de *manufactura esbelta*, descrita en la sección 39.6.

Ingeniería de la calidad como filosofía. Los expertos en control de calidad han colocado muchos de los conceptos y métodos del control de calidad en una perspectiva más amplia. Entre estos expertos destacan Deming, Juran y Taguchi, cuyas filosofías de la calidad y el costo del producto han tenido, y tienen, gran influencia en la manufactura moderna.

36.4.1 Métodos Deming

Durante la Segunda Guerra Mundial, el estadístico estadounidense W. E. Deming (1900-1993) y otros más desarrollaron nuevos métodos de *control estadístico del proceso* para las plantas industriales en tiempos de guerra. Los métodos surgieron al reconocer que

TABLA 36.1

Los 14 puntos de Deming

1. Crear constancia en el propósito de mejorar el producto y el servicio.
2. Adoptar la nueva filosofía: rechazar la aceptación de defectos.
3. Dejar de depender de la inspección en masa para lograr la calidad.
4. Acabar con la práctica de hacer negocios con base en la etiqueta del precio.
5. Mejorar el sistema de producción y servicio constantemente y para siempre, con el fin de mejorar la calidad y productividad, y así disminuir el costo de manera sostenida.
6. Dar capacitación institucional para cumplir los requerimientos de una tarea en particular y documentar los requerimientos para la capacitación futura.
7. Instituir el liderazgo, en oposición a la supervisión.
8. Desterrar el miedo para que cada quien trabaje con eficacia.
9. Eliminar las barreras entre departamentos.
10. Eliminar las frases, exhortaciones y metas de cero defectos y nuevos niveles de productividad.
11. Eliminar las cuotas y la administración por números o metas numéricas. Sustituirlas con liderazgo.
12. Eliminar los obstáculos que privan al trabajador del orgullo de su labor.
13. Instituir un programa vigoroso de educación y mejora personal.
14. Hacer que cada persona de la compañía trabaje para lograr la transformación.

había *variaciones* (a) en el desempeño de las máquinas y las personas y (b) en la calidad y las dimensiones de las materias primas (inventario). Los esfuerzos de estos pioneros no sólo involucraban métodos de análisis estadístico, sino también una nueva manera de ver las operaciones de manufactura desde el punto de vista de *mejorar la calidad y reducir los costos*.

Deming reconocía que las organizaciones de manufactura son *sistemas* de administración, trabajadores, máquinas y productos. Hacía mucho énfasis en la comunicación, el compromiso directo del trabajador y la educación en estadística y tecnología de manufactura moderna. Sus ideas fundamentales se resumen en los célebres *14 puntos*, que aparecen en la tabla 36.1. Estos puntos no se deben ver como una lista de cotejo o un menú de tareas; son lo que Deming definía como *características de las compañías* que producen artículos de alta calidad.

36.4.2 Métodos de Juran

Un contemporáneo de Deming, J. M. Juran (1904-2008), ingeniero eléctrico y consultor en administración, hacía énfasis en la importancia de

- Reconocer la calidad en todos los niveles de la organización, inclusive en la alta dirección.
- Desarrollar en la corporación una cultura receptiva.
- Capacitar a todo el personal en planeación, control y mejora de la calidad.

La principal preocupación de la alta dirección de una organización es el negocio y la administración, en tanto que la de los implicados en el control de calidad es la tecnología. Estos mundos diferentes con frecuencia tenían en el pasado diferentes intereses y sus conflictos provocaban problemas de calidad. Los planificadores determinan quiénes son los clientes y sus necesidades. Los clientes de una organización pueden ser externos (usuarios finales que compran el producto o servicio) o internos (partes diferentes de una organización que dependen de otros segmentos de ésta para recibir productos y servicios). Entonces, los planificadores desarrollan productos y diseñan el proceso para que responda a las necesidades del consumidor. Los planes se pasan a quienes están a cargo de las operaciones, quienes se convierten en los responsables de implementar tanto el control de calidad como su mejora continua.

36.5 Métodos Taguchi

G. Taguchi (1924-2012), ingeniero y estadístico, propuso elevar la calidad y disminuir los costos al combinar técnicas de ingeniería y estadística para optimizar el diseño del producto y los procesos de manufactura. Ahora la expresión *métodos Taguchi* se refiere a los métodos que desarrolló para manufacturar productos de alta calidad. Un punto de vista fundamental que antecede a todo es el reto de la calidad que enfrentan los fabricantes: proporcionar productos que gusten a los consumidores, y para ello los fabricantes deben ofrecer artículos con las siguientes características:

- Mucha confiabilidad.
- Desarrollan bien las funciones que se desean.
- Buena apariencia.
- Baratos.
- Pueden actualizarse.
- Disponibles en la cantidad requerida cuando se necesitan.
- Robustos durante su ciclo de vida (vea la sección 36.5.1).

Obviamente, estas características son las metas de los fabricantes que luchan por proveer artículos de alta calidad. Aunque en realidad es muy difícil alcanzar dichas características, es innegable que la excelencia en la manufactura es un prerrequisito.

Taguchi también contribuyó a los métodos que se usan para documentar la calidad, con el reconocimiento de que cualquier desviación del estado óptimo de un producto representa una pérdida financiera debido a factores como reducción de la vida del producto, en el desempeño y en la economía. La *pérdida de calidad* la definía como una *pérdida financiera* para la sociedad una vez lanzado el producto. La pérdida de calidad ocasiona los problemas siguientes:

- La mala calidad lleva a la insatisfacción del cliente.
- Se incurre en costos por dar mantenimiento y reparar los productos defectuosos, en especial cuando las reparaciones tienen que hacerse en campo.
- Disminuye en el mercado la credibilidad del fabricante.
- A fin de cuentas, el fabricante pierde su participación en el mercado.

Los métodos Taguchi de la **ingeniería de la calidad** hacen énfasis en la importancia de

- **Mejorar la interacción de equipos de funciones cruzadas:** los ingenieros de diseño y los de manufactura se comunican entre sí con un lenguaje común. Ellos cuantifican las relaciones entre los requerimientos del diseño y la selección del proceso de manufactura.
- **Implementar el diseño experimental:** se estudian simultáneamente los factores implicados en un proceso u operación y sus interacciones.

Los efectos de las variables controlables y las incontrolables sobre el producto se identifican mediante el *diseño de experimentos*. Este método minimiza las variaciones en las dimensiones y propiedades del producto y, en última instancia, llevan la media al nivel deseado. Los métodos usados para el diseño de experimentos son complejos e implican el uso de *diseño factorial* y *arreglos ortogonales*, herramientas que reducen el número de experimentos requeridos. Estos métodos también son capaces de identificar los efectos de las variables que no se pueden controlar (llamadas ruido), como cambios en las condiciones ambientales de la planta.

El uso de diseño factorial y arreglos ortogonales da como resultado (a) la *identificación* rápida de las variables controlables, conocida como *observación de los efectos principales*, y (b) la capacidad de determinar el mejor método de control del proceso. El control de estas variables en ocasiones requiere adquirir equipo nuevo o hacer modificaciones grandes en el ya existente. Entonces, por ejemplo, es posible identificar rápidamente las variables que afectan las tolerancias dimensionales al maquinar un componente particular y especificar, siempre que sea posible, que sean correctos la velocidad de corte, el avance, la herramienta cortadora y los fluidos de corte.

36.5.1 Robustez

Otro aspecto de la calidad, propuesto en primer lugar por Taguchi, es la *robustez*: un diseño, proceso o sistema robusto es el que continúa en funcionamiento, dentro de parámetros aceptables, a pesar de las variaciones (con frecuencia imprevistas) en su ambiente. En otras palabras, su rendimiento (como su desempeño) tiene una *sensibilidad mínima* a las variaciones de sus entradas (como los cambios en el ambiente, la carga y la fuente de energía).

En un diseño robusto, por ejemplo, un elemento funcionará suficientemente bien aun si las cargas aplicadas, o sus direcciones, exceden los valores previstos. Del mismo modo, una máquina o sistema robusto sufrirá un deterioro mínimo en su desempeño aun si experimenta variaciones en las condiciones ambientales, como la temperatura, humedad, calidad del aire y vibraciones. Una máquina robusta tampoco tendrá una reducción significativa en su rendimiento durante su vida útil, en tanto que un diseño menos robusto se desempeñará con menos eficiencia conforme pase el tiempo.

Como ilustración sencilla de un diseño robusto, considere una placa de lámina metálica que se va a montar en una pared con dos tornillos (figura 36.1a). El posicionamiento de los dos barrenos para montar la placa tendrá cierto error debido al proceso de manufactura implicado; este error impedirá que el borde superior de la placa quede perfectamente horizontal.

En la figura 36.1b se muestra un diseño más robusto, en el cual los barrenos se han separado lo doble que en el diseño original. Aun cuando la precisión de la ubicación de los barrenos es la misma, y el costo de manufactura también es el mismo, la variabilidad en el borde superior de la placa (con respecto de la horizontal) ahora se ha reducido a la mitad. Si la placa se sujeta a vibración, los tornillos podrían aflojarse con el tiempo. Inclusive un método de diseño más robusto sería usar un adhesivo para mantener las cuerdas del tornillo en su lugar, o usar un tipo diferente de sujetador que no se aflojara con el paso del tiempo (vea también la sección 32.5).

36.5.2 Función pérdida de Taguchi

Presentada a principios de la década de 1980, la *función pérdida de Taguchi* es una herramienta para comparar la calidad con base en la minimización de las variaciones. Calcula la pérdida creciente para la compañía cuando el componente se desvía del objetivo del diseño. Esta función se define como una parábola en la que un punto es el costo del reemplazo (incluyendo envío, desperdicios y costos de manejo) en un extremo de las

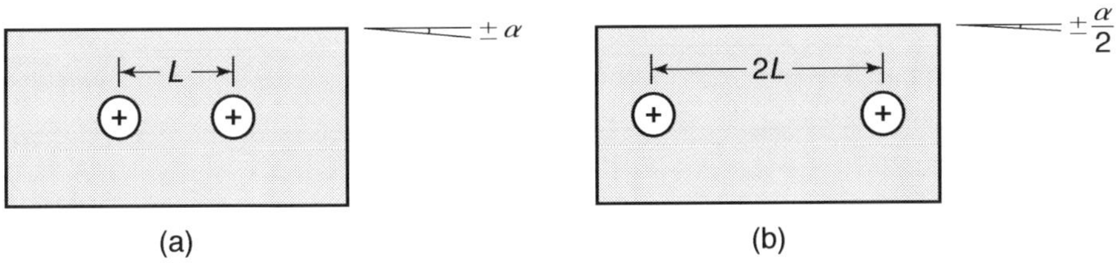

FIGURA 36.1 Ejemplo sencillo de diseño robusto. (a) Ubicación de dos barrenos para montar una placa de lámina metálica, donde la desviación de la superficie superior con respecto a estar perfectamente horizontal es $\pm\alpha$. (b) Nuevas ubicaciones de los dos barrenos; la desviación de la superficie superior de la placa con respecto a estar perfectamente horizontal ahora se redujo a $\pm\alpha/2$.

tolerancias, mientras un segundo punto corresponde a la pérdida igual a cero en el objetivo del diseño.

Matemáticamente, el costo de pérdida se puede escribir como:

$$\text{Costo de pérdida} = k\left[(Y - T)^2 + \sigma^2\right], \tag{36.1}$$

donde Y es la media del valor de manufactura, T es el valor objetivo del diseño, σ es la desviación estándar de las partes manufacturadas (vea la sección 36.7) y k es una constante definida como

$$k = \frac{\text{Costo de reemplazo}}{(\text{LSL} - T)^2}, \tag{36-2}$$

donde LSL es el límite inferior de la especificación. Cuando los límites de especificación inferior (LSL, por sus siglas en inglés) y superior (USL, por sus siglas en inglés) están a la misma distancia de la media (es decir, las tolerancias están balanceadas, se puede usar cualquiera de los límites en esta ecuación.

EJEMPLO 36.1 Producción de tubos de polímero

Dado: Se producen tubos de polímero de alta calidad para aplicaciones médicas en los cuales el objetivo del espesor de la pared es de 2.6 mm, con un LSL de 3.2 mm y USL de 2.0 mm (2.6 ± 0.6 mm). Si las unidades tienen defectos, se reemplazan con un costo de $10.00 dólares estadounidenses que incluye el envío. El proceso actual produce partes con una media de 2.6 mm y desviación estándar de 0.2 mm. El volumen actual es de 10 000 secciones de tubo por mes. Se estudia una mejora para el sistema de calentamiento del extrusor. Esta mejora reducirá la variación a la mitad pero cuesta $50 000.

Se solicita: Determinar la función pérdida de Taguchi y el periodo de recuperación de la inversión.

Respuesta: Las cantidades involucradas son: USL = 3.2 mm, LSL = 2.0 mm, $T = 2.6$ mm, $\sigma = 0.2$ mm y $Y = 2.6$ mm:

La cantidad k está dada por la ecuación (36.2) como

$$k = \frac{\$10.00}{(3.2 - 2.6)^2} = \$27.28.$$

Según la ecuación (36.1), el costo de pérdida antes de la mejora es

$$\begin{aligned}\text{Costo de pérdida} &= (27.78)\left[(2.6 - 2.6)^2 + 0.2^2\right] \\ &= \$1.11 \text{ por unidad.}\end{aligned}$$

Después de la mejora, la desviación estándar es 0.1 mm; por lo tanto, el costo de pérdida es

$$\begin{aligned}\text{Costo de pérdida} &= (27.78)\left[(2.6 - 2.6)^2 + 0.1^2\right] \\ &= \$0.28 \text{ por unidad.}\end{aligned}$$

Entonces, los ahorros son ($1.11 − $0.28)(10 000) = $8300 por mes. Por consiguiente, el periodo de recuperación de la inversión es $50 000/($8300/mes) = 6.02 meses.

CASO DE ESTUDIO 36.1 Manufactura de equipos de televisión por Sony Corporation

Los ejecutivos de Sony Corporation se enfrentaron a una situación confusa a mediados de la década de 1980. Los equipos de televisión manufacturados en instalaciones de producción japonesas se vendían más rápido que los producidos en la fábrica de San Diego en California, Estados Unidos, aun cuando se produjeran con diseños idénticos. No había indicadores que distinguieran a los equipos hechos en Japón de los elaborados en Estados Unidos ni razones visibles para la discrepancia. Sin embargo, las investigaciones revelaron que los equipos producidos en Japón eran superiores a la versión estadounidense dado que, por ejemplo, la nitidez del color era mejor y los tonos más brillantes. Como en las tiendas permanecían encendidos, los consumidores detectaban fácilmente el modelo con la mejor imagen y lo compraban.

Aunque la diferencia en la calidad de la imagen era obvia, las razones de esta diferencia no estaban claras. Para mayor confusión, estaba la afirmación constante de que la fábrica de San Diego tenía establecido un programa de calidad total y que la planta mantenía estándares de control de calidad de modo que no se produjeran partes defectuosas. Aunque las instalaciones japonesas no tenían un programa de calidad total, se hacía énfasis en reducir las variaciones de parte a parte.

Investigaciones adicionales descubrieron un patrón común en un circuito integrado que era crítico en cuanto a la densidad del color. En la figura 36.2a se muestra la distribución de las partes que cumplían el objetivo de diseño del color; en la figura 36.2b aparece la función de pérdida de Taguchi para dichas partes. En la fábrica de San Diego, donde el número de partes defectuosas se minimizaba (en este caso, a cero), se tenía una distribución uniforme dentro de los límites de la especificación.

Las instalaciones japonesas en realidad producían partes fuera de la especificación de diseño, pero la desviación estándar con respecto de la media era menor. Utilizando la función de pérdida de Taguchi (vea el ejemplo 36.1), quedó claro que la fábrica de San Diego perdía cerca de $1.33 por unidad, mientras que su similar japonesa perdía $0.44 por unidad.

El punto de vista de la calidad tradicional afirmaría que una distribución uniforme sin defectos es superior a otra en la que se produjeran unos cuantos defectos pero la mayoría de las partes estuvieran más cerca del objetivo de los valores de diseño. Sin embargo, los consumidores pueden detectar de inmediato cuál producto es mejor y el mercado demuestra que minimizar las desviaciones es una meta benéfica de la calidad.

Fuente: Basado en D. M. Byrne y G. Taguchi.

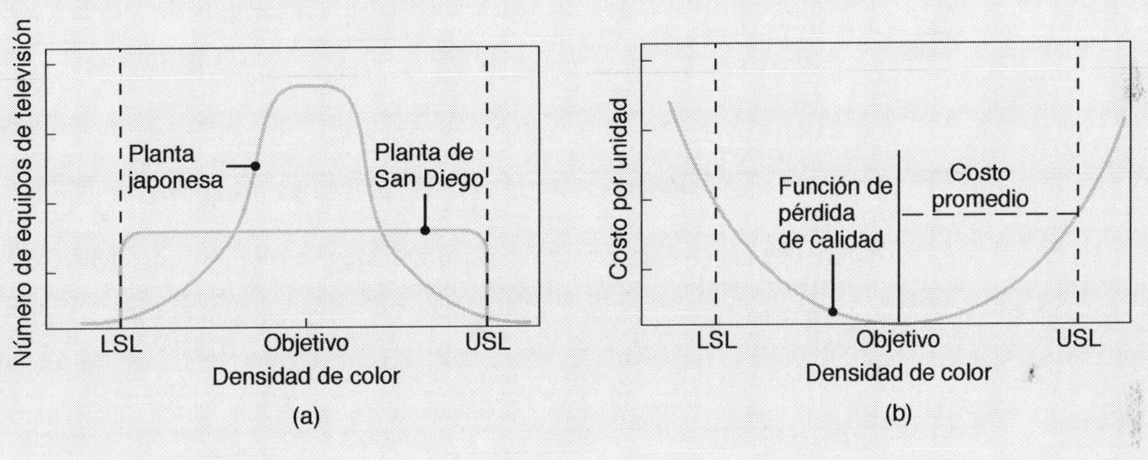

FIGURA 36.2 (a) Distribución del valor de la función objetivo para la densidad del color de equipos de televisión. (b) Función de pérdida de Taguchi que muestra el costo promedio del reemplazo por unidad para corregir los problemas de calidad. *Fuente:* Basado en G. Taguchi.

EJEMPLO 36.2 Incrementar la calidad sin aumentar el costo del producto

Un fabricante de mosaicos de arcilla notó que se producían muchos desperdicios debido a las variaciones de temperatura en el horno que se usaba para hornear los mosaicos, lo que perjudicaba las utilidades de la compañía. La primera solución que consideró el fabricante fue comprar nuevos hornos con mejores controles de temperatura; sin embargo, esta solución requeriría una inversión de capital importante. Entonces, se emprendió un estudio para determinar si podían hacerse modificaciones en la composición de la arcilla de manera que fuera menos sensible a las fluctuaciones de la temperatura durante el horneado.

Con base en el diseño factorial de experimentos, en el cual se estudian simultáneamente los factores involucrados en el proceso y sus interacciones, se descubrió que aumentar el contenido de cal de la arcilla provocaba que los mosaicos fueran menos sensibles a las variaciones de temperatura durante el horneado. Se implementó esta modificación (que también era la de más bajo costo), lo que redujo sustancialmente el desperdicio y mejoró la calidad.

36.6 Los estándares ISO y QS

Los clientes de todo el mundo demandan cada vez más productos y servicios de alta calidad a precios bajos y buscan proveedores que respondan a esta aspiración de manera consistente y confiable. Esta tendencia en el mercado global, a su vez, ha creado la necesidad de conformidad y consenso internacional con respecto al establecimiento de métodos de control de calidad, confiabilidad y seguridad de los productos. Además de estas consideraciones hay otras igualmente importantes acerca del medio ambiente y calidad de vida que deben abordarse.

36.6.1 El estándar ISO 9000

Publicado por primera vez en 1987 y revisado en 1994, el estándar ISO 9000 (**Estándares para la administración y aseguramiento de la calidad**) es una serie deliberadamente general de estándares de sistemas de administración de la calidad. Ha influido permanentemente en la manera en que las compañías manufactureras hacen negocios en el comercio mundial y se ha convertido en el estándar mundial de la calidad.

La serie ISO 9000 incluye los estándares siguientes:

- ISO 9001 —*Sistemas de calidad: modelo para el aseguramiento de la calidad en el diseño/desarrollo, producción, instalación y servicio.*
- ISO 9002 —*Sistemas de calidad: modelo para el aseguramiento de la calidad en la producción e instalación.*
- ISO 9003 —*Sistemas de calidad: modelo para el aseguramiento de la calidad en la inspección final y pruebas.*
- ISO 9004 —*Elementos del sistema de calidad y su administración: lineamientos.*

Las compañías se registran de manera voluntaria para estos estándares y obtienen certificados. Por lo general, se busca el registro para ISO 9001 o 9002 y algunas empresas lo hacen para el ISO 9003. El estándar 9004 es simplemente un lineamiento y no un modelo o base de registro. Para obtener el registro, se visitan las plantas de la compañía y son auditadas por equipos de terceros acreditados e independientes con el fin de certificar que los 20 elementos clave del estándar están implementados y funcionan en forma apropiada.

En la visita, el registro se recomienda o no en función del grado en que la compañía no cumpla los requerimientos del estándar. El equipo de auditoría no aconseja o consulta con la organización la forma de corregir las discrepancias, sino que sólo describe la naturaleza del incumplimiento. Para mantener la certificación se requieren auditorías periódicas. El proceso de certificación toma de seis meses a un año, o más, y llega a costar decenas de miles de dólares, lo que depende del tamaño de la empresa, del número de plantas y de la línea de productos.

El estándar ISO 9000 no es la certificación de un producto sino la **certificación de un proceso de calidad.** Las compañías establecen sus propios criterios y prácticas para la calidad. Sin embargo, el sistema documentado para ello debe cumplir con el estándar ISO 9000; entonces, una compañía no puede incluir en el sistema ningún criterio que se oponga al espíritu del estándar. El registro simboliza el compromiso de la organización de adoptar prácticas consistentes, según lo especifica su propio sistema de calidad (como la calidad en el diseño, desarrollo, producción, instalación y servicio), e incluye la documentación apropiada de dichas prácticas. De esta manera, los consumidores (incluso las instituciones gubernamentales) están seguros de que el proveedor del producto o servicio (que puede estar o no en el mismo país) sigue prácticas específicas. En realidad, las compañías manufactureras que se certifican sobre dichas prácticas son evaluadas con respecto a si sus proveedores tienen también el registro ISO 9000; por lo tanto, sus proveedores también deben estar registrados.

36.6.2 Estándar QS 9000

El estándar QS 9000 fue desarrollado en forma conjunta por Chrysler, Ford y General Motors y se publicó por primera vez en 1994. Antes de su desarrollo, cada una de estas compañías automotrices tenía su propio estándar sobre los requerimientos de su sistema de calidad. El estándar ISO/TS 16949 sustituyó al QS 9000 en 2002 y su objetivo es que se aplique en toda la cadena de suministro. Se pide a los proveedores automotrices de primer nivel que, a su vez, verifiquen que sus proveedores obtengan el registro en este estándar.

36.6.3 Estándar ISO 14000

El ISO 14000 es una familia de estándares publicados en 1996 y que se refieren a **sistemas internacionales de administración ambiental** (EMS, por sus siglas en inglés). Está dirigido a la manera en que las actividades de una organización afectan el medio ambiente durante la vida de sus productos (vea también la sección I.6 en la introducción general). Estas actividades (a) pueden ser internas o externas a la organización; (b) van desde la producción hasta la eliminación final del producto después de su vida útil y (c) incluyen los efectos en el ambiente, como la contaminación, generación de desperdicios y su eliminación; ruido, agotamiento de los recursos naturales y uso de energía.

La familia de estándares ISO 14000 tiene varias secciones: Lineamientos para Auditorías Ambientales, Evaluación Ambiental, Declaraciones y Clasificaciones Ambientales y Administración Ambiental. La ISO 14001, *Requerimientos de los Sistemas de Administración Ambiental*, consta de secciones denominadas Requerimientos Generales, Política Ambiental, Planeación, Implementación y Operación, Verificación y Acción Correctiva y Revisión de la Administración.

36.7 Métodos estadísticos de control de calidad

Debido a las numerosas variables involucradas en los procesos y operaciones de manufactura, resulta esencial implementar *métodos estadísticos de control de calidad*. Las siguientes son algunas de las variables de observación más comunes:

- Herramientas de corte, dados y moldes que sufren desgaste, por lo que con el tiempo varían las dimensiones y características de la superficie de las partes.
- La maquinaria tiene diferente desempeño, en función de su calidad, edad, condiciones y nivel de mantenimiento; las máquinas más antiguas tienden a traquetear y vibrar, son difíciles de ajustar y no mantienen las tolerancias.
- La eficacia de los fluidos de trabajo de metales disminuye conforme se degradan; debido a ello resultan perjudicados la vida de herramientas y dados, el acabado e integridad de la superficie de la pieza de trabajo, así como los requerimientos de fuerzas y energía.
- Las condiciones ambientales como la temperatura, humedad y calidad del aire en la planta cambian de una a otra hora, lo que afecta el desempeño de máquinas y trabajadores.
- Los envíos de diferentes lotes, y en distintos momentos, de la materia prima a una planta tienen muy distintas dimensiones, propiedades, características de la superficie y calidad general.
- La atención del operador varía durante el día o de un trabajador a otro.

Estos eventos ocurren al *azar* —es decir, sin ninguna tendencia o patrón en particular— y se llaman **variaciones aleatorias** o **causas especiales**; las que se pueden rastrear hasta *causas específicas* reciben el nombre de **variaciones asignables** o **causas comunes**.

Aunque desde hace siglos se ha reconocido la existencia de la **variabilidad** en las operaciones de producción, fue E. Whitney (1765-1825), inventor estadounidense y fabricante de armamento, el primero que comprendió todo su significado al observar que era indispensable tener *partes intercambiables* en la producción masiva de armas de fuego. Los conceptos estadísticos modernos relevantes para la ingeniería de manufactura se desarrollaron por primera vez a principios de la década de 1900; W. A. Shewhart (1891-1967), físico, ingeniero y estadístico, destacó notablemente en este aspecto.

36.7.1 Control estadístico de la calidad

El *control estadístico de la calidad* (SQC, por sus siglas en inglés) implica el uso de la teoría de la probabilidad junto con pruebas de subconjuntos aleatorios de las partes producidas para obtener la comprensión de su calidad. Para usar en forma apropiada el control estadístico de la calidad es necesario definir primero los siguientes términos de uso común:

- **Tamaño de la muestra:** número de partes que se van a inspeccionar en una muestra. Las propiedades de las partes que constituyen la muestra se estudian para obtener información acerca de la población total.
- **Muestreo aleatorio:** extraer una muestra de una población o lote, en el cual cada parte tiene la misma probabilidad de formar parte de la muestra.
- **Población:** el total de partes individuales del mismo diseño del cual se toman muestras; también se denomina el **universo**.
- **Tamaño del lote:** tamaño de un subconjunto de la población. Se consideran subconjuntos de la población a uno o más lotes y son representativos de la población.

Se inspecciona la muestra con respecto a varias características y rasgos, como las tolerancias, acabado superficial y defectos, utilizando los instrumentos y técnicas descritos en el capítulo 35 y en las secciones 36.10 y 36.11. Estas características caen en dos categorías: (a) las que se miden de manera cuantitativa (*método de variables*) y (b) las que se miden en forma cualitativa (*método de atributos*).

1. El **método de variables** es la *medición cuantitativa* de las características de la parte, como dimensiones, tolerancias, acabado de la superficie y propiedades físicas o mecánicas. Las mediciones se hacen por cada unidad presente en el grupo que se estudia y después se comparan los resultados contra las especificaciones.
2. El **método de atributos** implica la observación de la presencia o ausencia de *características cualitativas* (como defectos externos o internos de las partes maquinadas, formadas o soldadas, y abolladuras en las partes hechas de placas metálicas) presentes en cada unidad del grupo en estudio. El tamaño de la muestra para los datos del tipo de atributos por lo general es mayor que para los del tipo de variables.

Considere la medición de los diámetros de ejes maquinados que se producen en un torno. Por varias razones, descritas en este capítulo, los diámetros variarán. Cuando se recopilan los diámetros medidos de los ejes torneados en una población dada, uno o más tendrán el diámetro más pequeño y uno o más tendrán el más grande. El resto de los ejes tendrá diámetros ubicados entre esos dos extremos.

Todas las mediciones del diámetro se agrupan y dibujan en una gráfica de barras llamada *histograma*, la cual representa el número de partes en cada grupo de diámetros (figura 36.3a). Las barras muestran una **distribución**, también llamada **diseminación** o **dispersión**, de las mediciones del diámetro. La *curva en forma de campana* que se ilustra

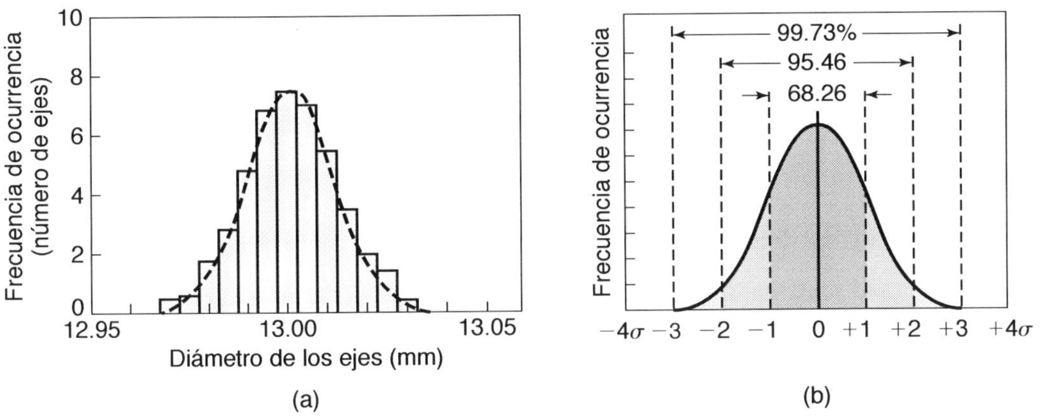

FIGURA 36.3 (a) Histograma del número de ejes medidos y sus diámetros respectivos; este tipo de curva se llama distribución de frecuencia. (b) Curva de la distribución normal que indica las áreas dentro de cada rango de desviación estándar; observe que cuanto mayor es el rango, más grande es el porcentaje de partes que caen en él.

en la figura 36.3a se llama **distribución de frecuencia** y muestra la frecuencia con la cual se produce cada diámetro de las partes.

Los datos procedentes de los procesos de manufactura a menudo forman patrones representados por la **curva de distribución normal** (figura 36.3b), llamada *de Gauss* en honor de K. F. Gauss (1777-1855), un matemático y físico alemán que la desarrolló como base de la *probabilidad*. La curva de distribución normal con forma de campana ajustada a los datos que se ilustra en la figura 36.3a tiene dos características. En primer lugar, muestra que la mayoría de los diámetros tienden a agruparse alrededor de un *valor promedio* (**media aritmética**); se designa con $\bar{x}$ y se calcula con la expresión

$$\bar{x} = \frac{x_1 + x_2 + x_3 + \quad + x_n}{n}, \tag{36.3}$$

donde el numerador es la suma de todos los valores medidos (diámetros de los ejes) y n es el número de mediciones (número de ejes).

La segunda característica de esta curva es su ancho, el cual indica la **dispersión** de los diámetros medidos; cuanto más ancha sea la curva mayor será la dispersión. La diferencia entre el valor más grande y el más chico se llama **rango,** R:

$$R = x_{\text{máx}} - x_{\text{mín}}. \tag{36.4}$$

La dispersión se estima por medio de la **desviación estándar,** dada por la expresión

$$\sigma = \frac{\sqrt{(x_1 - \bar{x})^2 + (x_2 - \bar{x})^2 + \quad + (x_n - \bar{x})^2}}{n-1}, \tag{36.5}$$

donde x_i es el valor medido de cada parte.

A partir del numerador de la ecuación (36.5) observe que, a medida que la curva se ensancha, la desviación estándar se hace mayor y σ tiene las mismas unidades que x_i. Como se conoce el número de partes torneadas que cae dentro de cada grupo, puede calcularse el porcentaje de la población total representada por cada grupo. Entonces, la figura 36.3b muestra que en la medición de los diámetros de los ejes,

- 99.73% de la población cae dentro del rango de $\pm 3\sigma$,
- 95.46% está dentro de $\pm 2\sigma$, y
- 68.26% se localiza en el rango de $\pm 1\sigma$.

Estas cantidades son válidas sólo para distribuciones que son normales, como las que aparecen en la figura 36.3, y no tienen sesgo. Se observará que sólo 0.27% cae más allá del rango de $\pm 3\sigma$, lo cual significa que habrá 2700 partes defectuosas por cada millón de partes producidas. En la manufactura moderna eso no es una proporción aceptable porque con ese nivel de defectos ninguna computadora moderna funcionaría de manera confiable.

36.7.2 Seis Sigma

El *seis sigma* es un conjunto de herramientas estadísticas basadas en los principios de administración de la calidad total que mide *continuamente* la calidad de procesos y servicios. Aunque el seis sigma indica que hay 3.4 partes defectuosas por cada millón, incluye consideraciones como la comprensión de las *capacidades del proceso* (que se describen en la sección 36.8.2) para producir artículos libres de defectos y garantizar así la satisfacción del consumidor. Este método se centra en (a) definir problemas de calidad; (b) medir las cantidades relevantes y (c) analizar, controlar y mejorar los procesos y operaciones.

Como se estableció en la sección 36.7.1, el rango de tres sigma generaría 0.27% de partes defectuosas, tasa inaceptable en la manufactura moderna. Asimismo, en las industrias de servicios esa proporción ocasionaría 270 millones de operaciones erróneas con tarjetas de crédito tan sólo en Estados Unidos. Se ha estimado que las compañías que operan con niveles de tres a cuatro sigma pierden alrededor de 10 a 15% de sus ingresos totales debido a los defectos. Se han de hacer grandes esfuerzos para eliminar virtualmente todos los defectos de los productos, procesos y servicios y tener ahorros estimados en miles de millones de dólares. Debido a su gran impacto en los negocios, en el presente se reconoce que seis sigma es una buena filosofía de la administración.

36.8 Control estadístico del proceso

Si el número de partes que no cumplen los estándares comienza a incrementarse durante una corrida de producción, es esencial determinar la causa (como los materiales en bruto, controles de la máquina, degradación de los fluidos de trabajo, aburrimiento del operador, entre otros) y emprender la acción apropiada. Aunque a primera vista esta afirmación parece evidente, a principios de la década de 1950 se empezó a desarrollar un método estadístico sistemático para guiar a los operadores de las plantas de manufactura.

El método estadístico notifica al operador para que tome ciertas medidas y acciones y le dice cuándo tomarlas para evitar la producción de más partes defectuosas. Esta técnica se conoce como *control estadístico del proceso* (SPC, por sus siglas en inglés) y consta de los elementos siguientes:

- Gráficas y límites de control.
- Capacidades del proceso de manufactura particular.
- Características de la maquinaria implicada.

36.8.1 Gráficas de control de Shewhart

La curva de distribución de frecuencia que se ilustra en la figura 36.3b indica un rango de los diámetros de los ejes producidos que caería más allá del rango de tolerancia del diseño. En la figura 36.4 aparece la misma curva en forma de campana, pero ahora incluye las *tolerancias especificadas* para el diámetro de los ejes torneados.

Las *gráficas de control* representan de manera gráfica las variaciones de un proceso a lo largo del tiempo; consisten en datos que se toman y grafican *durante* la producción. Es común que haya dos gráficas. La cantidad $\bar{x}$ (figura 36.5a) es el promedio de cada subconjunto de muestras tomadas e inspeccionadas; digamos que cada subconjunto consta de cinco partes. Un tamaño de muestra entre 2 y 10 partes es suficientemente exacto (aunque es mejor tomar más partes), siempre y cuando el tamaño de la muestra se mantenga constante durante la inspección.

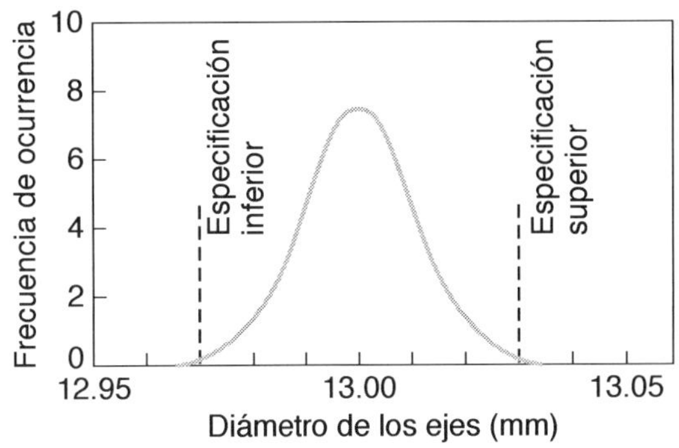

FIGURA 36.4 Curva de distribución de frecuencia, se aprecian los límites inferior y superior de la especificación.

La frecuencia del muestreo depende de la naturaleza del proceso; algunas operaciones requieren un muestreo continuo, en tanto que otras sólo necesitan que se tome una muestra por día. Los analistas del control de calidad están bien calificados para determinar esta frecuencia para una operación particular. Como las mediciones que aparecen en la figura 36.5a se hacen en forma consecutiva, la abscisa de las gráficas de control también representa al tiempo.

En esta figura, la línea continua horizontal es el **promedio de los promedios (gran promedio)**, que se denota con $\bar{\bar{x}}$, y representa la media de la población. Las líneas punteadas horizontales superior e inferior indican los **límites de control** para el proceso. Los límites de control se establecen en estas gráficas de acuerdo con fórmulas de control estadístico diseñadas para mantener la producción real dentro de niveles de variación aceptables. Un método común es asegurar que todas las partes estén dentro de tres desviaciones estándar de la media ($\pm 3\sigma$).

La desviación estándar también se puede expresar como función del rango. Entonces, para $\bar{x}$,

Límite superior de control ($UCL_{\bar{x}}$)

$$= \bar{x} + 3\sigma = \bar{\bar{x}} + A_2\bar{R} \tag{36.6}$$

y

Límite inferior de control ($LCL_{\bar{x}}$)

$$= \bar{x} - 3\sigma = \bar{\bar{x}} - A_2\bar{R}, \tag{36.7}$$

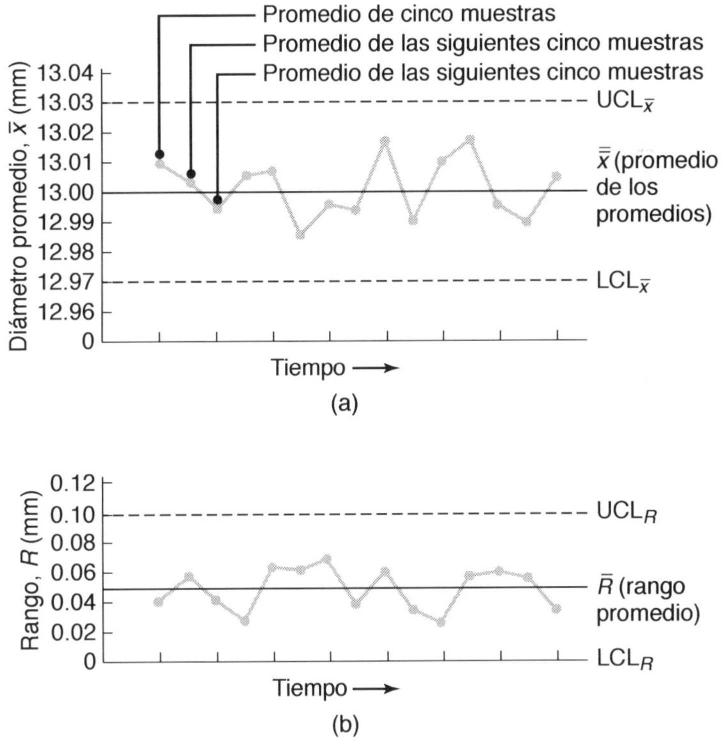

FIGURA 36.5 Gráficas de control usadas en el control estadístico de calidad; el proceso está en buen control estadístico porque todos los puntos caen entre los límites inferior y superior. En esta ilustración, el tamaño de la muestra es 5 y el número de muestras es 15.

donde A_2 se obtiene de la tabla 36.2 y $\bar{R}$ es el promedio de los valores de R. Las cantidades $\bar{\bar{x}}$ y $\bar{R}$ se calculan a partir de las mediciones tomadas.

Los límites de control se calculan con base en la anterior capacidad de producción del equipo, no están asociados con ninguna especificación de la tolerancia o dimensiones de diseño. Indican los límites dentro de los cuales se espera que caiga normalmente cierto porcentaje de los valores medidos, debido a las variaciones inherentes del proceso en sí y en el que se basan los límites. La meta principal del control estadístico del proceso es mejorar el proceso de manufactura con ayuda de las gráficas de control, así como eliminar las causas asignables. La gráfica de control indica de manera continua el avance en esta área.

TABLA 36.2

Constantes para las gráficas de control

Tamaño de la muestra	A_2	D_4	D_3	d_2
2	1.880	3.267	0	1.128
3	1.023	2.575	0	1.693
4	0.729	2.282	0	2.059
5	0.577	2.115	0	2.326
6	0.483	2.004	0	2.534
7	0.419	1.924	0.078	2.704
8	0.373	1.864	0.136	2.847
9	0.337	1.816	0.184	2.970
10	0.308	1.777	0.223	3.078
12	0.266	1.716	0.284	3.258
15	0.223	1.652	0.348	3.472
20	0.180	1.586	0.414	3.735

La segunda gráfica de control, que se muestra en la figura 36.5b, indica el rango, R, en cada subconjunto de muestras. La línea horizontal continua representa el promedio de los valores de R en el lote, denotado como $\bar{R}$, y es una medida de la variabilidad de las muestras. Los límites de control superior e inferior para R se obtienen de las ecuaciones:

$$\text{UCL}_R = D_4 \bar{R} \tag{36.8}$$

y

$$\text{LCL}_R = D_3 \bar{R}, \tag{36.9}$$

donde las constantes D_4 y D_3 se toman de los valores dados en la tabla 36.2. La tabla también incluye la constante d_2, la cual se usa para estimar la desviación estándar de la distribución del proceso que se muestra en la figura 36.4 a partir de la ecuación

$$\sigma = \frac{\bar{R}}{d_2}. \tag{36.10}$$

Cuando la curva de una gráfica de control es como la que se muestra en la figura 36.5a, se dice que el proceso está en *buen control estadístico*, esto significa que

- No hay una tendencia discernible en el patrón de la curva.
- Los puntos (valores medidos) son aleatorios a lo largo del tiempo.
- Los puntos no exceden los límites de control.

Puede verse que en curvas como las de las figuras 36.6a, b y c hay ciertas *tendencias*. Por ejemplo, observe que a la mitad de la curva de la figura 36.6a, el diámetro de los ejes aumenta con el tiempo, razón por la que puede haber un cambio en alguna de las variables del proceso, como el desgaste de la herramienta de corte.

Si la tendencia es consistente hacia diámetros grandes, como en la curva de la figura 36.6b, con diámetros alrededor del límite superior de control, puede significar que los parámetros de preparación del torno sean incorrectos y, como resultado, las partes torneadas sean demasiado grandes de manera consistente. La curva de la figura 36.6c muestra dos tendencias distintas, que tal vez se deban a factores como un cambio en las propiedades del material en bruto o en el desempeño del fluido de corte (es decir, su degradación). Estas situaciones ponen al proceso *fuera de control*; para limitar este efecto en ocasiones se establecen límites a $\pm 2\sigma$.

El análisis de los patrones y tendencias en las gráficas de control requiere una experiencia considerable con el fin de identificar las causas específicas de una situación fuera de control. Entre dichas causas puede haber una o más de las variables que se listan al principio de la sección 36.7. El *exceso de control* del proceso de manufactura (es decir, establecer los límites de control superior e inferior demasiado cercanos entre sí, lo que resulta en un rango muy angosto de la desviación estándar) es otra causa de las situaciones fuera de control, es la razón por la cual los límites de control se calculan con base en la *variabilidad del proceso* y no en criterios potencialmente inaplicables.

Es evidente que la capacitación del operador es crítica para la implementación exitosa del SPC en el taller. Una vez establecidos los lineamientos de control del proceso, los operadores también deben tener alguna responsabilidad en hacer los ajustes de los procesos que comiencen a salirse de control. Las capacidades de los operadores individuales también se toman en cuenta de modo que no se les sobrecargue con datos de entrada y fallen en su interpretación.

Ahora esta tarea se simplifica mucho gracias a software especial. Por ejemplo, las lecturas digitales de los equipos electrónicos de medición se integran hoy directamente en un sistema de cómputo para el SPC en tiempo real. La figura 35.2 muestra uno de dichos sistemas de funciones múltiples en el que un microprocesador analiza la salida de un cali-

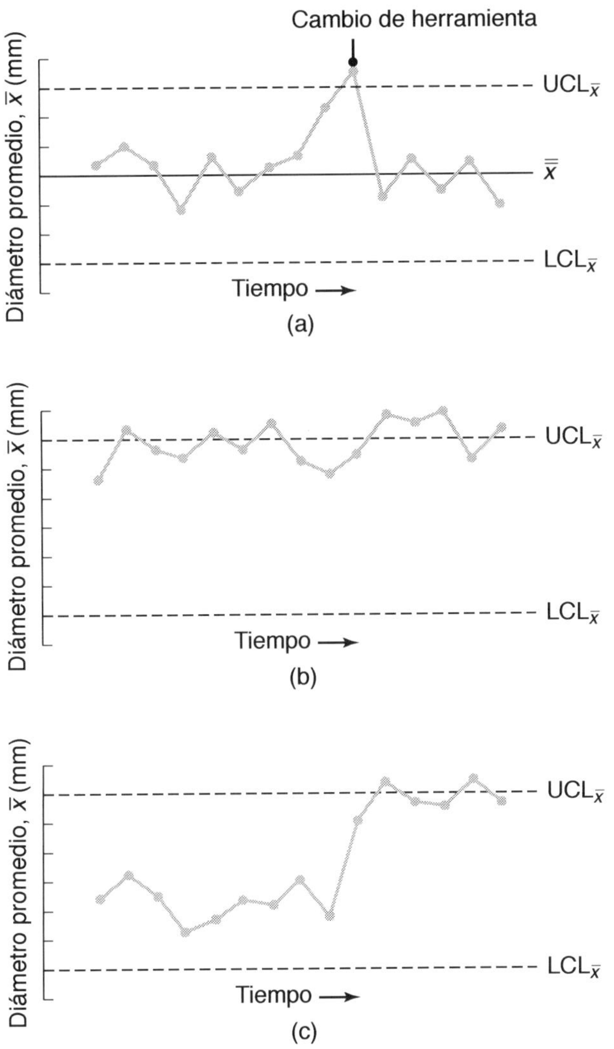

FIGURA 36.6 Gráficas de control. (a) El proceso comienza a salirse de control debido a factores como el desgaste de la herramienta (*inclinación*); se cambia la herramienta y el proceso está ahora bajo control estadístico. (b) Los parámetros del proceso no están establecidos apropiadamente; entonces todas las partes están alrededor del límite superior de control (*cambio de la media*). (c) El proceso queda fuera de control por factores como el cambio en las propiedades del material en bruto (*cambio de la media*).

brador o micrómetro digital, en tiempo real, y lo muestra en varias maneras como curvas de distribución de frecuencia y gráficas de control.

36.8.2 Capacidad del proceso

A la posibilidad de un proceso de producir partes sin defectos en una producción controlada se le denomina *capacidad del proceso*. Indica que un proceso de manufactura en particular produce partes de manera consistente y repetida dentro de límites específicos de precisión (figura 36.7). Para determinar la capacidad del proceso se usan varios índices que describen la relación entre la variabilidad del proceso y la dispersión de los límites inferior y superior de la especificación. Como es normal que un proceso de manufactura comprenda materiales, maquinaria y operadores, cuando las capacidades de un proceso no cumplen con los límites de la especificación se analiza cada factor individualmente con el fin de identificar el problema.

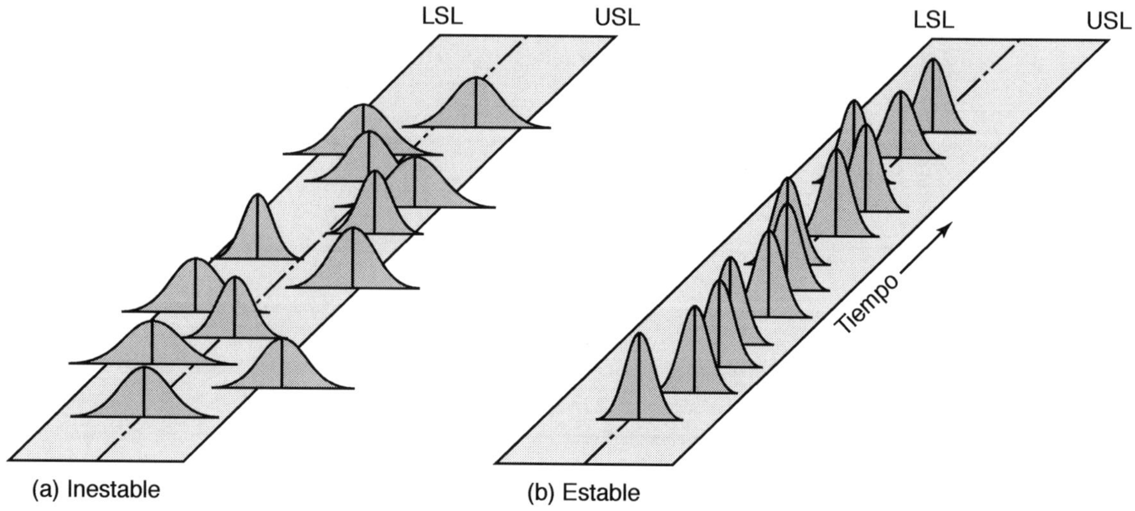

FIGURA 36.7 Ilustración de procesos que son (a) inestables o están fuera de control y (b) estables o están bajo control. Observe que en (b) todas las distribuciones tienen desviaciones estándar menores que las que se muestran en (a) y que sus medias están más cercanas al valor deseado. *Fuente:* Basado en K. Crow.

EJEMPLO 36.3 Cálculo de los límites del control y de la desviación estándar

Dado: Los datos que aparecen en la tabla 36.3 muestran mediciones de longitud (en pulgadas) tomadas sobre una pieza de trabajo maquinada. El tamaño de la muestra es 5 y el número de muestras es 10; entonces, el total de partes medidas es 50. La cantidad $\bar{x}$ es el promedio de las cinco mediciones de cada muestra.

Se solicita: Determinar los límites superior e inferior de control y la desviación estándar de la población de las partes maquinadas.

Respuesta: El promedio de los promedios, $\bar{\bar{x}}$, es

$$\bar{\bar{x}} = \frac{44.296}{10} = 4.430 \text{ pulg.}$$

El promedio de los valores R es

$$\bar{R} = \frac{1.03}{10} = 0.103 \text{ pulg.}$$

Como el tamaño de la muestra es cinco, se determinan las constantes siguientes a partir de la tabla 36.2: $A_2 = 0.577$, $D_4 = 2.115$ y $D_3 = 0$. Ahora se pueden calcular los límites de control a partir de las ecuaciones (36.4) a (36.7).

TABLA 36.3

Datos para el ejemplo 36.3

Número de muestra	x_1	x_2	x_3	x_4	x_5	$\bar{x}$	R
1	4.46	4.40	4.44	4.46	4.43	4.438	0.06
2	4.45	4.43	4.47	4.39	4.40	4.428	0.08
3	4.38	4.48	4.42	4.42	4.35	4.410	0.13
4	4.42	4.44	4.53	4.49	4.35	4.446	0.18
5	4.42	4.45	4.43	4.44	4.41	4.430	0.04
6	4.44	4.45	4.44	4.39	4.40	4.424	0.06
7	4.39	4.41	4.42	4.46	4.47	4.430	0.08
8	4.45	4.41	4.43	4.41	4.50	4.440	0.09
9	4.44	4.46	4.30	4.38	4.49	4.414	0.19
10	4.42	4.43	4.37	4.47	4.49	4.436	0.12

Entonces, para los promedios,

$$\mathrm{UCL}_{\bar{x}} = 4.430 + (0.577)(0.103)$$
$$= 4.489 \text{ pulg.}$$

y

$$\mathrm{LCL}_{\bar{x}} = 4.430 - (0.577)(0.103)$$
$$= 4.371 \text{ pulg.}$$

Para los rangos,

$$\mathrm{UCL}_R = (2.115)(0.103) = 0.218 \text{ pulg.}$$

y

$$\mathrm{LCL}_R = (0)(0.103) = 0 \text{ pulg.}$$

De la ecuación (36.10), para un valor de $d_2 = 2.326$, la desviación estándar, σ, para la población se estima como

$$\sigma = \frac{0.103}{2.326} = 0.044 \text{ pulg.}$$

36.8.3 Muestreo de aceptación y control

El *muestreo de aceptación* consiste en tomar algunas muestras aleatorias de un lote para inspeccionarlas y decidir si todo el lote es aceptable o debe rechazarse, o manufacturarlo de nuevo. Esta técnica estadística se desarrolló en la década de 1920, se usó mucho durante la Segunda Guerra Mundial para elaborar equipos militares (MIL STD 105), y aún se utiliza ampliamente. El muestreo de aceptación es útil en particular para inspeccionar partes con gran producción cuando sería demasiado costoso inspeccionar al 100%. Hay determinados equipos críticos, como marcapasos y prótesis, por ejemplo, que deben sujetarse a 100% de inspección.

Se han preparado varios planes de muestreo de aceptación, tanto para estándares militares como nacionales en Estados Unidos, con base en una proporción aceptable, predeterminada y limitada de partes incluidas en una muestra que no cumplan los requerimientos establecidos. Si dicho porcentaje se rebasa, todo el lote se rechaza o se elabora de nuevo, si fuera factible en lo económico. Tenga presente que en el muestreo de aceptación el número real de muestras es significativo, pero no los porcentajes del lote que están en la muestra.

Cuanto más grande sea el número de muestras tomadas de un lote, mayor es la probabilidad de que una de ellas contenga partes defectuosas y menor es la probabilidad de aceptar el lote. La **probabilidad** se define como la ocurrencia relativa de un evento. La probabilidad de aceptación se obtiene por medio de varias curvas características, un ejemplo de lo cual se muestra en la figura 36.8.

Comúnmente, el **nivel de calidad de aceptación** (AQL, por sus siglas en inglés) se define como el nivel en el que hay una probabilidad de 95% de aceptar el lote. Este porcentaje indica al fabricante que 5% de las partes del lote podrían ser rechazadas por el consumidor (**riesgo del productor**); de la misma manera, el consumidor sabe que 95% de las partes son aceptables (riesgo del consumidor).

El fabricante puede rescatar aquellos lotes que no cumplan los estándares de calidad, por medio de una inspección secundaria de rectificación. En este método se inspecciona 100% del lote rechazado y se retiran las partes defectuosas. El proceso es lento y costoso y es un incentivo importante para el fabricante para que mejore sus procesos de producción.

El muestreo de aceptación requiere menos tiempo e inspecciones que otros métodos de muestreo. En consecuencia, la inspección de las partes es más detallada. Se han desarrollado técnicas de inspección automática (sección 36.12) de modo que puede ser posible y económico inspeccionar 100% de todas las partes.

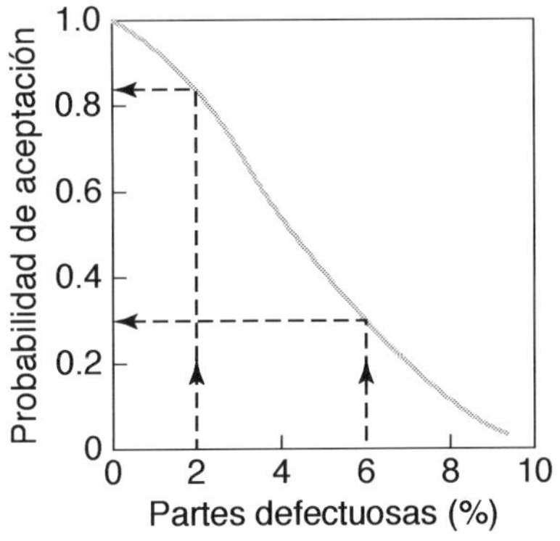

FIGURA 36.8 Curva común de características de operación que se usa en el muestreo de aceptación; cuanto más grande sea el porcentaje de partes defectuosas, menor será la probabilidad de aceptación por parte del consumidor.

36.9 Confiabilidad de los productos y procesos

Todos los productos fallan eventualmente, de una u otra manera: las llantas de los automóviles se desgastan, los motores eléctricos se queman, los calentadores de agua comienzan a gotear, los dados y herramientas de corte se desgastan o rompen y la maquinaria deja de funcionar apropiadamente. La **confiabilidad del producto** se define en general como la probabilidad de que un producto desempeñe sin fallas la función para la que se diseñó, en un ambiente dado y durante un periodo específico de uso normal por parte del consumidor.

Cuanto más crítica sea la aplicación de un producto en particular, mayor debe ser su confiabilidad. Así, la confiabilidad de una turbina de avión, un instrumento médico o un cable de elevador, por ejemplo, debe ser mucho mayor que la de un grifo de cocina o un lapicero. A partir de los temas descritos en este capítulo, se puede observar que a medida que se incrementa la calidad de cada componente de un producto, también lo hace la confiabilidad de la totalidad del producto.

Predecir la confiabilidad implica relaciones matemáticas y cálculos complejos. Es obvia la importancia de predecir la confiabilidad de los componentes críticos de los aviones civiles y militares. También es importante la confiabilidad de una línea de producción de alta velocidad, automatizada y controlada por computadora, con todos sus complejos componentes mecánicos y electrónicos, ya que su falla ocasiona grandes pérdidas económicas para el fabricante.

La **confiabilidad del proceso** se define como la capacidad de que un proceso de manufactura en particular opere de manera predecible y sin problemas a lo largo del tiempo. Está implícito que no debe haber un deterioro significativo en el desempeño, pues de otra manera se requeriría apagar las máquinas, interrumpir la producción y tener una pérdida económica importante.

36.10 Pruebas no destructivas

Las *pruebas no destructivas* (NDT, por sus siglas en inglés) se llevan a cabo de manera que la integridad del producto y la textura de su superficie no sufren cambios. Las técnicas empleadas por lo general requieren un operador de considerable habilidad y la interpretación exacta de los resultados de la prueba, que puede ser difícil de ejecutar. Sin embargo, el amplio uso de gráficas de computadora y otras técnicas de mejora ha reducido en forma significativa la probabilidad de un error humano. Los sistemas actuales tienen varias capacidades para obtener datos y hacer el análisis cualitativo y cuantitativo de la inspección.

Líquidos penetrantes. En esta técnica se aplican fluidos a las superficies de la parte y se permite que penetren en grietas, sellos y poros (figura 36.9). Por capilaridad, el líquido se filtra en grietas tan pequeñas de hasta 0.1 μm (4 μpulg) de ancho. Dos tipos comunes de líquido que se utilizan para esta prueba son (a) *penetrantes fluorescentes*, con varias sensibilidades y que fosforecen ante luz ultravioleta, y (b) *penetrantes visibles*, que usan colorantes (rojo, generalmente) y aparecen como líneas brillantes en la superficie de la pieza de trabajo.

El método de los líquidos penetrantes se usa para detectar varios defectos de la superficie. El equipo es sencillo y fácil de usar, portátil y menos costoso de operar que otros métodos. Sin embargo, el método sólo detecta defectos que estén abiertos a la superficie o sean externos.

Inspección de partículas magnéticas. Esta técnica consiste en colocar partículas ferromagnéticas muy finas sobre la superficie de la parte. Las partículas se aplican secas o en un medio líquido, como agua o aceite. Cuando la parte es magnetizada por un campo magnético, una discontinuidad (defecto) presente en la superficie hace que las partículas se agrupen visiblemente alrededor del defecto (figura 36.10). Las partículas

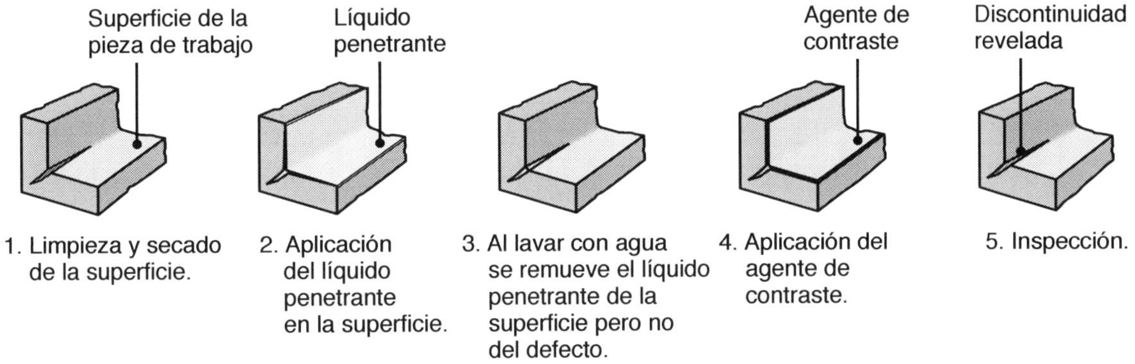

FIGURA 36.9 Secuencia de operaciones de la inspección con líquido penetrante para detectar la presencia de grietas y otros defectos en una pieza de trabajo. *Fuente:* Reimpreso con permiso de ASM International. Todos los derechos reservados. www.asminternational.org.

ferromagnéticas se colorean con pigmentos para darles mejor visibilidad sobre superficies metálicas.

Después, el defecto se convierte en un imán debido a las fugas de flujo en las que las líneas del campo magnético son interrumpidas por el defecto; a su vez, esto crea un polo *N-S* a pequeña escala en cualquier lado del defecto conforme las líneas del campo salen de la superficie. Las partículas por lo general adoptan la forma y el tamaño del defecto. Con este método también pueden detectarse defectos bajo la superficie, siempre y cuando no sean demasiado profundos. Los campos magnéticos se generan con corriente directa o alterna y con arneses, barras y bobinas. Los defectos bajo la superficie se detectan mejor con CD. El método de las partículas magnéticas también se usa en materiales ferromagnéticos puros, pero las partes tienen que desmagnetizarse y limpiarse después de la inspección. El equipo es portátil o estacionario.

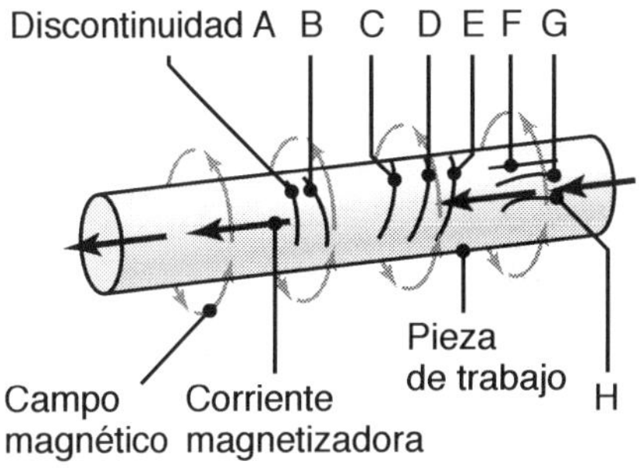

FIGURA 36.10 Ilustración esquemática de la inspección con partículas magnéticas de un producto que tiene un defecto. Las grietas en dirección paralela al campo magnético (como la discontinuidad A) no serían detectadas, en tanto que las otras que se muestran sí lo serían. Las discontinuidades F, G y H son las más fáciles de detectar. *Fuente:* Reimpreso con permiso de ASM International. Todos los derechos reservados. www.asminternational.org.

Inspección ultrasónica. En esta técnica un haz ultrasónico recorre la parte; un defecto interno (como una grieta) interrumpe el haz y refleja una parte de la energía ultrasónica. La amplitud de la energía reflejada y el tiempo requerido para su regreso indican la presencia y ubicación de cualquier defecto en la pieza de trabajo.

Las ondas ultrasónicas son generadas por transductores, llamados *unidades* o *sondas rastreadoras*, que existen en varios tipos y formas. Los transductores operan con el principio de la *piezoelectricidad* (sección 3.7) y usan materiales como el cuarzo, sulfato de litio o varios cerámicos. La mayoría de las inspecciones se efectúan a una frecuencia de 1 a 25 MHz. Los acopladores, como agua, aceite, glicerina y grasa, se usan para transmitir las ondas ultrasónicas del transductor a la pieza de prueba. El método de la inspección ultrasónica tiene gran poder de penetración y sensibilidad. También se puede usar desde varias direcciones para inspeccionar defectos en partes grandes como ruedas de ferrocarril, recipientes a presión y bloques de dados. El método requiere personal experimentado para realizar la inspección en forma adecuada e interpretar los resultados correctamente.

Métodos acústicos. La **técnica de emisión acústica** (vea también la sección 21.5.4) detecta señales (ondas de esfuerzos de alta frecuencia) generadas por la pieza de trabajo en sí durante su deformación plástica, el inicio y propagación de grietas, su transformación de fase y una reorientación abrupta de los límites de grano. Otras fuentes de señales acústicas son la formación de burbujas durante la ebullición de un líquido y la fricción y desgaste de superficies deslizantes.

La inspección por emisión acústica se suele realizar sometiendo a tensión elástica la parte o estructura, como flexionar una viga, aplicar un par motor a un eje o por presurización interna de un recipiente. Es común que sensores constituidos por elementos cerámicos piezoeléctricos sean los que detecten las emisiones acústicas. Este método es eficaz en particular para la vigilancia continua de estructuras con rodamientos de carga.

La **técnica de impacto acústico** consiste en golpear la superficie de un objeto, escuchar las señales producidas y analizarlas para detectar discontinuidades y defectos. El principio es básicamente el mismo que cuando se golpean paredes, escritorios o mostradores en varios lugares, con un dedo o martillo, y se escucha el sonido emitido. Las piedras de rectificado vitrificadas (sección 26.2) se prueban de una manera parecida (llamada *prueba de anillo*) para detectar grietas que podrían no ser visibles a simple vista. La técnica de impacto acústico es fácil de efectuar y se puede instrumentar y automatizar.

Radiografía. La *radiografía* comprende la inspección con rayos X para detectar defectos internos como grietas y porosidad. La técnica detecta diferencias en la densidad al interior de una parte. Así, por ejemplo, en una imagen de rayos X el metal que rodea a un defecto en general es más denso y se ve más brillante que los defectos. La fuente de radiación generalmente es un tubo de rayos X y se forma una imagen permanente y visible en una película o papel radiográfico (figura 36.11a). Para producir muy rápido imágenes de rayos X también se usan **fluoroscopios**; se trata de una técnica de radiografía en tiempo real que muestra los eventos a medida que ocurren. La radiografía requiere equipo caro y la interpretación apropiada de los resultados, además conlleva el peligro de la radiación.

Tres técnicas radiográficas son:

- **Radiografía digital.** La película es sustituida por un arreglo lineal de detectores (figura 36.11b). El haz de rayos X tiene una colimación en forma de abanico (compare las figuras a y b) y la pieza de trabajo se mueve en forma vertical. Los detectores captan digitalmente la radiación y los datos se guardan en la memoria de una computadora; después el monitor despliega los datos de la pieza de trabajo como una imagen en dos dimensiones.

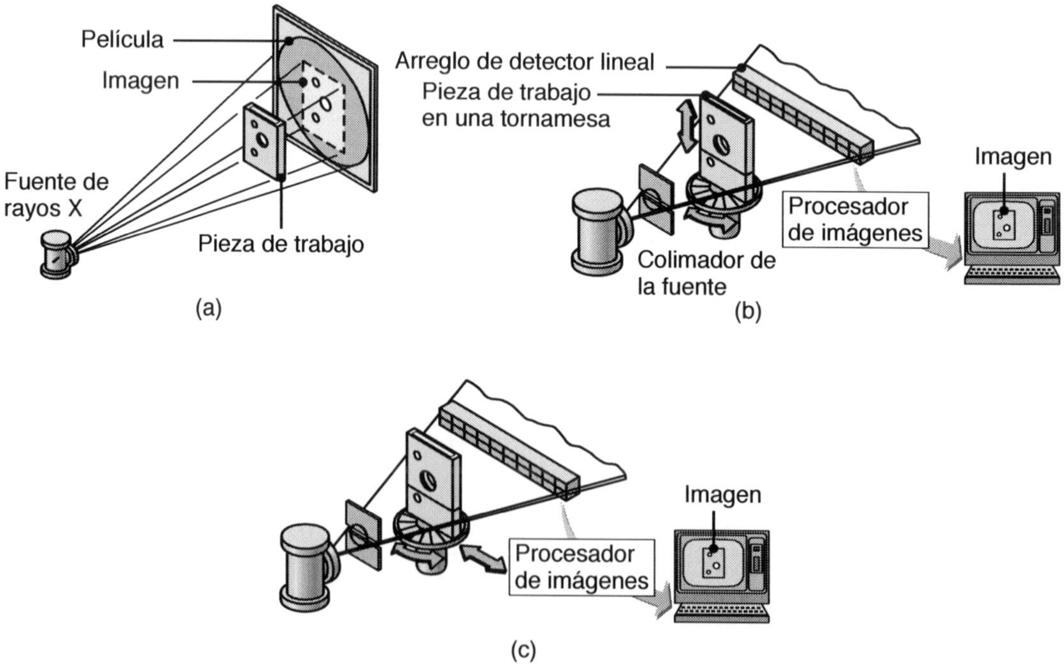

FIGURA 36.11 Tres métodos de inspección radiográfica: (a) radiografía convencional; (b) radiografía digital y (c) tomografía computarizada. *Fuente:* Reimpreso con permiso de ASM International. Todos los derechos reservados. www.asminternational.org.

- **Tomografía computarizada.** Esta técnica se basa en el mismo sistema descrito para la radiografía digital, excepto que la pieza de trabajo gira a lo largo de un eje vertical conforme se mueve verticalmente (figura 36.11c) y el monitor produce imágenes de rayos X de secciones transversales delgadas de la pieza de trabajo. La traslación y rotación de la pieza de trabajo proporcionan varios ángulos desde los cuales se observa el objeto con precisión.
- **Tomografía asistida por computadora (escaneo CAT**, por sus siglas en inglés). Esta técnica se basa en el mismo principio que la anterior y se usa mucho en la práctica y el diagnóstico médicos.

Inspección por corrientes parásitas (de Eddy). Este método se basa en el principio de *inducción electromagnética*. La parte se sitúa en o junto a una bobina eléctrica por la que fluye una corriente alterna (excitadora) a frecuencias de 60 Hz a 6 MHz. La corriente genera corrientes parásitas que fluyen en la parte. Los defectos presentes en la parte causan impedancia, cambian la dirección de las corrientes parásitas (figura 36.12) y producen cambios en el campo electromagnético. Estos cambios afectan a la bobina excitadora (bobina de inspección), cuyo voltaje se monitorea para determinar la presencia de defectos. Las bobinas de inspección se pueden fabricar en varios tamaños y formas para adaptarse a la parte que se inspecciona. Las partes deben ser conductoras de electricidad y la profundidad a que se detectan los defectos suele limitarse a 13 mm (0.5 pulg). La técnica requiere utilizar una muestra estándar de referencia para calibrar la sensibilidad del equipo de prueba.

Inspección térmica. La *inspección térmica* implica el uso de sensores del calor por contacto o no contacto que detectan cambios de temperatura. Los defectos en la pieza de trabajo (como grietas y uniones defectuosas, regiones despegadas en las estructuras laminadas) causan un cambio en la distribución de la temperatura. En la **inspección termográfica** se aplican materiales como pinturas y papeles sensibles al calor, cristales líquidos y otros recubrimientos, a la superficie de la pieza de trabajo; cualquier cambio en su color o aspecto indican defectos. El método más común de inspección termográfica sin contacto utiliza detectores infrarrojos (por lo general microscopios y cámaras de barrido infrarrojo) que tienen una respuesta buena en el tiempo y sensibilidades muy bajas, de hasta 1 °C (2 °F). La **inspección termométrica** utiliza dispositivos como termopares, radiómetros y pirómetros, e inclusive materiales como crayones de cera.

Holografía. La *técnica holográfica* crea una imagen tridimensional de la parte por medio de un sistema óptico (figura 36.13). Como por lo general se usa en formas simples y superficies muy pulidas, esta técnica registra la imagen en una película fotográfica.

El uso de la holografía se ha extendido a la **interferometría holográfica** para la inspección de partes de varias formas y rasgos de su superficie. Al emplear técnicas de doble y múltiple exposición, mientras la parte se sujeta a fuerzas externas o variaciones dependientes del tiempo, cualquier cambio en las imágenes revela defectos en la parte.

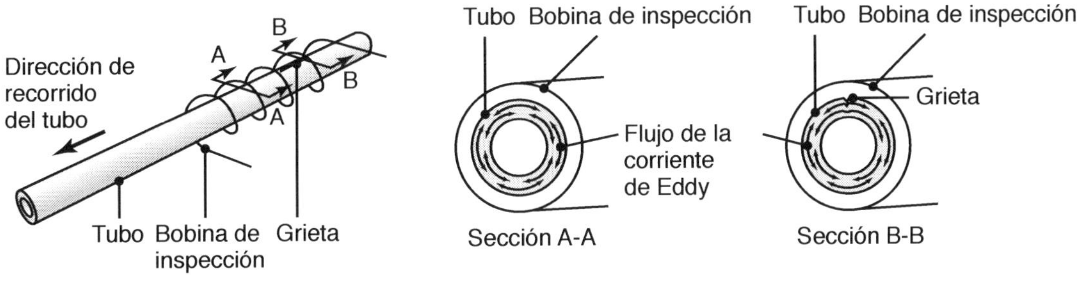

FIGURA 36.12 Cambios en el flujo de una corriente parásita causados por un defecto en una parte. *Fuente:* Reimpreso con permiso de ASM International. Todos los derechos reservados. www.asminternational.org.

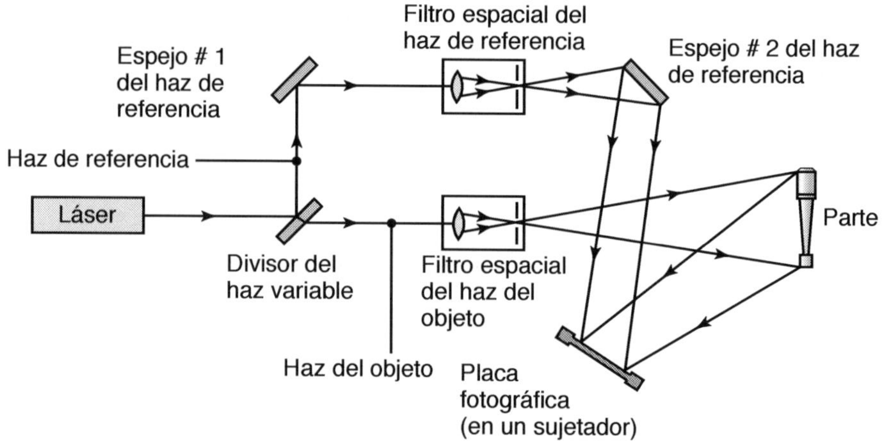

FIGURA 36.13 Ilustración esquemática del sistema óptico básico usado en elementos holográficos de radiografía para detectar defectos. *Fuente:* Reimpreso con permiso de ASM International. Todos los derechos reservados. www.asminternational.org.

- **Holografía acústica.** La información acerca de defectos internos se obtiene directamente a partir de la imagen del interior de la parte. En la *holografía acústica de superficie líquida*, se sumergen en un tanque lleno de agua la parte y dos transductores ultrasónicos (uno para el haz del objeto y otro para el haz de referencia). Entonces se obtiene una imagen a partir de las ondas formadas en el tanque.
- **Holografía acústica de barrido.** Se usa un solo transductor y se produce un holograma por medio de la detección de fase electrónica. Además de ser más sensible, el equipo en general es portátil y se adapta a piezas de trabajo muy grandes utilizando una columna de agua en lugar de un tanque.

36.11 Pruebas destructivas

Como lo sugiere el nombre, la parte que se estudia con métodos de *pruebas destructivas* no conserva su integridad, forma o características de su superficie. Los métodos mecánicos de prueba, descritos en el capítulo 2, son todos destructivos en el sentido de que tiene que retirarse del producto una muestra o espécimen con el fin de someterlo a la prueba. Ejemplos de otras pruebas destructivas incluyen la de la velocidad de piedras de rectificado para determinar su velocidad de falla (sección 26.4) y la prueba de alta presión de recipientes para determinar su presión de falla.

Las pruebas de dureza que dejan indentaciones relativamente grandes (figuras 2.13 y 2.14) también se consideran destructivas. Sin embargo, las pruebas de microdureza se consideran no destructivas debido al pequeño tamaño de las indentaciones permanentes que se producen; esta diferencia se basa en la suposición de que el material no es sensible a las indentaciones (vea la sección 2.9), como es común en el caso de los materiales frágiles. Por lo general, la mayoría de vidrios, metales muy tratados con calor y los materiales cerámicos son sensibles a las indentaciones; en consecuencia, una pequeña indentación producida por el probador reduce significativamente su resistencia y tenacidad.

36.12 Inspección automatizada

Por tradición, las partes y subensambles individuales se manufacturan en lotes, se envían a laboratorios de control de calidad (**inspección posproceso**) y, si aprueban, pasan a formar parte del inventario. Si las partes no pasan la inspección de calidad, se les desecha o se conservan y utilizan sobre la base de que tienen cierta desviación aceptable a partir del estándar. Las partes también se pueden inspeccionar inmediatamente después de que se producen (**inspección durante el proceso**).

En contraste, la *inspección automatizada* utiliza varios sistemas de sensores que monitorean los parámetros relevantes durante la operación de manufactura (**inspección en línea**). Con el empleo de las mediciones obtenidas, el proceso se autocorrige en forma automática con el fin de producir partes aceptables. De esa manera es innecesario tener más inspección de la parte en otro sitio de la planta. El desarrollo de sensores exactos y sistemas avanzados de control por computadora ha facilitado mucho la integración de la inspección automatizada con las operaciones de manufactura (capítulos 37 y 38). Esa integración asegura que ninguna parte avance de un proceso a otro (como una operación de torneado seguida de otra de rectificado cilíndrico) a menos que esté hecha correctamente y cumpla con los estándares establecidos en la primera operación.

La inspección automatizada es flexible y responde a los cambios de diseño del producto. Además, gracias al equipo automatizado se requiere menos habilidad del operador, se incrementa la productividad y las partes tienen más calidad, exactitud dimensional y confiabilidad.

Sensores para la inspección automatizada. Los continuos avances en la tecnología de sensores, descrita en la sección 37.7, han hecho factible el monitoreo en tiempo real de los procesos de manufactura. Directa o indirectamente, y con el uso de diferentes sondas, los sensores detectan dimensiones, acabado de la superficie, temperatura, fuerza, potencia, vibración, desgaste de la herramienta y la presencia de defectos.

Los sensores operan con base en los principios de las medidas de voltaje, inductancia, capacitancia, medición ultrasónica, acústica, neumática, por radiación infrarroja, óptica, láseres o diferentes medidas electrónicas. Pueden ser *táctiles* (con contacto) o *no táctiles*. Están conectados con microprocesadores y computadoras para mostrar datos gráficos (vea también *controladores lógicos programables*, sección 37.2.6). Esta capacidad permite el ajuste rápido en línea de cualquier parámetro del procesamiento, lo que da como resultado la producción de partes que están consistentemente dentro de los estándares especificados. Dichos sistemas ya son un equipo estándar en las máquinas herramienta (descritas en la parte IV de este libro).

RESUMEN

- La calidad debe construirse en los productos. El aseguramiento de la calidad tiene que ver con varios aspectos de la producción, como diseño, manufactura, ensamble y, especialmente, la inspección en cada una de sus etapas para estar de acuerdo con las especificaciones.
- El método tradicional de inspeccionar una parte después de haber sido fabricada ha sido sustituido en gran medida por la inspección en línea y de 100% de todas las partes que se manufacturan.
- El control estadístico de la calidad y el control del proceso son indispensables en la manufactura moderna; son importantes en particular en la producción de partes intercambiables y en la reducción de los costos de manufactura.
- Aunque todos los métodos del control de calidad tienen sus límites de aplicación, la implementación de la administración total de la calidad, los estándares ISO y QSO 9000, así como el ISO 14000, están entre los desarrollos más significativos de la administración de la calidad en la manufactura.
- Para la inspección de las partes producidas existen varias técnicas de pruebas no destructivas y destructivas, cada una de las cuales tiene sus propias aplicaciones, ventajas y limitaciones.

TÉRMINOS CLAVE

Administración total de la calidad
Aseguramiento de la calidad
Calidad
Capacidad del proceso
Causa común
Causa especial
Círculo de calidad
Confiabilidad
Confiabilidad del proceso
Confiabilidad del producto
Control estadístico de la calidad
Control estadístico del proceso
Control total de la calidad
Curva de la distribución normal
Desviación estándar
Diseño de experimentos
Diseño factorial
Dispersión
Distribución
Distribución de frecuencia
Estadística
Estándares ISO
Estándares QS
Función de pérdida de Taguchi
Gráficas de control
Gráficas de control de Shewhart
Gran promedio
Inspección automatizada
Kaizen
Límite inferior de control
Límite superior de control
Límites de control
Límites de la especificación
Mejora continua
Método de atributos
Método de variables
Métodos de Deming
Métodos de Juran
Métodos Taguchi
Muestreo aleatorio
Muestreo de aceptación
Nivel de calidad de aceptación
Población
Prevención de defectos
Probabilidad
Pruebas destructivas
Pruebas no destructivas
Rango
Retorno económico de la calidad
Riesgo del consumidor
Riesgo del productor
Robustez
Seis sigma
Sensores
Sistemas de administración ambiental
Tamaño de la muestra
Tamaño del lote
Variabilidad
Variaciones aleatorias
Variaciones asignables

BIBLIOGRAFÍA

Allen, T. T., **Introduction to Engineering Statistics and Lean Sigma: Statistical Quality Control and Design of Experiments and Systems**, 2a. ed., Springer, 2010.
Bendell, A., **Taguchi Methods**, Springer, 2007.
Besterfield, D. H., **Quality Control**, 8a. ed., Prentice Hall, 2008.
Breyfogl, F. W., **Implementing Six Sigma**, Wiley, 2003.
De Feo, J. y Juran, J. M., **Juran's Quality Handbook**, 6a. ed., McGraw-Hill, 2010.
DeVor, R. E., Chang T. y Sutherland, J. W., **Statistical Quality Design and Control**, 2a. ed., Prentice Hall, 2006.
Fowlkes, W. Y., **Engineering Methods for Robust Product Design: Using Taguchi Methods in Technology and Product Development**, Pearson/Education, 2012.
Imai, M., **Gemba Kaizen: A Commonsense Approach to Continuous Improvement**, 2a. ed., McGraw-Hill, 2012.
Joglekar, A., **Statistical Methods for Six Sigma: In R&D and Manufacturing**, Wiley, 2004.
Montgomery, D. C., **Introduction to Statistical Quality Control**, 7a. ed., Wiley, 2012.
Pyzdek, T. y Keller, P., **The Six Sigma Handbook**, 3a. ed., McGraw-Hill, 2009.
Ryan, T. P., **Modern Experimental Design**, Wiley, 2007.
Ryan, T. P., **Statistical Methods for Quality Engineering**, 3a. ed., Wiley, 2011.
Schilling, E. G. y Neubauer, D. V., **Acceptance Sampling in Quality Control**, 2a. ed., Chapman y Hall/CRC, 2009.
Smith, G. M., **Statistical Process Control and Quality Improvement**, 5a. ed., Prentice Hall, 2003.
Taguchi, G., Chowdhury, S. y Wu, Y., **Taguchi's Quality Engineering Handbook**, Wiley-Interscience, 2004.
Wang, J. X., **Engineering Robust Designs with Six Sigma**, Prentice Hall, 2005.
Yang, G., **Life Cycle Reliability Engineering**, Wiley, 2007.

PREGUNTAS DE REPASO

36.1 Defina los términos tamaño de la muestra, muestreo aleatorio, población y tamaño del lote.
36.2 ¿Qué son las variaciones aleatorias?
36.3 Explique la diferencia entre el método de variables y el método de atributos.
36.4 Defina la desviación estándar. ¿Por qué es importante en la manufactura?
36.5 Describa qué significa el control estadístico del proceso.
36.6 ¿Cuándo se encuentra fuera de control un proceso? Explique.
36.7 Explique por qué se desarrollan las gráficas de control. ¿Cómo se usan?
36.8 ¿Qué es una función de pérdida? ¿Cómo se usa?
36.9 ¿Qué indican los límites de control?
36.10 Defina la capacidad del proceso. ¿Cómo se usa?
36.11 ¿Qué es el muestreo de aceptación? ¿Por qué se desarrolló?
36.12 Investigue en la bibliografía técnica y explique la diferencia entre la confiabilidad en serie y en paralelo.
36.13 ¿Qué significa la calidad seis sigma?

36.14 Explique la diferencia entre (a) probabilidad y confiabilidad y (b) robustez y confiabilidad.

36.15 ¿Cómo se usan los líquidos penetrantes y qué pueden detectar?

36.16 Dé tres ejemplos de pruebas no destructivas que midan propiedades de los materiales.

PROBLEMAS CUALITATIVOS

36.17 Explique por qué se hacen esfuerzos continuos para construir calidad en los productos.

36.18 Dé ejemplos de productos para los que no es posible o factible hacer muestreo de 100%.

36.19 ¿Cuál es la consecuencia de establecer las especificaciones inferior y superior cerca del pico de la curva en la figura 36.4?

36.20 Identifique varios factores que hagan que un proceso se salga de control.

36.21 Describa situaciones en las que sea inevitable la necesidad de técnicas de prueba destructivas.

36.22 ¿Cuáles de las técnicas de inspección no destructiva son apropiadas para los materiales no metálicos? ¿Por qué?

36.23 ¿Cuáles son las ventajas de la inspección automatizada? ¿Por qué se ha convertido en parte importante de la ingeniería de manufactura?

36.24 ¿Por qué es importante la confiabilidad en la ingeniería de manufactura? Dé varios ejemplos.

36.25 Dé ejemplos de la técnica de inspección por impacto acústico que no sean los mencionados en este capítulo.

36.26 Explique por qué las mediciones *PASA* y *NO PASA* (vea la sección 35.4.4) son incompatibles con la filosofía Taguchi.

36.27 Revise el caso de estudio 36.1 y haga una lista de las lecciones importantes que se ilustran.

36.28 Ponga en una lista las ventajas y desventajas de incorporar la fluoroscopia como herramienta de inspección en línea.

36.29 Busque en la bibliografía técnica y dé ejemplos de diseño robusto, además del que se muestra en la figura 36.1.

36.30 ¿La ecuación (36.10) dará resultados exactos? ¿Por qué sí o por qué no?

36.31 ¿Qué es la función de pérdida de Taguchi? ¿Cuál es su importancia?

PROBLEMAS CUANTITATIVOS

36.32 Los fabricantes de latas para bebidas tratan de lograr rangos de falla de menos de una en diez mil. Si esto corresponde a una calidad de n sigma, encuentre el valor de n.

36.33 Suponga que en el ejemplo 36.3, el número de muestras es de 8 y no de 10. Con el empleo de la mitad superior de los datos de la tabla 36.3, vuelva a calcular los límites de control y la desviación estándar. Compare sus observaciones con los resultados obtenidos usando 10 muestras.

36.34 Calcule los límites de control para los promedios y rangos para (a) número de muestras = 8, (b) $\bar{\bar{x}} = 65$ y (c) $R = 6$.

36.35 Calcule los límites de control para (a) número de muestras = 6, (b) $\bar{\bar{x}} = 36.5$ y (c) $UCL_R = 5.75$.

36.36 En una inspección con un tamaño de muestra de 12 y número de muestras de 40, se encontró que el rango promedio era de 14 y el promedio de los promedios era 80. Calcule los límites de control para promedios y rangos.

36.37 Determine los límites de control para los datos mostrados en la tabla siguiente:

x_1	x_2	x_3	x_4
0.57	0.61	0.50	0.55
0.59	0.55	0.60	0.58
0.55	0.50	0.55	0.51
0.54	0.57	0.50	0.50
0.58	0.58	0.60	0.56
0.60	0.61	0.55	0.61
0.58	0.55	0.61	0.53

36.38 Se determinó que el promedio de los promedios de un número de muestras de tamaño 9 fue 124. El rango de promedios era de 17.82 y la desviación estándar de 4. Las siguientes mediciones se tomaron de una muestra: 121, 130, 125, 130, 119, 131, 135, 121 y 128. ¿Está el proceso bajo control?

36.39 Un fabricante está haciendo baleros de rodamientos (vea la figura 13.15a). La superficie interior tiene una especificación para la rugosidad de la superficie de 0.10 ± 0.006 μm. Las mediciones tomadas en los baleros indican una rugosidad media de 0.112 μm, con desviación estándar de 0.02 μm. Se manufacturan 5000 baleros por mes y el costo de rechazar uno defectuoso es de $10.00. Se sabe que si se cambiaran los lubricantes por una emulsión especial la rugosidad media sería esencialmente igual a la especificación de diseño. ¿Cuál es el costo adicional por mes que justifica el lubricante?

36.40 Para los datos del problema 36.39, suponga que el cambio de lubricante haría que el proceso de manufactura produjera una rugosidad de 0.10 ± 0.01 μm. ¿Qué costo adicional por mes justificaría cambiar el lubricante? Si el lubricante no agregara ningún costo nuevo, ¿usted recomendaría su empleo?

SÍNTESIS, DISEÑO Y PROYECTOS

36.41 ¿Cuáles aspectos de los conceptos del control de calidad de Deming, Taguchi y Juran son en su opinión difíciles de implementar en una instalación de manufactura común? ¿Por qué?

36.42 Describa sus reflexiones acerca de si los productos deben diseñarse y construirse para cierta vida esperada. ¿Dependería su respuesta de si fueran productos para el consumidor o industriales? Explique.

36.43 Investigue en la bibliografía técnica disponible, contacte a varias asociaciones y prepare una tabla exhaustiva acerca de la esperanza de vida de varios productos para el consumidor.

36.44 Los 14 puntos de Deming se formularon como las características de una compañía que produce artículos de alta calidad, de modo que se produzcan muy pocos defectos. ¿Podrían usarse las mismas reglas para minimizar la huella de carbono de una empresa? Explique.

36.45 ¿Sería deseable incorporar técnicas de inspección no destructiva en la maquinaria para trabajar metales? Dé un ejemplo específico, elabore un dibujo de dicha máquina y explique sus características.

36.46 Mencione algunas variables del material y del proceso que inciden en la calidad del producto en el trabajo de metales por (a) fundido, (b) formado y (c) maquinado.

36.47 Identifique las técnicas no destructivas que son capaces de detectar defectos internos y las que sólo detectan los externos.

36.48 Explique la diferencia entre la inspección de partes manufacturadas durante el proceso y posterior a éste. ¿Qué tendencias hay en dichas inspecciones? Explique.

36.49 Revise la tabla 36.1 y describa los cambios que ocurrirían si su profesor incorporara los 14 puntos de Deming.

36.50 Muchos componentes de productos tienen un efecto mínimo en la robustez y calidad de la parte. Por ejemplo, las bisagras de la guantera de un automóvil no tienen ningún efecto en la satisfacción del cliente, además la guantera se abre con tan poca frecuencia que es fácil lograr un diseño robusto. ¿Usted aconsejaría usar los métodos Taguchi (como la función de pérdida) en este tipo de componente? Explique.

36.51 Se le pide que diseñe un sistema de inspección automática para una operación de corte ortogonal (sección 21.2). ¿Qué propiedad o propiedades trataría de medir y con qué instrumentos o sondas?

La manufactura en un ambiente competitivo

PARTE IX

En un mercado global altamente competitivo en cuanto a bienes para el consumidor e industriales, los avances en los procesos, maquinaria, herramientas y operaciones de manufactura están impulsados por metas que pueden resumirse como sigue:

- Los productos deben cumplir completamente los **requerimientos, especificaciones** y **estándares** de **diseño** y **servicio.**
- Las actividades de manufactura deben buscar continuamente mayores niveles de **calidad** y **productividad**; la calidad debe construirse en el producto en cada etapa del diseño y de la manufactura.
- Los procesos y operaciones de manufactura deben tener **flexibilidad** suficiente para responder con rapidez a las demandas en constante cambio del mercado.
- Deben explorarse e implementarse los **métodos más económicos** de manufactura.

Aunque las máquinas herramienta de control numérico, que iniciaron a principios de la década de 1950, fueron un factor clave para llegar a la manufactura moderna, gran parte del avance en las actividades manufactureras depende de nuestra capacidad para considerar dichas actividades y operaciones como un *gran sistema*, con interacciones que con frecuencia son complejas entre todos sus componentes. Con la aplicación del *método de sistemas* en la manufactura, varias funciones y actividades que por largo tiempo habían sido entidades separadas y diferentes ahora se han *integrado* y *optimizado*.

Como el primero de los cuatro capítulos de la parte final de este libro, el capítulo 37 introduce el concepto de *automatización* y su implementación en términos de los desarrollos clave en el control numérico y, posteriormente, en el control numérico por computadora. Esta introducción va seguida de la descripción de los avances realizados en la automatización y el control, lo cual comprende temas importantes como control adaptativo, robots industriales, tecnología de sensores, manejo y movimiento de materiales, sistemas de ensamble y cómo se implementan en la producción moderna.

En el capítulo 38 se describe cómo se integran los sistemas de manufactura y sus componentes y operaciones individuales, así como el rol crítico de las computadoras, comunicaciones y otras *tecnologías de soporte* como ayuda para las actividades de diseño, ingeniería y manufactura del producto, así como en la planeación del proceso. Las tecnologías de soporte incluyen robots industriales, tecnología de sensores, control adaptativo, sujeción flexible y sistemas de ensamble.

En el capítulo 39 se describe la manufactura integrada por computadora, con sus diversas características como la manufactura celular, sistemas flexibles de manufactura, producción justo a tiempo, manufactura esbelta e inteligencia artificial.

El objetivo del capítulo 40 es resaltar la importancia de los numerosos, y a menudo complejos, factores y sus interacciones que tienen un gran efecto en la manufactura competitiva en un mercado global. Entre los factores implicados están el diseño del producto, calidad y ciclo de vida del producto; la selección de los materiales y procesos y su reemplazo en la producción; las capacidades del proceso y los costos implícitos, inclusive los de maquinaria, herramientas y mano de obra.

Automatización de los procesos y operaciones de manufactura

CAPÍTULO 37

- Este capítulo describe la automatización en todos los aspectos de los procesos y operaciones de manufactura, por medio de la cual las partes se producen de manera confiable y exacta, con altas tasas de producción y en forma económica. Comienza con la descripción de los tipos de automatización y sus diferentes aplicaciones.
- Después se estudia la flexibilidad en la manufactura por medio del control numérico en las máquinas, con descripciones detalladas de sus características importantes.
- El capítulo también investiga las diferentes estrategias de control que pueden usarse, incluye las de lazo abierto, lazo cerrado y control adaptativo.
- Luego se revisan los robots industriales, incluyendo sus capacidades y lineamientos para las aplicaciones. Posteriormente se analiza la tecnología de sensores y sus importantes aplicaciones.
- El capítulo concluye con la descripción exhaustiva de los dispositivos y sistemas flexibles de ensamble, así como sus consideraciones de diseño.

37.1 Introducción

Hasta principios de la década de 1950, la mayor parte de las operaciones de una planta común de manufactura se llevaban a cabo en maquinaria tradicional como tornos, fresadoras, taladros y diversos equipos para formar, moldear y unir materiales. Dichos equipos, por lo general, carecían de flexibilidad y requerían una mano de obra de considerable habilidad para producir partes con exactitud dimensional y características de superficie aceptables. Además, cada vez que se manufacturaba un producto tenían que volverse a colocar herramientas en la maquinaria, los accesorios tenían que prepararse o modificarse y debía readecuarse el movimiento de los materiales entre las diferentes máquinas. El desarrollo de nuevos productos y partes con formas complejas requería numerosos intentos por ensayo y error por parte del operador con el fin de establecer los parámetros de procesamiento apropiados. Asimismo, debido al involucramiento humano, con frecuencia era difícil, tardado y costoso fabricar partes que fueran exactamente iguales.

Estas circunstancias significaban que los métodos de procesamiento por lo general eran ineficientes y que los costos de la mano de obra fueran una parte significativa del costo total de producción. La necesidad de reducir la participación de la mano de obra en el costo del producto era cada vez más evidente, al igual que la de mejorar la eficiencia y flexibilidad de las operaciones de manufactura.

La **productividad** también se convirtió en una gran preocupación; generalmente se le define como el rendimiento por empleado por hora, y básicamente mide la eficiencia de la operación. Una operación eficiente hace un uso óptimo de todos los recursos, como materiales, energía, capital, mano de obra, maquinaria y tecnologías disponibles. Con los rápidos avances de la ciencia y tecnología de la manufactura, la eficiencia de las operaciones de manufactura comenzó a mejorar y el porcentaje de la mano de obra como parte del costo total empezó a disminuir.

En la década anterior, en todo el mundo proliferaron las *zonas de libre comercio*. Un efecto de esto es que las operaciones o productos de la manufactura intensivos en mano de obra, como mobiliario, zapatería, ropa y ensambles, se mudaron a regiones donde los costos de mano de obra son bajos (vea la tabla I.7 en la introducción general). Aun así, los países con costos elevados de mano de obra tratan de ser competitivos, sobre todo por lograr incrementos significativos en la productividad.

Los elementos importantes para mejorar la productividad han sido la *mecanización*, *automatización* y *control* del equipo y sistemas de manufactura, así como la amplia adopción de comunicaciones y software. La **mecanización** controla una máquina o proceso con el uso de diferentes dispositivos mecánicos, hidráulicos, neumáticos o eléctricos; llegó a su máximo en la década de 1940. Sin embargo, a pesar de los beneficios obvios de las operaciones mecanizadas, el trabajador todavía estaba involucrado directamente en una operación en particular y verificaba continuamente el desempeño de una máquina. Considere, por ejemplo las siguientes situaciones:

- Una herramienta de corte se desgasta o fractura durante una operación de maquinado.
- Una parte se sobrecalienta durante su tratamiento térmico.
- El acabado de la superficie de una parte comienza a deteriorarse durante el rectificado.
- Las tolerancias dimensionales y la restitución se hacen demasiado grandes en el formado de láminas metálicas.

El operador tenía que intervenir en cada una de estas situaciones y cambiar uno o más de los parámetros del proceso y de la configuración de las máquinas relevantes, tarea que requería capacitación y experiencia considerables.

El siguiente paso en la mejora de la eficiencia de las operaciones de manufactura fue la **automatización**, palabra acuñada a mediados de la década de 1940 en la industria automotriz de Estados Unidos para indicar el **manejo y procesamiento automáticos de las partes** en y entre las máquinas de producción. La eficiencia se vio incrementada todavía más con los rápidos avances de la automatización y el desarrollo de varias tecnologías de soporte, sobre todo en los **sistemas de control**, con ayuda de computadoras y software cada vez más poderosos.

Este capítulo sigue la ruta ilustrada en la figura 37.1. Primero se revisan la historia y los principios de la automatización y cómo ha ayudado a *integrar* distintas operaciones

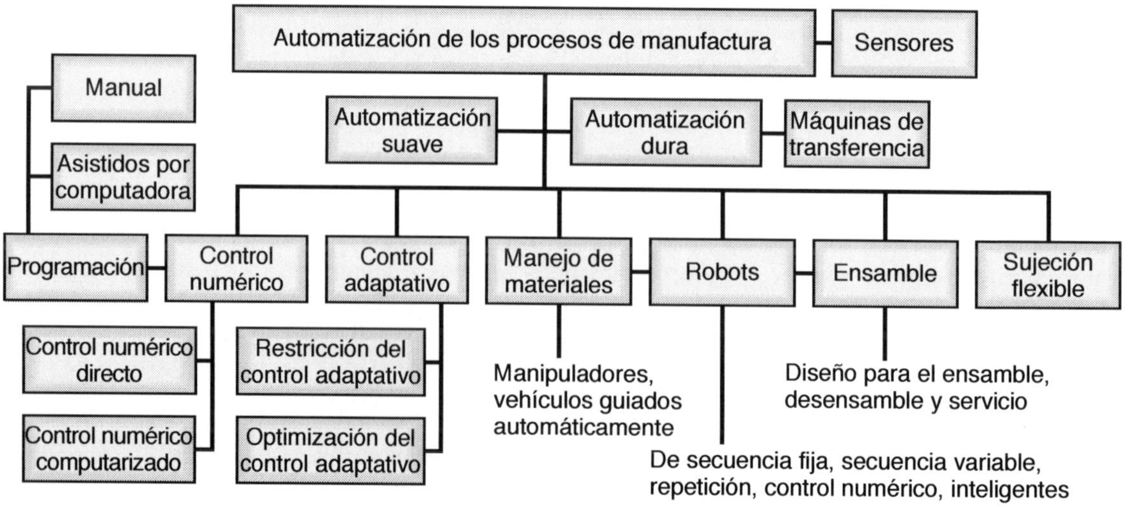

FIGURA 37.1 Panorama de los temas cubiertos en este capítulo.

clave en una planta de manufactura. Después se introduce el concepto del control de máquinas y sistemas por medio de técnicas de **control numérico** y **control adaptativo**. El capítulo también describe la manera en que se ha desarrollado la importante actividad del manejo y movimiento del material en varios sistemas, en particular aquellos que incluyen el uso de **robots industriales** para mejorar mucho la eficiencia en su manipulación.

Después se aborda el tema de la **tecnología de sensores**; éste es un elemento esencial para el control y optimización de maquinaria, procesos y sistemas. También se cubren los desarrollos significativos en cuanto a la **sujeción flexible** y **operaciones de ensamble**; estos métodos son cruciales en las tecnologías de manufactura avanzada, en particular de sistemas flexibles de manufactura. También se incluye un análisis del **diseño para el ensamble, desensamble y servicio**, con recomendaciones específicas para ayudar a mejorar la eficiencia de cada una de dichas operaciones. El tema final del capítulo es la economía del equipo, los procesos y operaciones de la manufactura.

37.2 Automatización

El término automatización, de la palabra griega *automatos* que significa "acción por sí mismo", se define generalmente como el proceso de hacer que las máquinas sigan una secuencia predeterminada de operaciones con poca o ninguna intervención humana y con el uso de equipo y dispositivos especializados que realizan y controlan procesos y operaciones. La tabla 37.1 muestra el desarrollo histórico de la automatización. La automatización completa se logra por medio de diferentes dispositivos, sensores, actuadores,

TABLA 37.1

Historia de la automatización de los procesos de manufactura

Fecha	Desarrollo
1500-1600	Fuerza hidráulica para el trabajo de metales; rodillos giratorios para acuñar monedas.
1600-1700	Tornos de mano para madera; calculadora mecánica.
1700-1800	Torno para mandrinar, tornear y hacer cuerdas de tornillos; taladro de banco.
1800-1900	Torno copiador, torno de torreta, fresadora universal; calculadoras mecánicas avanzadas.
1808	Tarjetas metálicas perforadas para el control automático de patrones de tejido en telares.
1863	Piano reproductor automático (pianola).
1900-1920	Torno de engranes; máquina automática para hacer tornillos; máquina automática para hacer botellas.
1920	Primer uso de la palabra robot.
1920-1940	Máquinas de transferencia; producción en masa.
1940	Primera máquina computadora electrónica.
1943	Primera computadora electrónica digital.
1945	Primer empleo de la palabra automatización.
1947	Invención del transistor.
1952	Primer prototipo de máquina herramienta de control numérico.
1954	Desarrollo del lenguaje simbólico APT (Automatically Programmed Tool); control adaptativo.
1957	Máquinas herramienta de control numérico comerciales.
1959	Circuitos integrados; primer uso del término tecnología de grupos.
(década de 1960)	Robots industriales.
1965	Circuitos integrados a gran escala.
1968	Controladores lógicos programables.
1970	Primer sistema integrado de manufactura; soldadura de punto de carrocerías automotrices con robots.
(década de 1970)	Microprocesadores; robot controlado por minicomputadora; sistemas flexibles de manufactura; tecnología de grupos.
(década de 1980)	Inteligencia artificial; robots inteligentes; sensores inteligentes; células de manufactura sin operador.
(décadas de 1990-2000)	Sistemas integrados de manufactura; máquinas inteligentes y basadas en sensores; redes de telecomunicaciones y de manufactura global; dispositivos de lógica difusa; redes neurales artificiales; herramientas de internet; ambientes virtuales; sistemas de información de alta velocidad.
(década de 2010)	Almacenamiento en la nube; MTConnect para recuperación de información; archivos geométricos tridimensionales; STEP-NC y código G autogenerado.

técnicas y equipos capaces de (a) monitorear todos los aspectos de la operación; (b) tomar decisiones sobre los cambios que deban hacerse y (c) controlar todos los aspectos de la operación. Los sistemas modernos también tienen la capacidad de almacenar datos sobre dichas actividades y comunicarlos a través de una red de computadoras o dispositivos de almacenamiento para su análisis.

La automatización es más un concepto *evolucionario* que revolucionario, y se ha implementado en especial en las siguientes áreas básicas de las actividades de manufactura:

- **Procesos de producción:** maquinado, forjado, extrusión en frío, fundido, metalurgia de polvos y operaciones de rectificado.
- **Manejo y movimiento de materiales:** los materiales y partes en diferentes etapas de procesamiento (llamados *trabajos en proceso*) se trasladan a través de la planta por equipo controlado por computadora, con poca o ninguna ayuda humana.
- **Inspección:** las partes se inspeccionan automáticamente para verificar su exactitud dimensional, acabado de superficies, calidad y diferentes características específicas durante su producción (*inspección en proceso*).
- **Ensamble:** las partes y componentes manufacturados de manera individual se ensamblan automáticamente en subensambles y después en ensambles hasta completar un producto.
- **Empaque:** los productos se empacan automáticamente para su envío.

37.2.1 Evolución de la automatización

Como se aprecia en la tabla I.2, algunos procesos de trabajo de metales ya se usaban en fecha tan temprana como 4000 a. C. Sin embargo, hasta el comienzo de la Revolución Industrial, en la década de 1750 (también conocida como *Primera Revolución Industrial*), fue que la automatización comenzó a ser introducida en la producción de bienes. La *Segunda Revolución Industrial* empezó a mediados de la década de 1950 con avances en diversas áreas.

Las máquinas herramienta, como tornos de torreta, máquinas automáticas para hacer tornillos y equipo automático para fabricar botellas de vidrio, comenzaron a desarrollarse a finales de la década de 1890. En la de década de 1920 se desarrollaron técnicas de producción en masa y máquinas de transferencia, las cuales tenían mecanismos automáticos *fijos* y estaban diseñadas para producir partes *específicas*; su mejor representación estaba en la industria automotriz, la cual producía vehículos a grandes tasas y bajo costo; por ejemplo, a finales de la década de 1920 Ford fabricaba más de un automóvil por minuto y podía ser adquirido con facilidad por el obrero común.

El salto más grande en la automatización comenzó con el control numérico (NC, por sus siglas en inglés) de las máquinas herramienta a principios de la década de 1950 (vea la sección 37.3). A partir de ese histórico desarrollo tuvo lugar un progreso rápido en la automatización de casi todos los aspectos de la manufactura, desde la introducción de las computadoras en la automatización, el control numérico computarizado (CNC) y el control adaptativo (AC, por sus siglas en inglés), hasta los robots industriales, el diseño, la ingeniería y manufactura asistidos por computadora (CAD/CAE/CAM, por sus siglas en inglés) y los sistemas integrados de manufactura por computadora (CIM, por sus siglas en inglés).

Como se dijo en varios capítulos, la manufactura implica diferentes niveles de automatización, lo que depende de los procesos que se utilizan, los productos que se han de fabricar y los volúmenes de producción requeridos. Los sistemas de manufactura incluyen las clasificaciones siguientes, en orden creciente de automatización (vea también la figura 37.2):

- **Talleres:** estas instalaciones usan máquinas de propósito general y centros de maquinado con grandes niveles de uso de mano de obra.
- **Producción con NC independiente:** este método utiliza máquinas de control numérico, pero con una interacción significativa del operador con la máquina.

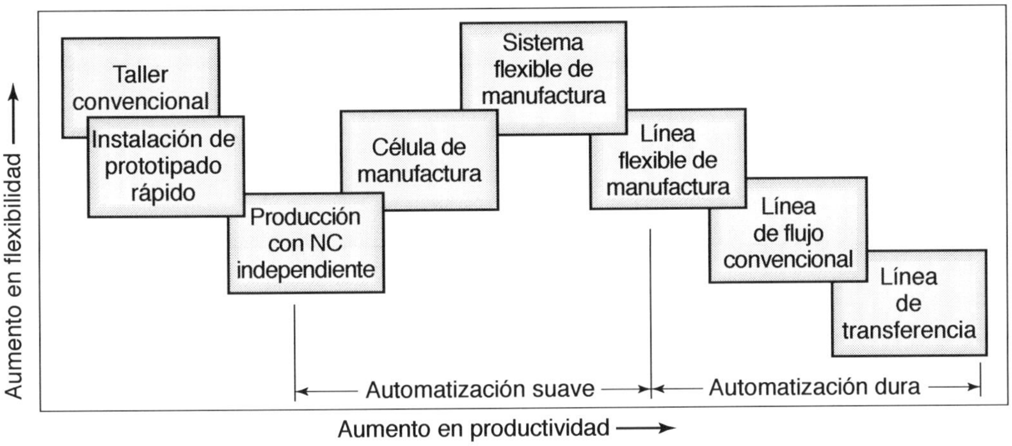

FIGURA 37.2 Flexibilidad y productividad de varios sistemas de manufactura; note el traslape entre los sistemas debido a los diferentes niveles de automatización y control computarizado que es posible tener en cada grupo (vea el capítulo 39 para más detalles).

- **Células de manufactura:** estas células usan un grupo de máquinas con control computarizado integrado y manejo flexible del material, con frecuencia por medio de robots industriales.
- **Sistemas flexibles de manufactura:** estos sistemas emplean el control por computadora de todos los aspectos de la manufactura, la incorporación simultánea de varias células de manufactura y sistemas automatizados de manejo de materiales.
- **Líneas flexibles de manufactura:** estas líneas comprenden maquinaria controlada por computadora organizada en líneas de producción en lugar de células. La transferencia de partes se hace con automatización dura y el flujo de productos es más limitado que en los sistemas de manufactura flexible, pero el rendimiento es mayor para cantidades de producción más altas.
- **Líneas de flujo y líneas de transferencia:** consisten en agrupamientos organizados de maquinaria con manejo automatizado de los materiales entre las máquinas. Debido a que la meta es producir sólo un tipo de parte, la línea de manufactura está diseñada con poca o ninguna flexibilidad.

37.2.2 Implementación de la automatización

Por lo general, la automatización tiene las siguientes metas principales:

- *Integrar* varios aspectos de las operaciones de manufactura para mejorar la calidad y uniformidad del producto, minimizar los ciclos de tiempo y el esfuerzo y reducir los costos de la mano de obra.
- *Mejorar la productividad* por medio de la reducción de los costos de manufactura a través de un mejor control de la producción; las partes se cargan, avanzan y descargan en las máquinas con más eficiencia; las máquinas se usan con mayor eficacia y la producción se organiza con más eficiencia.
- *Mejorar la calidad* con el uso de procesos más repetibles.
- *Reducir la injerencia humana*, el aburrimiento, y por tanto la posibilidad del error humano.
- *Reducir el daño a las piezas de trabajo* causado por el manejo manual de las partes.
- *Elevar el nivel de seguridad* del personal, en especial en condiciones peligrosas de trabajo.
- *Economizar el espacio de trabajo* en la planta con el reacomodo de las máquinas, del manejo y movimiento de materiales y equipo auxiliar con mayor eficiencia.

Automatización y cantidad de producción. La cantidad que se produce es crucial para determinar el tipo de maquinaria y el nivel de automatización requerido para producir

TABLA 37.2

Cantidades aproximadas de producción anual		
Tipo de producción	**Número producido**	**Productos comunes**
Experimental o prototipo	1-10	Todos los productos.
Por pieza o pequeños lotes	10-5000	Aviones, misiles, maquinaria especial, dados, joyería e implantes ortopédicos.
Lotes o grandes volúmenes	5000-100 000	Camiones, maquinaria agrícola, turbinas para aeronaves, motores diesel, componentes de computadora y artículos deportivos.
Producción en masa	100 000 y más	Automóviles, aparatos electrodomésticos, sujetadores y recipientes para comidas y bebidas.

partes de manera económica. La *cantidad total de producción* se define como el número total de partes por fabricar, en tanto que la *tasa de producción* es el número de partes producidas por unidad de tiempo. La cantidad de producción se fabrica en grupos de varios *tamaños de lote*. En la tabla 37.2 se presentan los rangos aproximados y generalmente aceptados de volúmenes de producción para algunas aplicaciones comunes. Observe que, como era de esperarse, los productos experimentales o prototipos representan el volumen más bajo (vea el capítulo 20).

Los **talleres** por lo común producen pequeñas cantidades por año (figura 37.2), usan varias máquinas herramienta estándar de propósito general (llamadas *máquinas independientes*) o *centros de maquinado* (capítulo 25). Las operaciones realizadas normalmente tienen una gran variedad de partes, lo que significa que se producen diferentes artículos en poco tiempo sin grandes cambios en las herramientas o en las operaciones. La maquinaria de los talleres por lo general requiere mano de obra capacitada para su operación y las cantidades y tasas de producción suelen ser bajas; como resultado, el costo de la producción por parte es elevado (figura 37.3). Cuando las partes implican un gran componente de mano de obra, la producción se llama *intensiva en mano de obra*.

La **manufactura digital** o *prototipado rápido* ha transformado de manera significativa la producción de bajos volúmenes. Junto con el desarrollo del software de computadora con la capacidad de hacer modelos geométricos tridimensionales, ahora pueden diseñarse y manufacturarse las partes de la pieza con menos esfuerzo y costo que antes. La habilidad del operador o programador aún es elevada, pero las instalaciones para hacer

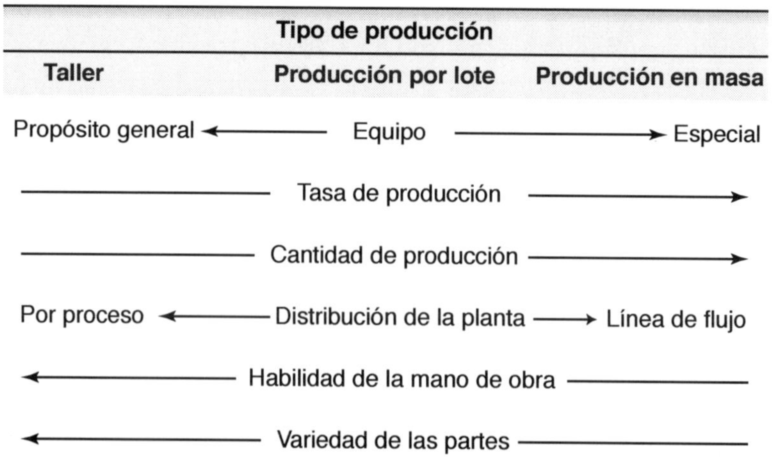

FIGURA 37.3 Características generales de tres tipos de métodos de producción: en un taller, por lote y en masa.

prototipos rápidos tienen casi la misma flexibilidad que los talleres y solamente las limita la cantidad de materiales que se pueden procesar con eficacia.

- **Producción por pieza o parte,** que por lo general comprende cantidades muy pequeñas y es apropiada para los talleres; la mayoría de la producción por pieza o parte se realiza en tamaños de lote de 50 artículos o menos.
- **Producción en pequeños lotes,** donde las cantidades por lo común están en el rango de 10 a 100; el equipo consiste en máquinas de propósito general y centros de maquinado.
- **Producción por lotes,** implica en general tamaños de lote de 100 a 5000; la maquinaria es semejante a la que se utiliza para la producción en pequeños lotes pero con accesorios de diseño especial para tener una productividad más alta.
- **Producción en masa,** en la cual por lo común las cantidades son mayores que 100 000. Requiere maquinaria de propósito especial, llamada **máquinas dedicadas,** y equipo automatizado para la transferencia de materiales y partes en proceso. Estos sistemas de producción están organizados por tipo específico de producto; en consecuencia, carecen de flexibilidad. Aunque la maquinaria, equipo y herramientas especiales son caros, tanto la habilidad de la mano de obra como sus costos son relativamente bajos.

37.2.3 Aplicaciones de la automatización

La automatización se puede aplicar en la manufactura de todo tipo de artículos, desde materias primas hasta productos terminados y en todo tipo de producción, desde talleres hasta grandes instalaciones manufactureras. La decisión de automatizar una instalación nueva o ya existente incluye considerar lo siguiente:

- Tipo de producto por manufacturar.
- Cantidad y tasa de producción que se requiere tener.
- Fase particular de la operación de manufactura que se va a automatizar, si es que no se hará en todas las fases.
- Nivel de habilidad existente en la fuerza laboral.
- Problemas de confiabilidad y mantenimiento asociados con la maquinaria y los sistemas automatizados.
- Economía de la operación en su conjunto.

Debido a que la automatización por lo general involucra un alto costo inicial del equipo y requiere el conocimiento de los principios de operación y mantenimiento, la decisión de implementar incluso niveles bajos de automatización debe comprender un estudio cuidadoso de las necesidades reales de una organización. En algunas situaciones es deseable la **automatización selectiva** en vez de la automatización total. Como se estudia en el resto del libro, hay varios aspectos importantes y complejos involucrados en la toma de decisiones acerca del nivel apropiado de automatización. Por lo general, si una instalación de manufactura ya está automatizada, el nivel de habilidad que se requiere del operador es menor.

Por otro lado, la aplicación de computadoras y maquinaria controlada por éstas en el ambiente de manufactura requiere un nivel más alto de sofisticación de la fuerza de trabajo que el necesario para la automatización dura. Asimismo, la automatización requiere mayor habilidad en el mantenimiento y puesta a punto de los trabajadores empleados. Entonces, debe reconocerse que ahora las habilidades y atributos de la fuerza de trabajo de una planta son diferentes y están relacionados con el nivel de automatización que se quiere alcanzar.

37.2.4 Automatización dura

En la *automatización dura*, también llamada **automatización de posición fija,** las máquinas están diseñadas para producir un artículo estándar, como un engrane, eje o monoblock de motor. Aunque se pueden modificar el tamaño del producto y los parámetros de procesamiento, como velocidad de la máquina, avance y profundidad del corte, estas máquinas son especializadas y por ello carecen de flexibilidad.

Debido a que el diseño y la construcción de las máquinas son caros, su uso rentable requiere la producción de partes en cantidades muy grandes; por ejemplo, motores de automóvil. Las máquinas, generalmente llamadas *máquinas de transferencia*, consisten en *unidades de producción con cabezal de potencia* y *mecanismos de transferencia* construidos con base en el **principio modular** (**bloques universales**); vea también la sección 25.2.4.

Unidades de producción con cabezal de potencia. Consisten en un marco o bancada, motores eléctricos, cajas de cambios y husillos de herramientas y son autocontenidas; sus componentes existen en el comercio en varios tamaños y capacidades estándar. Debido a esta modularidad inherente y a su adaptabilidad y flexibilidad, se pueden reagrupar con facilidad para producir una parte distinta.

Máquinas de transferencia. En general consisten en dos o más unidades con cabezal de potencia y es posible disponerlas en el taller en patrones lineales, circulares o en forma de U. Las máquinas de transferencia también se emplean mucho en el ensamble automatizado, como se describe en la sección 37.9. Los *mecanismos de transferencia* se usan para mover la pieza de trabajo de una estación a otra en la máquina, o de una máquina a otra, con el fin de permitir que se realicen varias operaciones en la parte. Las piezas de trabajo se transfieren por métodos como (a) rieles, que se accionan con varios mecanismos junto con las partes (por lo general colocadas en pallets o tarimas (figura 37.4a)); (b) tarimas giratorias indexables (figura 37.4b) y (c) transportadores elevados.

Líneas de transferencia. La figura 37.5 muestra una *línea de transferencia* o **línea de flujo**; observe la variedad de operaciones que se ejecutan. Un ejemplo común de línea de transferencia grande es el de la producción del monoblock del motor de un automóvil, que consiste en numerosas operaciones de maquinado a altas tasas. El peso y la forma de las piezas de trabajo influyen en el acomodo de las máquinas individuales, lo que es importante para la continuidad de la operación en caso de falla de la herramienta o descompostura de la máquina en una o más de las unidades. A las máquinas se les incorporan características de *almacenamiento intermedio* para permitir que la operación continúe en tal caso.

La transferencia de las partes de una estación a otra por lo general se controla con sensores y otros dispositivos. Las herramientas en las máquinas se cambian con facilidad usando portaherramientas con *características de cambio rápido*. Las máquinas están equipadas con diferentes sistemas de medición e inspección automáticas, lo que asegura que las dimensiones de la parte producida en una estación estén dentro de las tolerancias aceptables antes de que la parte se transfiera a la estación siguiente de la línea.

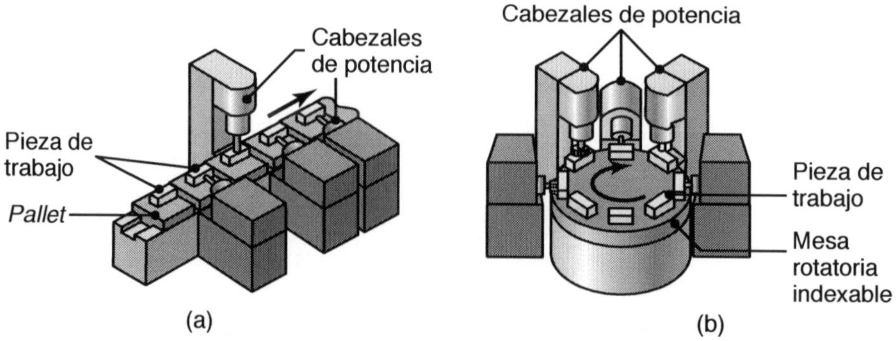

FIGURA 37.4 Dos tipos de mecanismos de transferencia: (a) rieles rectos y (b) circulares o rotatorios.

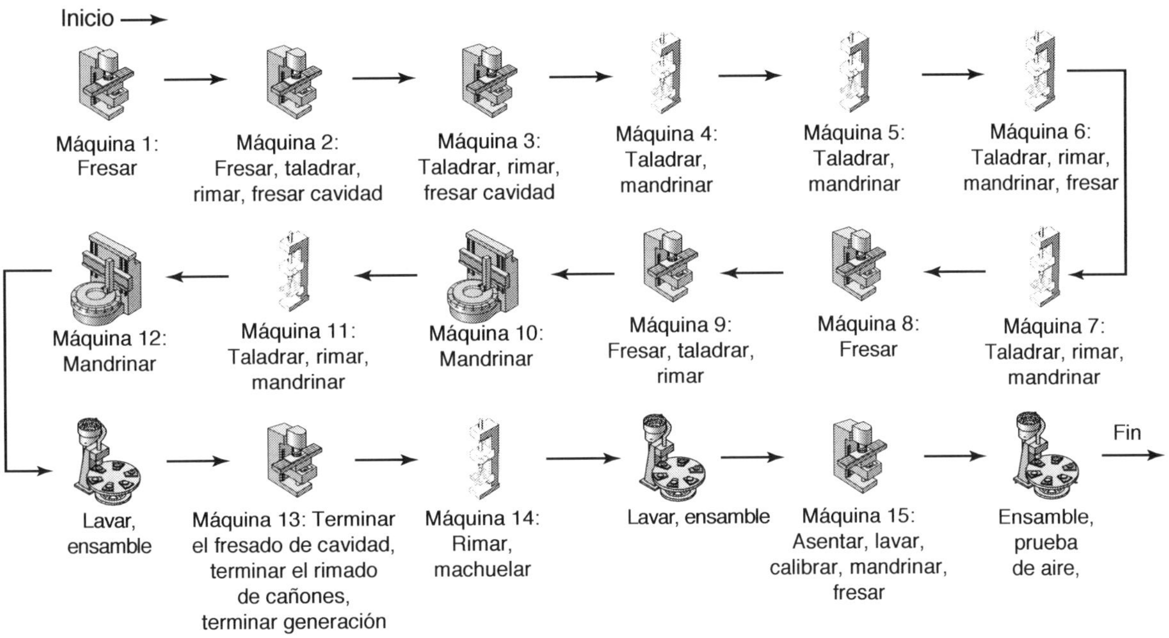

FIGURA 37.5 Ilustración esquemática de una línea de transferencia.

37.2.5 Automatización suave

Recuerde que la automatización dura por lo general involucra máquinas de producción masiva que carecen de flexibilidad. Con la *automatización suave*, también llamada **flexible** o **programable**, se logra una mayor flexibilidad a través del uso del control computarizado de la máquina y de sus funciones; de ese modo, la automatización suave produce partes de formas complejas. Las máquinas se reprograman con facilidad para manufacturar partes con forma o dimensiones diferentes de la fabricada justo antes. Los avances en la automatización suave incluyen el amplio uso de computadoras modernas, lo que conduce al desarrollo de **sistemas flexibles de manufactura** con altos niveles de eficiencia y productividad (sección 39.3).

37.2.6 Controladores lógicos programables

El control de un proceso de producción en la secuencia apropiada de operaciones, en especial si involucra grupos de máquinas y equipo de manejo de materiales, se ha ejecutado tradicionalmente por medio de interruptores, relevadores, cronómetros, contadores y dispositivos de hardware similares que se basan en principios mecánicos, electromecánicos y neumáticos.

A principios de 1968 comenzaron a introducirse los *controladores lógicos programables* (PLC, por sus siglas en inglés) para reemplazar a los dispositivos de hardware. Debido a que los PLC eliminan la necesidad de paneles de control con relevadores y a que se pueden reprogramar y requieren menos espacio, se han adoptado ampliamente en los sistemas y operaciones de manufactura. Sus funciones básicas son (a) encendido y apagado; (b) movimiento; (c) operaciones secuenciales y (d) control de retroalimentación. Estos controladores se desempeñan de manera confiable en ambientes industriales y mejoran la eficiencia conjunta de una operación. Aunque ya son menos comunes en las instalaciones nuevas (debido a los avances en las máquinas de control numérico), los PLC todavía representan una gran parte de la base de las instalaciones. Su popularidad continua se debe a su bajo costo y a la proliferación de software poderoso que permite programarlos desde computadoras personales, las cuales cargan los programas de control a través de Ethernet o comunicaciones inalámbricas.

Con frecuencia, los modernos controladores lógicos programables están programados en versiones especializadas de los lenguajes BASIC o C. Ahora se emplean con más frecuencia *microcomputadoras* debido a que son menos caras y más fáciles de programar y colocar en red. Los PLC también se usan en el control de sistemas con capacidades de procesamiento digital y comunicación a gran velocidad.

37.2.7 Mantenimiento total productivo y administración total del equipo productivo

La administración y el mantenimiento de una gran variedad de máquinas, equipos y sistemas se encuentran entre los aspectos importantes que afectan la productividad en una organización de manufactura. Los conceptos de *mantenimiento total productivo* (TPM, por sus siglas en inglés) y *administración total del equipo productivo* (TPEM, por sus siglas en inglés) incluyen el análisis continuo de factores como:

- Fallas y problemas del equipo.
- Monitoreo y mejora de la productividad del equipo.
- Implementación del mantenimiento preventivo y predictivo.
- Reducción del tiempo de puesta a punto, tiempo ocioso y duración del ciclo.
- Utilización total de la maquinaria y el equipo y mejora de su eficacia.
- Reducción de los defectos en el producto.

Como era de esperar, el *trabajo en equipo* es un componente importante de esta actividad e implica la plena cooperación de los operadores de las máquinas, personal de mantenimiento, ingenieros y la administración de la organización (vea también **kaizen**, sección 36.1).

37.3 Control numérico

El *control numérico* (NC) es un método para controlar los movimientos de los componentes de las máquinas por la inserción directa al sistema de instrucciones codificadas. El sistema interpreta luego automáticamente dichos datos y los convierte en señales de salida que a su vez controlan diferentes componentes de máquina como encender y apagar husillos giratorios, cambiar herramientas, mover la pieza de trabajo o las herramientas a lo largo de trayectorias específicas y activar o desactivar los fluidos de corte.

La importancia del control numérico en la manufactura se ilustra con el ejemplo siguiente: suponga que se deben perforar varios barrenos en una parte, en las posiciones que se indican en la figura 37.6. En el método tradicional manual de trabajo para maquinar esta parte, el operador posiciona la broca con respecto a la pieza de trabajo (vea la figura 23.25) usando puntos de referencia dados por cualquiera de los tres métodos que aparecen en la figura; entonces el operador procede a taladrarlos.

Ahora suponga que se han de perforar 100 partes, todas exactamente de la misma forma y exactitud dimensional. Es obvio que esta operación va a ser tediosa y lenta porque el operador tiene que ejecutar repetidamente los mismos movimientos. Además, hay una alta probabilidad, por diferentes razones, de que algunas de las partes taladradas sean diferentes de las demás.

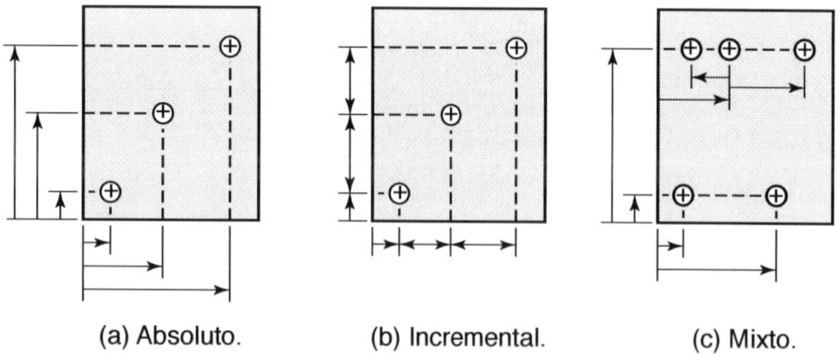

FIGURA 37.6 Posiciones de los barrenos taladrados en una pieza de trabajo. Se ilustran tres métodos para hacer las mediciones: (a) dimensionamiento absoluto, con referencia a un punto en la parte baja de la izquierda de la pieza; (b) dimensionamiento incremental, hecho secuencialmente de un barreno a otro y (c) dimensionamiento mixto, que es una combinación de ambos métodos.

Además, suponga que durante esta corrida de producción se cambia el orden de procesamiento de las partes y que 10 de ellas ahora requieren barrenos en posiciones diferentes. El operador ahora tiene que reposicionar la mesa de trabajo, operación lenta y susceptible a errores. Dichas operaciones se pueden ejecutar con facilidad en máquinas de control numérico (vea la figura 23.26) capaces de producir partes en forma repetida y exacta y de manejar diferentes partes con sólo cargar diferentes programas de partes.

En las operaciones de control numérico se guardan en discos duros los datos concernientes a todos los aspectos de la operación de maquinado, como ubicaciones de la herramienta, velocidades, avances y fluidos de corte. Con base en la información de entrada, los relevadores y otros dispositivos, conocidos como *controles de hardware*, actúan para obtener la preparación deseada de la máquina. Ahora se ejecutan fácilmente operaciones complejas, como tornear una parte que tiene varios contornos o tallar un relieve en una fresadora. Las máquinas de control numérico se usan ampliamente en cantidades pequeñas y medianas de producción (por lo general 500 artículos o menos) de una gran variedad de partes, tanto en talleres como en instalaciones de manufactura.

EJEMPLO 37.1 Origen histórico del control numérico

El concepto básico tras el control numérico parece haberse implementado a principios de la década de 1800, cuando se usaban tarjetas de metal perforadas para controlar automáticamente los movimientos de los telares. Las agujas se activaban al detectar si había o no una perforación en la tarjeta. A esta invención le siguieron los pianos automáticos (*pianolas*), en los cuales las teclas se activaban por el aire que fluía a través de orificios hechos en un rollo de papel perforado.

El principio de controlar numéricamente los movimientos de las máquinas herramienta lo concibió por primera vez J. T. Parsons (1913-2007), inventor estadounidense, en la década de 1940, en un intento de maquinar aspas complejas de helicópteros. El prototipo de máquina NC se construyó en el Massachusetts Institute of Technology (MIT), fue una fresadora de copiado de dos ejes y husillo vertical con servomotores; las operaciones de maquinado consistían en fresado de acabado y refrentado (capítulo 24) en una placa gruesa de aluminio.

Los datos numéricos, perforados en cinta de papel, se generaban con una computadora digital (otro invento que se desarrolló al mismo tiempo en el MIT). En los primeros experimentos las partes se maquinaron con éxito, de manera exacta y repetida, sin intervención de ningún operador. Con base en este éxito, la industria de las máquinas herramienta comenzó a diseñar, construir y comercializar equipos de control numérico. Después, éstos fueron equipados con controles numéricos computarizados de gran flexibilidad, exactitud, versatilidad y facilidad de operación.

37.3.1 Control numérico computarizado

En la siguiente etapa de desarrollo del control numérico, el control con hardware (montado en la máquina de NC) se convirtió en control local computarizado por medio de software.

- En el **control numérico directo** (DNC, por sus siglas en inglés) varias máquinas eran controladas directamente (paso a paso) por una computadora central. En este sistema, el operador tenía acceso a la computadora por medio de una terminal remota. Con el DNC se podía monitorear y evaluar el estado de *todas* las máquinas en una instalación de manufactura desde una computadora central. Sin embargo, el DNC tenía la desventaja fundamental de que si la computadora central fallaba por alguna razón, todas las máquinas quedaban inoperantes.
- En el **control numérico distribuido**, una computadora central sirve como sistema de control de cierto número de máquinas de CNC individuales que tienen microcomputadoras incorporadas. Este método fue valioso cuando las computadoras no tenían suficiente memoria para guardar todos los datos de las operaciones de maquinado esenciales para producir una parte. El control numérico directo se

hizo menos popular en la década de 1990, aunque aún es común el empleo de una computadora central para obtener, almacenar y analizar datos. Un avance reciente es el uso del **almacenamiento en la nube**, en el que los archivos se guardan en servidores de una tercera compañía y se accede a ellos por medio de herramientas de internet cuando se necesitan.

- El **control numérico computarizado** (CNC) es un sistema en el que una microcomputadora de control es parte integral de la máquina (*computadora de a bordo*). El operador de la máquina programa estas computadoras, modifica los programas directamente, prepara programas para diferentes partes y los almacena. Actualmente los sistemas CNC tienen un amplio uso debido a la disponibilidad de (a) computadoras pequeñas con mucha memoria; (b) bajo costo de controladores y microprocesadores programables y (c) capacidades de editar programas.

37.3.2 Principios de las máquinas de control numérico

En la figura 37.7 se muestran los elementos y operación básicos de una máquina común de NC. Los elementos funcionales en el control numérico y los componentes involucrados son los siguientes:

- **Entrada de datos:** la información numérica se lee y guarda en la memoria de la computadora.
- **Procesamiento de datos:** los programas se leen en la unidad de control de la máquina para su procesamiento.
- **Salida de datos:** esta información se traduce a comandos (lo normal es que sean comandos pulsados) para el servomotor (figura 37.8). Con ellos, el servomotor mueve la mesa de trabajo a posiciones específicas con movimientos lineales o rotatorios por medio de motores de pasos, husillos u otros dispositivos similares.

Tipos de circuitos de control. Una máquina de control numérico se controla con dos tipos de circuitos. En el sistema de **lazo abierto** (figura 37.8a), las señales son enviadas por el controlador al servomotor, pero no se revisa la exactitud de los movimientos y posiciones finales de la mesa de trabajo. En contraste, el sistema de **lazo cerrado** (figura 37.8b) está equipado con varios transductores, sensores y contadores que miden exactamente la posición de la mesa de trabajo. A través del *control por retroalimentación* se compara la posición de la mesa de trabajo contra la señal; los movimientos de la mesa terminan cuando se alcanzan las coordenadas apropiadas.

La **medición de la posición** en las máquinas de control numérico se lleva a cabo con dos métodos (figura 37.9). En los *sistemas de medición indirecta*, *encoders rotatorios* o *reductores*, un movimiento rotatorio se convierte en un movimiento de traslación. Sin embargo, el backlash o juego (holgura entre los dientes de dos engranes adyacentes acoplados) puede afectar significativamente la exactitud de la medición. Los mecanismos para posicionar con retroalimentación utilizan varios sensores que se basan sobre todo en principios magnéticos y fotoeléctricos. En los *sistemas de medición directa*, un sensor lee una escala graduada en la mesa de la máquina, o corredera, para el movimiento lineal (figura 37.9c). Este sistema es más exacto porque la escala está construida en la máquina, por lo que el backlash en los mecanismos no es importante.

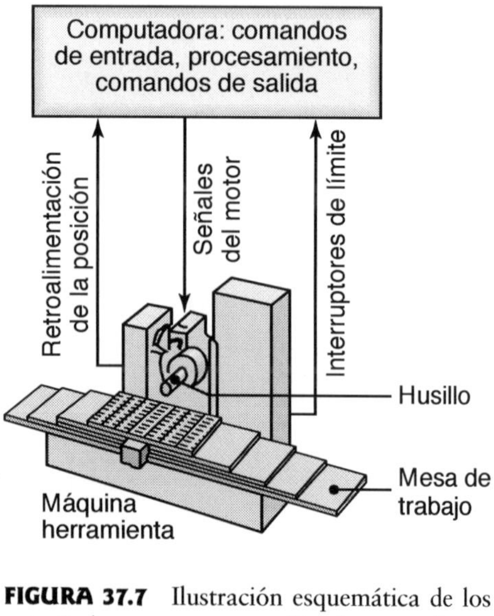

FIGURA 37.7 Ilustración esquemática de los principales componentes utilizados para el control de la posición en una máquina herramienta de control numérico.

37.3.3 Tipos de sistemas de control

En el control numérico hay dos tipos básicos de sistemas de control:

1. En un **sistema punto a punto**, también llamado *sistema de posicionamiento*, cada eje de la máquina es movido por separado por medio de husillos y a diferentes velocidades, lo que depende del tipo de operación. Al principio, la máquina se mueve a máxima velocidad con el fin de reducir el tiempo no productivo, pero luego

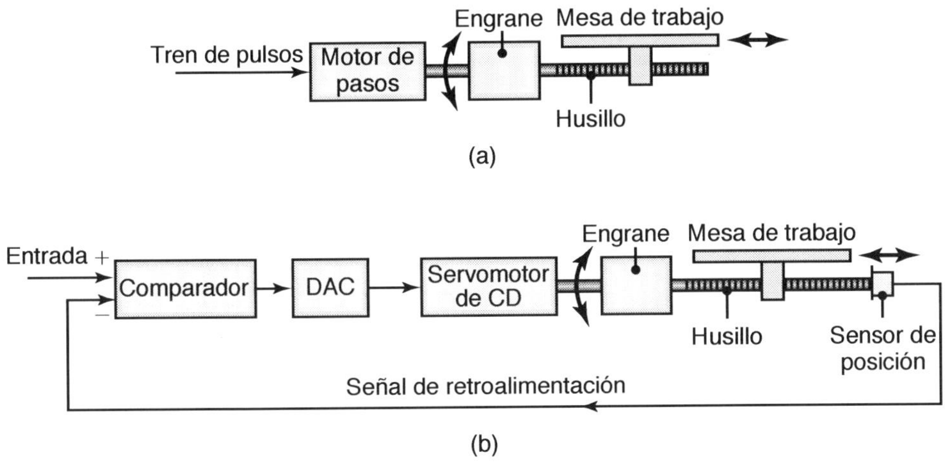

FIGURA 37.8 Ilustración esquemática de los componentes de un sistema de control de (a) lazo abierto y (b) lazo cerrado para una máquina de control numérico. DAC significa convertidor digital a analógico.

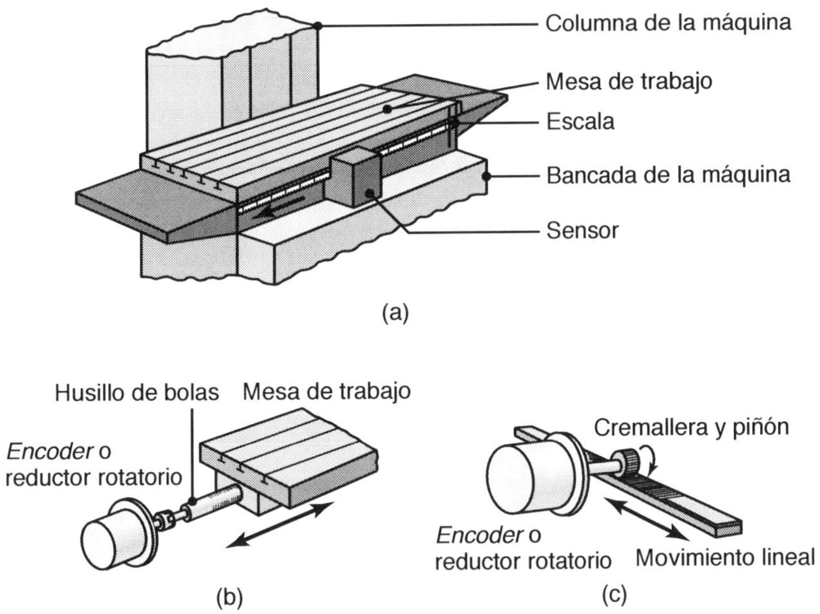

FIGURA 37.9 (a) Medición directa del desplazamiento lineal de la mesa de trabajo de una máquina herramienta; (b) y (c) métodos de medición indirecta.

desacelera conforme la herramienta se aproxima a su posición definida numéricamente. De modo que en una operación como la de perforar un barreno, el posicionamiento y taladrado tienen lugar en forma *secuencial* (figura 37.10a).

Una vez perforado el barreno, la herramienta se retrae y mueve con rapidez a otra posición especificada, y se repite la operación. La trayectoria seguida por la herramienta desde una posición a otra es importante sólo en un aspecto: debe elegirse para minimizar el tiempo de recorrido con el fin de lograr la mejor eficiencia. Los sistemas punto a punto se usan sobre todo para operaciones de taladrado, punzonado y fresado recto.

2. En un **sistema de contorno**, también conocido como *sistema de trayectoria continua*, tanto el posicionamiento como las operaciones se ejecutan a lo largo de trayectorias controladas, pero a diferentes velocidades. Debido a que la herramienta

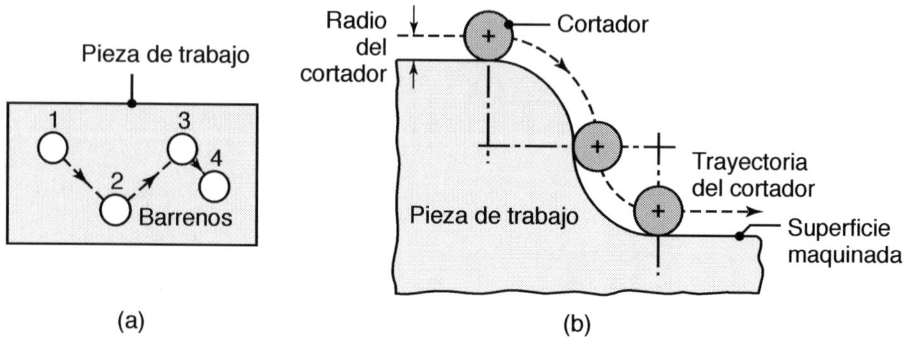

FIGURA 37.10 Movimiento de herramientas de corte en el maquinado de control numérico. (a) Punto a punto, en el que la broca perfora un barreno en la posición 1, se retrae y avanza a la posición 2, y así sucesivamente. (b) Trayectoria continua de una fresa; note que la trayectoria de ésta se compensa con respecto a su radio. La trayectoria también se compensa por el desgaste del cortador.

corta conforme se mueve a lo largo de una trayectoria prescrita (figura 37.10b), para lograr la exactitud son importantes el control y la sincronización de las velocidades y los movimientos. El sistema de contorno se usa normalmente en tornos, fresadoras, rectificadoras, maquinaria de soldadura y centros de maquinado.

Interpolación. El movimiento de la herramienta a lo largo de una trayectoria (*interpolación*) ocurre de manera incremental, por medio de uno de varios métodos básicos (figura 37.11). En la figura 37.12 se muestran ejemplos de trayectorias reales en operaciones de taladrado, mandrinado y fresado. En todas las interpolaciones la trayectoria controlada es la del *centro de rotación* de la herramienta. Sin embargo, durante el maquinado también puede hacerse alguna compensación en el programa de NC para diferentes tipos de herramientas, distintos diámetros de éstas o por desgaste.

- **Interpolación lineal.** La herramienta se mueve en línea recta de principio a fin (figura 37.11a) a lo largo de dos o tres ejes. Aunque en teoría con este método se puede producir todo tipo de perfiles, mediante pequeños incrementos entre los puntos (figura 37.11b), para lograrlo debe procesarse una gran cantidad de datos.
- **Interpolación circular** (figura 37.11c). Las entradas requeridas para la trayectoria son las coordenadas de los puntos extremos, las del centro del círculo y su radio, y la dirección del recorrido de la herramienta a lo largo del arco.
- **Interpolación parabólica y cúbica.** La trayectoria de la herramienta es aproximada por medio de curvas con base en ecuaciones matemáticas de orden superior. Este método es eficaz en máquinas de cinco ejes y es útil para operaciones de troquelado en relieve, como los dados para formar las láminas de carrocerías automotrices.

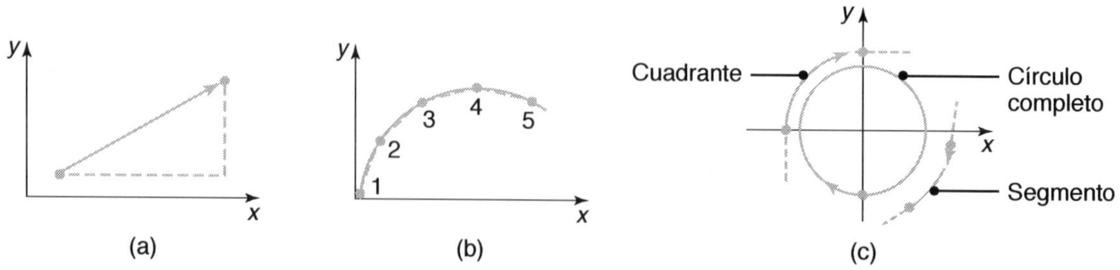

FIGURA 37.11 Tipos de interpolación en el control numérico: trayectoria (a) lineal, (b) continua, aproximada por líneas rectas incrementales, y (c) circular.

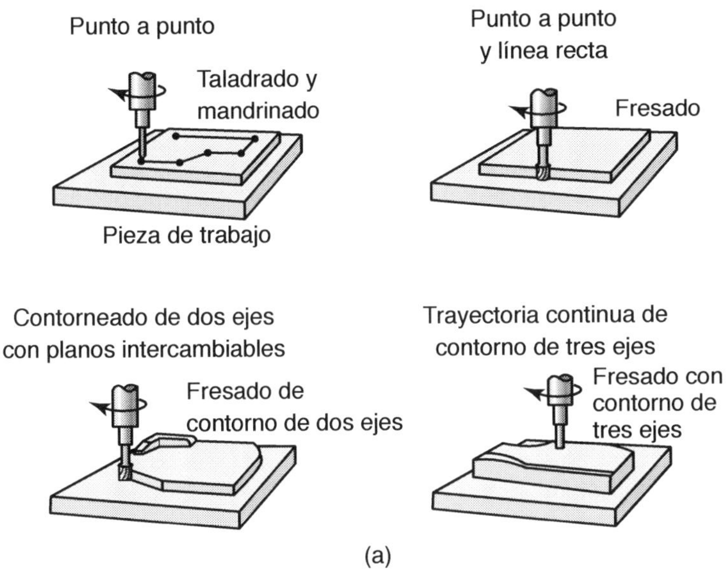

FIGURA 37.12 (a) Ilustración esquemática del taladrado, mandrinado y fresado a lo largo de diferentes trayectorias. (b) Maquinado de una superficie esculpida en una máquina herramienta de control numérico de cinco ejes. *Fuente:* Cortesía de The Ingersoll Milling Machine Co.

Las interpolaciones también se utilizan para coordinar los movimientos de robots industriales (sección 37.6).

37.3.4 Exactitud del posicionamiento en el control numérico

En las máquinas de control numérico, la *exactitud del posicionamiento* se define como lo exacto que puede posicionarse la máquina con respecto a un determinado sistema de coordenadas. La *exactitud de repetición* (repetibilidad) se define como la cercanía de la concordancia de la posición de los movimientos repetidos en las mismas condiciones de operación de la máquina. La *resolución*, también llamada *sensibilidad*, es el incremento más pequeño del movimiento de los componentes de la máquina (vea también la sección 35.7).

La *rigidez* de la máquina herramienta y el *backlash* en los engranes impulsores y husillos son factores importantes para el logro de la exactitud dimensional. El backlash en las máquinas modernas se elimina utilizando husillos precargados. Asimismo, la respuesta rápida a las señales de comandos requiere que se minimicen la fricción y la inercia en los deslizamientos de las máquinas. Esto último se consigue con la reducción de masa de los componentes de la máquina en movimiento, como por ejemplo empleando materiales ligeros, incluso cerámicos (vea también la sección 25.3).

37.3.5 Ventajas y limitaciones del control numérico

Con respecto a los métodos convencionales del control de la máquina, el control numérico tiene las siguientes ventajas:

- Mayor flexibilidad de operación, así como la capacidad de producir formas complejas con buena exactitud dimensional y posibilidad de repetición; altas tasas de producción, productividad y calidad del producto y menos desperdicio.
- Es fácil hacer ajustes en la máquina.
- Se pueden realizar más operaciones en cada corrida y el tiempo requerido para preparar y maquinar es menor que el requerido en los métodos convencionales.

- Los programas pueden ser preparados con rapidez y se pueden recuperar en cualquier momento.
- La habilidad requerida del operador es menor que para un maquinista calificado y el operador tiene más tiempo de atender otras tareas en el área de trabajo.

Las principales limitaciones del control numérico son (a) el costo inicial relativamente alto del equipo; (b) la necesidad y el costo de la programación y (c) el mantenimiento especial que se requiere.

37.3.6 Programación para el control numérico

Un *programa* para el control numérico consiste en una secuencia de instrucciones que hace que una máquina de NC ejecute cierta operación; las operaciones de maquinado de todas las formas son las que se aplican más comúnmente. La *programación para el NC* puede ser:

- Realizada por software de computadora, como *generadores de código G*, que producen código numérico a partir de archivos de datos geométricos; este software ahora es muy común, con numerosos códigos abiertos disponibles.
- Hecha en el taller (cambios raros aunque pequeños del código G).
- Comprada a un proveedor externo.

El programa contiene las instrucciones y comandos siguientes:

1. *Instrucciones geométricas* pertinentes a los movimientos relativos entre la herramienta y la pieza de trabajo.
2. *Instrucciones de procesamiento* relacionadas con las velocidades del husillo, avances, herramientas de corte, fluidos de corte, etcétera.
3. *Instrucciones del recorrido* acerca del tipo de interpolación y la velocidad del movimiento de la herramienta o la mesa de trabajo.
4. *Instrucciones de encendido* de las posiciones para el suministro de refrigerante, dirección o ausencia de rotación del husillo, cambios de herramienta, avance de la pieza de trabajo, sujeción, etcétera.

La **programación de la pieza asistida por computadora** comprende *lenguajes de programación simbólicos* especiales que determinan puntos de coordenadas como esquinas, aristas y superficies de la parte. Un **lenguaje de programación** es un medio de comunicación con la computadora e implica el uso de caracteres simbólicos. El programador describe el componente que se va a procesar y la computadora convierte esa descripción en comandos para la máquina de control numérico. Existen en el comercio varios lenguajes y son específicos para el fabricante. Los programas para la programación de partes se conocen como macros y son parecidos al lenguaje de programación BASIC.

Las partes complejas se pueden maquinar con el uso de programas de maquinado basados en gráficas y asistidos por computadora. Los lenguajes estándar de programación, como STEP-NC, y los más antiguos pero todavía comunes como el Código G se usan para comunicar instrucciones de maquinado al hardware de control numérico computarizado.

El software STEP-NC es un lenguaje estandarizado que se ha extendido más allá de las máquinas herramienta e incorpora modelos para fresar, tornear y EDM. También se han desarrollado sistemas de corte con plasma y soldadura láser para usarlos con STEP-NC.

37.4 Control adaptativo

El *control adaptativo* (AC) es básicamente un sistema de *retroalimentación dinámica* en el cual los parámetros de operación se adaptan de manera automática por sí mismos a las nuevas circunstancias; por tanto es una extensión lógica de los sistemas computarizados de control numérico. Las reacciones humanas a los sucesos de la vida diaria contienen un control de retroalimentación dinámica. Por ejemplo, es relativamente fácil manejar un automóvil en una carretera suave; sin embargo, en una carretera irregular se tiene que maniobrar para evitar los baches observando *visual* y *continuamente* las condiciones del camino adelante del vehículo. Además, el cuerpo del conductor siente los movimientos bruscos del automóvil y sus vibraciones y reacciona con el cambio de la dirección o velocidad para minimizar estos efectos. Un **controlador adaptativo** verifica continuamente las condiciones del camino, calcula el perfil apropiado que se desea (por ejemplo, un sistema de frenado sin bloqueo y el control de tracción) y, entonces, usa la retroalimentación para implementarlo.

Como se describe en la sección 37.3, en las operaciones de manufactura el programador de la parte establece los parámetros del procesamiento con base en el conocimiento existente del material de la pieza de trabajo y los datos relevantes de la operación particular. En las máquinas de CNC estos parámetros se mantienen constantes durante un ciclo particular del proceso; sin embargo, en el control adaptativo el sistema es capaz de hacer ajustes automáticos *durante* la operación por medio del control de la retroalimentación de lazo cerrado (figura 37.13). En el comercio se encuentran disponibles varios sistemas de control adaptativo para diferentes aplicaciones.

Control adaptativo en la manufactura. Los principales propósitos del control adaptativo en la manufactura son:

- Optimizar la tasa de producción.
- Optimizar la calidad del producto.
- Minimizar el costo de producción.

Considere una operación de maquinado, como el torneado (sección 23.2). El sistema de control adaptativo detecta, *en tiempo real*, parámetros como las fuerzas de corte, torque del husillo, aumento de temperatura, desgaste de la herramienta y su condición y acabado de la superficie producida. El sistema de AC convierte esta información en comandos, modifica los parámetros del proceso para mantenerlos dentro de ciertos límites y optimiza la operación de maquinado.

Aquellos sistemas que plantean una restricción para una variable del proceso, como la fuerza, un torque o la temperatura, se llaman **sistemas de control adaptativo con restric-**

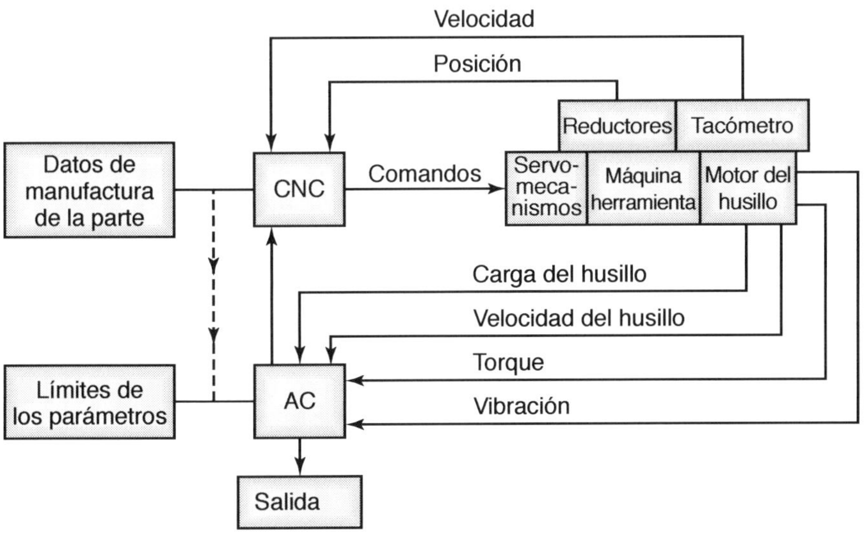

FIGURA 37.13 Ilustración esquemática de la aplicación de control adaptativo (AC) para una operación de torneado. El sistema monitorea parámetros como la fuerza de corte, el torque y las vibraciones; si estos parámetros son excesivos, se modifican las variables del proceso (como el avance y la profundidad del corte) para llevar los parámetros de nuevo a niveles aceptables.

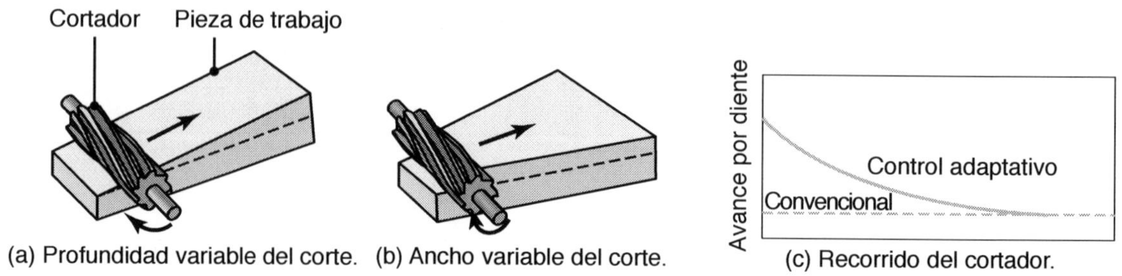

FIGURA 37.14 Ejemplo de control adaptativo en el fresado; a medida que la profundidad de corte (a) o el ancho del corte (b) se incrementan, aumentan las fuerzas de corte y el torque. El sistema percibe este incremento y reduce automáticamente el avance (c) para evitar fuerzas excesivas o la rotura de la herramienta con el fin de mantener la eficiencia del corte. *Fuente:* Basado en Y. Koren.

ción (ACC, por sus siglas en inglés). Así, por ejemplo, si la fuerza de corte (y por tanto el torque) se incrementa en exceso (debido a, digamos, la presencia de una región dura en un fundido), el sistema modifica la velocidad de corte o el avance, según sea necesario, con el fin de disminuir la fuerza de corte a un nivel aceptable (figura 37.14).

Sin el control adaptativo o la intervención directa del operador (como ha sido el caso en las operaciones de maquinado tradicional), las grandes fuerzas de corte causarían la falla de la herramienta o que la pieza de trabajo se flexionara o distorsionara en exceso. Como resultado, la exactitud dimensional y el acabado de la superficie comienzan a deteriorarse. Los sistemas que optimizan una operación se llaman **optimización por control adaptativo** (ACO, por sus siglas en inglés). La optimización puede, por ejemplo, procurar que se maximice la tasa de remoción de material entre los cambios de herramienta o mejorar el acabado de la superficie de la parte.

El *tiempo de respuesta* debe ser corto para que el AC sea efectivo, en particular en las operaciones de maquinado de alta velocidad (sección 25.5). Por ejemplo, suponga que una operación de torneado se realiza en un torno con una velocidad del husillo de 1000 rpm y que súbitamente se rompe la herramienta, lo que perjudica el acabado de la superficie y la exactitud dimensional de la parte. Es obvio que para que el sistema de AC sea eficaz, los sensores deben responder en un tiempo muy corto; de otra manera el daño para la pieza de trabajo sería grande.

Por tanto, en el control adaptativo, deben establecerse relaciones *cuantitativas* y codificarse en el software de la computadora como modelos matemáticos. Si, por ejemplo, la tasa de desgaste de la herramienta en una operación de maquinado fuera excesiva (sección 21.5), la computadora debe ser capaz de (a) calcular cuánto es necesario cambiar la velocidad o el avance y (b) decidir si aumenta o disminuye la velocidad del avance con el fin de reducir la tasa de desgaste a un nivel aceptable. El sistema también debe poder compensar los cambios dimensionales de la pieza de trabajo debido a factores como desgaste de la herramienta y aumento de temperatura (figura 37.15).

Es evidente que, acoplado con el CNC, el control adaptativo es una herramienta poderosa para optimizar las operaciones de manufactura. A pesar de que tiene grandes y demostrables beneficios con respecto a la calidad y productividad, a la fecha no se ha aplicado mucho. La mayoría de los sistemas de control de máquinas herramienta están basados en la geometría y no incorporan el control adaptativo. No obstante, las últimas versiones de los lenguajes de programación STEP-NC permiten el manejo de la deflexión y el desgaste.

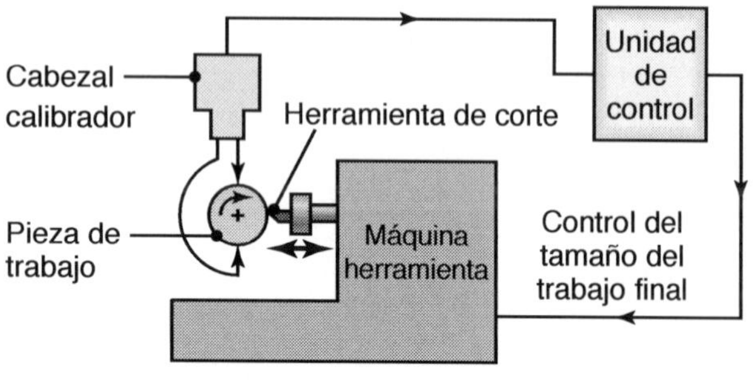

FIGURA 37.15 Inspección del proceso durante la realización del diámetro de una pieza de trabajo en una operación de torneado; el sistema ajusta automáticamente la posición radial de la herramienta de corte con el fin de producir el diámetro correcto.

37.5 Manejo y movimiento de materiales

Durante una operación normal de manufactura, las materias primas y las partes en proceso se desplazan desde el almacén hasta las máquinas, de máquina a máquina, del ensamble al inventario y por último al envío. Por ejemplo, las piezas de trabajo se cargan en las máquinas, como cuando se monta una forja en la mesa de una fresadora para maquinarla; (b) se avanza una placa metálica hacia una prensa para ser estampada; (c) se retiran partes de una máquina y se cargan en otra, como cuando una forja maquinada se va a rectificar posteriormente para un mejor acabado de la superficie y exactitud dimensional, y (d) se ensamblan partes terminadas en un producto final.

Se define **manejo del material** como las funciones y los sistemas asociados con el transporte, el almacenamiento y el control de los materiales y partes en el ciclo total de manufactura del producto. El tiempo total requerido para las operaciones de manufactura reales depende del tamaño y forma de la parte y del conjunto de operaciones que se van a realizar. Observe que el tiempo ocioso y el requerido para transportar los materiales pueden constituir la mayor parte del tiempo consumido, lo que reduce la productividad. El manejo del material debe ser parte integral de la planeación, implementación y control de las operaciones de manufactura; además, debe ser repetible y predecible.

Un aspecto importante del flujo ordenado de los materiales y componentes a través del ciclo de manufactura es la **distribución de la planta.** El tiempo y las distancias que se requieren para desplazar las materias primas y las partes debe minimizarse (vea *manufactura esbelta* en la sección 39.6). Para partes que requieren operaciones múltiples, que suele ser el caso normal, el equipo debe agruparse alrededor del operador o de un robot o robots industriales (vea también *manufactura celular*, sección 39.2).

Métodos de manejo de materiales. Al seleccionar un método apropiado de manejo del material para una operación en particular, deben considerarse varios factores:

1. Forma, peso y características de las partes.
2. Distancias implicadas, posición y orientación de las partes durante su movimiento y en el destino final.
3. Condiciones de la trayectoria a lo largo de la cual se van a transportar las partes.
4. Nivel de automatización, controles necesarios y cualquier integración con otros equipos y sistemas.
5. Habilidad requerida del operador.
6. Consideraciones económicas.

Para las operaciones de manufactura en pequeños lotes, las materias primas y las partes se pueden manejar y transportar manualmente, pero este método por lo general es costoso; asimismo, debido a que involucra personas, en la práctica puede ser impredecible, poco confiable o inseguro. En contraste, en plantas de manufactura automatizadas se implementa el flujo de materiales y partes controlado por computadora, lo que da como resultado una mejor productividad con costos menores de mano de obra.

Equipo. Los tipos de equipo que se usan para mover materiales y partes en progreso consisten en bandas transportadoras, rodillos, carros, montacargas, monorrieles autopropulsados y varios dispositivos y manipuladores mecánicos, eléctricos, magnéticos, neumáticos e hidráulicos. Estos instrumentos manipuladores están diseñados para ser controlados directamente por el operador o se automatizan para operaciones repetidas, como la carga y descarga de partes de máquinas herramienta, prensas y hornos. Los **manipuladores** son capaces de sujetar, mover y orientar partes pesadas, según se requiera, entre las operaciones de manufactura y el ensamble. Las piezas de trabajo se transfieren directamente de máquina a máquina. Las combinaciones de maquinaria que tienen la capacidad de transportar las partes sin el uso de aparatos adicionales para el manejo del material se llaman **dispositivos de transferencia integral.**

El manejo y movimiento flexible del material, con control en tiempo real, se ha convertido en parte integral de la manufactura moderna. En los *sistemas flexibles de manu-*

factura se usan mucho los robots industriales, plataformas de diseño especial y **vehículos guiados automáticamente** (AGV, por sus siglas en inglés) para desplazar partes y orientarlas como se requiera (figura 37.16). Los AGV operan automáticamente a lo largo de trayectorias en una planta, con cableado en el piso o grabaciones para el barrido óptico para guiarlos sin intervención del operador.

Este sistema de transporte tiene gran flexibilidad y es capaz de atender en forma aleatoria a diferentes estaciones de trabajo. Optimiza el movimiento de materiales y partes en caso de congestión alrededor de éstas, descompostura de la máquina (*tiempo muerto*), o falla de una sección del sistema de producción.

Los movimientos de los AGV se planean de modo que tengan una interfaz con los **sistemas automatizados de almacenamiento y recuperación** (AS/RS, por sus siglas en inglés) con el fin de utilizar el espacio de bodega de manera eficiente y de reducir los costos de mano de obra. Sin embargo, estos sistemas ahora no se consideran apropiados debido al énfasis actual en el *inventario mínimo* y en los métodos de producción *justo a tiempo* (sección 39.5).

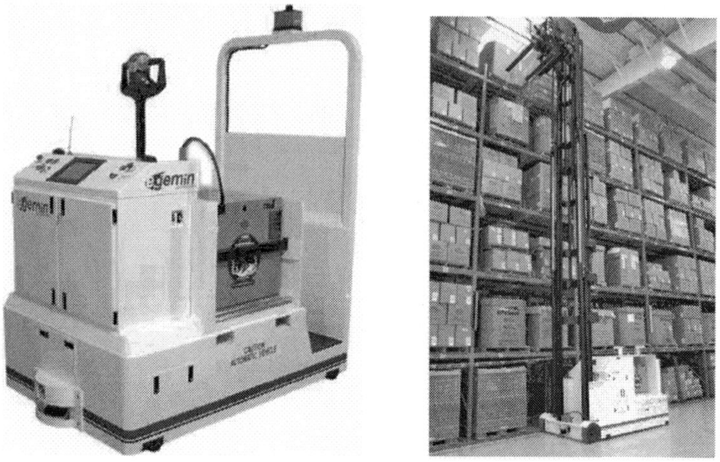

(a) (b)

FIGURA 37.16 (a) Vehículo guiado automáticamente (tipo Tugger). Este vehículo adopta varias configuraciones para jalar carros montados sobre ruedas móviles; tiene un sensor láser para asegurar que opere con seguridad entre personas y diversas obstrucciones. (b) Vehículo guiado automáticamente configurado con montacargas para usarlo en una bodega. *Fuente:* Cortesía de Egemin, Inc.

Los *sistemas de codificación* que se han desarrollado para localizar e identificar partes en proceso a través del sistema de manufactura y transferirlos a las estaciones indicadas son los siguientes:

- **Código de barras**, incluye **códigos QR** (como también se les denomina en este libro), es el sistema de codificación más utilizado y el menos costoso.
- **Bandas magnéticas**, constituyen el segundo sistema más común.
- **Etiquetas de RF** (radiofrecuencia), se usan en ocasiones; aunque son caras no requieren estar a la vista, lo que es esencial para los dos sistemas anteriores, tienen un amplio rango y se puede reescribir en ellas.
- **Ondas acústicas, reconocimiento óptico de caracteres** y **visión de máquina**, son los principios de otros sistemas de identificación.

37.6 Robots industriales

La palabra **robot** fue acuñada en 1920 por el autor checo K. Čapek, en su obra *R. U. R.* (Rossum's Universal Robots); se deriva de la palabra *robota*, que significa "trabajador". La International Organization for Standardization (ISO) ha descrito el término **robot industrial** como una máquina que consiste en un mecanismo que incluye varios brazos que terminan en una articulación capaz de sujetar una herramienta, pieza de trabajo o dispositivo de inspección. En particular, la unidad de control de un robot debe usar un método de memorización y también emplear dispositivos sensores o de adaptación para tomar en cuenta el ambiente y circunstancias especiales.

Los robots industriales se introdujeron por primera vez a principios de la década de 1960. Los robots controlados por computadora se comercializaron a principios de la década de 1970 y en 1974 apareció el primer robot controlado por una microcomputadora. Los robots industriales se empleaban al principio en operaciones peligrosas como el manejo de materiales tóxicos y radiactivos y la carga y descarga de piezas de trabajo calientes de los hornos en las fundiciones.

Código QR 37.1 Las aplicaciones más comunes de los robots industriales. (*Fuente:* © 2012, Cortesía de ABB).

Una regla práctica para las aplicaciones de los robots es la conocida en Estados Unidos como de las tres D, por *Dull* (simple), *Dirty* (sucio) y *Dangerous* (peligroso) (una cuarta sería *Demeaning*, degradante)) y la de las tres H por *Hot* (caliente), *Heavy* (pesado) y *Hazardous* (riesgoso). Ahora los robots industriales son componentes indispensables en casi todas las operaciones de manufactura y tienen una productividad mejorada en gran manera.

37.6.1 Componentes de un robot

Un robot industrial (figura 37.17) tiene cierto número de componentes básicos.

Manipulador. También llamado **brazo y muñeca**, el *manipulador* es un dispositivo mecánico que proporciona movimientos (trayectorias) parecidos a los de un brazo y mano humanos. El extremo de la muñeca alcanza un punto en el espacio si tiene un conjunto específico de coordenadas y en una orientación explícita. La mayor parte de los robots tienen seis puntos de rotación; también hay robots con siete grados de libertad (robots *redundantes*) para aplicaciones especiales.

Efector final. El extremo de la muñeca de un robot está equipado con un *efector final*, también llamado *herramienta del final del brazo*. En función del tipo de operación, los efectores finales convencionales están equipados con alguno de los dispositivos siguientes (figura 37.18):

- Sujetadores, ganchos, palas, electroimanes, diafragmas de vacío y dedos adhesivos para el manejo de materiales (figura 37.19a).
- Pistolas de aire para pintar.
- Accesorios para soldadura de un punto y de arco, o láser (figura 37.19b), y para cortar con arco.
- Herramientas de potencia, como taladros, llaves de tuercas y punzones (figuras 37.18b y c).
- Instrumentos de medición (figura 37.18e).

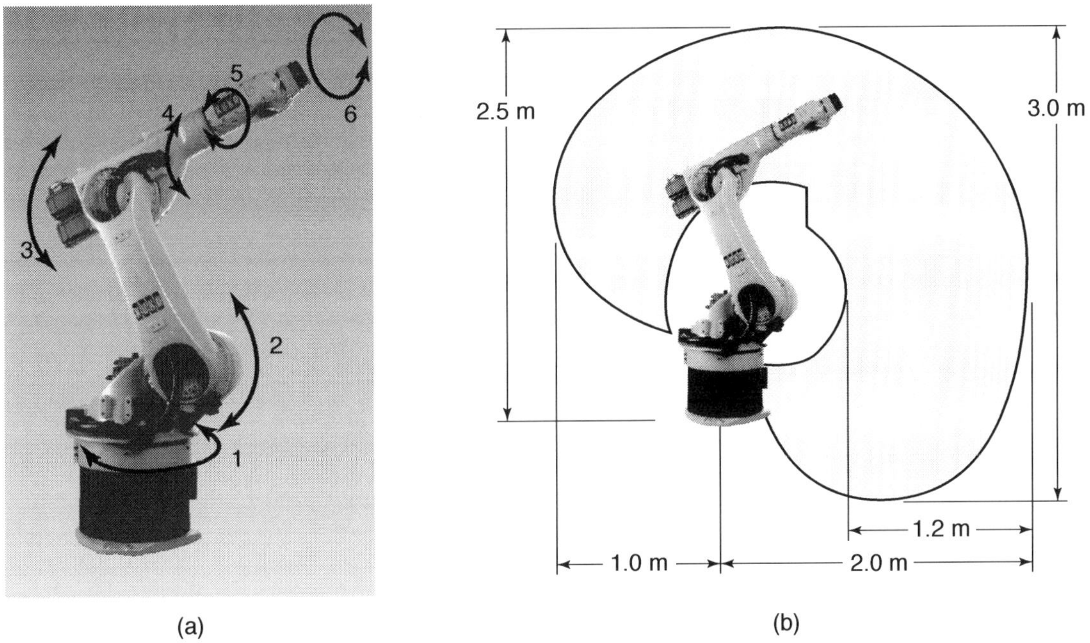

FIGURA 37.17 (a) Ilustración esquemática de un robot de seis ejes KR-30 KUKA; la capacidad de carga de la muñeca es de 30 kg y su repetibilidad es de ±0.15 mm (0.006 pulg). El robot tiene frenos mecánicos en todos sus ejes, los cuales están acoplados directamente uno con otro. (b) Vista lateral de la envolvente de trabajo del robot. *Fuente:* Cortesía de KUKA Robotics Corp.

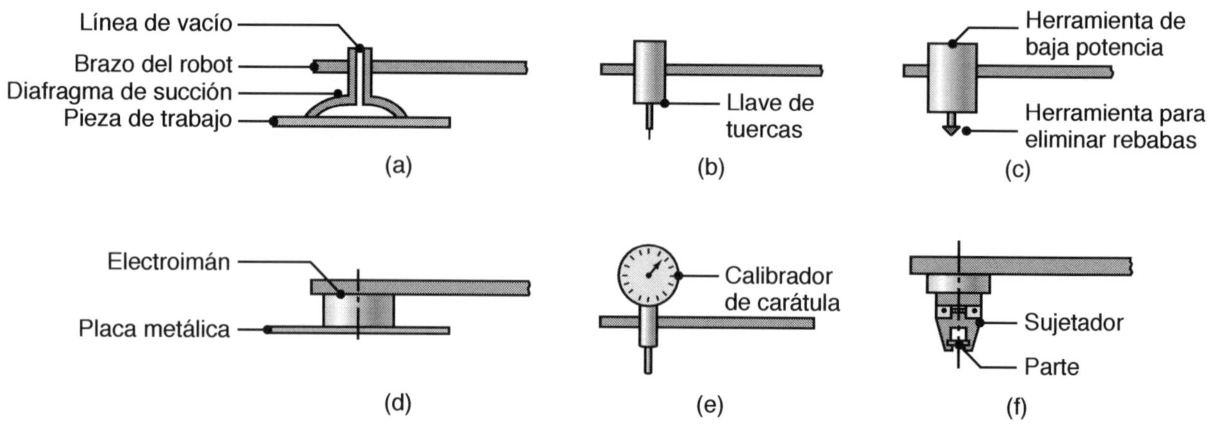

FIGURA 37.18 Tipos de herramientas y dispositivos sujetos a efectores finales para realizar varias operaciones.

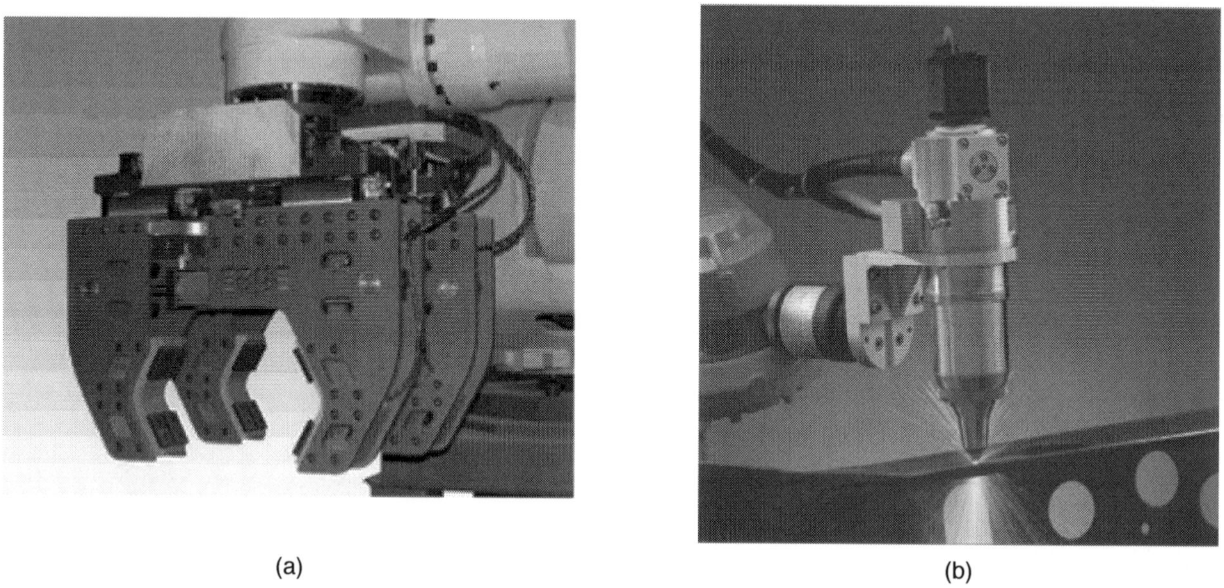

FIGURA 37.19 Ejemplos de efectores finales. (a) Sujetador con cuatro dedos y (b) cabezal cortador láser. *Fuente:* (a) Cortesía de RoboMatrix; (b) cortesía de la Fabricators & Manufacturers Association.

Los sujetadores mecánicos, equipados con dos o más dedos, son los de uso más común. Los **efectores de compensación final** se usan por lo general para manejar materiales frágiles o facilitar el ensamblaje; pueden usar mecanismos que limitan la fuerza aplicada a la pieza de trabajo o ser diseñados con la rigidez deseada. La selección de un efector final apropiado para una aplicación específica depende de factores como la carga, ambiente, confiabilidad y costo; en consecuencia, por lo general, los efectores finales se fabrican para cumplir requerimientos específicos de manipulación.

Suministro de energía. Cada movimiento del manipulador (lineal o rotacional) es controlado y regulado por actuadores independientes que usan energía eléctrica, neumática o hidráulica. Cada fuente de energía y cada tipo de motor tiene sus propias características, aplicaciones, ventajas y limitaciones.

Controlador. También conocido como *sistema de control*, el controlador es el sistema de comunicaciones y procesamiento de información que da los comandos para los movimientos del robot; es el cerebro del robot y almacena los datos para iniciar y terminar los movimientos del manipulador. El controlador también es el sistema nervioso del robot; es la interfaz con las computadoras y otros equipos como células de manufactura o sistemas de ensamble.

Los **dispositivos de retroalimentación**, como los transductores, son parte importante del sistema de control. Los robots con un conjunto fijo de movimientos tienen *control de lazo abierto*, en el cual se emiten los comandos y el brazo del robot ejecuta sus movimientos. A diferencia de los sistemas de *control de lazo cerrado*, la exactitud de los movimientos de los sistemas de lazo abierto no se vigila; en consecuencia, un sistema de lazo abierto no tiene capacidad de autocorrección.

Dependiendo de la tarea en particular, la capacidad de *repetir el posicionamiento* requerida puede ser tan pequeña como 0.050 mm (0.002 pulg), como lo necesitarían las operaciones de ensamble de tarjetas de circuitos electrónicos impresos (sección 28.13, en el sitio web del libro). La exactitud y repetibilidad varían mucho con la carga y con la posición dentro de la envolvente de trabajo.

37.6.2 Clasificación de los robots

Los robots se clasifican por sus tipos básicos (figura 37.20):

1. **Cartesianos**, o **rectilíneos**.
2. **Cilíndricos**.
3. **Esféricos**, o **polares**.
4. **Articulados**, de *revoluta*, con *uniones* o *antropomórficos*.

Los robots pueden estar permanentemente fijos al piso de la planta; también es posible que se muevan a lo largo de rieles elevados (*robots gantry*) o que estén equipados con ruedas para desplazarse por el piso de la fábrica (*robots móviles*).

Robots de secuencia fija y variable. El *robot de secuencia fija*, también llamado **robot que toma y coloca**, está programado para ejecutar una secuencia específica de operaciones; sus movimientos son de punto a punto y el ciclo se repite de manera continua. Estos robots son sencillos y relativamente baratos. El *robot de secuencia variable* también está programado para realizar una secuencia específica de operaciones, pero se puede *reprogramar* para que efectúe otras diferentes.

Robot de reproductor de movimiento. Un operador dirige o encamina al *robot reproductor* y a su efector final a través de la trayectoria deseada; en otras palabras, el operador *enseña* al robot al mostrarle qué hacer. El robot registra la trayectoria y secuencia de los movimientos y los repite continuamente sin más acción o guía del operador. El robot

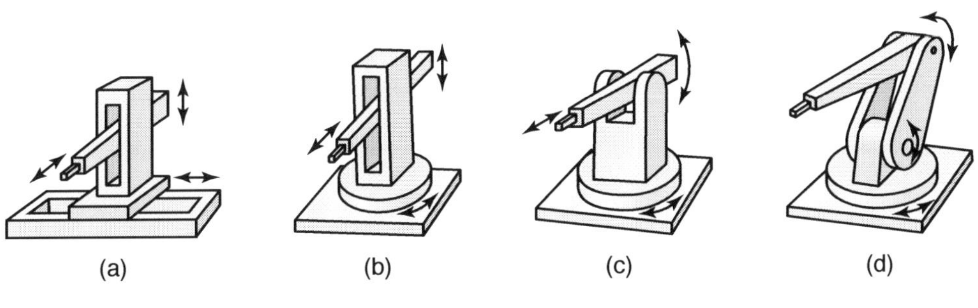

FIGURA 37.20 Cuatro tipos de robots industriales: (a) cartesiano (rectilíneo); cilíndrico; (c) esférico (polar), y (d) articulado (de revoluta, con uniones o antropomórfico).

de **aprendizaje asistido** (*teach pendant*) utiliza un conjunto de botones para manipulación conectados al panel de control; los botones se usan para controlar y guiar al robot y sus herramientas a través del trabajo que se va a ejecutar. Después, esos movimientos quedan registrados en la memoria del controlador y el robot los repite automáticamente siempre que sea necesario.

Robot controlado numéricamente. Este tipo de robot se programa y opera en forma muy parecida a una máquina de control numérico; está controlado por servomecanismos con datos digitales y la secuencia de movimientos se puede modificar con relativa facilidad. Como en las máquinas de control numérico, hay dos tipos básicos de control. (1) Los robots de *punto a punto* son fáciles de programar y tienen una gran capacidad de carga, así como una **envolvente de trabajo** más amplia, que es el alcance máximo en cualquier dirección de la mano del robot o herramienta de trabajo, como se ilustra en la figura 37.21. (2) Los robots de *trayectoria continua* tienen más exactitud que los de punto a punto, pero poseen menor capacidad de carga.

Robot inteligente. El *robot inteligente*, también llamado *robot sensorial*, es capaz de ejecutar algunas de las funciones y tareas que efectúan los humanos. El robot está equipado con varios sensores con capacidad *visual* (*visión computarizada*) y *táctil* (sección 37.7). En forma muy parecida a como lo hacen los humanos, el robot observa y evalúa su entorno inmediato y su proximidad a los objetos (en especial, a la maquinaria), por medio de la percepción y el *reconocimiento de patrones*. Después toma las decisiones apropiadas para el siguiente movimiento y procede en consecuencia.

Los avances en los robots inteligentes incluyen:

- Comportamiento más parecido al de los humanos y ejecución de tareas como el desplazarse entre varias máquinas y equipos en el taller evitando las colisiones.
- Reconocimiento, selección y sujeción adecuada de la materia prima o pieza de trabajo correcta para su procesamiento posterior.
- Transportar una parte de máquina a máquina.
- Ensamblar componentes en subensambles o en el producto final.

37.6.3 Aplicaciones y selección de robots

Las principales aplicaciones de los robots industriales incluyen:

- Operaciones de manejo de material, que se ejecutan de manera confiable y repetitiva, con lo que mejora la calidad y se reducen las pérdidas por desperdicios. Algunos

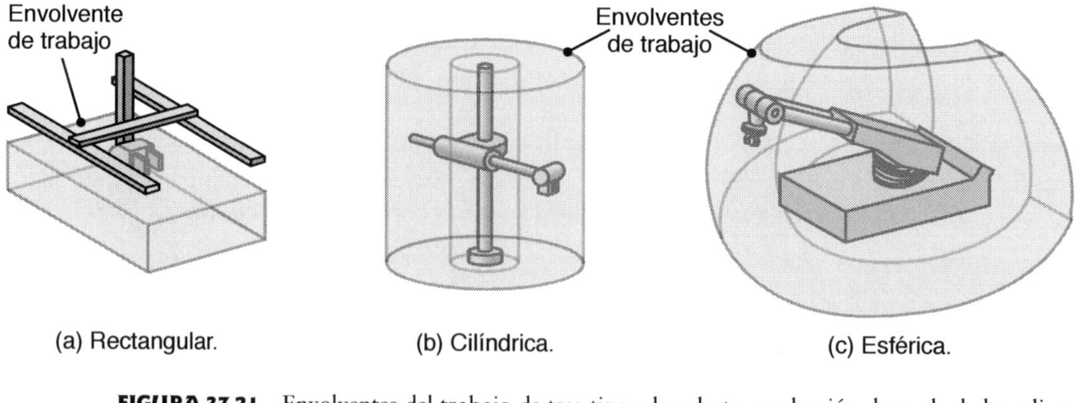

FIGURA 37.21 Envolventes del trabajo de tres tipos de robot; su selección depende de la aplicación particular (vea también la figura 37.17b).

ejemplos son (a) operaciones de fundición y moldeo en las que se maneja metal fundido, materias primas y partes en distintas etapas de procesamiento, sin interferencia del operador; (b) operaciones de tratamiento con calor en las que se cargan y descargan partes de hornos y baños de enfriamiento y (c) operaciones en que las partes se cargan y descargan desde prensas y otros tipos de maquinaria de trabajo de metales.

- Soldadura por puntos de carrocerías de automóviles y camiones; produce soldaduras de buena calidad (figura 37.22a). Los robots también realizan otras operaciones semejantes, como la soldadura de arco, corte con arco y remachado.
- Se pueden efectuar operaciones como la eliminación de rebabas, rectificado y pulido empleando las herramientas apropiadas adjuntas a los efectores finales.
- Aplicación de adhesivos y selladores, como en la carrocería que se muestra en la figura 37.22b.
- Aplicaciones frecuentes son la pintura con aire (en particular de formas complejas) y operaciones de limpieza, porque los movimientos requeridos para el tratamiento de una pieza se repiten exactamente iguales para la siguiente.
- Ensamble automatizado (figura 37.23).
- Inspección y calibración a velocidades mucho mayores que las que logran los humanos.

Selección de robots. Los factores que influyen en la selección de robots en la manufactura son:

- Capacidad de carga.
- Envolvente de trabajo (vea las figuras 37.17b y 37.21).
- Velocidad de movimiento.
- Confiabilidad.
- Repetibilidad.
- Configuración del brazo.
- Grados de libertad.
- Sistema de control.

Código QR 37.2 Robots usados para pintar carrocerías. (*Fuente:* © 2012, cortesía de ABB).

(a) (b)

FIGURA 37.22 Ejemplos de aplicaciones de robots industriales. (a) Soldadura por puntos de carrocerías de automóvil. (b) Sellado de las uniones de una carrocería. *Fuente:* (b) Cortesía de Cincinnati Milacron, Inc.

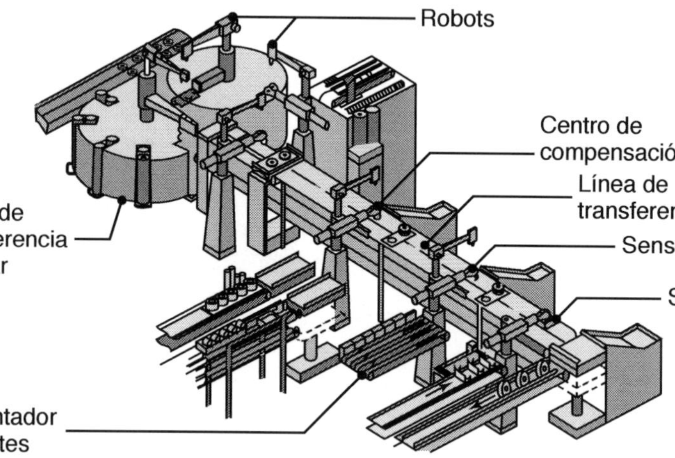

FIGURA 37.23 Operaciones de ensamble automatizado con el uso de robots industriales y líneas de transferencia circular y lineal.

Economía. Además de los factores técnicos, las consideraciones de costo y beneficio son aspectos importantes en la selección y uso de robots. Debido a su creciente disponibilidad, confiabilidad y costos reducidos, los robots inteligentes están teniendo un efecto importante en las operaciones de manufactura.

Seguridad con los robots. En función del tamaño de la envolvente del trabajo del robot, velocidad y proximidad a los humanos, son importantes las consideraciones de seguridad en un ambiente con robots, en particular para los programadores y el personal de mantenimiento que tiene interacción física directa con ellos. Además, el movimiento del robot con respecto a otras máquinas requiere un alto nivel de confiabilidad para evitar colisiones y daños a los equipos cercanos. Las actividades del robot en cuanto al manejo de materiales requieren el aseguramiento apropiado de las materias primas y partes en su dispositivo sujetador en varias etapas de la línea de producción.

CASO DE ESTUDIO 37.1 Eliminación robotizada de las rebabas en un trineo moldeado por soplado

La empresa Roboter Technologie, de Bassel, Suiza, produce trineos y asientos de automóvil de alta calidad hechos de plástico con moldeo por inyección (sección 19.3) o moldeo por soplado (sección 19.4). Después del moldeo y mientras la parte se enfría, se tienen que hacer agujeros y eliminar las rebabas (sección 26.8). La operación de eliminación de rebabas es ideal para que la realice un robot, pero es muy difícil de automatizar. Si se usara una herramienta giratoria para hacerlo, se generaría humo y partículas que serían un riesgo para la salud, y un cortador no rotatorio requiere que el robot permita desviaciones en su trayectoria programada con el fin de permitir variaciones por la contracción de las partes moldeadas.

La compañía Roboter Technologie encontró una solución: una herramienta montada flotante (vea *efectores de compensación final* en la sección 37.6.1) que puede alojar varias navajas cortadoras. Para quitar las rebabas, la navaja debe mantener el ángulo de corte correcto y una fuerza constante. Esta tarea se logra con un robot KUKA KR-15, que ejecuta las operaciones de corte y limpieza en un solo paso mientras hace también la compensación por la contracción del plástico (figura 37.24).

Tan pronto como la parte moldeada por aire deja la moldeadora, un operador quita las manchas y coloca la parte en una mesa indexable rotatoria (figura 37.4b). Cuando una parte se gira en el espacio de trabajo del robot, éste corta y quita las rebabas de los agujeros; una vez cortadas y limpias las partes laterales, el sujetador coloca el trineo en posición vertical de modo que es posible tener acceso a su parte superior. Durante el procesamiento de cada trineo se usa un cambiador de herramientas automático (sección 25.2) para pasar de un cortador convexo (para hacer los cortes) a otro

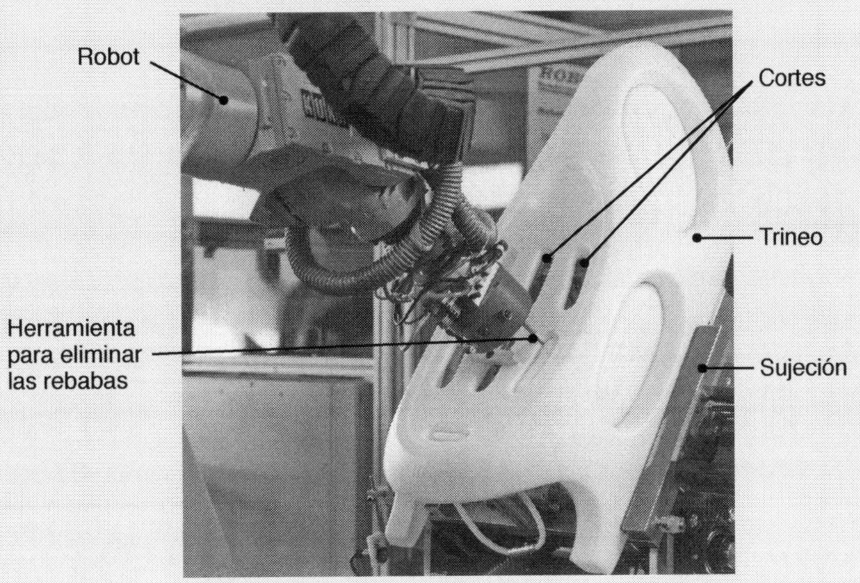

FIGURA 37.24 Eliminación robotizada de las rebabas de un trineo moldeado por aire. *Fuente:* Cortesía de Kuka Robotics, Inc., y Roboter Technologie, GmbH (vea también la figura 26.34).

cortador recto con el fin de producir un contorno exterior suave.

La compleja forma de un trineo es un buen ejemplo de la flexibilidad que logran los robots. El robot completa la operación de maquinado de 40 a 50 segundos, en oposición al tiempo de 120 segundos del ciclo del proceso de moldeado; así, la implementación del robot es consistente con las metas de un sistema de jalar (vea la sección 39.5). El robot se usó con éxito en un ambiente peligroso y sucio y se eliminaron tareas asociadas con lesiones ocasionadas por la exposición a humos y al movimiento de la muñeca de la mano en la operación manual. Además, debido a la alta calidad de la eliminación de las rebabas y a la ausencia de partes rechazadas, la célula del robot se pagó a sí misma en sólo tres meses.

Fuente: Cortesía de Kuka Robotics, Inc., y Roboter Technologie, GmbH.

37.7 Tecnología de sensores

Un *sensor* es un dispositivo que produce una señal en respuesta a su propiedad específica de detección o medición, como la posición, fuerza, par, presión, química, temperatura, humedad, velocidad, aceleración o vibración. Tradicionalmente se han usado actuadores e interruptores para fijar límites en el desempeño de las máquinas, como (a) detener máquinas herramienta para restringir los movimientos de la mesa de trabajo; (b) medir la presión y temperatura con dispositivos automáticos de detención y (c) gobernar motores para impedir una velocidad de operación excesiva.

Actualmente la tecnología de sensores es un aspecto importante de los procesos y sistemas de manufactura, y es esencial para la obtención de datos, monitoreo, comunicación y control computarizado de las máquinas y sistemas (figura 37.25). Los sensores son necesarios para el control de robots inteligentes y se desarrollan los llamados **sensores inteligentes**, con capacidades que imitan las de los humanos.

Debido a que convierten una cantidad en otra, es frecuente que se haga referencia a los sensores como *transductores*. Los **sensores analógicos** producen una señal, como voltaje, que es proporcional a la cantidad medida. Los **sensores digitales** tienen salidas digitales que se pueden transferir directamente a computadoras. Existen *convertidores*

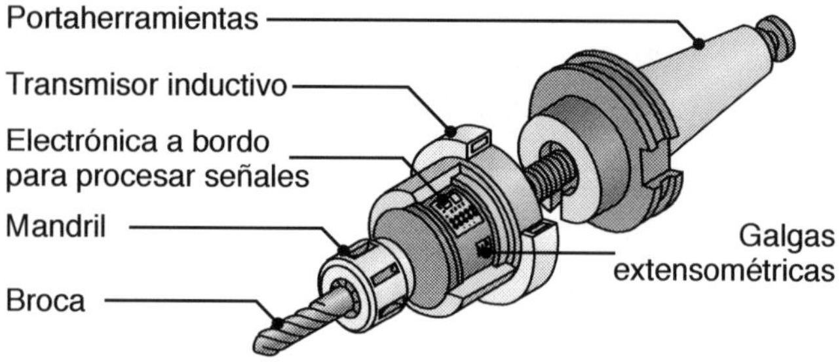

FIGURA 37.25 Portaherramientas equipado con sensores de la fuerza de empuje y del par (portaherramientas inteligente) capaces de monitorear continuamente la operación de corte; estos portaherramientas son esenciales para el control adaptativo de las operaciones de manufactura.

analógico-digitales (ADC, por sus siglas en inglés) que actúan como interfaz entre los sensores analógicos y las computadoras.

37.7.1 Clasificación de sensores

Los sensores de mayor interés en las operaciones de manufactura por lo general se clasifican como sigue:

- **Mecánicos**, miden cantidades como la deformación, masa, posición, forma, velocidad, fuerza, torque, presión y vibración.
- **Químicos**, hacen la medición de las concentraciones de los productos químicos objetivo. Un ejemplo común es el sensor de O_2 en un automóvil, que mide la cantidad de oxígeno gaseoso en el escape; esto permite hacer inferencias acerca de las cantidades apropiadas del gas y de la entrada de combustible con objeto de minimizar las emisiones dañinas.
- **Eléctricos**, para medir el voltaje, corriente, carga y conductividad eléctrica.
- **Magnéticos**, miden el campo magnético, flujo y permeabilidad.
- **Térmicos**, miden la temperatura, flujo, conductividad térmica y calor específico.
- Otros tipos de sensores son **acústicos, ultrasónicos, ópticos**, de **radiación, láser** y de **fibra óptica.**

Según su aplicación, un sensor consiste en materiales metálicos, no metálicos, orgánicos o inorgánicos, así como en fluidos, gases, plasmas o semiconductores. Al utilizar las características especiales de dichos materiales, los sensores convierten la cantidad o propiedad medida en una salida analógica o digital. Por ejemplo, la operación de un termómetro de mercurio común se basa en la diferencia entre la expansión térmica del mercurio y la del vidrio. De la misma manera, una parte de máquina, una obstrucción física o una barrera en un espacio se pueden detectar por la interrupción de un haz de luz percibida por una celda fotoeléctrica. Un *sensor de proximidad*, que percibe y mide la distancia a un objeto o miembro en movimiento de una máquina, puede basarse en acústica, magnetismo, capacitancia u óptica. Otros tipos de sensores contactan el objeto y después emprenden la acción apropiada, por lo general con medios electromecánicos.

Percepción táctil. La percepción *táctil* involucra el detectar continuamente fuerzas variables de contacto, comúnmente por medio de un arreglo de sensores. Dicho sistema es capaz de operar dentro de un espacio tridimensional arbitrario. Las partes frágiles, como huevos, objetos de vidrio delgado y dispositivos electrónicos, son manipuladas por robots con *efectores de compensación final* (*inteligentes*). Estos efectores detectan la fuerza aplicada al objeto que se manipula, con el empleo, por ejemplo, de medidores de tensión, dispositivos piezoeléctricos, inducción magnética, ultrasónica y sistemas ópticos de fibra óptica y diodos emisores de luz (LED, por sus siglas en inglés).

La fuerza que se percibe es monitoreada y controlada por medio de equipos de retroalimentación de lazo cerrado. Los sujetadores de compensación, con capacidad de retroalimentación de la fuerza y percepción sensorial, son complejos y requieren computadoras poderosas. Los *efectores antropomórficos finales* están diseñados para simular la mano y los dedos humanos y para tener la capacidad de percibir contactos, fuerza y movimiento. El sensor táctil ideal también debe percibir el *deslizamiento*, una capacidad normal de los dedos y manos humanos; observe, por ejemplo, cómo aun con los ojos cerrados se siente si un objeto comienza a deslizarse de la mano propia.

Percepción visual. En la percepción visual se hace el barrido de una imagen por medio de cámaras y el software procesa los datos. Sus aplicaciones más importantes en la

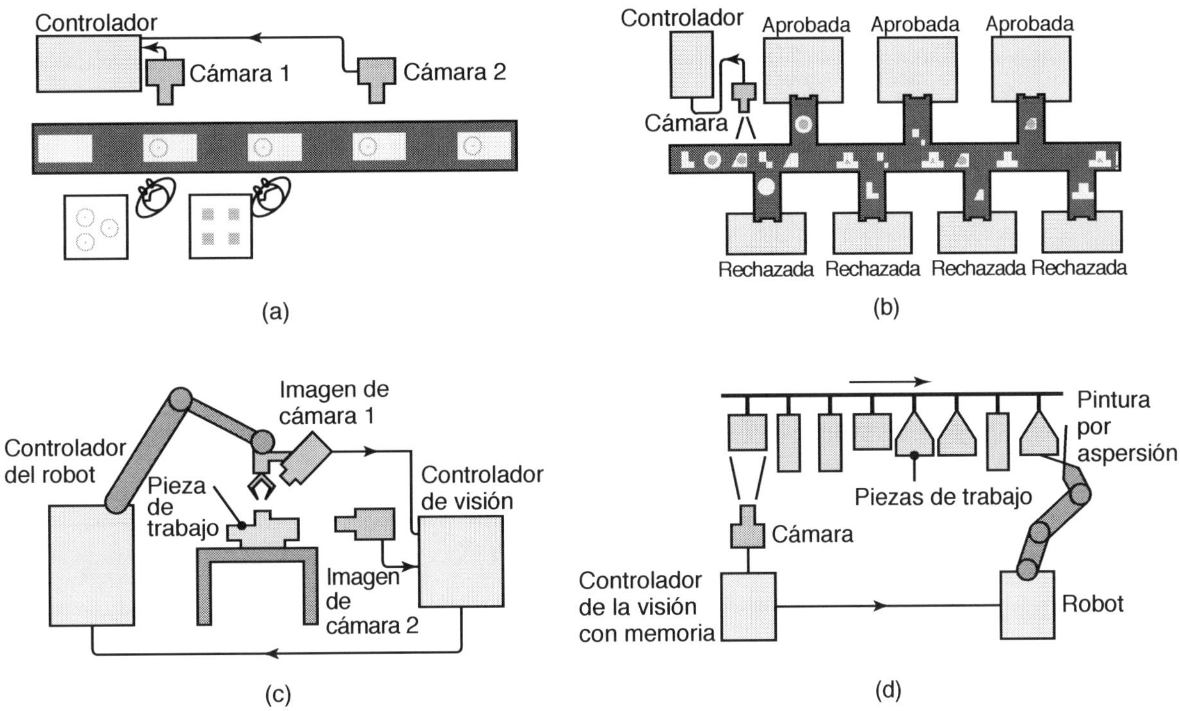

FIGURA 37.26 Ejemplos de aplicaciones de máquinas con visión. (a) Inspección en línea de partes. (b) Identificación de partes con varias formas e inspección y rechazo de las partes defectuosas. (c) Uso de cámaras que dan datos de entrada posicional a un robot acerca de la pieza de trabajo. (d) Pintura de partes que tienen distintas formas y entrada desde una cámara; la memoria del sistema permite que el robot identifique la forma particular por pintar y proceder con los movimientos correctos de una pistola sujeta al efector final.

manufactura son el *reconocimiento de patrones* (figura 37.26), la detección de bordes y la transferencia de información, como ocurre con códigos de barras sencillos.

La *visión de máquina* usa comúnmente cámaras digitales que se comunican con una computadora por medio de conexiones inalámbricas, USB o Ethernet. El barrido tiene lugar en (a) una dimensión (barrido en línea, como el de los códigos de barras); (b) dos dimensiones (escaneo 2D, como los códigos QR) o (c) en tres dimensiones (barrido 3D, como el escaneo CT o cámaras confocales, como se ilustra en la figura 37.27). El barrido tridimensional se ha vuelto más común, con software poderoso disponible y que permite incluso que cámaras digitales sencillas instaladas en teléfonos móviles tomen datos tridimensionales. La mayoría de las aplicaciones de manufactura requieren escaneo en 2D, aunque los escaneos en 3D son útiles para capturar la geometría.

La visión de máquina es útil en particular (a) para partes inaccesibles de difícil acceso; (b) en ambientes de manufactura hostiles; (c) para medir un gran número de pequeñas características y (d) en situaciones en las que el contacto físico dañaría la parte. Las aplicaciones de la visión de máquina incluyen la inspección en línea y en tiempo real en líneas y sensores de estampado de placas metálicas para máquinas herramienta que perciben la desviación y rotura de la herramienta, verifican la colocación y sujeción de la parte y monitorean el acabado de la superficie.

FIGURA 37.27 Uso de un escáner 3D para digitalizar la geometría de un fundido (abajo) para generar un archivo de datos en 3D que describe la geometría (arriba). El archivo de datos se puede usar después para el control de calidad o se puede enviar a una impresora 3D para producir una parte con la misma geometría.

Aplicaciones. En la figura 37.26 se ilustran varias aplicaciones de la visión de máquina en la manufactura. Con sus capacidades de percepción visual, los efectores finales son capaces de tomar partes y sujetarlas en la orientación y ubicación apropiadas. La visión de máquina es capaz de identificar e inspeccionar en línea las partes y rechazar las defectuosas. Los *sensores robustos* se desarrollaron para soportar temperaturas extremas, impactos y vibraciones, humedad, corrosión, polvo y otros contaminantes, fluidos, radiación electromagnética y otras interferencias.

La *selección* de un sensor para una aplicación particular depende de factores como los siguientes:

- Cantidad particular por medir o percibir.
- Interacción del sensor con otros componentes del sistema.
- Vida de servicio esperada del sensor.
- Nivel de sofisticación.
- Dificultades asociadas con su uso.
- Fuente de energía.
- Costo.

Sensores inteligentes. Tienen la capacidad de ejecutar una función lógica, tener comunicación de dos vías, tomar decisiones y emprender acciones apropiadas. El conocimiento requerido para tomar una decisión se puede construir en un *sensor inteligente*; por ejemplo, al maquinar se puede programar el chip de una computadora para apagar una máquina herramienta cuando se rompe el cortador. Del mismo modo, un sensor inteligente impide que un robot móvil o un brazo robótico entre en contacto accidental con un objeto o una persona, al percibir cantidades como distancia, calor y ruido.

37.7.2 Fusión de sensores

La *fusión de sensores* involucra la integración de varios sensores de modo que los datos individuales de cada uno de ellos (como fuerza, vibración, temperatura y datos dimensionales) se combinan para dar un mayor nivel de información y confiabilidad. Una aplicación simple de la fusión de sensores es cuando alguien bebe una taza de café caliente. Aunque es un evento tan común que se da por garantizado, es evidente que dicha actividad implica la entrada de datos de ojos, labios, lengua y manos. A través de los cinco sentidos básicos de la vista, oído, olfato, gusto y tacto, ahora existe el monitoreo en tiempo real de movimientos relativos, posiciones y temperaturas. Por ejemplo, si el café está demasiado caliente, el movimiento de la mano con la taza hacia los labios es reducido y por tanto se ajusta; observe que los dedos y la mano también sienten la temperatura, lo que se convierte en una entrada al sistema de control.

Las primeras aplicaciones en ingeniería de la fusión de sensores ocurrieron en el control del movimiento de robots, rastreo del vuelo de misiles y otras aplicaciones militares parecidas, con frecuencia cuando dichas actividades involucran movimientos que imitan el comportamiento humano. Un aspecto importante de la fusión de sensores es la *validación del sensor*: se detecta la falla de un sensor de modo que el sistema de control mantiene una gran confiabilidad; por tanto es esencial recibir datos redundantes desde diferentes sensores.

La fusión de sensores se ha vuelto práctica y está disponible a un costo relativamente bajo, sobre todo debido a los avances hechos en el tamaño de los sensores, la calidad y tecnología, así como en los desarrollos continuos en los sistemas de control computarizados, inteligencia artificial, sistemas expertos y redes neurales artificiales, todo lo cual se describe en el capítulo 39.

37.8 Sujeción flexible

Al describir los *dispositivos de sujeción del trabajo* para las operaciones de manufactura, en este libro se usaron con frecuencia las palabras *mordazas*, *plantillas* y *sujetador* de manera indistinta y en ocasiones por parejas, como en portapiezas y sujetadores. En suma,

- **Mordazas**, son dispositivos simples y multifuncionales para sujetar el trabajo.
- **Plantillas**, tienen varias superficies y puntos de referencia para la alineación exacta de partes o herramientas.
- **Sujetadores**, por lo general están diseñados para aplicaciones específicas.

Otros equipos comunes para sujetar el trabajo son los *platos*, *tenazas* y *mandriles*. Algunos accesorios para sujetar el trabajo, como los *platos de potencia*, se diseñan y operan en varios niveles de mecanización y automatización y son movidos por medios mecánicos, hidráulicos o eléctricos. Por lo general, los dispositivos de sujeción tienen rangos específicos de capacidad. Por ejemplo, (a) una tenaza en particular puede acomodar barras sólo dentro de cierto rango de diámetros; (b) los platos de sujeción de cuatro mordazas reciben piezas de trabajo cuadradas o prismáticas que tienen cierto rango de dimensiones; (c) los *sujetadores especiales* se diseñan y fabrican para formas y dimensiones específicas de la pieza de trabajo y para tareas dadas y (d) si una pieza de trabajo tiene superficies curvas, las superficies de contacto de las mordazas se conforman con maquinado para que se adapten a las superficies de la pieza de trabajo, lo que se conoce como *mordazas maquinables*.

El surgimiento de sistemas flexibles de manufactura ha hecho necesario el diseño y uso de dispositivos y sujetadores de la pieza de trabajo que cuentan con *flexibilidad construida*. Hay varios métodos de **sujeción flexible**, con base en diferentes principios, llamados **sistemas de sujeción inteligente**. Estos equipos son capaces de recibir con rapidez un rango de formas y dimensiones de la parte, sin que se requieran grandes cambios, ajustes o la intervención del operador.

Sujeción modular. La *sujeción modular* se utiliza con frecuencia para lotes de tamaño pequeño o moderado, en especial cuando el costo de arreglos especiales y el tiempo requerido para producirlos es difícil de justificar. Las piezas de trabajo complejas se localizan dentro de las máquinas empleando sujetadores producidos a partir de componentes estándar y se desensamblan cuando se termina la corrida de producción. Los sujetadores modulares se suelen basar en placas o bloques de herramientas configuradas con rejillas perforadas o ranuras tipo T sobre las que se construye un sujetador.

Para producir un sujetador rápido se montan sobre una *placa* o *bloque* base varios componentes estándar, como pernos de localización, soportes de la pieza de trabajo, bloques en V, pinzas, resortes y frenos ajustables. Con el empleo de robots industriales y técnicas de planeación de sujetadores asistida por computadora, se diseñan, ensamblan y modifican dichos accesorios de sujeción. En comparación con los sujetadores especiales, los modulares son de bajo costo, requieren menos tiempo, tienen componentes que se reparan con más facilidad y poseen una flexibilidad intrínseca de aplicación.

Sujetadores de columna. También conocidos como *sujetadores tipo pedestal*, los *sujetadores de columna* tienen de dos a seis caras verticales (lo que les da el aspecto de lápidas) sobre las que se montan las piezas de trabajo. Estos sujetadores por lo común se utilizan en la manufactura automatizada o asistida por robots. La máquina herramienta realiza las operaciones deseadas sobre una cara de la pieza de trabajo, después se desliza o gira el sujetador para trabajar en las otras superficies. Los sujetadores de columna se usan comúnmente para tener mayor volumen de producción, sobre todo en la industria automotriz (vea el caso de estudio 24.2).

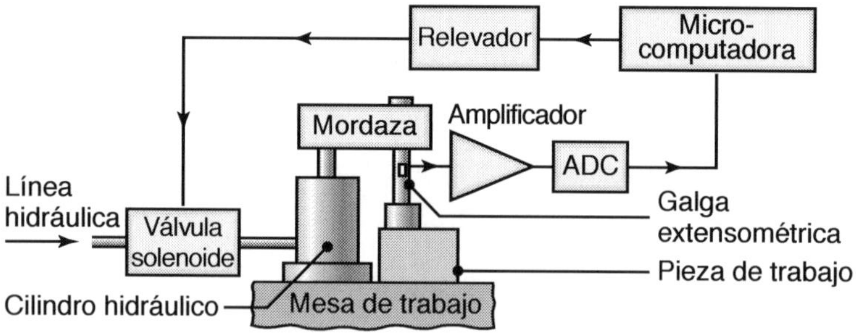

FIGURA 37.28 Ilustración esquemática de un sistema de mordaza de fuerza ajustable; la fuerza de sujeción es percibida por el medidor de deformación y el sistema la ajusta automáticamente. *Fuente:* Basado en P. K. Wright.

Dispositivo de cama de clavos. Este tipo de sujetador consiste en una serie de *pernos activados por aire* que se adaptan a la forma de las superficies externas de la pieza de trabajo. Cada perno se mueve según sea necesario para adaptarse a la forma en su punto de contacto con la pieza; estos pernos después se bloquean mecánicamente contra la pieza. El dispositivo es compacto, tiene mucha rigidez y es reconfigurable.

Mordaza de fuerza ajustable. En la figura 37.28 se ilustra en forma esquemática este tipo de sistema. El medidor de deformación montado en la pinza percibe la magnitud de la fuerza de sujeción; después, el sistema ajusta dicha fuerza para que mantenga asegurada la pieza de trabajo para la aplicación particular. También se impiden fuerzas de sujeción excesivas que dañarían la superficie de la pieza de trabajo, en particular si es suave o tiene un diseño delgado.

Materiales que cambian de fase. Hay dos métodos distintos de usar herramientas duras, capaces de sujetar piezas de trabajo de forma irregular o curvada:

1. Se usa un *metal de bajo punto de fusión* como medio de sujeción. Por lo común se sumerge una pieza de trabajo de forma irregular en plomo fundido y se deja que solidifique (como cuando se inserta un palillo de madera en una paleta), en un proceso parecido al *moldeo por inserción* (secciones 11.3.5 y 19.3). Después de que se enfría, el bloque de plomo solidificado se asegura en un sujetador sencillo. Sin embargo, debe considerarse el posible efecto perjudicial de sujetar materiales como el plomo en la pieza de trabajo (debido a la *fragilización por metal líquido*; vea la sección 1.5.2).
2. El medio de soporte es un fluido *magnetorreológico* (MR) o *electrorreológico* (ER). En el método MR las partículas son ferromagnéticas o paramagnéticas de tamaño nanométrico en un fluido que no es magnético; se agregan espumantes para evitar que las partículas se asienten. Después de sumergir la pieza de trabajo en el fluido se aplica un campo magnético externo, con lo que las partículas se polarizan y el comportamiento del fluido cambia del de un líquido al de un sólido. La pieza de trabajo se recupera luego al suprimir el campo magnético externo. En el método ER el fluido es una suspensión de partículas dieléctricas finas en un líquido de baja constante dieléctrica. Con la aplicación de un campo eléctrico el líquido se convierte en sólido.

37.9 Sistemas de ensamble

Las partes y componentes individuales que se producen con varios procesos de manufactura deben *ensamblarse* en los productos terminados. La operación de ensamble total suele descomponerse en otras individuales (*subensambles*), con un operador asignado para que ejecute cada etapa. De manera tradicional, el ensamble involucraba mucho trabajo manual y por tanto contribuía significativamente al costo del producto.

Por el tipo de producto, los costos del ensamble varían mucho. Por ejemplo, los iPhone de Apple cuestan de \$12.50 a \$30.00 dólares estadounidenses del total de la mano de obra, con un costo total de \$200.00 a \$600.00. Los costos del ensamble son de 10 a 50% del costo total de manufactura, con un porcentaje de trabajadores dedicados a dichas operaciones que va de 20 a 60%. En los países desarrollados, con mucha productividad y automatización, el número de trabajadores asignados al ensamble está en el extremo bajo de este rango; en países con mano de obra barata el porcentaje es mayor. A medida que se incrementan los costos de producción y las cantidades de artículos que se deben ensamblar, la necesidad del *ensamble automatizado* es obvia. Los métodos de ensamble han mejorado mucho con el paso de los años, desde el ensamble a mano de los mosquetes de *partes intercambiables* de fines del siglo XVIII y principios del XIX.

La primera aplicación eficiente a gran escala fue el ensamble de imanes del volante de inercia del automóvil Ford Modelo T. Esta experiencia condujo en su momento a la producción en masa de vehículos. La elección de un método y sistema de ensamble depende de la tasa de producción que se requiere, la cantidad total que se va a producir, el ciclo de vida del producto, la disponibilidad de mano de obra y el costo.

Ensamble automatizado. Recuerde que las partes se manufacturan dentro de ciertos rangos de tolerancia dimensional. Si se toman como ejemplo los rodamientos de bolas, es bien sabido que aunque todos tengan las mismas dimensiones *nominales*, algunos de cada lote serán más pequeños que el resto, aunque en muy poca cantidad. Del mismo modo, algunas pistas de los baleros serán más chicas que otras del lote. Hay dos métodos de ensamble para tales productos de gran volumen.

En el **ensamble aleatorio** los componentes se colocan juntos al seleccionarlos al azar de los lotes producidos. En el **ensamble selectivo** se segregan las esferas y baleros (se separan) por grupos de tamaño, del más pequeño al más grande. Luego se seleccionan las partes para que concuerden; entonces, las esferas de diámetro más pequeño se acoplan con las pistas interiores que tienen los mayores diámetros externos y se hace lo mismo con los baleros externos con pistas internas más pequeñas.

Código QR 37.3 **Ensamble automatizado de una cámara digital con el empleo de robots industriales. (*Fuente:* © 2012, cortesía de ABB).**

Métodos y sistemas de ensamble. Hay tres métodos básicos de ensamble: manual, automático de alta velocidad y robótico; se usan individualmente o, como es el caso en la mayoría de las aplicaciones, en combinación. Como se aprecia en la figura 37.29, primero debe hacerse el análisis del diseño del producto para determinar un método de ensamble apropiado y económico:

1. El **ensamble manual** utiliza herramientas relativamente sencillas y por lo general es económico en lotes pequeños. Debido a la destreza de las manos y dedos humanos, y a su capacidad para la retroalimentación con varios sentidos, los trabajadores pueden ensamblar manualmente incluso partes complejas sin gran dificultad. (A pesar del uso de mecanismos sofisticados, robots y controles computarizados, la alineación y colocación de un simple marco cuadrado en un orificio cuadrado con poca holgura llega a ser una tarea difícil en el ensamble automático).
2. El **ensamble automatizado de alta velocidad** utiliza *mecanismos de transferencia* diseñados especialmente para el ensamble. En la figura 37.30 se presentan dos ejemplos, en los cuales se realiza el ensamble de productos *indexados* para su posicionamiento adecuado.
3. En el **ensamble robótico** operan uno o más robots de propósito general en una sola estación de trabajo (figura 37.31) o bien operan en un sistema de ensamble de estaciones múltiples.

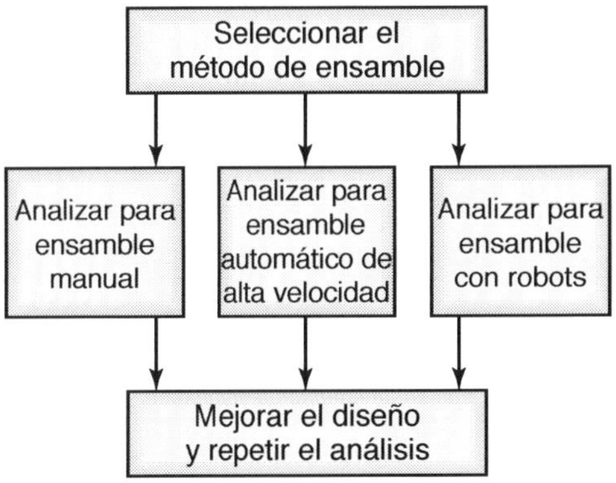

FIGURA 37.29 Etapas de diseño del análisis del ensamble. *Fuente:* Basado en G. Boothroyd y P. Dewhurst.

Hay tres tipos básicos de sistemas de ensamble:

1. **Sistemas síncronos.** En estos sistemas de *indexación*, las partes individuales son suministradas y ensambladas a una tasa constante en estaciones individuales fijas. La tasa de movimiento de las piezas en este sistema se basa en la estación que requiere el mayor tiempo para completar su parte del ensamble. El sistema síncrono se usa sobre todo para ensamblar grandes volúmenes de productos pequeños a alta velocidad.

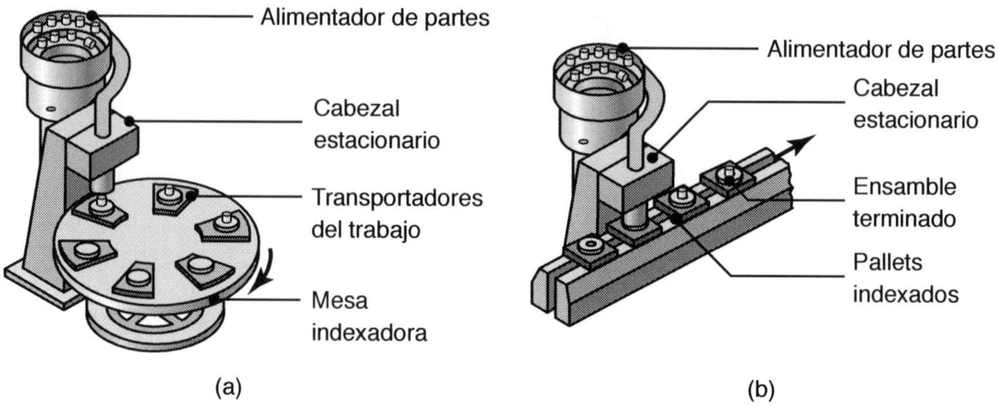

FIGURA 37.30 Sistemas de transferencia para el ensamble automático: (a) máquina indexadora rotatoria y (b) máquina indexadora en línea. *Fuente:* Basado en G. Boothroyd.

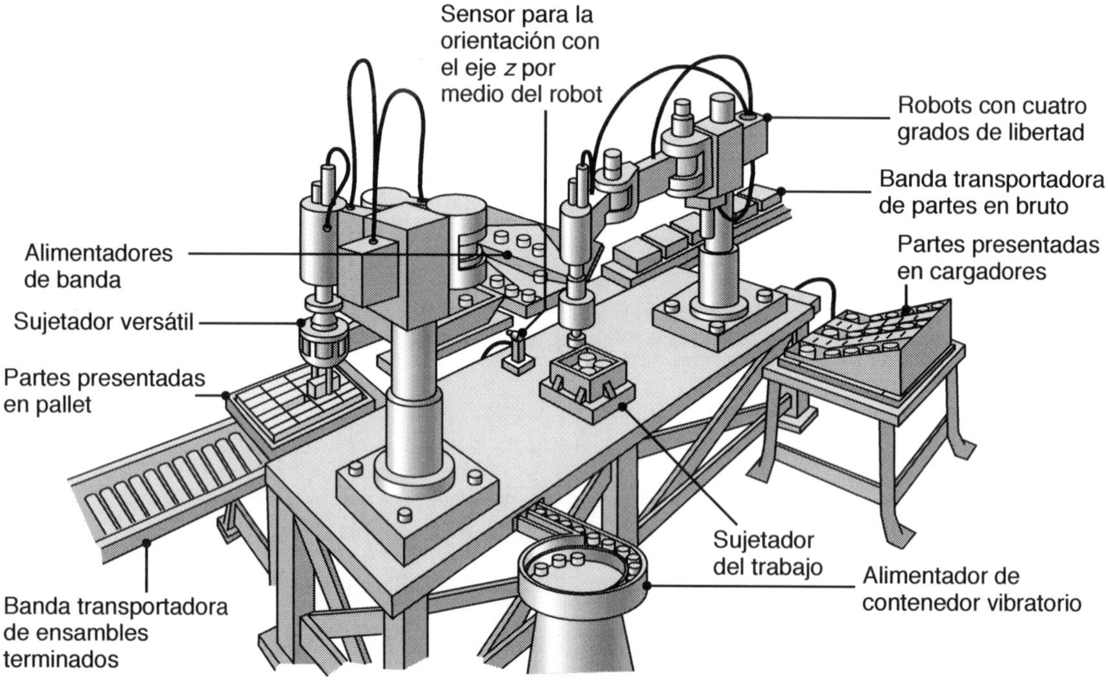

FIGURA 37.31 Estación de ensamble con un robot de dos brazos. *Fuente:* Basado en G. Boothroyd y P. Dewhurst.

Los *sistemas de transferencia* trasladan los ensambles parciales de una estación de trabajo a otra con varios medios mecánicos; en la figura 37.30 se muestran dos sistemas de transferencia comunes (*indexación rotatoria* e *indexación en línea*). Estos sistemas operan en modo completamente automático o semiautomático; sin embargo, observe que la falla de una estación detendrá toda la operación de ensamble.

Los *alimentadores de partes* proveen las partes individuales por ensamblar y las colocan en otros componentes, los cuales están montados en transportadores o sujetadores del trabajo. Los alimentadores llevan las partes individuales por medios vibratorios o de otro tipo a través de canales de distribución y aseguran su orientación apropiada por varios medios ingeniosos, algunos de los cuales se

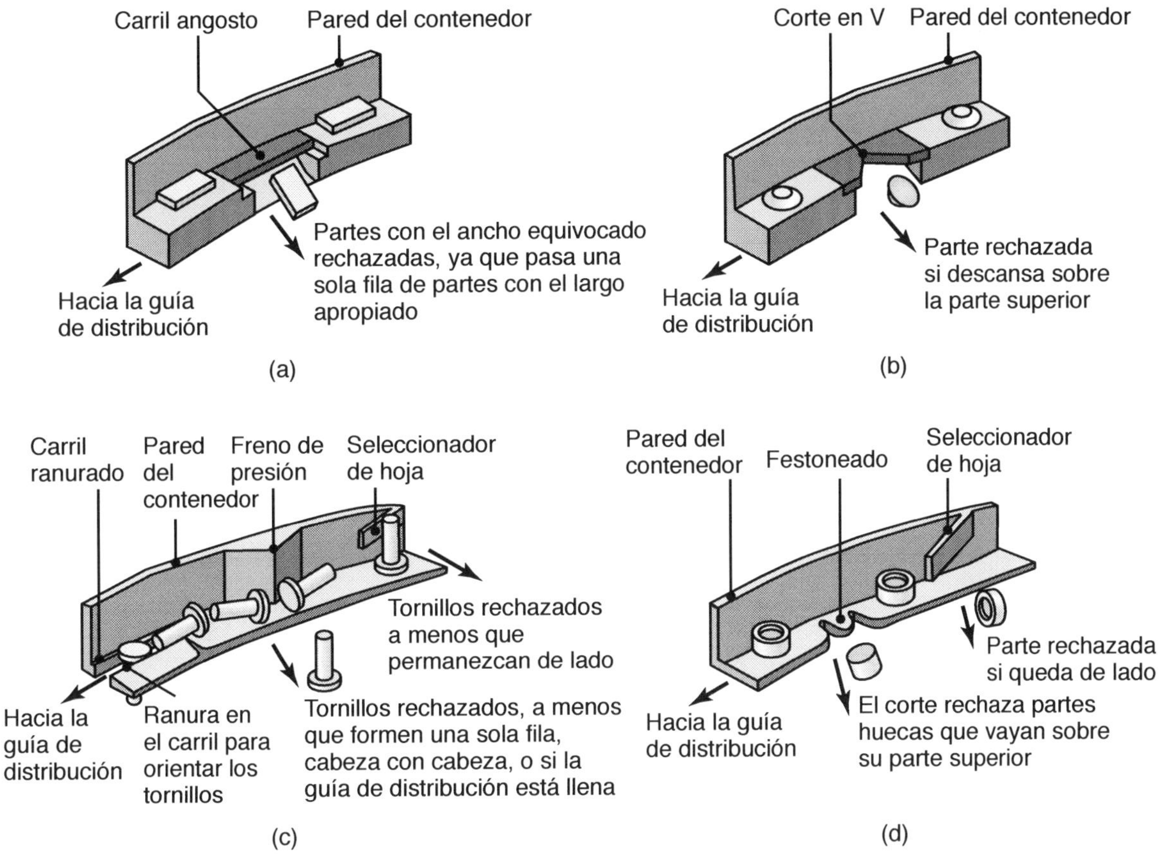

FIGURA 37.32 Ejemplos de guías que aseguran que las partes estén orientadas en forma apropiada para el ensamble automático. *Fuente:* Basado en G. Boothroyd.

muestran en la figura 37.32. En todas las operaciones de ensamble es esencial la orientación adecuada de las partes y evitar los atascos.

2. **Sistemas asincrónicos.** Cada estación opera en forma independiente y cualquier desbalance se acomoda en *reguladores* (almacenamiento) entre las estaciones. La estación opera hasta que el siguiente regulador está lleno o el anterior está vacío. Asimismo, si una estación queda fuera de operación, la línea de ensamble continúa operando hasta que se hayan utilizado todas las partes puestas en el regulador. Los sistemas asincrónicos son apropiados para ensambles grandes con muchas partes por ensamblar. Observe que si el tiempo requerido para las operaciones individuales de ensamble varía de manera significativa, la producción quedará restringida a la estación más lenta.
3. **Sistemas continuos.** El producto se ensambla mientras se desplaza a velocidad constante sobre bandejas o transportadores similares de la pieza de trabajo. Los componentes que se van a ensamblar se llevan al producto por diferentes medios y sus movimientos están sincronizados con el movimiento continuo del producto. Las aplicaciones comunes de este sistema ocurren en plantas embotelladoras y de empaque, aunque el método también se usa en líneas de producción en masa de automóviles y electrodomésticos.

Sistemas flexibles de ensamble. Por lo general, los sistemas de ensamble se preparan para una línea de producto específico. Sin embargo, se pueden modificar para tener mayor flexibilidad con el fin de ensamblar líneas de productos que tengan una diversidad en modelos de los artículos. Los *sistemas flexibles de ensamble* (FAS, por sus siglas en inglés) utilizan controles computarizados, cabezales intercambiables y programables y dispositivos de alimentación, bandejas codificadas y equipos de guía automáticos. Este sistema es capaz, por ejemplo, de ensamblar hasta doce combinaciones diferentes de transmisión y motor y unidades de dirección con aire acondicionado.

37.10 Consideraciones de diseño para la sujeción, el ensamble, desensamble y servicio

Tal como sucede en muchos aspectos de la producción, el diseño de los dispositivos y sistemas descritos antes es parte integral de la operación total de manufactura.

37.10.1 Diseño para la sujeción

El diseño, la construcción y operación apropiados de dispositivos y accesorios flexibles de sujeción del trabajo son esenciales para la operación eficiente de sistemas de manufactura avanzada. Los principales aspectos del diseño involucrados son los siguientes:

- Los dispositivos de sujeción deben posicionar la pieza de trabajo automática y exactamente. Deben mantener su ubicación precisa y con suficiente fuerza de agarre para cumplir con los requerimientos de una operación de manufactura en particular. Los sujetadores también deben ser capaces de acomodar las partes repetidas veces en la misma posición.
- Los sujetadores deben tener rigidez suficiente para resistir, sin que sufran una distorsión excesiva, las fuerzas normal y cortante que se desarrollan en las interfaces de la pieza de trabajo y el dispositivo de sujeción.
- Un problema grave puede ser la existencia de un maquinado flojo o limaduras y otros residuos entre las superficies de localización de la pieza de trabajo y el sujetador. Es más probable que haya virutas donde se hayan utilizado fluidos de corte, ya que tienden a adherirse a las superficies húmedas debido a fuerzas de tensión superficial.
- Un sujetador flexible debe permitir el acomodo de las partes hechas con diferentes procesos y de las que tengan características dimensionales y de superficie que varíen de una parte a otra. Estas consideraciones son aún más importantes cuando la pieza de trabajo (a) es frágil o está hecha de un material frágil; (b) está fabricada con material relativamente suave y flexible, como termoplásticos y elastómeros, o (c) tiene un recubrimiento relativamente suave en sus superficies de contacto.
- Las mordazas y sujetadores deben tener perfiles bajos para evitar colisiones con las herramientas de corte. Evitar las colisiones es una consideración importante al programar las trayectorias de la herramienta en las operaciones de maquinado.
- La sujeción flexible debe cumplir los requerimientos especiales de las células de manufactura y los sistemas de manufactura flexible.
- Las piezas de trabajo deben diseñarse de modo que permitan la localización y agarre con el dispositivo de sujeción. En el diseño del producto deben incorporarse aletas, partes lisas u otras superficies de localización para simplificar el diseño del sujetador y ayudar a transferir la parte entre las diversas máquinas.

37.10.2 Diseño para el ensamble, desensamble y servicio

Diseño para el ensamble. Si bien el diseño del producto para la manufactura es un tema del mayor interés, el *diseño para el ensamble* (DFA, por sus siglas en inglés) ha concitado atención especial (en particular para el ensamble automatizado) debido a la necesidad de reducir sus costos. En el *ensamble manual*, una gran ventaja es que los humanos pueden tomar fácilmente las partes correctas del montón, o de un contenedor, orientarlas adecuadamente e insertarlas como se necesita. Sin embargo, en el *ensamble automático de alta velocidad* el manejo automatizado por lo general requiere que las partes se extraigan del montón, se transporten por medio de tolvas o alimentadores vibratorios (figura 37.32) y se ensamblen en las ubicaciones y orientaciones apropiadas.

En el ensamble se aplica con frecuencia el principio **poka-yoke**, término japonés que se refiere como "a prueba de errores" o "seguro contra fallas". Este método también se aplica a los sistemas de manufactura esbelta (sección 39.6). Con respecto al ensamble, este principio sugiere que las operaciones de ensamble deben diseñarse de modo que sea improbable o incluso imposible que ocurran errores causados por el operador. Este método requiere la revisión de las operaciones de ensamble y la identificación de los problemas potenciales, así como las acciones correctivas pertinentes para minimizar los errores.

Algunos de los lineamientos generales para diseñar el ensamble se resumen como sigue:

1. Reducir el número y variedad de partes componentes de un producto. Simplificar el diseño del producto e incorporar funciones múltiples en una sola parte y diseñar las partes para que su inserción sea fácil. Usar partes comunes lo más posible. Considerar subensambles que sirvan como módulos.
2. Garantizar que las partes tengan un alto grado de simetría, ya sean redondeadas o cuadradas, o sean muy asimétricas, ovales o rectangulares, de manera que no se puedan instalar incorrectamente y no requieran de ubicación, alineación y ajuste.
3. Los diseños deben permitir que las partes se ensamblen sin obstrucciones. Debe haber una línea directa de visión. Los ensambles no se tienen que girar para realizar la inserción de los componentes.
4. Considere métodos como ajustes de presión (vea la figura 32.19) para no tener la necesidad de sujetadores como remaches, tuercas y tornillos. Si se usan sujetadores debe minimizarse su variedad y espaciarlos y ubicarlos de modo que se puedan usar herramientas sin que haya obstrucciones.
5. Los diseños de las partes deben tomar en cuenta factores como tamaño, forma, peso, flexibilidad, abrasión y posibles enredos con otras partes.
6. El ensamble desde dos o más direcciones puede ser difícil. Las partes deben insertarse desde una sola dirección, de preferencia verticalmente y desde arriba para aprovechar las ventajas de la gravedad.
7. Los productos deben diseñarse, o rediseñar los artículos ya existentes, de modo que no haya obstrucciones físicas para el libre movimiento de las partes durante el ensamble. Por ejemplo, las esquinas agudas externas o internas deben reemplazarse con chaflanes, formas cónicas o radiales.
8. Deben emplearse códigos de color en las partes de apariencia semejante pero que sean diferentes. También deben asignarse letras u otros símbolos para garantizar la identificación correcta de la parte.

Ensamble con robots. Los lineamientos de diseño para el ensamble robótico incluyen las consideraciones adicionales siguientes:

- Las partes deben diseñarse de modo que el sujetador del robot las pueda tomar y manipular. Las partes deben ponerse a disposición del sujetador en la orientación correcta.
- El ensamble que involucra sujetadores roscados (armellas, tuercas y tornillos) puede ser difícil de llevar a cabo con robots; una excepción es el uso de tornillos autorroscables para placas metálicas, plásticos y partes de madera. Observe que los robots manipulan con facilidad ajustes de presión, pernos, soldaduras y adhesivos. Los avances en los efectores de compensación final y manipuladores diestros han hecho que el ensamble robótico sea aún más atractivo.

Evaluación de la eficiencia del ensamble. Para evaluar la *eficiencia del ensamble* se considera cada uno de sus componentes con respecto a aquellas de sus características que pueden afectar tanto al ensamble como el tiempo estimado requerido para incorporar la parte en el ensamble. Tenga presente que también es posible medir la eficiencia del ensamble para los productos existentes. La eficiencia del ensamble, η, está dada por

$$\eta = \frac{Nt}{t_{tot}}, \tag{37.1}$$

donde N es el número de partes, t_{tot} es el tiempo total del ensamble y t es el tiempo ideal del ensamble de una parte pequeña que no presente dificultades en su manejo, orientación o ensamble; es común que t se tome como de 3 segundos. Los diseños en competencia deben evaluarse con base en la ecuación (37.1) con respecto a su diseño para el ensamble. Se ha observado que los productos que necesitan rediseñarse para facilitar su ensamble, suelen tener eficiencias de alrededor de 5 a 10%, en tanto que las partes bien diseñadas tienen eficiencias cercanas a 25 por ciento.

Diseño para el desensamble. La manera y facilidad con que un producto se puede desarmar para recibir mantenimiento o sustituir sus partes es otra consideración importante en su diseño. Por ejemplo, recuerde las dificultades que se presentan para retirar ciertos componentes del cofre de algunos automóviles; hay dificultades semejantes en el desensamble de otros y numerosos aparatos y productos.

El método general del *diseño para el desensamble* requiere tomar en cuenta factores que son similares a los del diseño para el ensamble. El análisis de modelos de computadora o físicos de los productos y sus componentes, con miras al desensamble, por lo general resalta cualesquiera problemas potenciales, como obstrucciones, tamaño de los pasajes, falta de una línea visual y la dificultad de sujetar con firmeza para guiar los componentes.

Un aspecto importante del diseño para el desensamble es la manera en que, al concluir su ciclo de vida (vea la sección 40.4), se va a desarmar un producto para el reciclaje, en especial para rescatar sus componentes más valiosos. Por ejemplo, observe que, en función de su diseño y ubicación, del tipo de herramientas usadas y si fueron manuales o movidas con energía: (a) para ser retirados, los remaches requerirán más tiempo que los tornillos o los ajustes de presión y (b) una capa de material valioso pegada con adhesivos a un componente sería muy difícil, o imposible, de retirar para su reciclaje o reutilización.

Es obvio que cuanto más tiempo lleve separar los componentes, más alto es el costo de hacerlo. Entonces, es posible que este costo se vuelva prohibitivo; en consecuencia, el tiempo necesario para el desensamble también tiene que estudiarse y medirse. Aunque dicho tiempo depende de la manera en que se efectúa el desensamble, algunos ejemplos son (a) cortar alambre en 0.25 s; (b) desconectar cables en 1.5 s; (c) separar ajustes de presión y sujetadores en 1 a 3 s y (d) aflojar tornillos y remaches de máquina en 0.15 a 0.6 s por revolución. Por supuesto, estas cantidades dependen del nivel de automatización empleado.

Diseño para el servicio. El *diseño para el servicio* se basa esencialmente en el concepto de que los elementos que es más probable necesiten servicio se localicen en las capas *exteriores* del producto. De esta forma, las partes individuales son más fáciles de alcanzar para darles servicio, sin que haya necesidad de retirar otras partes para hacerlo. Por tanto, el diseño para el ensamble y desensamble debe tomar en cuenta la facilidad con que el producto puede recibir mantenimiento y, de ser necesario, reparación.

37.11 Consideraciones económicas

Como se describe con más detalle en el capítulo 40, y se ha visto en muchos capítulos de este libro, hay numerosas consideraciones implicadas en la determinación del conjunto de la *economía de la producción*. Debido a que todos los sistemas productivos son en esencia combinaciones de máquinas y personas, entre los factores importantes que influyen en las decisiones finales se incluyen los siguientes:

- Tipo y costo de la maquinaria, equipo y herramienta.
- Costo de operación de la maquinaria.
- Nivel y cantidad de la habilidad de la mano de obra requerida.
- Cantidad de producción deseada.

También recuerde que el tamaño del lote y la tasa de producción influyen mucho en la economía de la producción. Las cantidades pequeñas por año se pueden producir en talleres. Sin embargo, el tipo de maquinaria en los talleres por lo general requiere mano de obra hábil y la cantidad y tasa de producción son bajas; como resultado, el costo por parte es elevado. Del mismo modo, las instalaciones para hacer prototipos rápidos se pueden utilizar para hacer corridas de producción bajas y son más rentables si los requerimientos de material son compatibles con la secuencia del procesamiento.

En el otro extremo se encuentra la producción de cantidades muy grandes, usando líneas convencionales de flujo y transferencia, y el empleo de maquinaria y equipo de propósito especial, herramientas especializadas y sistemas de control computarizado. Aunque todos estos componentes constituyen inversiones grandes, tanto el nivel de habilidad requerido como los costos de la mano de obra son relativamente bajos debido al alto nivel de automatización implementado. Sin embargo, estos sistemas de producción están organizados para un tipo específico de producto, por lo que carecen de flexibilidad.

Debido a que la mayor parte de operaciones de manufactura se hallan entre los dos extremos mencionados, debe tomarse la decisión apropiada acerca del nivel óptimo de automatización por implementar. En muchas situaciones es más rentable la automatización selectiva en lugar de automatizar totalmente las instalaciones.

RESUMEN

- Se ha implementado en forma creciente la automatización en los procesos de manufactura, manejo de materiales, inspección, ensamble y empaque. Hay varios niveles de automatización, que van de la sencilla para las máquinas a las células de manufactura sin operadores humanos.
- La verdadera automatización comenzó con las máquinas de control numérico, lo que ofrece flexibilidad de operación, menor costo y facilidad de fabricación de partes diferentes con menos habilidad del operador. La cantidad y tasa de producción son factores importantes para determinar los niveles rentables de automatización.
- Las operaciones de manufactura se optimizan aún más, tanto en calidad como en costo, por medio de técnicas de control adaptativo que monitorean continuamente una operación y hacen con rapidez los ajustes necesarios a los parámetros de procesamiento.
- En el manejo de materiales se han hecho avances importantes, en particular con la implementación de robots industriales y vehículos guiados automáticamente.
- Los sensores son esenciales en la implementación de tecnologías modernas; se ha desarrollado e instalado una gran variedad de sensores basados en diferentes principios.
- Hay avances adicionales que incluyen técnicas de sujeción flexible y de ensamble automatizado que reducen la necesidad de intervención del trabajador, así como los costos de manufactura. Su eficacia e implementación económica requieren que se reconozca que el diseño para el ensamble, desensamble y servicio es un factor importante en el diseño total y las operaciones de manufactura.
- La implementación eficiente y económica de estas técnicas también requiere que el diseño para el ensamble, desensamble y servicio se reconozca como elemento importante de la manufactura.

TÉRMINOS CLAVE

Automatización
Automatización dura
Automatización selectiva
Automatización suave
Contorneado
Control adaptativo
Control de lazo abierto
Control de lazo cerrado
Control numérico
Control numérico computarizado
Controlador programable
Controles de hardware
Efector final
Efectores de compensación final
Ensamble
Ensamble aleatorio
Ensamble selectivo
Envolvente de trabajo
Fijación de tipo columna
Fusión de sensores
Interpolación
Lenguaje de programación
Líneas de transferencia
Manejo del material
Manipuladores
Mantenimiento productivo total
Máquinas especializadas
Máquinas independientes
Mecanización
Percepción visual
Percepción táctil
Poka-Yoke
Posicionamiento
Productividad
Programación de partes
Regulador
Repetibilidad
Resolución
Retroalimentación
Robot
Robot industrial
Robot inteligente
Sensores
Sensores inteligentes
Sistemas de control
Sistemas flexibles de ensamble
Sujeción flexible
Trayectoria continua
Unidades de producción con cabezal de potencia
Vehículo guiado automáticamente
Visión computarizada
Visión de máquina

BIBLIOGRAFÍA

Batchelor, B. G. (ed.), **Machine Vision Handbook**, Springer, 2012.

Boothroyd, G., Dewhurst, P. y Knight, W. A., **Product Design for Manufacture and Assembly**, 3a. ed., CRC Press, 2010.

Craig, J. J., **Introduction to Robotics: Mechanics and Control**, 3a. ed., Prentice Hall, 2004.

Davies, E. R., **Computer and Machine Vision**, 4a. ed., Academic Press, 2012.

Fraden, J., **Handbook of Modern Sensors: Physics, Designs, and Applications**, 4a. ed., Springer, 2010.

Hornberg, A., **Handbook of Machine Vision**, Wiley, 2007.

Ioannu, P. A., **Robust Adaptive Control**, Prentice Hall, 1995.

Kandray, D., **Programmable Automation Technologies: An Introduction to CNC, Robotics and PLCs**, Industrial Press, 2010.

Kurfess, T. R. (ed.), **Robotics and Automation Handbook**, CRC Press, 2004.

Mitchell, H. B., **Multi-Sensor Data Fusion: An Introduction**, Springer, 2007.

Quesada, R., **Computer Numerical Control Machining and Turning Centers**, Prentice Hall, 2004.

Rehg, J. A., **Introduction to Robotics in CIM Systems**, 5a. ed., Prentice Hall, 2002.

Smid, P., **CNC Programming Handbook**, 2a. ed., Industrial Press, 2002.

Snyder, W. E. y Qi, H., **Machine Vision**, Cambridge University Press, 2010.

Soloman, S., **Sensors Handbook**, McGraw-Hill, 2009.

Stenerson, J. y Curran, K. S., **Computer Numerical Control: Operation and Programming**, 3a. ed., Prentice Hall, 2006.

Valentino, J. V. y Goldenberg, J., **Introduction to Computer Numerical Control**, 5a. ed., Prentice Hall, 2012.

Zhang, J., **Practical Adaptive Control: Theory and Applications**, VDM Verlag, 2008.

PREGUNTAS DE REPASO

37.1 Describa las diferencias entre mecanización y automatización.

37.2 Explique la diferencia entre la automatización dura y la suave. ¿Por qué se llaman así?

37.3 ¿Qué es productividad? ¿Por qué es importante?

37.4 Explique la diferencia entre una línea de manufactura flexible y una línea de transferencia.

37.5 Describa los principios de las máquinas de control numérico.

37.6 Explique los circuitos de control de lazo abierto y de lazo cerrado.

37.7 Describa el principio y los propósitos del control adaptativo.

37.8 ¿Qué factores llevaron al desarrollo de vehículos guiados automáticamente?

37.9 ¿Qué es un sistema de control punto a punto? ¿En qué se distingue de un sistema de contorno?

37.10 Describa las características de un robot industrial. ¿Por qué son necesarias dichas características?

37.11 Haga una lista de los principios de varios tipos de sensores y descríbalos.

37.12 Describa el concepto de diseño para el ensamble. ¿Por qué se ha convertido en un factor importante para la manufactura?

37.13 ¿Es posible tener automatización parcial en un ensamble? Explique.
37.14 Explique las ventajas de la sujeción flexible.
37.15 ¿Cómo se programan los robots para que sigan cierta trayectoria?
37.16 ¿Qué clase de efectores finales existen para los robots?

PROBLEMAS CUALITATIVOS

37.17 (a) ¿Por qué por lo general se considera a la automatización como evolucionaria, en vez de revolucionaria? (b) Explique por qué sería difícil justificar la automatización para pequeñas corridas de producción.
37.18 ¿Hay actividades de las operaciones de manufactura que no se puedan automatizar? Explique.
37.19 ¿Qué es un controlador lógico programable? ¿Por qué son populares?
37.20 Explique los factores que han llevado al desarrollo del control numérico.
37.21 Con ejemplos específicos exponga sus observaciones sobre la pregunta 37.2.
37.22 ¿Cuáles son las ventajas y limitaciones relativas de los dos arreglos de cabezales de potencia que se ilustran en la figura 37.4?
37.23 Analice los métodos de hacer mediciones en línea de los diámetros de las piezas de trabajo en operaciones de torneado, distintos de los que se ilustran en la figura 37.15.
37.24 ¿Son el taladrado y el barrenado las únicas aplicaciones del sistema punto a punto que se ilustra en la figura 37.10a? Explique.
37.25 Si se conocen tres puntos sobre una línea recta, ¿es mejor usar interpolación lineal o circular? Explique su respuesta.
37.26 ¿Qué es lo que determina el número de robots a incluir en una línea de ensamble automatizada como la que se ilustra en las figuras 37.22a y 37.30?
37.27 Describa situaciones en las que la forma y el tamaño de la envolvente de trabajo de un robot (figura 37.21) sea crítica.
37.28 Explique la diferencia entre un vehículo guiado automatizado y uno autoguiado.
37.29 Explique por qué los sensores se han vuelto esenciales en el desarrollo de sistemas de manufactura automatizados.
37.30 La tabla 37.2 muestra algunos ejemplos de productos comunes de cada categoría. Agregue varios ejemplos.
37.31 Elabore una lista de aplicaciones de robots industriales.
37.32 ¿Qué significa la expresión fusión de sensores?
37.33 Describa aplicaciones de la visión de máquina para partes específicas que sean semejantes a las que se ilustran en la figura 37.26.
37.34 ¿Qué es una sujeción de tipo columna?
37.35 Dibuje el espacio (envolvente) de trabajo de los robots que se muestran en la figura 37.20.
37.36 Enumere las ventajas y desventajas del filtrado modular.

PROBLEMAS CUANTITATIVOS

37.37 Un ensamble de husillo-freno utiliza las partes siguientes: husillo de acero, dos bujes de nailon, un soporte de acero estampado y seis tornillos con seis tuercas para sujetar los bujes de nailon al soporte de acero y por tanto al husillo. Compare este ensamble con el de husillo-soporte que se ilustra en el problema 16.65 y estime la eficiencia del ensamble de cada diseño.
37.38 Desarme un bolígrafo sencillo. Mida con cuidado el tiempo que le lleva volverlo a armar y calcule la eficiencia de ensamble. Repita el ejercicio para un lapicero.
37.39 Examine la figura 37.11b y obtenga una expresión para calcular el máximo error al aproximar un círculo con incrementos lineales, como función del radio del círculo y el número de incrementos en la circunferencia del círculo.
37.40 Revise el ejemplo 14.1 y desarrolle ecuaciones para la fuerza, con sistemas de control de lazo abierto y de lazo cerrado, si el coeficiente de fricción es μ.

SÍNTESIS, DISEÑO Y PROYECTOS

37.41 Consulte la parte III de este libro y dé un ejemplo de operación de formado de metal que sea apropiada para el control adaptativo.
37.42 Describa posibles aplicaciones de los robots industriales que no se hayan visto en este capítulo.
37.43 Diseñe dos diferentes sistemas de sujetadores mecánicos para dos aplicaciones que sean muy distintas.
37.44 Proporcione algunas aplicaciones para los sistemas que se muestran en las figuras 37.26a y c.
37.45 Para un sistema similar al mostrado en la figura 37.28, diseñe un esquema de sujeción flexible para el plato de sujeción de un torno.
37.46 Dé ejemplos de productos que sean apropiados para los tres tipos de producción ilustrados en la figura 37.3.
37.47 Describa situaciones en las que no serían apropiados sensores táctiles. Explique por qué.
37.48 ¿Hay situaciones en las que no pueda aplicarse la visión de máquina en forma apropiada y confiable? Explique.

37.49 Escoja una máquina de cada una de las partes II a IV y diseñe un sistema en el que se pueda usar con eficacia la fusión de sensores.

37.50 Piense en un producto y diseñe una línea de transferencia para él que sea similar a la que se ilustra en la figura 37.5. Especifique los tipos y el número de máquinas requeridas.

37.51 Describa sus reflexiones acerca de la utilidad y aplicaciones de una sujeción modular que consiste en varias mordazas individuales, pernos, apoyos y accesorios montados sobre una placa base.

37.52 Inspeccione varios productos domésticos y describa la manera en la que han sido ensamblados. Comente cualesquiera cambios en el diseño del producto que usted haría con el fin de que el ensamble, desensamble y servicio sean más sencillos y rápidos.

37.53 Revise la tabla 37.1 acerca de la historia de la automatización y describa sus reflexiones sobre los nuevos desarrollos que habría que agregar al final de la lista para el futuro cercano.

37.54 Diseñe el sujetador de un robot que fuera a tomar y colocar lo siguiente: (a) huevos; (b) un objeto hecho de caucho espumoso; (c) una esfera de metal con una superficie muy lisa y pulida; (d) un periódico y (e) utensilios de mesa tales como cuchillos, cucharas y tenedores.

37.55 Diseñe un efector final que sujete y coloque (a) un malvavisco en forma de huevo y (b) un fundido de acero en forma de huevo.

37.56 Revise las especificaciones de varias máquinas de control numérico y haga una lista de números normales para su (a) exactitud de posicionamiento, (b) repetibilidad y (c) resolución. Comente sus observaciones.

37.57 Describa los sensores que usted utiliza en un acto sencillo, como caminar o lanzar una pelota.

37.58 Proporcione un ejemplo de cada una de las reglas de diseño descritas en la sección 37.10.2.

37.59 Consiga un tostador antiguo y desármelo. Explique cómo haría para volverlo a armar por medio de ensamble automático.

37.60 Organice una búsqueda de bibliografía en internet sobre productos de cuatro clases de escáneres tridimensionales. Compare el precio y las capacidades de cada uno.

37.61 Suponga que se le pide aplicar un examen sobre el contenido de este capítulo a los estudiantes. Prepare cinco problemas cuantitativos y cinco preguntas cualitativas y proporcione las respuestas.

Manufactura asistida por computadora

CAPÍTULO 38

- Las computadoras han cambiado fundamentalmente el diseño de producto y la empresa manufacturera; ahora existe paquetería (software) computacional muy poderosa para asistir e integrar todas las tareas de ingeniería.
- Este capítulo se inicia con una descripción del diseño asistido por computadora, en el cual se crea y almacena en el software la descripción gráfica de las partes.
- Después se estudia el uso de las computadoras en el control directo de los procesos de manufactura y en la manufactura asistida por computadora.
- Posteriormente, en el capítulo se describe la forma en que el software permite simular los procesos y sistemas de manufactura.
- Por último se presenta la descripción de la tecnología de grupos, un método que con frecuencia se lleva a cabo en software de CAD, lo que permite la recuperación rápida de las experiencias anteriores de diseño y manufactura, y que es una herramienta esencial para el análisis del flujo de la producción.

38.1 Introducción

En el capítulo 36 se hizo énfasis en la importancia de la calidad del producto, así como en la necesidad del compromiso de la compañía con respecto a la administración total de la calidad. Recuerde también los enunciados acerca de que *la calidad debe construirse en el producto*, que la alta calidad no necesariamente significa mayores costos, y que en realidad comercializar productos de mala calidad es muy costoso para el fabricante.

La alta calidad es mucho más accesible y menos costosa si se integran apropiadamente las actividades de diseño y manufactura, en vez de tratarlas como actividades separadas. La integración se puede llevar a cabo con éxito y eficacia a través de *diseño*, *manufactura*, *planeación y simulación de los procesos y sistemas asistidos por computadora*, como se describe a lo largo de este capítulo. La gran disponibilidad de computadoras de alta velocidad y software poderoso ha permitido que las computadoras proliferen en todas las áreas de la manufactura.

La tecnología computacional predomina y está presente en muchos niveles. Una parte de la geometría puede programarse en software CAD, el cual es en sí mismo un programa computacional muy complejo. Por ejemplo, la manufactura de una parte se puede realizar programándola en código G (sección 37.3.6), que usa otro programa también complejo para traducir instrucciones geométricas a las acciones de la máquina. Hay software disponible y con poder suficiente para integrar el diseño con actividades de programación de control numérico computarizado (CNC) y, con ello, facilitar el proceso del diseño y la manufactura. De este modo, cada aspecto de la labor de manufactura moderna está asociado hoy con computadoras y software, y es posible la integración de todo el negocio a través de estándares (normas) de comunicación.

38.2 Sistemas de manufactura

La manufactura es un *sistema* complejo, ya que consiste en muchos y diversos elementos físicos y humanos. Algunos de dichos elementos son difíciles de predecir y controlar debido a factores como el suministro y el costo de las materias primas, el efecto de tecnologías en continuo desarrollo, cambios en los mercados globales y el comportamiento y desempeño humano. Idealmente, un sistema de manufactura debe representarse con modelos matemáticos y físicos que muestren la naturaleza y el grado de interdependencia de todas las variables relevantes. De esta manera, se pueden analizar los efectos de un cambio o perturbación que suceda en cualquier parte del sistema y así hacer los ajustes necesarios y oportunos.

Por ejemplo, el suministro de una materia prima en particular disminuye de manera significativa debido a las demandas globales o por razones geopolíticas. A consecuencia de esto el costo de la materia prima subirá (oferta y demanda), y entonces habrá que considerar y seleccionar materiales alternativos. La selección debe hacerse después de un análisis cuidadoso de varios factores, ya que un cambio de tal magnitud podría tener efectos adversos en la calidad del producto, la tasa de producción y los costos de manufactura. Por ejemplo, el material seleccionado podría no ser tan fácil de moldear, maquinar o soldar, con lo que disminuiría la integridad del producto.

En un mercado global en cambio constante, la demanda de un producto también fluctúa aleatoria y rápidamente por varias razones. Como ejemplos, considere la disminución en el tamaño de los automóviles en respuesta a los costos crecientes de los combustibles, el aumento en popularidad de los vehículos híbridos con sistemas de propulsión a gas-electricidad, los que incorporan celdas de combustible y los autos eléctricos. El sistema de manufactura debe ser capaz de producir el artículo modificado en un tiempo relativamente corto mientras que minimiza grandes gastos en la maquinaria nueva y el herramental que se requerirán.

La complejidad de dicho sistema es difícil de analizar y modelar, sobre todo por la falta de entendimiento y confiabilidad en los datos de todas las variables involucradas. Además, es difícil predecir y controlar de manera correcta algunas de estas variables, ya que (a) los costos de las materias primas son difíciles de pronosticar con precisión; (b) no es posible modelar con detalle las características de las máquinas herramienta, su rendimiento y respuesta a las perturbaciones aleatorias del exterior, y (c) el comportamiento y desempeño humanos son aún más difíciles de modelar.

38.3 Manufactura integrada por computadora

La *manufactura integrada por computadora* (CIM, por sus siglas en inglés,) implica la integración computarizada de todos los aspectos de diseño, planeación del proceso, producción y distribución del producto, así como la administración y operación de toda la organización de manufactura. La CIM es una *metodología* y su efectividad depende en forma crítica del uso de un *sistema de comunicaciones integrado a gran escala*, que consiste en computadoras, máquinas y sus controles, como se describe en la sección 39.7. Debido a que la metodología CIM idealmente debería involucrar el total de las operaciones de una organización, requiere una *base de datos* extensa concerniente a los aspectos técnicos y de negocios de la operación. En consecuencia, si se planeara por completo en una sola ocasión, la metodología CIM sería prohibitivamente cara, en particular para compañías pequeñas y medianas.

Así, resulta esencial efectuar una *planeación estratégica* exhaustiva y de gran visión que cubra todas las fases de la operación con el fin de que ésta se beneficie totalmente de la metodología CIM. Dicha planeación y el nivel de integración deben tomar en cuenta consideraciones como (a) la misión, metas y cultura de la organización; (b) disponibilidad de los recursos financieros, técnicos y humanos, y (c) las tecnologías existentes y emergentes en las áreas de los productos que se han de manufacturar.

Subsistemas de la metodología CIM. Los sistemas de la manufactura integrada por computadora comprenden los subsistemas siguientes, los cuales se integran como un todo (figura 38.1):

1. Planeación y apoyo del negocio.
2. Diseño del producto.
3. Planeación del proceso de manufactura.
4. Automatización y control del proceso.
5. Sistemas de monitoreo de la producción.

Los subsistemas se diseñan, desarrollan e implementan de tal manera que la salida de uno sirva como la entrada de otro. Organizacionalmente, los subsistemas por lo general se dividen en dos funciones:

- **Funciones de planeación del negocio:** pronósticos, calendarización, planeación de requerimientos de material, facturación y contabilidad.
- **Funciones de ejecución del negocio:** control de la producción y del proceso, manejo de materiales, pruebas e inspección del sistema.

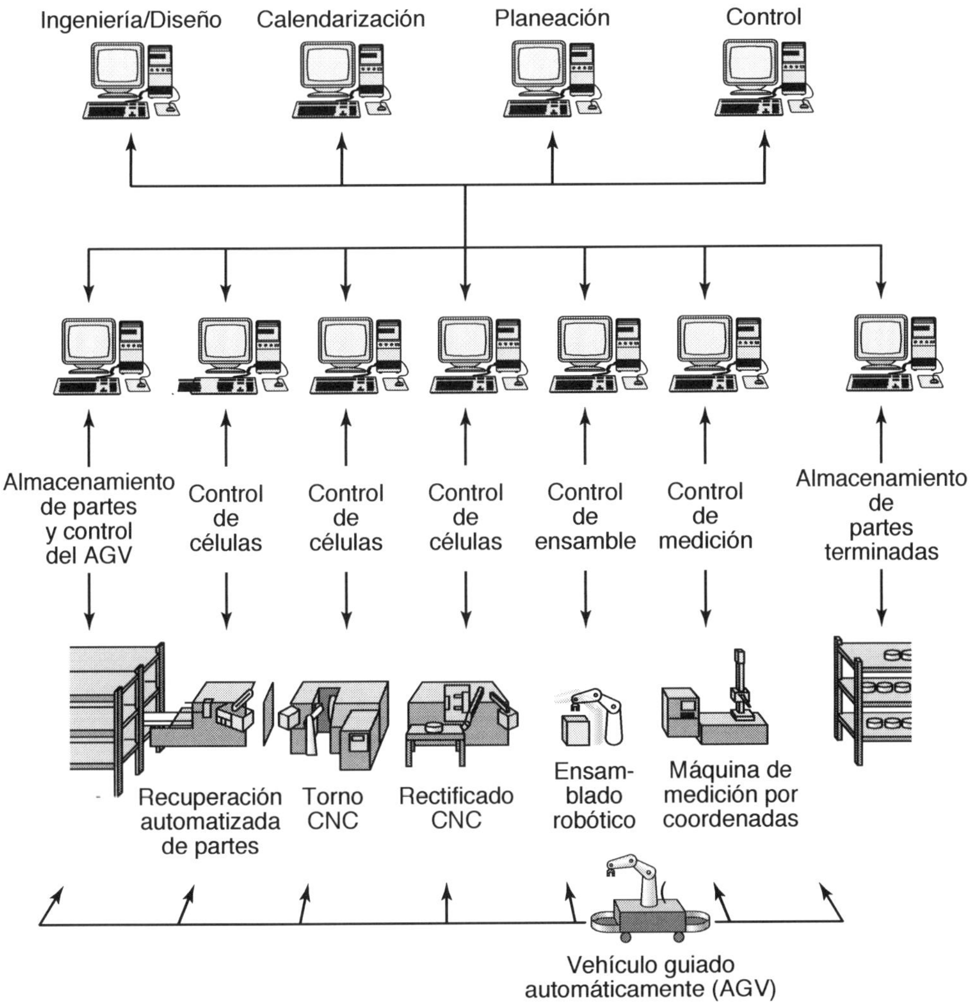

FIGURA 38.1 Ilustración esquemática de un sistema de manufactura integrado por computadora; las células de manufactura y sus controles que aparecen en la parte inferior izquierda se describen en la sección 39.2. *Fuente:* Basado en U. Rembold.

Si se implementan de modo apropiado, los beneficios principales de la metodología CIM son:

- Énfasis en la *calidad del producto* y la uniformidad por medio de un mejor control del proceso.
- Uso *eficiente* de materiales, maquinaria y personal y una importante reducción del inventario en proceso, todo lo cual mejora la productividad y disminuye el costo del producto.
- *Control total* de la producción, calendarización y administración de toda la operación de manufactura.
- *Atención* a ciclos más cortos de la vida del producto, demandas cambiantes del mercado y competencia global.

38.3.1 Base de datos

Las bases de datos consisten en información actualizada, detallada y exacta que se relaciona con diseños, productos, procesos, materiales, maquinaria, producción, finanzas, compras, ventas y marketing. Esta vasta cantidad de información se guarda en la memoria de una computadora y se consulta o modifica cuando es necesario, ya sea por el personal de la organización o por el sistema CIM directamente. Un sistema eficiente con la metodología CIM requiere *una sola base de datos* que comparta toda la organización de manufactura.

Es común que una base de datos consista en los siguientes elementos, algunos de los cuales se clasifican como técnicos y otros como no técnicos:

- **Datos del producto:** forma, dimensiones y especificaciones de la parte.
- **Atributos de la administración de datos:** número de parte y nivel de revisión, inclusive descripciones o palabras clave que ayuden a recuperar datos.
- **Datos de producción:** procesos de manufactura empleados.
- **Datos operativos:** calendarización, tamaños de lote y requerimientos de ensamble.
- **Datos de recursos:** capital, máquinas, equipo, herramientas, personal y sus habilidades.

Las bases de datos las compila personal de la organización con entradas desde varios sensores instalados en la maquinaria de producción y equipo. Los datos se obtienen en forma automática mediante un **sistema de adquisición de datos** (DAS, por sus siglas en inglés), el cual da seguimiento al número de partes que se producen por unidad de tiempo y su exactitud dimensional, acabado de la superficie, peso y otras características, con tasas especificadas de muestreo. Los componentes del DAS incluyen microprocesadores, transductores y convertidores de analógico a digital (ADC, por sus siglas en inglés). Los sistemas de adquisición de bases de datos también son capaces de analizar datos y transferirlos a otras computadoras con propósitos de análisis estadísticos, presentación de datos y pronóstico de demanda del producto.

En el uso e implementación de las bases de datos son varios los factores importantes:

1. Deben ser oportunas, exactas, de fácil acceso, fáciles de compartir y amigables con el usuario.
2. Debido a que se usan para varios propósitos y por muchas personas de la organización, las bases de datos deben ser flexibles y responder a las necesidades de los diferentes usuarios.
3. A los sistemas con la metodología de manufactura integrada por computadora pueden acceder diseñadores, ingenieros de manufactura, planificadores del proceso, funcionarios financieros y la dirección de la empresa a través de códigos apropiados de acceso; las compañías deben proteger los datos contra alteraciones o uso no autorizado.
4. Si surgen problemas con la exactitud o pérdida de datos, los correctos deben recuperarse y restaurarse.

38.4 Diseño e ingeniería asistidos por computadora

El *diseño asistido por computadora* (CAD, por sus siglas en inglés) implica el uso de computadoras para crear planos del diseño y modelos del producto (vea también la figura I.10 en la introducción general). El CAD se asocia generalmente con **gráficas interactivas de computadora,** conocidas como **sistema CAD.** Estos sistemas son herramientas poderosas y se emplean en el diseño y modelado geométrico de componentes y productos. En un monitor de computadora el diseñador puede conceptualizar con facilidad la parte que se va a diseñar y considerar diseños alternativos o modificar uno en particular para responder con rapidez a los requerimientos del diseño.

En el comercio existen varios programas poderosos para ayudar a los diseñadores en la descripción geométrica y el análisis de ingeniería, como SolidWorks, ProEngineer, CATIA, AutoCAD, Solid Edge y Vector Works. El software o paquetes computacionales ayudan a identificar problemas potenciales, como cargas excesivas, deflexiones o interferencias entre las superficies de contacto cuando se encuentren durante los ensambles. En la base de datos CAD también se guarda información como la lista de materiales y especificaciones e instrucciones de manufactura. Al usar esta información, el diseñador del producto puede analizar la economía de la manufactura de diseños alternativos.

La **ingeniería asistida por computadora** (CAE, por sus siglas en inglés) permite que varias aplicaciones compartan la información de la base de datos. Estas aplicaciones incluyen, por ejemplo, (a) análisis de esfuerzos con el método del elemento finito, deformaciones, deflexiones y distribución de la temperatura en las estructuras, así como las cargas en los miembros; (b) generación, almacenamiento y recuperación de datos de control numérico (NC) y (c) diseño de circuitos integrados y de diversos dispositivos electrónicos.

38.4.1 Especificaciones para el intercambio

Debido a la existencia de una gran variedad de sistemas CAD con diferentes características provistos por distintos vendedores, es esencial que haya una comunicación e intercambio de datos eficaz entre estos sistemas. El **formato de intercambio de planos** (DFX, por sus siglas en inglés) se desarrolló para usarlo con *Autodesk*® y aún es operativo, pero ha sido superado por el formato de archivos DWG. Los formatos de estereolitografía (STL) se usan para exportar geometrías tridimensionales, al principio se utilizaban sólo para *sistemas de prototipos rápidos* (capítulo 20), pero ahora se han convertido en un formato útil para intercambiar datos entre distintos sistemas CAD.

La necesidad de contar con un formato neutro único para tener mejor compatibilidad y transferir más información que únicamente la geométrica, actualmente se cubre sobre todo con la **Especificación de Intercambio de Gráficas Inicial** (IGES, por sus siglas en inglés). Este formato se utiliza para traducir en dos direcciones (importar y exportar de un sistema), también se usa mucho para la traducción de datos lineales y superficiales en tres dimensiones. Existen algunas variaciones de IGES; la versión más nueva es la 5.3 publicada en 1996.

Otro formato útil es un estándar basado en el modelo sólido, llamado **Especificación de Intercambio de Datos del Producto** (PDES, por sus siglas en inglés), que se basa en el Estándar para el Intercambio de datos del modelo del Producto (STEP, por sus siglas en inglés) desarrollado por la International Standards Organization. La PDES permite que entre sistemas CAD se transfiera información acerca de la forma, diseño, manufactura, aseguramiento de la calidad, pruebas, mantenimiento, etc. La creciente popularidad de PDES y STEP ha llevado al uso menos frecuente de la IGES.

38.4.2 Elementos de los sistemas CAD

El proceso de diseño empleando un sistema CAD consta de cuatro etapas: modelación geométrica, análisis y optimización del diseño, revisión y evaluación del diseño y base de datos.

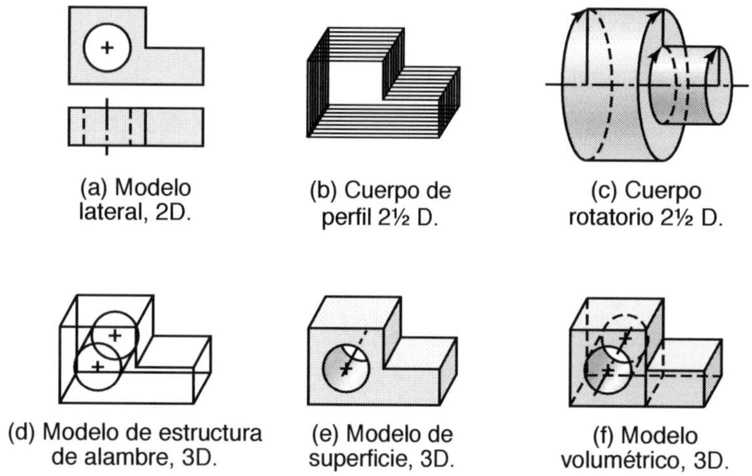

FIGURA 38.2 Varios tipos de modelación para CAD.

Modelación geométrica. En la *modelación geométrica* se describe matemáticamente un objeto físico o cualquiera de sus partes. El diseñador construye primero un modelo geométrico por medio de comandos que crean o modifican líneas, superficies, sólidos, dimensiones y texto. Juntos, estos elementos ofrecen una representación exacta y completa del objeto en dos o tres dimensiones. Los resultados se muestran y se pueden mover por la pantalla, además de que es posible magnificar cualquier sección para ver los detalles.

Los modelos desarrollados en un sistema CAD se pueden presentar de tres maneras (figura 38.2):

1. En la **representación en línea**, también llamada **representación de estructura de alambre**, todos los *bordes* del modelo se ven como líneas sólidas. Sin embargo, esta imagen puede ser ambigua o difícil de visualizar, en particular para formas complejas.

   Los tres tipos de representaciones de estructuras de alambre son de *dos*, *dos y media* y *tres dimensiones*. Una imagen bidimensional muestra el perfil del objeto y una en dos dimensiones y media se obtiene por medio de un *barrido traslacional* (al mover el objeto bidimensional a lo largo del eje *z*). Para objetos redondos se puede generar un modelo en dos dimensiones y media con sólo *rotar* un modelo bidimensional alrededor de sus ejes.
2. En el **modelo de superficie** se muestran todas las *superficies* visibles; estos modelos definen las características superficiales y las aristas de los objetos. En el presente, los programas CAD usan curvas *Bezier*, interpolaciones B, o interpolaciones B racionales no uniformes (NURBS, por sus siglas en inglés) para el modelado de superficies. Cada uno de estos métodos utiliza puntos de control para definir una curva o superficie polinomial. Una curva Bezier pasa a través del primero y último vértices y usa los otros puntos de control para generar una curva mezclada. La desventaja de las curvas Bezier es que cualquier modificación de un punto de control afectará toda la curva.

   Las interpolaciones B son curvas polinomiales construidas por partes, en las que la modificación de un punto de control afecta a la curva sólo en el área de la modificación. La figura 38.3 muestra ejemplos de curvas Bezier bidimensionales e interpolaciones B. Una *NURBS* es un tipo especial de interpolación B tal que cada punto de control tiene un peso asociado con ella.
3. En el **modelo sólido** se muestran todas las superficies, pero los datos describen el volumen interior. Los modelos sólidos se construyen a partir de (a) *modelos de barrido* (figura 38.2c y e) o con las técnicas que se muestran en la figura 38.4; (b) *representación de contorno* (frontera) (B-rep), donde las superficies se combinan para desarrollar un modelo sólido (figura 38.4a), y (c) *geometría sólida constructiva* (CSG, por sus siglas en inglés), donde se combinan formas simples como esferas, cubos, bloques, cilindros y conos (llamadas *formas primitivas de sólidos*), para desarrollar un modelo sólido (figura 38.4b).

Los programas computacionales permiten al usuario seleccionar cualquier combinación de estas formas primitivas y sus tamaños y combinarlas en el modelo sólido que se desee. Aunque los modelos sólidos tienen ventajas como la facilidad para hacer el análisis del diseño, y para manufacturar la parte, requieren más memoria de cómputo y tiempo de procesamiento que los modelos de estructura de alambre y de superficies como los que se ilustran en la figura 38.2.

El estándar de la maquinaria para hacer prototipos rápidos, el **formato de archivos STL** (abreviatura de *estereolitografía* pero también llamado *Lenguaje Estándar de Re-*

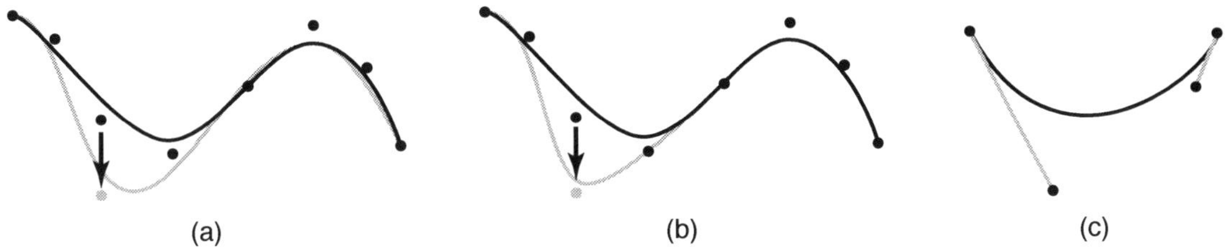

FIGURA 38.3 Tipos de interpolaciones. (a) Curva Bezier que pasa a través de los puntos de control primero y último, pero genera una curva a partir de los otros puntos; al cambiar un punto de control se modifica toda la curva. (b) Una interpolación B se construye por partes, de modo que el cambio de un vértice afecta la curva sólo en la vecindad del punto de control cambiado. (c) Una curva Bezier de tercer orden (cúbica) se construye a través de dos puntos de control adyacentes, con otros dos puntos de control que definen la pendiente de la curva en los extremos. Una curva Bezier de tercer orden por partes es continua, pero su pendiente puede ser discontinua.

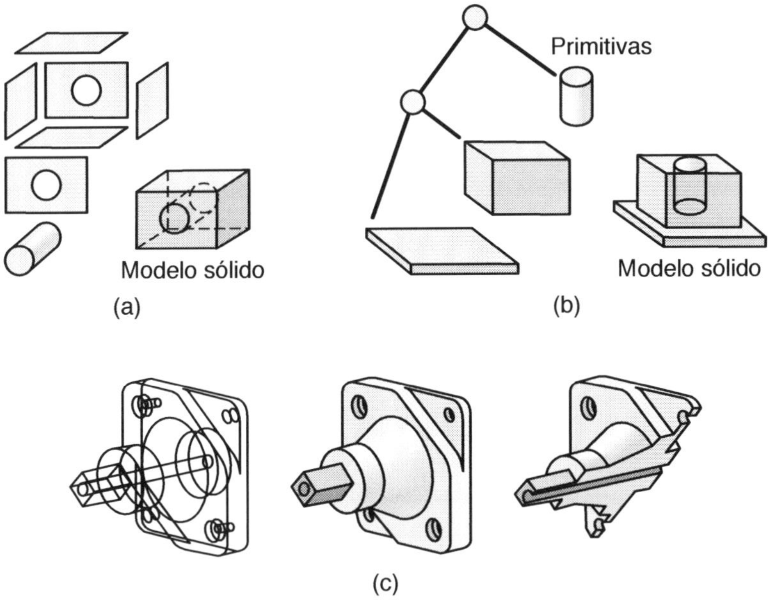

FIGURA 38.4 (a) Representación de contorno de sólidos que muestra las superficies que encierran al modelo sólido y el modelo sólido generado. (b) Modelo sólido representado como composiciones de formas primitivas sólidas. (c) Tres representaciones de la misma parte por medio de CAD. *Fuente:* Basado en P. Ranky.

cubrimientos), permite hacer descripciones de partes tridimensionales. Básicamente, un archivo STL consiste en cierto número de triángulos que definen la superficie exterior (figura 38.5). Con un número suficientemente grande de triángulos se puede definir la superficie dentro de la tolerancia prescrita, aunque requiere un archivo de tamaño grande. Con la manufactura aditiva es posible obtener la sección transversal a cualquier altura y el polígono resultante se usa después para planear la parte (vea la figura 20.3). El uso del formato STL en los prototipos rápidos, junto con su fácil implementación, ha llevado al empleo de este formato también en otras aplicaciones, como en la elaboración de gráficas por computadora y la transferencia de datos CAD en general.

Una clase especial de modelo sólido es un **modelo paramétrico**, donde una parte se almacena no sólo en términos de una B-rep o definición CSG, sino que se obtiene a partir de las dimensiones y restricciones que definen las características (figura 38.6). Siempre

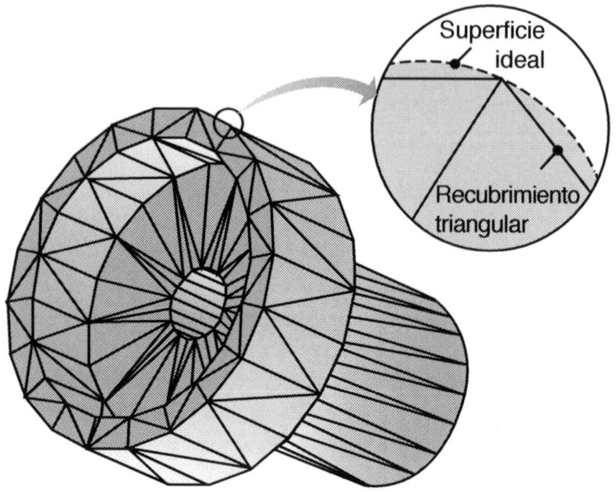

FIGURA 38.5 Ejemplo de una descripción STL de una parte. Note que la superficie está definida por un recubrimiento de triángulos y que hay un error inherente de forma que ocurre con las superficies curvadas; sin embargo, esto puede ser llevado a cualquier tolerancia que se desee con la incorporación de más triángulos en la superficie.

que se hace un cambio, la parte se recrea a partir de estas definiciones, característica que permite hacer actualizaciones y cambios sencillos y directos a los modelos.

En la figura 38.7 se muestra la **representación octree** de un objeto sólido; es análoga pero en tres dimensiones a los pixeles de una pantalla de televisión. Así como cualquier área puede ser descompuesta en cuadrantes, cualquier volumen puede serlo en octantes que después se identifican como sólidos, vacíos o parcialmente llenos. Los *vóxeles* (de las palabras *v*olumen y pi*xeles*) parcialmente llenos se descomponen en octantes más pequeños y se reclasifican. Al incrementar la resolución es posible tener un detalle excepcional de la parte. Aunque este proceso puede parecer algo complicado, permite hacer la descripción exacta de superficies complejas.

La representación octree se usa particularmente en aplicaciones biomédicas, como la modelación de la geometría de huesos, y también se ha implementado en juegos de computadora en los que se busca el impacto visual de objetos a escalas múltiples. Para aplicaciones más sencillas se utilizan representaciones vóxel a una resolución.

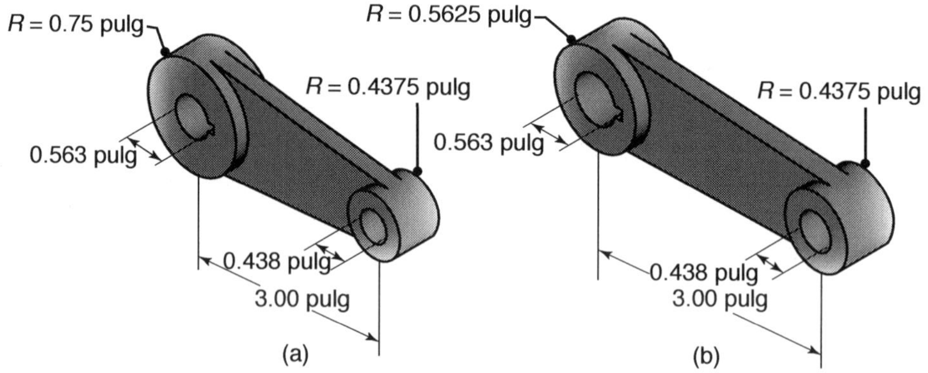

FIGURA 38.6 Ejemplo de diseño paramétrico; las dimensiones de las características de la parte se pueden modificar con facilidad para obtener rápidamente un modelo sólido actualizado.

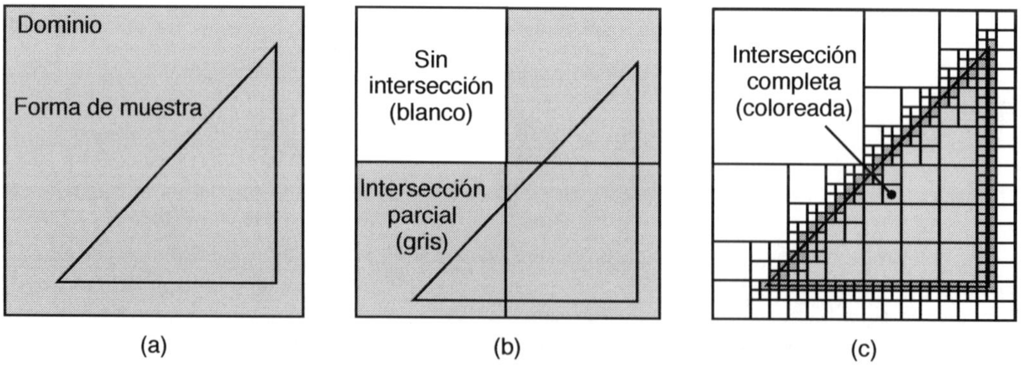

FIGURA 38.7 Representación octree de un objeto sólido; cualquier volumen se puede descomponer en octantes, los que después se identifican como sólido, vacío o parcialmente lleno. Se muestra una versión bidimensional (cuadtree) para la representación de formas en un plano.

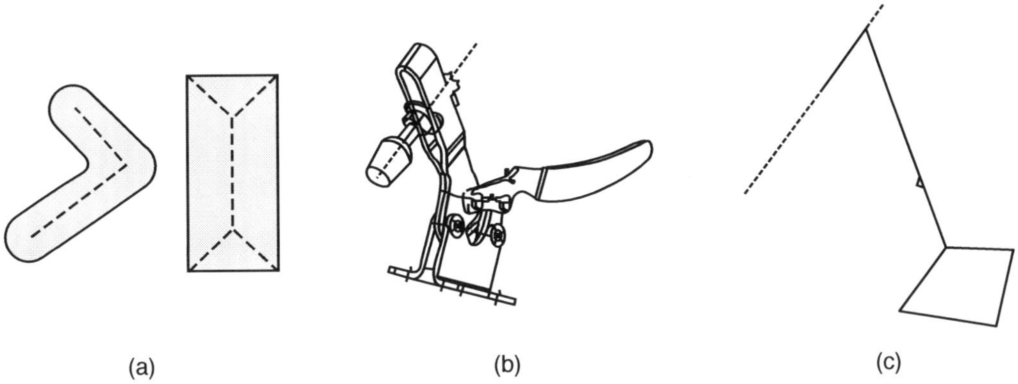

FIGURA 38.8 (a) Ilustración de la estructura de datos en esqueleto para objetos sólidos; el esqueleto es la línea punteada en el interior del objeto; (b) vista general de una abrazadera y (c) modelo de esqueleto. *Fuente:* S. D. Lockhart y C. M. Johnson, *Engineering Design Communication*, Prentice Hall, 2000.

Un **esqueleto** (figura 38.8) es la familia de líneas, planos y curvas que describen una parte, pero sin el detalle de los modelos de superficie; se usa comúnmente para el análisis cinemático de partes o ensambles. Conceptualmente, un esqueleto se construye por medio del ajuste del círculo más grande (o esfera para objetos tridimensionales) presente dentro de la geometría; el esqueleto es el conjunto de puntos que conectan los centros de los círculos o esferas. Un área que se mantiene en continua investigación involucra el uso de modelos de esqueleto en vez de modelos convencionales de superficie o sólidos, en especial para geometrías complicadas como las de aplicaciones biomédicas.

Análisis y optimización del diseño. Después de que se han determinado las características geométricas de un diseño en particular, se le somete al análisis de ingeniería. Esta fase puede consistir, por ejemplo, en el estudio de esfuerzos, deformaciones, deflexiones, vibraciones, transferencia de calor, distribución de temperaturas o tolerancias dimensionales. Existen varios paquetes computacionales, como programas que se basan en el elemento finito, ABAQUS, ANSYS, NASTRAN, LS-DYNA, MARQ y ALGOR, cada uno de los cuales tiene la capacidad de calcular dichas cantidades con exactitud y rapidez.

Debido a la relativa facilidad con que se ejecutan dichos análisis, los diseñadores buscan cada vez más analizar con mayor profundidad un diseño antes de pasarlo a producción. No obstante, son necesarios experimentos y mediciones en campo para determinar los efectos reales de las cargas, temperaturas y otras variables en los componentes diseñados.

Revisión y evaluación del diseño. Una etapa importante del diseño es su revisión y evaluación con el fin de comprobar cualquier interferencia o exceso entre los distintos componentes. La revisión se lleva a cabo para evitar dificultades en el ensamble o en el uso de la parte y para determinar si los miembros móviles, como las uniones, van a operar en la forma que se espera. Existe software con la capacidad de hacer animaciones para identificar problemas potenciales en los miembros movibles y otras situaciones dinámicas. Durante esta etapa se dimensiona la parte y se precisa la tolerancia en el grado total que se requiere para la manufactura.

Base de datos. Muchos componentes, como los remaches y engranes, aunque sean componentes estándar, se producen en masa de acuerdo con una especificación de diseño dada o son idénticos a partes utilizadas en diseños anteriores. Los sistemas CAD tienen un sistema interno de administración de base de datos que permite que los diseñadores localicen, observen y tomen partes almacenadas en una biblioteca. Estas partes se modelan en forma paramétrica para permitir la actualización rentable de la geometría de la parte. En el comercio existen algunas bases de datos con grandes bibliotecas de partes; muchos proveedores forman sus propias bibliotecas y están disponibles en internet.

38.5 Manufactura asistida por computadora

La *manufactura asistida por computadora* (CAM, por sus siglas en inglés) comprende el empleo de computadora para ayudar en todas las fases de la manufactura de un producto; agrupa muchas de las tecnologías descritas en el capítulo 37 y en éste. Debido a sus beneficios conjuntos, es frecuente que CAD y CAM se combinen en **sistemas CAD/CAM**. Esta combinación permite la transferencia de información de la etapa de diseño a la de planeación de la manufactura, sin necesidad de volver a capturar manualmente los datos de la geometría de la parte.

La base de datos desarrollada durante el CAD se guarda y después es procesada por CAM para extraer los datos e instrucciones relevantes con propósitos como la operación y el control de la maquinaria de producción, del equipo de manejo de materiales y la prueba e inspección automatizadas de la calidad del producto. Los sistemas CAD/CAM también son capaces de codificar y clasificar partes en grupos de diseño o atributos de manufactura semejantes, como se describe en la sección 38.8.3.

Las aplicaciones comunes de CAD/CAM incluyen:

- Programación del control numérico y de robots industriales.
- Diseño de dados o matrices y moldes de fundición en los que, por ejemplo, se programan previamente las tolerancias de la contracción.
- Dados para operaciones de trabajo de metales, como los moldes complejos empleados para el moldeo de placas y dados progresivos para el estampado.
- Diseño de herramientas y sujetadores, así como electrodos EDM.
- Control e inspección de la calidad, como máquinas para medir coordenadas programadas en una estación de trabajo CAD/CAM.
- Planeación y calendarización del proceso.
- Distribución de la planta.

Una característica importante del CAD/CAM en las operaciones de maquinado, por ejemplo, es la capacidad de calcular y describir la *trayectoria de la herramienta* (vea las figuras 20.3, 24.2, 26.14 y 26.22). Las instrucciones (*programas*) se generan en computadora y el programador las puede modificar con el fin de optimizar la trayectoria seguida por la herramienta. El ingeniero o técnico despliega y comprueba visualmente dicho recorrido en busca de posibles colisiones con abrazaderas, sujetadores u otras interferencias.

Con CAD/CAM ha sido posible reducir de manera significativa los costos de manufactura y mejorar la productividad, gracias a la estandarización del desarrollo del producto y a la disminución del esfuerzo de diseño, pruebas y elaboración de prototipos. Por ejemplo, el avión de pasajeros bimotor Boeing 777 se diseñó completamente por computadora (lo cual se conoce como **diseño sin papel**), con 2000 estaciones de trabajo conectadas a ocho computadoras. El avión se construyó *directamente* a partir del software CAD/CAM en que se desarrolló (una versión mejorada del sistema CATIA) y no se construyeron prototipos ni maquetas, como se requería para los modelos anteriores. El costo de este desarrollo fue de $6000 millones de dólares estadounidenses.

38.6 Planeación del proceso asistida por computadora

La **planeación del proceso** se refiere básicamente a la selección de los métodos de producción: herramientas, sujeciones, maquinaria, secuencias de operaciones y ensamble; todas estas actividades deben planearse, lo cual tradicionalmente ha sido hecho por los

HOJA DE RUTA		
NOMBRE DEL CLIENTE: Midwest Valve Co.		NOMBRE DE LA PARTE: Valve body
CANTIDAD: 15		PARTE NÚM.: 302
Operación núm.	**Descripción de la operación**	**Equipo**
10	Inspeccionar forjado, verificar dureza	Máquina de ensayo de dureza Rockwell
20	Maquinado de desbaste de las bridas	Torno núm. 5
30	Maquinado de acabado para las bridas	Torno núm. 5
40	Mandrinado y contraabocardado de orificio	Taladro horizontal núm. 1
50	Taladrado de ranuras internas	Taladro horizontal núm. 1
60	Taladrar y machuelar orificios	Taladro de columna núm. 2
70	Rectificar caras terminales de las bridas	Esmeril núm. 2
80	Rectificar mandrinado	Esmeril núm. 1
90	Limpiar	Desgrasador por vapor
100	Inspeccionar	Probador ultrasónico

FIGURA 38.9 Ejemplo de una hoja de ruta tradicional y sencilla. Las *hojas de operación* (ruta) incluyen información adicional sobre los materiales, herramientas, tiempo estimado de cada operación, parámetros de procesamiento (como velocidades de corte y avances) y otra información; la hoja de ruta avanza con la parte de una operación a otra. Las hojas de ruta han sido sustituidas en gran medida por bases de datos computarizadas; esta hoja de ruta ilustra el contenido mínimo representativo de una parte sencilla.

planificadores del proceso. En un archivo de computadora se documenta la secuencia de procesos y operaciones que se va a ejecutar, máquinas que se usarán, tiempo estándar de cada operación e información similar. Las **hojas de ruta** (figura 38.9) son los medios tradicionales utilizados para almacenar datos de manufactura y son útiles para mostrar el tipo de datos que se requieren.

La *planeación del proceso asistida por computadora* (CAPP, por sus siglas en inglés) realiza la compleja tarea de planear el proceso por medio de la visualización de la operación total como un sistema *integrado*, de modo que las etapas individuales de procesamiento se coordinan y realizan de manera eficiente y confiable. La CAPP es particularmente eficaz en la producción de partes muy variadas y en pequeños volúmenes. Aunque se requiere una gran cantidad de software y buena coordinación con CAD/CAM y otros aspectos de sistemas de manufactura integrada (descritos en el resto de este capítulo), CAPP es una herramienta poderosa para planear y calendarizar (programar) con eficiencia las operaciones de manufactura.

38.6.1 Elementos de los sistemas CAPP

Hay dos tipos de sistemas de planeación del proceso asistida por computadora.

Sistema variante. También llamado **sistema derivado**, estos archivos de computadora contienen un plan del proceso estándar para la parte que se va a producir. Con base en esta forma y sus características de manufactura, se busca un plan estándar en la base de datos utilizando un número de código específico de la parte. El plan se localiza en el software, se despliega para revisarlo y se imprime como hoja de ruta.

El *plan de proceso variante* incluye información como los tipos de herramientas y máquinas que se requieren, la secuencia de operaciones a efectuar y las velocidades, avances y tiempo requerido para cada secuencia. También se realizan modificaciones menores a un plan de procesos existente, que por lo general son necesarias. Si el plan estándar para una parte en particular no se encuentra en los archivos de computadora, se localiza otro que tenga un número de código similar y una hoja de ruta elaborada. Si no existe una hoja de ruta para una parte nueva, se hace una y se guarda en la memoria de la computadora.

Sistema generativo. En este sistema se genera automáticamente un plan del proceso con base en los mismos procedimientos lógicos que seguiría un planificador del proceso tradicional al elaborar esa parte en particular. Sin embargo, el *sistema generativo* es complejo porque debe contener información exhaustiva y detallada sobre (a) forma y dimensiones de la parte; (b) capacidades del proceso; (c) selección de los métodos de manufactura, maquinaria y herramientas, y (d) secuencia de operaciones que se han de ejecutar.

El sistema generativo crea un nuevo plan en lugar de usar y modificar otro ya existente, como debe hacer el sistema variante. Aunque por lo general se usa menos que el sistema variante, el sistema generativo tiene ventajas como (a) flexibilidad y consistencia en la planeación del proceso para partes nuevas y (b) mayor calidad conjunta de la planeación, debido a la capacidad de la lógica de las decisiones del sistema para optimizar la planeación y utilizar tecnología de manufactura actualizada.

Las capacidades de las computadoras para la planeación del proceso también se pueden integrar en los sistemas de planeación y control de la producción. Estas actividades son un subsistema de la manufactura integrada por computadora, como se describe en la sección 38.3. Es posible realizar varias funciones, como la **planeación de la capacidad** de las plantas para satisfacer la calendarización de la producción, el control de inventarios y las compras.

38.6.2 Planeación de los requerimientos de material y de los recursos de manufactura

Los sistemas basados en computadora para administrar inventarios y la calendarización de la entrega de materias primas y herramientas se llaman sistemas de *planeación de requerimientos de material* (MRP, por sus siglas en inglés). El MRP también se considera un **método de control de inventarios** e involucra mantener registros completos de los inventarios de materiales, suministros, partes en varias etapas de producción (lo que se denomina *trabajo en proceso* o WIP, por sus siglas en inglés), órdenes, compras y calendarización. Por lo general hay varios archivos de datos involucrados en una calendarización maestra de producción. Estos archivos se refieren a las materias primas requeridas (mencionadas en una **lista de materiales**), los niveles de la estructura del producto (artículos individuales que componen un producto, como componentes, subensambles y ensambles) y la calendarización.

La *planeación de recursos de manufactura* (MRP-II) controla todos los aspectos de la planeación de la manufactura por medio de retroalimentación. Aunque el sistema es complejo, es capaz de hacer la calendarización o programación final de la producción, monitorear los resultados reales en términos del desempeño y la producción y comparar los resultados contra la calendarización (programación) de producción maestra.

38.6.3 Planeación de los recursos de la empresa

La *planeación de los recursos de la empresa* (ERP, por sus siglas en inglés) es básicamente una extensión del MRP-II. Aunque hay diversas variantes, también es un método para planear y controlar con eficacia todos los recursos necesarios en una organización de negocios en cuanto a tomar pedidos de productos, fabricarlos, enviarlos al cliente y darles servicio. Así, la ERP busca coordinar, optimizar e integrar en forma dinámica todas las fuentes de información y las muy diversas actividades técnicas y financieras de una organización de manufactura.

La implementación eficaz de la planeación de los recursos de la empresa es una tarea difícil debido a:

- Las dificultades encontradas en la comunicación oportuna, eficaz y confiable entre todas las partes involucradas, en especial en una empresa de negocios global.
- La necesidad de cambiar y evolucionar las prácticas de negocios, en una época en la que los sistemas de información y el **comercio electrónico** (definido como la compra y venta de productos o servicios por medio de sistemas electrónicos) se han vuelto muy relevantes e importantes para el éxito de las organizaciones de negocios.
- La necesidad de satisfacer requerimientos extensos y específicos de hardware y software para ERP. La ERP-II es un desarrollo más reciente que usa herramientas basadas en web para ejecutar las tareas de ERP. Estos sistemas están abocados a extender las capacidades de la planeación de los recursos de la empresa más allá de la organización que los aloja para permitir la interacción y coordinación a través de entidades corporativas.

38.7 Simulación en computadora de los procesos y sistemas de manufactura

Con la creciente sofisticación del hardware y software de computadora, la *simulación en computadora de los procesos y sistemas de manufactura* ha avanzado con rapidez. La simulación adopta dos formas básicas:

1. Es un modelo de operación específica que busca determinar la viabilidad de un proceso u optimizar y mejorar su desempeño.
2. Modela procesos múltiples y sus interacciones para ayudar a los planificadores del proceso y diseñadores de la planta en la distribución de la maquinaria y las instalaciones.

Los procesos individuales pueden modelarse utilizando varios esquemas matemáticos. Los problemas comunes que se abordan son (a) la **viabilidad del proceso**, como la facilidad de moldeo de una placa metálica en cierto troquel, y (b) la **optimización del proceso**, como el flujo del material en la forja en un determinado dado o matriz para identificar defectos potenciales, o el diseño del molde en la fundición para eliminar los puntos calientes, facilitar el enfriamiento uniforme y minimizar los defectos. En los paquetes de software, existentes en el comercio y que no son caros, se aplica cada vez más el análisis del elemento finito (lo que se llama **simulación del proceso**).

La simulación de todo el sistema de manufactura, que involucre procesos y equipos múltiples, ayuda a los ingenieros de la planta a organizar la maquinaria e identificar los elementos críticos de ésta. Dichos modelos también ayudan a los ingenieros de manufactura a calendarizar y trazar las rutas por medio de la *simulación de eventos discretos*. Existen en el comercio paquetes de software que se usan con frecuencia para dichos propósitos, aunque también es posible desarrollar programas de software (paquetes computacionales) especiales escritos para una compañía en particular.

EJEMPLO 38.1 Simulación de la manufactura a escala de la planta

Varios ejemplos y estudios de caso presentados en este libro se han centrado en la simulación de procesos y operaciones de manufactura individuales. La disponibilidad de sistemas de cómputo de bajo costo y alto rendimiento, así como el desarrollo de software avanzado han permitido realizar la simulación de sistemas de manufactura *completos*, lo que ha llevado a la optimización de las operaciones de manufactura y ensamble.

Por ejemplo, el software *Digital Manufacturing Hub* (Delmia Corporation) permite la simulación de procesos de manufactura en tres dimensiones, como son (a) el uso de maniquíes de humanos para identificar riesgos de seguridad, problemas de manufactura o cuellos de botella; (b) mejorar la exactitud del maquinado o (c) optimizar la organización de las herramientas (vea la figura 38.10a). Como la simulación se lleva a cabo antes de la construcción de una línea de ensamble, reduce en forma significativa los tiempos y costos de desarrollo.

La figura 38.10b ilustra la simulación de una línea de soldadura robotizada en una planta automotriz, donde se simulan los movimientos de un robot y se detectan en un ambiente virtual las colisiones con robots vecinos u otras máquinas. El programa se puede modificar para impedir dichas colisiones antes de que la línea de ensamble entre realmente en operación. Si bien este ejemplo es una demostración poderosa de la utilidad de la simulación de sistemas, una aplicación más común es optimizar la secuencia de operaciones y organización de la maquinaria con el fin de reducir los costos de manufactura.

El software también tiene la capacidad de realizar análisis ergonómicos de varias operaciones y esquemas de la maquinaria y, por tanto, identificar los cuellos de botella en el movimiento de las partes, el equipo o personal. De ese modo, los cuellos de botella pueden ser eliminados por el planificador del proceso al ajustar los procedimientos automatizados o manuales en dichas ubicaciones. Con el uso de esas técnicas, una planta de Daimler-Chrysler ubicada en Rastatt, Alemania, pudo balancear sus líneas de producción de modo que cada trabajador es productivo en promedio 85 a 95% del tiempo.

Otra aplicación de la simulación de sistemas es la planeación de las operaciones de manufactura para optimizar la *producción y efectuarla justo a tiempo* (sección 39.5). Por ejemplo, si un fabricante de automóviles necesita producir 1000 vehículos en un tiempo dado, la producción se puede optimizar con el uso de ciertas estrategias, como la distribución del número de vehículos con quemacocos durante el turno o agrupar los vehículos por color de manera que se minimice el número de cambios de pintura en las cabinas de pintado.

Con respecto a la producción justo a tiempo, software como el producido por ILOG Corporation ayuda a planear y calendarizar (programar) las operaciones de la planta con suficiente anticipación como para que se puedan ordenar los materiales a medida que se necesitan, eliminando así la costosa acumulación de inventarios.

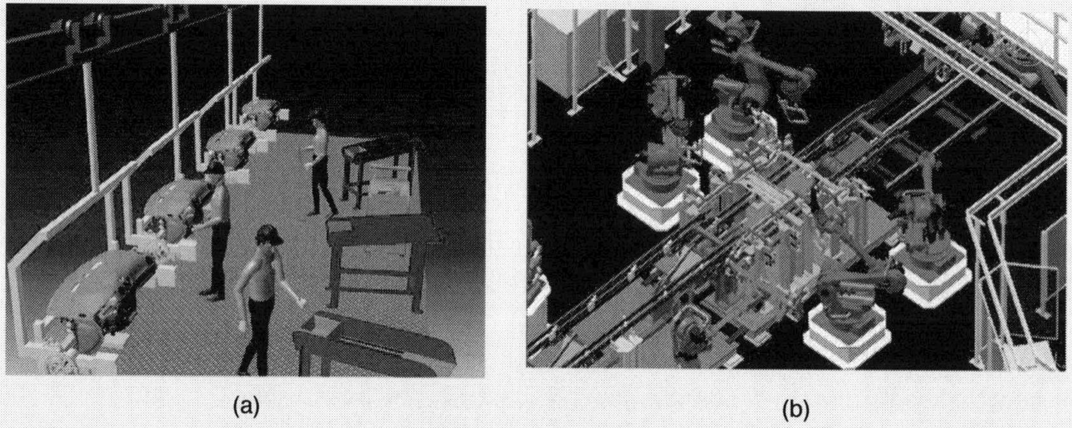

FIGURA 38.10 Simulación de las operaciones a escala de la planta. (a) Uso de maniquíes virtuales para evaluar los movimientos requeridos y la eficiencia del ensamblado manual de un tablero automotriz. (b) Línea de soldadura robotizada, en la que las interacciones de múltiples robots y piezas de trabajo se simula para detectar y evitar colisiones y mejorar la productividad. *Fuente:* Cortesía de Dassault Systemes. Impreso con permiso.

38.8 Tecnología de grupos

La *tecnología de grupos* (GT, por sus siglas en inglés) es una metodología que busca aprovechar las **similitudes del diseño** y **procesamiento** entre las partes a producir. Como se ilustra en la figura 38.11, estas características sugieren claramente que se obtienen grandes beneficios al **clasificar** y **codificar** las partes en *familias*. Una compañía descubrió que al desensamblar cada producto en sus componentes individuales y luego identificar

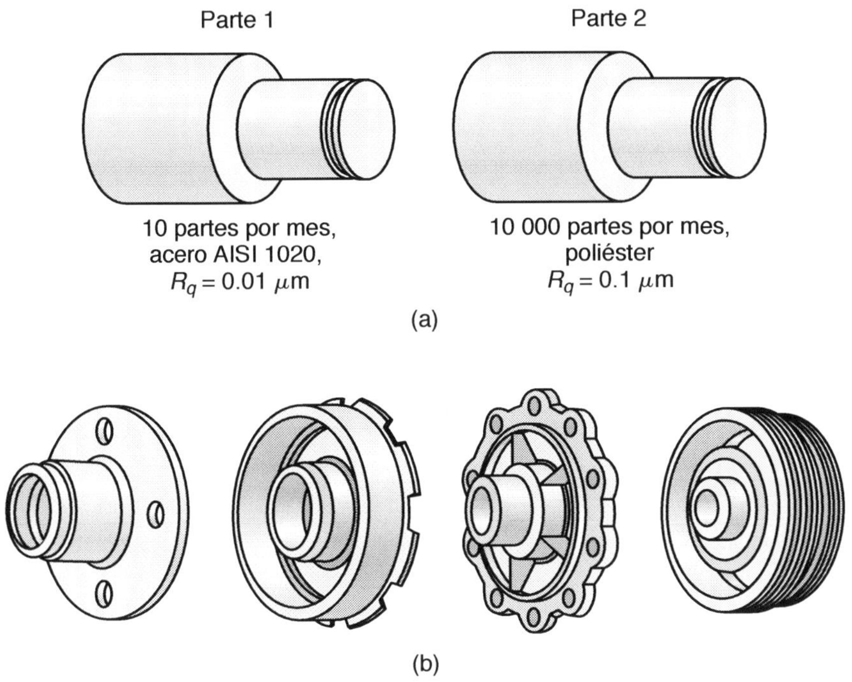

FIGURA 38.11 Partes agrupadas de acuerdo con sus (a) similitudes geométricas y (b) atributos de manufactura.

las partes que eran semejantes, 90% de 3000 piezas podían constituir sólo cinco familias principales de partes.

Por ejemplo, una bomba mecánica se puede descomponer en sus componentes básicos como motor, carcasa, ejes, aspas y sellos. Se observará que cada uno de estos componentes de la bomba es básicamente el mismo en términos de sus características de diseño y manufactura; en consecuencia, es posible colocar todos los ejes en una familia de ejes o de sellos, y así sucesivamente. La tecnología de grupos se vuelve atractiva en especial debido a la siempre creciente variedad de productos, que con frecuencia se producen por lotes. Como casi 75% de la manufactura actual es producción por lotes, la mejora en la eficiencia adquiere una importancia especial.

Distribución de la planta. En la figura 38.12a se muestra el flujo tradicional del producto en la manufactura por lotes, llamado **distribución de planta funcional**. Observe que las máquinas del mismo tipo se acomodan por grupos, es decir grupos de tornos, de fresadoras, de taladros y de esmeriles. Se observará que en dicha distribución hay un considerable movimiento aleatorio, como lo muestran las flechas que indican el movimiento de materiales y partes. Debido a que se desperdicia tiempo y esfuerzo, resulta obvio que dicho arreglo no es eficiente. Una mejor línea de flujo de productos que aprovecharía la tecnología de grupos es la **distribución de planta por grupos**, que se presenta en la figura 38.12b (vea también *manufactura celular* en la sección 39.2). Observe la mayor simplicidad y la disminución del número de trayectorias y movimientos entre las máquinas.

38.8.1 Ventajas de la tecnología de grupos

Las principales ventajas de la tecnología de grupos son:

- Hace posible la estandarización de los diseños de la parte y la minimización de la duplicidad de diseños. Los nuevos diseños de partes se desarrollan en otros similares usados previamente, lo que ahorra una cantidad significativa de tiempo y esfuerzo. Además, el diseñador del producto tiene la posibilidad de determinar

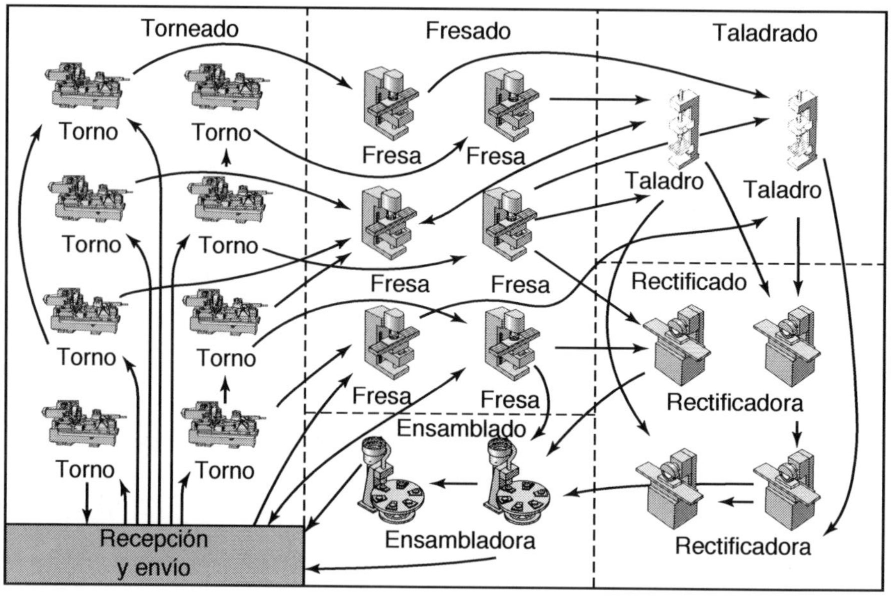

(a)

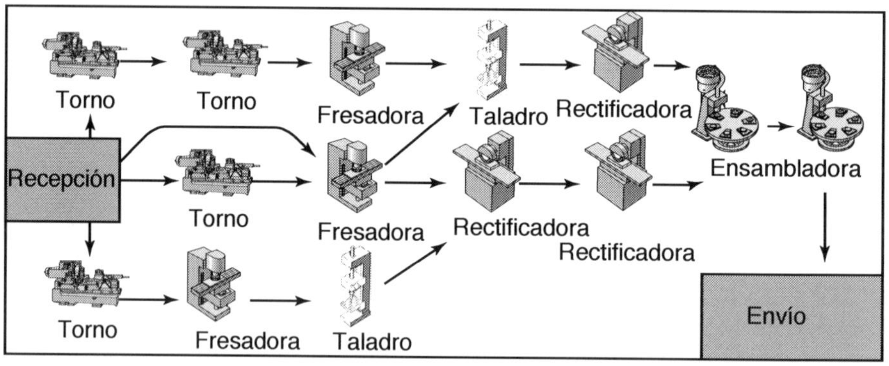

(b)

FIGURA 38.12 (a) Distribución funcional de las máquinas herramienta en una planta tradicional; las flechas indican el flujo de materiales y partes en varias etapas de procesamiento. (b) Distribución con tecnología de grupos (celular). *Fuente:* Basado en M. P. Groover.

rápidamente si ya existen datos de una parte similar en los archivos de cómputo de la compañía.

- Los datos que reflejan la experiencia del diseñador y el planificador del proceso de manufactura se almacenan en la base de datos; de esta manera, un ingeniero nuevo y menos experimentado se beneficia pronto de la experiencia de ellos al recuperar los anteriores diseños y planes del proceso.
- Es más fácil estimar los costos de manufactura y también obtener las estadísticas relevantes de materiales, procesos, número de partes producidas y otros factores.
- Los planes del proceso se estandarizan y calendarizan con mayor eficiencia, los pedidos se agrupan para tener una producción más eficaz, lo que mejora la utilización de las máquinas. Los tiempos de preparación se reducen y las partes se producen con más eficiencia y con mejor y más consistente calidad del producto. En la pro-

ducción de una familia de partes se comparten herramientas, elementos de sujeción y maquinaria semejantes.

- Con la implementación de CAD/CAM, la manufactura celular y la metodología CIM, la tecnología de grupos es capaz de mejorar en gran manera la productividad y de reducir los costos con la producción por lotes que aprovecha los beneficios de la producción en masa. En función del nivel de implementación, los ahorros en cada una de las distintas fases de diseño y manufactura están en el rango de 5 a 75 por ciento.

38.8.2 Clasificación y codificación de las partes

En la tecnología de grupos, las partes se identifican y agrupan en familias por medio de **sistemas de clasificación y codificación** (C/C). Este proceso es una primera etapa, crítica y compleja, y se lleva a cabo de acuerdo con los atributos de diseño y manufactura de la parte (vea la figura 38.14).

Atributos de diseño. Estos atributos corresponden a las similitudes entre las características geométricas y consisten en:

- Formas y dimensiones externas e internas.
- Razones de aspecto, como las de largo a ancho o longitud a diámetro.
- Tolerancias dimensionales.
- Acabado superficial.
- Funciones de la parte.

Atributos de manufactura. La tecnología de grupos usa las similitudes o semejanzas en los métodos y secuencias de las operaciones de manufactura efectuadas en la parte. Debido a que la selección de un proceso o procesos de manufactura depende de numerosos factores, los atributos de diseño y manufactura están interrelacionados. Los atributos de manufactura de una parte consisten en:

- Procesos primarios.
- Procesos secundarios y de acabado.
- Tolerancias dimensionales y acabado superficial.
- Secuencia de las operaciones realizadas.
- Herramientas, dados o matrices, elementos de sujeción y maquinaria.
- Cantidad y tasa de producción.

La codificación puede ser lenta y requerir una experiencia considerable. Se puede hacer en forma genérica con sólo ver las formas de las partes para después clasificarlas como corresponde; por ejemplo, partes que tienen simetría rotacional, partes con forma rectilínea y partes que tienen razones grandes de superficie a espesor. Un enfoque más global es revisar todos los datos y planos relacionados con el diseño y la manufactura de todas las partes.

Las partes también se clasifican con el estudio de su flujo de producción durante el ciclo de manufactura, enfoque llamado **análisis del flujo de producción** (PFA, por sus siglas en inglés). De la sección 38.6, recuerde que las hojas de ruta muestran con claridad los planes del proceso y la secuencia de operaciones que se han de efectuar. Sin embargo, una desventaja del PFA es que una hoja de ruta particular no necesariamente indica que se haya optimizado el total de la operación de manufactura.

38.8.3 Codificación

La codificación de partes se basa en el sistema de codificación propio de la compañía o en alguno de varios sistemas de clasificación y codificación disponibles en el software comercial; con frecuencia, el código está incorporado en los paquetes de CAD/CAM.

Ya sea que se haya desarrollado en la empresa o se haya comprado, el sistema de codificación debe ser compatible con los demás sistemas de la organización, como la maquinaria de control numérico y los sistemas de planeación del proceso asistida por computadora.

La estructura del código empleada para identificar las familias de partes por lo general consiste en números, letras o en una combinación de ambos. A cada componente específico de un producto se asigna un código. Éste puede referirse sólo a atributos de diseño (por lo general menos de 12 dígitos) o sólo a los de manufactura; la mayor parte de los sistemas avanzados incluyen ambos y usan hasta 30 dígitos. La codificación puede hacerse sin que el usuario la introduzca al software y mostrarse sólo si se solicita la información. Comúnmente, la recuperación de datos de diseño o manufactura se basa en búsquedas con palabras clave.

Los tres niveles básicos de codificación varían en grado de complejidad:

1. **Codificación jerárquica.** También llamada **monocódigo**, la codificación jerárquica interpreta cada dígito sucesivo con base en el valor del dígito precedente. Cada símbolo amplifica la información contenida en el dígito anterior; por tanto, no puede interpretarse un dígito aislado del código. La ventaja de este método es que un código corto contiene una gran cantidad de información; sin embargo, el método es difícil de aplicar en un sistema computarizado.
2. **Policódigos.** En este método, también conocido como codificación **tipo cadena**, cada dígito tiene su propia interpretación, la cual no depende del dígito precedente. Esta estructura tiende a ser relativamente larga, pero permite la identificación de

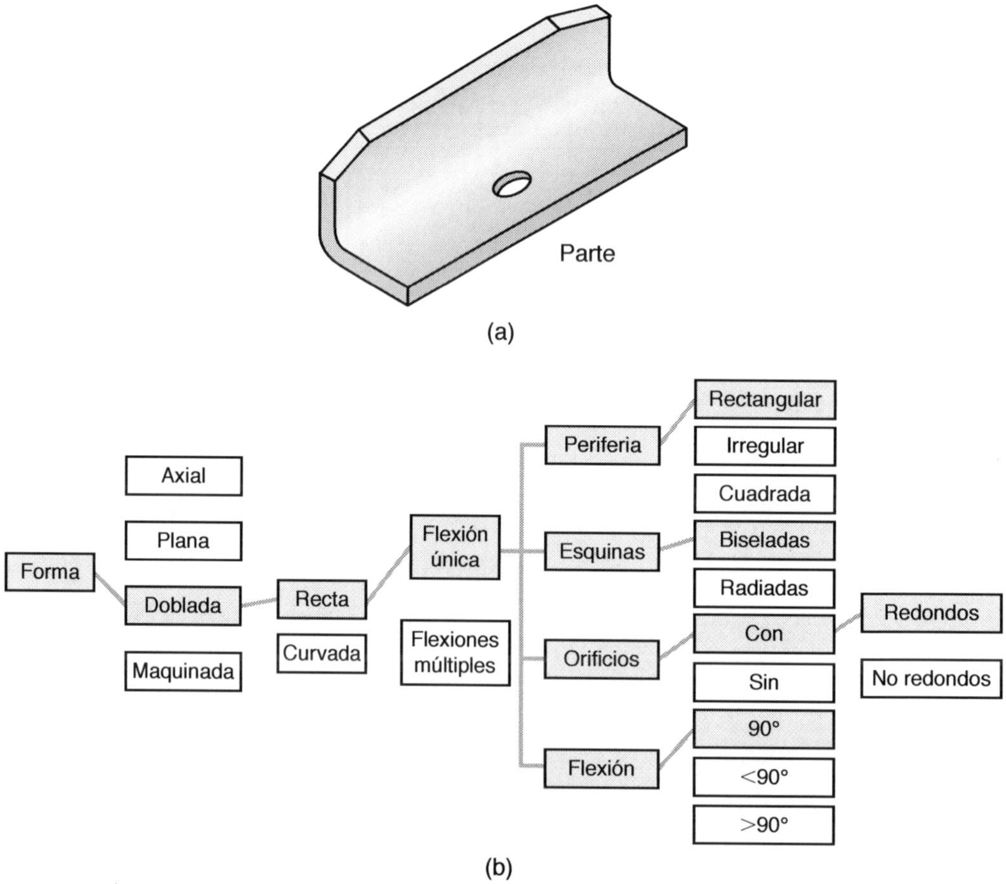

FIGURA 38.13 Clasificación tipo árbol de decisiones para un sostén de placa metálica. *Fuente:* Basado en G. W. Millar.

atributos específicos de la parte y es muy apropiada para su implementación en computadora.

3. **Codificación de árbol de decisiones.** Este tipo de codificación, también llamada codificación híbrida, es la más avanzada y combina atributos tanto de diseño como de manufactura (figura 38.13).

38.8.4 Sistemas de codificación

Los tres principales sistemas de codificación industrial son:

1. El **sistema Opitz** (en honor de H. Opitz, 1905-1977) fue el primer sistema de codificación exhaustiva que se desarrolló. Consiste básicamente en nueve dígitos (12345 6789) que representan datos de diseño y manufactura (figura 38.14); se usan cuatro

		Código de forma					Código adicional			
		Primer dígito Clase de la parte	Segundo dígito Forma principal	Tercer dígito Maquinado rotacional de la superficie	Cuarto dígito Maquinado de superficie plana	Quinto dígito Orificios auxiliares, dientes de los engranes y formado	Dígito 1	2	3	4
0	Partes rotacionales	$\frac{L}{D} < 0.5$					Dimensión	Material	Forma original de la materia prima	Precisión
1		$0.5 < \frac{L}{D} < 3$	Forma externa, elementos de la forma externa	Forma interna, elementos de la forma interna	Maquinado de superficie plana	Orificios auxiliares				
2		$\frac{L}{D} > 3$				Dientes de engrane				
3		$\frac{L}{D} < 2$ con desviación	Forma principal	Rotational machining, internal and external shape elements		Orificios auxiliares, dientes de engrane y formado				
4		$\frac{L}{D} \leq 2$ con desviación								
5		Especial								
6	Partes no rotacionales	$\frac{A}{B} < 3, \frac{A}{C} > 4$ Partes planas	Forma principal							
7		$\frac{A}{B} > 3$ Partes largas	Forma principal	Perforaciones principales	Maquinado de superficie plana	Orificios auxiliares, dientes de engrane y formado				
8		$\frac{A}{B} < 3, \frac{A}{C} > 4$ Partes cúbicas	Forma principal							
9		Especial								

FIGURA 38.14 Sistema de clasificación y codificación según Opitz, el cual consiste en un código para la forma, con cinco dígitos, y un código adicional de cuatro dígitos.

códigos adicionales (1234) para identificar el tipo y la secuencia de las operaciones de producción que se van a ejecutar. El sistema Opitz tiene dos desventajas: (a) es posible tener códigos diferentes para partes que tienen atributos de manufactura semejantes y (b) un número de partes con diferentes formas pueden tener el mismo código.

2. El **sistema multiClase** fue desarrollado para ayudar a automatizar y estandarizar varias funciones de diseño, producción y administración; involucra hasta 30 dígitos (figura 38.15). Este sistema se usa en forma interactiva con una computadora que hace cierto número de preguntas al usuario; con base en las respuestas dadas, la computadora asigna a la parte un número de código de manera automática.
3. El **sistema KK-3** es de propósito general para partes que serán maquinadas o procesadas; este código usa un sistema decimal de 21 dígitos. El código es mucho más largo que los dos anteriores descritos, pero clasifica dimensiones y razones dimensionales, como la razón longitud a diámetro de la parte. En la figura 38.16 se muestra la estructura de un sistema KK-3 para componentes rotacionales.

Análisis del flujo de la producción. Uno de los beneficios principales de la tecnología de grupos es el diseño de células de manufactura (sección 39.2). Considere la situación que se ilustra en la figura 38.17, que busca mostrar una lista simplificada de partes que se van a producir así como la maquinaria requerida. Como puede verse en esta figura, los tipos de máquinas y variedad de partes no conducen por sí mismas al agrupamiento de las máquinas. Con el empleo de tecnología de grupos, las partes se pueden clasificar y codificar, después se organizan en agrupamientos lógicos. Este método, combinado con los requerimientos de producción, permite diseñar células de manufactura para obtener los beneficios asociados con la flexibilidad y utilidad.

Por ejemplo, la figura 38.17 es una hoja de cálculo que muestra un conjunto de partes producidas por un fabricante de bombas mecánicas; también se indican las máquinas

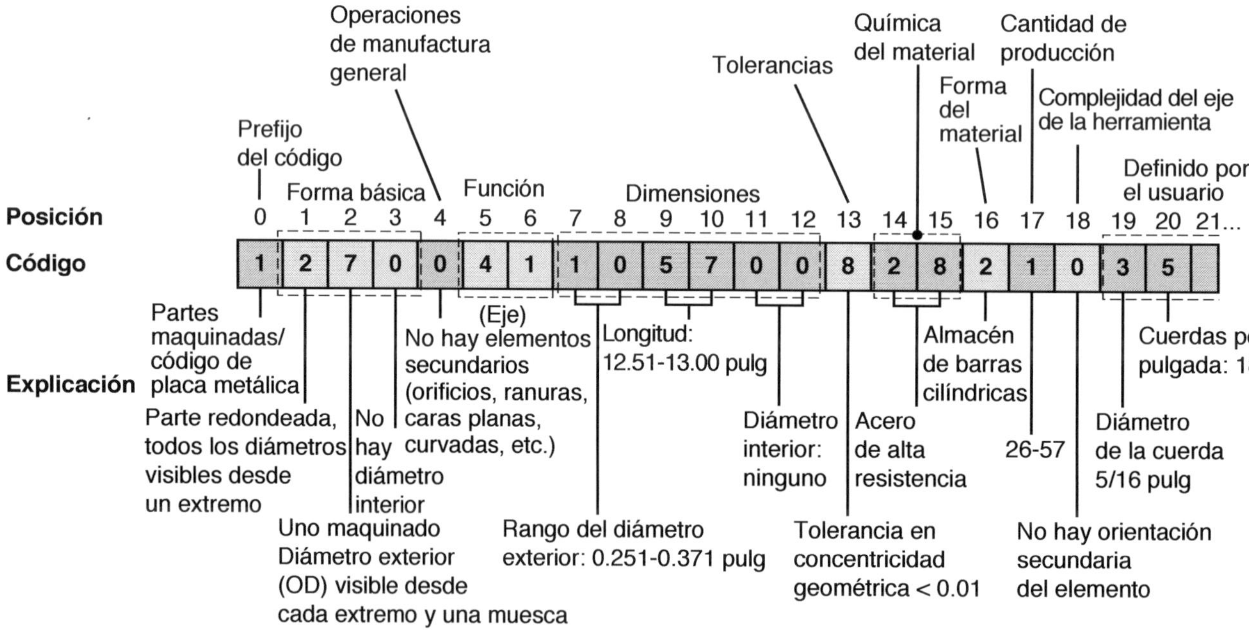

FIGURA 38.15 Clásico código multiClase para una parte maquinada.

Dígito	Artículos		(Componente rotacional)
1	Nombre de la parte		Clasificación general
2			Clasificación detallada
3	Materiales		Clasificación general
4			Clasificación detallada
5	Dimensiones principales		Longitud
6			Diámetro
7	Formas principales y razón de las dimensiones principales		
8	Detalles de la forma y clases de procesos	Superficie externa	Superficie externa y forma primaria exterior
9			Partes concéntricas con cuerda de tornillo
10			Ranuras funcionales de partes
11			Partes con forma extraordinaria
12			Moldeado/Formado
13			Superficie cilíndrica
14		Superficie interna	Forma primaria interna
15			Superficie curvada interna
16			Superficie plana y cilíndrica interna
17		Superficie final	
18		Orificios no concéntricos	Orificios colocados regularmente
19			Orificios especiales
20		Procesos sin corte	
21	Precisión		

FIGURA 38.16 Estructura de un sistema KK-3 para componentes rotacionales. *Fuente:* Cortesía de Japan Society for the Promotion of Machine Industry.

Parte	Brochadora	Torno CNC	Centro de maquinado horizontal	Fresa generadora o generatriz	Torno manual	Torno horizontal	Máquina de tornillos
Rodamiento de cubierta		X					
Engrane de piñón, 56 dientes, 8 pasos	X	X		X			
Acoplamiento de eje							X
Impulsor	X	X					
Perno de 6 pulg					X		
Engrane de impulso, 26 dientes, 8 pasos	X	X		X			
Buje							X
Carcasa del cuerpo			X			X	
Válvula de alivio			X				
Espaciador de baleros							X
Tomas varias			X		X	X	
Barra del yugo							X
Asiento del resorte							X
Yugo		X		X			
Cabezal de la bomba					X	X	

(a)

Parte	Torno manual	Torno horizontal	Centro de maquinado horizontal	Brochadora	Torno CNC	Fresa generadora o generatriz	Máquina de tornillos
Perno de 6 pulg	X						
Cabezal de la bomba	X	X					
Tomas varias	X	X	X				
Carcasa del cuerpo		X	X				
Válvula de alivio			X				
Impulsor				X	X		
Yugo					X	X	
Rodamiento de cubierta					X		
Engrane de piñón, 56 dientes, 8 pasos				X	X	X	
Engrane de impulso, 26 dientes, 8 pasos				X	X	X	
Espaciador de baleros							X
Acoplamiento de eje							X
Buje							X
Barra del yugo							X
Asiento del resorte							X

Célula de torneado/fresado

Célula de torneado CNC/brochado/fresa generadora

(b)

FIGURA 38.17 Uso de la tecnología de grupos en la organización de células de manufactura. (a) Hoja de cálculo original de las partes; no es evidente ninguna organización lógica. (b) Después de agrupar las partes con base en sus atributos de manufactura, son discernibles agrupamientos lógicos de la maquinaria.

requeridas para producir las partes. En esta hoja de cálculo no es evidente ningún agrupamiento intuitivo de máquinas. Con una reorganización de los datos, las partes sugieren grupos lógicos para las máquinas, como se muestra en la figura 38.17b. Se debe considerar que estas cifras están muy simplificadas con el fin de mostrar el significado de la tecnología de grupos en la organización de células; por lo general hay muchas más partes y procesos (inclusive metrología) que se deben tomar en cuenta.

RESUMEN

- Los sistemas de manufactura integrada se pueden implementar en diferentes grados con el fin de optimizar las operaciones, mejorar la calidad del producto y reducir los costos de producción.
- Las operaciones de manufactura integrada por computadora se han convertido en los medios más importantes para mejorar la productividad, en respuesta a los rápidos cambios de las demandas del mercado, así como para mejorar el control de las funciones tanto de manufactura como de administración de una organización.
- Ahora hay software avanzado y computadoras poderosas que permiten la descripción de la geometría de la parte en varios formatos diferentes, inclusive con estructura de alambre, octree, modelos de superficie, modelos sólidos, esqueletos y representaciones de contornos (frontera).
- También se usan computadoras para simular operaciones y sistemas de manufactura y para ayudar en la selección de procesos de manufactura.
- La tecnología de grupos es un método poderoso que permite la recuperación rápida de experiencias anteriores de diseño y manufactura al codificar una parte con base en sus características geométricas o atributos de manufactura. Existen varios sistemas de codificación con tecnología de grupos.

TÉRMINOS CLAVE

Análisis del flujo de la producción
Atributos de diseño
Atributos de manufactura
Base de datos
Codificación
Diseño e ingeniería asistidos por computadora
Diseño sin papel
Distribución de planta funcional
Distribución de planta por grupos
Especificaciones de intercambio
Estructura de alambre
Función de ejecución del negocio
Función de planeación del negocio
Hoja de ruta
Manufactura asistida por computadora
Manufactura integrada por computadora
Modelación
Modelo de superficie
Modelo sólido
Planeación de recursos de la empresa
Planeación de recursos de manufactura
Planeación de requerimientos de material
Planeación del proceso
Planeación del proceso asistida por computadora
Representación octree
Simulación en computadora
Sistema de adquisición de datos
Sistemas de clasificación y codificación
Tecnología de grupos

BIBLIOGRAFÍA

Amirouche, F. M. L., **Principles of Computer-Aided Design and Manufacturing**, 2a. ed., Prentice Hall, 2004.

Chang, T. C., Wysk, R. A., Wang, H. P. y Rembold, U., **Computer-Aided Manufacturing**, 3a. ed., Prentice Hall, 2007.

Chryssolouris, G., **Manufacturing Systems: Theory and Practice**, Springer, 2006.

Curry, G. L. y Feldman, R. M., **Manufacturing Systems Modeling and Analysis**, Springer, 2008.

Groover, M., **Automation, Production Systems and Computer-Integrated Manufacturing**, 3a. ed., Prentice Hall, 2007.

Parsaei, H., Leep, H. y Jeon, G., **The Principles of Group Technology and Cellular Manufacturing Systems**, Wiley, 2006.

Rehg, J. A. y Kraebber, H. W., **Computer-Integrated Manufacturing**, 3a. ed., Prentice Hall, 2004.

Rong, Y. y Huang, H., **Advanced Computer-Aided Fixture Design**, Academic Press, 2005.

PREGUNTAS DE REPASO

38.1 ¿De qué manera han impactado las computadoras en la manufactura?
38.2 Describa los beneficios de las operaciones de manufactura integrada por computadora.
38.3 ¿Qué es una base de datos? ¿Por qué es necesaria?
38.4 ¿Qué es un archivo STL? ¿Para qué se usa popularmente?
38.5 ¿Cuáles son las diferencias entre los términos asistido por computadora e integrado por computadora?
38.6 ¿Cuáles son las ventajas de los sistemas CAD sobre los métodos tradicionales de diseño? ¿Hay limitaciones?
38.7 ¿Qué significan las abreviaturas siguientes: NURB, DAS, DFX, PDES?
38.8 ¿Cuáles son las ventajas principales de la CIM?
38.9 Describa los propósitos de la planeación del proceso. ¿Cómo se usan las computadoras en dicha planeación?
38.10 Describa las características de una hoja de ruta. ¿Por qué es necesaria?
38.11 ¿Cuáles son las ventajas de la simulación de líneas de manufactura?
38.12 ¿Qué es la tecnología de grupos? ¿Por qué se desarrolló? Explique sus ventajas.
38.13 Explique los tres tipos de códigos de tecnología de grupos: jerárquico, policódigo y árbol de decisiones.
38.14 Describa el significado del término sistema de manufactura. ¿Cuáles son sus beneficios?
38.15 ¿Qué significa clasificación y codificación en la tecnología de grupos?
38.16 ¿Qué tienen en común los sistemas Optiz y KK-3?
38.17 Examine una caja de cartón. ¿Es un ejemplo de representación de contorno, modelo sólido o cuerpo de perfil o perfilado?

PROBLEMAS CUALITATIVOS

38.18 Describa sus observaciones acerca de las figuras 38.1 y 38.2.
38.19 Algunos paquetes de software traducen los archivos STL como conjuntos de cuadriláteros de superficie, no triángulos. Explique por qué se puede hacer esto.
38.20 Dé ejemplos de formas primitivas de sólidos distintos de los que se muestran en las figuras 38.4a y b.
38.21 Describa lo que entienda de la representación octree mostrada en la figura 38.7.
38.22 Explique la lógica tras los arreglos que se muestran en la figura 38.12b.
38.23 ¿Cuáles son las ventajas de la codificación jerárquica?
38.24 ¿Cuál es la diferencia entre un sistema variante y un generativo?
38.25 En relación con la figura 38.3, explique las ventajas de una curva Bezier por partes de tercer orden, con respecto a una interpolación B o una curva Bezier convencional.
38.26 Dibuje una esfera empleando (a) estructura de alambre; (b) modelos de superficie 3D y (c) formatos STL.
38.27 Describa situaciones que requerirían un cambio de diseño del extremo más largo de la parte mostrada en la figura 38.6.
38.28 Describa sus reflexiones sobre las diferencias entre el comercio electrónico y las prácticas tradicionales de negocios.

SÍNTESIS, DISEÑO Y PROYECTOS

38.29 ¿Cómo describiría el principio de la manufactura asistida por computadora a un trabajador antiguo en una instalación de manufactura que no esté familiarizado con las computadoras?
38.30 Revise varias partes manufacturadas que se ilustren en este libro y agrúpelas de forma parecida a las que se muestran en la figura 38.11. Explique.
38.31 Piense en una parte sencilla y construya una tabla de árbol de decisiones parecida a la que se ilustra en la figura 38.13.
38.32 Revise los arreglos de la máquina mostrada en la figura 38.12 y sugiera cambios que podrían mejorar el flujo de materiales y partes.
38.33 Piense en un producto sencillo y haga una hoja de ruta semejante a la que aparece en la figura 38.9. Si se da la misma parte a otra persona, ¿qué tan probable es que la hoja de ruta que desarrolle sea la misma? Explique.
38.34 Revise la figura 38.9 y prepare una hoja de ruta para lo siguiente: (a) engrane cilíndrico; (b) álabe de turbina; (c) botella de vidrio; (d) biela y (d) un dado para forja.
38.35 Considere una cocina a gran escala, como las que se usan para preparar comidas en las escuelas, hospitales o grandes edificios de oficinas. Haga una lista del equipo necesario, acomode el equipo en una distribución de planta funcional y después en otra celular. Describa sus observaciones sobre las líneas de flujo cuando se preparen comidas diferentes.
38.36 Utilizando herramientas de dibujo, construya con cuidado un esquema de la vista terminal de la parte mostrada en la figura 38.6a. Haga el mismo dibujo en un programa CAD. Compare el tiempo requerido para producir cada dibujo.

CAPÍTULO

39 Sistemas de manufactura integrados por computadora

- Este capítulo describe la influencia de los sistemas de cómputo y las redes de comunicaciones en el desarrollo y manufactura de productos, así como la integración de todas las actividades relacionadas.
- El capítulo comienza con la descripción de los principios de las células o celdas de manufactura operadas por seres humanos y las que funcionan sin ellos, así como sus características y la forma en que se pueden integrar en los sistemas de manufactura flexible. También se revisa el concepto de manufactura holónica y sus aplicaciones.
- Considerando los aspectos anteriores se describen la producción justo a tiempo, la manufactura esbelta y los sistemas de comunicación.
- El capítulo concluye con el estudio de la inteligencia artificial y los sistemas expertos en cuanto a cómo son aplicados a la manufactura.

39.1 Introducción

Este capítulo se enfoca en la **integración por computadora de las operaciones de manufactura**, donde *integración* significa que los procesos de la manufactura, sus operaciones y administración, se tratan en conjunto como un *sistema*. Una gran ventaja de este método es que las máquinas, herramientas y operaciones de manufactura adquieren ahora una flexibilidad construida internamente, llamada **manufactura flexible**. Como resultado, el sistema es capaz de (a) *responder rápidamente* a los cambios en los tipos de producto y las demandas fluctuantes y (b) asegurar la *entrega a tiempo* de los productos al cliente. La falla en la entrega puntual en un ambiente global tan competitivo tiene efectos muy perjudiciales en las operaciones de una compañía y en su éxito.

Este capítulo describe primero los elementos clave que permiten la ejecución de las funciones necesarias para lograr la manufactura flexible, empezando con la *manufactura celular*, la cual es la unidad básica de la flexibilidad en la producción de bienes. Las células de manufactura se pueden ampliar a *sistemas de manufactura flexible*, con grandes implicaciones para las capacidades de producción. A continuación se describe la *manufactura holónica*, una estrategia de organización de las unidades de manufactura de modo que se logre mayor eficiencia en las operaciones.

A continuación se examina el importante concepto de la *producción justo a tiempo* y sus beneficios, en el cual las partes se producen "justo a tiempo" para que se incorporen a subensambles, ensambles y productos finales. Éste es un método que elimina la necesidad de mantener inventarios (una gran carga financiera para la compañía) y representa un ahorro significativo de espacio para almacenamiento en las instalaciones.

Debido a la necesidad de hacer mucho uso de controles computarizados, hardware y software en todas las actividades mencionadas, la planeación e implementación eficaz de *redes de comunicación* constituyen componentes críticos del conjunto de operaciones de manufactura. El capítulo concluye con la revisión de la *inteligencia artificial*, que consiste en sistemas expertos, de procesamiento de lenguaje natural, de visión de máquina, de redes neuronales artificiales y de la lógica difusa.

39.2 Manufactura celular

Una **célula de manufactura** es una pequeña unidad que consta de una o más estaciones de trabajo. Por lo general, una estación de trabajo contiene una (en cuyo caso recibe el nombre de *célula de una sola máquina*) o varias máquinas (llamada *célula de grupo de máquinas*), donde cada célula realiza una operación diferente. Las máquinas se pueden modificar, recargar de herramientas y reagrupar para diferentes líneas de producto dentro de la misma familia de partes.

Código QR 39.1 Célula completamente automatizada para soldadura de barras de pistón. [*Fuente:* Cortesía de Manufacturing Technology, Inc. (MTI)].

La manufactura celular se ha usado hasta este momento sobre todo en operaciones de maquinado, acabado y formado de placas metálicas. Las máquinas herramienta que por lo general se emplean en las células de manufactura son tornos, fresadoras, taladros, rectificadoras y máquinas electroerosionadoras; para el formado de placas es común que el equipo consista en cortadoras, punzonadoras, dobladoras y otras máquinas de formado. El equipo puede incluir máquinas de propósito especial y de control numérico computarizado; también forman parte de una célula de manufactura la inspección y el equipo para realizar ensayos o pruebas automatizadas.

Las capacidades de la manufactura celular generalmente comprenden las operaciones siguientes:

- Carga y descarga de materias primas y piezas en las estaciones de trabajo.
- Cambio de herramientas en las estaciones de trabajo.
- Transferencia de piezas de trabajo y herramientas entre las estaciones.
- Calendarización y control de toda la operación en la célula.

En las células de maquinado *con operador* o atendidas, el operador mueve y transfiere manualmente las materias primas y las partes (a menos que sean demasiado pesadas o los movimientos demasiado peligrosos) o un robot industrial (sección 37.6) ubicado en el centro de la celda.

Células de manufactura flexible. Las células de manufactura se pueden hacer flexibles con el uso de máquinas CNC y centros de maquinado (sección 25.2) y por medio de robots industriales u otros sistemas mecanizados para el manejo de materiales y partes en varias etapas de procesamiento (sección 37.6).

En la figura 39.1 se muestra un ejemplo de *célula de manufactura flexible* (FMC, por sus siglas en inglés) atendida que comprende varias operaciones de maquinado. Observe que los centros de maquinado, equipados con cambiadores automáticos de herramientas y carruseles para las mismas, tienen la capacidad de ejecutar una gran variedad de operaciones (vea la sección 25.2). Una estación de inspección controlada por computadora, con una máquina para medir coordenadas u otro equipo de metrología flexible, es capaz de inspeccionar las dimensiones de una amplia variedad de partes. De este modo, la organización de estas máquinas en una célula permite manufacturar artículos muy diferentes. Con la integración por computadora, una célula de manufactura produce partes en lotes tan pequeños como una sola parte, con demoras insignificantes entre cada lote. La demora real es el tiempo requerido para descargar nuevas instrucciones a la máquina.

Las células de manufactura flexible suelen ser *sin operador* (no atendidas) y su diseño y operación son más exactos que los de otras células. La selección de las máquinas y robots industriales, inclusive los tipos y capacidades de sus efectores finales y sistemas de control, son críticos para el funcionamiento eficaz de la FMC. Igual que sucede con

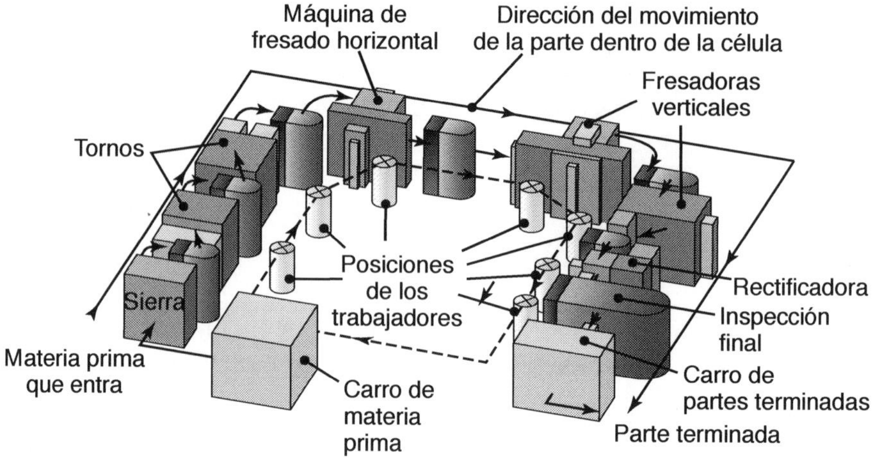

FIGURA 39.1 Ilustración esquemática de una célula de manufactura flexible que muestra diferentes máquinas herramienta y una estación de inspección. *Fuente:* Basado en JT. Black.

otros sistemas de manufactura flexible (sección 39.3), el costo de las FMC es muy alto (vea la tabla 40.6); sin embargo, esta desventaja se compensa con mayor productividad, flexibilidad y facilidad de control.

Diseño de la célula. Dadas las características únicas de las células de manufactura, su diseño y colocación requieren una distribución y organización eficientes de la planta y la consideración de las líneas de flujo del producto (vea *análisis del flujo de producción*, sección 38.8). Las máquinas se pueden acomodar a lo largo de una línea o en forma de U, de L, o en trayectoria circular. La selección de la mejor máquina y el mejor acomodo del equipo para manejo de materiales también incluyen tomar en cuenta los factores de tipo de producto, forma, tamaño y peso, así como la tasa de producción. Al diseñar estas células debe considerarse la probabilidad de que exista un cambio significativo en la demanda de las familias de una parte en particular, con el fin de asegurar que el equipo involucrado tenga la flexibilidad y capacidad requeridas.

39.3 Sistemas de manufactura flexible

Un *sistema de manufactura flexible* (FMS, por sus siglas en inglés) integra todos los elementos principales de la producción en un sistema muy automatizado (figura 39.2); en la figura 39.3 se muestra una vista general de la instalación de un sistema de manufactura flexible en una planta. Utilizados por primera vez a finales de la década de 1960, los FMS consisten en (a) varias células de manufactura, cada una conteniendo un robot industrial que atiende varias máquinas CNC, y (b) un sistema automatizado de manejo de materiales. Un vehículo guiado automáticamente (AGV, sección 37.5) mueve las partes entre las máquinas e inspecciona las estaciones, que pueden involucrar con facilidad un robot industrial o dispositivo de transferencia integral. Todas estas actividades están controladas por una computadora en la que se cargan diferentes instrucciones para el paso de cada parte sucesiva a través de una estación de trabajo en particular. El sistema puede manejar *diversas configuraciones de partes* y las produce *en cualquier orden.*

Un FMS es capaz de optimizar cada etapa de la operación total. Estas etapas involucran (a) uno o más procesos y operaciones, como maquinado, rectificado, corte, formado, metalurgia de polvos, tratamiento térmico y operaciones de acabado; (b) el manejo de materias primas y partes; (c) medición e inspección y (d) ensamble. A la fecha, las aplicaciones más comunes de los FMS han sido en operaciones de maquinado y ensamble.

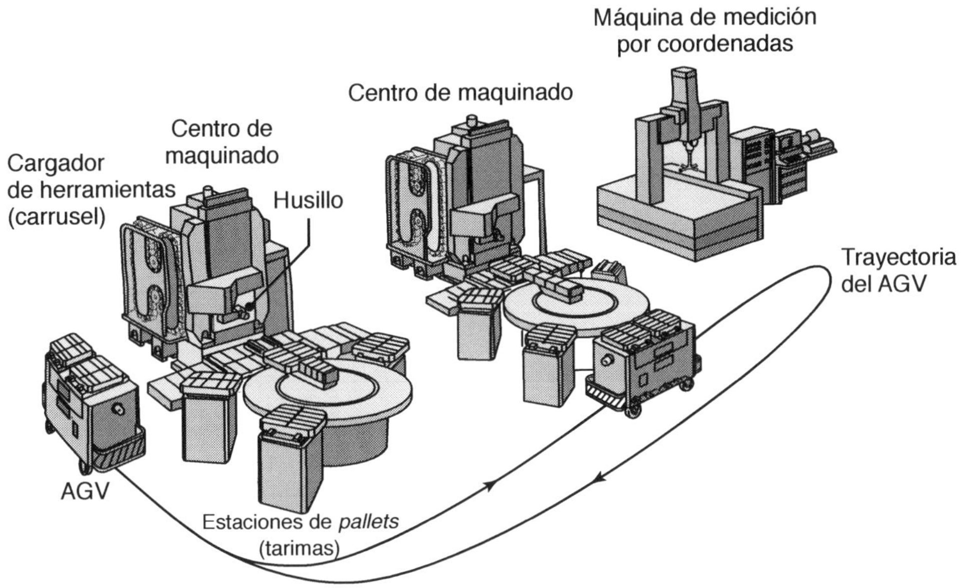

FIGURA 39.2 Ilustración esquemática de un sistema de manufactura flexible; se aprecian dos centros de maquinado, una estación de medición e inspección y dos vehículos guiados automáticamente. *Fuente:* Basado en JT. Black.

FIGURA 39.3 Vista general de un sistema de manufactura flexible en una planta, con varios centros de maquinado y vehículos guiados automáticamente que se desplazan a lo largo de la línea en el pasillo. *Fuente:* Cortesía de Cincinnati Milacron, Inc.

Un sistema de manufactura flexible se puede ver como un sistema que combina los beneficios de dos sistemas: (1) las muy productivas, pero inflexibles, líneas de transferencia y (2) la producción del trabajo en talleres que produce una gran variedad de productos en máquinas independientes, pero es ineficiente (vea también la figura 37.2). Las características relativas de las líneas de transferencia y los FMS se presentan en la tabla 39.1. Observe que con un FMS el tiempo requerido para cambiar a una parte diferente es muy

TABLA 39.1

Comparación de las características generales de las líneas de transferencia y los sistemas de manufactura flexible

Característica	Línea de transferencia	FMS
Variedad de las partes	Poca	Infinita
Tamaño del lote	>100	1-50
Tiempo para cambiar partes	Largo	Muy corto
Cambio de herramientas	Manual	Automático
Control adaptativo	Difícil	Disponible
Inventario	Abundante	Escaso
Producción durante las descomposturas	Ninguna	Parcial
Justificación para el gasto de capital	Simple	Difícil

corto; el mayor atributo de los FMS es su rápida respuesta para producir y reaccionar ante las variaciones de la demanda del mercado.

En comparación con los sistemas de manufactura convencional, los FMS tienen los siguientes beneficios principales:

- Las partes se producen en cualquier orden, en tamaños de lote tan pequeños como de un artículo, y menor costo unitario.
- Se reducen o eliminan la mano de obra directa y los inventarios.
- Los tiempos de producción requeridos para hacer cambios son cortos.
- Debido a que el sistema se autocorrige, la producción es más confiable y la calidad del producto es uniforme.

Sin embargo, los sistemas de manufactura flexible tienen las siguientes desventajas:

- Los costos del equipo son mayores y la integración por computadora requiere personal altamente capacitado.
- Un FMS por lo general no es apropiado para tasas de producción muy bajas o muy altas.

Elementos de los FMS. Los elementos básicos de un sistema de manufactura flexible son:

- Estaciones de trabajo y células.
- Manejo y transporte automatizados de los materiales y partes.
- Sistemas de control.

Las estaciones de trabajo están distribuidas para lograr la eficiencia más alta en la producción, con un flujo ordenado de materiales y partes en proceso a través del sistema. Los tipos de máquinas presentes en las estaciones de trabajo dependen del tipo de producción. Por ejemplo, para operaciones de maquinado por lo general consisten en varios centros de maquinado de 3 a 5 ejes, tornos CNC, fresadoras, taladros de columna y rectificadoras (descritos en la parte IV). También se incluyen varios equipos, como los de la inspección automatizada (inclusive máquinas de medición por coordenadas), ensamble y limpieza. Además del maquinado, otros tipos de operaciones de manufactura apropiadas para un FMS son el formado de placas metálicas, punzonado, corte y forjado. Los FMS también incorporan equipos diversos, prensas de recorte, instalaciones para tratamiento térmico y equipo de limpieza.

La flexibilidad de los sistemas de manufactura flexible requiere que los sistemas de manejo de materiales se controlen mediante computadora y operen con vehículos guiados automáticamente, bandas transportadoras y diferentes mecanismos de transferencia. Así, los FMS son capaces de llevar a cualquier máquina, en forma aleatoria y en cualquier momento, las materias primas, piezas en bruto y partes en distintas etapas de procesamiento. Las *partes prismáticas* por lo general se mueven en **pallets** (tarimas) diseñadas especialmente, mientras que a las que tienen *simetría rotacional* las transportan robots y diferentes dispositivos mecánicos.

Calendarización. En los sistemas de manufactura flexible es esencial la utilización eficiente de las máquinas; éstas no deben permanecer ociosas, de modo que la *calendarización* (*programación*) y planeación del proceso son cruciales. A diferencia de los trabajos en talleres, donde se sigue una calendarización relativamente rígida para ejecutar un conjunto de operaciones, la calendarización en los FMS es *dinámica*, lo cual significa que es capaz de responder a cambios rápidos del tipo de producto, por lo que responde a decisiones tomadas en tiempo real. El sistema de calendarización en los FMS (a) especifica los tipos de operaciones por realizar en cada parte y (b) identifica las máquinas o células de manufactura en las que tendrán lugar dichas operaciones.

No se desperdicia tiempo en cambiar entre operaciones de manufactura. Sin embargo, se deben vigilar las características, desempeño y confiabilidad de cada unidad del sistema con el fin de garantizar que las partes tengan una calidad y precisión dimensional aceptables antes de que avancen a la siguiente estación de trabajo.

Justificación económica de los FMS. Las instalaciones de FMS significan un gran manejo de capital, que se traduce en costos de millones de dólares. En consecuencia, debe efectuarse un análisis exhaustivo del costo-beneficio de estos sistemas, por lo que se consideran factores como (a) costos de capital, energía, materiales y mano de obra; (b) los mercados esperados para los productos por manufacturar; (c) cualesquiera fluctuaciones anticipadas en la demanda del mercado y el tipo de producto y (d) el tiempo y esfuerzo requeridos para instalar y depurar todo el sistema.

Como se observa en la figura 37.2, las aplicaciones más efectivas de los FMS tienen lugar en la producción por lotes de cantidades medianas. Cuando se ha de producir una variedad o diferentes tipos de partes, los FMS son apropiados para cantidades de producción que generalmente van de 15 000 a 35 000 partes agregadas por año. Sin embargo, la producción de partes individuales con la misma configuración puede alcanzar 100 000 piezas por año. En contraste, la producción de grandes volúmenes de partes de poca variedad se hace mejor si se usan máquinas de transferencia (*equipo especializado* o *dedicado*). Por último, la producción de partes en volúmenes bajos y mucha variedad se ejecuta de mejor manera con maquinaria estándar convencional (con o sin control numérico) o con el empleo de centros de maquinado.

EJEMPLO 39.1 Sistemas de manufactura flexible en compañías grandes y pequeñas

Muchos fabricantes han considerado por mucho tiempo la implementación de un sistema a gran escala en sus instalaciones. Sin embargo, después de una revisión detallada y con base en la experiencia de compañías parecidas, la mayoría se decide por sistemas más pequeños, sencillos, modulares y menos caros porque son más rentables. Estos sistemas incluyen células de manufactura flexible (cuyo costo es de unos cuantos cientos de miles de dólares), centros de maquinado independientes y diversas máquinas herramienta CNC que son mucho más fáciles de controlar que un sistema de manufactura flexible.

39.4 Manufactura holónica

La *manufactura holónica* describe una sola organización de unidades de manufactura, mientras que cada componente de un sistema de manufactura holónica es una entidad independiente o completa y, al mismo tiempo, es parte integrante de una organización jerárquica. La palabra *holónica* proviene del griego *holos* (que significa "todo") y el sufijo *on* ("parte de").

Los sistemas organizacionales holónicos se han estudiado desde la década de 1960 y en los sistemas biológicos hay varios ejemplos. Las características fundamentales de estos sistemas son las tres siguientes:

1. Los sistemas complejos evolucionarán a partir de sistemas simples mucho más rápido si hay formas intermedias estables que si no las hay; asimismo, los sistemas estables y complejos requieren un sistema jerárquico para su evolución.
2. Los holones (componentes) son simultáneamente entidades completas autocontenidas de sus partes subordinadas y partes dependientes de otros sistemas. Los holones son unidades autónomas y autosuficientes que tienen cierto grado de independencia y pueden manejar las contingencias sin pedir instrucciones a los niveles más altos del sistema jerárquico. Al mismo tiempo, los holones están sujetos al control desde fuentes múltiples de sistemas ubicadas en niveles más altos.
3. Una *holarquía* consiste en (a) entidades completas autónomas a cargo de sus partes y (b) partes dependientes controladas por los niveles más altos de una jerarquía. Las holarquías son coordinadas de acuerdo con su ambiente local.

En los sistemas biológicos las jerarquías tienen las características de (a) estabilidad frente a perturbaciones; (b) uso óptimo de los recursos disponibles y (c) un nivel más alto de flexibilidad cuando su ambiente cambia. Un *holón de manufactura* es un bloque autónomo y cooperativo constituyente de un sistema de manufactura para la producción, almacenamiento y transferencia de objetos o información. Consiste en una parte que controla y otra opcional de procesamiento físico; por ejemplo, un holón puede ser una combinación de una fresadora CNC y su operador, que actúan a través de una interfaz adecuada. Un holón también consiste en otros holones que dan el procesamiento, la información y las interfaces humanas necesarias para el mundo exterior, como un grupo de células de manufactura. Las holarquías se crean y disuelven en forma dinámica, en función de las necesidades en curso del proceso de manufactura en particular.

El punto de vista de los sistemas holónicos con respecto a la operación de manufactura es la de crear un ambiente de abajo hacia arriba. Es posible lograr flexibilidad máxima si se provee inteligencia con holones con el fin de (a) apoyar todas las funciones de producción y control requeridas para llevar a cabo las tareas de producción y (b) administrar el equipo y sistemas subyacentes. El sistema de manufactura se puede reconfigurar a sí mismo dinámicamente en jerarquías operativas para elaborar de manera óptima los productos deseados, con holones o elementos que se agreguen o retiren según se necesite.

Los *sistemas de manufactura holárquica* se basan en la comunicación rápida y eficaz entre holones, en contraste con el control jerárquico tradicional en el que es esencial el poder de procesamiento individual. Aunque se ha propuesto un gran número de arreglos específicos y algoritmos de software para los sistemas holárquicos, la secuencia general de eventos es la siguiente:

1. Una fábrica contiene cierto número de *holones de recursos*, disponibles como entidades separadas en un conjunto de ellos. Los holones disponibles consisten, por ejemplo, en (a) una fresadora CNC y su operador; (b) una rectificadora CNC y su operador o (c) un torno CNC y su operador.
2. Al recibir una orden o directiva de niveles más altos de la estructura jerárquica de la fábrica, se forma un *holón de órdenes* que comienza a comunicarse y a negociar con los holones de recursos disponibles.
3. Las negociaciones conducen a un agrupamiento autorganizado de holones de recursos, que son asignados sobre la base de los requerimientos del producto, de la disponibilidad de los holones de recursos y de las necesidades del cliente. Por ejemplo, un producto dado podría requerir un torno CNC, una rectificadora CNC y una estación de inspección automatizada, con el fin de organizarlos en un *holón de producción*.

4. En caso de fallas, la no disponibilidad de una máquina en particular, o debido a cambios en los requerimientos del cliente, se agregan o retiran otros holones del conjunto de recursos, según sea necesario, lo que permite la reorganización del holón de producción. Los cuellos de botella de producción se identifican y eliminan a través de la comunicación y la negociación entre los holones del conjunto de recursos. La etapa 4 es conocida como *plug and play* (conectar y ejecutar), término tomado de la industria de la computación, en la que componentes de hardware se integran perfectamente en un sistema.

39.5 Producción justo a tiempo

El concepto de *producción justo a tiempo* (JIT, por sus siglas en inglés) se originó en Estados Unidos con las contribuciones originales de Ford Motor Co. y John Deere Corporation. Se implementó por primera vez a gran escala en 1953, en Toyota Motor Company de Japón, con el fin de eliminar el desperdicio de materiales, máquinas, capital, mano de obra e inventarios en todo el sistema de manufactura. El concepto JIT tiene los siguientes objetivos:

- Recibir los suministros justo a tiempo para su uso.
- Producir partes justo a tiempo para incorporarlas en subensambles.
- Producir subensambles justo a tiempo para que se ensamblen en productos terminados.
- Producir y distribuir los productos terminados justo a tiempo para su venta.

En la manufactura tradicional las partes se fabrican por lotes, entran al inventario y luego se usan cuando es necesario. Este enfoque se conoce como sistema de empuje (**push system**), lo cual significa que las partes se manufacturan de *acuerdo con una calendarización* para después formar parte del inventario y usarlas cuando se necesitan. En contraste, el concepto JIT es un **sistema de jale** (pull system), lo que quiere decir que las *partes se producen* sobre pedido, por lo que la producción coincide con la demanda para el ensamble final de los productos.

En el JIT no hay inventarios y la cantidad ideal de producción es una, por lo que también se conoce como *inventario cero*, *producción sin inventario* y *calendarización de la demanda*. Además, las partes se inspeccionan conforme se manufacturan y se usan dentro de un breve periodo. De esta manera, un trabajador mantiene el control continuo de la producción e identifica de inmediato las partes defectuosas, ello reduce la variación con el fin de elaborar productos de calidad.

La implementación del concepto JIT requiere que todos los aspectos de las operaciones de manufactura se vigilen y revisen, para que se eliminen todas las operaciones y recursos que no agreguen valor. Este método hace énfasis en (a) el orgullo y dedicación para producir productos de alta calidad; (b) la eliminación de recursos ociosos o en espera y (c) el trabajo en equipo entre los trabajadores, ingenieros y administradores con el fin de resolver con rapidez cualquier problema que surja durante la producción o el ensamble.

La capacidad de detectar problemas en la producción mientras las partes se producen se ha comparado con lo que sucede al nivel del agua (como representación de los *niveles de inventario*) de un lago que cubre una capa de rocas (los *problemas de producción*). Cuando el nivel del agua está alto (analogía de los altos niveles de inventario, asociados con la producción por empuje), las rocas no quedan expuestas. Por el contrario, cuando el nivel del agua es bajo (metáfora de los inventarios bajos, asociados con la producción por jale), las rocas quedan expuestas y se pueden identificar y eliminar. Esta analogía indica que los niveles elevados de inventario enmascaran los problemas de calidad y producción con partes que ya están fabricadas y almacenadas.

El concepto justo a tiempo requiere la entrega oportuna y confiable de todos los suministros y partes desde fuentes externas o de otras divisiones de la compañía, lo que reduce de manera significativa o elimina el inventario en planta. Se espera que los proveedores entreguen, con frecuencia a diario, artículos inspeccionados previamente conforme se necesitan para la producción y el ensamble. La confiabilidad de los suministros se puede convertir en un problema grave, en particular ante eventos naturales importantes por lo general impredecibles, como terremotos, inundaciones y desastres nucleares.

El enfoque JIT requiere (a) proveedores confiables; (b) cooperación cercana y confianza entre la compañía y sus vendedores y (c) un sistema confiable de transporte; para tener una operación tersa también es importante reducir el número de proveedores.

Ventajas del concepto JIT. Las ventajas principales de la producción justo a tiempo son las siguientes:

- Bajos costos por llevar un inventario.
- Detección rápida de los defectos en la producción o entrega de suministros y, por tanto, pocas pérdidas por desperdicios.
- Inspección y repetición reducidas de partes.
- Productos de alta calidad elaborados a bajo costo.

Aunque hay variaciones significativas en el desempeño, la producción JIT ha resultado en reducciones de 20 a 40% del costo del producto, de 60 a 80% del inventario, hasta de 90% de las tasas de rechazo, 90% del tiempo de ejecución y 50% en desperdicios, repeticiones y costos de garantía. También se han logrado incrementos de 30 a 50% en la productividad de la mano de obra directa y de 60% de la indirecta.

Kanban. La implementación del JIT en Japón implicó el *kanban*, que significa "registros visibles". Estos registros consistían originalmente en dos tipos de tarjetas (llamadas *kanbans*, hoy reemplazadas por códigos de barras y otros dispositivos):

- La *tarjeta de producción*, que autoriza la producción de un contenedor o carro de partes idénticas y especificadas en una estación de trabajo.
- La *tarjeta de transporte* o *tarjeta de movimiento*, que autoriza la transferencia de un contenedor o carro de partes de una estación de trabajo en particular a otra donde se usarán las partes.

Las tarjetas o etiquetas contienen información sobre (a) tipo de parte; (b) ubicación donde se emitió la tarjeta; (c) número de parte y (d) número de artículos en el contenedor. El número de contenedores en circulación en cualquier momento se controla por completo y se puede programar como se requiera para tener una máxima eficiencia en la producción.

39.6 Manufactura esbelta

En un ambiente de manufactura moderno, las compañías deben responder a las necesidades de los clientes y sus requerimientos específicos y a las demandas fluctuantes del mercado global. Al mismo tiempo, para garantizar su competitividad, la tarea de manufactura debe conducirse con una cantidad mínima de recursos desperdiciados. Esto ha llevado al desarrollo de estrategias de *producción esbelta* o *manufactura esbelta*.

La manufactura esbelta contempla las siguientes etapas:

1. **Identificar el valor.** El punto de arranque crítico para el pensamiento esbelto es el reconocimiento del *valor*, el cual sólo puede ser hecho por un cliente y considerando el producto del cliente (vea también la sección 40.10.1). El objetivo de cualquier organización es producir un artículo que un cliente quiera y al precio, en la ubicación, el tiempo y volumen deseados. La entrega del bien o servicio equivocados produce desperdicio, aun cuando se entregue con toda eficiencia. Es importante

identificar todas las actividades del fabricante, desde el *punto de vista del cliente* y *optimizar procesos* para maximizar el valor agregado. Este punto de vista tiene importancia crítica, ya que ayuda a identificar si una actividad o servicio:

a. Agrega valor de manera notoria.
b. No agrega valor, pero no puede evitarse.
c. No agrega valor y puede evitarse.

2. Identificar las corrientes de valor. Una *corriente de valor* es el conjunto de todas las acciones requeridas para producir un artículo, lo que incluye:

a. Diseño del producto y desarrollo de tareas, apelando a todas las acciones desde el concepto, el diseño detallado, y hasta el lanzamiento de la producción.
b. Tareas de administración de la información, lo que implica la toma de pedidos, su calendarización detallada y entrega.
c. Tareas físicas de producción, por medio de las cuales las materias primas se convierten en un producto terminado entregado al consumidor.

3. Hacer que fluya la corriente de valor. El *flujo* se alcanza cuando las partes encuentran un mínimo de tiempo de ocio, o muerto, entre cualquier operación sucesiva. Se ha observado que el flujo es más fácil de lograr en la producción en masa, pero es más difícil para la producción de lotes pequeños. Sin embargo, la producción por lotes involucra de manera inherente algo de tiempo de ocio; esto debe evitarse porque los métodos del justo a tiempo son esenciales. En tales casos, la solución es usar células de manufactura, donde se requiere un mínimo de tiempo y esfuerzo para cambiar de un producto a otro; un producto en fabricación encuentra un flujo continuo sin importar la tasa de producción.

Además de los enfoques del JIT, para establecer el flujo del producto a través de las fábricas se requiere lo siguiente:

- Eliminar los tiempos de espera, que tal vez sean causados por cargas de trabajo desbalanceadas, mantenimiento no planeado o problemas de calidad; por tanto, la eficiencia de los trabajadores debe maximizarse en todo momento.
- Nivelar o balancear la producción, la cual varía en diferentes momentos del día o según el día de la semana; la producción dispareja ocurre cuando las máquinas se subutilizan, lo que invariablemente genera tiempos de espera y desperdicio. Si la producción se nivela el inventario se reduce, la productividad se incrementa y el flujo del proceso es más fácil de lograr. También debe observarse que el balance puede darse a escalas de una célula, una línea y la planta.
- Eliminar las operaciones y etapas innecesarias o adicionales, ya que representan costos.
- Minimizar o eliminar movimientos de partes o productos en las plantas porque representan una actividad que no agrega valor. Este desperdicio puede, por ejemplo, eliminarse o minimizarse utilizando células de manufactura o mejores distribuciones de la planta.
- Realizar estudios de tiempos y movimientos para evitar desplazamientos innecesarios de las partes o productos, o para identificar a los trabajadores ineficientes.
- Eliminar los defectos de las partes.
- Evitar la dependencia de un proveedor único, en especial debido a los eventos imprevistos relacionados con desastres naturales y conflictos regionales.

4. Establecer el sistema de jale. Se ha observado que una vez que las corrientes de valor fluyen, se logran ahorros significativos en términos de reducción del inventario, así como por los aumentos de la eficiencia en el desarrollo del producto, el procesamiento de los pedidos y la producción. En ciertos casos se han obtenido ahorros de hasta 90% en el tiempo real de producción. En estas circunstancias es posible establecer la *manufactura por jale* (sección 39.5), en la que los artículos se producen por orden del consumidor o por continuidad de la máquina, y no en lotes que en última instancia no se desean ni crean valor.

5. **Alcanzar la perfección.** Como se describe en la sección 36.1, el término *kaizen* significa mejora continua, y es evidente que en todas las organizaciones existe la necesidad de la mejora continua. Con los métodos de la manufactura esbelta se ha descubierto que la mejora continua se acelera, con lo que es posible tener producción sin desperdicios. Además, con la adopción de los principios de la manufactura esbelta, las compañías obtienen un beneficio inicial, conocido como *kaikaku* o "mejora radical".

39.7 Las redes de comunicación en la manufactura

Con el fin de mantener un nivel alto de coordinación y eficiencia de operación en la manufactura integrada, es esencial contar con una *red de comunicaciones* extensa, de alta velocidad e interactiva. La **red de área local** (LAN, por sus siglas en inglés) es un sistema de hardware y software en el que se comunican entre sí grupos de máquinas y equipos relacionados lógicamente. Una LAN conecta estos grupos uno con otro, lo que lleva las diferentes fases de la manufactura a la operación unificada.

Una LAN puede ser muy grande y compleja y conectar cientos o miles de máquinas y equipos en varios edificios de una organización. Es común usar distintos patrones de redes de fibra óptica o cables de cobre, en distancias que van desde algunos metros hasta 32 kilómetros (20 millas); para distancias más grandes se utilizan **redes de área amplia** (WAN, por sus siglas en inglés). Los diferentes tipos de redes se conectan o integran por medio de "puertos de enlace" y "conectores o puentes" (gateways y bridges), con frecuencia con el uso de *protocolos de transferencia de archivos* (FTP, por sus siglas en inglés) seguros a través de conexiones de internet. En las redes de manufactura se han implementado y aplicado varios protocolos avanzados de red, inclusive *ipV6* (protocolo de internet versión 6). En la década de 1970 se desarrolló el *sistema de acceso múltiple de portación de sentido con detección de colisión* (CSMA/CD, por sus siglas en inglés) y se implementó *Ethernet*, el cual es hoy el estándar de la industria.

Las redes de área local convencionales requieren cableado, con frecuencia a través de paredes de mampostería y otras estructuras permanentes, y se necesita que las computadoras y maquinaria permanezcan estacionarias. Las **redes inalámbricas de área local** (WLAN, por sus siglas en inglés) permiten que el equipo, como sitios móviles de prueba o dispositivos de obtención de datos (por ejemplo, lectores de código de barras), mantenga fácilmente la conexión a la red. Actualmente, un estándar de comunicación (IEEE 802.11) define las frecuencias y especificaciones de las señales para las WLAN, así como dos métodos de radiofrecuencia y uno infrarrojo. Aunque las redes inalámbricas son más lentas que las cableadas, su flexibilidad las hace preferibles, en especial en situaciones donde la principal aplicación son tareas lentas, como el monitoreo de las máquinas.

Las redes de área personal (PAN, por sus siglas en inglés) se usan para dispositivos electrónicos como teléfonos celulares y asistentes personales de datos, pero no están extendidas entre las aplicaciones de manufactura. Las PAN se basan en estándares de comunicación (como Bluetooth, IrDA y HomeRF) y están diseñadas para permitir la comunicación de datos y voz a cortas distancias. Por ejemplo, un equipo con Bluetooth de corto alcance permitirá la comunicación en una distancia de hasta 10 m (32 pies). Las PAN están experimentando cambios importantes y sus estándares de comunicación se refinan continuamente.

Estándares de comunicación. Es común que una célula de manufactura se construya con máquinas y equipos comprados a un proveedor, que otra célula tenga máquinas adquiridas con otro proveedor y una tercera se haya comprado a otro más. Como resultado, hay varios equipos programables involucrados y dirigidos por distintas computadoras

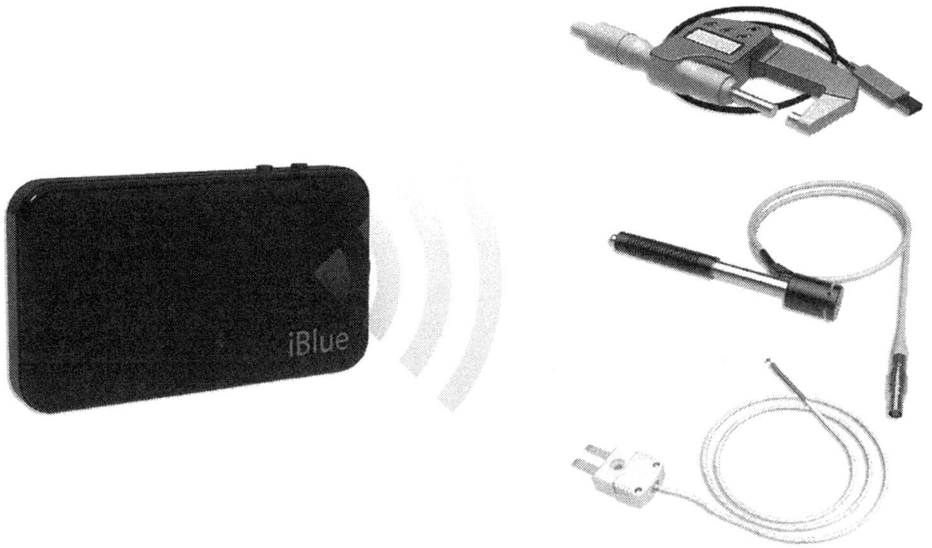

FIGURA 39.4 Equipo de comunicaciones iBlue con un micrómetro (arriba), una sonda de dureza (en medio) y una sonda térmica (abajo). El iBlue es del mismo tamaño que un teléfono móvil y usa el estándar MTConnect para comunicarse con instrumentos y maquinaria. *Fuente:* Cortesía de J. Neidig, ITAMCI, Inc.

y microprocesadores, comprados en diferentes momentos a distintos proveedores, que tienen capacidades y niveles de sofisticación desiguales.

MTConnect surgió en 2008. Se trata de un *protocolo de comunicaciones* para máquinas herramienta desarrollado por la Association for Manufacturing Technology, el cual se ha convertido con rapidez en un estándar industrial (ayudado por su disponibilidad libre de tarifas). MTConnect usa *protocolos de transferencia de hipertexto* (http) para la comunicación de datos apropiados para todos los fabricantes de máquinas herramienta. Existe software muy extendido para recuperar datos de máquinas herramienta, llamados *agentes*, e incluso lo hay para tabletas, teléfonos inteligentes o dispositivos de diseño especial basados en Bluetooth, como iBlue (vea la sección 39.4). Este protocolo facilita mucho la obtención de datos de manufactura, el seguimiento de la utilización de las máquinas y las tasas de producción, así como otras formas de datos, lo que permite administrar la planta en tiempo real.

39.8 Inteligencia artificial

La *inteligencia artificial* (AI, por sus siglas en inglés) es la parte de la ciencia de la computación relacionada con sistemas que tienen algunas características que generalmente se asocian con la inteligencia humana: aprendizaje, razonamiento, solución de problemas, reconocimiento de patrones y entendimiento del lenguaje. El objetivo de la AI es simular dichos comportamientos en la computadora. El arte de hacer que los principios y herramientas relevantes de la inteligencia artificial resuelvan problemas de aplicación difíciles se conoce como **ingeniería del conocimiento**.

La inteligencia artificial ha tenido un gran efecto en el diseño, la automatización y rentabilidad general de la operación de manufactura, sobre todo gracias a los avances en la expansión de la memoria de cómputo (vea diseño de chips VLSI; capítulo 28, en la página web del libro) y los costos reducidos. Se han desarrollado paquetes de inteligencia artificial que cuestan algunos miles de dólares, muchos de los cuales corren en computadoras personales económicas.

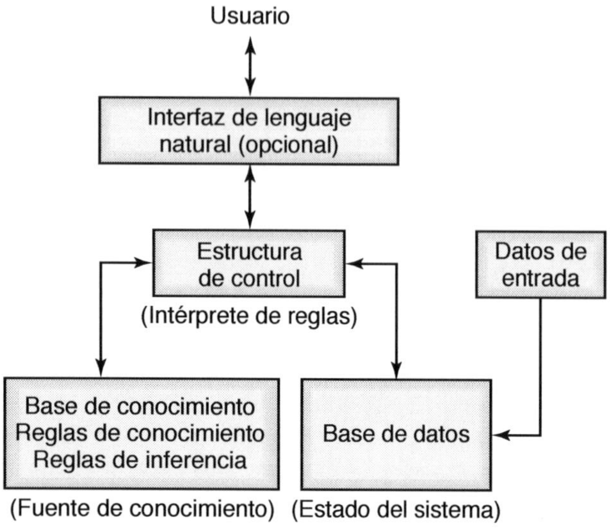

FIGURA 39.5 Estructura básica de un sistema experto. La base de conocimiento consiste en reglas de conocimiento (información general sobre el problema) y reglas de inferencia (la forma en que se llega a conclusiones); los resultados se comunican al usuario por medio de la interfaz de lenguaje natural.

Sistemas expertos. Un *sistema experto* (ES, por sus siglas en inglés), también llamado **sistema basado en el conocimiento**, por lo general se define como un programa de cómputo inteligente que tiene la capacidad de resolver problemas de la vida real con el empleo de procedimientos **basados en el conocimiento** y la **inferencia** (figura 39.5). El objetivo de un sistema experto es realizar tareas demandantes en lo intelectual en la forma en que lo haría un experto humano.

El campo del conocimiento requerido para ejecutar la tarea en cuestión se llama **dominio** del sistema experto. Los sistemas expertos utilizan una base de conocimiento que contiene hechos, datos, definiciones y suposiciones. También tienen la capacidad de adoptar un método **heurístico**: hacer juicios correctos con base en el descubrimiento y la revelación y hacer elecciones de alta probabilidad, exactamente como lo haría un experto humano.

La base de conocimiento se expresa en código de computadora, por lo general en forma de **reglas si-entonces**, y genera una serie de preguntas. El mecanismo para usar estas reglas para resolver problemas se llama **motor de inferencia.** Los sistemas expertos se pueden comunicar con otros paquetes de software (computacionales).

Para construir sistemas expertos con el fin de resolver los complejos problemas de diseño y manufactura que se encuentran en la vida real se necesita un gran dominio del conocimiento y un mecanismo para manipularlo y obtener soluciones. Debido a la dificultad implícita en (a) modelar con precisión todos los años de experiencia de un experto, o equipo de expertos, y (b) las complejas capacidades de razonamiento inductivo y toma de decisiones que tienen los seres humanos (inclusive la de aprender de los errores), el desarrollo de sistemas basados en el conocimiento requiere una considerable cantidad de tiempo y esfuerzo.

Los sistemas expertos operan en tiempo real y sus breves tiempos de reacción brindan respuestas rápidas a los problemas. Los lenguajes de programación de uso más común para estas aplicaciones son C++, Java y Python, además de otros lenguajes disponibles. Un aspecto importante del software de sistemas expertos son los programas con interfaz al **usuario** o de **entorno**, también llamados **sistemas de infraestructura digital**. En esencia, estos paquetes son lineamientos de sistemas expertos que permiten que una persona escriba aplicaciones específicas que se adapten a necesidades especiales; la escritura de estos programas requiere de experiencia y tiempo considerables.

Se han desarrollado varios sistemas expertos que utilizan computadoras con diferentes capacidades y para aplicaciones especializadas como las siguientes:

- Diagnóstico de problemas en varios tipos de máquinas y equipos y determinación de las acciones correctivas.
- Modelado y simulación de instalaciones de producción.
- Diseño asistido por computadora, planeación del proceso y calendarización de la producción.
- Administración de la estrategia de manufactura de una compañía.

Procesamiento de lenguaje natural. Tradicionalmente, la recuperación de información de una base de datos en la memoria de una computadora ha requerido la utilización de programadores que traduzcan preguntas del lenguaje natural a "búsquedas" en algún lenguaje de máquina. Las interfaces de *lenguaje natural* con sistemas de bases de datos, los cuales están en desarrollo permanente, permiten al usuario recuperar información con la introducción de comandos en inglés u otro idioma en forma de preguntas sencillas escritas con el teclado.

Existen programas con interfaz al usuario que se usan en aplicaciones como la calendarización del flujo del material en las plantas de manufactura y el análisis de la información de las bases de datos. Se tienen avances continuos en el desarrollo de software de cómputo relacionado con la síntesis y el reconocimiento del habla (**reconocimiento de voz**), con el fin de eliminar la necesidad de escribir comandos en teclados.

Visión de máquina. En la *visión de máquina* (sección 37.7.1) se combinan computadoras y software, que implementan inteligencia artificial, con cámaras y otros sensores ópticos (figura 39.6). Después, estas máquinas ejecutan operaciones como inspección, identificación y clasificación de partes, así como guía de robots (vea *robots inteligentes*; sección 37.6.2), operaciones que de otra manera requerirían la intervención humana.

Redes neuronales artificiales. Aunque las computadoras son mucho más rápidas que el cerebro humano para efectuar tareas secuenciales, los humanos son mucho mejores en tareas basadas en patrones que se realizan con procesamiento paralelo, como el reconocimiento de rasgos (en caras y voces, aun en condiciones de ruido), evaluar con rapidez situaciones y ajustarse a condiciones nuevas y dinámicas. Estas ventajas también se deben en parte a la habilidad de los seres humanos para usar sus cinco sentidos (vista, oído, olfato, gusto y tacto) en tiempo real y de manera simultánea, lo que se llama *fusión de datos*. La rama de la inteligencia artificial llamada *redes neuronales artificiales* (ANN, por sus siglas en inglés) intenta que se adquieran algunas de estas capacidades a través imitar en una computadora la forma en que el cerebro humano procesa esos datos.

El cerebro humano tiene alrededor de 100 000 millones de **neuronas** conectadas (células que son la unidad fundamental de funcionamiento del tejido nervioso) y conexiones por más de mil veces esa cantidad. Cada neurona ejecuta exactamente una tarea simple: recibe señales de entrada de un conjunto fijo de neuronas; cuando dichas señales de entrada se relacionan de cierta manera (específica de esa neurona en particular), se genera una señal electroquímica de salida que va a un conjunto fijo de neuronas. Ahora se piensa que el aprendizaje humano se efectúa mediante cambios en las intensidades de estas señales entre las conexiones de las neuronas.

Las redes neuronales artificiales se emplean en aplicaciones como la reducción de ruido (en los teléfonos), reconocimiento del habla y control del proceso. Por ejemplo, se usan para predecir el acabado superficial de una pieza de trabajo obtenido por medio del fresado de acabado, con base en parámetros de entrada como fuerza de corte, torque, emisión acústica y aceleración del husillo.

Lógica difusa. Un elemento de la inteligencia artificial que tiene aplicaciones importantes en los sistemas de control y reconocimiento de patrones es la *lógica difusa*, también llamada *modelos difusos* o *razonamiento difuso*. Los modelos difusos se originaron en 1965 con base en la observación de que las personas pueden tomar buenas decisiones

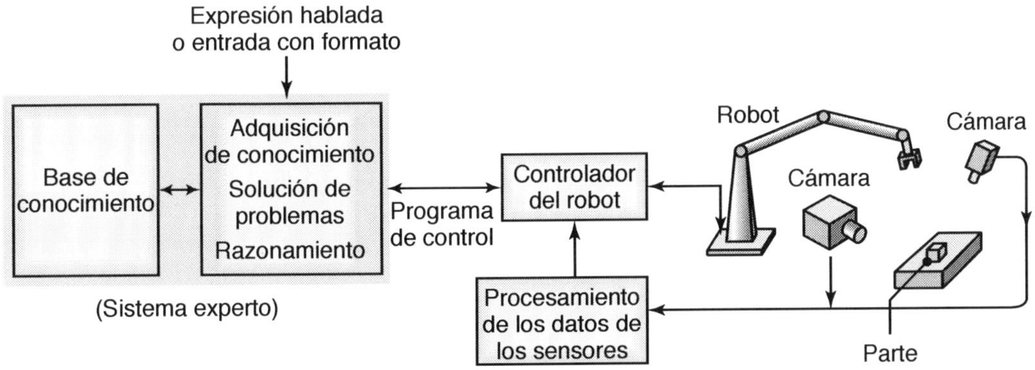

FIGURA 39.6 Ilustración de un sistema experto en cuanto a cómo es aplicado a un robot industrial guiado por visión de máquina.

a partir de información imprecisa y no numérica; los modelos difusos son básicamente medios matemáticos que representan información vaga e imprecisa, de ahí el término "difuso".

Estos modelos tienen la capacidad de reconocer, representar, manipular, interpretar y utilizar datos e información vagos o carentes de precisión. Los modelos difusos tienen que ver con el razonamiento y la toma de decisiones a un nivel más alto que el de las redes neuronales. Ejemplos lingüísticos comunes son las palabras: *poco*, *muy*, *más o menos*, *pequeño*, *mediano*, *extremadamente* y *casi todo*.

Se han desarrollado tecnologías y dispositivos difusos y se han aplicado con éxito en áreas como la robótica y el control de movimientos, procesamiento de imágenes y visión de máquina, aprendizaje de máquinas y diseño de sistemas inteligentes. Algunas aplicaciones incluyen (a) la transmisión automática de automóviles; (b) una lavadora que ajusta en forma automática el ciclo de lavado según el tamaño de la carga, tipo de tela y cantidad de suciedad, y (c) un helicóptero que obedece comandos a través de la voz para avanzar, subir, ir hacia a la izquierda, a la derecha, realizar un vuelo estacionario y aterrizar.

39.9 Consideraciones económicas

Las consideraciones económicas para implementar las diferentes actividades integradas por computadora descritas en este capítulo son críticas en vista de sus muchas complejidades y los altos costos que implican. Las instalaciones para los sistemas de manufactura flexible son intensivas en cuanto al uso de capital, por lo que se requiere hacer un análisis exhaustivo de costo-beneficio que incluya lo siguiente:

- Costos de capital, energía, materiales y mano de obra.
- Mercados que se espera para los productos que se han de hacer.
- Fluctuaciones anticipadas en la demanda del mercado y el tipo de producto.
- Tiempo y esfuerzo requeridos para instalar y depurar el sistema.

Lo común es que se requieran de dos a cinco años para instalar un sistema de manufactura flexible y unos cuantos meses para depurarlo. Aunque se requieren pocos, o ninguno, operadores de máquina, el personal a cargo de la operación total debe ser capacitado y muy hábil; este personal también incluye ingenieros de manufactura, programadores de computadoras e ingenieros de mantenimiento. Las aplicaciones más eficaces de FMS han sido en la producción de lotes de volumen medio. Cuando se tiene que producir una variedad de partes, los FMS son apropiados para fabricar volúmenes de 15 000 a 35 000 partes por año; para partes individuales que tengan la misma configuración, la producción puede alcanzar las 100 000 unidades por año. En contraste, la manufactura de partes en grandes volúmenes y poca variedad se efectúa mejor por medio de máquinas de transferencia (vea *equipo especializado*, sección 37.2.4). La producción de partes en poco volumen y gran variedad es mejor hacerla en maquinaria estándar convencional, con o sin control numérico, o utilizando centros de maquinado (sección 25.2).

RESUMEN

- Los sistemas de manufactura integrada se implementan en diferentes grados para optimizar las operaciones, mejorar la calidad del producto y reducir los costos.
- Los sistemas de manufactura integrada por computadora se han vuelto los medios más importantes para mejorar la productividad, responder a las demandas cambiantes del mercado e intensificar el control de las funciones de manufactura y administración.
- Los avances en la manufactura holónica, la producción justo a tiempo y las redes de comunicaciones son elementos esenciales para mejorar la productividad.
- La manufactura esbelta busca identificar y eliminar el desperdicio con el fin de alcanzar mejoras en la calidad del producto, satisfacción del cliente y disminución del costo.

- La inteligencia artificial crea nuevas oportunidades en todos los aspectos de la ingeniería y tecnología de la manufactura.
- Las consideraciones económicas del diseño e implementación de sistemas de manufactura integrados por computadora, en especial los de manufactura flexible, son de importancia crucial debido a los grandes montos de capital que se requieren.

TÉRMINOS CLAVE

Ambientes
Célula de manufactura
Desperdicio
Estándar de comunicaciones
Ethernet
Flujo
Herramientas de internet
Ingeniería del conocimiento
Inteligencia artificial
Inventario cero
Kanban
Lógica difusa
Manufactura celular
Manufactura esbelta
Manufactura flexible
Manufactura holónica
Motor de inferencia
Pallets (tarimas)
Procesamiento de lenguaje natural
Producción justo a tiempo
Red de área local
Red de comunicaciones
Redes inalámbricas
Redes neuronales artificiales
Reglas si-entonces
Sistema basado en el conocimiento
Sistema de empuje
Sistema de jale
Sistemas de infraestructura digital
Sistemas de manufactura integrada por computadora
Sistemas expertos
Valor
Visión de máquina

BIBLIOGRAFÍA

Black, J. R., **Lean Production**, Industrial Press, 2008.
Black, J. T. y Hunter, S. L., **Lean Manufacturing Systems and Cell Design**, Society of Manufacturing Engineers, 2003.
Bodek, N., **Kaikaku: The Power and Magic of Lean**, PCS Press, 2004.
Conner, G., **Lean Manufacturing for the Small Shop**, 2a. ed., Society of Manufacturing Engineers, 2008.
Deen, S. M. (ed.), **Agent-Based Manufacturing: Advances in the Holonic Approach**, Springer, 2003.
Giarratano, J. C. y Riley, G. D., **Expert Systems: Principles and Programming**, 4a. ed., Course Technology, 2004.
Irani, S. A. (ed.), **Handbook of Cellular Manufacturing Systems**, Wiley, 1999.
Jackson, P., **Introduction of Expert Systems**, 3a. ed., Addison Wesley, 1998.
Koren, Y., **The Global Manufacturing Revolution: Product-Process-Business Integration and Reconfigurable Systems**, Wiley, 2010.
Liker, J. y Convys, G. L., **The Toyota Way to Lean Leadership**, McGraw-Hill, 2011.
Meyers, F. E. y Stewart, J. R., **Motion and Time Study for Lean Manufacturing**, 3a. ed., Prentice Hall, 2001.
Myerson, P., **Lean Supply Chain and Logistics Management**, McGraw-Hill, 2012.
Negnevitsky, M., **Artificial Intelligence: A Guide to Intelligent Systems**, 2a. ed., Addison Wesley, 2004.
Ortiz, C. A., **Kaizen Assembly: Designing, Constructing, and Managing a Lean Assembly Line**, CRC Press, 2006.
Padhy, N. P., **Artificial Intelligence and Intelligent Systems**, Oxford University Press, 2003.
Rehg, J. A., **Introduction to Robotics in CIM Systems**, 5a. ed., Prentice Hall, 2002.
Rehg, J. A. y Kraebber, H. W., **Computer-Integrated Manufacturing**, 3a. ed., Prentice Hall, 2004.
Russell, S. y Norvig, P., **Artificial Intelligence: A Modern Approach**, 3a. ed., Prentice Hall, 2009.
Siler, W. y Buckley, J. J., **Fuzzy Expert Systems and Fuzzy Reasoning**, Wiley-Interscience, 2004.
Wilson, L., **How to Implement Lean Manufacturing**, McGraw-Hill, 2009.

PREGUNTAS DE REPASO

39.1 ¿Qué es una célula de manufactura? ¿Por qué se desarrolló?

39.2 Describa el principio básico de los sistemas de manufactura flexible.

39.3 ¿Por qué un sistema de manufactura flexible es capaz de producir un amplio rango de tamaños de lote?

39.4 ¿Cuáles son los beneficios de la producción justo a tiempo? ¿Por qué se le llama sistema de jale?

39.5 Explique la función de una red de área local.

39.6 ¿Qué es un sistema experto?

39.7 ¿Cuáles son las ventajas de un estándar de comunicaciones?

39.8 ¿Qué es MTConnect?

39.9 ¿Qué es una WLAN? ¿Y una PAN?

39.10 Describa lo que entiende por manufactura holónica.
39.11 ¿Qué es kanban? Explique.
39.12 ¿Qué es manufactura esbelta?
39.13 ¿Qué es un sistema de empuje?
39.14 En el concepto de manufactura esbelta, ¿qué significa corriente de valor?
39.15 Describa los elementos de la inteligencia artificial. La visión de máquina, ¿forma parte de ella? Explique.

PROBLEMAS CUALITATIVOS

39.16 ¿En qué formas han influido las computadoras en la manufactura? Explique.
39.17 ¿Qué ventajas hay en ver a la manufactura como un sistema? ¿Cuáles son los componentes de un sistema de manufactura?
39.18 Un restaurante hace emparedados conforme los ordenan los clientes. Otro restaurante competidor los hace por adelantado y los vende desde su inventario a los consumidores. ¿Cuál es el sistema de jale y cuál el de empuje? Explique cuál restaurante hace los mejores emparedados.
39.19 Analice los beneficios de las operaciones de manufactura integradas por computadora.
39.20 (a) ¿Por qué en un sistema de manufactura esbelta se requiere la producción justo a tiempo? (b) ¿Qué desventajas hay en el justo a tiempo?
39.21 Los centros de maquinado, ¿serían apropiados para la producción justo a tiempo? Explique.
39.22 Presente un ejemplo de un sistema de empuje y otro de sistema de jale. Indique la diferencia fundamental entre los dos métodos.
39.23 ¿Qué es una lógica difusa? Proponga tres ejemplos en los que usted en lo personal haya tomado decisiones basado en lógica difusa.
39.24 ¿Cuáles son las ventajas de tener niveles de producción entre las líneas y con respecto al tiempo?
39.25 ¿Hay un mínimo en el número de máquinas a incorporar en una célula de manufactura? Explique.
39.26 ¿Los robots siempre son un componente de las FMC? Explique.
39.27 ¿Hay desventajas en el inventario cero? Explique.
39.28 Revise la tabla 36.1 e identifique los puntos que sean consistentes con la manufactura flexible.
39.29 Ofrezca ejemplos de procesos y operaciones de manufactura en los que sea eficaz la inteligencia artificial.

SÍNTESIS, DISEÑO Y PROYECTOS

39.30 Piense en una línea de productos para un artículo de uso común en el hogar y diseñe una célula de manufactura para fabricarlo. Describa las características de las máquinas y equipos involucrados.
39.31 ¿Qué tipos de (a) productos y (b) máquinas de producción no serían apropiados para las células de manufactura flexible? ¿Qué características de diseño o manufactura no serían adecuados? Explique con ejemplos.
39.32 Describa sus opiniones con respecto a las capacidades de reconocimiento de voz de las máquinas y controles del futuro.
39.33 ¿Podría estar una fábrica completamente sin atención? Explique.
39.34 Suponga que usted posee una compañía de manufactura y sabe que no ha aprovechado todas las ventajas de los avances tecnológicos desarrollados al respecto. Sin embargo, ahora le gustaría hacerlo y tiene el capital necesario. Describa cómo analizaría las necesidades de su compañía y cómo planearía implementar dichas tecnologías. Considere los aspectos técnicos y humanos.
39.35 ¿Cómo describiría los beneficios de los sistemas de manufactura flexible a un trabajador de edad avanzada, en una planta de manufactura, cuya experiencia sólo ha sido la de operar máquinas herramienta sencillas?
39.36 Las redes neuronales artificiales son útiles en particular en los problemas mal definidos y en los que hay datos vagos. Dé ejemplos de manufactura donde sean útiles las redes neuronales artificiales.
39.37 Algunas personas han sugerido que los sistemas de inteligencia artificial sustituirán en definitiva al cerebro humano. ¿Está usted de acuerdo? Explique.
39.38 Evalúe un proceso desde la perspectiva de la producción esbelta. Por ejemplo, observe de cerca lo siguiente e identifique, elimine (cuando sea posible), u optimice los pasos de la producción de desperdicios al (a) preparar el desayuno para un grupo de ocho personas; (b) lavar ropa o automóviles; (c) usar software de navegación en internet y (d) estudiar para un examen, redactar un informe breve o escribir un examen.
39.39 El sistema de jale se puede logar si se trabaja con un proveedor y se desarrolla un flujo balanceado de los productos. Sin embargo, se ha dicho que debería evitarse depender de un solo proveedor por razones de los sucesos imprevistos de desastres naturales. Escriba un informe de una página que explique esta paradoja.
39.40 (a) Explique cómo haría más esbeltos sus hábitos de estudio. (b) Haga una búsqueda en internet y enumere cinco paquetes de software que incorporen MTConnect.

Diseño y manufactura del producto en un ambiente competitivo

CAPÍTULO 40

- La manufactura de productos de alta calidad al menor costo posible es crítica en una economía global.
- Este capítulo describe los factores interrelacionados en el diseño, desarrollo y manufactura del producto; comienza con un análisis del diseño del producto y la evaluación del ciclo de vida en el diseño y la manufactura.
- Luego se estudia la importancia de las consideraciones de energía en la manufactura y su rol en los costos de producción.
- Después se describe la selección del material y del proceso, así como sus efectos en el diseño y la manufactura, seguido del análisis de los factores económicos involucrados en la fabricación de un producto.
- Por último se presenta el principio del análisis del valor, junto con un estudio de cómo ayuda a optimizar las operaciones de manufactura y a minimizar el costo del producto.

40.1 Introducción

En un mercado global cada vez más competitivo, la fabricación de productos de alta calidad al costo más bajo posible requiere la comprensión de las interrelaciones, con frecuencia complejas, que tienen lugar entre numerosos factores. A lo largo de todo este libro se ha indicado que:

1. El diseño del producto, la selección de los materiales y los procesos de manufactura están interrelacionados.
2. En ocasiones se modifican los diseños para (a) mejorar el desempeño del producto; (b) buscar una base de cero rechazos y desperdicio; (c) hacer que los productos sean más fáciles y rápidos de manufacturar y (d) considerar nuevos materiales y procesos que están en continuo desarrollo.

Debido a la creciente variedad de materiales y procesos de manufactura que existen hoy en día, la tarea de producir un artículo de alta calidad con la selección de los mejores materiales y procesos, mientras se minimizan los costos, sigue siendo un reto importante, al igual que una oportunidad. El término **clase mundial** se usa mucho para indicar altos niveles de calidad del producto, lo que quiere decir que los productos deben cumplir estándares internacionales y ser aceptables y susceptibles de comercializarse en el mercado mundial.

Para una compañía, el ser de clase mundial, tal como sucede con la calidad de un producto, no es algo fijo por alcanzar sino un *objetivo móvil*, lo que también se conoce como **mejora continua**, para llegar a niveles cada vez más altos. Por tradición, la *selección de materiales* para los productos ha requerido mucha experiencia; sin embargo, ahora hay una amplia disponibilidad de bases de datos y sistemas expertos que facilitan el proceso de selección. Más aún, al revisar los materiales utilizados en los productos existentes, muy pronto resulta evidente que hay numerosas oportunidades para aplicar la *sustitución de materiales* con el fin de mejorar el desempeño y, en especial, ahorrar en el costo.

En la fase de producción de un artículo deben evaluarse adecuadamente las *capacidades de los procesos de manufactura* para elegir un proceso o una secuencia de procesos apropiados. Como se dijo en varios capítulos, por lo general hay más de un método de manufacturar los componentes individuales de un producto.

También son cada vez más importantes la evaluación del *ciclo de vida* y la *ingeniería del ciclo de vida* de productos, servicios y sistemas, en particular con respecto a su impacto potencialmente perjudicial en el ambiente. Ahora se pone más énfasis en la *manufactura sustentable* con el propósito de reducir o eliminar cualesquiera efectos adversos de la manufactura sobre el ambiente, a la vez que se permita a las compañías seguir siendo rentables.

Aunque en todo el libro se ha descrito la *economía* de los procesos individuales de manufactura, este capítulo adopta un punto de vista más amplio y resume los factores conjuntos del costo de la manufactura. También presenta métodos de reducción de costos, entre ellos el *análisis de valor*, herramienta poderosa para evaluar el costo de cada etapa de la fabricación con relación a su aporte al valor de un producto.

40.2 Diseño del producto

En todo el texto se han resaltado el *diseño para la manufactura y el ensamble* (DFMA, por sus siglas en inglés) y los aspectos competitivos de la manufactura. En las referencias enunciadas en la tabla 40.1 se dan varios lineamientos para seleccionar los materiales y procesos de manufactura. Continuamente se hacen avances importantes en el diseño para la manufactura y el ensamble, para los cuales hoy existen varios paquetes de software. Aunque su uso requiere una capacitación considerable, dichos avances ayudan mucho a los diseñadores en el desarrollo de productos de alta calidad con menos componentes, lo que disminuye el tiempo de producción y ensamble, así como el costo del producto.

40.2.1 Consideraciones sobre el diseño del producto

Además de los lineamientos sobre el diseño con respecto a los procesos individuales de manufactura, hay consideraciones generales sobre el diseño del producto (vea también *diseño robusto*, sección 36.5.1). Es frecuente que los diseñadores comprueben y verifiquen si han tomado en cuenta consideraciones como las siguientes:

1. ¿Se han investigado por completo todos los diseños alternativos?
2. ¿El diseño puede simplificarse y minimizarse el número de componentes sin perjudicar las funciones y el desempeño que se buscan?
3. ¿El diseño puede ser más pequeño y ligero?
4. ¿Hay en el producto características innecesarias y, si así fuera, pueden eliminarse o combinarse con otras?
5. ¿Se han tomado en cuenta los conceptos de diseño modular y bloques constituyentes (vea, por ejemplo, la sección 25.2.4), para una familia de productos semejantes y para su servicio, reparación y actualización?
6. Las tolerancias dimensionales y el acabado de la superficie, ¿son innecesariamente estrictas, con lo que aumenta de manera significativa el costo del producto y, si así fuera, se pueden relajar sin que haya efectos perjudiciales significativos?
7. ¿El producto será excesivamente difícil de ensamblar o desensamblar, o hacerlo requerirá mucho tiempo para darle mantenimiento, servicio o reciclar algunos o todos sus componentes?

TABLA 40.1

Referencias a varios temas en este libro (los números de página están entre paréntesis)

Propiedades del material Tablas 2.1 (56), 2.2 (58) y 2.3 (61), y figuras 2.5, 2.6, 2.7, 2.15, 2.16 y 2.17 Tablas 3.1 (89) y 3.2 (90), y figuras 3.1, 3.2 y 3.3 Tablas 5.3 (138), 5.4 (139) y 5.6 (143) Tablas 6.3 a 6.10 (152–160) Tablas 7.1 (170) y 7.2 (178) Tablas 8.1 (197), 8.2 (201) y 8.3 (205), y figura 8.3 Tablas 9.1 (217), 9.2 (218) y 9.4 (228), y figuras 9.3, 9.5 y 9.7 Tabla 10.1 (249)	Tabla 11.3 (280) Tablas 12.3 (305), 12.4 (306) y 12.5 (306), y figura 12.5 Tablas 16.2 (398), 16.3 (403) y 16.4 (415), y figura 16.14 Tablas 17.3 (464), 17.4 (465) y 17.5 (465), y figura 17.11 Tabla 20.2 (539) Tablas 22.1 (602), 22.2 (603), 22.3 (603) y 22.5 (608), y figuras 22.1 y 22.9 Tabla 26.1 (731) Tabla 32.3 (944)
Características de manufactura de los materiales Tabla I.3 (14) Tabla 4.1 (120) Tabla 5.8 (145) Tabla 6.2 (151) Tablas 12.1 (297) y 12.6 (308)	Tabla 14.3 (349) Tabla 16.3 (403) y figura 16.34 Tablas 17.1 (454) y 17.2 (462) Tablas 21.1 (568) y 21.2 (579) Figura 22.1 y tabla 40.2 (1149)
Tolerancias dimensionales y acabado de la superficie Tabla 11.2 (259) Tabla 23.1 (627) y figuras 23.14 y 23.15 Figura 25.16	Figura 27.4 Figuras 35.20 y 35.21 Figura 40.4
Capacidades de los procesos de manufactura Tablas 11.1 (257) y 11.2 (259) Tabla III.1 (314) Tablas 14.1 (339) y 14.4 (356) Tabla 16.1 (388) Sección 17.7 y figura 17.15 Tabla 18.1 (476) Tablas 19.1 (495) y 19.2 (530) Tabla 20.1 (538) Tablas 23.1 (627), 23.7 (638), 23.9 (646) y 23.11 (653) Tablas 26.3 (746) y 26.4 (747)	Tabla 27.1 (771) Tablas 28.1 (810), 28.2 (819) y 28.3 (820), y figura 28.19 Tablas 29.1 (857) y 29.3 (867) Tabla VI.1 (876) Tabla 30.1 (878) Tabla 32.4 (945) Tabla 37.2 (1064) y figura 37.3 Tabla 39.1 (1128) Tablas 40.4 (1151) y 40.5 (1155), y figuras 40.2 y 40.3
Consideraciones de diseño en el procesamiento Procesos abrasivos: sección 26.5 Maquinado avanzado: varias secciones en el capítulo 27 Fundición: sección 12.2 Moldeo de cerámicos: sección 18.5 Extrusión: sección 15.7 Forjado: sección 14.6	Tratamiento térmico: sección 4.13 Procesos de unión: varias secciones en los capítulos 30 a 32 Maquinado: secciones en los capítulos 23 y 24 Procesamiento de polímeros: sección 19.15 Metalurgia de polvos: sección 17.6 Formado de láminas metálicas: sección 16.15
Costos y economía Tablas I.5 (29), I.6 (31), I.7 (32) y sección I.10 Tabla 6.1 (151) Sección 12.4 Sección 14.9 Sección 16.16 Tabla 17.6 (469) y sección 17.7 Tabla 19.2 (530) y sección 19.16 Sección 25.8	Sección 26.9 y figura 26.37 Sección 27.11 Sección 31.8 Sección 32.7 Sección 37.11 Sección 39.9 Tabla 40.6 (1159) y sección 40.10

8. ¿Se minimiza el uso de sujetadores, su cantidad y variedad de tipos?
9. ¿Se han tomado en cuenta las consideraciones ambientales y se han incorporado al diseño del producto y selección del material y del proceso?
10. ¿Se han aplicado el diseño verde y los principios de la ingeniería del ciclo de vida, incluyendo consideraciones de reciclado de la cuna a la cuna?
11. ¿Se pueden subcontratar cualesquiera actividades de manufactura y algunas de las subcontratadas se pueden recuperar?

40.2.2 Diseño del producto y cantidad de materiales

Es posible lograr reducciones significativas en la *cantidad* de materiales requeridos por métodos como (a) reducir el tamaño del componente o su volumen o (b) usar materiales con mayores razones de resistencia a peso o de rigidez a peso (vea la figura 3.2). Lo último se puede lograr con la mejora y optimización del diseño del producto y la selección de diferentes secciones transversales, como las que tienen un momento de inercia elevado (por ejemplo, las vigas tipo I y canales) o empleando componentes tubulares o huecos en lugar de secciones sólidas.

Sin embargo, la implementación de cambios de diseño presenta dificultades significativas en la manufactura; por ejemplo, considere lo siguiente:

1. La fundición o moldeo de secciones transversales delgadas presenta dificultades en el llenado de dados y moldes y en el cumplimiento de la exactitud dimensional especificada y del acabado de la superficie (sección 12.2).
2. El forjado de secciones delgadas requiere fuerzas grandes y puede presentar dificultades (sección 14.3).
3. La extrusión por impacto de partes de paredes delgadas es difícil, en especial cuando se necesita una gran exactitud dimensional y simetría de la parte (sección 15.4.1).
4. La facilidad de formación de láminas metálicas se reduce conforme aumenta su espesor, lo que posiblemente conduzca al arrugamiento de la parte (sección 16.3).
5. El maquinado y rectificado de las piezas de trabajo delgadas provoca su distorsión, mala exactitud dimensional y vibración y traqueteo (sección 26.5); en consecuencia, tienen que considerarse procesos de maquinado avanzado (capítulo 27).
6. La soldadura de placas delgadas o estructuras esbeltas causa una distorsión importante de partes y estructuras (sección 30.10).

A la inversa, la manufactura de partes con secciones transversales gruesas tiene sus propios efectos perjudiciales:

1. La tasa de producción en la fundición de dados (sección 11.4.5) y el moldeo por inyección (sección 19.3) es más lenta debido al mayor ciclo de tiempo requerido para permitir el lapso suficiente con el fin de que se enfríen las regiones gruesas antes de retirar la parte del dado o molde.
2. En las regiones gruesas de los fundidos se desarrolla porosidad (figura 10.14).
3. En las piezas de fundición en dado, las secciones delgadas tendrán una resistencia menor por unidad de espesor, en comparación con las gruesas (sección 11.4.5).}
4. El procesamiento de partes de plástico requiere mayores ciclos de tiempo a medida que aumenta su espesor o volumen, debido al tiempo más largo que se requiere para que las partes se enfríen lo suficiente para retirarlas de sus moldes (capítulo 19).
5. La flexibilidad de las placas metálicas disminuye conforme se incrementa su espesor (sección 16.5).
6. En las partes hechas con metalurgia de polvos, hay variaciones significativas en la densidad, y por tanto en las propiedades de las regiones de espesor variable (sección 17.6).
7. La soldadura de secciones gruesas presenta dificultades en la calidad de las uniones soldadas (sección 30.9).

40.3 Calidad del producto

Recuerde que la *calidad* mundial (sección 36.2) es difícil de definir con precisión, sobre todo porque no sólo incluye características técnicas bien definidas sino también opiniones humanas, y por ello subjetivas. Sin embargo, por lo general se considera que un producto de alta calidad tiene al menos las características siguientes: (a) satisface las necesidades y expectativas del consumidor; (b) tiene alta confiabilidad y por tanto funciona bien durante su vida de servicio; (c) tiene aspecto agradable y (d) es fácil de instalar y mantener, por lo que las mejoras futuras son fáciles de lograr a bajo costo.

Una prioridad importante en la calidad del producto es el concepto de **mejora continua**, como lo ejemplifica el término japonés **kaizen** que significa *mejora sin fin* (sección 36.1). Recuerde también que el *nivel* de calidad que un fabricante elige para un producto en particular depende del mercado al que se dirige el producto. Los productos de baja calidad y baratos, como las herramientas de mano, tienen su propio nicho de mercado, del mismo modo que existe un mercado para productos de alta calidad y buenos acabados, como los automóviles Rolls-Royce, un reloj de oro incrustado de diamantes, máquinas herramienta e instrumentos de medición de alta precisión y equipo deportivo de alto rendimiento.

Rendimientos sobre la calidad. Al implementar calidad en los productos, es importante apreciar el concepto de *retorno por calidad* (ROQ, por sus siglas en inglés), con las siguientes consideraciones:

- La calidad debe verse como una inversión por su gran influencia en el largo plazo en la satisfacción del consumidor.
- Cualquier mejora de la calidad debe investigarse con respecto al costo adicional implícito.
- Debe haber cierto límite en la cantidad que un fabricante debe gastar para mejorar la calidad, en especial cuando ésta sea subjetiva.

Si bien resulta difícil evaluar la satisfacción de los clientes e incluirla en los cálculos de costo, cuando su satisfacción aumenta es más probable retenerlos y convertirlos en consumidores recurrentes; es improbable que esto ocurra si hay defectos significativos en los productos que compran. También es importante tener presente que los costos relativos involucrados con la identificación y reparación de los defectos en los productos crecen en varios órdenes de magnitud de acuerdo con la *regla de diez* que se presenta en la tabla I.5.

40.4 Evaluación del ciclo de vida y manufactura sustentable

La *evaluación del ciclo de vida* (LCA, por sus siglas en inglés) se define, de acuerdo con el estándar ISO 14000, como "un conjunto sistemático de procedimientos para compilar y examinar las entradas y salidas de materiales y energía y los efectos ambientales asociados o las cargas atribuibles directamente al funcionamiento de un producto, proceso o sistema de servicios, a través de todo su ciclo de vida". El **ciclo de vida** comprende etapas consecutivas e interrelacionadas de un producto o servicio, desde el principio de su diseño y manufactura hasta su reciclado o eliminación; incluye:

1. Extracción de materia prima.
2. Procesamiento de materiales en bruto.
3. Manufactura de productos.
4. Transporte y distribución del producto al cliente.

Código QR 40.1 El continuo de la sustentabilidad (*Fuente:* Cortesía de Metal Powder Industries Federation).

5. Uso, mantenimiento y reutilización del producto.
6. Recuperación, reciclado y reutilización de los componentes del producto o su eliminación, que también incluye la de los fluidos del trabajo de metales, solventes de limpieza y varios líquidos usados en los procesos de tratamientos térmicos y cromado.

Un producto tiene por lo general varios componentes hechos a partir de una diversidad de materiales metálicos y no metálicos, procesados en partes individuales y después ensamblados. Así, cada componente tiene su propio ciclo de vida, como las llantas de un automóvil, el hule de los empaques en los grifos, focos en equipos luminosos y sellos en las aspiradoras. Además, (a) ciertos productos, en particular los hechos de papel, cartón, vidrio o plásticos baratos, son elaborados intencionalmente para que sean *desechables*, no obstante ahora son reciclables, y (b) otros muchos productos son del todo reutilizables.

Ingeniería del ciclo de vida. El objetivo principal de la *ingeniería del ciclo de vida* (LCE, por sus siglas en inglés), también llamada **diseño verde** o **ingeniería verde**, es considerar la *reutilización* y el *reciclado* de los componentes de un producto, comenzando en la etapa más temprana del diseño de un producto (vea la figura I.2). Aunque el análisis e ingeniería del ciclo de vida son herramientas exhaustivas y poderosas, su implementación es difícil, lenta y costosa, sobre todo por las incertidumbres con respecto a (a) la disponibilidad de los materiales, procesos y efectos en el largo plazo; (b) los datos de entrada y (c) el tiempo requerido para obtener datos confiables, con el fin de evaluar en forma apropiada las relaciones con frecuencia complejas entre los numerosos componentes de todo el sistema. Está en desarrollo software para agilizar estos análisis, en especial para las industrias química y manufacturera debido a su mayor potencial para tener efectos ambientales y ecológicos; ejemplos de dicho software incluyen FeaturePlan y Teamcenter, que corren en el ambiente ProEngineer.

De principio a fin. Los términos y conceptos del diseño *de la cuna a la cuna* (acuñado por W. R. Stahel en la década de 1970, y también llamado CRC o *diseño regenerativo*) y *de la cuna a la tumba* (que termina con la fase de eliminación de los productos) se describen en la sección I.4. Básicamente se trata de un modelo holístico para la actividad humana orientado a la vida y al bienestar de las generaciones futuras (vea también McDonough y Braungart en la bibliografía presentada al final de este capítulo).

Manufactura sustentable. Como es bien sabido, los recursos naturales del planeta Tierra son limitados, por lo que es necesaria la conservación tanto de materiales como de energía. El concepto de *manufactura sustentable* hace énfasis en la necesidad de conservar los recursos, en particular a través del mantenimiento y la reutilización adecuados. La manufactura sustentable significa cumplir con los propósitos principales de (a) incrementar el ciclo de vida de los productos; (b) eliminar los daños al ambiente y los ecosistemas y (c) asegurar nuestro bienestar colectivo.

EJEMPLO 40.1 Manufactura sustentable de los zapatos deportivos Nike

Entre numerosos ejemplos, la producción del calzado Nike ilustra los beneficios de la manufactura sustentable. Los zapatos de atletismo se ensamblan utilizando adhesivos (sección 32.4). Hasta cerca de 1990, los adhesivos que se usaban contenían solventes a base de petróleo, lo cual constituía un riesgo para la salud de los seres humanos y contribuía a la formación de esmog petroquímico. La compañía cooperó con los proveedores de productos químicos para desarrollar con éxito tecnología de adhesivos basada en agua, que hoy se utiliza en la mayoría de las operaciones de ensamble del calzado. Como resultado, el uso de solventes en todos los procesos de manufactura en las instalaciones subcontratadas por Nike en Asia se ha reducido en gran parte.

Las suelas de hule del calzado deportivo están hechas con un proceso que da como resultado cantidades significativas de hule adicional alrededor de la suela, llamadas *rebaba* (similares a la rebaba que se muestra en las figuras 14.6d y 19.17). Con alrededor de 40 fábricas que usan miles de moldes y producen más de un millón de suelas por día, la rebaba constituye el desperdicio más grande en la manufactura de estos artículos.

Con el fin de reducir este desperdicio tan grande, la empresa desarrolló una tecnología que procesa la rebaba hasta obtener un polvo de hule de 500 μm, el cual se agrega de nuevo a la mezcla de hule para las suelas; con este método se redujo el desperdicio en 40%. Además, se descubrió que el hule mezclado tenía mejor resistencia a la abrasión y durabilidad y su desempeño general era más alto que el mejor de los hules.

40.5 Consumo de energía durante la manufactura

El sector de la manufactura consume aproximadamente la cuarta parte de la producción mundial anual de energía; este número ha disminuido desde su máximo de 50%, en la década de 1970, gracias a los grandes esfuerzos por reducir el desperdicio y mejorar la eficiencia de la maquinaria y las operaciones de manufactura. La fuente más común de energía es, por mucho, la electricidad producida a partir de petróleo, gas natural, biocombustibles, carbón, plantas nucleares, viento, el Sol y oleaje. Dado el gran porcentaje y la variedad de sus fuentes, deben considerarse y resolverse todas las preocupaciones acerca de la disponibilidad y conservación de la energía para la manufactura. En realidad no es probable que se desarrollen e implementen políticas nacionales viables sin una consideración central del sector manufacturero.

Demanda de energía en el proceso. La energía requerida para producir una parte o componente particular está determinada en gran medida por su diseño, material y la operación de manufactura, así como por la calidad, condición y edad de la maquinaria y el equipo. Es relativamente fácil calcular el requerimiento de energía de un proceso de manufactura (vea, por ejemplo, la tabla 21.2), pero se hace difícil cuando se incluye equipo secundario en el cálculo final. Por ejemplo, en las operaciones de manufactura están involucrados bombas, ventiladores, fuelles, hornos e iluminación. Además, la eficiencia de la operación varía por lo general en función de las prácticas y procedimientos de una planta en particular, o de una compañía a otra. Por ejemplo:

- Algunas operaciones de manufactura son más demandantes de energía que otras, como se muestra en la figura 40.1.
- Cada proceso de manufactura tiene un rango de desempeño; las tasas de procesamiento varían mucho en función, por ejemplo, de las tolerancias especificadas y del acabado superficial establecido porque las tolerancias estrictas y las superficies lisas consumen el máximo tiempo y son intensivas en el uso de energía (figuras 40.2 y 40.3).
- Los requerimientos de energía de ciertos procesos están muy relacionados con la secuencia de

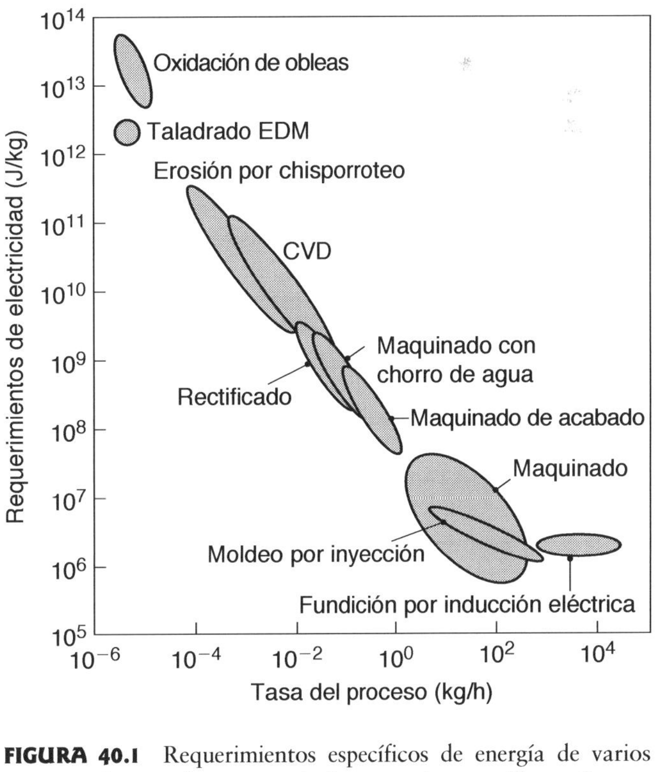

FIGURA 40.1 Requerimientos específicos de energía de varios procesos de manufactura que incluyen equipos auxiliares. *Fuente:* Basado en S. Gutowski.

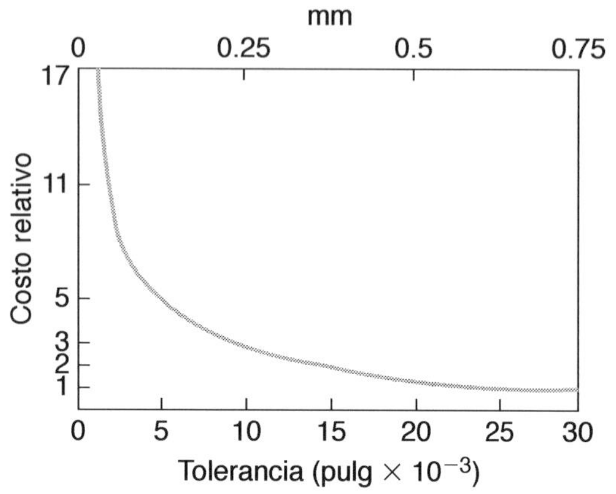

FIGURA 40.2 Dependencia del costo de manufactura de la tolerancia dimensional.

operaciones realizadas, como cuando, por ejemplo, una máquina está lista pero todavía no procesa activamente el material; por tanto (a) en el moldeo por inyección (sección 19.3), el molde ya se instaló en la máquina pero todavía no se llena con el polímero, o (b) cuando una pieza de trabajo se reposiciona en un sujetador en un centro de maquinado (sección 25.2).

- Algunas máquinas tienen bombas hidráulicas de operación continua, mientras que otras las apagan durante los periodos de inactividad.
- En las operaciones de trabajo en caliente, las piezas de trabajo pueden enfriarse lanzando aire fresco sobre ellas y con frecuencia, en la práctica, el aire caliente se descarga hacia la atmósfera. Sin embargo, el aire caliente que se genera puede usarse para precalentar el material almacenado para su procesamiento, calentar las instalaciones o proveer de agua caliente.

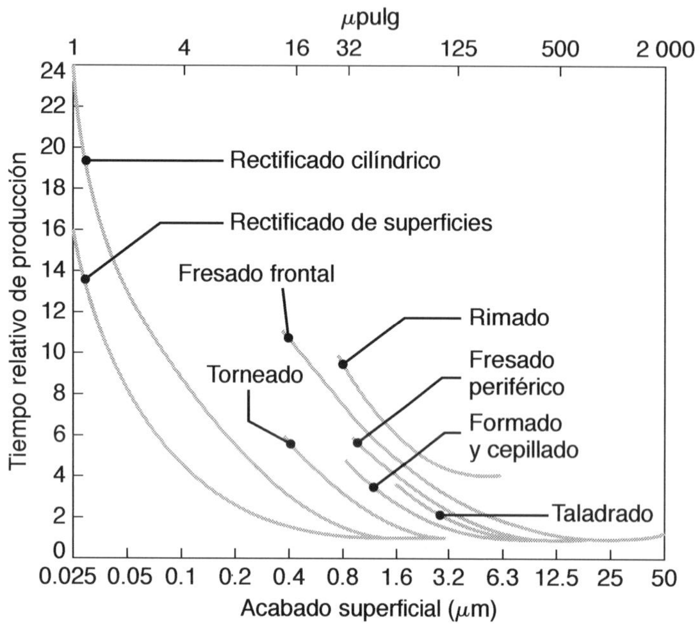

FIGURA 40.3 Tiempo relativo de producción como función del acabado de la superficie producida con distintos procesos de manufactura (vea también la figura 26.35).

Efecto de los materiales. Ya sea que un material se extraiga de una mina, refine y funda; se sintetice a partir de procesos químicos o se recicle a partir de productos de desecho, se requiere energía para producir materiales en formas que puedan procesarse. En muchas aplicaciones se observa que ciertos materiales tienen una ventaja de desempeño sobre otros. Por ejemplo, en la aviación se prefieren con mucho las aleaciones de titanio y aluminio que el acero, sobre todo debido a sus bajas razones de resistencia a peso y rigidez a peso (vea la figura 3.2), lo que permite diseños más ligeros y los ahorros en combustible asociados.

Sin embargo, es importante observar que materiales diferentes tienen requerimientos muy distintos de energía, y los materiales reciclados tienen necesidades significativamente menores de energía. La tabla 40.2 resume la energía requerida para producir varios materiales y presenta los datos por masa y volumen. Se ha observado que si la energía o *huella de carbono* se divide entre la masa, hay un beneficio natural en usar materiales más pesados, lo que podría no justificarse en problemas con restricciones de peso. Por otro lado, si el volumen es una restricción, entonces la energía por unidad de peso es una medida justa.

Observe en la tabla 40.2 que la producción de los metales requiere cantidades importantes de energía; por lo general se reducen o extraen a partir de sus óxidos, un proceso que consume mucha energía. Se ha estimado que 5% del consumo total de energía en Estados Unidos se emplea en la producción de aluminio (sección 6.2). No es raro que la energía necesaria para producir un material sea de tres a cuatro órdenes de magnitud mayor que la requerida para darle su forma final. Por tanto, es comprensible que el uso de aluminio en los automóviles sea difícil de justificar sin la implementación permanente del reciclado.

40.6 Selección del material para los productos

En la *selección de los materiales* para elaborar un producto, es esencial entender bien los *requerimientos funcionales* de cada uno de sus componentes individuales. Los criterios generales para seleccionar los materiales se describen en la sección I.5 de la introducción general; esta sección los estudia con más detalles específicos.

Propiedades generales de los materiales. Las *propiedades mecánicas* (capítulo 2) incluyen resistencia, tenacidad, ductilidad, rigidez, dureza y resistencia a la fatiga, al agrietamiento y al impacto. Las *propiedades físicas* (capítulo 3) incluyen densidad, punto de fusión, calor específico, conductividad térmica y eléctrica, expansión térmica y propiedades magnéticas. Las *propiedades químicas* de interés principal en la manufactura son su susceptibilidad a la oxidación y corrosión y su respuesta a varios procesos de tratamiento de la superficie (capítulo 34). El costo de la corrosión, aunque muy oculto, se estima ser del orden de 3% del producto interno bruto de Estados Unidos.

La selección del material se ha vuelto más fácil y rápida por la creciente disponibilidad de grandes bases de datos computarizadas que brindan mayor acceso y exactitud. Se ha desarrollado **software de sistemas expertos** (llamado **bases de datos inteligentes**, sección 39.8) para facilitar la selección de materiales. Estos sistemas son capaces de identificar los materiales apropiados para una aplicación específica, exactamente como lo haría un experto o un equipo de expertos.

Formas de materiales disponibles en el comercio. Después de seleccionar los materiales apropiados, el paso siguiente es determinar las formas y tamaños en existencia en el *comercio* (tabla 40.3). En función del tipo, los materiales por lo general se encuentran disponibles como fundidos, extrusiones, forjas, barras y cables, barras roladas, placas, láminas, películas y metales en polvo.

La compra de materiales en las formas que requieran la mínima cantidad de procesamiento adicional es, obviamente, una consideración económica importante; también son relevantes características como el acabado superficial, tolerancias dimensionales, rectitud y rugosidad (vea, por ejemplo, las figuras 23.14, 23.15, 27.4 y la tabla 11.2). Es obvio que cuanto mejores y más consistentes sean dichas características, menos procesamiento adicional se requerirá. Si, por ejemplo, se desean ejes sencillos cilíndricos con buena exactitud dimensional, redondos, rectos y con buen acabado superficial, entonces podrían adquirirse barras cilíndricas que primero se hayan torneado (o trefilado) y rectificado sin centros (figura 26.23) a las dimensiones especificadas.

A menos que las instalaciones de una planta tengan la capacidad de producir barras cilíndricas en forma económica, por lo general es menos caro comprarlas. Si se requiere un eje escalonado (que tenga diferentes diámetros a lo largo de su longitud, como se ilustra en la figura IV.3), puede comprarse una barra que tenga un diámetro que sea al menos igual al diámetro mayor del eje escalonado, después se tornearía o procesaría y se le daría forma por otros medios hasta reducir su diámetro.

TABLA 40.2

Contenido de energía de los materiales seleccionados

Material	Contenido de energía MJ/kg	Contenido de energía GJ/m^3
Metales		
Aluminio		
De bauxita	300	810
Reciclado	42.5	115
Hierro fundido	30-60	230-460
Cobre		
De la mena	105	942
Reciclado	55.4	497
Plomo	30	330
Magnesio	410	736
Acero		
De la mena	55	429
Reciclado	9.8	76.4
Zinc	70	380
Polímeros		
Nailon 6,6	175	200
Polietileno		
Alta densidad	105-120	100-115
Baja densidad	80-100	75-95
Poliestireno	95-140	95-150
Cloruro de polivinilo	67-90	90-150
Cerámicos	1-50	4-100
Vidrios	10-25	30-60
Madera	1.8-4.0	1.2-3.6

TABLA 40.3

Formas de materiales disponibles en el comercio

Material	Disponible como
Aluminio	B, F, I, P, S, T, W
Cerámicos	B, p, s, T
Cobre y latón	B, f, I, P, s, T, W
Elastómeros	b, P, T
Vidrio	B, P, s, T, W
Grafito	B, P, s, T, W
Magnesio	B, I, P, S, T, w
Plásticos	B, f, P, T, w
Metales preciosos	B, F, I, P, t, W
Aceros y aceros inoxidables	B, I, P, S, T, W
Zinc	F, I, P, W

Nota: B = barras redondas y otras secciones; F = película; I = lingotes; P = placa y lámina; S = formas estructurales; T = tubos y W = alambre o alambrón; generalmente todos los metales existen como polvos. Las letras minúsculas indican disponibilidad limitada.

Cada operación de manufactura produce piezas específicas en cuanto a su forma, acabado superficial y exactitud dimensional; considere los ejemplos siguientes:

- Los fundidos por lo general tienen menor exactitud dimensional y un acabado superficial menos bueno que otras partes elaboradas por forjado en frío, extrusión en frío o metalurgia de polvos.
- Los productos laminados en caliente o trefilados en caliente por lo general tienen un acabado superficial más rugoso y con tolerancias dimensionales mayores que los laminados o trefilados en frío.
- Las extrusiones tienen tolerancias más pequeñas que las partes fabricadas por laminado de placas metálicas.
- Las barras cilíndricas maquinadas en un torno tienen un acabado superficial más rugoso que las barras similares trefiladas.
- El espesor de pared de los tubos soldados por lo general es más uniforme que el de los que no tienen costura.

Características de la manufactura de materiales. Las *características de la manufactura* de los materiales incluyen la facilidad de fundición, de ser trabajados, formados, maquinados, soldados y endurecidos por tratamiento térmico. También recuerde que la calidad de la materia prima (almacenada) influye mucho en sus propiedades de manufactura. Los siguientes son ejemplos comunes:

- Una barra con costura o doblez longitudinal desarrollará grietas incluso durante las operaciones sencillas de acomodo o posicionamiento.
- Los cilindros con defectos internos, como inclusiones duras, se agrietarán durante el procesamiento posterior.
- Los fundidos porosos desarrollarán un mal acabado superficial cuando se maquinen posteriormente para obtener una mejor exactitud dimensional.
- Las partes que se tratan térmicamente de manera no uniforme, o las barras trefiladas en frío que no se liberan de esfuerzos de modo adecuado, se distorsionarán durante el procesamiento subsecuente.
- El material nuevo que tenga variaciones significativas en su composición y microestructura no puede ser tratado térmicamente o maquinado en forma consistente y uniforme.
- Las placas metálicas que tengan variaciones en las condiciones en que se trabajaron en frío mostrarán diferentes grados de restitución durante su flexión y otras operaciones de formado posterior.
- Si se proveen materiales de lámina metálica previamente lubricados con espesor y distribución no uniforme del lubricante, se verán perjudicados su facilidad de moldeo, acabado superficial y calidad general en las operaciones de estampado subsecuentes.

Confiabilidad de los suministros de material. Son varios los factores que influyen en la *confiabilidad de los suministros de material*: déficit de materiales, huelgas, geopolítica y la renuencia de los proveedores a producir materiales con una forma o calidad particulares. Además, aun cuando las materias primas estén generalmente disponibles en un país, podrían no estar en existencia en la ubicación particular de una planta.

Código QR 40.2 Estudios de caso de ingeniería verde. (*Fuente:* Cortesía de Intel Corp.).

Consideraciones de reciclado. El *reciclado* es relativamente sencillo para productos como metales de desecho, botellas de plástico y latas de aluminio; sin embargo, es frecuente que los componentes individuales de un producto deban desarmarse y reunirse en grupos. Es obvio que si tiene que dedicarse mucho tiempo y esfuerzo para hacer esto, el reciclado se hará prohibitivamente caro. Algunos lineamientos generales para facilitar el reciclado son los siguientes:

- Reducir el número de partes y tipos de materiales en los productos.
- Reducir la variedad de los modelos de los productos.
- Usar un diseño modular para facilitar el desensamble del producto.

- Para productos hechos de plástico, usar lo más posible un tipo único de polímero.
- Marcar las partes de plástico para una identificación más fácil.
- Evitar el uso de recubrimientos, pinturas y cromados; en vez de ello utilizar en las partes de plástico colores moldeados en la parte.
- Evitar el empleo de adhesivos, remaches y otros métodos permanentes de unión y ensamble; en vez de ello usar sujetadores, en especial de presión.

Como ejemplo de un método de reciclado, un fabricante de impresoras láser redujo en 32% el número de partes de un cartucho y en 55% la variedad de materiales plásticos utilizados.

TABLA 40.4

Desperdicios aproximados producidos en diversas operaciones de manufactura

Proceso	Desperdicios (%)
Maquinado	10-80
Forjado en caliente	20-25
Formado de lámina metálica	10-25
Extrusión en caliente	15
Fundición en molde permanente	10
Metalurgia de polvos	<5
Laminado	<1

Costo de materiales y procesamiento. Debido a su historia de procesamiento, el *costo unitario* de una materia prima (generalmente por peso unitario) depende no sólo del material en sí, sino también de su forma, tamaño y condición. También, por ejemplo: (a) por estar involucradas más operaciones en la producción de cable delgado que en la de una barra cilíndrica, su costo unitario es mucho mayor; (b) los metales en polvo por lo general son más caros que sus menas, y (c) el costo de los materiales en general decrece conforme se incrementa la cantidad que se compra, en especial para las compañías automotrices que adquieren materiales en cantidades muy grandes.

El costo de un material en particular está sujeto a fluctuaciones causadas por factores tan sencillos como la oferta y la demanda, o tan complejos como la geopolítica. Si un material usado en un producto ya no tiene un costo competitivo, habrá que seleccionar materiales alternativos, como (a) en la carestía de cobre de la década de 1940 el gobierno de Estados Unidos tuvo que acuñar monedas de un centavo hechas de acero y zinc plateado (vea la tabla I.2), y (b) cuando el precio del cobre se incrementó en forma sustancial durante la década de 1960, el cableado eléctrico en las viviendas pasó a ser de aluminio; sin embargo, esta sustitución llevó al rediseño de las terminales de los interruptores y contactos eléctricos con objeto de evitar el calentamiento excesivo en esos puntos, ya que el aluminio tiene mayor resistencia que el cobre en el contacto de las uniones.

Desperdicios. El valor del *desperdicio* (tabla 40.4) se deduce del costo del material con el fin de obtener el costo neto de éste. Su valor depende del tipo de material y de la demanda, y por lo general es de 10 a 40% del costo original del material. Observe que en el maquinado el desperdicio es muy alto, mientras que procesos como el rolado, rolado de anillos y metalurgia de polvos producen un mínimo de desperdicio, de ahí que se llamen procesos de forma casi final (o casi neta).

40.7 Sustitución de materiales

La *sustitución de materiales* juega un rol principal en la economía de la manufactura de productos. La manufactura de automóviles y aviones son ejemplos comunes de industrias grandes en las que la sustitución de materiales es una actividad habitual; una tendencia semejante se evidencia en los artículos deportivos y en otros productos más. Hay varias razones para sustituir materiales en los productos:

1. Reducir los costos de los materiales y su procesamiento.
2. Mejorar la eficiencia de las operaciones de manufactura y ensamble.
3. Mejorar el desempeño del producto, como ocurre con la reducción de su peso y la mejora de su resistencia a desgaste, fatiga y corrosión.
4. Incrementar las razones de rigidez a peso y de resistencia a peso.
5. Reducir la necesidad de mantenimiento y reparaciones periódicas.
6. Disminuir la vulnerabilidad ante la falta de confiabilidad del suministro de materiales.

7. Mejorar el cumplimento de las leyes y regulaciones que prohíben el empleo de ciertos materiales, en especial por razones de salud.
8. Mejorar la robustez para reducir las variaciones de desempeño o sensibilidad ambiental del producto.
9. Mejorar la facilidad del reciclado.

Sustitución de materiales en la industria automotriz

- Ciertos componentes de la carrocería se reemplazan con partes de plástico o plástico reforzado.
- Defensas, engranes, bombas, tanques de combustible, carcasas, cubiertas, abrazaderas y otros componentes se sustituyen con plásticos o materiales compósitos.
- Las bases del chasís de acero al carbono se reemplazan con aceros TRIP o TWIP.
- Componentes de acero estructural se cambian por aleaciones de aluminio.
- Partes metálicas del motor son sustituidas por partes de cerámicos y materiales compósitos.
- La columna metálica de la dirección es reemplazada por otra de material compósito.
- Los monoblocks de hierro fundido del motor se cambian a fundidos de aluminio, los cigüeñales forjados pasan a ser fundidos y las bielas forjadas se hacen fundidas por metalurgia de polvos o de materiales compósitos.

Sustitución de materiales en las industrias aeronáutica y aeroespacial

- Las aleaciones de aluminio convencional (en particular las series 2000 y 7000) son reemplazadas con aleaciones de aluminio-litio, titanio, compósitos de polímero reforzado y aluminio reforzado con vidrio, debido a las mayores razones de resistencia a peso de estos materiales.
- Las partes forjadas son sustituidas con otras obtenidas por metalurgia de polvos que se manufacturan con un mejor control de las impurezas y la microestructura; las partes por metalurgia de polvos también requieren menos maquinado y producen menor desperdicio de materiales caros.
- Materiales compósitos avanzados y estructuras de panal reemplazan a componentes estructurales de aluminio tradicional, y compósitos de matriz metálica sustituyen ciertas partes estructurales de aluminio y titanio.

EJEMPLO 40.2 Sustitución de materiales en los productos

En la siguiente lista los productos comunes se pueden elaborar a partir de algún conjunto de los materiales mencionados:

1. Bate de béisbol: metal *versus* madera.
2. Martillo: metal *versus* plástico reforzado o mango de madera.
3. Múltiple de entrada del motor: metal *versus* plástico.
4. Silla de jardín: hierro fundido *versus* aluminio.
5. Placa de interruptor eléctrico: plástico *versus* placa metálica.
6. Fuselaje de avión: aluminio *versus* materiales compósitos.
7. Birlos de neumáticos: zinc *versus* cobre.

Lo que sigue son ejemplos más recientes de posibles sustituciones de materiales, algunas de las cuales ya se han llevado a cabo y otras se encuentran en diferentes etapas de avance:

8. Ventanas de automóviles: vidrio *versus* policarbonato.
9. Puente peatonal: acero *versus* titanio.
10. Bicicleta: metal *versus* madera endurecida.
11. Carrocerías automotrices: acero *versus* aluminio.
12. Carrocerías de camiones: acero *versus* acero inoxidable.
13. Guitarra: madera *versus* plástico o aluminio.
14. Placa de armadura: aluminio *versus* acero u otras aleaciones de alta resistencia.
15. Conexiones en paquetes IC: cobre *versus* oro.

40.8 Capacidades del proceso de manufactura

La *capacidad del proceso* es la posibilidad de un proceso particular de manufactura de producir, en condiciones controladas de producción, partes sin defectos dentro de ciertos límites de precisión (vea también la sección 36.8.2). En la figura 40.4 se presentan las capacidades de varios procesos de manufactura. Observe, por ejemplo, que la fundición en arena no puede producir partes delgadas, mientras que el laminado en frío es capaz de generar materiales muy delgados, como lo evidencia un producto tan común como el papel aluminio.

Igualmente importantes son las capacidades de varios procesos para cumplir tolerancias dimensionales y requerimientos dimensionales muy estrictos, como se ilustra en las figuras 23.14 y 40.4. Observe, por ejemplo, que la fundición en arena produce superficies mucho más rugosas que el pulido. La importancia del control del proceso puede apreciarse al analizar los rangos alcanzables en la figura. Por ejemplo, observe en la figura 23.14 la gran envolvente para las operaciones de maquinado y acabado, con límites de rugosidad que, por diferentes razones, abarcan tres órdenes de magnitud. Así, si una operación de torneado se ejecuta en un torno con mantenimiento deficiente o con herramientas y parámetros de procesamiento inapropiados, entonces las tolerancias y el acabado superficial serán, por supuesto, deficientes.

Tolerancias dimensionales y acabado superficial. Las *tolerancias dimensionales* y el *acabado superficial* producido tienen importancia particular en (a) las operaciones subsecuentes de ensamble, debido a las posibles dificultades al ajustar las partes durante el ensamble, y (b) la operación apropiada de las máquinas e instrumentos, ya que su desempeño afectará tolerancias y acabado.

Es posible lograr tolerancias más estrechas y mejor acabado de la superficie por medio de operaciones posteriores de acabado (vea la sección 26.7), pero con un costo mayor. Cuanto más fino sea el acabado que se especifique para la superficie, más largo será el tiempo de manufactura. Por ejemplo, se ha observado que al maquinar miembros estruc-

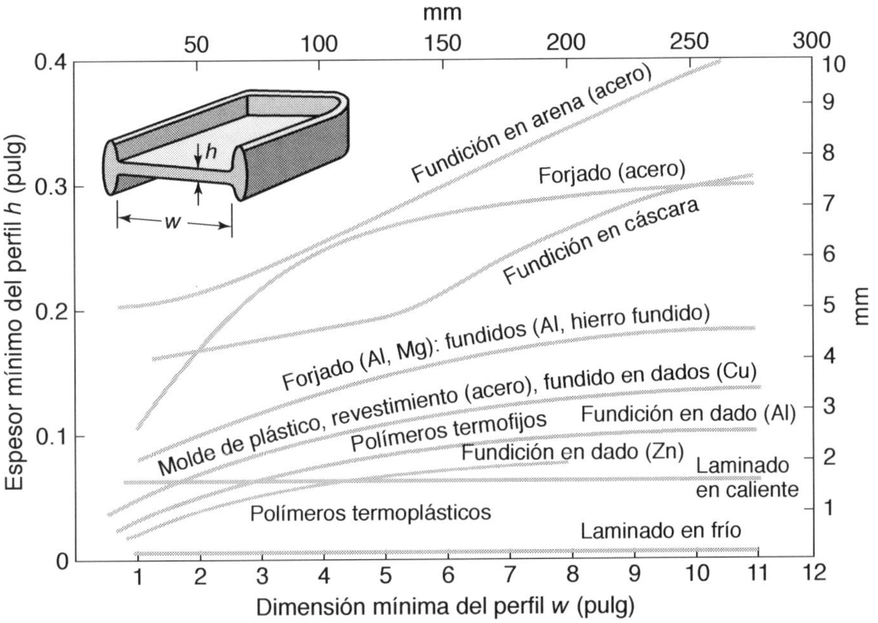

FIGURA 40.4 Capacidades del proceso de manufactura para dimensiones mínimas de partes. *Fuente:* Basado en J. A. Schey.

turales aeronáuticos hechos de titanio, hasta 60% del costo del maquinado se concentra en el paso final. Por tanto, a menos que se requiera otra cosa, las partes deben especificarse con una superficie tan rugosa y una tolerancia dimensional tan amplia como lo hagan aceptable las funciones y la estética.

Cantidad de producción. Dependiendo del tipo de producto, la cantidad de producción, también conocida como *tamaño del lote*, varía mucho. Por ejemplo, los rodamientos, pernos y tuercas, contenedores de metal o plástico, llantas, automóviles y podadoras se producen en grandes cantidades, mientras que los motores de jet, motores diesel, locomotoras y equipo médico se producen en cantidades mucho más limitadas. La cantidad de producción también juega un papel significativo en la selección del proceso y equipo. En realidad, hay toda una disciplina de la manufactura llamada **cantidad económica de pedido** dedicada a determinar matemáticamente la cantidad óptima de producción.

Tasa de producción. Un factor importante en la selección del proceso de manufactura es la *tasa de producción*, definida como el número de piezas por fabricar por unidad de tiempo (hora, día o año). Es obvio que la tasa se incrementa con el uso de equipo múltiple y maquinaria muy automatizada. La fundición con moldes, metalurgia de polvos, impresión profunda, trefilado y laminado son operaciones de una gran tasa de producción; en contraste, la fundición en arena, el maquinado electroquímico, formado de superplásticos, unión adhesiva y por difusión y el procesamiento de plásticos reforzados son operaciones relativamente lentas.

Tiempo del ciclo. El *tiempo del ciclo* por lo general se define como el lapso que transcurre entre la recepción del pedido de cierto producto y su entrega al consumidor. En función del tamaño, material y forma de la parte, y de la precisión de los dados requeridos, el tiempo del ciclo para procesos como forjado, extrusión, fundición con molde, laminado y formado de placas metálicas puede variar de semanas a meses. En contraste, procesos como el maquinado, rectificado y remoción avanzada de material tienen implícita una flexibilidad significativa debido al hecho de que utilizan maquinaria y herramientas que se adaptan con facilidad a la mayor parte de requerimientos de la producción. Recuerde que los centros de maquinado, células de manufactura flexible y sistemas de manufactura flexible son capaces de responder con rapidez y eficacia ante los cambios en el producto y las cantidades de producción (vea también *prototipado rápido* en el capítulo 20).

Robustez de los procesos y maquinaria de la manufactura. En la sección 36.5.1 se describió la *robustez* como lo que caracteriza un diseño, proceso o sistema que funciona dentro de parámetros aceptables a pesar de las variaciones en su ambiente. Para apreciar su importancia en los procesos de manufactura, considere una situación en la que un simple engrane de plástico se produce con moldeo por inyección: se ha observado que hay variaciones significativas e impredecibles en la calidad a medida que se producen los engranes. En la inyección por moldeo hay diversas variables y parámetros bien comprendidos que incluyen los efectos de la calidad de la materia prima, la velocidad de operación y las temperaturas dentro del sistema. Todas éstas son variables independientes, por lo que se pueden controlar.

Sin embargo hay otras variables, llamadas **ruido**, que están mucho más allá del control del operador, como (a) variaciones en la temperatura y humedad del ambiente de la planta durante el día; (b) polvo en el aire que entra a la planta por una puerta abierta, que tal vez contamine las charolas que alimentan las tolvas de la máquina de inyección de moldes; (c) variación en la temperatura del molde, lo que depende del retraso entre corridas sucesivas de moldeo y (d) variabilidad en el desempeño de los operadores individuales durante los distintos turnos. Con el fin de mantener una buena calidad del producto, es esencial entender los efectos, si los hubiera, de cada elemento del ruido en la operación, por ejemplo: (a) ¿por qué y cómo afecta la temperatura del ambiente la calidad y características de la superficie de los engranes moldeados? (b) ¿Por qué y de qué manera el polvo que cubre una charola en la tolva de la máquina afecta su comportamiento en el moldeo? Como resultado, podrían establecerse ciertas medidas de control en el sistema.

40.9 Selección del proceso

La *selección del proceso* está íntimamente relacionada con las características de los materiales que se han de procesar, como se muestra en la tabla 40.5.

Características y propiedades de los materiales de la pieza de trabajo. Recuerde que ciertos materiales se pueden procesar a temperatura ambiente, en tanto que otros requieren temperaturas elevadas, por lo que se necesitan ciertos hornos, herramientas apropiadas y diversos controles. Algunos materiales son fáciles de procesar porque son suaves y dúctiles; otros son duros, quebradizos y abrasivos, por lo que se necesitan técnicas, herramientas y equipos apropiados para procesarlos.

TABLA 40.5

Características generales de procesos de manufactura para varios metales y aleaciones

	Aceros al carbono	Aleaciones de acero	Aceros inoxidables	Aceros para herramientas y dados	Aleaciones de aluminio	Aleaciones de magnesio	Aleaciones de cobre	Aleaciones de níquel	Aleaciones de titanio	Aleaciones refractarias
Fundición										
Arena	1	1	1	2	1	1	1	1	2	1
Yeso	3	3	3	3	1	1	1	3	3	—
Cerámico	1	1	1	1	2	2	1	1	2	1
Revestimiento	1	1	1	3	1	2	1	1	1	1
Permanente	2	2	3	3	1	1	1	3	3	—
Dado (inyección)	3	3	3	3	1	1	1	3	3	—
Forjado										
Caliente	1	1	1	1	1	1	1	1	1	1
Frío	1	1	1	3	1	2	1	3	3	—
Extrusión										
Caliente	1	1	1	2	1	1	1	1	1	1
Fría	1	2	1	3	1	3	1	2	3	3
Impacto	3	3	3	3	1	1	1	3	3	3
Laminado	1	1	1	3	1	1	1	1	1	2
Metalurgia de polvos	1	1	1	1	1	1	1	1	1	1
Formado de lámina metálica	1	1	1	3	1	1	1	1	1	1
Maquinado	1	1	1	3	1	1	1	2	1	2
Químico	1	2	1	2	1	1	1	2	2	2
ECM	3	1	2	1	3	3	2	1	1	1
EDM	3	2	2	1	3	3	2	2	2	1
Rectificado	1	1	1	1	1	1	1	1	1	1
Soldado	1	1	1	3	1	1	1	1	1	1

Nota: 1 = generalmente se procesa con este método; 2 = se puede procesar con este método; 3 = es inusual procesarlo con este método.

Como puede verse en la tabla 40.5, son pocos los materiales que tienen características favorables de manufactura en todas las categorías. Un material fácil de fundir o forjar, por ejemplo, puede plantear dificultades en el procesamiento posterior, como el maquinado, rectificado y pulido, que quizá se requiera para obtener un acabado superficial y exactitud dimensional aceptables.

Más aún, los materiales tienen diferentes respuestas a la tasa de deformación (vea *sensibilidad a la velocidad de deformación*, secciones 2.2.7 y 7.3) a que se sujetan. En consecuencia, la velocidad a que opera una máquina en particular afecta la calidad del producto, incluso el desarrollo de defectos externos e internos. Por ejemplo, la extrusión por impacto o el forjado por goteo tal vez no sean apropiados para cierto material con mucha sensibilidad a la velocidad de deformación, mientras que el mismo material tendrá buen desempeño en una prensa hidráulica o en la extrusión directa.

Características geométricas. Los requerimientos para la forma, el tamaño y espesor de la parte; las tolerancias dimensionales y el acabado superficial influyen en la selección de un proceso o procesos, como se describe en este y otros capítulos del libro.

Tasa y cantidad de producción. Estos requerimientos dictan la selección del proceso por medio de la productividad de un proceso, de la máquina o del sistema (vea la sección 40.7).

Consideraciones sobre la selección del proceso. Los factores principales involucrados en la selección del proceso se resumen como sigue:

1. ¿Están disponibles en el comercio como artículos estándar algunas o todas las partes o componentes que se necesitan en un producto?
2. ¿Cuáles componentes del producto tienen que manufacturarse en la planta?
3. ¿Se dispone en la planta de las herramientas que se requieren? Si no es así, ¿se pueden comprar como artículo estándar?
4. ¿Es posible implementar la tecnología de grupos para partes que tienen atributos geométricos y de manufactura parecidos?
5. ¿Se han investigado todos los procesos alternativos de manufactura?
6. ¿Son rentables los métodos seleccionados para el tipo de material, forma de la parte que se va a producir y la tasa de producción requerida?
7. ¿Se pueden cumplir de manera consistente los requerimientos de las tolerancias dimensionales, el acabado superficial y la calidad del producto, o es posible relajarlos?
8. ¿Se puede producir la parte con sus dimensiones finales y características de superficie sin que requiera un procesamiento adicional ni operaciones de acabado?
9. ¿Se han optimizado todos los parámetros de procesamiento?
10. ¿Se produce desperdicio y, de ser así, es mínimo? ¿Cuál es el valor del desperdicio?
11. ¿Se han explorado todas las posibilidades de automatización y control computarizado para todas las fases del ciclo total de manufactura?
12. ¿Se han implementado todas las técnicas automáticas de inspección en línea y control de calidad?

EJEMPLO 40.3 Sustitución de procesos en los productos

La siguiente lista ofrece algunas elecciones comunes que se hacen en la selección del proceso para los productos mencionados. Recuerde que cada par de procesos tiene sus propias ventajas y limitaciones en cuanto a consideraciones como peso, esperanza de vida, durabilidad y costo.

1. Cigüeñal: forjado *versus* fundido.
2. Biela: forjada *versus* metalurgia de polvos.
3. Cubierta: lámina metálica *versus* fundida.
4. Rin de automóvil: forjado *versus* fundido.
5. Engrane grande: maquinado *versus* formado de precisión.

6. Engrane recto: forjado *versus* metalurgia de polvos.
7. Sujetador roscado: laminado de rosca *versus* maquinado.
8. Sartén: fundido *versus* estampado.
9. Muebles exteriores: tubería de aluminio formado *versus* hierro fundido.
10. Estructuras de máquinas herramienta: soldadura *versus* sujeción mecánica.

EJEMPLO 40.4 Selección del proceso al fabricar una parte sencilla y simétrica con respecto a su eje

Dado: La parte sencilla que se muestra en la figura 40.5 se va a producir en grandes cantidades. Mide 12.5 mm (5 pulg) de longitud y sus diámetros grande y pequeño son, respectivamente, de 38 y 25 mm (1.5 y 1.0 pulg). Suponga que esta parte debe estar hecha de metal debido a requerimientos funcionales como resistencia, rigidez, dureza y resistencia al desgaste y a temperaturas elevadas.

Se solicita: Seleccionar un proceso de manufactura y describir cómo se organizarían las instalaciones de producción para fabricar un producto rentable y de alta calidad.

Respuesta: Recuerde que, en cuanto sea posible, las partes deben producirse hasta su forma neta, o casi neta (manufactura de forma casi neta), siguiendo un método que elimina gran parte del procesamiento secundario y con ello reduce el tiempo y costo total de la manufactura. Debido a que su forma es relativamente sencilla, esta parte se puede hacer por (a) *fundido*; (b) *metalurgia de polvos*; (c) *recalcado* o *forjado*; (d) *extrusión*; (e) *maquinado* o (f) *unión* de dos piezas separadas.

Para la producción de forma final (o neta), los dos procesos adecuados son la fundición y la metalurgia de polvos; cada uno tiene sus propias características, necesidades de herramientas específicas, habilidad de la mano de obra y costos. La parte también se puede elaborar por formado en frío, tibio o caliente. Un método consiste en recalcar (vea cabeceado, figura 14.12), con el que un cilindro de 25 mm (1 pulg) se coloca en una cavidad cilíndrica de un dado para formar el extremo más largo. Otra posibilidad es la extrusión en frío (variante del forjado en dado cerrado, vea la sección 15.4), o la extrusión parcial directa de un material original de 38 mm (1.5 pulg) para reducir su diámetro a 25 mm. Observe que cada uno de estos procesos produce poco o ningún desperdicio de material, factor importante en la manufactura verde.

Esta parte también se puede elaborar al maquinar una barra de 38 mm de diámetro para reducir la sección inferior a 25 mm. Sin embargo, el maquinado requiere mucho más tiempo que el formado y sería inevitable que se desperdiciara una cantidad considerable de material en forma de virutas (vea la tabla 40.4). Sin embargo, a diferencia de los procesos de forma casi neta, que por lo general requieren dados especiales, el maquinado no involucra herramientas especiales y la operación se ejecuta con facilidad en un torno CNC y a grandes tasas. También observe que la parte se puede fabricar en dos piezas separadas y después unirse con soldadura, soldadura fuerte o unión con adhesivos.

Después de estas consideraciones iniciales, parece que si sólo se necesitaran pocas partes, maquinarlas sería el método más económico. Sin embargo, para una cantidad y tasa elevada de producción, como se dijo, una elección apropiada sería producir el artículo por medio de una operación de recalcado o con extrusión en frío. Por último, observe que si por alguna razón técnica las partes superior e inferior de la pieza debieran hacerse de diferentes materiales, entonces podría elaborarse en dos piezas y unirlas sería la elección más apropiada.

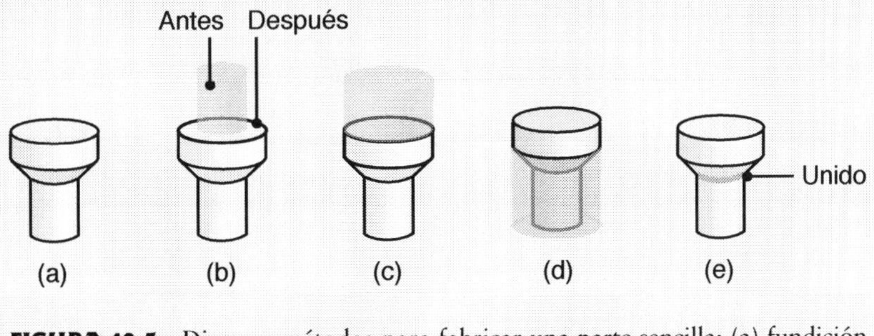

FIGURA 40.5 Diversos métodos para fabricar una parte sencilla: (a) fundición o metalurgia de polvos; (b) forjado o recalcado; (c) extrusión; (d) maquinado y (e) unión de dos piezas.

40.10 Costos de manufactura y su reducción

El *costo total* de un producto por lo general consiste en el del material, herramientas, fijo, variable, mano de obra directa e indirecta. Como guía general para la reducción de costos, vea las secciones sobre economía incluidas en cada capítulo con respecto a grupos individuales de procesos y operaciones de manufactura. En función de la compañía particular y el tipo de productos elaborados, se pueden usar diferentes métodos de contabilidad de costos, con metodologías contables que son complejas e incluso controversiales. Más aún, debido a los numerosos factores técnicos y operativos implicados, el cálculo de los factores de costo individuales es difícil, lento y no siempre confiable.

Los **sistemas de costeo**, también llamados *justificación del costo*, suelen incluir las consideraciones siguientes: (a) beneficios intangibles de las mejoras en la calidad y reducción del inventario; (b) costos del ciclo de vida; (c) uso de máquinas; (d) costo de comprar la maquinaria comparado con el de arrendarla; (e) riesgos financieros involucrados en la implementación de sistemas muy automatizados y (f) implementación de nuevas tecnologías y su efecto en los productos.

Además, los costos para el fabricante atribuibles directamente a la *responsabilidad por el producto* son un tema de gran preocupación, y todo producto tiene un costo interno para cubrir posibles reclamos por responsabilidad del producto. Se ha estimado que las demandas por responsabilidad contra los fabricantes de automóviles en Estados Unidos agregan alrededor de $500.00 dólares estadounidenses al costo indirecto de un vehículo, y debido a los riesgos implicados en su uso, 20% del precio de una escalera se atribuye a los costos por la responsabilidad potencial del producto.

Costos del material. En diferentes tablas a lo largo del libro se dan datos de costos sobre materiales. Debido a las diferentes operaciones involucradas en la producción de materias primas (inventario), sus costos dependen de (a) tipo de material; (b) su historia de procesamiento y (c) su forma, tamaño y características de la superficie. Por ejemplo, por unidad de peso:

- Las barras cilíndricas extruidas son menos caras que las barras que se trabajan con tolerancias estrictas y acabado superficial fino.
- Las barras con sección transversal cuadrada son más caras que las cilíndricas.
- La placa rolada en frío es más cara que la rolada en caliente del mismo espesor.
- El cable delgado es más caro que el grueso.
- El metal en mena es mucho menos caro que los polvos metálicos del mismo tipo.

Costos de las herramientas. Los *costos de las herramientas* llegan a ser muy elevados pero se justifican en grandes volúmenes de producción, como en las aplicaciones automotrices, donde los costos de los dados son de $2 millones o más. La vida esperada de las herramientas y dados, y su obsolescencia debido a los cambios del producto, también son consideraciones importantes.

Los costos de las herramientas están muy influidos por la operación que realizan; por ejemplo:

- El costo de la herramienta para fundición en dado es más alto que para la fundición en arena.
- Los costos de las herramientas para el maquinado o rectificado son mucho más bajos que para la metalurgia de polvos, forjado o extrusión.
- Las herramientas de carburo son más caras que las de acero de alta velocidad, pero su vida es más larga.
- Si una parte ha de fabricarse por torneado, el costo de la herramienta del torneado convencional es mucho más bajo que para el torneado sin esfuerzos.
- Las herramientas para los procesos de formado de hules son menos caras que los juegos de dados (macho y hembra) que se usan para el estampado profundo y el formado de láminas metálicas.

Costos fijos. Éstos incluyen la energía eléctrica, combustible, impuestos sobre bienes raíces, renta, seguros y de capital (inclusive la depreciación y el interés). Una compañía tiene que pagar los costos fijos sin importar si fabrica o no un producto; de manera que los costos fijos no son sensibles al volumen de producción.

Costos de capital. Estos costos representan los de la maquinaria, herramientas, equipos e inversiones en edificios y terrenos. Como se ve en la tabla 40.5, el costo de las máquinas y sistemas varía mucho, dependiendo de numerosos factores. En vista de los costos generalmente altos del equipo (en particular los que involucran líneas de transferencia y células y sistemas de manufactura flexible), las cantidades y tasas grandes de producción son esenciales para justificar dichos gastos tan grandes, así como para mantener los costos del producto en el nivel competitivo fundamental. Los costos unitarios bajos (costo por pieza) se consiguen por medio de la producción continua, lo que implica tener operaciones las veinticuatro horas del día, en tanto la demanda lo garantice. También es esencial el mantenimiento del equipo con el fin de asegurar la alta productividad, ya que cualquier descompostura de la maquinaria, que genera *tiempo ocioso*, puede resultar muy costosa, tanto como varios miles de dólares por hora.

Costos de mano de obra directa. Estos costos contemplan la mano de obra que está *directamente* involucrada en la manufactura de productos, por lo que también se le conoce como *mano de obra productiva*; entre ellos están los costos de toda la mano de obra, desde la primera vez que se manipula la materia prima, periodo generalmente conocido como *tiempo de piso a piso*. Los costos de la mano de obra directa se calculan con la multiplicación del salario (pago por hora, incluso prestaciones) por la cantidad de tiempo que el trabajador dedica a fabricar la pieza en particular.

El tiempo requerido para producir una parte depende no sólo del tamaño, forma, exactitud dimensional y acabado superficial especificados, sino también del material de la pieza de trabajo en sí. Por ejemplo, las velocidades de corte para maquinar aleaciones de alta temperatura son menores que las que se necesitan para maquinar aluminio o aceros al carbón. Los costos de la mano de obra en la manufactura y ensamble varían mucho de un país a otro (vea la tabla I.7 en la introducción general).

Entonces, es comprensible que la mayor parte de productos que se adquieren hoy día estén elaborados o ensamblados en países donde la mano de obra es barata. Por ejemplo, observe que el mercado global de las bicicletas en 2011 fue de $61 000 millones y que 66% de las bicicletas se produjo en China. Por otro lado, las empresas localizadas en países con salarios altos para la mano de obra tienden a enfatizar las tareas de la manufactura con *mucho valor agregado* o con grandes niveles de automatización y los incrementos asociados en la productividad, de modo que se reduzca de manera significativa el componente del costo correspondiente a la mano de obra.

Para industrias intensivas en mano de obra, como las de ropa y textiles, fabricación de acero, petroquímicos y procesamiento químico, los fabricantes por lo general consideran llevar la producción a países con salarios más bajos, práctica conocida como **outsourcing**. Si bien este método parece atractivo en lo financiero, los ahorros previstos en el costo no siempre se logran debido a los siguientes costos ocultos asociados con el outsourcing:

- Los envíos internacionales intervienen mucho más, así como su consumo de tiempo, que los nacionales. Por ejemplo, a un barco contenedor le toma aproximadamente de cuatro a seis semanas transportar productos de China a Estados Unidos o Europa, tiempo que aumenta continuamente por aspectos de seguridad nacional. Además, los costos de envío fluctúan mucho y de manera impredecible; por tanto no es posible pronosticar de manera confiable o presupuestar los costos de envío.

TABLA 40.6

Costos relativos de maquinaria y equipo

Máquina automática para tornillos	M-H
Mandrinado en fresa horizontal	M-H
Brochado	M-H
Embutido profundo	M-H
Taladrado	M-H
Fundición en molde	L-M
Maquinado por descarga eléctrica	L-M
Soldadura por haz de electrones	M-H
Extrusor, polímeros	L-M
Prensa extrusora	M-H
Célula y sistema de manufactura flexible	H-VH
Forjado	M-H
Modelado por deposición fundida	L
Soldadura por arco de gas tungsteno	L
Formado de engranes	L-H
Rectificado	L-H
Descabezadoras	L-M
Asentado, lapeado	L-M
Moldeo por inyección	M-H
Soldadura con rayo láser	M-H
Tornos	L-M
Centro de maquinado	L-M
Prensa mecánica	L-M
Fresadora	L-M
Moldeo por inyección de polvos	M-H
Metalurgia de polvos	L-M
Metalurgia de polvos, HIP	M-H
Soldadura de puntos	L-M
Rolado de anillos	M-H
Robots	L-M
Formado por laminación	L-M
Formado de hule	L-M
Fundición en arena	L-M
Torneado	L-M
Estereolitografía	L-M
Estampado	L-M
Formado por extensión	M-H
Líneas de transferencia	H-VH
Soldadura ultrasónica	L-M

Nota: L = bajo; M = medio, H = alto; VH = muy alto. Los costos varían mucho en función del tamaño, capacidad, opciones y nivel de automatización y controles computarizados. Vea también la sección sobre economía en los diversos capítulos.

- Los programas de envíos largos indican que los beneficios del método de la manufactura justo a tiempo y su ahorro en costos tal vez no fructifiquen. Más aún, debido a los extensos tiempos de envío y a programas rígidos, las modificaciones de diseño no se pueden efectuar con facilidad y las compañías no son capaces de enfrentar con rapidez los cambios del mercado o la demanda. Por tanto, las empresas que practican el outsourcing pierden agilidad y muchas tienen dificultades para adoptar los métodos de la manufactura esbelta.
- En los países con mano de obra barata, los sistemas legales no están tan bien establecidos como en otros. Procedimientos comunes en Estados Unidos y la Unión Europea, como las auditorías contables, protección de los diseños de patente y propiedad intelectual, así como la resolución de conflictos, son más difíciles de hacer cumplir u obtener en aquellos países.
- Debido a que es común esperar pagos con base en las unidades terminadas y vendidas, son significativas las consecuencias de los productos defectuosos y su cantidad.
- En el outsourcing hay varios costos ocultos adicionales, como más papeleo de trabajo y documentación, menor productividad de los empleados debido a la baja moral y dificultades en la comunicación.

Por todas estas razones, muchos fabricantes que han subcontratado las actividades de manufactura no han obtenido los beneficios que esperaban; en consecuencia, hace poco se inició la tendencia de *regresar* las actividades de manufactura.

Costos indirectos de la mano de obra. Estos costos se generan en el servicio de la operación total de manufactura, que consiste en actividades como supervisión, mantenimiento, control de calidad, reparaciones, ingeniería, investigación y ventas, así como el costo del personal de oficina. Debido a que no contribuyen directamente a la producción de artículos específicos, estos costos se conocen como *tasa de indirectos* o *tasa de carga* (overhead) y se cobran en forma proporcional sobre todos los productos. El personal involucrado en estas actividades se clasifica como **mano de obra no productiva.**

Costos de manufactura y cantidad de producción. Uno de los factores más significativos en los costos de manufactura es la *cantidad de producción* (vea la tabla 37.2). Es obvio que una cantidad grande de producción requiere tasas grandes de producción, las que a su vez requieren el uso de técnicas de **producción en masa** que involucran maquinaria especial (*maquinaria dedicada*) y emplean menos mano de obra directa proporcionalmente. En el otro extremo, una cantidad de producción pequeña suele significar un involucramiento mayor de la mano de obra directa.

La **producción en lotes pequeños** por lo general implica máquinas de propósito general, como tornos, fresadoras y prensas hidráulicas. El equipo es versátil y se pueden producir partes con diferentes formas y tamaños con los cambios apropiados en las herramientas; sin embargo, los costos de la mano de obra directa son elevados debido a que estas máquinas por lo general son operadas por mano de obra calificada.

En la **producción en lotes medios**, las cantidades son mayores y las máquinas, de propósito general, están equipadas con varias plantillas y accesorios o son controladas por computadora. Para reducir aún más los costos, los centros de maquinado y sistemas de manufactura flexible son alternativas importantes. Por lo general, para cantidades de 100 000 o más, las máquinas están diseñadas para propósitos específicos (*dedicadas*) y realizan varias operaciones particulares con muy poca mano de obra directa involucrada.

Reducción de costos. La *reducción de costos* requiere un estudio de cómo se interrelacionan los costos descritos anteriormente, utilizando los *costos relativos* como un parámetro importante. El costo unitario de un producto puede variar mucho. Por ejemplo, quizá ciertas partes estén hechas de materiales caros pero requieran muy poco procesamiento, como en el caso de la acuñación de monedas de oro; en consecuencia, el costo de los materiales relacionados con el de la mano de obra directa es alto.

Por el contrario, algunos productos requieren varias etapas de producción complejas y caras para procesar materiales relativamente baratos, como los aceros al carbono. Un motor eléctrico, por ejemplo, está hecho de materiales relativamente baratos, aunque estén involucradas varias operaciones diferentes de manufactura en la fabricación de la cubierta, rotor, rodamientos, escobillas y otros componentes. A menos que esté muy automatizada, las operaciones de ensamble de estos productos se vuelven una parte significativa del costo total (vea la sección 37.9).

En la década de 1960 la mano de obra abarcaba 40% del costo de producción; hoy día es muy bajo: 5%, lo que depende del tipo de producto y nivel de automatización (vea la tabla I.6). También observe que la contribución de la fase de diseño es de sólo 5%, aunque es el *diseño* el que por lo general tiene la mayor influencia en la calidad y éxito del producto en el mercado.

Como se ha dicho en todo el libro, hay varias oportunidades para la reducción de costos. La introducción de más sistemas automatizados y la adopción de tecnologías modernas son medios obvios de disminuir algunos costos. Sin embargo, este método debe emprenderse después de hacer un análisis del costo-beneficio, lo cual requiere la entrada de datos confiables y la consideración de todos los factores técnicos y humanos implicados. Las tecnologías avanzadas, algunas de las cuales son muy costosas de implementar, deben considerarse sólo después del análisis completo de los factores de costo más obvios, el cual se conoce como *retorno de la inversión* (ROI, por sus siglas en inglés).

40.10.1 Análisis del valor

La manufactura agrega *valor* a los materiales conforme se convierten en partes, componentes y productos individuales para después ser comercializados. Debido a que el valor se agrega por etapas individuales durante la creación del producto, es importante el empleo del análisis del valor, también llamado *ingeniería del valor*, *control del valor* y *administración del valor*. Por tanto, el análisis del valor es un sistema que evalúa cada etapa del diseño, selección del material y del proceso y las operaciones con el fin de manufacturar un producto que lleve a cabo todas sus funciones buscadas y lo haga al costo más bajo posible.

En este análisis, desarrollado en General Electric Co., durante la Segunda Guerra Mundial, se establecía un valor monetario para cada uno de dos atributos del producto: (a) **valor de uso**, que refleja las funciones del producto, y (b) **valor de estima** o de **prestigio**, que refleja la atracción del producto y hace deseable su posesión. Entonces, el *valor de un producto* se define como

$$\text{Valor} = \frac{\text{Función y desempeño del producto}}{\text{Costo del producto}} \tag{40.1}$$

Aunque hay diferentes versiones, el análisis del valor consiste básicamente en las seis siguientes fases:

1. *Fase de información*: compilación de datos y determinación de costos.
2. *Fase de análisis*: definición de funciones e identificación de problemas tanto como de oportunidades.
3. *Fase de creatividad*: búsqueda de ideas con el fin de responder a problemas y oportunidades, sin juzgar el valor de cada idea.
4. *Fase de evaluación*: selección de las ideas que se van a desarrollar e identificación de los costos implicados.
5. *Fase de implementación*: presentación de los hechos, costos y valores a la dirección de la empresa; desarrollo de un plan y motivar la acción positiva, todo con el fin de lograr el compromiso de los recursos necesarios para completar la tarea.

6. *Fase de revisión*: reexaminar todo el proceso de análisis del valor con objeto de hacer los ajustes necesarios.

El análisis del valor por lo general es coordinado por un ingeniero del valor y se lleva a cabo en conjunto con los diseñadores, ingenieros de manufactura y el personal de control de calidad, compras y marketing, y debe tener el apoyo de la alta dirección de la empresa. La implementación del análisis del valor en la manufactura da por resultado beneficios como (a) reducción significativa del costo; (b) menores tiempos del ciclo; (c) mejor calidad y desempeño del producto; (d) disminución del tiempo de manufactura del artículo y (e) reducción del peso y tamaño del producto.

RESUMEN

- Independientemente de lo bien que un producto cumpla con las especificaciones de diseño y los estándares de calidad, también debe satisfacer criterios económicos con el fin de que sea competitivo en el mercado nacional y mundial.
- Las consideraciones importantes en el diseño y la manufactura del producto incluyen las características de los materiales con respecto a la manufactura, la esperanza de vida del artículo, ingeniería del ciclo de vida y cuidado en minimizar cualquier daño potencial al ambiente y ecosistema de la Tierra.
- La sustitución de materiales, la modificación y simplificación del diseño del producto y el relajamiento de la tolerancia dimensional y de los requerimientos de acabado superficial están entre los métodos más importantes de reducción del costo.
- El costo total de un producto incluye varios elementos, como los costos de materiales, herramientas, capital, mano de obra e indirectos. Los costos del material se pueden reducir a través de la selección cuidadosa, sin comprometer el diseño ni los requerimientos de servicio, funciones, especificaciones o estándares para la buena calidad del producto.
- En los países muy industrializados, los costos de la mano de obra por lo general se están convirtiendo en un porcentaje cada vez más pequeño de los costos de producción. Para contrarrestar los bajos salarios en ciertos países en vías de desarrollo, los costos de la mano de obra se pueden reducir aún más por medio de equipo y operaciones automatizados y controlados por computadora.

TÉRMINOS CLAVE

Análisis costo-beneficio
Análisis del valor
Bases de datos inteligentes
Cantidad de producción
Cantidad económica de pedido
Capacidades del proceso
Clase mundial
Costos de capital
Costos fijos
Costos relativos
De la cuna a la cuna
De la cuna a la tumba
Desperdicio
Evaluación del ciclo de vida
Justificación del costo
Mano de obra directa
Mano de obra indirecta
Mano de obra no productiva
Manufactura sustentable
Máquinas dedicadas
Outsourcing
Reciclado
Reducción del costo
Regresar
Retorno de la inversión
Tasa de carga
Tasa de indirectos
Tasa de producción
Tiempo de piso a piso
Tiempo del ciclo
Tiempo ocioso
Valor

BIBLIOGRAFÍA

Anderson, D. M., **Design for Manufacturability & Concurrent Engineering**, CIM Press, 2010.

Andrae, A. S. G., **Global Life Cycle Assessments of Material Shifts**, Springer, 2009.

Ashby, M. F., **Materials Selection in Mechanical Design**, 4a. ed., Butterworth-Heinemann, 2010.

ASM Handbook, Vol. 20: **Materials Selection and Design**, ASM International, 1997.

Boothroyd, G., Dewhurst, P., y Knight, W., **Product Design for Manufacture and Assembly**, 3a. ed., CRC Press, 2010.

Bralla, J. G., **Design for Manufacturability Handbook**, 2a. ed., McGraw-Hill, 1999.

Cook, H. F. y Wissmann, L. A., **Value Driven Product Planning and Systems Engineering**, Springer, 2010.

Fiksel, J., **Design for the Environment**, 2a. ed., McGraw-Hill, 2011.

Giudice, F., La Rosa, G. y Risitano, A., **Product Design for the Environment**, CRC Press, 2006.

Harper, C. A. (ed.), **Handbook of Materials for Product Design**, McGraw-Hill, 2001.

Hundai, M. (ed.), **Mechanical Life Cycle Handbook**, CRC Press, 2001.

Kutz, M., **Environmentally Conscious Manufacturing**, Wiley, 2007.

Madu, C. (ed.), **Handbook of Environmentally Conscious Manufacturing**, Springer, 2011.

Magrab, E. B., Gupta, S. K., McCluskey, F. P. y Sandborn, P., **Integrated Product and Process Design and Development: The Product Realization Process**, 2a. ed., CRC Press, 2009.

Mangonon, P. C., **The Principles of Materials Selection for Engineering Design**, Prentice Hall, 1998.

McDonough, W. y Braungart, M., **Cradle to Cradle: Remaking the Way We Make Things**, North Point Press, 2002.

Poli, C., **Design for Manufacturing: A Structured Approach**, Butterworth-Heinemann, 2001.

Ribbens, J., **Simultaneous Engineering for New Product Development: Manufacturing Applications**, Wiley, 2000.

Seliger, G. (ed.), **Sustainability in Manufacturing**, Springer, 2010.

Swift, K. G. y Booker, J. D., **Process Selection: From Design to Manufacture**, 2a. ed., Butterworth-Heinemann, 2003.

Ulrich, K. y Eppinger, S., **Product Design and Development**, 5a. ed., McGraw-Hill, 2011.

Wenzel, H., Hauschild, M. y Alting, L., **Environmental Assessment of Products**, Springer, 2003.

PREGUNTAS DE REPASO

40.1 Explique qué se entiende por propiedades de manufactura de los materiales.

40.2 ¿Por qué la sustitución de materiales es un aspecto importante de la ingeniería de manufactura?

40.3 ¿Qué factores están involucrados en la selección de los procesos de manufactura? Explique por qué son importantes.

40.4 ¿De qué manera resulta significativa la cantidad de producción en la selección del proceso? Explique.

40.5 Ponga en una lista y describa los principales costos involucrados en la manufactura.

40.6 ¿Por qué influye la selección del material en los requerimientos de energía para los productos?

40.7 Describa la evaluación del ciclo de vida y la ingeniería del ciclo de vida.

40.8 Defina qué se entiende por cantidad económica de pedido.

40.9 Explique la diferencia entre el costo directo y el costo indirecto de la mano de obra.

40.10 Describa lo que entienda de los siguientes términos: (a) expectativa de vida; (b) ingeniería del ciclo de vida; (c) manufactura sustentable y (d) manufactura verde.

40.11 ¿Cuál es la diferencia entre cantidad de producción y tasa de producción?

40.12 ¿Hay alguna diferencia significativa entre la producción de la cuna a la tumba y la de la cuna a la cuna? Explique.

40.13 ¿Cómo definiría valor? Explique.

40.14 Defina la manufactura sustentable.

40.15 ¿Cuál es el significado e importancia del término retorno de la inversión? Explique.

PROBLEMAS CUALITATIVOS

40.16 Describa las principales consideraciones involucradas en la selección del material para los productos.

40.17 ¿Cuál es el significado de las capacidades del proceso de manufactura? Seleccione cuatro diferentes procesos de manufactura y describa sus capacidades.

40.18 Comente acerca de la magnitud y rango del desperdicio que se presenta en la tabla 40.4 y las razones de que haya variaciones.

40.19 Explique por qué el valor del desperdicio producido en un proceso de manufactura depende del tipo de material y de los procesos involucrados.

40.20 Describa sus observaciones acerca de la información que se da en la tabla 6.1.

40.21 Además del tamaño de la máquina, ¿qué otros factores están involucrados en el rango de precios de cada categoría de máquina que se muestra en la tabla 40.6? Explique.

40.22 Explique por qué se requieren diferentes cantidades de energía para producir distintos materiales. Considere tanto el material como la historia de procesamiento.

40.23 Consulte la tabla 40.2 y explique por qué es esencial reciclar aluminio y magnesio. Desde el punto de vista de un ciclo de vida, explique por qué deben usarse o no aluminio y magnesio en los automóviles.

40.24 Explique cómo se puede justificar el alto costo de algunas de las máquinas que se listan en la tabla 40.6.

40.25 Con base en los temas cubiertos en este libro, explique las razones de las posiciones relativas de las curvas que aparecen en la figura 40.2.

40.26 ¿Cuáles factores están involucrados en la forma de la curva que se muestra en la figura 40.4? Explique.

40.27 Describa los problemas a que se tendría que enfrentar al reducir la cantidad de material en los productos. Presente algunos ejemplos.

40.28 Explique las razones de que haya un gran deseo en la industria de practicar la manufactura de forma casi final (neta).

40.29 Exponga y explique sus reflexiones acerca de la manufactura de la cuna a la cuna.

40.30 ¿Por qué es importante la cantidad de desperdicio producido en un proceso de manufactura?

40.31 Analice las ventajas de los tiempos de ciclo largos, si las hubiera, en la producción.

40.32 Revise la tabla 40.2 y estime la huella de carbono de los materiales (masa de carbono producido por masa o volumen de material) si la energía usada para producirlos se obtiene de (a) fuentes hidroeléctricas, eólicas o nucleares, o (b) del carbón.

40.33 Explique por qué cuanto mayor sea la cantidad por paquete de productos alimenticios, menor es el costo por peso unitario.

40.34 Enumere y explique las ventajas y desventajas de subcontratar con outsourcing las actividades de manufactura en países con costos bajos de mano de obra.

SÍNTESIS, DISEÑO Y PROYECTOS

40.35 Como puede ver, la tabla 40.5 sólo presenta metales y sus aleaciones. Con base en la información dada en varios capítulos del libro y en otras fuentes, prepare una tabla parecida para materiales no metálicos que comprenda cerámicos, plásticos, plásticos reforzados y materiales compósitos tanto de matriz metálica como de cerámica.

40.36 ¿Es conveniente comprar siempre materiales que estén cerca de las dimensiones finales de la parte que se va a manufacturar? Explique por qué sí o no y dé algunos ejemplos.

40.37 ¿Qué acción tomaría usted si el suministro de la materia prima seleccionada para una línea de productos se hiciera poco confiable? Explique.

40.38 Estime la posición de las curvas para los siguientes procesos en la figura 40.4: (a) rectificado sin centro; (b) maquinado electroquímico; (c) fresado químico y (d) extrusión.

40.39 Revise la figura I.2 en la introducción general y presente sus reflexiones acerca de los dos diagramas de flujo. ¿Querría usted hacer algunas modificaciones? Y si así fuera, ¿cuáles serían?

40.40 Con el paso de los años, numerosos productos para el consumidor (como los teléfonos de disco, receptores de radio analógicos, tornamesas y bulbos) se han vuelto obsoletos o están cerca de serlo, mientras que muchos productos nuevos han entrado al mercado. Elabore dos listas: una exhaustiva de productos obsoletos que usted recuerde y otra de nuevos productos. Comente las razones de los cambios que observe.

40.41 Elabore una lista y analice los diferentes métodos y sistemas de manufactura que han permitido la fabricación de nuevos productos (recuerde que dichos productos y sistemas son conocidos como tecnologías facilitadoras).

40.42 Seleccione tres diferentes productos y haga una investigación de los cambios de precio que hayan tenido en los últimos 10 años. Analice las posibles razones de dichos cambios.

40.43 Describa sus pensamientos sobre el reemplazo del aluminio en las latas de bebidas en relación con las hechas de acero.

40.44 Seleccione tres diferentes productos que se encuentren normalmente en el hogar. Exprese sus opiniones sobre (a) los materiales que se usaron en cada artículo; (b) por qué se eligieron dichos materiales; (c) cómo se manufacturaron los productos y (d) por qué se aplicaron esos procesos en particular.

40.45 Comente acerca de las diferencias, si las hubiera, entre los diseños, materiales y métodos de procesamiento y ensamble usados para fabricar productos como herramientas de mano y escaleras para uso profesional y para uso del consumidor.

40.46 En la figura 6.1 se muestra la sección transversal de un motor de jet. Con base en los temas cubiertos en el libro, seleccione tres componentes cualesquiera del motor y describa los materiales y procesos que usaría para fabricarlos en una cantidad de, digamos, 1000.

40.47 Inspeccione algunos productos en su hogar y describa cómo haría para desarmarlos rápido y por completo con el fin de reciclar sus componentes. Comente sobre su diseño con respecto a la facilidad con que los desensambló.

40.48 ¿Qué productos conoce usted que podrían ser muy difíciles de desensamblar con propósitos de reciclado? Explique.

40.49 Haga una investigación bibliográfica y realice la evaluación del ciclo de vida de un automóvil típico. Estime la cantidad de energía necesaria para producirlo a partir de sus materias primas y compárela con la energía consumida por el vehículo durante su vida planeada de 160 000 km (100 000 millas). ¿Qué recomendaciones haría usted con respecto a usar aluminio y magnesio en lugar de acero en los automóviles?

40.50 Analice los intercambios involucrados al seleccionar entre los dos materiales para cada una de las aplicaciones listadas:

a. Sillas de lámina metálica *versus* plástico reforzado.
b. Cigüeñales forjados *versus* fundidos.
c. Bielas forjadas *versus* metalurgia de polvos.
d. Placas de interruptores eléctricos de plástico *versus* metálicos.
e. Jarras de agua de vidrio *versus* metálicas.
f. Cubiertas de lámina metálica *versus* fundidas.
g. Clavos de acero *versus* cobre.
h. Mangos de martillos de madera *versus* metálicos.

Analice también las condiciones típicas a que estarían sujetos estos productos durante su uso normal.

40.51 Analice los factores que influyen en la elección entre los siguientes pares de procesos para fabricar los productos indicados:

a. Fundición en arena *versus* fundición con dados de una cubierta fraccionada de motor eléctrico.
b. Maquinado *versus* formado de un engrane cónico de gran diámetro.
c. Forjado *versus* metalurgia de polvos para producir una leva.
d. Fundición *versus* estampado de una cacerola de lámina metálica.
e. Fabricación de muebles veraniegos para el exterior de tubería de aluminio *versus* hierro fundido.
f. Soldadura *versus* fundición de estructuras de máquinas herramienta.
g. Roscas con laminado *versus* maquinado de un tornillo para una aplicación de alta resistencia.
h. Termoformado de un plástico *versus* moldeo de un termofijo para hacer el aspa de un ventilador doméstico barato.

40.52 En la figura P40.52 se ilustra una parte en forma de vasija que debe producirse; hay dos métodos en consideración. La parte se puede formar colocando una pieza plana de lámina metálica entre dos dados para luego cerrarlos y obtener la forma deseada; la parte también se puede fabricar por formado explosivo, según se ilustra. (a) Enumere las ventajas y desventajas de ambas opciones, si la parte mide 2 m (80 pulg) de diámetro y sólo se requieren 50 partes. (b) ¿Qué otros procesos de manufactura serían apropiados para producir esta parte?

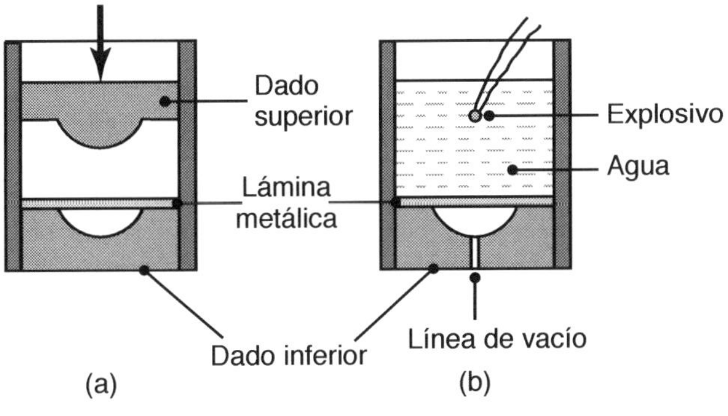

FIGURA P40.52

40.53 La figura P40.53 muestra una parte de lámina metálica hecha de acero:

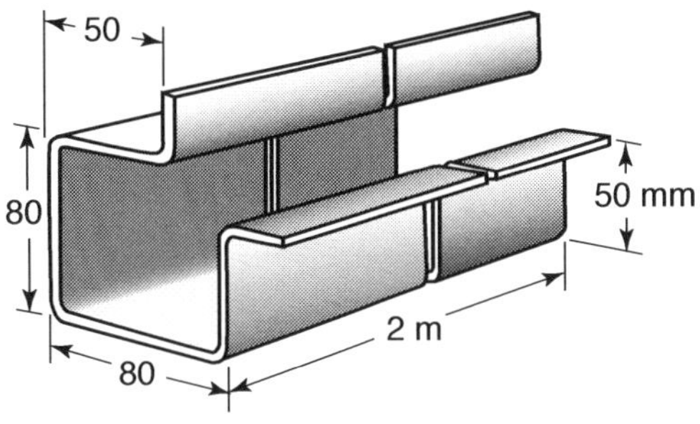

FIGURA P40.53

Analice cómo se podría fabricar esta parte y cómo podría cambiar el proceso de manufactura seleccionado por usted si (a) el número de partes requerido aumenta de 10 a varios miles y (b) la longitud de la parte se incrementa de 2 a 20 m.

40.54 La parte que se ilustra en la figura P40.54 es un segmento (parcial) de engrane de acero al carbono:

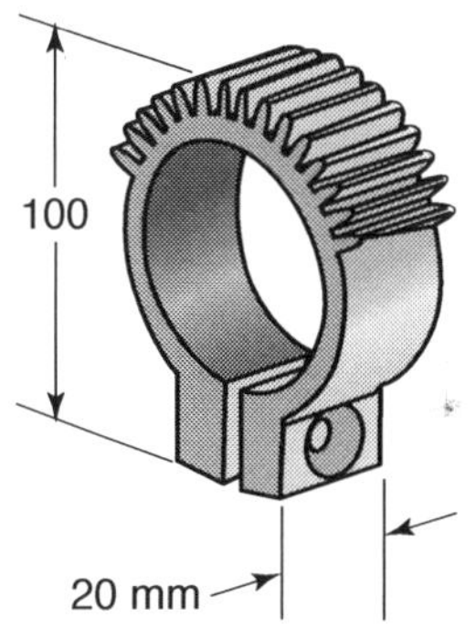

FIGURA P40.54

El pequeño barreno situado en la parte inferior es para sujetar la parte en un eje cilíndrico por medio de un tornillo y una tuerca. Sugiera una secuencia de procesos de manufactura para fabricar esta parte. Considere factores como la influencia del número de partes requerido, tolerancias dimensionales y acabado de la superficie. Analice procesos como el maquinado de una barra, extrusión, forjado y metalurgia de polvos.

40.55 a 40.59 Revise los productos que se ilustran a continuación. Para cada componente, (a) describa lo que usted piense acerca del material o materiales que sería apropiado usar y (b) especifique un proceso o procesos de manufactura que pudieran emplearse para fabricar cada uno. Luego suponga que después de presentar sus recomendaciones, se le dice que el producto es demasiado caro de producir según lo recomienda usted. Sugiera los cambios que podría hacer para reducir el costo total; explique sus razones.

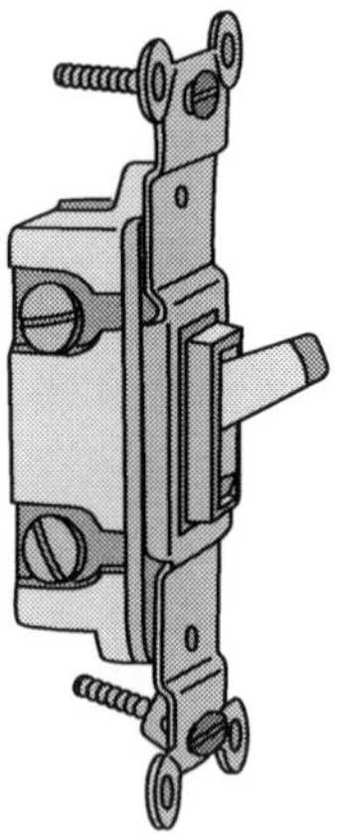

Interruptor

FIGURA P40.55

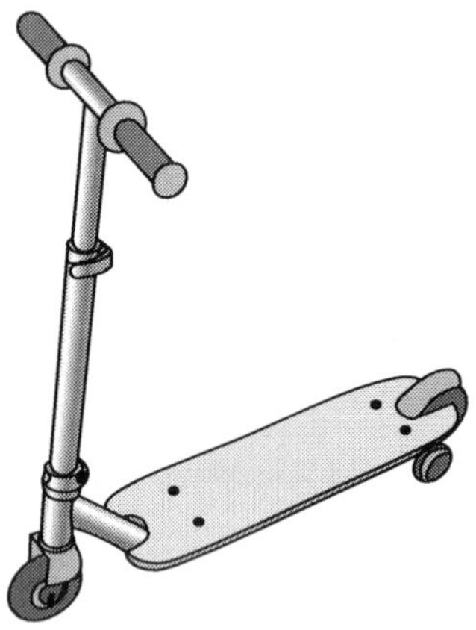

Patineta

FIGURA P40.56

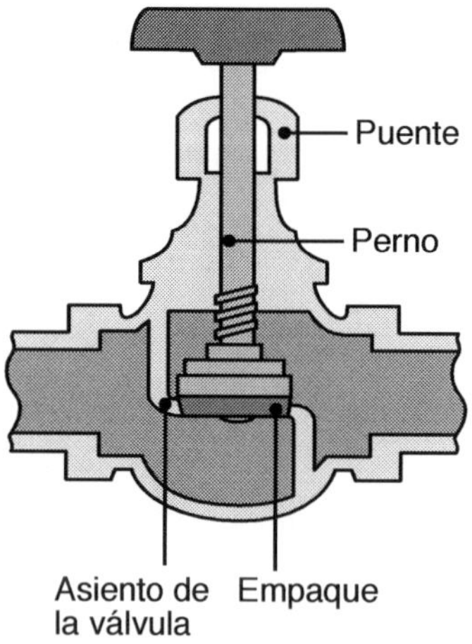

Válvula de globo

FIGURA P40.57

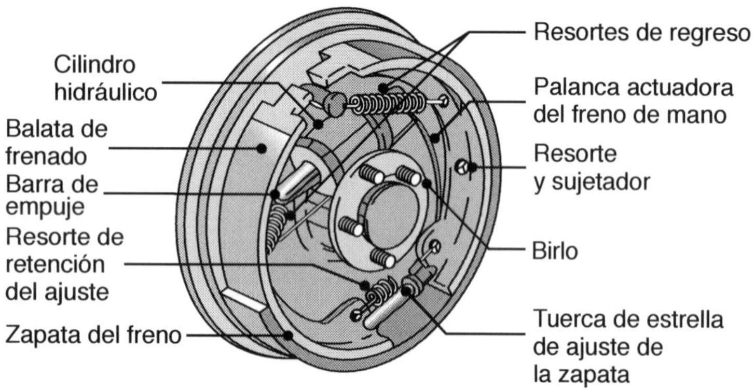

Tambor de frenado

FIGURA P40.58

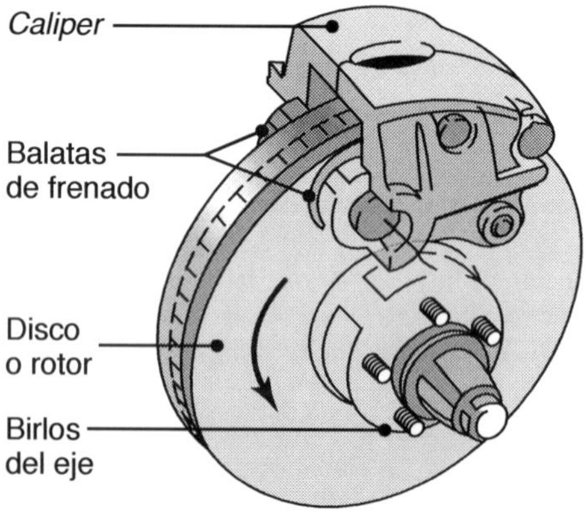

Freno de disco

FIGURA P40.59

Índice

G

LISTA DE EJEMPLOS